Die 2. Auflage wurde insbesondere um folgende neue Themen erweitert:

- **Viele Zusätze in vorhandenen Themen**
- **Neueste Hardware-Technologien**
- **Neueste Netzwerk-Technologien**
- **Optimierung von Netzwerken**
- **Windows NT4 Backoffice-Komponenten wie**
  - System-Management-Server
  - Proxy-Server
  - Exchange-Server (Erweiterungen)
  - WEB-Server Option-Pack (IIS, Index-Server, Site-Server)
- **ARCserve-Datensicherungs-System**

Außerdem:

- **Windows 2000**

Aus bisherigen Besprechungen zur ersten Auflage:

„Der Autor weiß, worauf es ankommt“

IT-Business-News, 9. Oktober 2000

„Und das Konzept geht auf: Wer sich die drei Hauptkapitel über Hardware-, Netzwerk- und Softwaretechnik parat macht, ist mit besten Basics gut vorbereitet für seinen IT-Job.“

amazon.de bringt's-Newsletter

Rainer Egewardt

Das PC-Wissen für IT-Berufe:

Hardware, Betriebssysteme, Netzwerktechnik

Kompaktes Praxiswissen für alle IT-Berufe in der Aus- und Weiterbildung, von der Hardware-Installation bis zum Netzwerkbetrieb inklusive Windows NT, Novell Netware und Unix (Linux)

2., überarbeitete und erweiterte Auflage

vieweg

Die Deutsche Bibliothek – CIP-Einheitsaufnahme
Ein Titeldatensatz für diese Publikation ist bei
Der Deutschen Bibliothek erhältlich.

1. Auflage Juli 2000
2., überarbeitete und erweiterte Auflage Juni 2002

Konzeption und Layout des Umschlags: Ulrike Weigel, www.CorporateDesignGroup.de
Umschlagbild: Nina Faber de.sign, Wiesbaden

ISBN 978-3-528-15739-5 ISBN 978-3-663-07857-9 (eBook)
DOI 10.1007/978-3-663-07857-9

Vorwort

Wissen über PC-Technik wird im heutigen Berufsleben immer wichtiger. Doch die Informationsvielfalt darüber ist zwischenzeitlich so groß geworden, dass fast niemand mehr alles über PC's wissen kann.

Wie viel mehr im technischen Bereich eines PC's, eines PC-Netzwerkes oder der dazugehörigen Betriebssysteme. Deswegen ist der Blick für das in der Praxis Wesentliche umso wichtiger! Hier soll das vorliegende Buch eine wertvolle Unterstützung bieten.

Motivation für dieses Buches war, die Bereiche der PC-Technik (Hardware, Netzwerke, Windows NT, Novell-Netware, Unix und/ oder Linux) – ganz nah an der Praxis orientiert – kompakt und gebündelt darzustellen, mit denen man im Berufsleben als Techniker überwiegend konfrontiert wird. Die Vorteile mit diesem Buch sind:

- Viele Bücher sind nicht mehr nötig, mit denen das Wissen langsam „scheibchenweise“ aufgebaut und komplettiert werden kann.
- Für die berufliche Aus- oder Weiterbildung wird mit den Inhalten dieses Buches das notwendige Rüstzeug vermittelt, mit dem man sich bestens orientieren und die Prüfung, aber auch die berufliche Praxis meistern wird.
- Praktiker oder pc-technisch interessierte Menschen werden in diesem Buch ein umfangreiches Nachschlagewerk finden.

Mit dem vorliegenden Buch sind alle Informationen, die notwendig sind, um einen PC und ein PC-Netzwerk unter einem der gängigsten Betriebssysteme aufbauen und betreiben zu können, verständlich und übersichtlich zusammengefasst. Aber auch das benötigte Hintergrundwissen, um zu verstehen, warum man etwas tut, wird erschöpfend behandelt.

Das Buch wendet sich an alle, die sich in die technische Welt von PC's und PC-Netzwerken einarbeiten wollen, um diese aufbauen und betreiben zu können. Insbesondere ist das Buch geeignet für

- IT-Fachleute und solche, die es werden wollen: PC-Techniker, System-Techniker, Administratoren für heterogene Netzwerke, IT-Manager, die im Rahmen von Umschulungen oder Weiterbildungen in die IT-Branche hineinwachsen wollen.
- Auszubildende in den neuen IT-Berufen: IT-System-Elektroniker, Fachinformatiker mit der Fachrichtung Systemintegration und weitestgehend auch für Informatikkaufleute, soweit es Hardware-, Netzwerk- oder Betriebssystemwissen betrifft.

Die Inhalte des Buches umfassen:

- Micro-Computer-Technik
- Funktionen von Einzelkomponenten im PC
- PC-Netzwerktechnik
- Installation von PC's und PC-Netzwerken
- Betriebssysteme wie
  - DOS
  - Windows NT 4
  - Novell-Netware
  - Unix (Linux)
  - Windows 2000

Ein Schwerpunkt in diesem Buch bildet Windows NT4 mit seiner Erweiterung zu Windows 2000. Immer mehr Firmen haben in den letzten Jahren von anderen Betriebssystemen auf Windows NT aufgerüstet, da es in vielerlei Hinsicht (Sicherheit, Performance, Strukturierung des Netzwerkes) außergewöhnliche Features zu bieten hat.

Der Marktanteil im Netzwerkbereich ist seit dem Erscheinen von Windows NT 4 ständig gestiegen. So war im Jahr 2000 der Markanteil von Windows NT 4 im Server-Bereich bei 41 % angekommen, Tendenz steigend, und nimmt damit eindeutig die Rolle des Marktführers ein. Linux, was ja nur ein Unix-Clone darstellt, hat sich hier zwischenzeitlich sogar vor Novell geschoben und hält einen Markanteil von 27 %. Novell-Netware ist eindeutig der große Verlierer. Während der Marktanteil von Novell im Jahre 1998 noch bei 23 % lag (alle Versionen, 3.12/4.11/5.x zusammen), ist die Tendenz weiter stark fallend, was auch durch Novell 5.x nicht aufzuhalten ist.

All dies ist eine logische Konsequenz aus der Tatsache, daß Microsoft einen Marktanteil im Client-Bereich von 98 % hält. Linux liegt hier bei 2 %, aber mit steigender Tendenz. Um Windows-Clients führt meistens kein Weg vorbei, egal, für welchen Server die Entscheidung gefallen ist. Und wenn schon Windows-Clients vorhanden sind, warum sollte dann nicht auch die Entscheidung für einen Windows-Server fallen, da hier die Komponenten optimal aufeinander abgestimmt sind und optimal miteinander funktionieren, während die Einbindung anderer Betriebssysteme oder softwaremäßiger Netzwerkkomponenten meistens allerlei Probleme in sich birgt, die oftmals auch erst mit der Zeit zu Tage treten. Es ist nun einmal Fakt, dass Microsoft alle in einem Netzwerk benötigten Komponenten, wie z. B. Server- und Client-Betriebssysteme, Office, Backoffice, Proxy-Server und Firewall, Internet-Information-Server, SQL-Server, System-Management-Server, HTML-Erstellung und Verwaltung (FrontPage-WEB) in optimal aufeinander abgestimmten Komponenten für ein Netzwerk, welches den heutigen Anforderungen gerecht werden will, liefert.

Der Umstrukturierungsprozess innerhalb der Geschäftswelt zu NT4 kommt seit einigen Jahren erst so richtig voran, was sicherlich auch damit zusammenhängt, dass ein Betriebssystem immer erst 2–3 Jahren nach dem Erscheinen richtig ausgereift ist, und damit alle Kinderkrankheiten beseitigt sind und es erst dann stabil und zuverlässig läuft (so, wie bei neuer Hardware auch). Die Zukunft wird aber bei Windows 2000 liegen, welches wirklich hervorragende Ideen und Funktionen für die Strukturierung und Verwaltung heutiger Netzwerke in sich birgt und die sowieso schon außergewöhnlichen Features von Windows NT4 weiter ausbaut. Nur muss dieses Betriebssystem durch die Entwicklung seiner ServicePacks erst einmal zu seiner Stabilität finden.

Windows NT 4 hat sich eindeutig in der Geschäftswelt etabliert und wird dies mit seiner Erweiterung zu Windows 2000 auch bleiben, da ein solcher Umstrukturierungsprozess innerhalb einer Firma mit immensen Kosten verbunden ist (Kosten für Hardware, Software, Einrichten der Systeme, Mitarbeiterschulungen, etc.), und Firmen sicherlich nicht alle 2 Jahre bei der Einführung eines neuen Betriebssystems diese Kosten übernehmen können und wollen.

Novell-Netware und Unix werden allerdings auch so ausführlich wie möglich besprochen, da sie in der Geschäftswelt sicherlich auch weit verbreitete Betriebssysteme sind und man immer wieder damit konfrontiert wird. Da dies ein Buch überwiegend für die tägliche Praxis sein soll, wird sich dieses Buch bei Novell-Netware aber auf die Versionen 3.12 und 4.11 beschränken, da nur diese Novell-Betriebssysteme sehr weit verbreitet sind. Netware 5.x spielt eigentlich kaum eine Rolle (Stand Juli 2001), weswegen es in dieser Auflage auch noch nicht enthalten ist.

Noch ein Wort zur ersten Auflage des Buches:

Ich habe des Öfteren Kritik von Lesern erhalten, über teilweise veraltete Techniken, die im Buch beschrieben sind. Einerseits kann aber ein wirkliches Verständnis für neue Techniken erst dann entstehen, wenn die Grundlagen, nämlich die alten Techniken, als Basis heran gezogen werden. Andererseits, wenn Sie in ihrem technischen IT-Beruf einmal Fuß gefasst haben, werden Sie bemerken, dass Sie so gut wie mit allem im Berufsleben konfrontiert werden, was die Computerwelt im technischen Bereich jemals erschaffen hat. In vielen Betrieben wird immer noch mit Windows 3.11 oder in bestimmten Bereichen (Mess-Rechner) sogar noch mit DOS 6.22 gearbeitet, die auf 386er-Systemen ihren Dienst verrichten. Genauso werden Sie mit GHz-Rechnern und Win2000 und allem was dazwischen liegt konfrontiert werden. Es ist einfach ein Irrtum zu glauben, dass alle Welt nur mit dem Neusten vom Neuesten arbeitet. Teilweise trifft dies auf den privaten Bereich zu, da hier die Werbung ihren Zweck erfüllt. In Betrieben sieht die Situation jedoch sehr anders aus, da Betriebe sicherlich nicht dazu bereit sind, alle 1–2 Jahre neue Hard- oder Software anzuschaffen, was oft nur mit erheblichen finanziellen Mitteln ermöglicht werden kann. In Betrieben geht es nicht darum, immer das Neuste vom Neusten zu haben, sondern der betriebliche Ablauf muss über die EDV realisierbar sein. Und solange dies mit vorhandener EDV-Struktur bewältigt werden kann, wird dies auch mit älteren Systemen durch geführt werden.

Rainer Egewardt — Berlin, im Mai 2002

Inhaltsverzeichnis

Vorwort ... V

Inhaltsverzeichnis ... IX

Komponenten-Übersicht ... XVII

1 Hardware-Technik ... 1

1.1 Micro-Prozessor-Technik ... 1

1.1.1 Computerarten ... 1
1.1.2 Funktionseinheiten ... 2
1.1.3 Funktion ... 2
1.1.4 Befehlsverarbeitung ... 3
1.1.5 Befehlszähl-Einrichtung ... 3
1.1.6 Befehlsregister und Befehlsdecoder ... 3
1.1.7 Ablaufsteuerung ... 3
1.1.8 Takt und Reset ... 4
1.1.9 ALU und Akkumulator ... 5
1.1.10 Statusregister ... 5
1.1.11 Register ... 6
1.1.12 Stackpointer ... 6
1.1.13 Interrupt ... 7
1.1.14 Betriebsarten ... 8
1.1.15 Pipelining ... 8
1.1.16 Busschnittstelle ... 9
1.1.17 Ausführungseinheit ... 9
1.1.18 Adressierungseinheit ... 9
1.1.19 Prefetch-Queue ... 9
1.1.20 Operationen ... 9
1.1.21 Logische Speicheradressierung und Speicherzugriff .. 11
1.1.22 Stack ... 12
1.1.23 Datensegmentregister ... 12
1.1.24 Real Mode, High Memory Area und Himem.sys ... 13
1.1.25 Paging ... 14
1.1.26 Physikalischer Zugriff auf den Speicher ... 14
1.1.27 Waitstates ... 15
1.1.28 I/O-Adressraum ... 15

1.2 Funktionsweise von PC-Komponenten (Grundkonfiguration) 16

1.2.1 BIOS ... 16
1.2.2 Disketten-Laufwerk ... 20
1.2.3 Festplatte ... 22
1.2.4 Festplatten- / Laufwerks-Controller ... 27
1.2.5 Maus ... 28
1.2.6 Netzteil ... 29
1.2.7 Tastatur ... 30
1.2.8 Grafikkarte ... 32
1.2.9 Schnittstellen ... 35
1.2.10 Bus-Systeme ... 40
1.2.11 Monitor ... 51
1.2.12 RAM-Speicher ... 54
1.2.13 Mainboard ... 62
1.2.14 Chipsatz ... 65
1.2.15 Prozessor ... 71
1.2.16 Netzwerkkarte ... 85
1.2.17 Drucker ... 87
1.2.18 CD-ROM ... 89
1.2.19 DVD (Digital Versatile Disc) ... 90
Ein kleines Fazit: ... 91

1.3 Installation von PC-Komponenten (Grundkonfiguration) 92

1.3.1 Mainboard installieren ... 92
1.3.2 Diskettenlaufwerk installieren ... 92
1.3.3 IDE-Platte installieren ... 94
1.3.4 EIDE-Platte installieren ... 96
1.3.5 SCSI-Host-Adapter / SCSI-Festplatte installieren ... 97
1.3.6 Grafikkarte installieren ... 98
1.3.7 CD-ROM installieren ... 99
1.3.8 Netzwerkkarte installieren ... 101
1.3.9 Streamer installieren ... 101
1.3.10 Soundkarte installieren ... 102
1.3.11 Vorgehensweise beim Aufbau eines PC's (Grundkonfiguration) ... 102

2 Netzwerk-Technik 108

2.1 Netzwerke 108

2.1.1 Netzwerk-Arten 108
2.1.2 Übertragungsmedien... 109
2.1.3 Topologien... 113
2.1.4 Zugriffsverfahren... 117
2.1.5 FDDI... 119
2.1.6 ARC-Net.. 119
2.1.7 Ethernet 120
2.1.8 Token-Ring.. 122
2.1.9 Gigabit-Ethernet 123
2.1.10 ATM (Asynchronous Transfer Mode)....................... 124
2.1.11 Das OSI-Schichten-Modell
(Open System Interconnection) 125
2.1.12 Übertragungs-Protokolle (im LAN-Bereich)............. 129
2.1.13 TCP/IP Grundlagen 131
2.1.14 Geräte im Netzwerk.. 139
2.1.15 Strukturierte Verkabelung in der
Netzwerk-Technologie 145
2.1.16 Strukturvorgaben 147
2.1.17 Netzwerkbetriebssysteme im Vergleich 149
2.1.18 Optimieren von Netzwerken...................................... 158
2.1.19 WAN-Technologien 185
2.1.20 Drucken im Netzwerk (Print-Server)......................... 189

3 Software-Technik.. 220

3.1 DOS (Disk Operating System) 220

3.1.1 Allgemein 220
3.1.2 Installation 220
3.1.3 Startvorgang 221
3.1.4 Befehlsinterpreter 221
3.1.5 Speicher-Bereiche im RAM 222
3.1.6 Start- und Konfigurations-Dateien 223
3.1.7 DOS-Befehle 227
3.1.8 Bootsektor und FAT 230
3.1.9 Stapelverabeitung (Batch-Dateien)............................ 234
3.1.10 DOS-Startmenü (ab DOS 6.22) 235
3.1.11 Herstellen einer DOS-Startdiskette 236

3.2 WINDOWS NT 4.0 237

3.2.1 Allgemein 237
3.2.2 Konzeption von WIN NT 240
3.2.3 Dateisysteme im Vergleich 243
3.2.4 Systemvoraussetzungen 243
3.2.5 Installation (von CD-Rom) 244
3.2.6 Integration von Standard-Hardware 249
3.2.7 Netzwerkzugriff konfigurieren 254
3.2.8 Protokolle konfigurieren 257
3.2.9 Netzwerkdienste (Netzwerkumgebung | Dienste) 260
3.2.10 Netzwerkschichten von Microsoft 261
3.2.11 Bootprozess 262
3.2.12 Boot.ini 263
3.2.13 Herstellen einer NT-Startdiskette 264
3.2.14 Informationen zur Notfall-Reparatur-Diskette (ERD) 265
3.2.15 Arbeitsweisen des Servers 266
3.2.16 Vertrauensstellungen 269
3.2.17 Benutzer-Verwaltung 272
3.2.18 Systemrichtlinien (Policy-Editor) 302
3.2.19 Client-Manager und Installation von Clients (nur NT-Server) 305
3.2.20 Server-Manager 307
3.2.21 Logon-Scripten 310
3.2.22 Netzwerk-Befehle in der DOS-Box (unter TCP / IP) 311
3.2.23 Festplatten-Manager 313
3.2.24 Zusammenarbeit mit Netware 318
3.2.25 DFÜ Netzwerk unter Win NT 320
3.2.26 RAS unter WIN NT (Remote Access Service) 324
3.2.27 DNS (Domain Name System) (nur NT-Server) 330
3.2.28 WINS (Windows-Internet-Name-Service) (nur NT-Server) 340
3.2.29 DHCP(Dynamic Host Configuration Protocol) (nur NT-Server) 348
3.2.30 NT als HTML-Server für Internet / Intranet (nur NT-Server) 352
3.2.31 Konfigurieren von TCP/IP-Druckern (NT-Server & NT-WS) (Drucker mit Netzwerkschnittstelle oder über LPD-Server) 358
3.2.32 NT als TCP/IP-Router und TCP/IP-Routing im LAN 359
3.2.33 Informationen zur Registry 363

3.2.34 Mailing im LAN mit Exchange-Server 5.5 und Outlook-Clients ... 366
3.2.35 Netzwerkanalyse mit dem Netzwerkmonitor ... 390
3.2.36 Erweitertes Wissen zu Windows NT ... 395
3.2.37 Option-Pack ... 423
3.2.38 MS-Proxy-Server ... 443
3.2.39 System-Management-Server (SMS) ... 485

3.3 Novell-Netware (3.12 / 4.x) ... 548

3.3.1 Allgemein ... 548
3.3.2 Sicherheitsmechanismen ... 551
3.3.3 Systemvoraussetzungen ... 553
3.3.4 Berechnung des benötigten Hauptspeichers für einen Netware-Server ... 553
3.3.5 Netware-Server (Infos zur Installation) ... 554
3.3.6 Vorgehensweise beim Einrichten eines Novell-Netzes (Schnellübersicht) ... 555
3.3.7 Installation (ausführlich) ... 561
3.3.8 Start- und Konfigurations-Dateien des Servers ... 567
3.3.9 Befehle an der Server-Console ... 573
3.3.10 Login-Scripten ... 576
3.3.11 Speicher und Speicherverwaltung ... 579
3.3.12 Cache-Buffers und die Anzeige darüber in MONITOR ... 580
3.3.13 Print-Server 3.12 einrichten (von Workstation aus) .. 581
3.3.14 Bindery (Benutzer-Datenbank für 3.12) ... 584
3.3.15 NDS (Benutzer-Datenbank für 4.x) ... 591
3.3.16 Verwaltungs-Tools ... 597
3.3.17 Flags (mit FILER setzen) ... 606
3.3.18 Workstation im Netz starten ... 607
3.3.19 Beispiel für eine Netzstruktur unter Novell 4.x ... 614
3.3.20 Windows als Netzwerkinstallation ... 617
3.3.21 MS-Office als Netzwerkinstallation ... 619
3.3.22 Exchange Post-Office ... 620
3.3.23 MHS (Massage Handling Systems) (Novelleigenes E-Mail-System) ... 620
3.3.24 Datensicherung mit ARCserve ... 621

3.4 Unix (S.u.S.E.-Linux) 680

3.4.1 Allgemein 680
3.4.2 Vorgehensweise beim Einrichten eines Unix-Systems (Schnellübersicht) 682
3.4.3 Vor der Installation 682
3.4.4 Installation (von CD) 683
3.4.5 Initialisierung des Systems (Systemstart) 685
3.4.6 Bootvorgang 686
3.4.7 Verzeichnis-Struktur 687
3.4.8 Erzeugen von Disketten 690
3.4.9 Arbeiten mit dem Rettungssystem 691
3.4.10 Bootmanager LILO 692
3.4.11 Einbinden von Treibern, Geräten und Partitionen 693
3.4.12 Login-Scripten 698
3.4.13 Befehle 704
3.4.14 Shell-Script 720
3.4.15 Editor vi 721
3.4.16 Benutzer-Verwaltung 722
3.4.17 Rechte 726
3.4.18 Drucken unter Unix 729
3.4.19 X-Window und KDE 732
3.4.20 Generierung eines neuen Kernels 736
3.4.21 Netzwerkzugriff konfigurieren 737
3.4.22 Unix-Rechner als Router 745
3.4.23 Samba (Unix-Server für MS-Windows) 748
3.4.24 DNS (Domain-Name-Service) 756
3.4.25 Apache-HTML-Server für Inter-/Intranet 768
3.4.26 FTP-Server/Client 778
3.4.27 Mailserver/Client 779
3.4.28 Installieren von Zusatzpaketen 780
3.4.29 Weitere wichtige Konfigurations-Dateien 781

3.5 Windows 2000 811

3.5.1 Allgemein 811
3.5.2 Neuheiten gegenüber NT4 812
3.5.3 Veränderungen gegenüber Win NT4 (auch Win2000-Pro) 814
3.5.4 Konzeption von Win2000 815
3.5.5 Systemvoraussetzungen 820
3.5.6 Installation (auch Win2000-Pro) 820
3.5.7 Integration von Hardware (auch Win2000-Pro) 824
3.5.8 Netzwerk-Verwaltung (auch Win2000-Pro) 826

3.5.9 Remoteinstallationsdienste ... 840
3.5.10 Arbeitsweisen des Servers ... 844
3.5.11 Active Directory (AD) ... 859
3.5.12 Domänen unter Win2000 ... 899
3.5.13 Computerverwaltung ... 904
3.5.14 Benutzer-Verwaltung ... 920
3.5.15 Gruppenrichtlinien (Systemrichtlinien) ... 943
3.5.16 Verteiltes Dateisystem (DFS) ... 951
3.5.17 Datenträger-Verwaltung ... 961
3.5.18 DHCP ... 978
3.5.19 WINS ... 998
3.5.20 Routing und RAS ... 1000
3.5.21 Cluster ... 1017

Anhänge A–G ... 1024

Anhang A: PIN-Belegungen ... 1024

A.1 ISA ... 1024
A.2 PCI ... 1027
A.3 Parallele Schnittstelle ... 1033
A.4 Serielle Schnittstelle (RS232) ... 1034
A.5 Serielle Schnittstelle (PC9) ... 1035
A.6 Centronics (Drucker) ... 1035
A.7 USB (Universal Serial BUS) ... 1037
A.8 VGA (VESA DDC) ... 1037
A.9 Tastatur ... 1038
A.10 Disketten-Laufwerk ... 1038
A.11 IDE-Festplatte ... 1039
A.12 EIDE-Festplatte ... 1040
A.13 SCSI-Festplatte ... 1042
A.14 CD-ROM (Mitsumi) ... 1043
A.15 30 pin SIMM ... 1045
A.16 72 pin SIMM ... 1046
A.17 72 pin SDRAM ... 1048
A.18 168 pin DRAM DIMM (Unbuffered) ... 1049
A.19 168 pin SDRAM DIMM (Unbuffered) ... 1054
A.20 Mainboard Spannungsanschluss ... 1059
A.21 Ethernet 10/100Base-T ... 1061
A.22 Ethernet 100Base-T4 ... 1061
A.23 AUI ... 1062
A.24 Nullmodem (9-9) ... 1062
A.25 Maus (PS/2) ... 1063

Anhang B: Trouble-Shooting 1064

B.1 Rechner startet nicht, Bildschirm bleibt dunkel....... 1064
B.2 Rechner bootet nicht, aber Meldung erscheint 1065
B.3 Wie löse ich ein Problem am Computer (selbst erstellen) 1066

Anhang C: Internet-Adressen für Treiber der einzelnen Hardware-Hersteller 1067

Anhang D: Kleine Tipps im Umgang mit Word und Excel 1072

D.1 Excel und Word im Netzwerk 1072
D.2 Word.. 1073
D.3 Excel.. 1074

Anhang E: Informationen zu Microsoft BackOffice 1075

Was ist BackOffice: 1075
E.1 Exchange-Server: 1075
E.2 SQL-Server:.. 1077
E.3 SNA-Server: 1077
E.4 SMS-Server: 1077
E.5 Proxy-Server:... 1078
E.6 Internet-Information-Server:................................... 1078

Anhang F: Windows 3.x als Client im Netzwerk..1080

Anhang G: Windows 95/98 als Client im Netzwerk..1088

Sachwortverzeichnis 1100

Komponenten-Übersicht

Bauformen

LAN-Station | Slim-Line | Desktop | Mini-Tower | Midi-Tower | Big-Tower | Laptop

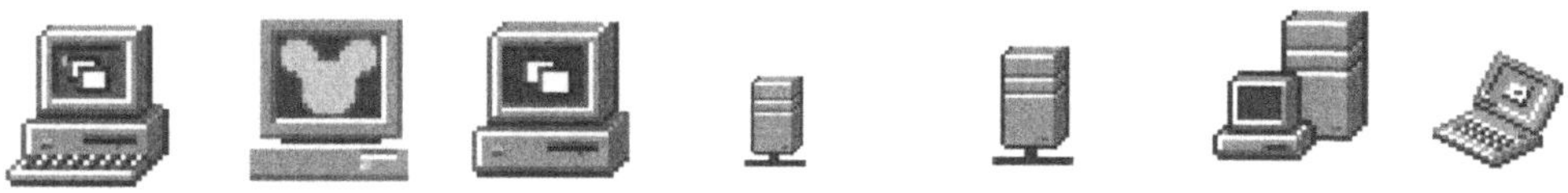

Verarbeitung

CPU | CoPro | RAM | BUS-System | Chip-Satz | Mainboard

Eingabe

Tastatur | Maus | Scanner | Grafik-Tablett

Ausgabe

Monitor | Drucker | Plotter | Sound

Massenspeicher

Festplatte Diskette CD-ROM Streamer Optical-Disk DVD

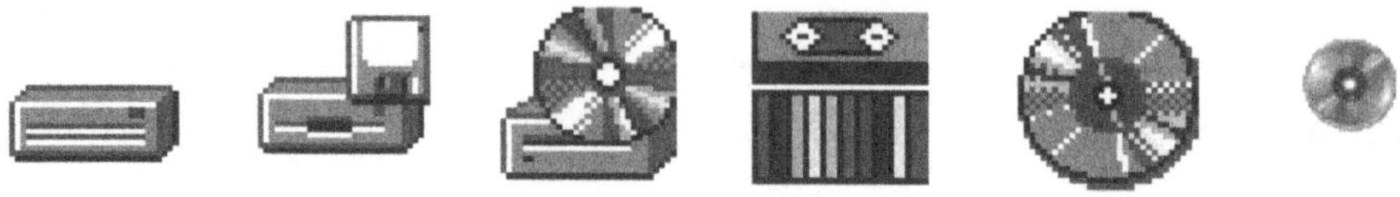

Komponenten (Standard)

I/O-Controller HDD-Controller FDD-Controller Grafikkarte

Komponenten (Optional)

Modem Soundkarte Grafik-Subsystem Netzwerk-Adapter ISDN-Karte

3 Software-Technik

3.1 DOS (Disk Operating System)

3.1.1 Allgemein

Betriebssystem:

Ein Betriebssystem ist ein Mittler zwischen dem User und dem Computer. Das Betriebssystem ermöglicht es, den Computer, die Festplatten, Disketten-Laufwerke und Drucker anzusprechen und mit diesen Geräten zu arbeiten. Es hilft auch, Programme und Daten zu verwalten. Ein erster Mittler in der Computer-Welt war DOS.

Sicher wird im Zeitalter von Windows, OS/2 und Unix kaum noch jemand auf die Idee kommen, allein mit DOS als Betriebssystem zu arbeiten. Fast alle Funktionen von DOS sind in den neueren grafischen Benutzeroberflächen abgedeckt. Trotzdem gibt es immer wieder Befehle, die nur in der DOS-Box abgesetzt werden können (z.B. Routing unter NT). Und um ein richtiges Verständnis für einen Verzeichnis-Baum zu bekommen, diesen anzulegen und Daten darin zu erzeugen und zu verwalten, ist DOS allemal ein guter Lehrer. Man wird in allen Betriebssystemen immer wieder mit DOS konfrontiert. Deswegen soll es in diesem Buch nicht fehlen.

Um mit Windows 3.x zu arbeiten, ist DOS sogar unumgänglich, denn Windows 3.x setzt auf DOS auf, im Gegensatz zu neueren Windows-Systemen, die als eigenständiges Betriebssystem arbeiten.

Auch Novell-Netware benötigt ein minimales DOS.

DOS kann als Client in allen gängigen Netzwerk-Betriebssystemen agieren.

3.1.2 Installation

Die Installation von DOS gestaltet sich einfach. Die erste Diskette vom Disketten-Satz einlegen und SETUP eingeben. Die Dateien werden auf die Festplatte kopiert und nacheinander werden die weiteren Disketten angefordert.

WIN95/98 und WIN NT haben ein DOS integriert (DOS-BOX), wobei WIN95/98 auch direkt im DOS-Modus gestartet werden können (wenn beim Booten die Meldung erscheint „Windows 95 wird gestartet“, die F8-Taste drücken).

Das minimale DOS, welches Novell benötigt (Inhalt einer DOS-Startdiskette), muss nicht installiert werden, sondern kann in ein Verzeichnis auf die DOS-Partition kopiert werden (siehe Abschnitt 3.3 „Novell Netware“).

3.1.3 Startvorgang

1. BIOS-ROM wird ins RAM geladen,
2. POST (Power On Self Test) wird durchgeführt,
3. CMOS wird abgefragt,
4. Bootblock der Festplatte / Diskette wird gelesen, der IO.sys und MSDOS.sys lädt,
5. IO.sys lädt die Geräte-Treiber für CON, PRN-LPT, AUX-COM, NUL,
6. Config.sys wird abgearbeitet,
7. Autoexec.bat wird abgearbeitet.

3.1.4 Befehlsinterpreter

Ein Befehlsinterpreter liest Eingaben, interpretiert diese selber und führt die Eingabe aus oder startet das dafür benötigte Programm.

Der Befehlsinterpreter von DOS heißt Command.com.

Command.com:

Teile der Command.com werden in den konventionellen Speicher geladen.

Die Command.com besteht aus 3 Teilen:

1. residenter Teil

Sollten Teile der Command.com von Anwendungsprogrammen im konventionellen Speicher überschrieben werden, prüft der residente Teil, ob noch alles vorhanden ist, und lädt ggf. nicht vorhandene Teile wieder nach.

2. transienter Teil

Enthält die Programme für Befehlseingabe und Befehlsabarbeitung (interne Befehle) und die Programme zur Suche von externen Befehlen.

Er ist der Kommandointerpreter.

3. Initialisierungsteil

Dieser Teil ist für die Platzierung der Command.com verantwortlich

- residenter Teil über MSDOS.sys
- transienter Teil unmittelbar unter der 640-kB-Grenze

3.1.5 Speicher-Bereiche im RAM

Wird ein Betriebssystem geladen, belegt es Teile des konventionellen Speichers im RAM. Da viele Anwendungsprogramme viel konventionellen Speicher benötigen, müssen Teile des Betriebssystems in andere Speicher-Bereiche innerhalb des RAM's ausgelagert werden, um so den notwendigen Platz im konventionellen Speicher zu schaffen.

Unter DOS und WIN 3.x muss das Managen dieser Speicher-Bereiche noch „zu Fuß“ erledigt werden. Dies wird durch die Programme HIMEM.SYS und EMM386 erledigt.

Moderne Betriebssysteme managen diese Problematik selbstständig. Bei Win95/98 oder NT4 kann aber weiter für jedes DOS-Programm eine eigene Konfiguration für die Speicher-Manager erstellt werden, sollte man noch mit solchen Programmen arbeiten wollen.

Der Bereich bis 640 kB wird konventioneller Speicher genannt. Der Bereich oberhalb von 640 kB bis 1 MB ist der Upper-Memory-Block (UMB). Der Bereich 64 kB oberhalb von 1 MB wird High-Memory-Area (HMA) genannt.

In den UMB wird z.B. das BIOS-ROM geladen und der Videospeicher abgelegt.

Speicher über 1 MB wird als Extended-Memory bezeichnet.

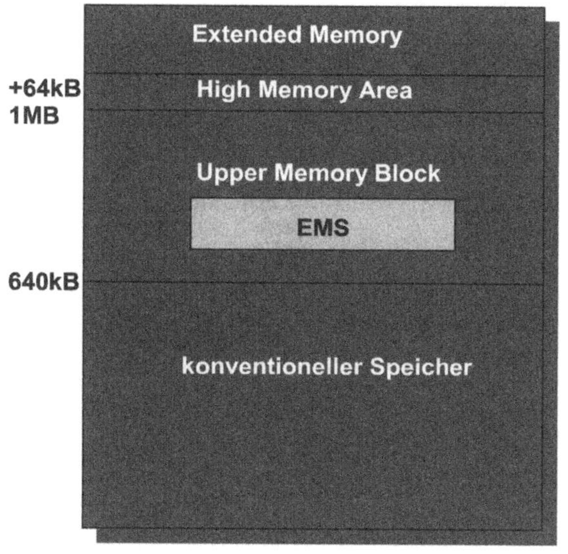

Abb. 1 RAM-Speicherbereiche

Expanded-Memory (EMS) oder Expansionsspeicher ist ein Speicherbereich, der nur über EMS-Treiber adressiert werden kann. Er belegt einen bestimmten Adressbereich innerhalb von 640 kB – 1 MB.

3.1.6 Start- und Konfigurations-Dateien

Config.sys:

Die Config.sys enthält Anweisungen, mit denen DOS zur Verwendung von Geräten und Anwendungen konfiguriert werden kann (hier werden Geräte-Treiber geladen).

Beim Start sucht DOS aut. als Erstes nach der Config.sys im Stammverzeichnis und arbeitet diese ab, weswegen diese Datei unbedingt hier stehen muss.

Voraussetzungen für das Auslagern von Treibern (Hochladen):

DEVICEHIGH

Voraussetzung für DEVICEHIGH ist der Eintrag:
DEVICE=EMM386.exe

EMM386.exe ist der Speichermanager für das Expanded-Memory.

Hochladen von Betriebssystem-Teilen:

Voraussetzung für das Hochladen von Betriebsystem-Teilen sind die Einträge:

DEVICE=HIGHMEM.SYS
DOS=HIGH;UMB

HIGHMEM.SYS ist der Speichermanager für das HMA.

Achtung: Die Einträge

DEVICE=HIGHMEM.SYS
DOS=HIGH;UMB
DEVICE=EMM386.exe

müssen unbedingt am Anfang der Config.sys und in dieser Reihenfolge stehen, damit nachfolgende Geräte-Treiber hochgeladen werden können.

EMM386 und HIGHMEM.SYS können nicht hochgeladen werden und belegen somit konventionellen Speicher.

Befehle der Config.sys:

DEVICE=	installiert einen Geräte-Treiber im konventionellen Speicher.
DEVICEHIGH=	installiert einen Geräte-Treiber im HMA.
BREAK=[on/off]	Einrichten der Unterbrechungsmöglichkeit mit STRG+C.
BUFFERS=[1–99]	Einrichten von Zwischenspeichern zu je 528 Byte.
FILES=[9-255]	Anzahl der Dateien, die gleichzeitig geöffnet werden können.
STACKS=[Anzahl, Größe]	Anzahl der Stapelspeicher, in die Adressen und Daten zwischengespeichert werden können, die der Prozessor während einer IRQ-Anforderung gerade nicht braucht.
LASTDRIVE=	letztes anzusprechendes Laufwerk.
COUNTRY=	länderspezifischen Zeichensatz einstellen.

Typische Config.sys

DEVICE=C:\DOS\SETVER.EXE
DEVICE=C:\DOS\HIMEM.SYS /e **/e bei mehr als 16 MB RAM**
DOS=HIGH,UMB
DEVICE=C:\DOS\EMM386.EXE NOEMS
COUNTRY=049,437,C:\DOS\COUNTRY.SYS
DEVICEHIGH=C:\DOS\ANSI.SYS
DEVICEHIGH=C\DOS\DISPLAY.SYS CON=(EGA,,1)
FILES=30
BUFFERS=35
BREAK=ON
STACKS=0,0

Eintrag für CD-ROM

DEVICEHIGH=C:\Verz\Geräte-Treiber /D: Gerätenamen

für Mitsumi CD-ROM z.B. Geräte-Treiber: MTMCDAI.SYS
Gerätenamen: MTMIDE01

Autoexec.bat:

Die Autoexec.bat enthält Befehle, die normalerweise bei jedem Start von DOS extra eingegeben werden müssten und hier aut. ausgeführt werden (hier werden Befehle ausgeführt und Variablen belegt).

Beim Start sucht DOS automatisch als Zweites nach der Autoexec.bat im Stammverzeichnis, weswegen diese Datei unbedingt hier stehen muss.

Befehle der Autoexec.bat:

@	schaltet den ECHO OFF Befehl aus.
SET PATH	Variable PATH mit Inhalt füllen (Suchpfadangaben, in welchen Verzeichnissen DOS nach Befehlen suchen soll).
SET TEMP	Variable für temporäre Dateien anlegen.
SET PROMPT	Variable für die Art des Prompt setzen.

SET COMSPEC=Command.com	Kommandointerpreter spezifizieren.
SET DIRCMD	Ausgabe des Dir-Befehls steuern.
KEYB.COM GR,437	deutsche Tastatur mit Code-Seite 437 laden.
DOSKEY	Cursor-Tasten Wiederholung einschalten.
ECHO OFF	schaltet die Ausgaben aus.

Typische Autoexec.bat

```
@ECHO OFF
PROMPT $p$g
PATH C:\DOS;C\WINDOWS
SET TEMP=C:\TEMP
MODE.COM CON CODEPAGE PREPARE=((437)
   C:\DOS\EGA.CPI)
MODE.COM CON CODEPAGE SELECT=437
LH KEYB.COM GR,,C:\DOS\KEYBOARD.SYS
LH C:\DOS\DOSKEY /BUFSIZE=1024 /INSERT
MOUSE.COM
```

LH lädt Treiber innerhalb der Autoexec.bat hoch

Eintrag für CD-ROM

C:\Verz\MSCDEX.EXE /D: Gerätenamen /M:10

MSCDEX ist der DOS-eigene Treiber für ATAPI-CD-ROM's.

Der Gerätename muss der gleiche sein, der in der Config.sys verwendet wurde.

Mit dem Befehl mem /c kann die Belegung des konventionellen Speichers und des HMA angesehen werden und dann ggf. die Config.sys und Autoexec.bat weiter bearbeitet werden.

3.1.7 DOS-Befehle

Syntax:

Befehl Datei /Option (/ leitet eine Option ein)

Pfadangaben:

LW:\Verzeichnis\Datei

Einfache Befehle		
Syntax	**Wirkung**	**Beispiel**
Date	Datumsausgabe und -änderung	
Time	Zeitausgabe und -änderung	
Path	Suchpfad für DOS	
Set	Gesetzte Variable anzeigen	
Cls	Bildschirm säubern	
Format LW:	Diskette/Festplatte zur Datenaufnahme vorbereiten	format a: format c: /s/u
Optionen		
/s	kopieren der System-Dateien (Start LW)	
/u	mit Unformat nicht wieder rückgängig zu machen	
Unformat LW:	rekonstruiert versehentlich formatierte Datenträger und darauf befindliche Daten	unformat c:
Sys LW:	Kopieren der System- und Start-Dateien, um einen Datenträger bootfähig zu machen	Sys c:
Ver	DOS-Version anzeigen	
LW:	Laufwerkswechsel	a: c:

Verzeichnis-Befehle		
Syntax	**Wirkung**	**Beispiel**
CD Verzeichnis	aktuelles Verzeichnis wechseln ins Root-Verzeichnis wechseln eine Ebene höher	cd \Daten cd \ cd ..
Md Verzeichnis **Mkdir** Verzeichnis	Verzeichnis anlegen	md \daten mkdir \daten\akten1
Rd Verzeichnis **Rmdir** Verzeichnis	Löschen eines Verzeichnisses *Achtung: Verzeichnis muss leer sein, und es darf nicht das Aktuelle sein*	rd \daten\akten1
Dir Verzeichnis (nur Dir wenn aktuelles Verz)	Inhalt von Verzeichnis anzeigen	Dir /w Dir /w/p Dir \daten\akten1 /w/a
Optionen		
/w	spaltenweise Ausgabe	
/p	seitenweise Ausgabe	
/a	auch versteckte Dateien anzeigen	
Tree LW:\Startverz	Anzeige des Verzeichnisbaumes von Startverzeichnis ab	tree a:\ tree c:\ /f tree c:\daten\akten1 /f
Option		
/f	mit Dateien anzeigen	

Datei-Befehle		
Syntax	**Wirkung**	**Beispiel**
Copy con Dateiname Abschluss der Eingabe STRG+Z	Anlegen einer Datei	copy con neu.dat
Type Dateiname	Anzeigen des Inhalts einer Textdatei	type neu.dat
Type Dateiname | more	seitenweise Ausgabe der Datei	
More < Datei	seitenweise Ausgabe des Inhalts einer Textdatei	more < neu.dat

Datei-Befehle (Fortsetzung)		
Syntax	**Wirkung**	**Beispiel**
Del Dateiname **Erase** Dateiname	Löschen einer Datei	del neu.dat
Copy Quelldatei Zielverzeichnis	Kopieren einer Datei in ein Zielverzeichnis	copy neu.dat c:\daten
Copy Quelldatei PRN	Ausgabe einer Textdatei auf dem Drucker *Achtung: Das Zielverzeichnis muss existieren. Ist dies nicht der Fall, wird eine Datei mit gleichem Namen angelegt.*	copy c:\daten\neu.dat c:\daten1
Move Quelldatei Zieldatei	Verschieben einer Datei	move c:\daten\neu.dat a:\
Attrib	Anzeigen der Attribute aller Dateien in einem Verzeichnis	Attrib
Attrib Dateiname	Anzeige der Attribute einer Datei	attrib neu.dat
Attrib + Attribute Dateiname	Attribute für eine Datei setzen	attrib +a neu.dat
Attrib – Attribute Dateiname *Attribute* **a archiv** **r nur lesen (Schreibschutz)** **h versteckt** **s system**	Entfernen von Attributen *Achtung: System- und Versteckattribute sind zuerst zu entfernen. Sind beide gesetzt, dann beide gemeinsam.*	attrib -r neu.dat
Undelete Dateiname	wieder Herstellen von gelöschten Dateien	undelete neu.dat
Optionen		
/all	wieder Herstellen aller Dateien	
/list	Liste aller wieder herstellbaren Dateien	
Ren Datei.alt Date.neu	Umbenennen einer Datei	ren alt.dat neu.dat

Erweiterte Kopier-Befehle		
Syntax	**Wirkung**	**Beispiel**
Diskcopy LW: LW:	Kopieren des Inhalts eines LW auf ein anderes	diskcopy a:\ c:\
Xcopy Quelle Ziel	Kopieren von Verzeichnisbäumen mit Inhalten (Dateien)	xcopy a:\ c:\neu
Optionen		
/e	mit leeren Unterverzeichnissen	
/s	mit Unterverzeichnissen, die Dateien und Verzeichnisse enthalten	
/p	mit Bestätigung	
/v	mit überprüfendem Vergleich	

Metazeichen		
* **Zeichenkette**	copy *.de zielverz	kopiert alle Dateien mit der Endung .de nach Zielverzeichnis
	copy abc* zielverz	alle Dateien mit den Anfangsbuchstaben abc
	copy *.* zielverz	alle Dateien

3.1.8 Bootsektor und FAT

Es gibt bootfähige und nichtbootfähige Disketten und Festplatten, die auch noch in verschiedenen Größen (Aufnahmekapazitäten) formatiert sind. Damit DOS und das BIOS die Art der Datenträger erkennen kann, gibt es den Bootsektor (Boot-Record), der an einer genau definierten Stelle auf dem Datenträger vorhanden sein muss (siehe Tabelle unten). Der Bootsektor belegt den ersten Sektor einer Diskette/Festplatte (Kopf 0, Spur 0, Sektor 1), und enthält außerdem Informationen, auf welche Dateien zum Start des Betriebssystems zugegriffen werden muss.

Außerdem ist auf einer Diskette / Festplatte eine FAT (Dateizuordnungstabelle) gespeichert. Auf einer Disk ist eine FAT 12 Bit, auf einer Festplatte 16 bzw. 32 Bit groß.

Das FAT-Datei-System wird von DOS, WIN95 in 16-Bit Form und von WIN95 und WIN98 in 32-Bit-Form verwendet. WIN NT kann außer mit NTFS auch mit FAT arbeiten (aber nicht zu empfehlen). Unter NTFS heißt das Äquivalent MFT (Meta File Table), (unter www.sysinternals.com das Programm „ntfsinfo" besorgen).

Eine FAT enthält eine Tabelle mit einem Eintrag für jeden Cluster bzw. Sektor. Dateien bzw. Unterverzeichnissen wird ein Cluster zugewiesen, dessen Nummer im Verzeichniseintrag der FAT als Startcluster gespeichert ist.

Die FAT liegt zwischen dem Bootsektor und dem Stammverzeichnis, welche beide beim Formatieren aut. angelegt werden. Für die Datenverwaltung auf einer Diskette / Festplatte spielt die FAT die zentrale Rolle.

Wird eine FAT zerstört, führt dies normalerweise zum vollständigen Datenverlust, weshalb immer noch eine Sicherheitskopie der FAT angelegt wird.

Die FAT kann mit einem DEBUGGER angesehen und verändert werden(siehe Abschnitt „Debug").

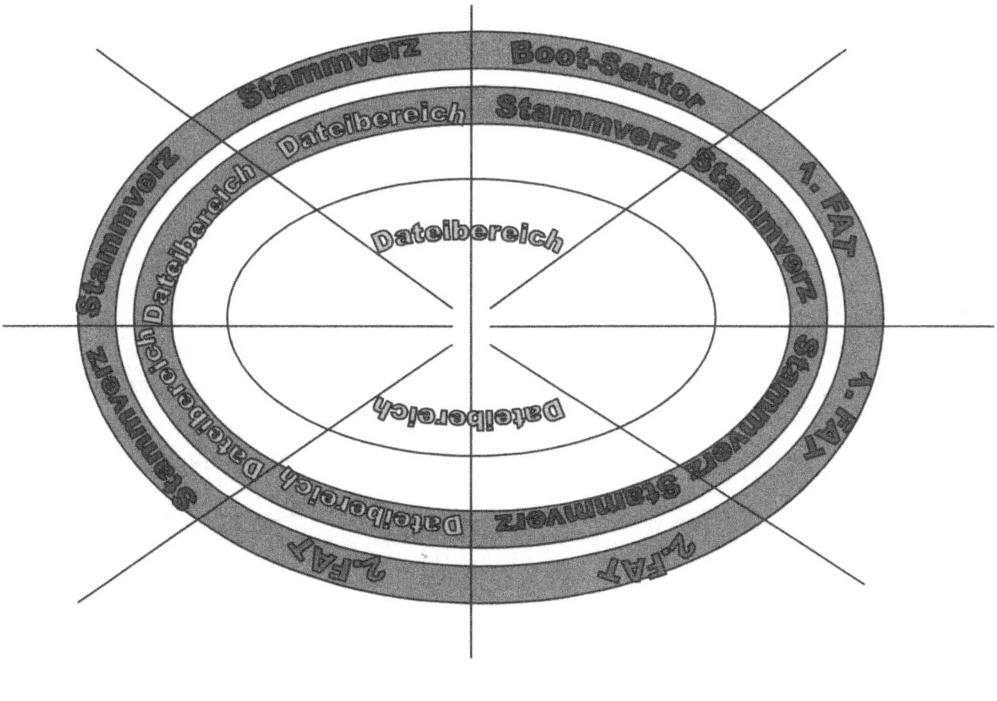

Abb. 2 Verteilung von Boot-Sektor, FATs, Stammverzeichnis, Unterverzeichnissen, Dateien

Aufbau des Boot-Sektors	
Bytezahl	**Bedeutung**
0–2	Sprunginstruktion zum Boot-Programm
3–10	Name und Version des Betriebssystems, unter dem das Laufwerk formatiert wurde
11–23	**BIOS-Parameter-Block**
11–12	Bytes pro Sektor
13	Sektoren pro Cluster
14–15	Reservierte Sektoren
16	Anzahl der FATs
17–18	Max. Anzahl der Einträge im Root-Verzeichnis
19–20	Gesamtzahl der Sektoren
21	Medium
22–23	Länge der FAT
24–25	Sektoren pro Spur
26–27	Anzahl der Köpfe
28	Anzahl der verbundenen Sektoren
Boot-Programm	
Dateibelegungstabelle (FAT)	
Dateiverzeichnis (Hauptverzeichnis)	
Datenbereich	

Die FAT beginnt im Sektor 2 der Diskette / Festplatte. Für jeden Cluster existiert ein Eintrag, der entweder 12 Bit (Diskette) oder 16–32 Bit (Festplatte) lang ist.

Der erste FAT-Eintrag ist das Medium-Kennzeichen:

Kennzeichen	Bedeutung
F8H	Festplatte
F0H	3,5" DS 9/18 Sektoren
F9H	5,25" DS 15 Sektoren
FCH	5,25" DS 9 Sektoren

Die nächsten 3 Byte (12 Bit-FAT) oder 4 Byte (16 Bit-FAT) haben den Eintrag 0FFFH.

Danach beginnen die Cluster-Einträge, die folgende Werte haben können:

12 Bit-FAT	16 Bit-FAT	Bedeutung
000H	000H	Freier Cluster
FF0H-FF6H	FFF0H-FFF6H	Reserviert
FF7H	FFF7H	Defekter Cluster
FF8H-FFFH	FFF8H-FFFFH	Letzter Cluster einer Datei
002H-FEFH	0002H-FFEFH	Zeiger auf den nächsten Cluster einer Datei

Dateiverzeichnis (Hauptverzeichnis):

Bytezahl	Bedeutung	
0–7	Dateiname (wenn kürzer, auffüllen mit Leerzeichen)	
8–10	Erweiterung	
11	Dateiattribute	
	01H	R
	02H	H
	04H	S
	08H	Volume-Label
	10H	Unterverzeichnis
	20H	A
22–23	Uhrzeitschlüssel	
24–25	Datumschlüssel	
26–27	Start-Cluster der Datei	
28–31	Dateigröße	

Debug:

Mit Eingabe von DEBUG in der Eingabeaufforderung, können Inhalte von Sektoren von der Festplatte/Diskette angesehen bzw. verändert werden.

Befehle

L (Load) Adresse Laufwerk Startsektor Anzahl_Sektoren
Lädt einen bzw. eine Anzahl von Sektoren an eine bestimmte Adresse, wobei für LW A=0, B=1, C=2 usw. angegeben werden muss.

L 100 2 0 4 lädt bei Adresse 100H vom LW C: beginnend mit Sektor 0 vier Sektoren

D (Dump) Adresse oder Bereich
Zeigt den Inhalt des Speichers.
D 100 zeigt den Inhalt ab Adresse 100H.
D 100 200 gibt den Bereich zwischen 100 und 200 aus.

W (Write) Adresse Laufwerk Startsektor Anzahl_Sektoren
Zurückschreiben von Sektoren auf Festplatte / Diskette nach Veränderungen

Q (Quit) Beenden des Debuggers

3.1.9 Stapelverarbeitung (Batch-Dateien)

Unter DOS ist es möglich, immer wiederkehrende Befehle in einer Datei.bat (Batch-Datei) zu speichern und durch Aufruf dieser Datei abzuarbeiten. Die Datei Autoexec.bat ist eine solche Datei.

Nach Aufruf dieser Datei mit Namen (auch ohne Endung) werden alle Befehle, die in der Datei enthalten sind, von oben nach unten abgearbeitet.

Aufruf:

stapeldatei [parameter1] [parameter2] ......

stapeldatei = Name der Datei
parameter1 = %1
parameter2 = %2

Besonderheiten in Batch-Dateien:

Existenzprüfung

IF EXIST [Datei] Befehl (dann) (sonst)
IF NOT EXIST [Datei] Befehl (dann) (sonst)

Beispiel

Kopieren aller Dateien von Diskette in ein existierendes Verzeichnis. Wenn das Verzeichnis nicht vorhanden ist, dann anlegen.

IF EXIST %1 goto vorhanden	Abfrage, ob Verzeichnis vorhanden. Wenn ja zu Sprungmarke :vorhanden springen
md %1	Verzeichnis anlegen
copy a:*.* %1	Kopieren der Dateien
goto ende	zu Sprungmarke :ende springen
:vohanden	Sprungmarke :vorhanden
copy a:*.* %1	Dateien kopieren
echo Alle Dateien übertragen	Text auf Bildschirm ausgeben
:ende	Sprungmarke :ende

IF EXIST überprüft nur Dateien.

3.1.10 DOS-Startmenü (ab DOS 6.22)

Beispiel: WIN95 und Novell 3.12 auf einer Platte

Config.sys

[MENU]	
Menuitem Novell	Novell Netware Server starten
Menuitem Win95	WIN95 starten
[MENUCOLOR x,y] (0,15)	schwarz, weiß
[MENUDEFAULT 1,10]	nach 10 sec Auswahl starten
[Common]	enthält die Einträge, die von beiden Betriebssystemen genutzt werden

Lastdrive=Z
Files=
Buffers
etc

[Novell]
DEVICE=
DOS=HIGH,UMB
COUNTRY=
etc

Autoexec.bat:

```
Prompt=
PATH=
SET TEMP=
etc

GOTO %Config%

:Novell
Server.exe
GOTO ende

:WIN95
LH DOSKEY.COM
KEYB GR
etc
WIN

:ende
```

3.1.11 Herstellen einer DOS-Startdiskette

1. Leere Diskette mit FORMAT A: /s formatieren.
2. Folgende Dateien sollten auf der Diskette vorhanden sein bzw. auf die Diskette kopiert werden:

   Attrib.exe
   Chkdsk.exe
   Command.com
   Country.sys
   Debug.exe
   Defrag.exe
   Drvspace.exe
   Edit.com
   Ega.cpi
   Emm386.exe
   Expand.exe
   Fdisk.exe
   Format.com
   Himem.sys
   Io.sys
   Keyb.com
   Mem.exe
   Memmaker.exe
   Mode.com

More.com
Mscdex.exe
Msdos.sys
Print.exe
Qbasic.exe
Scandisk.exe
Scandisk.ini
Setver.exe
Share.exe
Smartdrv.exe
Sys.com
Xcopy.exe

Danach ist eine Config.sys und Autoexec.bat (siehe obiges Beispiel) anzulegen.

3.2 WINDOWS NT 4.0

3.2.1 Allgemein

Windows NT 4.0 gibt es in einer Server- und einer Workstation-Ausführung (Client).

Unterschiede: Bei NT-Server sind Mc-Intosh-Dienste, RAID-Toleranz, DNS, WINS und DHCP zu finden, aber nicht bei NT-WS. NT-Server unterstützt unbegrenzte Clientzugriffe, NT-WS nur 10. RAS-Zugriffe bei NT-Server = 256, bei NT-WS nur einer. Clients f. NT-Server: NT-WS, WIN95/98, DOS, WIN3.x und Unix.

Plattform unabhängig:

NT läuft auf allen Intel-*86-, MIPS-, Alpha- und Power-PC-Plattformen.

Kompatibilität:

Zu DOS, 16-Bit und 32-Bit Windows Anwendungen gegeben.

Multiprozessor-Unterstützung:

Asymmetr. = mehrere Prozessoren werden speziell für bestimmte Aufgaben verwendet (nicht unterstützt).

Symmetr. = jeder Prozessor kann jeden Task übernehmen (von NT unterstützt).

NTFS:

Neues Dateisystem mit erheblichen Verbesserungen in Bezug auf Sicherheit, Performance und Stabilität gegenüber FAT.

Sicherheit:

- Hot-Fix-Technologie auf NTFS-Platten
- C2-Sicherheit (Department of Defence)

Bemerkung: Mit dem Treiber „NTFSDOS.EXE“ kann man über das DOS-Betriebssystem auf NTFS-Laufwerke zugreifen, alle Sicherheit umgehen und lesend/schreibend auf die gesicherten Daten-Bestände zugreifen.

Durchgängige Überwachung des Systems durch Logfiles (Protokoll-Dateien), wo festgestellt werden kann, was, von wem, wann getan wurde.

Über System-Monitor Überwachung der Leistungsmerkmale des Systems.

EMF (Enhanced Metafile Spooling):

Wesentlicher Teil der Aufbereitung eines Druckjobs wird auf den Server gelegt. Dadurch wird der Client entlastet und die über das Netz zu transportierenden Datenmengen verringert.

PPTP (Point TO Point Tunneling Protokoll):

Mit PPTP können verschlüsselte Informationen zwischen 2 Punkten (auch im Internet) auch über unsichere Übertragungswege in sicherer Form übertragen werden.

Pakete unterschiedlicher Herkunft (IPX, TCP/IP, NetBEUI) werden dabei von NT unterstützt.

MPR (Multiprotokoll Router):

In NT integrierter Router, mit dem in kleineren Netzumgebungen IPX, TCP/IP und Apple-Talk geroutet werden können.

DNS-Server (Domain Name System):

Kann mit dem WINS-Server (Windows Internet Name Service) zusammenarbeiten. Abfragen, die vom DNS-Server nicht beantwortet wurden, werden an den WINS-Server weitergeleitet.

RAS (Remote Access Service):

NT-Server ermöglicht über RAS eine Anbindung von bis zu 256 entfernten Anwendern über Telefonleitungen. NT-WS kann auch als RAS-Server konfiguriert werden. Es kann aber nur *eine* Verbindung aufgebaut werden. So können Firmenmitarbeiter auch auf Geschäftsreisen auf das Unternehmensnetz zugreifen.

Protokolle unter NT-SRV	
NetBEUI:	Standard-Protokoll unter Windows, nicht routingfähig
NetBIOS:	IBM-Protokoll für kleine Netzwerke
TCP/IP:	Standard für heterogene Netze und WANs
DLC:	für Anbindung an Großrechner
NWLink:	IPX/SPX kompatibles Protokoll für Netware-Anbindung
PPTP:	Mechanismus, mit dem über das Internet als Technologieträger ein virtuelles, privates Netz aufgebaut werden kann, in dem z.B. TCP / IP Pakete in PPTP eingepackt werden, über das Internet verschickt werden und beim Empfänger wieder als TCP / IP Paket zur Verfügung stehen.
NDIS:	für das Binden von mehreren Protokollen an eine Netzwerkkarte gleichzeitig. Dadurch kann eine WS an mehreren, verschiedenen Servern gleichzeitig angeschlossen sein.

Netzintegration:

Homogene Netze gibt es nur in der Theorie. NT fügt sich problemlos in heterogene Netze mit LAN-Manager, Novell, Mc Intosh und TCP/IP Umgebungen ein.

Alle Administratortools sind grafisch vorhanden. Für Administratoren von NT-Servern über das Netz gibt es erweiterte Werkzeuge (Codename „Nexus"), die auch unter WIN95/98 und NT-WS verwendet werden können.

Fernverwaltung: Verwaltungsarbeiten können von jeder beliebigen WS durchgeführt werden, z.B. mit den Client-Based-Admin-Tools vom NT-Server Ressource-Kit.

Internet/Intranet Technologien:

Internet Informations Server:	WWW-, Gopher-, FTP-Server
Index Server:	Volltextrecherchen über HTML
Front Page:	um Internet-Angebote/Applikationen zu erstellen

3.2.2 Konzeption von WIN NT

- Eines der wesentlichen Kriterien bei der Entwicklung von NT war, so viel wie möglich Hard- und Softwarekompatibilität herzustellen. So lässt sich NT z.B. problemlos in Netware-Umgebungen integrieren.
- NT ist ein 32-Bit-Betriebssystem.
- Funktionen zur Realisierung leistungsfähiger Client/Server-Applikationen sind von Haus aus eingebaut. Remote-Procedure-Calls (RPC's) z. B. erlauben es, eine Server-Applikation auf einem NT-Server-Rechner ablaufen zu lassen, während der Client-Part der Applikation auf anderen Rechnern zur Ausführung gelangt (Distributed Applikation). NT stellt somit eine hervorragende Plattform als Applikations-Server dar.
- NT ist so konzipiert, dass eine fehlerhaft laufende Anwendung das Betriebssystem selber nicht zum Absturz bringen kann.
- Kein ASCI-Zeichensatz mehr (255 Zeichen), sondern ISO-Zeichensatz (65535 Zeichen).

NT benutzt die Betriebsmodi moderner Prozessoren, welche in der Regel mindestens einen previligierten Modus besitzen, in dem alle CPU-Instruktionen sowie Zugriffe auf die Speicherbereiche möglich sind. Demgegenüber steht der nicht previligierte Modus, der nur die Ausführung bestimmter CPU-Instruktionen und keine Zugriffe auf den vom System belegten Speicher zulässt.

Previligiert und nicht previligiert werden auch als Kernel-Mode und User-Mode bezeichnet. Das Betriebssystem läuft im Kernel-Mode, während höhere Bereiche des Betriebssystems und Applikationen im User-Mode ablaufen.

Multitasking:

Abarbeiten von mehreren Prozessen in bestimmten Zeiteinteilungen (Eindruck von gleichzeitigem Abarbeiten entsteht).

Multithreading:

Alle Prozesse werden strikt voneinander getrennt und bekommen eigene Ressourcen (Speicherbereiche). Ein Prozess wird in einzelne Schritte unterteilt (Threads), die dann parallel bearbeitet und gesteuert werden.

Eine Applikation kann für einen Prozess mehrere Threads erstellen, die dann parallel in einem Task ablaufen.

Prozess:

Ein Programm stellt eine statische Ablauffolge von Befehlen dar, während ein Prozess für eine dynamische Ausführung unter Benutzung dafür bereitgestellter Ressourcen steht. Unter NT umfasst ein Prozess einen privaten Adressbereich sowie ein Set von für den Prozess sichtbaren Ressourcen.

Thread:

Stellt die kleinste auszuführende Einheit innerhalb eines Prozesses dar. Wird ein Thread ausgeführt, befindet er sich im Adressbereich des Prozesses zusammen mit den anderen Threads. Jeder Prozess besteht aus mindestens einem Thread.

HAL (Hardware Abstraction Layer):

Führt eine Software-Abstrahierung für Hardware-Komponenten durch.

Micro-Kernel:

Bildet das Herz des Betriebssystems und nimmt alle grundlegenden Aufgaben wahr.

I/O-Manager:

Verwaltet alle Ein- und Ausgaben für die vom Betriebsystem gesteuerten Geräte und hat folgende Schichten:

1. Device-Driver — stellen Geräte-Treiber dar.
2. Network-Driver — sind für die Kommunikation im Netz verantwortlich.

3.	File-Systems	NT unterstützt mehrere Dateisysteme (NTSF, FAT, HPSF), die sich parallel nutzen lassen.
4.	Cache-Manager	führt ein Caching des gesamten I/O-Systems durch um die Performance von Zugriffen zu steigern.

Objekt-Manager:

Verwaltet, kreiert und entfernt Objekte, die der Darstellung der Ressourcen des Betriebssystems dienen.

Process-Manager:

Ist für die Erstellung und Löschung von Prozessen und Treads zuständig.

Security-Reference-Monitor:

Bildet das Fundament für das Sicherheitssystem von NT und prüft die Zugriffe auf Objekte (Benutzerprivilegien).

Lokal-Procedure-Call-Facility (LPC):

Ist für die interne Kommunikation, wenn Anfragen an einen Server kommen, dieser die Bearbeitung übernimmt und nur das Ergebnis zurück liefert.

Vitual-Memory-Manager (VMM):

Sorgt für die virtuelle Speicherverwaltung (Auslagerung bei Speichermangel).

Windows-Manager, GDI und Graphic-Device-Drivers:

War früher im User-Mode implementiert und ist nun Bestandteil des Kernel-Modes. Dies schlägt sich in gesteigerter Performance bei grafikintensiven Anwendungen nieder, wofür jetzt aber auch ein neuer Grafiktreiber notwendig ist.

Subsysteme:

Sind für die Möglichkeit verschiedene Anwendungen aus anderen Betriebsystemen unter NT einzusetzen. Möglich sind: Dos- und Win-16-Bit-Anwendungen, Posix-Anwendungen, OS/2-Anwendungen oder für eigene NT-Anwendungen Win32.

Dienste:

NT verwendet sog. Dienste. Dies sind Programme, die vom Benutzer unbemerkt im Hintergrund ablaufen und Systemfunktionen zur Verfügung stellen (vergleichbar mit Dämonen unter Unix). Dienste können in der SYSTEMSTEUERUNG | DIENSTE gestartet/beendet werden.

3.2.3 Dateisysteme im Vergleich

Name	FAT	NTFS	NETWARE	FAT32
Betriebssystem	WIN95 NT 4 DOS	NT 4	3.12	WIN98 WIN95
Part. Größe	2 GB	16 EB	32 TB	8 GB
Max. Datei-Größe	2 GB	16 EB	Name Space abhängig	4 GB
Dateiname	8+3	255	255	255
Sicherheit Dateisystem	Nein	Ja	Ja	Ja
Zugang durch	DOS NT 4 WIN95 OS/2 Netware	NT 4	NETWARE	WIN95 WIN98 WIN2000

3.2.4 Systemvoraussetzungen

CPU	x86 basierter (80486/33 oder höher) Prozessor Digital-Alpha-AXP-basierter Prozessor
RAM	CISC-CPU = 12MB RISK-CPU = 16MB
Festplatte	CISC = 110MB RISC = 150MB
Grafik	VGA oder besser

3.2.5 Installation (von CD-Rom)

Die wichtigsten Parameter des Installationsprogramms WINNT.EXE sind:

/b Installation ohne Herstellung der 3 Bootdisketten

/c Überprüfung des verfügbaren Speicherplatzes überspringen

/l Protokoll-Datei erzeugen, die alle Fehler der Installation dokumentiert

/ox Die 3 Bootdisketten erzeugen und dann stoppen

Installation:

CD-Rom, wie im Kapitel „Installation von Komponenten | Aufbauen eines PC's" beschrieben lauffähig machen. Platte muss eingerichtet sein.

CD ins CD-ROM legen und WINNT.EXE /b, welches im Ordner /i386 liegt, ausführen.

(Die Installationsdateien werden temporär auf die Platte kopiert).

Massenspeicher erkennen lassen.

(Mit einigen CD-ROM's / SCSI-Platten können Probleme entstehen.)

Durch Drücken der s-Taste kann das Erkennen übersprungen werden und spezielle Treiber selber ausgewählt werden.

Hard- und Software-Komponenten, wie Maus, Tastatur, Monitor und dazugehörige Treiber werden gesucht (Liste bestätigen oder Änderungen vornehmen).

Partition auswählen, in der NT installiert werden soll.

(NT kann auch in einen unpartitionierten Bereich installiert werden, Partition wird dann eingerichtet.)

Zu verwendendes Dateisystem auswählen (NTFS, FAT).

Eine bestehende FAT-Partition kann in NTFS umgewandelt werden (dies kann aber auch nach der Installation noch durchgeführt werden, CONVERT <LW>: /FS:NTFS /v im DOS eingeben). Die Konvertierung erfolgt erst nach dem ersten Neustart von NT. Von NTFS nach FAT kann nicht konvertiert werden.

Achtung: NTFS-Partitionen sind mit dem normalen FDISK nicht mehr zu entfernen, da die NTFS-Partitionen meistens nicht erkannt werden.

Abhilfe: OS/2 Boot-Disketten besorgen. Mit dem darauf enthaltenen FDISK werden NTFS-Partitionen als HPFS-Partitionen erkannt, und können damit auch entfernt werden.

NT-Stammverzeichnis angeben, in das NT installiert werden soll.

Festplatte wird auf Beschädigung überprüft.

(Art der Überprüfung auswählen.)

↓

Neustart des Computers

↓

Lizenzvertrag zustimmen.

(Dateien werden kopiert.)

↓

Namen angeben

↓

Lizenzierungsmodus (nur NT-Server) wird durchgeführt.

(Lizenz pro Server = Jedem Server wird eine bestimmte Anzahl von Client-Lizenzen zugewiesen.
Die Anzahl der gleichzeitigen Verbindungen zum Server darf diese Anzahl nicht überschreiten.
Lizenz pro Arbeitsplatz = Clients können auf jeden beliebigen Server zugreifen und auf den Server können eine beliebige Anzahl von Clients zugreifen.)

Computer-Name angeben

Server-Typ (nur NT-Server) angeben.

(Siehe Abschnitt „Arbeitsweisen des Servers".)

Administrator-Kennwort angeben

Notfalldiskette erstellen

(Siehe Abschnitt „Informationen zur Notfall-Diskette".)

Auswählen, ob der Computer an das Netzwerk angeschlossen werden soll.

(Über Modem oder Netzwerkkarte (im Falle von beidem, beide Kästchen ankreuzen).)

Die Netzwerkkarte muss ggf. vorher über das eigene Setup-Programm konfiguriert werden (IRQ, Anschluss, I/O Adresse, etc. (Siehe Abschnitt „Netzwerk konfigurieren").)

Auswählen, ob der Internet / Intranet-Dienst installiert werden soll.

(NT-Server = Internet-Information-Server,
NT-WS = Peer Web Server)

Netzwerkkarte suchen lassen oder auswählen.
(Die gefundenen Einstellungen (IRQ, etc.) bestätigen oder neu einstellen. Dies muss mit den vorher im eigenen Setup der Karte gemachten Einstellungen übereinstimmen.)

Netzwerk-Protokoll auswählen

Bei Verwendung von TCP / IP, dieses dem Netzwerk entsprechend konfigurieren.

(Siehe Abschnitt „Netzwerk konfigurieren".)

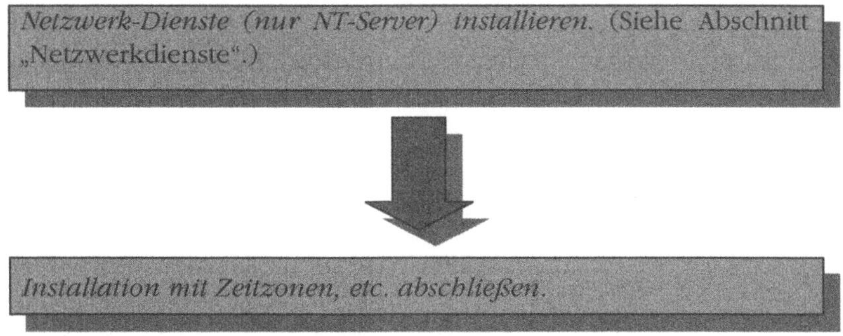

3.2.6 Integration von Standard-Hardware

NT ist kein WIN95/98, was heißt, dass Geräte nicht immer aut. erkannt und so konfiguriert werden, dass kein Hardware-Konflikt ensteht (Plug&Play). Ressourcen müssen oft von Hand vergeben und konfiguriert werden. Trotzdem kann diese Fähigkeit nachinstalliert werden (sollte dies nicht bei der Installation geschehen sein). Dazu ist auf der Installations-CD ins Verzeichnis \DRVLIB\PNPISA\X86 zu wechseln und mit der rechten Maustaste die Datei PNPISA.INF anzuklicken. Im Kontext-Menü „installieren" auswählen. Der Plug&Play-Geräte-Treiber wird daraufhin installiert und ins System eingebunden. In der SYSTEMSTEUERUNG | GERÄTE muss jetzt der PNP ISA Enabler Driver erscheinen. Nach einem Neustart können jetzt auch PnP-Karten erkannt werden.

Grafikkarte:

Start | Einstellungen | Systemsteuerung | Anzeige | Einstellungen | Konfiguration | Ändern

Netzwerkkarte / ISDN-Adapter:

Start | Einstellungen | Systemsteuerung | Netzwerk | Netzwerkkarte | Hinzufügen, dann ausgewählte Netzwerkkarte selektieren | Eigenschaften (IRQ, I/O, Anschluss konfigurieren)

Festplatten / CD-Rom:

(Festplatten und CD-ROM's werden bei NT als SCSI-Geräte verwaltet (warum auch immer).)
Start | Einstellungen | Systemsteuerung | SCSI Geräte | Gerät selektieren | Hinzufügen (IRQ, I/O, konfigurieren).

Soundkarte: (Multimedia)

Start | Einstellungen | Systemsteuerung | Multimedia | Geräte | Hinzufügen

Start
Einstellungen
Systemsteuerung
Anzeige

anderen Grafik-Treiber wählen

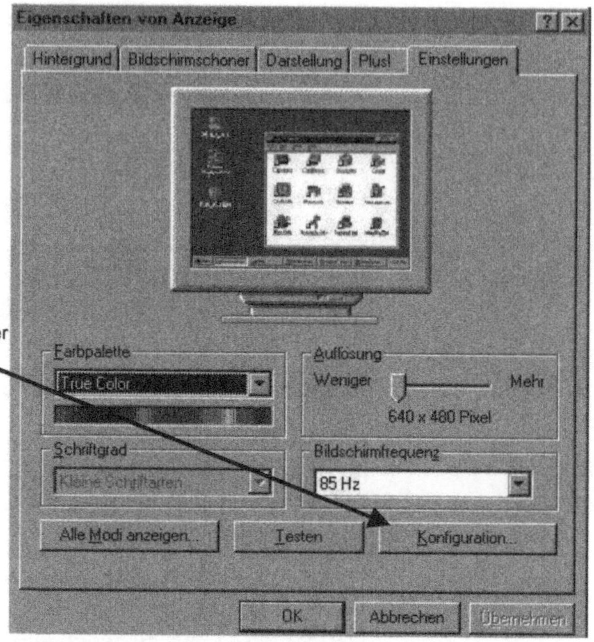

hier weiter

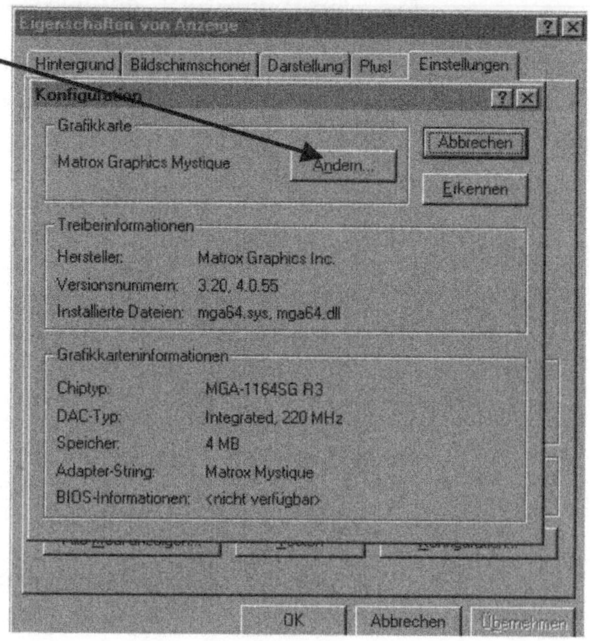

Abb. 1 Integration einer Grafikkarte

Anschlüsse: (COM, LPT)

Start | Einstellungen | Systemsteuerung | Anschlüsse | Hinzufügen

Drucker:

Start | Einstellungen | Drucker | Neuer Drucker (Drucker am Arbeitsplatz oder Netzdrucker auswählen)

Modem:

Start | Einstellungen | Systemsteuerung | Modems | Hinzufügen, dann Modem selektieren | Eigenschaften

Achtung: NT nutzt standardmäßig nur 256 K L2-Cache. Damit z.B. 512 kB oder 1 MB (auf heutigen Boards vorhanden) genutzt werden, muss in der Registry folgender Eintrag verändert werden:

HKEY_LOCAL_MACHINE\SYSTEM\CURRENT\CONTROLSET\
CONTROL\SESSIONMANAGER\MEMORYMANAGMENT\
Second Level Data Cache

= 0Hex (256 k)
= 200Hex (512 k)

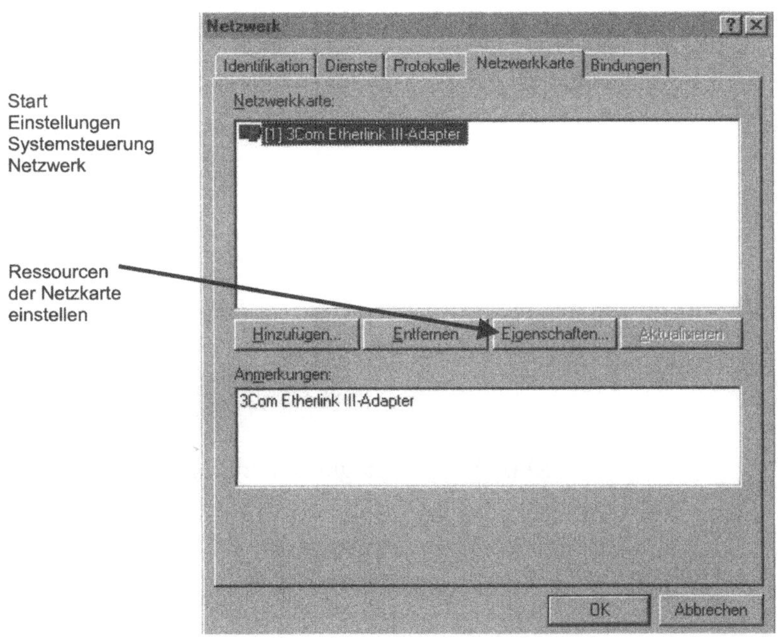

Abb. 2 Integration einer Netzwerkkarte

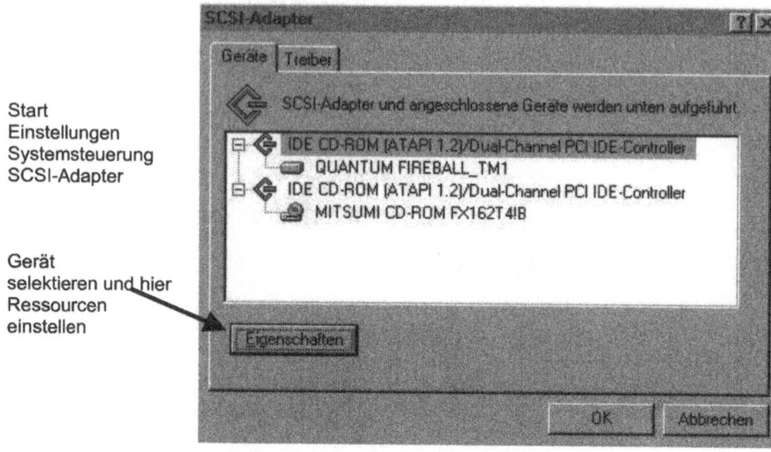

Abb. 3 Integration einer Festplatte/CD-ROM

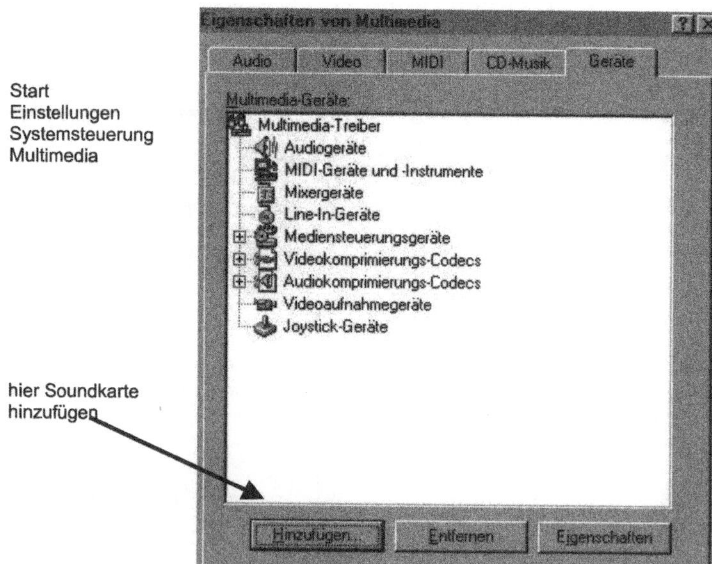

Abb. 4 Integration von Multimedia

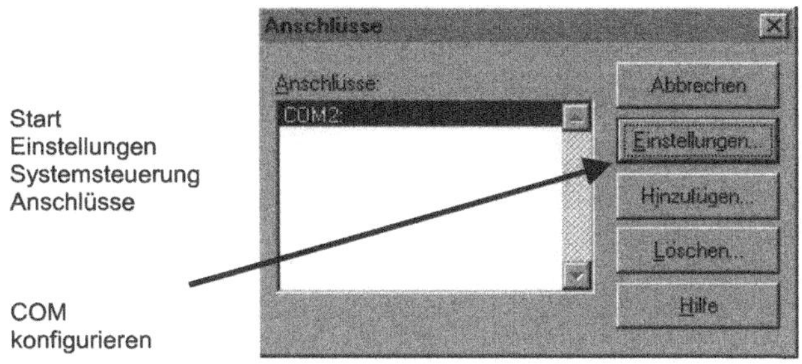

Abb. 5 Integration von Anschlüssen

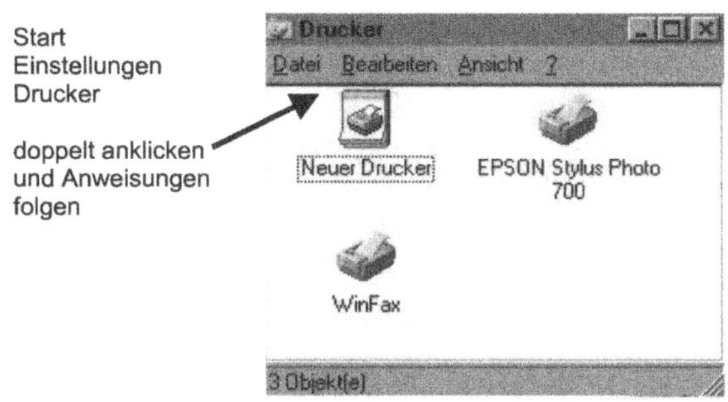

Abb. 6 Integration von Druckern

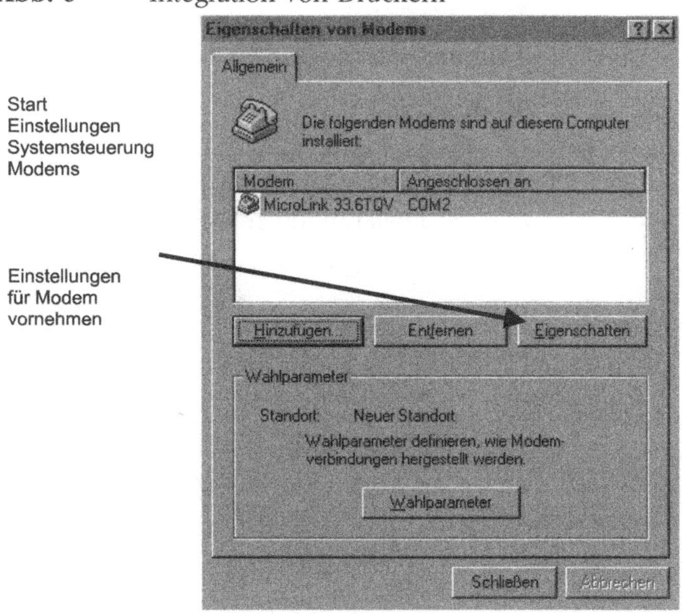

Abb. 7 Integration von Modems

3.2.7 Netzwerkzugriff konfigurieren

Start | Einstellungen | Systemsteuerung | Netzwerk

Identifikation:

- Computer-Name
- Arbeitsgruppen-Name (in Peer-To-Peer-Netzwerk)
- Domänen-Name (in Domäne) angeben
- Computerkonto in Domäne erstellen (nur NT-WS, kann nur der Administrator der Domäne mit dem entsprechenden Kennwort)

Dienste:

Hinzufügen | Dienst hinzufügen (mehr Informationen der Netzwerkdienste siehe Abschnitt 3.2.9 „Netzwerkdienste").

Protokolle:

Hinzufügen | Protokoll hinzufügen (mehr Informationen zu der Konfiguration der Protokolle siehe Abschnitt 3.2.8 „Protokolle konfigurieren").

Netzwerkkarte:

Wie unter Integration von Standard-Hardware beschrieben.

Bindungen:

Sie sind die Verbindungen zwischen Netzwerkdiensten, Protokollen und Netzkarten-Treibern. Die Bindungen können hier aktiviert, deaktiviert und verändert werden.

Start
Einstellungen
Systemsteuerung
Netzwerk

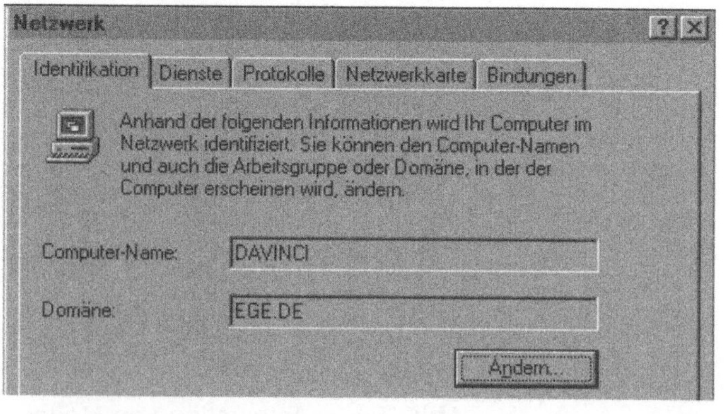

Abb. 8 Netzwerk-Identifikation

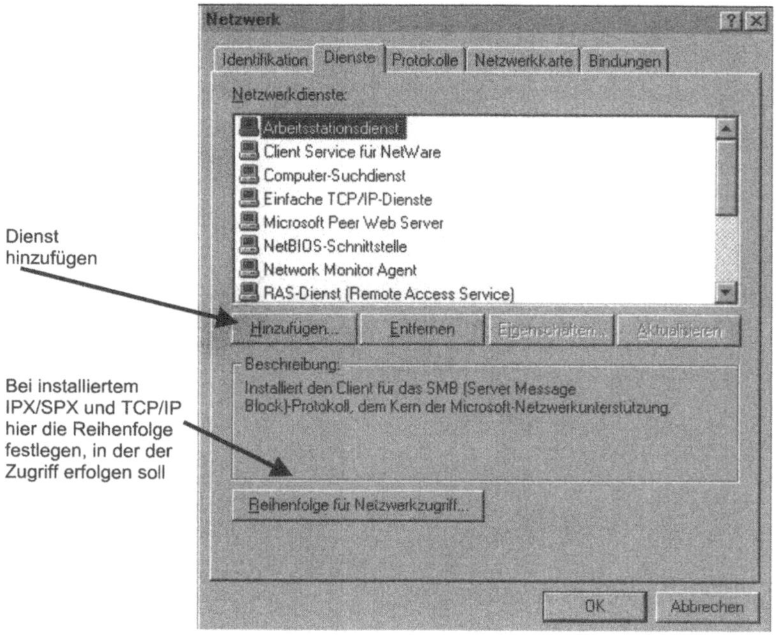

Abb. 9 Netzwerk-Dienste

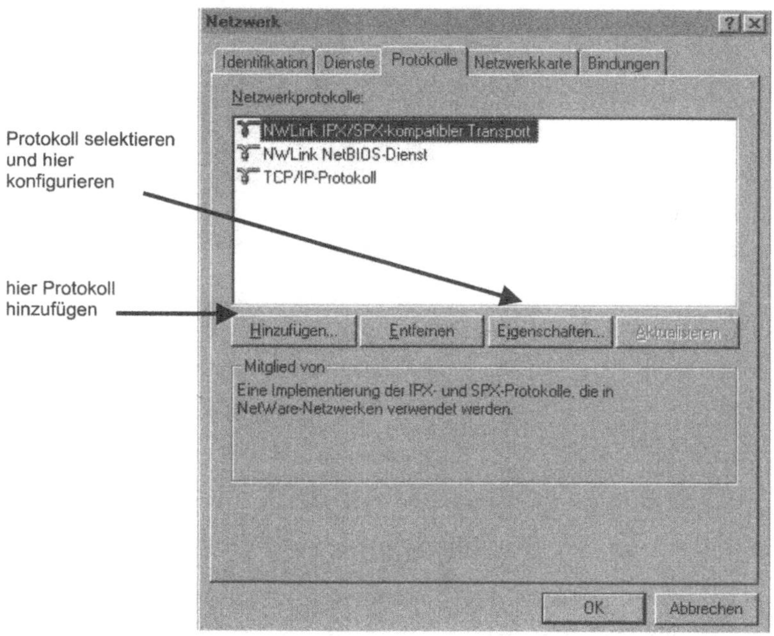

Abb. 10 Netzwerk-Protokolle

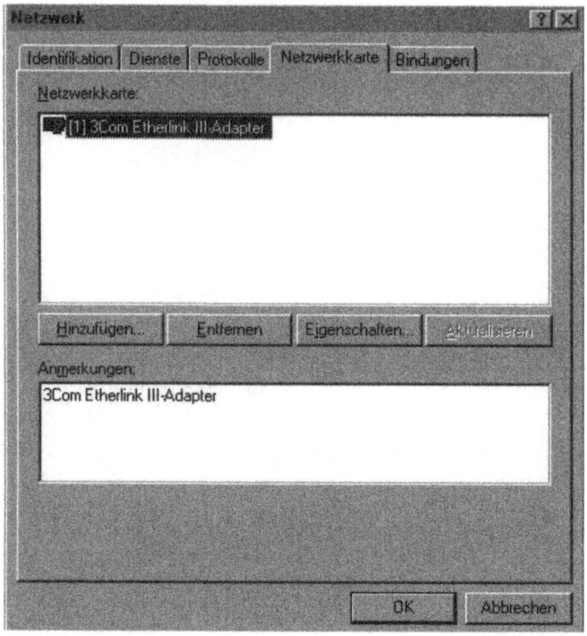

Abb. 11 Netzwerkkarte

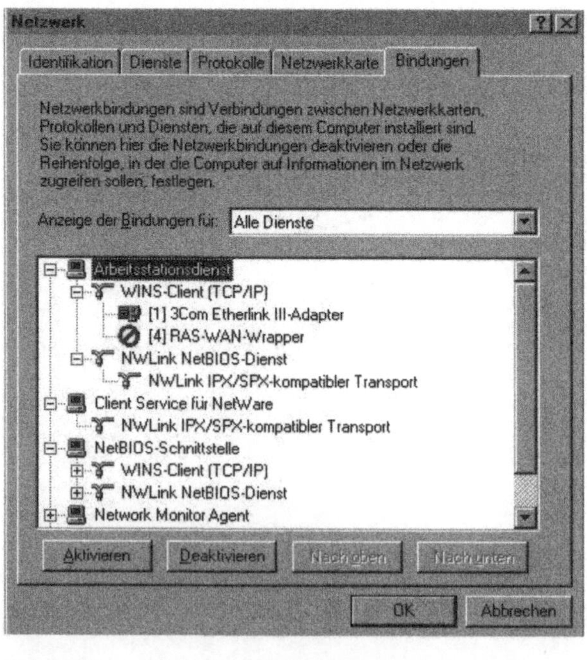

Abb. 12 Netzwerk-Bindungen

3.2.8 Protokolle konfigurieren

TCP / IP:

Start | Einstellungen | Systemsteuerung | Netzwerk | Protokolle | TCP/IP Protokoll selektieren | Eigenschaften

IP-Adresse

- Netzwerkkarte
- IP-Adresse
- Subnet-Mask

des Computers angeben

Optional:

- Standard-Gateway (Router zu anderen Netzwerken) angeben, wenn vorhanden
- von DHCP beziehen, wenn vorhanden (siehe Abschnitt 3.2.29 „DHCP-Server"), dann aber keine IP-Adresse von Hand vergeben.

DNS

- eigene Computernamen
- eigene Domäne
- IP-Adresse des DNS-Servers
- Domänen-Suffix (z.B. ege.de)

hinzufügen, wenn DNS benutzt wird (siehe Abschnitt 3.2.27 „DNS-Server")

WINS

- Netzwerkkarte
- primärer / sekundärer WINS-Server
- angeben, wenn vorhanden (siehe Abschnitt 3.2.28 „WINS-Server")
- DNS-Auflösung aktivieren, wenn vorhanden

Routing

IP-Forwarding aktivieren

IPX / SPX:

- Netzwerkkarte
- Rahmentyp (siehe Kapitel „Novell-Netware")

angeben.

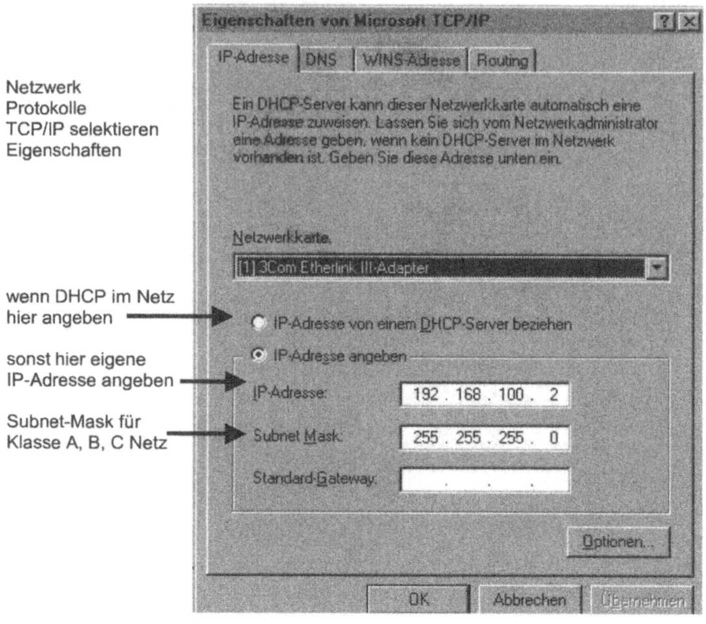

Abb. 13 TCP/IP IP-Adresse

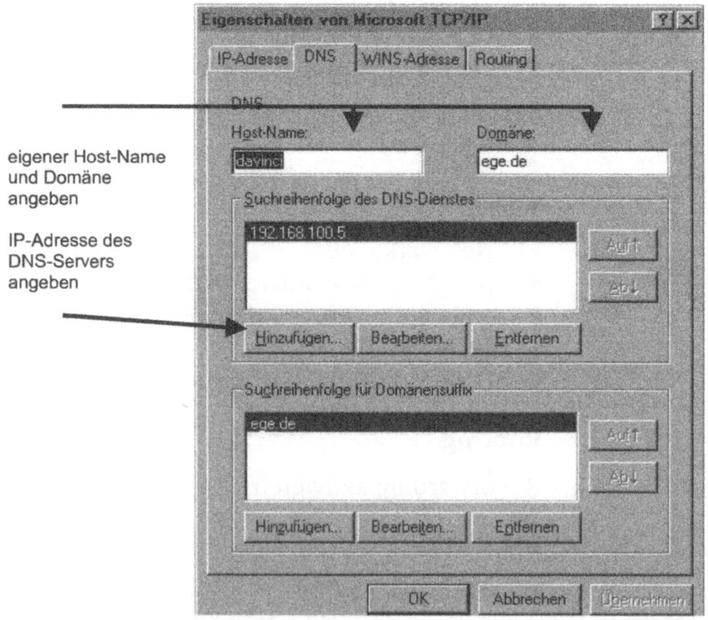

Abb. 14 DNS

IP-Adresse des
WINS-Servers
angeben

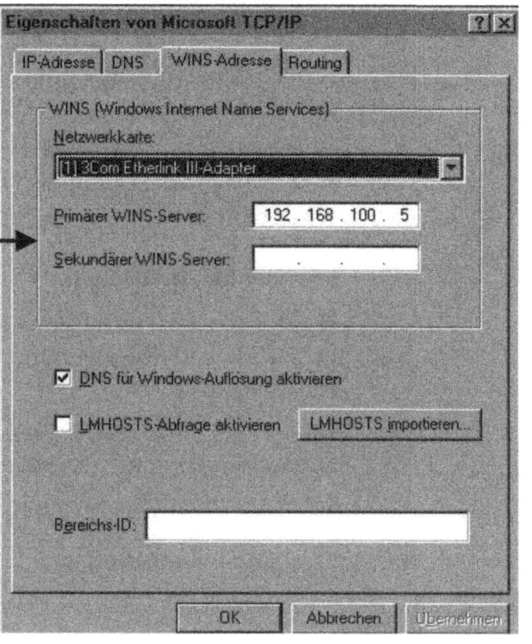

Abb. 15 WINS

Netzwerk
Protokolle
IPX/SPX selektieren
Eigenschaften

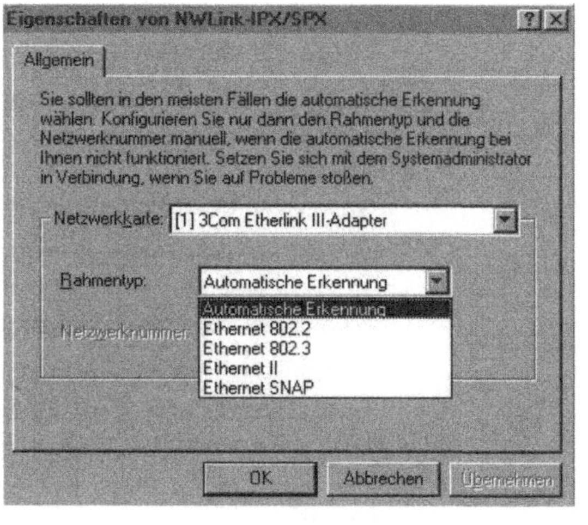

Abb. 16 IPX/SPX

3.2.9 Netzwerkdienste (Netzwerkumgebung | Dienste)

Server-Dienst (kann bei NT-Server über Eigenschaften konfiguriert werden):

Er beantwortet Anfragen vom Netzwerk. Er ist der Dienst, der dem Netzwerk den Zugriff auf die Ressourcen des Computers ermöglicht.

Arbeitsstationsdienst:

Er ist für die Verbindung zu einem entfernten Computer mit NeTBIOS und für die Zugriffe auf die Dienste des Computers verantwortlich.

Manchmal wird dieser Dienst auch als REDIRECTOR bezeichnet (unter Novell), da er Anforderungen eine Datei zu lesen, über das Netzwerk umleitet.

Computer-Suchdienst:

Er ist für den Aufbau und Verwaltung einer Liste der Computer im gleichen phys. Teilnetz verantwortlich. Er meldet seine Existenz im Netzwerk alle 12 Minuten. Den Hauptsuchdienst übernehmen NT-Server, NT-WS, WIN95/98, WfW, in dieser Reihenfolge, je nachdem, welches Betriebssystem vorhanden ist.

Client-Service für Netware (CSNW):

Befähigt den Computer, auf Dateien und Drucker auf einem Netware-Server zuzugreifen.

Microsoft-Peer-Web-Server: (nur NT-WS)

Installiert einen Intranet-Web-Server auf der Workstation.

Microsoft TCP/IP-Druckdienste:

Konfiguriert den Computer als Druck-Server, an den TCP/IP-basierte Clients (z. B. Unix-Systeme) Druckaufträge senden können (siehe Abschnitt 3.2.31 „Konfigurieren von TCP/IP Druckern“).

RAS-Dienst (Remote Access Service):

Er befähigt den Computer, über Telefonleitungen oder das Internet mit Remote-Netzwerken in Verbindung zu treten (siehe Abschnitt 3.2.26 „RAS unter WIN NT“)

SNMP-Dienst:

Er befähigt den Computer, via TCP/IP Statusinformationen an Netzwerkverwaltungsstationen zu übertragen.

3.2.10 Netzwerkschichten von Microsoft

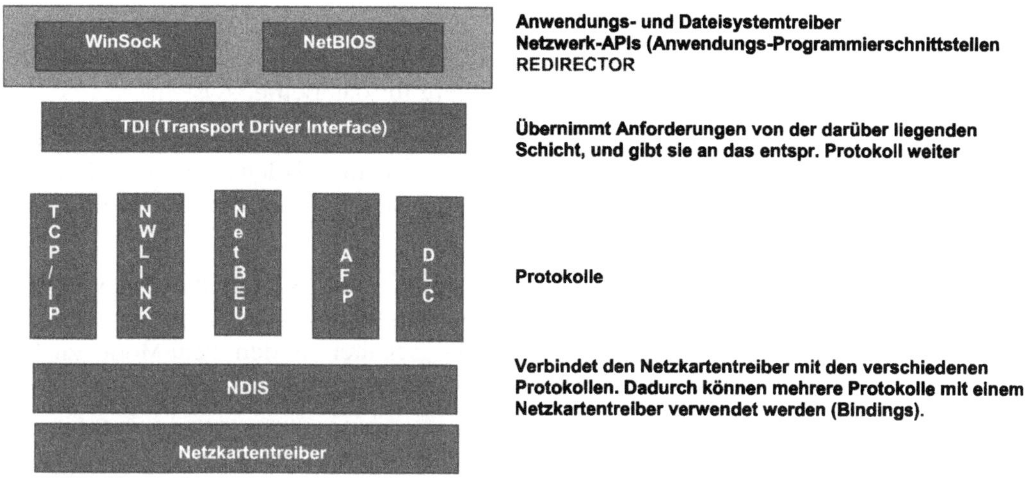

Abb. 17 Netzwerkschichten von Microsoft

Sollen Daten von einem zu einem anderen System gesendet werden (z.B. mit dem Explorer), werden die APIs aufgerufen, um Zugriff auf das Netzwerk zu erhalten, von denen dann ein SMB (Server Massage Block) erzeugt wird. Der Redirector übergibt den SMB an TDI, welche den korrekten Weg der Daten an das Remote-System lokalisiert und die Daten an das zu verwendende Protokoll übergibt. Das Protokoll übersetzt die Daten in einen eigenen Befehlssatz. NDIS übernimmt die Instruktionen vom Protokoll und übergibt sie unter Verwendung der LANA-Nummer (Nummer, unter der ein Protokoll an eine Netzwerkkarte gebunden wurde (Binding)) an den Netzkarten-Treiber. Der Karten-Treiber formatiert die Daten für die verwendete Topologie, fasst die Daten zu Datenblöcken (Frames) zusammen und übergibt sie an die Netzwerkkarte. Die Netzwerkkarte übergibt die Daten ins Kabel. (Frame = aut., sonst Frame 802.2 f. IPX/SPX u. NetBEUI, Frame Ethernet II f. IPX/SPX u TCP/IP verwd.).

3.2.11 Bootprozess

1. CPU wird in den Real-Modus geschaltet.
2. POST wird ausgeführt.
3. Aktiver Datenträger wird gesucht, von dem gebootet wird.
4. Erster Sektor der Platte, in dem sich der MBR befindet, wird gelesen.
5. MBR sucht nach Partitionstabelle und aktiver Partition.
6. In dieser Partition ist bei NT ein Boot-Rec enthalten, der das Prg. NTLDR lädt (LadePrg für das Betriebssystem).
7. NTLDR greift auf die Datei BOOT.INI zu, welche die Infos enthält, welches Betriebssystem geladen werden soll (Boot-Manager) BOOT.INI muss sich im Root der akt. Partition befinden.
8. Wird nicht NT ausgewählt, greift NT auf die Datei BOOTSEC.DOS zurück, die Infos zum Startvorgang des anderen Betriebssystems enthält, schaltet in den Real-Mode zurück und führt den Startvorgang so durch, als wenn es das erste gefundene Betr.Sys. ist.
9. Wird NT ausgewählt, wird NTDETECT.COM ausgeführt, welche die Hardware analysiert.
10. NTOSKRNL.EXE (Kernel) wird geladen, welcher die von NTDETECT.COM gesammelten Infos übergeben bekommt. Der Kernel wird wie jede andere Anwendung behandelt.
11. Sodann wird die HAL geladen (ist für die Abschottung des Kernels von der verwendeten Hardware verantwortlich.
12. Als Nächstes wird der System-Hive (Systeminformationen) geladen, welcher ein Teil der Registry ist und welcher alle Infos über die Konfiguration von NT enthält (Daten darüber, welche Einheitentreiber, Subsysteme und Dienste geladen werden sollen).
13. Es erfolgt nun die Initialisierung des Kernels (alle internen Werte auf einen vorgegebenen Anfangswert setzen, Bildschirm wird blau).
14. Die aktuelle Konfiguration wird gespeichert und die Registry-Hardware-Liste wird erzeugt.
15. Nun beginnt die Arbeit von NT.

Wenn es in dieser Phase zu Fehlern kommt, sollte im VGA-Modus gestartet werden, da dabei angezeigt wird, welche Treiber geladen werden.

Andere Möglichkeit:

NTDETECT.COM versucht, die installierte Hardware zu erkennen. Die normale NTDETECT.COM teilt ihre Erkennungen aber nicht mit. Damit erkannt werden kann, welche Komponente den Fehler verursacht hat, sollte NTDETECT.COM gelöscht werden und an deren Stelle aus dem Verzeichnis SUPPORT (Inst.CD) die Datei NTDETECT.CHK installiert und in NTDETECT.COM umbenannt werden. Jetzt werden beim Erkennen der Hardware alle Informationen dazu am Bildschirm ausgegeben, sodass nun festgestellt werden kann, welche Komponente den Absturz verursacht hat.

Sollte ein Blue-Sreen-Fehler (Stop-Fehler) auftreten, können den dabei ausgegebenen Fehlermeldungen wichtige Informationen entnommen werden. Stop-Fehler werden meistens von der Hardware oder den Geräte-Treibern verursacht.

16. Als Nächstes wird aufgeräumt, um so viel wie möglich Speicher freizugeben.
17. Der Session-Manager wird geladen, der dafür sorgt, das MultiThreading benutzt werden kann.
18. Parallel zum Laden der Dienste wird jetzt der Anmeldevorgang gestartet.

Achtung:
Die Partition, die die Boot-Dateien enthält, wird System-Partition genannt.
Die Partition, die die System-Dateien enthält, wird Boot-Partition genannt.

3.2.12 Boot.ini

Die Boot.ini kann mit jedem Text-Editor bearbeitet werden.

[boot loader]

timeout=30 (Zeit bis gestartet wird)
default=multi(0)disk(0)rdisk(0)partition(2)\NT40S_1.381
(welches Betriebssystem ohne Eingriff nach timeout gestartet wird)

[operating systems]

multi(0)disk(0)partition(2)\NT40_1.381="Windows NT Server"
multi(0)disk(0)partition(2)\NT40_1.381="Windows NT Server VGA Modus"/basevideo /sos

Beschreibung

multi = Festplatte, die über das BIOS angesprochen wird
scsi = Wenn SCSI-Platte eingebaut ist
/basevideo = Standard VGA-Treiber benutzen
/sos = führt alle geladenen Treiber während der Startphase auf

Wert	scsi	Multi
disk(x)	scsi-ID d. LWs	immer 0
rdisk(x)	Logical Unit Number	phys. LW (0-3)
partition(x)	Nummer der Partition, auf der sich NT befindet (1=C:, 2=D:)	Nummer der Partition, auf der sich NT befindet (1=C:, 2=D:)

3.2.13 Herstellen einer NT-Startdiskette

1. Eine leere Diskette muss unter laufendem WIN NT formatiert werden.
2. Folgende Dateien sind aus dem Stammordner der Systempartition auf die Diskette zu kopieren:

- NTLDR
- BOOT.INI
- NTDETECT.COM
- BOOTSEC.DOS (nur bei Dual-Bootsystem mit einem anderen Betriebssystem)
- NTBOOTDD.SYS (nur wenn SCSI-Syntax in der BOOT.INI verwendet wird)

Achtung: Diese Startdiskette kann auch für jedes andere NT-System verwendet werden, nicht nur für das, womit die Startdiskette erstellt wurde. In der Boot.ini ist dann nur die entsprechende Partition anzugeben, auf der sich das Verzeichnis mit den System-Dateien befindet (Verzeichnis winnt).

Es lässt sich sowohl NT-Workstation als auch NT-Server mit der Diskette starten.

3.2.14 Informationen zur Notfall-Reparatur-Diskette (ERD)

Während der Installation von Windows NT kann eine Notfalldiskette hergestellt werden. Diese Diskette lässt sich allerdings auch noch nachträglich, nach der Installation herstellen, in dem man das Programm RDISK.EXE aufruft. RDISK.EXE liegt im Verzeichnis /WINNT/SYSTEM32 und kann über START | AUSFÜHREN aufgerufen werden (natürlich kann auch ein Link auf RDISK im Ordner „Verwaltung" erstellt werden).

Der Inhalt der Notfalldiskette befindet sich auch gepackt im Verzeichnis /WINNT/REPAIR. Diese Dateien können mit EXPAND.EXE dekomprimiert werden.

Achtung: Die Notfalldiskette muss immer neu erstellt oder aktualisiert werden, wenn Änderungen am System vorgenommen wurden, da ansonsten die Dateien auf der ERD-Disk nicht dem neuesten Stand entsprechen.

Aktualisieren:

Über die Schaltfläche AKTUALISIEREN wird lediglich der Inhalt von /WINNT/REPAIR auf die Disk kopiert. Deswegen ist es wichtig, dass der Inhalt von /WINNT/Repair vorher auf dem neuesten Stand gebracht wird. Dies wird dadurch erreicht, dass RDISK.EXE mit dem Schalter /S aufgerufen wird. RDISK /S aktualisiert die System-Dateien, bevor sie auf die ERD-Disk gespeichert werden. Nur bei diesem Vorgang wird auch die Registry gesichert.

Erstellen:

Über die Schaltfläche ERSTELLEN wird eine Notfalldiskette erstellt.

Achtung: Es werden nicht die Dateien DEFAULT_, SECURITY_ oder SAM_ aktualisiert oder auf Diskette gespeichert, wenn RDISK nicht mit dem Schalter /S aufgerufen wurde.

Mehrere Disketten werden von Programm angefordert, wenn eine nicht ausreichen sollte.

Notfall-Reparaturvorgang starten:

Die Original 3 Bootdisketten werden benötigt. Diese können auch über die Installations-CD mit dem Aufruf von WINNT /O oder OX hergestellt werden.

Der Einrichtvorgang fragt, ob NT installiert oder repariert werden soll. Danach werden die restlichen Install-Disketten abgearbeitet. Sodann können diverse Optionen zur Reparatur ausgeführt werden.

3.2.15 Arbeitsweisen des Servers

Primary-Domain-Controller (nicht in Peer-Netzen):

Der PDC verfügt über die primäre Kopie der Benutzer-Datenbank in WinNT\System32\Config, in der alle Informationen über Benutzer, Gruppen und Rechte an Dateien, Verzeichnissen und Funktionen abgelegt sind.

Backup-Domain-Controller (nicht in Peer-Netzen):

Es kann ein-, oder mehrere BDCs in einem Netzwerk geben.

Der BDC verfügt über die Kopie der Benutzer-Datenbank des Primary Controllers. Er kann bei Ausfall des Primary Controllers über den „Server-Manager" zum Primary Domain Controller (PDC) herauf gestuft werden und so den weiteren Betrieb des Netzes Gewähr leisten (über ServerManager | Computer | Heraufstufen).

allein stehender Server (in Peer und Domain Netzen):

Reiner File und Print Server, der nur über eine lokale Benutzer-Konten-Datenbank verfügt.

Trusted-Domains (vertraute Domänen):

Wenn Benutzer und Ressourcen so groß werden, dass sie nicht mehr strukturiert werden können, stoßen Domänen an ihre Grenzen (Peer-Netze schon viel früher). Hier kann z.B. die NDS von Novell Abhilfe schaffen. Microsoft hat dafür die Trusted Domains eingeführt.

Es sollten Domänen nach org. Einheiten gebildet werden. Müssen Domänen übergreifende Zugriffe gemacht werden, muss eine Trusted-Domain erstellt werden (Benutzer-Manager | Vertrauensstellungen).

Vorteile: Benutzer können auch in großen Netzwerken auf Ressourcen zugreifen, obwohl sie nur einmal eingerichtet wurden. Dabei können dem Benutzer aber vom Administrator genau die gleichen Zugriffsrechte wie für das lokale Arbeiten gegeben werden.

Die Anmeldeprozedur ins Netzwerk wird immer von der originären Domäne übernommen.

Single-Domain-Modell:

Es gibt nur eine Domäne, in der alle Netzwerk-Ressourcen sowie Benutzer und deren Berechtigungen verwaltet werden.

Theoretisch kann NT einige Tausend Benutzer pro Domäne verwalten. Sobald sie aber mehrere Hundert Anwender verwalten müssen, wird allein die Benutzerverwaltung sehr aufwändig. In diesem Fall sollte eine Master-Domäne eingerichtet werden.

Master-Domain-Modell:

Es wird eine Vertrauensstellung zu allen anderen vorhandenen Domänen eingerichtet. Sämtliche User und Gruppen werden in der MD eingerichtet und stehen den restlichen Domänen für die Verwaltung von Berechtigungen zur Verfügung.

Diese Form eignet sich für eine stark zentralisierte Administration, aber (laut Microsoft 15000) nur für ca. 2000 User. Für mehr sollte das Multiple-Master-Domain-Modell verwendet werden.

Vorteile: Dadurch, dass nur eine zentrale Domäne verwendet wird, werden auch globale Gruppen nur an einer Stelle definiert. Ansonsten entsteht das Problem, dass teilweise identische globale Gruppen in verschiedenen Domänen angelegt und gepflegt werden müssen.

Multiple-Master-Domain-Modell:

Es werden mehrere Master-Domänen verwendet. Dieses Modell wird derzeit von Microsoft weltweit verwendet. Es besteht aus einer Reihe von Master-User-Domänen, die an verschiedenen Lokationen eingerichtet werden können. Alle Benutzer und alle globalen Gruppen im Netzwerk des entsprechenden Unternehmens werden genau einmal in einer dieser Master-Domains eingerichtet.

Alle Master-Domänen vertrauen sich gegenseitig, wodurch sichergestellt wird, dass, wenn ein Benutzer in einer Master-Domain erstellt wird, er für das gesamte Netzwerk verfügbar ist und nur einmal administriert werden muss.

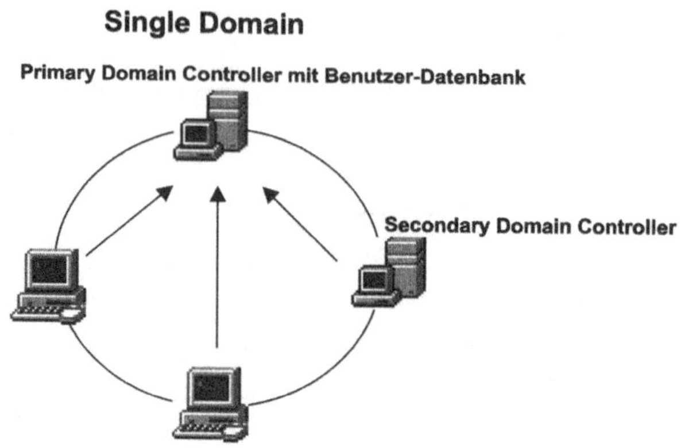

Abb. 18 Einzelne Domäne

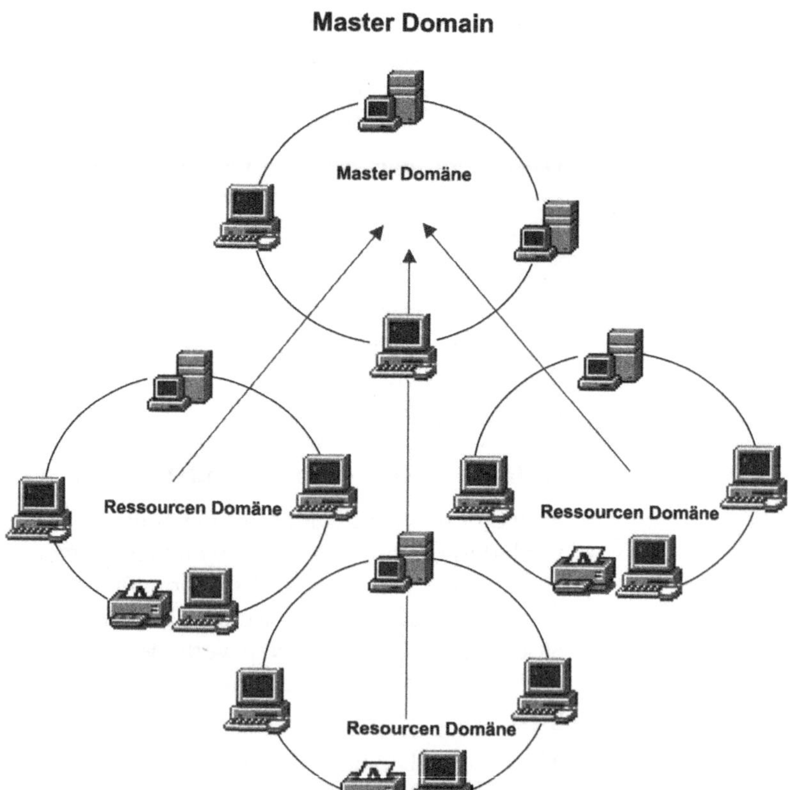

Abb. 19 Master-Domäne mit Ressourcen-Domänen

3.2.16 Vertrauensstellungen

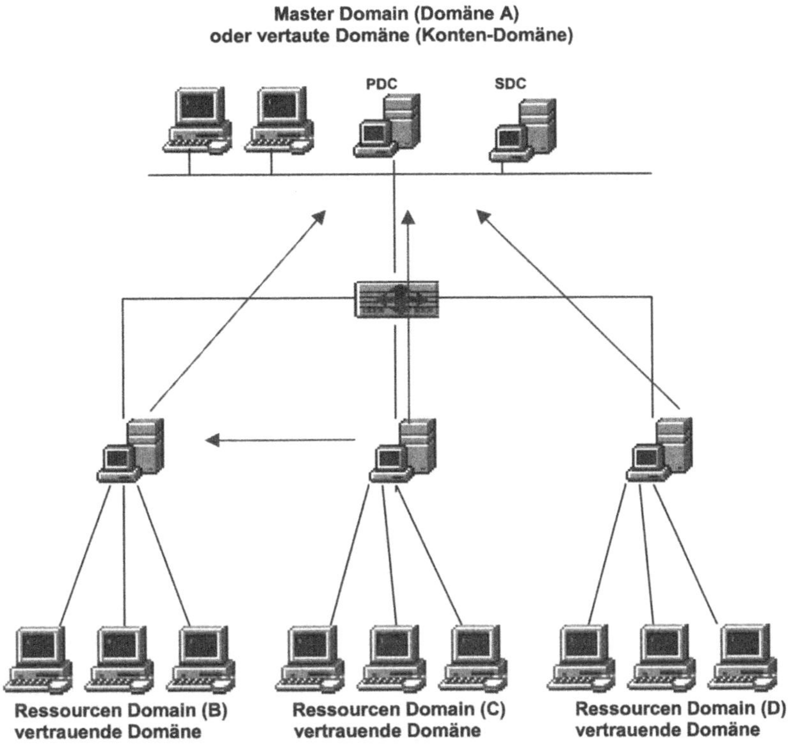

Abb. 20 Vertrauensstellungen zwischen Domänen

Einzelne Domänen reichen in Unternehmen meistens nicht aus. Benutzer erhalten aber nur Zugriff auf die Ressourcen einer einzelnen Domäne, nämlich der, der sie angehören. Um auch domänenübergreifende Zugriffe zu ermöglichen, hat Microsoft die Vertrauensstellungen (Trusted Relationships) in Leben gerufen.

Eine Vertrauensstellung entspricht einer Verbindung zwischen zwei Domänen. So kann eine Domäne die Benutzerdatenbank der anderen Domäne erkennen, ohne dass diese Benutzer in der Datenbank beider Domänen angelegt und gepflegt werden müssen. Außerdem vertraut die eine der anderen Domäne, dass die Anmeldung eines Benutzers in Ordnung war und er daher Zugriff auf die Ressourcen der einen als auch der anderen Domäne besitzt (entspricht in etwa der NDS von Novell).

Die *VERTRAUTE DOMÄNE (Trusted Domain)* stellt die Domäne dar, in der die Benutzer definiert sind und auch als *KONTEN-DOMÄNE* betrachtet wird.

Die *VERTRAUENDE DOMÄNE (Trusting Domain)* ist die Domäne, auf deren Ressourcen die Benutzer einer anderen Domäne zugreifen und die auch als *RESSOURCENDOMÄNE* betrachtet wird.

Achtung: Vertrauensstellungen vererben sich nicht.

Beispiel:

Domäne B vertraut der Domäne A.

Achtung: Wenn zusätzlich Domäne C der Domäne B vertraut, ist damit keine automatische Vertrauensstellung zwischen C und A gegeben.

Vertrauensstellungen gehen nur in eine Richtung.

Für obiges Beispiel:

Die in der Domäne A beheimateten Benutzer können auf die Ressourcen der Domäne B zugreifen. Die umgekehrte Möglichkeit besteht nicht, es sei denn, es werden wechselseitige Vertrauensstellungen eingerichtet. Erst dann ist es möglich, dass die Benutzer der Domäne B auch auf die Ressourcen von A zugreifen können.

Einzeldomäne (Single Domain):

Es gibt nur eine Domäne. Vertrauensstellungen sind nicht vorhanden.

Hauptdomäne (Master Domain):

Es gibt eine Hauptdomäne, bei der alle Benutzer definiert sind. Alle anderen Domänen vertrauen dieser Hauptdomäne, während die lediglich in der Hauptdomäne definierten Benutzer auf die Ressourcen aller vertrauenden Domänen zugreifen können.

Mehrfachhauptdomäne (Multiple Master Domain):

Es gibt mehrere Hauptdomänen, denen jeweils weitere Domänen vertrauen. Zusätzlich besitzen alle Hauptdomänen wechselseitige Vertrauensstellungen untereinander.

Vollständige Vertrauensstellungen:

Jede Domäne besitzt eine wechselseitige Vertrauensstellung zu jeder anderen Domäne.

Einrichten von Vertrauensstellungen:

BENUTZERMANAGER FÜR DOMÄNEN | RICHTLINIEN | VERTRAUENSSTELLUNGEN

Beispiel:

In A sind alle Benutzer definiert (= Kontendomäne) und entspricht der vertrauten Domäne. Die hier definierten Benutzer sollen auf die in B existierenden Ressourcen zugreifen können. B entspricht damit der Ressourcendomäne und ist die vertrauende Domäne.

KONTENDOMÄNE = VERTRAUTE DOMÄNE

RESSOURCENDOMÄNE = VERTRAUENDE DOMÄNE

Der Kontendomäne muss nun mitgeteilt werden, welche Ressourcendomäne sie bedienen soll, und der Ressourcendomäne, welche Kontendomäne sie besitzt.

Empfehlenswert: zuerst die vertraute, dann die vertrauende Domäne einrichten. Auf diese Weise tritt die Vertrauensstellung sofort in Kraft und kann sofort geprüft werden.

Vertrauensstellungen zwischen Domänen einrichten

(nur NT-Server)

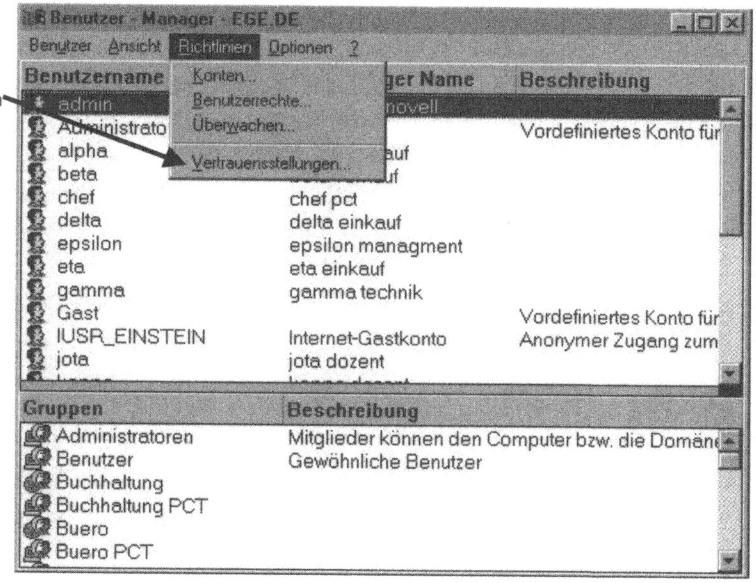

Abb. 21 Einrichten von Vertrauensstellungen

Auswirkungen:

Wird auf der Ressourcendomäne jetzt eine Freigabe realisiert, werden im Dialogfeld BENUTZER UND GRUPPEN HINZUFÜGEN | NAMEN ANZEIGEN VON nicht nur die Objekte der eigenen Domäne, sondern auch die aller vertrauten Domäne angezeigt.

3.2.17 Benutzer-Verwaltung

Daten, die für den Benutzer relevant sind (Kennwort, Benutzername, in welchen Gruppen der Benutzer Mitglied ist), werden in eine Benutzerdatenbank (User-Account-Database) gespeichert. Ab NT 4.0 heißt diese Datenbank „Directory-Database". Sie bezieht sich auch auf im Netz verwendete Ressourcen. Die interne Verwaltung der Datenbank erfolgt durch den Security-Account-Manager (SAM), der auch die Sicherheitsrichtlinien berücksichtigt, weshalb die Directory-Database auch häufig als SAM-Datenbank bezeichnet wird. Wo die SAM gespeichert ist, hängt von der Art ab, wie NT eingerichtet wurde. Als Primärer- oder Sicherungs-Server agierend wird die SAM auf dem PDC gespeichert und aut. auf die BDCs kopiert. Die Verwaltung erfolgt in diesem Fall mit dem Benutzer-Manager für Domänen (Verwaltung (allg.)).

Als allein stehender Server oder NT-WS betreibt jeder Computer seine eigene SAM, die auch hier gespeichert ist. Zur Verwaltung wird der Benutzer-Manager verwendet.

Der Benutzer-Manager von NT-WS kennt nicht alle Möglichkeiten, die der Benutzer-Manager für Domänen in Bezug auf die Bearbeitung von Benutzern kennt.

Über den Benutzer-Manager wird die Zugangskontrolle zu WIN NT gesteuert.

Dafür stehen drei Verwaltungseinrichtungen zur Verfügung:

1. Verwaltung und Einrichtung von Anwenderkonten
2. Verwaltung und Einrichtung von Gruppenkonten
3. Verwaltung und Einrichtung von Sicherheitsrichtlinien

Anwenderkonten:

Über ein Anwenderkonto erhält jeder Benutzer die Berechtigung, mit dem Computer zu arbeiten. Dies ist nur das Ermöglichen einer Anmeldung am System. Die eigentlichen Berechtigungen für

Zugriffe auf Ressourcen im Netzwerk, werden in den Eigenschaften der Objekte definiert (Drucker, Festplatte, Verzeichnisse).

- neue Konten können aus bestehenden kopiert werden,
- über das Benutzerprofil kann für jeden Anwender eine individuelle Einstellung gemacht werden,
- jedes Benutzerkonto besitzt eine eindeutige Sicherheits-ID,
- dem Konto ist ein Name und ein Kennwort zugeordnet.

Gruppenkonten:

- über Gruppen können die Zugangskontrollen zu Ressourcen des lokalen Computers oder der Netzressourcen vereinfacht kontrolliert werden,
- sie sollten dann verwendet werden, wenn mehrere Anwender sich ein Arbeitsgebiet teilen und auf die gleichen Daten/Ressourcen zugreifen müssen,
- die Rechte der Gruppe gehen auf den Anwender über, der in der Gruppe aufgenommen wurde.

Sicherheitsrichtlinien:

Das gesamte Sicherheitssystem wird erst in Kombination mit der Sicherheit und den Freigabeberechtigungen der einzelnen Objekte vollständig.

- steuern die Zugangsbeschränkungen über Paßwort, zeitl. Zugang, die Rechte im System, Überwachung von Ereignissen,
- der Administrator verfügt über hinreichende Möglichkeiten, das System zu schützen,
- bevor Anwender mit niederen Rechten auf dem System arbeiten, muss die Sicherheit der Laufwerke und Verzeichnisse geändert werden,
- die Sicherheit für Festplatten und Verzeichnisse wird über EIGENSCHAFTEN | SICHERHEIT verwaltet,
- Administratoren erhalten nicht aut. Zugriff auf alle Dateien,
- Rechte an Verzeichnissen und Dateien können nur vom Besitzer verändert werden, wobei davon auszugehen ist, dass der Admin die meisten Dateien beim Installieren einrichtet und die Rechte hierfür vergibt,

- der Admin kann dies aber auch anders machen, da er als Einzigster das Recht hat, Dateien in seinen Besitz zu nehmen, um dann dafür Rechte zu vergeben.

WIN NT unterscheidet zwischen Rechten

(Benutzerrechte [beziehen sich auf den Rechner selbst] über BENUTZERMANAGER | RICHTLINIEN | BENUTZERRECHTE einrichten)

und Berechtigungen

(Zugriffsberechtigungen [beziehen sich auf bestimmte Ressourcen, wie Drucker oder Verzeichnisse] für Netzfreigaben unter FREIGABE | BERECHTIGUNGEN, für lokale Zugriffe auf Verzeichnisse über SICHERHEIT | BERECHTIGUNGEN einrichten)

Achtung: Rechte haben Berechtigungen gegenüber Priorität.

Zugriffsberechtigungen (NTFS-Berechtigungen) (für den lokalen Zugriff):

Ein wichtiger Punkt im Sicherheitskonzept ist die Einschränkung von Zugriffsrechten auf Dateien und Verzeichnisse (nur unter NTFS). Bei anderen Dateisystemen können nur Berechtigungen für den Zugriff über das Netzwerk eingeschränkt werden (auch nur grob), nicht aber lokale Zugriffe.

Die Zugriffsrechte werden unter:

EXPLORER | entsprechende Datei | RECHTE MAUSTASTE | EIGENSCHAFTEN | SICHERHEIT | BERECHTIGUNGEN

vorgenommen.

- Sie geben exakt vor, welche Benutzer/Gruppen auf welche Verzeichnisse, Dateien und Drucker zugreifen können.
- Zugriffe auf eine Ressource setzen voraus, dass entsprechende Berechtigungen vorhanden sind.
- Zugriffsberechtigungen werden für Objekte (Drucker, Laufwerke, Verzeichnisse und eventuell Dateien) vergeben.
- Sie werden an Gruppen und Benutzer vergeben und sind für das jeweilige Objekt gültig.

Freigaben für den Netzwerkzugriff:

EXPLORER | entsprechendes Verzeichnis | RECHTE MAUSTASTE | FREIGABE | BERECHTIGUNGEN

Ein Benutzer, der Zugriffsrechte auf eine Datei hat, kann diese über das Netzwerk nur wahrnehmen, wenn der Verzeichnisbaum, in dem sich die Datei befindet, auch freigegeben wurde. Er kann innerhalb einer Freigabe nur Dateien nutzen, für die er Zugriffsrechte hat. Die Berechtigungen auf diese Datei werden durch die definierten Zugriffsrechte beschränkt.

Eine Freigabe wird immer für den ganzen Verzeichnisbaum erteilt (ab freigegebenen Verzeichnis nach unten). Berechtigungen auf Unterverzeichnisse müssen wieder eingeschränkt werden.

Freigaben:

- müssen im Freigabenamen der DOS-Konvention entsprechen, damit DOS / WIN 3.x Rechner auch darauf zugreifen können,
- Freigabenamen, die ein $ Zeichen hinten angestellt bekommen, erscheinen bei der Auflistung eines Clients über freigegebene Ressourcen nicht mehr (versteckte Freigabe),
- standardmäßig freigegebene Ressourcen können nicht verändert werden.

Zugriff auf freigegebene Ressourcen über die UNC oder ein Netzlaufwerk, dass vorher über „Netzwerklaufwerk verbinden" hergestellt worden ist (nur Verzeichnisse und Dateien)

Achtung: Berechtigungen für freigegebene Ordner wirken sich nur auf den Netzwerkzugriff aus. NTFS-Berechtigungen wirken sich lokal und auf den Zugriff über das Netz aus. Sind Kombinationen von beiden auf ein Verzeichnis für einen User angelegt, wirkt immer die restriktivste Berechtigung als tatsächliche Berechtigung (aber User sollten sowieso keinen lokalen Zugriff auf Verzeichnisse am Server haben).

Achtung: Ist ein User Mitglied von mehreren Gruppen ,die unterschiedliche Berechtigungen auf ein Verzeichnis haben, hat dieser User als tatsächliche Berechtigung immer die höchsten Berechtigungen auf dieses Verzeichnis, die ihm die Mitgliedschaft der entsprechenden Gruppe zuweist.

Berechtigungen für Freigaben	
Kein Zugriff	überschreibt alle anderen Berechtigungen, die über Gruppenzugehörigkeit zugeteilt wurden
Vollzugriff	haben alle anderen Rechte, zusätzlich das Recht Berechtigungen für die Freigabe zu ändern
Lesen	Erlaubt die Verbindung zur Freigabe, das Starten von Programmen in diesem Verzeichnis, Lesen von Dokumenten in diesem Verzeichnis, jedoch keine Veränderungen
Ändern	wie Lesen, aber zusätzlich können neue Dokumente und Unterverzeichnisse erstellt werden, alte Dokumente können gelöscht oder modifiziert werden

Berechtigungen werden mitunter abgekürzt dargestellt. Nicht vorhandene Berechtigungen erscheinen dann einfach nicht.

Verzeichnis-/Datei-Berechtigungen sind sinnvolle Individual-Kombinationen.

NTFS-Berechtigungen (Verzeichnis)	
kein Zugriff (kein)(kein)	Benutzer darf in keiner Weise auf das Verzeichnis zugreifen, auch nicht als Mitglied einer zugriffsberechtigten Gruppe
Anzeigen (RX) (nicht angegeben)	B. darf Dateien und Unterverzeichnisse dieses Verzeichnisses nur auflisten und in ein Unterverzeichnis wechseln, hat keinen Zugriff auf neu erst. Dateien in diesem Verzeichnis
Lesen (RX)(RX)	B. darf Dateien dieses Verzeichnisses lesen und Anwendungen in diesem Verzeichnis ausführen
Hinzufügen (WX) (nicht angegeben)	B. darf in dem Verzeichnis Dateien anlegen, darf aber vorhandene Dateien nicht lesen oder ändern
Hinzufügen und lesen (RWX)(RX)	B. darf in dem Verzeichnis Dateien anlegen und vorhandene Dateien lesen, aber keine Dateien ändern

Ändern (RWXD)(RWXD)	B. darf Dateien lesen, hinzufügen und ändern, Löschen, neue Verzeichnisse hinzufügen
Vollzugriff (Alle)(Alle)	B. darf Dateien lesen und ändern, neue Dateien hinzufügen, Berechtigungen für das Verzeichnis und seine Dateien ändern, und den Besitz für das Verzeichnis und Dateien übernehmen

Eine Übertragung des Besitzrechts an einem Verzeichnis/Datei ist nicht möglich, vielmehr muss der akt. Besitzer den avisierten Benutzer mit der Berechtigung „Besitz übernehmen" ausstatten, der dann seinerseits das Verzeichnis/Datei in Besitz nehmen muss.

Achtung: Ein neu erstelltes Verzeichnis erbt automatisch die Verzeichnisberechtigungen des übergeordneten Verzeichnisses.

NTFS-Berechtigungen (Dateien)	
kein Zugriff (kein)	B. darf in keiner Weise auf die Datei zugreifen, auch nicht als Mitglied einer zugriffsberechtigten Gruppe
Lesen (RX)	B. darf die Datei lesen und ausführen
Ändern (RWXD)	B. darf die Datei lesen, ändern und löschen
Vollzugriff (Alle)	B. darf die Datei lesen, ändern, Berechtigungen dafür vergeben und den Besitz übernehmen

Benutzer-Rechte oder Systemrechte (kurz „RECHTE" genannt):

Um NT sicher zu machen, werden einige wichtige Schritte benötigt, um die vordefinierten Systemrechte einzuschränken. Insbesondere auf der NT WS werden dem einfachen Benutzer relativ weiträumige Rechte eingeräumt, die nach der Installation relativiert werden sollten.

Für diese Berechtigungen lassen sich zwei Bereiche unterscheiden:

1. Berechtigungen für Systemfunktionen
2. Berechtigungen für den Zugriff auf Systemressourcen wie Daten

Hier ist zwischen konfigurierbaren Berechtigungen und vordefinierten Systemrechten zu unterscheiden.

Die Einstellungen hierzu sind unter:
BENUTZER-MANAGER | RICHTLINIEN | BENUTZERRECHTE vorzunehmen.

Benutzer-Rechte werden den Gruppen und den Benutzern zugewiesen. Sie sind für das gesamte System gültig.

Alle vordefinierten Benutzer-Rechte auf einer NT-WS sollten so übernommen werden, bis auf:

1. Lokale Anmeldung sollte den Gruppen „Jeder" und „Gäste" verweigert werden
2. Herunterfahren des Systems den Gruppen „Jeder" und „Gäste" verweigern

Vordefinierte Benutzer:

Bei der Installation werden aut. vordefinierte Benutzer angelegt. Wie das geschieht, hängt davon ab, wie NT eingerichtet wurde.

Als Domäne: Die vordefinierten Benutzer werden in der Domäne angelegt. Wird der Domäne ein BDC hinzugefügt, übernimmt dieser aut. die vordefinierten Benutzer.

Als Server oder WS: Alle vordefinierten Benutzer werden nur in der lokalen Datenbank erstellt.

Gast

- besitzt kein Kennwort,
- ist mit minimalen Berechtigungen ausgestattet,
- das Benutzerkonto ist deaktiviert (muss aktiviert werden),
- kann nicht gelöscht, aber umbenannt werden.

Administrator

- ist mit allumfassenden Berechtigungen versehen,
- sollen andere Benutzer diese Rechte erhalten, müssen sie in die lokale Gruppe „Administratoren" und der globalen Gruppe „Domänen-Admins" aufgenommen werden.

Erster Benutzer (nur Arbeitsgruppe und NT-WS):

Hier muss bei der Installation ein Benutzer mit Namen und Kennwort erstellt werden.

Gruppen:

NT unterscheidet in:

3. lokale Gruppen
4. globale Gruppen
5. besondere Gruppen

1. Lokale Gruppen:

- werden in der lokalen Datenbank gespeichert,
- können nicht auf anderen Rechnern verwendet werden,
- verfügen nur über die Berechtigung, auf lokale Ressourcen zuzugreifen,
- kann nicht andere lokale Gruppen, sondern nur Benutzer und globale Gruppen als Mitglieder besitzen.

Vordefinierte lokale Gruppen

Administratoren

Sie haben alle Rechte.

Ein Rechner, der als Server agiert oder der Domäne angehört, führt zudem die globale Gruppe „Domänen-Admins" in seiner lokalen Gruppe „Administratoren". Damit ist Gewähr leistet, dass globale Mitglieder auch diesen Rechner verwalten können.

Benutzer

- auf Rechnern, die zwar in die Domäne eingebunden sind, nicht aber als PDC agieren, weist die lokale Gruppe „Benutzer" standardmäßig die globale Gruppe „Domänen-Benutzer" auf. So ist Gewähr leistet, dass Anwender auf Ressourcen des betreffenden Rechners zugreifen können.
- Benutzer, der lediglich Mitglied in der lokalen Gruppe „Benutzer" ist, kann sich an einem PDC / BDC nicht lokal anmelden. Eine Anmeldung ist in diesem Fall ausschließlich von einem Client aus möglich. Um dies zu ändern, muss der Netz-Administrator der lokalen Gruppe „Benutzer" das Benutzerrecht „lokale Anmeldung" erteilen.

Druck-Operatoren (nur Domäne)

- besitzen die Berechtigung zur Verwaltung von Druckern,
- lokale Gruppe „Druck-Operatoren" ist nur auf PCD's /BDC's vorhanden.

Gäste

- hier geführte Benutzer können einen Gastzugang zur Domäne oder zum betreffenden Rechner vornehmen,
- standardmäßig wird der Benutzer „Gast" sowie die globale Gruppe „Domänen-Gäste" als Mitglied der lokalen Gruppe „Gäste" geführt,
- die lokale Anmeldung an einem PDC ist standardmäßig nicht möglich.

Hauptbenutzer

- besteht nur auf Rechnern die in der Domäne eingebunden sind, nicht aber als PDC agieren,
- besitzt im Umgang mit dem Rechner weitreichendere Möglichkeiten als die Gruppe „Benutzer",
- Mitglieder sind in der Lage, Benutzer zu erstellen, ihr Konto zu modifizieren oder zu löschen,
- können Benutzer in Gruppen „Benutzer, Gäste und Hauptbenutzer" aufnehmen,
- können Freigaben lokaler Ressourcen vornehmen oder beenden.

Konten-Operatoren (nur Domäne)

- sind nur auf PDCs / BDCs vorhanden,
- können die Verwaltung von Benutzern und Gruppen vornehmen (eingeschränkt),
- können keine Verwaltung von Administratoren, Druck-Operatoren, Konten-Operatoren, Server- Operatoren, Sicherungs-Operatoren vornehmen.

Replikation-Operatoren

- besitzen nur Bedeutung für Verzeichnis-Replikation,
- können ein Verzeichnis einer Festplatte aut. und wiederholt auf die Platte eines anderen Rechners übertragen.

Server-Operatoren (nur Domäne)

- sind nur auf PDCs / BDCs vorhanden,
- können alle Aufgaben wahrnehmen, die für den Betrieb von NT-Rechnern relevant sind, die als DCs agieren (Formatieren von Platten, Herunterfahren von NT, Freigabe von Ressourcen).

Sicherungs-Operatoren

- können die auf Festplatten vorhandenen Verzeichnisse und Dateien sichern oder wiederherstellen,
- können lokale Anmeldung an NT-Rechnern vornehmen oder NT herunterfahren.

2. Globale Gruppen:

- werden in der Datenbank der Domäne hinterlegt (PDC),
- dürfen alle in der Domäne definierten Benutzer angehören,
- kann als Mitglieder keine Gruppen, sondern nur Benutzer haben,
- jeder Domänen-Rechner (NT) kennt alle globalen Gruppen,
- da eine globale Gruppe als Mitglied in einer lokalen Gruppe geführt werden darf, eignen sich globale Gruppen zur Verwaltung von Zugriffen auf unterschiedliche Rechner,
- lassen sich nur in einer Domäne, nicht auf einem als Server agierenden Rechner erstellen,
- da eine lokale Gruppe jedoch globale Gruppen als Mitglieder führen darf, kann ein Benutzer der Domäne die einer lokalen Gruppe eines NT-Rechners zugeteilten Berechtigungen erhalten und so auf die Ressourcen eines Servers zugreifen.

Vordefinierte globale Gruppen

Domänen-Admins

- erlaubt die umfassende Verwaltung der Domäne sowie der darin enthaltenen NT-Rechner,
- stellt ein Mitglied sowohl der lokalen Gruppe „Administratoren" der Domäne als auch der lokalen Gruppe „Administratoren" eines jeden zur Domäne gehörigen NT-Rechners dar,

zusätzlich wird der Benutzer „Administrator“ als Mitglied der in der globalen Gruppe „Domänen-Admins“ geführt,

- um die Verwaltung eines nicht als DC agierenden NT-Rechners zu unterbinden, ist bei seiner lokalen Gruppe „Administratoren“ die globale Gruppe „Domänen-Admins“ als Mitglied zu entfernen.

Domänen-Benutzer

- Es werden neben dem Administrator alle in der Domäne enthaltenen Benutzer zugeordnet,
- da die globale Gruppe „Domänen-Benutzer“ zudem in der lokalen Gruppe „Benutzer“ sowohl der Domäne als auch aller in die Domäne eingebundenen NT-Rechner geführt wird, verfügen die als Benutzer definierten Anwender über normale Berechtigungen für den Zugriff auf die einzelnen Rechner.

Domänen-Gäste

Hier lassen sich Benutzer als Mitglieder zuordnen, die nur über eingeschränkte Berechtigungen verfügen und daher nicht in der globalen Gruppe „Domänen-Benutzer“ geführt werden sollen.

3. Besondere Gruppen:

- Dies sind Gruppen, die systemintern verwendet werden,
- hier ist es nicht möglich, den Gruppen Mitglieder per Hand zuzuweisen,
- diese Gruppen tauchen nicht in der Auflistung vorhandener Gruppen im Benutzer-Manager für Domänen, sondern nur bei der Verwaltung der Freigabe einer Ressource auf.

Vordefinierte besondere Gruppen

Ersteller-Besitzer

Umfasst aut. den Benutzer, der eine Ressource erstellt hat (Datei, Verzeichnis).

Interaktive

Der Benutzer, der an einem NT-Rechner eine lokale Anmeldung durchführt, ist aut. Mitglied hier.

Jeder

Alle Benutzer, die auf NT-Rechner zugreifen, entspricht einer Kombination der „Interaktiv“ und „Netzwerk“.

Netzwerk

Benutzer, die sich am Netz anmelden, werden aut. Mitglied dieses NT-Rechners, auf dem sie sich angemeldet haben.

System

Steht als Synonym für das Betriebssystem.

Vordefinierte Möglichkeiten (Workstation):

Verändern der Rechte unter BENUTZER-MANAGER | RICHTLINIEN | BENUTZERRECHTE.

Unter NT-Server unterscheiden sich diese Rechte von der Workstation (ansehen und feststellen, wer was standardmäßig darf).

A = Administrator, H = Hauptbenutzer, B = Benutzer, G = Gäste, J = Jeder, S = Sicherungs-Operatoren

Rechte:	A	H	B	G	J	S
Lokal anmelden	×	×	×	×		×
auf diesen Computer über das Netzwerk zugreifen	×	×				
Besitzrecht von Dateien übernehmen	×					
Überwachungs- und Sicherheitsprotokolle verwalten	×					
Systemzeit ändern	×	×				
System herunterfahren	×	×	×			×
Herunterfahren eines über das Netzwerk angeschlossenen Rechners	×	×				
Dateien und Verzeichnisse sichern	×					×
Dateien und Verzeichnisse wiederherstellen	×					×
Laden und Entfernen von Gerätetreibern	×					

Vordefinierte Möglichkeiten:	A	H	B	G	J	S
Benutzerkonten erstellen und verwalten	×	×				
Gruppen erstellen und verwalten	×	×	×			
Benutzerrechte zuteilen	×	×				
Sperren der Arbeitsstation	×	×	×			
Sperren wieder aufheben	×					
Festplatte formatieren	×					
Erstellen von allg. Programmgruppen	×	×				
Beibehalten des lokalen Profiles	×	×				×
Verzeichnisfreigabe beenden und freigeben	×	×				
Druckerfreigabe beenden und freigeben	×	×				

Vordefinierte Möglichkeiten (Server):

Verändern der Rechte unter BENUTZER-MANAGER | RICHTLINIEN | BENUTZERRECHTE.

A = Administrator, D = Druck-Operatoren, K = Konten-Operatoren, J = Jeder, S = Server-Operatoren, Si = Sicherungs-Operatoren

Rechte:	A	D	K	J	S	Si
lokal anmelden	×	×	×	×	×	×
auf diesen Computer über Netzwerk zugreifen				×		
Besitzrecht von Dateien übernehmen	×					
Überwachungs- und Sicherheitsprotokolle verwalten	×					
Systemzeit ändern	×				×	
System herunterfahren	×	×	×		×	×
Herunterfahren eines über das Netzwerk angeschl. Rechners	×				×	
Dateien und Verz. sichern	×				×	×
Dateien und Verzeichnisse wiedererstellen	×				×	×
Laden und Entfernen von Gerätetreibern	×					

Benutzer einrichten:

Benutzer und Gruppen in der Domäne werden auf dem PDC mit dem Benutzer-Manager für Domänen (Verwaltung (allg.)) eingerichtet. Hier werden die Benutzer und Gruppen angelegt und auch gleich die Benutzer den jeweiligen Gruppen zugeordnet.

Im Menü BENUTZER können auch Konten kopiert werden, wenn ein Beispiel-Konto angelegt worden ist. Damit müssen nicht jedes Mal die Eigenschaften eines Kontos neu erstellt werden, wenn ein neuer Benutzer angelegt werden soll (spart viel Arbeit).

Wichtiger Tipp: Ist ein Benutzer-Konto einmal angelegt, sollte dieses besser nie mehr gelöscht werden, da NT Sicherheits-ID´s mit Konten verbindet. Muss das Konto mit dem gleichen Namen irgendwann wieder angelegt werden (gleicher Name, aber jetzt andere SID), kann durch die vergebenen Rechte viel Ärger im System entstehen. Es ist besser, das Konto zu deaktivieren. Sollte der gleiche User das Konto wieder benötigen, kann es einfach wieder aktiviert werden. Sollte ein anderer User (der jetzt die gleichen Aufgaben, wie der erste User übernehmen soll) das Konto erhalten müssen, kann das Konto einfach umbenannt werden. Dieser User erbt jetzt aut. die Rechte an den Verzeichnissen des ersten Users.

Die Berechtigungen auf einzelne Verzeichnisse für den lokalen bzw. Netzwerkzugriff auf einem Server, der z.B. die Arbeitsverzeichnisse der einzelnen Gruppen enthält, werden später im Explorer gesetzt. Dazu muss das Verzeichnis mit der rechten Maustaste angeklickt und Eigenschaften ausgewählt werden. In der Registerkarte FREIGABE kann jetzt das Verzeichnis für das Netzwerk freigegeben werden, und unter BERECHTIGUNGEN auf der gleichen Registerkarte werden die Berechtigungen gesetzt, die für den Netzwerkzugriff gelten sollen.

Über die Registerkarte SICHERHEIT werden die Berechtigungen (NTFS-Berechtigungen) für den lokalen Zugriff auf dieses Verzeichnis gesetzt.

Sind Kombinationen von beiden Berechtigungsarten gesetzt, wirken immer die Restriktivsten.

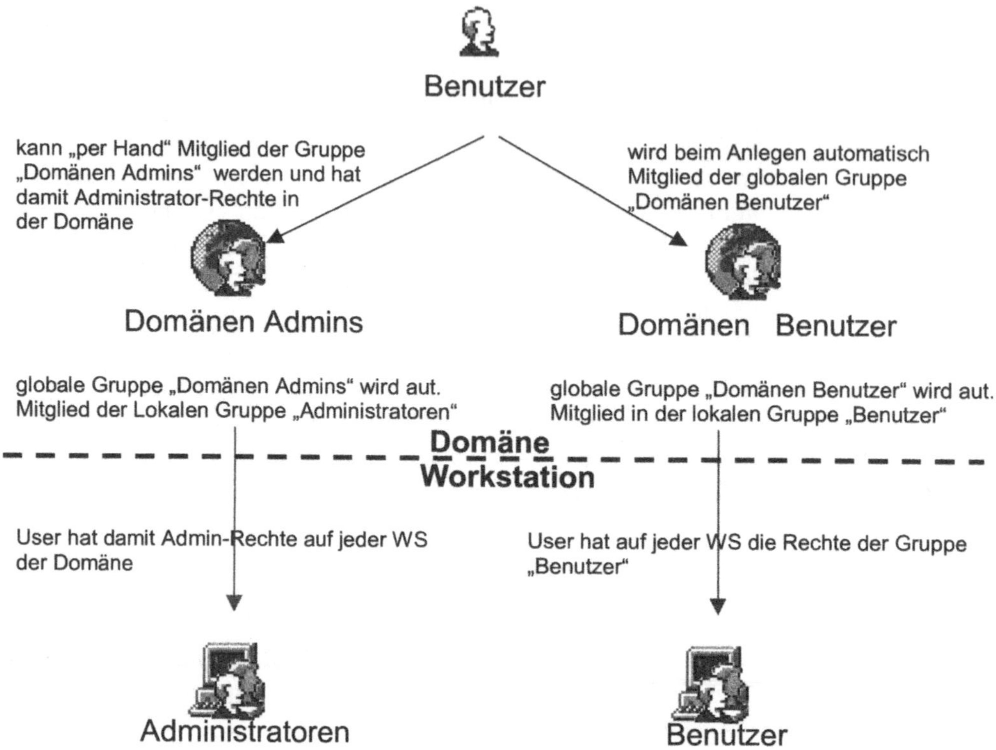

Abb. 22 Benutzer-Verwaltung

Lokale und globale Gruppen:

Berechtigungen werden nicht an einzelne User, sondern nur an lokale Gruppen vergeben. User werden nur Mitglied von globalen Gruppen. Globale Gruppen werden Mitglied von lokalen Gruppen.

In einer Domäne kann ein User zum Mitglied einer lokalen oder globalen Gruppe gemacht werden.

Lokale Gruppen sind nur bei der Rechtevergabe auf den Domänen-Controllern sichtbar. Globale Gruppen sind auf allen Systemen sichtbar, die Mitglied der Domäne sind.

Benutzer werden in der Domäne definiert. Die Bildung von globalen Gruppen erfolgt ebenfalls auf dieser Ebene, wobei die globalen Gruppen ausschließlich zur Zusammenfassung von Benutzern auf Grund ihrer Rollen im Unternehmen verwendet werden.

Die globalen Gruppen werden auf der Ebene der Domäne in lokale Gruppen aufgenommen, denen die erforderlichen Zugriffsrechte auf die Datenträger und Benutzerrechte im System zugeordnet werden.

Auf den NT-WS's werden lokale Gruppen definiert, in die die globalen Gruppen der Domäne aufgenommen werden. Auch hier werden den lokalen Gruppen Zugriffsrechte auf Datenträger und Benutzerrechte im System gegeben.

Achtung: Grundsätzlich können Benutzer in lokale wie in globale Gruppen aufgenommen werden, was aber nicht geschehen sollte.

Globale Gruppen können in lokale Gruppen aufgenommen werden, aber nicht umgekehrt.

Diese Konzept sollte unbedingt eingehalten werden, da es die Überschaubarkeit des ganzen Systems behält und so leichter zu administrieren ist.

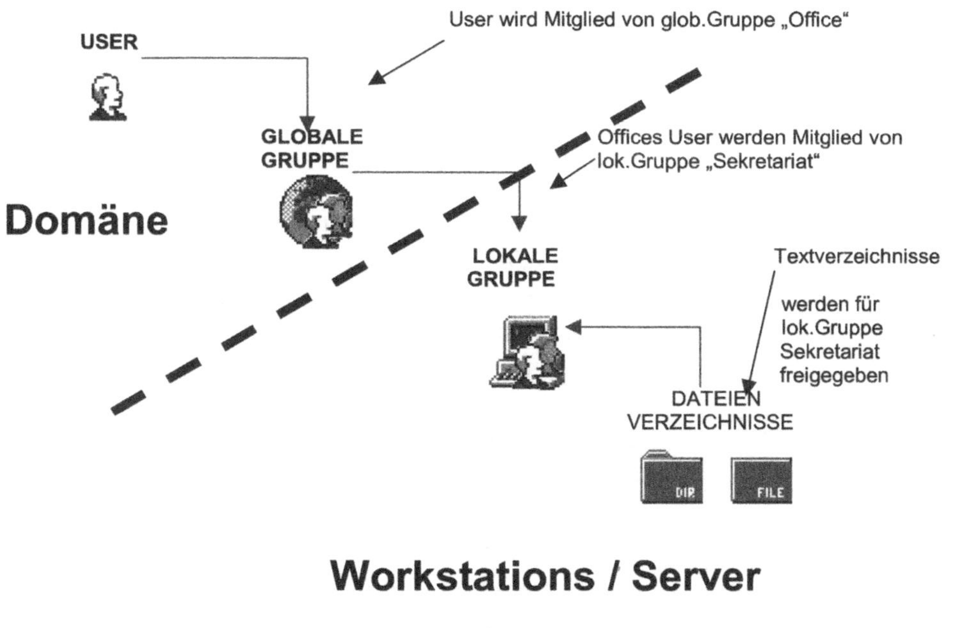

Abb. 23 Lokale und globale Gruppen

Vorgehensweise beim Einrichten einer NT-Domäne:

NT-Server als Domänen-Controller (PDC) installieren. NT-WS auf den Clients installieren.

1. Alle User werden in der Domäne definiert.
2. Alle globalen Gruppen werden ihren Aufgaben im Unternehmen entsprechend definiert.
3. Die User werden ihren Aufgaben entsprechend den globalen Gruppen zugeordnet.
4. Lokale Gruppen werden äquivalent (oder unter anderem Namen) zu den globalen Gruppen auf dem Server erstellt.
5. Die globalen Gruppen werden den lokalen Gruppen auf dem Server zugeordnet.
6. Die globale Gruppe Domänen-Benutzer wird aut. der lokalen Gruppe Benutzer auf den WS's zugeordnet.
7. Eine Verzeichnisstruktur wird auf dem Server angelegt, die die Daten der einz. Gruppen aufnimmt.
8. Das Wurzel-Verzeichnis dieser Struktur wird über: rechte Maustaste über dem Verzeichnis | FREIGABE dem Netzwerk freigegeben, und über BERECHTIGUNGEN werden die Zugriffsberechtigungen für dieses Wurzel-Verzeichnis über das Netzwerk festgelegt (Vollzugriff für Domänen-Admins, Vollzugriff oder lesend für alle Firmenmitglieder, die Zugang zu diesem Verzeichnis entsprechend ihren Aufgaben benötigen, Unterverzeichnisse neu regeln).
9. Für die Sicherheit am Server (ges. Verzeichnisstruktur) kann darüber gesorgt werden, dass nur ausgesuchte Personen (z.B. Administratoren) die lokale Anmeldung gestattet wird.

   An den WS´s müssen in Bezug auf Zugriffe auf den Server weiter keine Konfigurationen vorgenommen werden. Die lokale Gruppe Benutzer enthält aut. die globale Gruppe Domänen-Benutzer. Es muss nur über die Rechte und das Einschränken von Userzugriffen auf die lokalen Verzeichnisse für deren Sicherheit gesorgt werden.

Diese Vorgehensweise gilt für kleinere Netze (1 Server). Bei größeren Netzen sollte das Master-Domain-Modell unter Verwendung der Vertrauensstellungen mit mehreren Domänen/Servern benutzt werden. In einer Domäne können dann die Benutzer-

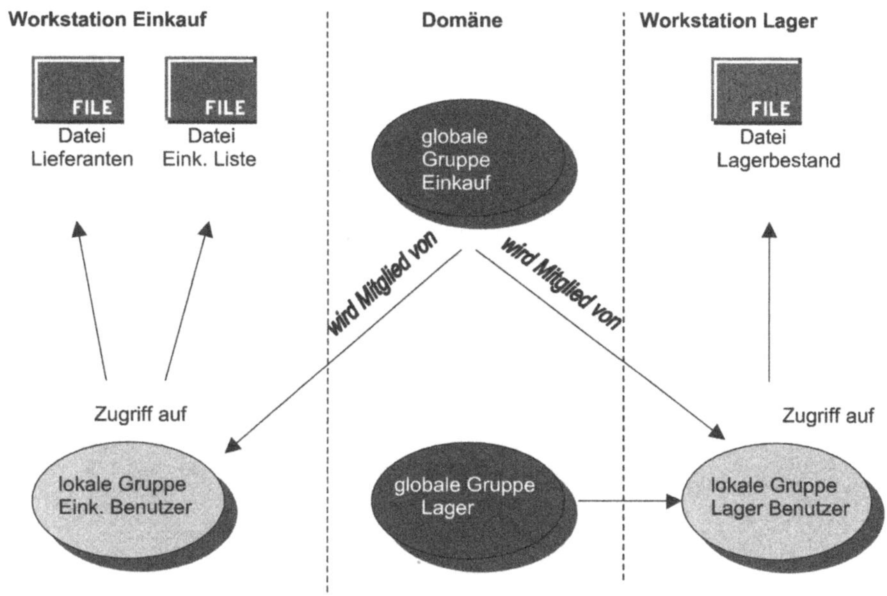

Abb. 24 Lokale und globale Gruppen

Konten definiert werden (Anmeldedomäne), und in einer nächsten werden die Ressourcen (Arbeitsverzeichnisse) oder Computerkonten definiert.

Standardberechtigungen:

Zwei wesentliche Grundregeln sollten eingehalten werden, die im Rahmen eines Berechtigungskonzepts berücksichtigt werden sollten:

- Berechtigungen sollten auf Gruppenebene vergeben werden,
- lokale Gruppen sollten für die tatsächliche Vergabe von Berechtigungen auf einem Rechner genutzt werden und globale Gruppen in diese eingefügt werden.

NT schützt standardmäßig die Verzeichnisse auf dem Systemdatenträger vor unbefugtem Zugriff. Dabei werden aber standardmäßig einige Berechtigungen eingeräumt. Diese gelten aber erst einmal nur lokal, bis auf jene Verzeichnisse, die über Administratorfreigaben dem Netzwerk zur Verfügung gestellt wurden. Diese Berechtigungen gelten erst dann im Netzwerk, wenn das entsprechende Verzeichnis dafür freigegeben wurde.

Neuen Benutzer, neue Gruppe anlegen

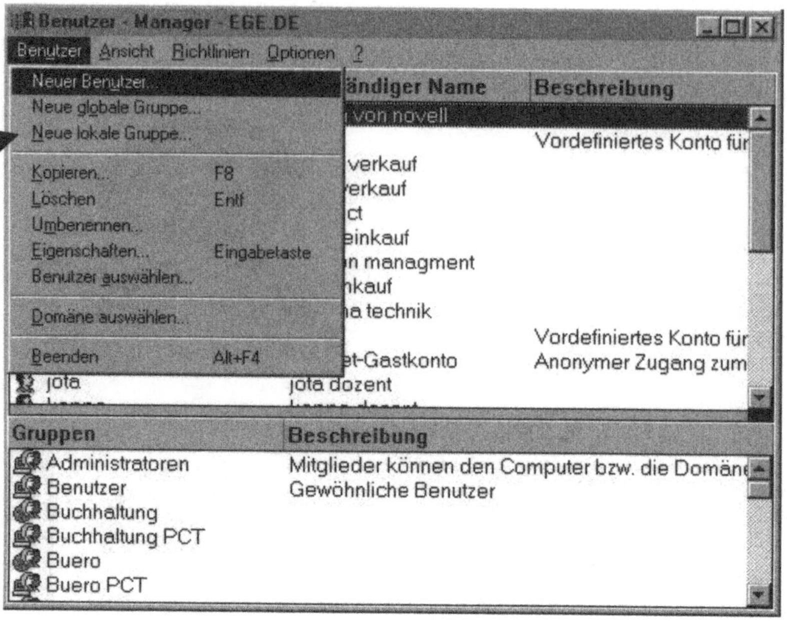

Abb. 25 Benutzer einrichten

Benutzer einer Gruppe zuordnen

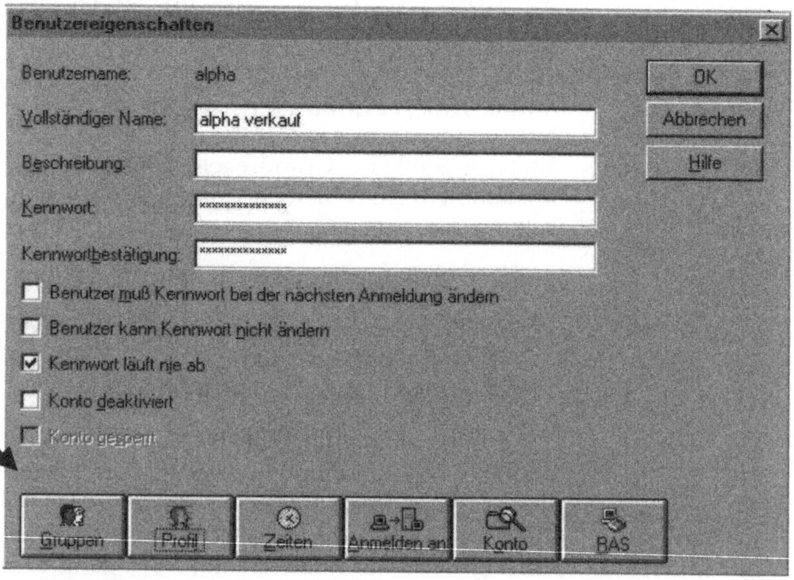

Abb. 26 Benutzer-Eigenschaften

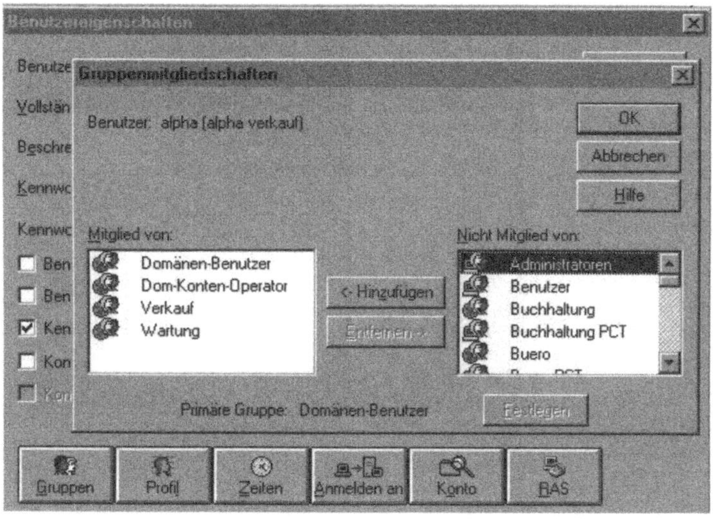

Abb. 27 Gruppen einrichten

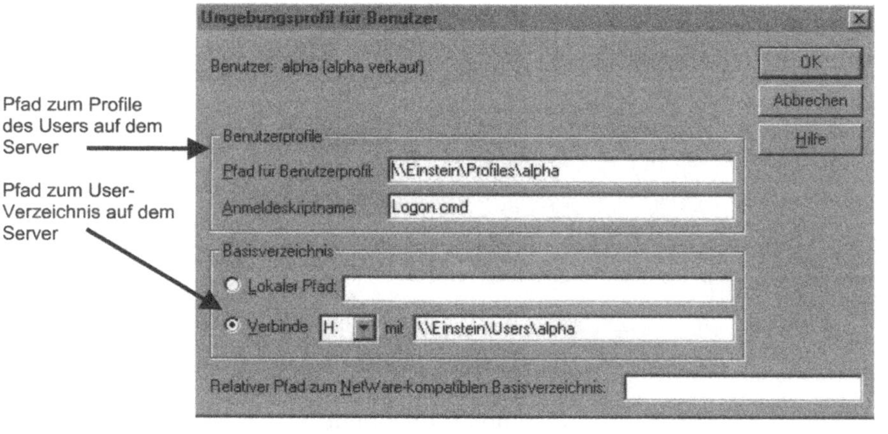

Abb. 28 Profile einrichten

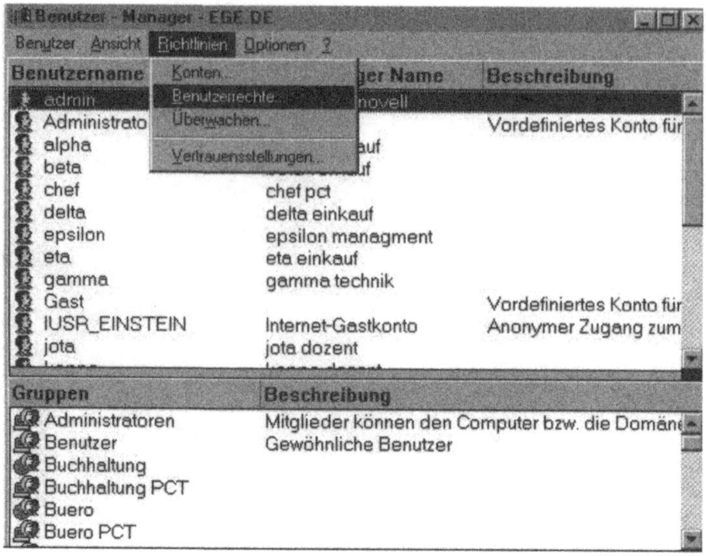

Abb. 29 Benutzer-Rechte

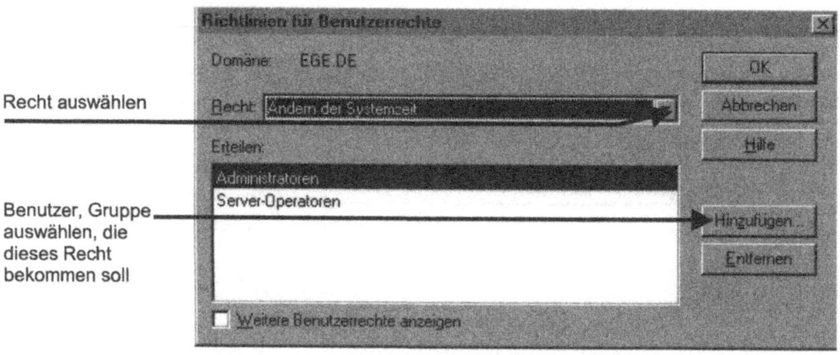

Abb. 30 Richtlinien für Benutzer

Anmerkung zu lokalen Berechtigungen auf Workstations:

Auch auf die Berechtigungen für Programme, die unter START | PROGRAMME erscheinen, muss geachtet werden. Hier können Usern Zugriffe auf Programme erlaubt / verweigert werden. Dazu rechte Maustaste über START | öffnen alle Benutzer und auf den einzelnen Verzeichnissen die Berechtigungen entsprechend setzen.

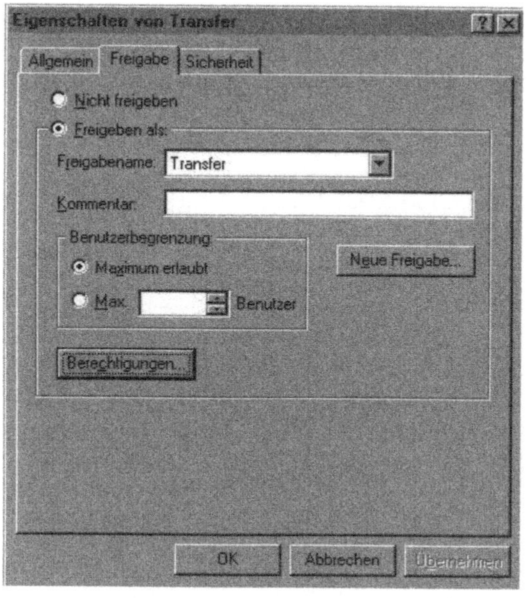

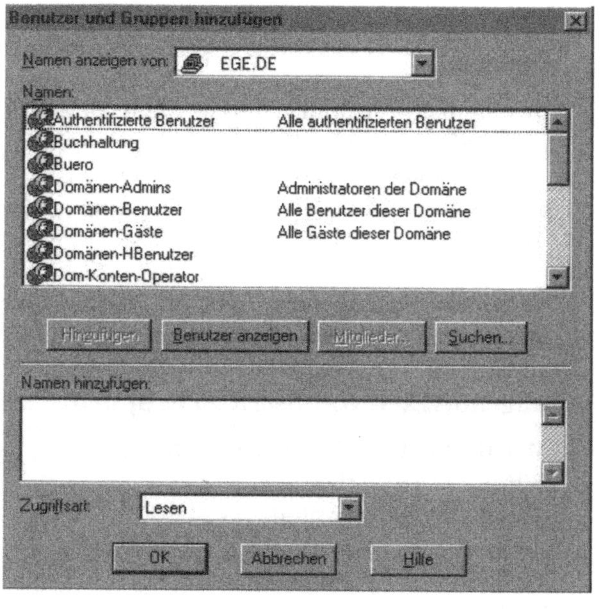

Abb. 31 Berechtigungen für Netzzugriff auf Verzeichnisse

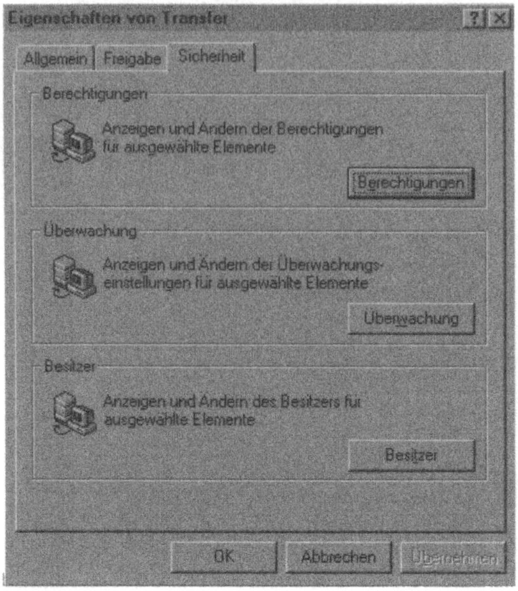

Abb. 32 NTFS-Berechtigungen

Beispiel:

In einem PC-Technik-Vertrieb, dem eine Software-Schulung angeschlossen ist, gibt es folgende User und Gruppen:

User: chef, epsilon, rho, phi, jota, kappa, sigma, delta, eta, omega, tau, gamma, theta, alpha, beta

Gruppen: Management, Einkauf, Verkauf, Büro, Technik, Lager, Schulleiter, Dozenten, Wartung, Buchhaltung

Zugehörigkeit von Usern zu Gruppen

Management:	chef, epsilon, rho
Büro:	rho
Buchhaltung:	epsilon
Einkauf:	delta, eta
Verkauf:	alpha, beta
Technik:	gamma, theta
Lager:	omega, tau
Schulleiter:	phi
Dozenten:	jota, kappa, phi, sigma
Wartung:	chef

Die Rechte-Struktur soll so eingerichtet werden, dass jeder User in seinem HOME-Verzeichnis Vollzugriff erhält. Daten der einzelnen Gruppen werden in den entsprechenden Verzeichnissen abgelegt. Die User sollen nur auf das Verzeichnis Zugriff erhalten (lesen/schreiben), deren Gruppe sie angehören. Die Gruppen „Büro" und „Management" sollen auf alle Verzeichnisse Zugriff haben, die Daten der Firma enthält. Die Gruppe Wartung hat als einzigste Zugriff auf alle Verzeichnisse der Festplatte.

Verteilen Sie die Rechte entsprechend und organisieren Sie die Festplatte.

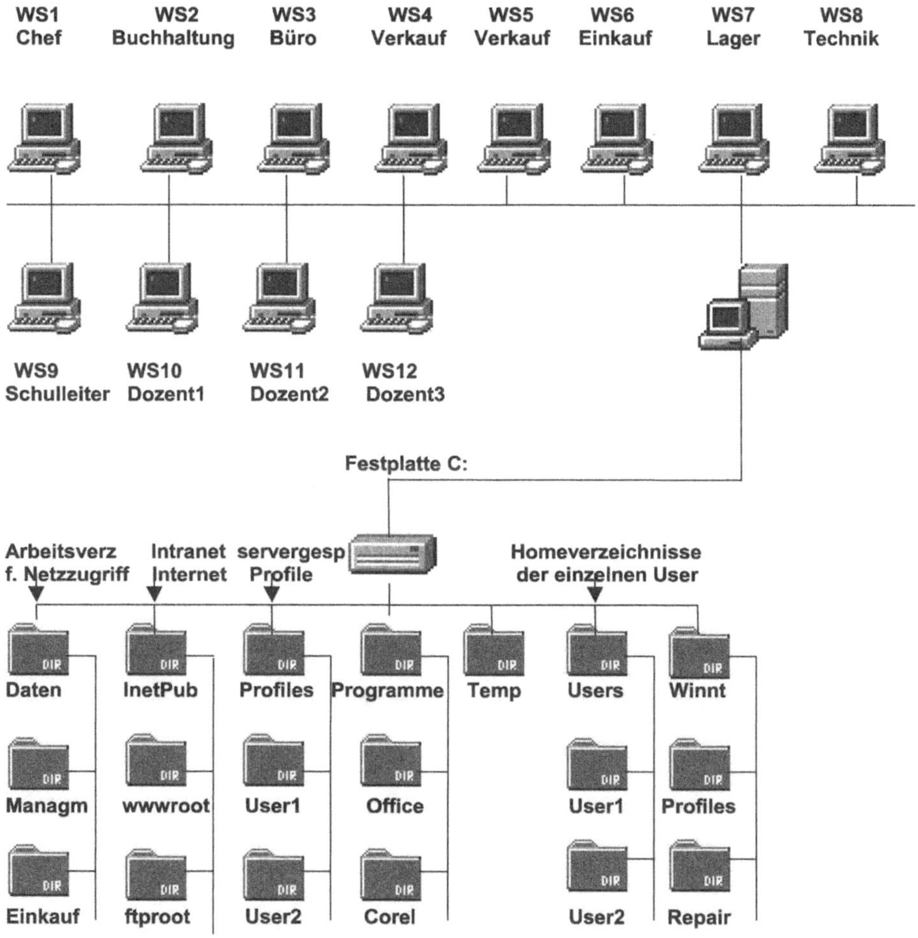

Abb. 33 Mögliche Organisation des Netzes und der Festplatte für Beispiel-Netz

Überwachung von Datei- und Verzeichnis-Zugriffen auf dem Server:

Die Überwachung von Zugriffen auf Objekte kann für Administratoren wichtig sein, da hier festgestellt werden kann, wer, was, wo getan hat.

Überwachung einrichten:

1. Benutzer-Manager für Domänen | RICHTLINIEN | ÜBERWACHUNG die zu überwachenden Ereignisse definieren.
2. Benutzer-Manager für Domänen | RICHTLINIEN | BENUTZERRECHTE | RECHTE | Verwalten von Überwachungs- und Sicherheitsprotokoll einstellen und unter HINZUFÜGEN die Personen/Gruppen hinzufügen, die die Überwachung ausführen dürfen (am besten nur Admins).
3. Zu überwachendes Verzeichnis/Datei mit rechter Maustaste anklicken | EIGENSCHAFTEN | ÜBERWACHUNG | HINZUFÜGEN am besten die Gruppe „Jeder“ auswählen, damit alle Domänenmitglieder überwacht werden können.

Abgefragt können dann die Überwachungsergebnisse unter VERWALTUNG (allg.) | EREIGNISANZEIGE | PROTOKOLL | SICHERHEIT

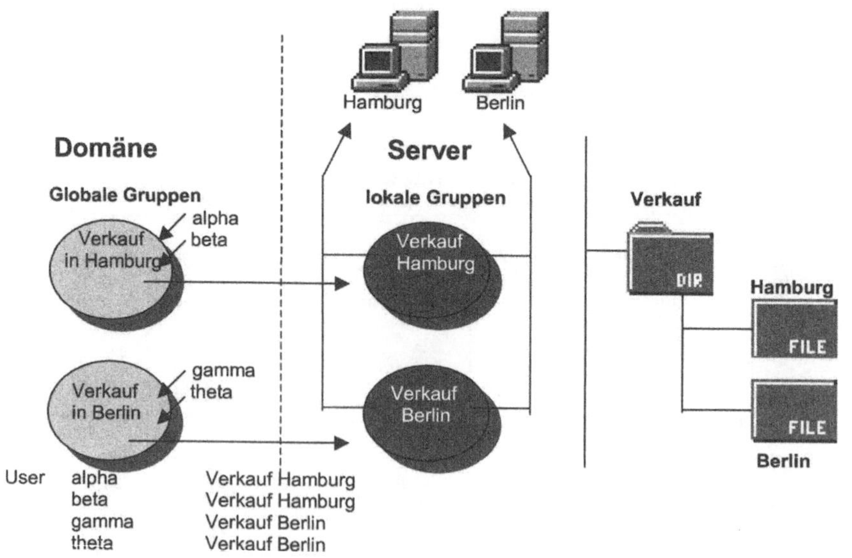

Abb. 34 Beispiel für lokale und globale Gruppen in einem Weitverkehrsnetz

Verwaltung der Domänen / Server über Fernzugriff im LAN und WAN:

Unter Novell Netware ist die Verwaltung des Servers und der NDS weitestgehend nur von einer WS aus möglich (mit Admin / Supervisorrechten). Am Server selber kann man nur wenige Einstellungen machen (siehe Kapitel „Novell Netware".)

An einem NT-4-Server sind alle Einstellungen, die den Server und die Domäne betreffen, zu machen.

Oftmals ist es allerdings sinnvoll, wenn man über das Netzwerk von einer WS aus verwaltungstechnisch auf die Domänen-Verwaltungswerkzeuge zugreifen kann. Beispiel: Die Server sind meistens in einem speziellen Server-Raum untergebracht, und der Administrator sitzt ganz woanders.

Natürlich sei an erster Stelle der ultimative SMS (System-Management-Server) von Microsoft zu nennen, mit dem die Verwaltung des gesamten LAN´s möglich ist.

Um Zugriff von einer WS (NT-WS, WIN95/98) auf die Verwaltungswerkzeuge des Domänen-Controllers zu bekommen, können aber auch von der NT-Server-CD \CLIENTS\SRVTOOLS\ WINNT(WIN95/98) die Client-Based-Tools installiert werden (im entspr. Verzeichnis SETUP.BAT ausführen). Diese sind auch auf der NT-Ressource-Kit-CD enthalten, welche eine weitere Fülle von Ferverwaltungstools beinhaltet.

Auch über das WEB (http://Servername/ntadmin/ntadmin.htm) ist die Verwaltung möglich (auch Freigaben).

Eine andere Möglichkeit besteht darin, ein Netzwerklaufwerk zum Domänen-Controller herzustellen. Alle Verwaltungswerkzeuge sind unter Winnt/System32 auf dem Domänen-Controller zu finden. Das Verzeichnis Winnt des Domänen-Controllers ist standardmäßig versteckt dem Netzwerk freigegeben (Freigabename: Admin$). Der Admin hat Zugriff auf dieses Verzeichnis, wenn er sich als Administrator mit dem entsprechenden Domänen-Kennwort auf einer WS in die Domäne eingeloggt hat. Im Explorer kann jetzt auf Netzlaufwerk verbinden geklickt werden und ein Laufwerks-Buchstabe (z.B. G:) ausgewählt werden. \\[Servername]\Admin$ ins Dialogfeld eingeben. Jetzt können Verknüpfungen zu den Verwaltungswerkzeugen hergestellt werden.

Auf dem Desktop rechte Maustaste drücken und NEU | VERKNÜPFUNG | DURCHSUCHEN | f. obiges Beisp. LAUFWERK G: | System32 | usrmrg.exe auswählen, um den Benutzer-Manager für Domänen anzulegen (dhcpadmn.exe für DHCP-Manager, winsadmn.exe für WINS-Manager).

Das Netzlaufwerk ist auch dann sinnvoll, wenn man bei einem Client gerade irgendwelche Einstellungen macht und dazu kurz Zugriff auf Domänen-Verwaltungswerkzeuge benötigt.

Benutzer-Profile:

Ein Benutzer-Profil enthält Einträge für die benutzerspezifischen Einstellungen in der Systemsteuerung. Dies beinhaltet z.B. das verwendete Hintergrundbild, die Software, welche unter START | PROGRAMME erscheint, also die Arbeitsumgebung, wie ein Benutzer sie sich gestaltet oder vom Admin gestaltet bekommt. Des Weiteren sind ständige Netzlaufwerkverbindungen, Verbindungen zu Netzwerk-Druckern, pers. Programmgruppen und Umgebungsvariablen darin enthalten.

Diese Profile können lokal auf dem eigenen PC, oder auf dem Server gespeichert sein.

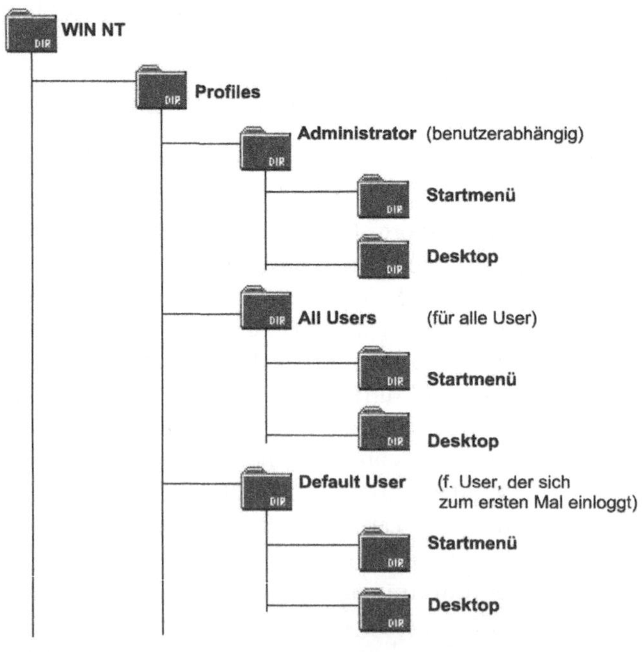

Abb. 35 Verzeichnisstruktur von lokalen Benutzer-Profilen

Vorteil der Server-Speicherung:

Meldet sich ein User auf einem anderen Computer in der Domäne an, hat er seine individuellen Einstellungen zur Verfügung (bedingt aber eine gleiche Software-Konfiguration der WS's).

Unter NT sind Benutzerprofile immer benutzerabhängig. Sie werden lokal unter Winnt\Profiles gespeichert.

Beim ersten lokalen Einloggen auf einem Client-PC werden die Strukturen nach Abb. 35 erstellt.

Benutzer in der Domäne anlegen, Benutzer-Profile auf dem Server ablegen und Home-Verzeichnisse der Benutzer in der Domäne:

Vor dem Einrichten von Benutzern müssen zuerst die Verzeichnisse erstellt werden, in denen die Home-Verzeichnisse und Profile der User abgelegt (z.B. „Users" für Home-Verzeichnisse und „Profiles" für die Profile) und für Benutzer (Verz. Users lesend, Verz. Profiles mit Vollzugriff) freigegeben werden. Es ist darauf zu achten, dass die globale Gruppe Domänen-Benutzer in der lokalen Gruppe Benutzer liegt. Im Verzeichnis Users werden dann die Home-Verzeichnisse beim Einrichten des Users aut. erstellt. Dies muss aber im Benutzer-Manager angegeben werden.

Um Benutzer-Profile auf dem Server abzulegen, muss dies ebenfalls beim Einrichten des Users angegeben werden.

Dazu:

Unter Verwaltung (allg.) auf dem Server den Benutzer-Manager für Domänen aufrufen und unter BENUTZER | NEUER BENUTZER die Benutzer-Eigenschaften ausfüllen.

Menüpunkt GRUPPEN anklicken und User den gewünschten Gruppen zuordnen.

WinNT Workstation-Benutzer in der NT-Domäne

Benutzerprofile werden unter \Profiles\%Username% auf dem Server (PDC) abgelegt.

- Menü-Punkt PROFILE auswählen.
- In Rubrik BENUTZERPROFILE Pfad zum Verzeichnis angeben, wobei der vollständige UNC-Pfad angegeben werden muss (\\Servername\Verzeichnis\%Username% z.B. \\Einstein\Profiles\%Username%).

- In Rubrik BASISVERZEICHNIS (Home-Verzeichnis) ein Netzlaufwerk einrichten, wobei in der Domäne der vollständige UNC-Pfad angegeben werden muss (z.B. H:\\Einstein\Users\%Username%). Das Home-Verzeichnis des Users wird dann beim Einrichten des Users aut. erstellt.

Beim nächsten Einloggen aus dem Netzwerk werden die Profil-Dateien im Profil-Verzeichnis des entsprechenden Users erstellt.

Ist lokal schon ein Profile vorhanden, ist dieses unter Arbeitsplatz | Eigenschaften | Benutzerprofile zu löschen, da sonst immer wieder dieses Profile benutzt wird.

WIN95/98-Benutzer in der NT-Domäne

WIN95/98 legt Benutzer-Profile immer im Home-Verzeichnis des entsprechenden Users in der Domäne ab und nicht im Profiles-Verzeichnis (lässt sich auch mit entsprechenden Pfadangaben beim Einrichten des Users nicht verändern).

Sie werden unter \Users\%Username% (Home-Verz) abgelegt.

- Menü-Punkt PROFILE auswählen.
- In Rubrik BENUTZERPROFILE Pfad angeben (\\Servername\Verzeichnis\%Username%).
- In Rubrik BASISVERZEICHNIS ein Netzlaufwerk einzurichten, wobei in der Domäne der vollständige UNC-Pfad angegeben werden muss (z.B.
  H:\\Einstein\Users\%Username%).

Beim nächsten Einloggen aus dem Netzwerk werden die Profil-Dateien im Homeverzeichnis des entsprechenden Users erstellt.

Achtung: Für wandernde Benutzerprofile ist eine absolut gleiche Software-Konfiguration der einzelnen Rechner Voraussetzung.

Sollen Benutzer über Fernverwaltung angelegt werden, muss das Verzeichnis, dass die Home-Verzeichnisse enthält, über entsprechende Berechtigungen (Freigabe) verfügen, da sonst keine aut. Homes erstellt werden können.

Anmerkungen

%USERNAME% ist eine Variable, die genauso eingetragen werden kann. Der Computer übernimmt hier dann den Anmeldenamen in diese Variable. Natürlich kann hier auch der Anmeldename selber eingetragen werden (aber umständlich).

Unter einem Netzlaufwerk wird die Verbindung von einem Verzeichnis auf einem Remote-System mit einem lokalen Laufwerksbuchstaben verstanden. Wählt man dieses Laufwerk lokal aus, landet man im Verzeichnis des Remote-Systems.

Netzlaufwerke können auch über den Explorer (Netzlaufwerk verbinden) oder über die DOS-Box (Befehl NET USE) eingerichtet werden. Beispiel: NET USE G:\\Einstein\Daten.

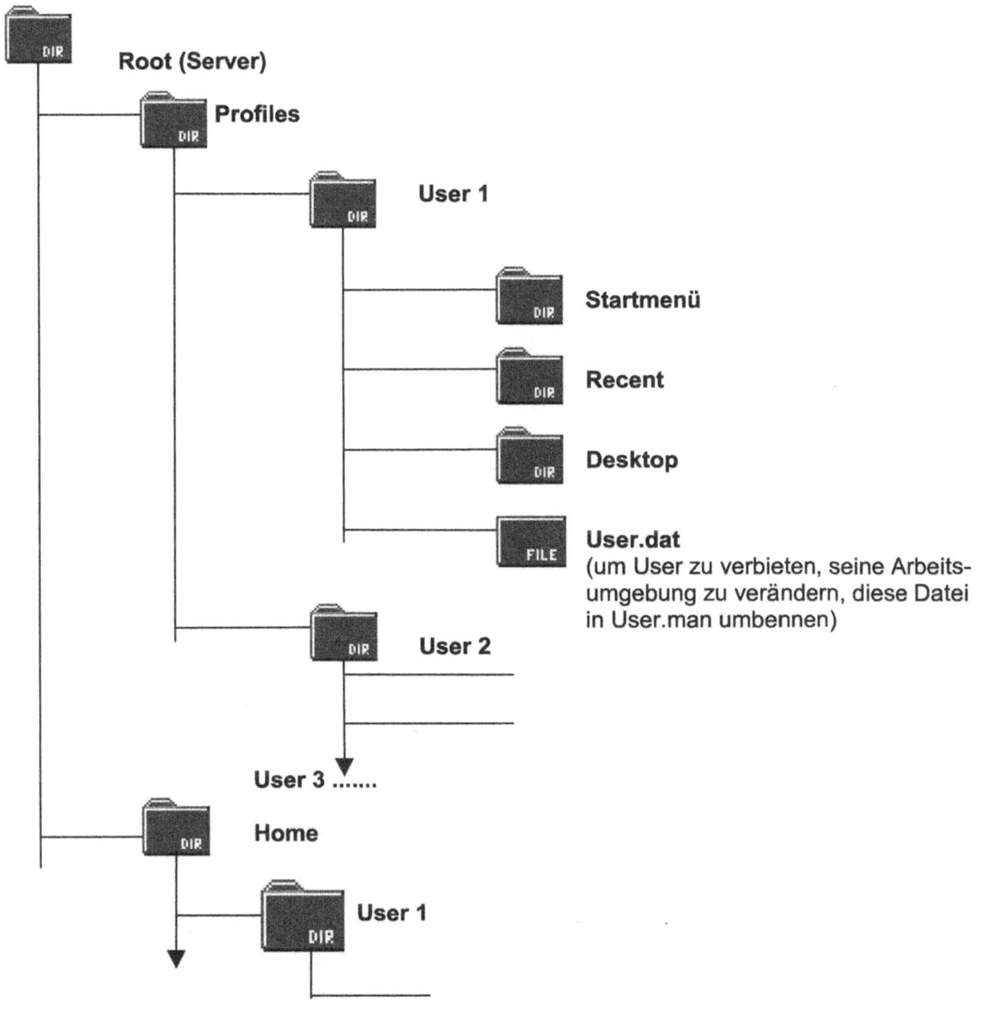

Abb. 36 Verzeichnisstruktur von servergespeicherten Benutzer-Profilen

3.2.18 Systemrichtlinien (Policy-Editor)

Über den Policy-Editor können von einem Computer aus die Benutzer- und Maschinen-Einstellungen aller Computer im Netzwerk gesteuert werden. Der Systemrichtlinien-Editor wird über PROGRAMME | VERWALTUNG (allg.) gestartet.

Der Policy-Editor kann in folgenden Modi arbeiten:

- Registrierungsmodus
- Dateimodus

Registrierungsmodus:

Im Registrierungsmodus können Einstellungen der Registry für den lokalen oder einen anderen Computer im Netz, einem lokalen Benutzer oder einem Benutzer im Netz angezeigt oder verändert werden.

Im Menü DATEI | REGISTRIERUNG ÖFFNEN wählen.

Auf LOKALER COMPUTER doppelt klicken, um die Einstellungen für die lokale Maschine zu ändern.

Auf LOKALER BENUTZER doppelt klicken, um die Einstellungen für den lokalen Benutzer zu verändern.

Um einen Computer oder einen Benutzer im Netz zu konfigurieren, im Menü DATEI | VERBINDEN auswählen und entsprechenden Computer auswählen. Sodann wieder lokaler Computer oder lokaler Benutzer auswählen und wie oben verfahren.

Achtung: Im Registrierungsmodus werden nur die Registry´s vom Computer bearbeitet. In diesen Modus stellt der Policy-Editor einen Mittelweg zwischen Systemsteuerung und Registry dar.

Dateimodus:

Der Dateimodus wird genauso gehandhabt wie der Registrierungsmodus, nur wird jetzt eine Systemrichtlinien-Datei erzeugt. Im Dateimodus ist der Editor in einem übergeordneten Modus, d.h., die erzeugte Datei hat absolute Priorität vor der Registry und wird diese überschreiben, wenn entsprechende Angaben darin enthalten sind. In diesem Modus können Benutzern Einstellungen vorgeschrieben werden, die diese nicht mehr verändern können.

Die erzeugte Datei muss für NT-Rechner NTCONFIG.POL heißen und auf den Domänen-Controller unter WINNT\SYSTEM32\

REPL\IMPORT\SCRIPTS gespeichert werden, welches als NETLOGON freigeben worden ist.

Für WIN95/98-Rechner muss die Datei CONFIG.POL heißen.

Meldet sich ein NT- oder WIN95/98 Rechner im Netz an, sucht der Domänen-Controller nach diesen Dateien in diesem Verzeichnis und wertet die Informationen einen Computer oder einen Benutzer betreffend aus. Wenn nötig, wird die Registry des entsprechenden Rechners überschrieben.

Diese Systemrichtlinien können für Computer, Benutzer oder Gruppen erstellt werden, oder es können Standard-Richtlinien für alle Benutzer einer Domäne erstellt werden. Standard-Richtlinien gelten für Computer, die keine eigenen Richtlinien haben. Ebenso für Benutzer oder Gruppen.

Einige Vorlagen zu Systemrichtlinien sind unter WINNT\INF\ gespeichert und sollten beim ersten Öffnen des Editors geladen werden (Menü OPTIONEN | RICHTLINIENVORLAGE).

Common.adm	Einstellungen, die sowohl für NT, als auch WIN95/98 gelten
Winnt.adm	Einstellungen, die nur NT betreffen
Windows.adm	Einstellungen, die nur WIN95/98 betreffen

Um Einstellungen vorzunehmen:

Im Menü DATEI | NEUE RICHTLINIE auswählen.

Auf LOKALER COMPUTER oder LOKALER BENUTZER doppelt klicken, um Standard-Richtlinien zu erstellen.

Um bestimmte Computer, Benutzer oder Gruppen hinzuzufügen, aus dem Menü BEARBEITEN entsprechendes Objekt auswählen, und im Fenster auf das Objekt doppelt klicken, um entsprechende Einstellungen zu machen.

Nachdem alle Einstellungen gemacht wurden, im Menü DATEI | SPEICHERN UNTER auswählen und die Datei auf den Domänen-Controller unter WINNT\SYSTEM32\REPL\IMPORT\SCRIPS\ NTCONFIG (CONFIG).POL speichern.

Auf einem Netware-Server ist die Datei im Verzeichnis PUBLIC zu speichern.

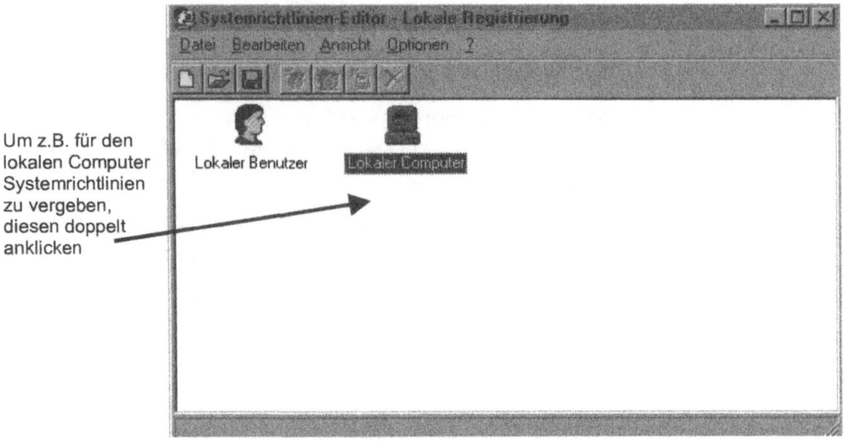

Abb. 37 Pol-Editor

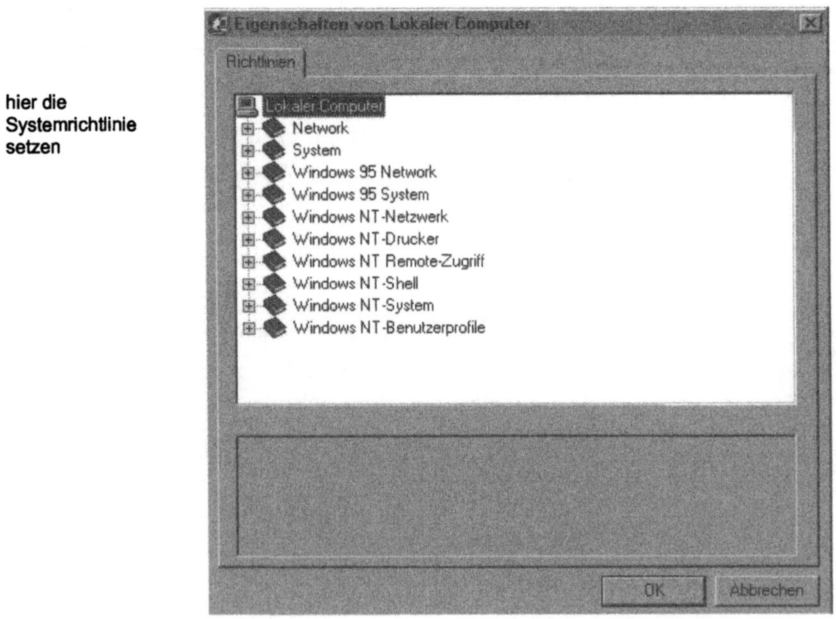

Abb. 38 Richtlinien

3.2.19 Client-Manager und Installation von Clients (nur NT-Server)

WIN95/98 und Win NT bringen von Haus aus schon alle Voraussetzungen mit, um in einer NT-Domäne als Clients zu agieren. Dos und Win 3.x besitzen nur unzureichende Funktionen.

Über den Netzwerk-Client-Manager (Menü „Verwaltung allg.“) kann ein kompletter Diskettensatz für Dos-, Win-3.x-Clients erstellt werden.

Auch kann hier eine bootfähige Diskette erstellt werden, mit der es möglich, ist eine Verbindung zu einem NT-Server herzustellen, um die Client-Software dann über das Netz auf dem Client zu installieren (oder auch ein Betriebssystem).

Bootfähige Dos-Startdiskette:

Im ersten Fenster muss angegeben werden, wo das Verzeichnis CLIENTS zu finden ist, welches normalerweise auf der Inst-CD-ROM liegt, aber auch auf die Festplatte des Servers kopiert werden kann. Dieses Verzeichnis muss freigegeben worden sein.

Im zweiten Fenster kann die Art des Clients, die Disketten-Größe und die verwendete Netzkarte ausgewählt werden. Hier können nur Standard-Einstellungen zur Netzkarte vorgenommen werden. Die richtigen Einstellungen (IRQ, I/O) müssen später durch Editieren der Datei PROTOCOL.INI und SYSTEM.INI vorgenommen werden.

Im nächsten Fenster werden Computer-Name, Benutzername, TCP/IP Adresse etc. abgefragt. Der hier eingetragene Benutzer muss entsprechende Rechte haben, um auf das Clientverzeichnis zugreifen zu können.

Diese Diskette kann für den Zugriff von jedem beliebigen Client auf einen NT-Server benutzt werden. Dazu sind lediglich die Dateien System.ini und Protocol.ini entsprechend anzupassen (Einträge für User, NT-Server, Netzkartentreiber, verwendetes Protokoll, etc.).

Eine Installation des benötigten Betriebssystems kann so über das Netzwerk erfolgen. Dazu müssen die Betriebssystem-Dateien in einem freigegeben Verzeichnis auf dem Server vorliegen.

Dos/Win-3.x-Installation:

Die erste der zuvor erstellten Client-Disketten ins LW legen und SETUP aufrufen.

Sollte DOS/WIN 3.x schon auf der Platte vorhanden sein, genügt es den 32-Bit-TCP/IP-Stack nach zu installieren, der auf der NT-Server-CD unter CLIENTS\TCP32WFW enthalten ist. Dieser Stack muss nach der Installation entsprechend konfiguriert werden, um einen Zugriff auf eine NT-Domäne zu Gewähr leisten.

Win95/98-Installation:

Netzwerkumgebung | rechte Maustaste | Eigenschaften

- Client f. Microsoft Netze hinzufügen
- Eigenschaften für diesen Client konfigurieren
- Anmelden an NT-Domäne (schnelle Anmeldung)
- Arbeitsgruppe = Domain Name
- Netzwerkkarte konfigurieren
- Protokolle hinzufügen / konfigurieren

Win-NT-WS-Installation:

Netzwerkumgebung | rechte Maustaste | Eigenschaften

- Identifikation wählen (Schaltfläche ÄNDERN)
- Domain-Name eintragen
- User eintragen
- Computer-Konto eröffnen (kann nur der Admin mit Domänen-Paßwort)
- Netzwerkkarte konfigurieren
- Protokolle hinzufügen / konfigurieren

(siehe auch „Anhang G und H" „Win 3.x, Win95/98 als Client im Netzwerk")

Start
Programme
Verwaltung (allg)

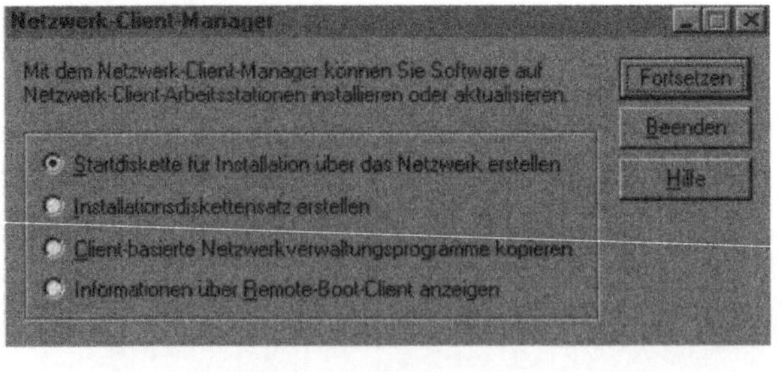

Abb. 39
Client-Manager

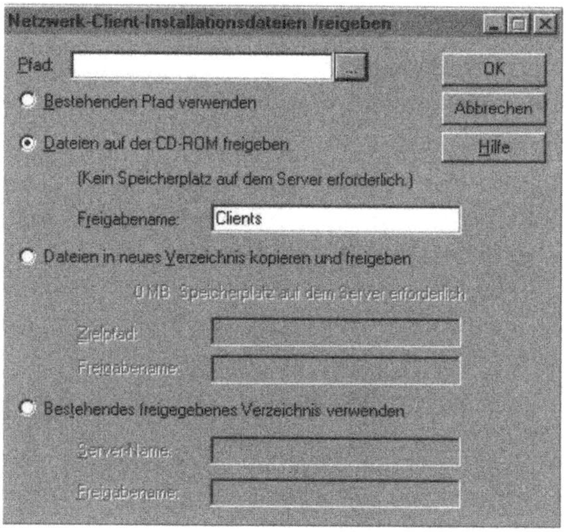

Abb. 40 DOS-Diskette für DOS-Zugriff auf NT-Server herstellen

3.2.20 Server-Manager

Start | Einstellungen | Systemsteuerung | Server oder

Verwaltung (allg.) | Server-Manager (nur NT-Server)

Schaltflächen:
Benutzer

Alle Benutzer, die gegenwärtig eine Verbindung zum Computer besitzen.

Freigaben

Alle freigegebenen Verzeichnisse, einschließlich der administrativen Freigaben ($).

In Benutzung

Offene Ressourcen (welche Ressourcen von welchen Benutzern momentan verwendet werden).

Warnungen

Festlegen, welcher Rechner die Warnmeldungen erhalten soll.

Replikation (Verzeichnisreplikation)

Verzeichnisreplikation für den betreffenden Rechner konfigurieren. Dies erlaubt, den Inhalt von Verzeichnissen automatisch auf andere NT-Rechner zu übertragen.

Ein NT-Server muss zum Export-Server ernannt werden, dessen Inhalt (Unterverzeichnisse und Dateien) auf einen oder mehrere Import-Server repliziert werden. Als Export-Server kann nur ein NT-Rechner agieren, auf dem NT-Server läuft. Als Import-Server kommen Domänen-Controller oder Server oder WS's (NT) in Frage.

Ist die Replikation einmal eingerichtet, wiederholt sich der Vorgang aut., sobald sich eine zu übertragende Datei verändert hat. Ein Server kann Export/Import-Server gleichzeitig sein. Dadurch können identische Kopien von Verzeichnissen auf mehreren Servern unterhalten werden.

Die Replikation bezieht sich bei NT auf Verzeichnisse und Dateien des Dateiensystems (unter Novell betrifft die R. den NDS-Verzeichnisbaum mit den Ressourcen, Objekten).

Einrichten:

Ein Benutzer-Konto (Name z.B. Replikation) muss in der Domäne angelegt werden. In der SYSTEMSTEUERUNG | DIENSTE ist der „Verzeichnisreplikationsdienst" zu starten. Dieser Dienst ist auf allen beteiligten Servern, WS's zu aktivieren. In der Dialogbox „Startart" ist automatisch einzustellen und auch das Konto anzugeben (vorher eingerichter User (Replikation) sowie sein Kennwort). Um den Dienst sofort zu aktivieren, Schaltfläche STARTEN aktivieren. Beim nächsten Hochfahren wird der Verzeichnisreplikationsdienst aut. gestartet.

Das Benutzerkonto (Replikation) muss den lokalen Gruppen „Replikations-Operator" sowie „Sicherungs-Operator" zugeordnet sein und beim Dienst „Anmelden als Dienst" eingetragen werden. Anschließend können die zu replizierenden Verzeichnisse festgelegt werden, was mit Hilfe des Server-Manager geschieht.

Im Server-Manager muss der gewünschte Export/Import-Server selektiert werden. Aus den daraufhin erscheinenden Dialogfeld „Eigenschaften" die Schaltfläche REPLIKATION betätigen. Daraufhin wird das Dialogfeld „Verzeichnisreplikation auf NT-Server" angezeigt. Nach Aktivierung des Optionsfeldes EXPORT-VERZEICHNISSE bei „Pfad" den Verzeichnispfad eintragen, dessen Inhalt der NT-Server exportieren soll. Standardmäßig wird hier SYSTEMROOT(WINNT)\SYSTEM32\REPL\EXPORT vorgeschlagen. Hier sollten auch alle Verzeichnisse bereitgestellt werden, die die Replikation exportieren soll.

Alle enthaltenen Daten im Export-Verzeichnis werden aut. exportiert. Eine manuelle Änderung ist nicht möglich. Ein Unterverzeichnis, das nicht repliziert werden soll, muss gelöscht werden.

Anschließend ist im Server-Manager ein Server zu selektieren, der als Import-Server fungieren soll. Dazu ist im Fenster „Eigenschaften" die Schaltfläche REPLIKATION auszuwählen. Es erscheint ein neues Fenster „Verzeichnisreplikation auf NT-Server". Nun das Optionsfeld IMPORTVERZEICHNISSE auswählen.

Im Eingabefeld „zu Pfad" das Importverzeichnis festlegen (standardmäßig SYSTEMROOT\SYSTEM32\REPL\IMPORT) und mit OK bestätigen.

Gehören der Import-/Export-Computer nicht zur gleichen oder einer vertrauten Domäne, muss auf dem Import-Computer ein Benutzerkonto (Replikation) eingerichtet sein, dass eine Zugriffsberechtigung auf dem Export-Computer auf die Freigabe Repl$ Zugriff hat (auch beim Dienst angeben).

Achtung: Bei der Konfiguration des Export-Servers darauf achten, dass im Dialogfeld „Eigenschaften" in der Auflistung vom Feld „Zu Liste" der gewünschte Import-Server eingetragen worden ist. Anderenfalls werden alle Verzeichnisse auf alle in der Domäne eingebundenen Import-Server übertragen.

Umgekehrt ist beim Konfigurieren der Import-Server darauf zu achten, das unter „Eigenschaften" „Von Liste" alle gewünschten Export-Server eingetragen sind, da ansonsten die Export-Verzeichnisse aller in der Domäne enthaltenen Export-Server übertragen werden.

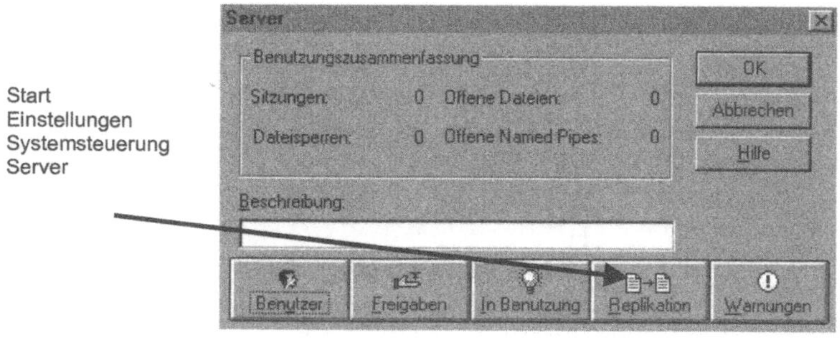

Abb. 41 Server-Manager

3.2.21 Logon-Scripten

Ein Logon-Script unter NT kann z.B. Zuordnungen zu freigegeben Verzeichnissen, Laufwerken (Netzwerklaufwerken) oder den Aufruf von Applikationen enthalten. Mit dem Logon-Script lässt sich eine persönliche Arbeitsumgebung für das Netzwerk erstellen. Logon-Scripte sind unter NT nur optional, also nicht zwingend erforderlich.

Bei einem Anmeldescript handelt es sich um eine Textdatei, die den Prefix .bat (.cmd, .exe, wenn ausführbar) erhalten muss (mit Text-Editor gestalten und z.B. als Logon.cmd speichern).

In ihr können

- externe Programme (Edit, NET)
- interne Befehle (Copy, Ver)
- Befehle einer Batch-Datei (z.B. IF, THEN, ELSE)

enthalten sein.

Auf den Clients eingesetzte Betriebssysteme sind zu berücksichtigen.

Logon-Scripten müssen bei der Einrichtung von Usern mit dem Benutzer Manager in der entsprechenden Rubrik dem User zugeordnet werden (nur Logon.cmd eintragen, wenn es so heißt, keinen Pfad dahin angeben). Sie müssen unter Winnt (Systemroot)\System32\Repl\Import\Scripts gespeichert werden.

Da nicht sicher gestellt ist, welcher NT-Server die Anmeldung eines Benutzers abwickelt (prim./Sek. DC), sollten die Scripten mit Hilfe der Verzeichnisreplikation auf die einzelnen NT-Server verteilt werden.

Beispiel:

```
@ECHO OFF
ECHO Kopieren des Tagesberichts
NET USE S: \\Server2\Bericht
XCOPY S:\Tag.txt\ H:\%USERNAME%
NET USE S: /D
ECHO Kopieren beendet
H:
CD %USERNAME%
EDIT Tag.txt
```

Mögliche Variablen:

%COMPUTERNAME%
Name des Computers, auf dem das Script ausgeführt wird.

%HOMEDRIVE%
Lokale LW-Bezeichnung auf einer WS, der das Benutzer-Verzeichnis eines Benutzers zugeordnet ist.

%HOMEPATH%
Pfadname des Benutzer-Verzeichnisses eines Benutzers.

%HOMESHARE%
Freigabename, in dem sich das Benutzer-Verzeichnis eines Benutzers auf dem Server befindet.

%OS%
Betriebssystem der WS, auf der das Script ausgeführt wird.

%PROCESSOR%
Typ, der auf der WS verwendet wird.

%USERNAME%
Name des Benutzers, dessen Script gerade ausgeführt wird.

3.2.22 Netzwerk-Befehle in der DOS-Box (unter TCP / IP)

Befehl	Wirkung	
ipconfig	zeigt die IP-Konfiguration	mehr: ipconfig /?
Ping [IP-Adresse]	zeigt die Erreichbarkeit des angegebenen Hosts	
Netstat	zeigt die aktiven Verbindungen	mehr: netstat /?
NBTStat	zeigt aktive TCP/IP-Verbindungen und Namens-Cache	mehr: nbtstat /?
ARP	zeigt den Inhalt des ARP-Caches	mehr: arp /?
Route Print	zeigt aktuelle Routen	mehr: route /?
NSLookup	zeigt die DNS-Server	
Tracert	zeigt die Route zum Remote-Host	mehr: tracert /?

NET (Unterscheidet sich geringfügig in der NT-DOS-Box von der reinen DOS-Version (DOS-Client)) Die Syntax ist immer: net Befehl (z.B. net view, net file, net use z: \\Servername\share).	
Accounts	aktualisiert die Benutzerkontendatenbank
Computer	fügt einen Computer einer Domänendatenbank hinzu
Config Server	zeigt Einstellungen für den Server-Dienst an oder ändert sie
Continue	aktiviert einen Dienst neu, der mit PAUSE unterbrochen wurde
File	schließt eine freigegebene Datei
Pause	unterbricht einen Dienst
Print	zeigt Druckaufträge und Warteschlangen an
Send	sendet Nachricht an User, Computer
Session	zeigt Sitzungen mit anderen Computern
Share	stellt die Ressourcen eines Servers zur Verfügung
Start	listet aktive Dienste auf
Stop	beendet Windows Dienste
Use	verbindet einen Computer mit einer freigegebenen Ressource oder beendet die Verbindung (net use z: \\Server\Verzeichnis)
User	fügt Benutzerkonten hinzu
View	zeigt eine Liste der Computer oder der von einem Computer freigeg. Ressourcen an (net view zeigt verfügbare Server, net view [servername] zeigt shares auf dem Server)
Logon	Einloggen bei einem NT-Server (DOS-Client)
Logoff	Ausloggen (DOS-Client)

Um ein Novell-Netz einzusehen, kann net view /network:nw verwendet werden.

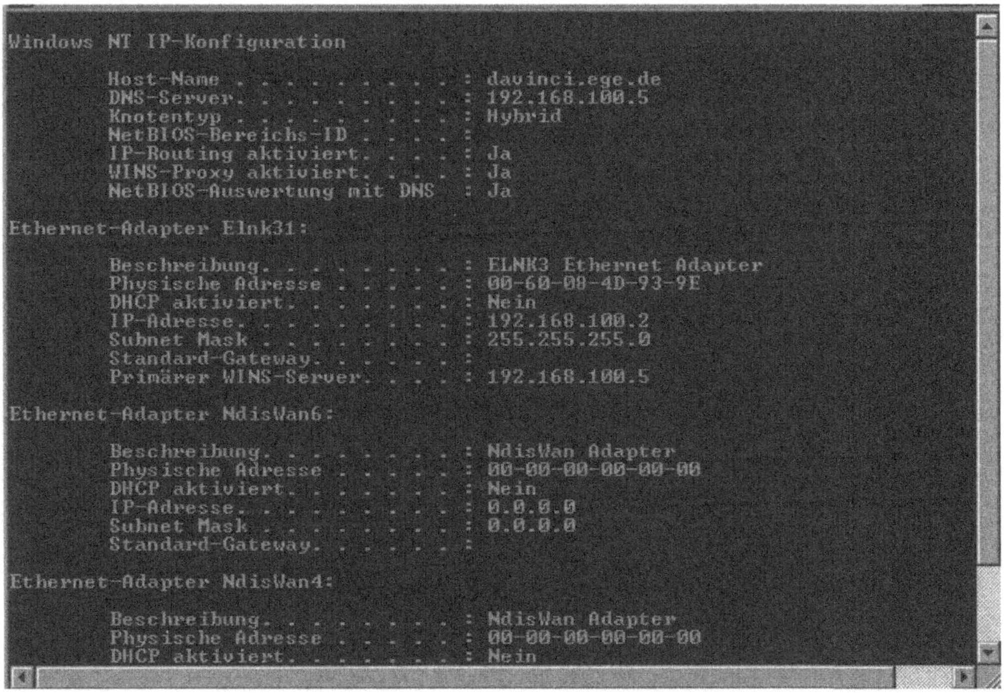

```
Windows NT IP-Konfiguration

        Host-Name . . . . . . . . . : davinci.ege.de
        DNS-Server. . . . . . . . . : 192.168.100.5
        Knotentyp . . . . . . . . . : Hybrid
        NetBIOS-Bereichs-ID . . . . :
        IP-Routing aktiviert. . . . : Ja
        WINS-Proxy aktiviert. . . . : Ja
        NetBIOS-Auswertung mit DNS  : Ja

Ethernet-Adapter Elnk31:

        Beschreibung. . . . . . . . : ELNK3 Ethernet Adapter
        Physische Adresse . . . . . : 00-60-08-4D-93-9E
        DHCP aktiviert. . . . . . . : Nein
        IP-Adresse. . . . . . . . . : 192.168.100.2
        Subnet Mask . . . . . . . . : 255.255.255.0
        Standard-Gateway. . . . . . :
        Primärer WINS-Server. . . . : 192.168.100.5

Ethernet-Adapter NdisWan6:

        Beschreibung. . . . . . . . : NdisWan Adapter
        Physische Adresse . . . . . : 00-00-00-00-00-00
        DHCP aktiviert. . . . . . . : Nein
        IP-Adresse. . . . . . . . . : 0.0.0.0
        Subnet Mask . . . . . . . . : 0.0.0.0
        Standard-Gateway. . . . . . :

Ethernet-Adapter NdisWan4:

        Beschreibung. . . . . . . . : NdisWan Adapter
        Physische Adresse . . . . . : 00-00-00-00-00-00
        DHCP aktiviert. . . . . . . : Nein
```

Abb. 42 Ausgabe von IPCONFIG /all in der DOS-BOX

3.2.23 Festplatten-Manager

Allgemein:

NT unterstützt bis 32 Festplatten (je Platte 1 Part) oder 32 Partitionen

- je Platte bis 4 primäre Partitionen,
- 4 primäre oder 3 primäre und 1 erweiterte Partition (kann mehrere logische Laufwerke enthalten),
- LW-Buchstaben können zugeteilt werden,
- es gibt zwei besondere Partitionen (können beide identisch sein):
  1. System-Partition (enthält die Startdateien)
  2. Boot Partition (enthält die NT-Betriebssystemdateien)
- NT-WS unterstützt keine Fehlertoleranz nach RAID (nur allg. Einstellungen möglich),
- NT-Server unterstützt RAID 0, 1, 5.

NT verwaltet Festplatten / Partitionen als:

1. Einzelne Festplatte

Einfache Handhabung, nicht flexibel, nicht sicher.

2. Datenträgersatz (Volume Set)

- Besteht aus mehreren Bereichen (Partitionen) von Festplatten, die zu einer logischen Partition zusammengefasst werden,
- ein Datenträgersatz erhält einen LW-Buchstaben,
- die Partitionen müssen NTFS formatiert sein,
- Partitionen können nachträglich zugefügt werden,
- können keine System- oder Boot-Partitionen enthalten,
- fällt eine Partition aus, sind die Daten des ganzen Volumes unbrauchbar,
- Datenträgersatz kann nicht gespiegelt werden.

Einrichten

- Den als frei dargestellten Bereich einer Platte oder das LW, das vergrößert werden soll, markieren,
- dann STRG gedrückt halten und die Bereiche (bis 32) anklicken, die mit dem zuerst markierten Bereich zu einem Volume kombiniert werden sollen,
- aus Menü „Partition" „Datenträgersatz erstellen" oder „erweiterter Datenträgersatz" wählen,
- im erscheinenden Dialog-Feld die Größe des Volumes festlegen,
- sind ausschließlich freie Bereiche verknüpft worden, muss das neue logische LW formatiert werden.

3. gespiegelte / geduplexte Festplatten (Mirror Set) RAID 1

- Identische Kopie einer Partition mit der zu spiegelnden Platte wird zusammen als Spiegelsatz bezeichnet,
- gespiegelte Partitionen befinden sich immer auf 2 versch. Festplatten,
- es können komplette Festplatten (als 1 Partition) gespiegelt werden,
- es können Teile einer Festplatte (Partition) gespiegelt werden,

- Systempartitionen können gespiegelt werden,
- Spiegelsatz erhält als Ganzes ein LW-Buchstabe,
- Spiegelsatz wird im Festplatten-Manager angezeigt.

Einrichten

- Belegten oder freien Bereich einer Platte markieren,
- STGR gedrückt halten und einen mindestens ebenso großen noch freien Speicherbereich, wie den zu spiegelnden Bereich markieren, der auf einer anderen phys.Platte liegen muss,
- aus Menü „Fehlertoleranz“ der Eintrag „Spiegelung einrichten“.

4. Stripe Sets RAID 0

- Ähnlich wie Datenträgersatz umfasst Stripe Set mehrere Bereiche von verschiedenen Festplatten, die zu einem Volume zusammengefasst sind,
- hier werden aber alle zu speichernden Daten gleichmäßig auf alle zum Set gehörenden Bereiche übertragen,
- dient nur der Performance (3 Köpfe können auf 3 Platten zugreifen, die die gleichen Informationen enthalten) nicht der Sicherheit.

Einrichten

- Zwei oder mehrere Bereiche, die als freier Speicherplatz gekennzeichnet sind, markieren,
- aus Menü „Partition“ „Stripe Set erstellen“ wählen,
- im darauf folgenden Dialogfeld Größe festlegen,
- Stripe Set formatieren.

Achtung: Bis hierher sind mindestens 2 Festplatten notwendig!

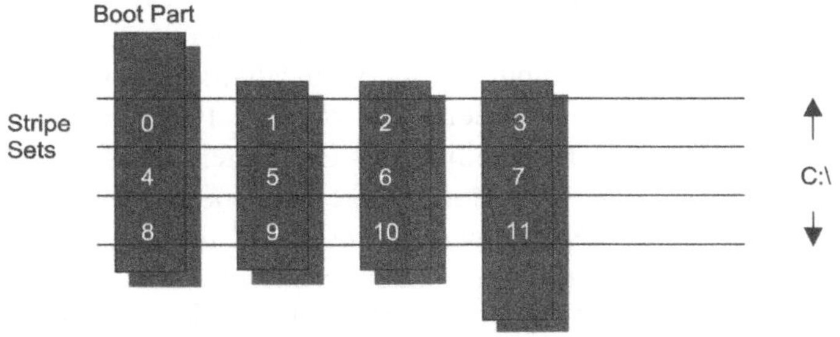

Abb. 43 Stripe-Sets ohne Parität

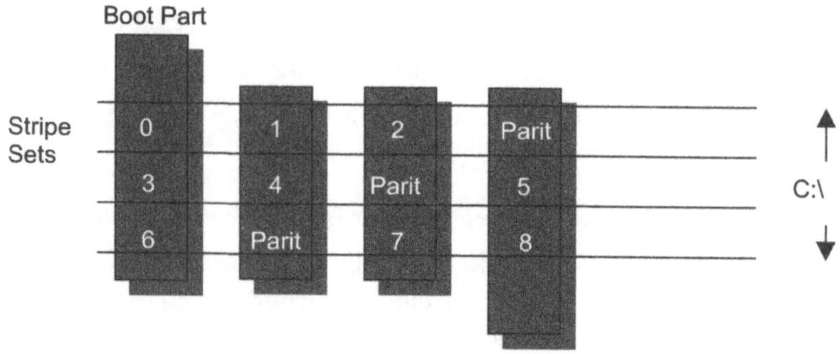

Abb. 44 Stripe-Sets mit Parität

5. Stripe Set mit Parity RAID 5

- Arbeitet ähnlich wie Stripe Set,
- hohe Performance,
- hier werden aber zusätzliche Fehlertoleranz-Infos mit auf die einzelnen Bereiche der Festplatte übertragen,
- wenn eine Platte ausfällt, entsteht kein Datenverlust,
- Voraussetzung: Stripe Sets befinden sich auf mindestens 3 Platten (die werden auch für RAID 5 benötigt).

Funktion

Zunächst wird ein großes logisches LW aus mehreren einzelnen, nahezu gleichgroßen Partitionen gebildet. Dabei können zwischen 3–32 Festplatten genutzt werden.

Beim Schreiben auf den Datenträger wird zusätzlich zu jedem Datenblock ein Paritätsblock gespeichert.

Bei RAID 4 wird eine der Partitionen ausschließlich für das Sichern der Paritätsinfos genutzt. RAID 5 speichert die Paritäts-Infos fortlaufend auf einer anderen Partition (höhere Sicherheit). Sollte eine Festplatte ausfallen, gehen keine Daten verloren. Dazu muss zuerst die defekte Platte ausgetauscht werden. Nach dem Hochfahren des Computers steht dann im Menü „Fehlertoleranz" der Menüpunkt „Regenerieren" zur Verfügung, der dann aufgerufen werden muss. NT liest jetzt die Daten mit Parität von den anderen Platten und kann dadurch die Daten der defekten Platte auf der neuen Platte wieder herstellen.

Einrichten

- Bei gedrückter Taste STGR mindestens 3 als freier Speicherbereich gekennzeichnete Bereiche markieren, die gleiche Größe besitzen und sich auf unterschiedlichen Platten befinden,
- aus Menü „Fehlertoleranz" „Stripe Set mit Parität erstellen" auswählen,
- im nun erscheinenden Dialog-Feld die Größe des log.LWs festlegen,
- LW formatieren,
- NT muss nun neu gebootet werden.

Achtung: Für RAID 5 sind mindestens 3 Festplatten notwendig, was besser mit einem SCSI-Controller und SCSI-Platten geschehen sollte.

Höchste Kapazität eines RAID-5-Laufwerks mit drei Festplatten:

1. Platte 500 MB Kapazität
2. Platte 800 MB Kapazität
3. Platte 1,2 GB Kapazität

Berechnung

Kleinste Partitionsgröße × 3 × 2/3 = 1 GB

Festplattenspiegelung, -duplexing und RAID 5 sind nur auf einem NT-Server möglich.
(Mirroring = 2 Platten am gleichen Controller, Duplexing = 2 Platten an 2 Controllern)

Start
Programme
Verwaltung (allg)

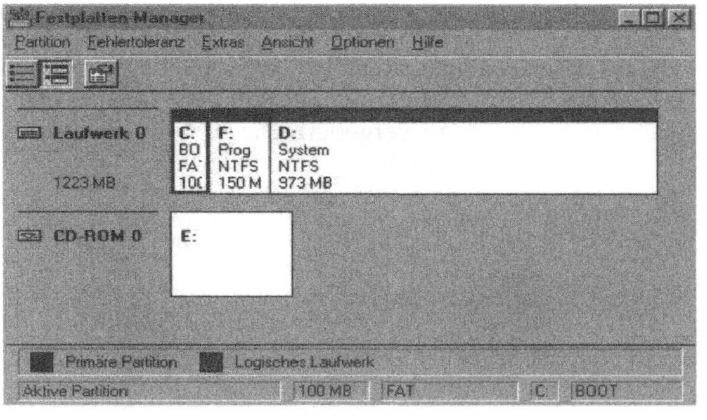

Abb. 45 Festplatten-Manager

3.2.24 Zusammenarbeit mit Netware

Client-Service für Netware:

- Dieser ist nur auf einer NT-WS vorhanden,
- unterstützt Bindery und NDS (siehe Abschnitt 3.3 „Novell Netware"),
- arbeitet mit NWLink-Protokoll (IPX/SPX) und muss so konfiguriert werden, dass der NT-Server mit dem Netware-Server kommunizieren kann (Rahmentyp, Netzwerknummer).

Gateway-Service für Netware (GSNW):

Dieser ist nur auf einem NT-Server vorhanden. Der Gateway-Service für Netware (GSNW) ermöglicht es Clients, die keinen Novell-Client installiert haben, trotzdem auf einen Netware-Server zuzugreifen und dessen Ressourcen zu nutzen. Der NT-Server greift dabei auf einen Netware-Server zu, indem er ein LW einem Verzeichnis zuordnet. Der GSNW stellt diese LWs als Freigaben zur Verfügung.

Dafür ist der Gateway-Service für Netware (in dem der Client integriert ist) über NETZWERKUMGEBUNG | DIENSTE zu installieren.

Einstellungen bei Netware (sind zuerst vorzunehmen):

Die Gruppe NTGATEWAY muss erstellt werden.

Auf welche Verzeichnisse zugegriffen werden darf, muss über entsprechende Trustee-Zuordnungen an diese Gruppe geregelt werden.

Des Weiteren muss ein User (z.B. Gateway) erstellt werden, unter dem sich der GSNW eines NT-Servers bei Netware anmelden kann. Für diesen User ist aus Sicherheitsgründen ein Kennwort zu vergeben. Dieser User ist in der Gruppe NTGATEWAY aufzunehmen.

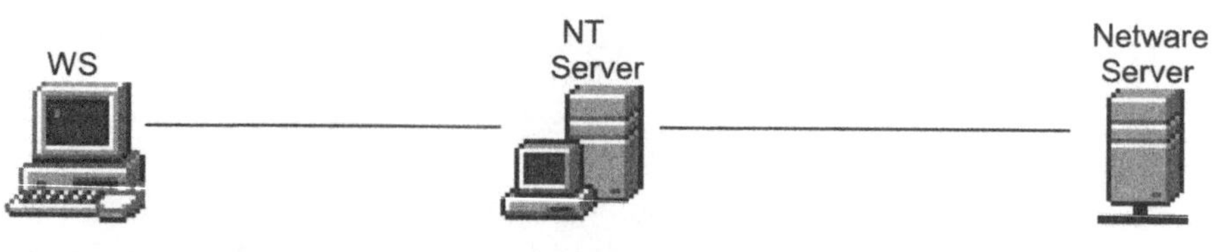

Abb. 46 NT-Server als Gate zu einem Novell-Server

Unter Novell 3.x ist dieser Vorgang bei allen Servern, auf die zugegriffen werden soll, zu wiederholen.

Unter 4.x reicht der Vorgang einmal in der NDS.

Einstellungen bei NT:

Über SYSTEMSTEUERUNG | GSNW ist jetzt die Konfiguration vorzunehmen.

1. Schaltfläche GATEWAY anklicken.
2. Kontrollkästchen GATEWAY AKTIVIEREN anklicken.
3. Im Feld GATEWAY-KONTO den zuvor bei Netware erstellten Benutzer (hier im Beispiel Gateway) eintragen, sowie das dazugehörige Kennwort, welches beim Einrichten des Users unter NW vergeben wurde.
4. Mit Betätigen von OK wird der GSNW aktiviert.
5. Jetzt lassen sich Verzeichnisse festlegen, auf die die Clients auf dem Novell-Server zugreifen können.
6. Dazu wieder auf GATEWAY klicken.
7. Im Dialogfeld „Gateway konfigurieren" die Schaltfläche HINZUFÜGEN anklicken, um das Dialogfeld „Neue Freigabe" zu erhalten.
8. Im Eingabefeld FREIGABENAMEN den Namen eintragen, der als Freigabenamen erscheinen soll.
9. Netzwerkpfad zu diesem Verzeichnis nach UNC eintragen (in Novell-Konvention \\Server\Volume\Verzeichnis\Verzeichnis......).
10. Netzlaufwerk-Buchstabe eintragen.

Jedes neue Verzeichnis auf dem Novell-Server muss mit einem neuen lokalen LW-Buchstaben auf dem NT-Server versehen werden. Standardmäßig erhalten alle Benutzer vollen Zugriff auf das Netware-Verzeichnis (über Zugriffsberechtigungen ändern).

Die Trustee-Zuordnung in der Gruppe NTGATEWAY auf dem Novell-Server legt aber vorrangig fest, welche Zugriffe möglich sind.

So kann unter NT voller Zugriff gestattet sein, wenn aber unter Novell nur Lesen erlaubt ist, sind auch nur Lesezugriffe möglich.

File- und Print-Service für Netware:

Während der Gateway-Service für Netware dazu dient, dass Microsoft-Clients auf Netware-Ressourcen zugreifen können, verfolgt der File- und Print-Service für Netware den umgekehrten Ansatz.

- Ein mit einer Bindery arbeitenden Netware-Server wird so emuliert.
- Dieser Service ist nicht im Lieferumfang von NT enthalten.
- Im Netzwerk gibt sich der NT-Server nicht nur als solcher zu erkennen, sondern auch als Netware-Server.
- Bei der Installation wird ein Volume SYSVOL eingerichtet, welches dem Netware-Vol SYS entspricht.
- Alle gewohnten Verzeichnisse (Public, System, Mail, Login) sind enthalten.
- Clients, die mit dem Netware-Client arbeiten, bedürfen keinerlei Konfigurationsänderungen, um auf den emulierten Netware-Server zuzugreifen.
- Benutzer können ganz normal wie unter Netware gewohnt arbeiten.
- Auch in der Administration gibt es keine Veränderungen.
- Alle Admin-Tools (z.B. Syscon) können weiter verwendet werden.
- Allerdings kann auch von der NT-Seite aus die Verwaltung über den Benutzer-Manager vorgenommen werden.
- Das Laden von NLMs ist nicht möglich.

Migrationprogramme:

Diese übernehmen einen kompletten Netware-Server auf einen NT-Server mit Daten, Freigaben und Usern ohne Paßworte.

3.2.25 DFÜ Netzwerk unter Win NT

Mittels dem DFÜ-Netzwerk und dem RAS-Dienst (siehe nächsten Abschnitt), können Remote-Clients sich via gewöhnlichen Telefonleitungen oder über ISDN von einem entfernten Standort in das eigene LAN einwählen (Einwahl ist auch über das Internet möglich). Nach dem Einwählen erscheinen die Freigaben in der Netzwerkumgebung genauso, als wäre man direkt am LAN angeschlossen.

Auf dem Client reicht es, das DFÜ-Netzwerk einzurichten, auf dem Server müssen DFÜ und RAS eingerichtet werden.

Einrichten:

Nachdem das Modem und auch das DFÜ-Netzwerk installiert wurde (DFÜ unter ARBEITSPLATZ doppelt anklicken), müssen folgende Schritte unternommen werden:

Konfiguration der seriellen Schnittstelle:

Protokoll:	Hardware
Baud:	9600 (modemabhängig)
Parität:	keine
Datenbits:	8
Stopbit:	1

Als Nächstes ist der Dienst „Serial" in der Systemsteuerung | Geräte auf „aut. starten" einzustellen.

Für jeden Computer, der über das DFÜ-Netzwerk erreicht werden soll, muss ein eigenes Symbol erstellt werden bzw. ein Listeneintrag im Dialogfenster für das DFÜ-Netzwerk.

Bevor eine Verbindung definiert wird, müssen folgende Voraussetzungen erfüllt sein:

- Telefonnummer des DFÜ-Servers muss bekannt sein.
- Mit welchem Kommunikationsprotokoll arbeitet der Server (unter WIN NT können PPP, SLIP, RAS f. WINDOWS 3.11/NT 3.1, NETWARE CONNECT) verwendet werden.
- DFÜ Client und DFÜ Server müssen mindestens mit einem gleichen LAN-Protokoll arbeiten (NETBEUI, IPX/SPX, TCP/IP).
- Wird sich mit einem NT Rechner verbunden, wird auf dem Fernrechner ein Benutzerkonto gebraucht (auch Einwahlrechte, ggf. Computerkonto).
- Von WIN95/98 oder 3.11 wird kein explizites Benutzerkonto benötigt. Hier reicht ein Zugangspaßwort um sich anzumelden.

Verbindungen definieren:

Einen ersten Eintrag für eine Verbindung ist mit dem Assistenten zu erstellen (dieser erscheint beim ersten Eintrag automatisch). Alle weiteren Einstellungen sind über DFÜ-NETZWERK | WEI-

TERES | EINTRAGS- UND MODEMEIGENSCHAFTEN für diese Verbindung zu erstellen.

Karteikarte Einträge:

Allg. Einstellungen

Karteikarte Server:

Verwendetes Kommunikationsprotokoll (PPP, SLIP, etc) des DFÜ-Servers, Netzwerkprotokolle

Achtung: (für Verbindungen über das Internet)

PPP ist zwischenzeitlich Standard für DFÜ. Auch Internet-Provider verwenden PPP als Zugangsprotokoll. Wenn PPP für Verbindung zum Provider benutzt wird, können TCP/IP, IPX/SPX und NETBEUI verwendet werden.

SLIP ist ein älteres DFÜ-Protokoll, dass von Unix-Servern verwendet wird. Einige Provider, die Unix-Zugänge zum Internet anbieten, verwenden SLIP.

WINDOWS NT 3.1 und WfW 3.11 verwenden für die DFÜ-Verbindung ein eigenes RAS-Protokoll.

Dieses sollte nur verwendet werden, wenn eine DFÜ-Verbindung zu eben solchen Servern aufgebaut werden soll.

Das Kontrollkästchen SOFTWARE-KOMPRIMIERUNG sollte aktiviert werden, damit die Datenübertragung an Geschwindigkeit zunimmt.

LPC-Erweiterungen (neue PPP-Funktionen nutzen) sollte nur aktiviert werden, wenn es, insbesondere bei älteren PPP-Servern, zu keinen Problemen kommt.

Die TCP/IP Einstellungen gelten ausschließlich für diese eine Verbindung. Die globalen Einstellungen unter NETZWERK bleiben hiervon unberührt.

Wurde SLIP ausgewählt (Typ des DFÜ-Servers) steht die Option IP-ADRESSE nicht zur Verfügung. In diesem Fall ist die feste IP-Adresse einzutragen, die vom Provider bzw. Administrator erhalten wurde. Wird mit dynamischen IP-Adressen gearbeitet, ist das Feld leer zu lassen.

Wenn keine IP-Adresse erhalten wurde, die Option IP-ADRESSE, DIE DEM SERVER ZUGEORDNET IST wählen. Gleiches gilt für DNS.

Existiert ein WINS-Server (Windows Internet Name Service) in Eingabefeld PRIMÄRER/SEKUNDÄRER WINS die jeweiligen IP-Adressen eingeben.

Achtung: Ein WINS Server arbeitet Hand in Hand mit dem DHCP Server und sorgt in TCP/IP Netzen für eine aut. Konfigurierung der Computer-Namen und IP-Adressen, um doppelte Netzwerknamen zu verhindern (siehe Abschnitte 3.2.28 „WINS" und 3.2.29 „DHCP").

Registerkarte Scripte:

Scripte werden nur benötigt, wenn über DFÜ der Verbindungsaufbau zu einem Internet-Provider automatisiert werden soll. Bei DFÜ-Verbindungen zu einem anderen NT-Rechner sind sie überflüssig.

Registerkarte Sicherheit:

Sicherheit sollte nicht nur auf den DFÜ-Servern, sondern auch auf den DFÜ-Clients eine große Rolle spielen.

BELIEBIGE ECHTHEITSBESTÄTIGUNG nur wählen, wenn Sicherheit nicht so wichtig ist oder wenn eine Verbindung mit einem anderen als einem Microsoft-Server hergestellt werden soll.

NUR VERSCHLÜSSELTE ECHTHEITSBESTÄTIGUNG verwenden, um zu verhindern, dass unverschlüsselte Benutzernamen und Paßwörter über die Telefonleitung wandern.

NUR MICROSOFT-VERSCHLÜSSELTE BESTÄTIGUNG wählen, wenn sich mit einem Microsoft-Server verbunden werden soll.

Telefonbuch mit Assistenten erstellen:

Startet aut., wenn neuer Eintrag erstellt werden soll.

1. Fenster: Namen der Verbindung

2. Fenster: 1. Verbindung mit Internet:
2. aktivieren, wenn mit Inet-Provider verbunden werden soll
3. wenn mit nicht NT-Server (z.B. Unix-Server) verbunden werden soll (Inet-Provider). In diesem Fall müssen im nachfolgenden Fenster alle TCP/IP Adressen und Anmelde-Infos eingetragen werden.

Arbeitsplatz
DFÜ-Netzwerk

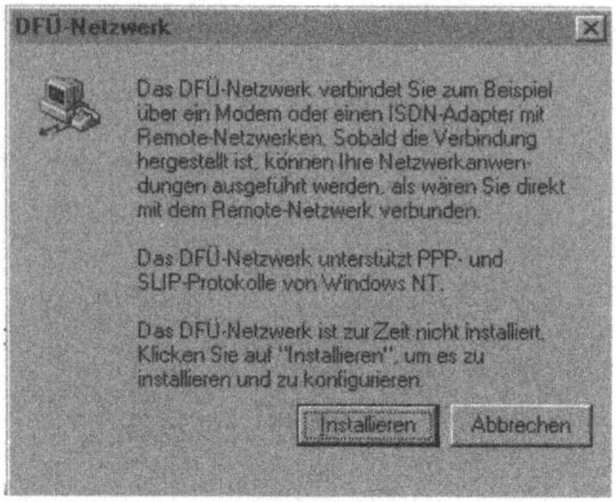

Abb. 47 Installieren

Modemabhängig

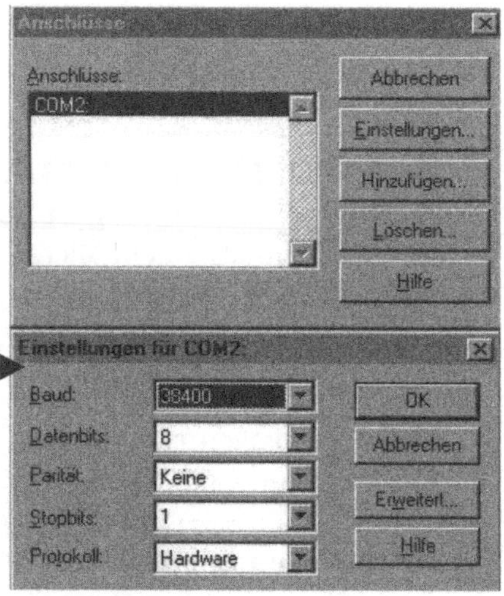

Abb. 48 COM-Schnittstelle konfigurieren

3.2.26 RAS unter WIN NT (Remote Access Service)

Überblick:

1. Serielle Schnittstelle unter SYSTEMSTEUERUNG | ANSCHLÜSSE konfigurieren.
2. Modem unter SYSTEMSTEUERUNG konfigurieren.

3. DFÜ von Installations-CD nachinstallieren, wenn das DFÜ-Netzwerk nicht bei der Erstinstallation schon installiert wurde (Symbol für DFÜ-Netzwerk erscheint dann unter ARBEITSPLATZ).
4. RAS-Dienst unter NETZWERK | DIENSTE nachinstallieren und konfigurieren.
5. DFÜ-Netzwerk konfigurieren (ARBEITSPLATZ | DFÜ-NETZWERK).

RAS-Dienst konfigurieren:

Unter Symbol NETZWERK | DIENSTE | RAS-DIENST anwählen und auf EIGENSCHAFTEN klicken. Im nachfolgenden Fenster „RAS-Setup" Schaltfläche KONFIGURIEREN auswählen. Hier ein-/ausgehende Anrufe auswählen (zum Einrichten des Internets erst einmal nur ausgehende Anrufe einstellen (sonst könnten Probleme auftreten)).

Nach Einrichtung des Internets für DFÜ-Netz ein- und ausgehende Anrufe einschalten.

Netzwerk:

In dem nachfolgenden Fenster können die Rechte der Benutzer, die sich über RAS in den Computer/das ges. LAN einwählen können, definiert werden (über IPX, TCP/IP, NetBEUI).

TCP/IP–DHCP:

DHCP-Server übernehmen in einem Netzwerk die Vergabe von dynamischen/statischen IP-Adressen. Ist ein DHCP-Server im Netz vorhanden, DHCP VERWENDEN auswählen, damit IP-Adressen dynamisch zugewiesen werden können. Ist keiner vorhanden, kann auch ein Adressen-Pool angegeben werden, aus welchem Adressbereich sich Clients einloggen können.

IPX:

Empfehlenswert ist der Menü-Punkt NETZWERNUMMERN AUT. RESERVIEREN. NT ermittelt in diesem Fall noch nicht belegte IPX-Netzwerknummern und weist sie dem Anrufer zu.

Schaltfläche WEITER betätigen.

NT will jetzt von der CD einige Dateien kopieren.

RAS-Server einrichten und starten:

1. Unter VERWALTUNG (allgemein) | RAS-VERWALTUNG aufrufen (sollte noch kein RAS-Server gestartet sein, erscheint eine entsprechende Meldung).
2. Im Menü SERVER | DOMÄNE ODER SERVER AUSWÄHLEN auswählen (sollte kein Domänen-RAS-Server gefunden werden, erscheint eine entsprechende Fehlermeldung).
3. Um auf einem der Computer in der Domäne einen RAS-Server zu starten, im Menü SERVER | RAS-DIENST STARTEN auswählen.
4. Im nachfolgenden Dialog-Fenster den Computernamen eingeben, der als RAS-Server fungieren soll (z.B. \\DaVinci).
5. Der RAS-Dienst wird jetzt gestartet und der Name des RAS-Servers erscheint in einem Ausgabe-Fenster.
6. Eingehende Anrufe (Einloggen in das System) können jetzt mit dem DFÜ-Monitor oder der RAS-Verwaltung überwacht und zur Not manuell getrennt werden.
7. Als Letztes sollte ein Gastkonto oder entsprechende Konten für Benutzer mit entsprechenden Paßwörtern eingerichtet werden.

Achtung: Ein gestarteter RAS-Dienst belegt die entsprechende COM-Schnittstelle. Um über diese Schnittstelle Internet oder Fax zu betreiben, muss der RAS-Dienst beendet oder momentan deaktiviert werden.

Achtung: Im Benutzer-Manager müssen RAS-Clients, die über RAS auf den Computer zugreifen, entsprechende Einwahlrechte eingeräumt werden.

RAS-Protokolle:

SLIP (Serial-Line-Protokoll)

Slip ist ein altes Standard-Protokoll für serielle Verbindungen. Es arbeitet mit statischen IP-Adressen und kann so kein DHCP oder WINS nutzen. Weiter kann es nur mit TCP/IP arbeiten. SLIP kann keine Anmeldeinformationen verschlüsseln. Trotzdem arbeiten einige Internet-Anbieter, insbesondere Unix-Server noch mit SLIP.

PPP (Point-To-Point-Protokoll)

PPP ist eine Weiterentwicklung von SLIP. Es arbeitet mit NetBEUI, TCP/IP, IPX und AppleTalk. Weiter unterstützt es auch verschlüsselte Kennwörter.

PPTP (Point-To-Point-Tunneling-Protokoll)

PPTP kann wie PPP mit allen gängigen Protokollen arbeiten. Mit PPTP kann ein sog. virtuelles privates Netzwerk über das Internet aufgebaut werden, das ansonsten ja öffentlich ist, wobei TCP/IP, NetBEUI oder IPX im privaten LAN in PPTP eingepackt wird, über das öffentliche Internet zu einem anderen Computer geschickt wird und dort wieder z.B. als TCP/IP-Paket zur Verfügung steht.

PPTP kann nur auf einem Server für ein- / ausgehende Anrufe konfiguriert werden.

Auf einer WS kann PPTP nur für ausgehende Anrufe konfiguriert werden.

Vorrausetzung dafür ist, dass auf dem absendenden und empfangenden Computer PPTP installiert ist.

Installation

NETZWERKUMGEBUNG | rechte Maustaste | PROTOKOLLE | HINZUFÜGEN und Point-To-Point-Tunneling-Protokoll hinzufügen.

PPTP installieren / konfigurieren:

Virtuelle LANs können zum Verbinden von Unternehmensnetzwerken über das Internet verwendet werden. Damit kann eine zusätzliche ISDN-Verbindung entfallen.

Nachdem das PPTP-Protokoll über NETZWERK | PROTOKOLLE eingerichtet wurde, erscheint das Dialogfeld PPTP-KONFIGURATION. Hier muss jetzt die Anzahl der virtuellen, privaten LANs angegeben werden. Jetzt muss das RAS-SETUP gestartet werden (NETZWERK | DIENSTE | EIGENSCHAFTEN). Hier ist jetzt die Schaltfläche HINZUFÜGEN auszuwählen und unter RAS-FÄHIGE GERÄTE die zuvor eingerichteten VPNs hinzuzufügen. Zum RAS-SETUP zurückkehren. Hier erscheinen neben dem Modem / ISDN-Verbindung jetzt auch die VPNs, die nun noch unter Schaltfläche KONFIGURIEREN konfiguriert werden müssen.

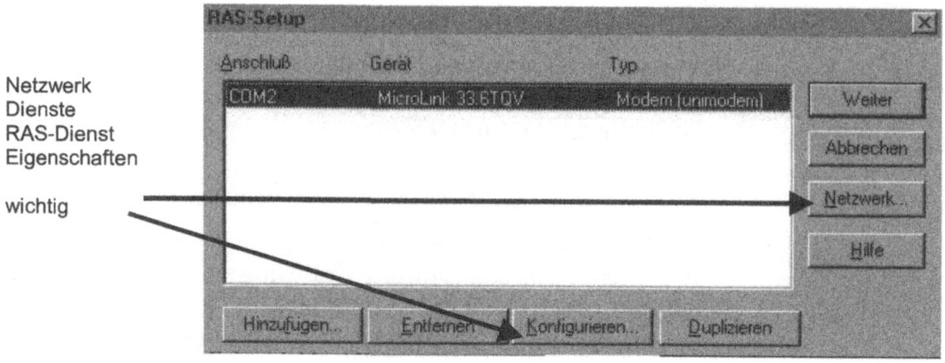

Abb. 49 Konfiguration

Damit nur PPTP benutzt wird, muss an einem RAS-Computer, der mit einer Netzwerkkarte eine Verbindung zum Internet hat und mit einer anderen Netzwerkkarte eine Verbindung zum LAN, für die Netzwerkkarte zum Internet die PPTP-Filterung aktiviert werden. Dazu NETZWERK | PROTOKOLLE | TCP/IP-PROTO-

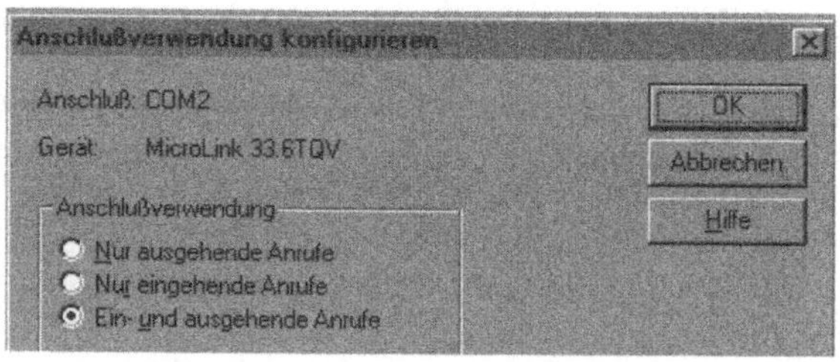

Abb. 50
Konfigurieren

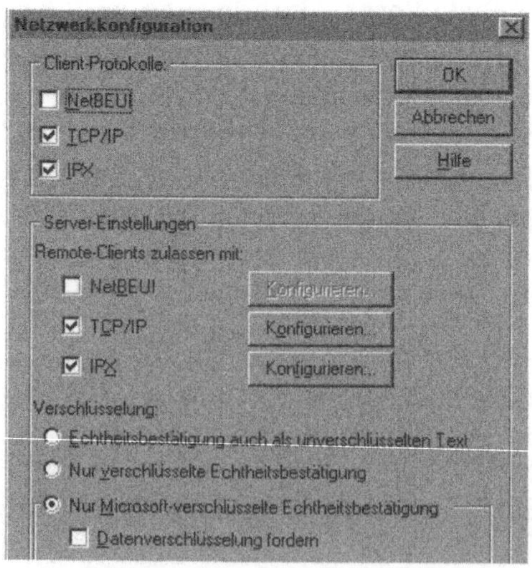

Abb. 51
Netzkonfiguration

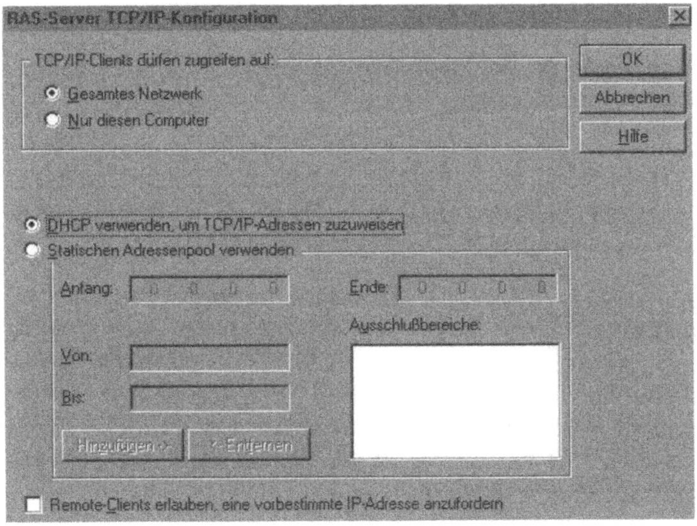

Abb. 52
TCP/IP konfigurieren

KOLL selektieren | EIGENSCHAFTEN | Registerkarte IP-ADRESSE auswählen und die Schaltfläche OPTIONEN anklicken. Jetzt den Adapter auswählen und das Kästchen PPTP-FILTERUNG AKTIVIEREN auswählen.

Diese Netzwerkkarte ist jetzt für alle anderen Protokolle deaktiviert. Es werden nur noch PPTP-Pakete angenommen.

Achtung: Um einen Internetzugang zu konfigurieren, müssen außer der Provider-Software das DFÜ-Netzwerk und der RAS-Dienst, wie vorher beschrieben, eingerichtet worden sein.

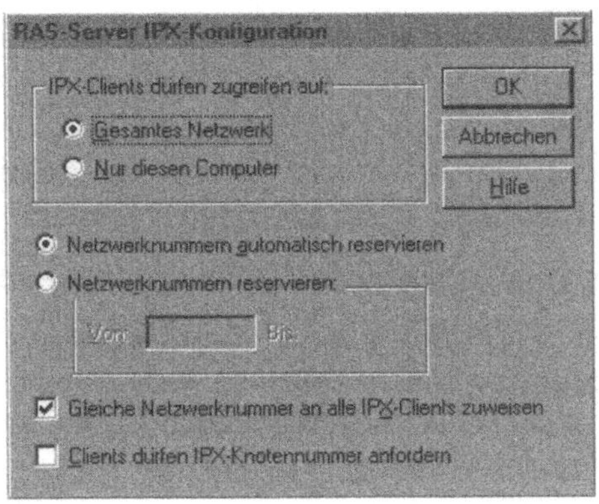

Abb. 53
IPX/SPX konfigurieren

3.2.27 DNS (Domain Name System) (nur NT-Server)

DNS ist ein Konzept, bei dem IP-Adressen zu Computernamen zugeordnet werden können.

Auf Grund von großen Netzen ist die Zuordnung über HOST-Dateien (bei Windows HOSTS, LMHOSTS unter WINNT\SYSTEM32\DRIVER\ETC) auf jedem Client zu aufwändig und teilweise auch unmöglich.

Bei einer Namensabfrage wird auf einen angegebenen DNS-Server zugegriffen. Wenn dieser die Abfrage nicht beantworten kann, wird entweder auf einen anderen lokal definierten DNS-Server zugegriffen oder die Information über andere DNS-Server einer höheren Hierarchie-Stufe geliefert, die die Adresse bereithalten könnten. Im Internet werden DNS höherer Ebenen von zentralen Institutionen gepflegt.

DNS ist dann sinnvoll, wenn NT in einer Unix-Umgebung eingesetzt wird (ansonsten WINS).

DNS verwendet eine Hierarchie von Domänen. Eine Domäne ist dabei ein Ansammlung von Sites (Hosts oder Netze), die ihrerseits wieder Unterdomänen (Subdomänes) enthalten kann.

In einer Domäne befinden sich Hosts, die zusammengehören und deshalb zweckmäßig zusammen verwaltet werden. Dabei ist es nicht notwendig, dass die Hosts in einem gemeinsamen lokalen Netz liegen. Es muss nur Gewähr leistet sein, dass sie untereinander eine Verbindung haben.

Die Gesamtheit aller Hosts- und Domänennamen wird als Namensraum (name space) bezeichnet.

Eine Zone wurzelt in der Domäne, umfasst aber nur die Hosts, die von dem DNS-Server direkt verwaltet werden. Diesen nennt man dann den Master-Name-Server der Zone. Da dieser Server die Autorität in dieser Zone besitzt, wird neben dem Server ein Symbol von einem Kreis mit innenliegendem A gezeigt.

Jede Zone hat mindestens 2, meistens mehrere DNS-Server.

Erhält ein DNS eine Anfrage von einem Client zu einem Host in einer untergeordneten Zone, so teilt er dem Client die Adresse mit. Liegt der Host außerhalb seiner Zone, startet er eine so genannte iterative Anfrage. Er befragt zunächst den Root-Name-Server nach den Adressen von Servern der zuständigen Top-Level-Domain, die sich dann wieder so verhalten, wie jeder an-

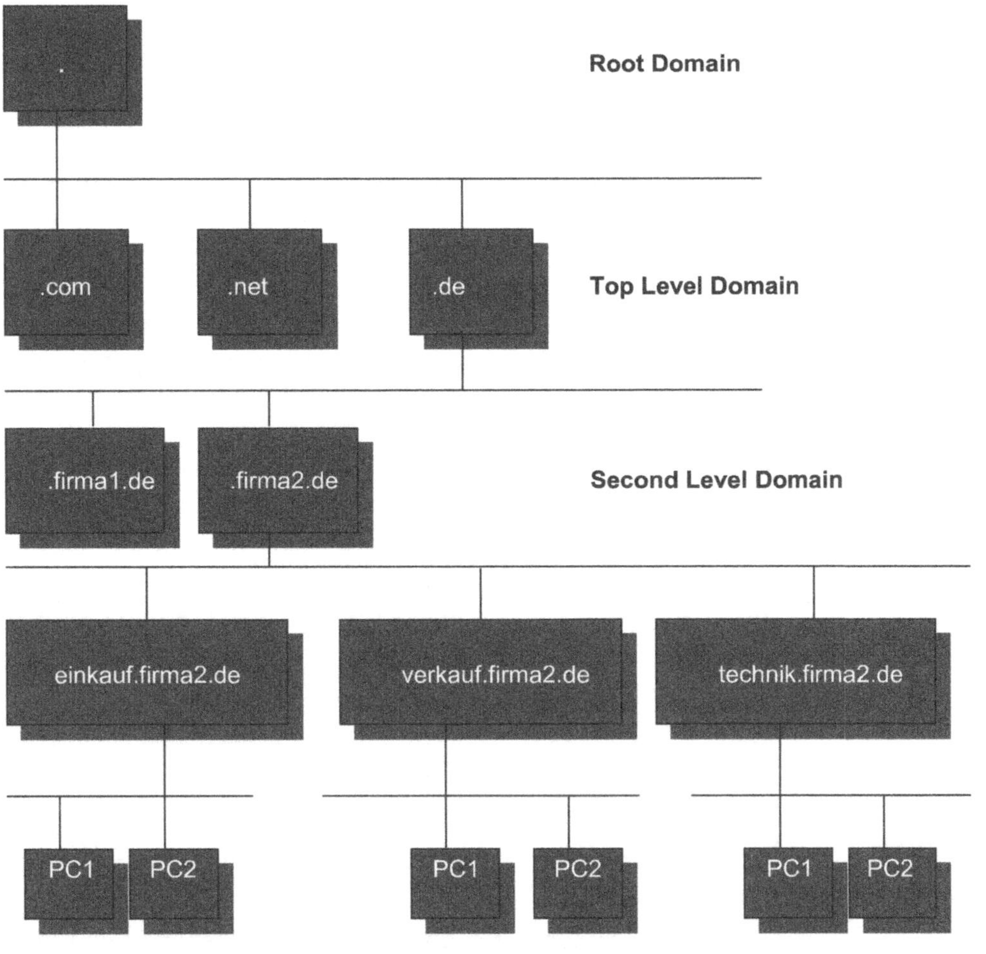

Abb. 54 DNS-Namens-Raum

dere DNS. Um bei wiederholten Anfragen den Prozess zu verkürzen, speichert der DNS alle Anfragen in einem lokalen Cache, der nach einer gewissen Zeit (TTL) wieder gelöscht wird.

In einer Zone müssen alle Master-Server die gleichen Informationen enthalten, was dadurch erreicht wird, dass einer zum Primary-Server erkoren wird, während alle anderen Masters zu Secondary-Servern bestimmt werden, die sich ihre Informationen in gewissen Zeitabständen von ihren Primary holen.

Des Weiteren gibt es Caching-Only-Server, die nur Informationen cachen.

Kurz:

DNS-Server lösen Domain-Namen zu IP-Adressen auf (z.B. einstein.ege.de = 192.168.100.5).

Jeder DNS-Server hat eine Datenbank, in der zu den IP-Adressen die Host-Namen gespeichert sind. Fragt ein Client nach einem Host-Namen, so sucht sein DNS-Server die dazugehörige IP-Adresse.

Findet er die Adresse nicht, so gibt er die Frage an den nächsten DNS weiter, bis dem Client die IP-Adresse mitgeteilt werden kann.

Installation:

Über NETZWERK | DIENSTE wird der DNS-Dienst installiert.

Einrichten: (Kurzanleitung)

Unter PROGRAMME | VERWALTUNG(allg) | DNS-MANAGER starten.

Als Erstes muss aus dem Menü DNS | NEUER SERVER ausgewählt werden.

Dann wird aus dem MENÜ DNS | NEUE ZONE ausgewählt. Eine Zone ist ein Bereich, der in der Regel einer Domäne entspricht.

Es ist zunächst eine primäre Zone zu erstellen (Name = Domainname).

Der Name der Zonen-Datei wird aut. daraus generiert und muss nicht verändert werden.

Um PRT-Einträge aut. zu generieren, muss als Nächstes eine Revers-Lookup-Zone erstellt werden (Menü DNS | NEUE ZONE | PRIMÄRE ZONE).

Als Zonenname wird hier die Netzadresse rückwärts eingegeben (für 192.168.100 also 100.168.192.in-addr.arpa).

Sodann müssen die Hosts aus der Zone hinzugefügt werden (Menü DNS | NEUER HOST). Hier wird der Computer-Name, die IP-Adresse eingetragen und das Kästchen ENTSPRECHENDEN PRT-EINTRAG ERZEUGEN aktiviert.

Nun muss nur noch sichergestellt werden, dass die Clients der Server kennen (entsprechenden Eintrag unter NETZWERK (WIN) oder resolv.conf unter Unix).

Das wichtigste Diagnoseprogramm für DNS ist nslookup, das vergleichbar mit ping für TCP/IP ist.

Achtung: Vor dem Einrichten einer Zone mit Netz-Namen anstatt IP-Netz-Nummer muss unter WINNT / SYSTEM32 / DRIVERS / ETC in der Datei NETWORKS eine Netz-Namens-Auflösung durchgeführt werden.

Zum Einrichten eines DNS für viele Netze (Netzwerkverbund), müssen alle vorhandenen Netze zuerst namensaufgelöst werden.

Dann alle Netze mit dazugehörigen arpa-Dateien (Revers-Lookup) eintragen.

DNS und WINS:

Wird ein neuer Host in eine DNS-Zone hinzugefügt oder in ein anderes Subnet verschoben, ändert sich die Struktur der Zone. Die DNS-Datenbank muss bei einem solchen Vorgang manuell verändert werden. Ist dies häufiger der Fall, entsteht ein gewaltiger Verwaltungsaufwand. WINS ist eine dynamische Namensauswertung, bei der keine manuellen Veränderungen vorgenommen werden müssen, wenn Hosts verschoben oder neu hinzugefügt wurden. WINS und DNS zusammen bilden dabei ein

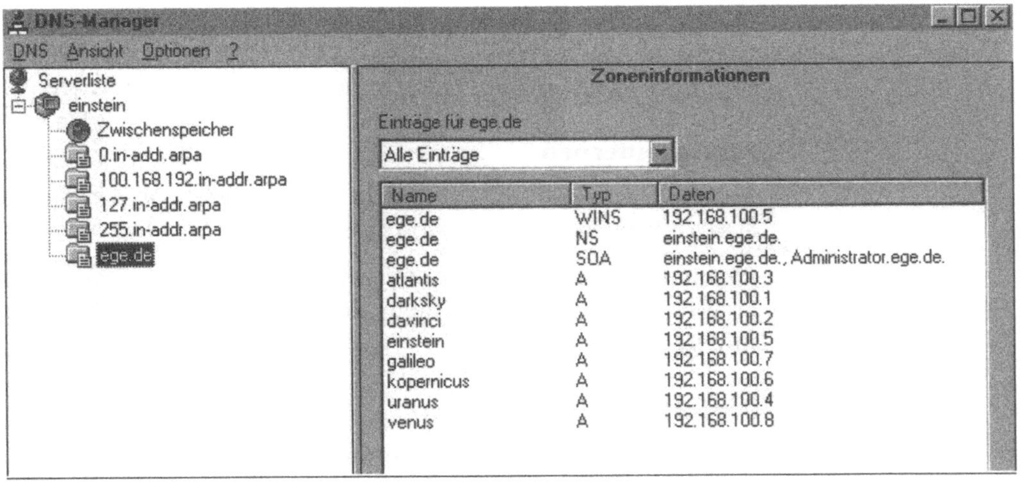

Abb. 55 DNS-Manager (nur NT-Server) Start | Programme | Verwaltung (allg.)

dynamisches DNS, dass alle Vorzüge von DNS einbringt. Unter Verwendung von WINS und DNS können Computer verschoben und hinzugefügt werden, ohne dass an der DNS-Datenbank Veränderungen vorgenommen werden müssen.

Einrichten

NETZWERKUMGEBUNG | rechte Maustaste | PROTOKOLLE | TCP/IP | EIGENSCHAFTEN | WINS-ADRESSE | DNS für Windows-Auflösung aktivieren (WINS und DNS müssen im Netz enthalten sein).

Einrichten von DNS unter WIN NT 4 (ausführlich):

Neuen Server hinzufügen

Im linken Ausschnitt des DNS-Manager-Fensters mit der rechten Maustaste auf „Server-Liste" klicken.

Dann auf „Neuer Server".

Im Feld „DNS-Server" den Namen oder die IP-Adresse eines Servers eingeben, auf dem der Microsoft-DNS-Dienst ausgeführt wird.

In der Server-Liste wird ein Symbol für den Server angezeigt.

Ein Symbol mit einem roten X besagt, dass der DNS-Manager keine Verbindung zum Server herstellen konnte.

Standardmäßig gibt es die folgenden drei Reverse-Lookup-Zonen (Zonen in der Domäne „In-addr.arpa"), die jedem DNS-Server zugeordnet sind: 0.In-addr.arpa, 127.In-addr.arpa und 255.In-addr.arpa. Diese Zonen müssen nicht berücksichtigt werden.

Server entfernen

In der Server-Liste mit der rechten Maustaste auf das Server-Symbol klicken und Server löschen.

Löschen von einem Server entfernt ihn lediglich aus der Server-Liste im DNS-Manager. An dem DNS-Server selbst werden keine Änderungen vorgenommen.

Server-Statistiken anzeigen

In der Server-Liste mit der rechten Maustaste auf das Server-Symbol klicken.

Die Statistiken für den ausgewählten DNS-Server werden im rechten Ausschnitt des DNS-Manager-Fensters angezeigt.

DNS-Manager-Anzeige automatisch aktualisieren

Im Menü „Optionen" auf „Einstellungen" klicken.

Das Kontrollkästchen „Automatisch aktualisieren" anklicken.

Hiermit werden nur Server-Statistiken automatisch aktualisiert, die angezeigt werden, wenn auf einen Server in der Server-Liste geklickt wird.

Vom DNS-Server erstellte Zonen aut. anzeigen

Im Menü „Optionen" auf „Einstellungen" klicken.

Das Kontrollkästchen „Automatisch aktualisieren" anklicken.

Hiermit werden die Zonen in der Zonenliste angezeigt, die automatisch vom DNS-Server erstellt worden sind.

Primäre Zone erstellen

In der Server-Liste mit der rechten Maustaste auf das Server-Symbol klicken, für den eine Zone erstellt werden soll.

Auf „Neue Zone" klicken.

Auf „Primär" und dann auf „Weiter".

Im Feld „Name der Zone" den Zonennamen eingeben.

Auf das Textfeld „Zonendatei" klicken.

Den Standardnamen der Zonendatei übernehmen oder einen anderen Namen eingeben.

Auf „Weiter" klicken, dann wird eine neue Zone erstellt.

Der Name der Zone ist der Name der Domäne, die sich im Stamm des DNS-Namensraumabschnitts befindet, dessen Ressourceneinträge in der daraus entstehenden Zonendatei verwaltet werden.

WINS-Lookup aktivieren

In der Server-Liste mit der rechten Maustaste auf das Symbol der primären Zone klicken und anschließend auf „Eigenschaften".

Auf die Registerkarte „WINS-Lookup" klicken.

Das Kontrollkästchen „WINS-Auswertung verwenden" aktivieren.

Im Feld „WINS-Server“ eine oder mehrere IP-Adressen für die WINS-Server im Netzwerk hinzufügen.

Um zu verhindern, dass WINS-Einträge während einer Zonenübertragung gesendet werden, das Kontrollkästchen „Einstellungen betreffen nur lokalen Server“ aktivieren.

Dieses Kontrollkästchen ist nur für einen primären Server verfügbar.

Eine Stammzonen-Domäne ist einem SOA-Ressourceneintrag zugeordnet und wird in der Server-Liste im DNS-Manager durch ein Zonensymbol dargestellt.

Eine primäre Zone in der Domäne „In-addr.arpa“ erstellen

In der Server-Liste mit der rechten Maustaste auf das Server-Symbol klicken.

Zuerst auf „Neue Zone“, dann auf „Primär“ klicken, dann auf „Weiter“ und den Anweisungen auf dem Bildschirm folgen.

Wenn dazu aufgefordert wird, den Zonennamen einzugeben, den Netzwerkteil der IP-Adresse in umgekehrter Reihenfolge und danach In-addr.arpa eingeben.

Sollen auch Computer außerhalb des Netzwerkes diese Zone erreichen können, muss die Zone mit der übergeordneten Zone (in diesem Fall „In.-addr.arpa“) registriert werden.

WINS-Reverse-Lookup aktivieren

In der Server-Liste auf das Symbol der primären Zone „In-addr.arpa“ und dann auf „Eigenschaften“ klicken.

Auf die Registerkarte „WINS-Reverse-Lookup“ klicken.

Das Kontrollkästchen „WINS-Reverse-Lookup verwenden“ aktivieren.

Im Feld „DNS Host-Domäne“ den Standarddomänennamen eingeben, der an von WINS zurückgegebene Antworten angehängt wird.

Eine Stammzonen-Domäne ist einem SOA-Ressourceneintrag zugeordnet und wird in der Server-Liste im DNS-Manager durch ein Weltsymbol dargestellt.

Sekundäre Zone erstellen

Der Server-Liste im DNS-Manager den Server der primären Zone hinzufügen.

In der Server-Liste mit der rechten Maustaste auf das Server-Symbol klicken.

Auf „Neue Zone“, dann auf „Sekundär“ und anschließend auf „Weiter“ klicken.

Den Anweisungen auf dem Bildschirm folgen.

Eine sekundäre Zone kann daran erkannt werden, dass auf dem entsprechenden Symbol ein S (doppeltes Dateiordnersymbol) angezeigt wird.

Selektive Änderungen in einer sekundären Zone aktivieren

In der Server-Liste mit der rechten Maustaste auf das Symbol für die primäre Zone klicken, dann auf „Eigenschaften“ klicken.

Entweder auf die Registerkarte „WINS-Lookup“ klicken (bei einer Forward-Lookup-Zone) oder auf die Registerkarte „WINS-Reverse-Lookup“ (bei einer Reverse-Lookup-Zone).

Das Kontrollkästchen „Einstellungen der primären Zone überschreiben“ anklicken.

Bei einer Übertragung von der primären Zone bleiben die an der sekundären Zone vorgenommenen Änderungen erhalten.

Zone anhalten

In der Server-Liste mit der rechten Maustaste auf das Zonensymbol klicken, dann auf Anhalten.

Das geänderte Zonensymbol zeigt an, dass die Zone angehalten wurde.

Eine angehaltene Zone kann an dem Zeichen I I auf ihrem Symbol erkannt werden. Während des Anhaltens einer Zone steht diese nicht mehr zur Verfügung. Damit die Zone wieder zur Verfügung steht, die Schritte 1 und 2 wiederholen.

Primärer Zone neuen Host hinzufügen

In der Server-Liste mit der rechten Maustaste auf das Zonensymbol klicken, dann auf „Neuer Host“.

Im Feld „Name“ den Computer-Namen eingeben.

Im Feld „IP-Adresse“ die entsprechende IP-Adresse eingeben.

Falls gewünscht, das Kontrollkästchen „Entsprechenden PTR-Eintrag erzeugen“ aktivieren.

Der neu hinzufügte Computer (Host) wird als A-Eintrag unter Zonen-Information angezeigt.

Primärer Zone neuen Eintrag hinzufügen

In der Server-Liste mit der rechten Maustaste auf das Zonensymbol klicken, dann auf „Neuer Eintrag".

Im Listenfeld „Eintragstyp" auf den Typ eines Ressourceneintrags klicken, der hinzugefügt werden soll.

Auf der rechten Seite des Dialogfelds werden die entsprechenden Felder für den ausgewählten Eintragstyp angezeigt.

Üblicherweise werden folgende Einträge hinzugefügt: NS, A, PTR (nur in „In-addr.arpa"-Domänen), CNAME und MX.

Bestehenden Eintrag in einer primären Zone ändern

In der Server-Liste auf das Symbol der primären Zone klicken.

Die Ressourceneinträge werden unter Zonen-Information angezeigt.

Um einen Ressourceneintrag zu ändern, mit der rechten Maustaste auf den Eintrag klicken, dann auf „Eigenschaften".

Domäne in einer primären Zone erstellen

In der Server-Liste mit der rechten Maustaste auf das Zonensymbol klicken, dann auf „Neue Domäne".

Im Feld „Domänenname" den Namen der neuen Domäne eingeben.

Hiermit wird eine Teildomäne innerhalb der bestehenden Zone erstellt. In der Domäne erstellte Ressourceneinträge sind Teil der autorisierenden Daten der bestehenden Zone. Neue Einträge verwenden standardmäßig das TTL (time-to-live)-Intervall, das im SOA-Eintrag für die Zone festgelegt ist, und werden bei allen Zonenübertagungen für die Zone eingeschlossen.

Ist eine neue Zone erforderlich (um WINS-Lookups für Host in dieser Domäne zu ermöglichen oder für einige anderen Verwaltungsaufgaben), neue Zone erstellen.

Neue Teilzone für neue Domäne erstellen und delegieren

In der Server List den autorisierenden Server für die neue Teilzone hinzufügen.

Auf diesen Server klicken und diese Teilzone als neue primäre Zone erstellen.

In der Server List auf den primären Server doppelklicken.

Wenn es für die neue Teilzone noch keine Domäne gibt, mit der rechten Maustaste auf die bestehende Zone klicken, dann auf „Neue Domäne“ und eine neue Domäne für die Teilzone hinzufügen.

Mit der rechten Maustaste auf die neue Domäne klicken und auf „Neuer Eintrag“.

Unter Eintragstyp auf „NS Eintrag“ klicken. In das Feld „DNS-Name des Name-Servers“ den vollständigen Domänennamen des für die neue Teilzone autorisierenden DNS-Servers eingeben.

Danach unter „Neue Einträge“ einen A-Eintrag für den für die neue Teilzone autorisierenden Server erstellen und auf „OK“ drücken.

Zone löschen

In der Server-Liste mit der rechten Maustaste auf das Zonensymbol klicken, dann auf „Zone löschen“.

Das Löschen einer Zone entfernt diese (mit allen zugeordneten Zonendateien) endgültig vom Server.

Aktualisierung von Datendateien auf dem DNS-Server veranlassen

Im Menü „DNS“ auf „Server-Datendatei aktualisieren“ klicken.

Dieser Befehl veranlasst DNS, unverzüglich alle Änderungen in die Datendateien der Zone zu schreiben. Normalerweise werden diese Änderungen in festgelegten zeitlichen Abständen und beim Herunterfahren des DNS-Servers oder des DNS-Managers in die Dateien geschrieben.

Startmethode für einen DNS-Server festlegen

In der Server-Liste mit der rechten Maustaste auf das Server-Symbol klicken, dann auf Eigenschaften.

In der Registerkarte „Startmethode“ entweder auf „Starten mittels Registrierung“ oder auf „Starten mittels Boot-Datei“ klicken.

So benachrichtigt die primäre Zone die sekundären Zonen über Änderungen

In der Server-Liste mit der rechten Maustaste auf das Symbol für primäre Zone klicken, dann auf „Eigenschaften".

Im Feld „Benachrichtigungsliste" die IP-Adressen der sekundären Zonen eingeben.

Den Zugriff der sekundären Zonen auf die primäre Zone steuern

In der Server-Liste mit der rechten Maustaste auf das Symbol für die primäre Zone klicken, dann auf „Eigenschaften".

Im Feld Benachrichtigungsliste die IP-Adressen der sekundären Zonen hinzufügen, die über eine Zugriffsberechtigung für die primäre Zone verfügen sollen.

Auf „Zugriff nur von sekundären Zonen" auf dieser Benachrichtigungsliste klicken.

Änderungen im Zwischenspeicher vornehmen

In der Server-Liste auf das Symbol für den Zwischenspeicher klicken.

Die Ressourceneinträge werden im Feld „Zonen-Information" angezeigt.

Um einen neuen Ressourceneintrag hinzuzufügen, mit der rechten Maustaste auf das Symbol für den Zwischenspeicher klicken, dann auf „Neuer Eintrag".

Um einen Zoneneintrag zu ändern, mit der rechten Maustaste auf den Eintrag klicken, dann auf „Eigenschaften".

3.2.28 WINS (Windows-Internet-Name-Service) (nur NT-Server)

WINS löst NetBIOS-Namen zu IP-Adressen in einer gerouteten Netzwerkumgebung auf (z.B. DaVinci = 192.168.100.2) und verfügt dazu über eine im Netzwerk verteilte Datenbank.

In komplexen gerouteten Netzwerkumgebungen können erhebliche Probleme mit der Namensauswertung der Computer im Netzwerk entstehen. Namensauswertungen werden normalerweise über Rundsendungen (Broadcasts) realisiert. Rundsendungen verteilen sich aber nicht über Router.

Der Einsatz von WINS im Netzwerk löst diese Probleme, da das Auffinden von Systemen in Remote-Netzwerken (Erscheinen der Symbole der Remote-Computer in der Netzwerkumgebung) mit WINS realisiert werden kann. Ein Verschieben von Computern innerhalb verschiedener Subnets muss nicht vom Benutzer oder dem Administrator manuell geändert werden, da dies automatisch von WINS vorgenommen wird und in der Datenbank gespeichert wird.

Funktion von WINS im gerouteten Netzwerk:

WINS besteht aus den WINS-Servern und den WINS-Clients. Die WINS-Server verwalten die Namensregistrierung und Namensabfragen mit der Datenbank. Die WINS-Clients führen die Auswertung von Computer-Namen durch.

Clients, die unter einem Windows-Betriebssystem laufen, können WINS direkt ausführen. Computer, die ohne WINS arbeiten, aber mit dem b-Knoten-Verfahren (siehe weiter unten bei „Betriebsarten der Namensauswertung") kompatibel sind, können über WINS-Proxies an WINS teilhaben. WINS-Proxies sind Computer, die Rundsendungen zur Namensauswertung entgegennehmen und bei Namen antworten, die nicht im lokalen Subnet enthalten sind.

Wird ein NT-Netzwerk benutzt, können Router transparent durchsucht werden. Ohne WINS muss dann Gewähr leistet sein, dass zur Domäne des Benutzers NT-Server oder NT-WS's gehören, die auf beiden Seiten des Routers angeordnet sein müssen. Weiterhin müssen die LMHOST-Dateien korrekt sein und alle Domänen-Controller des Subnets enthalten. Wird dagegen WINS eingesetzt, ist dies nicht nötig, da die WINS-Server und -Proxies das Durchsuchen der gesamten Domäne, auch über Router hinaus, ermöglichen.

Zur besseren Verfügbarkeit und einer gleichmäßigen Auslastung der Server, sollten mehrere WINS-Server eingesetzt werden. Jeder WINS-Server sollte mit mindestens einem anderen WINS-Server als Replikationspartner fungieren. Dabei ist jeder WINS-Server entweder PUSH- oder PULL-Partner von mindestens einem anderen WINS-Server. Eine noch bessere Möglichkeit ist, wenn beide Partner sowohl PUSH- als auch PULL-Partner sind. Diese Replikationspartner gleichen dann ihre Datenbanken untereinander ab, sodass letztlich jeder registrierte Computer-Name auf jedem WINS-Server des Netzwerkes enthalten ist. Die Periode, in der sich die Replikationspartner abgleichen, kann festgelegt werden.

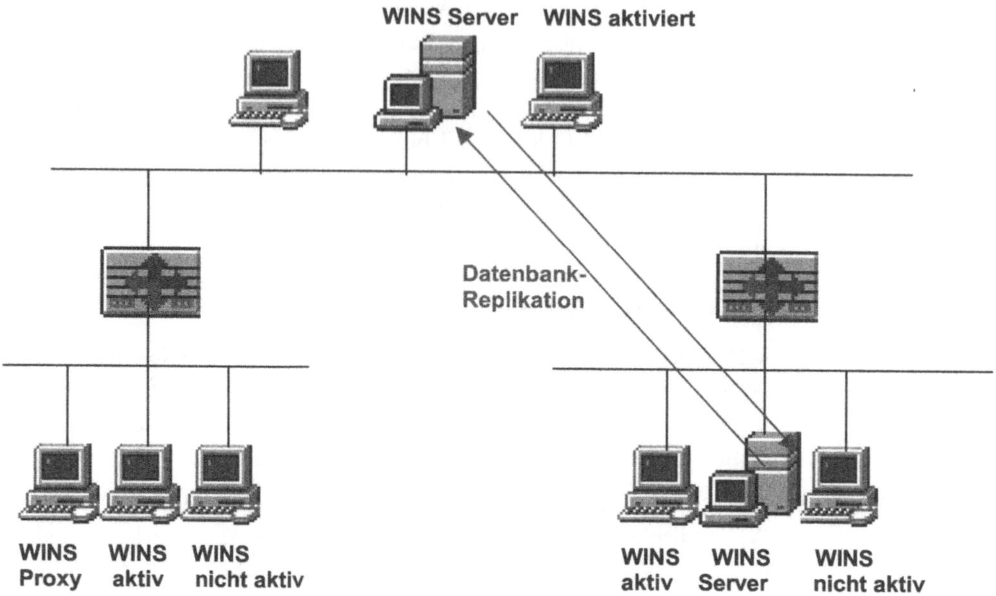

Abb. 56 WINS in gerouteter Umgebung

Der Proxy kommuniziert mit dem WINS-Server für die Namensauswertung. Dabei werden die Namen für eine gewisse Zeit in einem Cache gehalten. Als Vermittler fungiert dabei der Proxy, der entweder mit dem WINS-Server kommuniziert oder eine im Cache gespeicherte Zuordnung von einem Computer-Namen zu einer IP-Adresse ausgibt

Achtung: Ein einzelner WINS-Server kann zwar bis zu 10000 Clients versorgen, aber um eine größere Fehlertoleranz zu erreichen, sollten mindestens 2 WINS-Server im Netzwerk vorhanden sein, die ihre Datenbank abgleichen.

(Bei einem WINS-Server kann der Ausfall von diesem das ganze Netz lahm legen.)

Namensauswertung auf Clients:

Client A ohne WINS, Client B mit WINS, Client C als Proxy (siehe Abb. 57).

Eine Anfrage wird als Rundsendung von Client A nach der IP-Adresse, nach einem nicht im lokalen Subnet enthaltenen Computer gesendet. Daraufhin sendet Client B eine Anfrage nach dieser IP-Adresse von Client A an den WINS-Server. Der WINS-Proxy nimmt die Rundsendung von Client A auf und gibt sie an der WINS-Server weiter.

Der WINS-Server beantwortet Client B die Anfrage direkt.

Der WINS-Server beantwortet Client C die Anfrage direkt.

Wenn der WINS-Server nicht erreichbar ist, gibt es keine Antwort. Dann verwendet Client B das b-Knoten-Verfahren und macht eine Anfrage an das gesamte lokale Subnet. Client C antwortet Client A mit der Weiterleitung der vom WINS-Server erhaltenen IP-Adresse. Client A erhält die IP-Adresse und antwortet Client B. Befindet sich der gesuchte Client im lokalen Subnet, antwortet dieser direkt.

Dieses Beispiel funktioniert nur dann so, wenn die Informationen im der WINS-Datenbank vorliegen.

WINS-Clients konfigurieren:

NETZWERKUMGEBUNG | PROTOKOLLE | TCP/IP | EIGENSCHAFTEN | WINS-ADRESSE konfiguriert werden (Adresse des WINS-Servers angeben).

WINS-Proxy konfigurieren:

WINS-Proxy kann jeder WIN95/98, NT4, WfW oder NT3.5x sein.

WfW, NT3.5x

Erweiterte Microsoft TCP/IP-Eigenschaften | Enable WINS Proxy Agent

NT4, WIN95/98

In der Registry unter HKEY_LOCAL_MACHINE | System | Current Control Set | Services | Netbt | Parameters den Wert für Enable Proxy auf 1 setzen

Installation:

Über NETZWERKUMGEBUNG | DIENSTE | HINZUFÜGEN wird der WINS-Dienst installiert.

Einrichten eines WINS-Servers: (Unter Verwaltung (allg) wird der WINS-Manager gestartet)

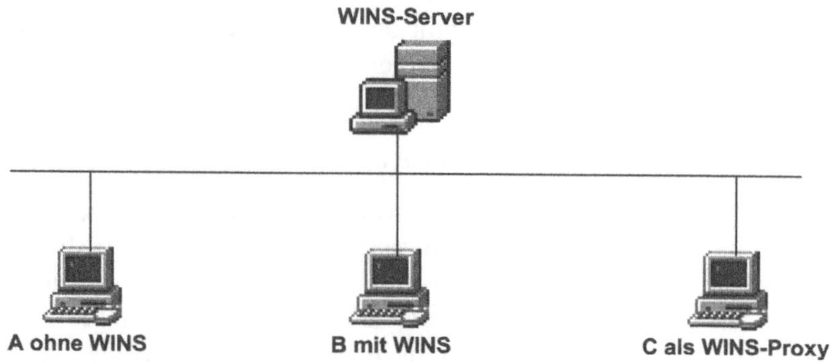

Abb. 57 Netzwerk mit WINS-Server

1. Im Menü SERVER | WINS SERVER HINZUFÜGEN
2. Diesen Server selektieren
3. Im Menü SERVER auf KONFIGURATION klicken
4. Im Dialogfeld WINS-SERVER-KONFIGURATION die Zeitintervalle festlegen
5. Im Menü SERVER | REPLIKATIONPARTNER auswählen und Partner hinzufügen und PULL- PUSH-Partner auswählen

Betriebsarten der Namensauswertung:

Namensauswertungsdienste für Windows NT laufen über zwei Möglichkeiten:

1. NetBT (NetBIOS über TCP/IP)
2. DNS (Domain Name System)

Bei NetBT handelt es sich um einen Netzwerkdienst, der eine Zuordnung von Computer-Namen zu IP-Adressen durchführt. Unter Windows NT wird die Namensauswertung durch Rundsendungen realisiert. Dabei sind die Registrierung und die Auswertung die entscheidenden Aspekte.

Registrierung

Für jeden Computer (-Knoten) im Netzwerk wird ein eindeutiger Name registriert.

Auswertung

Die Auswertung legt für jeden Computer-Namen eine eindeutige IP-Adresse fest.

NetBT legt fest, wie Netzwerkressourcen erkannt und verwendet werden. Dabei gibt es folgende Betriebsarten:

b-Knoten

Die Namensauswertung wird über Rundsendungen festgelegt.

Soll eine Verbindung von Computer A mit Computer B hergestellt werden, wird von Computer A eine Rundsendung gesendet, mit der nach Computer B gesucht wird. Sodann wird eine Weile auf eine Antwort gewartet.

Probleme bei b-Knoten:

Eine sehr große Belastung des Netzwerkes durch Rundsendungen entsteht in größeren Netzwerken. Zudem leiten Router keine Rundsendungen weiter.

p-Knoten

p-Knoten übernimmt Aufgaben, die von b-Knoten nicht übernommen werden. Es werden keine Rundsendungen durchgeführt. Stattdessen registrieren sich alle Computer selbst beim WINS-Server.

Soll mit diesem Verfahren eine Verbindung aufgebaut werden, so wird der WINS-Server vom suchenden Computer nach der Adresse des gesuchten Computers befragt und nach Erhalt der Adresse, die Verbindung aufgebaut. So wird ein Netzwerk nicht mit Rundsendungen überlastet, und Computer können sich auch auf verschiedenen Seiten eines Routers befinden.

Probleme bei p-Knoten:

Alle Computer des Netzwerkes müssen in der WINS-Datenbank enthalten sein. Fällt der WINS-Server aus, können keine Verbindungen mehr hergestellt werden.

m-Knoten

m-Knoten löst die Probleme, die mit p-, oder b-Knoten auftreten können. Hier wird zunächst versucht, über b-Knoten eine Adresse zu registrieren bzw. auszuwerten. Wenn dies nicht zum Erfolg führt, wird auf p-Knoten umgeschaltet.

Vorteile:

Router können problemlos vorhanden sein.

Computer können auf derselben Seite des Routers wie gewöhnlich arbeiten, auch wenn kein WINS-Server vorhanden ist.

Die Leistung eines LANs wird erhöht.

h-Knoten

h-Knoten löst alle Probleme, die sich durch die Verwendung von Rundsendungen und in gerouteten Netzwerken ergeben.

h-Knoten ist eine Kombination aus b-Knoten und p-Knoten. Rundsendungen werden hierbei aber als Letztes verwendet. Die Leistung des h-Knoten-Verfahrens, reicht aber über eine Umkehrung gegenüber m-Knoten hinaus.

Funktioniert der WINS-Server z.B. nicht und werden damit Rundsendungen erforderlich, versucht der Computer weiterhin den WINS-Server zu erreichen. Ist dieser wieder erreichbar, wird wieder auf p-Knoten umgeschaltet.

Achtung: Standardmäßig arbeitet jeder Computer mit b-Knoten. Um h-Knoten zu verwenden, muss lediglich in der Netzwerkumgebung | Protokolle | TCP/IP | EIGENSCHAFTEN ein WINS-Server angegeben sein.

Start
Programme
Verwaltung (allg)

(nur NT-Server)

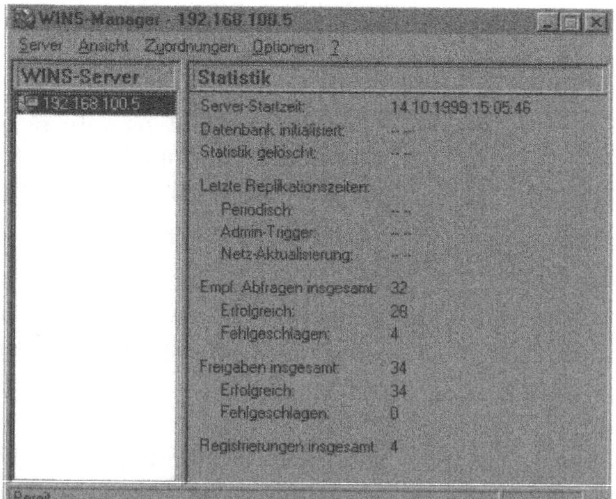

Abb. 58 WINS-Manager

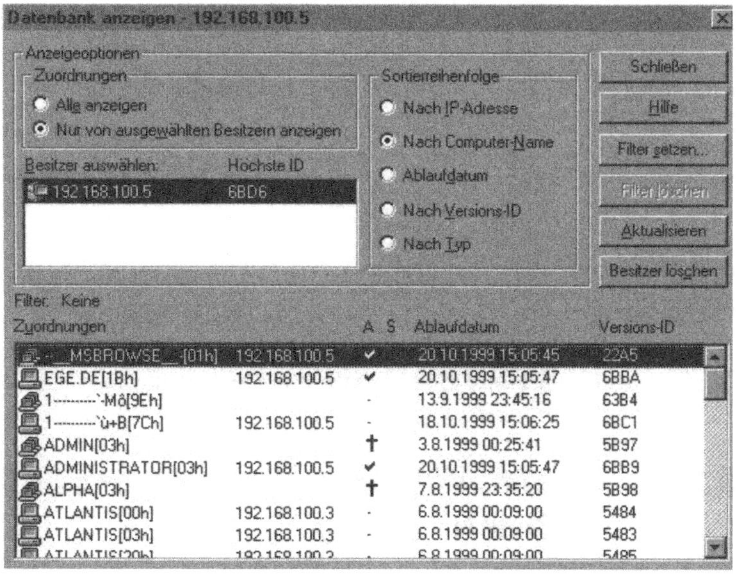

Abb. 59 WINS-Datenbank

Die einzelnen Knoten können für DHCP-Clients im DHCP-Manager unter OPTIONEN | GLOBAL/BEREICH | HINZUFÜGEN und dann über die Schaltfläche WERT eingestellt werden. Der aktuell verwendete Knotentyp kann mit ipconfig /all abgefragt werden.

Wird WINS mit DHCP verwendet, sollte im DHCP-Manager unter OPTIONEN | BEREICH | HINZUFÜGEN WINS/NBNS und WINS/NBT hinzugefügt werden.

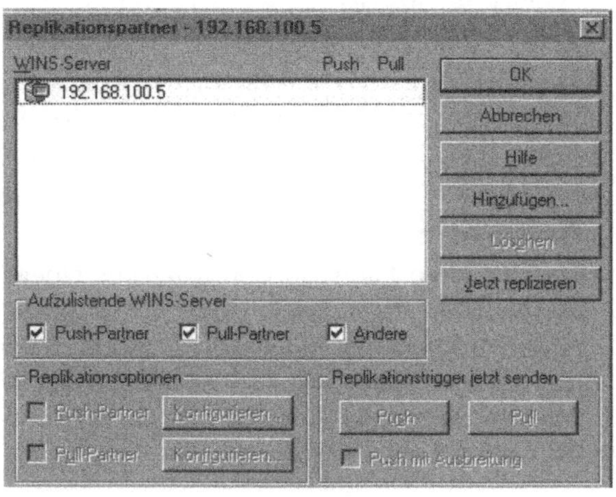

Abb. 60 Replikations-Partner

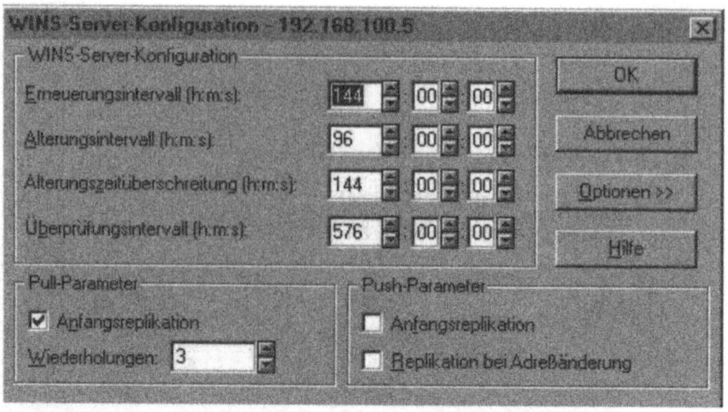

Abb. 61 Konfiguration von Replikation

3.2.29 DHCP(Dynamic Host Configuration Protocol) (nur NT-Server)

Da jeder Computer bzw. Gerät im Netzwerk eine eindeutige IP-Adresse haben muss, stellt die manuelle Zuordnung der Adressen in großen Netzwerken einen hohen Verwaltungsaufwand und auch Fehlerquelle dar (Vergeben von einer IP-Adresse an z.B. zwei Computer). Damit dieser Verwaltungsaufwand reduziert werden kann, lassen sich IP-Adressen mittels des DHCP-Protokolls dynamisch konfigurieren. Computer, die hochgefahren werden, melden sich beim DHCP-Server an und erhalten von diesem eine Lease (IP-Adresse), die nur für einen bestimmten Zeitraum gültig ist. Dafür müssen diese Computer unter NETZWERKUMGEBUNG | PROTOKOLLE | TCP/IP | EIGENSCHAFTEN konfiguriert werden.

Der Administrator kann im DHCP-Manager festlegen, wie Leases vergeben werden (aus welchem Bereich), welche Zeitdauer eine Lease haben kann, und die reservierten IP-Adressen, die nicht via DHCP vergeben werden dürfen (DNS-Server, WINS-Server, Router benötigen statische IP-Adressen).

Des Weiteren kann ein Computer aus einem Subnet abgemeldet werden und damit seine Lease aut. freigegeben. Eine neue Adresse wird dem Computer aut. zugeteilt, wenn er in einem anderen Subnet wieder angemeldet wird, wozu weder Benutzer noch Administrator neue Konfigurationen verwenden müssen (wichtig für Laptop-User, die öfter den Standort wechseln).

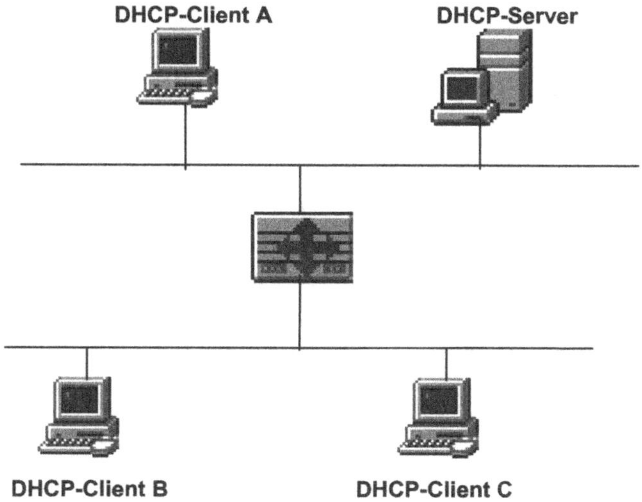

Abb. 62 DHCP-Server

Achtung: Sollte eine aktive Lease einmal aus der Liste im DHCP-Manager gelöscht werden müssen, sollte dieser Computer sofort heruntergefahren werden, da die Lease sonst im entsprechenden Computer weiter aktiv ist (bis er abgeschaltet wird), die Lease aber im DHCP nun für andere Clients zur Verfügung steht (Adresskonflikt). Dieser Computer kann aber auch dazu gezwungen werden, seine Lease freizugeben (ipconfig /release unter NT, winipcfg und freigeben/aktualisieren, unter WIN95/98).

Windows NT-Server kann auch als DHCP-Relay-Agent konfiguriert werden. Der DHCP-Relay-Agent übermittelt über einen Router DHCP-, und BOOTP-Rundsendungen (älteres DHCP-Protokoll) zwischen einem DCHP/BOOTP-Server und -Client.

Installation:

Über NETZWERK | DIENSTE wird der DHCP-Dienst installiert.

Einrichten: (Unter Verwaltung (allg) kann der DHCP-Manager gestartet werden)

Im Menü SERVER | HINZUFÜGEN auswählen, um einen neuen Server hinzuzufügen. Diesen Server selektieren.

Aus dem Menü BEREICH | ERSTELLEN auswählen, um den gewünschten Adress-Bereich einzutragen, aus dem Leases verteilt werden sollen. Auch kann hier die Dauer einer Lease bestimmt werden.

Achtung: Ein Bereich muss aktiviert werden, um verfügbar zu sein, und deaktiviert werden, um gelöscht werden zu können.

Unter BEREICH | RESERVIERUNGEN HINZUFÜGEN | EINDEUTIGE ID ist die MAC-Adresse des Computers ohne Zwischenstriche einzutragen (für 00-80-ad-15-31-f0 also 0080ad1531f0), für den eine IP-Adresse reserviert werden soll, und natürlich alle anderen Angaben (mit ipconfig /all abfragen).

Die nachfolgenden Optionen (Menü OPTIONEN) sollten so wie unten eingestellt werden, da sie die üblichsten Optionen sind, die verwendet werden.

Dabei betreffen BEREICH nur den eingestellten IP-Bereich, während GLOBAL für alle Bereiche gültig ist.

Wichtige Optionen unter „Optionen-Menüpunkt Global/Bereich"

In gerouteten Umgebungen zur Namensauflösung ganz wichtig:

044	WINS/NBNS	gibt eine Liste der NetBIOS (NBNS) Namensserver an (IP-Adressen)
046	WINS/NBT	gibt die Möglichkeit, Betriebsmodi für die Namensauswertung einzustellen (h,p,m,b-Knoten) (in gerouteten Umgebungen immer h-Knoten verwenden)
003	Router	gibt eine Liste der Router im Client-Subnet an (IP-Adresse)
006	DNS Server	gibt eine Liste der DNS Server an, die den Clients zur Verfügung stehen (IP-Adresse).
031	Perform Router	gibt an, ob der Client Router-Anfragen stellen soll (1=ja, 0=nein)
Router Solicitation Adress		gibt die IP-Adresse an, an die der Client Router Abfragen sendet

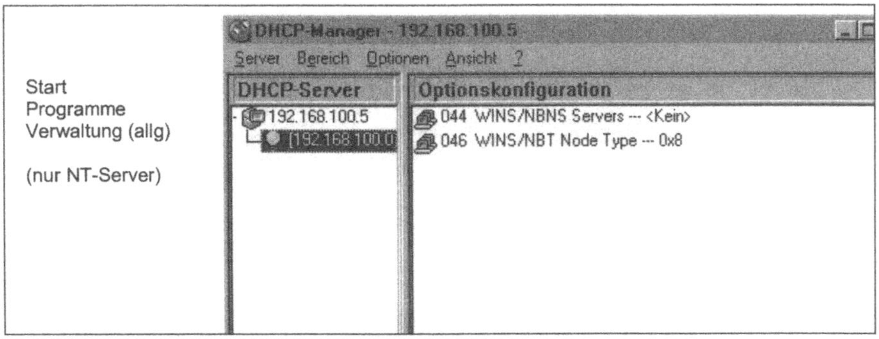

Abb. 63 DHCP-Manager

Über die hier gemachten Einstellungen können DHCP-Clients ebenfalls WINS-Server, DNS-Server und Router zugewiesen werden. Eine entsprechende Konfiguration jedes einzelnen Clients in dessen Netzwerkumgebung kann dann entfallen (spart viel Arbeit).

Sind am Client selber Einstellungen zu Router, WINS oder DNS gesetzt, überschreiben diese diejenigen Einstellungen, die unter Optionen im DHCP-Manager gesetzt wurden.

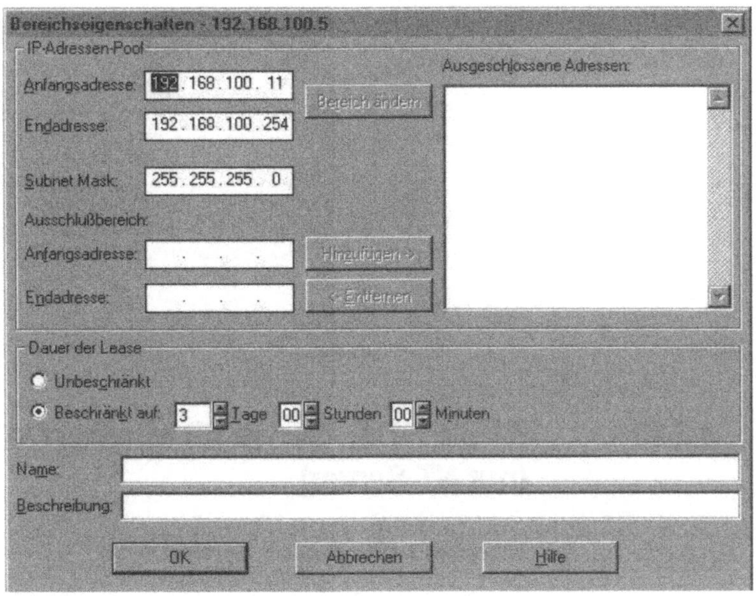

Abb. 64 IP-Bereiche

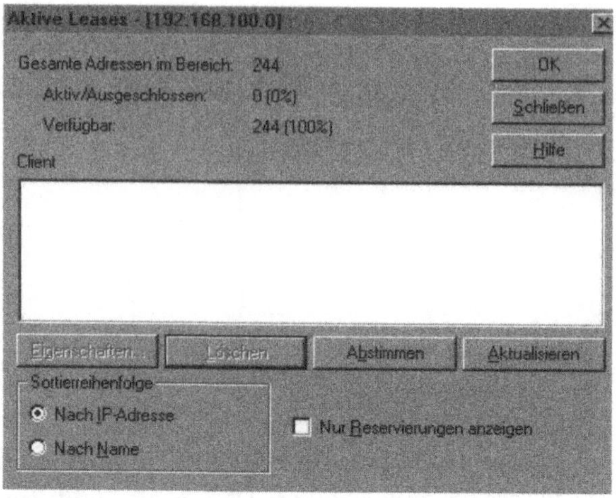

Abb. 65 Aktive Leases

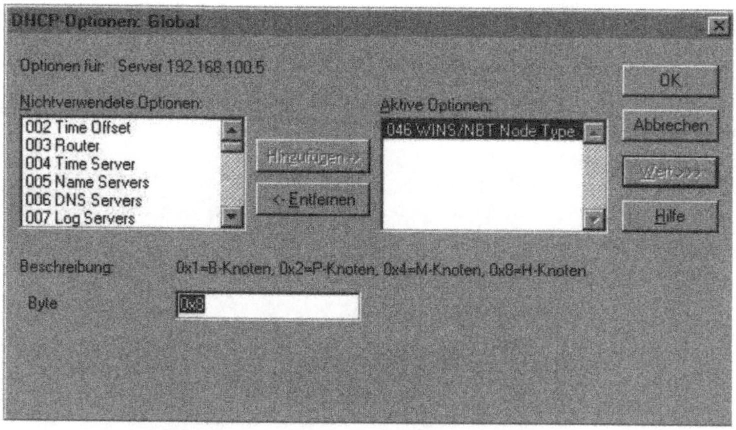

Abb. 66 Globale Optionen

3.2.30 NT als HTML-Server für Internet / Intranet (nur NT-Server)

Internet-Information-Server:

- er ist Bestandteil von NT Server
- eine abgespeckte Variante ist auch Teil von NT WS

- er verfügt über mehrere Komponenten, wie
  1. WWW-Server, verfügt über eigenes Produkt zur Generierung von HTML-Seiten (Frontpage), welches auf der NT-Server CD enthalten ist.
  2. Gopher-Server, ist für den Zugriff auf Dateien über das Inter-/Intranet zuständig.
  3. FTP-Server, ist für den Transfer von Daten über das Inter-/Intranet zuständig.

Alle drei Server werden nach der Installation aut. gestartet.

Neben den Server-Komponenten verfügt IIS noch über folgende Komponenten:

SSL (Secure Socket Libary)

Verfahren, mit dem ein sicherer IP-Übertragungskanal von einem Client zu einem Server über das Inter-/Intranet aufgebaut werden kann. Die Pakete werden mit generierbaren Codes verschlüsselt. Mit SSL lässt sich auch der Zugriff auf Verzeichnisse einschränken. Damit diese Technologie benutzt werden kann, muss ein Schlüssel-Paar generiert werden, wofür der Schlüssel-Manager zur Verfügung steht (Microsoft-Information-Server allgemein).

IDC (Internet Database Connector)

Datenbank-Gateway, womit es möglich ist, über HTML-Docs auf SQL-Server zuzugreifen. Auf diese Weise können HTML-Docs dynamisch mit Inhalten aus SQL-Servern gefüllt werden.

Installation:

Der IIS kann schon bei der Installation von NT-Servern mit installiert werden. Nachinstallieren über NETZWERKUMGEBUNG | DIENSTE ist möglich.

Verwaltung:

Die Verwaltung kann über das Administrationsprogramm im IIS (PROGRAMME | MICROSOFT-INFORMATION-SERVER | INTERNET-DIENST-MANAGER oder über das Intranet/Internet im HTML-Format (http://[Server]/iisadmin) verwaltet werden.

Ist dieser gestartet, kann jetzt der Dienst (z.B. WWW) doppelt angeklickt werden, und entsprechende Einstellungen zu den Verzeichnissen, aus denen der Server HTML-Docs bereitstellen soll, gemacht werden. Hier können auch Aliasse zu den Verzeichnissen erstellt werden (wichtig für die Adresse, über die Clients auf die Verzeichnisse zugreifen). Für einen ganzen Pfad kann so ein Alias benutzt werden.

Ist ein Verzeichnis im www-root mit einem HTML-Pool eingerichtet, kann mit http://[Server-Name]/[Verzeichnis]/[start.htm (oder ähnlich)] über das Netzwerk mit einem Browser darauf zugegriffen werden.

Sind viele HTML-Pools vorhanden, empfiehlt sich eine HTML-Startseite einzurichten, die bei Eingabe von http://[Server] gestartet wird und von der dann weiter auf die anderen Seiten verzweigt werden kann.

Achtung: Damit über das Intranet in der Form http://[Server-Name]/[Verzeichnis]/[start.htm] auf den Server zugegriffen werden kann, muss ein DNS-Server im Netz sein. Ansonsten ist statt dem Server-Namen dessen IP-Adresse zu benutzen.

Für eine Anbindung an das Internet ist lediglich eine Verbindung zum ISP (Internet-Service-Provider) herzustellen, eine im Internet gültige IP-Adresse für diesen Server zu beantragen und einen entsprechenden DNS-Eintrag bei einem Internet-DNS-Server vorzunehmen.

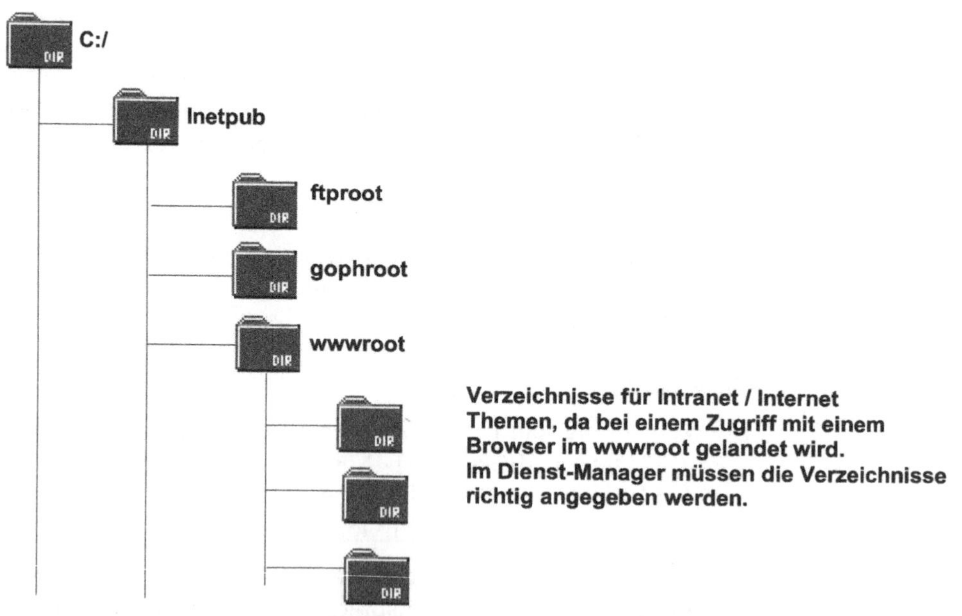

Abb. 67 Verzeichnisstruktur des Internet-Informations-Servers

Start
Programme
Verwaltung (allg)

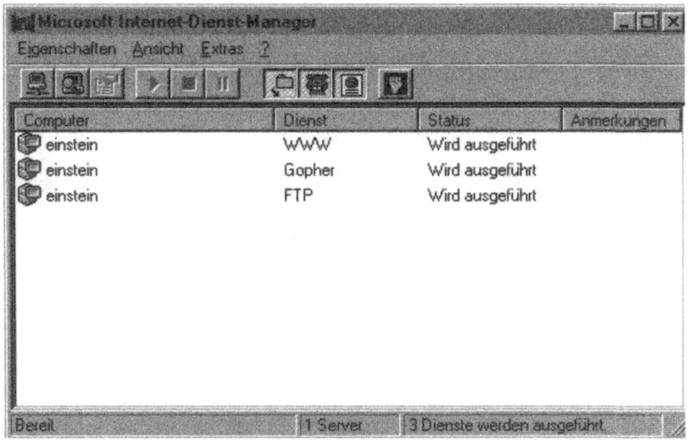

Abb. 68 Internet-Dienst-Manager

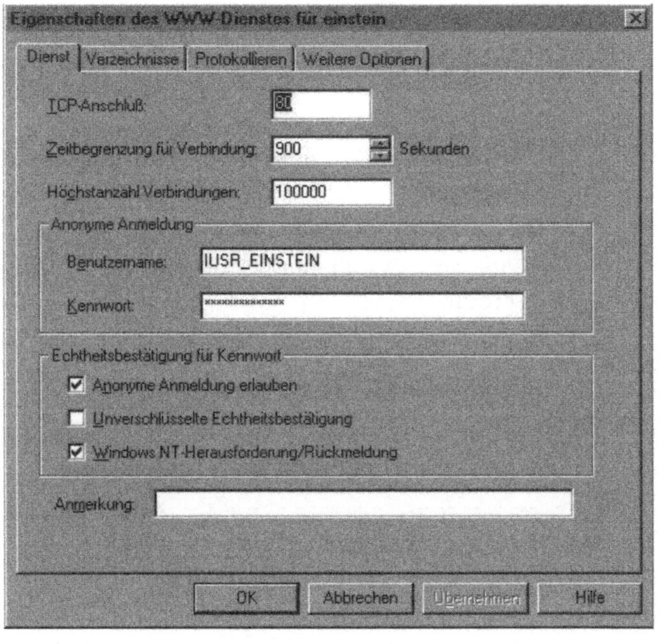

Abb. 69 Eigenschaften des IIS

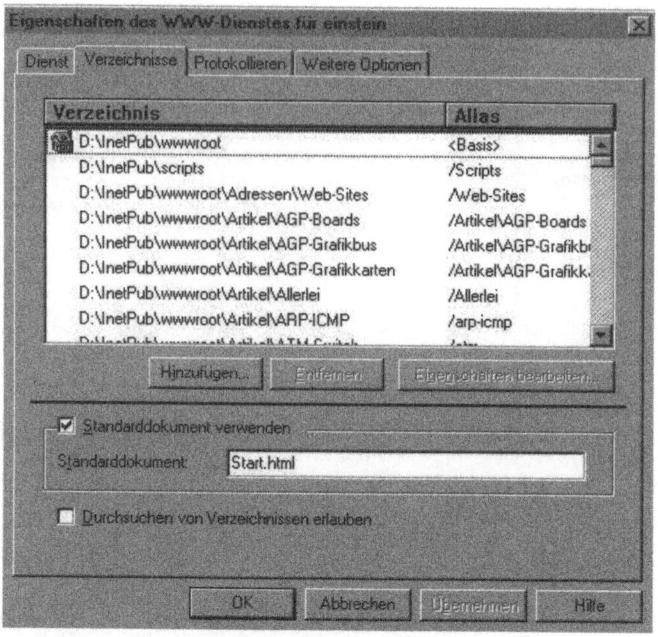

Abb. 70 Verzeichnisse für den HTTP-Server im wwwroot

Einfache HTML-Seiten mit Frontpage erstellen: (für Intra-/Internet)

Wenn der Frontpage-Explorer gestartet worden ist, muss bei FP98 aus der Symbolleiste erst der Frontpage-Editor gestartet werden.

Sodann ist in der Symbolleiste auf NEU zu klicken.

Aus dem Menü FORMAT | HINTERGRUND auswählen.

Im folgenden Fenster auf DURCHSUCHEN klicken und zu verwendendes Hintergrundbild auswählen.

Text auf die Seite eingeben und nach Belieben formatieren.

Aus dem Menü EINFÜGEN | AKTIVE ELEMENTE z.B. Laufschrift auswählen, etc.

Aus dem Menü EINFÜGEN | BILD können Bilder in die Seite eingefügt werden.

Um einen Verweis (Link zu einer anderen HTML-Seite, die über den Link aufgerufen werden kann) einzufügen, wie folgt vorgehen:

Einen Text eingeben, der den Vorgang kennzeichnet (z.B. hier Klicken zum Ansehen meiner neuen Seite). Diesen Text markieren und aus der Symbolleiste HYPERLINK ERSTELLEN auswählen.

Im folgenden Fenster unter URL den ganzen Pfad zu der Seite eintragen, die hier aufgerufen werden soll (z.B. /Artikel/neueSeite.htm).

Die Seite speichern (z.B. unter /inetpub/wwwroot/Artikel/ersteSeite.htm), wenn die Seite auf dem Server direkt erstellt wurde. Wurden die Seiten auf einer Ws erstellt, sollte ein FTP-Zugang ins wwwroot auf dem Server eingerichtet werden, so dass mittels FTP die Seiten von der Ws auf den Server übertragen werden können.

Ist der IIS (Internet-Information-Server) auf dem Server Einstein eingerichtet, kann jetzt mit einem Internet-Browser von einem Client aus diese Seite aufgerufen werden (http://Einstein/Artikel/ersteSeite.htm). Von dieser kann jetzt über den Link die Seite „neueSeite.htm" aufgerufen werden.

Diesen Vorgang mit Links kann man natürlich endlos fortsetzen.

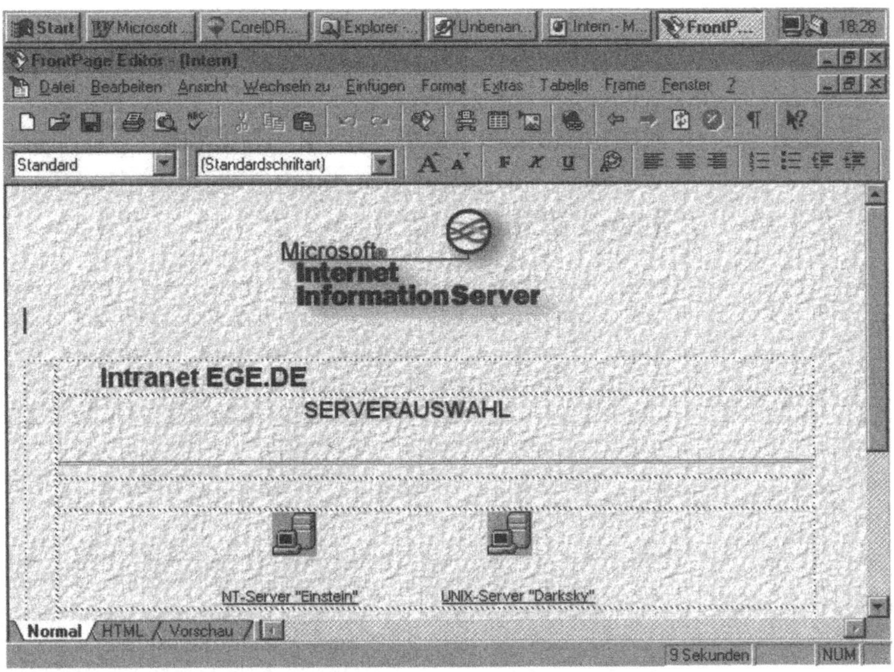

Abb. 71 Frontpage-HTML-Seiten-Editor

Abb. 72 Einfache HTML-Seite

Siehe auch Abschn. 3.2.37 Option Pack.

3.2.31 Konfigurieren von TCP/IP-Druckern (NT-Server & NT-WS) (Drucker mit Netzwerkschnittstelle oder über LPD-Server)

Alle Client-Computer unter NT können auf TCP/IP-Druckern mit Netzwerkschnittstellen oder auf Drucker, die an Druck-Servern angeschlossen sind, drucken. Auf dem Computer, an dem der TCP/IP-Drucker angeschlossen ist, muss dazu der TCP/IP-Druckdienst und das TCP/IP-Protokoll installiert sein (SYSTEMSTEUERUNG | NETZWERK | DIENSTE | HINZUFÜGEN | TCP/ IP-DRUCKDIENSTE) und SYSTEMSTEUERUNG | NETZWERK | PROTOKOLLE | TCP/IP-PROTOKOLL).

Der TCP/IP-Drucker am LPD-Server muss nun über die Registerkarte FREIGABE freigegeben werden.

Clients, die mit dem LPD-Server in Verbindung kommen wollen, müssen erst einen neuen Drucker einrichten (START | EINSTEL-

LUNGEN | DRUCKER | NEUER DRUCKER). Mit dem Assistenten für die Druckerinstallation kann ein TCP/IP-Drucker genauso erstellt werden, wie das mit jedem anderen Drucker unter NT gemacht werden würde. Folgende Angaben werden dazu benötigt:

- die IP-Adresse, unter der der Druck-Server oder das TCP/IP-Druckgerät im Netzwerk angemeldet ist
- der Name des Druckers, so wie er im Druck-Server festgelegt wurde.

Dann muss unter DRUCKER EIGENSCHAFTEN | ANSCHLÜSSE | HINZUFÜGEN der LPR-Port selektiert werden (diese Auswahl steht nur zur Verfügung, wenn der TCP/IP-Druckdienst installiert wurde). Sodann muss auf NEUER ANSCHLUSS geklickt werden. Im folgenden Dialogfeld muss die IP-Nummer oder der Druckername (nur wenn DNS verwendet wird) des Druckers / LPD-Servers eingetragen werden. Ist alles korrekt gelaufen, muss nun in der Liste der Anschlüsse ein weiterer Anschluss, die Verbindung zum LPD-Server, vorhanden sein.

Clients können dann mit jedem beliebigen Protokoll (muss aber auf dem Client und den TCP/IP-Druck-Server installiert sein) auf den Druck-Server zugreifen. Der Druck-Server sendet das Dokument dann zum Drucker.

Ist der TCP/IP-Druckdienst installiert, wird der LPD-Dienst standardmäßig so eingerichtet, dass er manuell gestartet werden muss. Soll dies aut. geschehen, muss über die SYSTEMSTEUERUNG | DIENSTE der Dienst auf „automatisch starten“ gesetzt werden.

3.2.32 NT als TCP/IP-Router und TCP/IP-Routing im LAN

Sicher werden in Unternehmensnetzen Router verwendet, die extra für diese Aufgabe hergestellt wurden. Geräte von CISCO, BAY-NETWORKS oder 3COM werden in den meisten Fällen zur Anwendung kommen. Aber hat man ein solches Gerät nicht zu Hand, kann auch ein NT- oder Unix-Rechner (siehe Abschnitt 3.4.22 „Unix-Rechner als Router“) einen recht leistungsfähigen Router abgeben.

Mit einem NT-Rechner können zwei Routing-Typen installiert werden:

1. als statischer Router
2. als dynamischer Router

Statisches Routing:

Ein statischer Router weiß nur von entfernten Netzwerken, die ihm in seine Routing-Tabellen eingegeben wurden oder mit denen er physisch verbunden ist.

Bei sehr großen Netzwerken ist eine manuelle Pflege der Tabellen eine fast unmögliche Aufgabe.

Um einen NT-Rechner als statischen Router zu verwenden, müssen dem Rechner als Erstes so viele Netzwerkkarten eingebaut werden, wie er Verbindungen zu Subnets haben soll, in die er hineinrouten soll. Jeder Netzwerkkarte muss eine entsprechende IP-Adresse zugewiesen werden.

Sodann ist unter NETZWERKUMGEBUNG | rechte Maustaste | PROTOKOLLE | TCP/IP selektieren | EIGENSCHAFTEN | Routing | IP-Forwarding zu aktivieren.

In Abb. 73 weiß der Router selbstständig, dass er mit den Netzen 192.168.100.0 und 192.168.101.0 verbunden ist.

In der DOS-Box kann mit dem Befehl route print, die aktuelle Routing-Tabelle abgefragt werden.

In obigem Fall würde diese so aussehen:

Netzwerk-ID	*Subnet-Mask*	*Gateway*
192.168.100.0	255.255.255.0	192.168.100.4
192.168.101.0	255.255.255.0	192.168.101.4

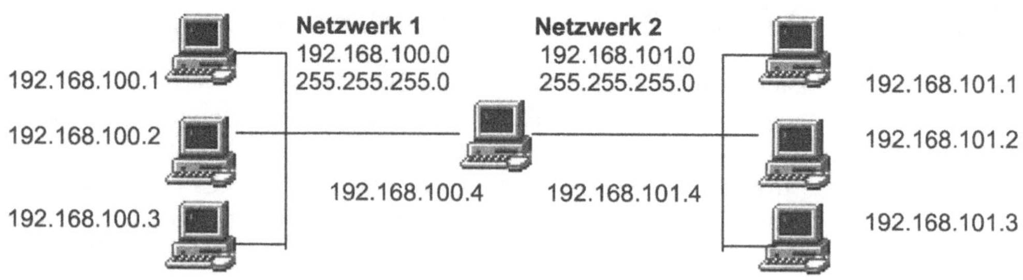

Abb. 73 NT-Rechner als Router

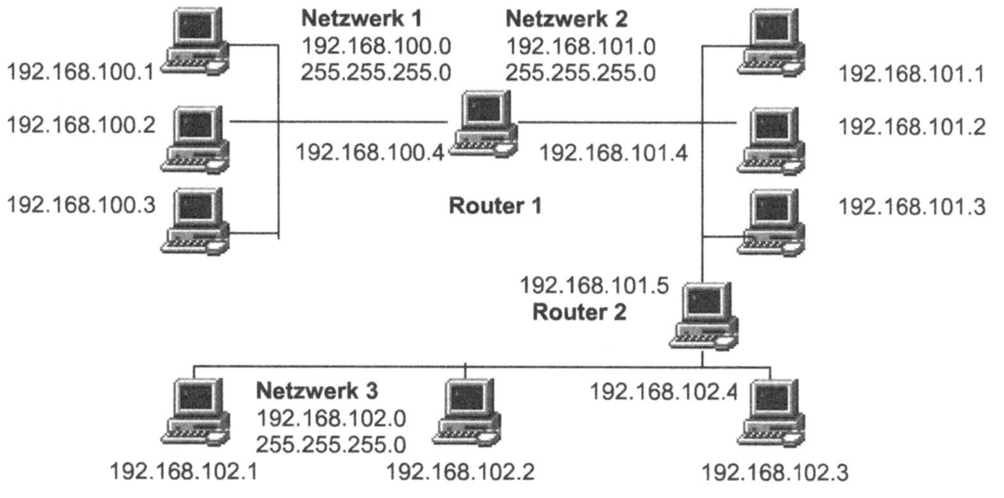

Abb. 74 NT-Rechner als Router

Alle PC's aus dem Netzwerk 192.168.100.0 nutzen das Gateway 192.168.100.4. Soll ein Paket von 192.168.100.1 nach 192.168.101.3 geschickt werden, bekommt der Router das Paket, der im Header des Pakets die Ziel-Adresse analysiert und eine Route in seiner Tabelle findet, sodass er das Paket nach 192.168.101.0 schickt, von wo es an den Adressaten weiter geschickt wird.

Im Abb. 74 ist ein weiteres Netzwerk hinzugefügt. Der erste Router weiß von den Netzwerken 192.169.100.0 und 192.168.101.0, und der zweite Router kennt die Netzwerke 192.168.101.0 und 192.168.102.0. Keiner der Router kennt alle Netzwerke, was bedeutet, dass der PC 192.168.100.2 nicht mit PC 192.168.102.3 kommunizieren kann.

Dieses Problem lässt sich durch Hinzufügen von statischen Routen in der Routing-Tabellen beider Router lösen. Dazu muss jedem Router mitgeteilt werden, wie er zum anderen Router kommt.

Auf Router 1 ist in der DOS-Box folgender Befehl einzugeben:
route -P add 192.168.102.0 mask 255.255.255.0 192.168.101.5

Auf Router 2:
route -P add 192.169.100.0 mask 255.255.255.0 192.168.101.4

Die Routing-Tabelle von Router 1 sieht damit dann so aus:

Netzwerk-ID	*Subnet-Mask*	*Gateway*
192.168.100.0	255.255.255.0	192.168.100.4
192.168.101.0	255.255.255.0	192.168.101.4
192.168.102.0	255.255.255.0	192.168.101.5

Es muss dem Router also mitgeteilt werden, hinter welchem Gateway er welches Netz finden kann.

Dabei werden alle Pakete, die nicht für das eigene Subnet adressiert sind, an dieses Gateway geschickt.

Die Routing-Tabelle von Router 2 sieht damit dann so aus:

Netzwerk-ID	*Subnet-Mask*	*Gateway*
192.168.102.0	255.255.255.0	192.168.102.4
192.168.101.0	255.255.255.0	192.168.101.5
192.168.100.0	255.255.255.0	192.168.101.4

Wie sich aus obigem Vorgang erkennen lässt, ist eine manuelle Pflege von Routing-Tabellen bei noch mehr Netzwerken und Routern sehr, sehr aufwändig.

Dynamisches Routing:

Um diese manuelle Pflege zu umgehen, wurde das dynamische Routing entwickelt. Beim dynamischen Routing werden Routing-Protokolle verwendet, um Router in die Lage zu versetzen, Routing-Tabellen, die sie sich selber aufgebaut haben (weil phys. mit den Netzen verbunden sind), gegenseitig auszutauschen.

Routing-Protokolle sind OSPF (nicht von NT unterstützt) und RIP (von NT unterstützt).

RIP transportiert nicht nur Informationen von Router zu Router, sondern berechnet auch die Anzahl der Sprünge (Hops) über andere Router zu einem entfernten Netzwerk (werden beim Befehl „route print“ unter Anzahl angegeben). RIP funktioniert folgendermaßen:

In einem bestimmten Zeitraum versenden die Router ihre Tabellen per Rundspruch im Netz. Dabei ist das max. Maß, das ein Router behalten kann, 15 Hops. Die anderen Router nehmen die Rundsprüche auf und tragen sie in die eigene Tabelle ein. Hinzugefügt werden die Netzwerke und die IP-Adressen der Router, von denen die Informationen stammen. Die Router, die Informationen empfangen haben, schicken nun ihrerseits Rundsprüche ins Netz, usw. Auf diese Weise erfahren alle Router im LAN bzw.

im Internet von vorhandenen Netzwerken und Router, die 15 Hops weit entfernt sind.

Probleme:

Da jeder Router weiß, was sein Nachbar weiß, usw. bis 15 Hops erreicht sind, kann die Aufnahmekapazität eines Routers schnell überlastet werden. Deswegen werden Router mit immer mehr RAM und teilweise sogar mit Festplatten ausgestattet, um die Informationen noch speichern zu können.

Auch kann durch die Rundsendungen von RIP der Netzwerkverkehr erheblich anwachsen.

Installation von RIP:
(für TCP/IP nur auf Server, für NWLINK auf Server und WS)

NETZWERKUMGEBUNG | DIENSTE | HINZUFÜGEN | RIP F. DAS INTERNETPROTOKOLL (f. TCP/IP)
NETZWERKUMGEBUNG | DIENSTE | HINZUFÜGEN | RIP F. NWLINK IPX (f. IPX/SPX)

RIP kann auch auf Systemen installiert werden, die nicht als Router fungieren. Damit können dann Routing-Informationen von anderen Routern eingesehen werden.

3.2.33 Informationen zur Registry

Konfigurationsdateien werden unter NT in einer Datenbank gespeichert, der Registry. Der Registrierungs-Editor befindet sich unter \WIN NT\System32 und heißt REGEDIT32.EXE. Dieser ist nicht zu verwechseln mit REGEDIT.EXE, der nur aus Kompatibilitätsgründen für OLE-Anwendungen vorhanden ist. Durch Aufruf unter AUSFÜHREN kann REGEDIT32 gestartet werden.

Im linken Fenster sind dann 5 Schlüssel zu sehen:

HKEY_LOCAL_MACHINE
HKEY_USERS
HKEY_CURRENT_USERS
HKEY_CLASSES_ROOT
HKEY_CONFIG

Jeder Schlüssel kann weitere Schlüssel und im rechten Fenster Wert-Einträge enthalten.

Werteinträge bestehen aus: Name, Datentyp und einem Wert.

Datentypen:

REG_BIARY	Binäre Daten folgen, die jedoch als Hex-Zahlen gespeichert sind
REG_DWORD	Daten sind in einem Wort (Vier-Byte-Zahl) gespeichert
REG_SZ	Daten sind als Zeichenfolge (Text) gespeichert
REG_MULTI_SZ	Mehrteilige Zeichenfolge
REG_EXPAND_SZ	Eine erweiterbare Zeichenfolge (Variable)

Inhalte der einzelnen Schlüssel:

HKEY_LOCAL_MACHINE	**enthält Konfigurations-Informationen (lok. Coputer)**
HARDWARE	Infos zur Hardware, die NT beim Systemstart sammelt
Description	Hardware-Datenbank
DeviceMap	NT-Geräte-Treiber, die gegenwärtig aktiv sind
RessourceMap	IRQ, DMA und andere Zuordnungen für jeden Treiber
SAM	Benutzer- und Gruppenkonten, Paßwörter, Sicherheits-informationen
SECURITY	Kopie der SAM und weitere Sicherheitsinformationen
SOFTWARE	Konfigurationsdaten der 32Bit-Software (auch zu NT selber)
Classes	Dateizuordnungen und OLE-Informationen
Microsoft	enthält Teilschlüssel für die ges. MS-Software, die installiert ist
ProgramGroups	Liste mit den allg. Programm-Gruppen aus dem Menü „Programme“
Secure	wird von NT nicht genutzt
SYSTEM	Informationen über Geräte-Treiber und Dienste

HKEY_CLASSES_ROOT	ist eine Kopie von HKEY_ LOCAL_MACHINE\SOFTWARE

HKEY_CURRENT_USER	Benutzer-Profil des aktuell angemeldeten Users

HKEY_USERS	Benutzer-Profile für alle User

HKEY_CURRENT_CONFIG	Informationen über das aktuelle Hardware-Profil

Registry bearbeiten:

Um die Registry zu bearbeiten, muss zunächst der schreibgeschützte Modus verlassen werden OPTION | SCHREIBSCHUTZ.

Wert verändern

Um einen Wert zu verändern, den Wert doppelt anklicken und im erscheinenden Fenster den Wert bearbeiten.

Bestehendem Schlüssel neuen Wert hinzufügen

Um einem bestehenden Schlüssel einen Wert hinzuzufügen, den Schlüssel auswählen, unter BEARBEITEN | WERT HINZUFÜGEN WERTNAME eintragen, den Datentyp auswählen und dann im EDITOR FÜR ZEICHENKETTE die Daten für den neuen Wert eingeben.

Neuen Schlüssel hinzufügen

Schlüssel auswählen, unter dem der neue Schlüssel entstehen soll.

Unter BEARBEITEN | SCHLÜSSEL HINZUFÜGEN auswählen.

Schlüsselname eintragen.

Achtung: Wurde ein Wert verändert und auf OK gedrückt, wird dieser ohne weitere Abfrage gespeichert. Die kleinste falsche Veränderung an der Registry kann bewirken, dass der Computer nicht mehr startet.

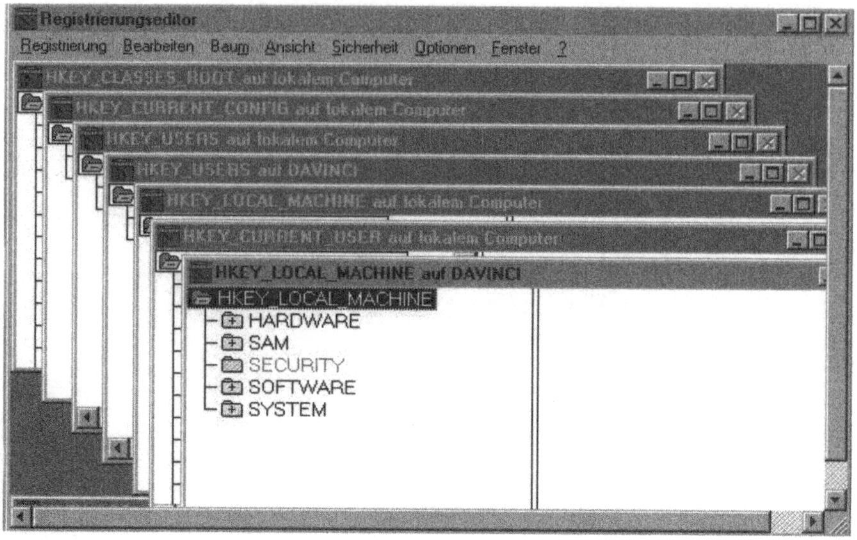

Abb. 75 Regedit32

3.2.34 Mailing im LAN mit Exchange-Server 5.5 und Outlook-Clients

Mailing ist in heutigen LAN´s nicht mehr wegzudenken. Sinn von E-Mails ist die Kommunikation von Anwendern mittels PC´s. Über E-Mails können Nachrichten, Daten, Dateien oder Dokumente verschickt werden.

Vorteile:

- Die Daten erreichen ihr Ziel in wenigen Sekunden
- Es wird niemand bei der Arbeit gestört, wie über Telefon

Funktion eines Mailing-Systems:

Sendet ein User eine Mail an einen anderen User, wird die Mail auf dem Exchange-Server im Postfach des Empfängers abgelegt. Der Empfänger kann, je nach Konfiguration, auf seinem PC ein Signal erhalten, dass eine Mail für ihn eingetroffen ist, woraufhin er sein Mail-Programm (Client) starten kann, um die Nachricht abzurufen.

1. Exchange-Server

Installation von Exchange-Server 5.5:

Exchange-Server ist Teil vom Back-Office-Paket. Exchange-Server kann nur auf einem NT-Server 4.0 installiert werden, auf dem das Service-Pack 3 oder höher installiert ist. Weiter sollte mit TCP/IP im LAN gearbeitet werden.

Es sollte die benötigte Hardware beachtet werden (min. P133, 500 MB Festplattenkapazität, Auslagerungsdatei 100 MB + phys. RAM, Netzwerkkarte, 32 MB RAM).

Ein eigenes Benutzerkonto für den Exchange-Server muss angelegt werden, das Exchange-Server-Dienstkonto. Dieses Dienst-Konto muss Mitglied in der Gruppe Domänen-Admins sein, welche Mitglied der lokalen Gruppe Administratoren ist. Nur Mitglieder dieser lokalen Gruppe haben Fernzugriff auf die Registrierung. Das Kennwort des Dienst-Kontos sollte nie ablaufen und folgende Benutzer-Rechte haben:

Wiederherstellen von Dateien und Verzeichnissen, Anmelden als Dienst, als Teil des Betriebssystems handeln (im Benutzer-Manager | Richtlinien | Benutzerrechte einrichten).

Wird die CD eingelegt, startet das Installationsprogramm automatisch.

Im Folgenden wird davon ausgegangen, dass Exchange-Server für einen neuen Standort angelegt wird (kein Verbinden mit vorhandenen Standorten) und nur lokal im LAN benutzt wird.

Im ersten Fenster SERVER UND KOMPONENTEN auswählen.

Im nächsten Fenster MICROSOFT-EXCHANGE-SERVER 5.5 auswählen und im nächsten Fenster bestätigen.

Sodann Installationsart auswählen (Standard empfohlen).

In der darauf folgenden Dialog-Box EINE NEUE SITE ERSTELLEN auswählen und Name der Organisation und Name der Site (Domäne) eintragen.

Im nächsten Fenster das vorher erstellte Dienst-Konto, die Domäne und das Kennwort angeben.

Das Setup läuft nun ab.

Innerhalb des Setup's kann sogleich die Leistungsoptimierung gestartet werden, was getan werden sollte (ansonsten später nachholen).

Dann wird ein Vorschlag gemacht zum Speichern der Exchange-Datenbanken. Diesen Vorschlag mit NEXT übernehmen.

Exchange-Server konfigurieren:

Unter START | PROGRAMME | EXCHANGE SERVER | MICROSOFT-EXCHANGE-ADMINISTRATOR auswählen (zentrales Konfigurationsprogamm). Das Konfigurationsprogramm ist ähnlich wie der Explorer aufgebaut. Im linken Fenster sind Container, die man anklicken kann, woraufhin im rechten Fenster der Inhalt des angeklickten Containers erscheint.

Die Organisation ist hierarchisch aufgebaut. Die Wurzel des Baumes ist die Organisation (wie NDS von Novell). Die Organisation enthält weitere Container sowie öffentliche Ordner (siehe weiter unten bei „Outlook").

Ein weiterer Container ist der „Standort-Container", in dem Empfänger (Postfächer) enthalten sind, und der Container „Konfiguration", der alle Objekte enthält, um den Standort auf Standortebene zu konfigurieren.

Des Weiteren gibt es den Container „Server", mit dem Objekte auf Serverebene konfiguriert werden können.

Der Exchange-Administrator kann auch auf einer NT-WS installiert werden, wodurch der Exchange-Server fernverwaltet werden kann.

Rechte

Den Containern ORGANISATION, STANDORT und KONFIGURATION müssen nach der Installation von Exchange-Server andere Rechte zugewiesen werden. Dazu kann die lokale Gruppe z. B. EXCHAGE-ADMINS und die globale Gruppe EXCHANGE-DOM-ADMINS angelegt werden, der die administrativen Benutzer zugefügt werden (globale in lokale Gruppe einfügen). Sodann am entsprechenden Container die EIGENSCHAFTEN auswählen und die lokale Gruppe EXCHANGE-ADMINS mit dem Recht „Admin mit Recht Berechtigungen zu ändern" hinzufügen.

Unter EXTRAS | OPTIONEN | BERECHTIGUNGEN müssen die Optionen „Registerkarte Berechtigungen für alle Objekte anzeigen" und „Rechte für Funktionen in der Registerkarte Berechtigungen anzeigen" aktiviert werden, wenn in den Eigenschaften einzelner Objekte die Berechtigungen angezeigt werden sollen.

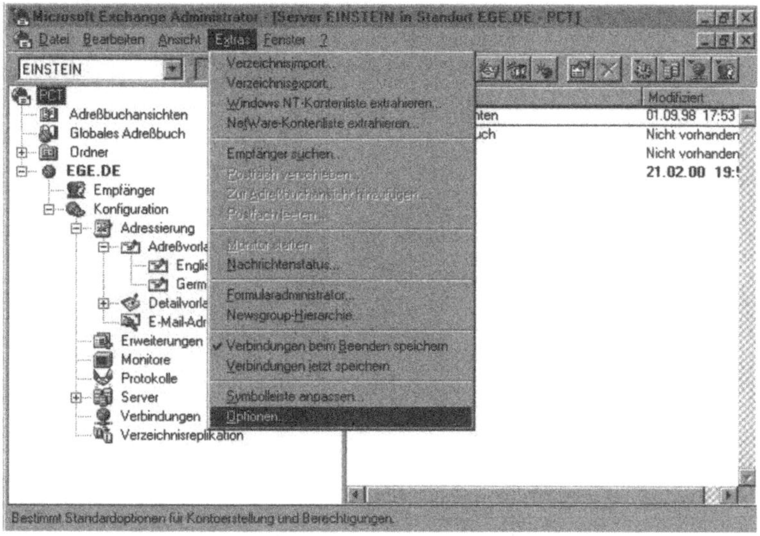
Microsoft Exchange Administrator - [Server EINSTEIN in Standort EGE.DE - PCT]
Datei Bearbeiten Ansicht Extras Fenster ?
EINSTEIN
Verzeichnisimport...
Verzeichnisexport...
Windows NT-Kontenliste extrahieren...
NetWare-Kontenliste extrahieren...
Empfänger suchen...
Nachrichtenstatus...
Formularadministrator...
Newsgroup-Hierarchie...
Verbindungen beim Beenden speichern
Verbindungen jetzt speichern
Symbolleiste anpassen...
Optionen...
PCT
Adreßbuchansichten
Globales Adreßbuch
Ordner
EGE.DE
Empfänger
Konfiguration
Adressierung
Erweiterungen
Monitore
Protokolle
Server
Verbindungen
Verzeichnisreplikation
Modifiziert
01.09.98 17:53
Nicht vorhanden
Nicht vorhanden
Bestimmt Standardoptionen für Kontoerstellung und Berechtigungen.

Abb. 76

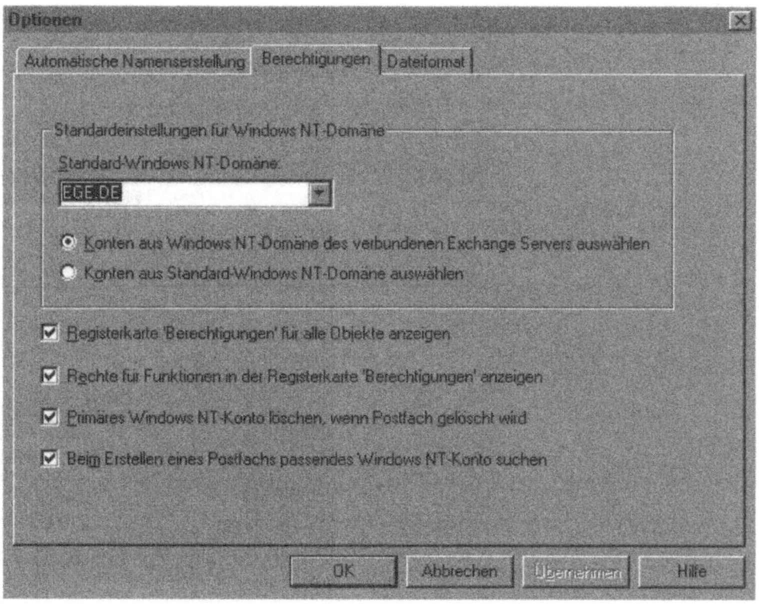
Optionen
Automatische Namenserstellung
Berechtigungen
Dateiformat
Standardeinstellungen für Windows NT-Domäne
Standard-Windows NT-Domäne:
EGE.DE
Konten aus Windows NT-Domäne des verbundenen Exchange Servers auswählen
Konten aus Standard-Windows NT-Domäne auswählen
Registerkarte 'Berechtigungen' für alle Objekte anzeigen
Rechte für Funktionen in der Registerkarte 'Berechtigungen' anzeigen
Primäres Windows NT-Konto löschen, wenn Postfach gelöscht wird
Beim Erstellen eines Postfachs passendes Windows NT-Konto suchen
OK
Abbrechen
Übernehmen
Hilfe

Abb.77

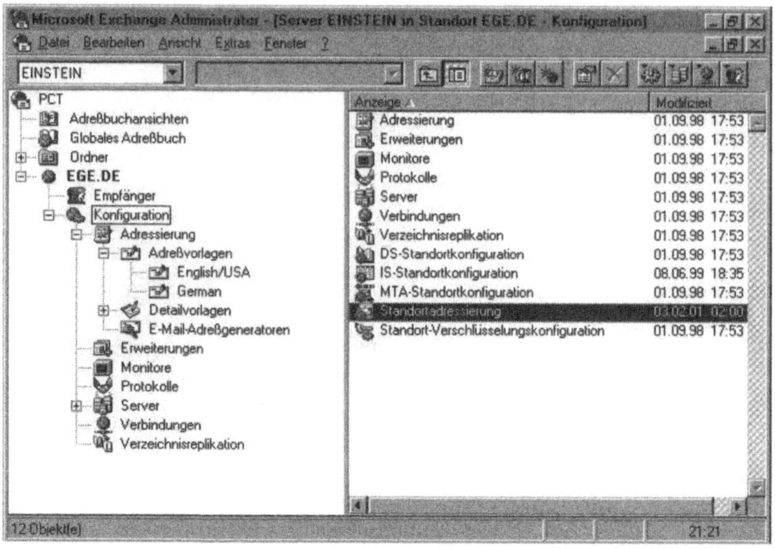
Microsoft Exchange Administrator - [Server EINSTEIN in Standort EGE.DE - Konfiguration]
Datei Bearbeiten Ansicht Extras Fenster ?
EINSTEIN
PCT
Adreßbuchansichten
Globales Adreßbuch
Ordner
EGE.DE
Empfänger
Konfiguration
Adressierung
Adreßvorlagen
English/USA
German
Detailvorlagen
E-Mail-Adreßgeneratoren
Erweiterungen
Monitore
Protokolle
Server
Verbindungen
Verzeichnisreplikation
Anzeige
Modifiziert
Adressierung 01.09.98 17:53
Erweiterungen 01.09.98 17:53
Monitore 01.09.98 17:53
Protokolle 01.09.98 17:53
Server 01.09.98 17:53
Verbindungen 01.09.98 17:53
Verzeichnisreplikation 01.09.98 17:53
DS-Standortkonfiguration 01.09.98 17:53
IS-Standortkonfiguration 08.06.99 18:35
MTA-Standortkonfiguration 01.09.98 17:53
Standortadressierung 03.02.01 02:00
Standort-Verschlüsselungskonfiguration 01.09.98 17:53
12 Objekt(e)
21:21

Abb. 78

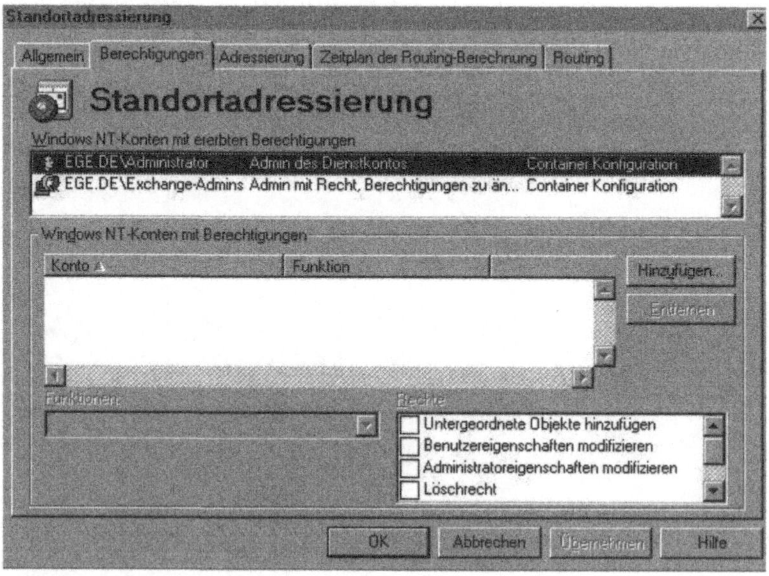
Standortadressierung
Allgemein
Berechtigungen
Adressierung
Zeitplan der Routing-Berechnung
Routing
Standortadressierung
Windows NT-Konten mit ererbten Berechtigungen
EGE.DE\Administrator Admin des Dienstkontos Container Konfiguration
EGE.DE\Exchange-Admins Admin mit Recht, Berechtigungen zu än... Container Konfiguration
Windows NT-Konten mit Berechtigungen
Konto
Funktion
Hinzufügen...
Entfernen
Funktionen:
Rechte
Untergeordnete Objekte hinzufügen
Benutzereigenschaften modifizieren
Administratoreigenschaften modifizieren
Löschrecht
OK
Abbrechen
Übernehmen
Hilfe

Abb. 79

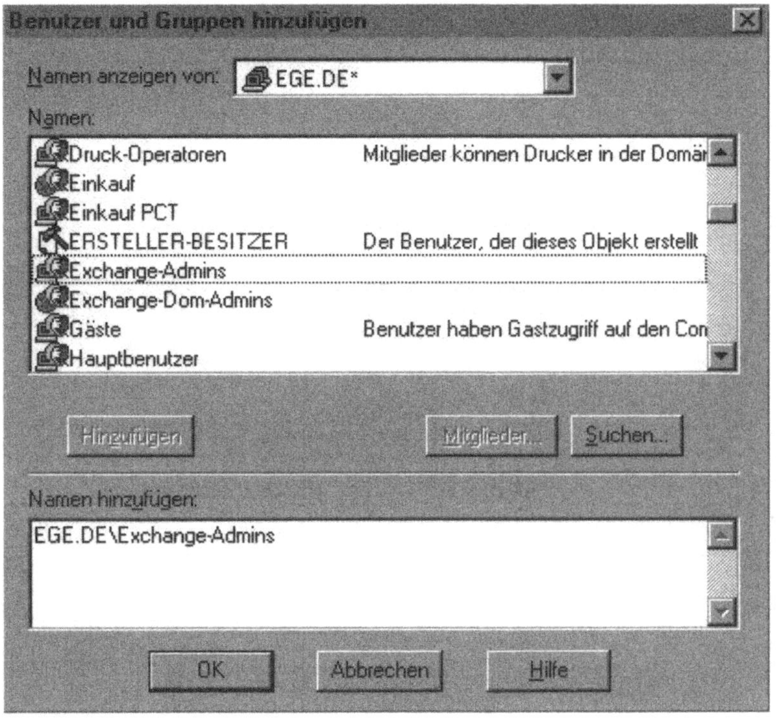

Abb.80

Standortadressierung

Nach der Installation von Exchange-Server ist die Internetadresse nicht richtig angegeben (Anwender@Standortname.Organisation.com). Um sie ins richtige Internet-Format zu bringen (Anwender @Unternehmen.com) ist im Container KONFIGURATION | STANDORTADRESSIERUNG die Internet-Adresse entsprechend zu verändern (auf Standort-Ebene für alle Adressen im Standort).

MTA (Message Transfer Agent)

Diesen gibt es für den Standort (Container Konfiguration) und den einzelnen Server (Container Server). Durch diesen können Mails an jedes Mail-System weitergeleitet werden:

An Exchange-Server innerhalb und außerhalb des Standortes, die durch Standort-Connectoren verbunden sind. An SMTP-Server, die über Internet-Mail-Connectoren verbunden sind. An X.400-Systeme, die über X.400-Connectoren verbunden sind.

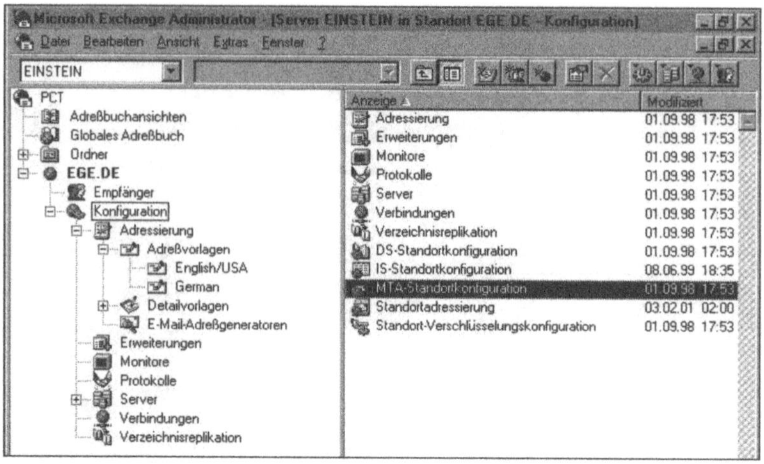

Abb. 81 MTA für den Standort

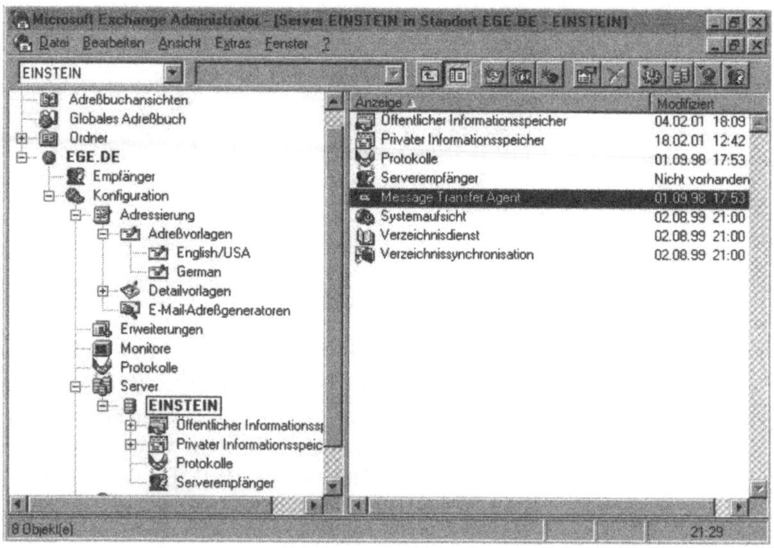

Abb. 82 MTA für den Server

IS-Standortkonfiguration (IS = Informationsspeicher)

Dieser liegt im Container KONFIGURATION und ist für die Speicherung der Mails von Postfächern und öffentlichen Ordnern. Hier kann festgelegt werden, wer öffentliche Ordner erstellen darf (Registerkarte BASISORDNER). Die Client-Berechtigungen für den Zugriff auf öffentliche Ordner wird über den jeweiligen

Ordner festgelegt. Dazu auf den öffentlichen Ordner doppelklicken und auf der Registerkarte ALLGEMEIN die Schaltfläche CLIENT-BERECHTIGUNGEN betätigen.

Replikationen von öffentlichen Ordnern zu anderen Servern werden über die Eigenschaften des öffentlichen Ordners festgelegt (Registerkarte REPLIKATE).

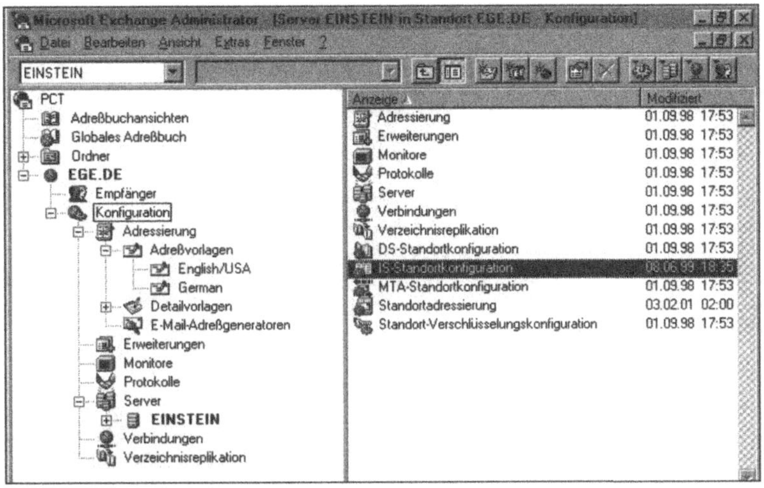

Abb. 83

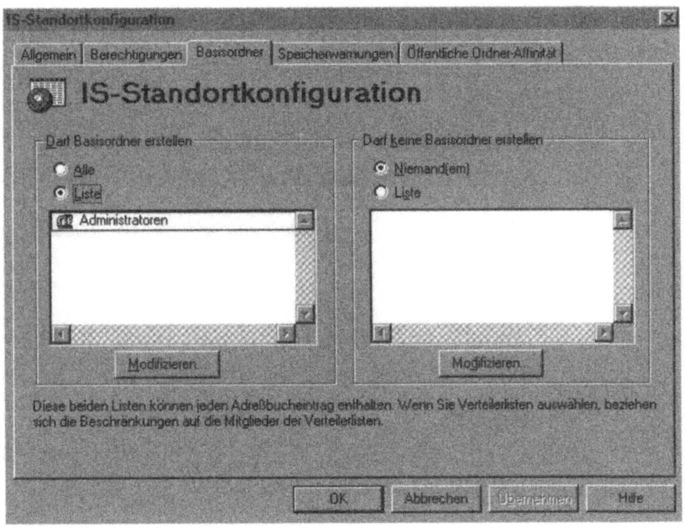

Abb. 84

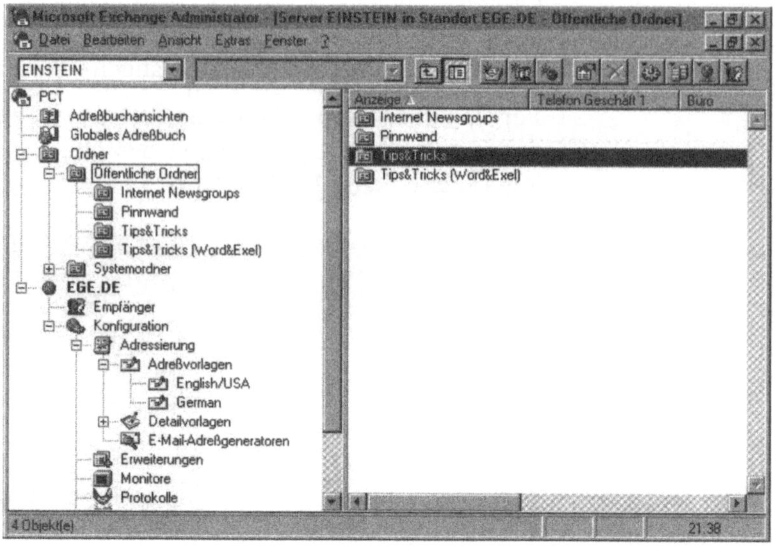
Microsoft Exchange Administrator - [Server EINSTEIN in Standort EGE.DE - Öffentliche Ordner]
Datei Bearbeiten Ansicht Extras Fenster ?
EINSTEIN
PCT
Adreßbuchansichten
Globales Adreßbuch
Ordner
Öffentliche Ordner
Internet Newsgroups
Pinnwand
Tips&Tricks
Tips&Tricks (Word&Exel)
Systemordner
EGE.DE
Empfänger
Konfiguration
Adressierung
Adreßvorlagen
English/USA
German
Detailvorlagen
E-Mail-Adreßgeneratoren
Erweiterungen
Monitore
Protokolle
Anzeige
Telefon Geschäft 1
Büro
Internet Newsgroups
Pinnwand
Tips&Tricks
Tips&Tricks (Word&Exel)
4 Objekt(e)
21:38

Abb. 85

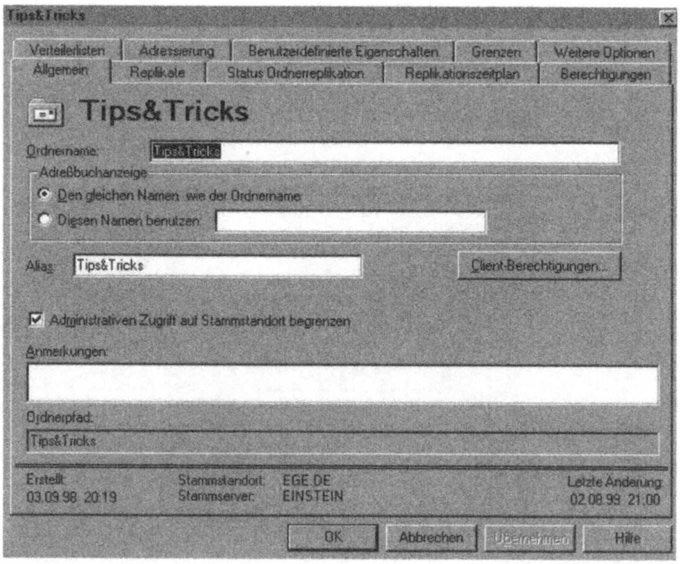
Tips&Tricks
Verteilerlisten
Adressierung
Benutzerdefinierte Eigenschaften
Grenzen
Weitere Optionen
Allgemein
Replikate
Status Ordnerreplikation
Replikationszeitplan
Berechtigungen
Tips&Tricks
Ordnername:
Tips&Tricks
Adreßbuchanzeige
Den gleichen Namen wie der Ordnername
Diesen Namen benutzen:
Alias:
Tips&Tricks
Client-Berechtigungen...
Administrativen Zugriff auf Stammstandort begrenzen
Anmerkungen:
Ordnerpfad:
Tips&Tricks
Erstellt:
03.09.98 20:19
Stammstandort:
Stammserver:
EGE.DE
EINSTEIN
Letzte Änderung
02.08.99 21:00
OK
Abbrechen
Übernehmen
Hilfe

Abb. 86

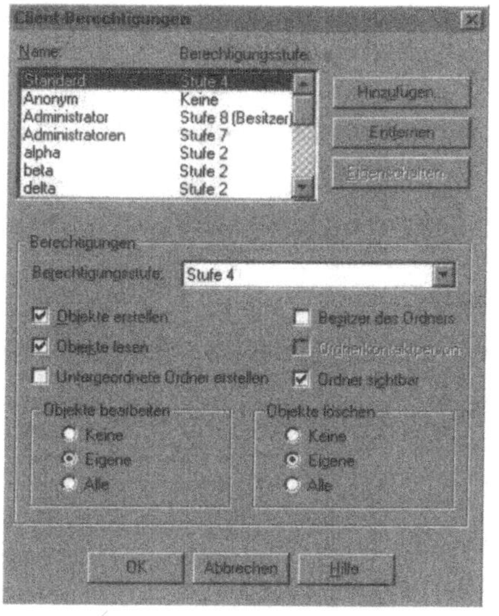

Abb. 87

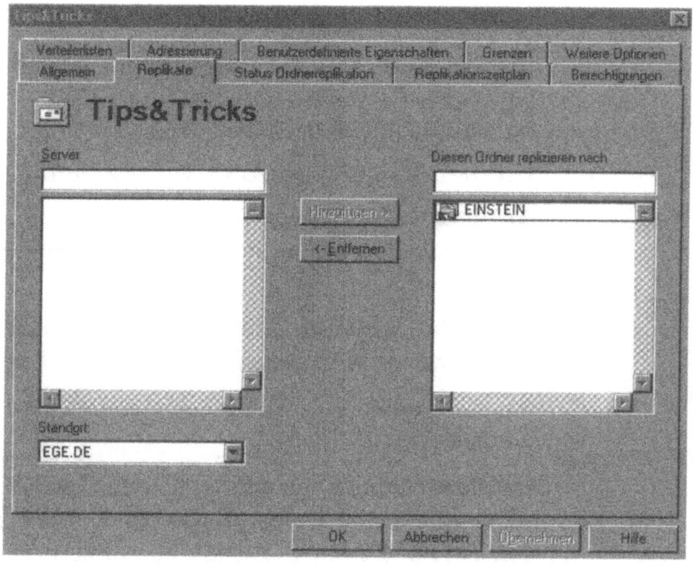

Abb. 88 Replikation

Privater Informationsspeicher

Diesen am Server selektieren und aus DATEI | EIGENSCHAFTEN auswählen.

Hier können Postfachressourcen oder aktuell angemeldete Benutzer eingesehen werden.

Öffentliche Informationsspeicher

Über die Eigenschaften können hier Speichergrenzwerte für öffentliche Ordner festgelegt werden.

Connectoren:

Sie sind Verbindungsglieder zu anderen Mail-Systemen, wie:

Internet Mail
X.400
MS-Mail
Lotus Notes
Exchange-Standort-Connector
dyn. RAS-Connector
Connector für Verzeichnisreplikation

1. Internet-Mail-Connector

Vor der Installation von diesem muss TCP/IP auf dem Server mit statischer IP-Adresse eingerichtet worden sein. Ebenso Subnet-Mask und ein Standard-Gateway.

TCP/IP muss auf einen DNS-Server Zugriff haben.

Für Internet-Mail-Server, die Mails an diesen Exchange-Server weiterleiten, muss ein MX- und ein A-Eintrag auf dem DNS existieren.

ACHTUNG: läuft dies über einen ISP. müssen diese Einträge beim ISP auf dessen DNS gemacht werden, nicht im netzeigenen DNS.

Natürlich muss eine Frame-Relay, T1 oder ISDN-Verbindung zum ISP bestehen.

Installation: den Container KONFIGURATION | VERBINDUNGEN selektieren. Dann aus DATEI | WEITERE NEUE OBJEKTE den INTERNET-MAIL-DIENST auswählen. Im nachfolgenden Assistenten die notwendigen Eintragungen machen.

2. X.400 Connector

X.400 ist ein Standard für E-Mail-Systeme und kann auch anstatt des Standort-Connectors verwendet werden.

Natürlich muss zuerst eine phys. TP4, RAS oder X.25 Verbindung vorhanden sein, und über den MTA am Server muss das Routing konfiguriert worden sein.

Über DATEI | WEITERE NEUE OBJEKTE muss der MTA-Transport-Stack installiert und konfiguriert werden. Dabei muss aber der Transport-Stack ausgewählt werden, der mit dem phys. Pfad kompatibel ist (RAS, TP4, X.25).

Installation: über DATEI | WEITERE NEUE OBJEKTE den X.400-Connector einfügen und über dessen Eigenschaften konfigurieren.

Ein Bridgehead-Server muss mit den X.400-Connector verbunden werden.

3. Standort-Connector

Dieser stellt die beste Möglichkeit dar, Standorte zu verbinden und Verzeichnis-Replikation oder Replikation von öffentlichen Ordnern einzurichten.

Installation: in den Container VERBINDUNGEN wechseln und über DATEI | WEITERE NEUE OBJEKTE den Standort-Connector hinzufügen. Über dessen Eigenschaften wird der Connector konfiguriert.

Es muss hier der Computer-Name des Exchange-Servers am anderen Standort eingegeben werden, der dort als Bridgehead-Server fungiert. Von dort muss konfiguriert werden, welcher Server im eigenen Standort als Bridgehead-Server arbeiten soll.

Bridgehead-Server arbeiten als Verbindungspunkt zwischen Standorten. Hat ein Standort mehrere Exchange-Server, muss einer als Bridgehead-Server konfiguriert werden.

Verzeichnisreplikation zwischen Standorten einrichten

Im Container KONFIGURATION der Container VERZEICHNIS-REPLIKATION selektieren und aus DATEI | WEITERE NEUE OBJEKTE den Connector zur Verzeichnisreplikation installieren.

Über die Eigenschaften des Connectors muss dieser weiter konfiguriert werden. So ist z. B. der Remote-Standortname (Site) und der Bridgehead-Server am Remote-Standort einzutragen.

Um öffentliche Ordner auf andere Exchange-Server zu replizieren, den zu replizierenden Ordner selektieren und aus DATEI | EIGENSCHAFTEN auswählen (Registerkarte REPLIKATE).

Öffentl. Ordner können nur im selben Standort repliziert werden.

Postfächer für Gruppen

Postfächer können auch für Gruppen erstellt werden. Anstatt des primären NT-Kontos wird dazu eine lokale Gruppe ausgewählt. Mitglieder, die auf das Postfach Zugriff erhalten sollen, müssen einer globalen Gruppe zugefügt werden, die dann in diese lokale Gruppe eingefügt wird.

Verschieben eines Postfaches

SERVEREMPFÄNGER im Container des Exchange-Servers selektieren. Im rechten Fenster nun das Postfach auswählen und aus EXTRAS | POSTFACH VERSCHIEBEN auswählen. Sodann den neuen Server angeben.

ACHTUNG: Dies funktioniert nur am gleichen Standort, nicht zu anderen Standorten.

Protokolle konfigurieren

Standort-Ebene:	KONFIGURATION | PROTOKOLLE
Server-Ebene:	SERVER | PROTOKOLLE
Benutzer-Ebene:	POSTFACH | EIGENSCHAFTEN

Wurde ein Protokoll auf Server-Ebene deaktiviert, kann es auf Benutzer-Ebene nicht wieder aktiviert werden.

Exchange-Organisation sichern/wiederherstellen

Über PROGRAMME | VERWALTUNG (allg.) | BANDSICHERUNG

Hier erscheint auch die Exchange-Organisation.

Konferenzraum einrichten

2 neue NT-Konten und Postfächer einrichten:

1. Konferenzraum
2. Konferenzraum-Stellvertreter

- Am Netz mit 1. Konto anmelden (z. B. Konferenzraum)
- In der Systemsteuerung MAIL aufrufen und dieses Konto für Exchange-Server-Unterstützung einrichten.

- Outlook starten und über EXTRAS | OPTIONEN das Register KALENDER | WEITERE ZEITPLANUNG auswählen. Angaben machen.
- In das Register STELLVERTRETUNGEN wechseln und das Stellvertreter-Postfach hinzufügen.
- Dann über RECHTE die entsprechenden Rechte auswählen (eventuell auswählen, dass alle Anfragen an das Stellvertreter-Konto geschickt werden).
- Jetzt mit dem Stellvertreter-Konto am Netz anmelden.
- Dies muss an einem Server im Netz geschehen, auf dem Outlook ständig aktiv ist, weil sonst keine Besprechungsanfragen bearbeitet werden können. Dieser Outlook-Client muss jetzt als Stellvertreter konfiguriert werden. Dazu vorgehen, wie ober für das 1. Konto beschrieben.

Postfächer für einzelne User erstellen:

Zuerst muss festgelegt werden, wie die Namenskonvention erfolgen soll, welche ein Teil der Empfänger-Adresse einer E-Mail ist.

Im Menü EXTRAS | OPTIONEN wählen und Namenskonvention auswählen. Die Namen werden dann beim Anlegen eines Postfaches aut. generiert.

Sodann im linken Fenster des Administratorprogramms „Empfänger“ im Container „Standort“ (Domäne) anklicken und aus der Menüleiste NEUES POSTFACH auswählen.

In der Registerkarte ALLGEMEIN die entsprechenden Angaben machen und auf PRIMÄRES WIN NT-KONTO klicken. Ist für den User schon ein Konto angelegt, dieses auswählen, sonst neu erstellen.

In der Registerkarte BERECHTIGUNGEN die entsprechenden Berechtigungen setzen.

In der Registerkarte GRENZEN können Einstellungen zu der Größe des Postfaches und den Aktionen gemacht werden, die ausgeführt werden sollen, wenn diese überschritten wird.

Postfächer für ganze Gruppen erstellen: (Verteilerlisten)

Im linken Fenster des Administratorprogramms „Empfänger“ im Container „Standort“ (Domäne) anklicken und aus der Menüleiste VERTEILERLISTE auswählen.

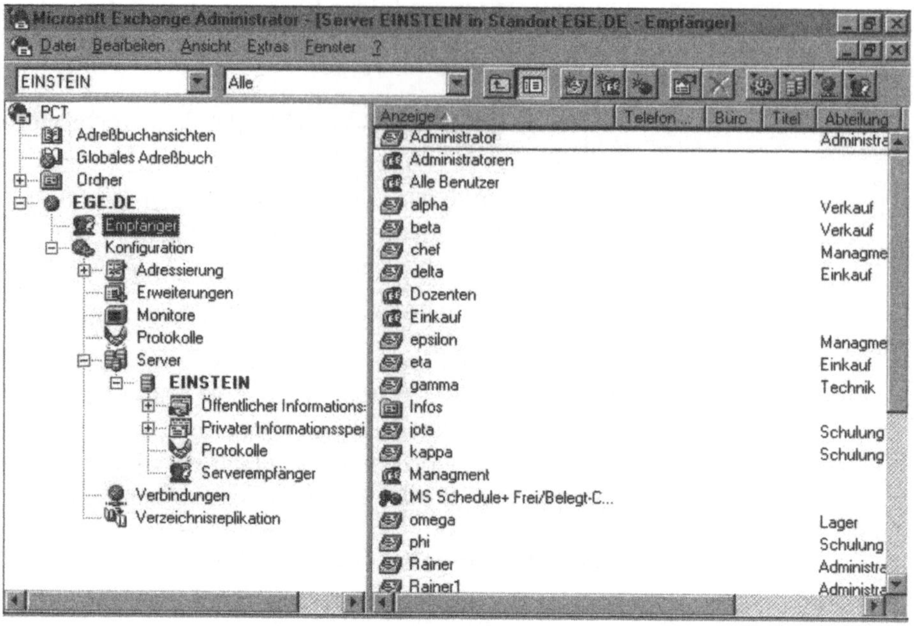

Abb. 89 Exchange-Administrator

Name und Alias eintragen und unter Mitglieder auf MODIFIZIEREN klicken. Dann User auswählen, die der Verteilerliste angehören sollen.

Mails können dann an ganze Gruppen geschickt werden (jeder User der Gruppe bekommt die Mail). In der Registerkarte BERECHTIGUNGEN, entsprechende Berechtigungen setzen.

Achtung: Ist Exchange-Server installiert, erscheint im Benutzer-Manager für Domänen jetzt ein weiteres Menü EXCHANGE. Unter Optionen kann in diesem Menü festgelegt werden, dass ein Postfach gleichzeitig mit dem Einrichten eines neuen User erstellt werden soll. Im Menü EIGENSCHAFTEN, können die Eigenschaften des Users Exchange betreffend bestimmt werden.

2. Outlook als Mail-Client von Exchange-Server

Installation von Outlook auf den Workstations:

Outlook 97 ist Bestandteil von MS-Office 97. Outlook 98 kann separat erworben werden.

Beim Installieren von MS-Office kann Outlook mit installiert werden oder über benutzerdefiniertes Setup von Office97 Out-

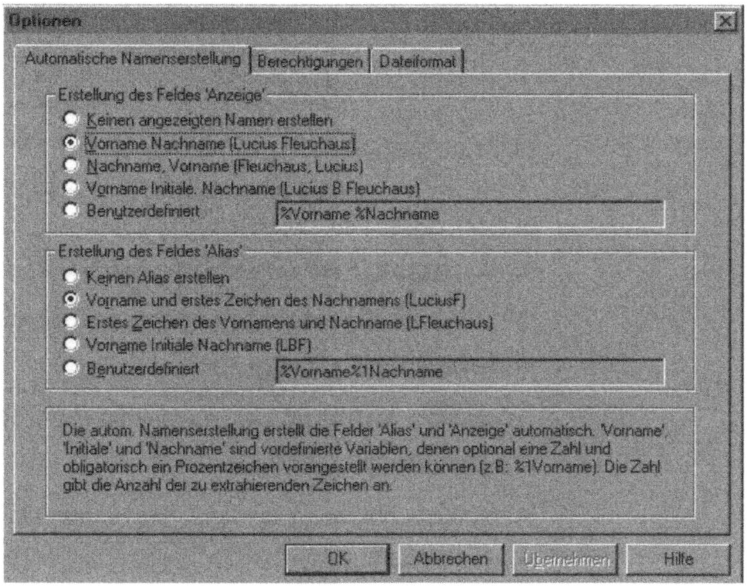

Abb. 90 Namenskonvertionen

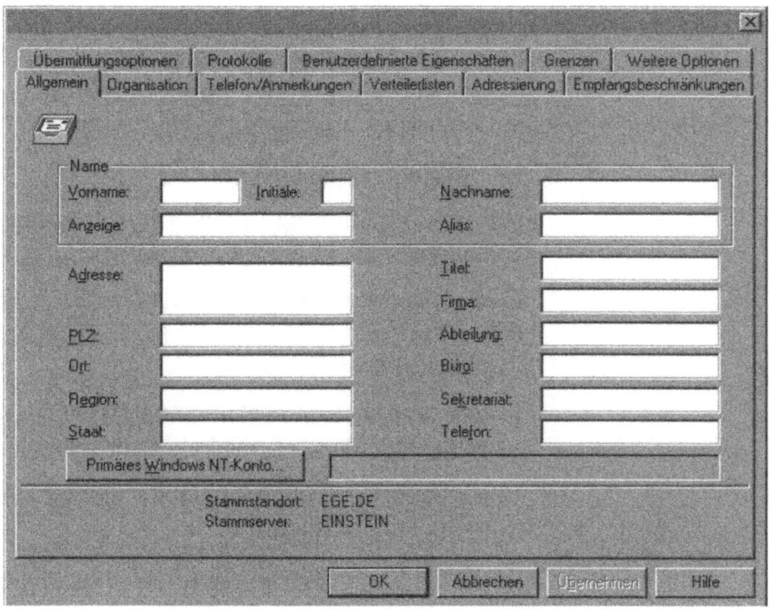

Abb. 91 Neues Postfach anlegen

look nach installiert werden. Es ist darauf zu achten, dass in den Optionen zur Outlook-Installation die Exchange-Server-Unterstützung mit installiert wird.

Konfiguration:

Unter START | EINSTELLUNGEN | SYSTEMSTEUERUNG | MAIL doppelt anklicken (s. Abb. 92).

In der Registerkarte DIENSTE auf HINZUFÜGEN klicken.

MICROSOFT-EXCHANGE-SERVER auswählen und OK drücken.

Auf HINZUFÜGEN klicken.

OUTLOOK-ADRESSBUCH auswählen und OK drücken.

Auf HINZUFÜGEN klicken.

Persönliches Adressbuch auswählen und OK drücken.

In den Eigenschaften von Outlook jetzt MICROSOFT-EXCHANGE-SERVER selektieren und EIGENSCHAFTEN auswählen.

Den Namen des Computers eintragen, auf dem Exchange-Server installiert wurde.

Name des Postfaches des Benutzers eintragen, der mit dem Computer arbeitet (Namenskonvertion beachten, so wie sie festgelegt wurde), auf dem Outlook installiert wurde und das zuvor auf dem Exchange-Server erstellt wurde.

Auf ÜBERPRÜFEN klicken.

Steht die Verbindung und wurde das Postfach gefunden, werden Exchange-Server-Name und Postfach-Name jetzt unterstrichen.

In der Registerkarte ÜBERMITTLUNG | NEUE OBJEKTE AN FOLGENDEN ORDNER ÜBERMITTELN | Postfach [Name des Postfaches] auswählen.

In der Registerkarte ADRESSIERUNG | DIESES ADRESSBUCH ZUERST ANZEIGEN | Globales Adressbuch auswählen.

Unter PERSÖNLICHE ADRESSEN VERWALTEN IN | Persönliches Adressbuch auswählen

Das Konfigurationsprogramm Mail kann jetzt verlassen werden, und Outlook auf dem Desktop gestartet werden.

Mail versenden / empfangen:

Zum Versenden einer Mail im linken Fenster von Outlook auf MAIL und POSTAUSGANG klicken (s. Abb. 93).

Erst dann erscheint links oben in der Menüleiste das Symbol NEUE NACHRICHT SENDEN.

Dieses auswählen.

Im nachfolgenden Fenster auf AN klicken (s. Abb. 94).

Jetzt müssten alle zuvor auf dem Exchange-Server angelegten Postfächer zu sehen sein (s. Abb. 95).

Wenn nicht, im rechten oberen Fenster nochmals GLOBALES ADRESSBUCH auswählen.

Einen Empfänger / Verteilerliste auswählen und in der Mitte des Dialogfeldes wieder auf AN und dann auf OK klicken.

Betreff ausfüllen, Text eingeben und in der Menüleiste auf „senden“ klicken.

Um eine eingetroffene Nachricht zu lesen, im linken Fenster auf MAIL klicken und Ordner POSTEINGANG auswählen.

Im rechten Fenster erscheinen jetzt die Mails. Um eine Mail zu lesen, diese doppelt anklicken.

Öffentliche Ordner:

Öffentliche Ordner sind in einem Mail-System eine sehr gute Erfindung. Z.B. kann ein Administrator Tipps&Tricks zu verschiedenen Anwendungen in öffentlichen Ordnern anlegen, die von den Usern jederzeit gelesen werden können. Aufwändige Schulungen entfallen.

Grundsätzlich kann aber jeder User einen öffentlichen Ordner erstellen und Mitteilungen an die Allgemeinheit machen, wenn das der Admin so eingerichtet hat.

Einrichten

Im Exchange-Administrator den Container „Konfiguration“ des Standortes selektieren.

Im rechten Fenster auf IS-STANDORTKONFIGURATION doppelt klicken.

In der Registerkarte BASISORDNER auf LISTE und dann auf MODIFIZIEREN klicken.

Die Personen / Gruppen auswählen, die Basis-Ordner erstellen dürfen, in welchen öffentl. Ordner erstellt werden können.

In der Registerkarte BERECHTIGUNGEN entsprechende Berechtigungen für den „Basisordner“ vergeben.

Mit einer Client-Software (Outlook) muss jetzt ein öffentl. Ordner erstellt werden.

Dazu ist in Outlook im Menü ANSICHT | ORDNERLEISTE EINBLENDEN auszuwählen und unter ÖFFENTLICHE ORDNER | ALLE ÖFFENTLICHEN ORDNER zu selektieren.

Mit rechter Maustaste das Kontext-Menü aufrufen und UNTERGEORDNETEN ORDNER ERSTELLEN auswählen. Die entsprechenden Angaben machen. Jetzt wieder zum Exchange-Administrator wechseln.

Im Container „Organisation“ (oberster Container) den Container „Ordner“ öffnen.

Im Container „Ordner“ den Ordner „Öffentliche Ordner“ öffnen.

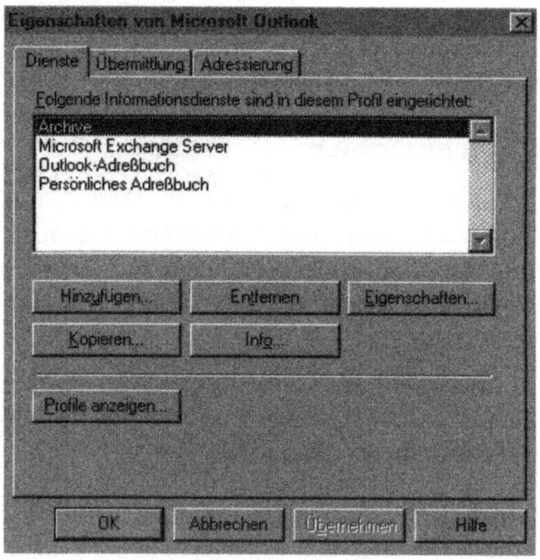

Abb. 92 Konfiguration von Outlook in der Systemsteuerung unter Mail

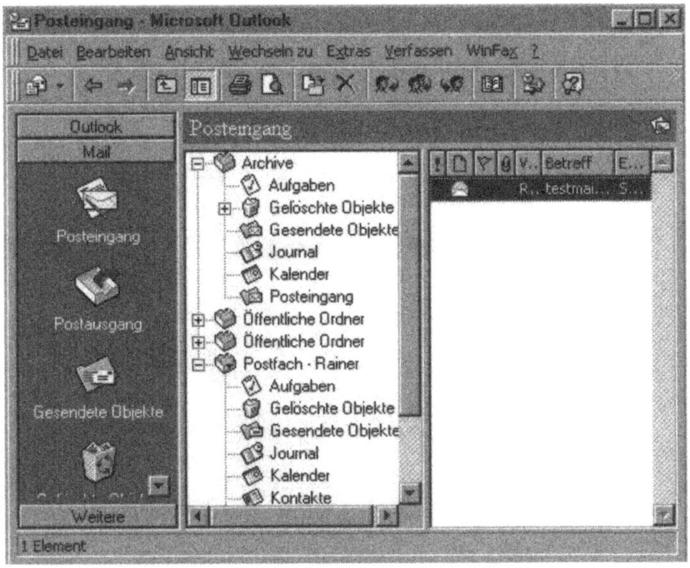

Abb. 93 Outlook

Im rechten Fenster jetzt den zuvor mit Outlook erstellten öffentl. Ordner doppelt anklicken. In der Registerkarte ALLGEMEIN auf CLIENT-BERECHTIGUNGEN klicken und die entsprechenden Berechtigungen für die Clients vergeben. Der öffentl. Ordner erscheint wie ein Empfänger im Globalen Adressbuch, sodass Mails an ihn adressiert werden können.

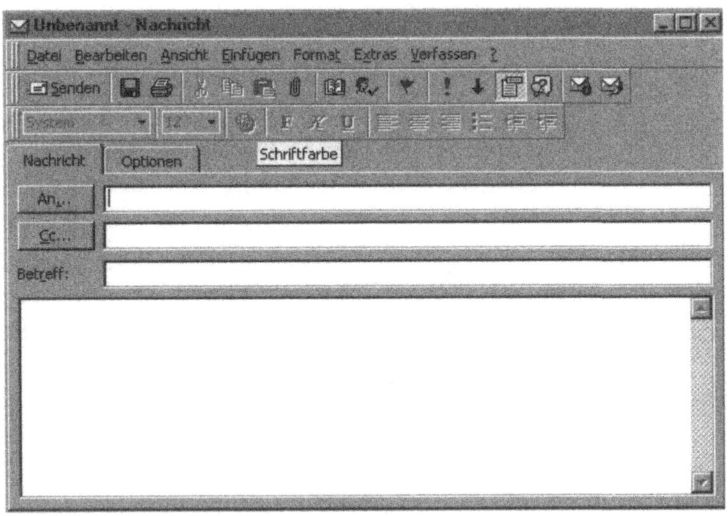

Abb. 94 Nachricht verfassen

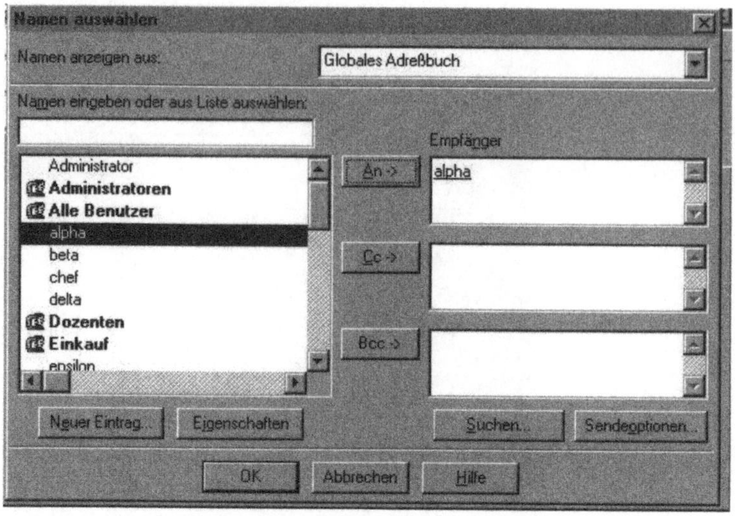

Abb. 95 Empfänger auswählen

Weitere Tipps zu Outlook:

Beschränkung der Postfachgröße

Zum Postfach gehören alle Standardordner wie Posteingang, Kalender, Aufgaben usw. und die von Ihnen selbst erstellten Ordner. Diese zählen auch alle mit, wenn es um die Gesamtgröße des Postfaches geht. Grenzwerte sind für ein Postfach vom Administrator auf dem Exchange-Server gesetzt.

Es erscheint eine Warnmeldung vom Systemadministrator, wenn die zulässige Postfachgröße überschritten ist. Es erscheint auch eine Meldung vom Systemadministrator, dass dann nicht mehr gesendet werden kann. Die Möglichkeit, Nachrichten zu empfangen, bleibt unabhängig von der Postfachgröße immer erhalten.

Reduzieren des Postfachinhaltes

Die Ordner „Gelöschte Objekte“ und „Gesendete Objekte“ sollten ab und zu aufgeräumt werden.

Bei Nachrichten mit Dateianlagen ist es oft sinnvoll, die Datei separat im Dateisystem zu speichern und die Nachricht anschließend zu löschen.

Dazu kann die automatische Archivierungsfunktion von Outlook genutzt werden.

AutoArchivierung

Unter EXTRAS | OPTIONEN die Registerkarte Autoarchivierung aufrufen.

Welche Elemente dabei archiviert werden sollen, kann für jeden Ordner separat eingestellt werden. Dazu einen rechten Mausklick auf den Ordner, z.B. den Posteingang und Eigenschaften.

Auf die archivierten Daten wieder zugreifen

Die Archiv-Datei einbinden über EXTRAS | DIENSTE | HINZUFÜGEN | PERSÖNLICHE ORDNER | C: | WINNT | Profiles | eigener Anmeldename | Eigene Dateien | Archiv.pst .

Nachdem alle Dialogboxen mit „OK“ geschlossen wurden, liegt in der Ordnerliste der Ordner „Archiv“ mit den archivierten Unterordnern (Ordnerliste über Menü Ansicht | Ordnerliste sichtbar machen).

Persönliches Adressbuch

Das Persönliche Adressbuch von Outlook ist für verschiedene Arten von Empfängern, die im Globalen Adressbuch so nicht vorzufinden sind.

Eintrag im Persönlichen Adressbuch erzeugen

Über das Buchsymbol in der Symbolleiste die Adressbuch-Dialogbox öffnen und unter NAMEN ANZEIGEN AUS: das Persönliche Adressbuch auswählen. Auf das Symbol für neuer Eintrag klicken und die Art des Eintrags auswählen.

Persönliche Verteilerliste

Der Verteilerliste einen beliebigen Namen geben und über den Schalter MITGLIEDER HINZUFÜGEN / ENTFERNEN... die Mitglieder auswählen.

Internet-Adresse

Der Anzeigename ist beliebig. Bei der E-Mail-Adresse spielt die Groß- und Kleinschreibung keine Rolle.

Posteingangsassistent und Abwesenheitsassistent

In diesen Assistenten besteht die Möglichkeit, Regeln zu definieren, die auf eingehende Nachrichten angewendet werden.

Posteingangsassistent

Dieser entlastet bei der Sortierung eingehender Nachrichten. In Abhängigkeit von Bedingungen (z.B. bestimmter Absender oder Betreff) werden automatisch Aktionen ausgeführt (z.B. Nachricht weiterleiten oder in Ordner verschieben).

Abwesenheitsassistent

Wenn dieser aktiviert ist, erhält jeder, der eine Nachricht gesendet hat, automatisch eine Abwesenheitsnachricht mit dem Text, der dort hinterlegt wurde. Zusätzlich können hier in analoger Weise wie beim Posteingangsassistenten Regeln definiert werden, z.B. um während des Urlaubs alle eingehenden Nachrichten an eine Vertretung weiterzuleiten.

Assistenten starten und Erstellen einer Regel

Auf „Posteingang“ klicken und den jeweiligen Assistenten über den Menüpunkt EXTRAS | POSTEINGANGSASSISTENT... bzw. EXTRAS | ABWESENHEITSASSISTENT....

Über den Schalter REGEL HINZUFÜGEN kann eine neue Regel erstellt werden. Die Regeln ermöglichen es, unter bestimmten Bedingungen automatisch Aktionen ausführen zu lassen.

In den beiden Assistenten können Regeln hinterlegt werden, die auf eingehende Nachrichten angewendet werden. Diese Regeln werden auf dem Exchange-Server gespeichert und sind auch dann aktiv, wenn Sie Outlook nicht gestartet haben.

Erstellen von Regeln

Über den Schalter REGEL HINZUFÜGEN wird eine neue Regel erstellt. Diese kann jederzeit über REGEL BEARBEITEN geändert werden. Es kann eine Regel auch vorübergehend deaktiviert werden, indem das Statusfeld angeklickt wird. Es sind nur die Regeln wirksam, die ein Häkchen im Statusfeld haben. Sind mehrere Regeln aktiviert, werden diese auf jede eingehende Nachricht in der aufgelisteten Reihenfolge angewendet.

Definieren der Bedingungen für eine Regel

Absender (Von...) und Empfänger (Gesendet an...) entweder aus dem Adressbuch auswählen oder manuell eintragen.

Wichtig: Bei manuellem Eintragen unbedingt den Schalter NAMEN ÜBERPRÜFEN betätigen. Nur dann wird der Eintrag akzeptiert.

Wird die Optionen „Direkt an mich gesendet“ bzw. „Kopie (Cc) an mich“ aktiviert, heißt das, dass Ihr Name direkt im „An...“-Feld stehen muss. Beide Optionen können kombiniert werden mit dem Eintrag einer Verteilerliste, in der der User enthalten ist. Dann werden damit alle Nachrichten herausgefiltert, die an den User oder an diese Verteilerliste gerichtet sind. In den Feldern „Betreff“ und „Nachrichtentext“ können Begriffe oder Zeichenfolgen hinterlegt werden, die im Betreff oder im Nachrichtentext enthalten sind. Sollen mehrere Begriffe/Zeichenfolgen eingeben werden, müssen diese durch Semikolon voneinander getrennt werden.

Über den Schalter WEITERE OPTIONEN lassen sich zusätzliche Bedingungen definieren., z.B. lassen sich Nachrichten nach Dringlichkeit oder Vertraulichkeit filtern. Unter anderem können Sie dort festlegen, dass die Regel angewendet werden soll auf Objekte, die den ausgewählten Bedingungen nicht entsprechen.

Sind mehrere Bedingungen definiert worden, müssen alle Bedingungen erfüllt sein, damit die Aktion ausgeführt wird.

Sind keine Bedingungen definiert, werden die Aktionen auf alle eingehenden Nachrichten angewendet.

Definieren von Aktionen

Beim Weiterleiten den Empfänger aus der Adressliste auswählen oder den Namen manuell eingeben. *Wichtig: Bei manueller Eingabe muss der Schalter NAMEN ÜBERPRÜFEN betätigt werden.* Bei der Weiterleitung wird eine Kopie an den Empfänger gesendet. Die weitergeleitete Nachricht bleibt in Ihrem Posteingang, falls nicht zusätzlich die Option „Löschen“ aktiviert wurde.

Das Verschieben in einen Ordner eignet sich für eine automatisches Einsortierung in selbsterstellte Ordner. Hier verschwindet die Nachricht aus dem Posteingang und steht im angegebenen Zielordner. Das Kopieren in einen Ordner kann genutzt werden, um eine Kopie der Nachricht in einem öffentlichen Ordner abzulegen.

„Hinweisen mit...“ bewirkt, dass bei Eintreffen einer entsprechenden Nachricht eine eingegebene Hinweisnachricht angezeigt wird.

„Antworten mit..." ermöglicht das automatische Versenden einer Vorlagenachricht. Diese Vorlage ist eine Nachricht, bei der der oder die Empfänger, Betreff und Inhalt frei definiert werden können.

Versenden von Dateianlagen:

Das Versenden von Dateianlagen hat den Vorteil, dass man auf einfache Art und Weise Daten und Informationen übermitteln kann. Es gibt aber auch 2 Nachteile:

Das Öffnen einer Anlage benötigt zusätzlich Zeit, weil das entsprechende Programm oft erst gestartet werden muss und von der Dateianlage eine temporäre Kopie auf Ihrer Festplatte erstellt wird.

Dateianlagen belegen relativ viel Speicherplatz im Postfach (ein 5-Zeiler in Word geschrieben und als Anlage versendet: 23 KB; der gleiche Text direkt in der Nachricht: 1 KB)

Es ist deshalb sinnvoll, relativ kurze Texte direkt in Outlook zu schreiben, statt diese als Dateianlage zu versenden.

Ist die Information bereits in einer Word-Datei verfügbar, das Dokument öffnen, den Inhalt in Zwischenablage kopieren und in die Nachricht einfügen. Absatz- und Zeichenformatierung werden dabei in Outlook übernommen.

Sollen im Text Hervorhebungen gemacht werden und der Text übersichtlich strukturiert werden, die Formatierungsmöglichkeiten von Outlook benutzen. Diese stehen über die Symbolleiste „Format" ähnlich wie in Word zur Verfügung.

3.2.35 Netzwerkanalyse mit dem Netzwerkmonitor

Den Netzwerkmonitor unter Win NT 4 gibt es in zwei Ausführungen:

1. Die der NT-Server beigefügte Ausführung:

Diese kann nur verwendet werden, um den Netzwerkverkehr an dem Computer zu analysieren, auf dem dieser Monitor installiert ist.

Installation:

Unter NETZWERK | DIENSTE | HINZUFÜGEN | NETZWERKMONITORPROGRAMME UND AGENT auswählen.

2. Die dem SMS-Server vom Backoffice-Packet beigefügte Version:

Diese kann dazu verwendet werden, den gesamten Netzwerkverkehr im ganzen Netz zu analysieren.

Installation:

Auf der CD vom SMS-Server in das Verzeichnis \NMEXT\DISK1 wechseln und SETUP.EXE ausführen.

Achtung: Der SMNP-Dienst muss zum Ausführen des Netzwerk-Monitors installiert sein (NETZWERK | DIENSTE | HINZUFÜGEN), um TCP/IP-Datenquellen auswerten zu können.

Der Netzwerkverkehr beschränkt sich ja nicht nur auf das Verschicken von Dateien der Computer untereinander. Wird TCP/IP verwendet, belasten Hilfsprotokolle zusätzlich das Netzwerk. Auch Netzwerk-Dienste wie DHCP, WINS, Computer-Suchdienst, Server-Dienst, Anmelde-Verkehr, etc. verursachen regen Netzwerkverkehr, sodass es zu Engpässen kommen kann.

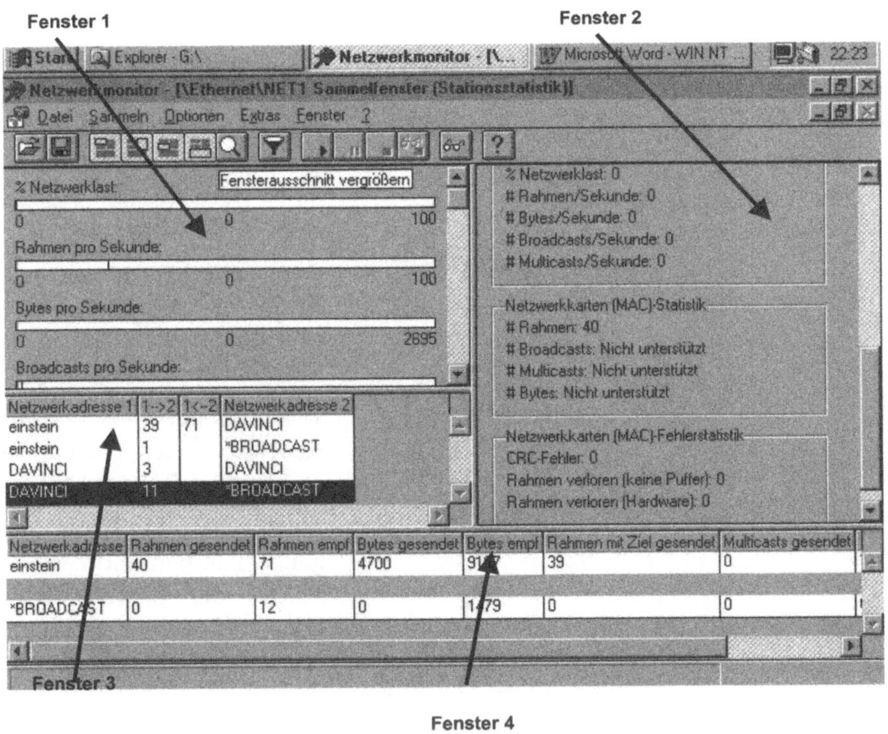

Abb. 96 Netzwerkmonitor

Bei der Netzwerkanalyse handelt es sich um ein Sammeln von Rahmen und die Auswertung von diesen. Rahmen sind Adressierungs- und Protokollinformationen, sowie Daten, die von einem Computer, bzw. Router oder Brücke, etc. zu einem anderen gesendet werden.

Rahmen sind:

Broadcasts	Computer senden Informationen über das Netzwerk per Rundspruch aus. Diese Informationen werden allerdings nur von der Station ausgewertet, die mit der entsprechenden MAC-Adresse angesprochen wurde.
Multicasts	Diese Rahmen werden an einen Teil der Computer im Netz gesendet.
normale Rahmen	Daten, die direkt von einem Computer zu einem anderen im Netzwerk über eine MAC-Adresse geschickt werden.

Anzeigen in den einzelnen Fenstern (s. Abb. 96):

Diagramme (Fenster 1)	Rahmen pro Sekunde, Bytes pro Sekunde, Broadcasts pro Sekunde, Multicasts pro Sekunde (alles bezogen auf prozentuale Anteile der Netzwerklast)
Gesamtstatistik (Fenster 2)	Datenverkehr im gesamtem Netzwerk, gesammelte Rahmen, Netzwerkkarten-Statistiken
Sitzungsstatistik (Fenster 3)	Transaktionen zwischen zwei Hosts, Anzeige, welcher Host Broadcasts, Multicasts verursacht hat
Stationsstatistik (Fenster 4)	Anzahl der gesendeten und empfangenen Rahmen und Bytes, Anzahl der Broadcasts und Multicasts

Sammeln von Daten über den Netzwerkverkehr:

In der Menüleiste SAMMELN den Menüpunkt STARTEN auswählen. Jetzt werden in allen Bereichen Informationen über das Netzwerk bzw. die gesammelten Daten angezeigt und der gesamte Netzwerkverkehr aufgezeichnet. Dieser Vorgang sollte einige Zeit laufen.

Da sehr viele Informationen gesammelt werden, können über Filter bestimmte Informationen herausgefiltert werde (Menüpunkt SAMMELN | FILTER).

Auswertung der gesammelten Daten:

Um Rahmen auszuwerten, ist der Menüpunkt SAMMELN | BEENDEN UND ANZEIGEN auszuwählen.

Um alle drei Fenster der Auswertung zu erhalten, ist u.U. in der Symbolleiste das Symbol FENSTERAUSSCHNITT VERGRÖßERN anzuwählen.

Rahmen (Frames) setzen sich wie folgt zusammen:

Präambel (8 Byte)	Dient dazu, den Empfänger über eingegangene Daten zu benachrichtigen.
Zieladresse (6 Byte)	MAC-Adresse des Empfängers
Quelladresse (6 Byte)	MAC-Adresse des Absenders
Typ bzw. Länge (2 Byte)	Protokoll, das den Rahmen erstellt hat, und die im Rahmen enthaltene Datenmenge.
Daten (bis zu 1500 Byte)	die eigentlichen Daten
CRC (4 Byte)	Prüfsumme für den gesamten Rahmeninhalt

TCP/IP verwendet mehr Rahmen mit direkter Adressierung an einen Host. NETBEUI und NWLINK verwenden häufiger Broadcasts.

Anzeigen in den einzelnen Fenster (s. Abb. 97):

Übersichtsbereich (Fenster 1)	alle gesammelten Rahmen und Infos über diese
Detailbereich (Fenster 2)	Detailinfos für die im Übersichtsbereich gewählten Rahmen (Zeile im Übersichtsbereich selektieren). Ist ein Plus-Zeichen vor dem Rahmen, können durch Doppelklick darauf weitere Infos abgerufen werden.
Hexadezimalbereich (Fenster 3)	Inhalt des Rahmes in hexadezimaler Form

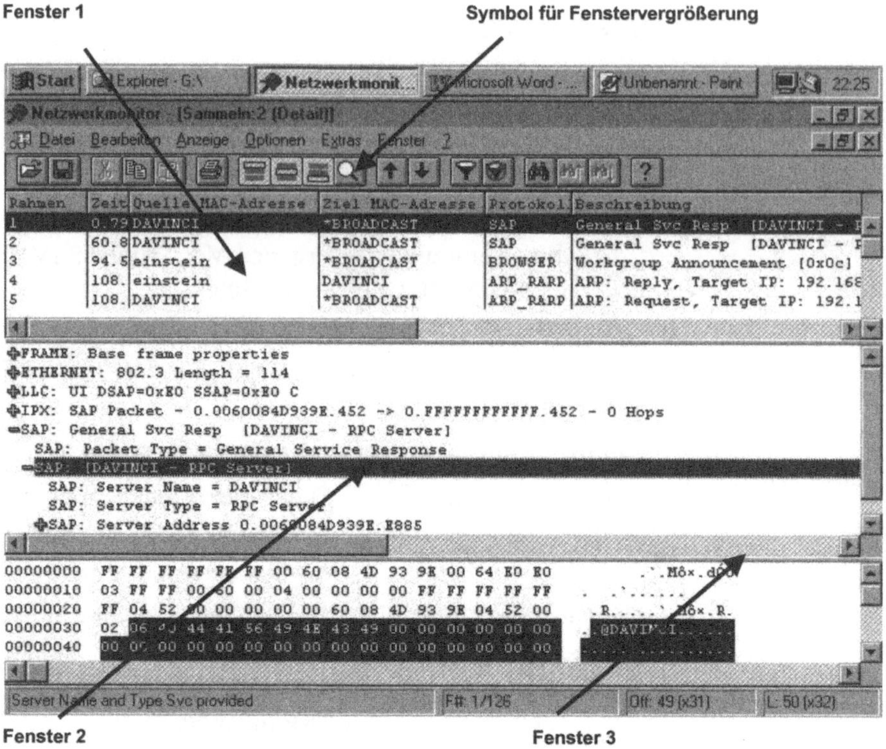

Abb. 97 Auswertung von Netzwerk-Daten

Erklärung des Übersichtsbereiches:

Rahmen	Nummer des Rahmens
Zeit	Zeit, in der der Rahmen seit Beginn des Sammelns gesammelt wurde.
Quell MAC-Adresse	MAC-Adresse des Senders
Ziel MAC-Adresse	MAC-Adresse des Empfängers
Protokoll	Protokoll, das den Rahmen gesendet hat
Beschreibung	Inhalt des Rahmens
Quelle andere Adresse	andere Adress-Kennung (z.B. IPX-Adresse)
Ziel andere Adresse	wie oben

Netzwerkmonitoragent:

Zusätzlich zum Netzwerkmonitor wird auch der Netzwerkmonitoragent mitinstalliert. Der Netzwerkmonitoragent zeichnet den gesamten Netzwerkverkehr auf und sendet die Daten über das Netzwerk an den Computer, auf dem der Netzmonitor ausgeführt wird.

Im Netzwerkmonitoragenten können Kennwörter vergeben werden, damit nicht jeder den Datenverkehr aufzeichnen kann. Auch kann die für das Sammeln zu verwendende Netzwerkkarte angegeben werden.

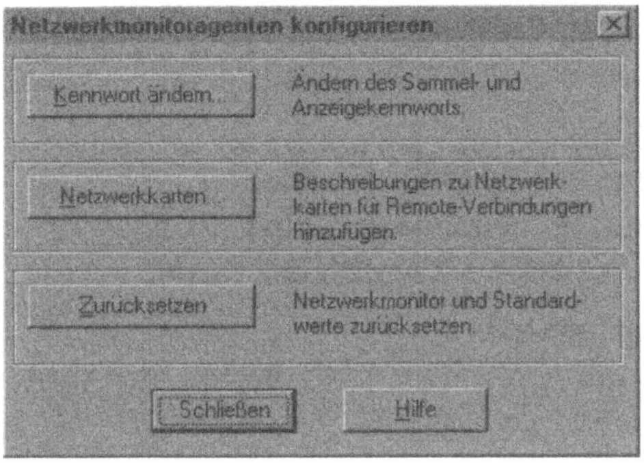

Abb. 98 Netzwerkmonitoragent

3.2.36 Erweitertes Wissen zu Windows NT

Unbeaufsichtigte Installation

Um eine unbeaufsichtigte Installation von WIN NT durchzuführen, müssen Antwort-Datei(en) angelegt bzw. verändert werden.

Die Syntax für eine unbeaufsichtigte Installation ist:

Winnt [32] /u:Antwortdatei /s:Quellpfad

/u	leitet eine unbeaufsichtigte Installation ein.
Antwortdatei	die Datei, die die Daten für die Installation enthält.
/s	gibt den Quellpfad zu den Installationsdateien an.
Quellpfad	Quellpfad

Um eine Antwortdatei zu erzeugen, kann entweder die den Installationsdateien beiliegende Datei UNATTEND.TXT angepasst oder mit dem SETUP-MANAGER (Bestandteil des NT-Ressource-Kits) eine entsprechende Datei neu erstellt werden. Mit dem SETUP-MANAGER kann Menü gesteuert auf eine sehr einfache Weise diese Datei erzeugt werden. Alle erforderlichen Angaben werden abgefragt.

Unattend.txt:

```
[Unattended]
OemPreinstall = no
ConfirmHardware = no
NtUpgrade = no
Win31Upgrade = no
TargetPath = WINNT
OverwriteOemFilesOnUpgrade = no

[UserData]
FullName = "Ihr Benutzername"
OrgName = "Name Ihrer Firma"
ComputerName = COMPUTER_NAME

[GuiUnattended]
TimeZone = "(GMT+01:00) Berlin, Stockholm, Rom, Bern, Brüssel, Wien"

[Display]
ConfigureAtLogon = 0
BitsPerPel = 16
XResolution = 640
YResolution = 480
VRefresh = 70
AutoConfirm = 1

[Network]
Attend = yes
DetectAdapters = ""
InstallProtocols = ProtocolsSection
JoinDomain = Domain_To_Join

[ProtocolsSection]
TC = TCParameters

[TCParameters]
DHCP = yes
```

Sektionen der Unattend.txt:

[Unattend]	teilt dem Setup-Programm eine unbeaufsichtigte Installation mit.

[OEMBootFiles]	Spezifikation von OEM-Boot-Dateien
[MassStorageDrivers]	hier werden SCSI-Treiber angegeben. Fehlt dieser Abschnitt, werden SCSI-Geräte selber erkannt.
[DisplayDrivers]	hier werden Bildschirm-Treiber angegeben. Fehlt dieser Abschnitt, werden Monitor-Treiber selber erkannt.
[KeyboardDrivers]	hier werden Tastatur-Treiber angegeben.
[PointingDeviceDrivers]	hier werden Maus-Treiber angegeben.
[GUIUnattended]	Einstellungen, für den grafisch orientierten Teil des Setups
[UserData]	Anwender spezifische Daten
[LicenseFilePrintData]	Lizenzoptionen (nur für NT-Server)
[Network]	Netzwerkeinstellungen. Werden hier keine Angaben gemacht, wird kein Netzwerk installiert.
[Modem]	wenn ein Modem installiert werden soll.
[Display]	Einstellungen für die Grafikkarte
[DetectedMassStorage]	welche Massenspeicher erkannt werden sollen.

Erstellen einer Antwortdatei mit dem Setup-Manager:

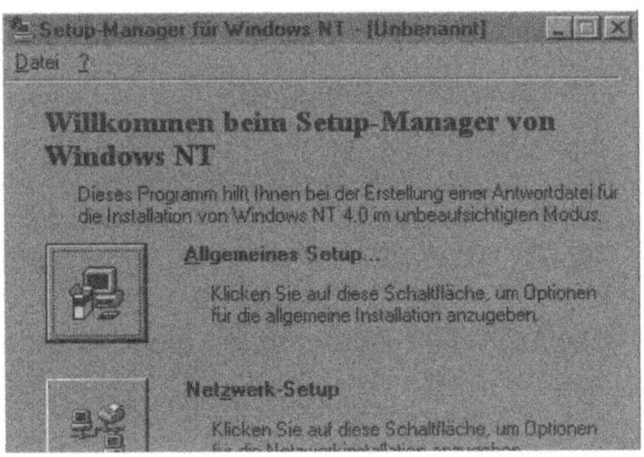

Abb. 99 Startbox

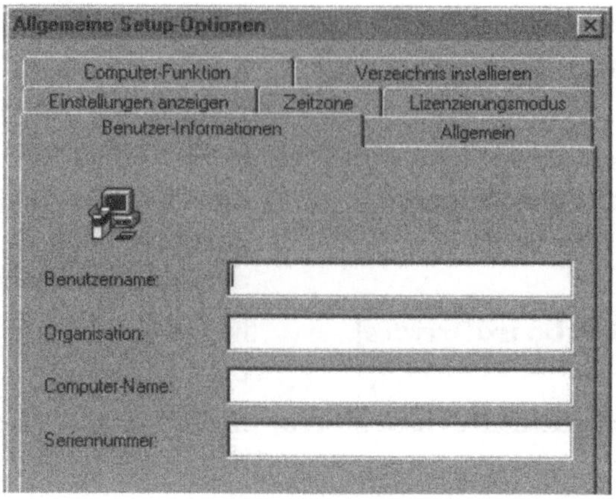

Abb. 100 Allgemeine Einstellungen

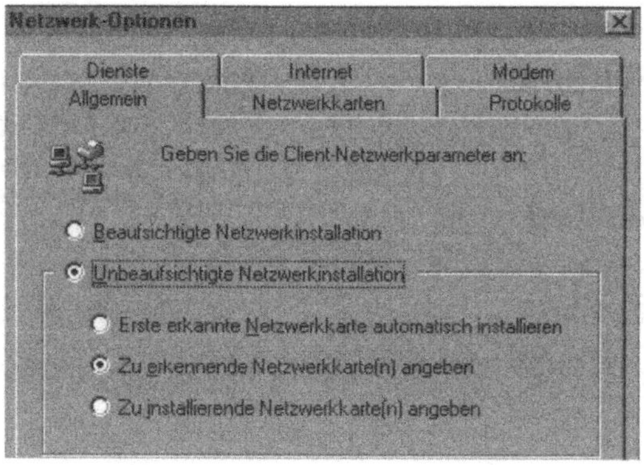

Abb. 101 Netzwerk-Einstellungen

Erzeugen einer UDF-Datei:

UDF-Dateien können wie Unattend.txt mit jedem Text-Editor erstellt werden. Mittels einer UDF-Datei wird das unbeaufsichtigte Setup erweitert. Hier können Einstellungen für einzelne Computer bzw. User gemacht werden, die dann vom Setup-Programm übernommen werden.

Die UDF-Datei vermischt sich beim Setup mit der Unattend.txt. Die UDF-Datei muss mit der Unattend.txt auf dem Server liegen, der die Installations-Files enthält.

Die UDF-Datei besteht aus 2 Abschnitten:

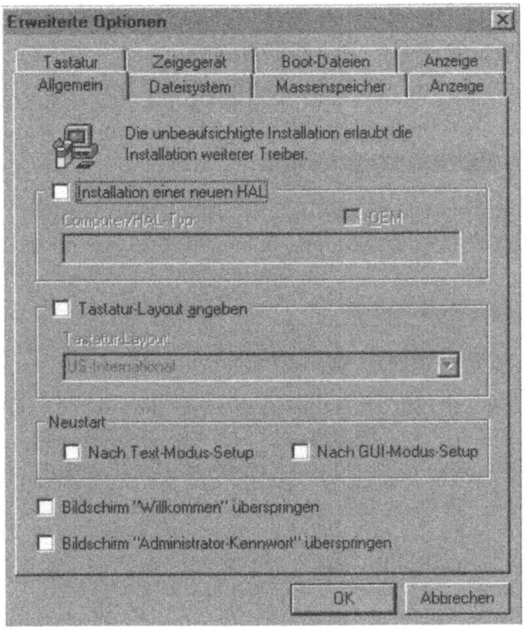

Abb. 102 Erweiterte Einstellungen

3. eindeutige IDs
4. Parameter der IDs

Syntax für die Installation:
Winnt[32] /u:Antwortdatei /s:x:\ /udf:Benutzer-ID,X:\ udf.txt

Antwortdatei	Namen der Antwortdatei
/s	Quellpfad zu den Installationsdateien
/udf	ID und Pfad zu der UDF-Datei

UDF-Datei:

[UniqueIDs]
User1 = UserData, GuiUnattended, Network
User2 = UserData, GUIUnattended, Network

[User1:Data]
FullName = "User 1"
OrgName = "Firma"
ComputerName = "Computer-Name"

[User1:GUIUnattended]
TimeZone = "(GTM +01:00) Berlin, Stockholm etc."

[User1:Network]
JoinDomain = "DomainName"

Ab hier für alle User wiederholen

Systemeigenschaften

Die Systemeigenschaften sind unter START | EINSTELLUNGEN | SYSTEMSTEUERUNG | SYSTEM zu erreichen.

Registerkarten:

Starten/Herunterfahren

Hier können die Optionen für den Systemstart festgelegt werden (oder in der Boot.ini). Des Weiteren werden hier Optionen definiert, die bei einem STOP-Fehler ausgeführt werden sollen (siehe Abb. 103).

Hardware-Profile

Um neue Hardware-Profile zu definieren, sind hier die Einstellungen zu treffen. Dazu muss ein vorhandenes Profile kopiert (Schaltfläche KOPIEREN) und umbenannt werden. Beim Systemstart kann jetzt zwischen vorhandenen Profilen gewählt werden.

Im neuen Profile können Änderungen vorgenommen werden (Abschalten von Diensten und Geräten, um die Systemleistung zu erhöhen), die bei nicht ordnungsgemäßer Ausführung nicht ins Gewicht fallen, denn funktioniert das System mit einem veränderten Profile nicht zufrieden stellend, kann wieder heruntergefahren werden und mit dem LastKnownGood-Profile wieder gestartet werden (es erscheint beim Starten die Meldung „Drücken sie die Leertaste, um das Menü für die letzte bekannte Konfiguration abzurufen").

Achtung: Vorsicht beim Abschalten von Diensten und Geräten, denn meistens sind andere Dienste damit verknüpft, die dann nicht mehr funktionieren.

Abhängigkeiten können unter der NT-DIAGNOSE | DIENSTE | Dienst selektieren | EIGENSCHAFTEN eingesehen werden. (siehe Abb. 104)

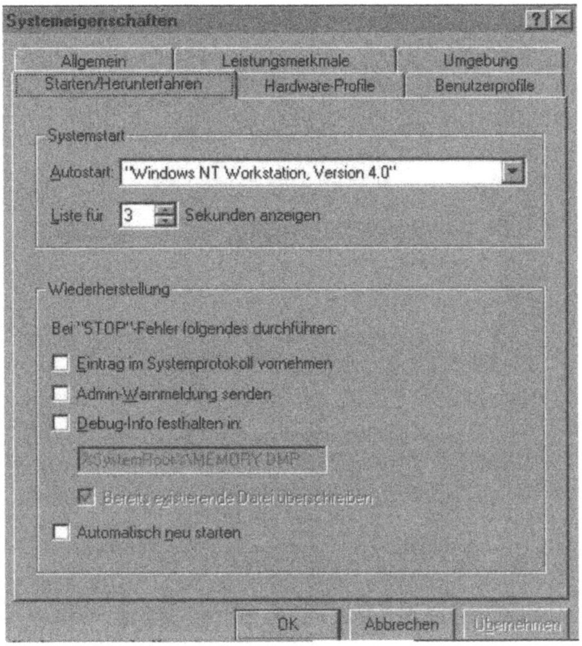

Abb. 103

Umgebung

In dieser Registerkarte werden Umgebungsvariablen gesetzt/verändert. Systemvariablen können nur von Administratoren verändert werden. Benutzervariablen auch vom Benutzer. Dazu ist die Variable zu selektieren, und unter „Wert" kann der Inhalt der Variablen dann verändert werden. (siehe Abb. 105)

Leistungsmerkmale

Hier kann einerseits die Leistungssteigerung für Anwendungen im Vordergrund geregelt und andererseits die Größe der Auslagerungsdatei gesetzt werden. Wenn mehrere Anwendungen gleichzeitig laufen, kann der aktiven Anwendung mehr Prozessorzeit zugestanden werden. Ist nur wenig RAM im System, kann hier eine größere Auslagerungsdatei gesetzt werden.

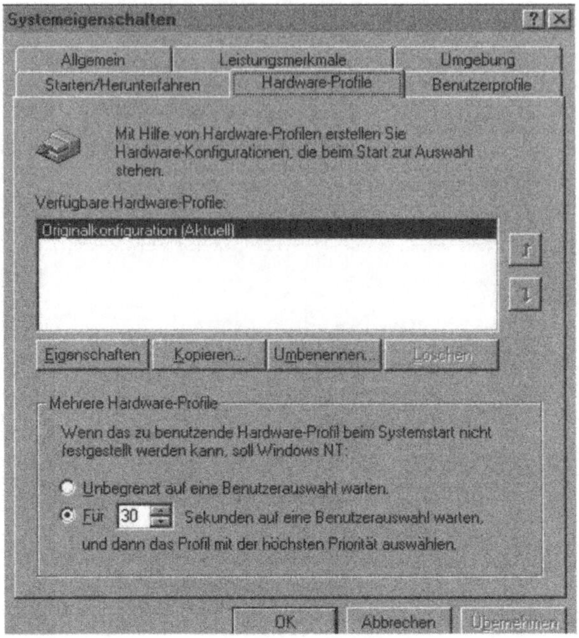

Abb. 104

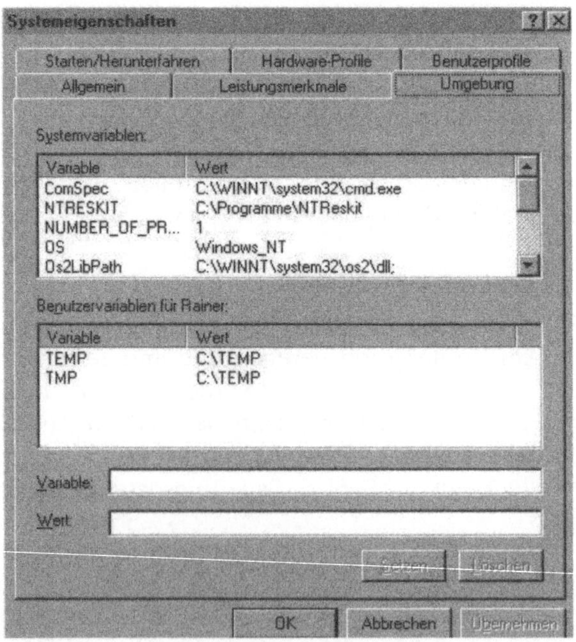

Abb. 105

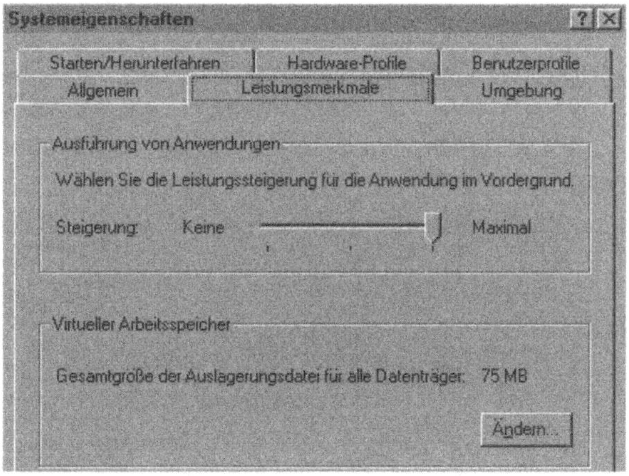

Abb. 106

Benutzer-Profile

An Benutzer-Profilen kann hier der Typ geändert werden (Server/lokal gespeichert).

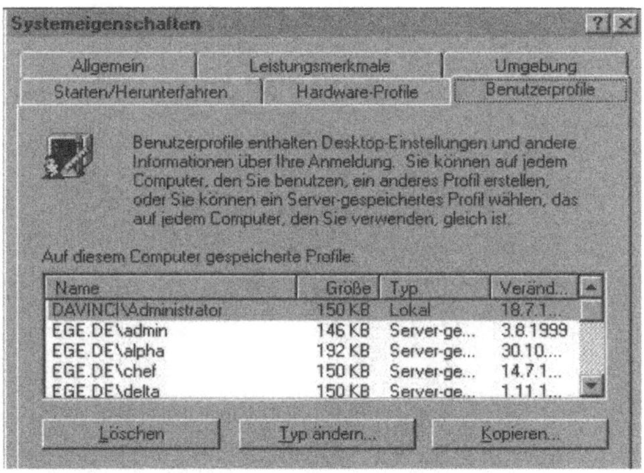

Abb. 107

Windows NT-Diagnose

Die NT-Diagnose ist unter START | PROGRAMME | VERWALTUNG (allg.) | WINDOWS NT-DIAGNOSE zu erreichen. Mittels der NT-Diagnose können aktuelle Systemkonfigurationen eingesehen werden.

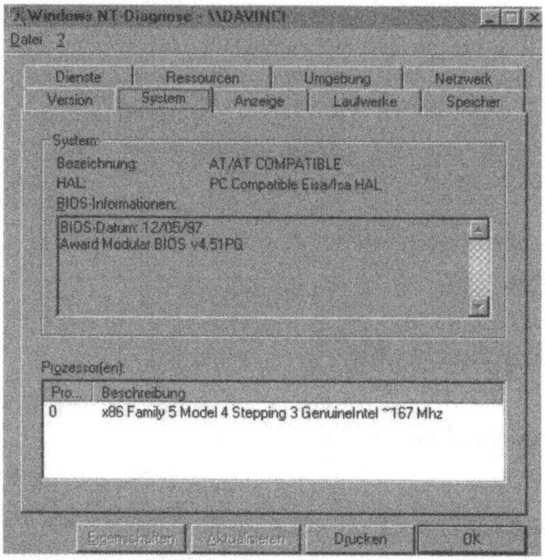

Abb. 108 System

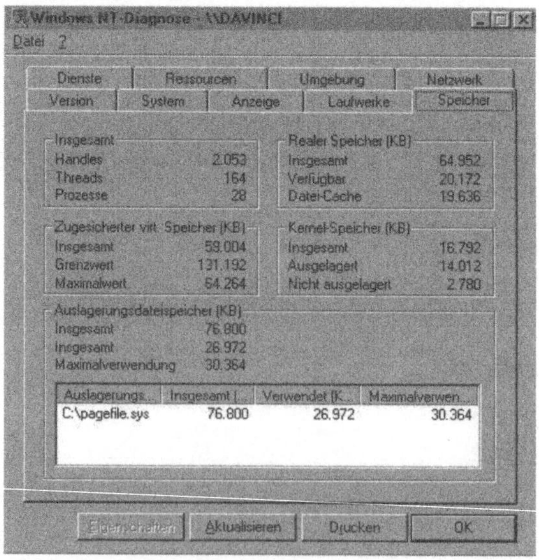

Abb. 109 Speicher

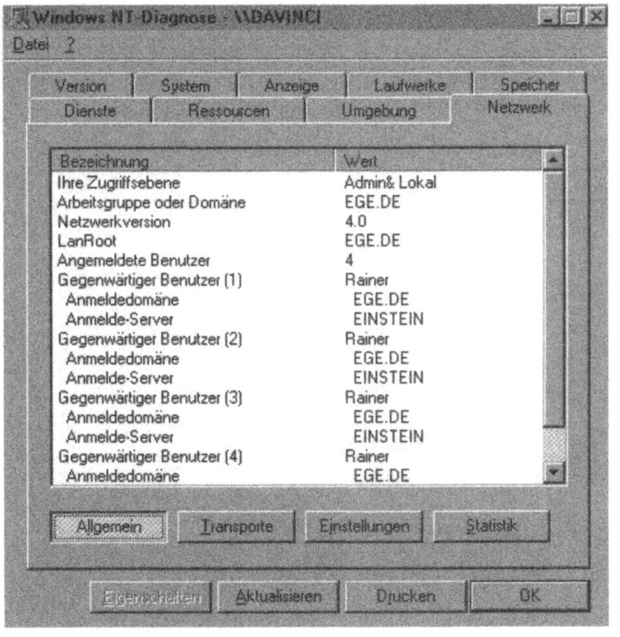

Abb. 110 Netzwerk

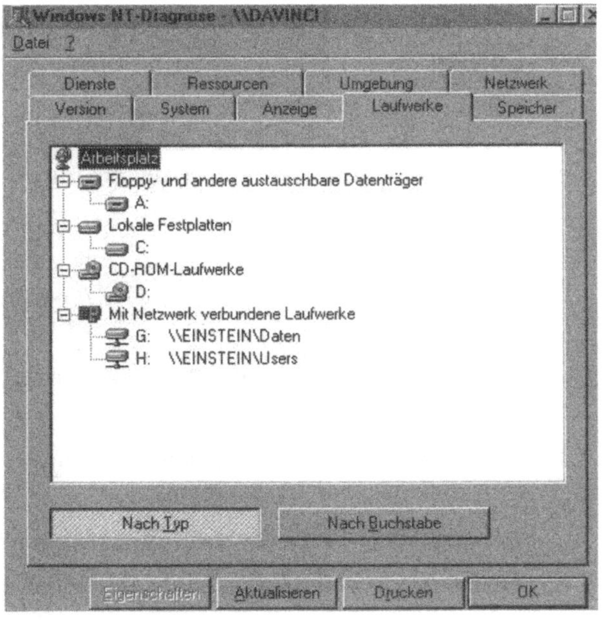

Abb. 111 Laufwerke

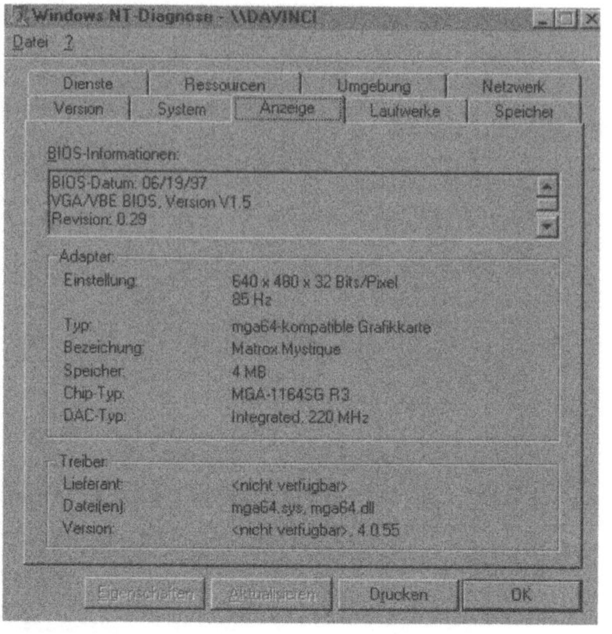

Abb. 112 Anzeige

Berechtigungen beim Kopieren und Verschieben von Dateien

Dateien, die über Partitionen hinweg verschoben oder kopiert werden und mit NTFS-Berechtigungen ausgestattet sind, verändern unter Umständen ihre Berechtigungen.

Verschieben auf andere NTFS-Partion: Datei erbt Berechtigungen vom neuen Verzeichnis

Verschieben innerhalb der gleichen Partition: Datei behält seine Berechtigungen

Kopieren auf eine andere NTFS-Partition: Datei erbt Berechtigungen vom neuen Verzeichnis

Kopieren innerhalb der gleichen Partition: Datei erbt Berechtigungen vom neuen Verzeichnis

Verschieben auf FAT-Partition: Berechtigungen gehen verloren

Kopieren auf FAT-Partiton: Berechtigungen gehen verloren

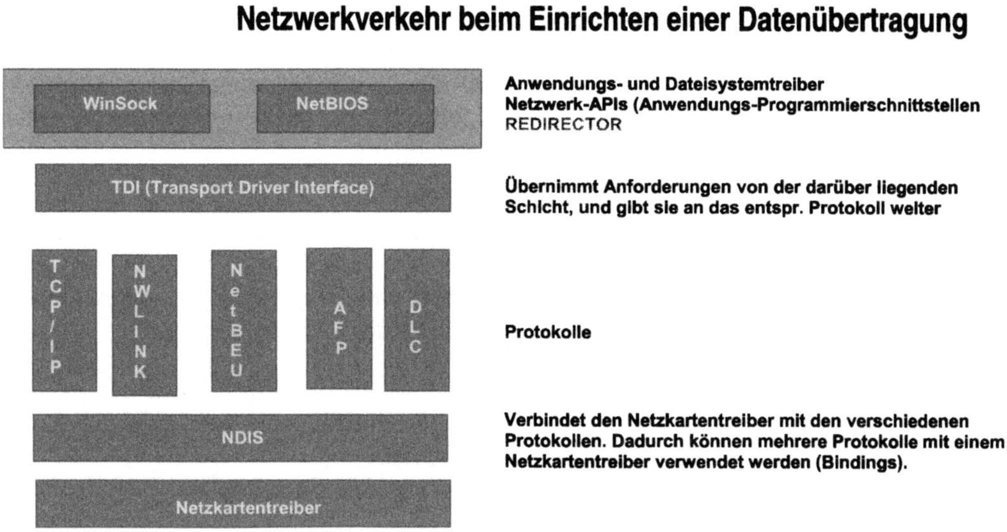

Abb. 113 Netzwerkschichten von Microsoft

1. *NetBIOS-Name wird zur IP-Adresse aufgelöst*
   1. Ein Broadcast wird an alle Computer gesendet, oder
   2. ein WINS-Server wird befragt, oder
   3. ein DNS-Server wird befragt, oder
   4. LMHOST-Dateien werden ausgewertet

2. *IP-Adresse zur MAC-Adresse auflösen (ARP)*
   Der Quell-Computer sendet einen Broadcast zum Ziel-Computer, dass er ihm seine MAC-Adresse mitteilen soll. Der Ziel-Computer antwortet mit seiner MAC-Adresse.

3. *TCP-Verbindung aufbauen*
   Der erste Host sendet ein Paket an den zweiten Host, dass er eine Sitzung anfordert. Der zweiter Host empfängt dieses Paket, sendet Infos über sich selbst und dass er bereit ist. Der erste Host quittiert diese Infos (3-facher Handshake). Eine Sitzung ist jetzt eingerichtet.

   Zum Einsehen der Sitzungen:

   TCP-IP-Kommunikation = Befehl **netstat** (Eingabeaufforderung)

   NetBIOS-Sitzungen = Befehl **nbtstat** (Eingabeaufforderung)

4. *NetBIOS-Sitzung aufbauen*
   Wie bei TCP muss eine NetBIOS-Sitzung eingerichtet werden, bevor zwei Hosts miteinander kommunizieren können. Der Ziel-Server muss sowohl den Computer-Namen als auch die NetBIOS-Sitzung bestätigen.
5. *SMB-Protokolle aushandeln*
   Jeder SMB ist ein Dialekt. Jeder Computer kann mehrere SMB-Dialekte verstehen. Der Client teilt dem Server mit, welche Dialekte er beherrscht. Der Server antwortet damit, dass er dem Client den höchsten Dialekt bestätigt.
6. *Aufbauen der Verbindung zu einer Freigabe*
   1. Der Client baut eine Verbindung zum Server auf
      1. Freigabe-Namen senden
      2. Benutzer-Name und Kennwort senden
   2. Der Server bestätigt den Benutzer-Namen und das Kennwort
7. *Daten übertragen*
   Sollen Daten von einem zu einem anderen System gesendet werden (z. B. mit dem Explorer), werden die APIs aufgerufen, um Zugriff auf das Netzwerk zu erhalten, von denen dann ein SMB (Server Massage Block) erzeugt wird. Der Redirector übergibt den SMB an TDI, welche den korrekten Weg der Daten an das Remote-System lokalisiert, und übergibt die Daten an das zu verwendende Protokoll. Das Protokoll übersetzt die Daten in einen eigenen Befehlssatz. NDIS übernimmt die Instruktionen vom Protokoll und übergibt sie unter Verwendung der LANA-Nummer (Nummer, unter der ein Protokoll an eine Netzwerkkarte gebunden wurde (Binding)) an den Netzkarten-Treiber. Der Karten-Treiber formatiert die Daten für die verwendete Topologie, fasst die Daten zu Datenblöcken (Frames) zusammen und übergibt sie an die Netzwerkkarte. Die Netzwerkkarte übergibt die Daten ins Kabel. (Frame = aut., sonst Frame 802.2 f. IPX/SPX u. NetBEUI, Frame Ethernet II f. IPX/SPX u TCP/IP verwd.).
8. *Erklärung*

Netzwerk-APIs (Application Programm Interface):

Dies sind Routinen, die von Anwendungsprogrammen gebraucht werden, um zum Betriebssystem gehörende Dienste anzufordern.

NT verwendet 2 APIs:

1. NetBIOS
2. WinSock

Dateisystemtreiber:

Sie werden für den Zugriff auf Dateien verwendet.

Will eine Anwendung auf eine Datei zugreifen, prüft der E/A-Manager, ob sich die Datei auf einer lokalen Festplatte oder im Netzwerk befindet. Befindet sie sich im Netz, leitet der Arbeitsstations-Dienst (Redirector) die Anfrage zur Ressource.

Mehrere Redirectoren (Microsoft, Novell, etc) sind auf dem Client nebeneinander möglich.

TDI (Transport Driver Interface):

Stellt eine Verbindung zwischen den Dateisystemtreibern und den Transportprotokollen her.

Ereignisanzeige

Mittels der Ereignisanzeige können Fehler, die entweder vom System selber oder von einer Anwendung ausgelöst wurden, lokalisiert werden. Auch die Zugriffe auf überwachte Verzeichnisse können hier eingesehen werden.

Die verwalteten Protokolle dafür sind:

3. Systemprotokoll
4. Sicherheitsprotokoll
5. Anwendungsprotokoll

Die Ereignisanzeige ist unter START | PROGRAMME | VERWALTUNG (allg.) | EREIGNISANZEIGE zu erreichen.

Systemprotokoll:

Im Systemprotokoll werden Fehler aufgezeichnet, die vom Betriebssystem stammen. Hier werden Dienste oder Geräte überwacht, die auf Grund einer falschen Konfiguration nicht gestartet worden sind.

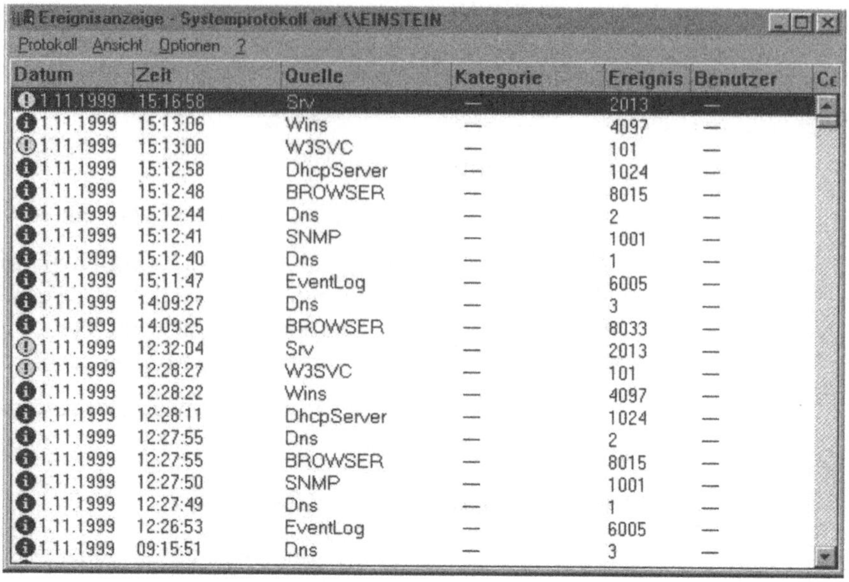

Datum	Zeit	Quelle	Kategorie	Ereignis	Benutzer
1.11.1999	15:16:58	Srv	—	2013	—
1.11.1999	15:13:06	Wins	—	4097	—
1.11.1999	15:13:00	W3SVC	—	101	—
1.11.1999	15:12:58	DhcpServer	—	1024	—
1.11.1999	15:12:48	BROWSER	—	8015	—
1.11.1999	15:12:44	Dns	—	2	—
1.11.1999	15:12:41	SNMP	—	1001	—
1.11.1999	15:12:40	Dns	—	1	—
1.11.1999	15:11:47	EventLog	—	6005	—
1.11.1999	14:09:27	Dns	—	3	—
1.11.1999	14:09:25	BROWSER	—	8033	—
1.11.1999	12:32:04	Srv	—	2013	—
1.11.1999	12:28:27	W3SVC	—	101	—
1.11.1999	12:28:22	Wins	—	4097	—
1.11.1999	12:28:11	DhcpServer	—	1024	—
1.11.1999	12:27:55	Dns	—	2	—
1.11.1999	12:27:55	BROWSER	—	8015	—
1.11.1999	12:27:50	SNMP	—	1001	—
1.11.1999	12:27:49	Dns	—	1	—
1.11.1999	12:26:53	EventLog	—	6005	—
1.11.1999	09:15:51	Dns	—	3	—

Abb. 114 Systemprotokoll

Sicherheitsprotokoll:

Im Sicherheitsprotokoll können Zugriffe auf überwachte Verzeichnisse eingesehen werden. Dies muss aber im „Benutzer-Manager" unter „Richtlinien" aktiviert worden sein.

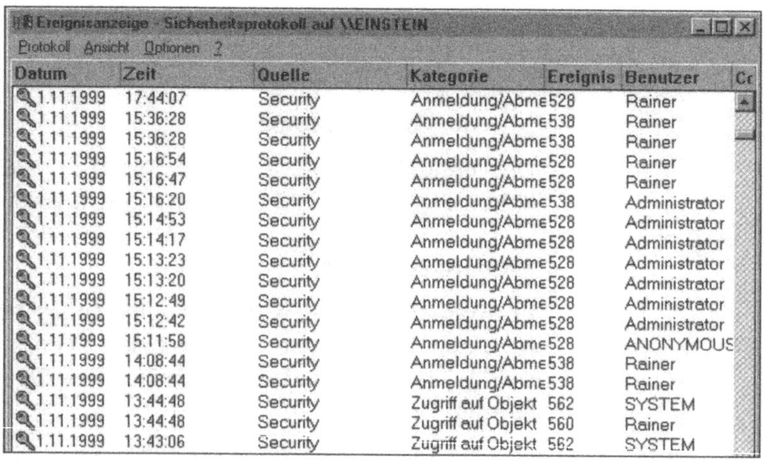

Datum	Zeit	Quelle	Kategorie	Ereignis	Benutzer
1.11.1999	17:44:07	Security	Anmeldung/Abme	528	Rainer
1.11.1999	15:36:28	Security	Anmeldung/Abme	538	Rainer
1.11.1999	15:36:28	Security	Anmeldung/Abme	538	Rainer
1.11.1999	15:16:54	Security	Anmeldung/Abme	528	Rainer
1.11.1999	15:16:47	Security	Anmeldung/Abme	528	Rainer
1.11.1999	15:16:20	Security	Anmeldung/Abme	538	Administrator
1.11.1999	15:14:53	Security	Anmeldung/Abme	528	Administrator
1.11.1999	15:14:17	Security	Anmeldung/Abme	528	Administrator
1.11.1999	15:13:23	Security	Anmeldung/Abme	528	Administrator
1.11.1999	15:13:20	Security	Anmeldung/Abme	528	Administrator
1.11.1999	15:12:49	Security	Anmeldung/Abme	528	Administrator
1.11.1999	15:12:42	Security	Anmeldung/Abme	528	Administrator
1.11.1999	15:11:58	Security	Anmeldung/Abme	528	ANONYMOUS
1.11.1999	14:08:44	Security	Anmeldung/Abme	538	Rainer
1.11.1999	14:08:44	Security	Anmeldung/Abme	538	Rainer
1.11.1999	13:44:48	Security	Zugriff auf Objekt	562	SYSTEM
1.11.1999	13:44:48	Security	Zugriff auf Objekt	560	Rainer
1.11.1999	13:43:06	Security	Zugriff auf Objekt	562	SYSTEM

Abb. 115 Sicherheitsprotokoll

Anwendungsprotokoll:

Hier werden Fehler verfolgt, die von 32-Bit-Anwendungen verursacht worden sind.

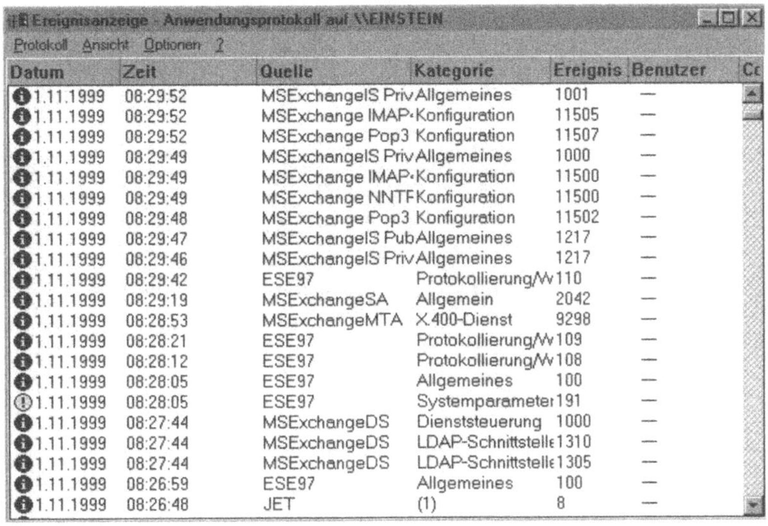

Datum	Zeit	Quelle	Kategorie	Ereignis	Benutzer	Cc
1.11.1999	08:29:52	MSExchangeIS Priv	Allgemeines	1001	—	
1.11.1999	08:29:52	MSExchange IMAP	Konfiguration	11505	—	
1.11.1999	08:29:52	MSExchange Pop3	Konfiguration	11507	—	
1.11.1999	08:29:49	MSExchangeIS Priv	Allgemeines	1000	—	
1.11.1999	08:29:49	MSExchange IMAP	Konfiguration	11500	—	
1.11.1999	08:29:49	MSExchange NNTF	Konfiguration	11500	—	
1.11.1999	08:29:48	MSExchange Pop3	Konfiguration	11502	—	
1.11.1999	08:29:47	MSExchangeIS Pub	Allgemeines	1217	—	
1.11.1999	08:29:46	MSExchangeIS Priv	Allgemeines	1217	—	
1.11.1999	08:29:42	ESE97	Protokollierung/W	110	—	
1.11.1999	08:29:19	MSExchangeSA	Allgemein	2042	—	
1.11.1999	08:28:53	MSExchangeMTA	X.400-Dienst	9298	—	
1.11.1999	08:28:21	ESE97	Protokollierung/W	109	—	
1.11.1999	08:28:12	ESE97	Protokollierung/W	108	—	
1.11.1999	08:28:05	ESE97	Allgemeines	100	—	
1.11.1999	08:28:05	ESE97	Systemparameter	191	—	
1.11.1999	08:27:44	MSExchangeDS	Dienststeuerung	1000	—	
1.11.1999	08:27:44	MSExchangeDS	LDAP-Schnittstelle	1310	—	
1.11.1999	08:27:44	MSExchangeDS	LDAP-Schnittstelle	1305	—	
1.11.1999	08:26:59	ESE97	Allgemeines	100	—	
1.11.1999	08:26:48	JET	(1)	8	—	

Abb. 116 Anwendungsprotokoll

Auswertung von Ereignissen:

blaues Symbol mit weißem i: Erfolgreiche Aktivitäten

gelbes Symbol mit schwarzem Ausrufezeichen: Warnung über kritischen Fehler

rotes Symbol mit weißer Schrift „STOPP“: Fehler (nicht gest. Dienst oder Gerät)

Task-Manager

Über den Task-Manager können Informationen über laufende / hängende Anwendungen sowie über laufende Prozesse und die Systemauslastung erhalten werden. Der Task-Manager kann über das Drücken von STRG+ALT+ENTF oder rechte Maustaste über der Task-Leiste erreicht werden.

Registerkarten:

Anwendungen

Über die Registerkarte „Anwendungen“ können die gerade laufenden Anwendungen eingesehen werden. Auch werden hier abgestürzte Anwendungen angezeigt (keine Rückmeldung). Um eine abgestürzte Anwendung zu beenden, muss die Anwendung selektiert und dann auf TASK BEENDEN gedrückt werden (wie kill -9 PID unter Unix).

NT ist so konzipiert, dass eine abgestürzte Anwendung nicht das ganze System lahm legt, sondern sauber weiter läuft, wenn der Task der abgestürzten Anwendung beendet wird.

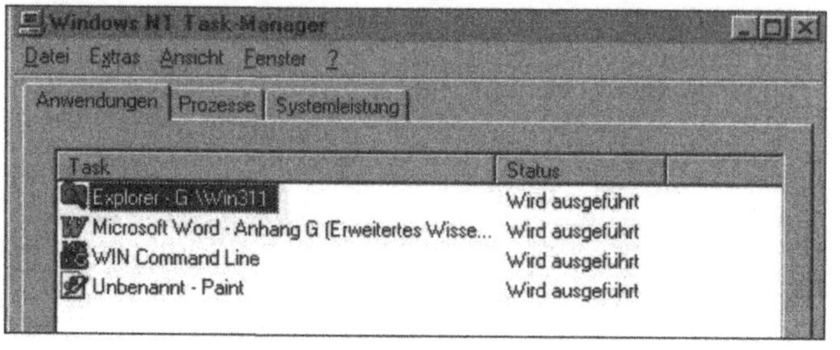

Abb. 117 Anwendungen

Prozesse

In der Registerkarte „Prozesse" können die von Anwendungen oder dem Betriebssystem NT benutzten Prozesse eingesehen werden. Weiter sind hier die von den Prozessen benutzten Ressourcen ersichtlich. Die Spalten können unter ANSICHT | SPALTEN WÄHLEN erweitert werden. (siehe Abb. 118)

PID	Prozess ID
CPU-Nutzung	CPU-Ausnutzung des Prozesses
Speichernutzung	Größe des verwendeten Speichers
CPU-Zeit	gelaufene Zeit des Prozesses in der CPU

Systemleistung

Hier können Speicher und CPU-Ausnutzung eingesehen werden.

Insgesamt:

Handles	geöffnete Datei-Handles
Threads	Threads, die von Anwendungen benutzt werden
Prozesse	Prozesse, die von Anwendungen benutzt werden

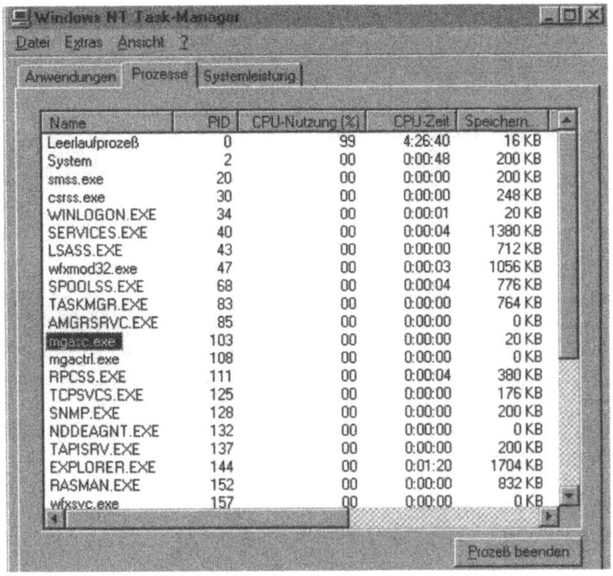

Abb. 118 Prozesse

Realer Speicher:

Insgesamt vorhandener RAM-Speicher

Verfügbar freier RAM

Cache RAM, das vom Datei-Cache benutzt wird

Zugesicherter virtueller Speicher:

Insgesamt verfügbarer physikal. und virtueller Speicher

Grenzwert Speicher, den das System benutzen kann, bevor die Auslagerungsdatei vergrößert wird

Maxwert max. Größe des in der Sitzung verwendeten Speichers

Kernel-Speicher:

Insgesamt Speichergröße des Kernel-Speichers

ausgelagert benutzter Kernel-Speicher, der in die Auslagerungsdatei verschoben werden kann.

nicht ausgelagert Speichermenge, die nicht ausgelagert werden kann.

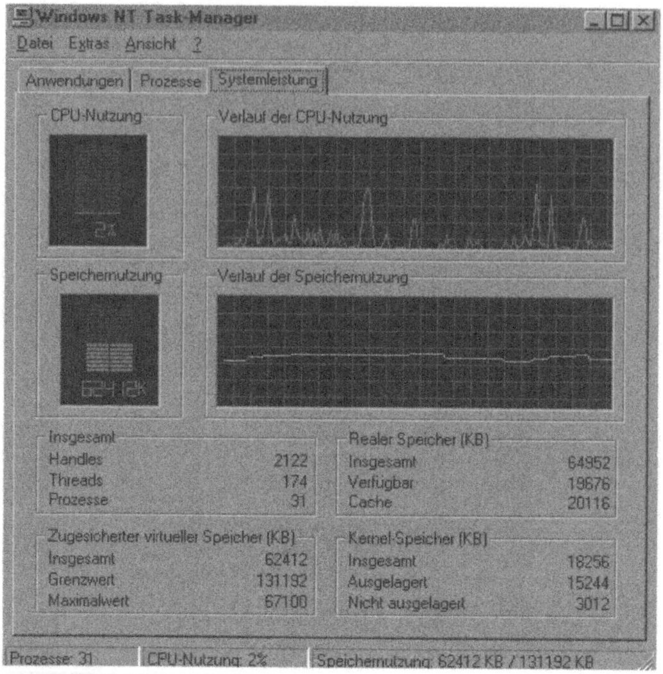

Abb. 119 Systemleistung

Unterschiedliche Prioritätsebenen von Anwendungen

Multitasking:

Parallele Ausführung von mehreren Programmen, die scheinbar gleichzeitig ablaufen. Wegen Multitasking ist es z.B. möglich, dass ein Text aus Word gedruckt wird, während man gleichzeitig eine Grafik in Corel-Draw bearbeiten und speichern kann. Mehrere Tasks laufen also parallel.

Preemtives Multitasking:

Das Betriebssysten entscheidet, welcher Anwendung zu welchem Zeitpunkt wie viel Prozessorzeit zugestanden wird (von NT für 32-Bit-Anwendungen benutzt).

Nicht-preemtives Multitasking:

Die Anwendungen entscheiden selber, wann sie die Kontrolle über den Prozessor an andere Programme weitergeben (von WIN 3.x benutzt).

Virtuelle DOS-Machine:

DOS- und 16-Bit-Anwendungen (WIN 3.x) laufen unter NT in einer virtuellen DOS-Machine. Die Programme laufen innerhalb dieser DOS-Machine mit nicht-preemtiven Multitasking.

Die gesamte DOS-Machine aber bekommt unter NT einen eigenen Speicherbereich zugewiesen, so wie 32-Bit-Programme auch, sodass die DOS-Machine hier auch mit preemtivem Mutitasking laufen kann.

Unter NT laufen alle 32-Bit-Anwendungen grundsätzlich in einem eigenen Speicherbereich. Deswegen kann bei einem Absturz einer Applikation diese über den Task-Manager beendet werden, ohne dass gleich das ganze System abstürzt.

DOS- und 16-Bit-Anwendungen werden standardmäßig aber in der gleichen DOS-Machine im gleichen Speicherbereich ausgeführt, sodass, wenn eine dieser Anwendungen abstürzt, alle anderen in dieser DOS-Machine auch betroffen sind. Deswegen gibt es aber die Möglichkeit, jedes DOS- oder 16-Bit-Programm in einer eigenen DOS-Machine auszuführen. DOS-Programme können nur über AUSFÜHREN dazu veranlasst werden.

16-Bit-Programme können über das Verknüpfungssymbol | EIGENSCHAFTEN konfiguriert werden.
Die Anwendung, die jetzt mit der höchsten Basispriorität läuft, bekommt die meiste Rechenzeit des Prozessors zugestanden. Standardmäßig werden die meisten Applikationen mit der Basispriorität NORMAL gestartet. Die Anwendung, die im Vordergrund läuft, bekommt die meiste Rechenzeit. Dies kann aber über die Systemeigenschaften geändert werden (siehe Abb. 8). Um die Basispriorität von Anwendungen zu ändern, muss im Task-Manager der entsprechende Task für die Anwendung gesucht, mit der rechten Maustaste angeklickt und PRIORITÄT FESTLEGEN gewählt werden.

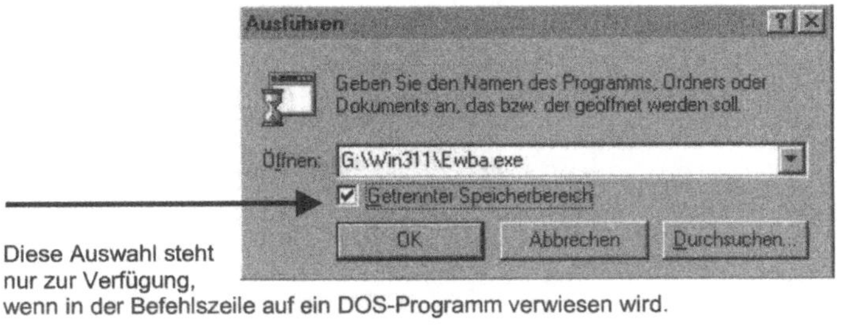

Abb. 120

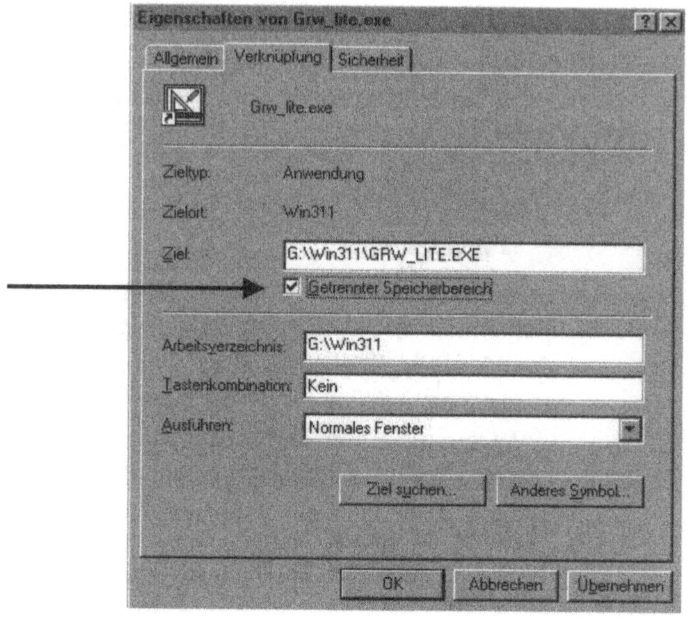

Abb. 121

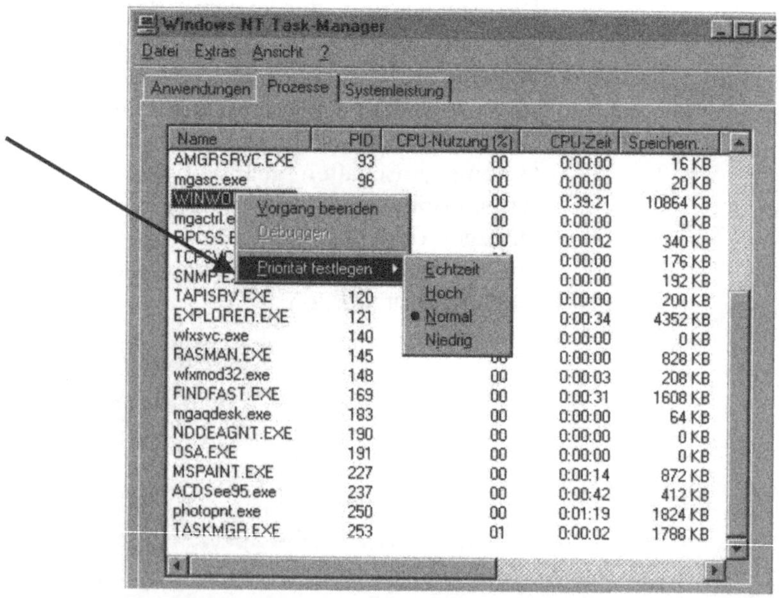

Abb. 122

Software installieren

Um Software zu installieren, kann natürlich einfach im Explorer das entsprechende Laufwerk ausgewählt und auf das Setup-Programm geklickt werden.

Nachteil dieser Lösung: Manche Programm schreiben sich nicht in die Liste der wieder zu deinstallierenden Software. Diese Software muss dann von Hand wieder entfernt werden, Verknüpfungen müssen manuell gelöst werden. Dies führt dazu, dass nicht mehr benötigte Bibliotheken und u.U. weitere Dateien im System verbleiben und unnötig Speicherplatz verschwenden, da von Hand nie nachvollzogen werden kann, welche Software bei der Installation welche Dateien wohin schreibt.

Deswegen ist es besser, Software über START | EINSTELLUNGEN | SYSTEMSTEUERUNG | SOFTWARE zu installieren.

Vorteil: Die Software wird meistens in die Liste der aut. zu entfernenden Software aufgenommen.

Die Software muss bei einer Deinstallation dann nur angeklickt und der Schalter HINZUFÜGEN /ENTFERNEN betätigt werden.

Alle zu der Software gehörenden Komponenten werden so meisten komplett wieder entfernt, und es bleiben keine „Leichen" auf der Festplatte zurück.

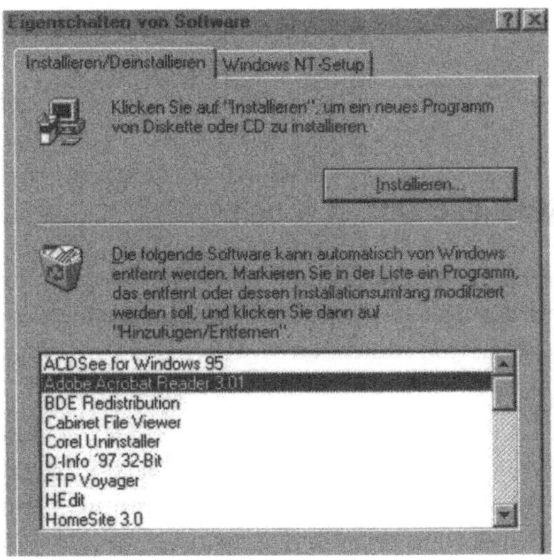

Abb. 123 Software

Achtung: Vorsicht bei Bibliotheken, die auch von anderen Programmen benutzt werden. Diese sollten im System verbleiben, da sonst eine andere Software-Komponente vielleicht nicht mehr lauffähig ist.

Registerkarte NT-Setup:

In dieser Registerkarte können zum Betriebssystem gehörende Komponenten nachinstalliert oder entfernt werden.

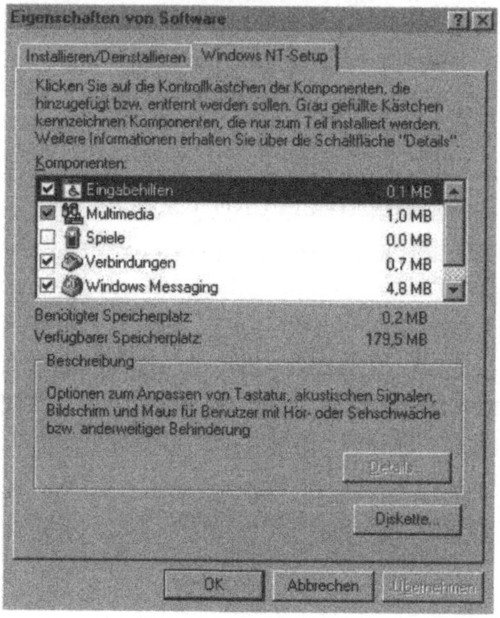

Abb. 124 NT-Setup

Systemmonitor

Mit dem Systemmonitor kann die gesamte Leistung des Systems und die von Anwendungen überwacht werden. Dabei können die erfassten Daten entweder in einem Diagramm, einem Protokoll oder einem Report dargestellt werden.

Der Systemmonitor wird über START | PROGRAMME | VERWALTUNG (allg.) | SYSTEMMONITOR gestartet. Aus dem Menü BEARBEITEN sind zunächst Datenquellen auszuwählen, die beobachtet werden sollen.

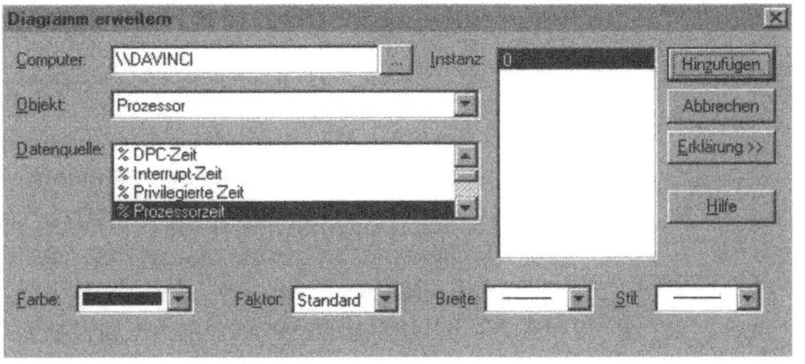

Abb. 125

Die Datenquellen stammen von bestimmten Objekten. Diese Objekte müssen ausgewählt, und dann die Datenquelle bestimmt werden.

Über die Schaltfläche COMPUTER können Remote-Systeme beobachtet werden.

Über die Schaltfläche ERKLÄRUNG wird ein kurzer Text zu der Datenquelle ausgegeben.

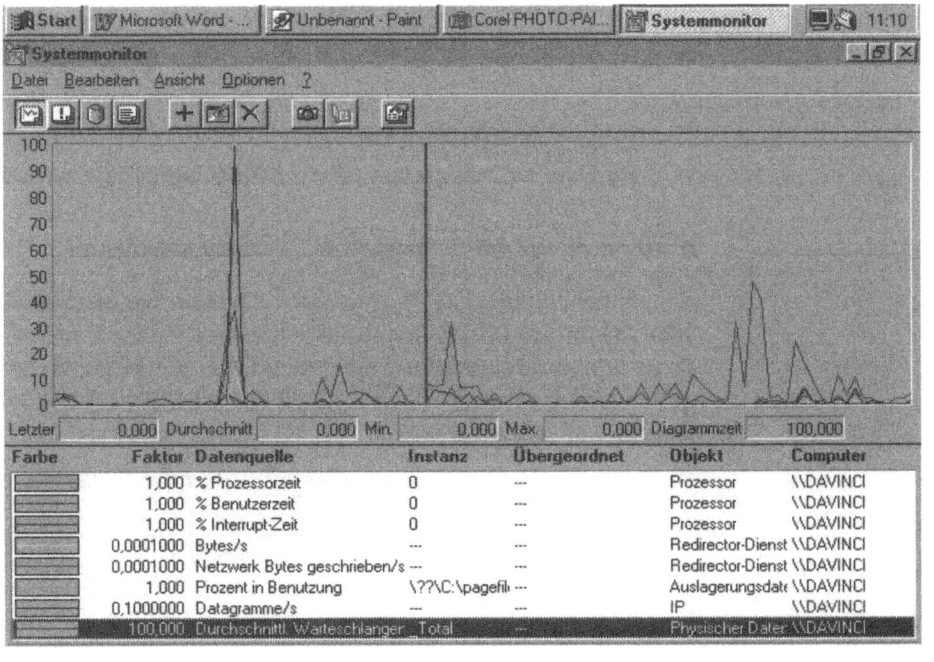

Abb. 126

Unterstützung für OS/2- und Posix-Anwendungen

OS/2:

OS/2-Anwendungen werden auf CISC-Computern nur ausgeführt, wenn sie auf Text-Basis funktionieren.

Grafisch orientierte Anwendungen können nicht ausgeführt werden. Es gibt aber eine Erweiterung für das OS/2-Subsystem, die gesondert erworben werden muss und nicht zum Lieferumfang von NT gehört, mittels derer auch grafisch orientierte OS/2-Anwendungen unter NT ausgeführt werden können.

Auf RISC-Computern gibt es keine OS/2-Unterstützung. Dennoch können auf Text basierende Anwendungen in einer virtuellen DOS-Machine ausgeführt werden. Dazu ist der Befehl FORCEDOS zu verwenden.

Posix:

In NT können allgemeine Anwendungen aus einem Unix-System ausgeführt werden. Um eine völlige Anpassung an Posix zu erreichen, muss aber das NTFS-Datei-System installiert sein.

Anpassungsmerkmale sind dann:

- NT erhält die Schreibweise der Datei- und Verzeichnisnamen.
- Hard-Links können eingerichtet bzw. erhalten werden.
- Die Dateien bekommen eine zusätzliche Datumsvergabe.

Entfernen der OS/2- bzw. Posix-Unterstützungen:

NT entspricht normalerweise dem C2-Sicherheitsstandard, nicht aber, wenn die Unterstützung für OS/2 und Posix eingerichtet ist. Dazu müssen die beiden Unterstützungen, die normalerweise bei der Installation von NT eingerichtet wurden, wieder entfernt werden.

Dies kann nur über das Programm „C2-CONFIGURATION" aus dem Ressource-Kit erreicht werden.

Anwendungsunterstützung

Quellcode kompatible Anwendungen müssen für jede Hardware-Plattform neu kompiliert werden. Binärcode kompatible Anwendungen laufen auf jeder Plattform, ohne neu kompiliert werden zu müssen.

Auf den Intel-, Alpha-, Mips- und Power-PC-Plattformen müssen: DOS-, Win16-, OS/2-Anwendungen Binärcode kompatibel und Win32- und Posix-Anwendungen Quellcode kompatibel sein.

Netzwerk-Dienste

Server-Dienst:

Dieser beantwortet bekanntlich Anfragen vom Netzwerk (ist auch auf einer Workstation vorhanden).

Unter NT-Server kann der Server-Dienst aber als

6. Anmelde-Server
7. Anwendungs-Server
8. Datei- und Druck-Server

konfiguriert werden.

Dazu ist unter SYSTEMSTEUERUNG | NETZWERK | DIENSTE der Server-Dienst zu selektieren und die Schaltfläche EIGENSCHAFTEN auszuwählen.

Speicherbenutzung minimieren

Diese Auswahl sollte getroffen werden, wenn weniger als 10 Benutzer auf den Server zugreifen. Dadurch wird der Speicher für Netzverbindungen so minimiert, dass für lokale Anwendungen mehr vorhanden ist. (Nur geeignet, wenn auch lokal am Server gearbeitet wird.)

Ausgeglichen

Diese Auswahl sollte getroffen werden, wenn bis zu 64 Benutzer auf den Server zugreifen. (Nur geeignet, wenn auch lokal am Server gearbeitet wird.)

Durchsatz für Dateifreigaben maximieren

Hier wird der maximal verfügbare Speicherplatz für Netzverbindungen reserviert.

Bei dieser Einstellung sollte nicht mehr am Server gearbeitet werden, sondern der Rechner sollte als reiner File- oder Druck-Server arbeiten.

Durchsatz für Netzwerkanwendungen maximieren:

Ist nur geeignet, wenn verteilte Anwendungen zum Einsatz kommen, die eine Frontend- und eine Backend-Komponente beinhalten (SQL, Exchange, etc.).

Damit wird die Speicherverwaltung der Anwendung überlassen.

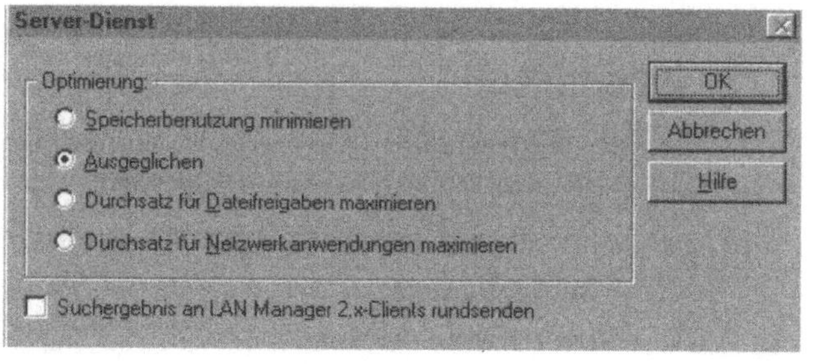

Abb. 127

Arbeitsstations-Dienst:

Dieser ist der Redirector und regelt alle ausgehende Netzkommunikation (ist auch auf einem Server vorhanden).

Der Arbeitsstations-Dienst kann nicht konfiguriert werden.

Computer-Suchdienst:

Er baut eine Liste der vorhandenen Computer im gleichen physikalischen Teilnetz auf und verwaltet diese (siehe auch Kapitel „Windows NT 4", Abschnitt „WINS"). Dabei sind die NT-Server in einem Netzwerk sehr wichtig, da diese im Normalfall den Hauptsuchdienst (Master-Browser) übernehmen. Alle Computer in einer Domäne senden über Broadcasts ihre Namen und ihre Zugehörigkeit zu einer Domäne oder Arbeitsgruppe. Diese Informationen werden vom Master-Browser gesammelt und zur Verfügung gestellt.

Wer Haupt-, Sicherungs- oder potenzieller Suchdienst wird, verläuft nach bestimmten Kriterien. Dies hängt davon ab, welche Betriebssysteme im Netz vorhanden sind.

1. Windows-NT-Server
2. Windows-NT-Workstation
3. Windows 95/98
4. Windows 3.x

Weitere Kriterien sind NT 4, NT 3.x.

Den Hauptsuchdienst übernimmt immer das Betriebssystem mit der höchsten Priorität. Unter NT kann dies aber auch in der Registry eingestellt werden.

HkEY_LOCAL_MACHINE \ SYSTEM \ CURRENTCONTROLSET \ SERVICES \ BROWSER \ PARAMETERS

1. IsDomainMaster= True/False	True = wird immer Hauptsuchdienst False = wird niemals Hauptsuchdienst
2. MaintainServerList=Yes/No/Auto	Yes = wird unter allen Umständen Hauptsuchdienst No = wird niemals Hauptsuchdienst Auto = kann Hauptsuchdienst oder Sicherungssuchdienst werden

3.2.37 Option-Pack

Bei der Version des IIS, der mit der Installation von NT-Server installiert werden kann, handelt es sich um eine sehr einfache Version des IIS (Version 2.0), mit der aber in vollem Umfang gearbeitet werden kann. Für den professionelleren Gebrauch sollte der IIS in der Version 4.0 installiert werden, der im sog. Option-Pack enthalten ist.

Das Option-Pack bietet außer dem IIS noch eine weitere Vielfalt von Server-Komponenten, die alle unter NT sehr sinnvoll einzusetzen sind.

Folgende Komponenten sind u. a. im Option-Pack enthalten:

- Internet-Information-Server 4.0 mit FrontPage-Server-Unterstützung

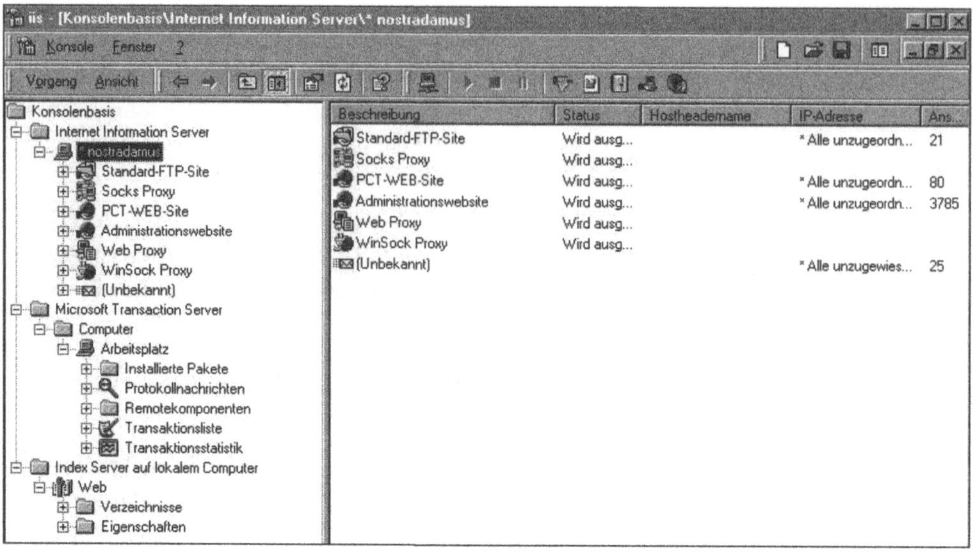

Abb. 128 MMC

- Site-Server
- Index-Server
- Transaction-Server
- Unterstützung von Active-Server-Pages (.asp)
- NNTP-Dienst
- SMTP-Dienst

Alle diese Komponenten sind in der MMC (Microsoft-Management-Console) zusammengefasst oder können nachträglich hinzugefügt werden. Die MMC bietet eine einheitliche Benutzeroberfläche für Verwaltungstools und findet unter Windows 2000 große Anwendung.

Installiert werden die Komponenten, indem das Setup auf der CD ausgeführt wird. Über das benutzerdefinierte Setup können die einzelnen Komponenten ausgewählt und mit weiteren einzelnen Unterpunkten den eigenen Bedürfnissen angepaßt werden.

Der Internet-Information-Server 4.0

Dieser entspricht dem HTTP-Standardprotokoll 1.1 und verfügt über Funktionsmerkmale, wie etwa PUT und DELETE, die Fähigkeit, HTTP-Fehlermeldungen anzupassen, und die Unterstützung von HTTP-Headern.

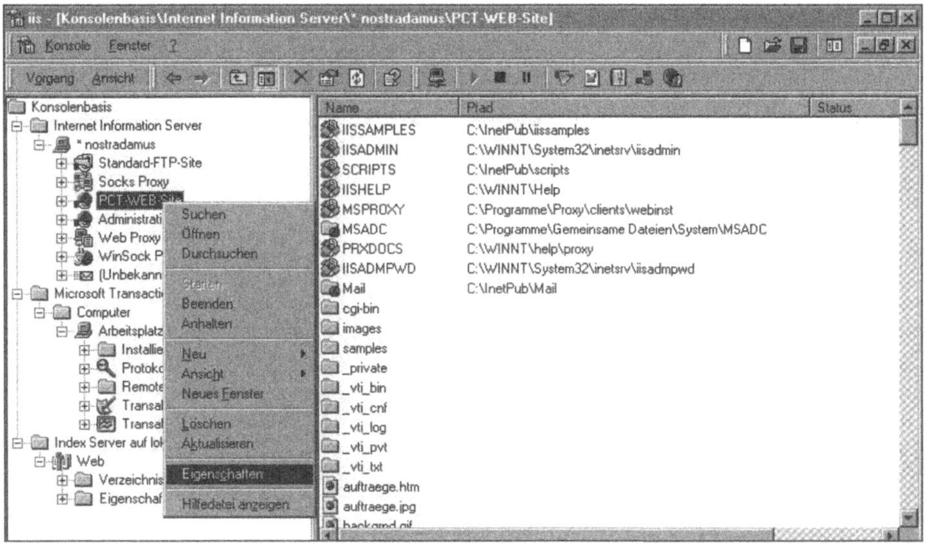

Abb. 129

Der Aufbau des Verwaltungsprogrammes ist im Wesentlichen derselbe wie unter 2.0. Einige Erweiterungen sind neu hinzugekommen, die die Möglichkeiten der Verwaltung erheblich erweitern. Geöffnet werden kann das Verwaltungsprogramm, indem über der eingerichteten WEB-Site die Eigenschaften ausgewählt werden.

Auf der Registerkarte WEB-SITE können z. B. Einstellungen zur IP-Adresse des WEB-Servers, dessen TCP-Port und die Anzahl der Verbindungen gemacht werden.

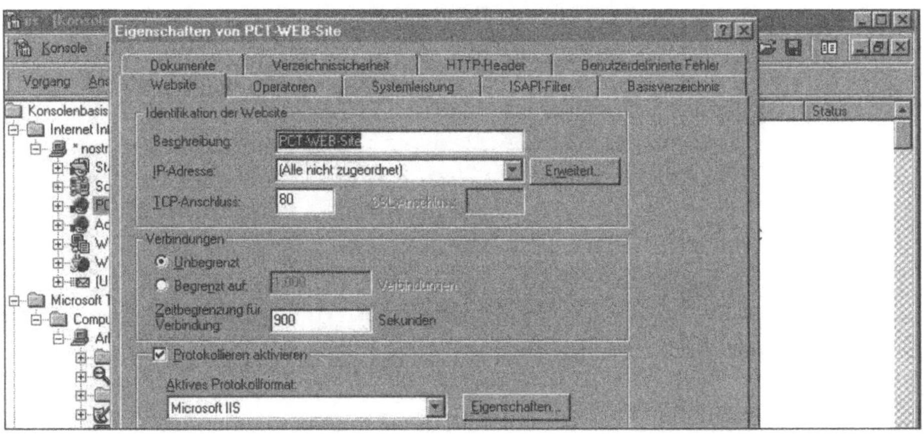

Abb. 130

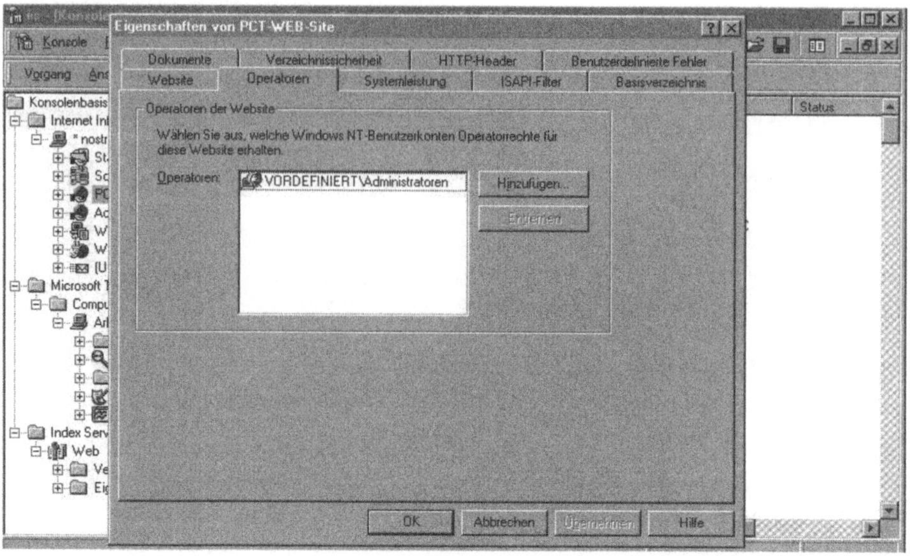

Abb. 131

Die Registerkarte OPERATOREN definiert die Gruppe oder die Benutzer, die administrativ den WEB-Server verwalten können.

Auf der Registerkarte SYSTEMLEISTUNG können Einstellungen zu den erwarteten Zugriffen auf den WEB-Server sowie zu einer Begrenzung der Bandbreite gemacht werden.

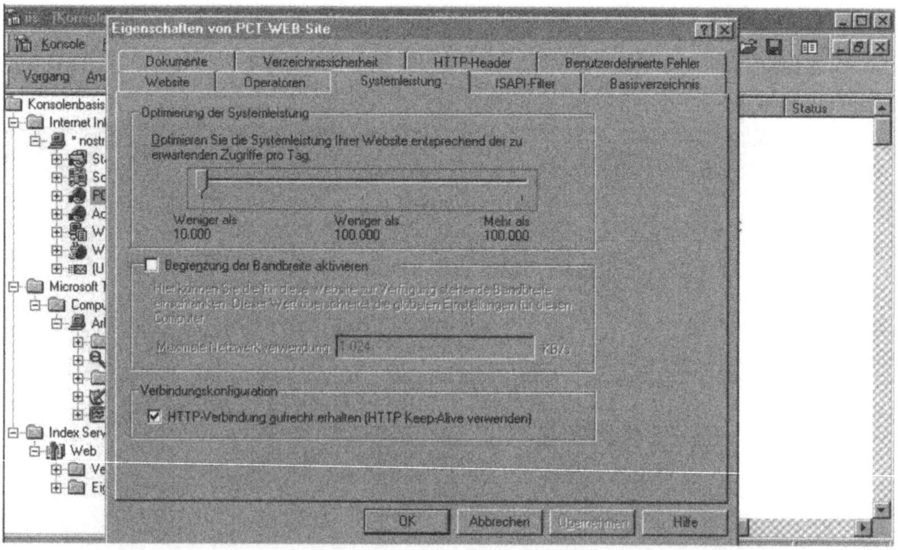

Abb. 132

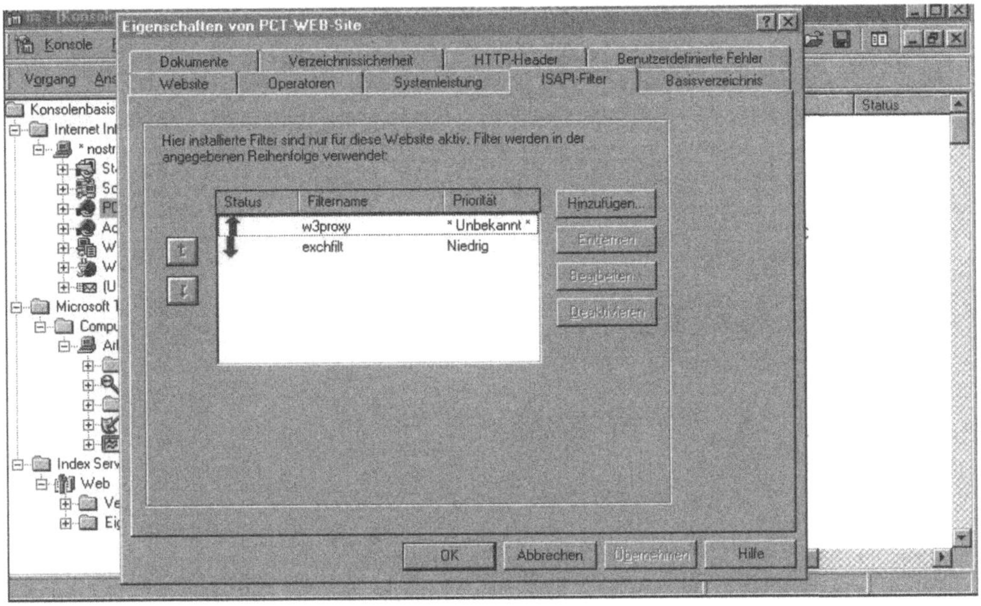

Abb. 133

In der Registerkarte ISAPI-FILTER werden Filter gesetzt. Isapi-Filter sind Programme, die auf HTTP-Anforderungen an diesen Server reagieren. Im Speicher der Website ist immer ein ISAPI-Filter geladen.

Angezeigt wird:

- der Status aller Filter (geladen, nicht geladen oder deaktiviert)
- der Name des Filters
- die Prioritätsstufe des Filters (hoch, mittel oder niedrig)

Auf der Registerkarte BASISVERZEICHNIS können Einstellungen zum Root-Verzeichnis des Servers und zu Zugangsberechtigungen gemacht werden. Ein wichtiger Punkt ist das Kontrollkästchen FRONTPAGE-WEB. Bei der Installation des WEB-Servers sollte die Frontpage-Server-Erweiterung mitinstalliert werden, da so über Frontpage (auch remote) die Seiten auf dem WEB-Server hervorragend verwaltet werden können (siehe weiter unten).

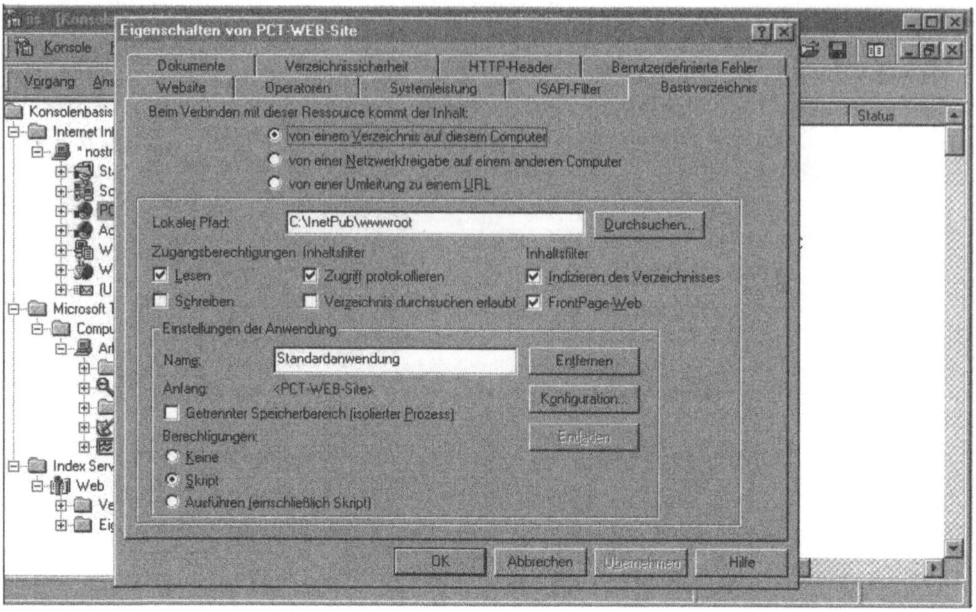

Abb. 134

Auf der Registerkarte DOKUMENTE wird der Name der Seite festgelegt, die bei Zugriff auf den WEB-Server gestartet wird.

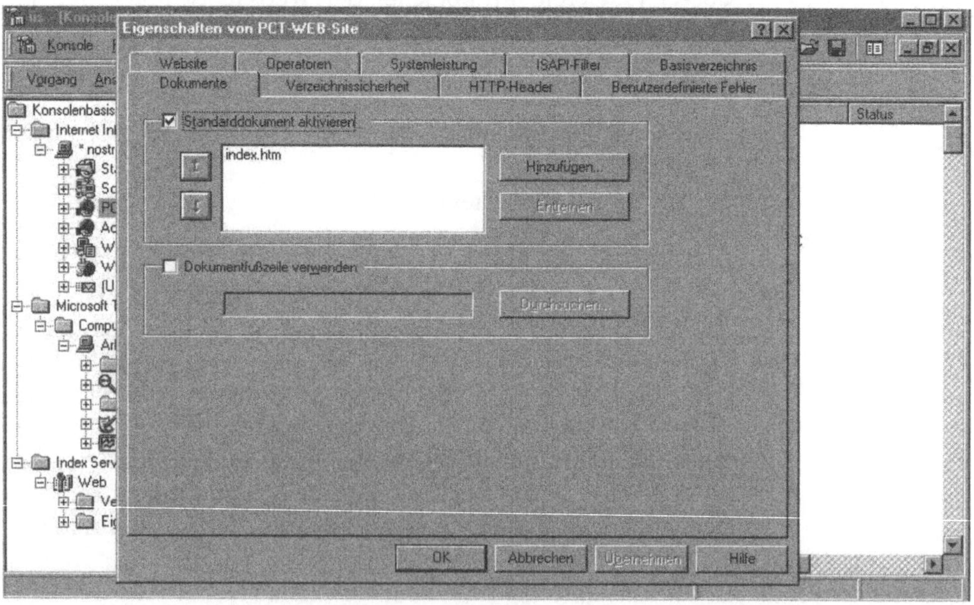

Abb. 135

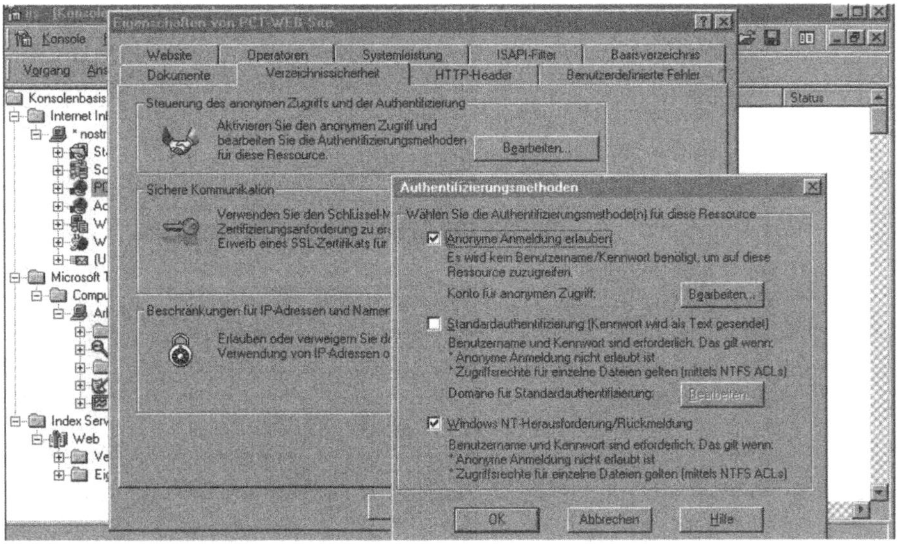

Abb. 136

Eine der wichtigsten Registerkarten ist die Karte VERZEICHNISSICHERHEIT. Hier wird festgelegt, wie auf den WEB-Server zugegriffen werden darf.

Auf der Registerkarte HTTP-HEADER können u. a. Filter gesetzt werden, welcher Inhalt die Seiten des WEB-Servers beinhaltet.

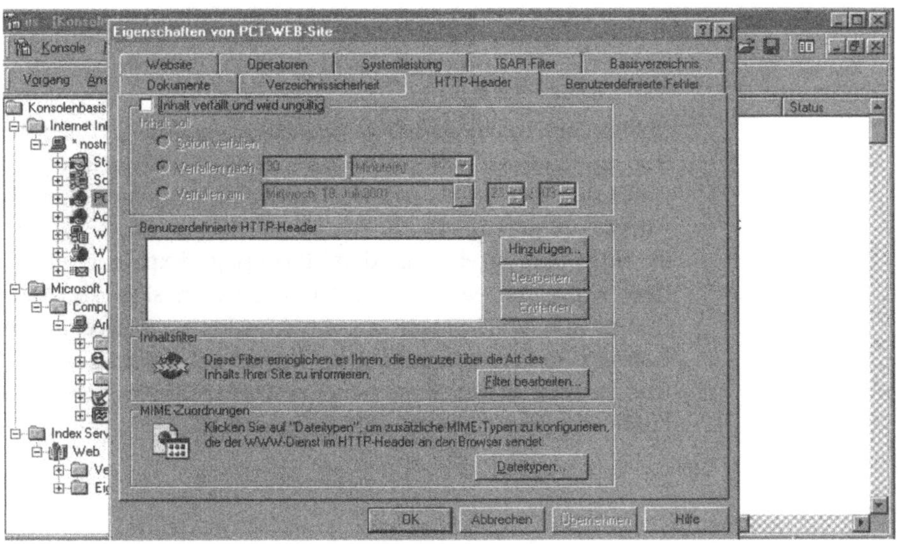

Abb. 137

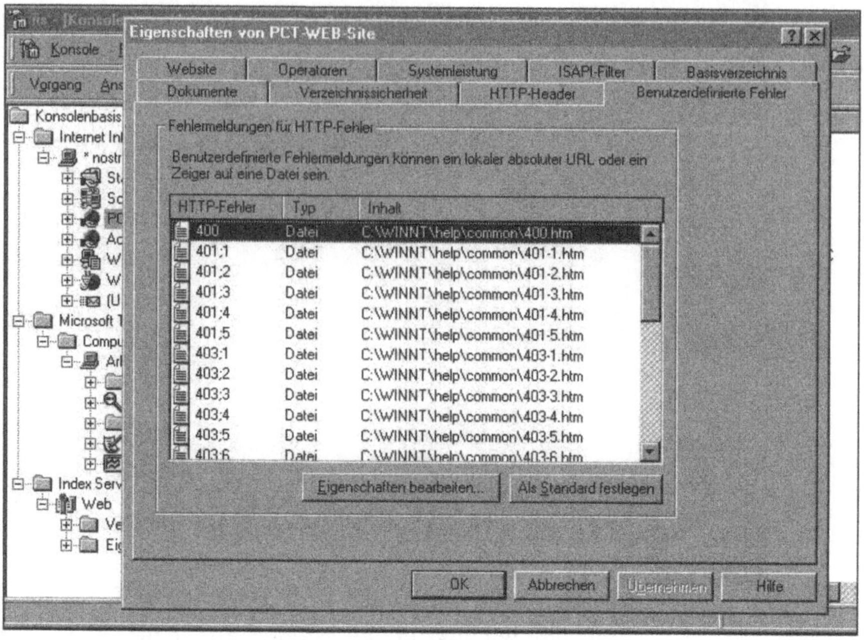

Abb. 138

Auf der letzten Registerkarte können vordefinierte oder selber erstellte Fehlermeldungen aktiviert werden, die bei Fehlern des WEB-Servers über HTML-Seiten ausgegeben werden.

Frontpage-WEB

Wurde bei der Installation des Option-Packs bei der IIS-Installation die Unterstützung für ein Frontpage-WEB ausgewählt und ist unter dem wwwroot ein HTML-Pool eingerichtet, kann beim Aufruf von Frontpage (auch remote von einer Workstation aus) diese WEB-Site direkt mit dem Frontpage-Explorer verwaltet werden. Dabei ist egal, auf welchen Servern sich die WEB-Site befindet. Alle WEB-Server im Netz können verwaltet werden. Seiten können so von Servern zur Weiterverarbeitung direkt geladen und wieder gespeichert werden. Das lokale Erstellen und Hochladen der Seiten mittels FTP kann entfallen.

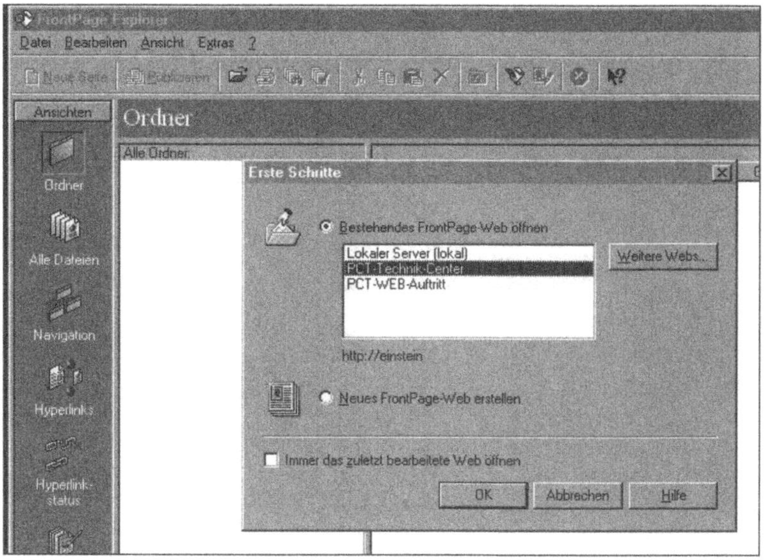

Abb. 139

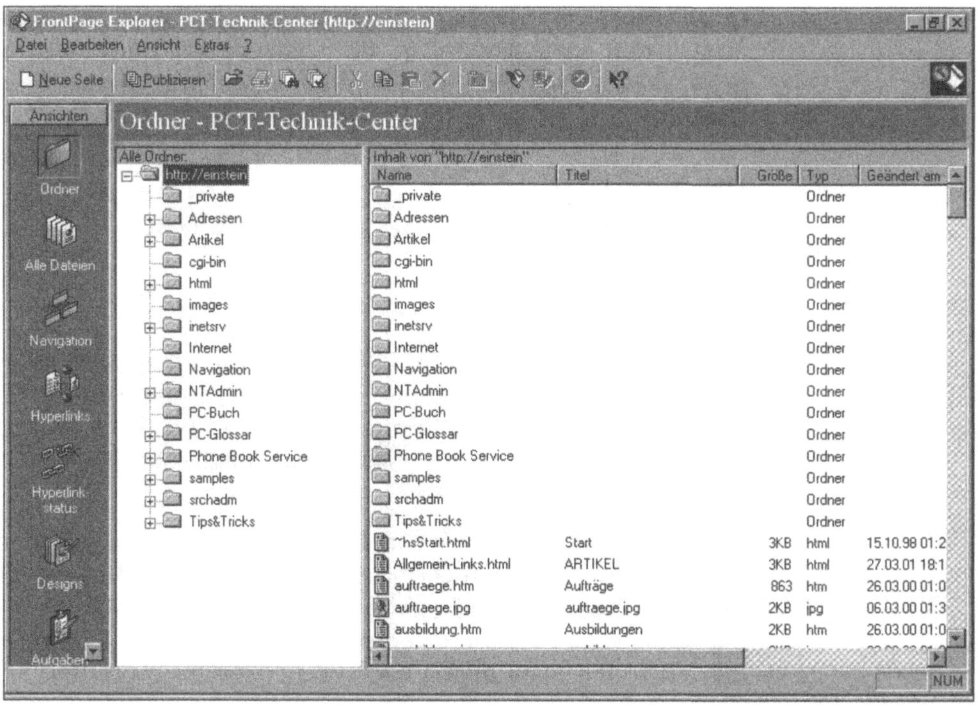

Abb. 140

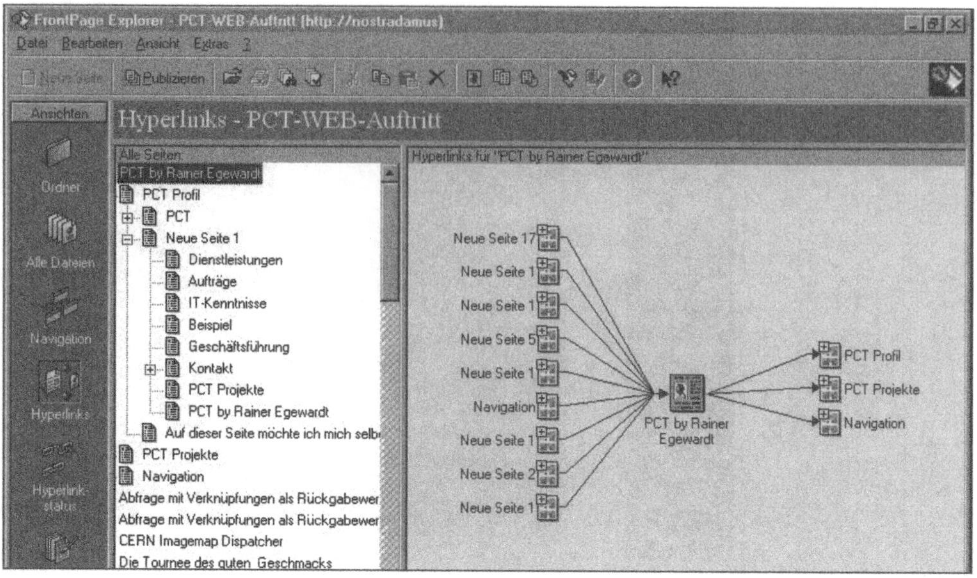

Abb. 141

Auch bietet der Frontpage-Explorer ein paar ganz besondere Schmankerl. So können z. B. alle vorhandenen Links auf einer Seite grafisch dargestellt werden, und man behält ganz leicht den Überblick.

Der Site-Server

Der Site-Server besteht u. a. aus den Komponenten

- Content Analyser
- Report Writer

Content Analyzer beinhaltet Funktionen zur Sitevisualisierung, Inhaltsanalyse, Linkverwaltung und Berichtserstellung zur Verwaltung von Websites. Content Analyzer analysiert beschädigte Links, die Sitestruktur und Objekteigenschaften und kann lokale und entfernte Sites verwalten.

Zur Anzeige der Site verwendet Content Analyser verschiedene Formen. Die Strukturansicht bietet eine lineare hierarchische Ansicht der Zuordnung. Die cyberbolische Ansicht greift die Elemente der Zuordnung in einer webähnlichen Struktur heraus, die die verknüpfte Natur in den Vordergrund stellt.

Außerdem lässt sich ein Bericht erstellen, über den Elemente der Site in einer Zusammenfassung aufgelistet werden können.

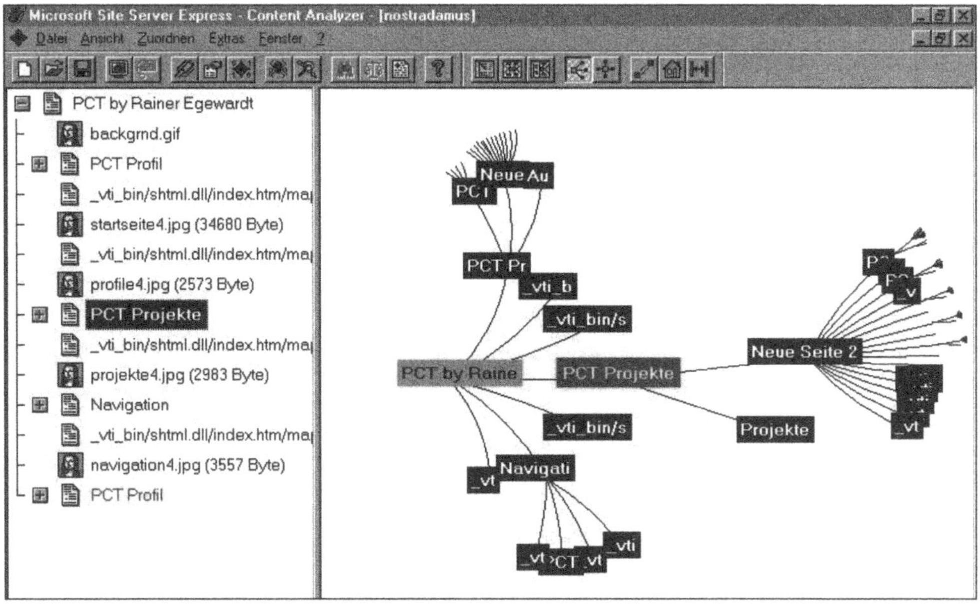

Abb. 142 Ansichten der Site im Content Analyser

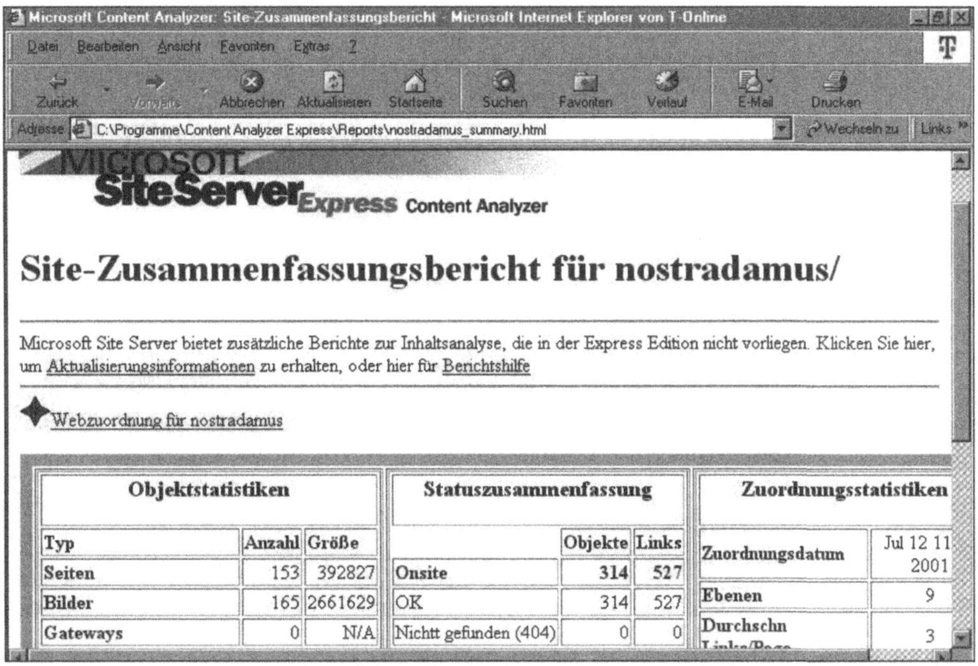

Abb. 143 Zusammenfassung der Elemente

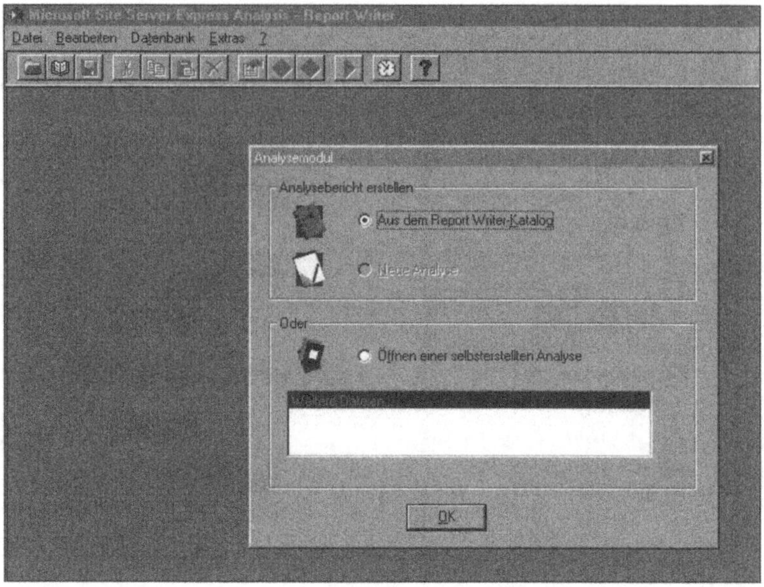

Abb. 144

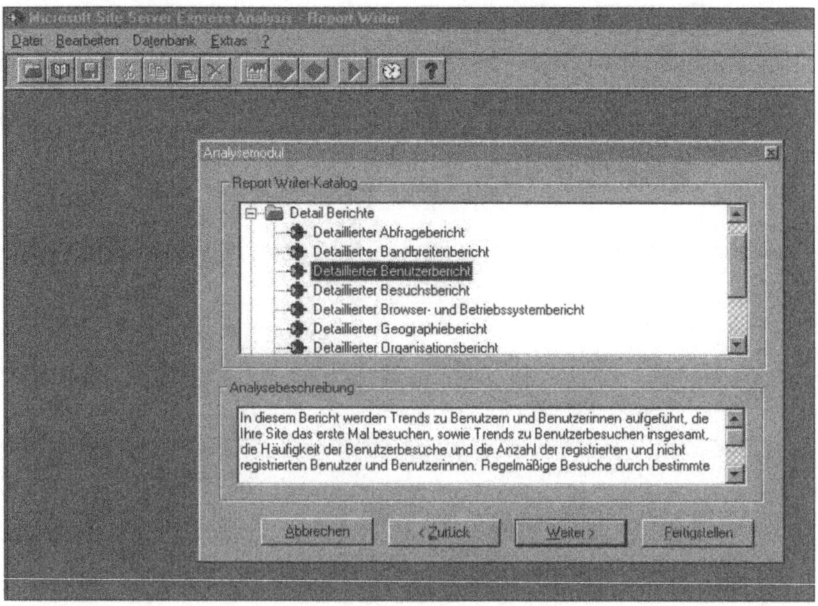

Abb. 145

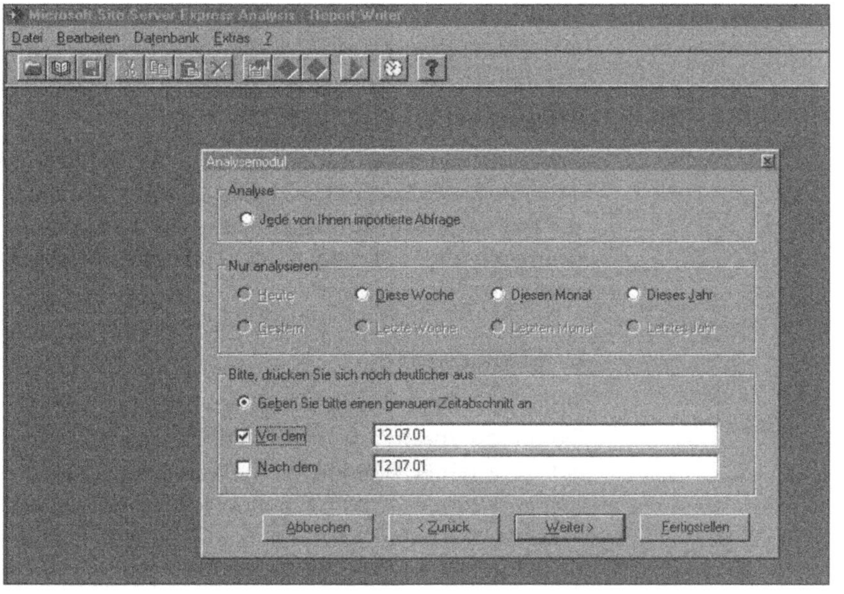

Abb. 146

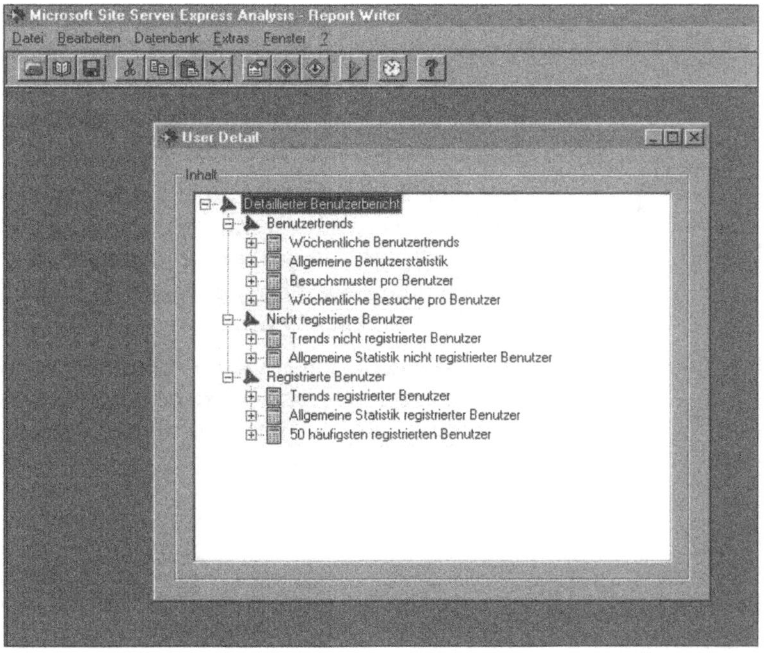

Abb. 147

Report Writer kann IIS-Protokolldateien von einem einzigen Server sammeln und analysieren. Vordefinierte Berichte geben einen Eindruck über Anforderungen, Benutzer und Organisationen, die auf die Site zugreifen.

Greift ein Benutzer auf die Site zu, werden diese Interaktionen in einer Protokolldatei gespeichert. Report Writer extrahiert aus dieser Protokolldatei Informationen, die zu einer Weiterverarbeitung bezüglich der Rentabilität der Site heran gezogen werden können.

Der Index-Server

Über den Index-Server können Inhalte und Eigenschaften von Dokumenten auf einer Website im Internet oder in einem Intranet verarbeitet werden. Dabei kann der Index-Server so eingerichtet werden, dass von einem Client über einen Browser die gesamte WEB-Site über Abfrageformulare nach bestimmten Kriterien durchsucht werden kann. Die Ergebnisse werden im HTML-Format an den Client zurück gegeben. Dies beinhaltet nicht nur vorhandene HTML-Seiten, sondern kann auch auf Word- oder Excel-Dokumente angewendet werden (Suchmaschine).

Der Inhaltsindexdienst wird nach der Installation des Index-Servers automatisch gestartet und beginnt sofort mit dem Indizieren aller Dokumente im IIS. In der Systemsteuerung unter Dienste kann geprüft werden, ob der Inhaltsindexdienst arbeitet. Alles, was nachträglich hinzugefügt wird, wird automatisch indiziert.

Wie eine Suchanfrage ablaufen kann, kann über die Beispielseite erfahren werden, die im gleichen Profil-Verzeichnis abgelegt wird, wie das Verwaltungsprogramm des Index-Servers (oder einfach http://servername/iissamples/issamples/default.htm in den Browser eingeben).

Das Anfrageformular kann über einen HTML-Editor eigenen Wünschen angepasst werden. Eine ausführliche Beschreibung dazu ist in der beigefügten Online-Produktdokumentation zum Option-Pack enthalten.

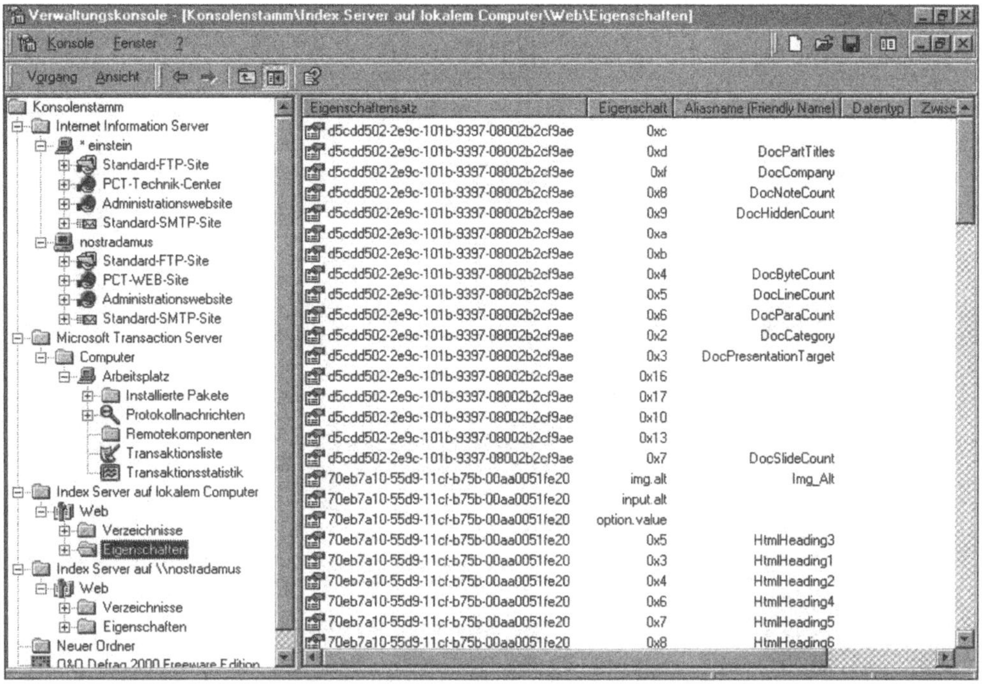

Abb. 148 Index-Server-Verwaltung in einer MMC

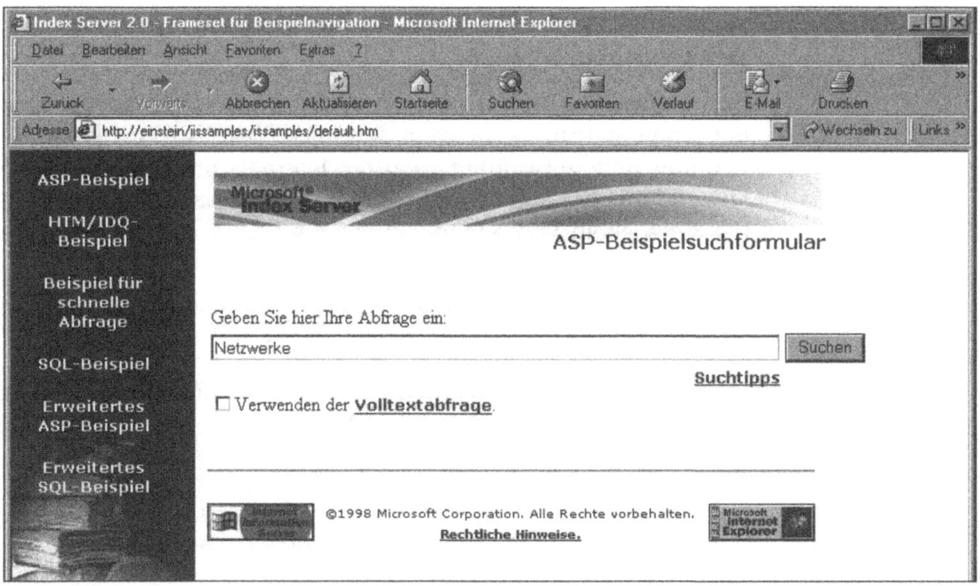

Abb. 149 Abfrage

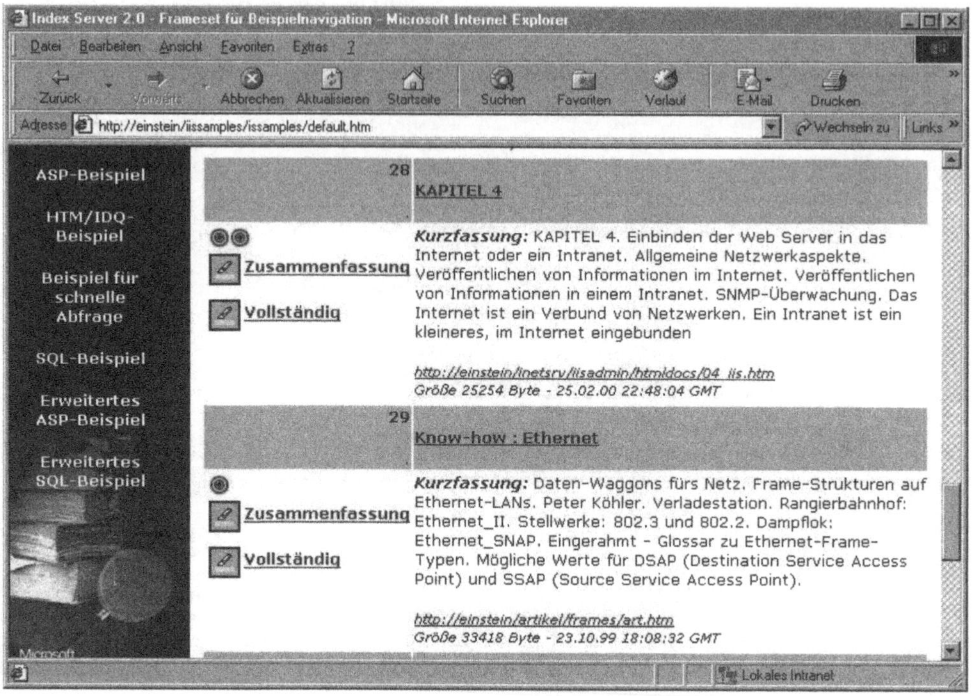

Abb. 150 Ergebnis

Der Transaction-Server

Der Transaction-Server ist eine Komponente des Option-Packs, mit dem ein Transaktionsverarbeitungssystem zur Erstellung, Einrichtung und Verwaltung robuster Internet- und Intranet-Serveranwendungen eingerichtet werden kann. Ein Grundgerüst für das Entwickeln von Komponenten wird über das MTS-Programmiermodell bereitgestellt.

Die zentrale Verwaltung kann wieder über ein in eine MMC eingebundenes Verwaltungsprogramm erfolgen.

Da dieses Buch sich nicht mit Programmentwicklung beschäftigt, der MTS aber Bestandteil des Option-Packs ist, soll hier eine kurze Information über den MTS genügen.

Die NNTP-Dienste

Der NNTP-Dienst ermöglicht die Teilnahme an Diskussionsgruppen, was innerhalb oder außerhalb der eigenen Organisation ge-

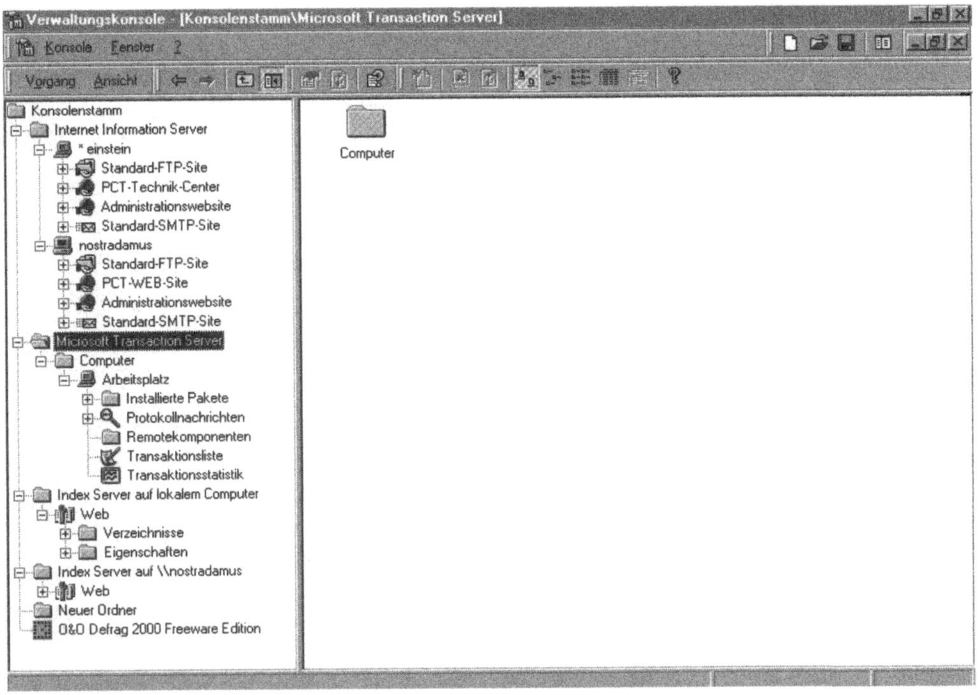

Abb. 151

schehen kann. Es können Artikel von anderen gelesen, oder eigene veröffentlicht werden. Der Dienst ist mit anderen NNTP-Servern und -Clients kompatibel, die den Internetstandard NNTP benutzen.

Die SMTP-Dienste

Der SMTP-Dienst unterstützt voll das Standard-Internetprotokoll, und es werden innerhalb einer Einzelserverkonfiguration Hunderte von Clientverbindungen unterstützt. Mehrere Domänen können für einen Server konfiguriert werden.

Die Verwaltung kann dabei vom Internet-Dienst-Manager vorgenommen werden, der auch NNTP, IIS, FTP und Index-Server mitverwalten kann. Die Verschlüsselung von Nachrichten wird mittels TLS (Transport Layer Security) vorgenommen.

Das hauptsächliche Verwaltungsprogramm kann wieder in einer MMC eingebunden werden. Gestartet wird es über seine Eigenschaften.

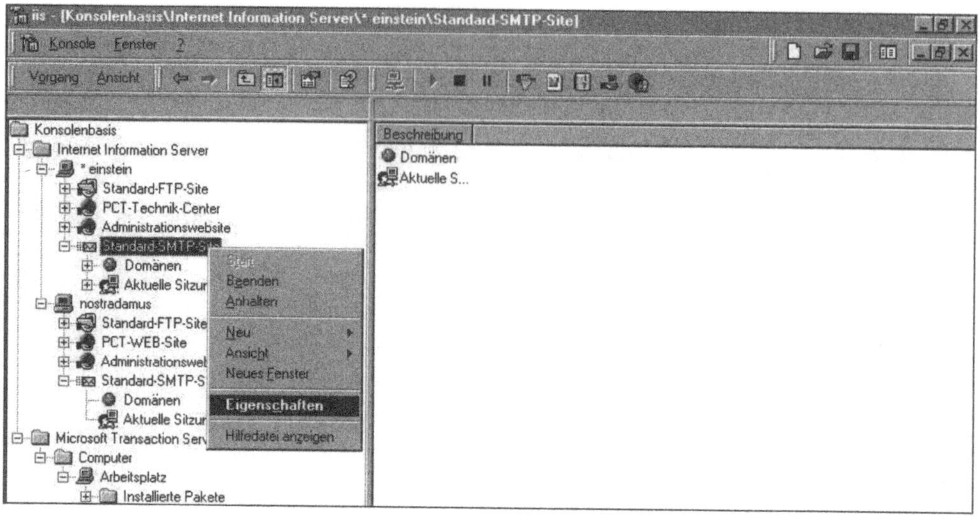

Abb. 152

Die Registerkarte SMTP-SITE bietet allgemeine Einstellungen zur IP-Adresse, den TCP-Anschlüssen für eingehende bzw. ausgehende Mails.

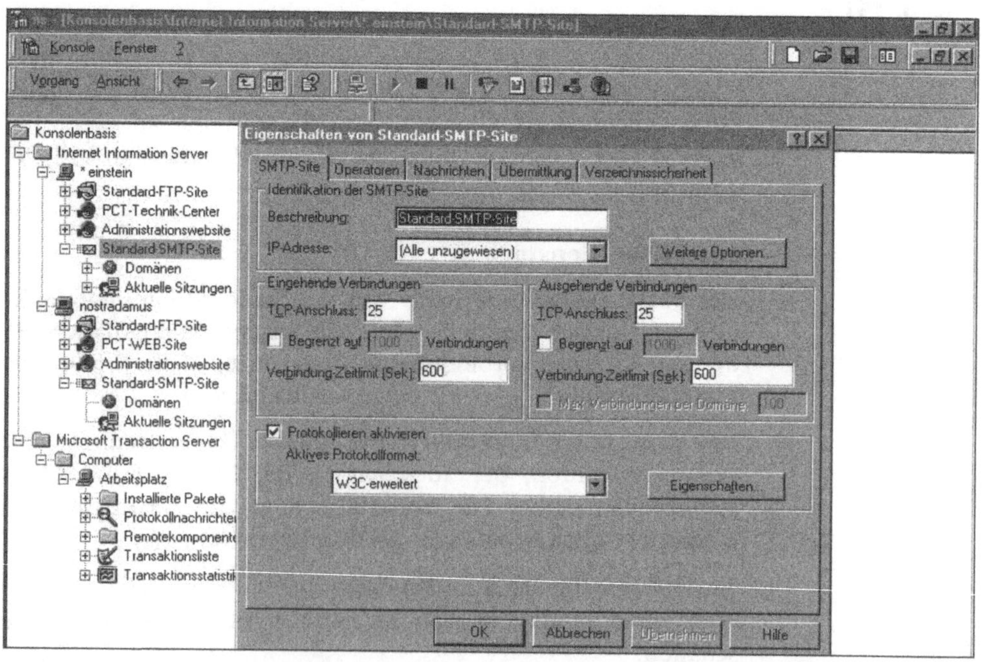

Abb. 153

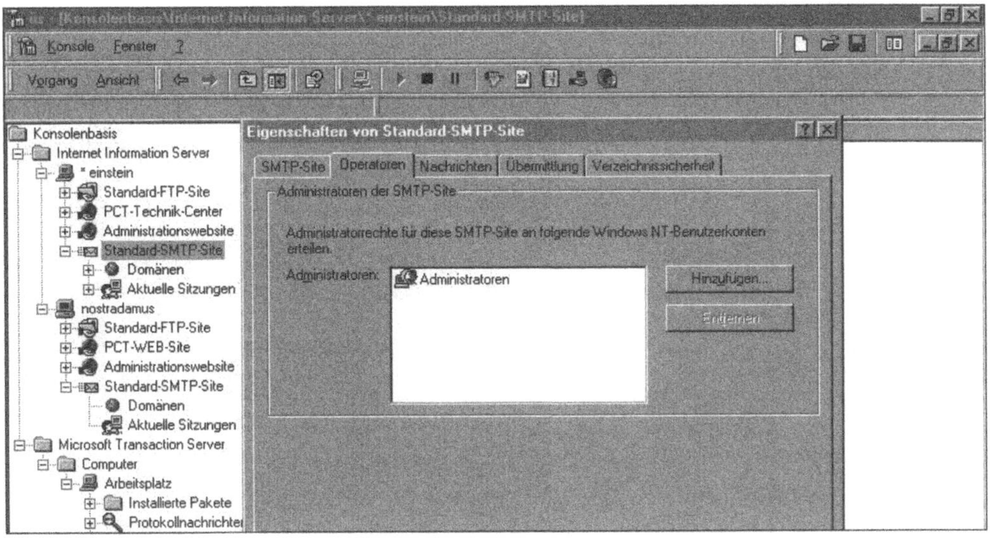

Abb. 154

In der Registerkarte OPERATOREN können die administrativen Gruppen oder Benutzer hinzugefügt werden.

In der Registerkarte NACHRICHTEN werden Größenbeschränkungen der Nachrichtengröße und der Anzahl der Verbindungen festgelegt.

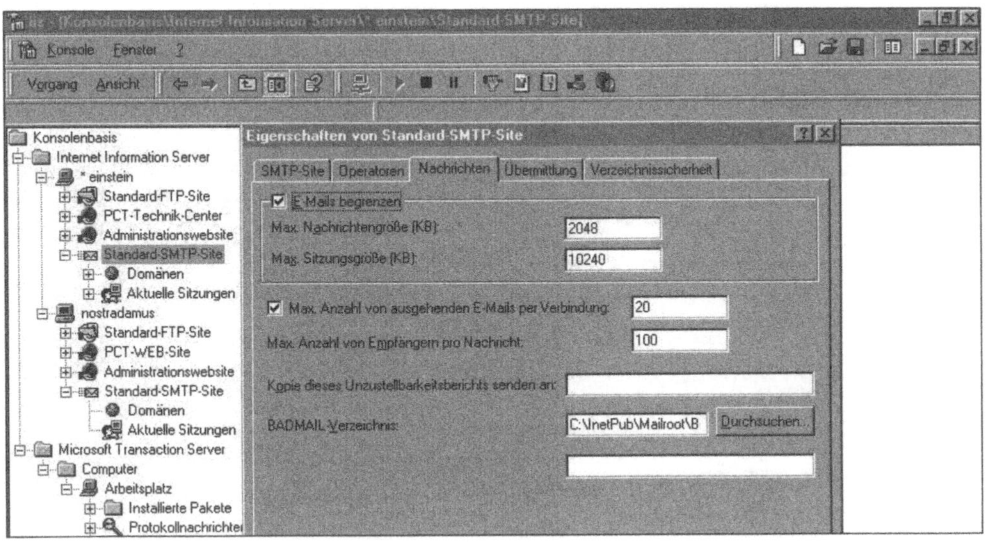

Abb. 155

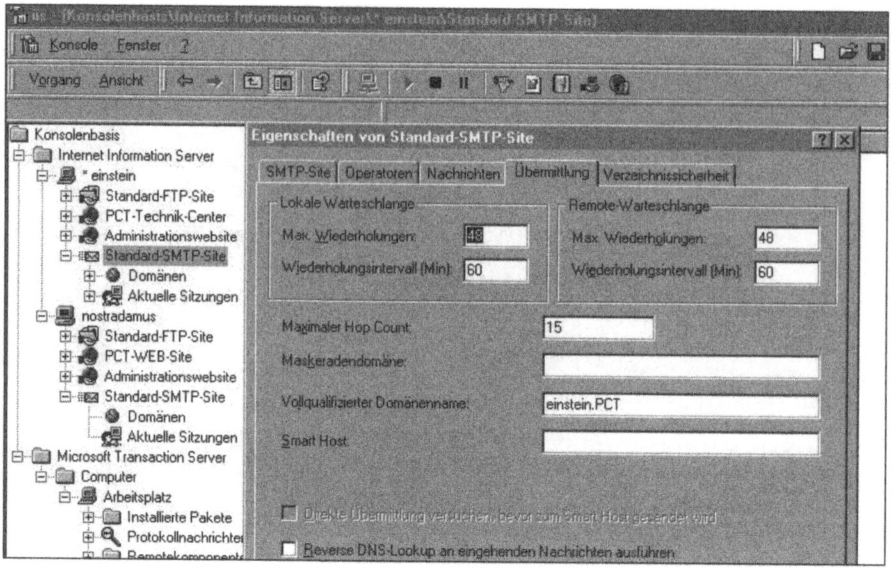

Abb. 156

Über die Registerkarte VERZEICHNISSICHERHEIT können Einstellungen zu Zugriffen und Authentifizierungsmethoden gemacht werden.

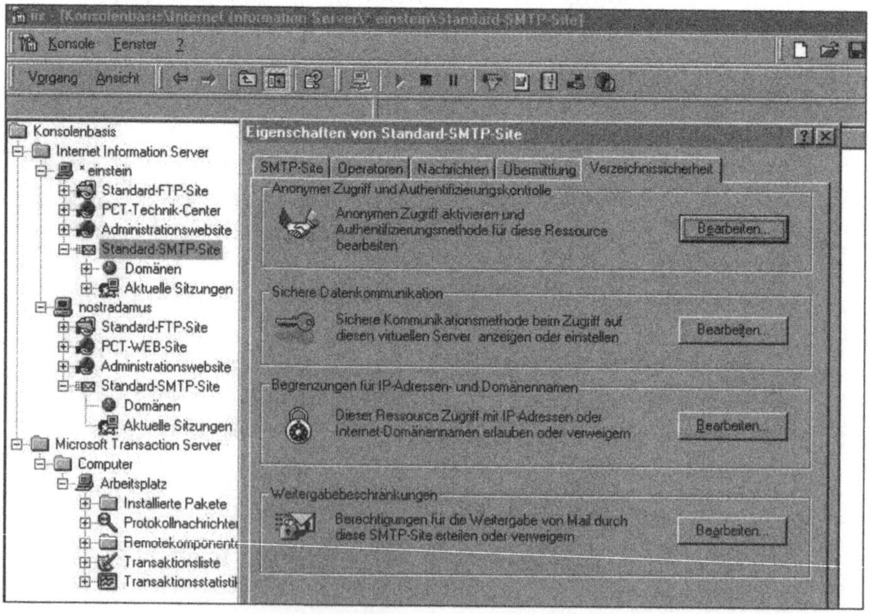

Abb. 157

Unterstützung von Active-Server-Pages (*.asp-Dateien)

Mit ASPs können WEB-Server dynamische und interaktive Websites ausführen. Auch das Erstellen solcher Websites ist mit dem Server möglich. Zur Anwendung können dabei JavaScripts oder VisualBasicScripts kommen. Der WEB-Server verarbeitet die Scripts und gibt die Ergebnisse im HTML-Format an den WEB-Browser des Benutzers weiter. Das Erfassen und Verarbeiten von Auftragsinformationen für Online-Unternehmen wird z. B. über ASPs ermöglicht. Hierbei werden auch Komponenten aus Datenbanken dynamisch in diese Pages eingefügt.

3.2.38 MS-Proxy-Server

Um ein Unternehmensnetzwerk an das Internet anzuschließen, gibt es zwei Möglichkeiten:

1. Das Netzwerk wird direkt mit dem Internet verbunden.
   Dies bedingt eine genaue IP-Konfiguration aller Rechner im Netzwerk. Das Netzwerk muss so konfiguriert werden, dass alle Rechner im Internet gültige IP-Adressen haben. Dies ist zum einen sehr kostenintensiv und zum anderen sehr arbeitsaufwendig, denn nicht nur die Computer, sondern auch alle Netze und Subnetze müssen entsprechend konfiguriert sein. Eine spezielle Firewall sollte installiert und konfiguriert werden.

2. Das Netzwerk wird über einen Proxy-Server mit dem Internet verbunden, was viele Vorteile mit sich bringt. So wird nur eine im Internet gültige IP-Adresse für den Proxy benötigt. Clients können mit ihren privaten, netzwerkeigenen Adressen auf das Internet zugreifen, denn der Proxy setzt diese Adressen in gültige Internetadressen um. Anfragen von Computern aus dem internen Netzwerk an das Internet leitet der Proxy weiter. Ebenso werden Rückmeldungen aus dem Internet vom Proxy an den Client weitergeleitet. Alle Clients in einem Netzwerk können über eine installierte Proxy-Client-Software am Internet teilhaben, ohne dass sie selber direkt mit dem Internet verbunden sind.

Der Proxy erfüllt aber noch eine weitere Anzahl von Aufgaben, die zur Abschirmung des Netzwerks vom Internet und für einen schnelleren Datenverkehr mit dem Internet sinnvoll sind.

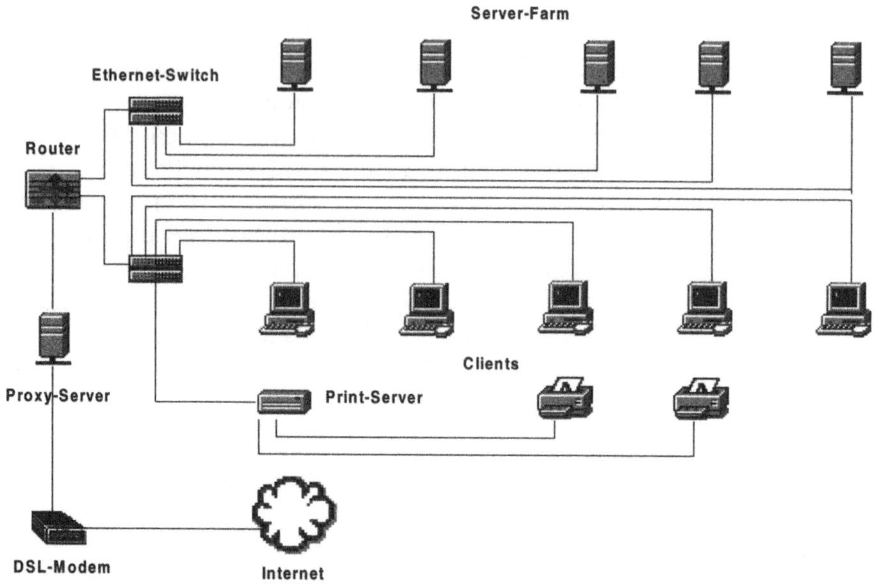

Abb. 158 Proxy-Server im Netzwerk

Der MS-Proxy-Server arbeitet mit Hilfe der Reverse-Proxy-Funktion, worüber in Verbindung mit dem IIS Internetseiten veröffentlicht werden können, ohne dass die Sicherheit des eigenen Netzwerks gefährdet ist. Reverse-Proxying und Reverse-Hosting sorgen dafür, dass Anfragen aus dem Internet vom Proxy an interne WEB-Server weitergeleitet werden, die hinter dem Proxy liegen. Dabei simuliert der Proxy zum Internet hin einen WEB-Server und leitet die Anfragen aus dem Internet ins eigene Netz. Dies hat den Vorteil, dass der eigene WEB-Server Verbindung zum privaten Netzwerk und dessen Dienste haben kann, ohne dass die Sicherheit des Netzwerks gefährdet ist und nicht relativ ungeschützt außerhalb des eigenen Netzwerks stehen muss.

Über das Server-Proxying werden eingehende Pakete für einen Computer hinter dem Proxy überwacht und nur vom Proxy selber an den Computer im privaten Netz weitergeleitet. So werden z. B. auch Mails an interne Exchange-Mail-Server weiter gegeben, ohne dass die Sicherheit des Netzwerks dabei beeinträchtigt wird.

Weitere Leistungsmerkmale des MS-Proxy-Servers:

- Er unterstützt alle Internetprotokolle, wie HTTP (Hypertext Transfer Protocol), FTP (File Transfer Protocol), RealPlayer (Streaming Audio/Video), VDOLive (Streaming Video), IRC (Internet Relay Chat) sowie Protokolle für E-Mail und News.
- Er unterstützt weiterhin den SOCKS-Standard und kann als SOCKS-Server im Netzwerk eingesetzt werden.
- Es ist eine Firewall integriert, über die mittels Paketfilterung das Netzwerk geschützt werden kann.
- Die volle Integration in die NT-Sicherheit ist gegeben.
- Es sind Cache-Funktionen enthalten, in denen schon benutzte Internetseiten bereitgehalten werden und so nicht noch mal aus dem Internet aufgerufen werden müssen (WEB-Proxydienst).
- Web-Proxydienst beinhaltet Zwischenspeicherung, Cache-Routing (CARP) und Reverse Proxying. WinSock-Proxydienst leitet API-Aufrufe der Windows Sockets (WinSock) um, führt die Umwandlung von IPX zu IP durch und bietet Server-Proxying.
- Socks-Proxydienst beinhaltet SOCKS-Unterstützung. Der Socks-Proxydienst unterstützt alle SOCKS-Client-Anwendungen, die dem SOCKS-Standard entsprechen.

Dienste des MS-Proxy-Servers:

- WEB-Proxydienst
- WINSOCKS-Proxydienst
- SOCKS-Proxydienst

WEB-Proxydienst

Der WEB-Proxy ist gleichzeitig Server und Client. Er ist als Server für die Client-WWW-Anfragen aus dem internen Netz zuständig. Als Client gibt er diese Anfragen an WWW-Server im Internet weiter. Der Dienst enthält

- CERN-Proxykompatibilität (alle gängigen Browser können darauf zugreifen)
- Zwischenspeicherung von HTTP- und FTP-Objekten (CACHE-Funktionen für Internetobjekte)
- Reverse Proxying und Reverse Hosting für Web-Veröffentlichungen (sichere Wege zu internen Servern. Anfragen aus

dem Internet werden nur vom Proxy bearbeitet und weiter gegeben)

- Sicherheit auf Benutzerebene für jedes Anwendungsprotokoll (NT-Sicherheit oder anonymer Zugriff; Zugriff auf einzelne Protokolle können gezielt für Benutzer/Gruppen freigegeben werden, SSL-Datenverschlüsselung ist möglich)
- Begrenzung (Filtern) des Zugriffs auf Internetsites (Zugriff auf spez. Internetseiten kann beschränkt werden)
- Verbergen von internen IP-Adressen (nur der Proxy verfügt über eine IP-Adresse im Internet. Interne Adressen werden verborgen)
- Protokollieren von Informationen über Internetanfragen von Clients (alle Aktivitäten können protokolliert werden. Protokolle können als Text oder in SQL-Datenbanken verwaltet werden)
- Kompatibilität mit allen gängigen Client-Betriebssystemen und Hardware-Plattformen

WinSock-Proxydienst

Über den WINSOCK-Proxy kann eine Windows Sockets-Anwendung auf einem Client im internen Netz ausgeführt werden. Dabei verhält sich die Anwendung, als wenn sie mit einer Remote-Serveranwendung im Internet verbunden wäre, wobei aber wirklich der Proxy-Server als Proxy-Host für diese Verbindung dient.

Zu einem Teil wird der WINSOCK-Proxydienst auf dem Server ausgeführt, zu einem anderen Teil, mittels einer DLL, die auf dem Client installiert ist, auf dem Client. Diese DLL wird bei der Proxy-Client-Installation installiert und leitet API-Aufrufe so um, dass diese vom Client zu Remote-Servern weiter gereicht werden. Über Windows Sockets können also Anwendungen auf demselben, oder verschiedenen Computern über ein Netzwerk (LAN oder WAN) ausgeführt werden. Dabei werden Kommunikationskanäle in den Anwendungen durch Datenstrukturen dargestellt, die man SOCKETS nennt. Sockets bestehen aus IP-Adresse und Port-Nummer.

Der Dienst enthält

- Unterstützung von TCP/IP und IPX/SPX im privaten Netzwerk
- Echtheitsbestätigung durch NT-Sicherheit zwischen Client und Server

- Kompatibilität mit fast allen bestehenden Anwendungen, die mit Windows Sockets arbeiten
- Steuerung des eingehenden und ausgehenden Zugriffs (Zugriffe werden über Protokoll, Port, Benutzer/Gruppe geregelt. Jeder Port kann dabei für Benutzer/Gruppen aktiviert/deaktiviert werden)
- Einschränken des Zugriffs auf Internetsites (Filterung)
- Verhindern des Zugriffs externer (Internet-)Benutzer auf interne Computer (vollständiges Unterbinden des Routings vom Internet zum eigenen Netzwerk)
- Verdecken von IP-Addressen
- Protokollieren von Informationen über Internetanfragen von Clients
- Kompatibilität mit Clientcomputern unter Windows

Socks-Proxydienst

Über SOCKS wird eine sichere Kommunikation zwischen Server und Client gewährleistet. Des Weiteren sichert SOCKS Benutzern über einen Proxy den Zugriff auf das Internet. Dabei werden hier aber auch die Umleitungsfunktionen des WINSOCK-Proxydienstes auf andere Betriebssysteme ausgedehnt.

Der Dienst enthält

- Unterstützung von TCP/IP im privaten Netzwerk und Echtheitsbestätigung.
- Kompatibilität mit allen gängigen Client-Betriebssystemen und Hardware-Plattformen (z.B. Windows, Macintosh und UNIX).
- Unterstützung für die SOCKS-Standardkonfigurationsdatei
- Protokollierung von SOCKS-Anfragen durch Clients

Voraussetzungen für die Installation:

- WIN NT4-Server
- NTFS-Partition
- Service-Pack 3 oder höher
- Interne Netzwerkkarte, für die Verbindung zum Netzwerk
- Externe Netzwerkkarte, Modem oder ISDN, für die Verbindung zum Internet

- RAS-Dienst
- Installierter IIS
- TCP/IP-Protokoll

Installation:

MS-Proxy-Server ist Mitglied der Backoffice-Produktfamilie, die aus 4 CD's besteht. Auf der CD, auf der sich der Proxy-Server befindet, in das entsprechende Verzeichnis wechseln und SETUP. EXE ausführen.

Installiert werden:

- Web-Proxydienst
- WinSock-Proxydienst
- Socks-Proxydienst
- freigegebenes Netzwerkverzeichnis für Clients, welches ein Installationsprogramm für Clients enthält
- Online-Dokumentation
- Administrative Komponenten, die zum Programm Internetdienst-Manager von Internet Information Server (IIS) hinzugefügt werden

Wichtige Installationsschritte:

1. Installation der Komponenten
   - Proxy-Server
   - Verwaltungsprogramme
   - Online-Doku
2. Einrichten von Cache-Laufwerken

Hier handelt es sich um einen Festplattenbereich, der definiert werden muss und in dem Seiten zwischengelagert werden. Je nachdem, wie viel Clients das Netzwerk umfasst, sollte die Größe dieses Cache-Laufwerks angegeben werden.

3. Definieren der lokalen Adress-Tabelle (LAT)

Es müssen IP-Adresspaare eingeben werden, die die Adressbereiche im eigenen Netzwerk darstellen. Dies ist wichtig, da der Proxy anhand dieser Informationen feststellt, welcher IP-Bereich für das interne Netz vorhanden ist und welche von außerhalb kommen. Dieser Bereich kann auch aut. abgefragt werden lassen (über TABELLE ERSTELLEN). Dies ist aber dann unbedingt zu

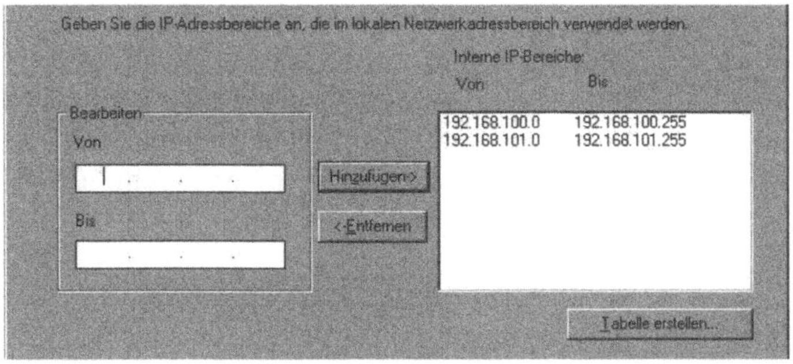

Abb. 159

überprüfen, da oft externe Adressen hinzugefügt werden, was ein großes Sicherheitsrisiko darstellen würde (besser von Hand eintragen).

4. Client-Informationen

In diesem Dialogfeld wird festgelegt, wie Clients konfiguriert werden, wenn sie über das Setup des Clientkonfigurationsprogramms als Proxy-Client installiert werden. Diese Konfigurationseinstellungen zeigen, wie Webbrowser und Anwendungen von WinSock-Proxyclient Verbindung mit dem Proxy herstellen.

Im Feld COMPUTER MIT NAME ist der Name des Proxys, oder wenn IP-ADRESSE ausgewählt ist, dessen IP-Adresse im internen Netz anzugeben. Manuell sollte ausgewählt werden, wenn über die Datei Mspclnt.ini gearbeitet wird, die gesondert bearbeitet werden muss (erstmal nicht zu empfehlen).

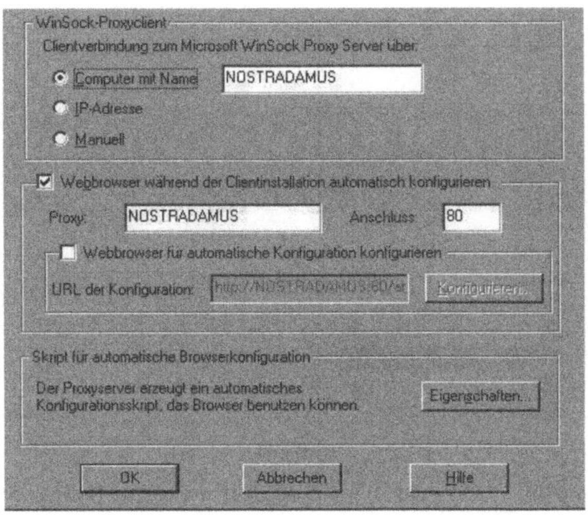

Abb. 160

Wichtig ist die Option WEBBROWSER WÄHREND DER CLIENT-INSTALLATION AUTOMATISCH KONFIGURIEREN. Hier wird festgelegt, dass der Browser des Clients für Internetzugriffe den Proxy verwendet und nicht annimmt, dass er direkt mit dem Internet verbunden ist. In späteren Schritten können noch Alternativpfade hinzugefügt werden.

Konfiguration des Proxy-Servers:

Die Konfiguration kann lokal oder remote über eine Verwaltungsworkstation vorgenommen werden. Ist eine MMC (Mirosoft Management Console) auf dem Computer installiert, kann der Proxy dieser hinzu gefügt werden. Ansonsten ist die Verwaltung über den Internet-Dienst-Manager des IIS vorzunehmen, welcher auch auf einer Verwaltungsworkstation vorhanden ist, wenn dort der PEER-WEB-Service installiert wurde.

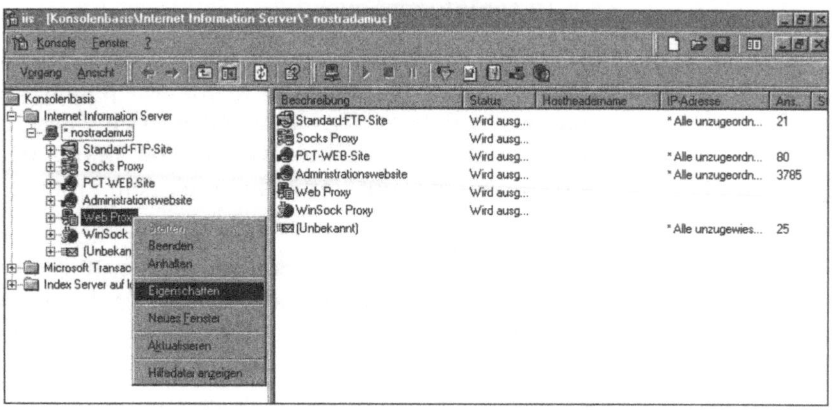

Abb. 161 Verwaltung über eine MMC

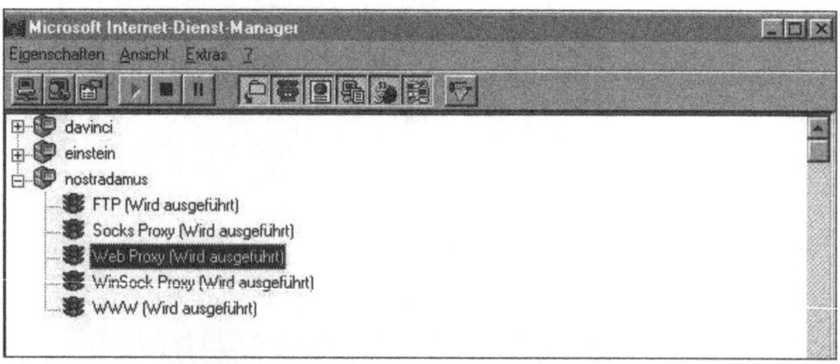

Abb. 162 Verwaltung über den Internet-Dienst-Manager

WEB-Proxydienst konfigurieren

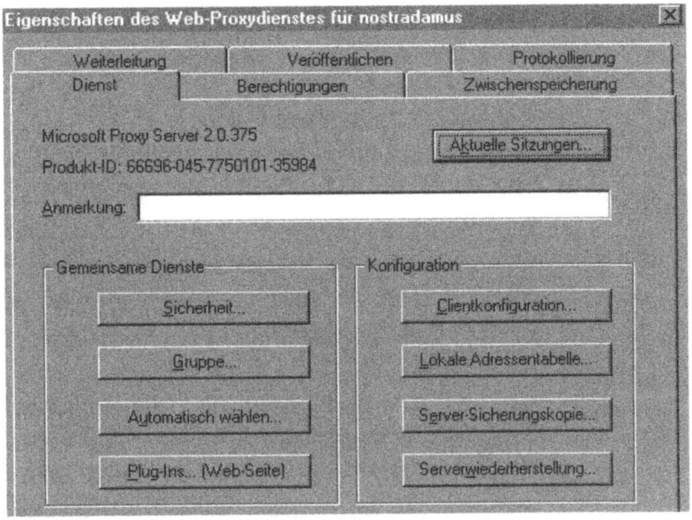

Abb 163 Eigenschaften des WEB-Proxy-Servers

Registerkarte Dienst:

Die nachfolgenden Einstellungen dieser Registerkarte müssen für den WEB-Proxy-, den WINSOCK-Proxy- und den SOCKS-Proxy-Dienst gesondert gemacht werden. Jeder dieser Dienste bietet diese Registerkarte an.

Sicherheit

Hier sind Einstellungen zu machen, die die Firewall betreffen. Dabei kann mit Hilfe der Firewall-Sicherheitsfunktionen des Proxyservers der Informationsfluss vom und zum Proxy geregelt werden. Es können Pakete gefiltert, Sicherheitswarnungen und Protokolle konfiguriert sowie Clientanfragen autorisiert werden.

Achtung: Nach der Installation des Proxys ist die Paketfilterung deaktiviert. Damit diese aktiviert werden kann, muss zuerst eine externe Netzwerkschnittstelle (Modem oder ISDN) auf dem Proxy-Computer installiert und konfiguriert werden. Außerdem ist das aut. Wählen zu konfigurieren (siehe weiter unten). Der RAS-Dienst sowie eine DFÜ-Verbindung müssen eingerichtet worden sein.

Über die dyn. Paketfilterung wird dyn. ermittelt, welche Pakete durch die Proxydienste zum internen Netzwerk geleitet werden können. Dabei wird sowohl eingehende als auch ausgehende Paketfilterung angewendet. Es bedarf keiner Definition von Gruppen von Anschlüssen (Ports), die für verschiedene Anwendungen manuell geöffnet und geschlossen werden müssen. Ports werden bei Bedarf aut. geöffnet und nach Beendigung der Kommunikation wieder geschlossen. Dadurch wird die Anzahl der dauernd freigelegten Ports in beiden Richtungen verringert und damit das Sicherheitsrisiko vermindert.

Die Paketfilterung wird nur auf die externen Netzwerkkarten angewendet. Die internen Netzwerkkarten werden davon nicht berührt, so dass alle Sicherheitsmaßnahmen von Windows NT wie die Echtheitsbestätigung von Kennwörtern und Benutzerrechten hier weiter greifen.

Es können Warnungen konfiguriert werden, die bei bestimmten Ereignissen bestimmte Aktionen auslösen. Diese Warnungen können Angriffe von außen oder nicht weitergeleitete Pakete betreffen. Die Warnungen können an das Ereignisprotokoll und/ oder an eine e-mail-Adresse gehen.

Wenn der Proxy-Server installiert ist, sind vordefinierte Paketfilter eingerichtet, die je nach Bedarf verändert oder beibehalten werden können. Ist für einen Port kein Paketfilter aktiviert, ist die Verwendung dieses Ports deaktiviert. Bestimmte Protokolle verlangen mehrere Filter bzw. Listeneinträge, damit sie korrekt konfiguriert werden können. So besteht zum Beispiel PPTP aus zwei bidirektionalen Filtern: einem PPTP-Aufruffilter und einem PPTP-Empfangsfilter, die beide Anschluss 1723 verwenden.

Einstellungen der Firewall:

Ist das Kotrollkästchen PAKETFILTERUNG FÜR EXTERNE SCHNITTSTELLE AKTIVIEREN aktiviert, ist der Paketfilter eingeschaltet und alle Pakete sind erst einmal blockiert. Standardmäßig ist die dyn. Paketfilterung über das selbige Kontrollkästchen DYNAMISCHE PAKETFILTERUNG VON MICROSOFT PROXY-SERVER-PAKETEN AKTIVIEREN aktiviert, wodurch eine ausreichende Konfiguration der Firewall gegeben ist. Die manuelle Konfiguration sollte erst verwendet werden, wenn ein ausreichender Einblick in das Thema FIREWALL erreicht wurde (was an dieser Stelle nicht das Thema ist), da hier beträchtlich viel Know How dahinter steckt und für die Sicherheit des Netzwerkes viel falsch gemacht werden kann.

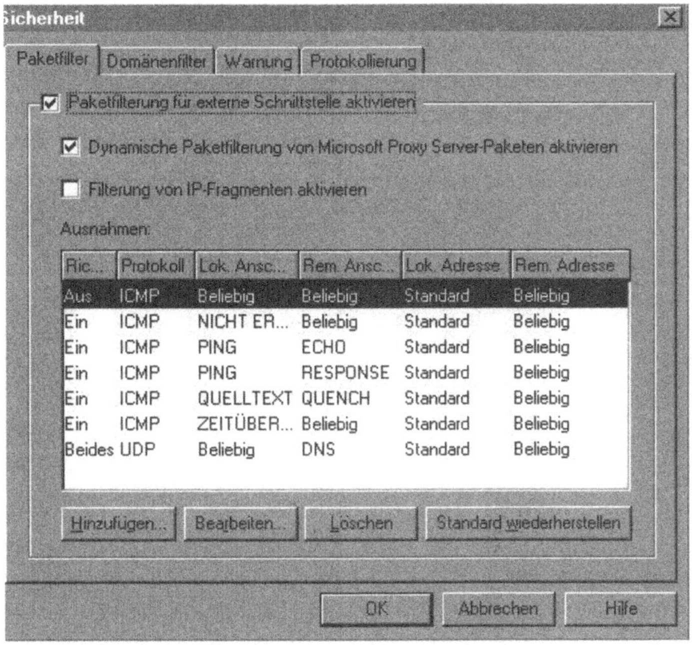

Abb. 164 Paketfilter definieren

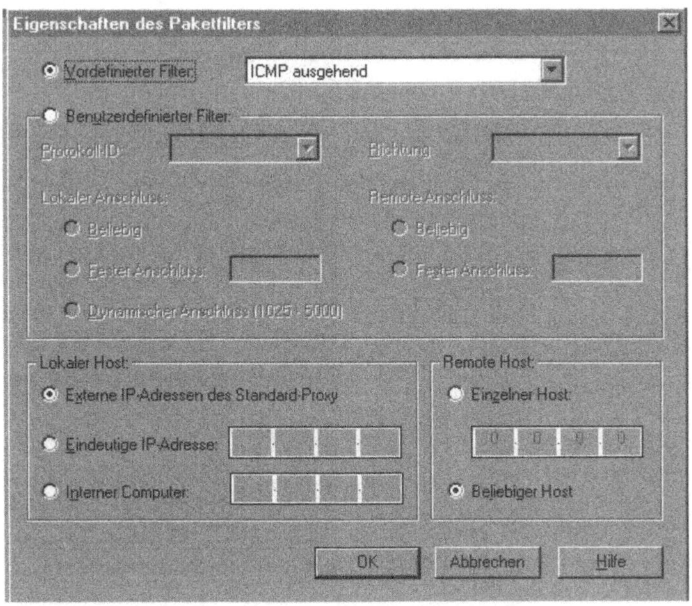

Abb. 165 Paketfilter bearbeiten

Einstellen von Domänenfiltern:
Über Domänenfilter kann festgelegt werden, welche Server im Internet für Clients des internen Netzwerks zugänglich sind oder ausgeschlossen werden. Dabei können IP-Adressen, IP-Teilnetze oder Domännamen verwendet werden (z.B. www.pct.com).

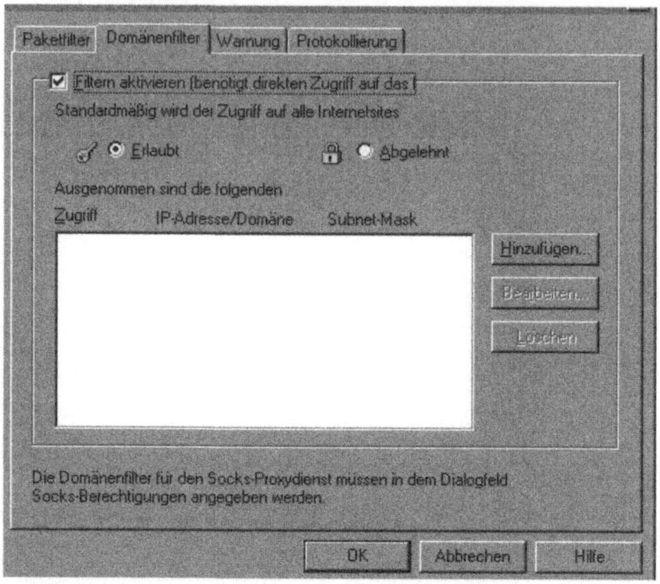

Abb. 166 Domänenfilter

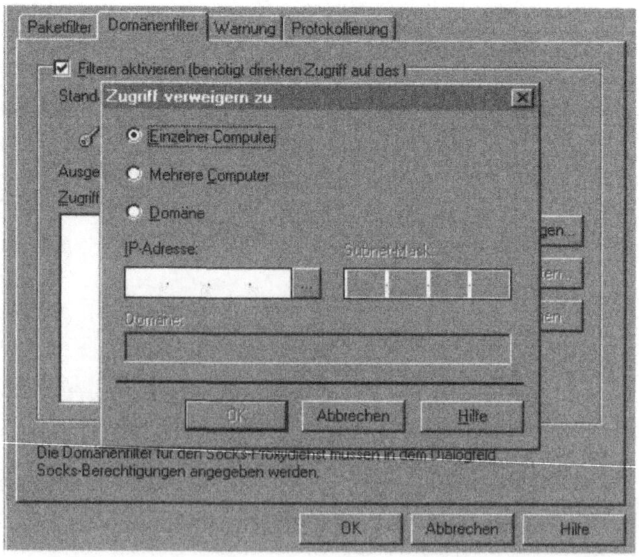

Abb. 167

Warnungen:
Über die Registerkarte WARNUNGEN können Netzwerkereignisse überwacht und Warnmeldungen konfiguriert werden. Netzwerkereignisse den Proxy betreffend können Protokollverletzungen, voller Datenträger oder zurück gewiesene Pakete sein. Die Ereignisse können, je nach Konfiguration, im Paketfilterungsprotokoll, den Dienstprotokollen des Proxyservers, im Ereignisprotokoll oder als e-mail an einen dafür vorgesehenen Empfänger aufgezeichnet werden. Oft zurück gewiesene Pakete oder eine Protokollverletzung können Hinweise auf Angriffe auf das eigene Netzwerk darstellen.

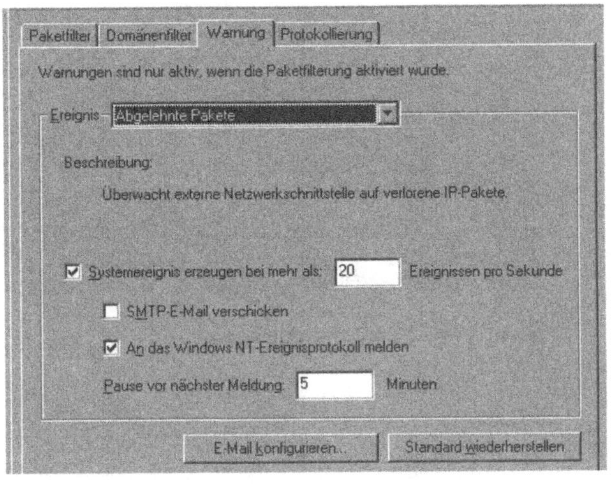

Abb. 168 Warnungen konfigurieren

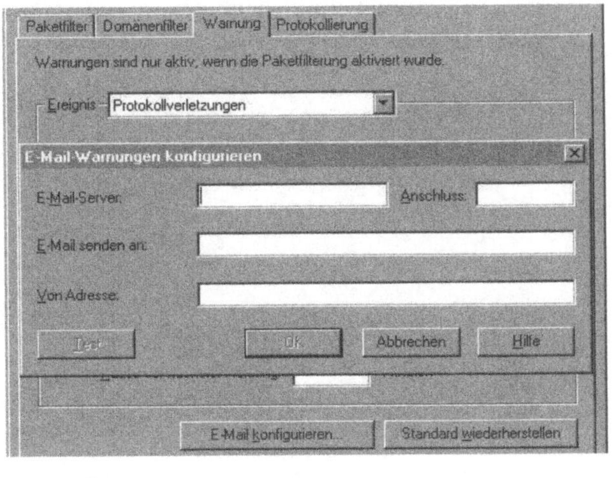

Abb. 169 e-mail-Warnung konfigurieren

Protokollierung:
Über die Registerkarte PROTOKOLLIERUNG können Einstellungen zum Protokoll gemacht werden, die die Datei oder die Art und Weise der Protokollierung betreffen.

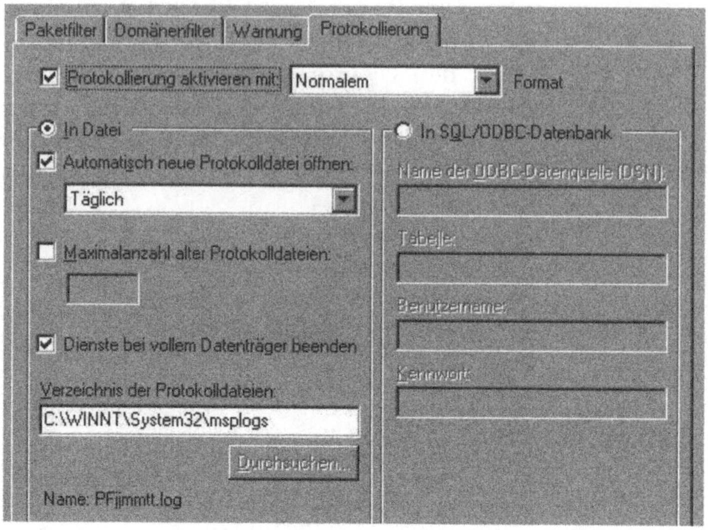

Abb. 170 Protokollierung

Gruppe

Hier können Einstellungen gemacht werden, wenn der Proxy-Server einer Proxy-Gruppe angehören soll. Proxy-Server-Gruppen können eingerichtet werden, wenn die Cache-Leistung des Proxys erhöht werden soll. Anwender sehen die Gruppe jedoch nicht. Für sie ist nur ein Proxy vorhanden.

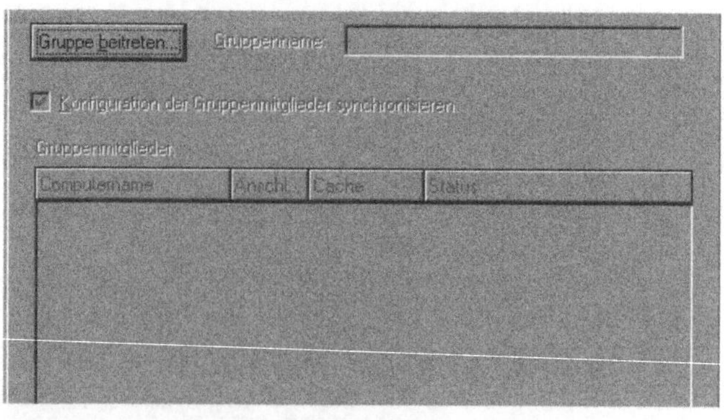

Abb.171 Proxy-Gruppe konfigurieren

Automatisches Wählen

Der Proxy muss nicht unbedingt dauernd mit dem Internet verbunden sein. Ist er Offline und ein Computer im Netzwerk will auf das Internet zugreifen, wählt der Proxy die Verbindung zum Internet neu an. Dies macht er aber nur dann, wenn eine schon mal benutzte Internetseite nicht im Cache zu finden ist. Ist die gewünschte Seite im Cache vorhanden, kann sie von dort geladen werden. Eine Verbindung zum Internet ist dann nicht notwendig.

Voraussetzungen für das aut. Wählen schaffen:
Um auf die Art auf das Internet zuzugreifen, verwendet der Proxy RAS-Telefonbucheinträge (DFÜ-Netzwerk). Dazu muss der RAS-Client auf dem Proxy installiert und für die Verwendung mit Modem oder ISDN konfiguriert worden sein (siehe Abschn. 3.2.25/26). Einträge der Wählverbindung zum ISP (Internet-Service-Provider) sowie die Zugangsdaten zu diesem müssen über das DFÜ-Netzwerk konfiguriert sein (Benutzername, Kennwort, etc). Das entsprechende Fenster für Benutzername und Kennwort erscheint erst, wenn alle Einträge im DFÜ-Netzwerk abgeschlossen wurden und auf WÄHLEN geklickt wird.

Die entsprechenden Dienste müssen nun noch konfiguriert werden. Dazu ist anstelle des automatischen Wählens von RAS, die Funktion des automatischen Wählens des Proxyservers für die Unterstützung von Wählverbindungen zu verwenden.

1. In der Systemsteuerung auf Dienste klicken
2. Im Dialogfeld Dienste den Eintrag RAS-SELBSTWAHL-MANAGER auswählen und „Startart“ anklicken, und hier „Deaktiviert“ auswählen
3. Im Dialogfeld Dienste den Eintrag RAS-VERBINDUNGS-MANAGER auswählen und „Startart“ anklicken, und hier „Automatisch“ auswählen

Nun muss noch die Bindung des WINS-Clients an den externen Netzwerk-Adapter aufgehoben werden.

1. In der Systemsteuerung auf Netzwerk klicken
2. Im Dialogfeld Netzwerk auf die Registerkarte Bindungen klicken
3. Unter ANZEIGE DER BINDUNGEN FÜR „Alle Netzwerkkarten“ auswählen
4. In der Liste der Netzwerkkarten auf das Pluszeichen neben RAS-WAN-WRAPPER klicken, um die Anzeige zu erweitern.

5. Unter RAS-WAN-Wrapper WINS-Client (TCP/IP) auswählen und auf „Deaktivieren“ klicken

Ist alles konfiguriert, müssen die Proxydienste über die Eingabeaufforderung noch neu gestartet werden:

net stop | start w3svc (Web-Proxydienst)
net stop | start wspsvc (WinSock-Proxydienst)
net stop | start spsvc (Socks-Proxydienst)

Nun kann über die Schaltfläche AUTOMATISCHES WÄHLEN dieses konfiguriert werden. Ein Wählen zu bestimmten Zeiten macht nur dann Sinn, wenn dies die Kosten senken würde (verschiedene Tarife, zu bestimmten Zeiten).

Das Kontrollkästchen WÄHLEN FÜR WINSOCKS UND SOCKS-PROXY AKTIVIEREN muss aktiviert werden. Das Kontrollkästchen WÄHLEN FÜR WEB-PROXY PRIMÄRROUTE muss aktiviert werden. Diese ist die eigentliche Verbindung über den Proxy zum Internet. Es kann auch eine Reserveroute aktiviert werden. Dies muss dann auf der Registerkarte WEITERLEINTUNG unter „Upstream-Weiterleitung“ konfiguriert werden.

Die Registerkarte ANMELDEINFORMATIONEN muss nun noch mit den entsprechenden Informationen ausgefüllt werden.

Achtung: Bei den meisten ISPs darf unter DOMÄNE nichts eingetragen werden.

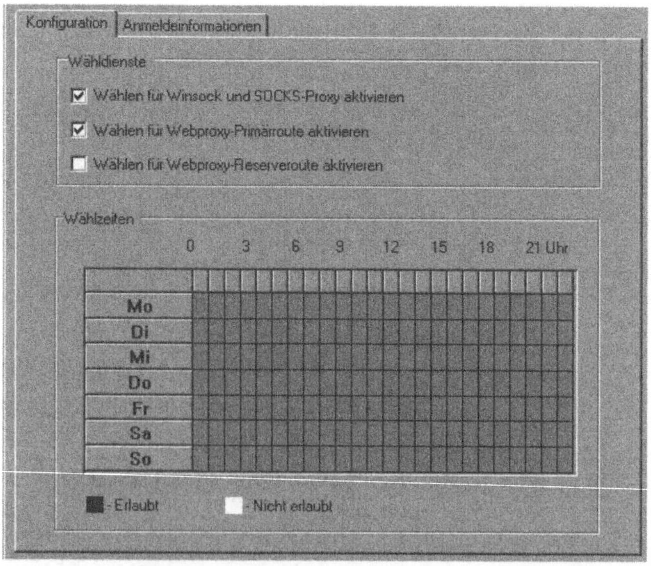

Abb. 172 Automatisches Wählen

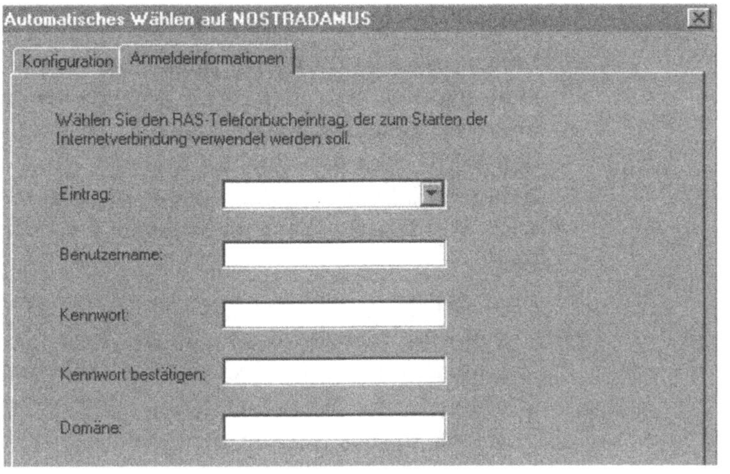

Abb. 173 Anmeldeinformationen beim Provider

Plug-Ins

Hier können Plug-Ins automatisch aus dem Internet herunter geladen werden, die die Funktionalität des Proxy-Servers erweitern.

Clientkonfiguration

Die Einstellungen, die bei der Installation des Proxy-Servers zur automatischen Konfiguration der Proxy-Clients gemacht wurden, können hier verändert werden.

Lokale Adress-Tabelle

Die Einstellungen zur LAT, die während der Installation des Proxy-Servers gemacht wurden, können hier verändert werden.

Server-Sicherungskopie

Eine Sicherung mit den Konfigurationsparametern des Proxy-Servers kann hier erstellt werden und über

Serverwiederherstellung

wieder hergestellt werden.

Aktuelle Sitzungen

Hier können die Benutzer eingesehen werden, die gerade im Internet surfen.

Registerkarte Berechtigungen:

Welche Benutzer oder Gruppen über welche Protokolle Zugang zum Internet über den WEB-Proxydienst haben können, wird über die Berechtigungen geregelt. Berechtigungen müssen für den WEB- oder den WINSOCK-Dienst extra eingerichtet werden. Benutzer oder Gruppen, denen Zugang zum Internet gewährt wird, werden im Benutzer-Manager für Domänen von NT definiert.

Über PROTOKOLL kann das jeweilige Protokoll ausgewählt werden, für das Berechtigungen eingerichtet werden sollen. Über die Schaltfläche BEARBEITEN werden die Benutzer/Gruppen ausgewählt, an die die Berechtigung erteilt werden soll, über dieses Protokoll auf das Internet zuzugreifen.

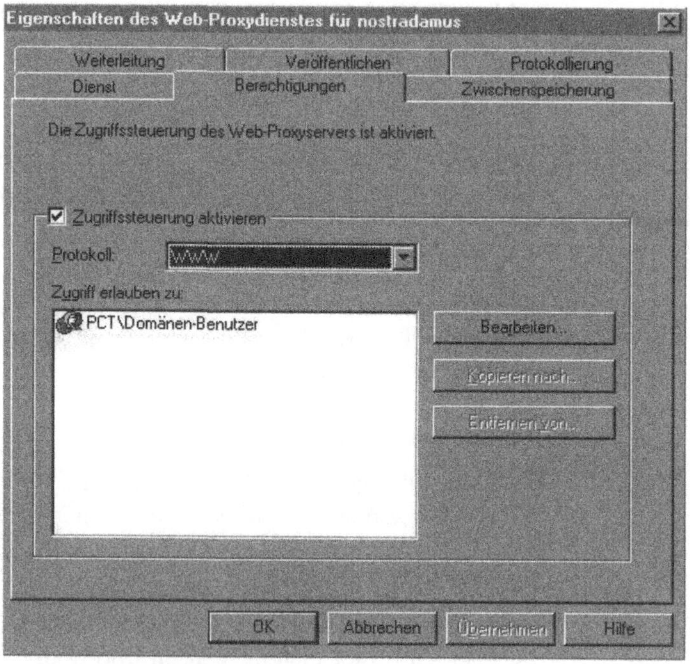

Abb. 174 Berechtigungen

Über die Schaltfläche KOPIEREN NACH können Berechtigungen für mehrere Protokolle gleichzeitig vergeben werden. Ebenso können Benutzer und Gruppen über ENTFERNEN VON die Berechtigungen für mehrere Protokolle gleichzeitig entzogen werden.

Registerkarte Zwischenspeicherung:

Die Zwischenspeicherung wird dafür verwendet, Kopien von Internetseiten lokal zur Verfügung zu stellen. Es können aber nicht alle Seiten zwischengespeichert werden, da bestimmte Seiten sich ändern, wenn auf sie zugegriffen wird. Manche Seiten können auch aus Sicherheitsgründen nicht zwischengespeichert werden, wenn der Zugriff auf sie eine Echtheitsbestätigung benötigt.

Zwischenspeicherung kann passiv oder aktiv sein. Beim passiven Zwischenspeichern wird eine Seite im Cache abgelegt, für die dann auch ein TTL (Time To Live) errechnet wird. Innerhalb dieses TTLs wird die Seite bei Anfragen von Clients immer aus dem Cache des Proxys bezogen. Beim aktiven Zwischenspeichern kommt zum Vorgang des passiven Zwischenspeicherns eine Erweiterung dazu, indem der Server veranlasst wird, automatisch Anfragen nach einer gegebenen Teilmenge von Objekten zu generieren. Diese Seiten werden nach Beliebtheit, TTL und Serverbelastung optimiert.

Die Zwischenspeicherung steigert die Leistung für Benutzer und verringert die Bandbreitenauslastung der Internetverbindung. Zwischenspeicherung kann auch über mehrere Proxys (Proxy-Gruppe) verteilt werden und so konfiguriert werden, dass ein zusammenhängender, großer Zwischenspeicher entsteht, was die Leistung für Benutzer weiter steigert und die Bandbreitenauslastung zum Internet weiter verringert.

Cache-Modus festlegen:
Auf der Registerkarte ZWISCHENSPEICHERUNG muss zunächst das Kontrollkästchen ZWISCHENSPEICHERUNG AKTIVIEREN aktiviert werden. Unter „Richtlinien für Cache-Ablaufdatum" sind dann die gewünschten Einstellungen zu machen:

- „Aktualisierungen sind wichtiger (mehr Aktualisierungsprüfungen)" hält die Daten im Cache so aktuell wie möglich, erhöht aber auch den Internetverkehr.
- „Weniger Netzwerkzugriffe sind wichtiger (mehr Zwischenspeicher-Treffer)" erzielt die beste Reaktion auf Benutzeranfragen.

Unter „Aktives Zwischenspeichern aktivieren" können folgende Einstellungen gemacht werden:

- „Schnelle Antworten sind wichtiger (mehr Vorauslesen)" erreicht die beste Beantwortung von Benutzeranfragen.
- „Weniger Netzwerkzugriffe sind wichtiger (weniger Vorauslesen)" verringert den Internetverkehr

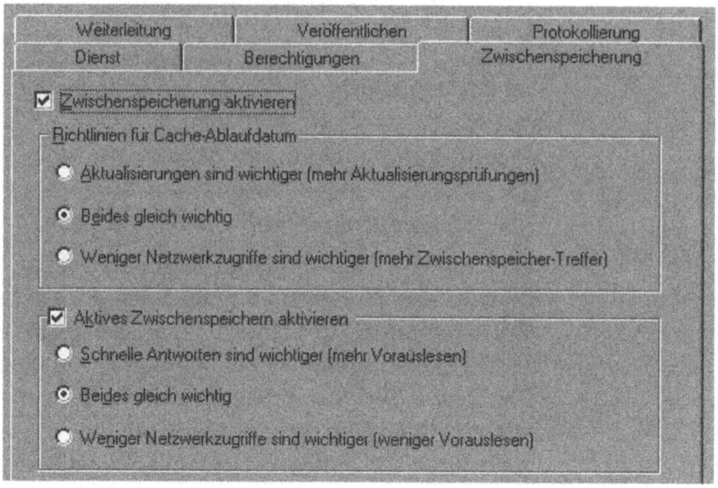

Abb. 175 Zwischenspeicher konfigurieren

Über die Schaltfläche CACHEGRÖẞE können Veränderungen am Cache vorgenommen werden. Da die Größe bei der Installation schon festgelegt wurde, ist hier Vorsicht angebracht. Das Verkleinern des Caches bewirkt, dass zwischengelagerte Seiten gelöscht werden könnten.

Über die Schaltfläche WEITERE OPTIONEN können Einstellungen zu TTLs gemacht werden.

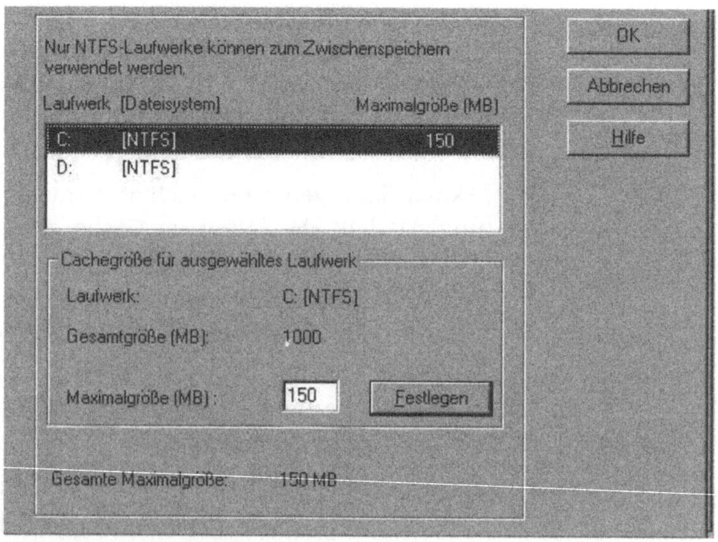

Abb. 176 Cachegröße

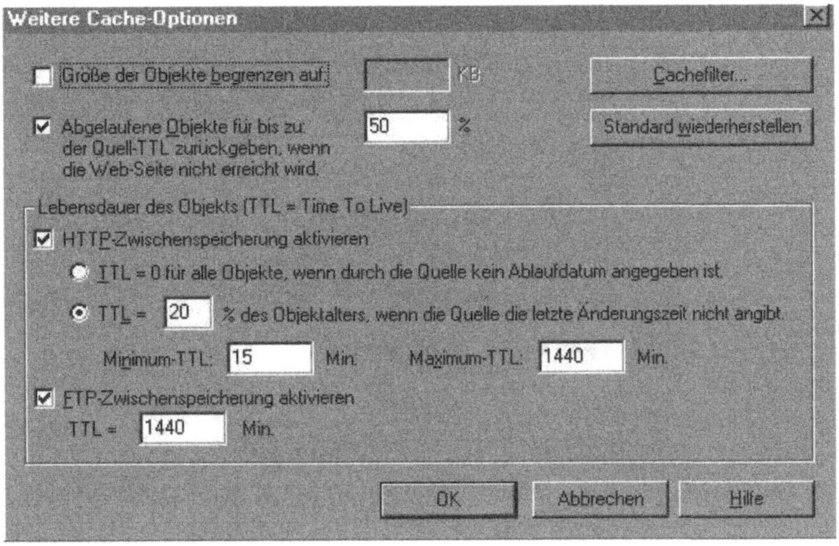

Abb. 177 TTL festlegen

Registerkarte Weiterleitung:

Hier kann festgelegt werden, ob der Zugriff auf das Internet direkt (über einen Proxy-Server), einen Upstream-Proxy oder einer Upstream-Proxy-Gruppe erfolgen soll. WEB-Proxy-Clients werden in den meisten Fällen über die direkte Verbindung weitergeleitet. Sind Proxy-Gruppen vorhanden, können sie auch über diese Zugriff erhalten, wobei dann auch alternative Pfade festgelegt werden können, die bei Ausfall der primären Route automatisch benutzt werden, bis die primäre Route wieder zur Verfügung steht.

Anmerkung: Über Proxy-Gruppen können sog. Uptream- bzw. Downtream-Proxys eingerichtet werden, wozu man auch Upload- oder Download-Proxys sagen kann. Sinn ergibt dies, wenn Clients aus einem internen Netzwerk über einen Upstream-Proxy arbeiten, während der unternehmenseigene WEB-Server das Internet über den Downstream-Proxy bedient.

Unter HTTP-VIA-HEADER-ALIAS muss der Name des Proxy-Servers eingetragen werden, über den die Zugriffe auf das Internet erfolgen sollen.

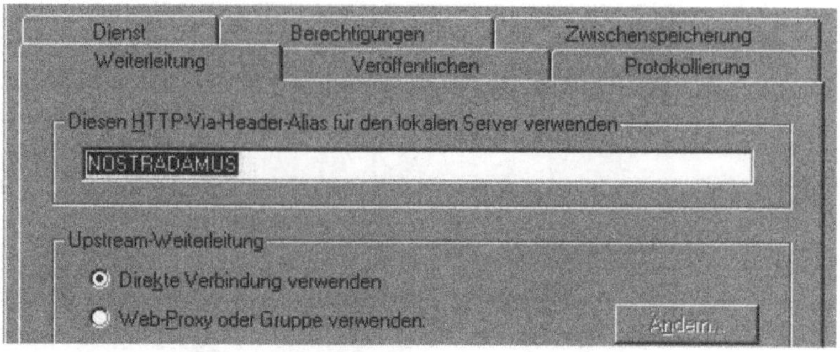

Abb. 178 Weiterleitung

Registerkarte Veröffentlichen:

Über diese Registerkarte kann das Veröffentlichen von Internetseiten eines WEB-Servers im Internet gesteuert werden. Wichtig dabei ist, dass der IIS nicht auf dem selben Computer wie der Proxy-Server ausgeführt wird (kann aber), weil dies die Sicherheit des internen Netzwerks gefährden würde. Die IP-Filterfunktionen (Firewall) greifen nur, wenn sich der IIS hinter dem Proxy befindet (irgendwo im internen Netz).

Über das Reverse Proxying und Reverse Hosting können bekanntlich Anfragen aus dem Internet an interne Server (z. B. Exchange oder IIS) vom Proxy sicher weitergeleitet werden. Dabei ist das Reverse Proxying dafür zuständig, eingehende Anfragen mitzulesen, die Anfragen dann sicher in das interne Netz an den betroffenen Computer weiterzuleiten und an Stelle des Computers (in dessen Namen) zu antworten. Reverse Hosting ist dafür zuständig, eine Liste zu führen, die die internen Computer enthält, welche berechtigt dazu sind, im Internet zu veröffentlichen und an deren Stelle der Proxy antworten kann. Diese Vorgänge laufen über eine gemeinsame IP-Adresse.

Über das Kontrollkästchen WEB-VERÖFFENTLICHUNG AKTIVIEREN ist diese zu aktivieren. Unter „Eingehende WEB-Serveranfragen sollten standardmäßig“ können Einstellungen gemacht werden, wie mit den Anfragen verfahren werden soll. Wird „zum lokalen WEB-Server gesendet werden“ ausgewählt, werden die Anfragen zum Standard-Server gesendet und das Mitlesen auf dem Proxy aktiviert. Wird „Zu einem anderen WEB-Server gesendet werden“ ausgewählt, ist dessen Name und Port-Nummer anzugeben. Hier wird ebenfalls das Mitlesen des Proxys aktiviert.

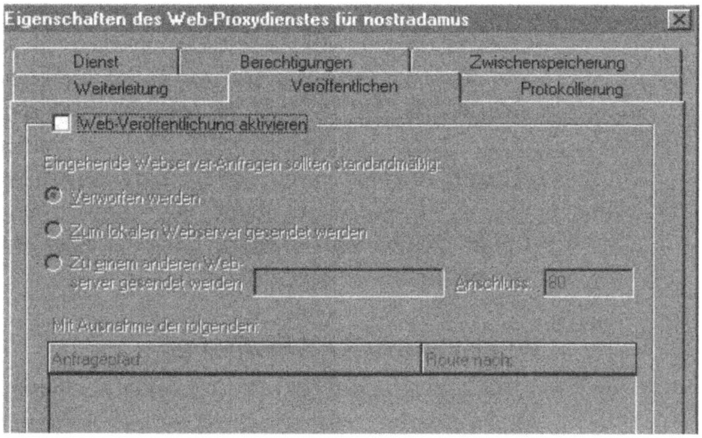

Abb. 179 Veröffentlichen von WEB-Inhalten

Über die Schaltfläche STANDARDZUORDNUNG ist nun der Name des Proxy-Servers einzugeben

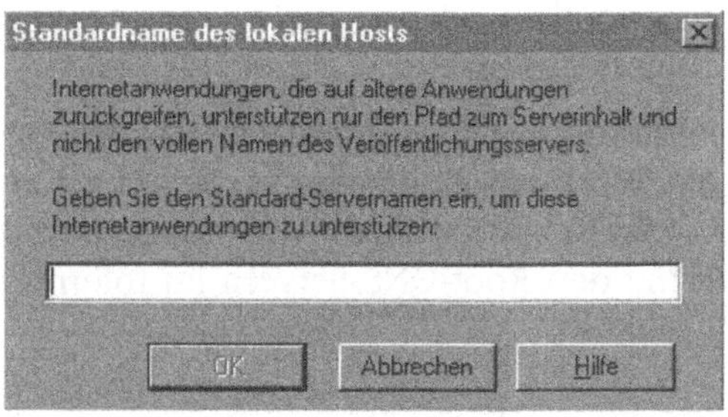

Abb. 180

Es muss nun eine Reverse-Hostroute für WEB-Veröffentlichungen erstellt werden. Dazu ist unter HINZUFÜGEN einem eingehenden URL ein interner Computer zuzuordnen. Unter „WEB-Server-Anfragen für"-PFAD ist hier der URL einzugeben, der von externen Clients zum Zugriff auf den WEB-Server benutzt wird. Unter „zu diesem URL" URL ist der URL einzugeben, zu dem diese Anfrage geleitet werden soll (interner Server).

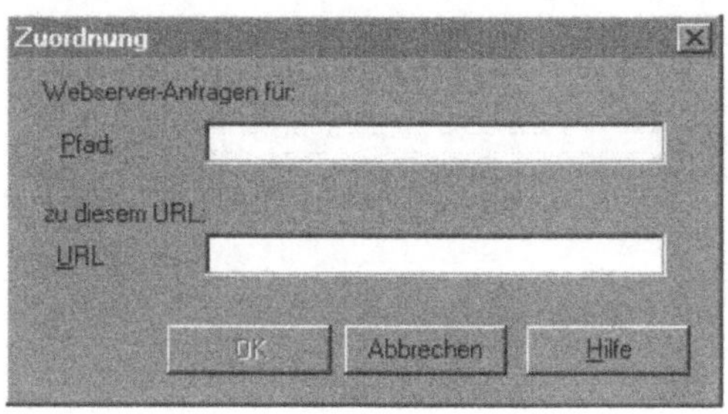

Abb. 181

Externe Clients aus dem Internet stellen nur eine Verbindung zur externen Netzwerkkarte des Proxy-Servers her. Für sie sieht es so aus, als wenn die Serveranwendung auf dem Proxy-Server laufen würde, obwohl die Anfragen ja in das interne Netz zum zuständigen Server geleitet werden, die vom internen Server beantwortet und vom Proxy wieder in das Internet geleitet werden. Damit dies so funktioniert, muss der interne Server aber als Proxy-Client eingerichtet werden (siehe weiter unten „Clients für den Proxy-Server einrichten“).

Registerkarte Protokollieren:

Über die Registerkarte Protokollierung können Einstellungen gemacht werden, auf welche Art die Protokollierung vorgenommen werden soll. So kann das Format „Normal“ oder „Ausführlich“ ausgewählt werden, was sich im Umfang der Informationen der Protokoll-Datei bemerkbar macht. Des Weiteren muss ausgewählt werden, ob das Protokoll in eine Datei oder eine Datenbank geschrieben werden soll. Auch, ob die Protokoll-Datei täglich, wöchentlich oder monatlich neu eröffnet werden soll, kann hier eingestellt werden.

Das Protokoll gibt z. B. Auskunft darüber, welcher Benutzer, von welcher Workstation auf welche Seite im Internet zugegriffen hat (W-Protokoll). Aber auch die Kommunikation interner DNS-Server mit den Root-DNS-Servern im Internet wird mitgeschnitten (PF-Protokoll).

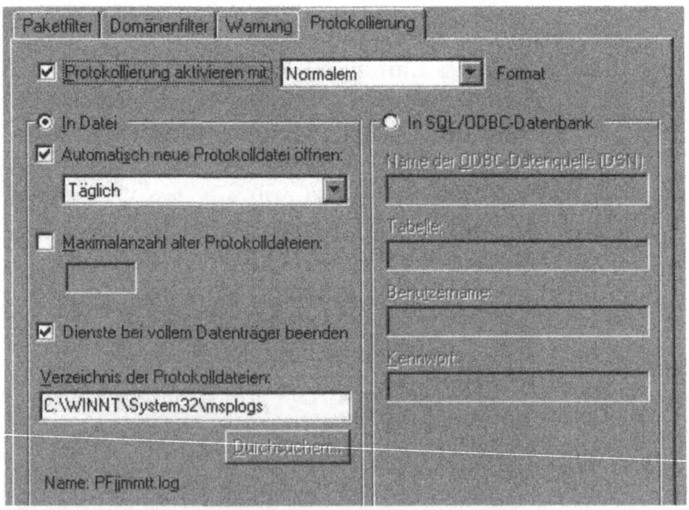

Abb. 182 Protokollierung

2. **WINSOCKS-Proxydienst konfigurieren**

Die Registerkarte DIENST ist über die gleichnamige Registerkarte bei den WEB-Proxy-Einstellungen schon besprochen worden und unterscheidet sich nicht von dieser.

Registerkarte Protokolle:

Hier können Protokolldefinitionen erstellt werden, die bestimmen, welche Windows Sockets-Anwendungen verwendet werden können, um auf das Internet zuzugreifen. Für jede Protokolldefinition kann weiter festgelegt werden, welche Anschlüsse für abgehende und ankommende Verbindungen verwendet werden können. Anschlüsse, die der WINSOCK-Proxy-Dienst bedient, werden von verschiedenen TCP/IP-Anwendungen für ankommende und abgehende Verbindungen verwendet. Für administrative Zugriffe über TELNET oder FTP sind ankommende Verbindungen standardmäßig deaktiviert. Während der Installation von MS-Proxy-Server werden Standard-Protokolldefinitionen eingerichtet. Dies gilt für den WINSOCK-Proxy-Dienst und auch für den SOCKS-Proxy-Dienst. Diese Definitionen können jederzeit eigenem Bedarf angepaßt oder verändert werden.

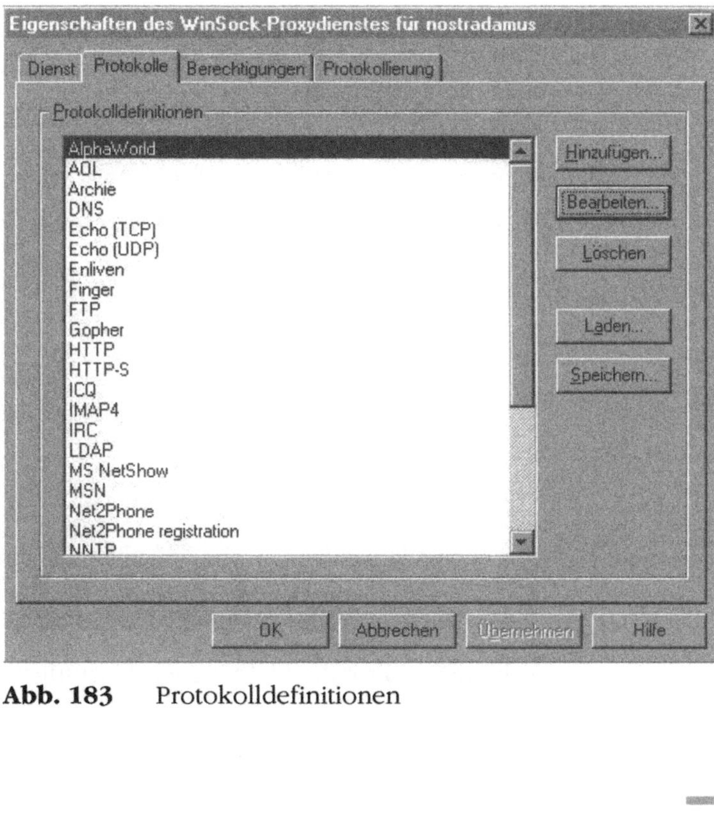

Abb. 183 Protokolldefinitionen

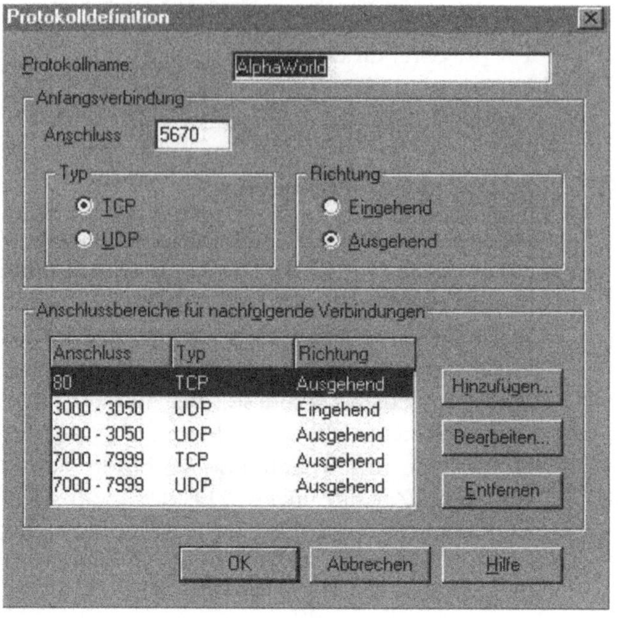

Abb. 184 Protokolldefinitionen bearbeiten

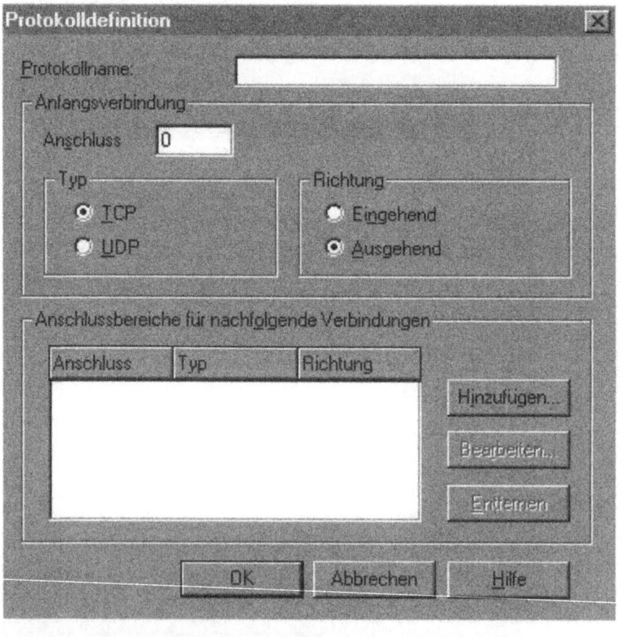

Abb. 185 Protokolldefinitionen hinzufügen

Registerkarte Berechtigungen:

Auch die Registerkarte Berechtigungen unterscheidet sich nicht von der WEB-Proxy-Registerkarte. Lediglich sind hier Berechtigungen an weitere Protokolle zu vergeben, die über die WINSOCK-Proxy-Schnittstelle laufen. Die Wichtigsten sind:

- DNS Name-Service
- FTP File-Transfer
- HTTP Web-Seiten
- HTTPS Web-Seiten im sicheren Format
- IMAP4 zukünftiger e-mail-Standard
- LDAP Protokoll für die Kommunikation mit Datenbanken im Internet
- POP3 Eingehende mails
- SMTP Ausgehende mails
- TELNET Bildschirmkonsole eines Remote-Computers am eigenen Rechner simulieren

Registerkarte Protokollierung:

Auch diese Karte unterscheidet sich nicht von der Karte unter WEB-Proxy-Dienst.

3. SOCKS-Proxydienst konfigurieren

Die Registerkarten Dienst und Protokollierung unterscheiden sich nicht von den Karten unter dem WEB-Proxy-Dienst.

Registerkarte Berechtigungen:

Der SOCKS-Proxy-Dienst unterstützt wie der WINSOCK-Proxy-Dienst das Umleiten von Daten an einen entfernten Standort. WINSOCK verwendet dabei die Echtheitsbestätigung von Clients von NT und globale Domänenfilter mit Unterstützung von DNS-Namen und IP-Adressen. SOCKS verwendet IP-Adressen und das Identifikationsprotokoll Identd, um Clients zu bestätigen, und Filter für IP-Zieladressen.

Standardmäßig ist SOCKS so eingerichtet, dass alle SOCKS-Clientanfragen verweigert werden. Ein Regeleintrag in einer Liste, in der jede Regel eine Quell- und eine Zieladresse darstellt, definiert eine SOCKS-Berechtigung, über die festgelegt wird, ob eine Anfrage zugelassen oder verweigert wird. Eine Kombination aus

IP-Adresse und Subnet-Mask stellt die Quelladresse dar. Ebenso das Ziel.

Bestehende Berechtigungen können über die Schaltfläche BEARBEITEN geändert werden. Über HINZUFÜGEN können neue Berechtigungen hinzugefügt werden.

- Unter AKTION wird der entsprechende Vorgang ausgewählt.
- Unter HINWEIS kann ein Namen eingegeben werden, der den Vorgang weiter beschreibt.
- Unter QUELLE kann ausgewählt werden, ob der Vorgang auf alle Computer, eine ganze Domäne oder einen einzelnen Computer anzuwenden ist, dessen IP-Adresse und Subnet-Mask dann noch einzugeben ist.

Mit dem Ziel ist genauso zu verfahren.

Des Weiteren können für einen Anschluss Vergleichsfunktionen mit folgendem Format angewendet werden:

- EQ = gleich
- NEQ = ungleich
- GT = größer als
- LT = kleiner als
- GE = größer als oder gleich
- LE = kleiner als oder gleich

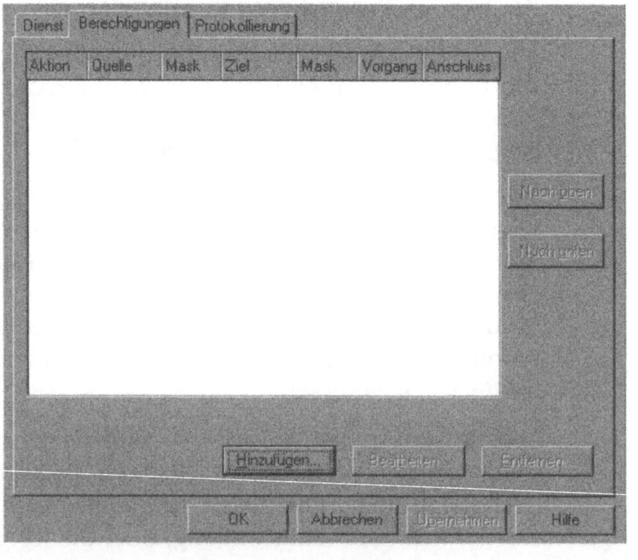

Abb. 186 SOCKS-Berechtigungen

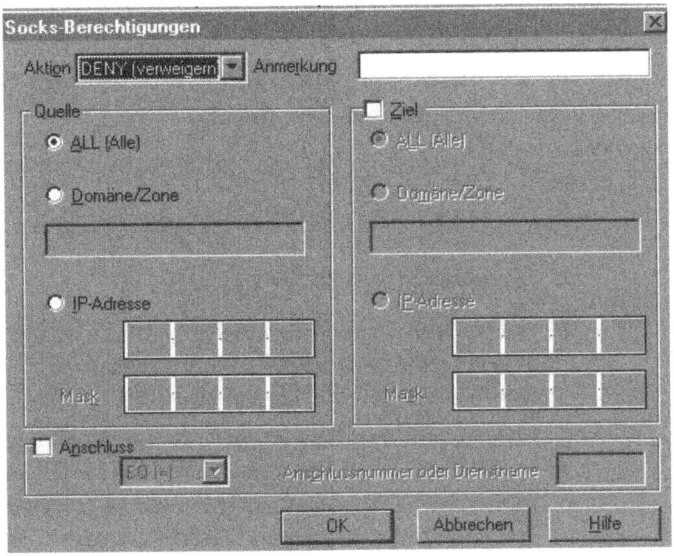

Abb. 187 SOCKS-Berechtigungen hinzufügen

Clients für den Proxy-Server einrichten:

Während der Installation des Proxy-Servers mussten schon Angaben gemacht werden, die die Konfiguration der Clients betreffen. Aus diesen Angaben wurde eine Client-Konfigurationsdatei (Mspclnt.ini) erstellt, die auf dem Proxy gespeichert wurde und vom Setup-Programm der Client-Installation verwendet wird. Diese Einstellungen können nachträglich unter WEB-PROXY | Registerkarte DIENST | Schaltfläche CLIENTKONFIGURATION verändert werden.

Bei der Proxy-Serverinstallation wird ein freigegebenes Verzeichnis (mspclnt) auf dem Proxy eingerichtet, welches die Setup-Dateien für den Client enthält. In dieses Verzeichnis wechseln und Setup ausführen.

Wenn das Setup-Programm ausgeführt wird, werden

- die Proxyclient-Anwendung WinSock und
- eine freigegebene Client-Konfigurationsdatei Mspclnt.ini
- eine freigegebene Clientdatei mit der LAT (Msplat.txt)

auf dem Client-Computer installiert.

Die Client-Installation kann auf drei verschiedene Arten durch geführt werden:

- Über das Setup-Programm im freigegebenen Verzeichnis mspclnt auf dem Proxy
- Über einen SMS-Server (wenn vorhanden)
- Über einen WEB-Browser (http://Servername/msproxy)

Konfiguration eines Clients

Proxy-Clients dürfen nicht für die Namensauswertung über DNS in der Netzwerkumgebung konfiguriert sein, da der Proxy selber eine Namensauswertung durchführt.

Die Datei Mspclnt.ini ist die Konfigurationsdatei des Proxy-Clients und ist unter C:\Msp\Clients auf dem Proxy-Server gespeichert. Diese Datei wird nach der Installation des WINSOCK-Proxy-Clients auf dem Client-Computer vom Proxy-Server auf den Client-Computer kopiert und in regelmäßigen Abständen (alle 6 Std.) auf alle Clients repliziert. Sie wird dort im Mspclnt-Verzeichnis gespeichert.

Die Konfigurationsdatei kann mittels eines Text-Editors verändert werden. Dies sollte allerdings nur mit der Datei auf dem Proxy-Server gemacht werden, da bei der Replikation auf die Clients alle Veränderungen, die an der Client-Datei vorgenommen wurden, wieder überschrieben werden würden.

Beispiel Mspclnt.ini :

```
[Master Config]
Path1=\\A-DANSIS2\Mspclnt\
[Servers IP Addresses]
Name=A-DANSIS2
[Servers IPX Addresses]
Addr1=55555555-000000000001
[Common]
Port=1745
Configuration Refresh Time (Hours)=6
Re-check Inaccessible Server Time (Minutes)=10
Refresh Give Up Time (Minutes)=15
Inaccessible Servers Give Up Time (Minutes)=2
Set Browsers To Use Proxy=1
WWW-Proxy=A-DANSIS2
WebProxyPort=80
```

Mögliche Inhalte der Msclnt.ini:

Abschnitt	Eintrag	Beschreibung
[Master Config]	Path1	UNC-Pfad zu einem freigegebenen Netzwerkverzeichnis auf dem Server, das die Client-Konfigurationsdateien enthält.
[Servers IP addresses]	Name	Computer- oder DNS-Name (falls ein DNS-Server verfügbar ist) des Proxyservers.
[Servers IP Addresses]	Addr1	IP-Adresse des Proxy-Servers.
[Servers IPX Addresses]	Addr1	IPX-Adressen des Proxy-Server.
[Common]	Port	Anschluss, den der Proxy-Server für den Kontrollkanal verwendet.
	Configuration Refresh Time (Hours)	Nach dieser Zeit in Stunden fordert der Client den Server auf, eine neue Kopie der LAT zu übertragen.
	Re-check Inaccessible Server Time (Minutes)	Der WinSock-Client versucht während dieser Zeit in Minuten nicht, eine Anfrage erneut an einen nicht verfügbaren Server zu leiten.
	Refresh Give Up Time (Minutes)	Nach diesem Intervall in Minuten versucht der WinSock-Client die Konfiguration zu aktualisieren, falls ein vorheriger Aktualisierungsversuch erfolglos war.
	Inaccessible Servers Give Up Time (Minutes)	Der WinSock-Client versucht während dieser Zeit in Minuten, nicht eine Anfrage weiterzuleiten, wenn alle Server als nicht verfügbar markiert sind.

Abschnitt	Eintrag	Beschreibung
[Common]	Set Browsers To Use Proxy	Wird dieser Wert in der Datei Proxy.ini auf 1 gesetzt, konfiguriert das Client Setup-Programm den Browser auf dem Clientcomputer so, dass der Proxyserver-Computer verwendet wird, der im Feld WWW Proxy angegeben ist. 0 verhindert eine solche Konfiguration.
	Configuration URL	Speicherort eines Konfigurationsskripts, welches an einen Internet-Browser übertragen wird, um Routing über einen Proxy-Server in einer Gruppe zu ermöglichen. Das URL-Format ist http://servername/array.dll?Get.Routing.Script
	Local Domains	Eine Liste von Suffixen für Namen, die lokal ausgewertet werden.
	WWW-Proxy	Ist in der Datei Proxy.ini der Wert „Set Browsers to Use Proxy" auf 1 gesetzt, konfiguriert das Client Setup-Programm die Browser so, dass dieser Proxy-Server genutzt wird.
	WebProxy Port	Vom Web-Proxydienst gelesener Port. Ist in der Datei Proxy.ini der Wert „Set Browsers to Use Proxy" auf 1 gesetzt, konfiguriert das Client Setup-Programm die Internet-Browser so, dass der hier genannte Port verwendet wird. Es muss der gleiche Port sein, der auch für den WWW-Dienst von IIS verwendet wird.

Die LAT (Datei Msplat.txt) wird ebenfalls vom Proxy auf den Server übertragen. Wenn WINSOCKETS-Anwendungen Verbindungen zu IP-Adressen herzustellen, wird diese lokale LAT abgefragt. Hier wird dann festgestellt, ob die Adresse im internen Netzwerk oder im Internet zu suchen ist. Intern erfolgt die Verbindung direkt. Extern erfolgt die Verbindung über den WINSOCKS-Proxy-Dienst.

U. U. kann es möglich sein, dass die Einträge in der Msplat.txt nicht korrekt sind, die für interne Zugriffe notwendig sind, da diese ebenfalls in gewissen Zeitabständen vom Server repliziert wird. Deswegen sollte eine benutzerdefinierte LAT auf dem Client angelegt werden, was über einen Text-Editor erfolgen kann. Diese Datei muss Locallat.txt heißen und die internen IP-Bereiche des Netzwerkes ausweisen.

Der WEB-Browser, der auf dem Client installiert ist, braucht in der Regel nicht manuell konfiguriert werden, da dies von Client-Setup-Programm aut. gemacht wird. Besteht dazu aus irgend einem Grund aber die Notwendigkeit, kann dies z. B. beim MS-Internet-Explorer über EXTRAS | INTERNETOPTIONEN | Registerkarte VERBINDUNGEN | Schaltfläche LAN-EINSTELLUNGEN erfolgen. Hier ist die Adresse des Proxys einzugeben sowie die Anschlußnummer (Port), über die der Zugriff erfolgt.

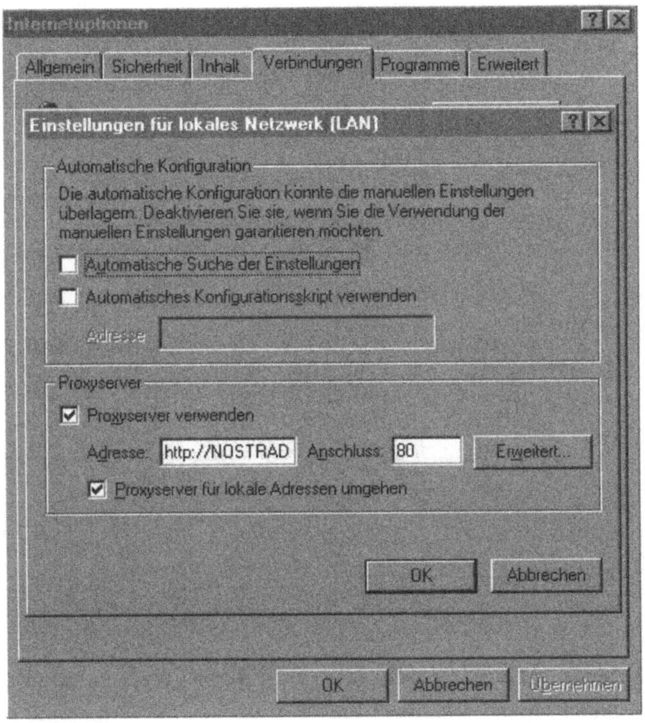

Abb. 188 Einstellungen am MS-Internet-Explorer

Über die Schaltfläche ERWEITERT können weitere Angaben, wie z.B. Anschlussnummern und Verwendung weiterer Protokolle, gemacht werden.

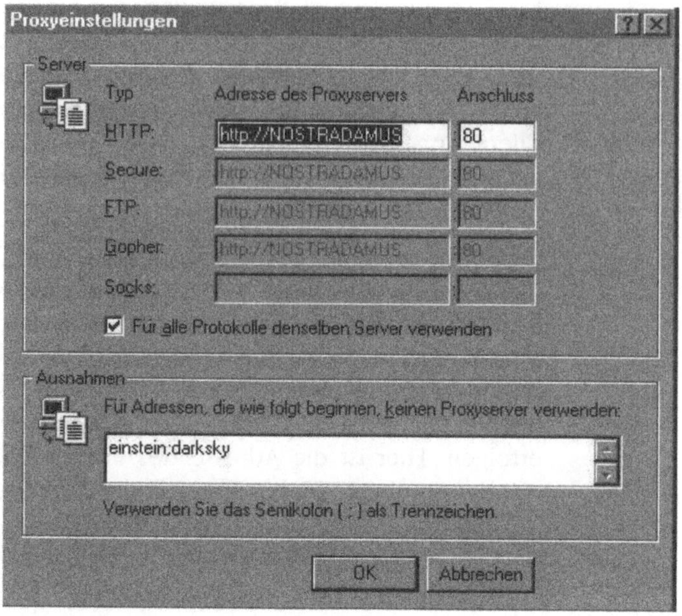

Abb. 189

Die Client-Konfiguration kann mit allen herkömmlichen, heute verwendeten Browsern durchgeführt werden. Dies schließt auch Betriebssysteme ein, die nicht unter Windows arbeiten.

Konfigurieren eines Client-Browsers auf dem Proxy-Server

Eine besondere Konfiguration stellt die Konfiguration des Browsers dar, der auf dem Proxy installiert ist, wenn dieser ebenfalls als Client verwendet werden soll. Dieser muss so konfiguriert werden, dass die IP-Adresse der Server-Netzwerkkarte verwendet wird, die mit dem internen Netzwerk verbunden ist. Es darf nicht der NetBIOS- oder DNS-Name verwendet werden, da so eine Auswertung über die externe Netzwerkschnittstelle erfolgen würde, die fehlschlägt, weil die LAT dies verhindert.

Die Client-Software in der Systemsteuerung

Über die Client-Software in der Systemsteuerung können die Proxy-Anwendung aktiviert/deaktiviert werden oder Aktualisierungen der Client-Konfigurationsdateien vom Proxy initiiert werden. Auch kann der Server geändert werden, von dem diese Aktualisierungen herunter geladen werden sollen.

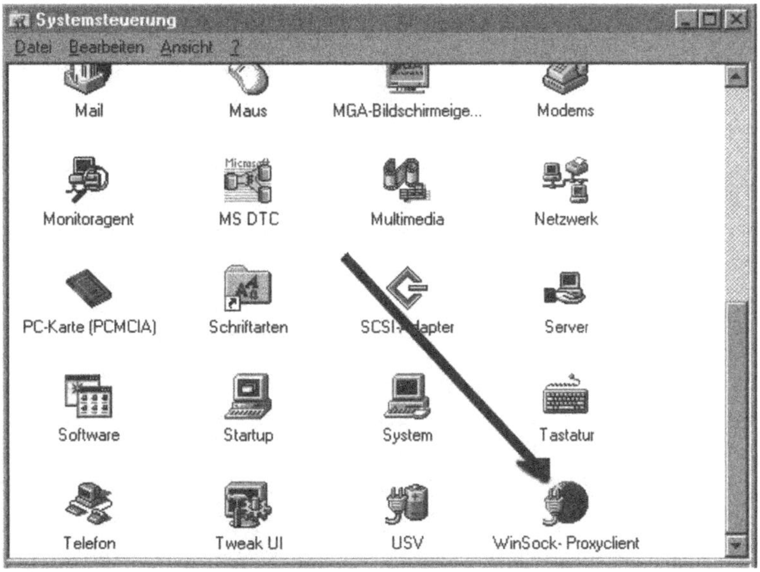

Abb. 190 Systemsteuerung

Um den Server zu ändern, ist der Computername im Feld SERVERNAME einzugeben. Um die Client-Datei Mspclnt.ini manuell zu aktualisieren, ist die entsprechende Schaltfläche zu betätigen. Um die Proxy-Anwendung zu aktivieren/deaktivieren, ist das entsprechende Kontrollkästchen zu benutzen.

Über das Kontrollkästchen IPX ERZWINGEN kann der Client dazu bewegt werden, das IPX/SPX-Protokoll zu benutzen, um auf den Proxy zuzugreifen.

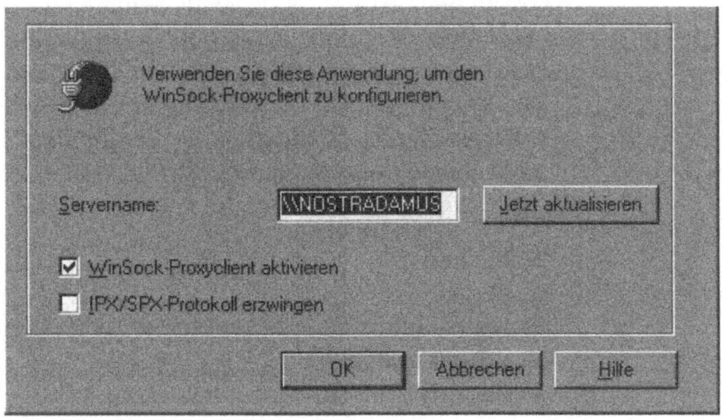

Abb. 191 Proxy-Client

Die Datei Wspcfg.ini auf einem Client:

Alle relevanten Einstellungen, die den Client betreffen, werden in der Datei Mspclnt.ini getroffen, die im Installationsverzeichnis des Clients gespeichert ist. Diese Datei wird in regelmäßigen Abständen vom Proxy-Server aktualisiert. Sind Änderungen an dieser Datei vorzunehmen, sollten diese Änderungen nicht an der Datei auf dem Client, sondern auf dem Proxy vorgenommen werden, da die Client-Datei beim Aktualisieren überschrieben wird.

Für individuelle Einstellungen, die nur für diesen einen Client zutreffen, kann die Datei WSPCFG.INI verwendet werden, die nicht vom Proxy überschrieben wird. Diese wird in bestimmten Verzeichnissen auf dem Client gespeichert (siehe weiter unten). Über die Wspclnt.ini können Anwendungen auf dem Proxy-Client speziell konfiguriert werden. Dazu enthält diese Datei zwei Abschnitte [Wsp-Client] und [Common Configuration].

[Wsp-Client] enthält die anwendungsspezifischen Einstellungen. Sie gelten nur für eine bestimmte Windows-Socket-Anwendung.

[Common Configuration] enthält allgemeine Einstellungen. Sie gelten für alle Windows-Socket-Anwendungen, die nicht in WSP-Client definiert wurden.

Die Winsock-Proxyclient-Anwendung sucht zuerst nach dem Eintrag DISABLE im Abschnitt [Common Configuration] in der Datei Mspclnt.ini. Ist 1 gesetzt, wird der WinSock-Proxydienst deaktiviert. Danach sucht die Anwendung Winsock-Proxyclient im Anwendungsverzeichnis einer Windows Sockets-Anwendung nach der Datei Wspcfg.ini. Ist in dieser Datei der Abschnitt [WSP client] nicht vorhanden, sucht Winsock-Proxyclient als nächstes nach dem Abschnitt [Common Configuration]. Wird auch dieser Abschnitt nicht gefunden, werden diese Abschnitte in der Datei Mspclnt.ini gesucht. Die Konfigurationseinstellungen des ersten während dieses Suchvorgangs gefundenen Abschnitts, und nur diese Einstellungen, werden für die Anwendung verwendet.

Beispiel Wspcfg.ini

```
[WSP client]
Disable=0
NameResolution=R
LocalBindTcpPorts=7777
LocalBindUdpPorts=7000–7022, 7100–7170
RemoteBindTcpPorts=30
RemoteBindUdpPorts=3000–3050
```

ServerBindTcpPorts=100–300
ProxyBindIp=80:110.52.144.103, 82:110.51.0.0
KillOldSession=1
Persistent=1
ForceProxy=i:172.23.23.23
ForceCredentials=1
NameResolutionForLocalHost=L

Eintrag	Beschreibung
Disable	Ist hier 1 gesetzt, wird der WinSock-Proxydienst für alle Winsock-Proxyclient-Anwendungen deaktiviert. Im Abschnitt [Common Configuration] der Datei Mspclnt.ini werden bei dieser Einstellung alle anderen Einstellungen überschrieben.
Name Resolution	Setzt die Auswertung als lokal (L) oder umgeleitet (R).
LocalBind TcpPorts	Setzt einen TCP-Anschluss, eine Liste oder einen Bereich, der lokal gebunden ist.
LocalBind UdpPorts	Setzt einen UDP-Anschluss, eine Liste oder einen Bereich, der lokal gebunden ist.
RemoteBind TcpPorts	Setzt einen TCP-Anschluss, eine Liste oder einen Bereich, der remote gebunden ist.
RemoteBind UdpPorts	Setzt einen UDP-Anschluss, eine Liste oder einen Bereich, der remote gebunden ist.
ServerBind TcpPorts	Setzt einen TCP-Anschluss, eine Liste oder einen Bereich, der von einer Serveranwendung genutzt wird.
ProxyBind Ip	Wird eine IP-Adresse oder Liste hier angegeben, wird diese verwendet, um eine Bindung mit einem Anschluss festzulegen. Dieser Eintrag wird von mehreren Servern verwendet, die den gleichen Anschluss nutzen, aber mit unterschiedlichen Anschlüssen auf dem Proxy gebunden sein müssen. Die Syntax ist ProxyBindIp=[Anschluss] : [IP-Adresse], [Anschluss] : [IP-Adresse]. (Wird für TCP und UDP verwendet).

Eintrag	Beschreibung
KillOld Session	Ist hier 1 gesetzt, wird festgelegt, dass eine bestehende Sitzung zuerst beendet wird, bevor die Anwendung erneut eine Sitzung beginnen kann.
Persistent	Ist hier 1 gesetzt ist, wird festgelegt, dass ein Serverstatus auf dem Proxy-Server beibehalten wird, wenn ein Dienst angehalten und neu gestartet wird und der Server nicht antwortet.
ForceProxy	Hier kann ein bestimmter Proxy-Server für eine bestimmte Windows Sockets-Anwendung festgelegt werden. Die Syntax ist ForceProxy=[Bezeichner] : [Eintrag]. Bezeichner i steht für eine IP-Adresse, x für eine IPX-Adresse, n für einen Namen. „Eintrag" ist die Adresse des Namens. Wird die Option n verwendet, arbeitet der WinSock-Proxydienst nur über IP.
Force Credentials	Wird ein Windows NT-Dienst oder eine Serveranwendung als Anwendung für Winsock-Proxyclient ausgeführt, wird dieser Eintrag verwendet. Ist hier 1 gesetzt, wird die Verwendung von alternativen Anmeldeinformationen für Benutzer erzwungen, die lokal auf dem Computer gespeichert sind, auf dem der Windows NT-Dienst ausgeführt wird.
Name Resolution ForLocal Host	Auswertung des Computers „LocalHost", indem die Windows Sockets-API-Funktion gethostbyname() aufgerufen wird. Anwendungen rufen die Funktion gethostbyname(„LocalHost") auf, um die lokalen IP-Adressen zu finden, und senden diese an einen Internetserver. Ist hier L gesetzt (Standard), gibt gethostbyname() die IP-Adressen des lokalen Host-Computers zurück. Ist hier P gesetzt, gibt gethostbyname() die IP-Adressen des Proxyservers zurück. Ist hier E gesetzt, gibt gethostbyname() nur die externen IP-Adressen des Proxyservers zurück.

Exchange-Server und Proxy-Server:

Damit Exchange-Server hinter dem Proxy im Netz stehen kann und Reverse Hosting verwendet werden kann, müssen bei Exchange ein paar Einstellungen vorgenommen werden. Die Datei Wspcfg.ini muss angelegt und mehrmals in den Verzeichnissen gespeichert werden, in denen sich die .exe-Dateien von Exchange befinden.

Die erste Datei muss die Einträge

[Msexcimc]
ServerBindTcpPorts=25
Persistent=1
KillOldSession=1

enthalten und in dem Verzeichnis gespeichert werden, in dem sich die Msexcimc.exe befindet.

Die zweite Datei muss die Einträge

[Store]
ServerBindTcpPorts=110,119,143
Persistent=1
KillOldSession=1

enthalten und in dem Verzeichnis gespeichert werden, in dem sich die Store.exe befindet.

Der DNS MX-Eintrag muss auf den Proxy-Server gesetzt werden, nicht auf den Exchange-Server. Der WINSOCK-Proxy-Client leitet die DNS MX-Anfrage automatisch um.

Danach muss der Echange-Server beendet und neu gestartet werden.

Einfache TCP/IP-Dienste und Proxy-Server:

Damit die einfachen TCP/IP-Dienste von NT mit dem Proxy verwendet werden können, müssen auf dem NT-Computer ein paar Einstellungen vorgenommen werden.

Wenn unter WEB-SOCKS-Berechtigungen die Zugriffssteuerung nicht aktiviert wurde, muss eine Wspcfg.ini mit den Einträgen

[Tcpsvcs]
ServerBindTcpPorts=7,9,13,17,19
RemoteBindUdpPorts=7,9,13,17,19
KillOldSession=1
Persistent=1

erstellt werden und im Verzeichnis Winnt\System32 gespeichert werden.

Ist die Zugriffssteuerung aktiviert, muss eine Wspcfg.ini mit den Einträgen

```
[Tcpsvcs]
ServerBindTcpPorts=7,9,13,17,19
RemoteBindUdpPorts=7,9,13,17,19
KillOldSession=1
Persistent=1
ForceCredentials=1
```

erstellt werden und ebenfalls unter Winnt\System32 gespeichert werden.

Sodann ist ein Benutzerkonto in der Domäne oder lokal zu erstellen, welches im lokalen Sicherheitsspeicher abgelegt werden muss. Dies muss über das Tool CREDTOOL vorgenommen werden, welches auf der Proxy-CD vorhanden ist. Die Syntax dafür lautet:

```
credtool -w -n tcpsvcs -c Benutzername Domäne Kennwort
```

Jetzt müssen noch die Protokolle in der Wspcfg.ini konfiguriert werden. Folgende Zeilen sollen als Beispiel dienen:

```
[Chargen server Tcp]
PrimaryPort=19,IN,TCP
User0=domäne\benutzername
[Chargen server Udp]
PrimaryPort=19,IN,UDP
SecondaryPorts=1025-5000,OUT,UDP;
User0=domäne\benutzername
[Daytime server Tcp]
PrimaryPort=13,IN,TCP
User0=domäne\benutzername
[Daytime server Udp]
PrimaryPort=13,IN,UDP
SecondaryPorts=1025-5000,OUT,UDP;
User0=domäne\benutzername
[Discard server Tcp]
PrimaryPort=9,IN,TCP
User0=domäne\benutzername
[Discard server Udp]
PrimaryPort=9,IN,UDP
SecondaryPorts=1025-5000,OUT,UDP;
User0=domäne\benutzername
```

[Echo server Tcp]
PrimaryPort=7,IN,TCP
User0=domäne\benutzername
[Echo server Udp]
PrimaryPort=7,IN,UDP
SecondaryPorts=1025-5000,OUT,UDP;
User0=domäne\benutzername
[Quotd server Tcp]
PrimaryPort=17,IN,TCP
User0=domäne\benutzername
[Quotd server Udp]
PrimaryPort=17,IN,UDP
SecondaryPorts=1025-5000,OUT,UDP;
User0=domäne\benutzername

FTP und Proxy-Server:

Damit FTP über den Proxy mit dem FTP-Dienst des IIS verwendet werden kann, so dass eingehende Anfragen aus dem Internet bearbeitet werden können, müssen ein paar Einstellungen vorgenommen werden. Dazu ist eine Datei Wspcfg.ini mit den Einträgen

[Inetinfo]
ServerBindTcpPorts=21
LocalBindTcpPorts=20
Persistent=1
KillOldSession=1
ForceCredentials=1

in dem Verzeichnis zu speichern, in dem sich die Ftp.exe befindet.

Mittels CREDTOOL sind nun noch die Benutzerinformationen für das Konto festzulegen. Auf dem Proxy ist sodann eine Protokolldefinition zu erstellen, die folgende Einstellung hat:

Protocol name: FTP Server
Initial connection: 21 TCP Inbound
Subsequent connection: 0 TCP Inbound, 1025-5000 TCP Outbound

Telnet und Proxy-Server:

Telnet über den Proxy kann so konfiguriert werden, dass eingehende Anfragen aus dem Internet verarbeitet werden. Dazu muss die Datei Wspcfg.ini die Einträge

[Telnetd]
ServerBindTcpPorts=23
KillOldSession=1
Persistent=1

enthalten und in dem Verzeichnis gespeichert werden, in dem sich auch die Telnetd.exe befindet.

DNS und Proxy-Server:

Für die Namensauswertung wird beim SOCKS-Proxy-Dienst ein Standard verwendet. Sollte es dennoch notwendig sein, einen DNS-Server als WINSOCK-Proxy-Clientanwendung zu konfigurieren, müssen während der Installation dieses DNS-Servers die Einstellungen FORWARDER VERWENDEN und ALS UNTERGEORDNETER SERVER ARBEITEN verwendet werden. In der Liste der Forwarder müssen sodann die IP-Adressen der DNS-Server des ISPs angegeben werden. Die Datei Wspcfg.ini muss die Einträge

[Dns]
ForceCredentials=1
LocalBindUdpPorts=53,0

enthalten und in dem Verzeichnis gespeichert werden, in dem die DNS.exe vorhanden ist.

Verwendung von Namensauswertungen auf dem Proxy-Server:

Wird auf dem Proxy der DNS-Dienst ausgeführt (nicht zu empfehlen), muss der DNS-Dienst für die Externe Netzwerkkarte deaktiviert werden.

Wird auf dem Proxy der WINS-Dienst ausgeführt (nicht zu empfehlen), müssen die WINS-Dienste für die externe Netzwerkkarte deaktiviert werden. Zudem darf auf dem Proxy kein Standard-Gateway festgelegt werden und die interne Netzwerkkarte muss über eine statische IP-Adresse verfügen.

Wird auf dem Proxy der DHCP-Dienst ausgeführt (nicht zu empfehlen), muss der DHCP-Dienst für die externe Netzwerkkarte deaktiviert werden. Zudem darf auf dem Proxy kein Standard-Gateway festgelegt werden und die interne Netzwerkkarte muss über eine statische IP-Adresse verfügen. Auf dem Proxy kann aber ohne Einschränkung der DHCP-Relay-Dienst ausgeführt werden.

3.2.39 System-Management-Server (SMS)

Verteilte, heterogene Vernetzung ist in Unternehmen heute zum Standard geworden. Dieser Standard hat die komplexen Netzwerke aber auch komplizierter gemacht. So ist z. B. die Verwaltung und Unterhaltung von Software-Paketen in größeren Netzwerken ein wichtiger Kostenfaktor. Ebenso verhält es sich mit der Verwaltung und Pflege der vorhandenen Hardware. Meistens müssen Computer hard- wie softwaremäßig manuell installiert, aktualisiert oder konfiguriert werden. Auch Möglichkeiten über Images schaffen hier nur bedingt Abhilfe. Der Verwaltungsaufwand, den ein heutiges Netzwerk mit all seinen Komponenten produziert, ist zwischenzeitlich so groß geworden, dass Analysen davon sprechen, dass nur 12 % der Kosten für ein laufendes Netzwerk Anschaffungskosten darstellen, während die restlichen 88 % Kosten für die Verwaltung sind.

Da Administratoren viel Zeit für die Durchführung von zum großen Teil immer wieder kehrenden Aufgaben benötigen, wurde von der Desktop-Management-Task-Force (DMTF) in Verbindung mit der Computer-Industrie ein offener Standard für die Verwaltung von vernetzten Desktop-Systemen erarbeitet, welcher die Netzwerkverwaltung vereinfachen und die Kosten dafür senken soll. Mit einbezogen in diese Überlegungen wurde das Protokoll SNMP (Simple Network Management Protokoll), welches über die Fähigkeit verfügt, Probleme im Netzwerk zu erkennen und Fehler zu beseitigen.

Aus dieser Arbeit der DMTF sind Netzwerk-Management-Systeme entstanden, die hier erhebliche Abhilfe schaffen. Netzwerk-Management-Systeme bieten im laufenden Betrieb eines Netzwerkes eine Übersicht und Kontrolle, die die Effektivität der Verwaltung gewährleistet. Eckpunkte von Netzwerk-Management-Systemen sind

- gesteuerte Verteilung von Software auf spezielle Rechner oder für spezielle Benutzer von zentraler Stelle,
- übersichtliche Hardware- und Software-Inventarisierung von zentraler Stelle,
- Verwalten von serverbasierenden Anwendungen,
- Kontrollen von Softwarelizenzen,
- Help-Desk-Funktionen (Remotekontrolle, Problemformulare),

- Überwachung und gegebenenfalls Steuerung des Netzwerkverkehrs (Monitoring, Metering), um Fehlersituationen zu erkennen,
- Erstellen von Netzwerkprotokollen und Analysen zum Verkehrsaufkommen,
- Durchführung von Ferndiagnosen bei Netzwerkproblemen und Fehlerbehebung bei Client-PC's im Netzwerk.

HP Open View, Tivoli und MS SMS-Server sind die wohl am weitesten verbreiteten Vertreter dieser Management-Software in der Netzwerkwelt. Im Nachfolgenden soll hier auf den MS-SMS-Server eingegangen werden.

Allgemein:

SMS-Server ist Mitglied des Backoffice-Pakets, kann aber auch allein erworben werden. SMS soll die zentrale Verwaltung und Wartung eines Netzwerkes unter Win NT ermöglichen. SMS-Server arbeitet eng mit SQL-Server zusammen. Alle ermittelten Daten von SMS werden in einer automatisch erstellten Datenbank von SQL-Server verwaltet und von hier aus für administrative Zwecke weiter verarbeitet. Ein installierter SQL-Server ist somit Voraussetzung zur Installation von SMS-Server. Dieser kann sich auf dem gleichen Computer wie SMS-Server befinden, aber auch auf einem anderen Computer im Netzwerk.

Die Version von SMS, die im Backoffice vorhanden ist, kann nur mit einem SQL-Server zusammen arbeiten, der auf dem gleichen Computer installiert ist, wie SMS.

Die Hauptfunktionen von SMS sind

- Ermitteln der Anzahl der Computer im Netzwerk,
- Überwachung der Integrität des Netzwerks,
- Erstellen einer Hardware- und Software-Inventur,
- Software-Distribution,
- Freigabe von Anwendungen zur gemeinsamen Nutzung,
- Remote-Diagnose,
- Unterstützung von heterogenen Netzwerken unterschiedlicher Größe.

Mittels SMS-Server können Computer im Netzwerk von zentraler Stelle aus installiert, aktualisiert und konfiguriert werden, ohne dass sich ein Techniker vor Ort begeben muss. Dies kann einzelne Dateien sowie ganze Anwendungen betreffen, die zu festgelegten Zeiten auf bestimmte Computer oder für bestimmte Benutzer verteilt werden sollen. Auch automatisiert ist dieser Vorgang einzurichten, so dass dies nachts erfolgen kann und so Benutzer nicht in ihrem normalen Arbeitsablauf gestört werden. Wenn es im Unternehmen sinnvoll ist, Anwendungen auf Servern zu installieren, können über SMS bestimmte Server als Distributions-Server eingerichtet werden. Clients können über SMS komplett remote gesteuert werden (Monitor, Tastatur, Maus), oder über Diagnosefunktionen überwacht werden (z. B. Speichernutzung). Statistiken zum Netzwerkverkehr, Netzwerkanalyse über den Netzwerkmonitor, Überprüfung der Integrität von Kommunikationsverbindungen sind weitere Merkmale von SMS-Server.

In die SMS-Umgebung lassen sich die meisten Betriebssysteme und LAN-WAN-Protokolle voll integrieren. SMS-Unterstützung ist gegeben für

Client-Betriebssysteme

- MS-DOS ab Version 5.0
- Windows ab Version 3.1
- Windows für Workgroups ab Version 3.11
- Windows 95/98
- Windows NT Workstation ab Version 3.5
- IBM OS/2 2.11
- OS/2 Warp
- Apple Macintosh System 7.x

Server-Betriebssysteme

- Windows NT Server ab Version 3.5
- NetWare ab Version 3.12
- Microsoft LAN Manager ab Version 2.2c
- IBM LAN Server 3.0, 3.1 oder 4.0
- UNIX leider nur über Produkte von Drittanbietern wie Pathworks und Digital.

Vorüberlegungen zur Installation:

Beim Sammeln von Inventurdaten, Verteilen von Software, Verwalten von windowsbasierten Anwendungen oder bei der Durchführung von Remote-Diagnosen kommen

- Standorte
- Domänen
- Server
- Clients
- Dienste

eine besondere Rolle zu.

Standorte

Unter Standorte wird in SMS die Zusammenfassung der Netzwerkstruktur in logischen Gruppen bezeichnet. Diese enthalten SMS-Domänen, welche wiederum zum Zusammenfassen von Computern verwendet werden. Standorte werden dabei aus Computern im gleichen geographischen Gebiet gebildet.

Standorte können aus einem großen Standort, oder aus einer Hierarchie bestehen, in der die Struktur des Unternehmens nach gebildet wird. Aber auch andere Standorte können mit einem Hauptstandort in einer Hierarchie verwaltet werden. Je nach Funktion können Standorte in zentrale, primäre oder sekundäre Standorte unterteilt werden.

Ein primärer Standort hat einen eigenen SQL-Server, auf dem alle Informationen gespeichert werden, die im eigenen sowie in untergeordneten Standorten anfallen. Alle Verwaltung geht von diesem primären Standort aus. Die Einrichtung weiterer primärer Standorte ist möglich.

Ein sekundärer Standort verfügt über keinen eigenen SQL-Server, sondern speichert seine Informationen im SQL-Server im primären Standort. Die Verwaltung eines sekundären Standortes kann auch von hier aus nicht vorgenommen werden, sondern muss vom primären Standort übernommen werden. Dazu muss dieser mit einem primären oder zentralen Standort verbunden werden.

Übergeordneten Standorten sind andere Standorte untergeordnet. Untergeordnete Standorte können primärer oder sekundärer Natur sein. Über den übergeordneten Standort werden Informationen an den zentralen Standort geleitet. Es gibt nur einen zentralen Standort.

Domänen

Ein Standort besteht aus wenigstens einer SMS-Domäne. Diese entspricht der NT-Domäne, in der SMS-Server installiert wurde, und wird dem Standort automatisch hinzugefügt. Werden SMS-

Domänen zu einem Standort hinzugefügt, müssen sie sich im gleichen LAN befinden wie der Standort-Server.

Server im Standort können manuell oder automatisch hinzugefügt werden. Dies ist genauso mit den Clients.

Server

Server können Standort-, Anmelde-, Distributions- oder Hilfs-Server sein. Standort-Server müssen PDSs oder SDCs sein. Diese können (SMS und SQL auf einem Computer) Netzwerke mit bis zu 2000 Clients betreuen. Bei mehr Computern sollten die Lasten auch auf andere Server verteilt werden.

SMS-ANMELDE-SERVER sind Bindeglieder zwischen Standort-Servern und Clients. Diese sammeln Inventurdaten und Konfigurationsinformationen im Netzwerk. Ein Standort-Server wird automatisch SMS-Anmelde-Server. Dieser kann auch Netzwerk-Anmelde-Server sein (muss aber nicht). Netzwerk-Anmelde-Server sind in NT-Domänen bekanntlich PDCs und SDCs und authentifizieren Benutzer am Netzwerk. Sind die PDCs und SDCs dem Standort hinzugefügt, dann sind sie automatisch auch SMS-Anmelde-Server. PDCs und SDCs, die nicht dem SMS-Standort hinzugefügt wurden, sind keine SMS-Anmelde-Server. Ein SMS-Anmelde-Server kann ein NT-Server, ein LAN-Manager oder Novell-Server sein.

Ein Distributions-Server wird dazu verwendet, Installationsdateien von Software bereitzuhalten, die mittels SMS auf andere Computer (Clients) im Netzwerk installiert werden. Ein Distributions-Server kann ein NT-Server, ein LAN-Manager (Vorgänger von NT) oder Novell-Server sein.

Ein Hilfs-Server dient dazu, Lasten von SMS-Servern mit zu übernehmen, wenn diese zu für einen einzelnen Server zu groß geworden sind. Hilfs-Server müssen SMS-Anmelde-Server sein und können unter NT-Server, LAN-Manager oder Novell-Server laufen.

Clients

SMS-Clients sind Computer, die in das SMS-System integriert wurden und auf denen die SMS-Client-Software installiert wurde. Dadurch können Clients

- Informationen für die Datenbank bereitstellen,
- Anwendungen installieren, die sich auf Servern befinden,
- Anwendungen ausführen, die sich auf Servern befinden,

- Remote-Steuerung erlauben.

Remote können Administratoren auf SMS-Clients

- Hardware- und Software-Inventar sammeln,
- Software auf dem Client-Computer installieren,
- Anwendungen zur Benutzung durch den Client freigeben,
- Remote-Steuerung und Fehlerbehebung auf dem Client durchführen,
- Verbindungen zwischen dem Standort-Server und dem Client überwachen.

Vorbereitung der Installation:

Bevor SMS-Server installiert werden kann, müssen bestimmte Voraussetzungen in der Domäne geschaffen werden. So muss z. B. ein SQL-Server lauffähig zur Verfügung stehen. Kenntnisse über SQL-Server sind weiter nicht erforderlich, da während der Installation SMS-Server selbstständig fast alle Konfigurationen am SQL-Server durchführt. Allerdings muss eine SQL-Anmelde-ID eingerichtet werden, die die SMS-Dienste zum Zugriff auf den SQL-Server benötigen. Auch sollte eine SQL-Anmelde-ID erstellt werden, die einen Operator bestimmt, der auf den SQL-Server zugreifen kann.

Ein SMS-Benutzerkonto muss in der Domäne angelegt werden, welches das Dienstkonto des SMS ist. Diese Konto muss Mitglied der Gruppe Domänen-Admins sein. In den Benutzerrechten (Benutzer-Manager) muss diese Konto mit dem Recht „Anmelden als Dienst“ ausgestattet sein. Jeder Standort muss über ein Konto verfügen, das Zugriff auf alle SMS-Server und Clients hat. Dieses Konto ist auf allen SMS-Servern im Standort gleich.

Sind Vertrauensstellungen zwischen Domänen eingerichtet, muss das Konto nur in der Hauptdomäne eingerichtet werden. Sind keine Vertrauensstellungen vorhanden, muss ein einheitliches Konto in allen Domänen eingerichtet werden. Für Novell-Server 3.12 muss ein SMS-Dienstkonto mit allen Berechtigungen für alle Volumes auf jedem Novell-Server erstellt werden (Supervisor-Rechten). Für Novell-Server 4.x reicht ein solches Konto in der NDS. Der Kontoname und das Kennwort müssen dem Kontenname und Kennwort des SMS-Dienstkontos auf dem Standort-Server entsprechen.

Während der Installation von SMS und der anschließenden Anmeldung müssen die Kontennamen und Kennwörter (SMS und SQL) zur Verfügung stehen.

Achtung: Für den SQL-Server kann auch das SQL-Server-Administratorkonto (sa) verwendet werden.

Das Einrichten von SQL-Anmelde-Ids wird nachfolgend noch etwas näher beschrieben. SQL verwendet 3 verschiedene Sicherheitsverfahren. Über die Standardsicherheit überprüft SQL selber den Zugriff auf den SQL-Server. Über die integrierte Sicherheit verwendet SQL die NT-Sicherheit. Über die gemischte Sicherheit verwendet SQL beide Verfahren. Welches Verfahren gerade benutzt wird, kann im SQL-Server unter SERVER | SQL SERVER | KONFIGURIEREN in Erfahrung gebracht werden.

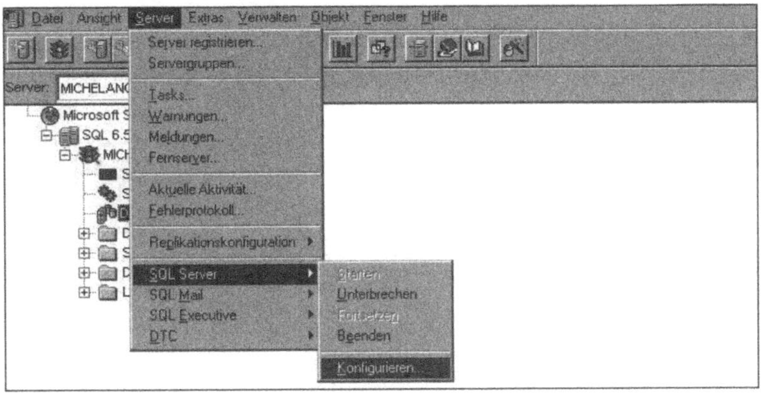

Abb. 192

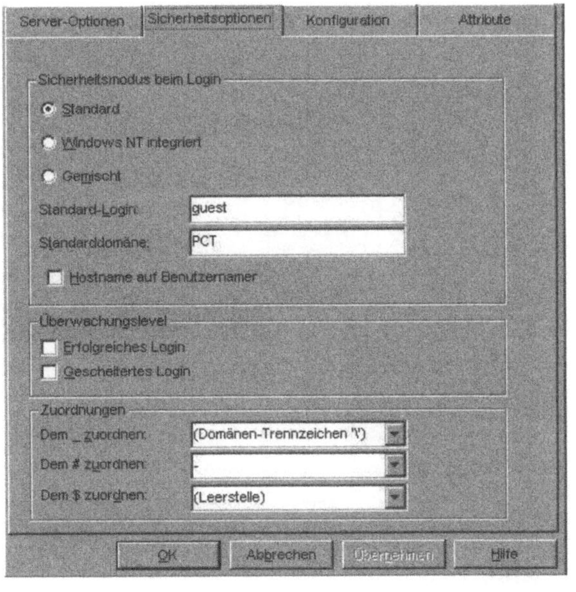

Abb. 193

SQL-Amelde-ID für Standardsicherheit einrichten

Im SQL-Enterprise-Manager den Standard-Server auswählen und unter Menü VERWALTEN | LOGINS auswählen. In der Dialogbox LOGINS unter LOGIN-NAME einen Benutzernamen eingeben (SQL-Anmelde-ID). Ebenfalls unter KENNWORT ein Kennwort. In der Rubrik MASTER | BEWILLIGEN selektieren und auf die Schaltfläche HINZUFÜGEN klicken. Das Kennwort muss jetzt noch bestätigt werden, und SCHLIEßEN auswählen.

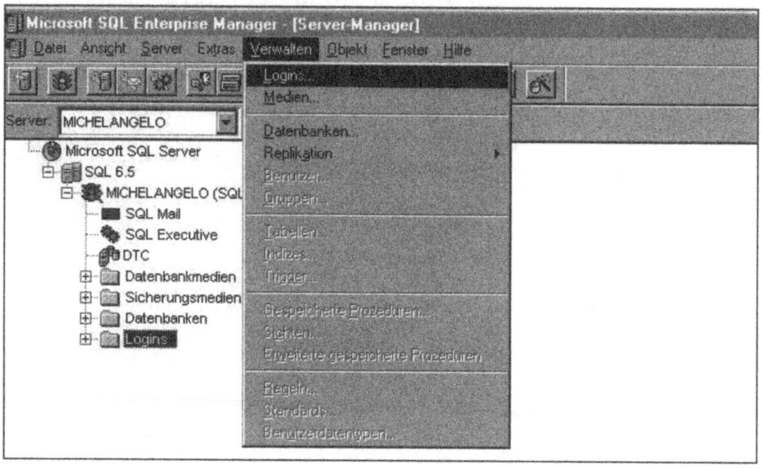

Abb. 194

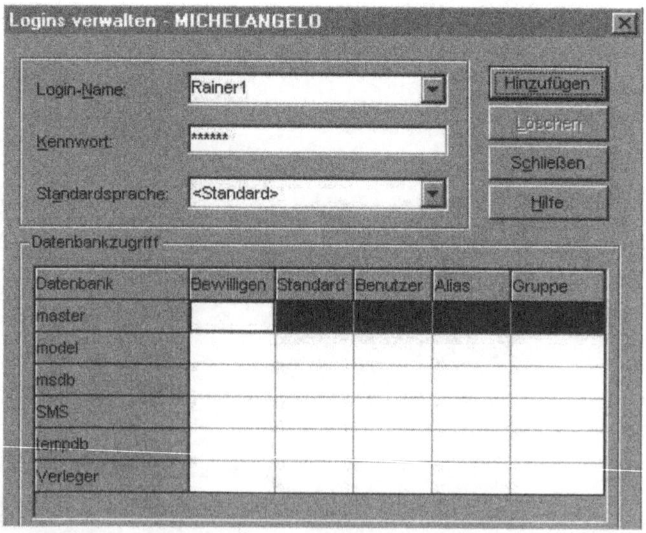

Abb. 195

Im Enterprise-Manager jetzt das Verzeichnis DATENBANKEN expandieren und auf die Master-Datenbank doppelt klicken. In der Registerkarte BERECHTIGUNGEN den zuvor verwendeten Benutzernamen auswählen und auf Datenb. Anlegen, DB sich. und Trans. Sich. klicken. Dies ermöglicht den SMS-Diensten die Erstellung und Wartung, und den Zugriff auf die Datenbank mit minimalen Berechtigungen.

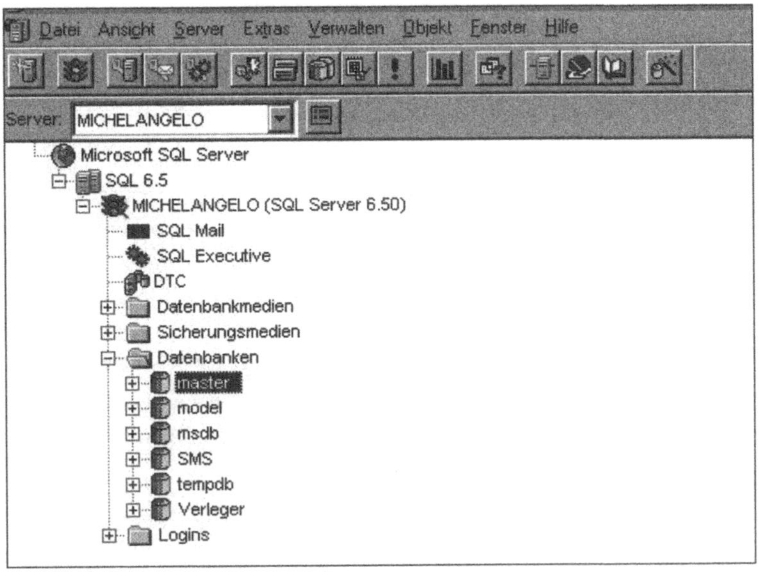

Abb. 196

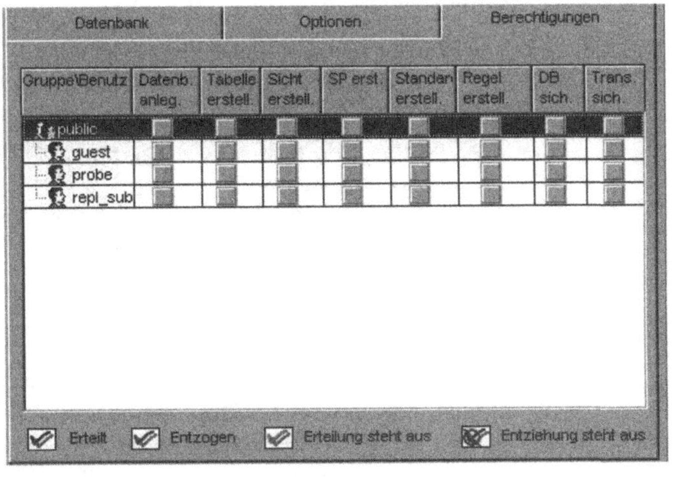

Abb. 197

SQL-Amelde-ID für die integrierte Sicherheit einrichten

Hier wird von SQL das SMS-Dienstkonto als SQL-Anmelde-ID verwendet, welches unter NT eingerichtet wurde. Es muss unter SQL kein zusätzliches Konto erstellt werden. Bei der Installation von SMS muss auch in der SQL-Anmeldung (SQL-Datenbankkonfiguration) nichts eingetragen werden.

SQL-Amelde-ID für die gemischte Sicherheit einrichten

Bei dieser Art der Sicherheit kann sowohl eine SQL-Anmelde-ID für die SMS-Dienste in SQL erstellt werden, oder das NT-Dienstkonto verwendet werden.

Weitere Vorbereitungen

Jeder Administrator (oder Benutzer), der Zugriff auf die Datenbank haben soll, muss über eine SQL-Anmelde-ID verfügen. Der Zugriff kann über die Dienst-ID erfolgen. Es sollten aber zusätzliche Ids angelegt werden, die die Möglichkeit beinhalten, dass zusätzliche Berechtigungen verteilt werden können.

Es müssen nach der Installation Zugriffsrechte für Operatoren für den Zugriff auf SMS erstellt werden (siehe weiter unten).

Über den Befehl net time \\Standort-Server /set /yes. welcher im Login-Script der Clients oder als Batch im Autostart der Server enthalten sein sollte, müssen alle Teilnehmer an SMS zeitsynchronisiert werden.

System-Voraussetzungen (Server):

- Lauffähiger SQL-Server (min. Version 6.0) im Netz,
- NT-Server als PDC oder SDC konfiguriert (min. ServicePack 3),
- NTFS-Partition, min. 500 MB (besser 1 GB) Plattenspeicher,
- Pentium-Prozessor,
- CD-ROM-Laufwerk,
- 32MB (besser 64MB) RAM.

Installation des SMS-Servers:

Mit Administratorrechten anmelden und auf der CD in das Verzeichnis SMS wechseln. Dort Setup ausführen. In nachfolgenden Fenstern werden Firmenname und Seriennummer abgefragt. Sodann gelangt man zum Fenster für die Installation des primären Standortes. Dieser sollte hier zuerst installiert werden.

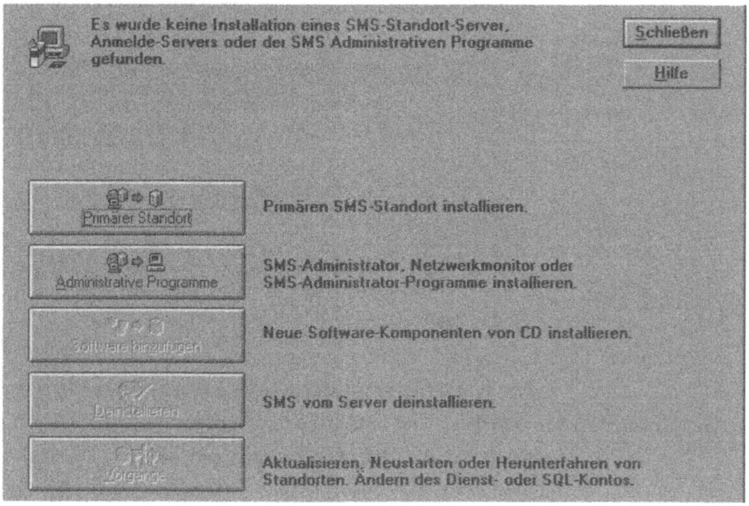

Abb. 198

Die Lizenzierung wird im nächsten Fenster erklärt, welcher hier zugestimmt werden muss.

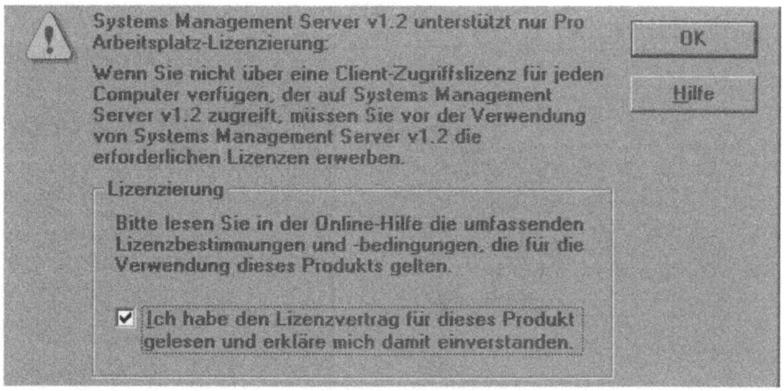

Abb. 199

Das Stammverzeichnis für die Installation des SMS-Servers muss als nächstes festgelegt werden. Dies kann bei Bedarf auch verändert werden.

Achtung: Der Verzeichnisname muss nach dem 8+3-Prinzip erstellt werden (wegen vielleicht einzubindender Anmelde-Server, die unter LAN-Manager oder Novell laufen).

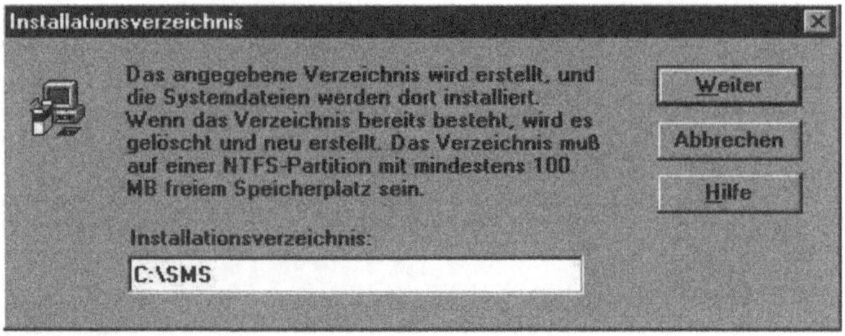

Abb. 200

Im folgenden Fenster können Standardkomponenten ausgewählt werden, die installiert werden sollen. Diese vordefinierten Komponenten unterstützen jedoch nur x86-basierte Computer. Sollen auch Alpha- oder MAC-Computer mit in das SMS-System aufgenommen werden, müssen über die Schaltfläche BENUTZERDEFINIERT weitere Komponenten hinzugefügt werden.

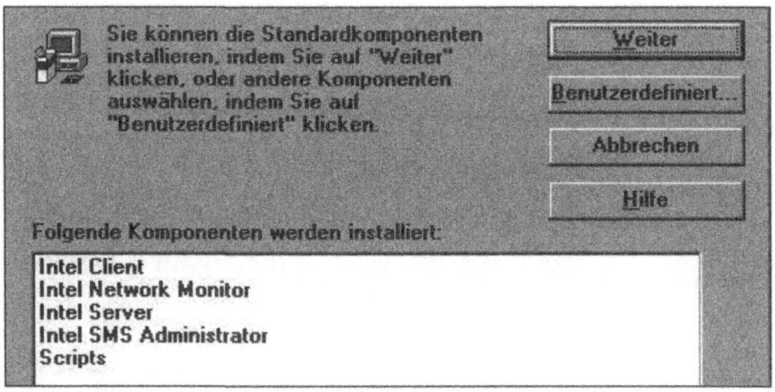

Abb. 201

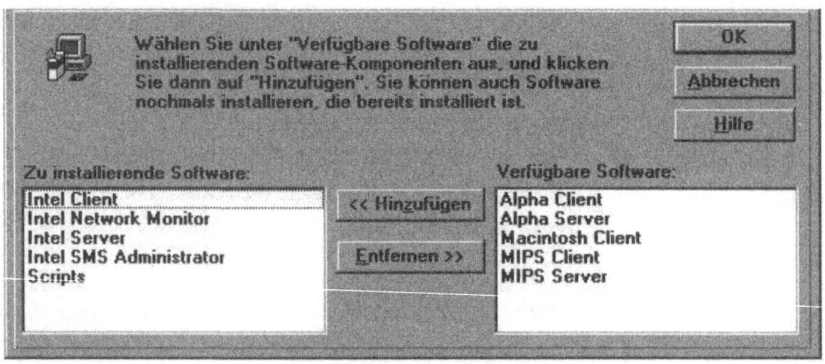

Abb. 202

Nachdem auf WEITER geklickt wurde, erscheint das Fenster für die SQL-Anmeldung. Hier müssen nun der SQL-Server-Name, die zuvor erstellte SQL-Anmelde-ID sowie das dazugehörige Kennwort eingegeben werden. Die vorgeschlagenen Namen für Datenbank- und Protokollmedium sowie der Datenbankname können bei Bedarf übernommen oder verändert werden. Die Schaltfläche MEDIEN ERSTELLEN ist nun zu betätigen.

Ist der SQL-Server auf einem Remote-Computer installiert, muss das Datenbank- und Protokollmedium schon erstellt worden sein.

Achtung: Bei Eintragungen in dieses Dialogfeld müssen Groß- und Kleinschreibung beachtet werden.

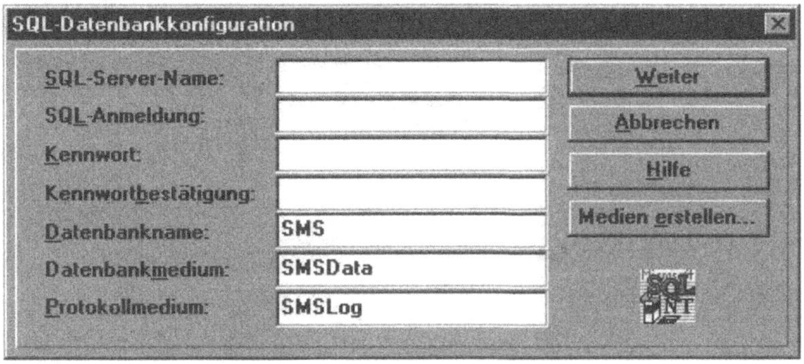

Abb. 203

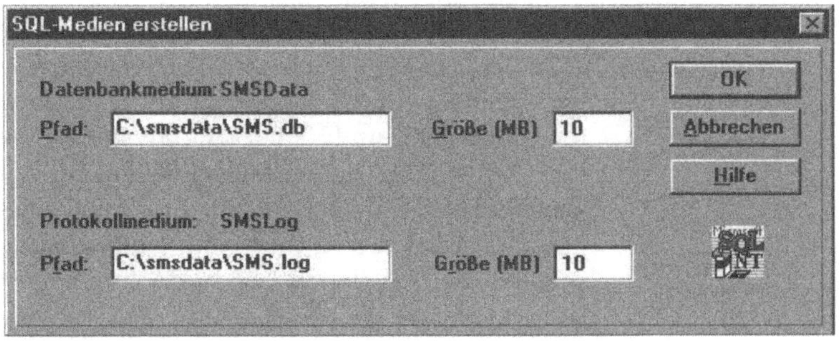

Abb. 204

Im nächsten Fenster KONFIGURATIONSINFORMATIONEN müssen weitere Einstellungen vorgenommen werden. Unter STANDORTCODE ist ein Code einzugeben, der den Standort eindeutig identifiziert und der einmalig in der Domäne sein muss. Dieser

Code muss aus 3 Zeichen bestehen. Standortname, Standort-Server und Domäne sind hier weiterhin einzutragen sowie das NT-SMS-Dienstkonto und das dazugehörige Kennwort.

Das Kontrollkästchen ALLE ANMELDE-SERVER AUTOMATISCH SUCHEN sollte erst einmal deaktiviert werden. Auf diesen Punkt wird weiter unten noch näher eingegangen.

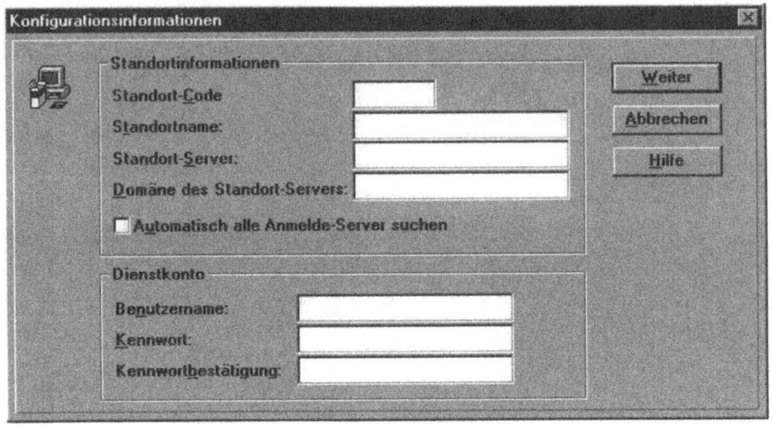

Abb. 205

Ist SQL-Server auf dem Standort-Server installiert, wird nun die Dialogbox SQL-VERBINDUNGEN angezeigt. Unter KONFIGURATIONSWERT ist 20 einzugeben. SMS verwendet min. 20 Verbindungen für jeden Standort, der SQL-Server verwendet. Dann ist die Schaltfläche EINSTELLEN zu betätigen.

Zum Schluss kann noch der Netzwerkmonitor von SMS installiert werden (siehe auch 3.2.35). In der Dialogbox NETZWERK ist unter DIENSTE und HINZUFÜGEN der NETZWERKÜBERWACHUNGSAGENT auszuwählen. Wenn die Treibereinrichtung abgeschlossen ist und die Frage erscheint, dass Windows jetzt neu gestartet werden soll, muss hier NEIN ausgewählt werden, da ansonsten die Installation von SMS nicht abgeschlossen wird. Nach der Installation des Treibers für den Netzwerkmonitor erscheint dann die Meldung, dass SMS vollständig installiert wurde.

Um die Installation von SMS-Server zu überprüfen kann über die SYSTEMSTEUERUNG | DIENSTE kontrolliert werden, ob
SMS_CLIENT_CONFIG_MANAGER
SMS_EXECUTIVE
SMS_HIERARCHY_MANAGER

SMS_INVENTORY_AGENT_NT
SMS_PACKAGE_COMMAND_MANAGER
SMS_SITE_CONFIG_MANAGER
installiert sind und auch ausgeführt werden.

Unter www.microsoft.com/germany können unter Downloads aktuelle ServicePacks für den SMS-Server herunter geladen und installiert werden.

Danach kann dann noch der SMS-Administrator auf eine Verwaltungsworkstation installiert werden, indem Setup von der SMS-CD dort ausgeführt wird. Über die Programmgruppe „SMS-Server" kann der Administrator aufgerufen werden, von dem aus alle Verwaltungsarbeit zu erledigen ist.

Wird der Administrator gestartet, muss bei gewählter Standard-Sicherheit zuerst eine SQL-Anmeldung erfolgen.

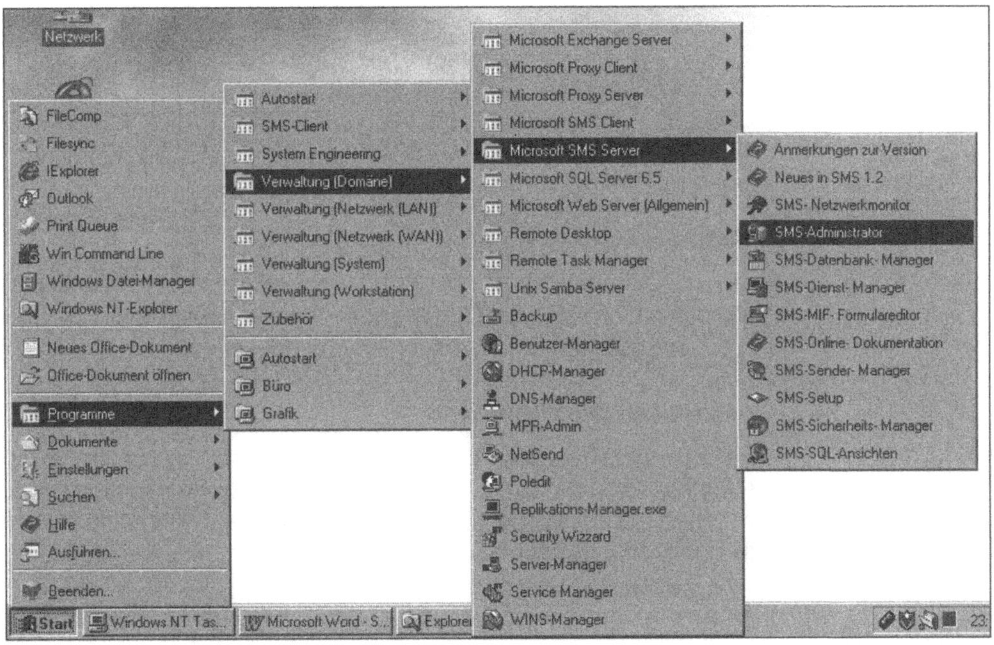

Abb. 206 SMS-Administrator starten

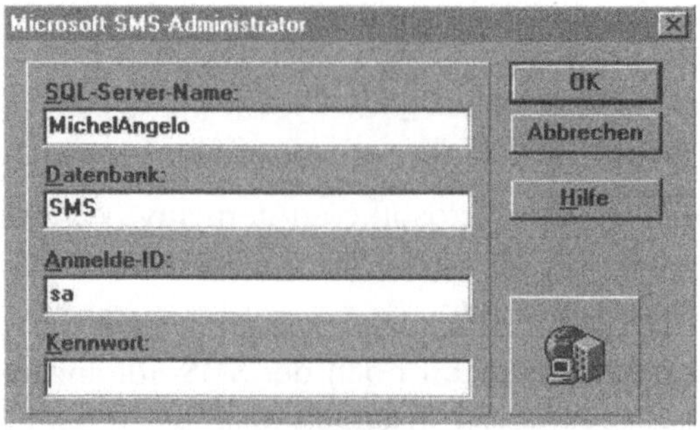

Abb. 207 SQL-Anmeldung

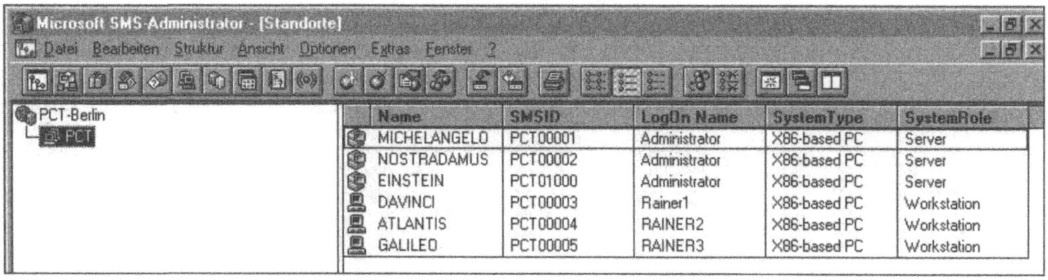

Abb. 208 SMS-Administrator

Installation von Clients:

Als nächstes müssen Clients der Datenbank von SMS hinzugefügt werden, damit sie verwaltet werden können. Dies kann automatisch oder manuell erfolgen.

Automatisches Hinzufügen

Insbesondere in großen Netzwerken bietet sich das automatische Hinzufügen von Clients zur SMS-Domäne an. Wenn die Option AUTOMATISCH ANMELDESCRIPT FÜR ARBEITSSTATION KONFIGURIEREN aktiviert wird, werden Clients automatisch erkannt, wenn diese sich am Netzwerk anmelden. SMS ändert die Login-Scripten in allen NT-LAN-Manager-Domänen so, dass eine Client-Software automatisch auf die Clients installiert wird und automatisch eine Inventur von Hardware- bzw. Software-Daten erstellt wird. Diese Inventur wird bei jeder Anmeldung vorgenommen, aber nur nach einem festgelegten Zeitintervall in die Datenbank aufgenommen.

Das automatische Hinzufügen der Clients wird folgendermaßen konfiguriert:

Zuerst muss der Verzeichnisreplikationsdienst auf dem Standort-Server konfiguriert werden. Im linken Fenster des Administrators muss sodann der Standort selektiert werden. Aus dem Menü DATEI ist nun EIGENSCHAFTEN auszuwählen. Im nachfolgenden Fenster ist jetzt zuerst die Schaltfläche DOMÄNEN zu betätigen. In der Dialogbox DOMÄNEN ist sodann VORGESCHLAGEN zu aktivieren und auf die Schaltfläche EIGENSCHAFTEN zu klicken. In den Domäneneigenschaften muss hier unter ANMELDE-SERVER das Kontrollkästchen ALLE GEFUNDENEN SERVER VERWENDEN aktiviert werden.

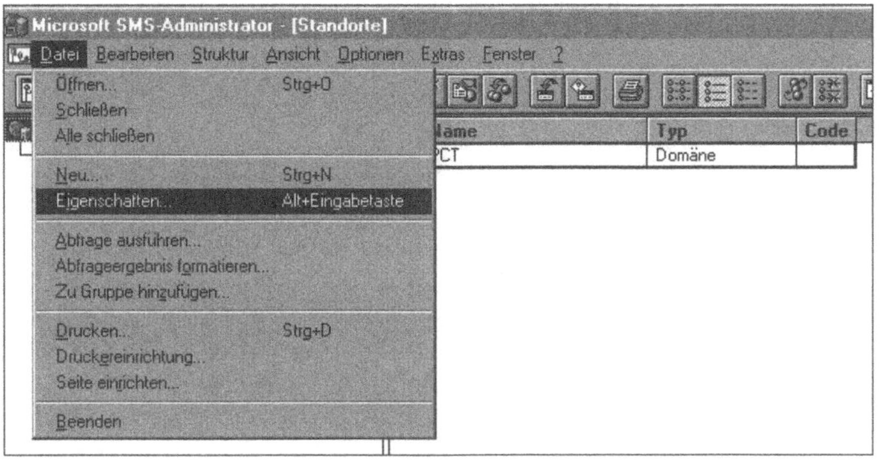

Abb. 209

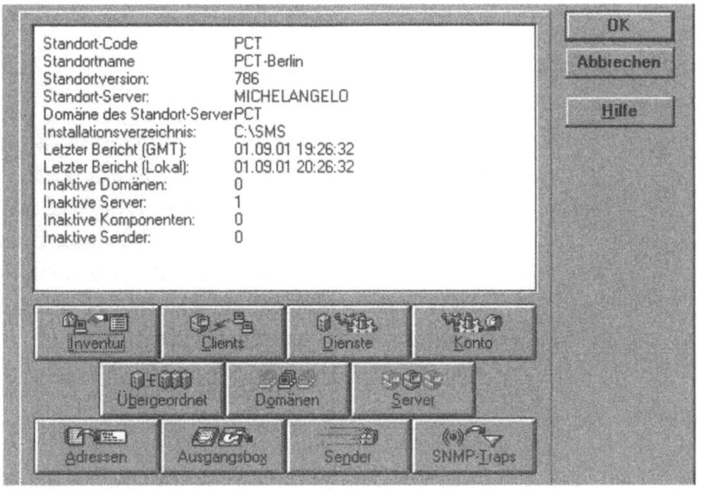

Abb. 210

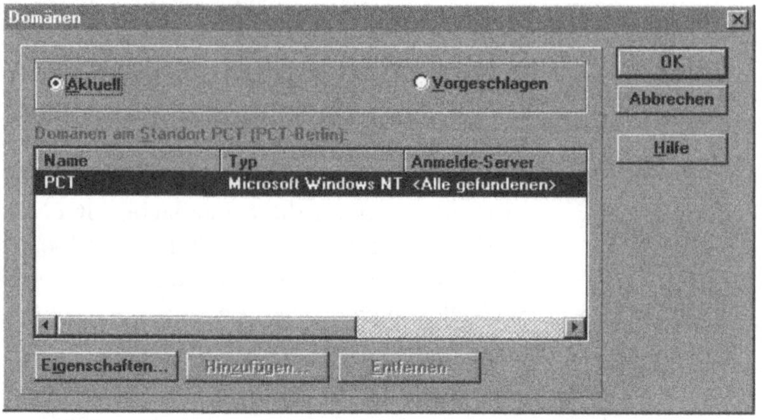

Abb. 211

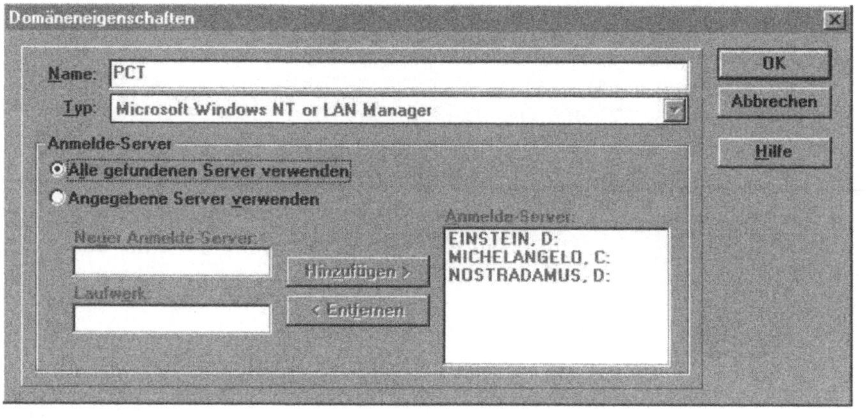

Abb. 212

Jetzt muss wieder zu den Standorteigenschaften zurück gekehrt und die Schaltfläche CLIENTS ausgewählt werden. In der Dialogbox CLIENTS ist nun VORGESCHLAGEN zu aktivieren. Unter CLIENT-SOFTWARE ist alle die Software auszuwählen, die auf den Clients zur Verwaltung mit SMS installiert werden soll. AUTOMATISCHES ANMELDESCRIPT FÜR CLIENTS KONFIGURIEREN ist hier dann weiter zu aktivieren.

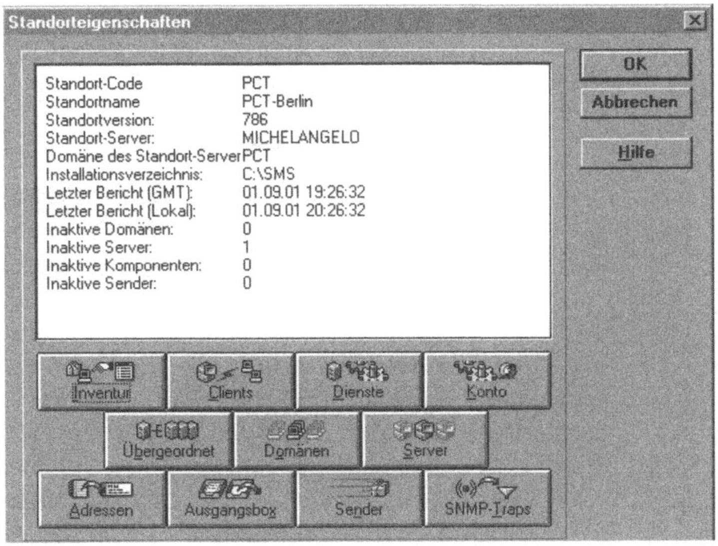

Abb. 213

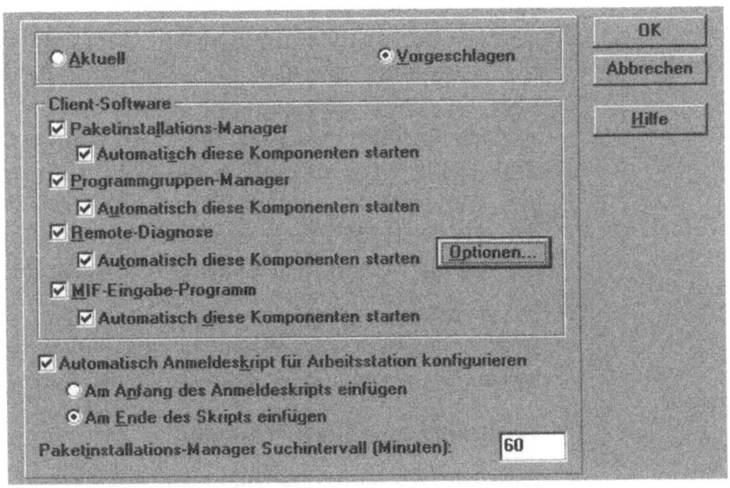

Abb. 214

Manuelles Hinzufügen

Ein Client kann manuell zur SMS-Domäne hinzugefügt werden, indem eine Verbindung zur Freigabe SMS_SHR auf dem Standort-Server hergestellt wird. In diesem Verzeichnis befindet sich eine Batch-Datei mit Namen RUNSMS.BAT, die einfach nur ausgeführt werden muss.

Wie bei der automatischen Installation wird auch hier die Client-Software installiert und automatisch eine Hard- und Softwareinventur des Clients durch geführt.

Arbeiten mit dem SMS-Client:

Wenn die Client-Software installiert ist, sind auf der Workstation verschiedene Programme in der Programmgruppe SMS-Client vorhanden, mit denen der Benutzer arbeiten kann.

Paketinstallations-Manager

Bei bestimmten Arbeiten, die über SMS auf dem Client ausgeführt werden, müssen/können Benutzer Eingaben machen. Wenn über den SMS-Administrator ein Paket für Clients erstellt wurde (Software, die auf dem Client installiert werden soll), kann das Paket so erstellt werden, dass das Paket VERBINDLICH oder OPTIONAL ist. Über Verbindlich wird das Paket zu einem festgelegten Zeitpunkt installiert. Über Optional kann der Benutzer entscheiden, wann er das Paket installieren lassen will.

Pakete werden im Paketinstallations-Manager auf dem Client angezeigt. Die im Paket enthaltene Befehlszeile, kann vom Benutzer ausgeführt werden. Des Weiteren kann er Informationen über das Paket anzeigen. Im Verzeichnis WARTENDE BEFEHLE sind die Befehle enthalten, die noch nicht ausgeführt wurden. Im Verzeichnis AUSGEFÜHRTE BEFEHLE sind die Befehle enthalten, die mindestens einmal ausgeführt wurden. Im Verzeichnis ARCHIVIERTE BEFEHLE sind Pakete vorhanden, die vom Benutzer dorthin verschoben wurden und ausgeführt wurden.

Paket-Befehle stellen i. a. zu installierende Software dar. Paket-Befehle können aber auch ein Installationsprogramm, ein Installations-Script oder eine Batch-Datei darstellen.

Programmgruppen-Manager

Sind Netzwerkanwendungen im Netzwerk vorhanden (siehe weiter unten), werden über den Programmgruppen-Manager Programmgruppen auf dem Client eingerichtet, über die diese Anwendungen auf dem Server gestartet werden können.

MIF-Eingabe

Über die MIF-Eingabe können Benutzer zusätzlich Informationen für eine SMS-Inventur zur Verfügung stellen (siehe weiter unten). Dabei muss der Benutzer ein Formular ausfüllen, welches vom SMS-Administrator erstellt wurde.

HelpDesk-Optionen

Über die HelpDesk-Optionen können Benutzer bestimmen, was der SMS-Administrator bei eine Remote-Zugriff darf (siehe weiter unten).

Arbeiten mit dem SMS-Administrator:

Über den SMS-Administrator werden alle Verwaltungsaufgaben erledigt, die mit dem SMS-System zusammen hängen. Wird der Administrator gestartet, muss im linken Fenster zuerst der Standort und dann die SMS-Domäne ausgewählt werden. Im rechten Fenster werden dann alle Computer angezeigt, die in der SMS-Domäne integriert sind. Wird auf einen dieser Computer doppelt geklickt, gelangt man in das Fenster, in dem alle remote ermittelten Inventurdaten des Clients eingesehen werden können.

Inventurdaten

Auf die Inventurdaten bauen alle anderen Funktionen des SMS-Servers auf. Die Hardware-Inventur wird beim Hinzufügen eines Clients automatisch erstellt. Die Software-Inventur kann über das Konfigurieren von Inventurregeln gesondert geregelt werden (welche Software erfasst werden soll). Das Betriebssystem wird ebenfalls automatisch erfasst. Eine vollständige Erfassung der Anwendungssoftware kann über ÜBERPRÜFUNG veranlasst werden. Nach festzulegenden Intervallen werden die Inventurdaten in der Datenbank des SMS-Servers aktualisiert, indem die Daten neu abgefragt werden.

Besteht eine Standort-Hierarchie, werden alle Daten des SMS-Systems zum zentralen Standort weiter gegeben. In der primären Standortdatenbank sind nur die Daten gespeichert, die im eigenen Standort enthalten sind. Sekundäre Standorte unterhalten keine eigene Datenbank. Deren Informationen sind im übergeordneten Standort gespeichert.

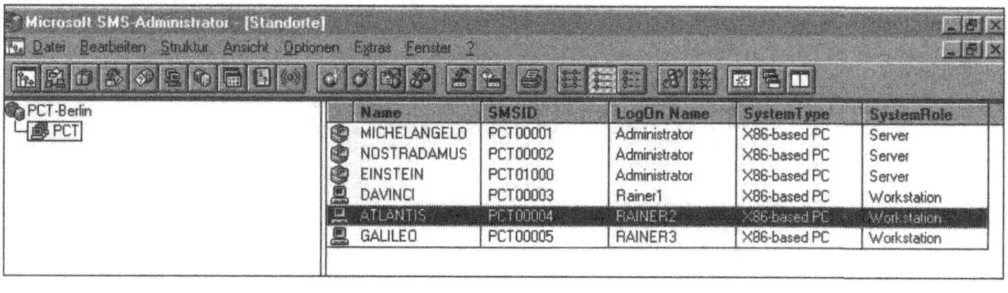

Abb. 216 SMS-Administrator

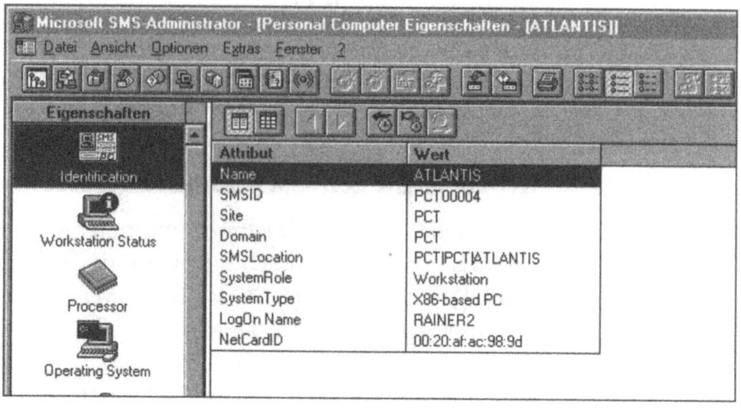

Abb. 217 Client-Inventurdaten

Inventurdaten abfragen

Nach bestimmten Inventurdaten kann in der Datenbank gesucht werden. Dazu können Abfragen erstellt oder vordefinierte Abfragen verwendet werden. Erstellte Abfragen können gespeichert und später weiter verwendet werden. Abfragen können so erstellt werden, dass Eingaben erforderlich sind. Eine Abfrage kann Ziel eines Auftrag-Befehls auf einer Workstation sein. Wenn SMS diese Abfrage ausführt, wird dieser Auftrag aktiviert und das Abfrageergebnis als Auftragsziel verwendet (wird weiter unten noch näher beschrieben).

Ein Ergebnis einer Abfrage kann SMS-Warnungen auslösen und Computer-Gruppen erstellen, die als Ziel für Software-Installationen verwendet werden können. Abfragen können auch danach erstellt werden, was nicht auf einem Computer installiert ist.

Abfragen werden über das Menü DATEI | ABFRAGE AUSFÜHREN ausgeführt. Als Beispiel wird nachfolgend eine Abfrage nach allen Computern ausgeführt, deren Festplattenplatz schon über 70 % belegt ist.

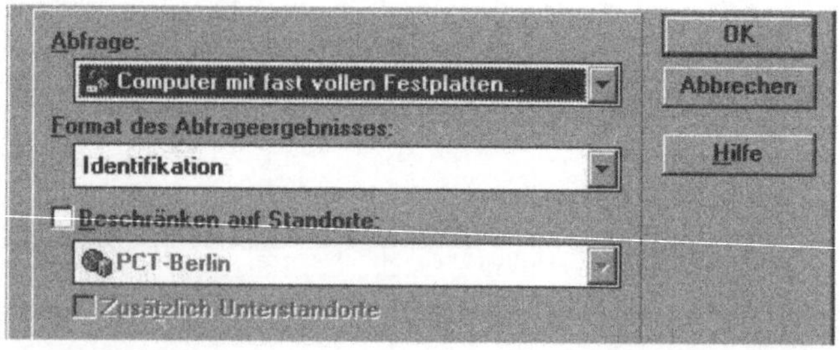

Abb. 218

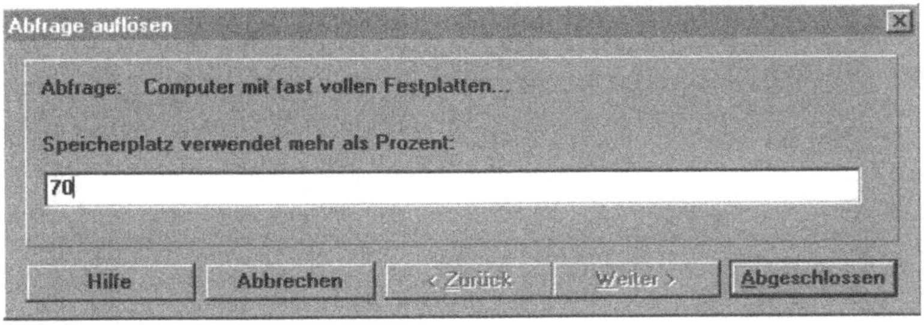

Abb. 219

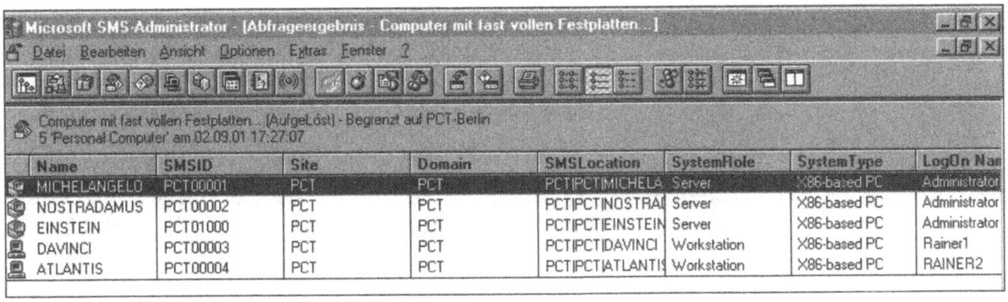

Abb. 220 Abfrage-Ergebnis

Eine Abfrage kann über die gleichnamige Schaltfläche in der Menüleiste selber erstellt werden. Aus dem Menü DATEI | NEU auswählen. In der nachfolgenden Dialogbox ABFRAGEEIGENSCHAFTEN ist unter ABFRAGENAME jetzt ein eindeutiger Name einzugeben, der den Vorgang identifiziert. Unter BESCHREIBUNG muss ein Texte eingegeben werden, welcher dann im Fenster ABFRAGEN erscheint. Unter DATENBANKARCHITEKTUR ist diese auszuwählen. Die Datenbankarchitektur gruppiert verwandte Objekte, wie z. B. alle PC's unter der Architektur „Personal Computer". Nun ist die Schaltfläche AND zu betätigen. Hier kann nun der Vorgang ausgewählt werden, der angewendet werden soll. Für die Abfrage nach allen Win-NT-Computern würde hier z. B. der Ausdruck OPERATING-SYSTEM NAME unter der Klasse MICROSOFT | OPERATING_SYSTEM und der Gruppe OPERATING System ausgewählt werden. Im Feld OPERATOR ist dieser auszuwählen (ist, ist nicht, usw.). Unter WERT ist hier jetzt Microsoft Windows NT auszuwählen. Unter ALLE PERSONAL COMPUTER SUCHEN BEI DENEN erscheint jetzt die vollständige Abfrage. Wird jetzt auf OK geklickt, wird die neue Abfrage in die Liste der vordefinierten Abfragen übernommen.

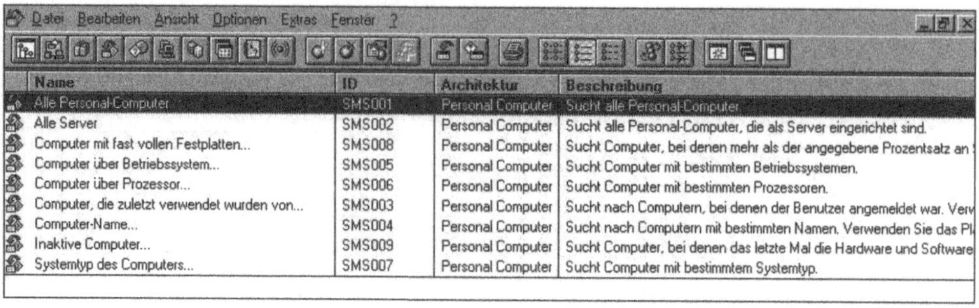

Abb. 221 Abfragen

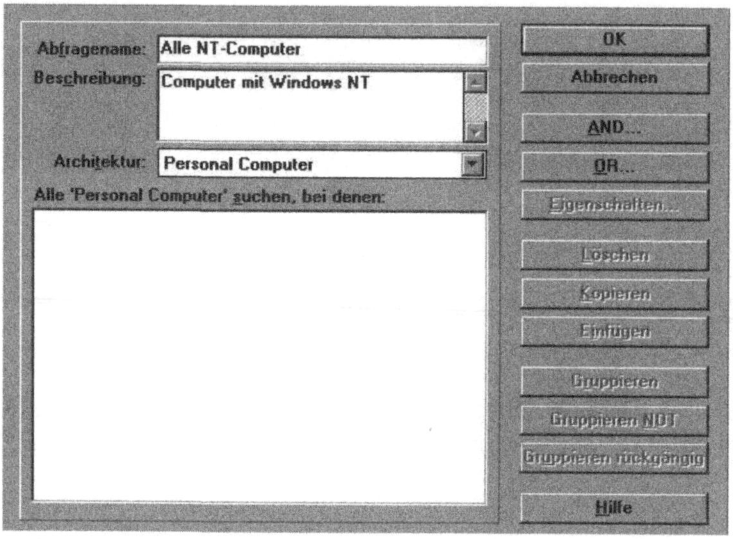

Abb. 222

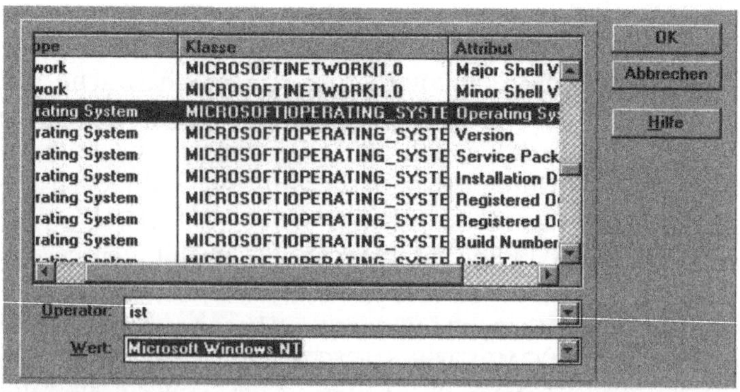

Abb. 223

Unternehmens- und benutzerspezifische Daten erfassen

Über die MIF-Eingabe, welche auf den Clients in der Programmgruppe SMS-Client vorhanden ist, können unternehmens- und benutzerspezifische Daten mit in das SMS-System integriert werden. Diese Daten können e-mail-Adresse, Personalnummer, Abteilung, Büro oder selbst definierte Daten umfassen.

Über den MIF-Editor können Formulare erstellt werden, die den Benutzern zur Verfügung gestellt werden, die diese Daten eingeben müssen. Erst mit der nächsten Inventur werden diese Daten in SMS erfasst. Der MIF-Editor wird über die Programmgruppe SMS-Server gestartet.

Ein Formular wird erstellt, in dem zuerst die Standard-Informationen eingetragen werden (FORMULARNAME, BESCHREIBUNG, FIRMA). Diese Informationen können nicht vom Benutzer ausgefüllt werden, sondern sind vorgegeben. Jetzt können weitere Felder zum Formular hinzugefügt werden, die der Benutzer ausfüllen kann. Dazu ist im Menü BEARBEITEN | NEUES FELD auszuwählen. Hier können jetzt drei Typen ausgewählt werden. Für ein Text-Feld ist TEXT auszuwählen.

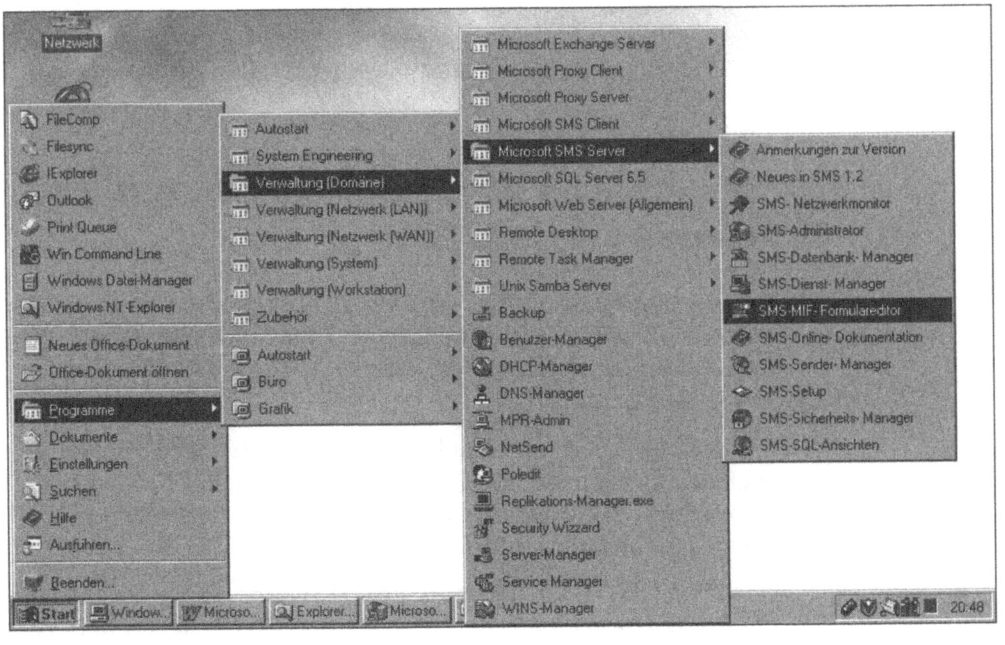

Abb. 224 MIF-Editor starten

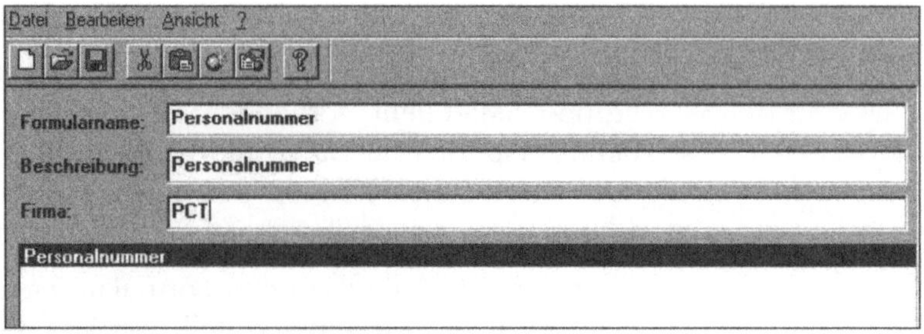

Abb. 225

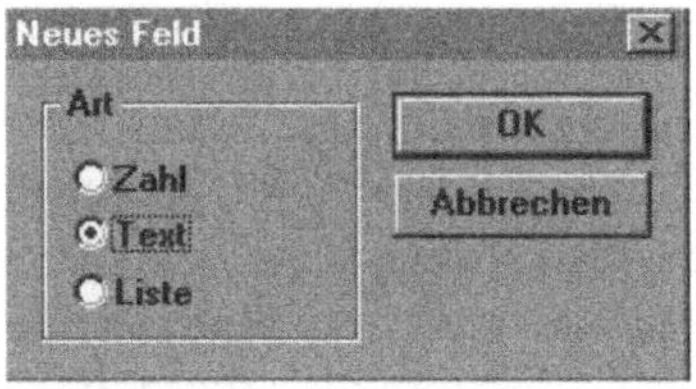

Abb. 226

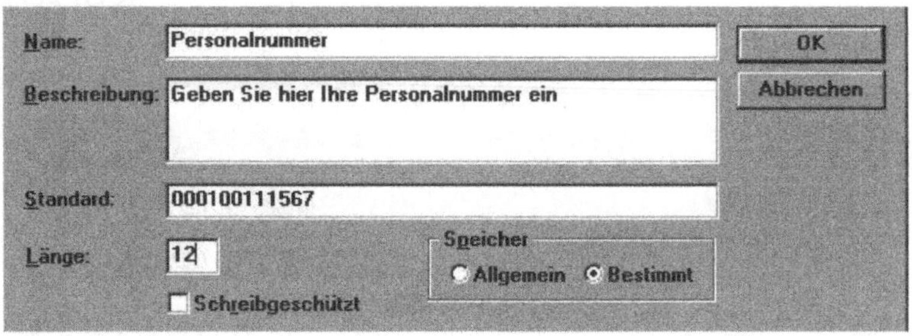

Abb. 227

Der MIF-Editor beinhaltet viele Möglichkeiten der Erstellung von Formularen mit Text-, Listen- und Zahlen-Elementen, die hier nicht alle dargestellt werden können (einfach ein bisschen herum spielen).

Nach Beendigung der Erstellung muss das fertige Formular gespeichert werden. Die Datei muss die Endung .xnf haben und im Verzeichnis SMS\SITE.SRV\MAINCFG.BOX\CLIENT.SRC\Prozessortyp gespeichert werden.

Nachdem das Formular nun erstellt wurde, muss es an die Clients verteilt werden. Dies passiert über das Erstellen und Verteilen eines Pakets sowie das Erstellen eines Auftrag-Befehls auf den Clients, wie es mit anderer Software auch gemacht wird (siehe weiter unten).

Software-Anwendungen erfassen

Um Software-Anwendungen zu erfassen, kann ein SMS-Inventurpaket erstellt oder eine Software-Überprüfung ausgelöst werden.

Inventurpaket erstellen:
Über Inventurpakete werden Sofware-Anwendungen regelmäßig einer Inventur unterzogen. Hier werden Dateien und Regeln definiert. Wird ein Inventurpaket erstellt, liest SMS die Regeln aus und erstellt die Datei PACKAGE.RUL.

Über die Schaltfläche PAKETE wird ein neues Inventurpaket erstellt. Aus dem Menü DATEI ist sodann NEU auszuwählen. In der Dialogbox PAKETEIGENSCHAFTEN ist unter NAME ein Name einzugeben, der den Vorgang eindeutig identifiziert. Unter BESCHREIBUNG eine eben solche Beschreibung. Die ID wird von SMS vergeben.

Über die Schaltfläche ARBEITSSTATIONEN werden Quelldateien und Befehle angegeben, wenn das Paket an Clients verteilt wird. Über die Schaltfläche SERVER werden die Quelldateien des Freigabenamens und der Programmelemente eingetragen, wenn es für die gemeinsame Nutzung im Netzwerk verwendet werden soll (siehe weiter unten). Für ein Inventurpaket ist über die Schaltfläche INVENTUR jetzt das Kontrollkästchen PAKET IN INVENTUR zu aktivieren und danach auf AND zu klicken. In der Dialogbox DATEIEIGENSCHAFTEN muss jetzt die Inventurregel definiert werden (nach welcher Software, wie gesucht werden soll). Unter DATEINAME ist die .exe-Datei der Software einzugeben. Als weiteres Kriterium kann aus den VERFÜGBAREN EIGENSCHAFTEN z. B. die Größe der Datei (SIZE) angegeben werden. Dies ist dann sinnvoll, wenn sich z. B. mehrere Versionen der Software auf dem Computer befinden, die anhand ihrer Größe unterschieden werden können und die alle über eine OR-Verknüpfung inventarisiert werden können.

Als Beispiel soll hier nach Office97 gesucht werden. Die Dateien Winword.exe, Excel.exe und Powerpnt.exe müssen nacheinander über die AND-Verknüpfung dem Dialogfeld PAKET FÜR INVENTUR EINRICHTEN hinzugefügt werden. Sind alle Dateien zugefügt und wird die Schaltfläche OK betätigt, erscheint eine Meldung, dass alle Standorte mit den Regeln aktualisiert werden. Dies ist zu bestätigen. Danach wird das Paket der Datenbank hinzugefügt und angezeigt.

Nach der nächsten Inventur erscheint unter den Eigenschaften eines Computers (Standort | Domäne | Computer) jetzt die Eigenschaft PACKAGES, über die die gefundene Software angezeigt werden kann.

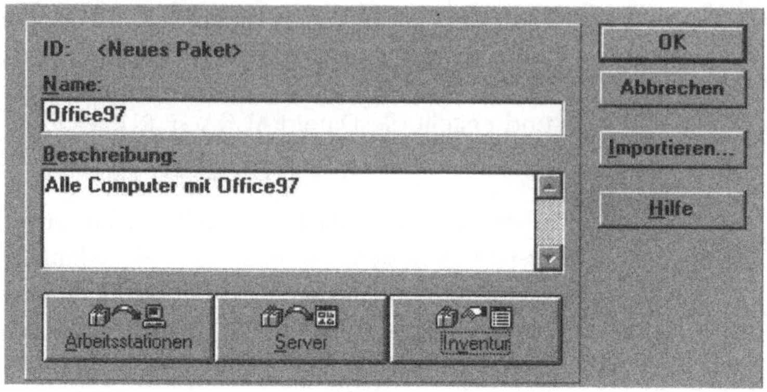

Abb. 228 Paketeigenschaften

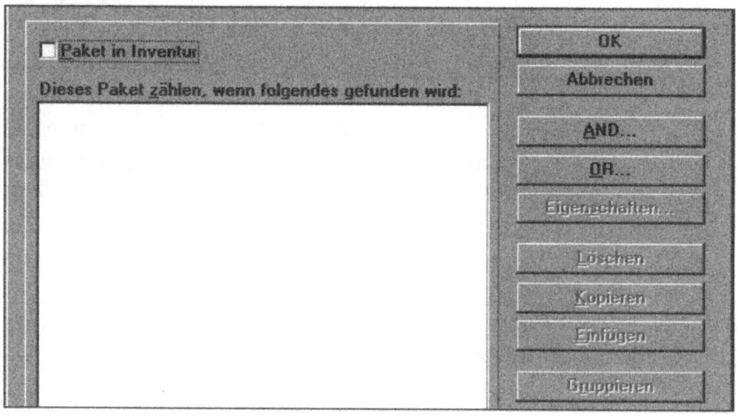

Abb. 229 Paket für Inventur einrichten

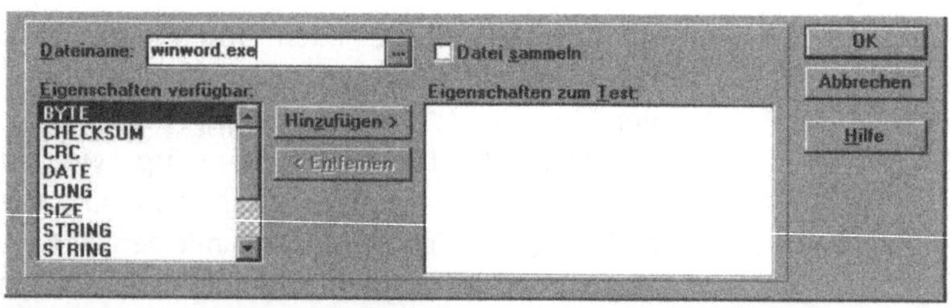

Abb. 230 Dateieigenschaften

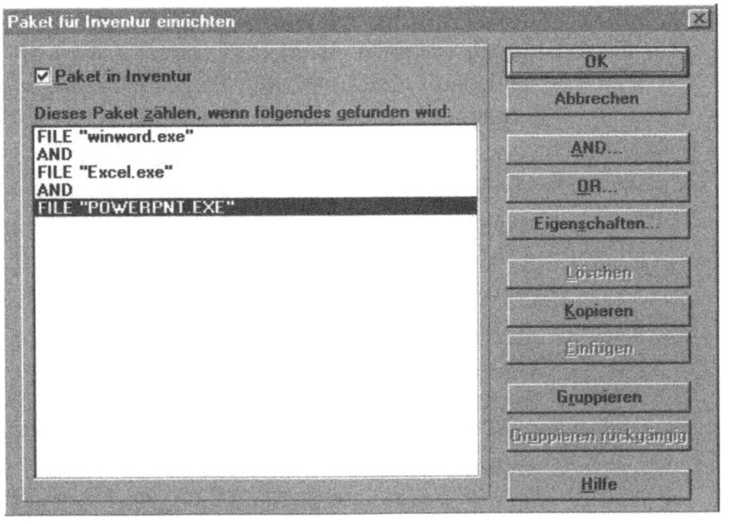

Abb. 231

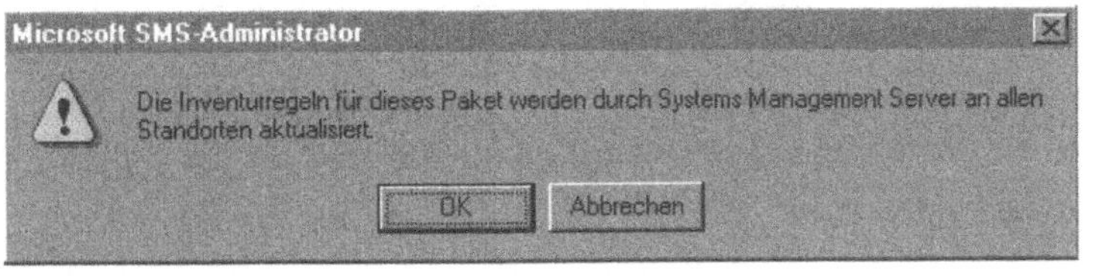

Abb. 232

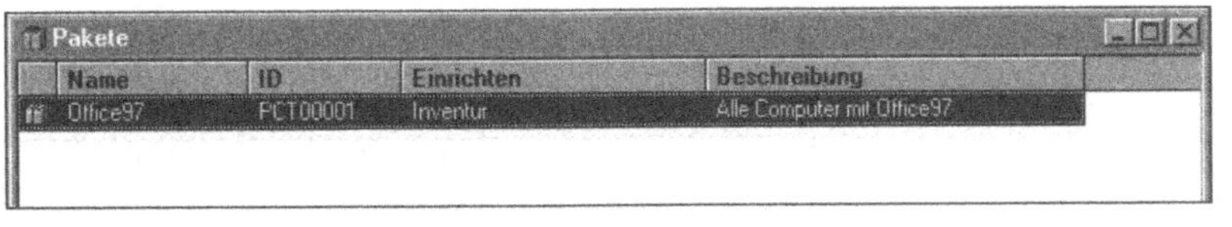

Abb. 233 Fenster Pakete

Überprüfung erstellen:
Über Überprüfungen werden Software-Anwendungen detaillierter, aber seltener untersucht. Der Zeitpunkt der Überprüfung kann frei gewählt werden. Dabei wird eine Liste von Software-Anwendungen erstellt. Es kann ausgewählt werden, welche Computer, wann überprüft werden sollen. Auch hier werden Regeln erstellt, die in der Datei AUDIT.RUL gespeichert werden. Die in SMS vordefinierte Datei AUDIT.RUL kann zur Überprüfung für viele Windows-Anwendungen benutzt werden. Diese Datei kann aber auch als Basis verwendet werden, um eine eigene Datei zu erstellen, in der weitere Anwendungen zur Über-

prüfung aufgenommen werden. Eine Datei mit Überprüfungsregeln ist eine ASCII-Text-Datei, in der die Regeln für jede Anwendung enthalten sind. Diese ASCII-Datei wird von SMS in eine .cfg-Datei umgewandelt, bevor sie verwendet wird.

Um die mitgelieferte Datei Audit.rul zu verwenden, muss auf dem Standort-Server diese Datei erst in eine .cfg-Datei verwandelt werden. Unter START | AUSFÜHREN muss dazu SMS\PRIMSITE.SRV\AUDIT\RUL2CFG.BAT AUDIT.RUL eingegeben werden.

Als nächstes muss dann die Überprüfung eingerichtet werden. Dies geschieht, indem im SMS-Administrator das Fenster Pakete und über das Menü DATEI | NEU aufgerufen wird. Über die Schaltfläche IMPORTIEREN ist jetzt die Datei PRIMSITE.SRV\IMPORT.SRC\DEU\AUDIT.PDF auszuwählen. Nachdem auf OK geklickt wurde, ist in der Dialogbox PAKETEIGENSCHAFTEN die Schaltfläche ARBEITSSTATIONEN zu betätigen (die Felder in Paketeigenschaften sind jetzt ausgefüllt). Unter QUELLVERZEICHNIS ist hier dann SMS\PRIMSITE.SRV\AUDIT\PACKAGE einzutragen. Nachdem alle Fenster mit OK geschlossen wurden, erscheint das Paket im Fenster für Pakete.

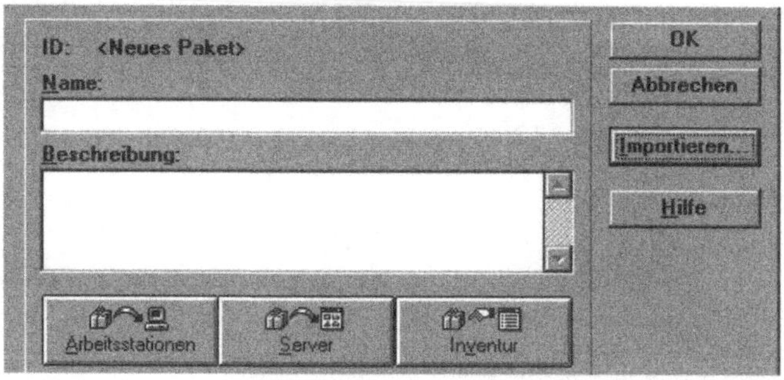

Abb. 234

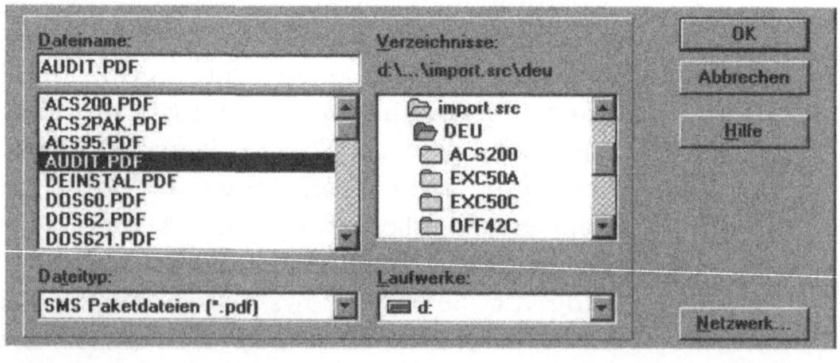

Abb. 235

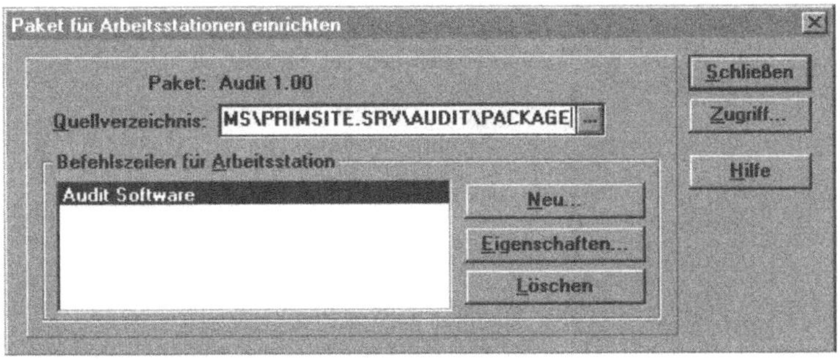

Abb. 236

Um die Überprüfung nun auszuführen, muss das Paket AUDIT mit der linken Maustaste aus dem Fenster Pakete in das Fenster Standorte gezogen werden. Um alle Computer im Standort zu überprüfen, muss das Paket über dem Standort-Symbol losgelassen werden. Um einen Computer zu überprüfen, muss das Paket über diesem Computer losgelassen werden. Die Dialogboxen AUFTRAGSEIGENSCHAFTEN und AUFTRAGSDETAILS erscheinen dann. In den Auftragsdetails ist unter AUSFÜHRUNGSPHASE das Kontrollkästchen VERBINDLICH NACH zu aktivieren und Datum und Zeit der Ausführung anzugeben. In den Auftragseigenschaften kann eine Beschreibung des Vorganges eingegeben werden.

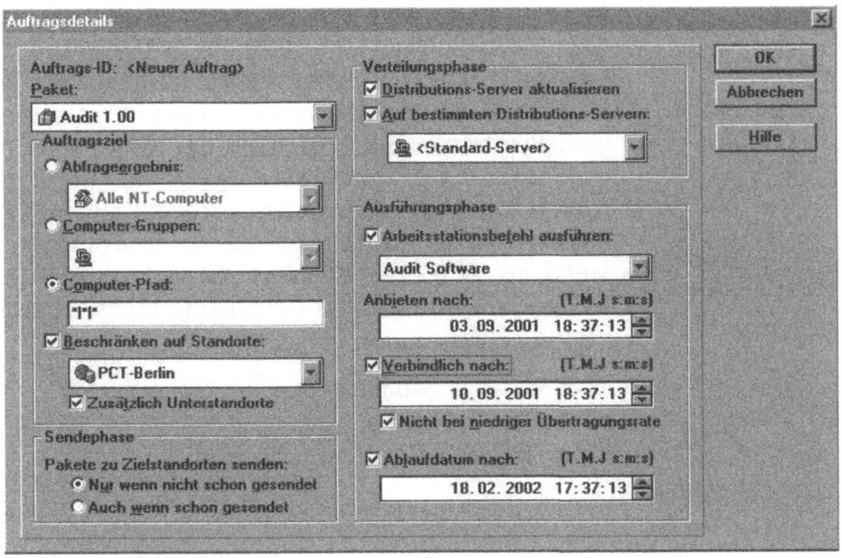

Abb. 237

Abb. 238

Die gefundene Software auf einem Computer kann in dessen Eigenschaften unter der Rubrik AUDITED SOFTWARE angezeigt werden.

Dateien sammeln:
Dateien auf Computer können auch einfach nur gesammelt werden. Diese Dateien werden in einem Verzeichnis auf dem Standort-Server gespeichert und können später analysiert werden. Um das Sammeln zu aktivieren, ist im Fenster für Pakete wieder auf NEU zu klicken. Unter Name ist wieder ein Name für die Identifizierung anzugeben. Dann muss die Schaltfläche INVENTUR betätigt werden. Hier muss jetzt die Schaltfläche OR ausgewählt werden, da bei einer AND-Verknüpfung im Fehlerfall keine weiteren Dateien mehr gesammelt werden. Werden mehrere Dateien gesucht, kann natürlich auch mit der AND-Verknüpfung gearbeitet werden. Unter Dateiname ist der Name der Datei anzugeben, nach der auf allen Computern gesucht werden soll. In der Dialogbox DATEI SUCHEN ist das Kontrollkästchen DATEI SAMMELN zu aktivieren. Werden alle Fenster mit OK wieder geschlossen, wird noch die Bestätigung über die Aktualisierung aller Pakete im Standort eingeholt.

Nachdem das Sammeln der Dateien erfolgt ist, können die gesammelten Dateien auf einem Computer in dessen Eigenschaften unter Collected Files angezeigt werden.

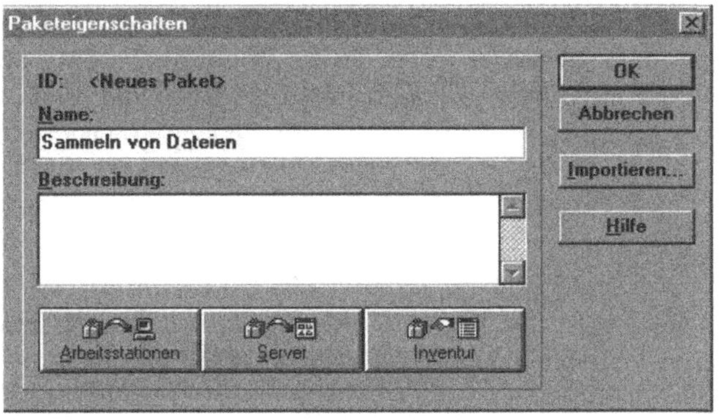

Abb. 239

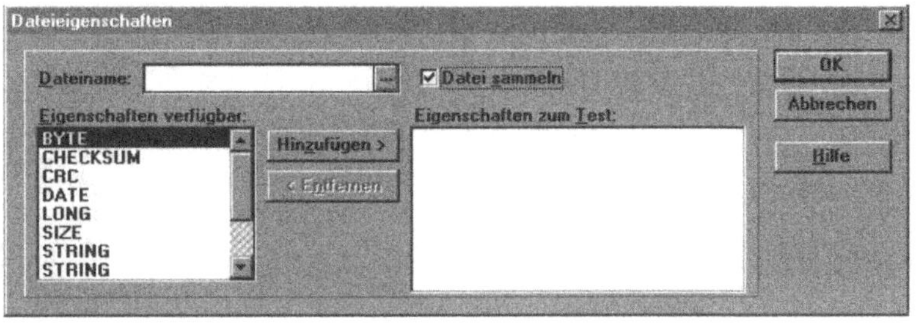

Abb. 240

Verteilen von Software (Distribution):

Sicherlich hat sich heute das Prinzip von Images im Client-Bereich weitestgehend durchgesetzt. In Firmen werden überwiegend Clients eingesetzt, die von ihrer Grundkonfiguration einen im Firmenbereich gültigen Standard haben. Ein solcher Computer wird mit seinem Betriebssystem und der Standard-Software einmal aufgesetzt, wovon dann ein Image gezogen wird, welches auf alle weiteren Computer nur übertragen werden muss. Auch unter NT, das ja mit SIDs arbeitet (Sicherheits IDs für Computer im Netz, die eindeutig sein müssen), ist dies zwischenzeitlich kein Problem mehr, da es Software gibt, die die SIDs bei einem neuen Images entfernen und neu zuweisen kann (www.sysinternals.com), so dass Probleme im Netz mit gleichen SIDs nicht mehr zu erwarten sind (auch Win2000 arbeitet mit solchen Images). Für Software allerdings, die von diesem Standard abweicht, ist die Funktion von remote zu verteilender oder zu aktualisierender Software im Netz von einem zentralen Standort aus immer noch eine sinnvolle Angelegenheit.

Software kann mit SMS remote auf Computer installiert oder aktualisiert werden. Dabei können von SMS ermittelte Inventurdaten herangezogen werden, über die z. B. festgestellt werden kann, welche Computer eine Aktualisierung welcher Software benötigen. Für die Softwareverteilung wird mit Arbeitsstationspaketen gearbeitet, worin die Dateien festgelegt werden, die zur zu verteilenden Software gehören sollen, sowie die Konfiguration und Identifikation der Pakete. In SMS sind schon vordefinierte PDF-Dateien (Paketdefinitionsdateien) enthalten, die MS-Software und -Betriebssysteme zur Verteilung beinhalten. Des Weiteren muss ein Auftrag definiert werden, der die Software auf die Clients verteilt und installiert.

Über einen Paketinstallations-Manager kann festgelegt werden, ob der Benutzer selber zu einem bestimmten Zeitpunkt bestimmte Software installieren kann oder ob die Software zu einem festgelegten Zeitpunkt definitiv installiert wird.

Zunächst muss ein Quellverzeichnis auf einem Distributions-Server erstellt werden, welches die Installationsdateien der Anwendung enthält. Dies muss für alle verschiedenen Plattformen im Netzwerk extra gemacht werden (X86, MIPS, Alpha, usw.). Dieses Verzeichnis muss für das Netzwerk mit entsprechenden Zugriffsrechten frei gegeben werden (min. Leserechte für das SMS-Dienstkonto). Dann muss die Software entweder dort zur Verfügung gestellt werden (Software wird komplett auf den Clients installiert (Befehl auf Arbeitsstation ausführen-Aufträge)) oder bei einer Netzwerkanwendung dorthin mit einer Netzwerkinstallation installiert werden (Software läuft zum Hauptteil auf dem Server, nur Teile der Software werden auf den Clients installiert (ist z. B. mit MS-Office möglich) (Paket auf Server freigeben-Aufträge)). Ein UNC-Pfad oder ein Netzwerklaufwerk muss zu diesem Quellverzeichnis eingerichtet werden.

Achtung: Für Anwendungen, die als Netzwerkanwendung auf einem Server laufen, muss für jede Anwendung eine extra Freigabe auf das Quellverzeichnis erstellt werden.

Achtung: Standort-Server oder Distributionsserver müssen über genügend Speicherplatz verfügen, um die Pakete aufnehmen zu können. Als Richtlinie kann hier die 3-4-fache Größe der Größe der Quelldateien zugrunde gelegt werden. Dies hat seinen Grund darin, dass auf dem Server zusätzlich Platz für das Komprimieren und Dekomprimieren der Quelldateien benötigt wird.

Distributions-Server kann jeder Server in der Domäne sein (auch der SMS-Standort-Server). Auf ihm muss nicht SMS laufen. Das SMS-Dienstkonto muss aber Zugriff auf diesen Server haben. Ein Netzlaufwerk zu dem Quellverzeichnis sollte erstellt werden.

Mittels einer Abfrage kann nun festgestellt werden, ob auf den Clients genug Plattenplatz zur Verfügung steht, um die Anwendung zu installieren (siehe weiter oben).

Als nächstes muss ein Paket mit der zu verteilenden Software definiert werden. Ein Paket stellt ein Objekt dar, über welches festgelegt wird, wie Software auf Clients installiert werden soll, wie es frei gegeben wird, damit es auf Servern ausgeführt werden kann, und wie eine Inventur für das Paket ablaufen soll. Pakete können für Anwendungen oder einzelne Dateien erstellt werden. Die Eigenschaften dieses Objekts werden über die folgenden Schaltflächen erstellt:

Arbeitsstationen Quelldateien und Befehle eines Pakets für Clients

Server Quelldateien, Freigabename, Programmelemente, Verzeichnisberechtigungen für eine Netzwerkanwendung

Inventur Regeln, über die SMS ein Paket identifiziert

Über das Fenster PAKETE ist wieder NEU aufzurufen. In den PAKETEIGENSCHAFTEN sind wieder ein Name und eine Beschreibung anzugeben.

Ist eine PDF-Datei für das Paket schon vordefiniert, kann diese über IMPORTIEREN nun genutzt werden. Ansonsten kann diese PDF-Datei zuerst erstellt werden (siehe weiter oben) oder keine PDF-Datei verwendet werden. Im nächsten Fenster ist diese PDF-Datei dann unter PRIMSITE.SRV\IMPORT.SRC\DEU \Datei.PDF auszuwählen (wenn vorhanden).

Paket erstellen, das auf Clients ausgeführt wird:
Zu den PAKETEIGENSCHAFTEN zurück gekehrt ist jetzt die Schaltfläche ARBEITSSTATIONEN zu betätigen, wenn die Software komplett auf den Clients installiert werden soll, oder SERVER, wenn die Anwendung als Netzanwendung auf einem Server laufen soll. Unter QUELLVERZEICHNIS ist der Pfad zum Quellverzeichnis der Installationsdateien auf dem Distributions-Server anzugeben. Ist der Distributions-Server auch der SMS-Standort-Server, wird hier ein lokaler verwendet. Liegen die Installationsdateien auf einem anderen Server, kann hier ein UNC-

Pfad verwendet werden oder die Angabe eine Netzwerklaufwerks, welches natürlich eingerichtet worden sein muss.

Unter BEFEHLSZEILEN FÜR ARBEITSSTATIONEN ist nun auf die Schaltfläche NEU zu klicken, um das Fenster für Befehlszeilen anzuzeigen. Hier werden die Befehle für die Ausführung festgelegt. In der BEFEHLSZEILE kann ein Script angegeben (ausgeführt) werden, welches die Anwendung installiert, oder das Setup-Programm der Anwendung ausgeführt werden. Die Felder werden normalerweise über die PDF-Datei ausgefüllt. Wird ein Paket ohne PDF-Datei erstellt, müssen die Eintragungen hier manuell vorgenommen werden. Unter UNTERSTÜTZTE PLATTFORMEN muss noch ausgewählt werden, für welche Plattformen das Paket gelten soll.

Nun können alle Fenster mit OK geschlossen werden. Das Paket erscheint jetzt im Fenster für Pakete.

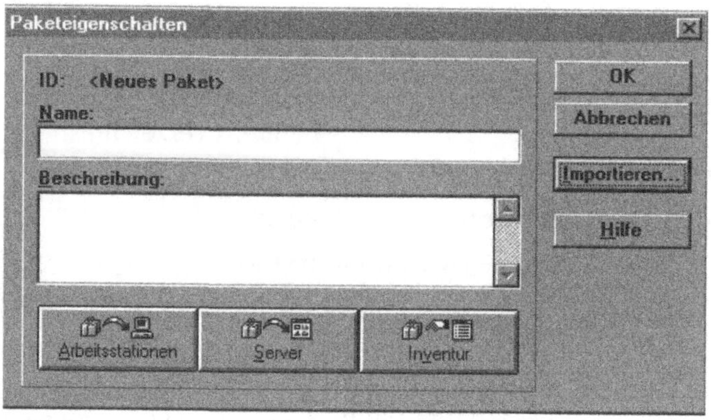

Abb. 241

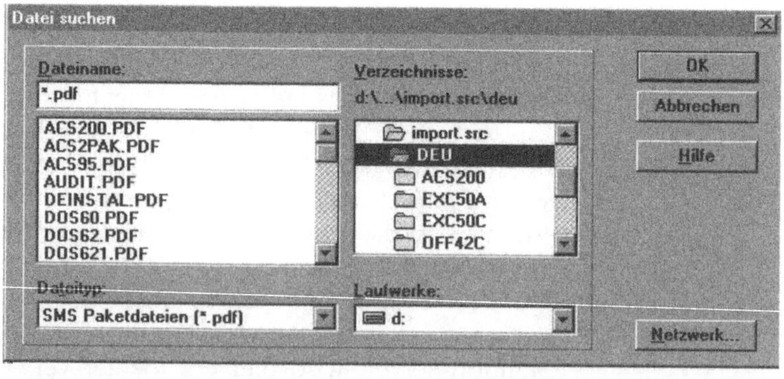

Abb. 242

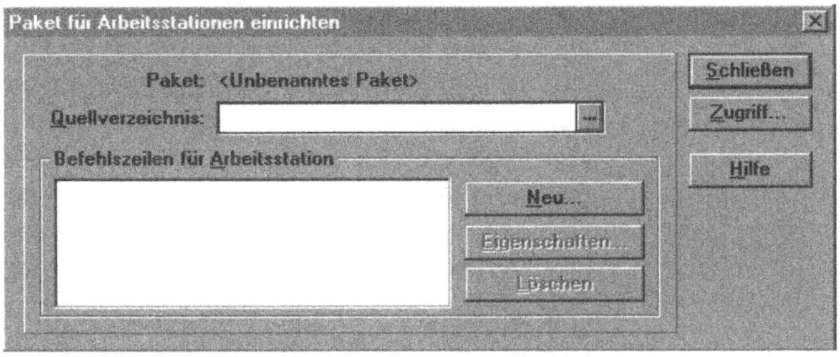

Abb. 243

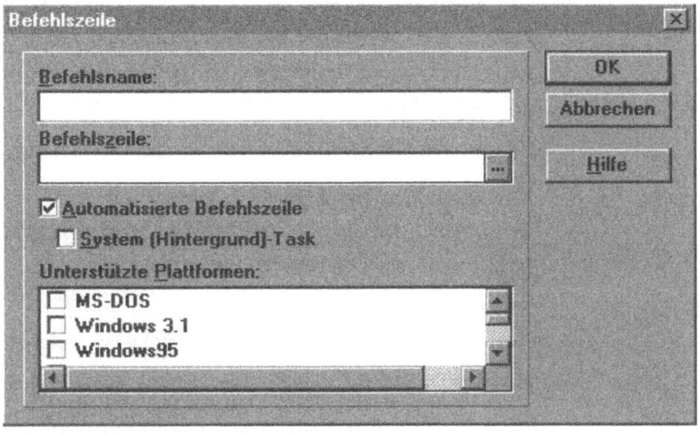

Abb. 244

Paket erstellen, das auf Server ausgeführt wird (Netzwerkinstallation):
Wenn das Paket für eine Netzwerkanwendung erstellt werden soll, muss die Schaltfläche SERVER betätigt werden. Unter QUELLVERZEICHNIS ist der Pfad zu dem Quellverzeichnis einzugeben (über die Durchsuchen-Schaltfläche kann auch danach gesucht werden). Unter FREIGABENAME ist der Name einzugeben, unter dem das Quellverzeichnis frei gegeben worden ist. Über die Schaltfläche ZUGRIFF können Berechtigungen gesetzt werden. Sodann ist die Schaltfläche NEU zu betätigen, worüber Programmelemente eingerichtet werden.

Programmelemente sind Eigenschaften, über die eine Netzwerkanwendung so konfiguriert wird, wie der Benutzer mit der Anwendung umgehen kann. Unter BESCHREIBUNG kann diese wieder eingegeben werden. Unter BEFEHLSZEILE ist der Befehl einzugeben, mit dem die Anwendung gestartet wird (für Notepad z.B. NOTEPAD.EXE). Unter REGISTRIERUNGSNAME kann ein Name eingegeben werden oder auch nicht. Das Feld wird dann von SMS beschriftet. Unter BEFEHLSZEILE FÜR KONFIGURATION kann der Name eines Scripts oder eines Setup-Programms eingegeben werden, wenn Teile der Anwendung auf dem Client installiert werden müssen (Office als Netzwerkanwendung).

Soll ein Symbol in der Programmgruppe auf dem Client angezeigt werden, ist das entsprechende Kontrollkästchen zu aktivieren. Soll die Anwendung minimiert gestartet werden, ist das entsprechende Kontrollkästchen zu aktivieren. Soll eine lokale Kopie der Start-Datei der Anwendung zur Programmausführung verwendet werden, ist das entsprechende Kontrollkästchen zu aktivieren. Bleibt dieses Kontrollkästchen deaktiviert, wird immer die Start-Datei auf dem Server verwendet.

Unter LAUFWERKSMODUS ist dieser anzugeben.

Achtung: Es gibt Anwendungen, die nicht über UNC-Pfade funktionieren, sondern nur über eingerichtete Netzwerklaufwerke (z.B. DOS-Programme), wenn sie über das Netzwerk ausgeführt werden sollen.

Unter UNTERSTÜTZTE PLATTFORMEN sind die Plattformen auszuwählen, für die die Anwendung bereit gestellt werden soll.

Mit OK können nun wieder alle Dialogboxen geschlossen werden.

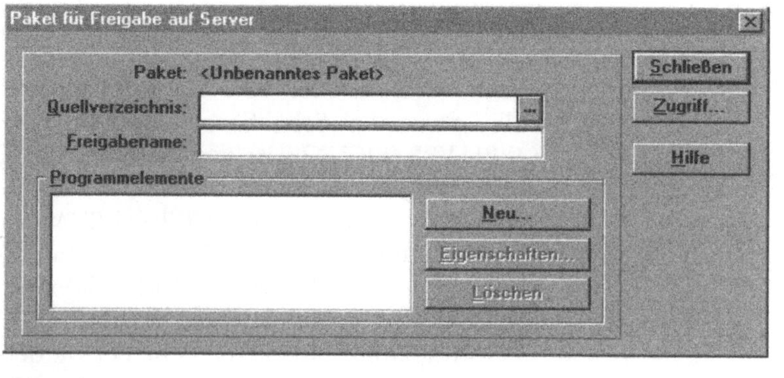

Abb. 245

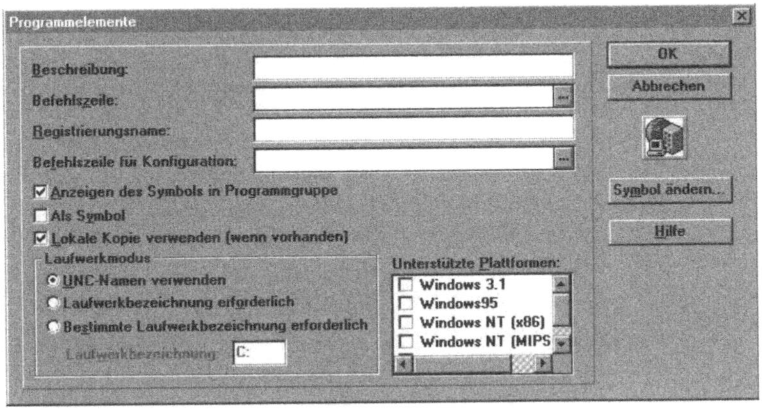

Abb. 246

Auftrag erstellen:
Nun muss noch ein Auftrag zum Verteilen des Paketes erstellt werden. Hierbei muss wieder unterschieden werden, ob es ein „Befehl auf Arbeitsstation ausführen-Auftrag" oder ein „Paket auf Server freigeben-Auftrag" werden soll. Für einen „Befehl auf Arbeitsstation ausführen-Auftrag" müssen die Eigenschaften über die Schaltfläche ARBEITSSTATIONEN definiert worden sein. Für einen „Paket auf Server freigeben-Auftrag" müssen die Eigenschaften über die Schaltfläche SERVER definiert worden sein. Aufträge sind Objekte, die Anweisungen für Systemaktionen enthalten. Sie verwenden Pakete zum Ausführen von Aktionen. Aufträge beinhalten

- ein Paket
- ein Auftragstyp
- eine Startzeit

Achtung, ganz wichtig: SMS bearbeitet Aufträge auf Clients zu bestimmten Zeiten. Deswegen müssen die Clients zeitsynchronisiert sein (net time \\Servername /set /yes)

Über die Schaltfläche AUFTRÄGE und den Menü-Befehl DATEI | NEU muss jetzt unter AUFTRAGSTYP dieser ausgewählt werden. Unter BESCHREIBUNG kann diese wieder eingegeben werden. Hier sollte eine eindeutige Beschreibung verwendet werden, mit der der Paketname und das Auftragsziel dargestellt wird. Sodann ist die Schaltfläche PLANUNG zu betätigen. In der nachfolgenden Dialogbox sind Startzeit, Priorität und Wiederholungsintervall anzugeben (Priorität gegenüber anderen Aufträgen). Nachdem die Box mit OK verlassen wurde, müssen über die Schaltfläche DETAILS weitere Angaben gemacht werden.

Unter PAKET muss dieses für den Auftrag ausgewählt werden, hier werden nur Pakete angezeigt, für die Eigenschaften definiert wurden. Unter AUFTRAGSZIEL ist dieses auszuwählen. Unter ABFRAGEERGEBNIS kann eine zuvor erstellte Abfrage als Ziel definiert werden. Unter COMPUTERGRUPPE kann eine zuvor definierte Computergruppe als Ziel definiert werden. Unter Pfad kann ein Pfad zu einem Computer angegeben werden (Standort | Domäne | Computer). Über das Kontrollkästchen BESCHRÄNKEN AUF STANDORTE können diese ausgewählt werden.

Unter SENDEPHASE kann angegeben werden, ob das Paket neu komprimiert werden soll (auch, wenn schon gesendet) oder nicht (nur, wenn nicht schon gesendet).

Unter VERTEILUNGSPHASE wird angegeben, ob das komprimierte Paket dekomprimiert werden soll und an welche Server es weiter gegeben werden soll. Soll das Paket auf dem Distributions-Server überschrieben werden, muss das Kontrollkästchen DISTRIBUTIONS-SERVER AKTUALISIEREN aktiviert werden. Soll das Paket auf Distributions-Server abgelegt werden, die über Computergruppen definiert wurden, ist das Kontrollkästchen AUF BESTIMMTEN DISTRIBUTIONS-SERVERN zu aktivieren. Diese müssen im darunter liegenden Feld dann noch bestimmt werden. Standard-Server sind dabei bestimmte Computergruppen, die an jedem Standort vordefiniert sind. Alle Distributions-Server sollten in einer Computergruppe zusammen gefasst werden, da dies die Verteilung von Software erheblich vereinfacht.

Unter AUSFÜHRUNGSPHASE wird angegeben, ob und wann ein Befehl ausgeführt werden soll. Dabei muss das Kontrollkästchen für eine Ausführung aktiviert und im darunter liegenden Feld der Paketbefehl ausgewählt werden. Soll ein Paketbefehl nicht ausgeführt werden, da das Paket nur an den Standort gesendet werden soll, muss dieses Kontrollkästchen deaktiviert werden. ANBIETEN NACH setzt einen Zeitpunkt, ab dem das Paket im Paketinstallations-Manager auf dem Client angezeigt wird, wenn der Benutzer an diesem Client selber die Ausführung initialisieren soll. VERBINDLICH NACH definiert einen Zeitpunkt, zu dem das Paket definitiv installiert wird, auch ohne das Zutun des Benutzers an diesem Client. Über ABLAUFDATUM NACH kann angegeben werden, wann das Paket im Paketinstallations-Manager auf dem Client nicht mehr angezeigt werden soll.

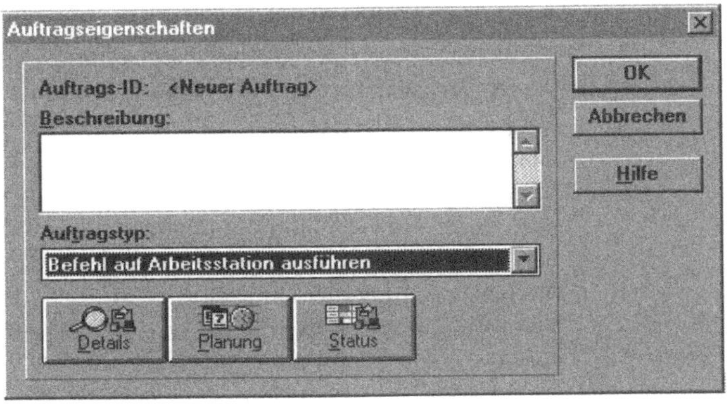

Abb. 247

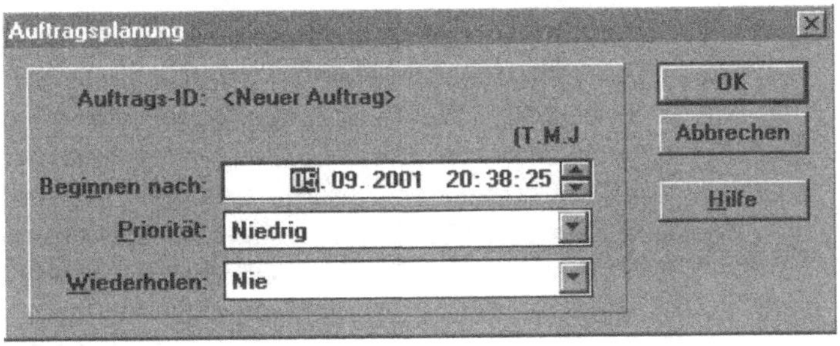

Abb. 248

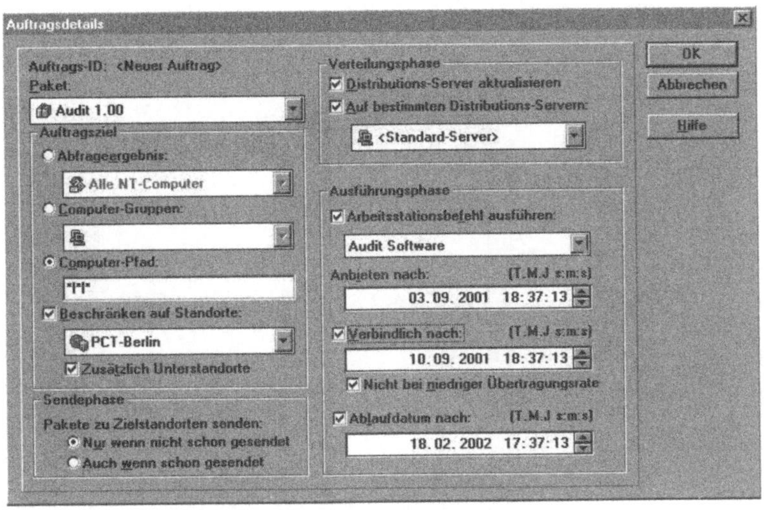

Abb. 249

Programmgruppen einrichten:
Installiert man Software lokal auf einem Computer, werden vom Setup-Programm der Anwendung meistens Programmgruppen eingerichtet, die Symbole enthalten, über die die Anwendung gestartet werden kann (oder eine Verknüpfung zu diesem Programm auf dem Desktop). Für Anwendungen, die im Netzwerk auf einem Server laufen, müssen diese Programmgruppen normalerweise manuell eingerichtet werden. Über SMS kann dies für Windows-Clients automatisiert werden, wobei SMS auch benutzerabhängigen Zugriff auf diese Programmgruppen erstellen kann.

Ist ein Paket mit Server-Eigenschaften erstellt und dieses an die Standorte verteilt worden, ist dazu über die Schaltfläche PROGRAMMGRUPPEN und aus dem Menü DATEI | NEU die Dialogbox PROGRAMMGRUPPEN aufzurufen. Unter NAME ist eine Bezeichnung der Programmgruppe einzugeben (so, wie die Programmgruppe auf dem Client erscheinen soll). Unter BESCHREIBUNG kann der Vorgang beschrieben werden. Über die Schaltfläche PAKETE können jetzt der Programmgruppe verschiedene Pakete hinzugefügt werden, die mit Server-Eigenschaften erstellt wurden. Diese erscheinen in der Dialogbox PROGRAMMGRUPPENPAKETE unter VERFÜGBARE PAKETE und sind über die Schaltfläche HINZUFÜGEN auszuwählen. Nachdem die Dialogbox mit OK wieder geschlossen wurde, ist die Schaltfläche BENUTZERGRUPPEN zu betätigen. Hier können Benutzergruppen ausgewählt werden, die auf die Programmgruppe zugreifen darf.

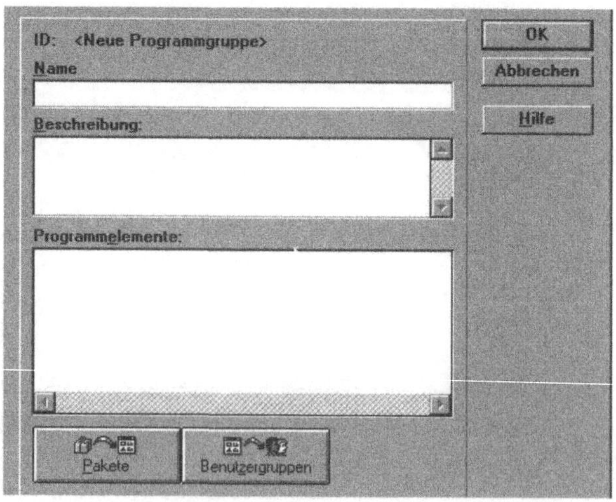

Abb. 250

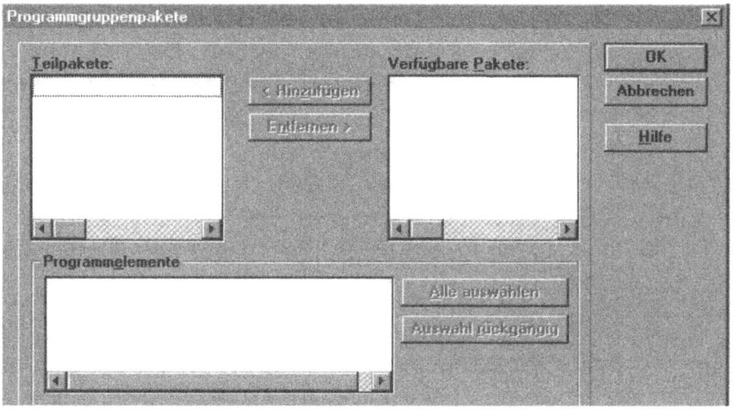

Abb. 251

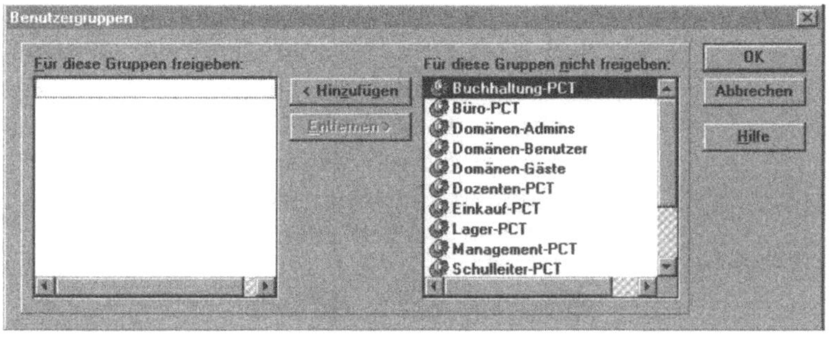

Abb. 252

Die Programmelemente für Netzwerkanwendungen, die zuvor in den Server-Eigenschaften definiert wurden, müssen den Programmgruppen hinzugefügt werden. Eine einzelne Programmgruppe kann Programmelemente aus diversen Paketen enthalten. Ein Programmelement kann zu mehreren Programmgruppen gehören.

Programmelemente können einer Programmgruppe über das Öffnen des Fensters für Programmgruppen und dann aus dem Menü DATEI | NEU | Schaltfläche PAKETE hinzugefügt werden. Unter VERFÜGBARE PAKETE ist ein Paket auszuwählen und über die Schaltfläche HINZUFÜGEN nach TEILPAKETE zu verschieben. Hier ist das Paket zu selektieren. Die dazugehörigen Programmelemente werden unter FREIGEGEBENE PROGRAMMELEMENTE für [Name des Pakets] angezeigt. Hier sind jetzt die Kontrollkästchen für die Programmelemente zu aktivieren, die in der Programmgruppe vorhanden sein sollen.

Die Programmelemente der Pakete müssen jetzt einer Programmgruppe hinzugefügt werden. Dazu sind im Fenster für PAKETE diese zu selektieren. Über das Menü DATEI ist jetzt ZU GRUPPE HINZUFÜGEN auszuwählen. Unter ELEMENTE HINZUFÜGEN werden die ausgewählten Pakete angezeigt. Die gewünschte Pakete sind hier wieder zu selektieren. Unter ZU PROGRAMMGRUPPE erscheinen die Programmgruppen des Standortes, wo eine Programmgruppe ausgewählt werden muss.

Nachdem dieser Vorgang mit OK abgeschlossen wurde, erscheint die Dialogbox PROGRAMMGRUPPENPAKETE, wo Programmelemente aus den Teilpaketen der Programmgruppe hinzugefügt oder entfernt werden können. Wird hier wiederum auf OK geklickt, können in der Dialogbox für PROGRAMMGRUPPEN nochmals Veränderungen angebracht werden.

Programmgruppen müssen globalen Benutzergruppen zugewiesen werden. Sie können einer oder mehreren Gruppen zugewiesen werden. Benutzergruppen sind in der entsprechenden Dialogbox aus SMS-Domänen am aktuellen Standort, allen Standorten unter diesem Standort (Hierarchie) und allen Domänen von Standorten, die über Vertrauensstellungen mit dieser Domäne verbunden sind, verfügbar.

Diagnose und HelpDesk:

Über die Diagnose- und HelpDesk-Programme von SMS-Servern können in das SMS-System eingebundene Clients in Echtzeit analysiert und gesteuert werden. Hierbei sind für die Diagnose der verschiedenen Windows-Betriebssysteme verschiedene Möglichkeiten gegeben.

MS-DOS, Windows 3.x, Windows 9x:

- CMOS-Einstellungen
- geladene Gerätetreiber
- ROM-Inhalte
- Interrupt-Vektoren
- DOS-Speichernutzung
- Ping-Tests
- Windows-spezifische Informationen

Windows NT:

- Betriebssystemversion
- Dienste
- DMA/Speicher

- Hardware
- Geräte
- Netzwerk
- Treiber
- Status von Interrupts und Anschlüssen

Die HelpDesk-Funktionen umfassen für alle Windows-Betriebssysteme

- Remote-Steuerung
- Remote-Neustart
- Remote-Telefon
- Remote-Programmausführung
- Dateiübertragung

Achtung: Folgende Funktionen müssen zur Ausführung der Diagnose- und HelpDesk-Funktionen gegeben sein:

- *Die HelpDesk-Funktionen müssen am Client aktiviert worden sein, damit unter SMS damit gearbeitet werden kann.*
- *Auf nicht Windows NT-Clients muss der Remote-Steuerungsagent gestartet worden sein.*
- *Der Computer mit SMS-Administrator und der Computer mit SMS-Client müssen über das selbe Protokoll kommunizieren können (TCP/IP, SPX/IPX, NetBEUI).*
- *Standard-Protokoll für Remote-Steuerung ist NetBIOS über LANA 0*

HelpDesk-Funktionen

Remote-Steuerung:
Über die Remote-Steuerung kann auf einem Client die völlige Kontrolle auf dem Bildschirm, der Tastatur und der Maus ausgeübt werden (vergleichbar mit Programmen, wie PC-Anywhere oder Remote-Desktop). In einem Fenster auf dem eigenen Monitor, wird der Monitor des Computers dargestellt, der gesteuert werden soll. Sinnvoll ist dies z. B., wenn dem Benutzer Unterstützung für ein Problem gegeben werden soll. Man braucht sich nicht vor Ort begeben. Aber auch, um bestimmte Konfigurationen remote an diesem Computer zu erstellen oder zu erneuern, ist die Remote-Steuerung sinnvoll.

Der Remote-Zugriff ist auf dem Client deaktiviert. Er muss dort erst aktiviert werden. Dazu ist auf dem Client unter SMS-CLIENT das Programm HELPDESK-OPTIONEN zu starten. Die Optionen unterscheiden sich auf einem NT-Computer von denen anderer Windows-Clients geringfügig. Hier kann der Benutzer mal darüber entscheiden, was der Administrator auf dem Client darf und was nicht (entsprechende Kontrollkästchen aktivieren). Über die Schaltfläche LESEN (AKTUELL) werden die Einstellungen der aktuellen Sitzung angezeigt. Über die Schaltfläche SPEICHERN (AKTUELL) werden die Einstellungen für die aktuelle Sitzung gespeichert. Über die Schaltfläche LESEN (STANDARD) werden die Standard-Einstellungen angezeigt. Über die Schaltfläche SPEICHERN (STANDARD) werden die momentanen Einstellungen für alle zukünftigen Sitzungen gespeichert.

Über das Kontrollkästchen BERECHTIGUNGEN BENÖTIGT/ERFORDERLICH kann eingestellt werden, ob bei jedem Zugriff des Administrators eine Erlaubnis des Benutzers eingeholt werden soll.

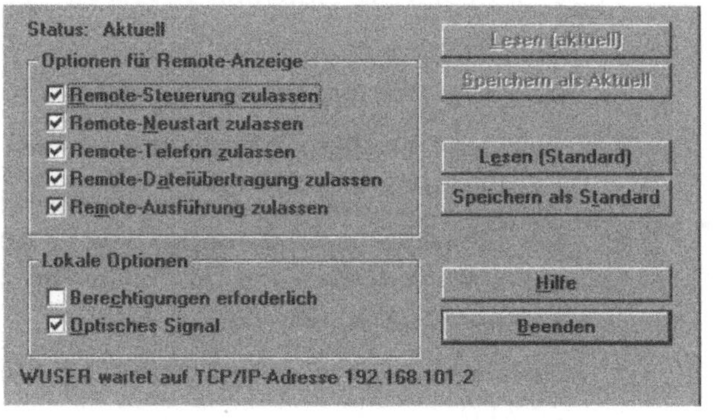

Abb. 253 HelpDesk-Optionen NT

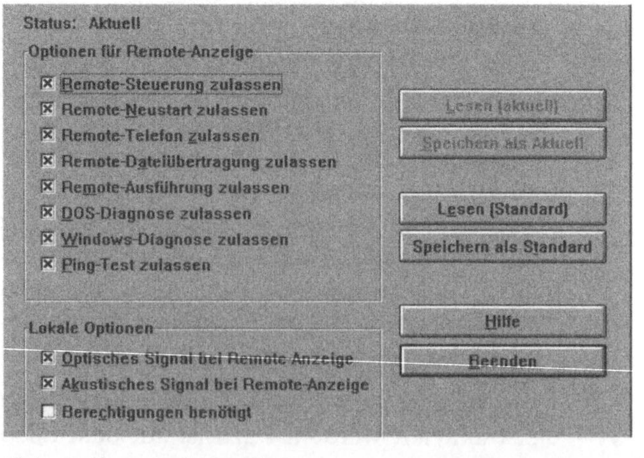

Abb. 254 HelpDesk-Optionen anderer Windows-Clients

Achtung: Damit gewährleistet ist, dass immer ein Zugriff auf die Clients erfolgen kann, sollte der Remote-Steuerungsagent auf den Clients beim Starten über die Autostartgruppe mit gestartet werden (oder Eintrag in die Registry unter dem Schlüssel RUN).

Im SMS-Administrator ist jetzt zuerst der Standort auszuwählen und die Computer in diesem Standort sind über die SMS-Domäne anzuzeigen. Im rechten Fenster kann der Computer mit einem Doppelklick ausgewählt werden, auf den zugegriffen werden soll. In den Eigenschaften des nächsten Fensters ist das Symbol HELPDESK auszuwählen. Im rechten Fenster kann über jetzt über die Schaltfläche REMOTE-STEUERUNG auf den Remote-Computer zugegriffen werden. In einem Fenster öffnet sich der Bildschirm des Remote-Computers und man kann mit Maus und Tastatur auf diesem arbeiten.

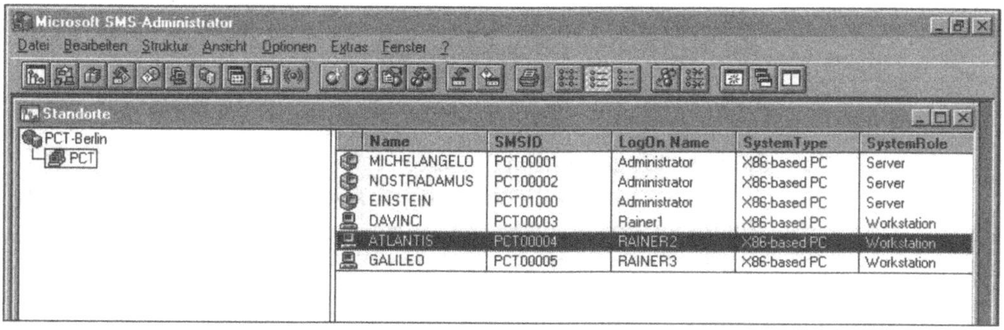

Abb. 255

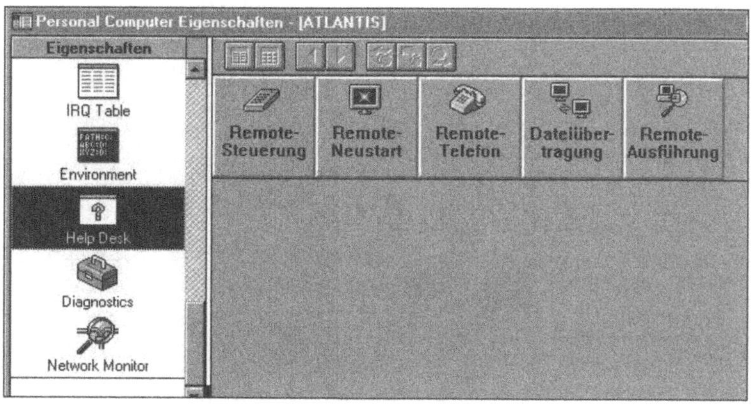

Abb. 256

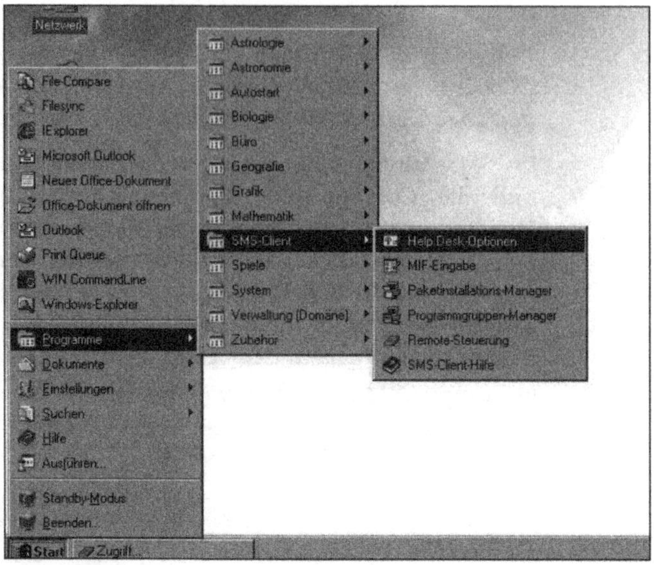

Abb. 257

Remote-Programmausführung:
Über die Remote-Programmausführung können über eine Befehlszeile Programme auf dem Remote-Computer ausgeführt werden (entspricht der AUSFÜHREN-ZEILE unter Start).

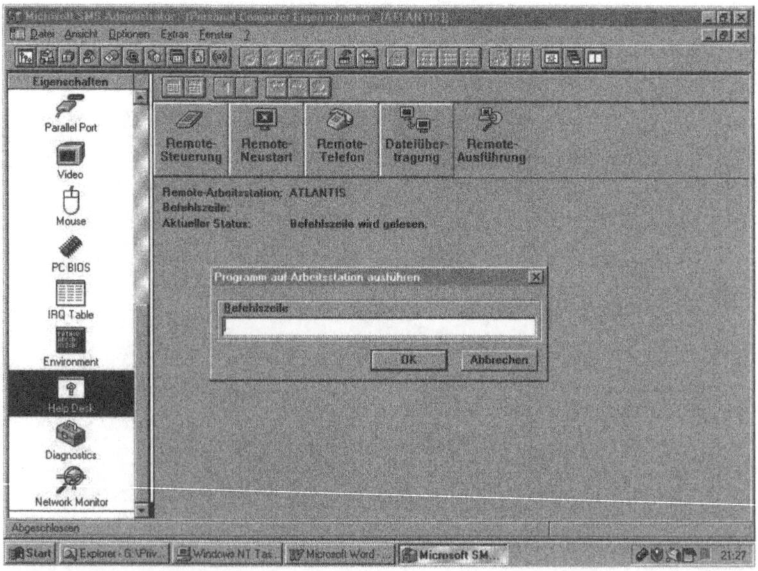

Abb. 258

Dateiübertragung:
Über die Dateiübertragung können schnell Dateien auf den Remote-Computer übertragen werden.

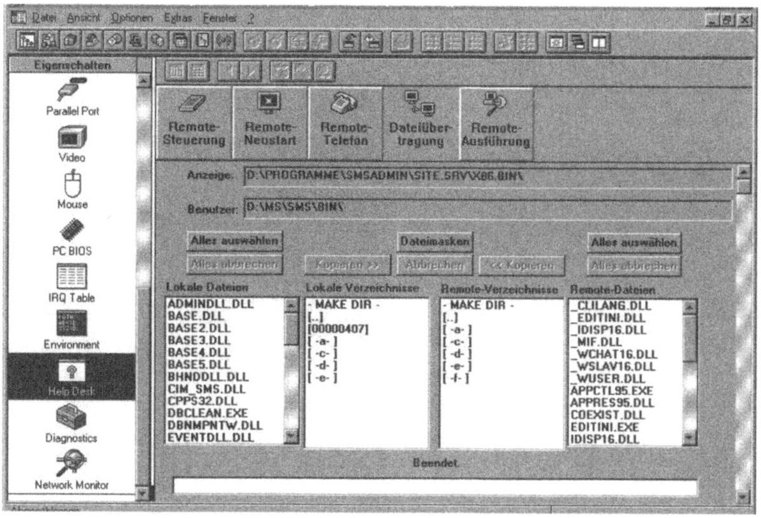

Abb. 259

Remote-Telefon:
Mittels des Remote-Telefons können Chat-Gespräche im LAN/WAN mit dem Benutzer am Remote-Computer abgehalten werden.

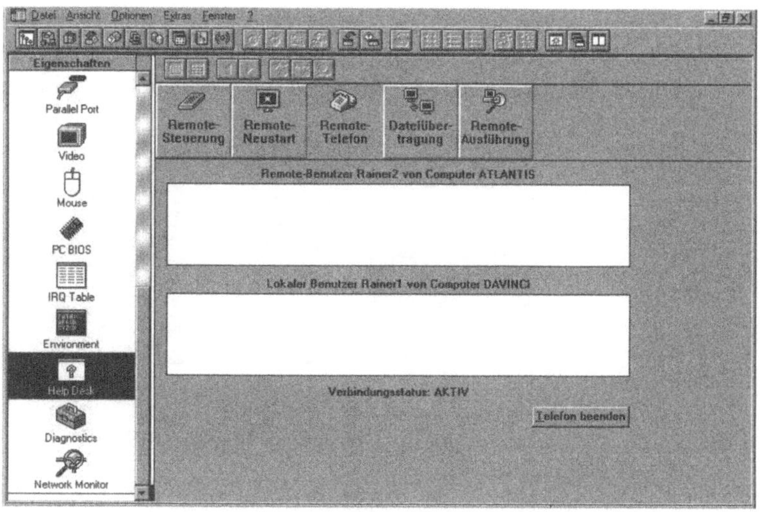

Abb. 260

Remote-Neustart:
Dies ermöglicht Administratoren, den Remote-Computer neu zu starten.

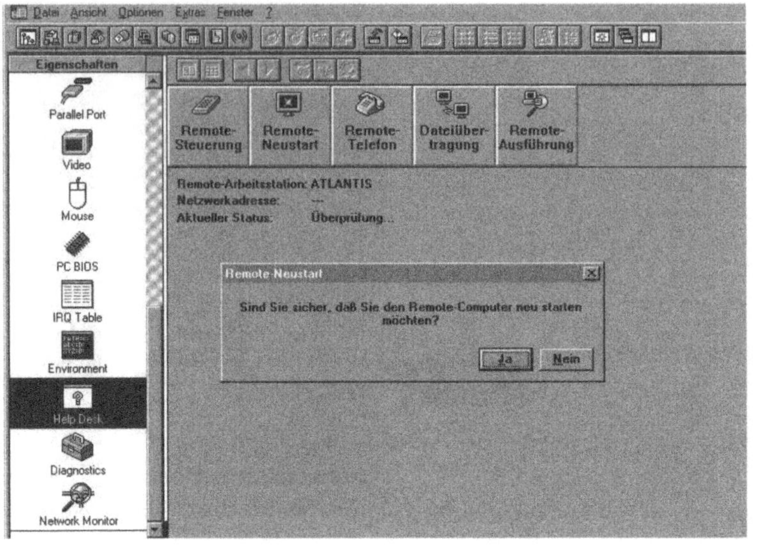

Abb. 261

Diagnose-Funktionen

Mittels der Diagnose-Funktionen können verschiedene Untersuchungen an Remote-Clients durch geführt werden, die die Konfiguration des Clients betreffen. Die Diagnose-Funktionen für NT-Clients unterscheiden sich geringfügig von den Funktionen, die auf anderen Windows-Clients durch geführt werden können.

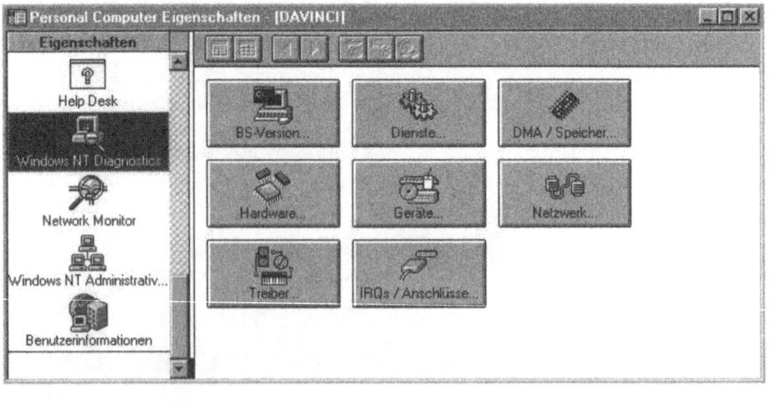

Abb. 262 Diagnose NT-Client

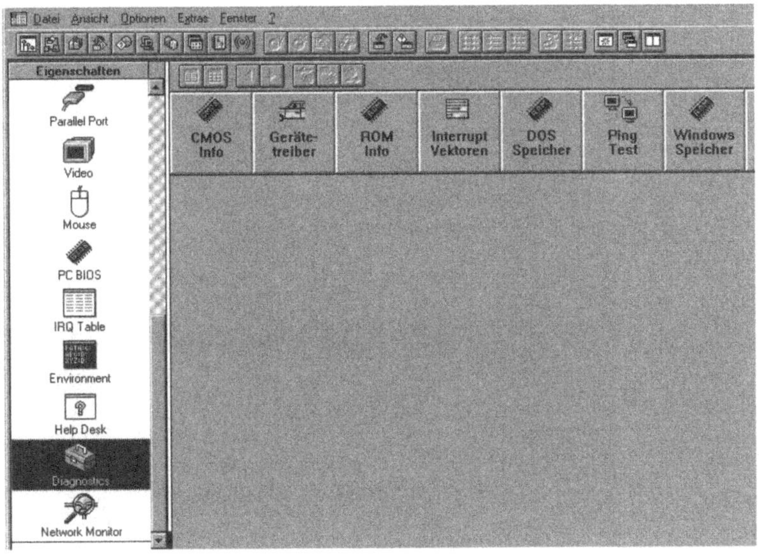

Abb. 263 Diagnose anderer Windows-Clients

SMS-Ereignisse:

Die Ausführung von SMS wird laufend protokolliert. Tritt eine Aktion auf, welche außergewöhnlich ist, wird ein Ereignis ausgelöst. Diese Ereignisse sind über die SMS-Datenbank einsehbar oder über das NT-Ereignisprotokoll auf dem Computer, auf dem das Ereignis ausgelöst wurde. Für Ereignisse können Abfragen erstellt werden, die Warnungen auslösen, wenn bestimmte Ereignisse eintreten.

Über die Schaltfläche EREIGNISSE können diese angezeigt werden. Ein Doppelklick auf ein Ereignis liefert Detailinformationen zu dem Ereignis.

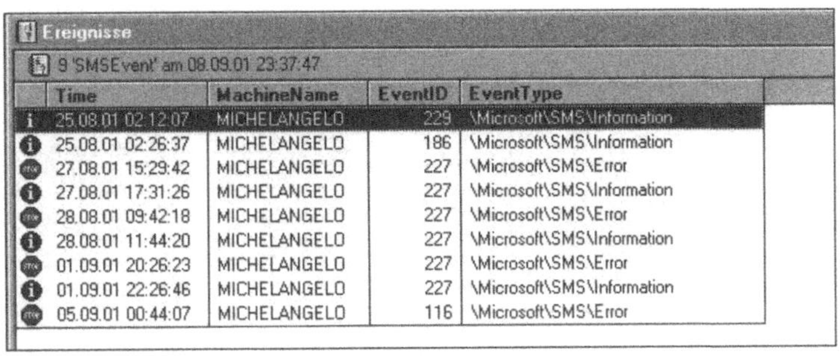
Ereignisse
9 'SMSEvent' am 08.09.01 23:37:47

Time	MachineName	EventID	EventType
25.08.01 02:12:07	MICHELANGELO	229	\Microsoft\SMS\Information
25.08.01 02:26:37	MICHELANGELO	186	\Microsoft\SMS\Information
27.08.01 15:29:42	MICHELANGELO	227	\Microsoft\SMS\Error
27.08.01 17:31:26	MICHELANGELO	227	\Microsoft\SMS\Information
28.08.01 09:42:18	MICHELANGELO	227	\Microsoft\SMS\Error
28.08.01 11:44:20	MICHELANGELO	227	\Microsoft\SMS\Information
01.09.01 20:26:23	MICHELANGELO	227	\Microsoft\SMS\Error
01.09.01 22:26:46	MICHELANGELO	227	\Microsoft\SMS\Information
05.09.01 00:44:07	MICHELANGELO	116	\Microsoft\SMS\Error

Abb. 264

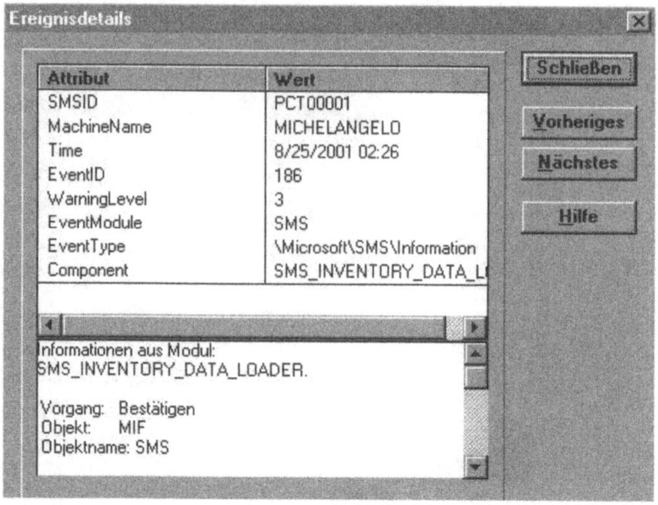

Abb. 265

Abfragen für System-Ereignisse

Um eine Abfrage zu erstellen, die ein bestimmtes Attribut aufweist, ist das Fenster ABFRAGEN im SMS-Administrator zu öffnen. Über das Menü DATEI | NEU ist die Dialogbox ABFRAGE-EIGENSCHAFTEN zu öffnen. Um für z. B. für das Attribut WarningLevel eine Abfrage zu erstellen, ist unter ARCHITEKTUR zuerst SMSEvent auszuwählen. Unter ABFRAGE und NAME können kurze Beschreibungen für den Vorgang eingegeben werden. Sodann ist die Schaltfläche AND zu betätigen. In der nachfolgenden Dialogbox ABFRAGEAUSDRUCK ist der Eintrag „Identification MICROSOFT[IDENTIFICATION]1.0 WarningLevel2“ zu selektieren. Unter OPERATOR ist „ist gleich“ auszuwählen. Unter WERT ist 3 einzugeben. Nachdem alle Fenster mit OK verlassen wurden, erscheint die neu Abfrage im Fenster ABFRAGEN.

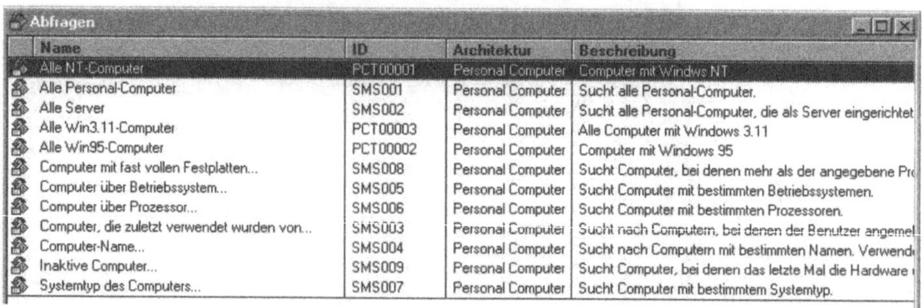

Abb. 266

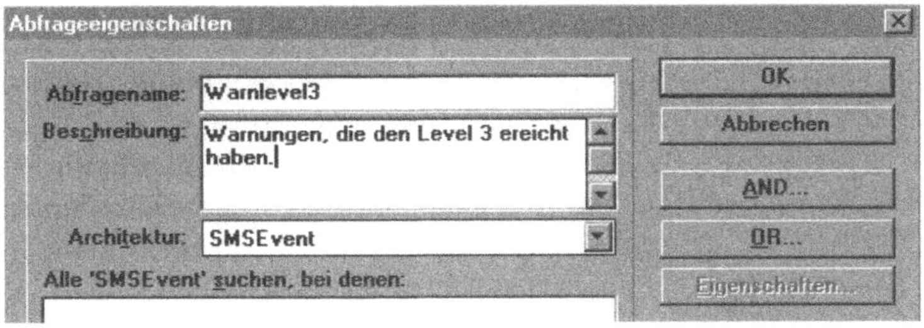

Abb. 267

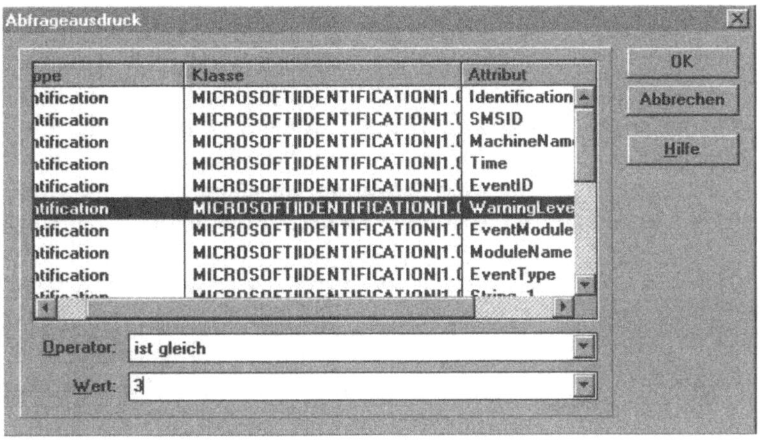

Abb. 268

Ausgeführt wird die Abfrage, indem im Fenster ABFRAGEN die Abfrage selektiert und im Menü DATEI | ABFRAGE AUSFÜHREN ausgeführt wird.

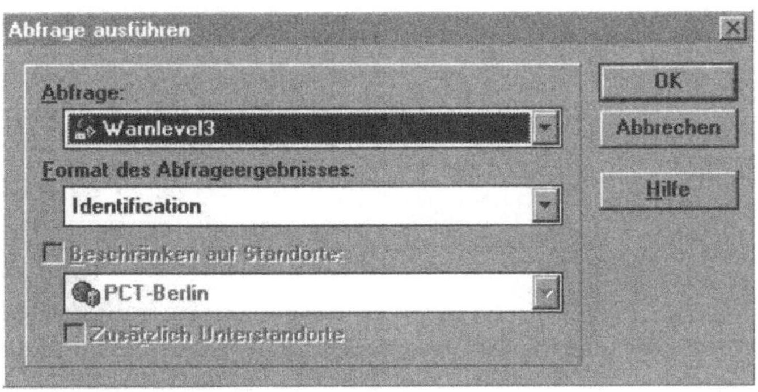

Abb. 269

Warnungen bei System-Ereignissen

Wenn bestimmte Ereignisse eintreten, können Warnungen ausgelöst werden. Über eine Abfrage kann eine Warnung Aktionen auslösen. Dies kann das Protokollieren eines Ereignisses, das Ausführen eines Befehls oder eine Benachrichtigung an einen Remote-Computer (oder Benutzer) im Netzwerk umfassen.

Soll z. B. eine Benachrichtigung an einen Remote-Computer erstellt werden, wenn ein Ereignis mit dem WarningLevel3 eingetreten ist, ist zuerst das Fenster für Warnungen zu öffnen. Dann ist wieder aus dem Menü DATEI | NEU auszuwählen. In der Dialogbox für WARNUNGSEIGENSCHAFTEN ist unter NAME und BESCHREIBUNG wieder eine solche einzugeben, die den Vorgang beschreibt. Danach ist die Schaltfläche ABFRAGE zu betätigen. Hier ist unter ABFRAGE zuerst die Abfrage auszuwählen, die die Warnung auslösen soll (hier zuvor erstellte Abfrage WarnLevel3). Unter WIEDERHOLEN DER ABFRAGE ALLE ist der Wert 120 einzugeben. Unter WARNUNG, WENN ZÄHLER VON ABFRAGE ERREICHT ist HÖHER UM MINDESTENS auszuwählen und der Wert 1 einzugeben. Nachdem die Box mit OK verlassen worden ist, müssen über die Schaltfläche MAßNAHME Aktionen definiert werden, die ausgelöst werden sollen, wenn die Warnung eintritt (siehe Abb. 273).

Nachdem alle Fenster mit OK geschlossen wurden, erscheint die definierte Warnung im Fenster für Warnungen.

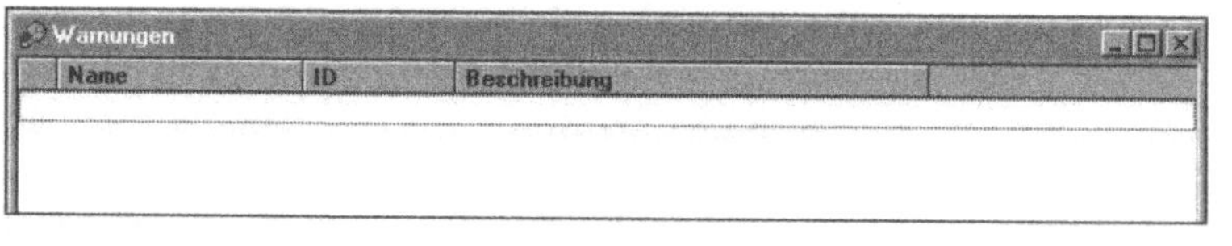

Abb. 270

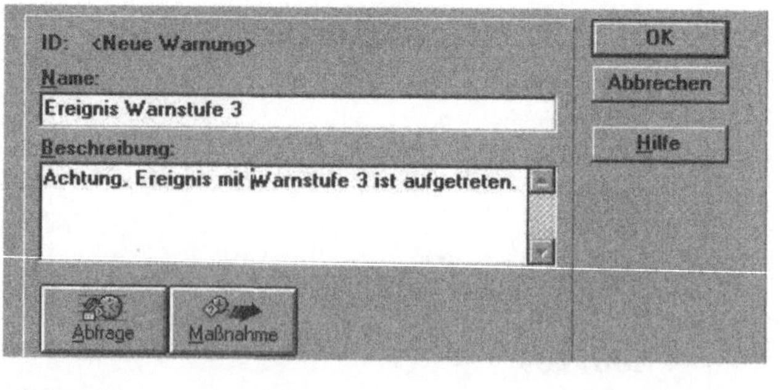

Abb. 271

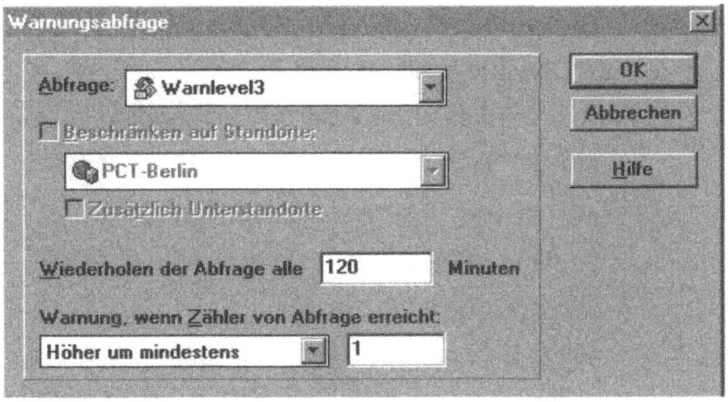

Abb. 272

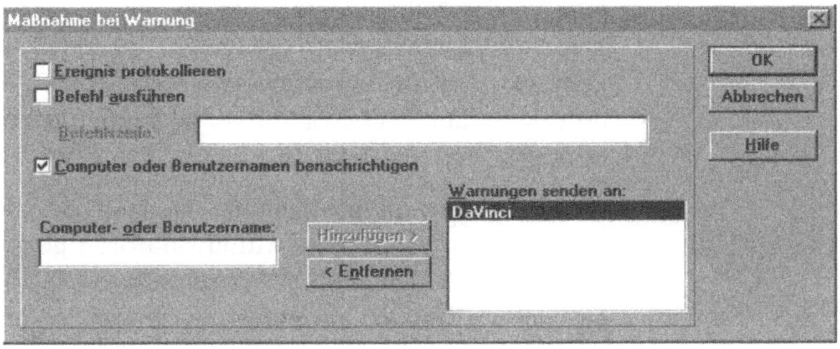

Abb. 273

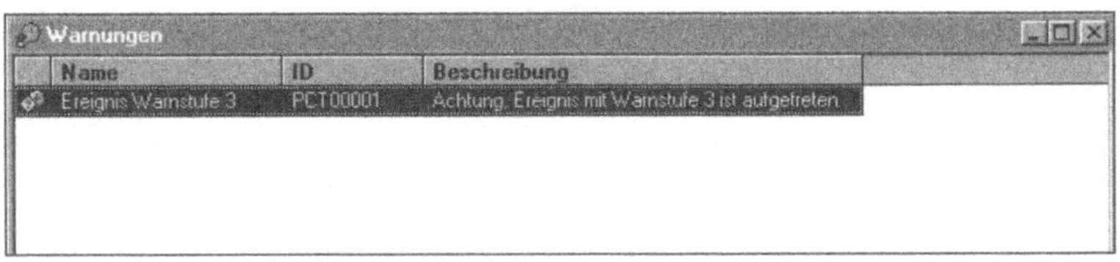

Abb. 274

Wartung des SMS-Systems:

Um einen dauerhaften reibungslosen Einsatz von SMS-Server zu gewährleisten, sollten gewisse Wartungsarbeiten auf dem SMS-Server in regelmäßigen Abständen durch geführt werden. Über den Befehl BEARBEITEN | AUFRÄUMEN im SMS-Administrator können bestimmte Informationen in der Datenbank gelöscht werden. Dieser Befehl ist nur verfügbar, wenn bestimmte Fenster im SMS-Administrator geöffnet sind.

Fenster Standorte:

- Inaktive Computer
- Veraltete Computer-Informationen

Fenster Aufträge:

- Abgeschlossene Aufträge über Filter

Fenster Ereignisse:

- Ereignisse

Achtung: Beim Aufräumen der Datenbank darf kein anderer Administrator mit dem SMS-Administrator auf die Datenbank zugreifen.

Benutzerrechte für die Datenbank:

Der SMS-Administrator greift auf die SMS-Datenbank (SQL-Server) zu. Unter der integrierten oder gemischten Sicherheit können dabei auch NT-Konten verwendet werden, die diesen Zugriff ermöglichen.

Administrative Benutzerrechte werden bei der Installation von SMS nur der NT-Gruppe Administratoren gegeben. Sollen weitere Benutzer mit dem SMS-Administrator oder dem SMS-Datenbank-Manager arbeiten können, müssen diese explizit eingerichtet werden. Diese Benutzer müssen Administratorrechte oder Benutzerrechte auf dem SQL-Server haben. Für SMS-Administratoren kann eine eigene NT-Gruppe erstellt werden, die über Administratorrechte verfügen muss (oder auf dem SQL-Server).

Schritte zum Einrichten:

- Im NT-Benutzer-Manager Gruppen für die Benutzer einrichten (Gruppe mit Admin-Rechten, Gruppe mit Benutzerrechten für den SQL-Server).
- Benutzer den jeweiligen Gruppen hinzufügen (Benutzer dürfen nicht in beiden Gruppen gleichzeitig definiert sein (lässt SQL nicht zu)).
- Im SQL-Security-Manager Rechte an die Gruppen zuweisen (Admin ist automatisch Mitglied von sa)
- Dazu unter SICHERHEIT | NEU ERTEILEN die Kontrollkästchen LOGIN-Ids FÜR GRUPPENMITGLIEDER HIZUFÜGEN und BENUTZER ZUR DATENBANK HINZUFÜGEN aktivieren.

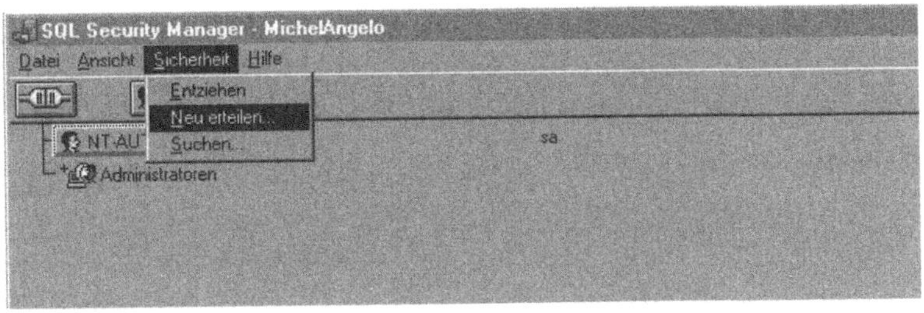

Abb. 275

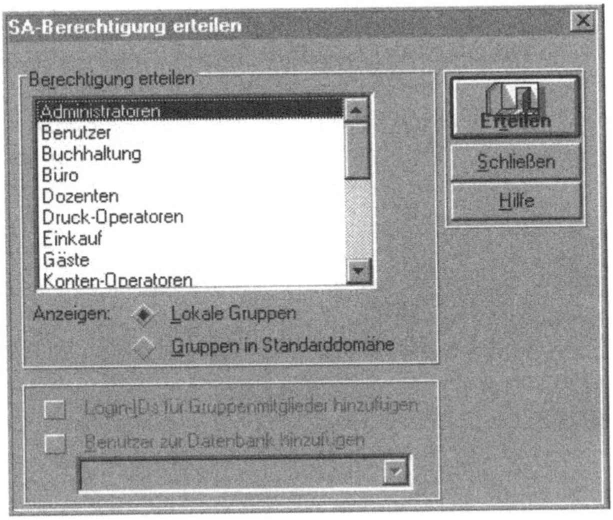

Abb. 276

Benutzerrechte für den SMS-Administrator:

Da der Administrator in den meisten Fällen eine Datenbank einrichtet, hat auch nur dieser Zugriff auf die Datenbank (Besitzer) und den SMS-Administrator. Weitere Benutzer müssen explizit eingerichtet werden. Rechte für den SMS-Administrator können Kombinationen verschiedener Möglichkeiten sein (Möglichkeiten von Arbeiten in Fenstern und nur Betrachten von Inhalten von anderen Fenstern). Voraussetzung zum Einrichten dieser SMS-Rechte ist das Vorhandensein einer Anmelde-ID des Benutzers/Gruppe auf dem SQL-Server als Benutzer (nicht als Admin). Diese Recht werden über den SMS-Sicherheits-Manager eingerichtet, der über die Programmgruppe SMS-Server gestartet wird.

Beim Start des SMS-Sicherheits-Managers wird die Anmelde-ID und das Kennwort abgefragt (das Gleiche, wie beim Start vom SMS-Administrator). Diese Anmelde-ID muss ein Administrator-Konto (sa) oder der Datenbankbesitzer (dbo-Berechtigung) sein, damit weitere Benutzer eingerichtet werden können. Nur diese haben alle Berechtigungen für den SMS-Sicherheits-Manager oder den SMS-Administrator.

Im SMS-Sicherheits-Manager ist jetzt über die Dropdown-Liste der Benutzer auszuwählen. Ist dieser dort nicht aufgeführt, kann über das Menü SICHERHEIT | AKTUALISIEREN ein zuvor eingerichteter Benutzer neu eingelesen werden. Im linken Fenster sind alle Objekte aufgeführt, für die Rechte vergeben werden können. Hier ist eins zu selektieren. Im rechten Fenster sind die momentan vergebenen Rechte aufgeführt. Über die drei Schaltflächen im Menü-Feld können jetzt Rechte vergeben oder geändert werden. Danach ist unter SICHERHEIT | BENUTZER SPEICHERN auszuwählen.

KEIN ZUGRIFF
Objekte können weder angezeigt noch verändert werden.

ANZEIGEZUGRIFF
Objekte können eingesehen, aber nicht verändert werden.

VOLLZUGRIFF
Objekte können angezeigt und verändert werden.

Weitere Standort-Eigenschaften:

Über die Standort-Eigenschaften werden Grundeinstellungen des SMS-Servers getroffen. Soweit diese nicht schon im vorigen Text besprochen wurde, soll nachfolgend darauf eingegangen werden.

Die Standort-Eigenschaften werden aufgerufen, indem der Standort selektiert wird und aus dem Menü DATEI | EIGENSCHAFTEN ausgewählt wird.

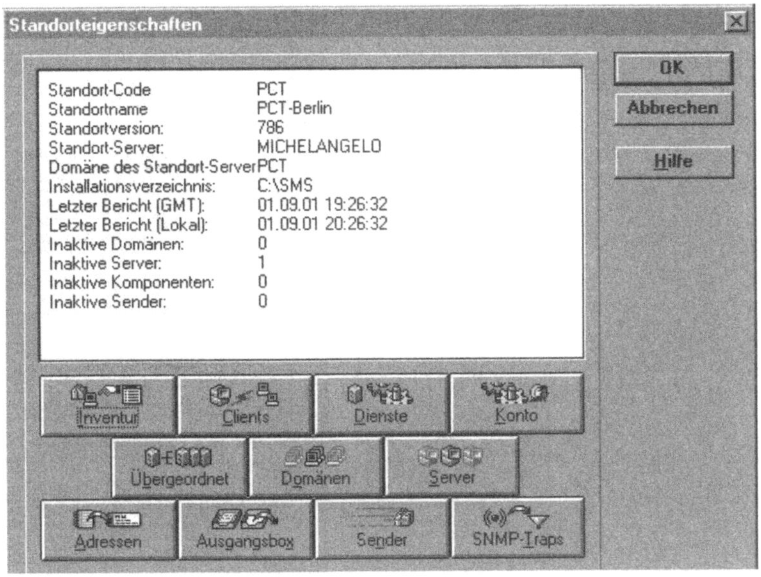

Abb. 277

Dienste

Über die Schaltfläche DIENSTE kann bestimmt werden, auf welchen Servern die SMS-Dienste laufen sollen. Ist ein einzelner Server mit allen Diensten überlastet, können einzelne Dienste auf andere Server ausgelagert werden.

In den Rubriken für die einzelnen Dienste müssen Server und Laufwerk angegeben werden, wo die Dienste laufen sollen. Unter REAKTION kann angegeben werden, wie oft die Überwachung der Dienste durchgeführt werden soll. Umso höher die Überwachung eingestellt wird, desto mehr wird allerdings das System belastet.

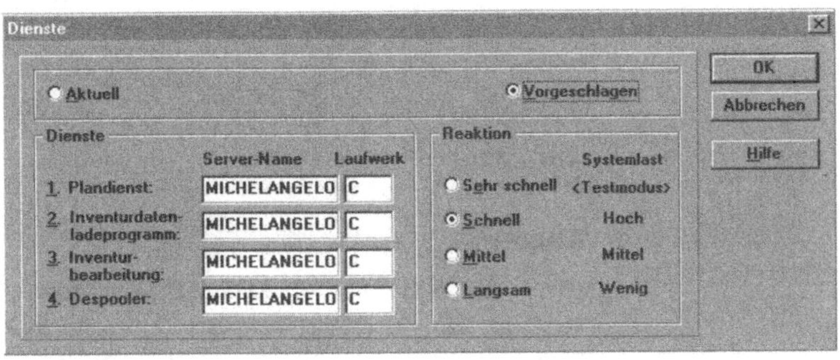

Abb. 278

Konto

Über die Schaltfläche KONTO kann das SMS-Dienstkonto sowie dessen Kennwort verändert werden.

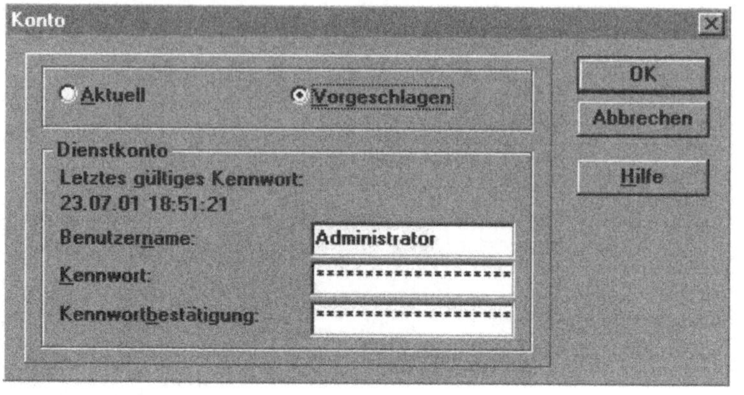

Abb. 279

Übergeordnet

Über die Schaltfläche ÜBERGEORDNET können die Einstellungen zur Standort-Hierarchie getroffen werden. Einstellungen, ob der Standort zu einem übergeordneten Standort hinzugefügt werden soll oder als einzelner Standort fungieren soll, sind hier möglich.

Abb. 280

Adressen

Über die Schaltfläche ADRESSEN können Adressen eingestellt werden, die benötigt werden, um mit anderen Standorten zu kommunizieren. Dabei muss ein Standort über die Adressen des ihm übergeordneten und untergeordneten Standorten verfügen.

Eine Adresse gibt den Standort an. Des Weiteren enthält die Adresse Informationen für die Verbindung zu einem Standort und die Ausgangsbox, in der die Sendeanfragen gespeichert werden.

Die Adressen, die für die Kommunikation verwendet werden, werden unter „ADRESSEN VON STANDORT (STANDORTNAME) ZU ZIELSTANDORT (ADRESSEN)" angezeigt. Unter ZIEL wird der Standort-Code des Zielstandortes angezeigt. Unter TYP ist der Sender-Typ angegeben, der für die Verbindung verwendet werden soll. Sender-Typen verwenden bestimmte Formate. Unter EIGENSCHAFTEN | TYP können andere Formate ausgewählt werden (siehe weiter unten). Unter DETAILS werden Informationen über die Verbindung zum Ziel angezeigt.

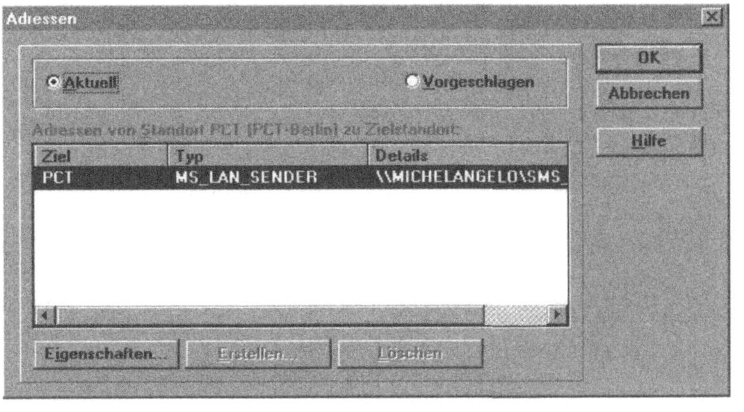

Abb. 281

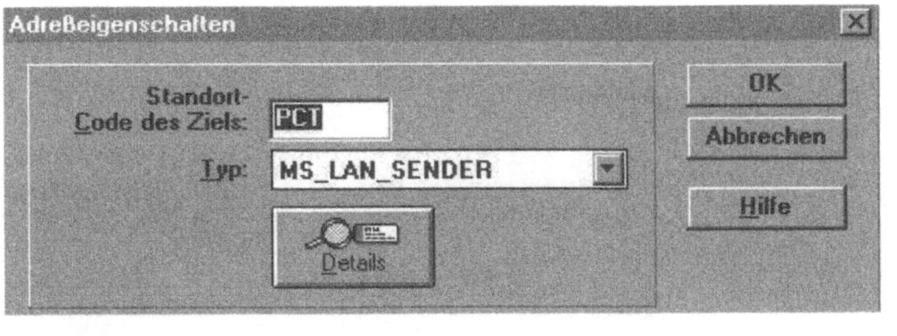

Abb. 282

Ausgangsbox

Die Ausgangsbox ist ein Verzeichnis, in dem SMS-Dienste Sendeanfragedateien speichern. Die Dateien enthalten Anweisungen für die Datenübertragung und Anweisungen für andere Standorte. In der Ausgangsbox können weiter die Eigenschaften dieser angezeigt und verändert werden. Auch neue Boxen können hier angelegt oder gelöscht werden. Jeder Sender verwendet eine Ausgangsbox. Über die Schaltflächen EIGENSCHAFTEN | PLANUNG können Tage und Tageszeiten festgelegt werden, an denen die Ausgangsbox zur Verfügung stehen soll.

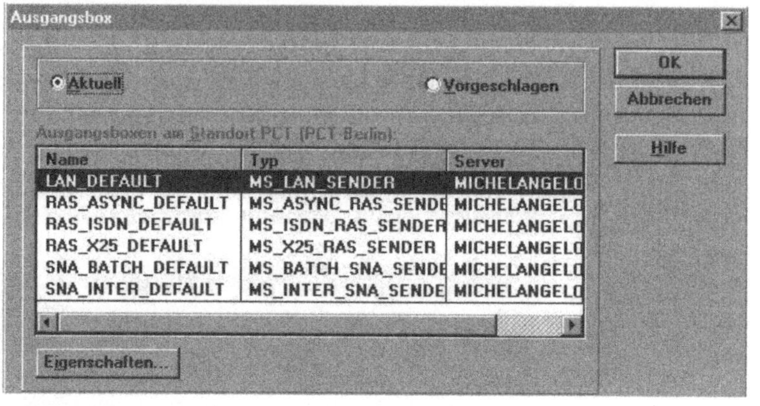

Abb. 283

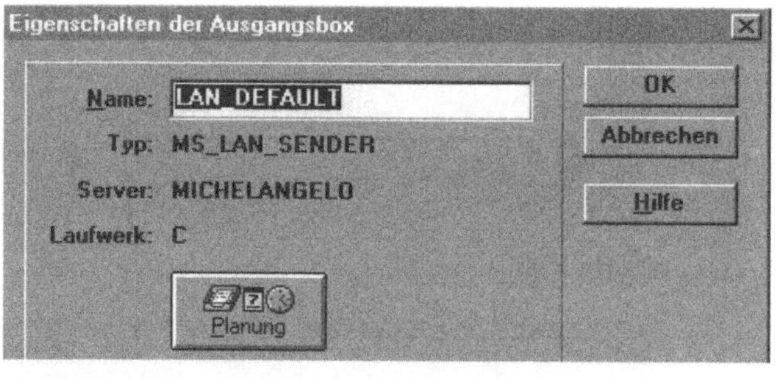

Abb. 284

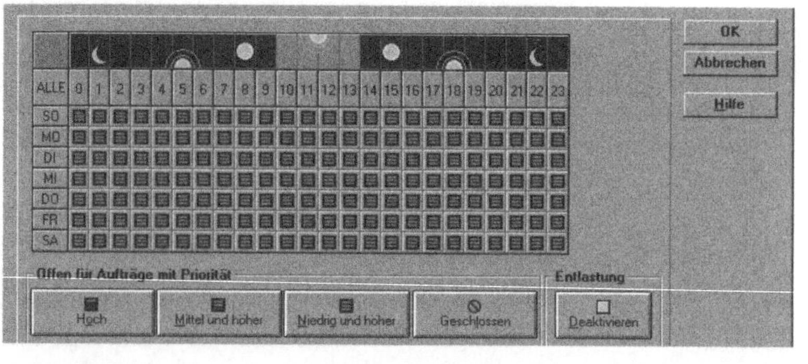

Abb. 285

Sender

Innerhalb eines LANs funktioniert die Datenübertragung zwischen beteiligten Servern problemlos. Da Verbindungen zu anderen Standorten relativ langsame Verbindungen sind, werden hier zur Datenübertragung Sender verwendet. Diese laufen als SMS-Dienst. Sender werden auf dem Standort-Server oder auf Hilfs-Servern installiert.

Sender werden in Gruppen zusammengefasst. Dabei gibt es die Grundtypen LAN-, RAS- und SNA-Sender, wobei der LAN-Sender automatisch installiert wird. Sendertypen können verschiedene Modi verwenden. Verschiedene Sender können auf einem Standort verwendet werden. Standorte, die miteinander kommunizieren sollen, müssen gleiche Sender verwenden.

Die Sender-Adressierung muss konfiguriert werden. Dabei enthält die Adresse Informationen zum Verbinden mit dem anderen Standort. Am sendenden Standort muss min. eine Adresse für den empfangenden Standort enthalten. Da die Kommunikation über WAN über den RAS-Dienst läuft, muss der RAS-Dienst von NT auf den Servern laufen, die miteinander kommunizieren. Dann muss ein RAS-Sender am eigenen Standort hinzugefügt und eine RAS-Adresse für den Remote-Standort erstellt werden. Die RAS-Adresse muss Informationen, wie die Telefonnummer, das RAS-Konto sowie dessen Kennwort enthalten, welche für die Verbindung zum Remote-Standort benötigt werden.

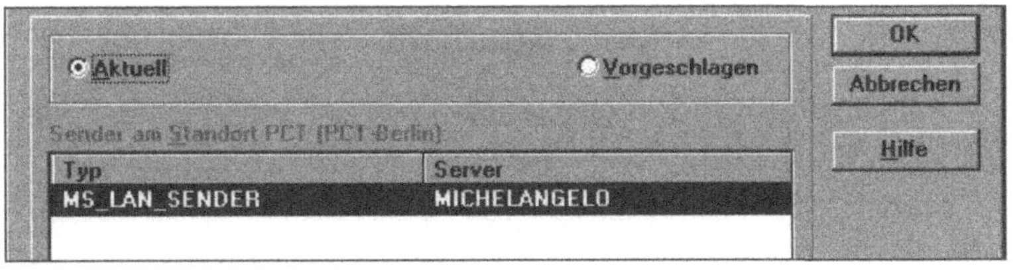

Abb. 286

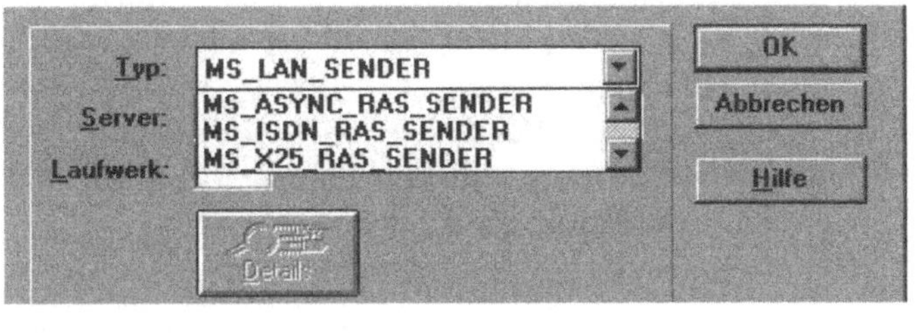

Abb. 287

Netzwerk-Monitor:

Eine sehr wichtige Komponente des SMS-Systems ist der Netzwerk-Monitor. Dieser ist gesondert unter 3.2.35 beschrieben.

3.3 Novell-Netware (3.12 / 4.x)

3.3.1 Allgemein

Novell-Netware ist ein reines Server-Betriebssystem.

Als Clients können DOS, WIN3.x, WIN95/98, WIN NT (WS) oder Unix agieren.

- Alle Pentium-Prozessoren vor 1995 sind wegen ihrer Fließkomma-Fehler nicht für Novell-Server geeignet,
- viele Netzkartentreiber und Plattentreiber sind in Novell integriert (Verzeichnis: System),
- es kann mehr als eine Netzkarte eingebaut werden, um die Datenübertragung zu erhöhen,
- Novell in Deutsch erst ab Version 4.x
- 3.x arbeitet als File-Server-Betriebssystem, Anmeldung an einem Server mit Login Server/Name
- 4.x arbeitet als Server übergreifendes Netzwerk-Betriebssystem, Anmeldung am Netz mit Login Name.Organisation

Bindery: (Benutzer-Datenbank 3.12)

3.x verwaltet Benutzer serverzentriert. Jeder Benutzer, Gruppen, Drucker, muss auf jedem Server in die Bindery eingetragen werden. Eintragungen sind auf höchstens 8 Servern möglich (gleichzeitige Verbindungen).

NDS: (Benutzer-Datenbank 4.x)

NDS = Datenbank, über die alle Benutzer und Ressourcen (Gruppen, Rechte, Drucker etc.) in baumstrukturierten Verzeichnissen verwaltet werden. 4.x arbeitet mit netzwerkweiter, serverübergreifender Verwaltung der Benutzer, Gruppen, Rechte, Server und Drucker. Ein Benutzer meldet sich am Netz an und gibt die Organisation an, zu der er gehört.

Diese Datenbank kann über mehrere Server verteilt und in Kopien abgespeichert sein. Keine Limitierung auf 8 gleichzeitige Verbindungen.

NDS-Small-Tree: (nur eine Ebene (eine Organ. = small tree))

Die NDS-Datenbank kann in Organisationen unterteilt werden. Jede Organisation kann in weitere Unterorganisationen unterteilt werden (ca. 20–100 User sollten aber schon in einer Abteilung zusammengefasst werden).

NDS-Large-Tree:

Der Konzern wird in Einzelfirmen unterteilt, die Firmen weiter in Abteilungen. Der Konzern setzt sich nach Ländern – untergliedert in die Firmen – zusammen.

Die Verwaltung der Organisation kann gemeinsam oder durch getrennte Administratoren für jede Ebene erfolgen.

Accounting:

Ist ein Abrechnungsverfahren, in dem der Supervisor/Admin den Überblick über benutzte Aktivitäten im System hat.

Abgerechnet werden können:

- beanspruchter Plattenplatz
- Loginzeit am Server
- Anzahl der Serveranfragen (lesen / schreiben)

Die Accounting-Daten werden in der Datei NET$ACCT.DAT gespeichert, die sich im Verzeichnis SYS:SYSTEM befindet.

Directory-Caching:

Spielart des Betriebssystems, was bewirkt, dass das gesamte Inhaltsverzeichnis der Festplatte im RAM bereitgehalten wird.

Es ist eine Routine, die permanent wirkt.

Hashing:

Über einen speziellen Algorithmus werden Tabellen indiziert. Dadurch können diese schneller durchsucht und die eigentlichen Informationen gefunden werden.

Novell verwendet File- und Directory-Hashing.

Elevator-Seeking:

Daten auf die äußere Spur der Festplatte legen, damit ein schneller Start Gewähr leistet ist.

Hot-Fix:

Sicherheitsmechanismus. Fehlerhafte Sektoren der Platte werden gekennzeichnet und die dort befindlichen Daten werden in den Hot-Fix-Bereich umkopiert.

IPX:

Ist ein von Novell entwickeltes Protokoll, das zur Übertragung von Daten zwischen Servern und Workstations verwendet wird.

IPX arbeitet verbindungslos.

SPX:

Von Novell entwickeltes Kommunikationsprotokoll, das auf IPX aufsetzt. Es baut eine logische Verbindung auf und garantiert eine fehlerfreie Datenübertragung im Netz.

SPX ist verbindungsorientiert.

Disk-Mirroring:

Eine zweite Festplatte wird installiert, die die gleichen Daten der Ersten enthält. Änderungen auf der einen Platte werden auch auf der anderen Platte durchgeführt.

Zugriffsrechte:

Die Zugriffsrechte werden bei der Konfiguration des Netzes für einzelne Personen oder Gruppen vergeben.

Attribute:

Normale Attribute (DOS) werden beachtet.

Novell-Attribute schränken den Zugriff (Rechte) ein.

Netware/IP:

Zusatz-Produkt, dass für 3.12 nachfolgend erworben werden muss. Bei 4.x gehört es zum Lieferumfang.

Über Netware/IP können die Workstations via TCP/IP mit den Netware-Servern verbunden werden, auf denen Netware/IP installiert ist. Es wird sowohl 3.12 als auch 4.x unterstützt. Die Umstellung von IPX/SPX zu TCP/IP erfolgt einfach durch das Installieren von Netware/IP auf den entsprechenden Servern.

Zusätzlich muss dann noch eine Anpassung der Treiber auf den einzelnen Workstations erfolgen.

Netware for SAA:

Dies sind NLMs, über deren Installation Netware an Großrechner angebunden werden können.

Netware Connect:

Mit dem Software-Paket „Netware Connect" kann ein Netware-Server als Kommunikationsserver eingesetzt werden und asynchrone Datenübertragung über ein Modem betreiben.

Technische Neuerungen unter 4.x gegenüber 3.12:

- Datenkomprimierung auf 37 % (am Server SET-FILESYSTEM) (Daten, die oft benutzt werden, sollten weder komprimiert noch ausgelagert werden (Zeitverlust)).
- Data-Migration = Auslagern selten benutzter Dateien auf Band
- Suballocation = Block-Unterzuordnung (Datenblock für mehrere Dateien verwenden). Z.B. 64 k großer Block wird in 512 k lange Untereinheiten unterteilt.
- Packet-Burst = Aussenden von Daten-Paketen in Gruppen. Benötigt RAM, da in der NET.cfg des Arbeitsplatzes
  PB BUFFERS = xxx   angegeben werden muss,
  PB BUFFERS = 0   PB ausschalten

3.3.2 Sicherheitsmechanismen

SFT (Security Fault Tolerance):

SFT I : doppelte FATs und Hot-Fix
SFT II : Plattenspiegelung und Verdoppelung + TTS
SFT III : File-Server-Verdoppelung

Zugriffsgeschwindigkeit:

wird über
- FAT-Hashing
- FAT-Caching
- Datei-Caching

erhöht.

Doppelte FATs:

In den FATs sind die Blöcke angegeben, wo die Daten liegen. Sie werden vom Server autom. angelegt. Treten Probleme mit der 1. FAT auf, wird von Novell autom. die 2. verwendet. Weichen beide voneinander ab, können sie mit dem Server-Programm LOAD VREPAIR wieder angeglichen werden.

HOT-FIX:

2 % des Plattenplatzes wird beim Installieren als Hot-Fix-Bereich eingerichtet. Defekte Sektoren der Platte werden hierher umgeleitet. Dies kann mit dem Server-Programm LOAD MONITOR eingesehen werden.

TTS:

Gruppen von Dateiänderungen, die vollständig oder gar nicht durchgeführt werden dürfen. Treten Fehler bei der Änderung auf, wird der ursprüngliche Zustand wieder hergestellt.

Disk-Mirroring und Duplexing:

Mirroring = 2 Platten am gleichen Controller (unter Server-Menü „Install“ einstellen)

Duplexing = 2 Platten an 2 Controllern (unter Server-Menü „Install“ einstellen)

Das Lesen wird schneller, da immer die Platte benutzt wird, wo der Kopf gerade günstiger steht. Beim Schreiben werden beide Platten gleichzeitig beschrieben.

Datensicherung wird durch das Spiegeln nicht ersetzt.

Server-Spiegelung:

Es gibt Situationen (Hardware-Probleme) wie Fehler auf dem Mainboard oder im RAM, in der Stromversorgung, Betriebssystem-Fehler oder fehlerhafter LAN oder Disktreiber. In solchen Fällen kann trotz Plattenspiegelung, Hot-Fix oder doppelte FATs nur ein parallel laufender Server den weiteren Betrieb des Netzes garantieren.

Platteninhalte und RAM werden laufend ausgetauscht. Fällt ein Server aus, übernimmt autom. der andere die Arbeit.

Die Funktion der Server-Spiegelung ist im Betriebssystem-Kern von Novell enthalten.

FAT-Caching:

FAT und Reservekopie liegen permanent im RAM des Servers = beschl. Zugriff

FAT-Hashing:

Die FAT liegt für alle Dateien abgekürzt im RAM des Servers. Damit kann schnell entschieden werden, ob angeforderte Dateien existieren und wo sie liegen.

Datei-Caching:

Der gesamte Hauptspeicher, der nach dem Laden aller NLMs und FAT Hashing/Caching noch übrig ist, wird zum Datei-Caching benutzt. Datei-Caching bedeutet, dass einmal verwendete Dateien im RAM des Servers gehalten werden = schneller Zugriff von der Ws aus.

Bei mehr als 16 MB Speicher muss dies einigen .NLMs, .DSKs, oder .LANs per Schalter mitgeteilt werden.

3.3.3 Systemvoraussetzungen

Achtung: Alle Server profitieren immer von einem schnellen Prozessor, viel RAM und einer großen Festplatte. Nachfolgende Aufstellung ist als absolute Minimal-Konfiguration zu verstehen.

	Novell 3.12	Novell 4.x
CPU	386 SX mindestens oder höher	
RAM	6,5 MB	8 MB
Festplatte	120 MB	200 MB

Sinnvolles Arbeiten ist erst mit 486DX, 16 MB RAM und 500-MB-Platte möglich.

3.3.4 Berechnung des benötigten Hauptspeichers für einen Netware-Server

a. Größe der Festplatte im Server in MB ... MB

b. Größe der nutzbaren Festplatte (bei gespiegelten /multiplexten Platten muss a/2 genommen werden) ... MB

c. Die unter Novell benutzte Blockgröße der Festplatte ... kB

d. Anzahl der Blöcke pro MB (1024/c) ... Bl/MB

e. Gesamtzahl der Blöcke (b × d) ... Bl

f. Anzahl der User, die den Server nutzen ...

g. Der vom Betriebssystem benötigte Basis-Speicher
(3.12 → 2048; 4.x → 5120) ... kB

h. Berechnung der Speicherumgebung (a × 0,1) ... kB

i. Kalkulieren des benötigten Speicherplatzes für die FAT
(e × 0,008) ... kB

j. Berechnung des benutzten Speicherplatzes für File-Caching
bis 100 User f × 400

von 100–250 User	40000 + ((f–100) × 200)	
von 250–500 User	70000 + ((f–250) × 100)	
von 500–1000User	95000 + ((f–500) × 50)	... kB

k. Addieren des Speichers, der von aktiven NLMs
benutzt wird ... kB

l. Addieren der Zeilen g – k ... kB

m. Um den errechneten Wert in MB zu bekommen, l/1024 ... MB

3.3.5 Netware-Server (Infos zur Installation)

Auf dem Server können keine .exe-, .bat-, .com-Dateien ausgeführt werden. Wird z.B. eine Login.exe aufgerufen (liegt auf dem Server), wird diese auf die WS heruntergeladen und dort ausgeführt.

Ausführbare Dateien auf dem Server:

*.vlm	(Virtuell-Loadable-Module) können auf dem Server mit LOAD *.vlm ausgeführt werden
*.dsk	Festplattentreiber (zum Zugriff auf die Netware-Partition notwendig) LOAD *.dsk
*.lan	Netzkartentreiber f. d. Serverseite, Load *.lan

DOS-Partition enthält:

- minimales DOS (Startdiskette)
- Server-Verzeichnis
- Größe ca. 10–20 MB

Startdateien (DOS-Seite):

Die DOS-Partition muss das Server-Verzeichnis (z.B. c:\Server.312) enthalten.

In diesem Verzeichnis müssen sich die Dateien:

- Server.exe Betriebssystemkern
- Isadisk.dsk Festplattentreiber
- z.B. 3c59x.lan Netzkartentreiber (auch 3c59x. , Ethertsm.nlm, Msms1x.nlm) werden alle benötigt, um den Netzkartentreiber zu laden).
- Keyb.nlm für Tastaturbelegung

befinden. Und außerdem:

Startup.ncf

Im ROOT der DOS-Partition muss die Startup.ncf liegen (.ncf = Novell-Batch). Einziger Sinn dieser Datei ist das Laden des Festplattentreibers.

Autoexec.bat

Auch die Autoexec.bat muss gewohnheitsgemäß – wie im DOS – hier liegen. Hier kann der Novell-Server automatisch gestartet werden.

Netware-Partition SYS: enthält:

Autoexec.ncf

restliches Server-Betriebssystem ca. 150–200 MB

3.3.6 Vorgehensweise beim Einrichten eines Novell-Netzes (Schnellübersicht)

1. Installation des Servers:

- DOS-Partition einrichten,
- Install-Programm starten,
- die richtigen Ländereinstellungen treffen,
- Netware Partition einrichten,
- logische Laufwerke erstellen (Sys:) (Prog?, optional),
- Festplatten-Treiber laden (IDE bei ATA, sonst ISADISK),
- LAN-Treiber laden (wenn in System vorhanden [Novell], sonst von Diskette),

- Volumes mounten,
- LOAD [Festplatte-Treiber] in Startup.ncf eintragen,
- LOAD [LAN-Treiber] und
- MOUNT ALL in die Autoexec.ncf eintragen.

2. Installation der Workstations:

Erstmal eine, um den Server weiter einzurichten:

- bei lokaler Festplatte WIN lokal installieren,
- Installationsprogramm für WS (Novell-Client) von Diskette oder CD ausführen,
- bei Diskettenstation alles auf Diskette (WIN später vom Netz).

3. Installation des Druckers:

- PCONSOLE aufrufen,
- Warteschlange, Drucker, Druck-Server einrichten,
- alles untereinander zuweisen,
- Print-Server am File-Server starten (wenn zusammen) LOAD PSERVER [Name]und in die Autoexec.ncf eintragen (bei Änderungen immer neu starten),
- NPRINTER am File-Server starten oder besser in der Druckerkonfiguration „automatisch laden“ einstellen,
- Druckauftragskonfiguration einstellen (Printcon), Banner ausschalten (muss für jeden Benutzer neu erstellt werden),
- CAPTURE in den Login-Scripts der Benutzer/Behälter(System) Script definieren,
- Drucken mit NPRINT [Pfad/Datei] q=Warteschl. o. p=Printername o. j=Druckauftragskonfiguration.

4. Benutzer einrichten:

- Das Verzeichnis „User“ auf SYS: einrichten,
- Syscon (3.12) oder Netadmin (DOS) / Nwadmin (WIN) (4.x) aufrufen,
- Identifikation, Paßwörter, etc.,
- erstmal keine weiteren Rechte vergeben (eingeloggter User kann, außer in seinem Homeverzeichnis, keine Veränderungen vornehmen).

5. Windows und Anwendungen

- Alles am besten lokal beim Client auf die Platte installieren, da die Netzbelastung so am geringsten ist und die Treiber bei der dazugehörigen Hardware sind,
- dies kann auch vom Netz aus geschehen, dazu
- erst die gesamten Installationsfiles auf den Server kopieren und von dort aus weiter installieren (oder SETUP /A für Netzinstallation, SETUP /N richtet dann eine Netzversion ein),
- bei plattenlosen WS muss für jeden User ein eigenes WIN-Verz auf dem Server angelegt werden (WIN in ein Verzeichnis installieren und von dort in jedes User-Verzeichnis weiter installieren (es werden nur ein paar Dateien kopiert)).

Besonderheit bei älteren WIN95-Versionen (A) und Novell 4.x:

- Der im Service Pack 1 enthaltene „Dienst für NDS“ (Prg = MSNDSGER.EXE) muss installiert werden, da der in WIN95 enthaltene Client für Novell sonst nicht administrativ mit dem Verwaltungs-Tool für WIN95, auf die NDS zugreifen kann (NWAdmin nicht ausführbar)
- oder 32-Bit Client von Novell installieren.

Installation von MSNDSGER

- MS-Client für Novell muss bereits installiert sein,
- Msndsger.exe in ein Verzeichnis der lokalen Platte oder ins Netz kopieren und dort aufrufen (selbstentpackendes File),
- dann in der Systemsteuerung Netzwerk öffnen und auf Hinzufügen klicken,
- Dienst auswählen,
- auf Diskette klicken und Pfad zum Verzeichnis, in dem MSNDSGER ausgepackt wurde,
- Datei NDSCLI.INF auswählen,
- auf EIGENSCHAFTEN (NDS Dienst) und unter „bevorzugte Struktur“ Baum eintragen.

Druckerinstallation in WIN:

- Ganz normal den Druckertreiber installieren,
- Netzwerk-Drucker auswählen,
- auf VERBINDEN drücken und Treiber mit Warteschlange verbinden.

6. Login-Scripten einrichten:

- NETADMIN, NWADMIN,
- Behälter-Script (früher System-Script) einrichten (wird ausgeführt, wenn sich ein User eines NDS-Baumes einloggt und gilt nur für diesen Baum),
- Benutzer-Script nur selten anwenden, da Einstellungen für Gruppen auch im System-Script vorgenommen werden können,
- Standard-Script wird ausgeführt, wenn kein Benutzer-Script existiert,
- in allen Scripten gelten die gleichen Kommandos.

Beispiel-System (Behälter- oder Organisations-) -Script:

```
BREAK OFF
IF MEMBER OF "WARTUNG" THEN BREAK ON
DOS VERIFY ON
DOS SET NAME="%LOGIN_NAME"
MAP DISPLAY OFF
MAP ERRORS OFF
MAP INS S1:=SYS:PUBLIC
COMSPEC=C:\COMMAND.COM
MAP ROOT H:=SYS:USERS/%LOGIN_NAME
DRIVE H:
WRITE "HALLO, %LOGIN_NAME"
IF "%LOGIN_NAME"=" ADMIN" THEN BEGIN
#CAPTURE L=1 Q=queue1 NB NFF AU
DRIVE:F
EXIT
END
#CAPTURE L=1 Q=queue1 NB NFF AU
EXIT
```

Beschreibung

1. Unterbrechung durch STRG+ESC möglich,
2. IF...THEN...Bedingung; MEMBER OFF kann abgefragt werden,
3.
4. es können DOS Variablen in Abhängigkeit von Novell-Identifiern gesetzt werden (entspricht im DOS dem SET-Befehl),
5. die Anzeige der Meldungen des MAP-Befehls wird unterdrückt,
6. bestimmt, ob Fehlermeldungen gezeigt werden,
7. MAP ermöglicht die Zuweisungen von Laufwerken zu Verzeichnissen und die Aufnahmen von Verzeichnissen in den Suchpfad,
   INS = fügt zum bestehenden Suchpfad ein weiteres Verzeichnis zu, ohne den Aktuellen zu überschreiben,
8. die Command.com wird spezifiziert,
9. ROOT = macht das zugewiesene Verzeichnis zum obersten Verzeichnis, so können User direkt in ihr HOME-Verzeichnis gesetzt werden und es wird vorgegaukelt, dass dies das oberste Verzeichnis ist,
10. Laufwerk H: wird zum aktuellen Drive gemacht,
11. HALLO wird auf den Bildschirm geschrieben und der Name des Inhalts des Novell-Identifier (%LOGIN-NAME oder %FULL_NAME),
12. IF...THEN...BEGIN...END – Schleife; hier wird eingestiegen, wenn die Bedingung erfüllt ist,
13. Druckerumleitung der parallelen Schnittstelle der WS in das Netz und zum Print-Server,
    # = Ausführen von externen Befehlen im Login-Script
    L = LPT
    AU = umgeleitete Daten abschließen und an den Drucker senden, wenn Anwendungsprogramm verlassen wird,
    NB = NO BANNER (Vordruck im Ausdruck)
    NFF= unterdrückt den Seitenvorschub mancher Programme am Ende des Druckauftrags.

Anmerkung

Die MAP-Befehle stellen Netzwerklaufwerke her. Dies hat die gleiche Wirkung, wie z.B.: net use z: \\Servername\Verzeichnis unter DOS oder mount -t nfs einstein://daten /mnt unter Unix.

Mehr Informationen zu MAP siehe Abschnitt „Kommandozeilen-Befehle".

7. Bearbeiten von Dateien:

FILER

Alle Dateioperationen können hier hergestellt werden.

Verzeichnis erstellen → Cursor auf übergeordnetes Verzeichnis und EINFG drücken

Netwareattribute → Cursor auf Verzeichnis und F10 drücken

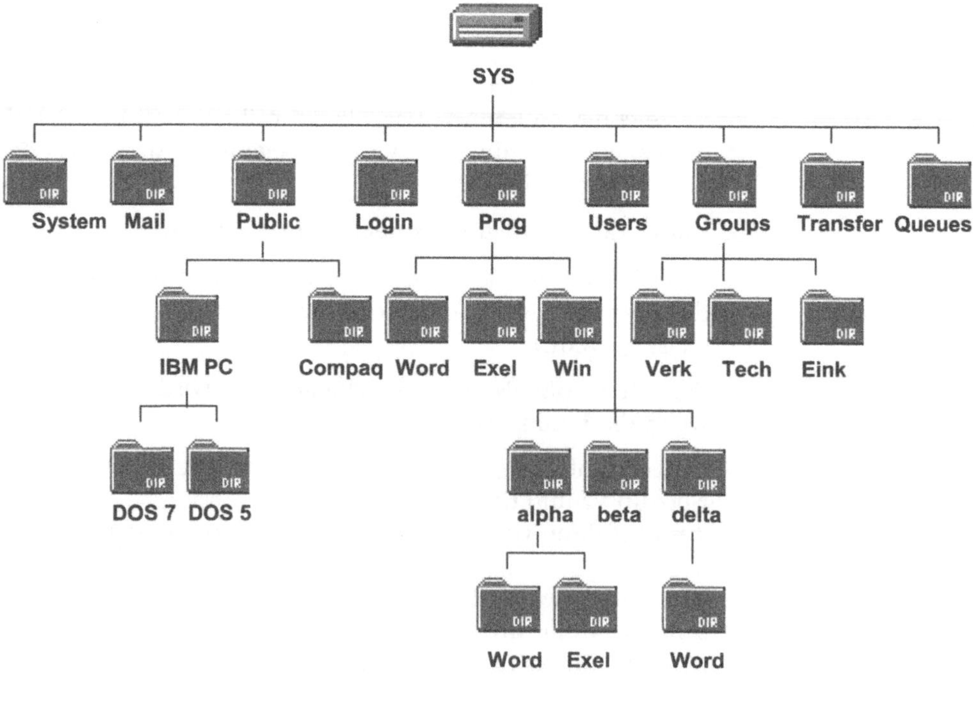

Abb. 1 Mögliche Organisation des Volumes SYS:

3.3.7 Installation (ausführlich)

Server 3.12: (Installation von Disketten-Satz)

I. Teil – DOS-Umgebung einrichten

1. Von der INSTALL-Diskette booten.
2. Am DOS-Prompt INSTALL eingeben.
3. Im Hauptmenü INSTALL NEW NETWARE auswählen. Ein Eingabebildschirm wird gezeigt, in dem die Größe der DOS Partition bestimmt werden kann (10–15 MB eintragen).
4. Return drücken, um den Rechner neu zu starten.
5. Am folgenden DOS-Prompt FORMAT C: /s eingeben.
6. Datenträgernamen eingeben.
7. INSTALL eingeben.
8. Im Hauptmenü INSTALL NEW NETWARE auswählen. Ein Auswahlmenü der vorhandenen Partitionen erscheint.
9. Mit Return die Option RETAIN CURRENT DISK PARTITION bestätigen.
10. In der Eingabezeile den Servernamen eingeben und bestätigen. Dieser wird in die AUTOEXEC.NCF übernommen und kann später noch geändert werden.
11. Die interne Netzwerkadresse eingeben (wird vorgeschlagen und sollte so übernommen werden).
12. Mit F4 kann der vorgegebene Zielpfad, wohin die Server-Dateien auf der DOS-Partition kopiert werden sollen, verändert werden, oder mit Return vorgeschlagenen Pfad übernehmen.
13. Es werden nun die Server-Dateien auf die Festplatte kopiert und nacheinander folgende Disketten gefordert:
    System_1
    System_2
    Unicode (tm)
14. In der Eingabemaske für landessprachliche Einstellungen
    049 – für Country-Code
    850 – für Code Page
    Germany – für Keyboard-Mapping eintragen.

15. Die Auswahl DOS FILE FORMAT bestätigen.
16. Nächste Maske (Set Befehle) mit NO bestätigen.
17. Abfrage, ob AUTOEXEC. so modifiziert werden soll, dass die SERVER.EXE beim Neustart aut. ausgeführt werden soll, mit YES bestätigen (auch Pfad und Dateinamen).

Der nun sichtbare Doppelpunkt ist die Eingabeaufforderung der NetwareFileConsole. Vor dem Doppelpunkt wird der Name des File-Servers angezeigt. Der Server läuft nun, hat aber noch keine Verbindung zu den Festplatten und Netzwerkkarte.

II. Teil – Netware-Partitions anlegen

1. LOAD IDE (oder LOAD ISADISK) am Server-Prompt eingeben, Festplattentreiber laden (ist von der Platte abhängig IDE, EIDE).
2. Bei den nun folgenden Fragen nach I/O-Port und IRQ die vorgeschlagenen Werte übernehmen.
3. LOAD INSTALL am Server-Prompt eingeben.
4. Aus Menü DISK OPTIONS | PARTITION TABLES | CREAT NEW NETWARE PARTITION auswählen.
5. Vorgeschlagene Parameter mir ESC übernehmen und die Frage: CREATE NEW NETWARE PARTITION mit YES beantworten.
   Sollte hier ein Fehler auftreten, liegt dies an der Konfiguration „AMI-BIOS und Userdef. Festplatte“
   Abhilfe: Im BIOS Menüpunkt ADVANCED CMOS SETUP den Parameter HARDDISKTYP 47 RAM AREA auf den Wert DOS 1 Kbyte setzen.
6. Aus Install-Hauptmenü VOLUME OPTION auswählen.
7. Taste EINFG drücken, um neues Volume anzulegen.
8. Zwei Volumes anlegen
   SYS: für Novell-Betriebssystem und Print Queues
   PROG: für Anwender-Programme und Daten

9. a.Volumegröße, b.Name, c. Blockgröße des Volumes eintragen
   Volumegröße: 20 MB für Novell-Betriebssystem + 4–10 MB für Print Queues
   Blockgröße: Volumegröße in Blöcken = Volumegröße in MB × 1024 / Blockgröße
10. Gleichen Vorgang für zweites Volume wiederholen.
11. Mit ALT+ESC zum Server-Prompt umschalten und MOUNT ALL eingeben.

III. Teil – Server-Programme installieren

In der INSTALL-Oberfläche Menü SYSTEM OPTIONS | COPY SYSTEM AND PUBLIC FILES auswählen.

Es werden nacheinander die restlichen System-Disketten angefordert.

VI. Teil – Netzwerkanbindung

Ist eine Netzwerkkarte vorhanden, die von Netware unterstützt wird, kann der Treiber direkt von der Systemconsole geladen werden.

In allen anderen Fällen muss der Treiber nachträglich von der Hersteller-Diskette auf die DOS-Partition kopiert werden.

In diesen Fällen muss auch eine Pfadangabe nach dem LOAD-Befehl erfolgen.

Wird kein Pfad angegeben, geht Netware davon aus, dass sich der Treiber schon im Volume SYS: Verzeichnis SYSTEM befindet.

1. LOAD [Treibername] am Server-Prompt eingeben.
   Treiber muss im DOS (Verzeichnis. Server3.12 oder so) liegen. Ggf. von Diskette dorthin kopieren.

2. BIND IPX TO [Treibername] eingeben, um Protokoll mit Treiber zu verbinden.
3. Abfrage nach NETWORK NUMBER kann beliebig beantwortet werden, wenn nur ein Server im Netz ist.

V. Teil – Startdateien einrichten

Im Nachfolgenden wird von einer 3C509 Netzwerkkarte ausgegangen, die mit dem I/O-Port-300 und dem IRQ-10 arbeitet.

1. Im INSTALL-Fenster CREATE AUTOEXEC.NCF auswählen.

Folgende Eintragungen machen:

LOAD [Pfad] 3C509 port=300 int=A FRAME=ETHERNET_802.2
LOAD [weitere Module]
BIND IPX TO 3C509 net=[bei alleinsteh.Server beliebige Zahl]
MOUNT ALL

(alles speichern) mehr Infos siehe Abschnitt „Startdateien"

2. Im INSTALL-Fenster CREATE STARTUP.NCF auswählen.

Folgende Eintragungen machen:

LOAD IDE (o.ISADISK) port=1F0 int=E
LOAD [ggf.Pfad] KEYB.NLM Germany

(alles speichern) mehr Infos siehe Abschnitt „Startdateien"

Nun muss zum Server-Prompt zurückgekehrt werden und der Server heruntergefahren werden (DOWN eingeben).

Nun EXIT eingeben und einen Warmstart durchführen.

Der Server ist jetzt betriebsbereit.

Server 4.x: (Installation von CD)

Die Installation unter 4.x wurde wesentlich vereinfacht und automatisiert.

Die Menüs sind im Wesentlichen die gleichen, wie unter 3.12.

Im DOS

- Mit DOS-Startdiskette starten.
- Mit FDISK 15 MB DOS-Partition einrichten.
- Partition aktiv setzen und mit FORMAT /s formatieren.
- CD-ROM unter DOS lauffähig machen (siehe Kapitel „Inst. v. Komp.“ „Aufbau eines PC´s“).
- Auf CD wechseln und INSTALL eingeben.
- ServerNamen eingeben.
- Interne Netzwerkadresse angeben.
- Server-Sprache auswählen.
- Autoexec.bat ruft Server.exe auf.

Am laufenden Server

- INSTALL.NLM aut. durchlaufen.
- Server-Dateien auf DOS-Partition kopieren.
- Festplatten-Treiber laden.
- Netzwerkkarten-Treiber laden.
- IPX mit Netzkarte verbinden.

Platte für Novell einrichten

- Netware-Partitionen anlegen.
- Volumes anlegen und mounten.

Lizenz und NDS einrichten

Serverlizenz kopieren.

NDS-Baum anlegen (siehe Abschnitt „NDS-Struktur“) oder in vorhandene NDS-Struktur integrieren.

Novell-Dateien übertragen, Netware-Dateien installieren, NCF-Dateien anlegen.

Login:

Supervisor (3.12), Admin (4.x) oder Username
Kennwort

System stoppen:

down

Verzeichnis	Inhalt
Public	Novell-Befehle
Login	Programme, die man schon vor dem Login benötigt.
System	Programme, die der Server zum Start benötigt, und Programme, die nur der Supervisor / Admin ausführen darf.
Mail	Unterverzeichnisse mit User-ID

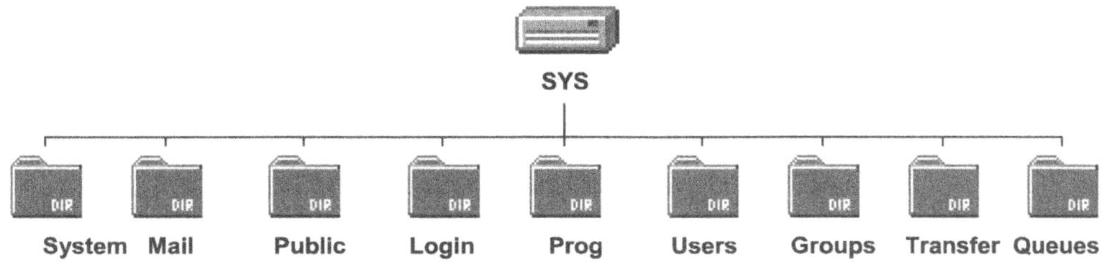

Abb. 2 Verzeichnisstruktur des Volumes SYS

3.3.8 Start- und Konfigurations-Dateien des Servers

Im DOS:

Startdateien werden in der folgenden Reihenfolge abgearbeitet:

Autoexec.bat

Hier wird der Server aut. gestartet. Diese Datei wird vom Installationsprogramm angelegt.

Startup.ncf
(muss im ROOT der DOS-Partition stehen)

Hier werden die Festplatten-Treiber geladen, da diese zum Serverstart bereits zur Verfügung stehen müssen. Erst nach dem Laden des Festplatten-Treibers kann Server.exe auf das Netware-Volume zugreifen, um die Autoexec.ncf auszuführen.

load ide port=1F0 int=E	Festplatten-Treiber laden
load keyb.nlm Germany	Tastatur-Treiber laden
load os2.nam	Name-Space einrichten (lange Dateinamen)

Achtung: Wird ein Name-Space (Verwendung von langen Dateinamen) eingerichtet, ist zusätzlich zum Eintrag in die Startup.ncf einmalig am Server-Prompt einzugeben:

Für 3.12:	*add name space os2 to [volume]* *(ist für alle Volumes zu tun)*
Für 4.x:	*add name space os2 to [volume]*

Im Netz:

Autoexec.ncf
(steht in SYS: F:/System)

Hier werden alle Programme geladen, die für den Netzbetrieb notwendig sind.

file server name uranus	uranus ist der Server-Name
ipx internal net 2D3F2EC8	wird aut. vergeben
load 3C509 port=300 int=a frame=ETHERNET_802.2	LAN-Treiber laden mit I/O Port 300, IRQ 10, FRAME 802.2
bind ipx to 3C509 net=abc	Verbinden des Treibers mit IPX, net = egal
remove dos	entfernt Reste von DOS aus dem Speicher
load remote [kennwort]	lädt die Möglichkeit zum Aufruf von RCONSOLE (WS agiert als ServerConsole)
load rspx	Protokoll für Remote
mount all	alle Platten ins System einbinden

Achtung: Bei mehreren Netzwerkkarten müssen die Zeilen LOAD [Lan-Treiber] und BIND IPX TO so oft geschrieben werden, wie Netzwerkkarten vorhanden sind (natürlich mit den entsprechenden Lan-Treibern, anderen Ports, IRQs und Netz-Nummern). Bei BIND ist noch ein jeweils anderer Netzname anzugeben z.B. /Netz1 /Netz2 etc.

TCP/IP unter Netware:

Obige Einträge beziehen sich auf das Einrichten eines Novell 4.11-Servers, der nur mit IPX/SPX als Protokoll arbeitet, welches unter normalen Umständen auch benutzt werden sollte. Mit dem Siegeszug des Internets, welches heute in gängigen LANs einfach dazu gehört, ist die reine Konfiguration eines Novell-Netzes nur unter IPX/SPX aber nicht mehr möglich. Da sich das gesamte Internet auf der Basis von TCP/IP abspielt, werden dann meistens zusätzliche NT- oder Unix-Server eingesetzt, die die Internetanbindung ermöglichen. Aber auch Novell-4.11-Server können für TCP/IP so konfiguriert werden, dass die Internetanbindung über sie eingerichtet werden kann. TCP/IP gehört bei 4.11-Servern zum Lieferumfang. Für 3.12-Server muss TCP/IP separat erworben werden.

Folgende Einträge sind zu den obigen Einträgen in der Autoexec.ncf hinzuzufügen, wenn der Novell-Server auch dieses Protokoll benutzen soll (Beisp.-Interrupt und -Port müssen natürlich im System verfügbar sein):

Mit einer Netzwerkkarte:

LOAD TCPIP

LOAD 3C509 NAME=3C509_1_E83 PORT=300 INT=A
FRAME=ETHERNET_II

BIND IP TO 3C509_1_E83 ADDRESS=192.168.100.4
MASK=255.255.255.0

Name der Karte muss genauso heißen, wie unter IPX.

Ist ein TCP/IP-Router im Netz, über den der Netware-Server erreichbar sein soll oder über den der Internetverkehr läuft, muss dem Server noch ein Gateway mitgeteilt werden. Dies muss bei 4.11 über das Tool INETCFG gemacht werden, wo auch weitere Einstellungen zu TCP/IP gemacht werden können (LOAD INETCFG an der Server-Konsole eingeben).

Bei NetWare 3.x werden die LAN Treiber ebenfalls über die AUTOEXEC.NCF direkt geladen. Dort muss im BIND IP Befehl ein gateway=xxx.xxx.xxx.xxx eingetragen werden.

Standard-Gateway unter Inetcfg einrichten:

Protokolle | TCP/IP | Statische Leitwegfunktion = Aktiviert | Statische Leitwegtabelle als Route Type "Default Route" mit der IP-Adresse des Routers eintragen. Danach ist der Server neu zu starten oder mit REINITIALIZE SYSTEM neu zu initialisieren.

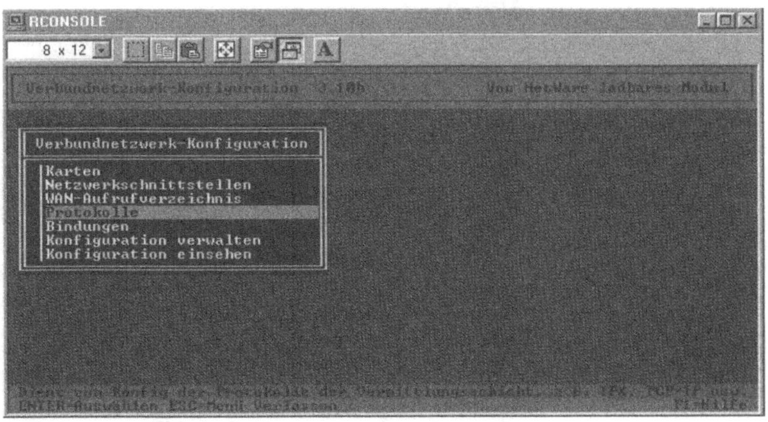

Abb. 3 Inetcfg

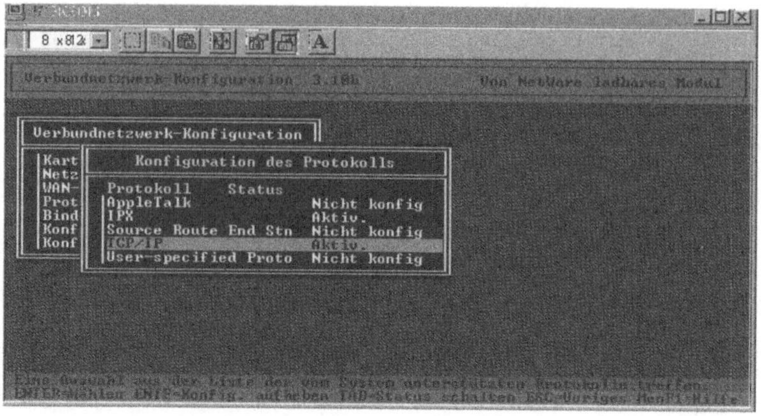

Abb.4

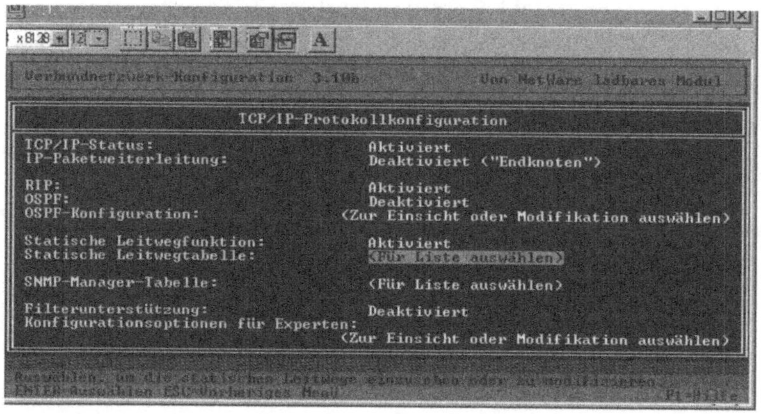

Abb. 5

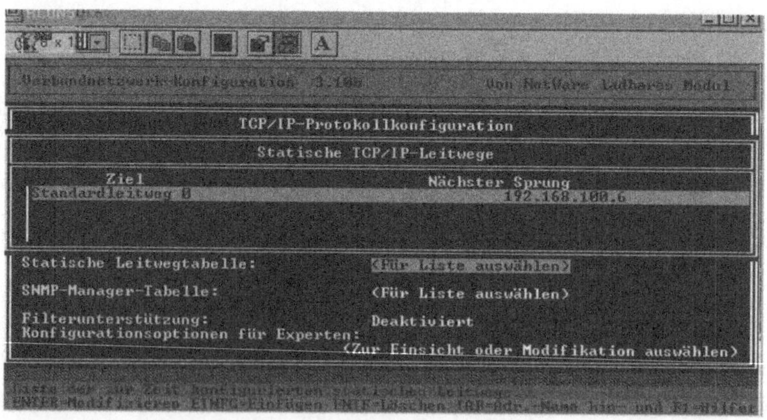

Abb. 6 hier Taste EINFÜGEN drücken

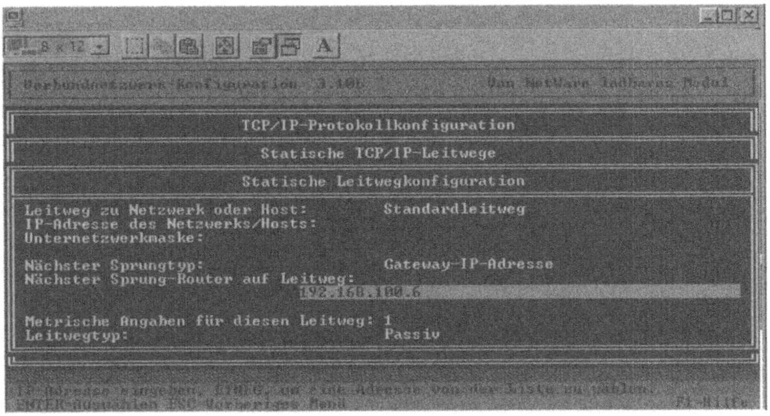

Abb. 7

Mit zwei Netzwerkkarten (Router, der IPX/SPX und TCP/IP routet):

LOAD TCPIP FORWARD=YES

LOAD 3C509 NAME=3C509_1_E83 PORT=300 INT=A
FRAME=ETHERNET_802.2

LOAD 3C509 NAME=3C509_1_E83 PORT=300 INT=A
FRAME=ETHERNET_II

LOAD 3C509 NAME=3C509_2_EII PORT=320 INT=B
FRAME=ETHERNET_802.2

LOAD 3C509 NAME=3C509_2_EII PORT=320 INT=B
FRAME=ETHERNET_II

BIND IPX TO 3C509_1_E83 NET=abc

BIND IPX TO 3C509_2_EII NET=abd

BIND IP TO 3C509_1_E83 ADDRESS=192.168.100.4
MASK=255.255.255.192

BIND IP TO 3C509_2_EII ADDRESS=192.168.101.4
MASK=255.255.255.192

In der inetcfg kann auch der Fernzugriff mittels Telnet und der FTP-Zugang zum Novell-Server aktiviert werden. Über Telnet ist dann auch ein Zugriff auf die Verwaltung des Servers über TCP/IP möglich, so, wie das sonst mittels der RConsole über IPX läuft.

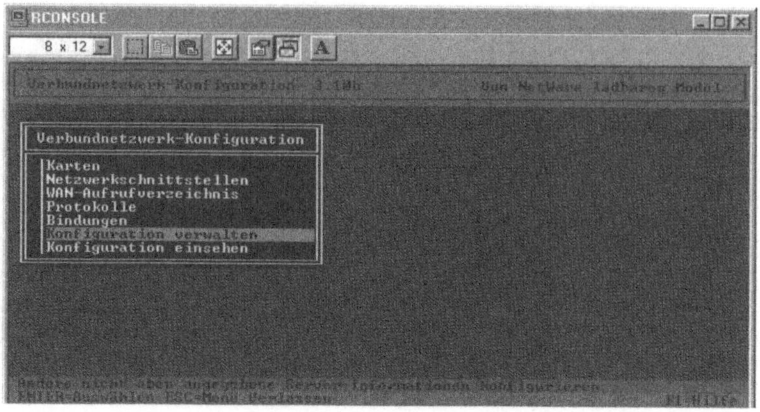

Abb. 8

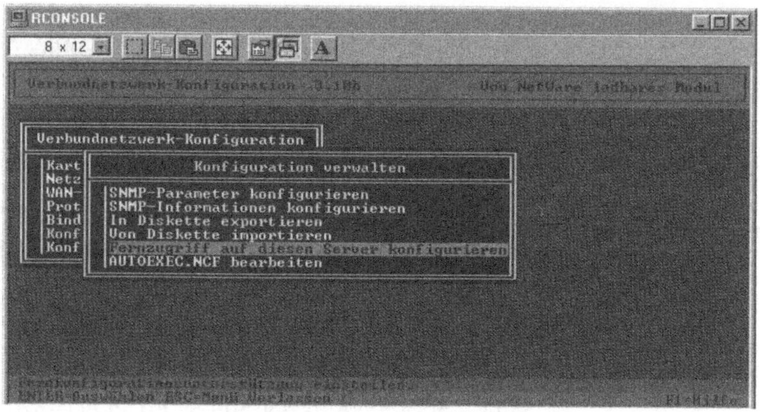

Abb. 9

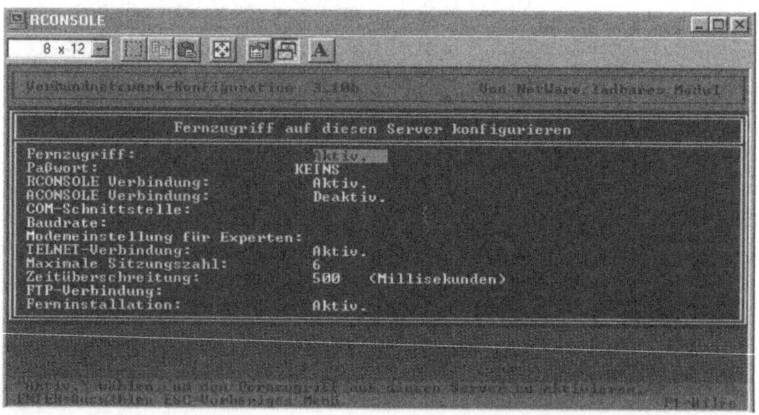

Abb. 10

3.3.9 Befehle an der Server-Console

Server und DOS	
Down	Server herunter fahren
Exit	zurück zu DOS
Remove DOS	DOS aus dem Speicher entfernen
Secure Console	NLMs nur aus SYS:SYSTEM holen

Voraussetzungen, um Programme auf Server zu laden	
Load	NLM / DSK / LAN aufrufen / starten
Unload	beenden
Load Edit	Texteditor
Search add/del	Suchlaufwerk für NLM / DSK / LAN
Bind	Protokoll mit LAN verbinden
Unbind	Protokoll und LAN trennen
Mount	Volume aktivieren
Dismount	Volume abschalten
Add Name Space	Speicherung von nicht DOS-Dateien

Befehle zur Information	
Name	Name des Servers
Version	Version des Servers
Cls	Bildschirm löschen
Speed	Servergeschwindigkeit
Config	Serverinfo: LAN, Protokolle, Disk
Monitor -Disk / -LAN	Serverinfo und Statistik (LAN / DISK)

Kontakt zum Benutzer	
Disable Login	Login verboten
Enable Login	Login erlaubt
Send	Meldung schicken
Broadcast	Meldung an alle
Monitor -Connections	Benutzer-Dateien, Verbindung trennen

Server, Netz und Protokolle	
Memory	Verfügbarer Hauptspeicher
Load Monitor	Informationsmenü (Netz, Platten, Verbindungen, Module, Dateien)
Volumes	Volumes des Servers sehen
Protocols	LAN-Protokolle
Track On	Router-Überwachung ein
Track Off	Router-Bildschirm aus
Reset Router	Router zurücksetzen
Display Servers	Verbundene Server anzeigen
Display Networks	Verbundene Netzwerke anzeigen
Modules	Aktive NLM / DSK / LAN anzeigen

Fileserver-Bildschirm umlegen	
Load Remote	Server-Console auf WS umlegen
Load rspx	erfordert RCONSOLE aus WS

Drucken	
Load Pconsole	Druck-Server am File-Server starten

Weitere Konfigurationen	
Enable TTS	TTS einschalten
Disable TTS	TTS abschalten
UPS Status	Notstromversorgung
Load Mathlib	Coprozessor-Bibliothek
Register Memory	Speicher anmelden
Set	Server-Konfiguration ändern
Load Install	Installationsoptionen

Load Vrepair	Reparieren eines Volumes (Volume muss dismounted sein), Fehlerquellen: Volume mountet nicht, Dateien können nicht gefunden / gelesen werden, nach Server-Absturz Vrepair ist auch zum Entfernen eines NAME-SPACES von einem Volume

Menüs am Server

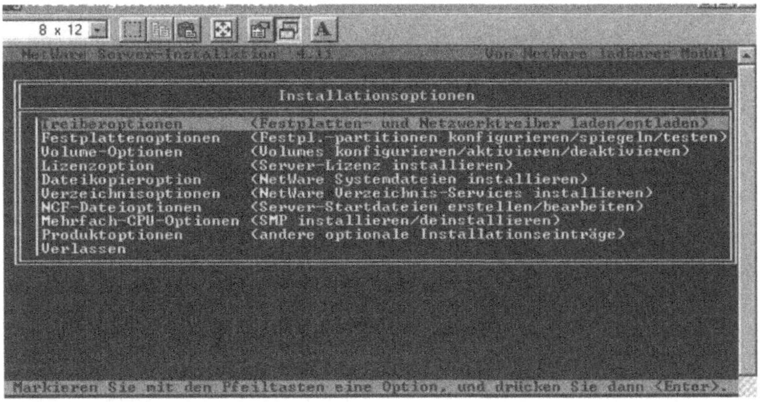

Abb. 11 Install

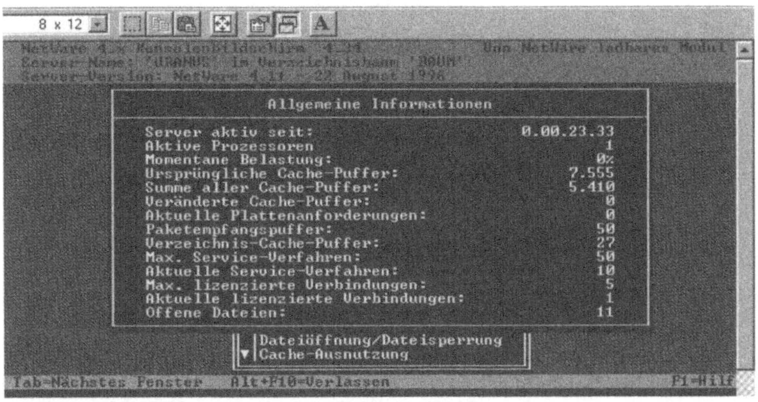

Abb. 12 Monitor

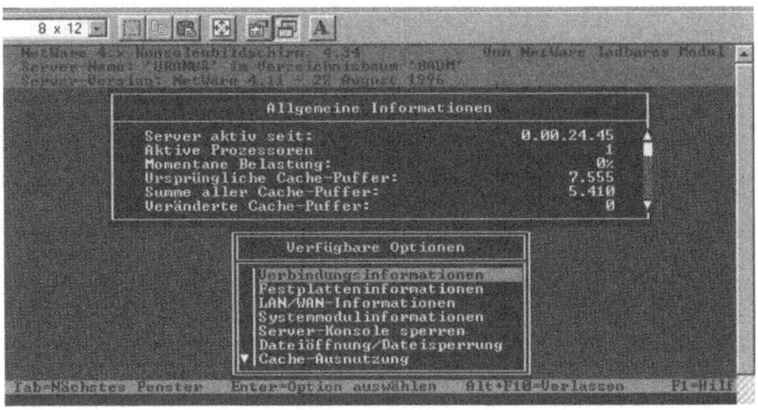

Abb. 13 Monitor (zweites Fenster)

3.3.10 Login-Scripten

Es gibt 3 Arten von Login-Scripten:

1. System-Login-Script
2. User-Login-Script
3. Default- oder Standard-Login-Script

System-Login-Script:

- gültig für alle User, die sich an diesem Server anmelden,
- Datei NET$LOG.DAT, gespeichert unter Sys:Public,
- da Script für alle User gültig, sollten hier alle System-Einstellungen vorgenommen werden (vereinfacht das Verwalten des Systems).

User-Login-Script:

- gültig nur für den User, für den es angelegt wurde,
- gespeichert im pers. Mailverzeichnis (Mailverzeichnisse werden mit der User-ID bezeichnet),
- auf Grund umständlicher Verwaltung möglichst alle Einstellungen im System-Script vornehmen.

Default- oder Standard-Login-Script:

- gültig für jeden User, der kein eigenes Script hat,
- interner Bestandteil der Login.Exe.,

Befehle im Login-Script	
#	ruft ein externes, nicht zu Novell gehörendes Kommando auf (DOS-Befehle)
DISPLAY	zeigt den Inhalt einer Textdatei an
DRIVE	wechselt auf das angegebene LW
MAP	Zuordnen von Verzeichnissen zu LW-Buchstaben (map *1=Sys:Public => *1 erstes zur Verfügung stehendes NetzLW, *2 zweites)

Befehle im Login-Script (Forts.)	
EXIT	bricht die Ausführung des Scripts ab kann mit Aufruf von Progr verbunden werden (EXIT [Pgr])
GOTO	Sprungbefehl (Kennung der Sprungmarke durch einen : (Doppelpunkt))
IF..THEN..ELSE	Verzweigung, abhängig von Bedingung
WRITE	gibt einen Text aus
BREAK ON	Unterbrechung des laufenden Scripts durch Strg+C
BREAK OFF	
BEGINN...END	dazwischen können abhängig von einer Bedingung Kommandos ausgeführt werden
COMSPEC	es wird definiert, wo Command.Com steht
DOS SET NAME	es können DOS Variablen abhängig von Novell-Variablen gesetzt werden

System-Login-Script (Beispiel):

```
BREAK OFF
IF MEMBER OF "WARTUNG" THEN BREAK ON
DOS VERIFY ON
DOS SET NAME="%LOGIN_NAME"
MAP DISPLAY OFF
MAP ERRORS OFF
MAP INS S1:=SYS:PUBLIC
MAP INS S2:=SYS:PUBLIC/%MACHINE/%OS_VERSION
COMSPEC=S2:COMMAND.COM
MAP ROOT I:=SYS:DATEN
MAP ROOT H:=SYS:USERS/%LOGIN_NAME
DRIVE H:
DISPLAY Z:GRUSS.LOG
WRITE "Hallo, %FULL_NAME"
EXIT "CLS"
END
#CAPTURE Q=HP-1 NB AU TI=5
EXIT "CLS"
```

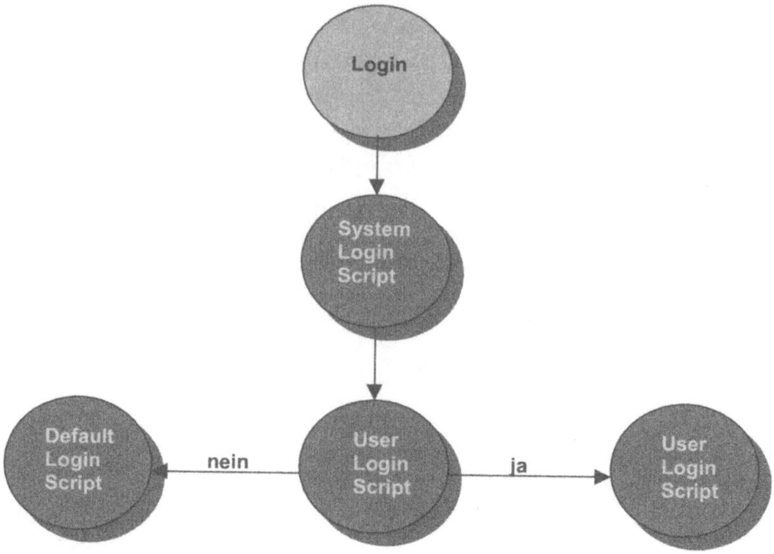

Abb. 14 Reihenfolge, in der Login-Scripten abgearbeitet werden

Default System-Login-Script:

WRITE "Good %GREETING_TIME, %LOGIN_NAME"
MAP DISPLAY OFF
MAP ERRORS OFF
REMARK: Set 1st drive to most appropriate (verwenden) directory
MAP *1:=SYS:; *1:SYS:%LOGIN_NAME
IF "%1"="SUPERVISOR" THEN MAP *1:=SYS:SYSTEM
REMARK: Set search drives (S2 machine-OS dependent (abhängig))
MAP S1:=SYS:PUBLIC; S2:=S1:%MACHINE/%OS/OS_VERSION
REMMARK: Now display all the current drive settings
MAP DISPLAY ON
MAP

Neue Login-Script-Befehle unter 4.x:

CONTEXT Wechseln der NDS-Organisation
Beisp.: contex admin.kurs.pct

NO_DEFAULT verhindert, dass das Standard Login-Script ausgeführt wird, wenn das User-Log-Script leer ist.

SET_TIME ON | OFF	übernimmt die Zeit vom Server oder nicht
GOTO LABEL:	Sprungmarke kann eingebaut werden
MAP	hat neue Parameter (siehe neue Befehle) kann auch mit Änderungen in Batches verwendet werden
LAST_NAME	Identifier (%LAST_NAME)

3.3.11 Speicher und Speicherverwaltung

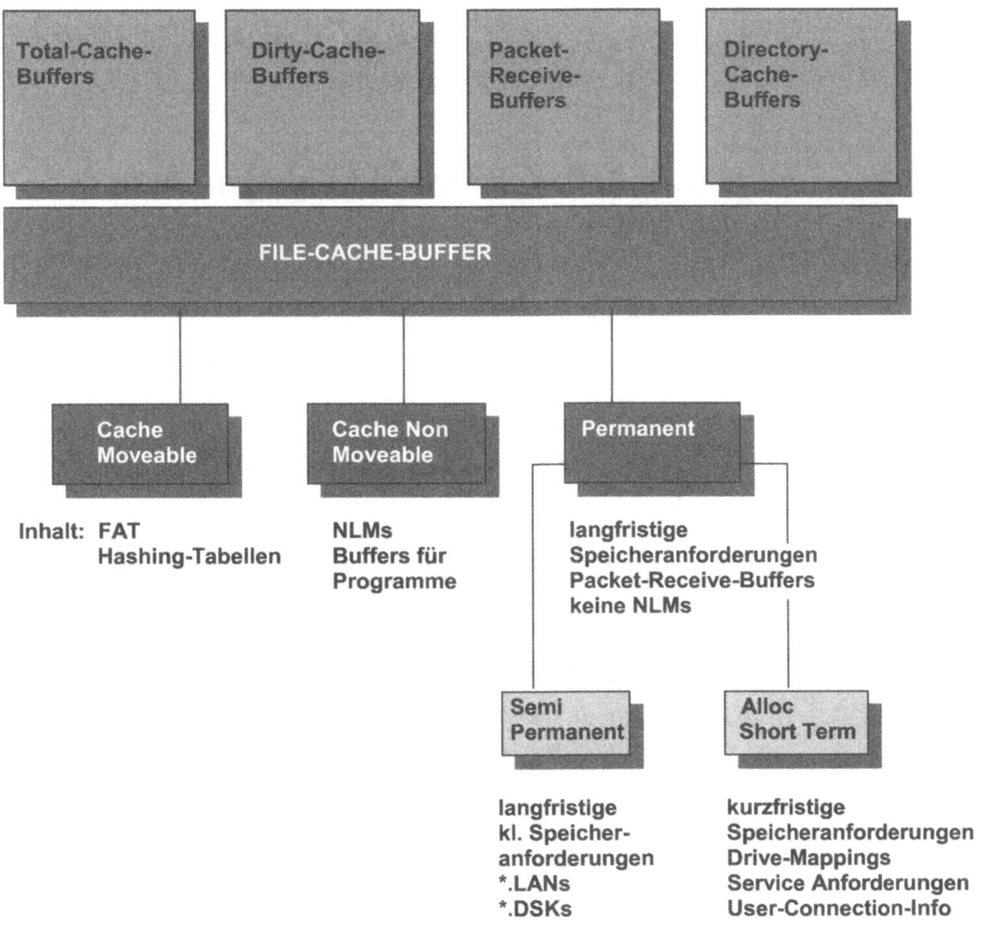

Abb. 15 Speicher-Pools (Beschreibung im nächsten Abschnitt)

Speicherverwaltung:

Novell unterstützt 16 MB RAM. Mehr RAM muss dem System bekannt gemacht werden.

Server-Consolen-Befehl REGISTER MEMORY Startadresse Größe (besser in Autoexec.ncf eintragen, da dies bei jedem Start ausgeführt werden muss).

Startadresse

Adresse, ab der der erweiterte Bereich anfängt
(bei 16 MB immer 1000000 H)

Größe

der Hex-Wert der Speicher-Größe oberhalb 16 MB
(z.B. 1000000 H bei 16 MB oberhalb 16 MB)

3.3.12 Cache-Buffers und die Anzeige darüber in MONITOR

Original Cache-Buffers: (urspr. Cache-Puffers)

- Beim Hochfahren des Servers wird der gesamte Speicher, der nicht für andere Zwecke benötigt wird, als Cache verwendet, der in Blöcke eingeteilt wird,
- zeigt die ausgewiesene Zahl der urspr. vorhandenen Cache-Puffer.

Total Cache-Buffer: (Summe aller Cache-Puffer)

- Zeigt die derzeit vorhandene Anzahl von Cache-Puffern.

Dirty Cache-Buffer: (veränderte Cache-Puffer)

- Enthält ein Puffer noch Daten, die verändert wurden und noch auf die Festplatte übertragen werden müssen, wird dieser Cache Puffer als Dirty Cache Buffer bezeichnet,
- gibt die Anzahl der Cache Buffer an, die noch übertragen werden müssen,
- nach einer bestimmten Zeit werden diese Daten auf die Festplatte geschrieben.

Current Disk-Request: (aktuelle Plattenanforderung)

- Zeigt die noch ausstehenden Service-Anfragen für die Festplatten (Anfragen befinden sich in einer Warteschlange).

Packet-Receive-Buffer: (Empfangspuffer für Daten-Pakete)

- Befinden sich im RAM des Servers und puffern eingehende Daten, bis der Server diese bearbeiten kann,
- können bei Bedarf erhöht werden (50–20000),
- können mit SET in Autoexec.ncf/Startup.ncf gesetzt werden.

Directory-Cache-Buffers: (Verzeichnis-Cache-Buffers)

- Geben die Anzahl der gegenwärtigen Cache Puffer für Verzeichniseinträge an,
- hier sind die am meisten nachgefragten Verzeichniseinträge eingetragen.

Weitere wichtige Anzeigen in MONITOR

Utilisation: (momentane Belastung des Servers)

- Zeigt, wie stark der Server momentan vom Netz oder von Zugriffen den WS's belastet wird.

Service Process: (max Service Verfahren)

- Zeigt die Anzahl der gegenwärtig erteilten Prozesse.

Connection in use: (max lizenzierte Verbindungen)

- Zeigt die vorhandenen Lizenzen.

Open Files:

- Offene Dateien

3.3.13 Print-Server 3.12 einrichten (von Workstation aus)

3.12 kann bis 16 Netzwerkdrucker pro Print-Server definieren und verwalten.

4.x kann bis 256 Netzwerkdrucker pro Print-Server definieren und verwalten.

Voraussetzung für folgende Vorgehensweise ist:

1. File-Server ist gleichzeitig Druck-Server,
2. Drucker ist am File-Server angeschlossen.

I. Warteschlange einrichten

1. Als Supervisor anmelden,
2. PCONSOLE aufrufen,
3. PRINT QUEUE INFORMATION auswählen,
4. EINFG drücken,
5. Name der Warteschlange eingeben und mit Return bestätigen (Name wird in Liste übernommen),
6. Name selektieren und Return drücken. PRINT QUEUE INFORMATION wird angezeigt,
7. QUEUE OPERATORS auswählen und Return drücken,
8. in der Auswahlliste EINFG drücken,
9. User oder Gruppe auswählen, die die Queue benutzen dürfen,
10. 2x ESC drücken.

II. Druck-Server anlegen

1. Im Hauptmenü von PCONSOLE die Option PRINT SERVER INFORMATION auswählen,
2. EINFG drücken und Namen für Druck-Server eingeben,
3. Namen selektieren und Return drücken (PRINT SERVER INFORMATION wird angezeigt),
4. PRINT SERVER USERS auswählen,
5. EINFG drücken,
6. User eintragen, die den Druck-Server benutzen dürfen,
7. ESC drücken.

III. Drucker festlegen

1. Aus Menü PCONSOLE die Option PRINT SERVER CONFIGURATION auswählen,
2. PRINTER CONFIGURATION auswählen,

3. Druckeranschluss mit der Nummer 0 auswählen (Fenster mit Angaben zum Drucker erscheint),
4. entsprechende Angaben machen,
5. mit ESC verlassen und speichern,
6. nochmals ESC für Hauptmenü,
7. DRUCK SERVER MENÜ auswählen und Drucker dem Print-Server zuordnen.

IV. Warteschlange dem Drucker zuordnen

1. Aus dem Menü PCONSOLE die Option PRINT SERVER INFORMATION den gewünschten Print-Server auswählen,
2. PRINT SERVER CONFIGURATION | QUEUE SERVICED BY PRINTER auswählen,
3. den Drucker (Name von der Konfiguration) auswählen und Return drücken,
4. EINFG drücken und Warteschlange auswählen,
5. mit Return den Wert 1 als Priorität übernehmen,
6. PCONSOLE verlassen.

V. Druck-Server am File-Server starten

In Autoexec.ncf folgende Zeile eintragen:
LOAD PSERVER [Name des Pservers].

Achtung: Wenn am Server das Menü-Utility für PSERVER erscheint, unter DRUCKERSTATUS | DRUCKERNAME | DRUCKER-KONFIGURATION | bediente Warteschlange hinzufügen.

VI. Druckausgabe an der Workstation umleiten

Im Login-Script folgende Zeile eintragen:
#CAPTURE /Q=[Warteschlange] /L=1 /NB /NFF /AU

VII. Druckausgabe-Konfiguration einstellen

PRINTCON aufrufen und entsprechende Einstellungen machen

Notwendige Programme zum Drucken	
Pserver.Nlm	wird am File-Server geladen und stellt Drucker-Dienste zur Verfügung.
Pserver.Exe	wie oben, wird jedoch an dezidiertem Computer geladen, der als reiner Print-Server funktionieren soll.
Rprinter	wird an WS gestartet, wenn der Drucker der Ws als Netzdrucker verwendet werden soll.
Pconsole	Einrichten, Konfigurieren, Verwalten von Netzdruckern, Druckwarteschlangen und Druck-Benutzern.
Printcon	spez. angepasste Konfiguration der Druck-Ausgabe.
nprint	Drucken von Kommandozeile aus.
capture	Umleiten von lokalen Schnittstellen auf Druck-Warteschlangen ins Netz.
endcap	capture beenden.

3.3.14 Bindery (Benutzer-Datenbank für 3.12)

Inhalt:

User und Gruppennamen
Druckeinrichtungen

In der Bindery wird das gesamte Netzdesign und Sicherheitsmanagement, welches der Supervisor eingerichtet hat, abgebildet.

Bestandteile des Netzdesigns sind die Ressourcen, wie:

- File-Server
- Druck-Server
- Datenbank-Server
- Kommunikationsdienste
- Angaben, wer mit welchen Berechtigungen auf die Ressourcen Zugriff hat.

Die Dateien der Bindery: (sind in SYS:SYSTEM gespeichert)

NET$OBJ.SYS (enthält Bindery-Objekte)
Objekte können Benutzer, eine Gruppe, ein File-Server, Print-Server oder jedes andere physikalische oder logische Gerät sein, dem ein Name zugeteilt wurde und unter diesem Namen im Netz angesprochen werden kann.

NET$PROP.SYS (enthält die Bindery-Properties)
Properties (Eigenschaften) sind die Beschreibungen eines Objekts, wie Paßwort, Netzwerkadressen, etc.
Einem Objekt können mehrere Properties zugewiesen werden.

NET$VAL.SYS (enthält die Bindery-Data-Sets)
Ein Objekt wird durch Informationselemente (Items) und Informationsmengen (Sets) beschrieben.

BINDFIX: (Sichern der Bindery)

Bindfix kann Fehler beseitigen, wenn folgende Situationen vorliegen:

- Usereintrag kann nicht gelöscht oder geändert werden,
- Paßwort kann nicht geändert werden,
- Rechte eines Users können nicht geändert werden,
- Unknown Server wird während eines Druckvorganges ausgegeben.

Bindfix erstellt eine neue Bindery und kopiert die alten Dateien mit der Endung .OLD .

Bindfix schließt die Bindery-Dateien (deswegen nur ausführen, wenn nur noch der Supervisor angemeldet ist).

Achtung: Bindfix muss im Verzeichnis SYS:SYSTEM ausgeführt werden.

BINDREST stellt die alten Original-Dateien wieder her, wenn die Probleme auch mit den neuen Dateien nicht beseitigt werden konnten, sofern die Dateien.OLD noch nicht gelöscht wurden.

Benutzerverwaltung und Datei/Verzeichnis-Rechte:

Bei einem neu installierten Server existiert nur ein Benutzer, der Supervisor. Es ist kein Paßwort gesetzt, d.h. unbedingt sofort Paßwort setzen.

Login Supervisor dann Setpass eingeben.

User und Gruppen:

User

- Paßwortabfrage zur sicheren Identifizierung des Users,
- Festsetzen der Zugriffsrechte auf Dateien und Verzeichnisse,
- Anmeldezeiten, max. Plattenplatz, an welchen WS's er sich anmelden darf.

Zugriffsrechte (Trustee-Rights) auf Verzeichnisse und Dateien für User und Gruppen	
S (Supervisory)	gewährt alle Rechte und überschreibt alle Einschränkungen, die über die Inherited-Right-Mask vorgenommen wurden.
R (Read)	Dateien in dem Verzeichnis können gelesen oder aufgerufen werden.
W (Write)	bestehende Dateien können geöffnet und somit auch verändert werden.
C (Create)	neue Dateien können erstellt werden. Besitzt ein Anwender nur das c-Recht, kann zwar eine neue Datei erstellt werden, nach dem Schließen hat er jedoch keinen Zugriff mehr darauf.
E (Erase)	das Löschen von Verzeichnissen und Dateien wird erlaubt.
M (Modify)	es können sowohl Verzeichnis- als auch Datei-Attribute als auch der Verzeichnis- oder Dateiname geändert werden. Der Inhalt einer Datei kann nicht geändert werden.
F (File Scan)	Der Inhalt eines Verzeichnisses kann angezeigt werden.
A (Access Controll)	Benutzer mit diesem Recht können anderen Benutzern Rechte vergeben, außer dem Supervisory-Recht. Ebenso kann die *Inherited-Right-Mask (IRM)* geändert werden. *Diese Benutzer können Trustee-Rechte vergeben, die sie selbst nicht besitzen.*

Sinnvolle Rechte-Kombinationen	
RF	Programmaufruf
FRW (min)	Datenbearbeitung
FRWCEM (max)	
A	Rechteweitergabe
S	Vereinfachung (alle Rechte)

Gruppen

Für Gruppen gelten die selben Eigenschaften wie für Einzeluser. Warum Gruppen: In bestimmten Situationen kann das Vergeben von Rechten an Gruppen einfacher und schneller geschehen als für jeden einzelnen User.

Wirkung auf	Verzeichnisse	Dateien
R	Lesen (incl. Öffnen) von Dateien in dem Verzeichnis	Lesen (incl. Öffnen) der Datei
W	Schreiben (Öffnen) von Dateien in dem Verzeichnis	Schreiben (Öffnen) in die Datei
C	Anlegen von Dateien und UnterVerzeichnis in dem Verz.	Wiederherst. der Datei nach Löschen
E	Löschen des Verz., der Unterverzeichnisse sowie von Dateien in dem Verz. und in den UnterVerzeichnissen	Löschen der Datei
M	Änderung der Attribute und des Namens von Verz. und Unterverz. sowie von Dateien in dem Verz. und in Unterverzeichnis	Änderung der Attribute
F	Auflistung von Dateien und UnterVerzeichnis	Auflistung der Datei
A	Veränderung der Trustee Assignments und der IRM von dem Verzeichnis	(Verz) Veränderung der Trustee (Dat) Assignments und der IRM der Datei
S	Alle Rechte auf alle Verzeichnis	Alle Rechte auf alle Dateien

Achtung: In der Regel werden Zugriffsrechte hauptsächlich für Verzeichnisse vergeben. Rechte für Verzeichnisse sind wichtiger als für Dateien.

Es existiert eine Trustee-List für jedes Verzeichnis/Datei, auf der alle User und alle Gruppen zu finden sind, die entsprechende Rechte auf dieses Verzeichnis/Datei haben.

Achtung: Die Zugriffsrechte eines Users werden automatisch um die Zugriffsrechte aller Gruppen erweitert, zu der er gehört.

Die Zuweisung von Zugriffsrechten wird als Trustee-Assignment bezeichnet.

Trustee-Directory-Assignment: (Zuweisung von Rechten für ein Verzeichnis)

Für ein Verzeichnis vergebene Rechte beziehen sich auf alle im Verzeichnis befindlichen Dateien.

Trustee-File-Assignments:

Hier können nochmals Einschränkungen individuell für bestimmte Dateien (z.B. Konfigurationsdateien) gemacht werden.

Vererbung von Zugriffsrechten auf darunter liegende Verzeichnisse:

Zugriffsrechte, die durch Trustee (Directory) Assignments Gültigkeit erlangt haben, beziehen sich auf die Verzeichnisse auf einem File-Server.

Achtung: Da ein Verzeichnis auch Unterverzeichnisse haben kann, vererben sich alle Zugriffsrechte automatisch auf alle Unterverzeichnisse in diesem Verzeichnis.

Diese Vererbung hat zwei Einschränkungen:

1. wenn die IRM andere Rechte zuordnet,
2. wenn für ein Verzeichnis im darunter liegenden Verzeichnis ein erneutes Trustee-Assignment vorhanden ist (also andere Rechte-Vergabe für einen User an diesem Verzeichnis erfolgt ist).

Inherited-Right-Mask (IRM):

Die Rechte-Maske gibt an, welche Zugriffsrechte geerbt werden können. Für jede Datei und jedes Verzeichnis, das auf einem Volume angelegt wird, erstellt Netware aut. die dazugehörige IRM.

Für eine IRM werden die Rechte verwendet, die auch bei einem Trustee-Assignment zum Einsatz gelangen. Als Standard enthält die IRM alle 8 Rechte und muss zur Veränderung manuell bearbeitet werden. Das Supervisory-Recht S kann allerdings nicht von einer IRM entfernt werden.

Achtung: Jedes Recht, das in der IRM enthalten ist, wird durchgelassen und darf geerbt werden. Ein fehlendes Recht kann nicht geerbt werden.

IRMs gibt es für Dateien und Verzeichnisse.

Verzeichnisse

Die IRM eines Verzeichnisses weist genau die Rechte aus, die vom darüber liegenden Verzeichnis übernommen werden können. Jedes Verzeichnis besitzt immer eine IRM, die standardmäßig alle 8 Rechte aufweist. Wenn die IRM eines Verzeichnisses ein Recht nicht aufweist, kann dieses Recht auch nicht von einem übergeordneten Verzeichnis übernommen werden. Besteht für ein Verzeichnis jedoch ein eigenes Trustee-Assignment, so besitzen die darin angegebenen Rechte Priorität vor der IRM, die dann nicht zum Zuge kommt.

Dateien

Die IRM einer Datei gibt an, welche Rechte von dem zugehörigen Verzeichnis geerbt werden dürfen. Da die IRM als Standard alle 8 Rechte umfasst, wird der Zugriff auf eine Datei normalerweise nicht eingeschränkt. Besitzt eine Datei mit einer eingeschränkten IRM ein eigenes Trustee-Assignment, so erlangen die darin angegeben Rechte Gültigkeit, und das Vererbungsprinzip findet keine Anwendung.

Effektive Zugriffsrechte (Effective Rights):

Es gibt also 2 Arten der Beschreibung von Zugriffsrechten: Die Trustee-Assignments und die IRM.

Während die IRM aut. von Netware erstellt wird, müssen die Trustee-Assignments manuell erstellt werden. Zwischen Beiden besteht aber ein Zusammenhang, denn aus der Kombination aus Beiden ergeben sich die Effective-Rights. Effective-Rights gibt es wieder für Verzeichnisse, mit allen darin enthaltenen Unterverzeichnissen und Dateien und ganz gezielt für einzelne Dateien.

Zur Ermittlung der Effective-Rights in einem aktuellen Verzeichnis sind 3 Stufen zu berücksichtigen:

1. Berücksichtigung der IRM des Verzeichnisses:

Nur die Rechte, die sowohl in dem übergeordneten Verzeichnis Gültigkeit besitzen, als auch in der IRM des aktuellen Verzeichnisses vorhanden sind, können zum Effektive-Right werden.

2. Existenz eines Trustee-Directory-Assignments:

Besitzt ein User für das aktuelle Verzeichnis ein eigenes Trustee-Assignment, so spielen die Trustee-Assignments für übergeordnete Verzeichnisse keine Rolle, und ebenso wenig kommen die in der IRM des aktuellen Verzeichnisses angegeben Rechte zum Tragen. Vielmehr entsprechen die Effektive-Rights des Verzeichnisses den in dem Trustee-Assignment für dieses Verzeichnis enthaltenen Zugriffsrechten.

Ein Trustee-Assignment für das Verzeichnis setzt die Vererbung (Ausnahme S) und ebenso die IRM des aktuellen Verzeichnisses außer Kraft.

3. Supervisory:

Verfügt ein User durch Trustee-Assignment in einem Verzeichnis über S-Recht, vererbt sich dieses Recht auf alle darunter liegenden Verzeichnisebenen. Seine Effektive-Rights entsprechen allen 8 Rechten.

Die Ermittlung der Effective-Rights (ER) an einer Datei:

1. Berücksichtigung der IRM der Datei:

Die IRM einer Datei gibt an, welche Rechte aus den ER des Verzeichnisses geerbt werden dürfen.

Wenn die IRM alle Rechte enthält, sind die ER eines Users gleich den ERs eines Users in dem Verzeichnis. Wurden jedoch Rechte aus der IRM der Datei entfernt, können nur noch die in der IRM der Datei enthaltenen Rechte geerbt werden und somit zu den ERs des Users für diese Datei werden.

2. Existenz eines Trustee-Assignments:

Hat ein User für eine Datei ein eigenes Trustee-Assignment, so gelten die hierin enthaltenen Rechte und werden zu den ERs des Users für die Datei. Die IRM bleibt unberücksichtigt.

3. Zugriffsrecht S

Verfügt ein User über Recht S in einem Verzeichnis, so erstreckt sich dies auf jede Datei in diesem Verzeichnis, sodass alle Rechte in den ERs des Users auf eine Datei enthalten sind.

3.3.15 NDS (Benutzer-Datenbank für 4.x)

Zentrale Datenbank, die verteilt und in Kopien auf mehrere Server liegen kann. Die Informationen in der NDS sind Objekte (Benutzer, Gruppen, Server, Volumes, Drucker etc.), die für das ganze Netz zur Verfügung gestellt werden, anstatt, wie in der Bindery von 3.12, auf jedem Server (zentrale Verwaltung).

Objekte sind Sammlungen von Eigenschaften, wie: Name, Nachname, Paßwort, Telefonnummer, Beruf, etc.

Die Objekte werden in Organisationen gegliedert. Hilfsmittel ist die Gliederung der Ressourcen in einer Baum-Struktur.

NDS-Objektklassen:

Reale Objekte

Novell-Netware-Server	Sie müssen in der Organisations-Struktur so eingebaut sein, dass sie oberhalb der Benutzer und Ressourcen liegen, die mit dem Server arbeiten. Wenn Novell-3,x-Server vorkommen, dürfen darunter liegende Objekte nicht verändert werden, sonst kommt es zu Fehlfunktionen.
Volume	Volumes können Platten übergreifend definiert werden und mehrere Partitionen umfassen.
Computer	Konfiguration eines bestimmten Rechners, um seine Eigenschaften zentral festzuhalten.
Gruppen	Sie werden eingerichtet, damit die Vergabe von Rechten einfacher geht.
Mappings	virtuelle LWs

Container- und Organisations-Objekte

NDS-Root (ROOT)	Liegt ganz oben im NDS-Baum.
Organisation (O)	Liegt unter Root und wird als Objekt bezeichnet, welches weitere Objekte oder Organisationen enthalten kann, wie Firma, Konzern mit mehreren Firmen, oder Abteilungen als Teile von Firmen.
organisatorische Einheit (OU) **organisation unit**	Unterteilt Organisationen in Abteilungen (zwischen 20 und 100 Benutzern) und ist Teil der Gesamtorganisation, üblicherweise eine Abteilung, ein Geschäftsbereich oder eine Firma innerhalb des Firmenverbundes.
Länder (C)	Weitere Untergliederung. Diese Ebene erlaubt eine weitere Untergliederung über der Ebene OU und O.

Andere Objekte

Profile	Enthält Vorgabewerte für neu einzurichtende Benutzer, wie Vorlage für pers. Login-Script.
User_Template	Benutzer-Schablone, die für alle neuen User einer Organisation gilt (autom. Vorgabewert zum Einrichten von neuen Usern).
Alias	Schatten eines Objekts unter anderem Namen. Das Objekt kann so unter anderem Namen mehrmals in der NDS erscheinen. *WICHTIG:* im NETADMIN oder NWADMIN den Schalter betätigen, der dafür sorgt, dass das Original mitbearbeitet wird, wenn der Alias bearbeitet wird, da sonst Verwechslungen entstehen können.
AFP-Server	MAC-WS, die gleichzeitig als Server für andere MACs über Apple-Talk fungiert.

Objekt-Typen:

Objekte können physikalischer Natur sein (Drucker, Server, etc) oder logischer Natur (Druckwarteschlange, Print-Server, etc).

Blatt-Objekte (Leaf-Objects)

Sie sind Objekte, die am Ende des NDS-Baums liegen und in denen keine weiteren Objekte mehr enthalten sind.

Container-Objekte (Behälter)

Sie dienen der Untergliederung und Organisation anderer Objekte. In Containern befinden sich entweder weitere Container oder Blatt-Objekte. O und OU sind Container-Objekte. NDS-Struktur ist: ROOT → CONTAINER → LEAF

Kontext (Zusammenhang)

Dies ist die aktuelle Zuordnung der Struktur-Ebene.

Von oben: Land → Org → UOrg → User

Entweder unter namentlicher Angabe der einzelnen Ebenen schreiben
(meier.OU=Kurs.OU=Technik.O=PCT.C=Deutschland),

oder die Ebenen von der kleinsten bis zur größten durch Punkte getrennt
(meier.kurs.technik.pct.germany).

NDS-Baum: (Organisation der Benutzer und Ressourcen)

Small-Tree

In der Regel ist die Unterscheidung in Länder nicht notwendig. Für kleine Firmen reicht es, eine Organisation einzurichten. Eine weitere Untergliederung ist nicht notwendig. Statt OU können hier Gruppen wie Everyone eingerichtet werden.

ROOT → OGANISATION → USER

Reicht für kleine Netze mit einigen Gruppen (2 Server und 100 User).

Large-Tree

ROOT → ORGANISATION → UNTEROGANISATION → USER

Bei mehr als 100 Usern und 2 Servern.

Large-Tree

Die Ebene Unterorganisation wird mehrfach unterteilt in weitere Unterorganisationen und evtl. nach Ländern.

ROOT → ORG → UORG → UORG .... → USER

Dies eignet sich für mehrere Server und mehr als einige Hundert User.

Die Verwaltung von Large-Trees (Wartung und Rechte) kann entweder zentral von oben her erfolgen oder für jede OU getrennt.

CX (wechseln in einen anderen Kontext) (ähnlich wie CD im DOS)

CX /r wechselt in das Root der NDS

CX /t zeigt den Baum nach unten vom aktuellen Standort

Beispiel: Wechseln in die UOrg Schulung
CX O=PCT.OU=SCHULUNG

Sicherheitskopien:

Es sollten Sicherheitskopien der NDS angelegt werden, die ganz oder in Teilen auf mehreren Servern existieren sollten (Replikas). Die Zugriffsgeschwindigkeit erhöht sich und die Sicherheit des Systems erhöht sich ebenfalls.

Den Befehl PARTED verwenden, um diese anzulegen (kann bis zu 2 Std. dauern).

Achtung: Wird ein Server und eine Organisation zusammen neu angelegt, liegt die NDS read/write auf diesem Server (Hauptkopie immer auf dem ersten Server).

NDS-Rechte:

Im Punkt TRUSTEES FÜR DIESES OBJEKT ANZEIGEN wird angegeben, wer den aktuellen Benutzer und seine Eigenschaften manipulieren darf.

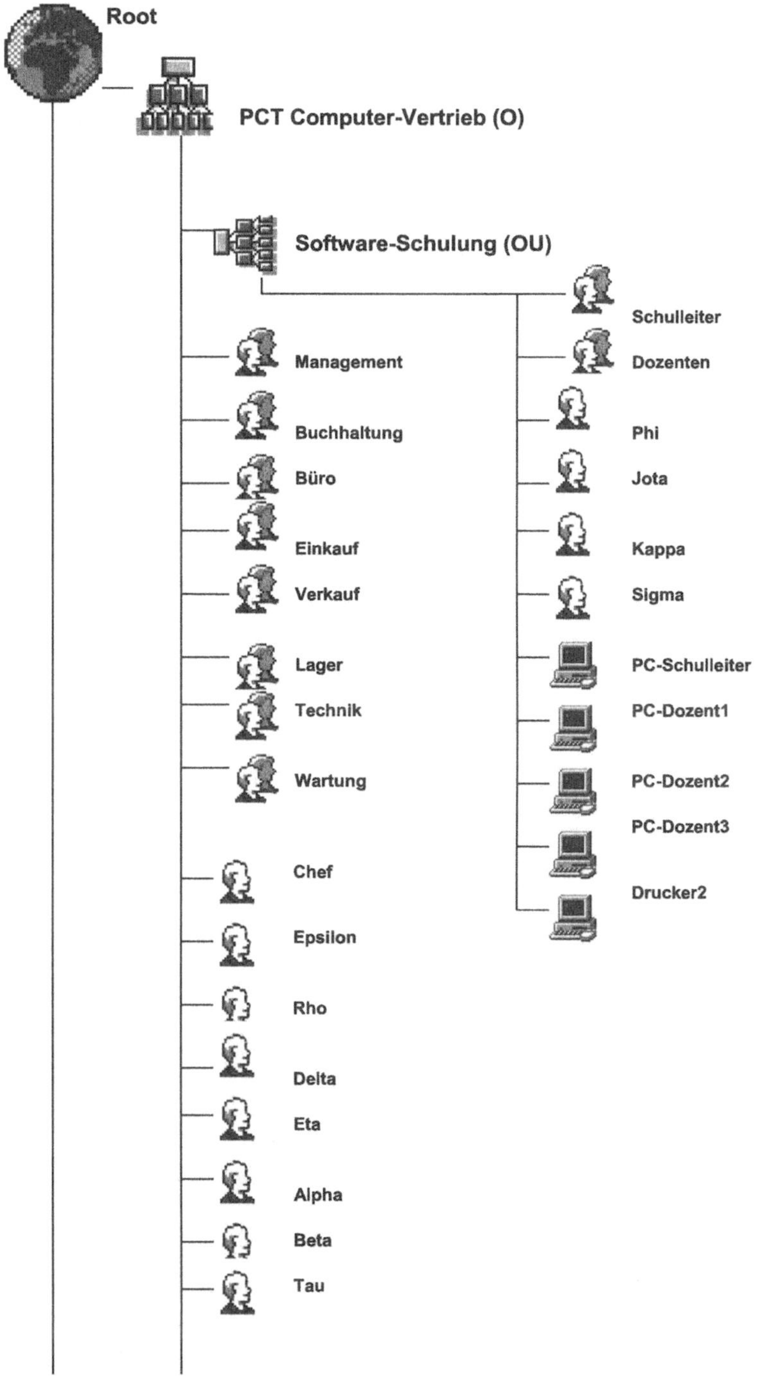
Root
PCT Computer-Vertrieb (O)
Software-Schulung (OU)
Schulleiter
Dozenten
Phi
Jota
Kappa
Sigma
PC-Schulleiter
PC-Dozent1
PC-Dozent2
PC-Dozent3
Drucker2
Management
Buchhaltung
Büro
Einkauf
Verkauf
Lager
Technik
Wartung
Chef
Epsilon
Rho
Delta
Eta
Alpha
Beta
Tau

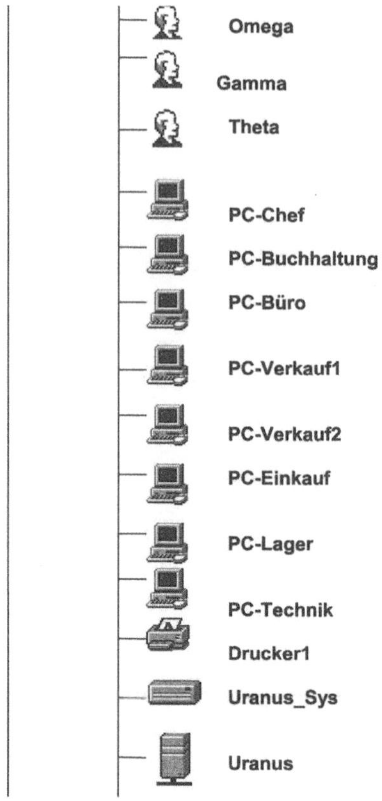

Abb. 16 NDS-Baum

Objekt-Rechte:

Eingerichtete Objekte können andere Objekte manipulieren.

Hierzu bekommen sie folgende Objektrechte:

Supervisory Erlaubt, alle Rechte für ein Objekt und dessen Eigenschaften in jeder Hinsicht zu manipulieren. Falls nicht anders angegeben, gilt dies für das angegebene Objekt, und falls dies ein Container-Objekt ist, auch für alle darunter liegenden Ebenen.

Browse Erlaubt, sich durch den NDS-Baum zu bewegen und die dort befindlichen Objekte zu sehen.

Erstellen Erlaubt demjenigen, der es hat, neue Objekte zu erstellen.

Löschen	Erlaubt dem User/der Gruppe Objekte zu löschen
Umbenennen	Erlaubt dem User/der Gruppe Objekte umzubenennen

Eigenschafts-Rechte:

Ein Objekt, z.B. ein User, kann auch das Recht haben, die Eigenschaften eines anderen Objekts zu verändern.

Hierfür sind keine Objekt-Rechte notwendig, sondern Eigenschafts-Rechte.

Supervisory	Erlaubt es, alle Eigenschaften anderer Objekte zu manipulieren.
Vergleichen	Macht es möglich, vorhandene Eigenschaften mit anderen zu vergleichen.
Lesen	Erlaubt die Eigenschaften von Objekten zu lesen, also zu sehen, wie diese eingestellt sind, ohne diese verändern zu dürfen.
Eigenen Namen ändern	wie schon da steht
Eigenschaftsrecht schreiben	Erlaubt, sämtliche Eigenschaften eines anderen Objekts zu ändern oder einzutragen.
Eigenschaften verändern	Kann seine Eigenschaften selbst verändern.

3.3.16 Verwaltungs-Tools

Die Verwaltung eines Novell-Netware-Servers wird von einer Workstation aus vorgenommen (nur mit Supervisor- (3.12) Admin-Rechten (4.x)).

Menü gesteuerte Tools:

Novell 3.12		Novell 4.x
Filer: **Beinhaltet Funktionen im Umgang mit dem Datei-System und Berechtigungs-Stufen**		**Filer:** **Dateien, Verzeichnis erstellen, löschen, kopieren, umbenennen, Rechtevergabe für Verz./Dateien, Bearbeitung von Attributen**
Untermenüs		
Current Directory	Rechte-Vergabe, Attribute für Verz., Inherit Mask (Vererbung)	
Directory-Contents	Verz. kopieren, verschieben, löschen	
Select Current Directory	Aktuelles Verz. ändern	
Filer-Options	Opt. für Filer ändern	
Volume-Information	Festplatten-Info	

Fconsole	Supervisor-Funktionen	nicht vorhanden
Untermenüs		
Broadcast-Console-Massage	Nachricht an alle Terminals	
Change-Current File-Server	wechselt den Server	
Connection Information	alle angemeldeten User	
Down File-Server	Herunterfahren des Servers	
Status	Status-Infos	
Version-Info	Netware-Version	

Session: Funktionen, die sonst nur über den Kommandozeilen-Interpreter ausgeführt werden können		**Netuser**
Untermenüs		
Change Current-Server	Serverwechsel	
Drive Mappings	löscht Laufwerkszuordnungen oder fügt neue hinzu	
Group List	verfügbare Gruppen	
Search Mappings	löscht Suchlaufwerke oder fügt neue hinzu	
Select Default Drive	wechselt das aktuelle Laufwerk	
User List	verfügbare User	

PConsole: Verwalten von Druckaufträgen und Warteschlangen		**PConsole**
Untermenüs		
Change-Current File-Server		
Print-Queue-Information	vorhandene Warteschlangen	
Print-Server-Info		

Syscon	Zentrale Verwaltungs-Tools	NWAdmin (WIN)	Netadmin (DOS)
Untermenüs			
Accounting	Abrechnungsverfahren einrichten		
Change Current Server	Server wechseln	NDS (nicht notwendig)	
File-Server-Info	Betriebssystem, Anzahl Verbindungen		
Group-Info Untermenü siehe *** Gruppen anlegen und Rechte konfigurieren	Group-Info, Gruppe auswählen, Member-List, Taste EINFG	Organisations-Symbol selektieren, darüber rechte Maustaste, ERSTELLEN, Gruppe auswählen, über Details die Eigenschaften definieren	Objekte verwalten, Taste EINFG, Gruppe auswählen, F10. Gruppe selektieren, Eigenschaften bearbeiten
Supervisor-Options			
User-Info (Anlegen von Usern und Rechte konfigurieren)	User-Info, Taste EINFG, Name des Users, F10	Organisations-Symbol selektieren, darüber rechte Maustaste, ERSTELLEN, User auswählen, über Details die Eigenschaften definieren	Objekte verwalten, Taste EINFG, Benutzer auswählen F10. Benutzer selektieren, Eigenschaften bearbeiten
*** Untermenü Group-Info			
Full Name	Gruppenname		
Managed Users and Groups	welche User und Gruppen verwaltet werden		
Managers	Gruppenverwalter festlegen		

Fortsetzung der Tabelle		
Member-List	Gruppenmitglieder anlegen/löschen	
Other Info	interne Verwaltungsaufgaben	
Trustee-File-Assignment	Zugriff mit erforderlichen Rechten für Dateien festlegen	
Trustee-Dir-Assignment	auf welche Verz/ Dateien zugegriffen werden kann	

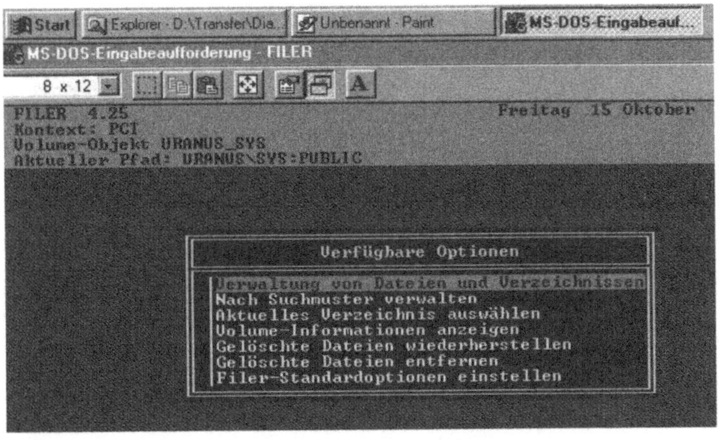

Abb. 17 Filer

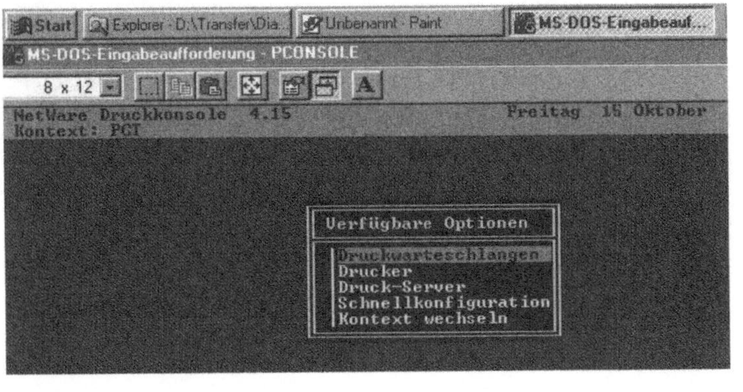

Abb. 18 PConsole

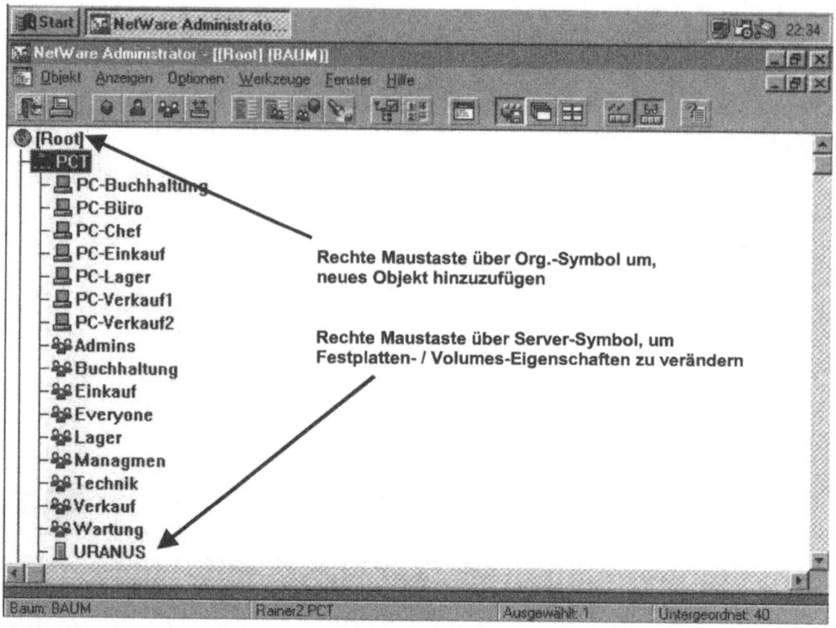

Abb. 19 NWAdmin

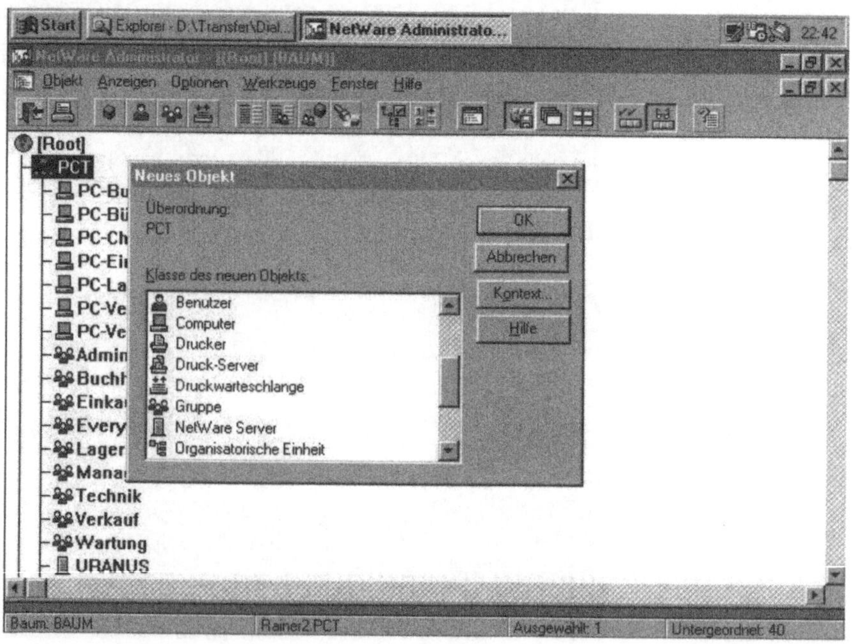

Abb. 20 NWAdmin – User einrichten

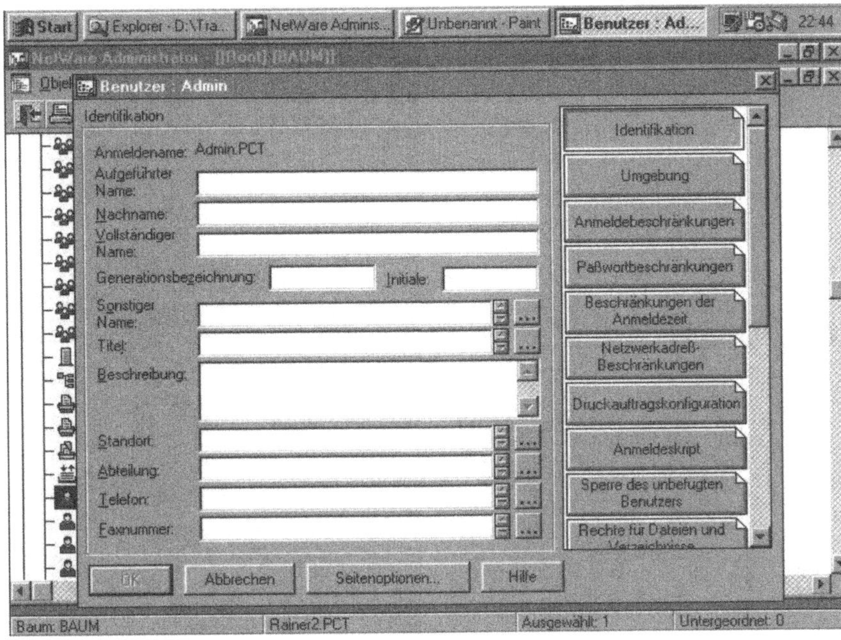

Abb. 21 NWAdmin – Benutzer-Eigenschaften

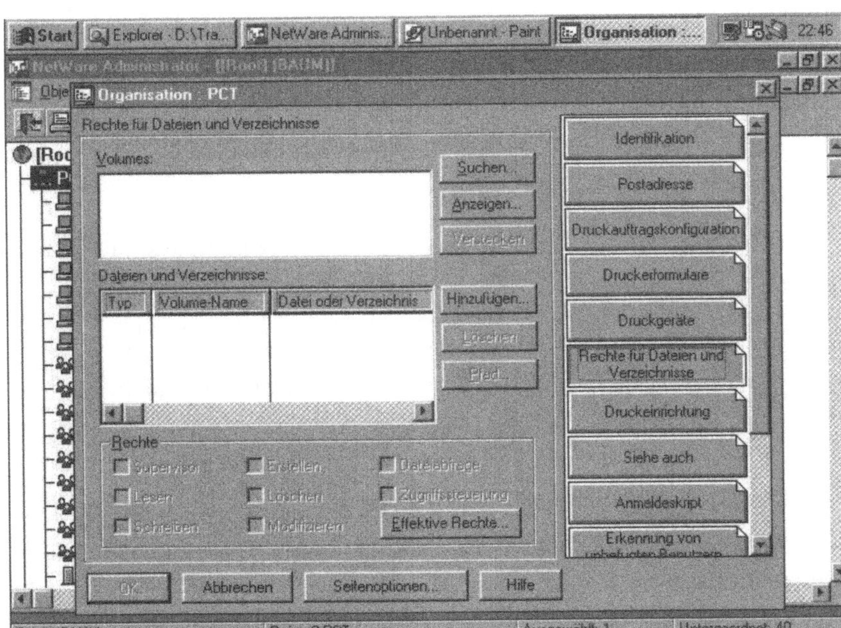

Abb. 22 NWAdmin – Rechte für Verzeichnisse / Dateien

Kommandozeilen-Befehle:

Novell 3.12		Novell 4.x
Login [Server/Username]	Anmelden am Server / NDS	Login Name.Organisation
Logout	Abmelden	Logout
Attach	an weitere File-Server anmelden	Login
Setpass	Paßwort für akt. User vergeben	Setpass
Whoami	Info über die WS	Whoami
ListDir	Überblick über Verz des Servers	Ndir
CD	Change Directory	CD
Dir	wie DOS	Dir
Ndir	mehr Infos als mit Dir	Ndir
Slist	Serverliste	Nlist
Chkvol	Volume-Speicher	Ndir
Chkdir	Speicherbelegung von Verz	Ndir
Userlist	User Liste	Ndir
MD	wie DOS	MD
RD	wie DOS	RD
RenDir	Verz. umbenennen	RenDir
Map	Verz. mit LW-Buchstaben verbinden	Map
Map H:=SYS:Daten	erzeugt Verz Daten auf Volume Sys: am Server als lokales LW H	Wie links
Map root m:=SYS:Büro\ Eink	erzeugt Verz Eink auf Volume Sys: am Server als lokales LW m. Ein Wechsel rückwärts nach Büro ist nicht möglich	Wie links
Map ins S4:=SYS:Home\Rainer	erzeugt ein Such LW an 4 Stelle des Suchpfades zum Verz. Home/Rainer	Wie links
Bindfix/Bindrest	Sichern der Bindery	Dsrepair
Rights	Rechte in Verz. abfragen	Rights
Tlist	Effektive Rechte in Verzeichnis	Rights
Allow (IRM setzen)	Rechte über Vererbungsmaske einschränken	Rights

Novell 3.12	(Fortsetzung der Tabelle)	Novell 4.x
Grant	Rechte vergeben	Rights
Capture	Druckerumleitung	Wie links
Ren		Wie links
Del / Erase		Wie links
Purge	löscht Dateien definitiv	Purge
Colorpal	Farben verändern	Colorpal
DSSpace	Limitierung des Plattenplatzes	Netadmin
Salvage (Daten liegen in Deleted.sav)	Daten wiederherstellen, die gelöscht wurden	Filer
Printdef	Drucker-Eigenschaften einstellen	Nprint
Rconsole	ServerConsole an WS simulieren	Wie links
Rconsole verlassen = x am Nummern-Block		Alt-F2
Revoke	Entfernen von User-Rechten	Rights
Truename	zeigt komplette Novell-Pfad	Truename
Flag /FlagDir	setzt/entfernt Date/Verz.-Attribute	Flag
ncopy	kopiert Dateien/Verz. mit Attributen	ncopy
copy	kopiert Dateien/Verz. nur mit den 4 DOS Attributen	
Volinfo	Belegungszustand des Volumes	Filer
Nprint [Datei] q=Warteschlange	Drucken im Netz über Print-Server	Nprint

Neue Befehle unter 4.x:

CX	(Change Context)
CX.	wechselt in die ROOT-Org nach oben
CX /r	wechselt in das ROOT (Anzeige von oben aus)
CX /t(tree)	Anzeige des Baums nach unten
CX /r /t	zeigt Baum vom ROOT aus
CX /CONT	zeigt die akt. Org-Ebene (O und OU)
CX /c	Durchlauf der Anzeige
CX /a	ALL Anzeige des Standortes

Beispiele

CX O=Hardware.OU=Entwicklung
CX O=pct.OU=Vertrieb
cx Entwicklung.Hardware
cx .admin.Uranus

Von der kleinsten zur größten Org-Ebene eingegeben benötigt keine Angabe von O, OU (Leaf-Objekt an den Anfang stellen).

LOGIN (Anmelden an einer Organisation)

LOGIN /b	an Bindery anmelden
login /tr	Login mit Angabe des NDS-Kontexts
login /ns (no script)	Login ohne Login-Script
Login /Script /Pfad:Datei	Ausführen eines best. Scripts
Login /Script /Objekt	Login mit Benutzer-Login-Script

Beispiele

Login PCT/Rainer
Login PCT/Rainer /NS
Login CN=admin.O=PCT (CN = Anmeldename)

3.3.17 Flags (mit FILER setzen)

Benutzer mit M-Recht können Attribute verändern. Über Dateiattribute können Rechte vergeben/entzogen werden, die für alle Benutzer gültig sind. Die Attribute stellen die höchste Sicherheitsstufe dar. Selbst wenn Anwender Trustee-Rechte haben, besteht keine Möglichkeit, Dateien zu verändern, wenn diese Ro gesetzt sind.

Es wird unterschieden in Datei- und Verzeichnis-Attribute.

Datei- und Verzeichnis: (gilt für Beide)

H	(Hidden)	versteckt
DI	(Delete Inhibit)	wenn gesetzt, kann das Verzeichnis nicht gelöscht werden
P	(Purge)	Datei wird sofort gelöscht und kann mit SALVAGE nicht wieder hergestellt werden

RI	(Rename Inhibit)	wenn gesetzt, kann das Verzeichnis nicht umbenannt werden
Sy	(System)	wird als Systemverzeichnis/Datei markiert und beim Auflisten nicht mehr angezeigt

Verzeichnis:

ALL		setzt Ro, Sh, A, H, Sy, T, P, CI, DI, RI
N	(Normal)	sämtliche Attribute werden zurückgesetzt

Datei

Ro	(Read only)	
Rw	(Read/Write)	
A	(Archive)	wird aut. gesetzt, wenn die Datei seit der letzten Sicherung verändert wurde
CI	(Copy Inhibit)	Datei kann nicht kopiert werden, wenn gesetzt
DI	(Delete Inhibit)	Datei kann nicht gelöscht werden, wenn gesetzt. Hat ein User M-Recht, kann dieser das Attribut verändern und dann löschen
SH	(Shareable)	mehrere Benutzer können gleichzeitig auf die Datei zugreifen, wenn gesetzt
T	(Transactional)	wird von TTS überwacht
X	(Execute Only)	verhindert, dass die Datei von einem Anwender kopiert werden kann. Attribut kann nicht mehr zurückgenommen werden, deswegen vorher Sicherungskopien anlegen

3.3.18 Workstation im Netz starten

Mögliche Startverfahren:

Über eingebaute Festplatte

Die Festplatte muss so eingerichtet sein, dass ein Starten möglich ist. IO.SYS, MSDOS.SYS, COMMAND.COM, CONFIG.SYS, AUTOEXEC.BAT müssen auf der Platte vorhanden sein (startfähige

Platte). Die Platte muss so eingerichtet werden, wie weiter unten (DOS-Startdiskette) beschrieben.

Über Startdiskette

Eine Startdiskette muss wie weiter unten beschrieben eingerichtet werden.

Über den Server (Diskless Workstation)

Auf der Netzwerkkarte der Workstation muss ein BOOT-PROM enthalten sein. Dieser schaltet während des Startvorganges die Suche nach den Betriebssystemprogrammen auf die Server-Platte um.

Netzverbindung herstellen:

Die Verbindung von WS zu Server wird mit der Netzwerk-Shell hergestellt (NETX o. VLM).

Anmelden am Netz mit DOS-Client:

Mit allen Client-Varianten kann man sich bei 3.x und 4.x anmelden. Aber nur mit dem neuesten VLM-Client (4.x Client) kann 4.x richtig genutzt werden (einrichten, nutzen und Struktur der NDS-Datenbank bearbeiten).

Mit NETX (3.12-Client) kann der 4.x Server erreicht werden, nicht aber das Server übergreifende Netz (NDS).

IPX-ODI Protokoll (bis 3.12):

Netzkartentreiber nach ODI-Standard sind in Novell enthalten. Der Kartentreiber wird einfach aufgerufen. Das danach geladene LSL-Programm verbindet IPX-ODI (Protokoll) mit dem Kartentreiber. Die Hardwareeinstellungen der Netzkarte werden aus der NET.CFG gelesen (Int, Port, I/O Adresse und Frame).

Auf Basis IPX arbeiten NETX und VLM.

Altes dezidiertes IPX (bis 3.11, beinhaltet IPX.COM) wird ab 3.12 nicht mehr unterstützt.

LSL, IPX-ODI und Kartentreiber befinden sich auf der Client-Disk.

LSL.COM verbindet verschiedene Protokolle richtig und sorgt dafür, dass IPX-Pakete an die Karte geleitet werden (Verbinden der Netzkarte mit dem Protokoll).

[Netzkartentreiber].COM

IPXODI.COM (Protokoll) sorgt für die Netzübertragung einzelner Pakete.

NETX.EXE oder VLM.EXE Redirector (stellt Netware-Funktionen in Form von verschiedenen .vlm-Dateien zur Verfügung).

Achtung: Die Treiber LSL, Kartentreiber, IPXODI und VLM (NETX) müssen in der obigen Reihenfolge in der Startnet.bat geladen werden.

Informationsfluss (Zugriffe):

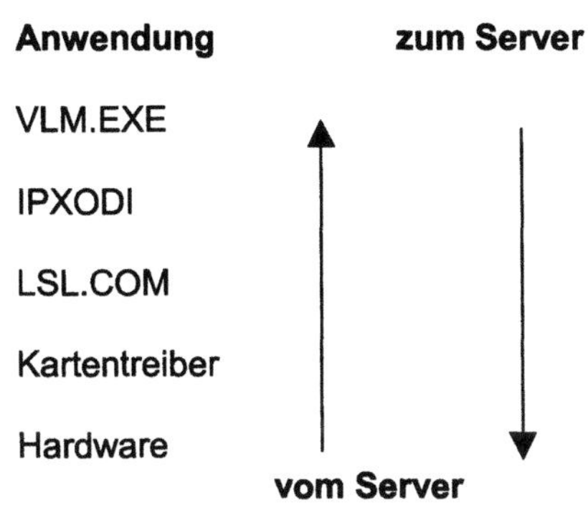

ODI:

Durch die ODI-Treiber können mehrere verschiedene Protokolle gleichzeitig an eine Netzwerkkarte gebunden werden.

ODI = Novell-Standard

NDIS = Microsoft-Standard (gleiche Funktion wie ODI)

Redirector: (Requester)

Anfragen an lokale Platten ins Netz umzuleiten, erfordert einen Redirector. Bei Novell heißen diese Pgr. NETX oder VLM (NETX nur bis DOS 5.0 möglich).

NETX: (Novell-Shell)

NETX sieht nur 3.x- und 4.x-Server. VLM sieht auch das 4.x-Netz (NDS).

Sinnvolle Kombinationen (Protokoll → Redirector)

IPX → NETX
IPXODI → NETX
IPXODI → VLM

Am 4.x-Server ist eine Bindery-Emulation aktiv. Deswegen ist das Anmelden mit NETX an der Organisation möglich. Es ist aber kein Sehen der NDS-Struktur möglich, deswegen kein Administrieren der NDS.

VLM: (Novell-Shell 4.x, aber auch Bestandteil von 3.12)

- Arbeitet anders als NETX,
- unterstützt das Anmelden am Netz anstatt an einem einzelnen Server,
- erlaubt dadurch das Anmelden an mehr als 8 Servern (NETX bis 8),
- wird VLM unter 3.12 installiert, funktioniert er wie NETX (nur BIND.VLM und NETX.VLM werden geladen (Module), nicht NDS.VLM).

Achtung: Bei 4.x-Netzen wird NDS.VLM geladen. Sollen von WS aus 3.12- und 4.x-Server angesprochen werden, müssen BIND.VLM, NETX.VLM und NDS.VLM geladen werden (in der Startnet.bat).

Net.cfg (Client):

- Ist in Abschnitte unterteilt,
- Abschnittsüberschrift muss linksbündig sein,
- danach folgende Abschnitte müssen mind. 1 Zeichen eingerückt sein,
- muss im Verzeichnis liegen, in dem die Treiber VLM, Netztreiber, IPXODI, LSL sind.

mögl. Einträge z.B.

1.	Netzkartenparameter	
2.	File Handles =120	wie viele Dateien von WS aus geöffnet werden können
3.	show dots on	für Windows, sonst keine Punkte im Datei-Manager für übergeordnetes Verzeichnis

4. preferred server   Name des Servers

Diskette mit DOS-Client einrichten:

- Diskette bootfähig machen,
- minimales DOS auf Diskette kopieren (Verzeichnis \DOS).

Autoexec.bat einrichten

```
@ECHO OFF
PROMPT $p$g
SET DIRCMD=/P /OGN
MODE CON CODEPAGE PREPARE=((850) a:\DOS\EGA.CPI)
MODE CON CODEPAGE SELECT=850
NWClient\Startnet.bat
```

Config.sys einrichten

```
DEVICE=A:\Dos\SETVER.EXE
DEVICE=A:\dos\HIMEM.SYS
DOS=HIGH
DOS=UMB
DEVICE=A:\dos\EMM386.EXE NOEMS
COUNTRY=049,850,A:\dos\COUNTRY.SYS
FILES=30
BUFFERS=35
BREAK=ON
LASTDRIVE=Z ◄────── sehr wichtig bei VLM-Client
```

Startnet.bat einrichten

```
set nwlanguage=deutsch
LH a:\nwclient\LSL.COM
LH a:\nwclient\[Netzkarten-Treiber].com
LH a:\nwclient\IPXODI.com
LH a:\nwclient\VLM.EXE
f:
cls
login
```

Net.cfg einrichten

```
preffered Server= Name
local printers=1

show dots=on
file handles=60
```

```
spx connection=100
spx abort timeout=2000
pb buffers=3
netbios broadcast count=5
netbios broadcast delay=10
protokoll ipx              Protokoll-Aufruf
      bind 1
link driver 3C509          Netzkarten-Treiber laden mit Parameter
      int 5
      port 300
      mem C800
      frame novell_802.2   Rahmentyp
link support
      mempool 5k
      buffers 8 5120
protokoll tcpip            TCP/IP laden
      ip_address     0.0.0.0
      ip_router      0.0.0.0
      ip_netmask     255.255.255.0
      tcp_sockets    8
      udp_sockets    8
      raw_sockets    1
      nb_sessions    4
      nb_commands    8
      nb_adapter     0
      nb-domain
netware dos requester
      first network drive = f
      use defaults = off
      vlm = conn.vlm       versorgt andere Module mit Infos
      vlm = ipxncp.vlm     stellt Netztransport-Dienste zur Verfü-
                           gung
      vlm = tran.vlm       koordiniert die Kommunikation der
                           Transport-Services
      vlm = security.vlm   stellt erweiterte Sicherheitsroutinen
                           zur Verfügung
      vlm = nds.vlm        stellt die NDS-Dienste zur Verfügung
      vlm = bind.vlm       stellt die Bindery-Services zur Verfü-
                           gung
      vlm = nwp.vlm        steuert unterschiedliche Netzwerk-
                           Dienste
```

vlm = fio.vlm	*steuert File-Handling, File-Caching, Packet-Burst-Funktionen, Larg-Internet-Packets, Netz-File-Zugriffe*
vlm = general.vlm	*verwaltet Such-Laufwerke, Verbindungen, Drucker-Zuordnungen, File-Server-Infos*
vlm = redir.vlm	
vlm = print.vlm	*steuert die Druckumleitung*
vlm = next.vlm	*Redirector (Shell)*

Verzeichnis /NWClient einrichten mit

Netzkarten-Treiber	
Auto.vlm	Redir.vlm
Bind.vlm	Route.com
Conn.vlm	Rpl.com
Dosnp.vlm	Rsa.vlm
Fio.vlm	Security.vlm
General.vlm	Tran.vlm
Ipxncp.vlm	Tsa_Sms.com
IpxOdi.com	Vlm.exe
Lsl.com	Startnet.bnw
Nds.vlm	Net.bnw
Netbios.exe	Smcarcws.com
Netx.vlm	Startnet.bat
Nwp.vlm	Net.cfg
Odinsup.com	tcpip.exe
Print.vlm	

WIN-3.11-Client:

1. Festplatte wie oben beschrieben bootfähig machen,
2. DOS installieren,
3. WIN 3.11 installieren,
4. von Novell mitgelieferten 16-Bit-Client für WIN 3.11 installieren (Netware-Inst.CD).

WIN95/98-Client:

1. WIN lokal installieren,
2. in der Netzwerkumgebung MS-Client für Netware, Dienst f. NDS, IPX/SPX-Protokoll installieren oder
3. von Novell mitgelieferten 32-Bit-Client für WIN95 installieren (Netware-Inst.CD).

WIN-NT-Client:

1. WIN NT lokal installieren,
2. in der Netzwerkumgebung MS-Client für Netware und IPX/SPX-Protokoll installieren oder
3. von Novell mitgelieferten 32-Bit-Client für WIN NT installieren (Netware-Inst.CD).

3.3.19 Beispiel für eine Netzstruktur unter Novell 4.x

In einem PC-Technik-Vertrieb, dem eine Software-Schulung angeschlossen ist, gibt es folgende User und Gruppen:

User:	*Gruppen:*
chef	Management
epsilon	Einkauf
rho	Verkauf
phi	Büro
jota	Technik
kappa	Lager
phi	Schulleiter
sigma	Dozenten
delta	Wartung
eta	Buchhaltung
omega	
tau	
gamma	
theta	
alpha	
beta	

Zugehörigkeit von Usern zu Gruppen:

Management:	chef, epsilon, rho
Büro:	rho
Buchhaltung:	epsilon
Einkauf:	delta, eta
Verkauf:	alpha, beta
Technik:	gamma, theta
Lager:	omega, tau
Schulleiter:	phi
Dozenten:	jota, kappa, phi, sigma
Wartung:	chef

Die Rechte-Struktur soll so eingerichtet werden, dass jeder User in seinem HOME-Verzeichnis Vollzugriff erhält. Daten der einzelnen Gruppen werden in den entsprechenden Verzeichnissen abgelegt. Die User sollen nur auf das Verzeichnis Zugriff erhalten (lesen/schreiben), deren Gruppe sie angehören. Die Gruppen „Büro“ und „Management“ sollen auf alle Verzeichnisse Zugriff haben, die Daten der Firma enthält. Die Gruppe Wartung hat als einzigste Zugriff auf alle Verzeichnisse des Volumes.

Verteilen Sie die Rechte entsprechend und organisieren Sie das Volume SYS: .

BAUM = PCT (PC-Technik)
O = PCT Computer-Vertrieb,
OU = Software-Schulung

Benutzer		**Zugehörigkeit zu Gruppen im eig. Kontext**							
O = Geräte-Vertrieb		**Manag**	**Eink**	**Verk**	**Lag**	**Tech**	**Wartg**	**Schull**	**Dozent**
Chef:	Chef								
Buchhaltung:	Epsilon								
Büro:	Rho								
Einkauf:	Delta Eta								
Verkauf WS4: **WS5:**	Alpha Beta								
Lager:	Tau Omega								
Technik:	Gamma Theta								
OU = Software-Schulung									
Schulleiter:	Phi								
Dozenten:	Jota Kappa Sigma								

BAUM = PCT (PC-Technik)
O = PCT Computer-Vertrieb,
OU = Software-Schulung

Benutzer		**Rechte an Verzeichnissen im eig. Kontext**							
O = Geräte-Vertrieb		**Manag**	**Eink**	**Verk**	**Lag**	**Tech**	**Softw**	**Schull**	**Dozent**
Chef:	Chef								
Buchhaltung:	Epsilon								
Büro:	Rho								
Einkauf:	Delta Eta								
Verkauf WS4: **WS5:**	Alpha Beta								
Lager:	Tau Omega								
Technik:	Gamma Theta								
OU = Software-Schulung									
Schulleiter:	Phi								
Dozenten:	Jota Kappa Sigma								

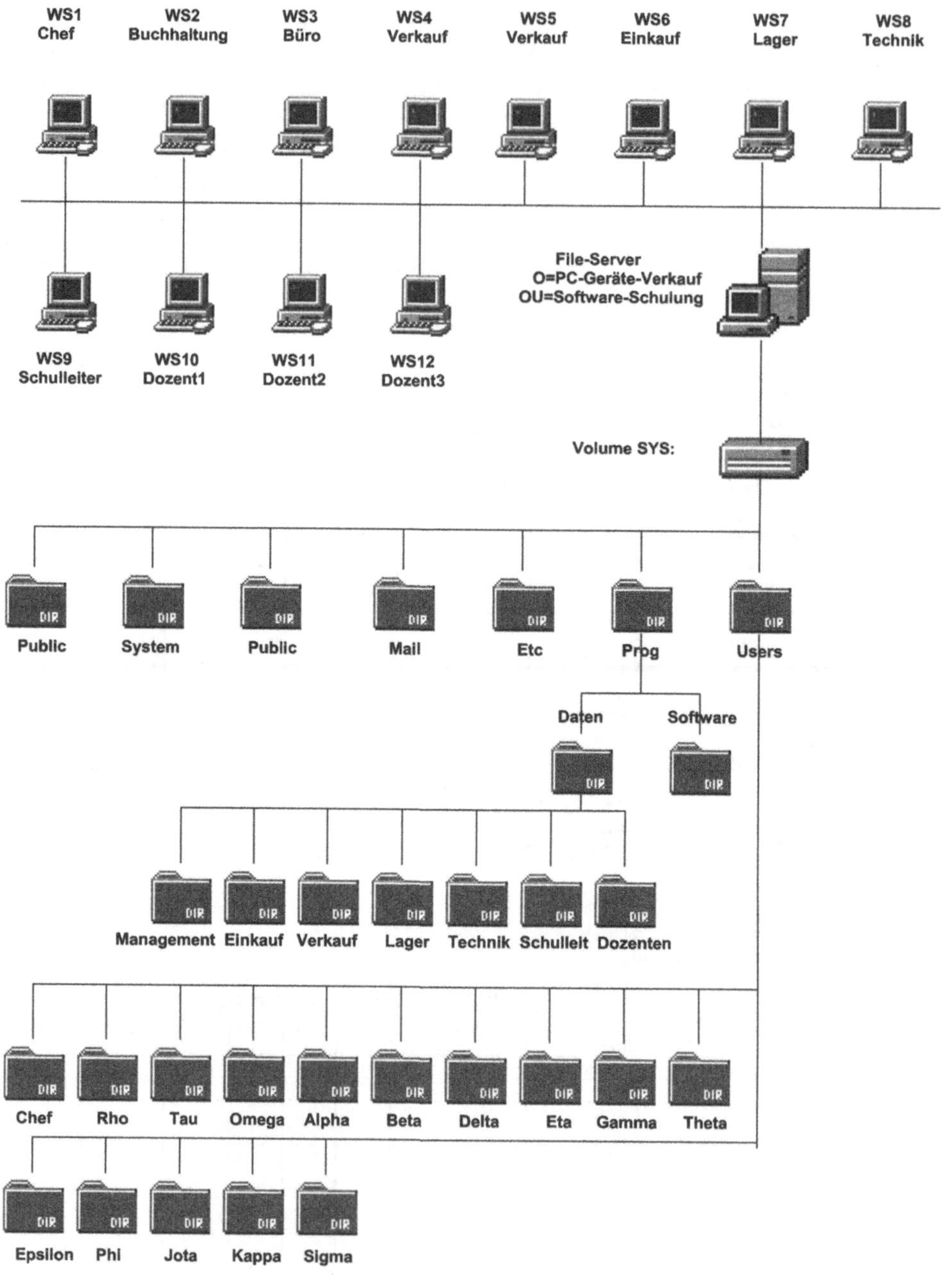

Abb. 23 Mögliche Organisation des Netzes und des Volumes SYS: für Beispiel-Netz

3.3.20 Windows als Netzwerkinstallation

Nachfolgend ist die Rede von Windows 3.x.

Bei neueren Betriebssystemen ist man von Netzwerkinstallationen weitestgehend wieder abgerückt, da sich neuere Betriebssysteme zum einen als Netzwerkinstallation sehr schwierig gestalten und zum anderen in großen Netzwerken durch die hohe Netzbelastung (Konfigurations-Dateien, Treiber, etc. müssen für alle WSs ständig durch das Netz geschleppt werden), die eine Netzwerkinstallation mit sich bringt, mehr Probleme bereitet, als durch die geringeren Kosten wieder aufgefangen werden kann.

Die Idee ist, dass die WS von einer Diskette gebootet wird und bei der Eingabe von WIN Windows startet, ohne Nutzung der lokalen Festplatte (Diskless Workstation).

Benötigt wird ein Administrator-Setup (in das Verzeichnis wechseln, in dem die gepackten Installations-Files liegen und Setup /A eingeben). Dies bewirkt, dass die gepackten Installations-Files in ein angegebenes Verzeichnis (wird abgefragt) entpackt werden, aus dem die eigentliche Installation heraus vorgenommen wird.

Die eigentliche Installation wird dann mit Setup /N für jeden User in sein Windows-Verzeichnis durchgeführt, welches sich im Home-Verzeichnis befinden sollte.

Bei diesem Schritt muss man sich aber als User anmelden (nicht als Supervisor).

Abb. 24 Organisation der Verzeichnisse für WIN-3.x-Netzwerkinstallation

Je nachdem, von wo aus die Installations-Files kommen:

Von Disketten oder CD kann direkt Setup /A ausgeführt werden, wenn man im Netzwerk angemeldet ist.

Oder man kopiert sich die gepackten Install-Files in ein Verzeichnis auf dem Server und führt von dort aus erst einmal ein Setup /A in ein anderes Verzeichnis aus.

Um von Server zu Server die Installations-Files in entpackter Form zu kopieren,

- An einem Server als Supervisor anmelden,
- am anderen Server mit ATTACH anmelden,
- das Quell-Verz auf freien LW-Buchstaben mappen (zB. map g:=Server1/Volume:Verzeichnis),
- das Ziel-Verz auf freien LW-Buchstaben mappen (z.B. k:=Server2/Volume:Verzeichnis),
- dann ins Ziel-Verzeichnis wechseln und Setup /A eingeben,
- bei Pfadangabe gemapptes Ziel-LW angeben.

Andere Möglichkeit

Auf dem Quell-Server anmelden. Vom Quell-Server, auf dem die Installations-Files liegen, diese erstmal nach c:\ auf dem Ziel-Server auf die DOS-Partition kopieren. Dann am anderen Server als Supervisor anmelden, nach c: wechseln und von dort das Setup /A durchführen.

Benötigte Netzwerktreiber

vnetware.386
vipx.386
netware.drv
(ggf.netwarer.drv)

Ggf. müssen diese erst mit dem DOS-Tool unpack.386 entpackt werden. Diese Treiber müssen aus dem NWClient in das Home/Windows-Verzeichnis des Users kopiert werden.

Damit Windows beim Anmelden eines Users aus dem Netz heraus startet, muss das System-Login-Script wie folgt modifiziert werden:

```
IF MEMBERS OF "WINDOWS"
    map ins S3:=Volume:WIN31          (auf Verz mit entpackten
                                      Install-Files setzen)
    map ins S3:=Volume:Home/%LOGIN_NAME/Windows
    map root G:=Volume:Home/%LOGIN_NAME/Windows
# G:\Win
EXIT
(kann auch mit EXIT "G:\Win" funktionieren)
# ist für Ausführen eines Nicht-Netware-Kommandos
```

3.3.21 MS-Office als Netzwerkinstallation

Das Administrator-Setup in ein Verzeichnis auf dem Server durchführen (Setup /a, entpackt die Installations-Files in das angegebene Verz.). Für dieses Verzeichnis nur RF-Rechte vergeben, damit die User dieses Verzeichnis lesen können. Als Attribut kann Ro (Read Only) gesetzt werden.

Sodann ist ein Netz-Setup durchzuführen. Dieses kopiert die lokal benötigten Dateien auf die Festplatte (bei vielen WSs sind gleiche Verzeichnis-Namen zu benutzen.

Bei aktivierten Benutzer-Profilen ist ein einheitlicher Installationsort (auf jeder WS im gleichen Verzeichnis) eine unbedingte Voraussetzung.

Netzwerkinstallationen von Betriebssystemen und Applikationen werden mit neuerer Software nicht mehr gemacht. Die Idee war, die Software in ihrem Hauptanteil auf einem Server zu installieren, während nur ein geringer Client-Part auf den Clients zur Ausführung kam (Sparen von Lizenzen).

Mit heutiger Netzbelastung und den ganzen Schwierigkeiten, die eine Netzwerkinstallation mit sich bringt, hat dies heute mehr Nachteile als Vorteile.

Betriebssysteme und Applikationen werden heute lokal auf einem Client installiert.

Vorteile: Die Treiber sind beim Betriebssystem und müssen nicht ständig über das Netz geschleppt werden, und die Installation gestaltet sich einfacher.

Auch der Verwaltungsaufwand ist mittels Fernverwaltung mit entsprechender Software, mit der sogar Software remote installiert werden kann (SMS-Server unter NT), geringer geworden.

3.3.22 Exchange Post-Office

- ggf. Exchange nachinstallieren (ev. ohne Internet-Mail),
- Symbol „Posteingang“ erscheint auf dem Desktop,
- Symbol „Mail Postoffice“ erscheint in der Systemsteuerung,
- Erstellen eines Verzeichnisses auf dem Novell-Server (Name frei wählbar),
- Erteilen der Rechte RWCEF für EVERYONE auf das Verzeichnis,
- Postoffice erstellen über Systemsteuerung / Mail-Postoffice,
  1. angelegtes Verz auf dem Server auswählen (Name wpgo 0000 beibehalten),
  2. Administratorkonto erstellen (Name, Kontoname, PW, Postfach),
- Postoffice verwalten,
  1. Pfad und PO wählen,
  2. User anlegen,
- Posteingang konfigurieren (Anmeldung als User, dessen Postfach eingerichtet werden soll),
  1. Doppelklick auf Posteingang,
  2. Dienst „Microsoft Mail“ wählen,
  3. Pfad und PO wählen,
  4. User und PW eingeben.

3.3.23 MHS (Massage Handling Systems) (Novelleigenes E-Mail-System)

- Besteht aus Basic.nlm + E-Mail Frontend,
- nicht auf norm. Installationssatz, sondern muss extra bestellt werden,
- Installation über Install | Produkt Options,
- WS sendet E-Mail an MHS-System im Server,
- auf dem Server hat jeder User sein Postfach und kann von dort aus Post abfragen,
- unterstützte Namensformate:

SMF-70	Kurze	DOS-Format (Zeichen)
SMF-71	Lange	254 Zeichen

- Installation erfolgt im Verzeichnis Server/Sys:MHS/...,
- Verwaltung über das Menü-Utility „Admin".

Voraussetzungen:

- Umgebungsvariable MV muss auf WS bekannt sein,
- Inhalt der variablen PATH zum User-Mail-Verzeichnis: Sys:MHS/Mail/...,
- Betrieve Requester (Treiber) muss an WS geladen werden, Kommando: Brequest.

Mit Admin werden:

- MHS User angelegt, gelöscht, etc.,
- Verteilerlisten erstellt,
- Liste der E-Mail.

3.3.24 Datensicherung mit ARCserve

Unternehmen sind heute immer mehr abhängig von ihrer EDV geworden. Dies kann soweit gehen, dass dem Unternehmen täglich Millionen-Beträge verloren gehen, wenn die EDV nicht funktioniert. Redundante EDV-Systeme (Server mit RAID 5) und redundante Netzwerke im Hardware-Bereich werden deswegen immer wichtiger, je wichtiger die EDV für ein Unternehmen ist. Im Software-Bereich heißt dies konsequente Datensicherung.

Täglich werden von den Mitarbeitern eines Unternehmens neue Daten produziert. Je größer das Unternehmen ist, desto umfangreicher wird diese täglich Produktion von Daten ausfallen. Krankenhäuser ermitteln andauernd neue Patienten-Daten, Buchhaltungen verändern Daten täglich, Ingenieure erschaffen neue Konstruktionspläne, Lagerbestände werden täglich verändert oder ein ganz krasses Beispiel ist, wenn eine Bank die täglichen Buchungen auf Konten verlieren würde, u.s.w. Man kann sich selber ausmalen, was alle diese Szenarien für Folgen hätten, wenn diese täglichen Daten verloren wären.

All diese Arbeit und tägliche Unternehmensentwicklung vielleicht durch den hardware- oder softwaremäßigen Ausfall eines Servers zu verlieren, kann sich kein Unternehmen leisten. Für diesen Zweck wurden ausgeklügelte Systeme der Datensicherung geschaffen, und jedes Unternehmen ist gut beraten, ein solches System im eigenen Netzwerk etabliert zu haben. Oft wird die

Wichtigkeit von Datensicherung in Unternehmen aber leider immer noch weit unterschätzt. Erst wenn einmal der Daten-GAU eingetreten ist, wird dieser Umstand bewusst, aber dann kann es für ein gesamtes Unternehmen schon zu spät sein.

Und nicht nur die Sicherung der Daten ist ein wichtiger Vorgang für ein Unternehmen, sondern auch die Lagerung der gesicherten Daten (Bänder) sollte in ein Sicherungskonzept mit einfließen. Es nützt nämlich nichts, wenn die Daten zwar gesichert sind, die Bänder aber in Betriebsgebäuden gelagert sind, wo z. B. im Brandfall der Datenbestand zerstört werden könnte.

Datensicherungssoftware gibt es viele am Markt. Gute, schlechte, teuere und welche, die sich mit ausgeklügelten Sicherungsstrategien am Markt durchgesetzt hat. Zu der Letzteren gehört ARCserve der Firma Cheyenne, die sich speziell auf Novell-Servern sehr weit verbreitet hat. ARCserve gibt es auch für Windows NT4, wo diese Software auch immer mehr Verbreitung findet, da der gesamte logische Aufbau von ARCserve sehr gut durchdacht ist. Da dies ein Buch für die tägliche Praxis sein soll, soll hier im Nachfolgenden auf ARCserve 6.1 für Novell eingegangen werden, welches wohl immer noch die am weitesten verbreitete Version von ARCserve in der Novell-Welt sein dürfte (ARCserve2000 ist aber am Markt). ARCserve für NT unterscheidet sich kaum von der hier besprochenen Novell-Version.

Allgemein:

Mittels ARCserve lassen sich Daten von Servern oder Workstations auf Bandlaufwerke sichern und bei Bedarf wieder rücksichern. Dies kann auch remote durchgeführt werden und im heterogenen Umfeld Betriebssysteme wie

- DOS
- Win3.11
- Win9.x
- Win NT
- OS/2
- Unix
- McIntosh

beinhalten. Diese müssen aber in ein Novell-Netz eingebunden sein.

Funktionsumfang von ARCserve:

- Mehrere Computer können auf ein Band gesichert werden,

- einzelne Bänder können in Gruppen zusammengefasst und so die Verwaltung der Datenträger-Bestände vereinfacht werden,
- Server können komplett auf ein Band gespiegelt werden,
- Einrichten von automatischen Sicherungsjobs,
- Aufzeichnung der Jobs in einer Datenbank,
- Rücksichern von Daten mittels der Aufzeichnungen aus der Datenbank,
- Kopieren von Bändern,
- Protokolle über die Jobs.

Bestandteile von ARCserve:

ARCserve-Manager	Wird auf einer WS ausgeführt und kann alle Funktionen verwalten und überwachen.
ARCserve-Server	Wird auf dem Server ausgeführt und bearbeitet mit dem Manager erstellte Jobs. Beinhaltet Job-Manager, Job-Bearbeitungsmodul, Bandserver, Datenbank.
ARCserve-Client-Agents	Werden auf den WSs ausgeführt und ermöglichen das Sichern und Rücksichern dieser.
ARCserve-Push-Agent	Wird auf dem Server ausgeführt und ermöglicht höheren Datendurchsatz

Installation:
ARCserve-Server auf dem Server installieren

ARCserve sollte hardwaremäßig mit einem SCSI-Hostadapter und SCSI-Bandlaufwerken betrieben werden. Diese Geräte müssen vor der Installation von ARCserve schon im Server installiert und konfiguriert worden sein (SCSI-ID, Terminierung), da ARCserve das System nach vorhandenen Geräten abfragt und in die Geräteverwaltung unter ARCserve einbindet. Die Ressourcen des Host-Adapters müssen zur Verfügung stehen. Mehrere Bandlaufwerke dürfen nur vom selben Typ und Hersteller verwendet werden. Dies hat den Vorteil, dass während der Ausführung eines Jobs bei einem vollen Band automatisch das nächste Band verwendet wird.

Auf einem Novell 4.11-Server kann ARCserve unter Verwendung der NDS oder der Bindery-Emulation installiert werden. Auf jeden Fall sollten Administrator-Rechte zum Installieren vorhanden sein. ARCserve wird komplett von einer Workstation aus installiert. Von hier aus wird der ARCserve-Manager direkt auf die WS und der ARCserve-Server remote auf dem Novell-Server installiert. Auch die ARCserve-Agents werden von hier installiert. Dazu ist von der CD das Setup-Programm auszuführen (Setupcd.exe).

Im ersten Dialogfeld muss die zu installierende Komponente ausgewählt werden. Diese muss im unteren Teil dann noch mal selektiert werden.

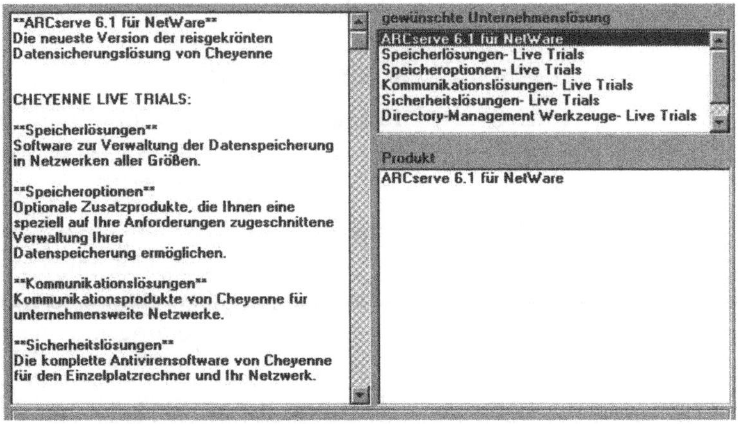

Abb. 25

Hier ist einfach nur INSTALLIEREN auszuwählen.

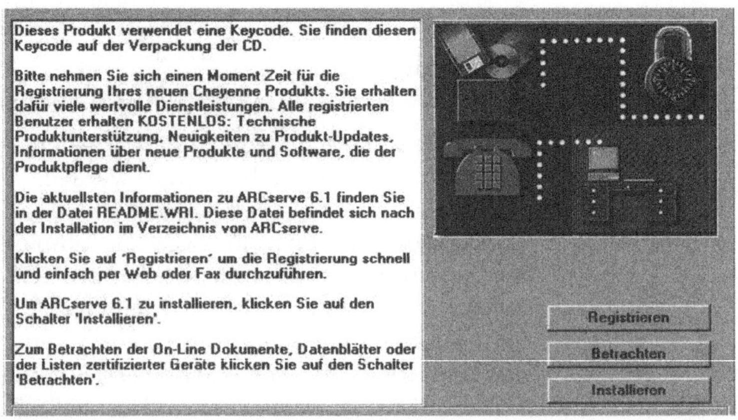

Abb. 26

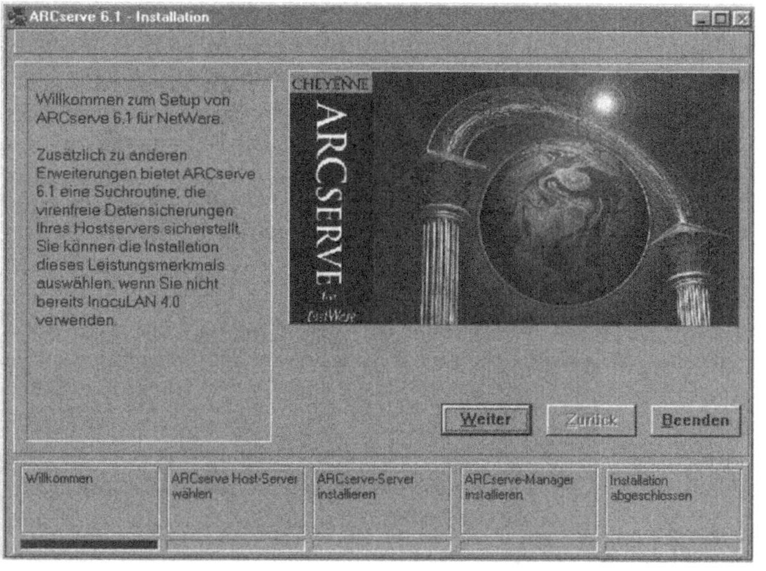

Abb. 27

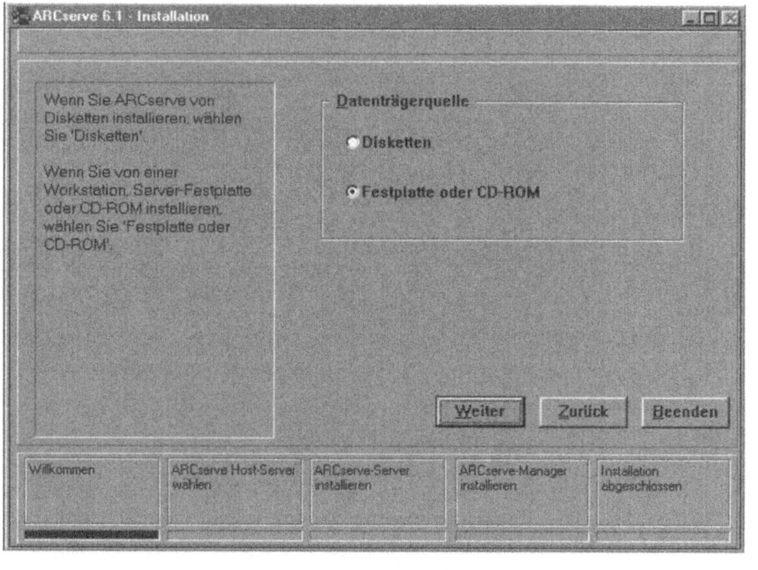

Abb. 28

In der nächsten Dialogbox sollte INDIVIDUELL ausgewählt werden.

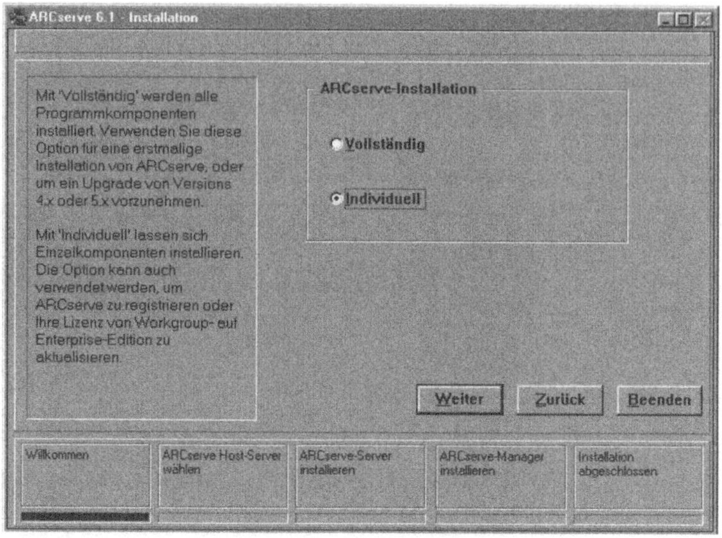

Abb. 29

Nun kann die Komponente ausgewählt werden, die installiert werden soll. Zuerst sollte hier der ARCserve-Server ausgewählt werden.

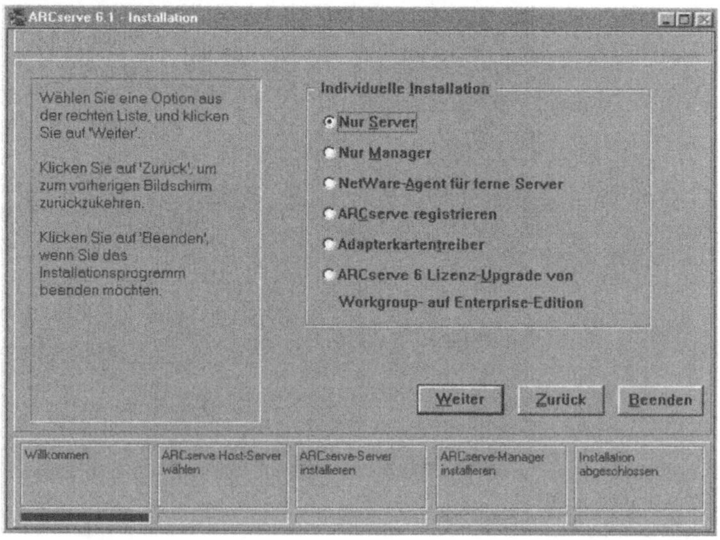

Abb. 30

Im nächsten Fenster ist der Server auszuwählen, auf dem der ARCserve-Server installiert werden soll.

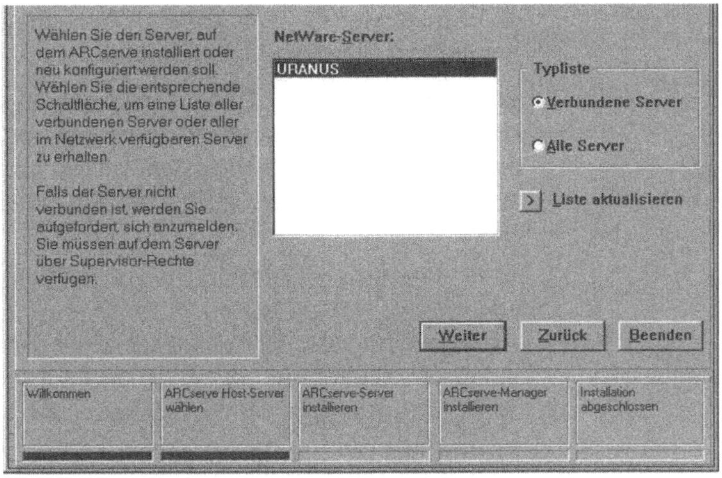

Abb. 31

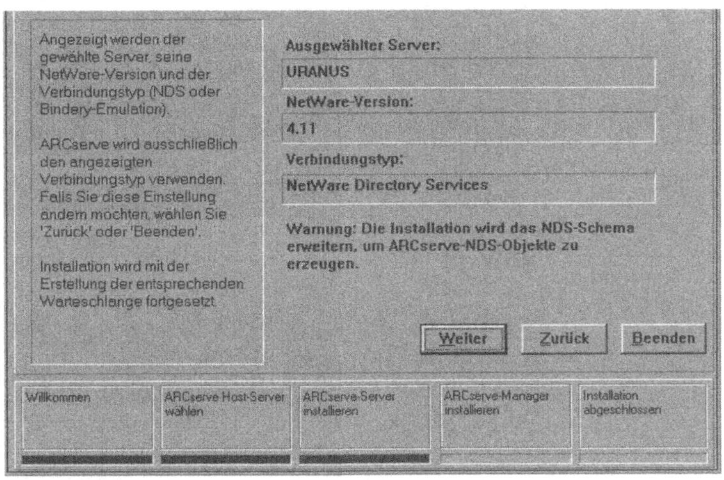

Abb. 32

Im weiteren Verlauf der Installation wird dann noch nach der Lizenzierung gefragt, die verwendet werden soll. ARCserve bietet dazu zwei Möglichkeiten:

Lizenzdatei: Wenn eine Diskette mit einer solchen Datei vorhanden ist

Lizenzschlüssel: Alphanummerischer Code, der auf dem CD-Cover enthalten ist.

Hier ist dann die Art auszuwählen und die entsprechenden Schritte der Lizenzierung sind durch zu führen.

Ein weiterer wichtiger Punkt der nachfolgenden Installation ist die Konfiguration des Host-Adapters, an dem die Bandlaufwerke angeschlossen sind. Neben den Auswahlmöglichkeiten wird eine Beschreibung dargestellt, die die einzelnen Möglichkeiten darstellt.

Wird GEMEINSAN BENUTZT UND/ODER ASPI gewählt, wird anschließend eine Liste mit ASPI-Karten angezeigt. Wird NICHT GEMEINSAM BENUTZT ausgewählt, wird anschließend eine Liste mit Geräten angezeigt, die nicht dem ASPI-Standard entsprechen.

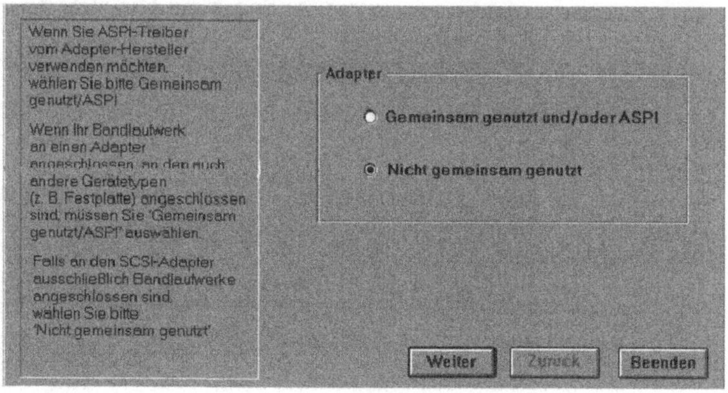

Abb. 33

Wird in der Startup.ncf des Servers ein *.dsk- oder *.nlm-Treiber für den Host-Adapter geladen, muss hier auch ASPI ausgewählt werden, wenn nur ein Bandlaufwerk an den Host-Adapter angeschlossen ist.

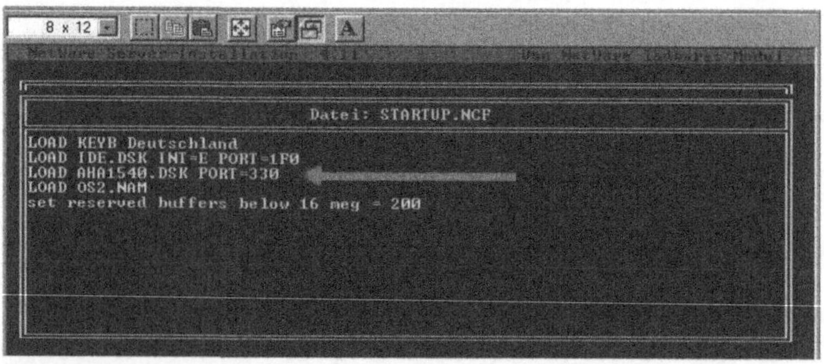

Abb. 34

Wenn die Adapter-Karte ausgewählt wurde und das Dialogfeld für die Ressourcen der Adapter-Karte angezeigt wird, können die voreingestellten Werte übernommen werden, wenn an den werksseitigen Einstellungen beim Einbau der Karte nichts verändert wurde. Sind Veränderungen durchgeführt worden, müssen diese hier eingegeben werden. Ebenfalls müssen Veränderungen vorgenommen werden, wenn mehrere Adapter-Karten im System verwendet werden (bis zu 8 Karten werden unterstützt). Dann muss ARCserve mitgeteilt werden, welche Karte verwendet werden soll.

Achtung: Ist die Installation erfolgreich verlaufen, muss danach an der Systemkonsole des Novell-Servers der Befehl ASTART6 eingegeben werden. Dies erst startet den ARCserve-Server auf dem Novell-Server. So kann denn auch ASTOP6 verwendet werden, um den ARCserve-Server wieder anzuhalten. Damit dies nicht manuell bei jedem Hochfahren gemacht werden muss, kann ASTAR6 auch in der Autoexec.ncf des Servers eingetragen werden. Das Herunterfahren des Servers bemerkt der ARCserve-Server, woraufhin die entsprechenden .nlms aus dem Speicher entfernt werden.

ARCserve bietet auf dem Server selber Kontrollmonitore mittels derer ARCserve überwacht und konfiguriert werden kann. Übersichtlicher sind diese Aufgaben allerdings mit dem nachfolgend beschriebenen ARCserve-Manager zu erledigen.

Mit der Tastenkombination STRG+ESC kann man auf der Systemkonsole die verschiedenen Überwachungsmöglichkeiten von ARCserve abrufen.

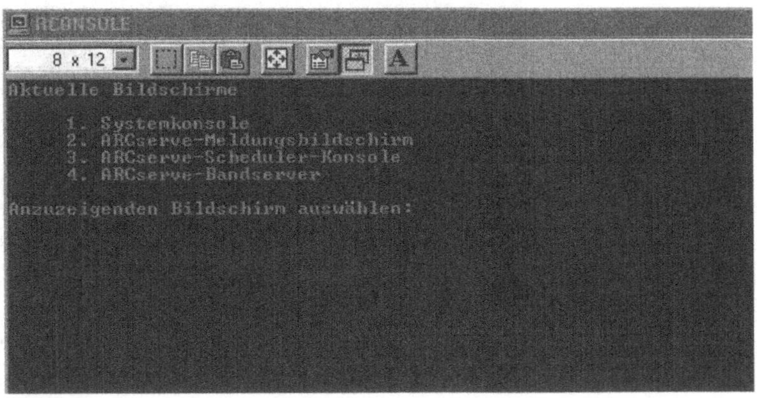

Abb. 35

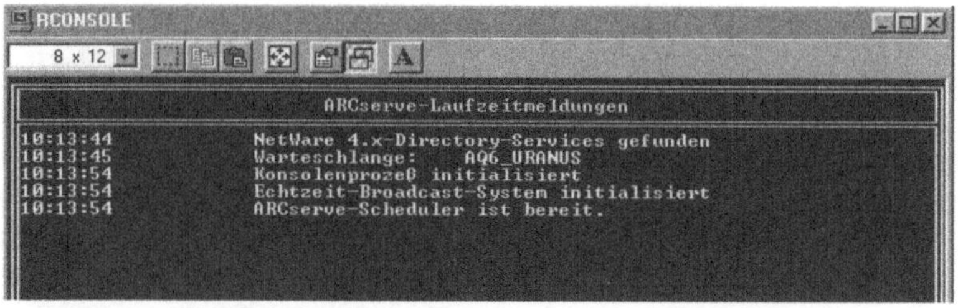

Abb. 36 Meldungsbildschirm

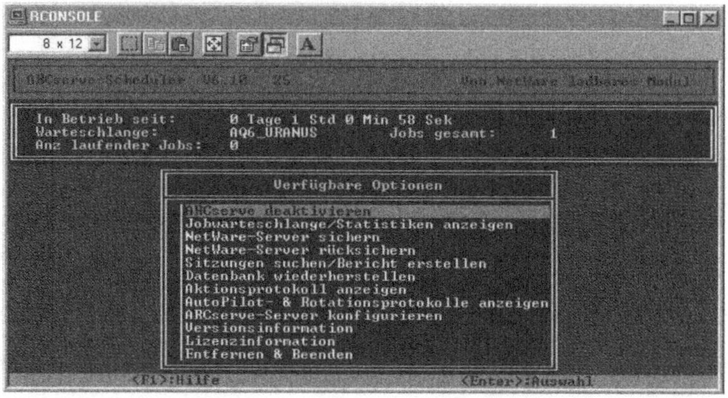

Abb. 37 Scheduler

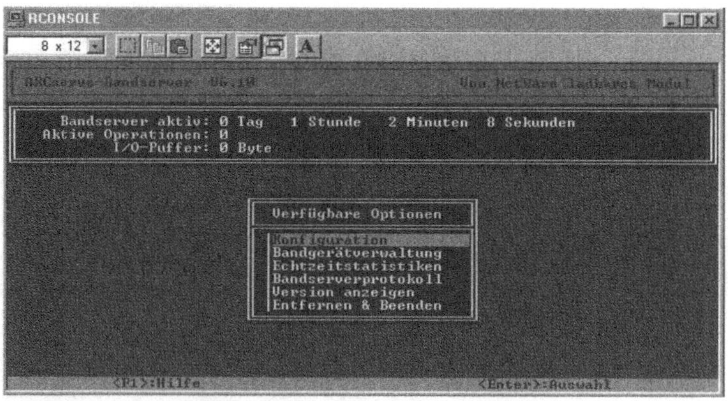

Abb. 38 Bandserver

ARCserve-Manager auf der Workstation installieren

Im Dialogfeld für die individuelle Installation ist der ARCserve-Manager auszuwählen.

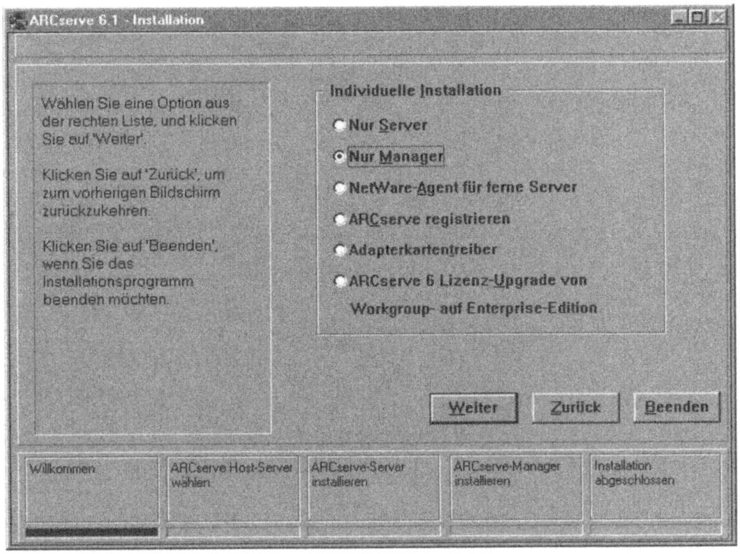

Abb. 39

Im nächsten Dialogfeld ist der Installationspfad anzugeben, in den der Manager lokal installiert werden soll.

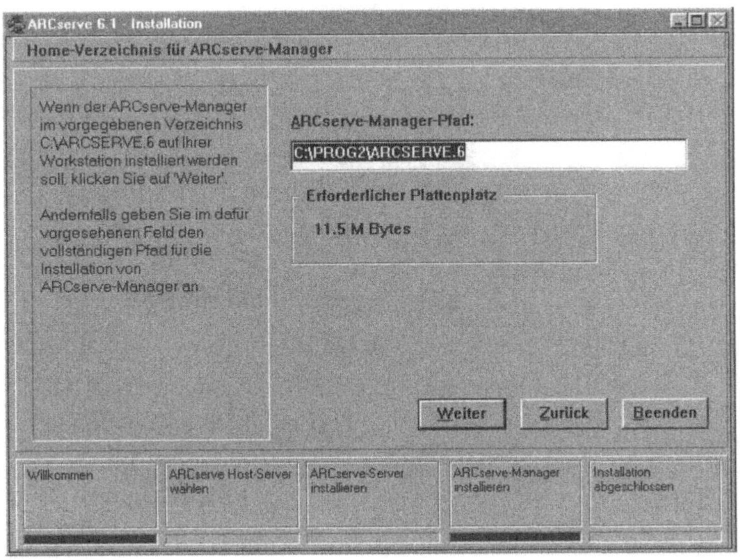

Abb. 40

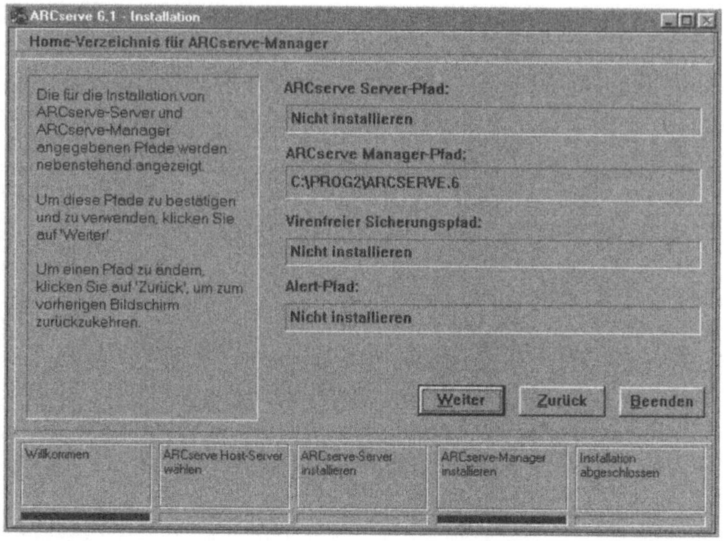

Abb. 41

Installation der Agents auf den Workstations:

Die Agents, die ARCserve benötigt, um die Workstation sichern zu können, werden über ein Extra-Programm installiert. Dieses ist in der Programm-Gruppe von ARCserve zu finden.

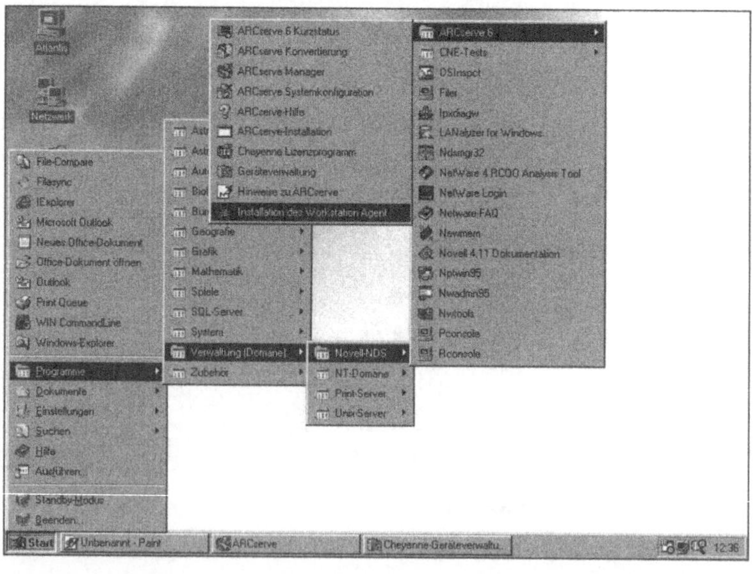

Abb. 42 Installation der Workstation-Agents starten

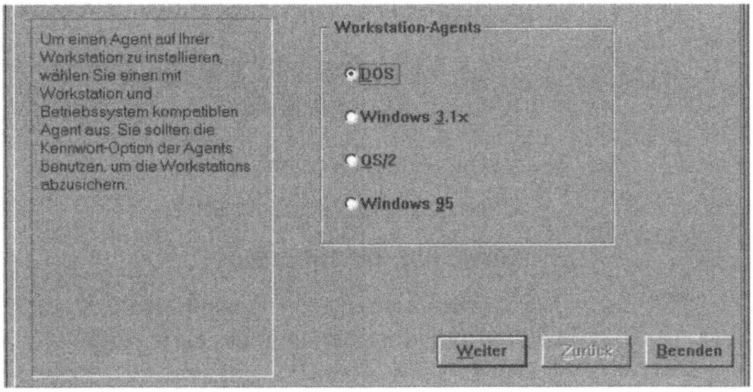

Abb. 43 Agent auswählen

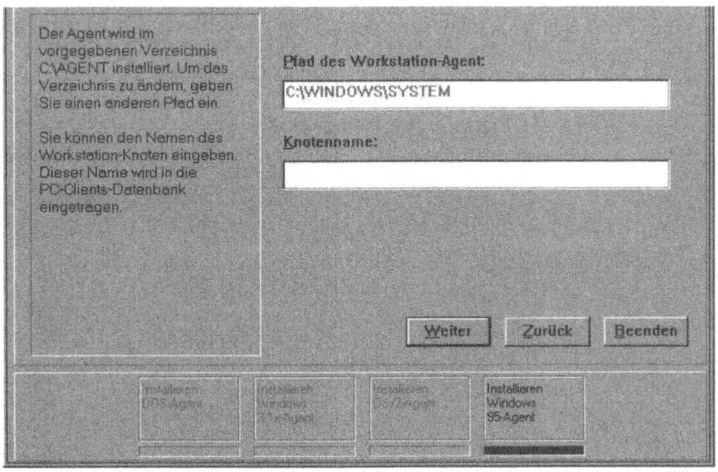

Abb. 44

Agents für DOS, Win 3.1 und Win 9.x gehören zum Lieferumfang. Agents für Win NT, Unix und MAC können gesondert erworben werden. Auch der Push-Agent für entfernte Server muss extra erworben werden.

Der Agent für DOS läuft speicherresistent als Hintergrundprogramm. Der Agent für Windows kann wie jedes andere Windows-Programm gestartet werden. Um ihn automatisch zu starten, muss bei DOS ein Eintrag in der Autoexec.bat vorgenommen werden. Für den Win 3.11-Agent ist dies in der Win.ini zu erledigen. Win 9.x-Systeme benutzen die Eigenschaften der Netzwerkumgebung unter Dienste.

Schnellübersicht zum Arbeiten mit ARCserve:

1. Verbindung mit dem Manager zum Server herstellen
2. Benutzer-Profil erstellen
3. Gerätegruppen konfigurieren
4. Datenträgerbestände erstellen
5. Sicherungsjob aufsetzen

Die einzelnen Schritte werden nachfolgend detailliert beschrieben, wobei dann aber auch gleich auf die erweiterten Möglichkeiten der jeweiligen Programm-Teile eingegangen wird.

Arbeiten mit dem ARCserve-Manager:

Der ARCserve-Manager legt während der Installation auf der Workstation eine Programm-Gruppe an, über die er gestartet werden kann.

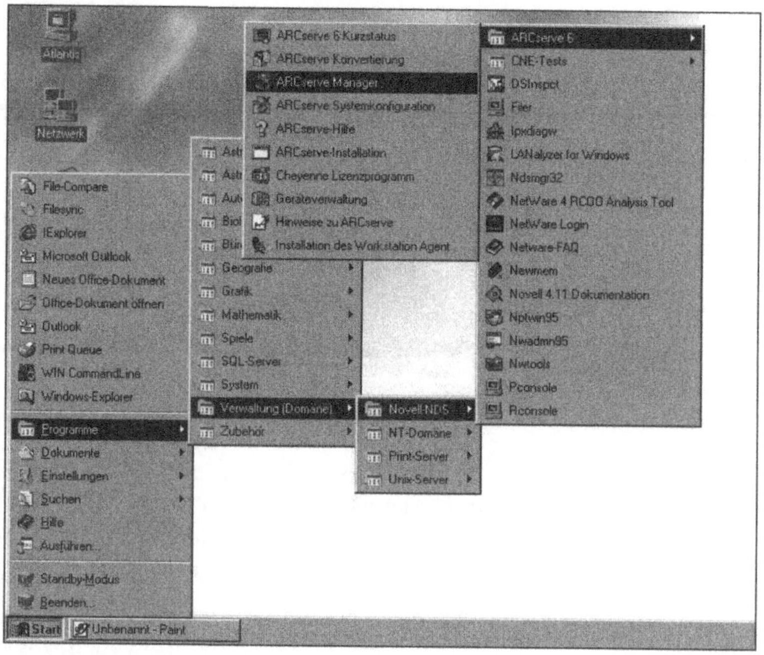

Abb. 45 Manager starten

Nachdem der Manager gestartet wurde, gelangt man auf den Hauptbildschirm, von dem aus ARCserve komplett verwaltet werden kann.

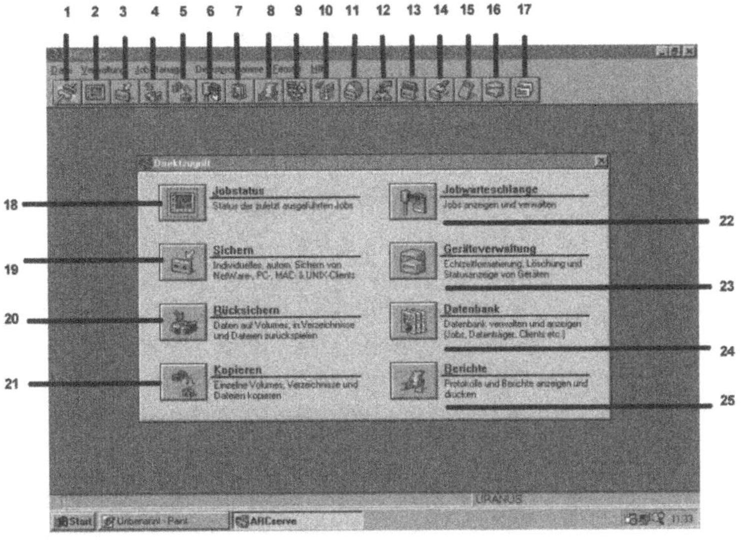

Abb. 46 ARCserve-Manager

1. Zu verwaltenden Server auswählen
2. Jobstatus einsehen
3. Sichern
4. Rücksichern
5. Kopieren
6. Jobwarteschlange einsehen/konfigurieren
7. Datenbank einsehen
8. Berichte einsehen/erstellen
9. Datenträgerbestände einsehen/konfigurieren
10. Band einfügen
11. Band durchsuchen
12. Vergleichen
13. Band kopieren
14. Band reinigen
15. Zählen
16. Geräteverwaltung
17. Tips

Schnellzugriff

18. Jobstatus
19. Sichern
20. Rücksichern

21. Kopieren
22. Jobwarteschlange
23. Geräteverwaltung
24. Datenbank
25. Berichte

Einrichten des Managers

Zunächst sollten Benutzer-Profile erstellt werden. Dies ist wichtig und sinnvoll, da darüber bestimmt werden kann, wer und in welchem Umfang Sicherungen durchführen darf. Benutzer-Profile können unter dem Menü VERWALTUNG | BENUTZER-PROFILE eingerichtet werden.

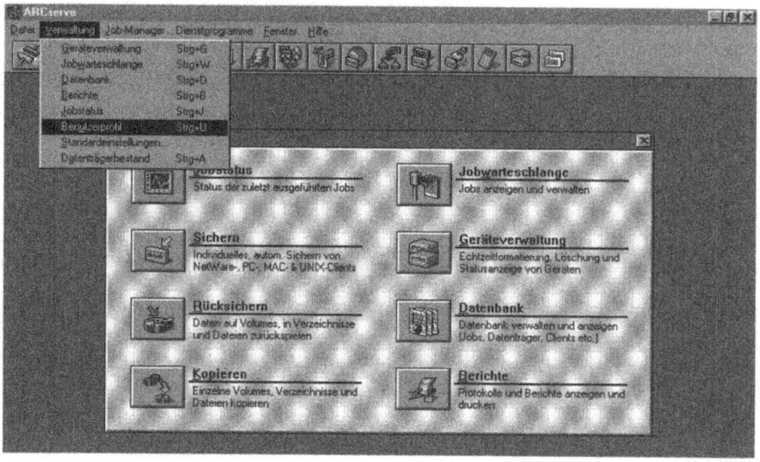

Abb. 47 Benutzer-Profile starten

Es gibt vier vordefinierte Benutzer-Profile:

1. Superuser
   Dieses Profil hat alle Rechte. Alle Aktionen mit ARCserve können über dieses Profil ausgeführt werden.
2. Warteschlangen-Operator
   Dieses Profile ermöglicht die Überwachung und Verwaltung der Jobwarteschlange.
3. Nacht-Operator
   Diese Profile kann den Status ausgeführter Jobs einsehen, die Jobwarteschlange überwachen, Sicherungsgeräte verwalten und Berichte drucken

4. Benutzer-Profile rücksichern
   Diese Profile kann nur eigene Dateien und selbst erstellte Sicherungen durchsuchen und zurück sichern.

Neue eigene Profile können erstellt werden.

Im Fenster für Benutzer-Profile ist unter PROFILE zuerst ein Profil auszuwählen, dem ein Benutzer/Gruppe hinzugefügt werden soll. Je nach Auswahl werden unter BERECHTIGUNGEN die vordefinierten Rechte angezeigt. Über den blauen Pfeil können die Oberbegriffe weiter expandiert werden. Ist im Obergriff das grüne Kästchen voll ausgefüllt, sind alle Möglichkeiten unterhalb dieses Begriffs ausgewählt. Ist dieses Kästchen nur halb ausgefüllt, sind Teilbereiche des Oberbegriffs ausgewählt. Ist dieses Kästchen nicht ausgefüllt, ist kein Unterbegriff ausgewählt. Ausgewählt werden die Rechte in der jeweiligen Struktur, indem das grüne Kästchen selektiert wird (ausgefüllt). Nicht ausgewählt ist das Recht, wenn das Kästchen nur umrandet ist. So können die vordefinierten Rechte auch verändert werden.

Um einen Benutzer zu einem Profil hinzuzufügen, muss unter BENUTZER UND GRUPPEN erst einmal der entsprechende Kontext ausgewählt werden, aus dem die Benutzer/Gruppen hinzugefügt werden sollen. Dann ist über die Schaltfläche BENUTZER UND GRUPPEN ein Benutzer/Gruppe auszuwählen.

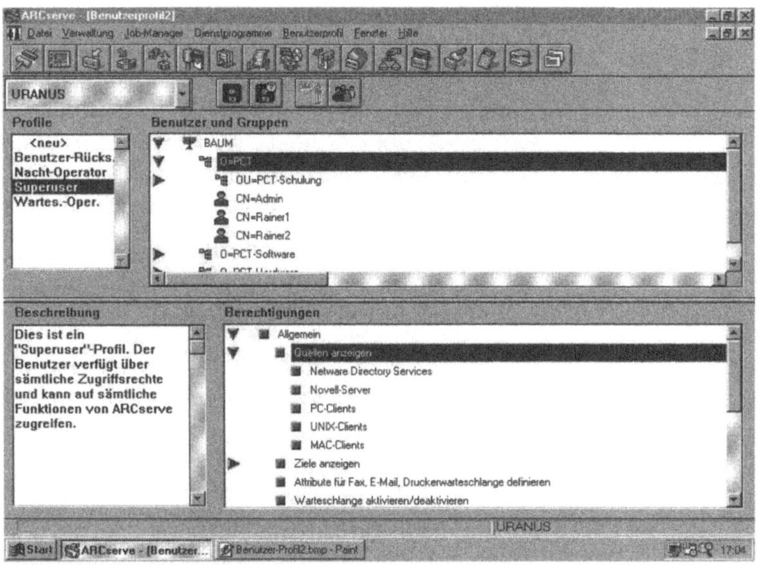

Abb. 48 Benutzer-Profile erstellen, Rechte zuweisen

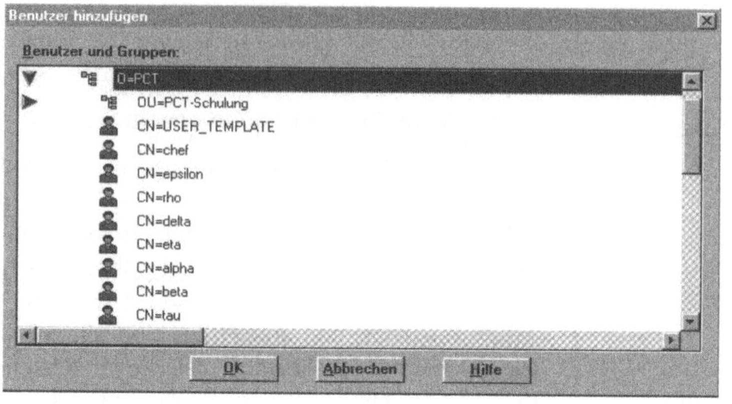

Abb. 49

Das entsprechende Profil wird automatisch geladen, wenn der Benutzer sich an der Workstation am Novell-Netz anmeldet.

Netzwerkverbindungen zu Servern herstellen (1)

Da über den ARCserve-Manager alle ARCserve-Server im Netzwerk verwaltet werden können, auf denen ARCserve-Server installiert ist, muss der entsprechende Server zuerst ausgewählt werden, der verwaltet werden soll. Dies kann über die entsprechende Schaltfläche (1) vorgenommen werden.

Jeder Server im Netz kann mit Bandlaufwerken ausgestattet sein, wenn die Sicherungsstrategie dies erfordert. Die Verwaltung kann zentral von einer WS aus vorgenommen werden. Dies kann sich auch über WAN-Leitungen zu Servern in einem entfernten Standort des Unternehmens erstrecken. Die Bänder müssen natürlich vor Ort eingelegt bzw. gewechselt werden.

Insbesondere beim Kontrollieren der gelaufenen Jobs (siehe weiter unten) ist es wichtig, eine Verbindung zum richtigen Server über diese Auswahl herzustellen.

Im Fenster in der Rubrik SERVER werden alle Server aufgeführt, die im Netzwerk vorhanden sind. Ist in der Rubrik ARCSERVE ein Server-Symbol dargestellt, teilt dieses mit, dass ARCserve auf diesem Server läuft. Ist neben diesem Server-Symbol auch eine Glühbirne dargestellt, besteht eine aktive Verbindung mit diesem Server. Leuchtet diese Glühbirne gar, ist ARCserve aktiv. In der Rubrik VERBUNDEN werden alle derzeit verbundenen Server mit dem benutzten ARCserve-Manager über ein Server-Symbol dargestellt, welches eine Hand mit einem Kabel enthält.

Über die Schaltfläche VERBINDUNG kann eine Verbindung zu einem Server hergestellt werden. Dieser muss vorher selektiert worden sein. Über die Schaltfläche AUFFRISCHEN wird eine bestehende Verbindung aktualisiert. Über DEAKTIVIEREN wird eine Verbindung beendet. Der Server, auf dem mit dem Manager gearbeitet wird, muss immer der Standardserver sein, was über die gleichnamige Schaltfläche erreicht werden kann. Soll dieser gewechselt werden, muss die Verbindung zum vorherigen Standardserver erst deaktiviert werden, eine Verbindung zum neuen Server eingerichtet und dann erst der neue Server zum Standardserver bestimmt werden. Welcher der Standardserver ist, wird in der untersten Zeile des Fensters angezeigt.

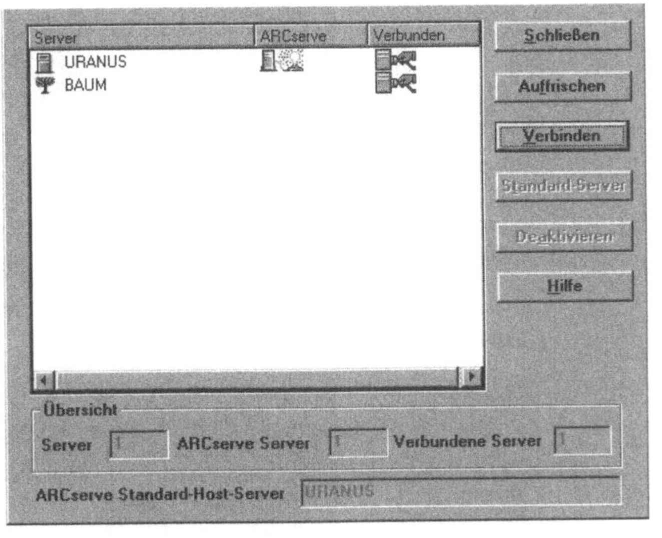

Abb. 50 Serververbindungen herstellen

Geräteverwaltung (23)

Gerätegruppen können in der Geräteverwaltung eingerichtet werden. Gerätegruppen haben den Vorteil, dass sie Fortsetzungsbänder bei Sicherungsjobs herstellen können und für verschiedene Jobs gleichzeitig verwendet werden können. Sind z. B. über einen SCSI-Controller vier Bandlaufwerke vorhanden, könnten jeweils zwei LWs zu einer Gerätegruppe zusammengefasst werden. Zwei LWs könnten so einen Sicherungsjob ausführen, während die beiden anderen LWs gerade einen Rücksicherungsjob bearbeiten. Reicht das erste Band bei einem Sicherungsjob nicht, um alle Daten aufzunehmen, wird automatisch das zweite Band beschrieben.

Es könnten auch fünf Bandlaufwerke zu einer Gruppe zusammengefasst werden. Bei einem Rotationsjob (siehe weiter unten) könnten so alle fünf Bänder gleichzeitig eingelegt werden, die die Sicherung jedes Arbeitstages verarbeiten. Man müsste sich die ganze Woche nicht mehr um die Sicherung kümmern (nur um die Auswertung der gelaufenen Jobs).

Gerätegruppen werden in der Geräteverwaltung unter BEARBEITEN | GERÄTEGRUPPEN KONFIGURIEREN erstellt.

Achtung: Auch wenn über die Schaltfläche VERBINDEN der entsprechende Server schon ausgewählt wurde, muss in der Geräteverwaltung in der Dropdown-Liste (links oben) der gewünschte Server nochmals ausgewählt werden.

In der Dialogbox GERÄTEGRUPPEN KONFIGURIEREN werden in der rechten Fensterhälfte alle vorhandenen Bandlaufwerke aufgeführt. Im linken, oberen Bereich, in der Dropdown-Liste, kann jetzt eine vorhandene Gerätegruppe ausgewählt oder über die Schaltfläche HINZUFÜGEN eine neue Gruppe erstellt werden. Wird in der rechten Hälfte ein LW selektiert, kann dieses der Gerätegruppe über die Schaltfläche ZUWEISEN hinzugefügt werden, die zuvor in der Dropdown-Liste ausgewählt wurde.

Achtung: Ein Bandlaufwerk kann immer nur einer Gerätegruppe hinzugefügt werden.

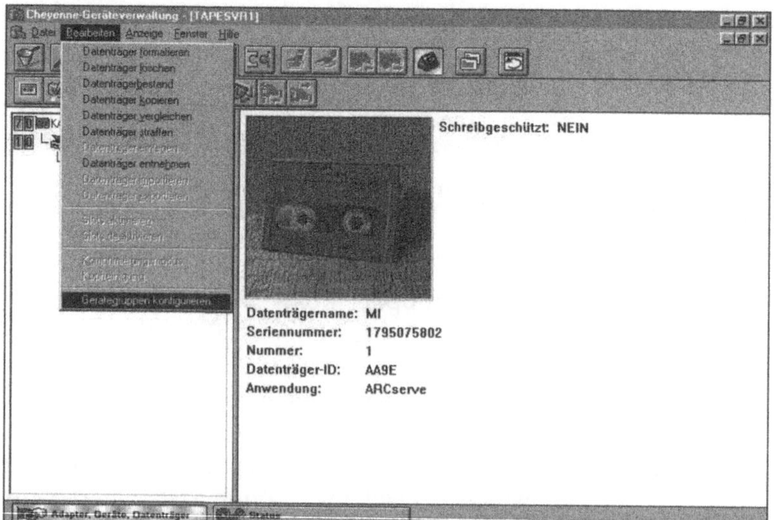

Abb. 51 Geräteverwaltung

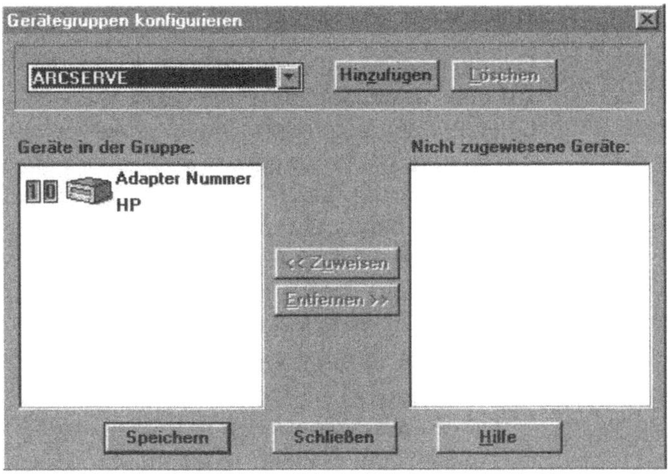

Abb. 52 Gerätegruppen konfigurieren

In der Geräteverwaltung können weiterhin Bänder bearbeitet werden. Rechte Maustaste über dem eingelegten Band eröffnet ein Kontext-Menü, über welches das Band formatiert, gelöscht, kopiert, verglichen, gestrafft und die Zugehörigkeit zu einem Datenträgerbestand abgefragt werden kann.

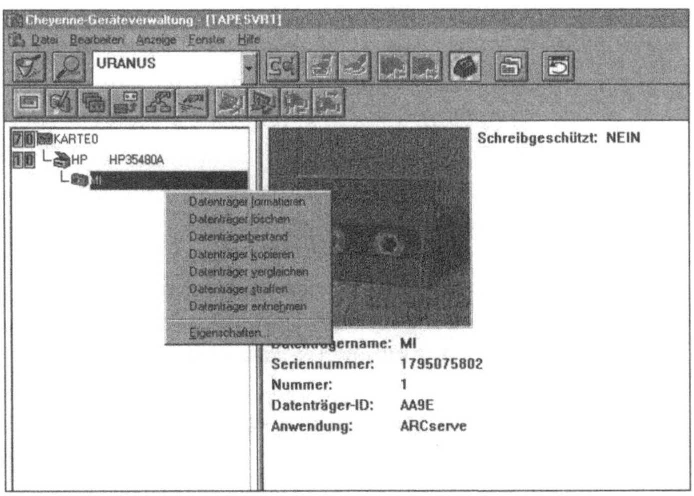

Abb. 53 Bearbeiten von Bändern

Ein wichtiger Punkt sind hier auch die EIGENSCHAFTEN, über die Informationen zum Band eingesehen werden können.

Datenträgerbestände:

Datenträgerbestände bezeichnen einen Set von Datenträger, die auf eine bestimmte Art zusammen gehören. Wird z. B. ein Rotationsjob aufgesetzt (siehe weiter unten (an diesem Beispiel sollen die weiteren Schritte erklärt werden)), erstreckt sich dieser über fünf Arbeitstage. Jeden Tag werden zu einer festgelegten Zeit die Daten des Tages gesichert (meistens Nachts, da hier die Server am wenigsten belastet sind und Zugriffe von Benutzern nicht zu erwarten sind). Dafür gibt es für jeden Tag ein besonderes Band, welches z. B. den Namen des Tages trägt und in der Geräteverwaltung mit diesem Namen formatiert werden muss. In den Bestandsinformationen wird dieses Set zuerst in den Pool zum Aufbewahren geschoben. Von hier kann täglich das nächste Band in den Pool zum Überschreiben geschoben werden, auf welches die Tagesdaten gesichert werden. Sind fünf Bandlaufwerke vorhanden, können auch alle Bänder in den Pool zum Überschreiben geschoben werden. ARCserve weiß, welches Band täglich beschrieben werden soll. Nach der Sicherung wird das Band automatisch wieder in den Pool zum Aufbewahren geschoben. Diese Abläufe verlaufen nach bestimmten Kriterien, auf die noch näher bei der Einrichtung von Jobs eingegangen wird.

Achtung: Die oben beschriebenen Vorgänge spielen sich nur im ARCserve-Manager ab. Das jeweilige Band (oder alle 5) muss/müssen natürlich am Server phys. eingelegt werden. Natürlich kann nach diesem Prinzip auch ein phys. Aufbewahrungsort der Bänder gestaltet werden.

Mit anderen Worten: Datenträgerbestände sind Gruppierungen von Datenträgern zu einem bestimmten Zweck, die unter einem Namen zusammengefasst sind, die selber erstellt werden müssen. Dem STANDARD-SET (DEFAULT) gehören alle Bänder an, die keinem gesonderten Datenträgerbestand zugewiesen worden sind, aber doch schon mal im System für Sicherungen verwendet wurden (einmalige Sicherungen).

Datenträgerbestand anlegen

Ein Datenträgerbestand kann über die gleichnamige Schaltfläche (9) angelegt werden (man landet in der Datenbank). Im Fenster der Datenträgerbestände ist über die Schaltfläche EINFÜGEN ein neuer Datenträgerbestand anzulegen.

Schaltfläche EINFÜGEN

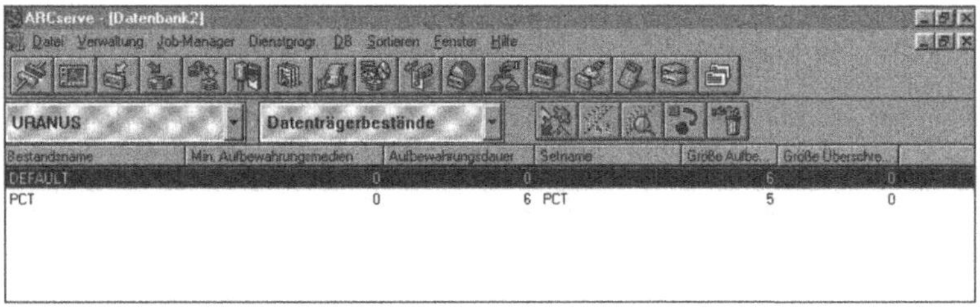

Abb. 54 Neuen Datenträgerbestand anlegen

Im nachfolgenden Fenster BESTANDSINFORMATIONEN sind z. B. für oben beschriebenen Rotationsjob folgende Angaben zu machen:

Pool: Bezeichnet den Bestand mit einem Namen

Aufbewahren:

Dauer: Anzahl der Tage, die ein Band aus dem Pool nicht überschrieben werden kann. Bei einer Rotation von einer Woche (5 Arbeitstage, je ein Band) muss dies 6 Tage sein. Ein Band kann also erst nach 6 Tagen Aufbewahrungszeit in den Pool zum Überschreiben geschoben werden.

Mindestzahl: Gibt die Anzahl der Bänder ein, die zum Set gehören sollen (in unserem Fall also 5).

Die Seriennummern werden von ARCserve aut. generiert und können so übernommen werden.

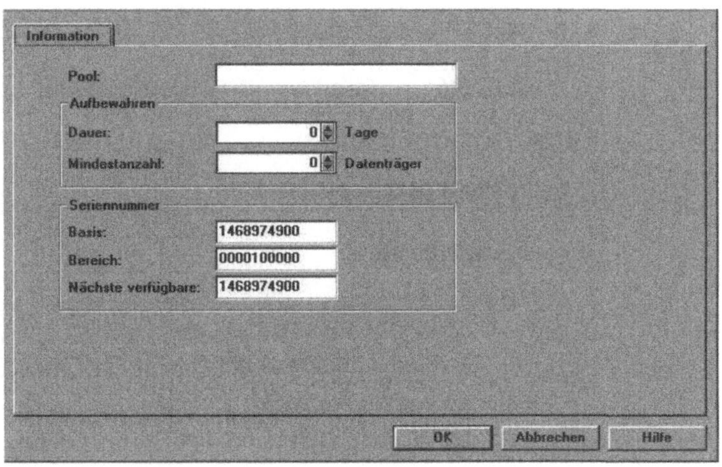

Abb.55 Bestandsinformationen

Sind diese Schritte erledigt, muss nun ARCserve das erste Band zugeführt werden. Dies muss einerseits phys. eingelegt werden und über die Schaltfläche ÄNDERN zugewiesen werden. Der Datenträgerbestand muss vorher selektiert worden sein.

Schaltfläche Ändern

Im nächsten Fenster ist zuerst der Datenträgerbestand in Dropdown-Liste links oben auszuwählen. Im linken unteren Fenster erscheinen jetzt alle Datenträger, die zu dem ausgewählten Set gehören (z.B. Mo, Di, Mi, Do, Fr). Hier ist jetzt das Band auszuwählen, welches als nächstes überschrieben werden soll, und über die Schaltfläche ÜBERSCHREIBEN dem Überschreiben-Pool hinzuzufügen.

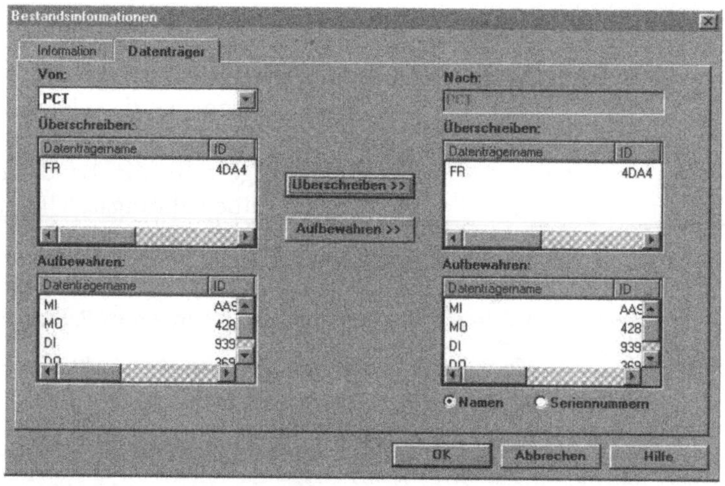

Abb. 56 Band dem Überschreiben-Pool hinzufügen

Sicherungsjob aufsetzen:

Rotationsjob

Ein Rotationsjob ist eine Sicherungsstrategie, die sich nach einem festgelegten Schema immer wiederholt. Das Prinzip, nach dem die Daten gesichert werden, kann festgelegt werden.

Vollständige Sicherung:
Alle vorher festgelegten Verzeichnisse/Dateien werden jeden Tag vollständig gesichert. Da hierbei grundsätzlich alle Daten gesichert werden, nimmt dies am meisten Zeit in Anspruch.

Inkrementelle Sicherung:

Nur solche Daten werden gesichert, die seit der letzten vollständigen oder inkrementellen Sicherung verändert wurden. Bei gesicherten Daten wird deren Archiv-Bit gelöscht (in den Eigenschaften einer Datei z. B.). Ist das Datum verändert worden, wird das Archiv-Bit wieder gesetzt. ARCserve erkennt daran, ob das Datum gesichert ist oder wiederum gesichert werden muss. Diese Art der Sicherung benötigt die wenigste Zeit. Zum Wiederherstellen von Daten auf der Festplatte des Servers werden aber alle Bänder benötigt, die einschließlich der letzten vollständigen Sicherung verarbeitet wurden.

Bei einer Rotationssicherung sollten von Mo-Do inkrementelle Sicherungen und Fr eine vollständige Sicherung durchgeführt werden. Aufgesetzt wird ein solcher Job über die Schaltfläche SICHERN (3).

Hier ist nun zunächst in der Dropdown-Liste wieder der Server auszuwählen (links oben). Auf der Registerkarte QUELLE sind dann die zu sichernden Verzeichnisse/Dateien auf den jeweiligen Knoten auszuwählen. Über die blauen Pfeile können die Knoten expandiert werden. Ein grün umrandetes Kästchen stellt dar, dass nichts ausgewählt ist. Ein halb ausgefülltes Kästchen stellt dar, dass teilweise Unterpunkte ausgewählt wurden. Ein voll ausgefülltes Kästchen stellt dar, dass alles im Zweig ausgewählt ist.

Server, Clients (mit installiertem Client-Agent) sowie die gesamte NDS können hier zum Sichern ausgewählt werden.

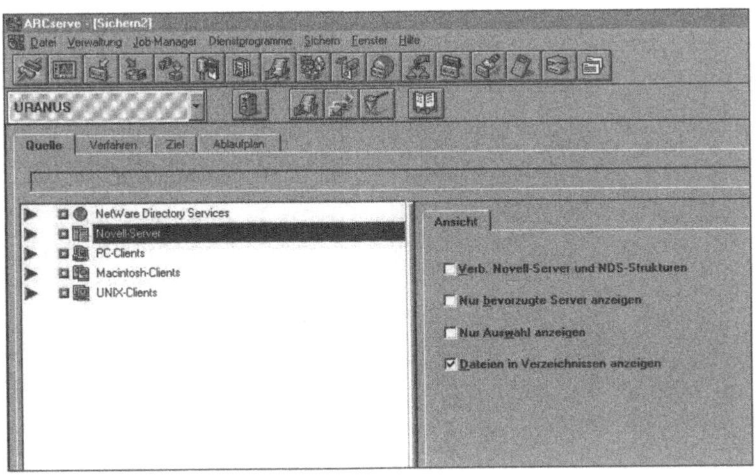

Abb. 57 Knoten auswählen

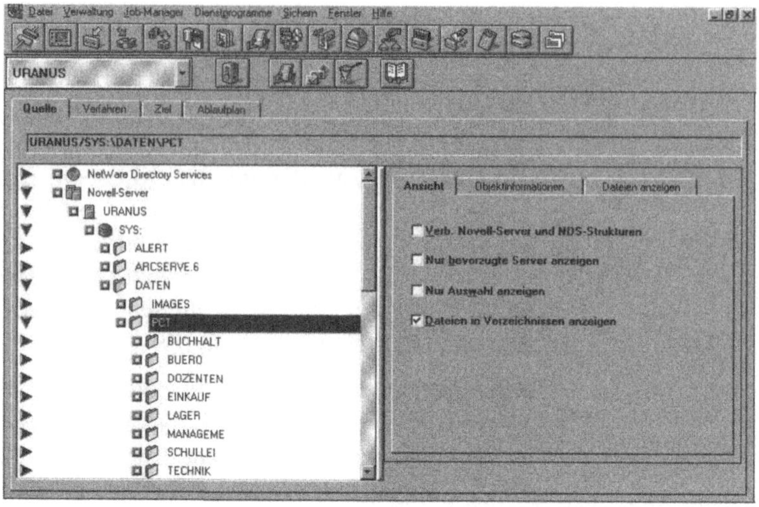

Abb. 58 Zu sicherndes Verzeichnis/Datei auswählen

Auf der Registerkarte VERFAHREN ist jetzt die Art der Sicherung auszuwählen.

Über INDIVIDUELL kann eine einmalige/wiederholte Sicherung durchgeführt werden. Über die Registerkarte DATENTRÄGER-REGELN können vordefinierte Regeln verwendet werden, nach denen die Sicherung verlaufen soll.

Über ARCHIVIEREN wird die Quelle nach der Sicherung gelöscht.

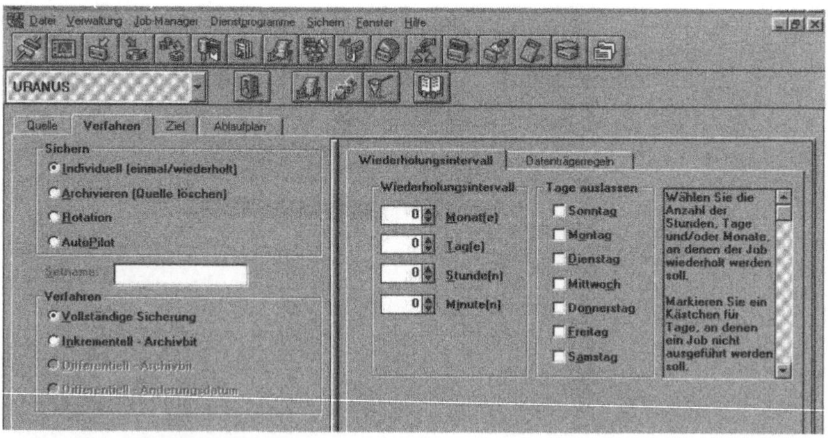

Abb. 59 Verfahren auswählen

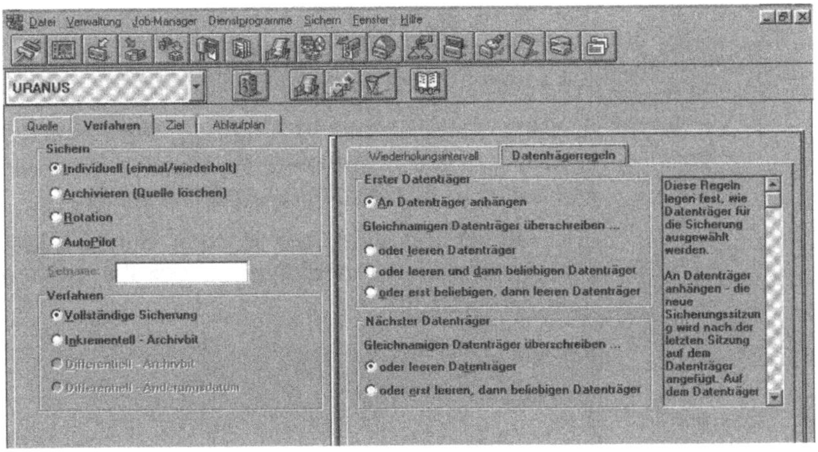

Abb. 60 Datenträgerregeln

Über ROTATION kann ein Rotationsjob aufgesetzt werden. Dazu ist zunächst auszuwählen, ob dieser vollständig oder inkrementell ablaufen soll. Je nachdem stehen auf der Registerkarte DATENTRÄGERROTATION in der Dropdown-Liste SICHERUNGSTYP die Optionen Ink. und Vollst. zur Verfügung. Für jeden Tag kann dann bestimmt werden, wie dieser gesichert werden soll. Die voreingestellte Turnus (Mo-Do Ink., Fr Vollst.) sollte übernommen werden. So werden unter der Woche alle veränderten Verzeichnisse/Dateien gesichert, während am Freitag eine vollständige Sicherung durchgeführt wird. Sind alle Einstellungen gemacht worden, muss die Schaltfläche ANWENDEN betätigt werden.

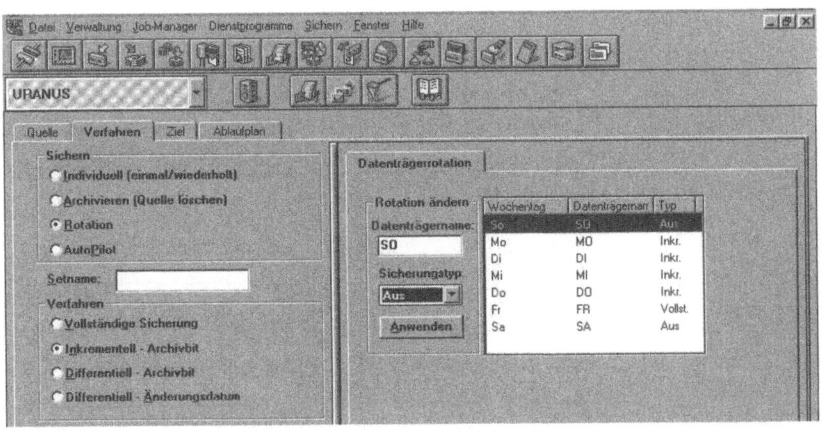

Abb. 61 Rotationssicherung einrichten

Über die Registerkarte ZIEL ist sodann das/die Band/Bänder auszuwählen, auf die die Verzeichnisse des Servers gesichert werden sollen.

Achtung: Damit hier jetzt auch ein zuvor erstellter Datenträgerbestand erscheint, muss ein Band von diesem eingelegt worden sein. Sonst ist nur der Standard-Set sichtbar.

Über die Dropdown-Listen können nun Gerätegruppe, Datenträgerbestand und Datenträger ausgewählt werden, auf die gesichert werden soll.

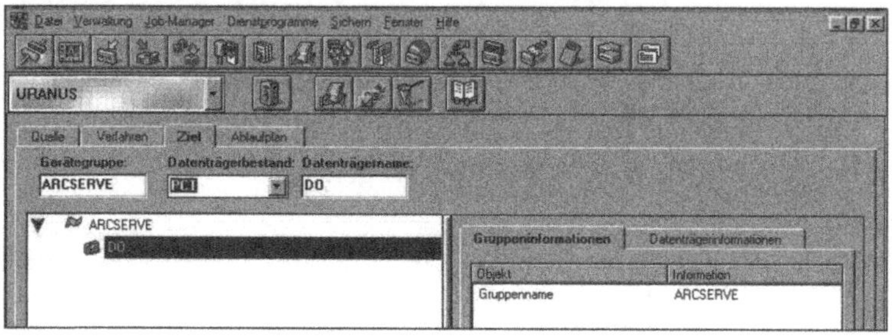

Abb. 62 Ziel auswählen

Über die Registerkarte ABLAUFPLAN kann dieser festgelegt werden. Die Startzeit ist unter STARZEIT UND -DATUM standardmäßig auf sofort eingestellt. Es kann hier eine andere Startzeit eingestellt werden und der Job in die Warteschlange gelegt werden, von wo der Job dann zur vorgegebenen Zeit ausgeführt wird.

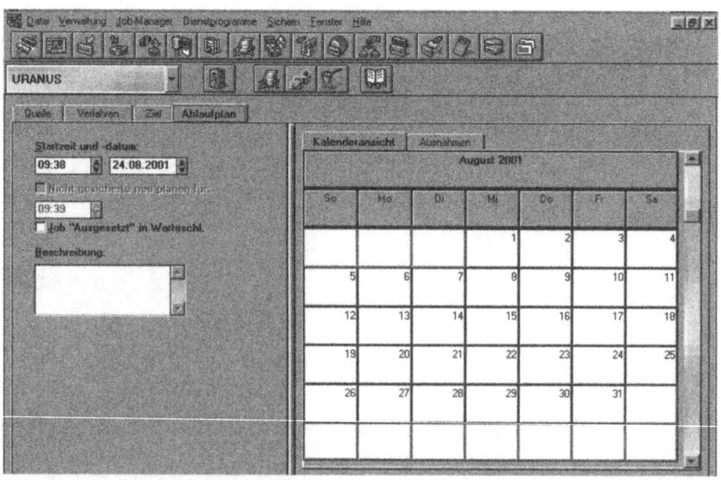

Abb. 63 Ablaufplan festlegen

Auto-Pilot

Die Sicherung mit dem Auto-Piloten stellt eine vom System gesteuerte Rotationssicherung dar, bei dem nach den Grandfather-Father-Son-Prinzip gesichert wird. Dieses Prinzip wurde von Großrechenanlagen auf ARCserve portiert.

- Die Kinder sind die täglichen Sicherungen. Die Bänder hierfür können nach 6 Tagen wieder verwendet werden.
- Die Väter stellen die wöchentlichen Gesamtsicherungen dar. Die Bänder können erst nach Ablauf von 5 Wochen wieder verwendet werden.
- Die Großväter stellen die monatlichen Gesamtsicherungen dar. Diese Bänder können nur jährlich wieder verwendet werden.

Bei der Sicherung mit dem Auto-Piloten werden 3 Datenträgerbestände angelegt:

1. Täglicher Bestand
   Hier sind alle Datenträger der täglichen Sicherungen enthalten (4 Bänder, Aufbewahrungszeit je 6 Tage).
2. Wöchentlicher Bestand
   Hier sind alle Datenträger der wöchentlichen Sicherungen enthalten (5 Bänder, Aufbewahrungszeit = Anzahl Datenträger 7 minus 1).
3. Monatlicher Bestand
   Hier sind alle Datenträger der monatlichen Sicherungen enthalten (12 Bänder, Aufbewahrungszeit = Anzahl Datenträger × 29 minus 5).

Sinnvoll ist hier das Anlegen von 3 phys. Boxen, die die einzelnen Datenträgerbestände aufnehmen. Die Boxen sollten dann mit Täglich, Wöchentlich und Monatlich beschriftet werden. Werden einzelne Abteilungen extra gesichert, sollten hier mehrere Bestände angelegt werden (z.B. Einkauf_Dly, Einkauf_Wly, Einkauf_Mly, usw.). Mo–Do werden nacheinander die 4 Bänder aus der Täglich-Box eingelegt (diese Sicherung kann vollst. oder ink. sein). Am Freitag wird ein Band aus der Wöchentlich-Box verwendet (diese Sicherung muss vollst. sein). Für die letzte Sicherung des Monats, egal an welchem Tag diese durchgeführt wird, wird ein Band aus der Monatlich-Box verwendet (diese Sicherung muss vollst. sein).

Die Einstellungen der Registerkarten Quelle, Ziel und Ablaufplan unterscheiden sich nicht von der Rotationssicherung.

Wenn Auto-Pilot ausgewählt wurde, muss auch hier wieder das Verfahren angegeben werden (Vollst. Ink.). Auf der Registerkarte DATENTRÄGERROTATION/-WECHSEL kann angegeben werden, wie die einzelnen Wochentage gesichert werden sollen. Soll ein anderer Datenträgerwechsel vollzogen werden, als der standardmäßig Vorgegebene, kann dies hier ebenfalls verändert werden (nicht zu empfehlen). Sodann ist wieder die Schaltfläche ANWENDEN zu betätigen.

Auf der Registerkarte AUTO-PILOT-OPTIONEN kann eine Pflege der Dateien auf dem Server benutzt werden. Dabei werden Dateien, die lange nicht benutzt wurden, vom Server gelöscht, aber erst, wenn die Dateien mehrmals auf Band gesichert wurden. Zeiteinstellungen hierzu sind hier vorzunehmen.

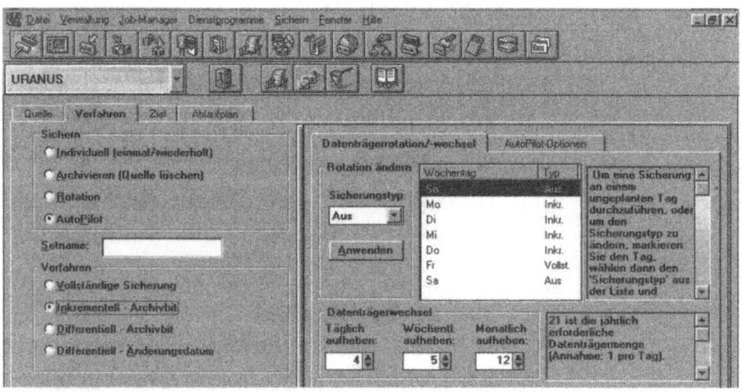

Abb. 64 Auto-Pilot

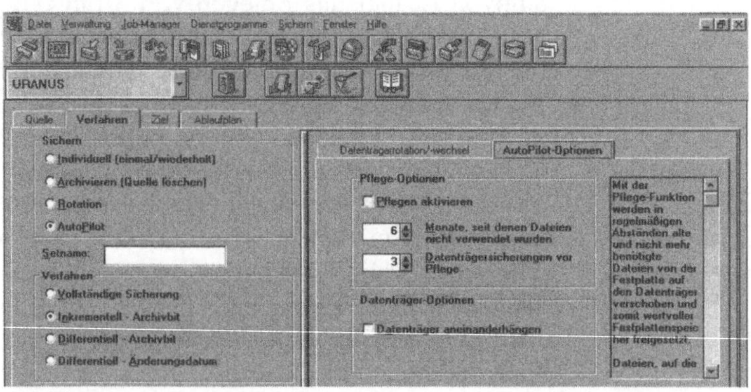

Abb. 65

Weitere wichtige Einstellungen, die den aufgesetzten Job betreffen (Individuell, Rotation oder Auto-Pilot), werden über nachfolgende Schaltflächen konfiguriert:

Benachrichtigen

Über diese Schaltfläche können Einstellungen gemacht werden, wer, wie benachrichtigt werden soll, wenn während, oder nach dem Sichern Meldungen von ARCserve zur Sicherung ausgegeben wurden.

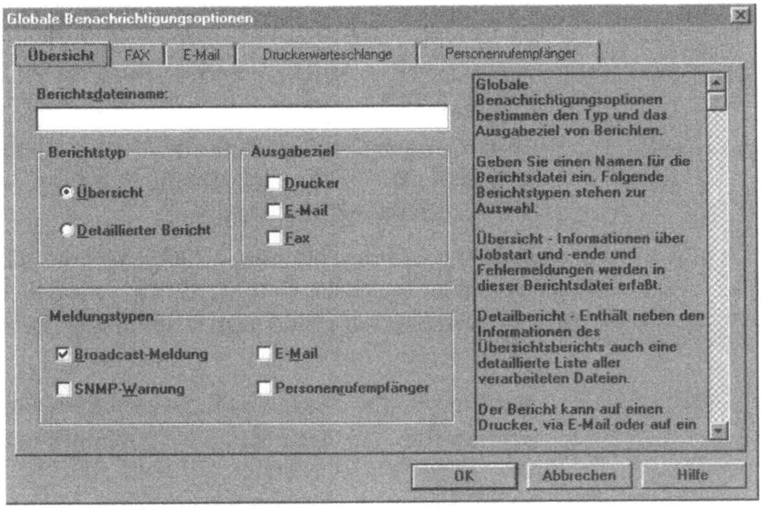

Abb. 66 Benachrichtigungen

Optionen

Über die Optionen können Einstellungen gemacht werden, was vor und während der Sicherung passieren soll.

Registerkarte Einstellungen:
Über das Kontrollkästchen SYSTEMWIEDERHERSTELLUNG VORBEREITEN wird die Datei SESSIONS.CDR erstellt, die zusammen mit den CDR-Disketten, die von CDRPREP.NLM erstellt werden, zur Wiederherstellung verwendet wird.

Über das Kontrollkästchen ÜBERSICHT IN DATENBANK AUFZEICHNEN können die erstellten Aufzeichnungen zum schnellen Suchen von Dateien und zum schnellen Rücksichern verwendet werden.

Über das Kontrollkästchen DEKOMPRIMIERUNG KOMPRIMIERTER DATEIEN ERZWINGEN werden Dateien, die komprimiert auf der Festplatte vorhanden sind, nicht komprimiert gesichert.

Über das Kontrollkästchen BENUTZERVERBINDUNGEN BEENDEN werden Benutzer getrennt, die mit dem Server verbunden sind. Dies ist wichtig, denn während der Sicherung sollten keine neuen Dateien hinzugefügt oder verändert werden.

Über das Kontrollkästchen DATENTRÄGER AUSWERFEN wird das Band am Ende der Sicherung aus dem Laufwerk entfernt.

Über das Kontrollkästchen ANMELDEN DEAKTIVIEREN wird verhindert, dass sich Anwender während der Sicherung am Server anmelden. Da in diesem Fall das Unternehmen still stehen würde, bietet sich eine aut. Sicherung nachts geradezu an.

Über das Kontrollkästchen ARCHIVBIT ENTFERNEN wird selbiges nach der Sicherung entfernt. Dies ist bei Sicherungen vom TYP „inkremetell" wichtig.

Push-Agents beschleunigen die Sicherung. KEINE verwendet diese nicht. DATEIEN ÜBERLAPPEN ermöglicht mehrere Ziele in derselben Sitzung auf dem Datenträger zu sichern. NUR PUSH-AGENT verwendet diesen zur Sicherung.

Mit Push-Agents lassen sich Sicherungen beschleunigen, und sie ermöglichen Sicherungen mit Dateiüberlappung. Push-Agents sind in einem optionalen Zusatzmodul zu ARCserve verfügbar. Es sind folgende Optionen verfügbar:

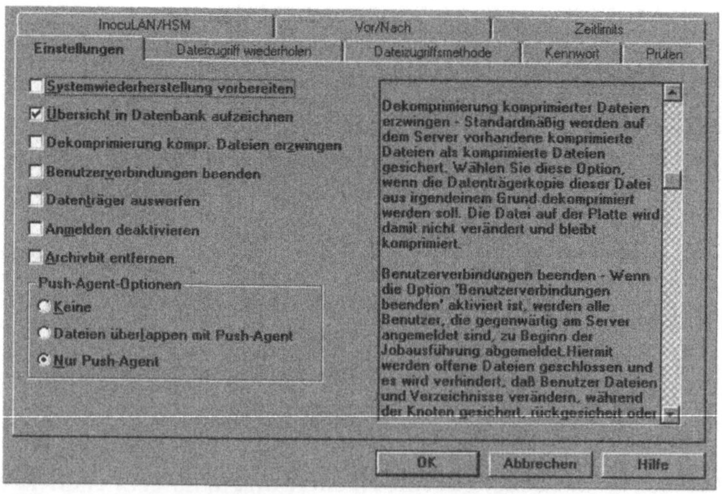

Abb. 67 Einstellungen

Registerkarte Dateizugriff wiederholen:
Hier kann entschieden werden, wie mit evtl. ausgelassenen Dateien während der Sicherung verfahren werden soll.

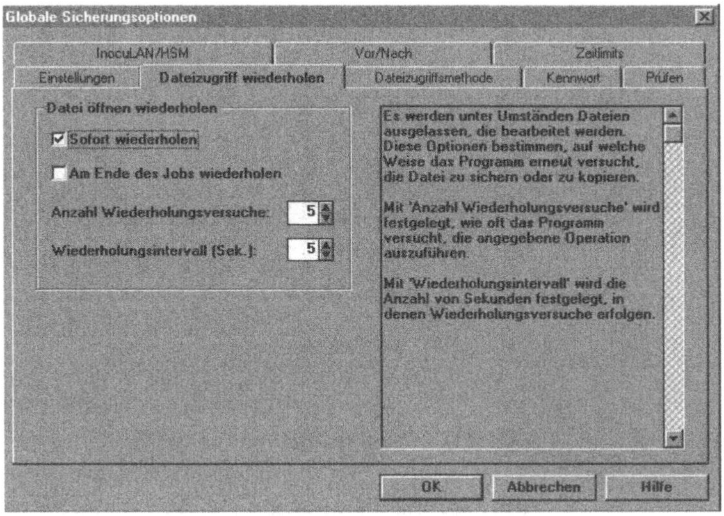

Abb. 68 Dateizugriff

Registerkarte Dateizugriffsmethode:
Sind Sicherungen nachts aus irgendeinem Grund nicht möglich und muss in der Firma trotzdem weiter gearbeitet werden, kann auf dieser Registerkarte festgelegt werden, wie dies vor sich gehen soll.

NICHTS VERWEIGERN, WENN SCHREIBEN VERWEIGERN NICHT MÖGLICH versucht, eine Datei im Modus Schreiben verweigern zu öffnen. Ist diese bereits geöffnet, kann sie während der Sicherung verändert werden.

SPERREN, FALLS SCHREIBEN VERWEIGERN NICHT MÖGLICH versucht, eine Datei im Modus Schreiben verweigern zu öffnen. Ist diese bereits geöffnet, kann sie während der Sicherung verändert werden.

SCHREIBEN VERWEIGERN lässt das Lesen der Dateien zu. Sie können aber nicht verändert werden.

NICHTS VERWEIGERN ermöglicht, dass jeder auf die Dateien während der Sicherung zugreifen kann. Die Dateien können während der Sicherung geöffnet, gelesen, beschrieben und verändert werden. Das dabei keine exakten Sicherungen zustande kommen, ist klar.

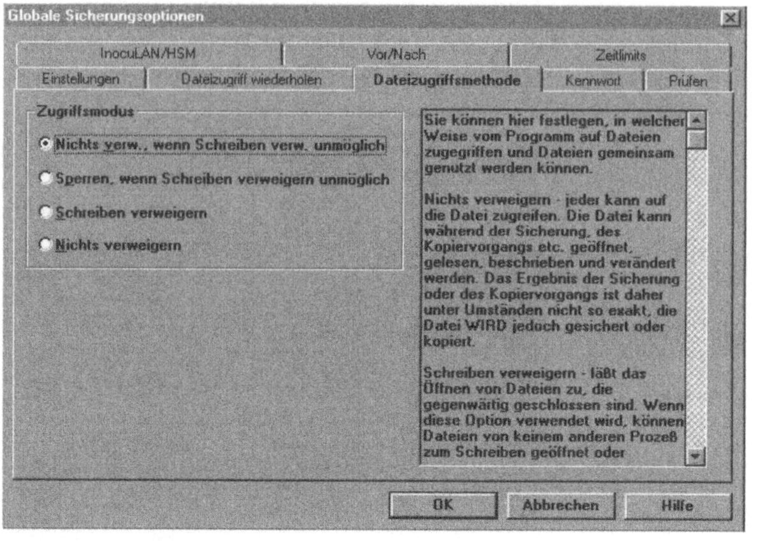

Abb. 69 Methode

Registerkarte Kennwort:
In dieser Registerkarte kann ein Kennwort vergeben werden, welches für die Sicherung der Sitzung verwendet wird. Diese Kennwort muss auch beim Rücksichern verwendet werden.

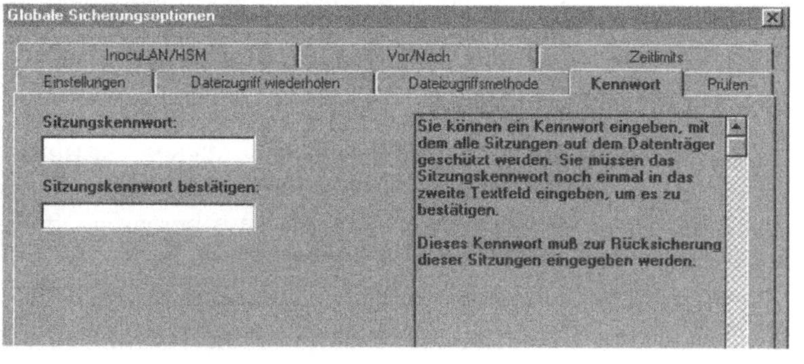

Abb. 70 Kennwort festlegen

Registerkarte prüfen:
Der Verlauf der Sicherung kann geprüft werden.

KEINE verwendet kein Prüfverfahren.

DATENTRÄGERINHALT DURCHSUCHEN durchsucht die Header der Dateien auf der Festplatte, womit die Daten auf dem Band überprüft werden.

DATENTRÄGER MIT PLATTE VERGLEICHEN vergleicht alle Daten auf der Festplatte mit denen auf dem Band (Sicherung dauert sehr lange).

VERLEICHEN DER ERSTEN x MB vergleicht stellvertretend eine mit x angegebenen Bytezahl (zuverlässig und schnell).

CRC-PRÜFUNG überprüft den CRC-Wert zusätzlich oder anstelle der anderen Verfahren.

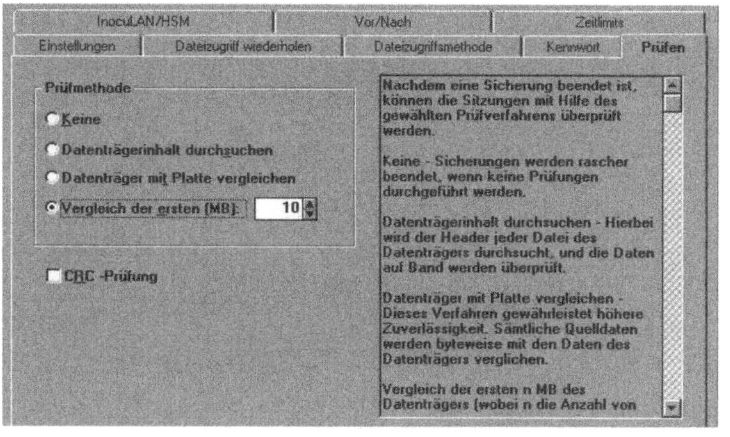

Abb. 71 Prüfen

Registerkarte Zeitlimits:
Hier kann angegeben werden, wie lange ARCserve warten soll, bis der Job abgebrochen wird, wenn ein Job aut. laufen soll und kein Band im Laufwerk eingelegt wurde. Ebenfalls kann hier die Zeit angegeben werden, wann ein Job abgebrochen wird, wenn kein Fortsetzungsband eingelegt wurde.

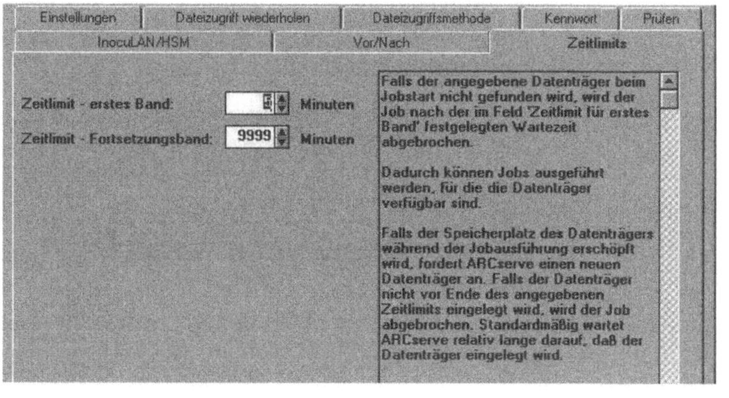

Abb. 72 Zeitlimits

Registerkarte Vor/Nach:
Sollen Befehle vor oder nach einer Sicherung ausgeführt werden, können diese hier angeben werden.

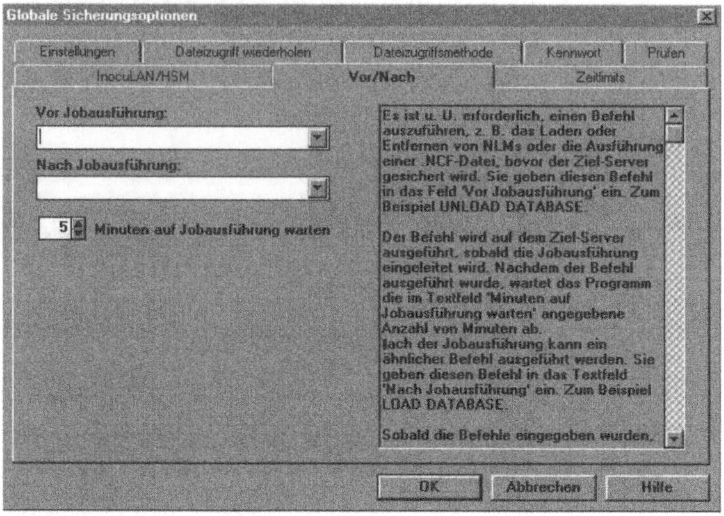

Abb. 73 Vor/Nach

Über die Schaltfläche AUSFÜHREN wird der Job nun in die Warteschlange gestellt und nach der vorgegebenen Zeit (dem vorgegebenen Schema bei Rotation) ausgeführt.

Jobwarteschlange einsehen / Job überwachen:

Über die entsprechende Schaltfläche (6) kann die Jobwarteschlange eingesehen werden, der Job verändert, bearbeitet, gelöscht sowie das Kennwort überprüft werden. Auch momentan laufende Jobs können werden hier überwacht.

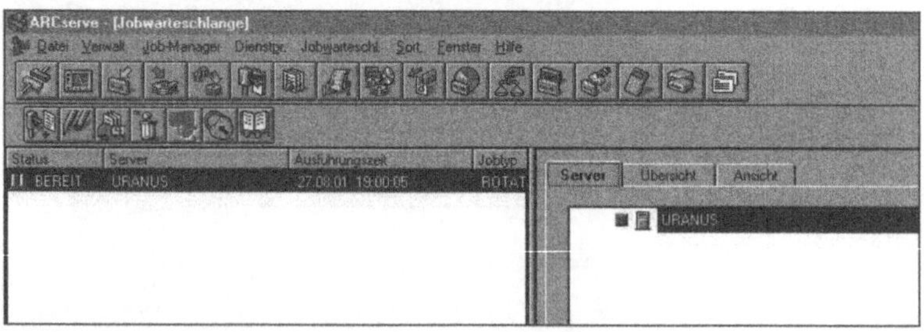

Abb. 74 Jobwarteschlange

Über die Schaltfläche BEARBEITEN kann der gesamte Job neu aufgesetzt werden.

Über die Schaltfläche ÄNDERN können Ausführungszeit, -Datum sowie der Status des Jobs verändert werden.

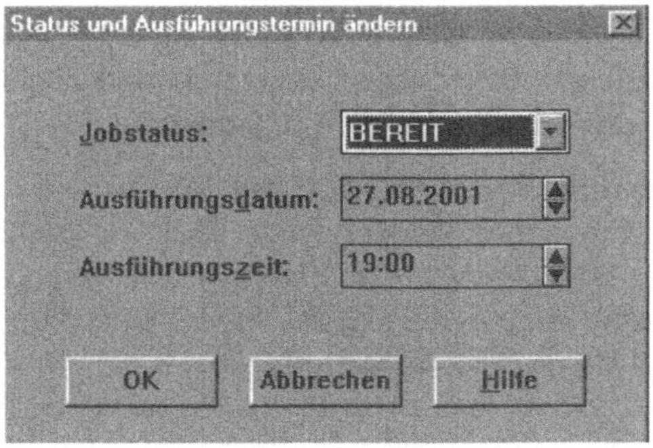

Abb. 75

Über die Schaltfläche LÖSCHEN wird der Job aus der Warteschlange gelöscht.

Über die Schaltfläche ÜBERWACHEN kann ein Job in seinem Verlauf beobachtet werden. Die Registerkarten Jobstatistik, Sitzungsstatus und Sitzungsstatistik vermitteln jeweils aktuelle Daten.

Achtung: Diese Schaltfläche ist nur aktiv (farbig), wenn auch der Job aktiv ist.

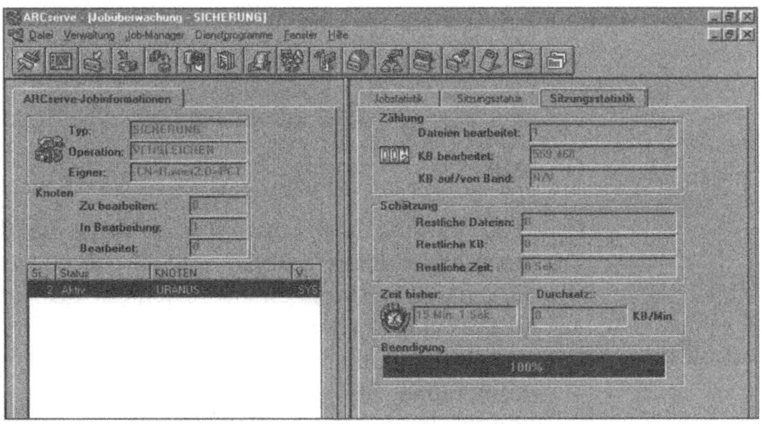

Abb. 76 Jobüberwachung

Schaltfläche zum Kennwort überprüfen.

Jobstatus:

Über die Schaltfläche JOBSTATUS (2) werden gelaufene Jobs kontrolliert. Da während einer Sicherung Fehler auftreten können, werden diese Fehler hier vermerkt. Wichtig ist hierbei, dass in der rechten Hälfte zuerst der richtige Server ausgewählt wird (voll ausgefülltes grünes Kästchen) und andere Server deaktiviert sind (nur grün umrandetes Kästchen).

In der linken Fensterhälfte werden alle gelaufenen Jobs dargestellt. Ein grüner Kreis besagt, dass die gesamte Sicherung ohne Fehler gelaufen ist. Ein gelber Kreis hingegen deutet auf einen vernachlässigbaren Fehler hin. Ein roter Kreis zeigt einen schwerwiegenden Fehler an.

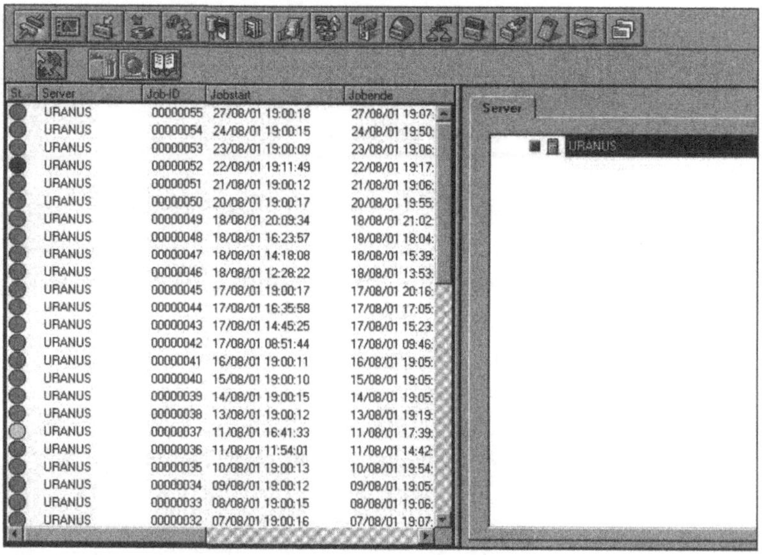

Abb. 77 Jobstatus

Wird doppelt auf einen Job geklickt, werden Meldungen zum gelaufenen Job angezeigt. Auf der Registerkarte JOB-INFO sind allgemeine Informationen einsehbar. Auf der Registerkarte JOB-MELDUNG werden die Fehler angezeigt, die während der Sicherung aufgetreten sind. Klickt man doppelt auf eine solche Fehlermeldung, öffnet sich die Hilfe von ARCserve, in deren Anhang Beschreibungen der einzelnen Fehlernummern und ihre Bedeutung dargestellt sind.

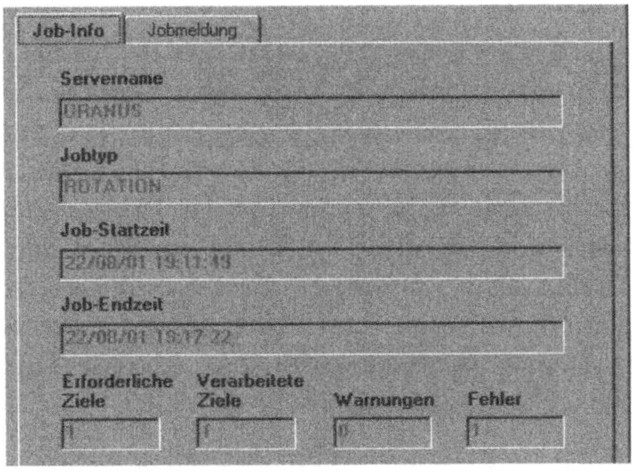

Abb. 78
Job-Info

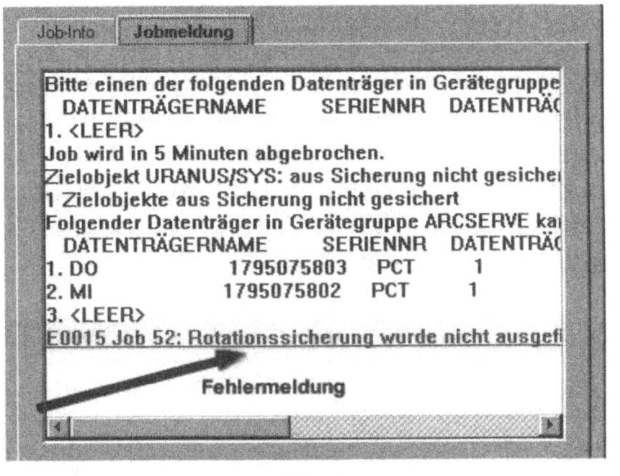

Abb. 79
Job-Meldung

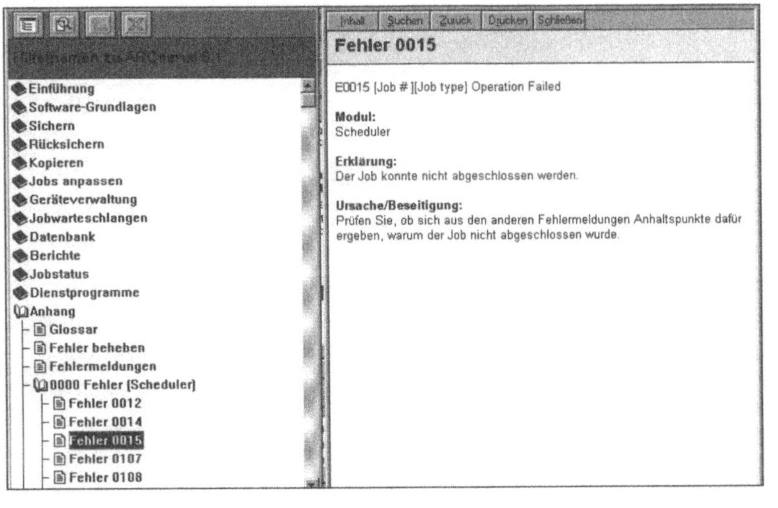

Abb. 80 Fehlerbeschreibung

Rücksichern:

Sicherungen sollten grundsätzlich in der Datenbank aufgezeichnet werden. Sollen Dateien/Verzeichnisse zurück gesichert werden, verwendet ARCserve die Datenbank um festzustellen, welche Bänder benötigt werden, auf denen die Daten sich befinden. Dazu ist die Schaltfläche für das Rücksichern auszuwählen (4). Wenn man allerdings weiß, auf welchem Band sich die Dateien/ Verzeichnisse befinden, die zurück gesichert werden sollen, kann man dieses Band auch direkt auswählen. Die einzelnen Ansichten im Fenster für das Rücksichern können über die Dropdown-Liste ausgewählt werden.

Zurück gesichert werden können einzelne Dateien aus einzelnen/verschiedenen Verzeichnissen, ganze Verzeichnisse oder ganze Verzeichnisstrukturen.

In der Registerkarte QUELLE können über die blauen Pfeile die Server und Verzeichnisstrukturen expandiert werden, von denen ursprünglich gesichert wurde. Hier kann man also auswählen, welche zuvor gesicherten Dateien/Verzeichnisse zurück gesichert werden sollen. Über die grünen Kästchen können die Verzeichnisse/Dateien ausgewählt werden.

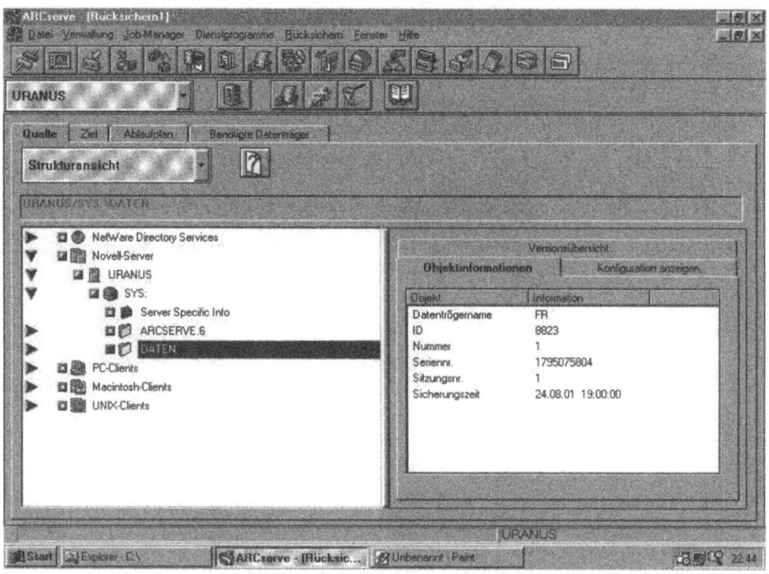

Abb. 81 Strukturansicht

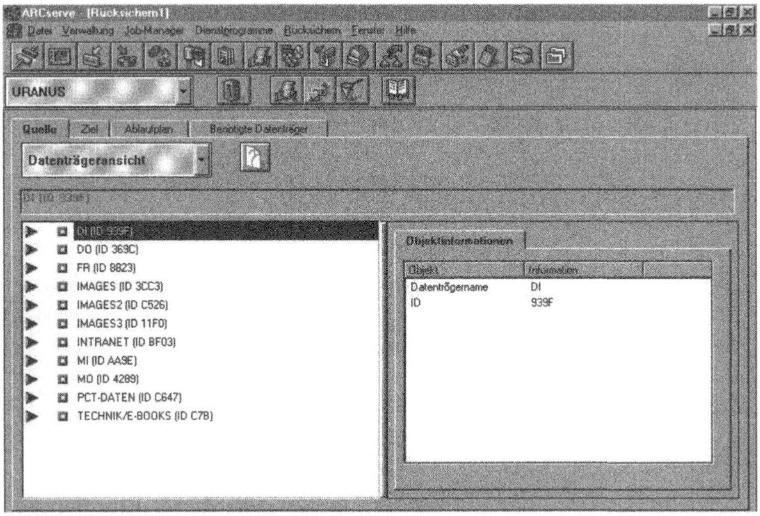

Abb. 82 Datenträgeransicht

Über die ABFRAGEANSICHT können Dateien/Verzeichnisse zurück gesichert werden, deren Namen man zwar kennt, aber nicht mehr weiß, von welchem Server die Datei/Verzeichnis ursprünglich gesichert wurde. Es können hier Suchmuster verwendet werden. Über die Schaltfläche ABFRAGE wird dann über die Datenbank ermittelt, auf welchen Bändern sich die Dateien/Verzeichnisse befinden.

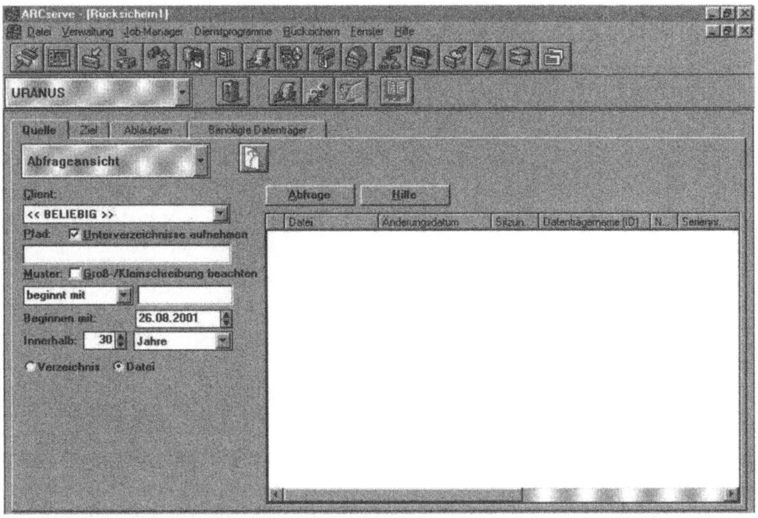

Abb. 83 Abfrageansicht

In der Registerkarte ZIEL ist das Ziel anzugeben, wohin die Dateien/Verzeichnisse zurück gesichert werden sollen. Sollen die zu zurückzusichernden Dateien/Verzeichnisse an denselben Ort auf dem Server zurück gesichert werden, von dem sie ursprünglich gesichert wurden, kann hier das Kontrollkästchen RESTORE TO ORIGINAL LOCATION aktiviert werden. Ansonsten ist ein Pfad anzugeben, in den die Dateien/Verzeichnisse vom Band wieder hergestellt werden sollen.

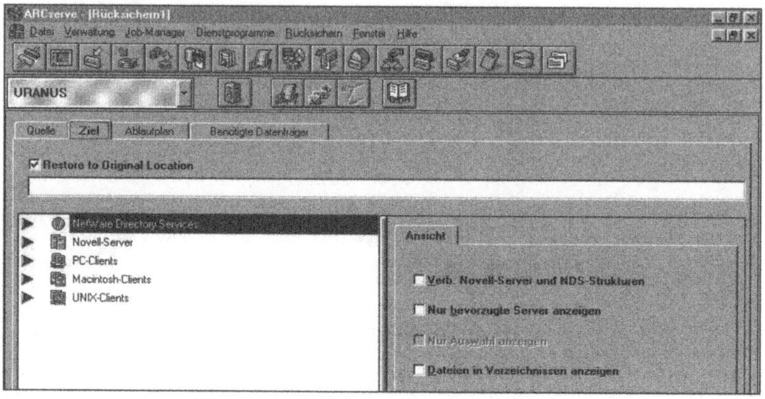

Abb. 84 Ziel

Auf der Registerkarte ABLAUFPLAN kann die Startzeit und das Datum der Rücksicherung festgelegt werden.

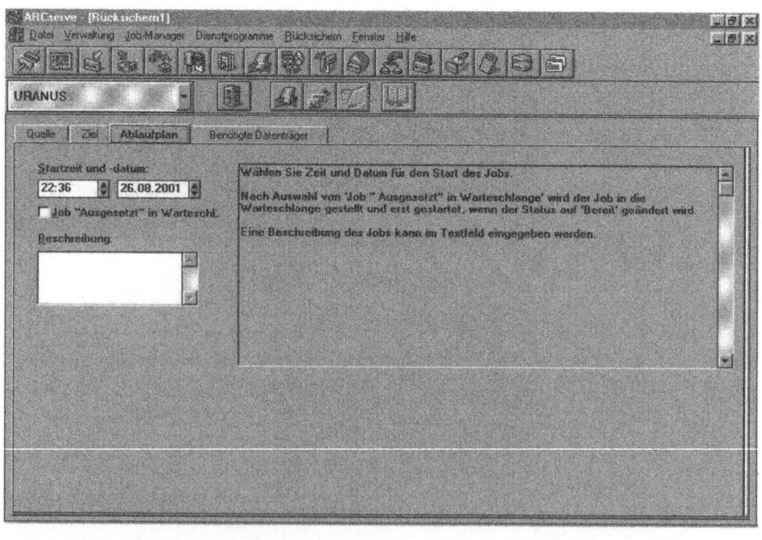

Abb. 85 Ablaufplan

Auf der Registerkarte BENÖTIGTE DATENTRÄGER werden die Bänder angezeigt, die für die Rücksicherung der ausgewählten Dateien/Verzeichnisse benötigt werden. ARCserve fordert die Bänder während der Rücksicherung nacheinander an.

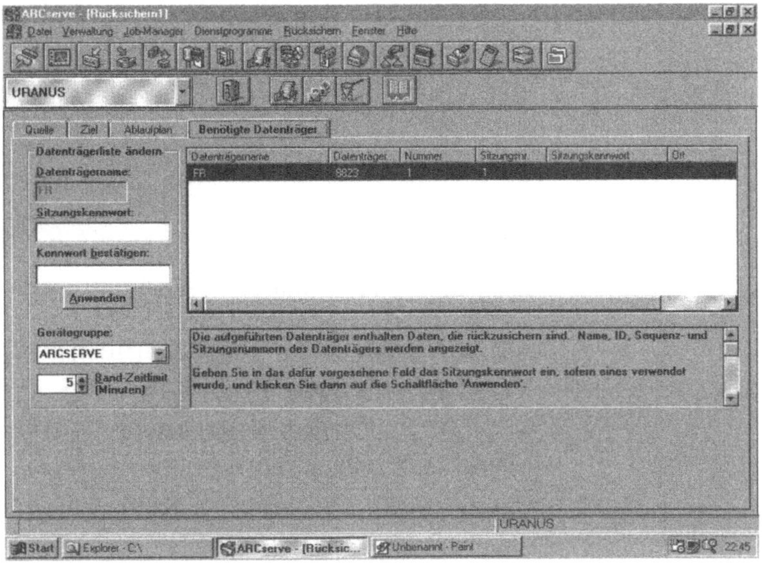

Abb. 86 Benötigte Datenträger

Über die Schaltfläche OPTIONEN können weitere Einstellungen vorgenommen werden, wie die Rücksicherung erfolgen soll.

In der Registerkarte EINSTELLUNGEN können die PLATZBESCHRÄNKUNGEN FÜR BENUTZER BEIBEHALTEN oder deaktiviert werden. Sind Plattenplatzbeschränkungen für Benutzer auf dem Server eingerichtet, werden diese hier weiter verwendet oder nicht.

Dies gilt ebenfalls für PLATZEINSCHRÄNKUNGEN FÜR VERZEICHNISSE.

Sind leere Verzeichnisse gesichert worden, kann über LEERE VERZEICHNISSE ERSTELLEN bestimmt werden, ob diese Zurück gesichert werden sollen oder nicht.

Unter TRUSTEE-OPTIONEN kann bestimmt werden, ob nur Daten, nur Trustees oder Trustees und Daten zurück gesichert werden sollen.

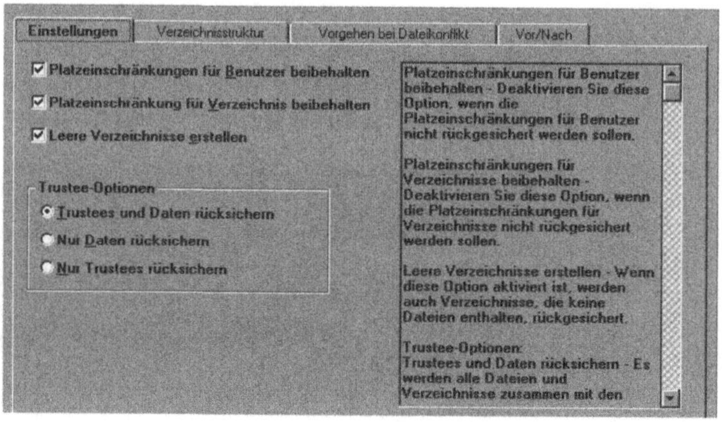

Abb. 87 Einstellungen

Auf der Registerkarte VERZEICHNISSTRUKTUR wird festgelegt, ab welchem Ausgangsverzeichnis zurück gesichert wird.

AUSGANGSVERZEICHNISSE NICHT ANLEGEN sichert nur den Inhalt des Ausgangsverzeichnisses zurück.

VERZEICHNIS AB AUSGANGSVERZEICHNIS ANLEGEN sichert das Ausgangsverzeichnis sowie dessen Inhalt zurück.

ALLE VERZEICHNISSE AB STAMMVERZEICHNIS ANLEGEN sichert ab dem Stammverzeichnis alles zurück, was darin enthalten ist.

Ausgangsverzeichnis wäre z. B. Uranus/SYS:Daten

Stammverzeichnis wäre z. B. Uranus/Sys:

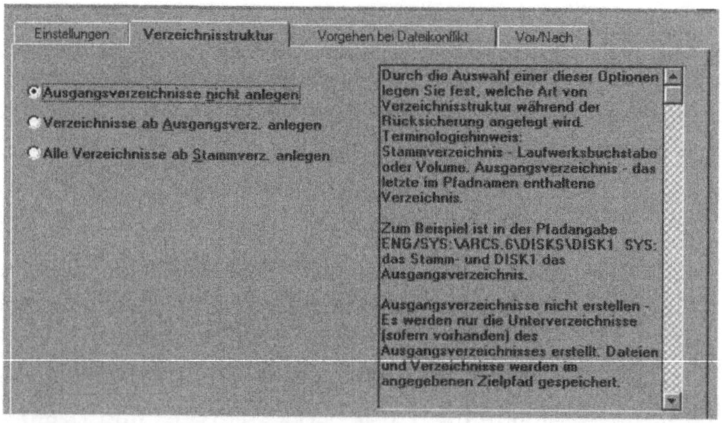

Abb. 88 Verzeichnisstruktur

Wenn Daten zurück gesichert werden, sind Dateien mit dem gleichen Namen auf der Serverplatte meistens schon vorhanden. Auf der Registerkarte VORGEHEN BEI DATEIKONFLIKT kann bestimmt werden, wie mit dieser Situation umgegangen werden soll.

ALLE DATEIEN ÜBERSCHREIBEN ersetzt alle vorhandenen Dateien auf dem Server.

DATEIEN UMBENENNEN benennt die Dateien um, die zurück gesichert werden. Dabei wird dem eigentlichen Dateinamen 1, 2, 3 ... angehängt. Die alte Datei auf dem Server bleibt vollständig erhalten.

VORHANDENE DATEI AUSLASSEN sichert keine Datei zurück, die mit gleichen Namen auf dem Server schon vorhanden ist.

NUR MIT NEUEREN DATEIEN ÜBERSCHREIBEN überschreibt die Datei auf dem Server nur, wenn die Datei auf dem Band ein neueres Datum enthält.

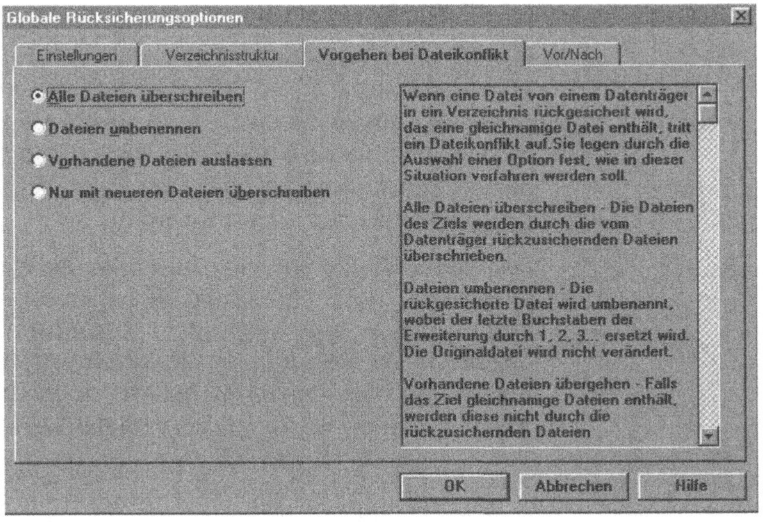

Abb. 89 Vorgehen bei Dateikonflikt

Auf der Registerkarte VOR/NACH können Befehle festgelegt werden, die vor oder nach der Rücksicherung ausgeführt werden sollen.

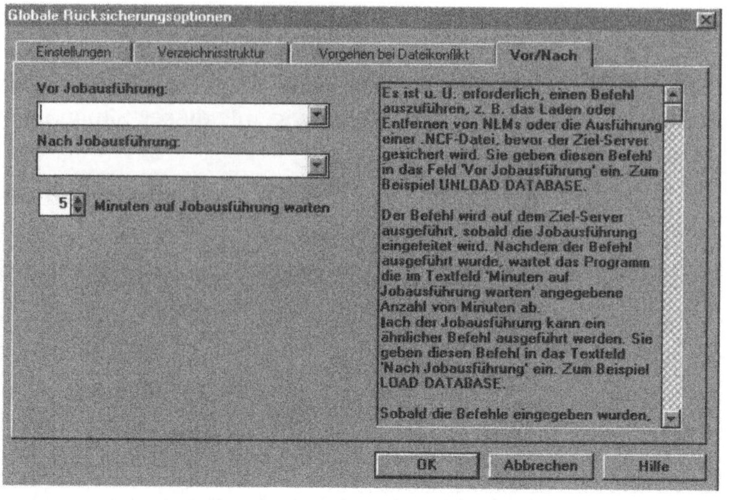

Abb. 90 Vor/Nach

Daten kopieren:

Mittels der Kopier-Funktion von ARCserve können Dateien/Verzeichnisse sowie ganze Festplatten zwischen Servern im Netzwerk kopiert werden. Die vollständige Spiegelung einer Verzeichnisstruktur eines Servers ist so möglich. Sollte der erste Server einmal ausfallen, kann die gespiegelte Verzeichnisstruktur des zweiten Servers benutzt werden.

Die Kopier-Funktion wird über die gleichnamige Schaltfläche aufgerufen (5). Im nachfolgenden Fenster sind wieder Quelle, Ziel, Verfahren und Ablaufplan festzulegen. Als Quelle ist der entsprechende Server auszuwählen. Als Ziel ist dies beim Kopieren ebenso. Hier muss jetzt anstatt einem Band ein Server ausgewählt werden, zu dem Daten kopiert werden sollen.

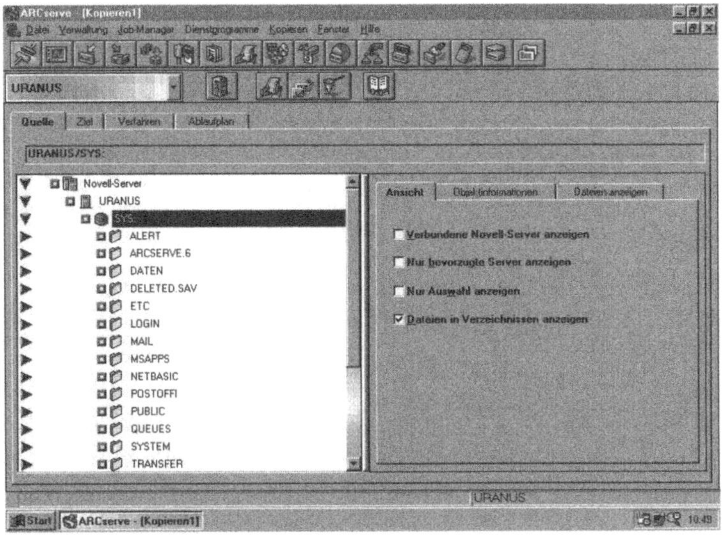

Abb. 91 Kopieren-Quelle

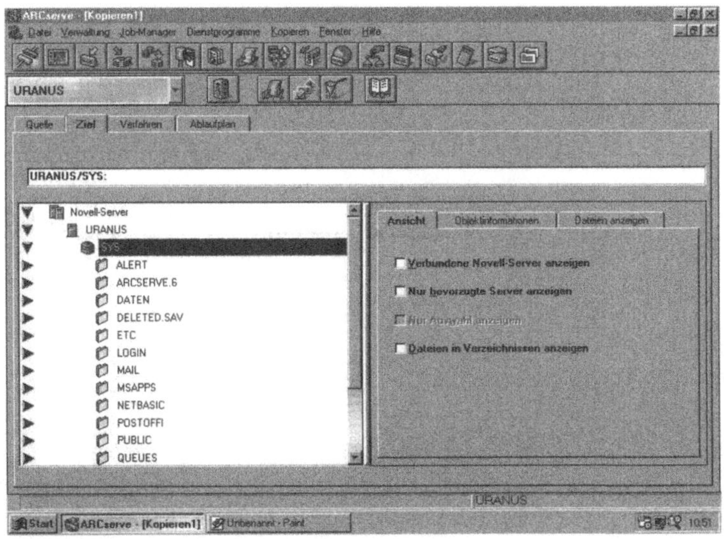

Abb. 92 Kopieren-Ziel

Über die Registerkarte VERFAHREN kann festgelegt werden, ob Daten kopiert, verschoben oder gespiegelt werden sollen. Des weiteren werden hier WIEDERHOLUNGSINTERVALLE festgelegt, wann der Kopiervorgang u. U. regelmäßig wiederholt werden soll.

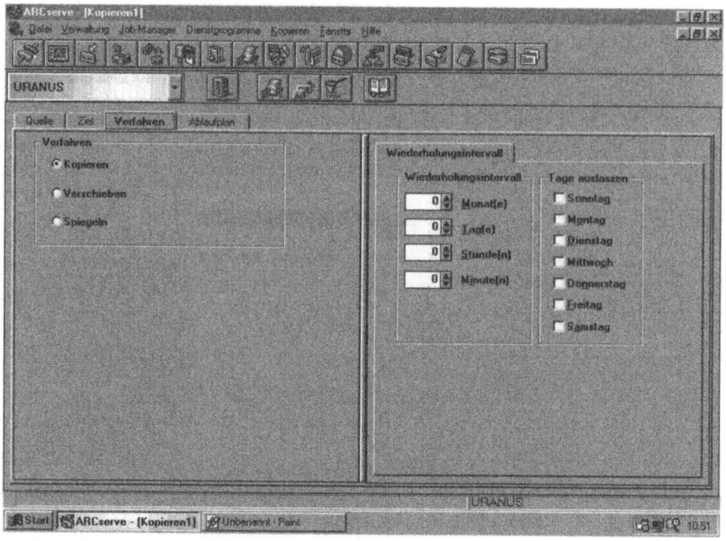

Abb. 93 Verfahren

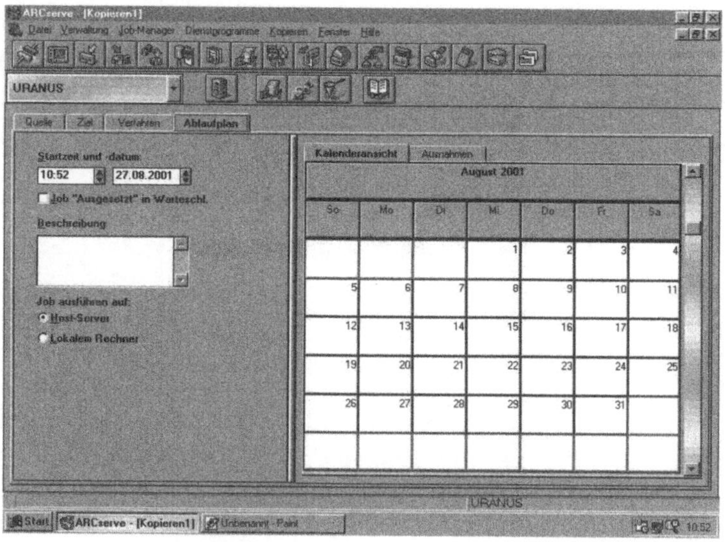

Abb. 94 Ablaufplan

Alle Einstellungen der Registerkarten unter den OPTIONEN für das Kopieren unterscheiden sich nicht von vorher besprochenen und sollen hier nicht noch mal beschrieben werden. Im Zweifelsfall hält ARCserve auf jeder Registerkarte eine kleine Beschreibung zu den einzelnen Funktionen bereit.

Schaltfläche OPTIONEN für das Kopieren

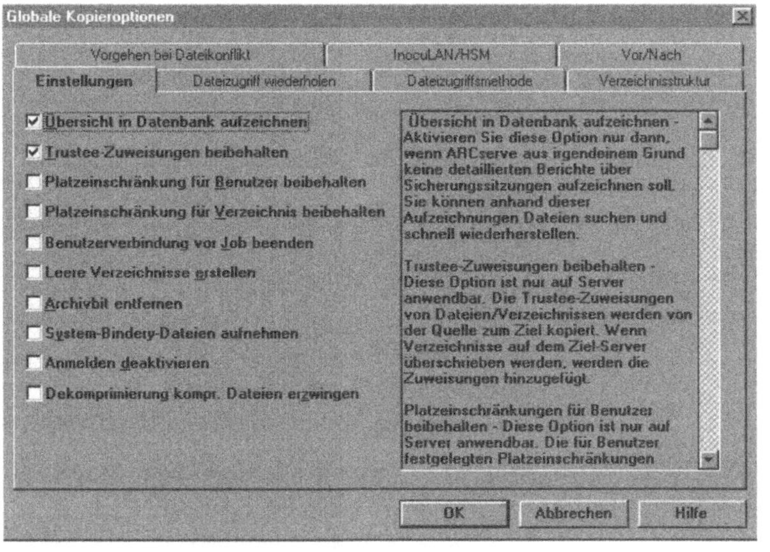

Abb. 95 Einstellungen für das Kopieren

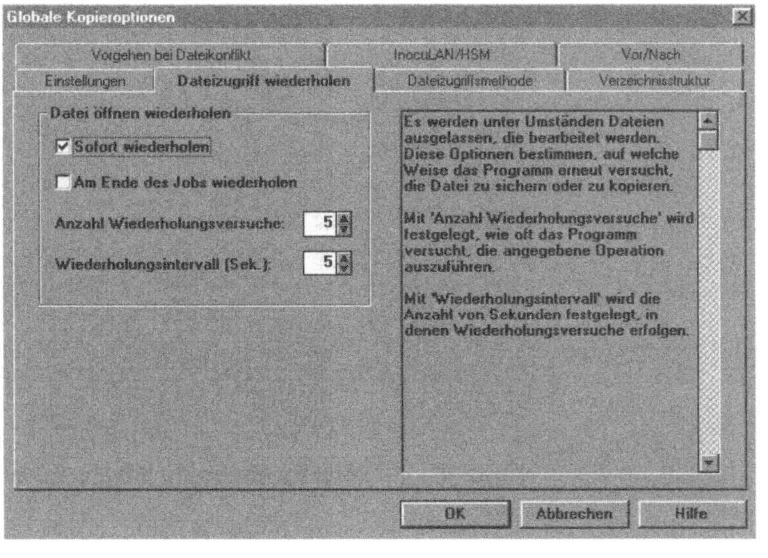

Abb. 96 Dateizugriff wiederholen beim Kopieren

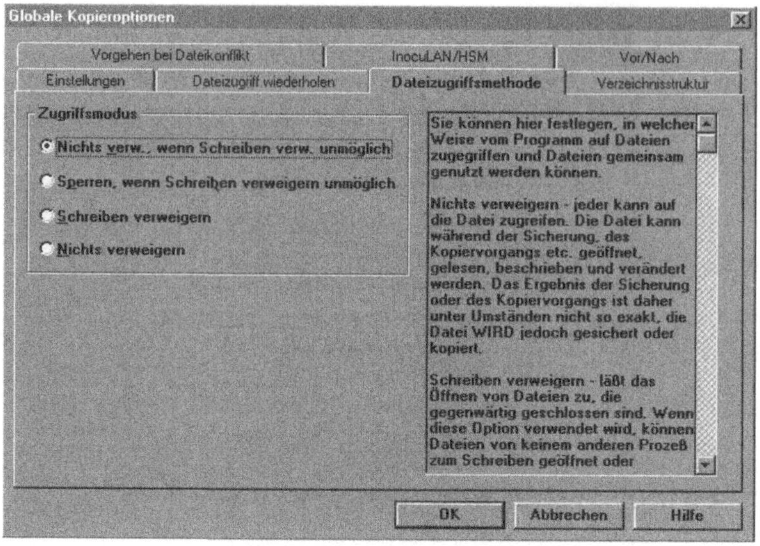

Abb. 97 Zugriffsmethode beim Kopieren

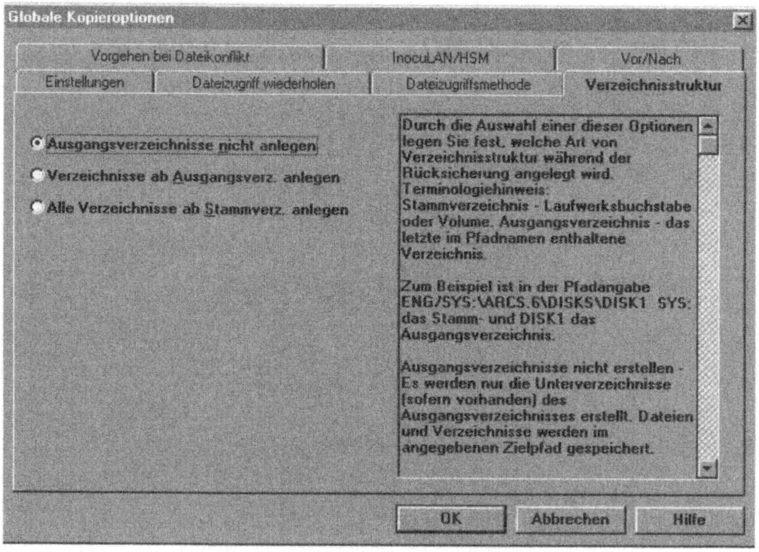

Abb. 98 Verzeichnisstruktur beim Kopieren

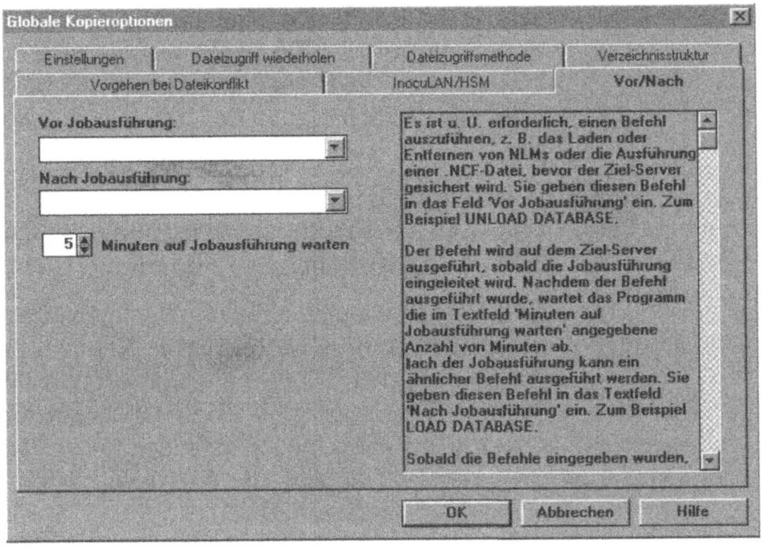

Abb. 99 Vor/Nach beim Kopieren

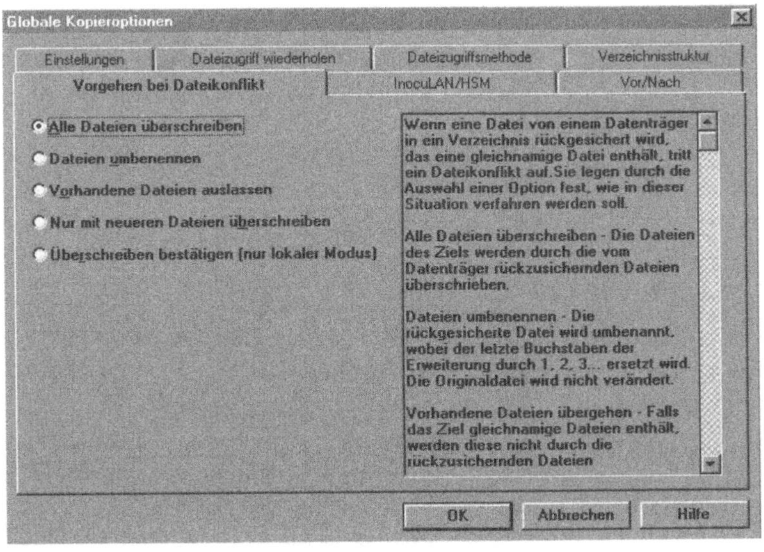

Abb. 100 Dateikonflikte beim Kopieren

Datenbank:

In der Datenbank von ARCserve werden Informationen zu den gelaufenen Jobs sowie Informationen über Datenträger, Datenträgerbestände, Geräte, Datenträgerstandorte, PC-Clients und Kennwortlisten aufgezeichnet. Die Datenbank umfasst mehrere

Ansichten, die alle o.g. Themen einzeln darstellt (eine Datenbank für sich bilden), und in denen über weitere Schaltflächen weitere Einstellungen und Veränderungen vorgenommen werden können. Die Ansichten werden über die Dropdown-Liste ausgewählt.

Über die Schaltfläche KONFIGURATION können Einstellungen der Datenbank konfiguriert werden.

In der Registerkarte DATENBANK kann über AUTOMATISCHES AUSDÜNNEN eingestellt werden, dass alte Sicherungsdatensätze gelöscht werden. Hierbei werden nur Detaildatensätze gelöscht, die von Sicherungs- und Kopierjobs stammen sowie Datensätze von Kopier- oder Sicherungssitzungen. Wird das Kontrollkästchen aktiviert, müssen Alterungsdatum sowie Startzeit des Löschvorgangs angegeben werden.

Über AUTOMATISCHES BEREINIGEN wird die Leistung von ARCserve erhöht. Diese Funktion löscht Informationen von alte Jobs, die u. U. zum Wiederherstellen von Daten vielleicht irgendwann benötigt werden (also mit Vorsicht genießen). Über das Dienstprogramm „Datenträger einfügen“ können solche gelöschten Jobs aber wieder in die Datenbank eingefügt werden.

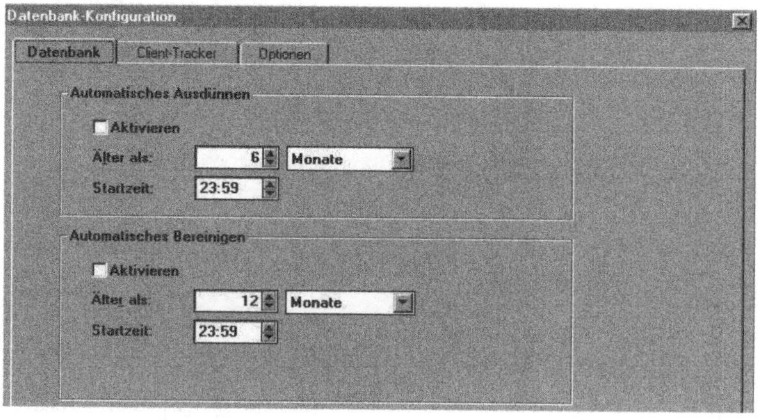

Abb. 101 Konfiguration

Über die Registerkarte CLIENT-TRACKER kann eingestellt werden, wann ARCserve das Netzwerk durchsuchen soll, um die Informationen in der Datenbank zu aktualisieren. Wird die Funktion hier deaktiviert, durchsucht ARCserve das Netzwerk aut. beim Start und danach alle 2 Std.

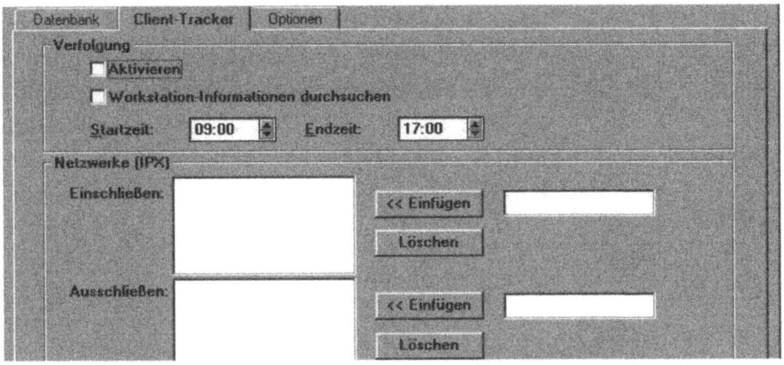

Abb. 102 Client-Tracker

Über die Registerkarte OPTIONEN kann über EINFÜGEN bestimmt werden, wann Detaildatensätze in die Datenbank eingefügt werden sollen. Wenn ein Job abgesetzt wird , schreibt ARCserve Detaildatensätze in Dateien unter \Database\DBScan.

Über PUFFER werden Zwischenspeichergrößen angelegt, die für Sicherungs- und Kopierjobs benötigt werden. Sicherungsjobs benötigen Puffer zwischen 300–1000, Kopierjobs 100–1000.

Über ANDERE kann weiter festgelegt werden, dass Detaildateien nach dem Einfügen in die Datenbank gelöscht werden sollen.

Ein weiterer wichtiger Punkt ist noch DATENBANK AUTOMATISCH REPARIEREN. Wenn eine entsprechende Meldung von ARCserve kommt (z. B. Integritätsprüfung gescheitert) kann hier festgelegt werden, dass ARCserve die Datenbank aut. repariert. Dies ist allerdings auch mit dem Serverkonsolenbefehl ASDB möglich (ASDB F=[Datenbankdatei]).

Achtung: Die Datenbank darf nur repariert werden, wenn alle Jobs abgeschlossen sind.

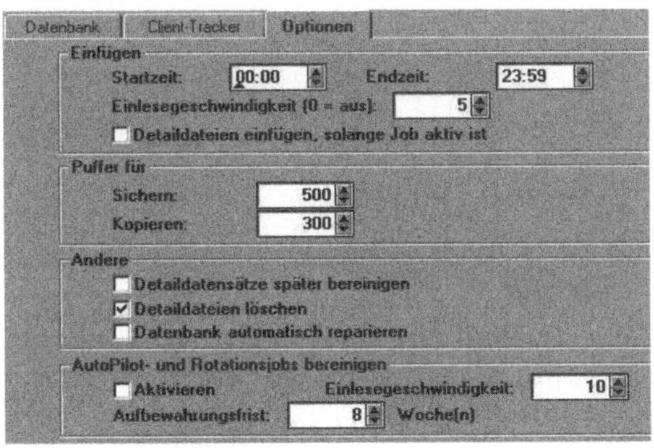

Abb. 103 Optionen

Über weitere Schaltflächen können weitere Konfigurationen in jeder einzelnen Datenbank vorgenommen werden. Je nachdem, welche Datenbank gerade geöffnet ist, können über nachfolgende Schaltflächen die Datensätze der jeweiligen Datenbank hinzugefügt, angezeigt oder verändert werden. Dabei hat jede Datenbank eine eigenständige Maske.

Schaltfläche DATENSATZ HINZUFÜGEN

Schaltfläche DATENSATZ ANZEIGEN

Schaltfläche DATENSATZ ÄNDERN

Übersicht

In der ÜBERSICHT sind allgemeine Informationen zur Datenbankgröße usw. dargestellt.

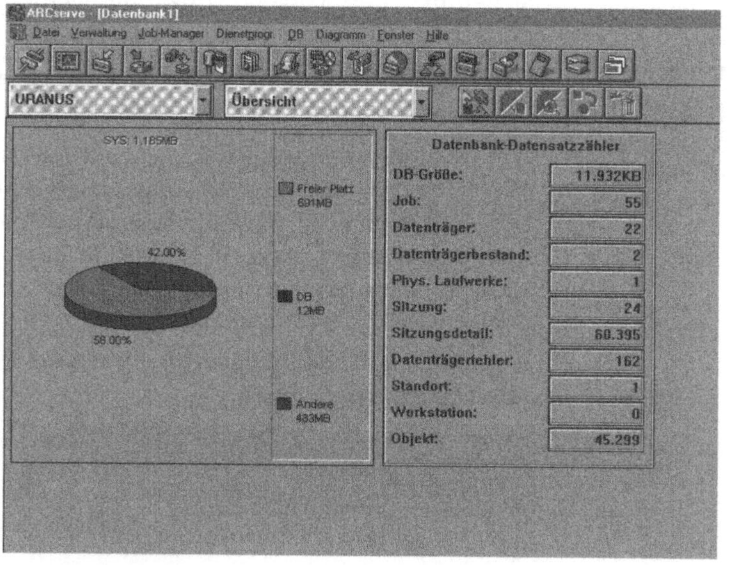

Abb. 104 Übersicht

Jobliste

In der JOBLISTE werden alle durchgeführten Jobs festgehalten. Zusätzliche Informationen wie z. B. Status und Anfangs- bzw. Endzeit der einzelnen Jobs können hier eingesehen werden.

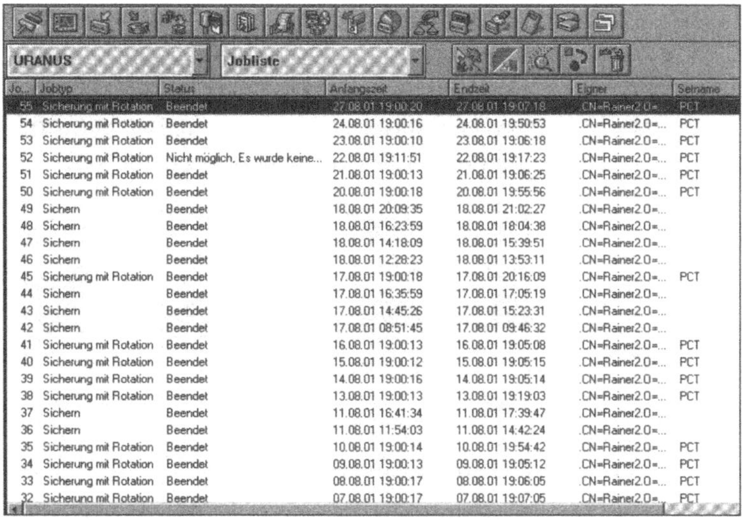

Abb. 105 Jobliste

Datenträgerliste

In der Datenträgerliste sind Informationen zu den Bändern festgehalten. Diese umfassen Seriennummer, ID, zugehöriger Datenträgerbestand, Formatierungsdatum, usw. Rot durchgestrichene Bänder existieren nur noch in der Datenbank. Phys. sind diese schon durch die Rotation überschrieben. Diese sollten von Zeit zu Zeit aus der Datenträgerliste gelöscht werden.

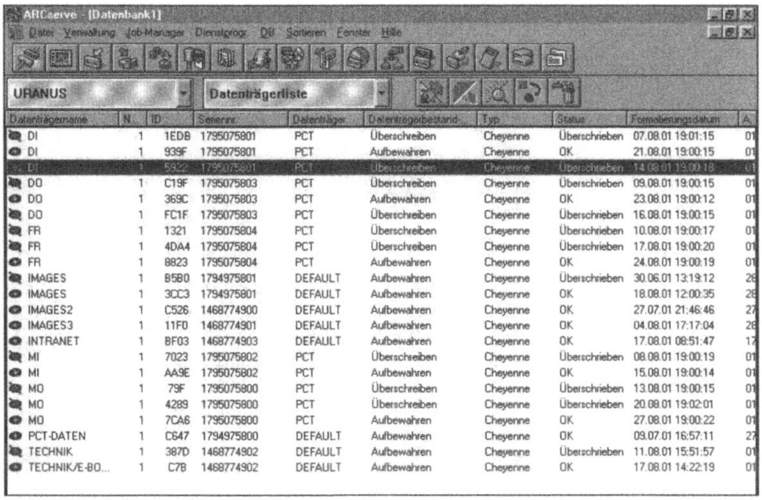

Abb. 106 Datenträgerliste

Geräteliste

In der Geräteliste sind Informationen zu den Bandgeräten festgehalten, die mit ARCserve zusammen arbeiten. Die Informationen umfassen Gerätetyp, Händler, SCSI-ID, Anzahl der Kopfreinigungen und Nutzungsdauer.

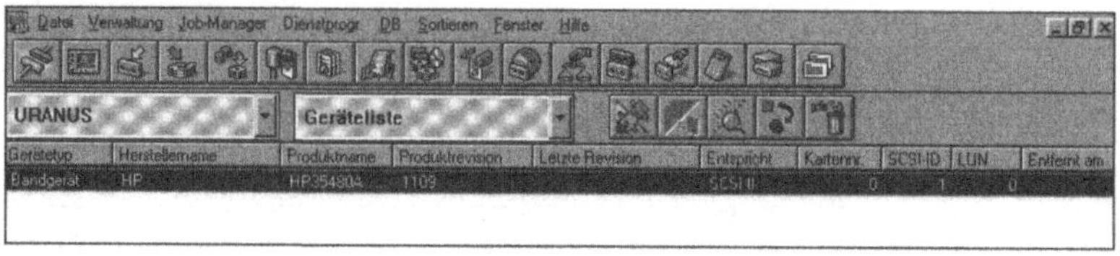

Abb. 107 Geräteliste

Datenträgerbestände

Hier sind Informationen zu den Datenträgerbeständen einsehbar. Informationen wie z. B. Setnamen und Aufbewahrungsdauer hat man hier auf einen Blick.

Achtung (wichtig): Hier werden über die Schaltfläche ÄNDERN den jeweiligen Jobs ihre Bänder zugeführt. Hat man z. B. einen Rotationsjob aufgesetzt, muss über ÄNDERN | aus Dropdown-Liste Bestand auswählen (Von) | im Feld AUFBEWAHREN Band auswählen | Schaltfläche ÜBERSCHREIBEN betätigen täglich ARCserve das nötige Band zugeführt werden.

Für den Auto-Piloten ist hier unter VON der entsprechende _DLY-, _WLY- oder MLY-Pool auszuwählen, dann unter AUFBEWAHREN das Band und die Schaltfläche ÜBERSCHREIBEN zu betätigen.

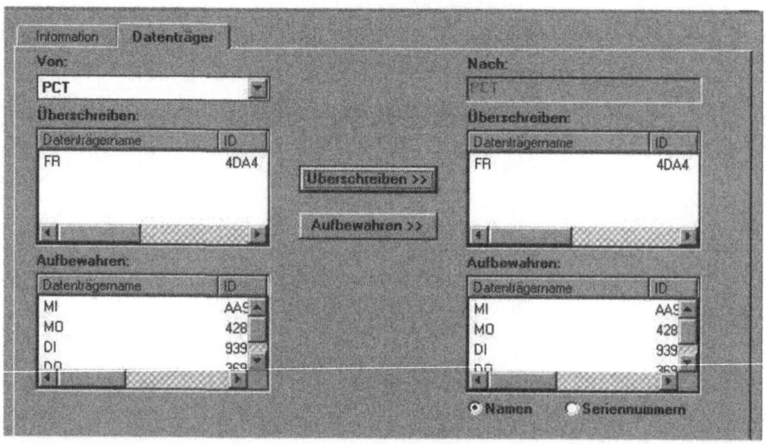

Abb. 108 Band zum Überschreiben auswählen

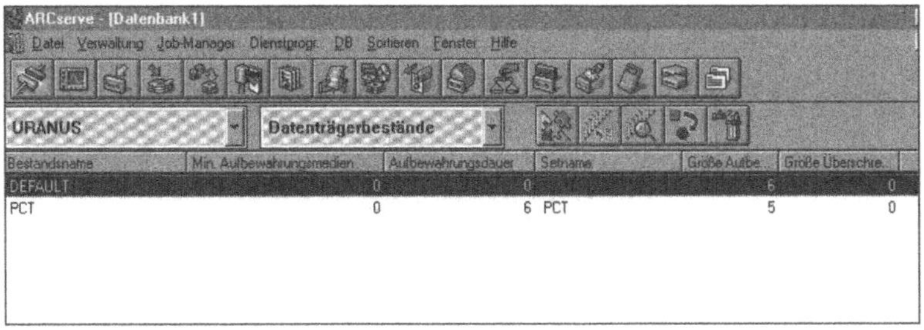

Abb. 109 Datenträgerbestände

Datenträgerstandorte

Datenträger, die länger nicht benötigt werden, sollten aus Sicherheitsgründen in anderen Gebäuden aufbewahrt werden. In der Datenträgerstandortliste werden Informationen darüber festgehalten, wo sich die Datenträger befinden, wer der Ansprechpartner dafür ist, wer die Datenträger dort deponiert hat, usw.

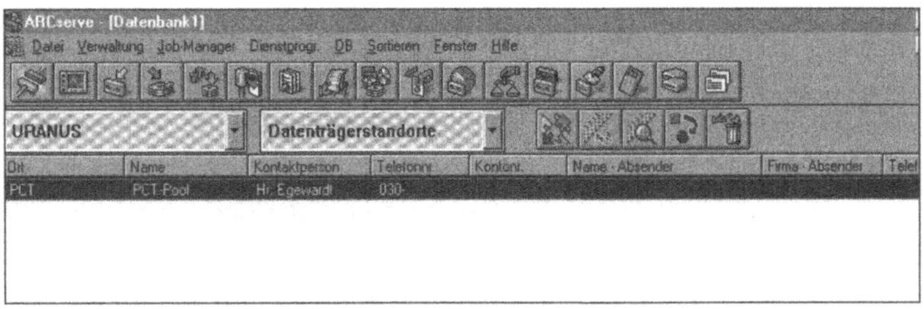

Abb. 110 Datenträgerstandorte

PC-Clients

Über PC-Clients können Informationen abgerufen werden, die alle Clients im Netzwerk betreffen, welche über ARCserve gesichert werden. Da firmenrelevante Daten aber auf Clients nichts zu suchen haben, sondern grundsätzlich auf den Servern gespeichert werden sollten, wo sie abgesichert sind, wäre es sinnvoll, wenn diese Datenbank leer bleiben würde.

Kennwortlisten

Die Kennwortlisten liefern Informationen über die Host-Server-Benutzer und ihrer Kennwörter, wobei die Kennwörter in der Datenbank nur in ihrer verschlüsselten Form gespeichert sind.

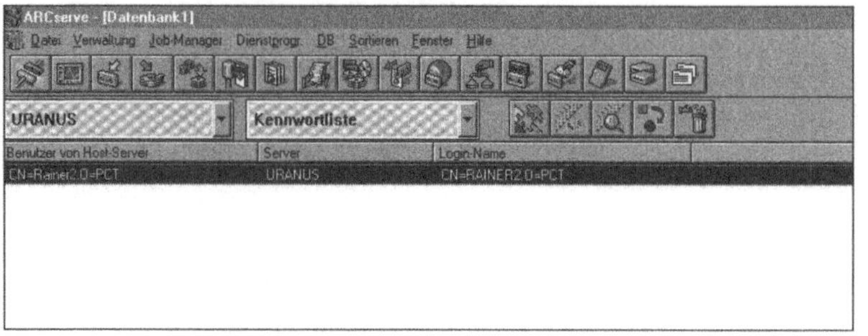

Abb. 111 Kennwortlisten

Berichte und Protokolle:

Über die Berichte und Protokolle können in ARCserve sämtliche Aktionen übersichtlich dargestellt und ausgedruckt werden.

Protokolle

Aktionsprotokoll:
Listet Details der durchgeführten Aktionen auf, mit Datum, Uhrzeit und Namen des Benutzers.

Bandserverprotokoll:
Listet die Bandserver-Aktivitäten auf, mit Jobs, Datum und Uhrzeit der Durchführung, Benutzer und aufgetretene Fehler.

Tagesprotokoll (Auto-Pilot und Rotation):
Listet Details zur Verwaltung der letzten Sicherung mit Rotation oder Auto-Pilot. Auch z. B. benötigte Bänder für die nächste Sicherung.

Gesamtprotokoll (Auto-Pilot und Rotation):
Sammlung von Rotations- und Auto-Pilot-Protokollen. Es ist eine Art Übersicht über ein Auto-Pilot-Set (jedes Auto-Pilot-Set hat sein eigenes Protokoll) und stellt Informationen zu den Daten von Auto-Pilot-Sicherungen und der verwendeten Bänder zur Verfügung.

Auto-Pilot Pflegeprotokoll:
Listet Dateien auf, die während der Pflege gelöscht worden sind (jedes Auto-Pilot-Set hat sein eigenes Protokoll).

Warteschlangenprotokoll:
Listet Informationen über Jobs in der Warteschlange, wie Quellen, Ziel und Filter. (Abb. siehe nächste Seite)

Berichte

Jobbericht:
Listet alle Jobs auf, die ARCserve durchgeführt hat. Informationen wie Job-ID, Auftraggeber, Status, Startdatum, Typ und Beschreibung.

Datenträgerbericht:
Listet Informationen über alle Datenträger auf, die mit ARCserve verwendet werden. Informationen, wann ein Band formatiert wurde, wie oft es verwendet wurde, wie viele Daten darauf geschrieben wurden und welche Fehler dabei aufgetreten sind, sind darin enthalten.

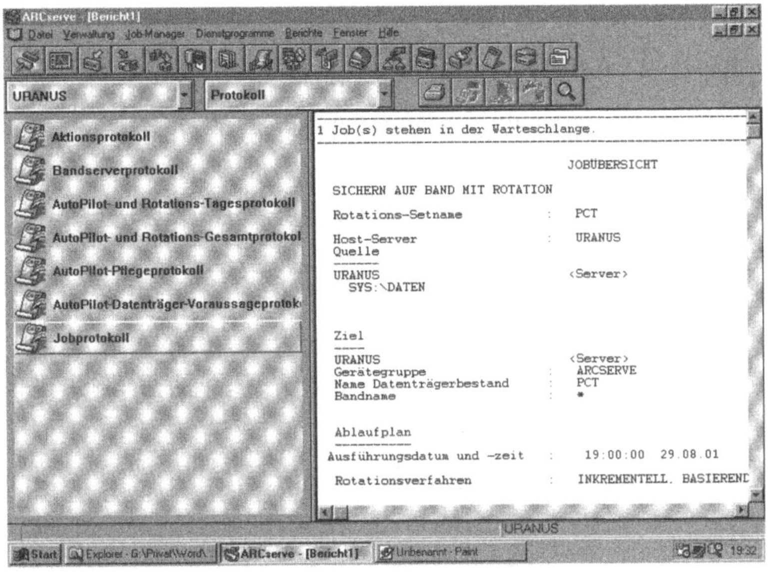

Abb. 112 Protokolle

Datenträgersitzungsbericht:
Listet Informationen über alle Sitzungen, die auf das Band gesichert worden sind. Dieser Bericht kann für einen oder alle Datenträger erstellt werden.

Sitzungsdetailbericht:
Listet Informationen über Dateien, die in einer speziellen Sitzung gesichert worden sind.

Gerätebericht:
Listet Informationen zu Bandgeräten, wie Nutzungsdauer und Fehler.

Datenträgerbestandsbericht:
Listet Informationen über Datenträgerbestände, wie Bänder in den Beständen und weitere Informationen.

Auto-Pilot-Bericht:
Listet eine Übersicht aller Sicherungen, die über ein Auto-Pilot-Set gelaufen sind.

Detailbericht über Kopieren:
Listet alle Kopierjobs.

Standortbericht:
Listet alle Datenträgerstandorte.

3.4 Unix (S.u.S.E.-Linux)

Linux als Unix-Clone gibt es in diversen Variationen. DLD, Slackware, Caldera und S.u.S.E., um nur einige zu nennen, die aber in ihrem wesentlichen Aufbau alle fast gleich sind. Nachfolgend wird auf eine S.u.S.E.-Linux-Distribution eingegangen.

3.4.1 Allgemein

Unix agiert als Peer-System. Jeder Computer kann sowohl Client als auch Server sein. Meistens werden allerdings Hardware optimierte Rechner als Server definiert. Über SMB-Blocks (SAMBA) können WIN-Clients auf einen Unix-Server zugreifen oder Unix-Clients auf NT-Server (Unix-Client auf Novell-Server ist auch möglich). Es ist ein Multiusersystem, das wirklich Multitasking fähig ist. Es läuft in der PC-Welt genauso wie in der mittleren Datentechnik sowie auf Großrechnern.

Unix ist aufgebaut aus:

- der Hardware,
- dem Betriebssystem-Kern (Hardware abhängig), der sich um die Hardware legt und
- den Shells (Kommandointerpreter, vergl. mit Command.com unter DOS), welche programmierbar sind.

Shell:

- Liest Benutzer-Eingaben,
- interpretiert diese Eingaben,
- führt die Anweisungen selber aus oder startet das entsprechende Programm.

Kommando:

- Interne Funktion oder
- Shell-Script (Batch) oder
- externes Programm

Dateiarten:

normale Datei

Beinhaltet Daten oder ist ein Programm

Verzeichnis

Dateien, die die zugehörige Datei-Kennnummer von Dateien erhalten.

Geräte-Dateien

stehen für ein physikalisches Gerät und können wie eine normale Datei angesprochen werden (beschreiben / lesen).

Dateinamenkonvention:

- 14 Zeichen für Dateien oder Verzeichnisse
- zulässig sind Buchstaben, Ziffern und Sonderzeichen, außer ? * [ ] .
- Groß und Kleinschreibung wird unterschieden
- Dateinamen, die Sonderzeichen enthalten, können in " " gestellt werden

Attribute:

- Länge der Datei
- Rechte
- Typ
- Datum/Uhrzeit

Pfadangaben:

beginnen grundsätzlich mit / (Root-Verzeichnis)

Dämonen:

Prozesse, die im Hintergrund laufen und Systemfunktionen zur Verfügung stellen.

Groß- und Kleinschreibung:

muss unter Unix-Systemen beachtet werden.

3.4.2 Vorgehensweise beim Einrichten eines Unix-Systems (Schnellübersicht)

1. Installieren
2. Kernel generieren
3. Dateien : profile
   printcap
   rc.config (oder rc.inet1 und rc.inet2, je nach Distribution)

bei Netzbetrieb zusätzlich bearbeiten:
   hosts
   host.conf
   HOSTNAME
   networks
   rc.config (oder rc.inet1 und rc.inet2, je nach Distribution)
   resolv.conf

4. Usergruppen und User einrichten (Dateien: passwd / group)
5. Paßwörter vergeben (Kommando: passwd)
6. Verzeichnissen, auf die Zugriffsrechte vergeben werden sollen, entspr. Gruppen zuordnen (Chgrp)
7. Rechte für Gruppen an entspr. Verzeichnissen vergeben (chmod)

3.4.3 Vor der Installation

Begriffe:
Swap-Partition

Partition, auf die Daten aus dem RAM ausgelagert werden können (sollte 64–96 MB groß sein).

Mountpoint

Stelle (Verzeichnis), an die eine Partition in das System eingehängt werden kann.

Eine Partion muss auf / (root-Verzeichnis) gemountet werden.

Unix verwaltet alles als ein großes Datei-System. Laufwerke, Partitionen, CD-ROM's, etc. sind alle Teile eines großen Datei-Systems, die an einer bestimmten Stelle in den Verzeichnis-Baum eingehängt (gemountet) werden.

Kernel

Betriebssystem-Kern, der speziell für die eigene Hardware des Rechners generiert werden kann. Der Kernel enthält u.a. Treiber für Geräte.

Bei der Erstinstallation sollte ein Standard-Kernel ausgewählt werden. Erst wenn das Betriebssystem installiert ist, kann *der* Kernel neu generiert werden, der dann den eigentlichen Hardwareanforderungen des System entspricht und damit weniger Speicher benötigt.

3.4.4 Installation (von CD)

S.u.S.E.-Bootdiskette einlegen und Rechner booten. Am Begrüßungsbildschirm Return drücken.

Mit einem passenden BIOS kann auch direkt von der ersten CD gebootet werden.

Das Programm linuxrc startet.

↓

Sprache, Bildschirmtyp und Tastaturbelegung auswählen.

'Installation starten' wählen, um das Programm YaST zu starten.

Quellmedium ist normalerweise 'CD-ROM', evtl. auch 'Netzwerk'.

YaST startet und fragt nach einer Diskette, die jetzt noch nicht existiert. 'Nein' antworten. (Für nachfolgende Vorgehensweise sollte die Platte unpartitioniert und unformatiert sein. Natürlich können DOS- oder andere Partitionen auf der Platte enthalten sein, dann sollte aber ein unpartitionierter Bereich für Linux gelassen werden, oder Linux in eine erweiterte DOS-Partition installieren.)

Mit den Menüpunkten 'Einstellungen zur Installation' – 'Festplatte partitionieren' die Linux-Partitionen und die Swap-Partition anlegen, deren Typ explizit gesetzt werden muss.

Mit den Menüpunkten 'Einstellungen zur Installation' – 'ZielPartitionen/Dateisysteme festlegen' den Partitionen die Mountpoints zuweisen.

YaST beenden, die Daten auf einer neuen Diskette (nicht der S.u.S.E.-Bootdiskette) speichern und das System neu starten.

↓

Die S.u.S.E.-Bootdiskette wieder rechtzeitig einlegen.

Am Begrüßungsbildschirm von linuxrc Return drücken.

Erneut Sprache, Bildschirmtyp und Tastaturbelegung wählen. Die Kernelmodule laden und 'Installation starten' wählen, um YaST zu starten. Gleichen Durchlauf, wie oben.

Die Frage nach der Diskette diesmal mit 'Ja' beantworten und die Speicherdiskette von vorhin einlegen.

YaST formatiert jetzt die Linux-Partitionen.

↓

Die Swap-Partition bestätigen und diese einrichten lassen.

Über 'Installation festlegen/starten' – 'Konfiguration ändern/erstellen' festlegen, welche Pakete installiert werden sollen und dann den Installationsvorgang mit 'Installation starten' starten.

Die ausgewählten Pakete werden jetzt installiert (allerdings erstmal nur Pakete von CD 1).

Beenden von YaST mit 'Installation abschließen' und den Kernel auswählen, mit dem Ihr System künftig gestartet werden soll.

Es sollte eine Bootdiskette erzeugt werden, mit der Linux künftig gestartet werden kann; auch für Notfälle ist sie hilfreich. Dazu muss noch einmal das CD-ROM-Laufwerk ausgewählt werden.

Der Bootmanager LILO kann jetzt auch installiert werden.

Dem Rechner muss nun noch einen Namen gegeben und die Art des Netzwerks ausgewählt werden.

Anschließend bootet der Rechner weiter und man kann sich in Linux einloggen.

YaST startet wieder und die Pakete, die nicht auf CD 1 liegen, werden installiert.

Anschließend werden die letzten Feinheiten des Systems konfiguriert.

Login:

Username oder root (Administrator)
Kennwort

System stoppen:

halt

3.4.5 Initialisierung des Systems (Systemstart)

1. etc/rc wird abgearbeitet

- Root-File-System wird read-only gemountet,
- Dateisystem wird getestet,
- Root-File-System wird mit Schreibrechten gemountet,
- Rest des Dateisystems wird ohne NFS gemountet und Swap-Partition wird aktiviert,

- Script-Dateien werden gelesen und TCP/IP networking gestartet,
- einige Dämonen werden gestartet,
- Tastaturtabelle wird geladen,
- lokales Initialisierungsscript /etc/rc.local wird abgearbeitet.

2. etc / inittab wird abgearbeitet

- Runlevel werden festgelegt,
- virtuelle Terminals werden eingebunden,
- Modem wird eingebunden,
- auch wird hier festgelegt, welche Initialisierungsdateien weiter abgearbeitet werden sollen.

(inittab siehe Abschnitt 3.4.29 „Weitere wichtige Konfigurations-Dateien")

3. profile wird abgearbeitet

profile = System-Login-Script
profile = User-Login-Script
(profile und .profile siehe Abschnitt 3.4.12 „Login-Scripten")

3.4.6 Bootvorgang

Beim Booten wird als Erstes der Boot-Manager „LILO" aktiv. LILO sorgt mit seinem Bootloader dafür, dass sich der Betriebssystemkern „vmlinuz" ins RAM entpackt.

Ein Prozess stammt unter Unix normalerweise immer von einem anderen Prozess ab, weswegen der erste Prozess eine Sonderstellung einnimmt. Der Kernel erzeugt dazu einen nullten Prozess, der sehr kurzlebig ist, von dem dann wiederum der erste Prozess abstammt. Dieser erste Prozess ist init (/etc/init). Seine Aufgabe besteht darin, weitere Prozesse anzustoßen. In welcher Art dies geschieht, wird in der Datei /etc/inittab festgelegt (siehe Abschnitt „Weitere wichtige Konfigurationsdateien" inittab).

Die einzelnen Run-Level bestimmen, in welchem Mode das System hochgefahren wird. Wird der Single-User-Mode verwendet, kann sich nur der Administrator einloggen, was in manchen Fällen recht sinnvoll sein kann. Als Standard wird das System im Multi-User-Mode hochgefahren, woraufhin sich mehrere Benutzer einloggen können.

Die Eingabeterminals c1–c6 werden daraufhin überwacht, damit sich überhaupt jemand ins System einloggen kann (wird von getty bzw. agetty und getty_ps getan). Wie die einzelnen Run-Levels aussehen, kann in den Startup-Scripts unter /etc/rc.d/rc.* konfiguriert werden.

Als Erstes wird beim System-Start rc.S abgearbeitet, wo ein Pfad gesetzt, dann ein virtueller Speicher eingerichtet und die Root-Partition auf das Read-Only-Flag hin überprüft werden. Sollte dieses Flag nicht gesetzt sein, kann keine Überprüfung des Dateisystems stattfinden, woraufhin eine Warnmeldung ausgegeben wird. Ist dieses Flag gesetzt, wird ein File-System-Check durchgeführt und wenn nötig gleich repariert.

Als Nächstes werden dann die Dateisysteme read-write an die Root-Partition montiert.

3.4.7 Verzeichnis-Struktur

Verzeichnis-Inhalte:

/dev	Geräte-Dateien
fd (0-1)	Floppy-Controller (2 Controller mit je 2 LWs)
hd (a-d) (0-8)	Geräte am IDE-Controller (AT Festplatten, ATAPI CD-ROM)
sd (a-h) (0-8)	SCSI-Festplatten
lp (0-2)	parallele Schnittstellen
ttys, cua (0-63)	serielle Schnittstellen
tty	Virtuelle Terminals
Beispiel der Verwendung:	hda1 ist die 1. Partition auf der 1. IDE-Platte

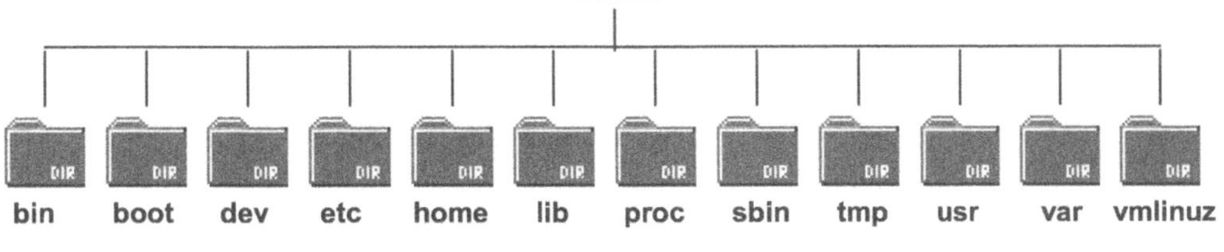

Abb. 1 Verzeichnis-Struktur

/etc	Konfigurations-Dateien
rc.config (rc.inet1, rc.inet2)	Zentrale Konfigurationsdatei
conf.modules	Konfigurationsdatei für Geräte-Treiber
inittab	Initialisieren des Benutzer-Systems
fstab	Tabelle der File-Systeme, die aut. gemountet werden
gettydefs	Einstellungen des Terminal-Treibers
group	Benutzergruppen und ihre Mitglieder Gruppenname:Paßwort:Gruppennummer: Mitglieder
issue	Meldung, die vor dem LoginPromp ausgegeben wird
motd	Meldung, die nach dem Login ausgegeben wird
nologin	Existiert diese Datei, kann sich niemand mehr über das Netzwerk in das System einloggen. Ein Text, der in der Datei enthalten ist, wird ausgegeben.
printcap	Beschreibung im System verfügbarer Drucker. Wird vom lp-Dämon ausgewertet.
termcap	Datenbank, in der die Steuersequenzen für Terminals gespeichert sind
profile	System-Login-Script. Wird von allen Shells gelesen
login.defs	Zeile mit CONSOLE auskommentieren, damit ein Einloggen als root über das Netzwerk möglich ist.
lilo.conf	Konfiguration des Boot-Loaders
DIR_COLORS	Farben für ls
XF86Config	Konfiguration vom X-Windows-System
passwd	Benutzer-Datenbank
shadow	Paßwörter
inetd.conf	Definition der IP-Dienste

/usr	Anwendungen
man	Hilfe-Texte
bin	Benutzer-Kommandos
etc	programmspezifische Konfigurations-Dateien
src	Aufnahme von Programm-Sources
lib	Funktionsbibliotheken des C-Compilers
/bin	Programm-Dateien
/sbin	Programm-Dateien für essenzielle Aufgaben
/home	Home-Verzeichnisse für alle User
/proc	Prozess-Datei-System
/tmp	temporäre Dateien

Netzwerk-Konfigurations-Dateien in /etc	
hosts	Zuordnung von Rechnernamen zu IP-Adressen
host.conf	Übersetzen von Rechner- bzw. Netzwerknamen über die Resolver-Bibliothek
HOSTNAME	Name der Workstation
networks	Auflösung von Netzwerknamen zu IP-Adresse
rc.config (rc.inet1, rc.inet2)	diverse Netzwerkangaben
resolv.conf	Name der Domäne und Name-Server
gateways	Routing-Infos
exports	Rechte für Rechner, die über NFS auf diesen Host zugreifen (siehe NFS, weiter unten)

Versteckte Konfigurations-Dateien im home	
.profile	privates Login-Script
.bashrc	Konfiguration der bash (Shell)
.exrc	Kofiguration des vi (Editor)
.xinitrc	Startup-Script des X-Windows-Systems
.fvwmrc	Konfiguration des fvwm-Windows-Systems
.ctwmrc	Konfiguration des ctwm-Windows-Systems

3.4.8 Erzeugen von Disketten

Erzeugen einer Installationsdiskette:

dd if=[Quelle] of=[Ziel]
Quelle = cdrom/disks/install
Ziel = Diskettenlaufwerk /dev/fd0

Erzeugen einer Bootdiskette:

Yast aufrufen und unter SYSTEMADMINISTRATION Bootdiskette erstellen

Erzeugen einer Rettungsdiskette:

/sbin/badblocks –v /dev/fd0 1440 Diskette checken

dd if=[Quelle] of=[Ziel]
Quelle = cdrom/disks/rescue
Ziel = /dev/fd0

Rettungsdiskette lässt sich nicht mounten, weil sie ein komprimiertes Abbild des Dateisystems enthält.

Erzeugen einer Diskette zur Datenaufnahme für Unix-Files:

Achtung: Floppy muss vorher gemountet worden sein (siehe Abschnitt 3.4.13 „Befehle | Weitere Befehle | fremdes Dateisystem einhängen")

Diskette formatieren: fdformat /dev/fd0 1440
FileSystem erzeugen: mkfs -t ext2 -c /dev/fd0 1440 (2880)

3.4.9 Arbeiten mit dem Rettungssystem

- System mit Installationsdiskette starten,
- Sprache, Tastatur, etc. einstellen,
- im Hauptmenü dann INSTALLATION/SYSTEM STARTEN wählen,
- Rescue-Diskette einlegen und im Menü INSTALLATION, dann RETTUNGSSYSTEM VON DISKETTE LADEN auswählen.

Das Rettungssystem wird nun dekomprimiert und als neues ROOT-Dateisystem in eine RAM-Disk geladen, gemountet und gestartet und ist damit betriebsbereit.

Mit Alt-F1 – F3 kann man sich nun als root ohne Paßwort einloggen.

Mit Alt-F4 kommt man zur Systemkonsole mit den Meldungen von Kernel und syslog.

Unter /bin befinden sich die Shell und einige wichtige Datei- und Netzutilities. Als Editor steht vi zur Verfügung.

In /etc liegen fdisk, mkfs, mkswap, mount, init, shutdown sowie für das Netz ifconfig, route und netstat.

sbin und sbin/init sind dagegen leer.

Zugriff auf das normale Dateisystem:

Als Mountpoint ist /mnt gedacht. Beispiel für Dateisystem laut /etc/fstab

/dev/sdb5	swap	swap	defaults 0	0
/dev/sdb3	/	ext2	defaults 1	1
/dev/sdb6	/usrt	ext2	defaults 1	2

Nach dieser Tabelle kann das Dateisystem wie folgt Schritt für Schritt gemountet werden:

mount /dev/sdb3 /mnt
mount /dev/sdb6 /mnt/usr

Nun hat man Zugriff auf das ganze Dateisystem, und es können Fehler in den Konfigurationsdateien /etc/fstab, /etc/passwd, /etc/inittab, die jetzt allerdings unter /mnt/etc anstatt /etc liegen, bearbeitet werden.

Dateisystem reparieren:

Kaputte Dateisysteme treten meistens nach unsauberem Herunterfahren oder Absturz des Systems auf. Sie lassen sich grundsätzlich nicht im laufenden Normalbetrieb beheben. Hier muss das Rettungssystem zum Einsatz kommen.

Als Utilities stehen hierfür /bin/e2fsck und für die Diagnose /bin/dumpe2fs zur Verfügung.

Beispiel:

Wenn sich das Dateisystem wegen eines ungültigen Superblocks nicht mehr mounten lässt, wird /bin/e2fsck vermutlich auch scheitern.

Lösung:

e2fsck –f –b 8193 /dev/[defekte Partition]

3.4.10 Bootmanager LILO

- Ermöglicht es, bis zu 16 versch. Betriebssysteme zu booten.
- Kann entweder in den MBR oder auf die Linux-Part installiert werden.
- Bei Erstinstallation legt LILO eine Sicherheitskopie des MBR mit Namen boot0300(ide), boot0800(scsi) in /boot an.

Bootsektor von Hand sichern:

dd if=/dev/hda of=/boot/MBRSicherung bs=512 count=1

Bootsektor von Hand zurückschreiben:

dd if=/boot/MBRSicherung /dev/hda bs=512 count=1

LILO entfernen:

lilo –u

LILO wird gelöscht und der in boot0300(0800) gesicherte MBR zurückgeschrieben.

Die Konfigurationdatei von LILO (/etc/lilo.conf):

allgemein

boot=/dev/hda	Booten aus MBR
boot=/dev/hda3	Booten von Linux-Partition
delay (timeout)=100	10 sec Wartezeit (1. Nachfolg. Eintr. Booten)
vga=2	50-Zeilen-Modus

linux

image=/vmlinux	Kernel-Name
root=/dev/hda3	Root-Partition
label=linux	Name im Boot-Menü
alias=1	Abk. für Label
read-only	Prüfung der Dateisysteme

dos/win

other=/dev/hda1	Partition von fremdem Betriebssystem
table=/dev/hda	Festplatte von fremdem Betriebssystem
label=dos	Name im Boot-Menü
alias=2	Abk. für Label

Achtung: Mit dem Kommando „lilo“ wird LILO neu, gemäß den Angaben in lilo.conf, geschrieben.

3.4.11 Einbinden von Treibern, Geräten und Partitionen

Tastatur: (falls Probleme auftreten)

Endungen der Tastaturtabellen = .map

Die Systemeinstellungen hierzu sind unter /etc/rc.config zu machen. Die deutsche Tastaturtabelle heißt **de-lat1-nd.map** .

Keytable ist ein Verweis auf das Script, das die Tabelle beim Booten setzt.

Syntax

loadkeys /[Pfad zu den Tabellen]/[Tabelle]

Beispiel

loadkeys /usr/lib/kbd/keytables/de-lat1-nd.map für deutsche Tastatur.

Maus: (geht nicht im Text-Modus)

Grund: /dev/mouse existiert nicht
/dev/mouse ist ein Softlink auf die Schnittstelle der Maus

ln –s /dev/ttyS0 /dev/mouse	Ser1 = /dev/ttyS0
	Ser2 = /dev/ttyS1
	PS2 = /dev/psaux

Wenn Maustreiber gpm nicht aktiv ist

gpm –t [Maustyp] –m [Gerätedatei]	schaltet gpm an
gpm –t	schaltet gpm ab

Maustypen: ms Microsoft Mouse
ps2 Ps2 Maus

Treiber einbinden:

- Treiberdateien liegen in /lib/modules/2.0.29 (o. ähnlich)
- Dateiendung = .o

Module von Hand laden

insmod [Module]	
insmod eepro100	lädt den Treiber für eine Eepro100 Netzkarte
rmmod [Module]	entlädt den Treiber
modprobe –c	zeigt die aktuelle Konfiguration

Treiber fest einbinden

Dies geschieht in der Datei /etc/conf.modules.

Einträge:

alias	[Device] [Module]
z.B. alias eth0	[Netzkarten-Treiber]

conf.modules:

alias eth0	3c509
alias scsi_hostadapter	off
alias char-major-10	off

Options; these are examples; uncommented and modify the lines you need

# options cdu31a	cdu31a_port=0x340 cdu31a_irq=0
# options sbpcd	sbpcd=0x230,1

```
# options aztcd        aztcd=0x320
# options cm206        cm206=0x340,11
# options gscd         gscd=0x340
# options mcd          mcd=0x300,11
# options mcdx         mcdx=0x300,11
# options optcd        optcd=0x340
# options sjcd         sjcd_base=0x340
# options sonycd535    sonycd535=0x340
# options isp16         isp16_cdrom_base=0x340
                       isp16_cdrom_irq=0
                       isp16_cdrom_dma=0
                       isp16_cdrom_type=Sanyo
# options bpcd         bp_base=0x378
# options ne           io=0x300 irq=5
# options 3c501        io=0x280 irq=5
# options 3c503        io=0x280 irq=5 xcvr=0
# options 3c505        io=0x300 irq=10
# options 3c507        io=0x300 irq=10
# options 3c509        io=0x300 irq=12
# options at1700       io=0x260 irq=10
# options smc-ultra    io=0x200 irq=10
# options wd           io=0x300 irq=10
# options smc9194      io=0x200 irq=10 ifport=0
# options e2100        io=0x300 irq=10 mem=0xd0000 xcvr=0
# options depca        io=0x200 irq=7
# options ewrk3        io=0x300 irq=10
# options eexpress     io=0x300 irq=10
# options hp-plus      io=0x300 irq=10
# options hp           io=0x300 irq=10
# options hp100        hp100_port=0x380
# options apricot      io=0x300 irq=10
# options ac3200       io=0x300 irq=10 mem=0xd0000
# options de620        io=0x378 irq=7 bnc=1
# options ibmtr        io=0xa20
# options arcnet       io=0x300 irq=10 shmem=0xd0000
# options plip         io=0x378 irq=7
# options eepro        io=0x260 irq=10 mem=0x6000
# options eth16i       io=0x2a0 irq=10
# options fmv18x       io=0x220 irq=10
# options ni52         io=0x360 irq=9
                       memstart=0xd0000 memend=0xd4000
options dummy0 -o dummy0
options dummy1 -o dummy1
```

```
alias block-major-1  rd
alias block-major-2  floppy
alias block-major-3  off
alias block-major-7  loop
alias block-major-8  sd_mod
alias block-major-11 sr_mod
alias block-major-13 xd
alias block-major-15 cdu31a
alias block-major-16 gscd
alias block-major-17 optcd
alias block-major-18 sjcd
alias block-major-20 mcdx
alias block-major-22 off
alias block-major-23 mcd
alias block-major-24 sonycd535
alias block-major-25 sbpcd
alias block-major-26 sbpcd
alias block-major-27 sbpcd
alias block-major-28 sbpcd
alias block-major-29 aztcd
alias block-major-32 cm206
alias block-major-33 off
alias block-major-34 off
alias block-major-41 bpcd
alias block-major-62 pwcd
alias char-major-4   serial
alias char-major-5   serial
alias char-major-6   lp
alias char-major-9   st
alias char-major-14  sound
alias char-major-19  cyclades
alias char-major-20  cyclades
alias char-major-21  sg
alias char-major-27  ftape
alias char-major-30  iBCS
alias char-major-43  hisax
alias char-major-44  hisax
alias char-major-45  hisax
alias char-major-48  riscom8
alias char-major-49  riscom8
alias binfmt-332     iBCS
alias binfmt-204     binfmt_aout
alias binfmt-263     binfmt_aout
```

alias binfmt-264	binfmt_aout
alias binfmt-267	binfmt_aout
alias iso9660	isofs
alias tty-ldisc-1	slip
alias tty-ldisc-3	ppp
alias slip0	slip
alias slip1	slip
alias ppp0	ppp
alias ppp1	ppp
alias plip0	plip
alias plip1	plip
alias net-pf-3	off
# alias net-pf-4	ipx
alias net-pf-4	off
alias net-pf-5	off

Neue Partition nach /usr oder /home einbinden:

1. /usr in /usr.bak umbenennen,
2. neues Verzeichnis /usr erstellen,
3. neue Partition nach /usr mounten,
4. Inhalt von /usr.bak nach /usr kopieren,
5. /usr in /etc/fstab eintragen,
6. testen,
7. /usr.bak löschen.

/etc/fstab: (beim Systemstart aut. gemountete Partitionen / File-Systeme)

Gerät	**Mountpoint**	**Filesystem**	**Parameter siehe *****
/dev/hda3	/	ext2	defaults 1 1
/dev/hda5	/daten	ext2	defaults 1 2
/dev/hda4	swap	swap	defaults 0 0
/dev/hdc	/cdrom	iso9660	ro,noauto,user 0 0
/ege.de://	/netz	nfs	defaults 0 0
none	/proc	proc	defaults 0 0

Beschreibung

Parameter:	noauto	Device kann mit „mount /[Mountpoint]" von der Kommandozeile aus gemountet werden
	ro	read only

noexec	keine Programme ausführen
user	Benutzer dürfen Device mounten
defaults	alles erlaubt (Standardeinstellungen)

*** 1. Sektion: ist egal
2. Sektion: 0 = keine Prüfung des Dateisystems
1 = Prüfung des Dateisystems
2 = intensive Prüfung

Swap nachträglich einrichten:

- Partition mit fdisk nachträglich erstellen,
- Partition mit mkswap formatieren (mkswap [Device] [Blöcke (a 1024 Byte)],
- Beispiel: mkswap /dev/hda4 40000 (macht Swap-Partition 40 MB groß),
- swapon [Device] aktiviert den swap,
- free zeigt den Speicher (RAM/swap),
- Datei /etc/fstab um folgende Zeilen ergänzen

  /dev/hda4none swap sw 0 0
  oder
  /dev/hda4swap swap defaults 0 0
  damit beim Hochfahren die Swap-Partition aut. eingerichtet wird.

Swap-Datei einrichten

- Datei erzeugen mit
  dd bs=1024 if=/dev/zero of=/dev/swapfile count=10000
  Blockgr Nulldevice swapdatei
- mkswap /dev/swapfile 10000
- swapon /dev/swapfile
- in fstab eintragen
  /dev/swapfile swap swap default 0 0

3.4.12 Login-Scripten

Login-Scripten unterscheiden sich in:

System-Login-Script (profile)
User-Login-Script (.profile)

Die wichtigsten Variablen der profile/.profile:

PATH	Suchpfad	
PS1	Cursor setzen	\h=Rechnername \w=aktueller Pfad \d=Datum \u=Username
TERM	Art des Bildschirms	
TZ	mitteleuropäische Zeit	
IFS	Standard-Trenner = Leerzeichen	
HOME	Heimatverzeichnis	
UMASK	Rechte	
STTY INTR ^C	Abbruch mit STRG+C	
SET	Variablen anzeigen, die gesetzt wurden	
VER	Variablen anzeigen, die mit „export“ in Umgebungen exportiert wurden	

profile: (System-Login-Script)

```
# /etc/profile
PROFILEREAD=true
umask 022
# adjust some limits (see bash(1))
#ulimit -c 20000    # only core-files less than 20 MB are written
#ulimit -d 15000    # max data size of a program is 15 MB
#ulimit -s 15000    # max stack size of a program is 15 MB
#ulimit -m 30000    # max resident set size is 30 MB
ulimit -c 0         # don' t create core files
ulimit -d unlimited
ulimit -s unlimited
ulimit -m unlimited
# make path more comfortable
PATH=/usr/local/bin:/usr/bin:/usr/X11R6/bin:/bin
test "$UID" = 0 && PATH=/sbin:/usr/sbin:$PATH
for DIR in /usr/openwin/bin /usr/lib/java/bin \
    /var/lib/dosemu /usr/games ~/bin ; do
    test -d $DIR && PATH=$PATH:$DIR
done
test "$UID" = 0 || PATH="$PATH:."
export PATH
# for all programs that use the GNU readline library (bash, gdb)
```

```
if ! test -f ~/.inputrc ; then
    INPUTRC=/etc/inputrc
    export INPUTRC
fi
# set some environment variables
POVRAYOPT=-l/usr/lib/povray/include
export POVRAYOPT
WINDOWMANAGER=/usr/X11R6/bin/fvwm2
export WINDOWMANAGER
TEXINPUTS="$TEXINPUTS:~/.TeX:/usr/doc/.TeX"
export TEXINPUTS
XADIDIR="/usr/X11R6/lib/xad"
export XADIDIR
DV_IMMED_HELP=/usr/lib/dvgt_help
export DV_IMMED_HELP
MAPLE=/usr/lib/maple
export MAPLE
RASMOLPATH="/usr/lib/rasmol"
export RASMOLPATH
GR_HOME="/usr/lib/xmgr-3.00"
export GR_HOME
DMARSCONF=/usr/lib/mars_e
export DMARSCONF
CRPATH=/usr/lib/crisp/macros
export CRPATH
PRINTER=' lp'
export PRINTER
QTDIR=/usr/X11R6/lib/qt
export QTDIR
LC_CTYPE=ISO-8859-1
export LC_CTYPE
LESSCHARSET=latin1
export LESSCHARSET
LESS=-M
export LESS
LESSKEY=/etc/lesskey.bin
export LESSKEY
LESSOPEN="|lesspipe.sh %s"
export LESSOPEN
MINICOM="-c on"
export MINICOM
MANPATH=/usr/man:/usr/X11R6/man:/usr/local/man
```

```
for DIR in /usr/openwin/man /usr/man/allman /usr/man/de
    /usr/man/allman/de ; do
    test -d $DIR && MANPATH=$MANPATH:$DIR
done
export MANPATH
# some applications do not handle the XAPPLRESDIR environ-
# ment correctly, when it contains more than one directory. More
# than one directory only makes sense, when you have a client
# with a nfs mounted /usr and want to configure applications
# machine dependend. Uncomment if you want this.
#
# XAPPLRESDIR="$XAPPLRESDIR:/var/X11R6/app-
# defaults:/usr/X11R6/lib/X11/app-defaults"
# export XAPPLRESDIR
# set INFOPATH to tell xemacs where he can find the info files
INFODIR=/usr/info:/usr/local/info
INFOPATH=$INFODIR
export INFODIR INFOPATH
# this stuff is recommended for old motif apps.
XKEYSYMDB=/usr/X11R6/lib/X11/XKeysymDB
export XKEYSYMDB
XNLSPATH=/usr/X11R6/lib/X11/nls
export XNLSPATH
#HOSTNAME="`hostname`"
#export HOSTNAME
NNTPSERVER=`cat /etc/nntpserver 2> /dev/null`
export NNTPSERVER
# time until a complete key sequence must have arrived
# ESCDELAY=2000
# export ESCDELAY
if [ -d /usr/openwin ] ; then
    OPENWINHOME=/usr/openwin
    export OPENWINHOME
fi
if [ -x /usr/bin/dircolors ] ; then
    # set up the color-ls environment variables:
    if test -f ~/.dir_colors ; then
      eval `dircolors ~/.dir_colors`
    elif test -f /etc/DIR_COLORS ; then
      eval `dircolors /etc/DIR_COLORS`
    fi
fi
# do not save dupes in the bash history file
```

```
HISTCONTROL=ignoredups
export HISTCONTROL
# make sure that teTeX is found.
if [ -f /usr/lib/teTeX/texmf.cnf ] ; then
    TETEXDIR=/usr/lib/teTeX
    PATH=$PATH:/usr/bin/TeX
    export TETEXDIR PATH
fi
# See metamail(1). Run metamail also as root.
MM_RUNASROOT=true
export MM_RUNASROOT
# Further options for the 'ls' command are in
# /etc/DIR_COLORS.
alias ls='ls --color=tty'
alias dir='ls -l'
alias ll='ls -l'
alias la='ls -la'
alias l='ls -alF'
alias ls-l='ls -l'
alias o='less'
alias ..='cd ..'
alias ...='cd ../..'
alias rd=rmdir
alias md=mkdir
alias unix2dos='recode lat1:ibmpc'
alias dos2unix='recode ibmpc:lat1'
alias which='type -p'
function startx { /usr/X11R6/bin/startx $* 2>&1 | tee ~/.X.err ; }
# Midnight Commander needs this to run in color mode
COLORTERM=1
export COLORTERM
# for rcs
# export VERSION_CONTROL=numbered
PAGER=less
export PAGER
PROMPT_COMMAND='PS1=`if test "$UID" = 0 ; then \
        echo "\h:\`pwd -P\` # " ; \
    else \
        echo "\u@\h:\`pwd -P\` > " ; \
    fi `'
export PROMPT_COMMAND
# I had problems using 'eval tset' instead of 'TERM=', but you
# might want to try it anyway. I think with the right /etc/termcap
```

```
# it would work great.
# eval `tset -sQ "$TERM"`
if [ "$TERM" = "" -o "$TERM" = "unknown" ]; then
TERM=linux
fi
if test -f /etc/organization ; then
    ORGANIZATION="`cat /etc/organization`"
    export ORGANIZATION
fi
# nearly no known program needs $TERMCAP - ' Slang' -
# programs get confused with a set $TERMCAP -> unset it.
# unset TERMCAP
#PS1=' `hostname`:`pwd`# '
if [ "$SHELL" = "/usr/bin/pdksh" -o "$SHELL" = "/usr/bin/ksh" ];
then PS1="! $ "
elif [ "$SHELL" = "/usr/bin/zsh" ]; then PS1="%m:%~%# "
elif [ "$SHELL" = "/usr/bin/ash" ]; then PS1="$ "
else
PS1=' \h:\w \$ '
#PS1=' \u \w \$ '
fi
PS2=' > '
ignoreeof=0
export PS1 PS2 ignoreeof
if [ -n "$KSH_VERSION" ]; then
. /etc/ksh.kshrc
if [ -r /root/.kshrc ]; then
. /root/.kshrc
fi
fi
# now source the stuff, generated by SuSEconfig
test -e /etc/SuSEconfig/profile && . /etc/SuSEconfig/profile
```

Achtung: Um X mit dem Hochlaufen des Rechners sofort zu starten, hier folgende Zeilen hinein schreiben:

if [$(pidof xinit) -eq 0] oder [-z $(pidof xinit)]
then
startx
fi

.profile: (persönliches Login-Script)

```
# .profile is read for all login shells
# all other interactive shells will read .bashrc
# So read .bashrc also from .profile and make all changes to
# .bashrc. Then you should always have your correct setup.
test -z "$PROFILEREAD" && . /etc/profile
if test -f ~/.bashrc; then . ~/.bashrc
fi
if [ -x /usr/bin/fortune ] ; then
    echo
    /usr/bin/fortune
    echo
fi
```

3.4.13 Befehle

Die Syntax ist grundsätzlich:

Befehl -Option Dateiname (Optionen werden immer mit - eingeleitet)

Befehl	Beschreibung	Beispiel
ls	Anzeigen von Verzeichnis-Inhalten	ls -lisa /bin
Optionen		
-l	langes Ausgabeformat	
-i	Nummer der i-Nodes	
-s	Größe der Einträge in Blöcken	
-a	verborgene Dateien anzeigen	

Beschreibung der Ausgabe von ls -lisa:

1.	2.	3.	4.	5.	6.	7.	8.	9.	10.	11.	12.	13.
213	1	d	rwx	rw-	r--	1	root	bin	187	jun10	09:12	.profile

1. Indexnummer der Datei
2. Anzahl der von der Datei belegten Blöcke
3. Dateityp
   - \- normale Datei
   - b spezielle Datei (blockorientiert)
   - c spezielle Datei (zeichenorientiert)

d Katalog (Directory)
p FIFO Puffer
s symbolic Link
l Link

4. Zugriffsrechte für Dateibesitzer
5. Zugriffsrechte für Gruppe
6. Zugriffsrechte für alle anderen Benutzer
7. Anzahl der Hard-Links auf die Datei
8. Name des Dateibesitzers (root= Supervisor)
9. Gruppenname (Zugehörigkeit) des Dateibesitzers
10. Länge der Datei in Bytes
11. Datum der letzten Änderung
12. dito Uhrzeit
13. Dateiname

pwd	aktuelles Verzeichnis anzeigen	pwd
cd	Verzeichnis wechseln *Wichtig: hier ein Leerzeichen* ←	cd / (ins root-Verz) cd .. (Etage höher) cd (ins eigene Verz)
mkdir [Dateiname]	anlegen von einem/ mehrerer Verz	mkdir verz1 verz2 mkdir /usr/verz1
Optionen **-p**	erstellt Verz mit Unterverz *Achtung:* *Beim Anlegen werden rw-Rechte vergeben*	mkdir -p /Verz1/verz2
rmdir [Dateiname]	Löschen eines/mehrerer Verz *Achtung:* *– Verz muss leer sein* *– es darf nicht aktuell sein* *– am übergeordneten Verz müssen rwx-Rechte vorhanden sein*	rmdir verz1 verz2

rm	Datei löschen	
clear	Bildschirm säubern	clear
cat [Datei]	Ansehen des Inhalts einer Text-Datei	cat .profile
cat [Datei] [Datei]	setzt Dateien zusammen	
cat >[Datei] Text STRG+D für Ende	Anlegen einer Datei	
cp [Quelle] [Ziel]	Kopieren von Dateien *Achtung:* *Rechte an übergeordnetem Verz müssen gegeben sein.* *Quelle = r* *Ziel = rwx*	cp /proc/dma /usr
Optionen		
-b	Backup, wenn Datei vorhanden, wird Org. mit ~ versehen	
-d	kopiert bei Links nur den Verweis	
-p	belässt die Rechte, ansonsten wird der Kopierer neuer Besitzer	
-R	Kopieren mit Unterverzeichnissen	
mv [Datei] [Verz]	**1. Funktion**: Verschieben von Dat/ Verz	mv /proc/dma /usr
mv [Verz.alt] [Verz.neu]	**2. Funktion**: Umbenennen von Dat/Verz	mv dma.alt dma.neu
chmod [Rechte] [Datei] nähere Beschreibung, (siehe Abschnitt 3.4.17 „Rechte").	Rechte an Datei/Verz ändern	chmod 777 /proc/dma chmod U+x,G=x,O-rw /proc/dma
Optionen		
-R	ändert auch alle Unterverzeichnisse	chmod -R 777 /proc

chgrp [Gruppe] [Datei]	Gruppenzugehörigkeit von Dateien/Verzeichnissen ändern (verschenken)	
Optionen		
-R	mit allen Unterverz	
chown [Eigentümer] [Datei]	Eigentümer für Datei/ Verz ändern *Achtung: Dies kann nur root (Admin)*	
Optionen		
-R	mit Unterverzeichnissen	
man [Befehl]	Syntax/Optionen eines Befehls ermitteln	man ls
whatis [Befehl]	Kurzbeschreibung eines Befehls	whatis ls
date	Datum/Uhrzeit ansehen/setzen	
col	entfernt Steuerzeichen	
logname	Benutzername abfragen	
id	gibt die Benutzernummer (uid), den Benutzernamen, die Gruppennummer (gid) sowie den Gruppennamen aus, die dem aufrufenden Prozess zugeordnet sind	
tty	gibt den Gerätenamen des Terminals aus	
who	Info über angemeldeten Benutzer	
whoami	wer bin ich	

su [Benutzername] Kennwort	vorübergehend die Benutzeridentität wechseln (Paßwort der neuen Identität muss bekannt sein)	
CTRL+D	Wechsel rückgängig machen	
Ps	Info über aktive Prozesse	
Optionen		
-u	Infos aller Prozesse	
-l	lange Ausgabe	
-x	von keinem Terminal kontrolliert	
-a	Prozesse aller User	
kill [Signal] [Prozessnummer]	Beenden eines Prozesses	kill -9 1959
kill -HUP [PID)	killt Prozess und startet diesen sogleich wieder	
kill –l	zeigt alle Signalnummern	
kill -9	killt Prozess rigoros	
	Achtung: Sollte das System einmal hängen, kann mit ALT+F2....F6 auf andere Terminals umgeschaltet werden. Durch Eingabe von ps mit Optionen kann der hängende Prozess herausgefunden werden, der dann mit kill entfernt werden kann. System läuft wieder auf dem ersten Terminal.	
sort [Datei]	Inhalt alphabetisch sortieren	
wc [Datei]	Zeilen, Wörter und Zeichen aus Datei auslesen	wc -c text.dat
Optionen		
-c	nur Zeichen	
-l	nur Zeilen	
-w	nur Wörter	

passwd [Benutzername]	Ändern des Passwortes (nur ab bestimmtem Zeitraum möglich)	
alias	alias erzeugen	alias ll='ls -al' ersetzt ls -al durch ll
groups [user]	Zugehörigkeit von Usern zu Gruppen anzeigen	
df	zeigt den verfügbaren Platten-/Partitionsplatz	
free	zeigt freien RAM/SWAP	
at [zeit] (h:min) Befehl1 Befehl2 STRG+D	führt Befehle zur angegebenen Zeit aus	
Top STRG+C beenden	zeigt alle gerade laufenden Programme	
tar	Entpacken/Verpacken eines Archives	tar -tzvf /cdrom/tb-bin.tar.gz Anzeigen des Archives
Optionen **-c** **-t** **-z** **-Z** **-x** **-v** **-f name**	 neues Archiv erzeugen Inhaltsverzeichnis anzeigen Komprim/dekomprim des tar-Archives Komprim/dekomprim des tar-Archives mit gzip stellt Dateien wieder her ausführlicher Modus erzeugt/liest ein Archiv, dass sich auf dem Gerät befindet, das mit "NAME" angegeben ist	tar -xzvf /cdron/tb-bin.tar.gz Entpacken des Archives

Befehle zur Nachrichtenübermittlung im Netzwerk	
talk [Benutzer-name]@[Hostname]	Anderer Rechner muss Gespräch entgegen nehmen, dann kann eine gegenseitige Kommunikation stattfinden
write [Benutzer] Return Text STRG+D beenden	Senden einer Nachricht an einen User
mesg –n mesg -y	Terminal für Nachrichten sperren Terminal für Nachrichten öffnen

Weitere Befehle:

ln (Links)

Ein Link ist ein Verweis auf eine Datei.

Wird ein Link in einem Verzeichnis erstellt, kann die dazugehörige Datei woanders im Verzeichnis-Baum stehen und trotzdem an der Stelle, an der der Link erzeugt wurde, aufgerufen werden.

Es wird unterschieden in

- Hardlink
- Softlink

Hardlinks

- Können nicht für Verzeichnisse erzeugt werden,
- können nicht systemübergreifend benutzt werden (Datei muss auf eigener Platte liegen),
- erlauben einen direkten Zugriff auf den i-Node,
- sind Verweise auf Dateien auf der eigenen Platte,
- der Link ist keine eigene Datei, verhält sich aber genauso wie das Original,
- ein Hardlink lässt sich nicht vom Original unterscheiden,
- jeder Hardlink wird als Dateieintrag gezählt, was bedeutet, dass die Original-Datei nicht gelöscht wird, bevor nicht alle Hardlinks gelöscht wurden.

Softlink (symbolic Link)

- Sind auf Verzeichnisse anwendbar,

- sind systemübergreifend anwendbar (Datei kann sich auf einem anderen Medium (CD-ROM, anderer Rechner, Diskette) befinden)),
- es wird eine leere Datei erzeugt, die als Link dient, wenn das Medium mit der Datei in das Syytem eingebunden wird,
- wird als Platzhalter für die Datei behandelt, was bedeutet, wenn die Original-Datei gelöscht wird, werden alle symb. Links aut. gelöscht.

Befehl

ln [Quelle] [Ziel]

Syntax

ln -option Datei1 Datei2

Optionen

-s	symbolic Link oder Verzeichnis linken
-b	Backup

Beispiel

ln alpha beta	auf die Datei alpha wird ein Link mit Namen beta erzeugt, beta kann jetzt aufgerufen werden, wie alpha
ln alpha /usr/beta	im Verzeichnis /usr wird ein Link mit Namen beta auf alpha erzeugt, welches im aktuellen Verzeichnis liegt

Für Windows-Freaks:

Wird eine Verknüpfung auf dem Desktop erstellt, wird damit ein „Link“ auf eine Datei erzeugt, die irgendwo im System vorhanden ist, aber auf dem Desktop aufgerufen werden kann.

mount (fremdes Dateisystem an den eigenen Verzeichnis-Baum hängen)

(CD-ROM, Floppy, Verzeichnis auf einem fremden Rechner im Netzbetrieb)

Alle Dateisysteme außer root (/) sind nicht permanent verfügbar, d.h. sie müssen während des Systemstarts (in /etc/fstab definieren) oder im laufenden Betrieb in das Gesamtdateisystem eingehängt werden. Dies erledigt der mount-Befehl, indem er das fremde Dateisystem des angegebenen Blockgerätes in ein angegebenes (existierendes) Verzeichnis einhängt.

Das root-Verzeichnis des neuen Dateisystems ist damit der Verzeichnisname des Verzeichnisses, an das das neue Dateisystem angehängt wurde.

Syntax
mount -t [FileSystem] /dev/[Gerätedatei] /[Mountpoint]

Verzeichnis von fremden Rechner mounten (bei Netzbetrieb)

mount -t nfs [fremderRechnername oder IP-Nummer]://[Verzeichnis] /[Mountpoint]

Beispiel

mount -t nfs 192.186.100.5://usr /mnt

CD-ROM mounten

mount -t iso9660 /dev/cdrom /mnt

Floppy mit DOS-Diskette mounten

mount -t msdos /dev/[Gerätedatei] /[Mountpoint]

Beispiel

mount -t msdos /dev/fd0 /mnt

Das Verzeichnis, an dem das fremde Dateisystem eingehängt wird (Mountpoint), ist frei wählbar. Es sollte allerdings leer sein und kann für diesen Zweck extra erstellt werden.

Das Dateisystem kann mit umount wieder abgehängt werden (z.B.umount /mnt).

M-Tools:

M-Tools sind DOS-Befehle, mit denen man auf einer DOS-Diskette arbeiten kann wie unter DOS.

Die Diskette darf nicht gemountet werden.

mdir	Anzeigen des Inhalts von a:	mdir a:
mmd	Verzeichnis auf a: anlegen	mmd a: verz1
mdel	Verzeichnis auf a: löschen	mdel a: verz1
mformat	Diskette DOS-formatieren	mformat a:
mcopy	Kopieren von Dateien	mcopy a:*

Befehlsausgaben umlenken (>):

Die Ausgabeumlenkung funktioniert nur mit Befehlen, die eine Ausgabe am Bildschirm erzeugen.

Beispiele

rm /test 2>fehler	Im Beispiel existiert „test“ nicht. Es wird eine Fehlermeldung in die Datei „fehler“ ausgegeben. Die Datei kann mit cat fehler angesehen werden
cat >> .profile mesg –n beenden mit STRG+D	Die Zeile „mesg –n“ wird in der Datei .profile an bestehende Daten angehängt
ls > /dev/null	Ausgabe des ls-Befehls in den Papierkorb
cat text1 text2 > Gesamt.txt	Inhalte von text1 und text2 wird in die Datei Gesamt.txt geschrieben
cat text3 >> Gesamt.txt	Inhalt von text3 wird an Gesamt.txt angehängt
cat < text1	Eingabe des cat-Kommandos aus der Datei text1 übernehmen
write meier < nachricht.dat	Dem User meier wird eine Nachricht gesendet, die zuvor erstellt und in der Datei Nachricht.dat gespeichert wurde

Piping:

Das Ergebnis eines ausgeführten Kommandos wird einem nachfolgenden Befehl zur Verfügung gestellt.

Links von einem (|)-Zeichen können nur Kommandos stehen, die in die Standardausgabe schreiben.
Rechts von einem (|)-Zeichen können nur Kommandos stehen, die aus der Standardausgabe lesen.

Standardausgabe = Bildschirm
Standardeingabe = Tastatur

Beispiele

ls | sort -r	Ausgabe des ls-Kommandos umgekehrt sortieren
cat /etc/passwd | wc -l	Anzahl der Benutzer am Bildschirm anzeigen
who | wc -l	Anzahl der Gruppen anzeigen
la | tee | sort	tee liest die Satndardeingabe und schreibt sowohl in die Standardausgabe als auch in eine Datei. Damit kann eine Pipe mit Zwischenlagerung aufgebaut werden.

Ausgabebefehl | tee verzdat | wc -l >> verzdat
(Ausgabe auf Bildschirm und in Datei)

Eine Datei (verzdat) wird angelegt. Die Ausgabe von ls wird in diese Datei geschrieben und wird an wc übergeben, der die Zeilen zählt und die Zeilenanzahl an die Datei verzdat anhängt.

Metazeichen:

*	in Dateinamen für beliebige Zeichenfolge
?	für genau ein beliebiges Zeichen

Für beide Zeichen gilt:
Dateien, die mit einem Punkt beginnen (versteckte Dateien), werden bei der Generierung ignoriert.
Nach einer Umleitung wird keine Generierung vorgenommen.
*z.B. ls > * schreibt in die Datei **

Mustererkennung:

- Aufzählung [abc012] (Groß-/Kleinschreibung beachten)
- einen/mehrere Bereiche [0-9] oder [a-fn-z]
- Ausschließen von Zeichen [! voranstellen]

Beispiele

cat[0-9]*	Inhalt aller Dateien, die mit einer Ziffer beginnen
ls text[0-9][0-9].doc	Alle Dateien, deren Name mit text beginnt, anschließend zwei beliebige Ziffern aufweisen und mit .doc enden
rm *.[csf]	Löschen aller Dateien, die mit .c, .s, .f enden
ls [!0-289]*.[cf]	Alle Dateien, die die Endung .c, .f haben und deren Name nicht mit 0, 1, 2, 8, 9 beginnt, sollen angezeigt werden.

Bedingte Kommandoausführung:

Vielfach hängt die Kommandoausführung von einem pos/neg Ergebnis ab.

Diese Bedingungen können durch && oder || abgefragt werden.

Beispiele

Kommando1 && Kommando2	Kommando2 wird nur dann ausgeführt, wenn Kommando1 erfolgreich beendet wurde.
cd verz && ls	Wenn verz vorhanden, dann auflisten.
Kommando1 || Kommando2	Kommando2 wird nur dann ausgeführt, wenn Kommando1 nicht erfolgreich beendet wurde.
cd verz || mkdir verz	Wenn verz nicht vorhanden, dann anlegen.

Befehlsverkettung:

Beliebig viele Befehle können sinnvoll verkettet werden. Die einzelnen Befehle und Semikolons müssen durch Leerzeichen getrennt werden. Die Kommandos werden von links nach rechts abgearbeitet.

Umlenkungs- und Pipe-Zeichen beziehen sich nur auf das unmittelbar vorausgehende Kommando, da ein Semikolon wirkungsgleich mit Return ist.

Syntax

Befehl1 -Option ; Befehl2 -Option ; ....

Sollen Umlenkungen für die ganze Kommandofolge oder Teile davon gelten, müssen die entsprechenden Kommandos durch Klammern zu einer Gruppe zusammengefasst werden.

Syntax: (Befehl1 ; Befehl2) > Datei

Achtung: Wird NOHUP vor die Befehlsverkettung gesetzt, wird der Prozess auch nach dem Ausloggen weiter bearbeitet.

Beispiele

<table>
<tr><td>date ; who > datlog</td><td>Date wird am Bildschirm angezeigt, who wird ausgeführt und die Ausgabe in datlog geschrieben.</td></tr>
<tr><td>(date ; who) > datlog</td><td>Date und who werden ausgeführt. Das Ergebnis wird in datlog gespeichert.</td></tr>
<tr><td>who | wc -l ; who > testdat</td><td>Die Ausgabe von who wird an wc übergeben, der die Linien zählt und am Bildschirm ausgibt. Dann wird das Ergebnis von who in textdat gespeichert.</td></tr>
<tr><td>(who | wc -l ; who) > testdat</td><td>w.o., nur dass das gesamte Ergebnis in testdat geschrieben wird.</td></tr>
<tr><td>who | wc -l > testdat ; who >> testdat</td><td>w.o., nur wird das Ergebnis in testdat geschrieben und die Ausgabe von who wird hinten angehängt.</td></tr>
<tr><td>(ls -lisa / ls -lisa / |
wc -l ; ls -lisa /
| wc -w) > test &</td><td>Es wird das root-Verz aufgelistet, dann werden die Zeilen des root gelesen, dann die Worte.
Die Ergebnisse werden nacheinander in die Datei test geschrieben.
Ein & am Ende weist darauf hin, dass dieser Prozess im Hintergrund ausgeführt wird. Ein weiterer Befehl kann sofort eingegeben werden.</td></tr>
</table>

Standard-Werkzeuge:

- cut
- grep
- find

cut

Cut dient der Auswahl von Spalten fester Länge aus Tabellen oder von Feldern, die durch Feldtrenner (Leerstellen, Tabulator) getrennt sind.

Optionen

-s	Zeilen ohne Feldtrenner werden unterdrückt
-d Zeichen	Zeichen als Feldtrenner verwenden
-f Liste	Liste gibt die Feldnummer an, die ausgewählt werden sollen

Syntax

cut -Option Datei

Beispiele

cut -d " " -f 1,3,5	(Liste)	Spalte 1,3,5 anzeigen
cut -d " " -f 1-3,-5,7-	(Bereich)	Spalte 1-3, Anfang-5,7-Ende anzeigen
cut -d " " -f 1,3,4-7	(gemischt)	Spalte 1,3 und 4-7 anzeigen

4-7: Obergrenze wird nicht mit angezeigt
-d " " nur, wenn nur ein Trennzeichen zwischen den Spalten ist.

Umwandlung eines Trennzeichens in mehrere: TR " " " "

Umwandlung eines Trennzeichens in ein anderes: TR ":" ";"

who | cut -d " " -f 1 | TR -s " " " "	Spalte 1 der Ausgabe des who-Befehls ausgeben
who | TR -s " " " " | cut -d " " -f 2,3,4-6	w.o., nur Spalten 2, 3, 4–6
(who | TR -s " " " " | cut -d " " -f 1 | sort ; date) > login	Alle gegenwärtig im System eingeloggten Benutzer (nur Loginnamen), in alphabetischer Reihenfolge in die Datei login schreiben

grep

Grep sucht in der angegebenen Datei nach einem angegeben Zeichenmuster und gibt die Zeilen, die das Muster enthalten, in der Standardausgabe aus. Wurde das Muster bei mehreren Dateien mehrmals gefunden, wird der Ausgabezeile jeweils der Dateiname vorangestellt.

Optionen

-b Ausgabe der Blocknummer, die das Muster enthält

-c nur die Anzahl gefundener Zeilen wird ausgegeben

-i keine Unterscheidung zwischen Groß- und Kleinschreibung

-l einmalige Ausgabe der Dateinamen, die das Muster enthalten

-n Zeilennummer anzeigen, in der das Muster gefunden wurde

-v gibt alle Zeilen aus, die das Suchmuster nicht enthalten

Syntax

grep -Option Muster Datei

Muster

*	davorstehendes Zeichen beliebig oft
	ein beliebiges Zeichen
*	beliebig viele beliebige Zeichen
^[abc][a-c][^abc]	^ außerhalb der Klammer: am Zeilenanfang suchen ^ innerhalb der Klammer: nicht (negation)

Beispiele

ls -l | grep "^d"	Gibt die Zeilen der Ausgabe des ls-Befehls, die am Anfang mit d beginnen, aus.
ls -l | grep "^[^d]".*	Alle Zeilen der Ausgabe des ls-Befehls, die nicht am Anfang mit d beginnen, ausgeben.
grep ":203:" passwd	: begrenzt den Ausdruck auf genau 203.
grep "^-.*" *	Alle Dateien, die mit - beginnen ausgeben.

grep "^d.*" *	Alle Verzeichnisse ausgeben.
grep "[-bc]" *	Alle, die kein Verzeichnis sind, anzeigen.
grep -n "rainer" /etc/passwd	Eigenen Usernamen in passwd suchen.
grep "^nben[0-9][0-9]:" userdat	Alle Datensätze, deren Benutzername mit nben beginnt, gefolgt von einer zweistelligen beliebigen Zahl.
grep "M[ae][iy]er:" userdat	Alle Datensätze, die den Namen Maier in unterschiedlicher Schreibweise enthalten
grep ":[0-9][0-9]:[0-9][0-9]:"	Alle Datensätze, deren uid, gid kleiner als 100 sind
grep -v "^rainer.* userdat > grepdat	Alle Datensätze, deren Username nicht rainer ist, in grepdat schreiben

find

Find sucht in dem oder den angegeben Verzeichnis(sen) rekursiv nach Dateien, die das Kriterium des Ausdruckes erfüllen.

Um für die gefundene Datei eine Aktion zu veranlassen, muss diese im Ausdruck bestimmt werden.

Optionen

-name	Datei
-type	d = Verzeichnis c = normale Datei b = normale Datei
-perm	octale Rechte
-user	Nutzername
-ctime	angelegte Zeit (+ vor mehr als)
-atime	letzte zugegriffene Zeit (ohne genaue Tage)
-mtime	letzte Änderung (- vor weniger als)
-exec	Kommando (benötigt das Kommando den Zugriffspfad, müssen hierfür geschweifte Klammern angegeben werden. Das Kommandoende wird durch ein quotiertes Semilkolon gekennzeichnet {} \;
-print	auf Bildschirm ausgeben

Syntax

find Startverzeichnis -Option Datei -Option Kommando

Beispiele

find /usr/vben08 -mtime +120 -exec rm {} \;	Im Verzeichnis-Baum /usr/vben08 werden alle Dateien gelöscht, die seit mehr als 120 nicht mehr geändert worden sind.
find / -type d -print 2>fehler	In allen Verzeichnissen Verzeichnisse suchen und die Fehlerausgabe umlenken.
find / -user vben08 -print 2>fehler /dev/null	In allen Verzeichnissen Verzeichnisse suchen, deren Besitzer vben08 ist.
find / -name "uebung*" -print	Alle Dateien suchen, deren Name mit uebung beginnt.
find / -name "*" -type f -exec grep -lw CONSOLE {} \;	Sucht in allen Dateien den Ausdruck CONSOLE.
cp $(find /usr/doc -name "*" -type f -exec grep -l `X11` {} \;) /check	Kopiert alle gefundenen Dateien nach check.

3.4.14 Shell-Script

In Shell-Scripten (Unix-Batch) können alle Unix- oder Shell-Befehle verwendet werden.

Variablen können eingelesen, verarbeitet und verglichen werden.

Beispiel: (Kopierprogramm)

```
$antwort="ja"                  Variable definieren
WHILE test $antwort = "j"      Schleife einleiten
  DO                           Anfang der Schleife
    echo "Dateiname
    eingeben: \c"              \c Cursor wartet Eingabe ab
    read Datei                 Eingabe in Variable einlesen
    echo "Verzeichnisnamen eingeben: \c"
```

```
        read Verz
          IF test -d $Datei             Dateiexistenz abfragen
          THEN
            IF test -d $Verz            Verzeichnisexistenz abfragen
            THEN
               cp $Datei $Verz          wenn beide existieren, kopieren
            ELSE
            echo "Dieses Verzeichnis existiert nicht"
            FI
          ELSE
          echo "Diese Datei existiert nicht"
          FI
    echo "Neue Datei kopieren? (j/n) \c"
        read antwort
    DONE                                Schleifenende
```

Das Script kann mit seinem Namen aufgerufen werden. Es müssen aber x-Rechte auf das Script gesetzt sein.

Bedingungen / Schleifen:

IF THEN ELSE ist ja schon aus DOS-Scripten bekannt, muss hier aber mit FI abgeschlossen werden.

WHILE DO DONE ist eine Schleife, in der eine Befehlsfolge für mehrere Dateien ausgeführt werden kann.

3.4.15 Editor vi

vi ist wie jeder Editor unter Unix eine sehr komplizierte Angelegenheit. Um damit zu arbeiten und Files zu editieren, reichen aber folgende Befehle:

Achtung: vi unterscheidet den Befehls- und den Eingabemodus.

Eingabemodus:

I in den Eingabemodus für Text schalten

Befehlsmodus:

ESC in den Befehlsmodus schalten

Befehle im Befehlsmodus

X Zeichen löschen
dd Zeile ausschneiden

p	Zeile einsetzen
yy	Zeile kopieren
:wq	verlassen von vi mit Speichern
:q	verlassen ohne Speichern

3.4.16 Benutzer-Verwaltung

Die Benutzer-Verwaltung kann auf 3 Arten vorgenommen werden:

1. Mit Verwaltungs-Tools (yast, dldadmin,etc.)
2. Durch Einträge in die passwd und group
3. Mit dem Befehl adduser / useradd

Vorgehensweise beim Einrichten von Usern: (grundsätzlich)

a) User anlegen,

b) Gruppen anlegen,

c) User den Gruppen zuordnen,

d) Home-Verz anlegen, die Verz den Usern zuordnen und den Usern entspr. Rechte darauf geben,

e) Paßwörter für die User vergeben,

f) Arbeitsverzeichnisse den entsprechenden Gruppen zuordnen,

g) Rechte für Gruppen/User auf Arbeitsverzeichnisse vergeben.

Vorgehensweise:

zu 1. Entsprechendes Programm aufrufen und den einzelnen Schritten folgen

zu 2. Benutzer/Gruppen von Hand einrichten

a.)

Benutzerverzeichnis anlegen (zB. /home)
im Home-Verzeichnis Userverzeichnisse anlegen (zB. alpha, beta, delta)
Einträge in die Datei passwd vornehmen

Form der Datei "passwd"

```
Benutzername:Paßwort::Benutzernummer:Gruppennummer:
          1         2            3                4

Realname:Pfad des Heimatverzeichnisses:verwendete Shell
    5               6                        7
```

Beschreibung der passwd:

1. Name des Verzeichnisses des Benutzers
2. leer lassen (wird mit Kommando passwd vergeben)
3. beliebige pos. Zahl bis 64000
4. wie oben
5. Realname
6. Pfad
7. Shell, die verwendet werden soll, mit Pfadangabe, wo diese liegt

Datei "passwd"

```
root:x:0:0:root:/root:/bin/bash
bin:x:1:1:bin:/bin:/bin/bash
daemon:x:2:2:daemon:/sbin:/bin/bash
lp:x:4:7:lp daemon:/var/spool/lpd:/bin/bash
news:x:9:13::/usr/lib/news:/bin/bash
uucp:x:10:14::/var/spool/uucp:/bin/bash
games:x:12:100::/tmp:/bin/bash
man:x:13:2::/var/catman:/bin/bash
at:x:25:25::/var/spool/atjobs:/bin/bash
postgres:x:26:2:Postgres Datenbankadministrator:
    /usr/postgres:/bin/bash
lnx:x:27:27:LNX Datenbankadministrator:/usr/lib/lnx:/bin/bash
mdom:x:28:28:Mailing list agent:/usr/lib/majordomo:/bin/bash
yard:x:29:29:YARD Datenbankadministrator:
    /usr/lib/YARD:/bin/bash
wwwrun:x:30:-2:Daemon user for apache:/tmp:/bin/bash
squid:x:31:-2:WWW proxy squid:/var/squid/:/bin/bash
fax:x:33:14:Facsimile Agent:/var/spool/fax:/bin/bash
gnats:x:34:-2:Gnats Gnu Backtracking System:/
    usr/lib/gnats:/bin/bash
empress:x:35:100:Empress Database
    Admin:/usr/empress:/bin/bash
adabas:x:36:100:Adabas-D Database
    Admin:/usr/lib/adabas:/bin/bash
ftp:x:40:2:ftp account:/usr/local/ftp:/bin/bash
```

nobody:x:-2:-2:nobody:/tmp:/bin/bash
rainer:x:501:100::/home/rainer:/bin/bash
rainer1:x:500:100::/home/rainer1:/bin/bash
rainer2:x:502:100::/home/rainer2:/bin/bash
rainer3:x:503:100::/home/rainer3:/bin/bash
alpha:x:504:100::/home/alpha:/bin/bash *User-Einträge*
beta:x:505:100::/home/beta:/bin/bash
chef:x:506:100::/home/chef:/bin/bash
epsilon:x:507:100::/home/epsilon:/bin/bash
rho:x:508:100::/home/rho:/bin/bash
delta:x:509:100::/home/delta:/bin/bash
eta:x:510:100::/home/eta:/bin/bash
tau:x:511:100::/home/tau:/bin/bash
omega:x:512:100::/home/omega:/bin/bash
gamma:x:513:100::/home/gamma:/bin/bash
theta:x:514:100::/home/theta:/bin/bash
phi:x:515:100::/home/phi:/bin/bash
jota:x:516:100::/home/jota:/bin/bash
kappa:x:517:100::/home/kappa:/bin/bash
sigma:x:518:100::/home/sigma:/bin/bash

b.)

- Einträge in die etc/group vornehmen

Form der Datei "group"

Gruppenname:Paßwort: Gruppennummer:
1 2 3

durch Kommata getrennte Liste der Gruppenmitglieder
4

1 Name des Verz. das der Gruppe gehört
2 leer lassen, wird mit Rechten geregelt
3 die Nummer, die in der passwd vergeben wurde
4 Liste der Mitglieder der Gruppe

Datei "group"

root:x:0:root,rainer
bin:x:1:root,bin,daemon
daemon:x:2:
tty:x:5:
lp:x:7:
kmem:x:9:

wheel:x:10:
mail:x:12:
news:x:13:news
uucp:x:14:uucp,fax,root
shadow:x:15:root
dialout:x:16:root
at:x:25:at
lnx:x:27:
mdom:x:28:
yard:x:29:
dosemu:x:30:
game:x:40:
users:x:100:
nogroup:x:-2:root
managment:x:101:chef,epsilon,rho
einkauf:x:102:delta,eta
verkauf:x:103:alpha,beta *Gruppen-Einträge*
lager:x:104:tau,omega ←
technik:x:105:gamma,theta
schulleiter:x:106:phi
dozenten:x:107:jota,kappa,sigma
wartung:x:108:chef,rainer,rainer1,rainer2,rainer3

c.)

- die Home-Verzeichnisse den Benutzern zuordnen
- chown –R [User.GRPID Home-Verz]
- Rechte auf Verzeichnisse vergeben
- z.B. Chmod –R 750
- Paßwörter vergeben
- passwd [Kennwort]
- Dateien aus /etc/skel in die Home-Verz kopieren (Dateien sind versteckt)

zu 3. mit adduser/useradd
(alle Dateien aus /etc/skel werden aut. kopiert)

z.B.

useradd –u [UID] –g [gruppe] –d /home/rainer –s /bin/bash –m rainer

groupadd -g [gid] Gruppe

3.4.17 Rechte

Für Dateien gilt:

r	(read)	Lesen erlaubt
w	(write)	Schreiben erlaubt
x	(execute)	Ausführen erlaubt

Für Verzeichnisse gilt:

r	(read)	das Verzeichnis darf angezeigt werden
w	(write)	im Verzeichnis dürfen Einträge vorgenommen und gelöscht werden
x	(execute)	das Verzeichnis darf als Arbeitsverzeichnis bestimmt werden

Folgende Rechte müssen gegeben sein um:

eine Datei zu löschen	=	w	am darüberliegenden Verzeichnis
		w	an der Datei
in ein Verzeichnis zu wechseln	=	r-x	am Verzeichnis
um eine Datei zu kopieren	=	r-x	am darüberliegenden Verzeichnis
		r	an der Datei

Die Rechte werden in der Ausgabe des ls-Befehls immer in folgender Form dargestellt:

	user	**group**	**other**	(user = Dateibesitzer)
z.B.	rwx	r	---	

Rechte können auf zwei Arten mit chmod vergeben werden:

1. normal

chmod U+x, G-x, O-rw Datei oder Verz	Besitzer erhält executable Gruppe verliert executable Andere verlieren Schreib-/Lese-Rechte

U = Besitzer, G = Gruppe, O = Andere

2. über Octal-Matrix

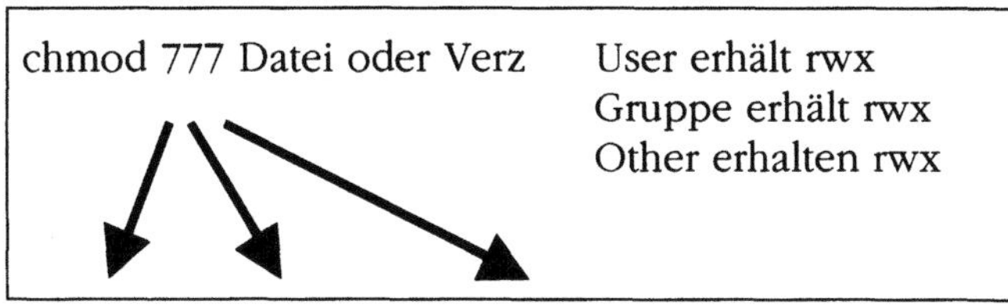

Besitzer Gruppe Andere

Funktion der Octal-Matrix

In der Octal-Matrix richtet sich die Vergabe nach der Wertigkeit der Stellen (Exponenten):

2^0 = 1
2^1 = 2
2^2 = 4

Beispiel: chmod 764 [Datei oder Verz]

	Besitzer			**Gruppe**			**Andere**		
	r	w	x	r	w	x	r	w	x
Exponent	2^2	2^1	2^0	2^2	2^1	2^0	2^2	2^1	2^0
Octal	1	1	1	1	1	0	1	0	0
Dezimal		7			6			4	
Rechte		rwx			rw-			r--	

Octal eine 1 setzt das Recht, Octal eine 0 nimmt das Recht.

Beispiel:

In einem PC-Technik-Vertrieb, dem eine Software-Schulung angeschlossen ist, gibt es folgende User und Gruppen:

User

chef, epsilon, rho, phi, jota, kappa, sigma, delta, eta, omega, tau, gamma, theta, alpha, beta

Gruppen

Management, Einkauf, Verkauf, Büro, Technik, Lager, Schulleiter, Dozenten, Wartung, Buchhaltung

Zugehörigkeit von Usern zu Gruppen

Management:	chef, epsilon, rho
Büro:	rho
Buchhaltung:	epsilon
Einkauf:	delta, eta
Verkauf:	alpha, beta
Technik:	gamma, theta
Lager:	omega, tau
Schulleiter:	phi
Dozenten:	jota, kappa, phi, sigma
Wartung:	chef

Die Rechte-Struktur soll so eingerichtet werden, dass jeder User in seinem HOME-Verzeichnis Vollzugriff auf den Server erhält. Daten der einzelnen Gruppen werden in entsprechenden Verzeichnissen abgelegt. Die User sollen nur auf das Verzeichnis Zugriff erhalten (lesen/schreiben), deren Gruppe sie angehören. Die Gruppen „Büro" und „Management" sollen auf alle Verzeichnisse Zugriff haben, die Daten der Firma enthält. Die Gruppe „Wartung" hat als Einzigste Zugriff auf alle Verzeichnisse der Festplatte. Verteilen Sie die Rechte entsprechend und organisieren Sie die Festplatte des Servers (NIS, NFS lesen).

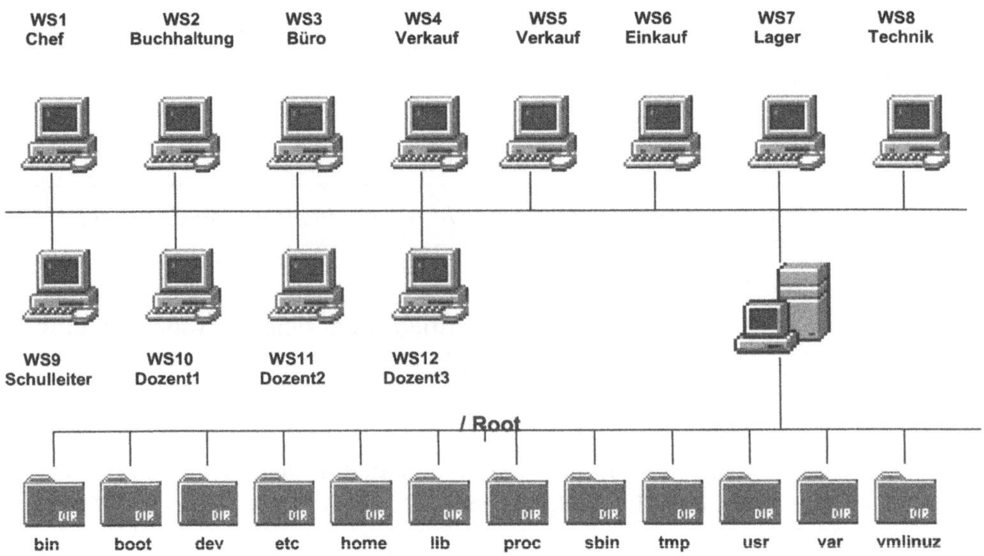

Abb. 2 Mögliche Organisation des Netzes und der Festplatte für Beispiel-Netz

3.4.18 Drucken unter Unix

Um einen Drucker zu erziehen, wird Folgendes benötigt:

1. lpd-Dämon
2. Drucker in der Datei printcap definieren
3. Bereitstellung von Druckfiltern

Spooler:

Der Druckerdämon kann immer Aufträge entgegen nehmen, auch wenn kein Drucker frei ist.

/etc/printcap:

Diese Datei beschreibt das Spoolsystem und die Drucker-Filter.

Zeilen, die als Minimalkonfiguration in die printcap eingetragen werden müssen:

:lp=/dev/lp1
:sd=/var/spool/lp1
:of=/usr/lib/lpfilter
:if=/var/adm/lp_err

Beschreibung der möglichen Einträge in die printcap:

lp	Gerätedatei des Druckers
sd	Name des Spool-Directorys
of	Name des Ausgabefilters
if	Name des Eingabefilters
rm	Name des Remote-Hosts bzw. Netzwerk-Druckers
lo	Name der Logdatei
lf	Name des Logbuches (Datei für Fehlermeldungen)

Druck-Befehle im Kommando-Interpreter:

lpr [Datei]	Drucken der Datei
lpq	Druck-Warteschlange ansehen
lprm [Jobnummer] [Benutzer]	löscht einen Druckjob
lpc	Drucker kontrollieren

Queue Befehle:

Down [queue]	Warteschlange wird angehalten
Up [queue]	wird neu aktiviert
Status [queue]	Statusbericht
Topq [jobnummer]	druckt Job zuerst

Drucken im Netz:

Auf den Druckserver muss die Datei /etc/hosts.lpd so eingerichtet (vielleicht erst erstellen) werden, dass alle Druck-Clients, die den Drucker benutzen dürfen, hier aufgeführt werden (Rechnernamen),Comp1, Comp2, etc.

Auf den Druck-Clients ist die /etc/printcap um folgenden Abschnitt zu ergänzen:

Lp | drucker | netzdruck

:lp=:\	muss immer vorhanden sein
:rp=drucker:\	Druckername
:rm=Comp1.ege125.de:\	Rechner, an dem der Netzdrucker läuft
:sd=/var/spool/Comp1.ege.de	lokales spooldirectory (Warteschlange)
:if=[Eingabefilter]	Pfad zum Druckfilter

/etc/printcap:

```
# DecWriter over a tty line.
#lp | ap | arpa | ucbarpa | LA-180 DecWriter III:\
#    :br#1200:fs#06320:tr=\f:of=/usr/lib/lpf:lf=/usr/adm/lpd-errs:
#lp:lp=/dev/lp0:sd=/usr/spool/lp0:of=/usr/lib/lpf:
lf=/usr/adm/lpd-errs
# Generic printer:
lp:lp=/dev/lp1:sd=/usr/spool/lp1:sh
# typical remote printer entry
#ucbvax | vax | vx | ucbvax line printer:\
#    :lp=:rm=ucbvax:sd=/usr/spool/vaxlpd:lf=/usr/adm/lpd-errs:
#varian | va | Benson Varian:\
#    :lp=/dev/va0:sd=/usr/spool/vad:mx#2000:pl#58:px#2112:py
     #1700:tr=\f:\
#    :of=/usr/lib/vpf:if=/usr/lib/vpf:tf=/usr/lib/rvcat:cf=/usr/
     lib/vdmp:\
```

```
#      :gf=/usr/lib/vplotf:df=/usr/local/dvif:\
#      :vf=/usr/lib/vpltdmp:lf=/usr/adm/lpd-errs:
#versatec|vp|Versatec plotter:\
#      :lp=/dev/vp0:sd=/usr/spool/vpd:sb:sf:mx#0:pw#106:pl
       #86:px#7040:py#2400:\
#      :of=/usr/lib/vpfW:if=/usr/lib/vpsf:tf=/usr/lib/
       vcat:cf=/usr/lib/vdmp:\
#      :gf=/usr/lib/vplotf:vf=/usr/lib/vpltdmp:lf=/usr/adm/lpd-errs:\
#      :tr=\n\n\n\n\n\n\n\n\n\n\n\n\n\n\n\n\n\n\n\n\n\n\n
#\n\n\n\n\n\n\n\n\n\n\n\n\n\n\n\n\n\n\n\n\n\n\n\n\
#\n\n\n\n\n\n\n\n\n\n\n\n\n\n\n\n\n\n\n\n\n\n\n\n:
#lp|panasonic:lp=/dev/lp1:sd=/usr/spool/lp/panasonic:lf=/usr/bi
       n/mail:mc#1:\
#      ft=$$c$$p$$r$$f:hl#2:fl#3:ht=$$c$$n$$r$$t:sh:
# HP Laser jet plus
#lp|hpj:\
#      :lp=/dev/lp1:\
#      :sd=/usr/spool/lp1:\
#      :mx#0:\
#      :of=/usr/spool/lp1/hpjlp:
#      :lf=/usr/spool/lp1/hp-log:
#lp|Generic dot-matrix printer entry:\
#      :lp=/dev/lp1:\
#      :sd=/var/spool/lp1/lp:sh:\
#      :if=/usr/bin/lpf:\
#      :df=/var/spool/lp1/filter.ps:\
#      :tf=/var/spool/lp1/filter.ps:\
#      :af=/var/spool/lp1/lp-acct:\
#      :lf=/var/spool/lp1/lp-err:
```

Gemeinsame Nutzung eines Windows-Druckers:

(*SAMBA muss installiert worden sein* (siehe auch Abschnitt 3.4.23 „SAMBA“))

Folgendermaßen muss verfahren werden, um einen an Windows angeschlossenen Drucker auch von Unix aus zu nutzen:

- die entsprechenden Einträge in der Datei printcap müssen vorhanden sein,
- in /usr/print muss das Script smbprint vorhanden sein, welches Bestandteil von SAMBA ist.

Nachfolgend ein kleines Script, das sich auf einen Epson-Drucker, der an einem NT-Rechner angeschlossen ist, bezieht.

```
# /etc/printcap
#
lp:\
    :cm=Epson an einstein:\
    :lp=/dev/lp1:\
    :sd=/var/spool/lpd/lp:\
    :af=/var/spool/lpd/lp/acct:\
    :mx#0:\
    :if=/usr/bin/smbprint:
```

Bedeutung der Einträge:

cm	Kommentar
lp	Name des Gerätes, das für die Ausgabe geöffnet werden soll
sd	das sich auf dem lokalen Rechner befindende Spoolverzeichnis für den Drucker
af	die Datei für die Protokollierung der Druckerzugriffe
mx	die maximale Dateilänge (Null bedeutet unbegrenzt)
if	Name des Skripts für den Eingabefilter

Man sollte sich vergewissern, dass die Zugriffs- und Spoolverzeichnisse existieren und schreibend freigegeben worden sind.

In der if-Zeile muss der richtige Pfad für das angegebene Script (smbprint) richtig gesetzt worden sein und dabei auf das richtige Ausgabegerät verwiesen werden (dev-Datei).

smbprint

Das Script smbprint befindet sich nach der Installation von SAMBA im Verzeichnis /usr/bin.

3.4.19 X-Window und KDE

X-Window:

Voraussetzungen

- 16 MB RAM
- 2 MB Grafikkarte
- 640 × 480 Auflösung

Werkzeuge zum Einrichten

XF86Setup (grafisches Tool)
xf86config (lange ausführliche Version für Profis)

Achtung: Vor Benutzung der Tools sollten mit dem Befehl „Superprobe“ wichtige Informationen der Grafikkarte abgefragt werden.

Konfiguration der Hardware

Die Werkzeuge zum Einrichten generieren die Datei xf86config für die Hardware des X-Window-Systems und liegt in /usr/X11/bin oder /etc/XF86Config.

Danach muss ein Link auf den X-Server erstellt werden:

z.B ln -s /usr/X11R6/bin/XF86_SVGA X

Konfigurations-Dateien des X-Servers

Wird X-Windows gestartet (Befehl „startx“) liest der X-Server zuerst xf86config und die Sofwarekonfiguration in /usr/X11/lib/X11/xinit/xinitrc. xinitrc startet den Window-Manager fvwm, der in /var/X11R6/lib steht, fvwm lies fvwmrc, die in /usr/X11R6/lib/X11 oder /usr/X11R6/bin steht.

(xf86config, fvwmrc und xinitrc, siehe Abschnitt 3.4.29 „Weitere wichtige Konfigurations-Dateien“)

KDE (K-Desktop-Environment)

Da viele Benutzer Schwierigkeiten mit den herkömmlichen Benutzeroberflächen von Linux, wie z. B. X-Window, hatten, wurde KDE entwickelt, welches eine einfachere Handhabung der Bedienung leisten soll. Dabei ist KDE zu einer windows-ähnlichen Benutzeroberfläche geworden.

KDE ist eine gegenüber X-Window verfeinerte Benutzeroberfläche in Linux, die von vielen Programmierern in der ganzen Welt entwickelt wird. Kernstück von KDE ist der File-Manager kfm, der WEB-Browser, File-Manager und FTP-Client in einem ist. Zudem kann kfm auch die man-pages (Hilfe-System in Linux) anzeigen. Ab KDE 2.0 wird mit dem Konqueror gearbeitet. Der Konqueror ist nicht nur ein Ersatz für den Filemanager kfm, sondern ein vollwertiger Browser inclusive Java-Fähigkeiten und der Möglichkeit, Netscape-Plugins zu nutzen.

KDE bietet zwischenzeitlich eine ausgereifte Arbeitsumgebung für eine ständig wachsende Zahl von Anwendungen unter Linux. KDE stellt auch eine Entwicklungsumgebung von hoher Qualität bereit, worüber die Erstellung von neuen Anwendungen sehr schnell möglich ist.

Die Vorteile von KDE sind:

- Fensterumgebung, ähnlich Windows95/98/NT
- Einfach zu bedienenden Datei-Manager
- Zentrale Konfiguration
- Online-Hilfe

Voraussetzungen:

KDE ist unter Linux, FreeBSD, Solaris, HP-UX und MkLinux lauffähig. Des Weiteren werden ca. 100 MB Festplattenspeicher benötigt. Qt-Bibliotheken, die vom Troll-Tech-FTP-Server heruntergeladen werden können.

Achtung: X-Window muß lauffähig installiert sein.

Installation:

Für jede Linux-Distribution verläuft die Installation anders. Für die hier beschriebene SuSE-Linux gilt:

- „Yast" aufrufen
- unter „Einstellungen zur Installation" das Installationsmedium auswählen
- „Installation festlegen und starten"
- „Konfiguration ändern erstellen"
- KDE auswählen

In älteren Distributionen, in denen KDE noch nicht auf den Installations-CD's enthalten ist, können die Dateien auch extra aus dem Internet herunter geladen werden (z.B. vom SuSE-Server, www.suse.de) oder unter
ftp://ftp.de.kde.org/pub/kde/stable/2.0/rpm/

Folgende Pakete können installiert werden:

Da die Entwicklung von KDE nicht stehen bleibt, werden weitere Pakete mit der Zeit erhältlich sein.

- KDE-Libs: Verschiedene Run-Time-Bibliotheken
- KDE-Base: Die Grund-Komponenten
- KDE-Graphics: Grafische Anwendungen
- KGhostview, KPaint, KFax
- KDE-Utilities: KEdit, KCalc, KNotes
- KDE-Multimedia: KMidi, KSCD, Kaiman
- KDE-Games: KAsteroids, KPat, KTetris
- KDE-Admin: Verschiedene Werkzeuge

- KDE-Network: Kppp, KNode, KMail
- KDE-pim: Verschiedene Programme
- KDE-Support: wichtige Grundlage für KDE
- KDE-toys: kleine Spielchen
- KDevelop: Die Entwicklungsumgebung von KDE
- KDE-sdk: Programme zum Übersetzen von KDE-Programmen

Mindestens folgende Pakete müssen für ein lauffähiges KDE vorhanden sein:

- qt-2.2.4
- kdesupport
- kdelibs
- kdebase

Je nach Format, in dem die Pakete vorhanden sind, verläuft die Installation.

rpm:
rpm -ivh kdesupport.rpm
rpm -ivh kdelibs.rpm
rpm -ivh kdebase.rpm
rpm -ivh kxxxx.rpm

tar.gz:
cd /
tar xzvf paketname.bin.tar.gz

Unter der SuSE-Distribution besteht die Möglichkeit KDE1 und KDE2 parallel zu betreiben, während bei anderen Distributionen mit dem Update über die alte Version darüberinstalliert wird. Dies kann von der Konsole mit

startx kde
startx kde2

passieren.

Beim grafischen Login ist der Menüeintrag für den kdm in der Datei /opt/kde/share/config/kdmrc zu erweitern.
SessionTypes=kde2;kde;fvwm2;fvwm95;failsafe

Der passende Window-Manager ist mit der richtigen Startdatei für KDE2 in der Datei /usr/X11R6/lib/X11/xdm/Xsession aufzurufen.
XSESSION_IS_UP=yes
export XSESSION_IS_UP

```
if test "$WINDOWMAKER" = "kde2"; then
   exec /opt/kde2/bin/startkde
    exit 1
fi
```

3.4.20 Generierung eines neuen Kernels

Voraussetzung für einen neuen Kernel sind:

- C-Compiler muss vorhanden sein,
- Kernel-Souce-Codes (Linux) müssen vorhanden sein,
- Makefile muss vorhanden sein.

Im Source-Code eines Standard-Kernels sind bereits viele Treiber für Hardware vorhanden. Allerdings ist es nicht sinnvoll, wenn alle diese Treiber aktiviert sind, während nur eine gewisse Hardware im Rechner vorhanden ist, da dies unnötig Speicherplatz verschwendet.

Im Verzeichnis /usr/src/Linux sind die Source-Codes für einen neuen Kernel vorhanden. Sollten diese nicht entpackt sein, so müssen sie im Verzeichnis /usr/src mit dem Kommando tar -xfz [Dateiname.tar.z] entpackt werden.

Damit die entsprechenden Headerdateien beim Compilieren verwendet werden, müssen Symlinks gemacht werden:

```
rm -f /usr/include/linux/usr/include/asm
ln -s /usr/src/linux/include/asm/usr/include/asm
ln -s /usr/src/linux/include/linux/usr/include/linux
```

Zum Generieren sollte das Konfigurations-Script verwendet werden, das sich im Verzeichnis /usr/src/linux befindet.

Ausführung:

In das Verzeichnis /usr/src/linux wechseln und folgende Eingaben machen:

1.	**make config** (menuconfig, grafisches Tool)	Bestimmen, welche Hardware der Kernel unterstützen soll
2.	**make dep**	Feststellen der Abhängigkeiten der Quelldateien

3. **make zImage** Erzeugung des neuen Kernels in komprimierter Form in /usr/src/linux/arch/i386/boot/zImage (zImage ist der Name des neuen Kernels)
4. **make clean** Löschen aller mit dem Compiler erzeugten Files
5. zImage nach / (root) verschieben und in lilo.conf eintragen,
6. Rechner neu booten und neuen Kernel laden,
7. wenn der neue Kernel funktioniert, den Kernel in vmlinuz umbenennen, alten Kernel sichern.

Achtung: Sind einzelne Treiber als nachladbare Module konfiguriert, müssen diese noch mit „make modules" übersetzt werden.

3.4.21 Netzwerkzugriff konfigurieren

Netzwerk Planung:

1. räumliche Netzplanung
2. Netzplanung
   - Netzart (Klasse A,B,C)
   - IP-Adressenvergabe
   - Domain Namen
3. Kriterien zur Festlegung der Netzart
   - Anzahl der Stationen
   - Räumliche Verteilung
   - Anzahl der einzelnen Netze

Netzkarte installieren:

- Auf I/O und IRQ achten,
- Treiber laden (insmod [Treiber] io=xxxx irq=xxxx),
- „insmode" lädt Module nach, die nicht in den Kernel kompiliert wurden.

  Ein mit insmod geladener Treiber ist nur temporär. Zum dauerhaften Laden muss der Treiber in /etc/conf.modules eingetragen werden (z.B. alias eth0 3C509).

  Ggf. ist auch die Option, die IRQ und I/O angibt, auszukommentieren.

  Bei Schwierigkeiten mit modprobe [Treiber], den Treiber anders einzubinden versuchen. Ggf. ist auch ein neuer Kernel zu generieren, wenn der alte die Netzwerkkarte nicht unterstützt und der Treiber absolut nicht zu laden ist.

- Die Treiber liegen alle in /lib/modules und tragen die Endung .o
- Ein Treiber, der nicht in Unix enthalten ist, kann hierher kopiert werden und dann wie oben geladen werden. Dabei müssen dann allerdings noch entsprechende Rechte vergeben werden, damit alle anderen User auch darauf zugreifen können und nicht nur root (chmod 771).
- Bei der Verwendung einer zweiten Netzwerkkarte (Gateway) ist genauso zu verfahren (wenn der Treiber mit insmod nicht geladen werden kann, einfach in die conf.modules eintragen),
- mit „netconfig" oder „yast" (Administrator-Tool) kann das Netzwerk konfiguriert werden.

Hilfreich bei Hardware-Konflikten:

cat /proc/ioports	zeigt die Belegung der Ports
cat /proc/interrupts	zeigt die Belegung der Interrupts

Netzdiagnose:

• **ifconfig**	[eth0, eth1] zeigt, ob die Netzkarte erkannt wurde (Zeile mit "eth0 + I/O + IRQ muss vorhanden sein)
• **netstat**	zeigt aktive Verbindungen
• **dig**	Domain Infos
• **arp**	Hardwareadressen von entfernten Stationen
• **ping**	zeigt Erreichbarkeit eines Hosts
• **nslookup**	DNS Datenbank abfragen
• **route**	Anzeige statischer Routen
• **traceroute**	Details zur Erreichbarkeit eines Fern-Hostes
• **rpcinfo**	Funktiontest für den Portmapper
• **showmount**	Infos zu NFS Dateisystem
• **spray**	Stresstest für Netzverbindungen
• **tcpdump**	Paketanalyse im TCP/IP Netz

NIS und NFS:

NIS (Network-Information-Service)

Wenn mehrere Rechner im Netz auf gemeinsame Ressourcen zugreifen wollen, muss sichergestellt sein, dass Benutzer und Gruppen auf allen Rechnern miteinander harmonieren. Möglich wird dies durch NIS und NFS.

NIS kann als Datenbankdienst verstanden werden, der Zugriff auf Informationen aus /etc/passwd oder /etc/group netzwerkweit ermöglicht (vergleichbar mit NDS von Novell oder Domänen-Prinzip bei NT).

Einrichten eines NIS-Clients

In /etc/rc.config muss der NIS-Server eingetragen sein. Beim Übergang in einen Runlevel mit Netzwerk wertet /sbin/initd/ network diesen Wert aus und setzt den Namen entsprechend.

Festlegen des NIS-Servers

Der NIS-Server wird durch die Datei /ect/yp.conf festgelegt. In dieser Datei muss es eine Zeile mit dem Schlüsselwort YPSERVER geben, in der der Name des NIS-Servers steht.

Ypserver [servername]
Yp.conf wird aut. von rc.config generiert, wenn hier ein ypserver eingetragen ist.

Bedingungen

1. Rpc muss über /sbin/initd./rpc gestartet worden sein (wird in rc.config veranlasst).
2. Das Programm „ypbind“ muss gestartet werden (wird auch aut. gemacht, wenn mit „yast“ das Netzwerk konfiguriert wurde).

Aktivieren der Änderungen

/sbin/init.d/network stop
/sbin(init.d/network start

NFS

Durch NFS werden Dateisysteme im Netz verteilt.

Es gibt NFS-Clients und NFS-Server (ein Rechner kann beides sein). Er kann gleichzeitig Dateisysteme dem Netz zur Verfügung stellen (exportieren) und Dateisysteme anderer Rechner mounten (importieren).

Im Regelfall gibt es jedoch Rechner mit großen Festplattenkapazitäten, deren Dateisysteme von Clients gemountet werden.

Importieren von Dateisystemen (NFS-Client)

Rpc Portmapper muss gestartet sein. Dann können fremde Dateisysteme wie lokale Platten gemountet werden.

mount –t nfs [Rechner]://[Remote Pfad]/[lokaler Pfad]

Exportieren von Dateisystemen (NFS-Server)

Auf einem NFS-Server müssen
Rpc Portmapper (rpc.portmap)
Rpc Mount Dämon (rpc.mountd)
Rpc NFS Dämon (rpc.nfsd)
laufen.

Diese werden beim Hochfahren des Systems von den Scripten
/sbin/init.d/rpc und
/sbin/init.d/nfsserver
gestartet.

rpc.portmap: Umwandlung von physikalischen Ports in logische

übergibt an

rpc.mountd: Überprüfung der Berechtigung des mount-Befehls der anderen Rechner

übergibt an

rpc.nfsd: Führt den Befehl nach erfolgreicher Prüfung aus

Sodann muss noch festgelegt werden, welche Dateisysteme an welche Rechner exportiert werden sollen und was in der /etc/exports geschieht.

Je Verzeichnis, das exportiert werden soll, wird eine Zeile benötigt, in der steht, welche Benutzer von welchen Rechnern wie darauf zugreifen dürfen. Alle Unterverzeichnisse werden automatisch ebenfalls exportiert.

Die berechtigten Rechner werden üblicherweise mit ihrem Namen incl. Domainname angegeben. Wird kein Rechner angegeben, so kann jeder Rechner mit den angegeben Rechten auf das Verz zugreifen.

Rechte

ro	nur Lesen
rw	Schreib- und Leserechte
root_squash	entzieht root des Hosts seine Sonderrechte
no_root_squash	hebt root_squash wieder auf
map_identity	Host und Server haben die selben UID/GID (default)
map_daemon	Host und Server haben unterschiedliche UID/GID

Beispiel

/etc/exports

Verzeichnisse auf die via nfs	*von wem*	*wie* zugegriffen werden kann
/home	davinci.ege.de(ro)	Rainer(rw)
/usr/X11	einstein.ege.de(rw) atlantis.ege.de(rw)	Rainer(rw) alpha(ro)
/usr/lib/texmf	kopernikus.ege.de(rw) galileo.ege.de(ro)	
/	einstein.ege.de(ro,root_squash)	
/home/ftp	(ro)	

#end of exports

Auf das home-Verz kann nur Rainer vom Rechner davinci aus zugreifen.

Auf X11 könnnen Rainer und alpha, von den Rechnern einstein und atlantis aus zugreifen.

Auf texmf können alle User von den Rechnern kopernikus und galileo aus zugreifen.

Achtung: Wird eine Änderung an der /etc/exports vorgenommen, so müssen rpc.mountd, rpc.nfsd neu gestartet werden.

Superdämon inetd:

Inetd lauscht an den Ports und startet bei einem ankommenden Signal den entsprechenden Dämon (ftp, telnet, etc). Die Identifizierung erfolgt anhand der Portnummer.

Inetd wird beim Booten über die rc.config gestartet (Konfigurationsdatei in /sbin/inet.d/initd und /etc/inetd.conf).

Portnummern:

Netzwerk ID	Wohnort mit PLZ
Host ID	Straße
Port	Hausnummer

Portnummern werden von Diensten (ftp, http) und Protokollen verwendet, um ihre Pakete an die entsprechende Software im Rechner zu übergeben (Konfigurationsdatei /etc/services).

Damit mit Telnet auf einen Rechner zugegriffen werden kann, muss auf diesem der Telnet-Dämon laufen. Dieser Dämon läuft auf Port 23 (Softwareport, kein Hardware-Port).

Gleiches gilt entsprechend für FTP.

Port 20 => Dateien
Port 21 => Befehle

Konfigurations-Dateien für das Netzwerk:

Die Konfigurations-Dateien für das Netzwerk müssen nach einer Neuinstallation von Linux bearbeitet werden. Allerdings können bei der Installation schon viele Angaben über das Netzwerk gemacht werden, sodass einige Dateien schon bearbeitet sind (besser überprüfen).

Netzwerk-Konfigurations-Dateien in /etc	
hosts	Zuordnung von Rechnernamen zu IP-Adressen
host.conf	Übersetzen von Rechner- bzw. Netzwerknamen über die resolver-Bibliothek
HOSTNAME	Name der Workstation
networks	Auflösung von Netzwerknamen zu IP-Adresse
rc.config	diverse Netzwerkangaben
resolv.conf	Name der Domäne und Name-Server
gateways	Routing Infos
exports	Rechte für Rechner, die über NFS auf diesen Host zugreifen (siehe NFS, weiter unten)

Weitere Konfigurations-Dateien (liegen alle in /etc/...)	
hosts.allow	Hosts, die TCP/IP Dienste benutzen dürfen
hosts.equiv	Hosts, die rsh Kommandos ausführen dürfen
rpc	Zuordnungen von rpc-Diensten zu Portnummern
conf.modules	bindet Treiber (Netz) fest ein
services	Konfiguration von Portnummern

Netzwerk-Startup-Script (liegt in /sbin/init.d/.....)	
network	übernimmt die Konfiguration der Netzwerk Hard- und Software während der Startphase. Netzwerkangaben in rc.config werden hier ausgewertet.

Einträge in die Netzwerkkonfigurationsdateien, die vorgenommen oder kontrolliert werden sollten:

rc.config

Die rc.config ist weitestgehend selbsterklärend (einfach ansehen, siehe Abschnitt 3.4.29 „Weitere wichtige Konfigurations-Dateien").

Hosts

# hosts	This file describes a number of hostname-to-ad-	
#	dress mappings for the TCP/IP subsystem. It is	
#	mostly used at boot time, when no name servers	
#	are running. On small systems, this file can be	
#	used instead of a "named" name server. Just add	
#	the names, addresses and any aliases to this file...	
127.0.0.1	localhost	
192.168.100.1	darksky.ege.de darksky	*IP-Adresse und Name des eigenen Rechners, hier können nacheinander alle Rechner des Netzwerkes bekannt gemacht werden.*

Achtung: Ist ein Name-Server im Netzwerk vorhanden, reicht hier der eigene Rechner. Der Name-Server ist dann in der Datei „resolv.conf" bekannt zu machen.

resolv.conf

domain ege.de
nameserver 192.168.100.5

HOSTNAME

darksky.ege.de *Computername.Domäne.Suffix*

networks

# networks	This file describes a number of netname-to-address	
#	mappings for the TCP/IP subsystem. Mostly used at	
#	boot time, when no name servers are running.	
loopback	127.0.0.0	
localnet	192.68.100.0	
ege.de	192.168.100.0	*die eigene Domäne, Domainname zu IP auflösen*
# End.		*(Netzwerkadresse)*

host.conf

/etc/host.conf
Automatically generated by SuSEconfig on Fri Apr 3 16:52:18
MEST 1998. PLEASE DO NOT EDIT THIS FILE!
Change variables (NAMESERVER + YP_SERVER) in
/etc/rc.config instead.
order hosts,

bind	*Suchreihenfolge (dieser Eintrag muss immer vorhanden sein)*
multi on	*Host kann mehrere IPs haben*
nospot	*Rechner darf sich nicht als jemand anderes ausgeben*

Sessions mit anderen Rechnern:

telnet [Rechnername o. IP]	Öffnen eines virtuellen Bildschirms, mit dem auf dem fremden Rechner mit dort installierten Programmen gearbeitet werden kann. Die Ergebnisse können dann mit einem angemouteten Verzeichnis auf den eigenen Rechner transferiert werden.
exit	Verlassen der telnet-Sitzung
finger	Anzeigen, wer sich gerade im eigenen Rechner befindet

ftp [Rechnername oder IP] **login: Anonymous** **password [ ]**	eine Anwendung zur Dateiübertragung, die einen User in die Lage versetzt, Dateien zwischen zwei Hosts zu übertragen

Die wichtigsten ftp-Befehle, mit denen man remote arbeiten kann sind

get [Datei]	Datei holen
put, push, send [Datei]	Datei verschicken
cd	
delete	
dir	
bye	ftp-session beenden

Unix-Rechner können aut. ftp-Dienste in Anspruch nehmen. Der Rechner, der ftp-Dienste anbietet, muss als ftp-Server konfiguriert sein. (Siehe Abschnitt 3.4.26 „FTP Server/Client")

3.4.22 Unix-Rechner als Router

IP Routing ist der Prozess, über den ein Rechner mit unterschiedlichen Netzwerkanbindungen entscheidet, über welche Verbindung ein empfangenes IP-Datagramm weitergeleitet werden soll.

Das Erstellen der Routing-Tabellen erfolgt unter /sbin/init.d/route.

Nach der Initialisierung des Netzwerks durch die Bootscripte unter /sbin/init.d, wird die Datei /etc/route.conf mit der Routing-Tabelle von /sbin/init.d/route durchsucht und diese Tabelle im System gesetzt. In /etc/route.conf können alle statischen Routen eingetragen werden, die für verschiedene Aufgaben im System benötigt werden.

- Route zu einem Rechner
- Route zu einem Rechner über ein Gateway
- Route zu einem Netzwerk

Eine andere Möglichkeit ist die Konfiguration von /usr/sbin/routd, was aber sehr viel aufwändiger ist.

Achtung: Für jede Verbindung zu einem Netzwerk muss eine eigene Netzwerkkarte im Computer vorhanden sein.

/etc/route.conf:

1.Spalte	2.Spalte	3.Spalte	4.Spalte
Destination	Gateway/Dummy	Netmask	Device
#Net devices			
127.0.0.0	0.0.0.0	255.255.255.0	lo
192.168.100.0	0.0.0.0	255.255.255.0	eth0
#Gateway			
default	192.168.100.1		
#Host behind Gateway			
192.168.101.1	192.168.101.5	255.255.255.255	
#Net behind Gateway			
192.168.102.0	192.168.105.1	255.255.0.0	

Beschreibung

1.Spalte

Ziel einer Route (kann IP eines Rechners, eines Netzes oder eines Nameservers sein). Es kann hier auch der volle Name eines Rechners oder Netzes mit Domainnamen stehen.

Das Stichwort „default“ ist dem Eintrag des Default-Gateway vorbehalten. Als Default-Gateway fungiert das Gateway, an dem alle Anfragen zu erreichbaren Rechnern oder Netzen geschickt werden, die nicht selber vom eigenen Rechner aufgelöst werden können.

2.Spalte

Enthält entweder einen Platzhalter (0.0.0.0) oder die IP bzw. den vollen Namen eines Rechners, der entweder das Default-Gateway oder ein Gateway ist, hinter dem ein Rechner oder Netzwerk erreichbar ist.

3.Spalte

Enthält die Netzmaske für Netzwerke oder Rechner hinter einem Gateway. Für einen Rechner hinter einem Gateway lautet die Maske 255.255.255.255.

4.Spalte

Ist für die am lokalen Rechner angeschlossenen Netzwerke (Device)(Loopback, Ethernet, ISDN, PPP, Dummy)

Achtung: Werden Einträge in der route.conf vorgenommen, muss duch die Eingabe von

/sbin/init.d/route stop und /sbin/init.d/route start die Routing-Tabelle mit den neuen Einträgen gesetzt werden.

Soll der Router aut. gestartet werden, die Variable START_ROUTED in der rc.config, auf „yes" setzen.

Routing konfigurieren:

/etc/networks

Hier müssen alle bekannten Netze mit net-ID und Alias eingetragen werden.

Route Befehle

route	Zeigt alle eingetragenen Routen

route add(del) [-net alias] [-host IP] [gw gateway] [netmask Netzmaske] [dev ethx]

Routing-Kontrolle

1. Ist TCP/IP im Kernel?	Ping 127.0.0.1
2. Sind Netzwerkkarten funktionsfähig?	Ping [eig. IP] ifconfig
3. Anschlüsse funktionsfähig?	ping auf alle Karten im eigenen Rechner
4. Geht das Routing?	Traceroute [host] (alle Rechner bis zum Ziel)

Beispiel Routing (/etc/route.conf)

#net devices

127.0.0.0	0.0.0.0	255.255.255.0	lo
10.10.125.0	0.0.0.0	255.255.255.0	eth0 *erste Netzwerkkarte*
10.10.124.0	0.0.0.0	255.255.255.0	eth1 *zweite Netzwerkkarte*

#gateway

default 10.10.125.6

#net behind gateway

10.10.122.0 10.10.122.6 255.255.255.255

3.4.23 Samba (Unix-Server für MS-Windows)

Mit dem SAMBA-Paket kann ein Unix-Rechner zu einem leistungsfähigen File- und Print-Server für DOS- und Windows-Rechner ausgebaut werden. Er kann als Ersatz oder als Ergänzung für Netware- oder NT-Server verwendet werden.

Im Verzeichnis /usr/doc/packages/samba sind viele Dokumente für eine komplexe Netzkonfiguration mit Samba zu finden.

Die zentrale Konfigurationsdatei ist /etc/smb.conf, in der alle Einstellungen gemacht werden können.

Funktion:

NetBIOS

Ist eine Software-Schnittstelle, die zur Rechner-Kommunikation entwickelt wurde. Dabei wird ein NAME-SERVICE bereitgestellt, mit dem sich Rechner im Netz Namen reservieren können. Die Konfiguration eines Rechners sollte sich auf diesen Namen beschränken.

Neben dem Namen sind zur Kommunikation verschiedene Dienste vorgesehen. Es gibt sowohl gesicherte Datenströme als auch einen ungesicherten Datagrammdienst. Diese sind in der Funktionalität mit TCP und UDP in der IP-Welt vergleichbar. Auf diesen Diensten setzen dann die höheren Protokolle wie das SMB-Protokoll auf.

Die NetBIOS-Schnittstelle kann auf unterschiedliche Netzarchitekturen implementiert werden. Eine Implementation erfolgt relativ nahe an der Netzhardware und nennt sich NetBEUI. (Wird häufig als NetBIOS bezeichnet.)

NetBEUI ist nicht so strukturiert wie IPX und TCP/IP und kann deswegen nicht geroutet werden.

SMB (Server-Message-Block)

Mit dem SMB-Protokoll werden in der Windows- und LAN-Manager-Welt Datei und Druckerdienste bereitgestellt. SMB baut auf den NetBIOS-Diensten auf und ist für den Dateidienst mit NFS vergleichbar.

Es existiert eine geringfügige Erweiterung von SMB mit dem Namen CIFS.

Samba ist nun ein Server, der das SMB-Protokoll unter Unix implementiert. Durch Samba wird aus einem beliebigen Unix-Rechner ein Server, der Datei- und Druckerdienste für die meisten PC-Betriebssysteme bereitstellen kann.

Samba (SMB) ist auf allen gängigen Betriebssystemen portiert worden.

Novell nennt Samba „Migration Toolkit".

Clients:

Alle gängigen Betriebssysteme können als Client für einen Samba-Server über TCP/IP verwendet werden. Für DOS und Windows 3.x muss dazu allerdings der TCP/IP Stack (kostenlos bei Microsoft zu erhalten) nachinstalliert werden.

Samba-Server stellen ihren Clients Plattenplatz in Form von Shares zur Verfügung. Dabei umfasst ein Share ein freigegebenes Verzeichnis mit allen Unterverzeichnissen. Dieses wird unter einem bestimmten Namen freigegeben und kann unter diesem Namen über das Netz angesprochen werden. Der Freigabenamen muss nicht den Verzeichnisnamen entsprechen.

Ebenso verhält es sich mit Druckern.

Zugriffsrechte:

Die Zugriffsrechte können über Rechte auf Verzeichnisse oder den Server gesetzt werden (smb.conf). Allgemein gelten die NFS-Rechte, die in der /etc/exports geregelt werden. In der smb.conf können weitere Rechte definiert werden. Hauptsächlich aber kommen die Zugriffsrechte, welche allgemein mit CHMOD auf dem Unix-Rechner definiert werden, zum Tragen.

Achtung: SAMBA wird nicht bei einer Normalinstallation mitinstalliert, sondern muss nachinstalliert werden.

Starten des Samba-Servers:

Zum Starten des Samba-Servers müssen folgende Zeilen in folgenden Konfigurationsdateien enthalten sein, die meistens schon durch die Installation von Linux hineingeschrieben werden und die man eventuell noch dekommentieren muss:

/etc/services

```
netbios –ns     137/tcp
netbios –ns     137/udp
```

netbios –dgm	138/tcp
netbios –dgm	138/udp
netbios –ssn	139/tcp
netbios –ssn	139/udp

/etc/inetd.conf

Hier werden die Samba-Dämonen gestartet, wenn auf den Rechner zugegriffen wird.

```
#Samba Services
netbios –ssn stream tcp  nowait  root  /usr/sbin/smbd smbd –d 2
netbios –ns  dgram  udp  wait    root  /usr/sbin/umbd umbd –d
```

/etc/rc.config

```
START_SMB=yes
SMB_GROUP=""
```

Sollten trotz obiger Konfiguration keine Zugriffe von Windows aus nach einem Neustart auf den Samba-Server erfolgen können (Server erscheint nicht in der Netzwerkumgebung), folgende Zeilen am Unix-Rechner an der Eingabeaufforderung eingeben:

```
/usr/sbin/nmbd -D -d 2 -G [Domänename]
/usr/sbin/smbd -D -d 2
```

Jetzt sollte es funktionieren. Allerdings ist das Einrichten eines Samba-Servers immer eine problematische Angelegenheit, bei der man schnell verzweifeln kann (niemals aufgeben).

/etc/smb.conf konfigurieren:

Nach Eingriffen in diese Datei sollte der Samba-Server mit /etc/rc.d/smb stop und dann /etc/rc.d/smb start neu gestartet werden.

Sektion 1

[global]

workgroup = ege.de	*Domäne*
guest account = nobody	
keep alive = 30	*wie lange nach abgestürzten Win-Rechner gefahndet wird*
os level = 2	*Server-Dienste für WIN anbieten*

security = server *siehe unten bei security Level*
password server = einstein
printing = bsd
printcap name = /etc/printcap
load printers = yes
admin users = root *administrative user*

Beschreibung des Security Level

user = beim Login von NT,WIN95/98 aus, wird eine Paßwortabfrage mit User-Kennung gestartet

share = ein Paßwort wird fest mit einem share (freige. Verzeichnis) verbunden. Paßwortabfrage erfolgt erst, wenn auf das share zugegriffen werden soll.

server = der Benutzer wird an einem weiteren Server validiert, der mit „password server" angegeben werden muss.

Soll der Samba-Server in einer NT-Umgebung agieren (Domäne), sollte am besten die Option „server" verwendet werden und der NT-Domänen-Controller als password server angegeben werden, weil dann alle Zugriffe auf den Samba-Server vom PDC den Domänen-Konten entsprechend überprüft werden.

Sektion2 (Home-Verzeichnisse für user)

[homes]
comment = home directories
guest ok = no
path = /home/%u *%u = Variable für Username*
browseable = no
read only = no
writable = yes
create mode = 0700

Sektion3 (freigebenes CD-ROM-Verzeichnis)

; [cdrom]
; comment = Linux CD-ROM
; path = /cdrom *Pfad zum Verzeichnis*
; read only = yes
; locking = no

Sektion4

```
[printers]
    comment = All Printers          ⎫
    browseable = no                 ⎪
    printable = yes                 ⎪  für gemeinsame Nutzung
    public = no                     ⎬  eines Linix-Druckers von
    read only = yes                 ⎪  WIN aus (siehe weiter unten)
    create mode = 0700              ⎪
    directory = /tmp                ⎭
```

Sektion5 (freigebenes root-Verzeichnis)

[root]	
comment = root dir	
path = /	
valid users = root Rainer Rainer1	*der/die user, die auf root zugreifen können*
browseable = yes	
public = no	
writable = yes	
read only = no	
create mode = 0770	*mit welchen Rechten auf root zugrgriffen werden kann*

Sektion6 (freigegebenes Datenverzeichnis)

[daten]	*erscheint als Freigabename*
comment = daten dir	
path = /daten	
force group = users	*die Gruppe, die auf das Verzeichnis zugreifen kann*
browsable = yes	
public = yes	
writable = yes	
read only = no	
create mode = 0770	*mit welchen Rechten*

Achtung: Ist in Sektion [global] der Security-Level user gesetzt, werden beim Anklicken des Samba-Servers, der User-Name und das Kennwort benutzt, unter dem man sich unter NT/WIN95/98 eingeloggt hat.

Ist share gesetzt, erfolgt eine Paßwort-Abfrage beim Anklicken des shares. Bei password server wird der user am angegeben Server (Domäne) validiert.

Alle diese Vorgänge bedingen, dass ein entsprechendes Benutzer-Konto und Paßwort auf dem Unix-Rechner vorhanden sind.

Mehr Beispiele und Möglichkeiten, siehe Abschnitt 3.4.29 „Weitere wichtige Konfigurations-Dateien | smb.conf samples“

Kommandos zur Diagnose des Samba-Servers:

1. testparm
2. ping [Samba-Server]
3. smbclient -L [Samba-Server]
4. nmblookup -B [Samba-Server] __SAMBA__
5. nmblookup -d 2 `*`"
6. nmblookup -B ACLIENT `*`"
7. net view //[Samba-Server]
8. net use x: \\[Samba-Server]\TMP

smb-client: (Unix-Client nutzt Windows-Server-Laufwerke)

Bestandteil der Linux-Distribution ist ein SMB-Clientprogramm für Unix-Rechner. Dabei wird eine von der Kommandozeile aus FTP-ähnliche Schnittstelle unterstützt. Diese Schnittstelle wird benutzt, um Dateien zwischen einem Windows-Server und einem Unix-Client auszutauschen.

Mit folgendem Befehl kann festgestellt werden, welche gemeinsame Ressourcen auf einem Windows-Host zur Verfügung stehen:

smbclient -L [Name des Servers]

Es wird eine Liste von Druckern oder Laufwerken zurückgeliefert, die gemeinsam im Netzwerk benutzt werden können.

Sollte eine Paßwortabfrage erfolgen, muss das Paßwort für den Gastzugang oder das persönliche Paßwort benutzt werden.

Beispiel:
smbclient -L einstein

Die Ausgabe sollte dann etwa so aussehen:

Server time is Sat Aug 10 15:58:27 1996
Timezone is UTC+10.0
Password:
Domain=[EGE.DE] OS=[Windows NT 4.0] Server=[NT LAN Manager 4.0]
Server=[EINSTEIN] User=[] Workgroup=[EGE.DE] Domain=[]

Sharename	Type	Comment
ADMIN$	Disk	Remote Admin
C$	Disk	Default share
IPC$	IPC	Remote IPC
Citizen	Printer	Citizen
Print$	Disk	Printer Drivers
Daten	Disk	
NETLOGON	Disk	Ressource fuer Anmelde-Server
Profiles	Disk	
Users	Disk	

This machine has a browse list:

Server	Comment
DARKSKY	Samba 1.9.15p8
DAVINCI	
KOPERNICUS	
EINSTEIN	

Hier werden alle Server des Netzwerks mit ihren freigegebenen Ressourcen angezeigt.

Soll Samba als Client genutzt werden, kann dies mit folgendem Befehl erreicht werden:
smbclient \\\\einstein\\daten [Paßwort]

Dabei ist „daten“ das freigegebene Verzeichnis auf dem Server „einstein“.

Die Backslashes müssen wie oben angegeben werden.

Folgende Rückmeldung erfolgt dabei:

Server time is Sat Aug 10 15:58:44 1996
Timezone is UTC+10.0
Domain=[EGE.DE] OS=[Windows NT 4.0] Server=[NT LAN Manager 4.0]
smb: \>

Die Eingabe von h listet eine Hilfe der möglichen Befehle auf:

smb: \> h

ls	dir	lcd	cd	pwd
get	mget	put	mput	rename
more	mask	del	rm	mkdir
md	rmdir	rd	prompt	recurse
translate	lowercase	print	printmode	queue
cancel	stat	quit	q	exit
newer	archive	tar	blocksize	tarmode
setmode	help	?	!	

smb: \>

Gemeinsame Nutzung eines Linux-Druckers von Windows aus:

Soll ein Linux-Drucker auch von von Windows aus benutzt werden können, muss der Drucker bereits unter Unix richtig installiert und konfiguriert worden sein. Ist das Drucken unter Unix bereits möglich, kann relativ einfach die Nutzung des Druckers für Windows-Clients erreicht werden.

Dabei ist die Datei smbconf folgendermaßen einzurichten:

```
[global]
    printing          = bsd
    printcap name     = /etc/printcap
    load printers     = yes
    log file          = /var/log/samba-log.%m
    lock directory    = /var/lock/samba

[printers]
    comment           = All Printers
    security          = server
    path              = /var/spool/lpd/lp
    browseable        = no
    printable         = yes
    public            = yes
    writable          = no
    create mode       = 0700

[ljet]
    security          = server
    path              = /var/spool/lpd/lp
    printer name      = lp
    writable          = yes
    public            = yes
```

```
printable        = yes
print command    = lpr -r -h -P %p %s
```

Jetzt muss nur noch sichergestellt sein, dass der Pfad, der unter [ijet] benutzt wurde, zum Spool-Verzeichnis in der Datei /etc/printcap passt.

3.4.24 DNS (Domain-Name-Service)

DNS Server lösen IP-Adressen in Computer-Namen auf. Jeder DNS-Server hat eine Datenbank, in der die zu den IP-Adressen gehörenden Host-Namen gespeichert sind. Fragt ein Client nach einem Host-Namen, so sucht sein DNS-Server nach der dazugehörigen IP-Adresse. Findet er die Adresse nicht, so gibt er die Frage nach an den nächsten DNS weiter, bis dem Client die IP-Adresse mitgeteilt werden kann.

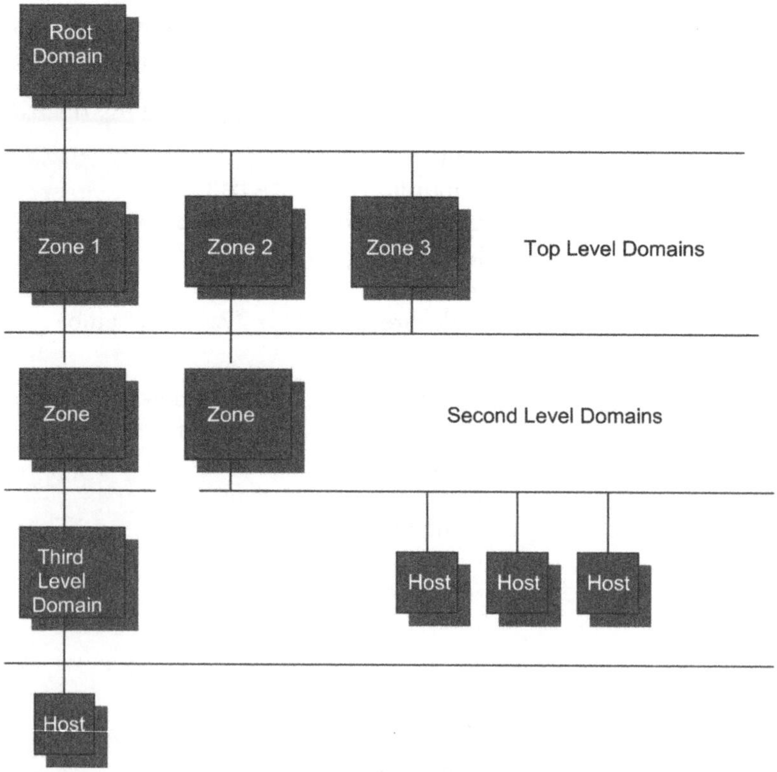

Abb. 3 Aufbau der Domänen im DNS-Namensraum

Namensvergabe:

Möglichst eindeutig	(Firmen bezogen)
Sinnvoll	(eine Domain für ein Netz)
Hostnamen	(tätigkeitsbezogen)

Ein DNS kann beliebig viele Netzwerke in seiner Zone verwalten. Ein Netzwerk muss jedoch vollständig in einer Zone enthalten sein. Jeder DNS hat mindestens einen sekundären DNS.

Planung:

- DNS-Paket installieren (bind.rpm) (enthält den DNS-Dämon named),
- Liste aller Hosts erstellen Name, IP, Netz, Domain,
- Liste der Master-Dateien erstellen, Dateien unter /var/named, die die Daten über die IP-Adressen-Namenszuordnung enthalten,
- jede Domain in der Zone hat seine eigene Datei.

DNS für kleines Netz (1 Domain, 5 Rechner) konfigurieren:

Im Beispiel ist ege125.de die Domäne, die einzelnen Rechner werden mit Comp bezeichnet.

Primärer DNS:

Alle folgenden Dateien müssen angelegt bzw. editiert werden.

Rechner:	Comp1 – Comp5
Domain:	ege125.de
Prim. DNS:	Comp1
Sek. DNS:	Comp3

1. Schritt
/etc/host.conf:

order bind hosts
multi on

/etc/resolve.conf:

domain ege125.de
nameserver 10.10.125.1

/etc/named.boot:

```
directory   var/named
cache       .                        root.cache

primary     ege125.de                named.hosts     ;Domain Name
primary     125.10.10.in-addr.arpa   named.rev
primary     localhost                named.local
primary     0.0.127.in-addr.arpa     named.local-rev
```

2. Schritt
/etc/named.hosts:

```
@ IN SOA  Comp1.ege125.de.  hostmaster.ege125.de.  (  ;Prim
   DNS Server
               98051401     ;Seriennummer
               86400        ;refresh
               3600         ;retry
               25920000     ;expire
               604800 )     ;minimum TTL
IN MX          10 Comp3     ;für Mail im Netz
IN NS          Comp1.ege125.de          ;DNS Server
Comp1  IN A    10.10.125.1      ;Hosts der Zone
Comp2  IN A    10.10.125.2      ;   "
Comp3  IN A    10.10.125.3      ;   "
Comp4  IN A    10.10.125.4      ;   "
Comp5  IN A    10.10.125.5      ;   "
Comp5  IN CNAME   Comp5             ;Router
               IN  HINFO   IBM-PC/AT   UNIX-PC
```

3. Schritt
/var/named/named.local:

```
@  IN  SOA    Comp1.ege125.de.  hostmaster.ege125.de. (
                     98051401          ;Seriennummer
                     86400                 ;refresh
                     3600                  ;retry
                     25920000              ;expire
                     604800            ;minimum TTL
                     )
   IN NS    Comp1.ege125.de.
localhost. IN A    127.0.0.1
```

4. Schritt
/var/named/named.local-rev:

```
@ IN  SOA     Comp1.ege125.de.  hostmaster.ege125.de. (
                    98051401        ;Seriennummer
                    86400                ;refresh
                    3600                 ;retry
                    25920000             ;expire
                    604800          ;minimum TTL
                    )
              IN NS         Comp1.ege125.de.
IN PTR        localhost.
```

5. Schritt
/var/named/root.cache: (ist meistens schon vorhanden oder heißt auch db.cache, named.ca, named.cache, named.root)

```
.                   99999999  IN   NS   Comp1.ege125.de
Comp1.ege125.de.    99999999  IN   A    10.10.125.1
```

6. Schritt
/var/named/named.rev:

```
@ IN  SOA     Comp1.ege125.de.  hostmaster.ege125.de. (
                    98051401        ;Seriennummer
                    86400                ;refresh
                    3600                 ;retry
                    25920000             ;expire
                    604800          ;minimum TTL
                    )
      IN NS     Comp1.ege125.de.
0     IN PTR    ege125.de.
      IN A      255.255.255.0
1     IN PTR    Comp1.ege125.de.
2     IN PTR    Comp2.ege125.de.
3     IN PTR    Comp3.ege125.de.
4     IN PTR    Comp4.ege125.de.
5     IN PTR    Comp5.ege125.de.
```

Die Nummern am Anfang der Zeilen entsprechen den Nummer in der IP-Adresse 10.10.125.1-5

7. Schritt

Als Nächstes muss der Name-Server neu gestartet werden (named wird von inetd gestartet).

Sekundärer Name-Server:

Die Schritte 1, 3, 4 und 6 sind jetzt auf dem sekundären DNS zu wiederholen, wobei die Datei /etc/named.boot etwas anders aussieht.

/etc/named.boot:

```
directory      var/named
;type              domain                      source
backup
cache              root.cache
primary            localhost                   named.local
primary            0.0.127.in-addr.arpa        named.local-rev
secondary          ege125.de                   10.10.125.1
named.bak
secondary   125.10.10.in-addr.arpa  10.10.125.1
named.rev.bak
```

Die Dateien:

Root.cache

Named.local

Named.local-rev

können unverändert vom primären DNS übernommen werden

Da sich der sek. DNS noch weitere Dateien vom prim. DNS holt, ist es wichtig, dass vor dem ersten Start des sec DNS der prim erreichbar ist, bevor auf dem sek. DNS Schritt 6 ausgeführt wird.

DNS-Clients:

Alle Rechner im Netz müssen jetzt die gleichen Einträge in
/etc/host.conf
/etc/resolve.conf
haben, wie der prim. DNS:

Die Funktion des DNS-Netzes kann jetzt mit den Befehlen
nslookup
host
dig
getestet werden.

DNS für große Netze:

DNS verwendet eine Hierachie von Domänen. Eine Domäne ist dabei ein Ansammlung von Sites (Hosts oder Netze), die ihrerseits wieder Unterdomänen (Subdomänes) enthalten kann.

In einer Domäne befinden sich Hosts, die zusammengehören und deshalb zweckmäßig zusammen verwaltet werden. Dabei ist es nicht notwendig, dass die Hosts in einem gemeinsamen lokalen Netz liegen. Es muss nur Gewähr leistet sein, dass sie untereinander eine Verbindung haben.

Die Gesamtheit aller Hosts- und Domänennamen wird als Namensraum (name-space) bezeichnet.

Eine Zone wurzelt in der Domäne, umfasst aber nur die Hosts, die von dem DNS-Server direkt verwaltet werden. Diesen nennt man dann den Master-Name-Server der Zone. Da dieser Server

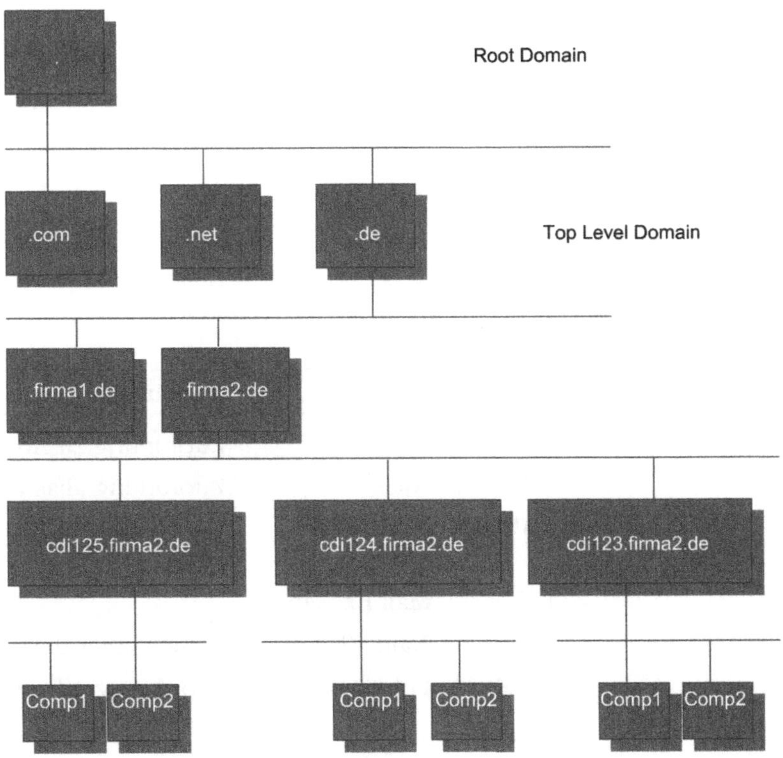

Abb. 4 DNS für große Netze

die Autorität in dieser Zone besitzt, wird neben dem Server ein Symbol von einem Kreis mit innenliegendem A gezeigt.

Jede Zone hat mindestens 2, meistens mehrere DNS-Server.

Erhält ein DNS eine Anfrage von einem Client zu einem Host in einer untergeordneten Zone, so teilt er dem Client die Adresse mit. Liegt der Host außerhalb seiner Zone, startet er eine so genannte interaktive Anfrage. Er befragt zunächst den Root-Name-Server nach den Adressen von Servern der zuständigen Top-Level-Domain, die sich dann wieder so verhalten wie jeder andere DNS.

Um bei wiederholten Anfragen den Prozess zu verkürzen, speichert der DNS alle Anfragen in einem lokalen Cache, der nach einer gewissen Zeit (TTL) wieder gelöscht wird.

In einer Zone müssen alle Master-Server die gleichen Informationen enthalten, was dadurch erreicht wird, dass einer zum primary Server erkoren wird, während alle anderen Masters zu secondary Servern bestimmt werden, die sich ihre Informationen in gewissen Zeitabständen von ihren Primary holen.

Desweiteren gibt es Caching-Only-Server, die nur Informationen cachen.

Die DNS-Datenbankstruktur:

Die DNS ist eine gigantische verteilte Datenbank, auf die weltweit ständig tausende Anfragen gestartet werden.

Bedeutungen:

Kürzel	**Typ**	**Bedeutung**
A	Adresse	Zuordnung zu Adresse
CNAME	Alias	Zuordnung alias zu offiziellen Namen
HINFO	Host Info	Hardware und Betriebssystem des DNS
MX	Mail Exchanger	
NS	Name Server	Name Server der Zone
PTR	Pointer	Zuordnung offizieller Name – IP-Adresse
SOA	Start Autority	Einleitungssatz für Daten einer Zone
TXT	Text	beliebiger Kommentar

Primären Name-Server für großes Netzwerk konfigurieren:

1 DNS, 4 SNS, 5 Netze

1. Schritt

Als Erstes sollten Checklisten angelegt werden, die man sich über das Internet besorgen kann.

2. Schritt

Datei /etc/named.boot anlegen, mit der das Hochfahren des DNS-Servers gesteuert wird. Diese Datei sagt dem DNS, wo er die Datenbankdateien findet und wie diese heißen.

Die Dateien, in denen die Datensätze abgelegt sind, werden in der Datei /etc/named.boot dem DNS mitgeteilt:

```
directory                                   /var/named
cache        .                              root.cache
primary      localhost                      named.local
primary      0.0.127.in.addr.arpa           named.local.rev
primary      ege125.firma2.de               named.ege125
primary      125.10.10.in.addr.arpa         named.ege125.rev
primary      121.10.10.in.addr.arpa         named.ege121.rev
primary      122.10.10.in.addr.arpa         named.ege122.rev
primary      123.10.10.in.addr.arpa         named.ege123.rev
primary      124.10.10.in.addr.arpa         named.ege124.rev
```

3. Schritt

Datei /var/named/named.ege125 anlegen. Diese Datei ist die Datei zur Verwaltung der Domäne ege125.firma2.de

```
@  IN  SOA   Comp1.ege125.firma2.de. hostmaster.ege125.de. (
                 98051401     ;Seriennummer
                 86400        ;refresh
                 3600         ;retry
                 25920000     ;expire
                 604800       ;minimum TTL
                 )
         IN NS     Comp1
         IN NS
         IN NS     weitere Name-Server in anderen Netzen
         IN NS
Comp1  IN A      10.10.125.1    ;Hosts der Zone
```

```
Comp2  IN A      10.10.125.2       ;   "
Comp3  IN A      10.10.125.3       ;   "
Comp4  IN A      10.10.125.4       ;   "
Comp5  IN A      10.10.125.5       ; Router
Comp6  IN A      10.10.125.6       ;   "
        IN HINFO    IBM-PC/AT  PC-UNIX;Info nach RFC 1340
```

Achtung: Wenn die Namensauflösung für alle Domänen im LAN gelten soll, muss eine solche Datei plus der .rev-Datei für alle Domänen vorhanden sein.

4. Schritt

Es folgen die Dateien zur Verwaltung der Pseudo-Domänen für das Reverse-Lookup, die Ermittlung kanonischer Hostnamen aus IP-Adressen.

Jedes verwaltete Netz benötigt eine eigene Datei, hier also Dateien für: ege121 – ege125, also 5 Dateien mit entsprechendem Inhalt, nämlich des Name-Servers und der Rechner innerhalb des jeweiligen Netzes.

/var/named/ege125.rev

```
@  IN SOA  Comp1.ege125.firma2.de.  hostmaster.ege125.de. (
               98051401          ;Seriennummer
               86400                    ;refresh
               3600                     ;retry
               25920000                 ;expire
               604800            ;minimum TTL
               )
      IN NS      Comp1.ege125.firma2
1     IN PTR     Comp1.ege125.firma2.de.
2     IN PTR     Comp2.ege125.firma2.de.
3     IN PTR     Comp3.ege125.firma2.de.
4     IN PTR     Comp4.ege125.firma2.de.
5     IN PTR     Comp5.ege125.firma2.de.
6     IN PTR     Comp6.ege125.firma2.de.
```

Die linke Nummer entspricht der letzten Stelle der IP des Rechners

5. Schritt

Nun folgen die beiden Dateien für die Namensauflösung von ege125 selbst in

/etc/named/named.local

```
@    IN  SOA   Comp1.ege125.firma2.de.  hostmaster.ege125.de. (
               98051401          ;Seriennummer
               86400                    ;refresh
               3600                     ;retry
               25920000                 ;expire
               604800            ;minimum TTL
               )
               IN NS        Comp1.ege125.firma2.
localhost. IN A              127.0.0.1
```

und für die Pseudo-Domäne
/etc/named/nemed.local.rev

```
@    IN  SOA   Comp1.ege125.firma2.de.  hostmaster.ege125.de. (
               98051401          ;Seriennummer
               86400                    ;refresh
               3600                     ;retry
               25920000                 ;expire
               604800            ;minimum TTL
               )
         IN NS       Comp1.ege125.firma2.
1        IN PTR      localhost.
```

6. Schritt

Nun wird noch die Datei /var/named/root.cache benötigt:

Aus dieser Datei lädt der DNS beim Hochfahren seinen Cache mit den Adressen der Root-Name-Server, die er befragt, wenn er eine Adresse im Netz sucht.

Beim Herunterfahren geht der Cache wieder verloren, wenn vorher nicht der Befehl:
Kill –INT cat /var/run/named.pid'
abgesetzt wurde.

```
;   This file holds the information on root name servers needed
;   to initialize cache of Internet domain name servers
;   (e.g. reference this file in the "cache  .  <file>"
;   configuration file of BIND domain name servers).
;
;   This file is made available by InterNIC registration services
;   under anonymous FTP as
;      file                 /domain/named.root
;      on server            FTP.RS.INTERNIC.NET
;      -OR- under Gopher at  RS.INTERNIC.NET
;      under menu           InterNIC Registration Services (NSI)
;      submenu              InterNIC Registration Archives
```

```
;       file                named.root
;
;       last update:        Feb 28, 1997
;       related version of root zone:     1997022800
;
;
; formerly NS.INTERNIC.NET
;
.                       3600000  IN  NS    A.ROOT-SERVERS.NET.
A.ROOT-SERVERS.NET.     3600000      A     198.41.0.4
;
; formerly NS1.ISI.EDU
;
.                       3600000      NS    B.ROOT-SERVERS.NET.
B.ROOT-SERVERS.NET.     3600000      A     128.9.0.107
;
; formerly C.PSI.NET
;
.                       3600000      NS    C.ROOT-SERVERS.NET.
C.ROOT-SERVERS.NET.     3600000      A     192.33.4.12
;
; formerly TERP.UMD.EDU
;
.                       3600000      NS    D.ROOT-SERVERS.NET.
D.ROOT-SERVERS.NET.     3600000      A     128.8.10.90
;
; formerly NS.NASA.GOV
;
.                       3600000      NS    E.ROOT-SERVERS.NET.
E.ROOT-SERVERS.NET.     3600000      A     192.203.230.10
;
; formerly NS.ISC.ORG
;
.                       3600000      NS    F.ROOT-SERVERS.NET.
F.ROOT-SERVERS.NET.     3600000      A     192.5.5.241
;
; formerly NS.NIC.DDN.MIL
;
.                       3600000      NS    G.ROOT-SERVERS.NET.
G.ROOT-SERVERS.NET.     3600000      A     192.112.36.4
;
; formerly AOS.ARL.ARMY.MIL
;
```

```
.                     3600000    NS    H.ROOT-SERVERS.NET.
H.ROOT-SERVERS.NET.   3600000    A     128.63.2.53
;
; formerly NIC.NORDU.NET
;
.                     3600000    NS    I.ROOT-SERVERS.NET.
I.ROOT-SERVERS.NET.   3600000    A     192.36.148.17
;
; temporarily housed at NSI (InterNIC)
;
.                     3600000    NS    J.ROOT-SERVERS.NET.
J.ROOT-SERVERS.NET.   3600000    A     198.41.0.10
;
; temporarily housed at NSI (InterNIC)
;
.                     3600000    NS    K.ROOT-SERVERS.NET.
K.ROOT-SERVERS.NET.   3600000    A     198.41.0.11
;
; temporarily housed at ISI (IANA)
;
.                     3600000    NS    L.ROOT-SERVERS.NET.
L.ROOT-SERVERS.NET.   3600000    A     198.32.64.12
;
; temporarily housed at ISI (IANA)
;
.                     3600000    NS    M.ROOT-SERVERS.NET.
M.ROOT-SERVERS.NET.   3600000    A     198.32.65.12
; End of File
```

Sekundäre Name-Server:
1. Schritt

Für jeden SNS weitere Checklisten anlegen.

2. Schritt

Wie beim prim. Server wird nun die Datei /etc/named.boot angelegt, die aber eine etwas andere Form hat:

/etc/named.boot:

```
directory   var/named
;type       domain      source
backup
cache                   root.cache
```

primary localhost named.local
primary 0.0.127.in-addr.arpa named.local.rev
secondary ege125.firma2.de 10.10.125.1
named.ege125.bak
secondary 125.10.10.in-addr.arpa 10.10.125.1
named.ege125.rev.bak
secondary 124.10.10.in-addr.arpa 10.10.125.1
named.ege124.rev.bak
secondary 123.10.10.in-addr.arpa 10.10.125.1
named.ege123.rev.bak
secondary 122.10.10.in-addr.arpa 10.10.125.1
named.ege122.rev.bak
secondary 121.10.10.in-addr.arpa 10.10.125.1
named.ege121.rev.bak

3. Schritt

Die Dateien

root.cache
named.local
named.locat.rev
vom pim Server nach
/var/named

in den sek. Server kopieren

4. Schritt

named starten

Jetzt müssen noch die host.conf und resolv.conf auf den Clients entsprechend eingerichtet werden.

3.4.25 Apache-HTML-Server für Inter-/Intranet

Installieren:

Mit YAST kann Apache einfach mit installiert werden (Paket apache.rpm). Die ausführbare Datei heißt httpd (Dämon) oder httpd.apache und gehört ins Verzeichnis /usr/sbin. Eine Beschreibung ist unter /usr/doc/packages/apache im html-Format zu finden.

Gestartet wird der Server in rc.config (SuSE).

Zugriff auf den HTML-Server mit einem Browser, URL: http://[servername]/index.html (Startseite).

Wie schon beim NT-HTML-Server beschrieben, sollte als Startseite eine Seite eingerichtet werden, von der man zu weiteren Seiten verzweigen kann (siehe auch Kapitel „Win NT", Tipps zu Frontpage).

Die HTML-Pool´s werden wie bei NT in einzelnen Verzeichnissen abgelegt, in die dann von der Startseite aus auf die einzelnen Anfangsseiten der Pool´s verzweigt werden kann.

Konfigurationdateien:

Apache wird mittels dreier Dateien eingerichtet. Sie liegen unter /etc/httpd und heißen:

httpd.conf: enthält grundlegende Parameter, wie TCP-Port (80), den User, der den Server starten darf, die Arbeitsverzeichnisse und Daten, die die Arbeitsweise des Servers beeinflussen (Server admin, Servername einrichten).

srm.conf: enthält die Wurzel des Dokumenten-Verzeichnisbaumes und Angaben zum Durchsuchen der Verzeichnisse und Dokumente. Hier wird auch festgelegt, was Benutzer vom Server sehen können.

access.conf: legt die grundlegenden Parameter für Client-Zugriffe auf die einzelnen Verzeichnisse mit html-Dokumenten fest.

http.conf:

```
# This is the main server configuration file. See URL
# http://www.apache.org/ for instructions.
# Do NOT simply read the instructions in here without under-
# standing what they do, if you are unsure consult the online
# docs. You have been warned.
# Originally by Rob McCool
# ServerType is either inetd, or standalone.
ServerType standalone
# If you are running from inetd, go to "ServerAdmin".
# Port: The port the standalone listens to. For ports < 1023, you
# will need httpd to be run as root initially.
Port 80
# HostnameLookups: Log the names of clients or just their IP
# numbers e.g. www.apache.org (on) or 204.62.129.132 (off)
HostnameLookups on
# If you wish httpd to run as a different user or group, you must
```

```
# run httpd as root initially and it will switch.
# User/Group: The name (or #number) of the user/group to run
# httpd as.
#  On SCO (ODT 3) use User nouser and Group nogroup
#  On HPUX you may not be able to use shared memory as
#  nobody, and the suggested workaround is to create a user
#  www and use that user.
User wwwrun
Group #-2
# The following directive disables keepalives and HTTP header
# flushes for Netscape 2.x and browsers which spoof it. There
# are known problems with these
BrowserMatch Mozilla/2 nokeepalive
# ServerAdmin: Your address, where problems with the server
# should be e-mailed.
ServerAdmin you@your.address
# ServerRoot: The directory the server' s config, error, and log
# files are kept in
ServerRoot  /daten/inetpub ←
```

Root-Verzeichnis, auf das bei Zugriff auf HTTP-Dateien zugegriffen werden kann.

```
# BindAddress: You can support virtual hosts with this option.
# This option is used to tell the server which IP address to listen
# to. It can either contain "*", an IP address, or a fully qualified
# Internet domain name. See also the VirtualHost directive.
#BindAddress *
# ErrorLog: The location of the error log file. If this does not start
# with /, ServerRoot is prepended to it.

ErrorLog /var/log/httpd.error_log
# TransferLog: The location of the transfer log file. If this does
# not start with /, ServerRoot is prepended to it.
TransferLog /var/log/httpd.access_log
# PidFile: The file the server should log its pid to
PidFile /var/run/httpd.pid
# ScoreBoardFile: File used to store internal server process
# information. Not all architectures require this. But if yours does
# (you' ll know because this file is created when you run
# Apache) then you *must* ensure that no two invocations of
# Apache share the same scoreboard file.
ScoreBoardFile /var/log/apache_status
# ServerName allows you to set a host name which is sent back
# to clients for your server if it' s different than the one the
```

```
# program would get (i.e. use "www" instead of the host' s real
# name).
#
# Note: You cannot just invent host names and hope they work.
# The name you define here must be a valid DNS name for your
# host. If you don' t understand this, ask your network
# administrator.
ServerName darksky.ege.de   <----   Server-Name angeben
#your.server.name.edu
# CacheNegotiatedDocs: By default, Apache sends Pragma: no-
# cache with each document that was negotiated on the basis of
# content. This asks proxy servers not to cache the document.
# Uncommenting the following line disables this behavior, and
# proxies will be allowed to cache the documents.
#CacheNegotiatedDocs
# Timeout: The number of seconds before receives and sends
# time out
Timeout 300
# KeepAlive: Whether or not to allow persistent connections
# (more than one request per connection). Set to "Off" to
# deactivate.
KeepAlive On
# MaxKeepAliveRequests: The maximum number of requests to
# allow during a persistent connection. Set to 0 to allow an
# unlimited amount. We reccomend you leave this number high,
# for maximum performance.
MaxKeepAliveRequests 100
# KeepAliveTimeout: Number of seconds to wait for the next
# request
KeepAliveTimeout 15
# Server-pool size regulation.  Rather than making you guess
# how many server processes you need, Apache dynamically
# adapts to the load it sees --- that is, it tries to maintain enough
# server processes to handle the current load, plus a few spare
# servers to handle transient load spikes (e.g., multiple
# simultaneous requests from a single Netscape browser).
# It does this by periodically checking how many servers are
# waiting for a request.  If there are fewer than MinSpareServers,
# it creates a new spare. If there are more than MaxSpareServers,
# some of the spares die off.  These values are probably OK for
# most sites ---
MinSpareServers 5
MaxSpareServers 10
```

```
# Number of servers to start --- should be a reasonable ballpark
# figure.
StartServers 5
# Limit on total number of servers running, i.e., limit on the
# number of clients who can simultaneously connect --- if this
# limit is ever reached, clients will be LOCKED OUT, so it should
# NOT BE SET TOO LOW. It is intended mainly as a brake to
# keep a runaway server from taking
# Unix with it as it spirals down...
MaxClients 150
# MaxRequestsPerChild: the number of requests each child
# process is allowed to process before the child dies.
#  The child will exit so as to avoid problems after prolonged
#  use when Apache (and maybe the libraries it uses) leak. On
#  most systems, this isn' t really needed, but a few (such as
#  Solaris) do have notable leaks in the libraries.
MaxRequestsPerChild 30
#
# Read config files from /etc/httpd
#
ResourceConfig  /etc/httpd/srm.conf
AccessConfig    /etc/httpd/access.conf
TypesConfig     /etc/httpd/mime.types
# Proxy Server directives. Uncomment the following line to
# enable the proxy server:
#ProxyRequests On
# To enable the cache as well, edit and uncomment the
# following lines:
#CacheRoot /usr/local/etc/httpd/proxy
#CacheSize 5
#CacheGcInterval 4
#CacheMaxExpire 24
#CacheLastModifiedFactor 0.1
#CacheDefaultExpire 1
#NoCache a_domain.com another_domain.edu
    joes.garage_sale.com
# Listen: Allows you to bind Apache to specific IP addresses
# and/or ports, in addition to the default. See also the
# VirtualHost command
#Listen 3000
#Listen 12.34.56.78:80
# VirtualHost: Allows the daemon to respond to requests for
# more than one server address, if your server machine is
```

```
# configured to accept IP packets
# for multiple addresses. This can be accomplished with the
# ifconfig alias flag, or through kernel patches like VIF.
# Any httpd.conf or srm.conf directive may go into a VirtualHost
# command. See alto the BindAddress entry.
#<VirtualHost host.some_domain.com>
#ServerAdmin webmaster@host.some_domain.com
#DocumentRoot /www/docs/host.some_domain.com
#ServerName host.some_domain.com
#ErrorLog logs/host.some_domain.com-error_log
#TransferLog logs/host.some_domain.com-access_log
#</VirtualHost>
```

srm.conf:

```
# With this document, you define the name space that users see
# of your http server. This file also defines server settings which
# affect how requests are serviced, and how results should be
# formatted. See the tutorials at http://www.apache.org/ for
# more information.
# Originally by Rob McCool; Adapted for Apache
# DocumentRoot: The directory out of which you will serve your
# documents. By default, all requests are taken from this
# directory, but symbolic links and aliases may be used to point
# to other locations.
DocumentRoot /daten/inetpub  <----
```

Root-Verzeichnis, für HTTP-Dokumente angeben

```
# UserDir: The name of the directory which is appended onto a
# user' s home directory if a ~user request is recieved.
UserDir public_html
# DirectoryIndex: Name of the file or files to use as a pre-written
# HTML directory index. Separate multiple entries with spaces.
DirectoryIndex index.html
# FancyIndexing is whether you want fancy directory indexing
# or standard
FancyIndexing on
# AddIcon tells the server which icon to show for different files
# or filename extensions
AddIconByEncoding (CMP,/icons/compressed.gif) x-compress
    x-gzip
AddIconByType (TXT,/icons/text.gif) text/*
AddIconByType (IMG,/icons/image2.gif) image/*
AddIconByType (SND,/icons/sound2.gif) audio/*
```

```
AddIconByType (VID,/icons/movie.gif) video/*
AddIcon /icons/binary.gif .bin .exe
AddIcon /icons/binhex.gif .hqx
AddIcon /icons/tar.gif .tar
AddIcon /icons/world2.gif .wrl .wrl.gz .vrml .vrm .iv
AddIcon /icons/compressed.gif .Z .z .tgz .gz .zip
AddIcon /icons/a.gif .ps .ai .eps
AddIcon /icons/layout.gif .html .shtml .htm .pdf
AddIcon /icons/text.gif .txt
AddIcon /icons/c.gif .c
AddIcon /icons/p.gif .pl .py
AddIcon /icons/f.gif .for
AddIcon /icons/dvi.gif .dvi
AddIcon /icons/uuencoded.gif .uu
AddIcon /icons/script.gif .conf .sh .shar .csh .ksh .tcl
AddIcon /icons/tex.gif .tex
AddIcon /icons/bomb.gif core
AddIcon /icons/back.gif ..
AddIcon /icons/hand.right.gif README
AddIcon /icons/folder.gif ^^DIRECTORY^^
AddIcon /icons/blank.gif ^^BLANKICON^^
# DefaultIcon is which icon to show for files which do not have
# an icon explicitly set.
DefaultIcon /icons/unknown.gif
# AddDescription allows you to place a short description after a
# file in server-generated indexes.
# Format: AddDescription "description" filename
# ReadmeName is the name of the README file the server will
# look for by default. Format: ReadmeName name
#
# The server will first look for name.html, include it if found, and
# it will then look for name and include it as plaintext if found.
#
# HeaderName is the name of a file which should be prepended
# to directory indexes.
ReadmeName README
HeaderName HEADER
# IndexIgnore is a set of filenames which directory indexing
# should ignore
# Format: IndexIgnore name1 name2...
IndexIgnore */.??* *~ *# */HEADER* */README* */RCS
# AccessFileName: The name of the file to look for in each
# directory for access control information.
```

```
AccessFileName .htaccess
# DefaultType is the default MIME type for documents which the
# server cannot find the type of from filename extensions.
DefaultType text/plain
# AddEncoding allows you to have certain browsers (Mosaic/X
# 2.1+) uncompress information on the fly. Note: Not all
# browsers support this.
AddEncoding x-compress Z
AddEncoding x-gzip gz
# AddLanguage allows you to specify the language of a
# document. You can then use content negotiation to give a
# browser a file in a language it can understand. Note that the
# suffix does not have to be the same as the language keyword –
# -- those with documents in Polish (whose
# net-standard language code is pl) may wish to use
# "AddLanguage pl .po" to avoid the ambiguity with the common
# suffix for perl scripts.
AddLanguage en .en
AddLanguage fr .fr
AddLanguage de .de
AddLanguage da .da
AddLanguage el .el
AddLanguage it .it
# LanguagePriority allows you to give precedence to some
# languages in case of a tie during content negotiation.
# Just list the languages in decreasing order of preference.
LanguagePriority de en fr
# Redirect allows you to tell clients about documents which used
# to exist in your server' s namespace, but do not anymore. This
# allows you to tell the clients where to look for the relocated
# document.
# Format: Redirect fakename url
# Aliases: Add here as many aliases as you need (with no limit).
# The format is Alias fakename realname
# Note that if you include a trailing / on fakename then the
# server will require it to be present in the URL. So "/icons" isn' t
# aliased in this example.
Alias /icons/ /usr/local/httpd/icons/
# ScriptAlias: This controls which directories contain server
# scripts.
# Format: ScriptAlias fakename realname
ScriptAlias /cgi-bin/ /usr/local/httpd/cgi-bin/
# If you want to use server side includes, or CGI outside
```

```
# ScriptAliased directories, uncomment the following lines.
# AddType allows you to tweak mime.types without actually
# editing it, or to make certain files to be certain types.
# Format: AddType type/subtype ext1
# AddHandler allows you to map certain file extensions to
# "handlers",actions unrelated to filetype. These can be either
# built into the server or added with the Action command (see
# below)
# Format: AddHandler action-name ext1
# To use CGI scripts:
# AddHandler cgi-script .cgi
# To use server-parsed HTML files
AddType text/html .shtml
AddHandler server-parsed .shtml
# Uncomment the following line to enable Apache' s send-asis
# HTTP file feature
AddHandler send-as-is asis
# If you wish to use server-parsed imagemap files, use
AddHandler imap-file map
# To enable type maps, you might want to use
AddHandler type-map var
# Action lets you define media types that will execute a script
# whenever a matching file is called. This eliminates the need for
# repeated URL pathnames for oft-used CGI file processors.
# Format: Action media/type /cgi-script/location
# Format: Action handler-name /cgi-script/location
# MetaDir: specifies the name of the directory in which Apache
# can find meta information files. These files contain additional
# HTTP headers to include when sending the document
# MetaDir .web
# MetaSuffix: specifies the file name suffix for the file containing
# the meta information.
# MetaSuffix .meta
# Customizable error response (Apache style)
#  these come in three flavors
#
#    1) plain text
#ErrorDocument 500 "The server made a boo boo.
#  n.b.  the (") marks it as text, it does not get output
#
#    2) local redirects
#ErrorDocument 404 /missing.html
#  to redirect to local url /missing.html
```

```
#ErrorDocument 404 /cgi-bin/missing_handler.pl
#  n.b. can redirect to a script or a document using server-side-
   includes.
#   3) external redirects
#ErrorDocument 402
   http://some.other_server.com/subscription_info.html
```

access.conf:

```
# access.conf: Global access configuration
# Online docs at http://www.apache.org/
# This file defines server settings which affect which types of
# services are allowed, and in what circumstances.
# Each directory to which Apache has access, can be configured
# with respect to which services and features are allowed and/or
# disabled in that directory (and its subdirectories).
# Originally by Rob McCool
# This should be changed to whatever you set DocumentRoot to.
<Directory  /daten/inetpub>  <------  Und nochmal das
                                      wwwroot angeben
# This may also be "None", "All", or any combination of
# "Indexes", "Includes", "FollowSymLinks", "ExecCGI", or
# "MultiViews".
# Note that "MultiViews" must be named *explicitly* --- "Options
# All" doesn' t give it to you (or at least, not yet).
Options ExecCGI Indexes FollowSymLinks
# This controls which options the .htaccess files in directories
# can override. Can also be "All", or any combination of
# "Options", "FileInfo", "AuthConfig", and "Limit"
AllowOverride None
# Controls who can get stuff from this server.
order allow,deny
allow from all
</Directory>
# /local/www/cgi-bin should be changed to whatever your
# ScriptAliased CGI directory exists, if you have that configured.
<Directory /usr/local/httpd/cgi-bin>
AllowOverride None
Options None
</Directory>
# Allow server status reports, with the URL of
# http://servername/server-status
# Change the ".your_domain.com" to match your domain to
# enable. <Location /server-status>
```

```
#SetHandler server-status
#order deny,allow
#deny from all
#allow from .your_domain.com
#</Location>
# There have been reports of people trying to abuse an old bug
# from pre-1.1 days. This bug involved a CGI script distributed as
# a part of Apache. By uncommenting these lines you can
# redirect these attacks to a logging script on phf.apache.org.
# Or, you can record them yourself, using the script
# support/phf_abuse_log.cgi.
#<Location /cgi-bin/phf*>
#deny from all
#ErrorDocument 403 http://phf.apache.org/phf_abuse_log.cgi
#</Location>
# You may place any other directories or locations you wish to
# have access information for after this one.
```

3.4.26 FTP-Server/Client

Server:

FTP-Dämon konfigurieren

In Datei /etc/inetd.conf müssen folgende Zeilen vorhanden sein:
ftp stream tcp nowait root /usr/sbin/tcpd in.ftp –l (-a)

Konfigurationsdateien

/etc/ftpaccess
Wird der FTP-Dämon mit –a gestartet, wird die Datei ausgelesen, in der Einstellungen über die Behandlung von FTP-Anfragen gemacht werden können.

/etc/ftpconversion
Beschreibt die Behandlung komprimierter Dateien.

/etc/ftpusers oder ftpgroup
Verzeichnis die Namen der User, die ftp nicht benutzen dürfen.

Client:

Ein Client ist nicht gesondert zu konfigurieren, sondern jeder Unix-Rechner kann mittels ftp auf andere Rechner zugreifen.

Anonymous FTP

Paket anonftp (ftpdir) installieren.

Wenn diese Programme nicht schon selbst alles konfigurieren, müssen folgende Schritte unternommen werden:

1. User ftp anlegen
2. In /home/ftp folgende Struktur anlegen

drwxr-xr-x	root	root	ftp
d---x--x--x	root	root	bin
drwxr-xr-x	root	root	dev
d---x--x--x	root	root	etc
drwxr-xr-x	root	root	lib
dr-xr-sr-x	root	ftp	pub

Rechte für bin und etc erst nach 4. bzw. 6. festlegen

3. folgende Pgr. nach bin kopieren: compress, cpio, tar, gzip, ls
4. einen Link mit Namen sh auf die Standard-Shell setzen (meist bash) und einen auf das eigene gzip mit Namen zcat

cd /home/ftp/bin
ln –sf gzip zcat
chmod 777 zcat

5. NULL Device einrichten in /home/ftp/dev

mknod /home/ftp/dev/zero c 1 5
chmod 664 /home/ftp/dev

6. In /home/ftp/etc die Dateien group und passwd erzeugen mit den Rechten 444 und den Eigentümer auf root.

3.4.27 Mailserver/Client

Server:

Eintrag des Mailservers auf DNS in Datei named.ege125 nach den Zeilen

IN MX 10 Comp2:

Domain.	IN	MX	nn	host.domain.
Hier				
ege125.de	IN	MX	nn	Comp1.ege125.de

Eintrag auf dem Mailserver in Datei /etc/sendmail.cw alle Hosts, deren Mail auf den Mailserver umgeleitet wird:

Also hier:

Comp1.ege125.de
Comp2.ege125.de
Comp3.ege125.de
Etc.

Eintrag auf allen Rechnern im Netz in der Datei /etc/sendmail.cf (mail.cf):

Einträge DM und DH suchen, dann

DM [Mailservername]
DH [Mailservername]

(Mail läuft über Port 25)

Als Letztes ist noch sendmail neu zu starten:

/etc/initd/sendmail.init stop
/etc/initd/sendmail.init start

3.4.28 Installieren von Zusatzpaketen

Das Setup-Programm muss aufgerufen und der Menüpunkt PGKTOOL ausgewählt werden. Dann muss nur das Verzeichnis angegeben werden, in dem sich das Paket befindet.

Binär-Distributionen:

Werden Programme bereits in ihrer ausführbaren Form herausgegeben, so macht die Installation wenig Mühe. Meist werden diese vom Rootverzeichnis aus entpackt.

Um sicher zu gehen, dass nicht etwa jemand Ihre /etc/passwd überschreibt, lässt man sich am besten zuerst den Inhalt des Paketes anzeigen und dann erst entpackt man dieses.

cd /
tar -tzvf /cdrom/extras/utils/tb-bin.tar.gz *Archiv ansehen*
tar -xzvf /cdrom/extras/utils/tb-bin.tar.gz *Archive auspacken*

Source-Distributionen:

Der weitaus häufigere Fall ist der, dass man es mit den Quelltexten eines Programmes zu tun hat. Die Sourcen entpacken sich in der Regel in ein eigenes Verzeichnis. In diesem findet sich immer eine oder mehrere Dateien README, INSTALL etc. Dort wird beschrieben, wie mit der Übersetzung und Installation vorzugehen ist. Da immer Makefiles mitgeliefert werden, beschränkt sich die eigene Arbeit auf das Aufrufen derselben.

Gelegentlich (wie beim wine) muss vorher noch eine andere Batchdatei (config, Configure etc.) ausgeführt werden, damit sich das Programm an die lokale Installation anpassen kann. Bei vielen X11-Progammen (mit imake) muss das Makefile erst noch aus einem Imakefile mit „xmkmf" erzeugt werden.

3.4.29 Weitere wichtige Konfigurations-Dateien

Es werden nachfolgend noch einige Konfigurations-Dateien besprochen.

Die wichtigsten Einträge sind kursiv gekennzeichnet oder kommentiert.

Alle nachfolgenden Scripts sind Auszüge aus einer S.u.S.E-Linux-Distribution.

inittab:

inittab beschreibt u.a. die Art und Weise, in der INIT das System in die verschiedenen Runlevels bringt.

Runlevels sind die Art und Weise, wie ein Unix-System gestartet wird.

Runlevels:

0 Halt
S single user mode
1 multi user mode
2 multi user mit Netz (Standard)
3 multi user mit Netz und xdm (grafisches Einloggen)

Manuelles Umschalten der Runlevels:

init [Runlevel]

Achtung: Dies beendet aber alle laufenden Prozesse

```
# /etc/inittab
# default runlevel
id:2:initdefault: ◄────────        aktueller runlevel
# check system on startup
```

```
# first script to be executed if not booting in emergency (-b) mode
si:I:wait:/sbin/init.d/boot
```

Script, das die System-initialisierung steuert (*boot = ausf. Prg)

```
# /sbin/init.d/rc takes care of runlevel handling
#
# runlevel 0 is halt
# runlevel S is single-user
# runlevel 1 is multi-user without network
# runlevel 2 is multi-user with network
# runlevel 3 is multi-user with network and xdm
# runlevel 6 is reboot
l0:0:wait:/sbin/init.d/rc 0
l1:1:wait:/sbin/init.d/rc 1
l2:2:wait:/sbin/init.d/rc 2
l3:3:wait:/sbin/init.d/rc 3
l6:6:wait:/sbin/init.d/rc 6
```

Ordner der Runlevel (sind hier Verweise auf /etc/rc.d, in dem die Scripte stehen). Diese Scripte werden beim System-Start ausgeführt.

```
# what to do in single-user mode
ls:S:wait:/sbin/init.d/rc S
~~:S:respawn:/sbin/sulogin
# what to do when CTRL-ALT-DEL is pressed
ca::ctrlaltdel:/sbin/shutdown -r -t 4 now
# special keyboard request (Alt-UpArrow)
# look into the kbd-0.90 docs for this
kb::kbrequest:/bin/echo "Keyboard Request -- edit /etc/inittab to
    let this work."
# what to do when power fails/returns
pf::powerwait:/sbin/init.d/powerfail    start
pn::powerfailnow:/sbin/init.d/powerfail now
po::powerokwait:/sbin/init.d/powerfail  stop
# getty-programs for the normal runlevels
# <id>:<runlevels>:<action>:<process>
# The "id" field  MUST be the same as the last
# characters of the device (after "tty").
1:123:respawn:/sbin/mingetty --noclear tty1
2:123:respawn:/sbin/mingetty tty2
3:123:respawn:/sbin/mingetty tty3
4:123:respawn:/sbin/mingetty tty4
5:123:respawn:/sbin/mingetty tty5
6:123:respawn:/sbin/mingetty tty6
```

Definition der einzelnen Terminals

```
#  Note: Do not use tty7 in runlevel 3, this virtual line
#  is occupied by the programm xdm.
```

```
#  This is for the package xdmsc, after installing and
#  and configuration you should remove the comment character
#  from the following line:
#7:2:+/sbin/init.d/rx tty7
# modem getty.
# mo:23:respawn:/usr/sbin/mgetty -s 38400 modem
# fax getty (hylafax)
# mo:23:respawn:/usr/lib/fax/faxgetty /dev/modem
# end of /etc/inittab
```

Grafisches Einloggen (xdm)

Hier in der inittab folgende Zeilen einfügen

```
x:3:respawn:/usr/bin/X11/xdm -nodaemon
```

Auf der Systemconsole eingeben

```
ln -s /usr/bin/X11/xdm  /etc/rc3.d
```

Achtung: Der X-Server muss eingerichtet sein.

rc.config:

Sollte beim Installieren kein Netzwerk eingerichtet worden sein, was die entsprechenden Einträge darüber in die rc.config geschrieben hat, kann das hier nachgeholt werden.

Einträge sind fett gekennzeichnet.

```
# /etc/rc.config
# Configuration database for shell scripts in /sbin/init.d,
# /sbin/SuSEconfig and /root/bin/cron.daily
# Please edit this file and execute /sbin/SuSEconfig to configure
# everything. Also don' t forget to edit the following files:
#   - /etc/lilo.conf
#   - /etc/fstab
#   - /etc/profile
#   - /etc/hosts
# Some people don' t want SuSEconfig to modify the system.
# With this entry you can disable SuSEconfig completely.
# Please don' t contact our support if you have trouble
# configuring your system after having disabled SuSEconfig.
# (yes/no)
ENABLE_SUSECONFIG=yes
# SuSEconfig can mail reports (created by YaST or included in
# packages) to you. Here you can set the address. If you don' t
# want it, simply set it to "".
MAIL_REPORTS_TO="root"
```

```
# There are two levels of mailing. If you set MAIL_LEVEL it to
# "warn" you only get the important mails. If you set it to "all",
# you get logs also.
MAIL_LEVEL="warn"
# Which device is the mouse ? (e.g. "/dev/ttyS0")
MOUSE="/dev/cua0"
# Which device is the modem ? (e.g. "/dev/cua1")
MODEM=""
# keytable and console font
# (e.g. "de-latin1-nodeadkeys" for KEYTABLE, empty for US
# settings)
KEYTABLE="de-lat1-nd"
FONT=""
# keyboard repeat rate (2.0 - 30.0)
# keyboard delay time in ms (250, 500, 750, 1000)
# (you have to set both, if "kbdrate" should be called)
KBD_RATE=""
KBD_DELAY=""
# NumLock on? ("yes" or "no")
KBD_NUMLOCK="no"
# CapsLock on? ("yes" or "no")
KBD_CAPSLOCK="no"
# tty' s for NumLock and CapsLock
# example: "tty1 tty2"
# "" for all tty' s
KBD_TTY="tty1 tty2 tty3 tty4 tty5 tty6"
# Set to "-u" if your system clock is set to GMT, otherwise "".
GMT=""
# Timezone (e.g. MET)
# (this will set /usr/lib/zoneinfo/localtime)
TIMEZONE="MET"
# start loopback networking? ("yes" or "no")
#START_LOOPBACK="yes"

# networking
# number of network cards: "_0" for one, "_0 _1 _2 _3" for four
# cards
NETCONFIG="_0"
# IP Adresses
IPADDR_0="192.168.100.1"
IPADDR_1=""
IPADDR_2=""
IPADDR_3=""
```

```
# network device names (e.g. "eth0")
NETDEV_0="eth0"
NETDEV_1=""
NETDEV_2=""
NETDEV_3=""
# parameteres for ifconfig, if you put "bootp" into it, bootp will
# be used to configure it
# sample entry for ethernet:
# IFCONFIG_0="192.168.81.38 broadcast 192.168.81.63 netmask
# 255.255.255.224"
IFCONFIG_0="192.168.100.1 broadcast 192.168.100.255
    netmask 255.255.255.0 up"
IFCONFIG_1=""
IFCONFIG_2=""
IFCONFIG_3=""
# setup dummy network device for IPADDR_0? this is useful for
# non permanent network connections (e.g. SLIP, PPP). Some
# software needs a connection to FQHOSTNAME (e.g. plp).
# (yes, no)
SETUPDUMMYDEV=yes
# SuSEconfig can do some checks and modifications for
# /etc/hosts. If this is not wanted, set the following variable to
# ' no' . (yes, no)
CHECK_ETC_HOSTS=yes
# hostname of the system (full name)
# if zero, and bootp is used above, bootp will also set the host
# name (e.g. "riemann.suse.de" or "hugo.linux.de")
# don' t forget to also edit /etc/hosts for your system
FQHOSTNAME="darksky.ege.de"
# SuSEconfig can create and check the /etc/host.conf for you.
# Should this be done ("yes" or "no").
CREATE_HOSTCONF="yes"
# Shall SuSEconfig maintain /etc/resolv.conf (needed for DNS) ?
# If set to yes ans one of SEARCHLIST and NAMESERVER is
# empty, it is assumed, that no DNS is wanted and
# /etc/resolv.conf will
# be deleted. If yes and both are filled out, it will be created.
# "no" simply lets /etc/resolv.conf untouched.
CREATE_RESOLVCONF=yes
# domain searchlist that should be used in /etc/resolv.conf
# (e.g. "suse.de linux.de uni-stuttgart.de")
# Attention! this has to be filled out, if you want to access a
# name server
```

```
SEARCHLIST=""
# space separated list of nameservers that should be used for
# /etc/resolv.conf give a maximum of 3 IP numbers
# (e.g. "192.168.116.11 192.168.7.7")
NAMESERVER="192.168.100.5"
# Used for News-Postings.
ORGANIZATION=""
# News server.
NNTPSERVER=""
# space separated list of irc servers
IRCSERVER=""
# start the inet daemon in multi-user? ("yes" or "no")
# this is needed, if you have to telnet/rlogin to your own
# machine. It is also needed for the man page formatter in
# S.u.S.E. Help system and for starting the plp lp daemon.
START_INETD="yes"
# what kind of host are you (sendmail configuration)?
# - "uucp-only"   deliver all email not for localhost to another site
# - "smtp"    normal internet site with dns
# - "smtp-uucp"      (this doesn' t work yet...)
# - "no"       to leave /etc/sendmail.cf untouched...
# SMTP requires a functional DNS
SENDMAIL_TYPE="no"
# smarthost - this host gets all outgoing email from us
# normally used for uucp-connected sites
# use "uucp-dom:server.uucp.com" to deliver all email to
# "server.uucp.com"
SENDMAIL_SMARTHOST=""
# sendmail assumes the following space-separated host-names to
# be the local host (this must just be used for names differrent to
# the hostname, for e.g. aliases like www.nowhere.com)
SENDMAIL_LOCALHOST="localhost"
# do not deliver any email locally, but send all email to another
# host this can just be used with another system that has the
# same users on it and you probably also want to set the
# FROM_HEADER to the other host.
# If you want to use IP Adresses, don' t forget to use [ and ]
# (e.g. "[192.168.81.38]")
SENDMAIL_RELAY=""
# have mail daemon on SMTP port? ("yes" or "no")
# needed, if you receive email from other hosts via tcp/ip
# not needed, if you have a uucp-only host or only out-going
# email. If set to "yes", sendmail will be started as daemon.
```

```
# As uucp site, you can get along with "SMTP=no", if you make
# a "sendmail -q" call after each poll. (As rmail is queuing the
# mail only and not delivering it...)
SMTP="yes"
# From:-Line in email and News postings
# (otherwise the FQDN is used)
FROM_HEADER="darksky.ege.de"
# start kernel daemon? ("yes" or "no")
START_KERNELD="yes"
# start cron daemon? ("yes" or "no")
# should be left unchanged to the default "yes" entry
CRON="yes"
# start portmap? ("yes" or "no")
# this is needed, if the NFS server is started or if NIS is used
START_PORTMAP="yes"
# should the NFS server be started on this host? ("yes" or "no")
# (needs activated portmapper)
NFS_SERVER="yes"
# start pcnfsd (for PCNFS clients; needs activated portmapper -
# see man pcnfsd) (yes/no)
START_PCNFSD=no
# start bwnfsd (pcnfs related) (yes/no)
START_BWNFSD=no
# pcnfsd and bwnfsd need spool directory for lpd. Set it here.
PCNFSD_LPSPOOL=/var/spool/lpd
# should gpm be started on this machine? ("yes" or "no")
START_GPM="yes"
# gpm will be started with these parameters
# it won' t be started in runlevel 3 (xdm)
# (example: "-t msc -m /dev/mouse")
GPM_PARAM=" -t ms -m /dev/mouse"
# start the the routed (for dynamic routing - see man routed)
# (yes/no)
START_ROUTED=no
# start the named (package bind)? You have to configure the
# named first, before you can start it (man named).
START_NAMED=no
# should updatedb (for locate) be started by cron.daily ("yes" or
# "no")
RUN_UPDATEDB=yes
# updatedb has a parameter "--localuser". It runs the find as this
# user. Some people think, its a security hole to run it as root
# (because you can get information about directories you can
```

```
# not read normally). Some think its useful to hold all files in the
# database. If you want full information in locate db, set
# RUN_UPDATEDB_AS=root. If you want security
# use RUN_UPDATEDB_AS=nobody.
RUN_UPDATEDB_AS=nobody
# uptdatedb normally only scans local harddisks, but can include
# net paths in database as well. If you specify directories here,
# they will be scanned.
UPDATEDB_NETPATHS=""
# uptdatedb can skip directories for its database. The following
# parameter says which.
UPDATEDB_PRUNEPATHS="/mnt /cdrom /tmp /usr/tmp
    /var/tmp /var/spool /proc"
# search net paths as ? (e.g. nobody)
UPDATEDB_NETUSER=""
# old corefiles? should they be deleted ("yes" or "no")
# if set to no, cron.daily will tell you, if it finds old core files.
# please note, that this feature needs RUN_UPDATEDB to be set
# to "yes".
DELETE_OLD_CORE=no
# how old are ' old' core files? (in days)
MAX_DAYS_FOR_CORE=7
# we have a small script to generate usr/info/dir file. This needs
# perl.. ("yes" or "no")
CREATE_INFO_DIR="yes"
# SuSEconfig can call chkstat to check permissions and
# ownerships for files and directories (using /etc/permissions).
# Setting to "set" will correct it, "warn" produces warnings, if
# something strange is found. Disable this feature with "no".
CHECK_PERMISSIONS=set
# S.u.S.E. Linux contains two different configurations for
# chkstat. The differences can be found in
# /etc/permissions.secure
# and /etc/permissions.easy. If you create your own
# configuration (e.g. permissions.foo), you can enter the
# extension here as well. (easy/secure local foo
# whateveryouwant).
PERMISSION_SECURITY="easy local"
# How long to store old log files. If set to 0, log files will be
# untouched. The log files below will be checked by cron.daily.
# The number after the name means the minimum size in k, the
# file has to have, before it will be backed up (root gets a mail, if
# it happens).
```

```
# /tmp/log_mg.* (1024), /var/log/wtmp (400), /var/log/isdn
   (4096),
# /var/lib/xdm/xdm-errors (200), /var/spool/uucp/Log (2048),
# /var/spool/uucp/Stats (1024), /var/log/debug (1024),
   /var/log/warn (1024),
# /var/log/messages (4096), /var/log/xferlog (4096),
# /local/www/logs/access_log (4096), /local/www/logs/error_log
   (1024)
# /var/adm/isdn.log (1024), /var/log/isdncalls (1024)
MAX_DAYS_FOR_LOG_FILES=365
# cron.daily can make backup the rpm database. Set the path
# here, and cron.daily will make backup everytime it is called
# and the db has changed. This backups are recommended.  If
# you don not want this feature, set it to "".
RPMDB_BACKUP_DIR=/var/adm/backup/rpmdb
# here you can set the maximum number of backup files for the
# rpm database.
MAX_RPMDB_BACKUPS=5
# cron.daily can check for old files in tmp-dirs. It will delete all
# files not accessed for more than MAX_DAYS_IN_TMP. If
# MAX_DAYS_IN_TMP is not set
# or set to 0, this feature will be disabled.
MAX_DAYS_IN_TMP=0
# You can specify in TMP_DIRS_TO_CLEAR, which directories
# have to be searched for old files, to be deleted.
TMP_DIRS_TO_CLEAR="/tmp /var/tmp"
# In OWNER_TO_KEEP_IN_TMP, you can specify, whoms file
# shall not be deleted.
OWNER_TO_KEEP_IN_TMP="root"
# possibly a script in /sbin/init.d or cron.daily sends mails.
# So please let MM_RUNASROOT be set to "true".
MM_RUNASROOT=true
export MM_RUNASROOT
umask 022
# Attention! This variable PATH is NOT setting the PATH for user
# or root shells. It is only used internally for /sbin/init.d/*,
# SuSEconfig and cron.daily. Please do NOT change PATH here.
PATH=/sbin:/bin:/usr/sbin:/usr/bin
# end of initial rc.config
# Should the ATD (at daemon) be started, for the execution of at
# jobs? (yes/no)
START_ATD=yes
# SVGATEXTMODE comes from the package svgatext which
```

```
# allows higher text resolutions (up to 160x60) on SVGA cards.
# The variable contains a valid mode from /etc/TextConfig.
# Please configure this file to suit the needs of your graphics
# card. How to do this is explained in
# /usr/doc/packages/svgatext.
# Default is "". SVGATextMode will not be started then.
# SVGATextMode resolutions are used in runlevel 1,2,3 and
# turned off in runlevel s.
SVGATEXTMODE=""
# Should the apache httpd be started at bootup? (yes/no)
START_HTTPD=yes          wenn Apache benutzt wird
# Start printer daemon lpd? (if you use plp, you can also disable
# it here an enable it in /etc/inetd.conf) (yes/no)
START_LPD=yes
# Start NNTP daemon? (yes/no)
START_NNTPD=yes
# Should /etc/yp.conf be created automatically? ("yes" or "no")
# If set to yes /etc/passwd and /etc/group will also be checked.
CREATE_YP_CONF="yes"
# yp-domain, ask the admin of the yp-server.
YP_DOMAINNAME=""
# YP-Server. Attention! You' ve to fill in an IP adress, a name or
# a nick name here. It must be defined in /etc/hosts (case
# sensitive). DNS does not work with ypbind.
YP_SERVER=""
# SuSEconfig.wm can create a .fvwm2rc, .fvwmrc, .bowmanrc,
# .fvwm2rc95, .steprc, .mwmrc, .ctwmrc, depending on the
# installed packages. If you want your systemwide wm config
# files to be updated after install / removal of packages set
# SUSEWM_UPDATE to "yes", otherwise to "no"
SUSEWM_UPDATE="yes"
# This is the type of window manager for which you want to
# generate the config file.
# Valid values are: "fvwm", "fvwm2", "fvwm95", "bowman",
# "afterstep", "mwm", "ctwm", "all".
# The ladder is for generating all config files of the seven wms.
# default is "all": You can also enter a space separated list of the
# previously mentioned wms, e.g. "fvwm bowman"
SUSEWM_WM="all"
# If you want the look of the windows similar to mwm say "yes"
# else "no" if this variable is empty, the default is "no"
SUSEWM_MWM="yes"
# Your fvwm2/95 is slow? Don' t want small pixmaps in menus?
```

```
# So set SUSEWM_XPM to "no", if pixmaps in menus are wanted
# set it to "yes", which is the default value. The package 3dpixms
# has to be installed.
SUSEWM_XPM="yes"
# These are additional source files always to be included
# when SuSEconfig.wm is running, e.g. a local configuration
SUSEWM_ADD=""
# If susewm should conform to older versions of susewm,
# susefvwm or fvwm95, set this to "yes". Otherwise to "no"
SUSEWM_COMPAT="yes"
LANGUAGE="german"
START_SMB="yes"                wenn samba benutzt wird
SMB_GROUP=""
```

xf86config:

Hier wird X konfiguriert

```
# $XFree86: xc/programs/Xserver/hw/xfree86/XF86Conf.cpp,v
# 3.29 1996/12/23 06:30:30 dawes Exp $
# Copyright (c) 1994 by The XFree86 Project, Inc.
# Permission is hereby granted, free of charge, to any person
# obtaining a copy of this software and associated
# documentation files (the "Software"),
# to deal in the Software without restriction, including without
# limitation the rights to use, copy, modify, merge, publish,
# distribute, sublicense,and/or sell copies of the Software, and to
# permit persons to whom the Software is furnished to do so,
# subject to the following conditions:
# The above copyright notice and this permission notice shall be
# included in all copies or substantial portions of the Software.
# THE SOFTWARE IS PROVIDED "AS IS", WITHOUT
# WARRANTY OF ANY KIND, EXPRESS OR
# IMPLIED, INCLUDING BUT NOT LIMITED TO THE
# WARRANTIES OF MERCHANTABILITY,
# FITNESS FOR A PARTICULAR PURPOSE AND NONINFRINGE-
# MENT. IN NO EVENT SHALL THE XFREE86 PROJECT BE
# LIABLE FOR ANY CLAIM, DAMAGES OR OTHER LIABILITY,
# WHETHER IN AN ACTION OF CONTRACT, TORT OR
# OTHERWISE, ARISING FROM, OUT OF
# OR IN CONNECTION WITH THE SOFTWARE OR THE USE OR
# OTHER DEALINGS IN THE SOFTWARE.
# Except as contained in this notice, the name of the XFree86
# Project shall not be used in advertising or otherwise to
# promote the sale, use or other dealings in this Software with-
```

```
# out prior written authorization from the XFree86 Project.
# $XConsortium: XF86Conf.cpp /main/22 1996/10/23 11:43:51
# kaleb $
# **********************************************************************
# Refer to the XF86Config(4/5) man page for details about the
# format of this file. This man page is installed as
# /usr/X11R6/man/man5/XF86Config.5x
# **********************************************************************


# **********************************************************************
# Files section.  This allows default font and rgb paths to be set
# **********************************************************************
Section "Files"
# The location of the RGB database.  Note, this is the name of
# the file minus the extension (like ".txt" or ".db").  There is
# normally no need to change the default.
   RgbPath  "/usr/X11R6/lib/X11/rgb"
# Multiple FontPath entries are allowed (which are concatenated
# together), as well as specifying multiple comma-separated
# entries in one FontPath command (or a combination of both
# methods)
   FontPath "/usr/X11R6/lib/X11/fonts/misc/"
FontPath     "/usr/X11R6/lib/X11/fonts/75dpi/:unscaled"
FontPath     "/usr/X11R6/lib/X11/fonts/100dpi/:unscaled"
FontPath     "/usr/X11R6/lib/X11/fonts/Type1/"
FontPath     "/usr/X11R6/lib/X11/fonts/Speedo/"
FontPath     "/usr/X11R6/lib/X11/fonts/75dpi/"
FontPath     "/usr/X11R6/lib/X11/fonts/100dpi/"
# For OSs that support Dynamically loaded modules, ModulePath
# can be used to set a search path for the modules.  This is
# currently supported for Linux ELF, FreeBSD 2.x and NetBSD
# 1.x.  The default path is shown here.
#   ModulePath          "/usr/X11R6/lib/modules"
EndSection
# **********************************************************************
# Module section -- this is an optional section which is used to
# specify which dynamically loadable modules to load.
# Dynamically loadable modules are currently supported only for
# Linux ELF, FreeBSD 2.x and NetBSD 1.x.  Currently,
# dynamically loadable modules are used
# only for some extended input (XInput) device drivers.
# **********************************************************************
# Section "Module"
```

```
# This loads the module for the Joystick driver
# Load "xf86Jstk.so"
# EndSection
# **************************************************************************
# Server flags section.
# **************************************************************************
Section "ServerFlags"
# Uncomment this to cause a core dump at the spot where a
# signal is received. This may leave the console in an unusable
# state, but may provide a better stack trace in the core dump to
# aid in debugging
#    NoTrapSignals
# Uncomment this to disable the <Crtl><Alt><BS> server abort
# sequence This allows clients to receive this key event.
#    DontZap
# Uncomment this to disable the <Crtl><Alt><KP_+>/<KP_->
# mode switching sequences.  This allows clients to receive these
# key events.
#    DontZoom
# Uncomment this to disable tuning with the xvidtune client.
# With it the client can still run and fetch card and monitor
# attributes, but it will not be allowed to change them. If it tries
# it will receive a protocol error.
# DisableVidModeExtension
# Uncomment this to enable the use of a non-local xvidtune
# client. AllowNonLocalXvidtune
# Uncomment this to disable dynamically modifying the input
# device (mouse and keyboard) settings.
# DisableModInDev
# Uncomment this to enable the use of a non-local client to
# change the keyboard or mouse settings (currently only xset).

#    AllowNonLocalModInDev
EndSection
# **************************************************************************
# Input devices
# **************************************************************************
# **************************************************************************
# Keyboard section
# **************************************************************************
Section "Keyboard"
    Protocol    "Standard"
# when using XQUEUE, comment out the above line, and
```

```
# uncomment the following line
#    Protocol "Xqueue"
   AutoRepeat            500 5
# Let the server do the NumLock processing.  This should only
# be required when using pre-R6 clients
#    ServerNumLock
# Specifiy which keyboard LEDs can be user-controlled (eg, with
# xset(1))
#    Xleds      1 2 3
# To set the LeftAlt to Meta, RightAlt key to ModeShift,
# RightCtl key to Compose, and ScrollLock key to ModeLock:
#    LeftAlt     Meta
#    RightAlt    ModeShift
#    RightCtl    Compose
#    ScrollLock  ModeLock
# To disable the XKEYBOARD extension, uncomment XkbDis-
  able.
# XkbDisable
# To customise the XKB settings to suit your keyboard, modify
# the lines below (which are the defaults).  For example, for a
# non-U.S. keyboard, you will probably want to use:
#    XkbModel    "pc102"
# If you have a Microsoft Natural keyboard, you can use:
#    XkbModel    "microsoft"
# Then to change the language, change the Layout setting.
# For example, a german layout can be obtained with:
#    XkbLayout   "de"
# or:
#    XkbLayout   "de"
#    XkbVariant  "nodeadkeys"
# If you' d like to switch the positions of your capslock and
# control keys, use:
#    XkbOptions  "ctrl:swapcaps"
# These are the default XKB settings for XFree86
#    XkbRules    "xfree86"
#    XkbModel    "pc101"
#    XkbLayout   "us"
#    XkbVariant  ""
#    XkbOptions  ""
EndSection
# **********************************************************************
# Pointer section
# **********************************************************************
```

```
Section "Pointer"
   Protocol "Microsoft"                wichtig, wenn die Maus un-
                                       ter x nicht funktioniert
   Device     "/dev/mouse" <-----------
# When using XQUEUE, comment out the above two lines, and
# uncomment the following line.
#   Protocol "Xqueue"
# Baudrate and SampleRate are only for some Logitech mice
#   BaudRate              9600
#   SampleRate            150

# Emulate3Buttons is an option for 2-button Microsoft mice
# Emulate3Timeout is the timeout in milliseconds (default is
   50ms)
#   Emulate3Buttons
#   Emulate3Timeout      50
# ChordMiddle is an option for some 3-button Logitech mice
#   ChordMiddle
EndSection
# **********************************************************************
# Xinput section -- this is optional and is required only if you
# are using extended input devices. This is for example only.
   Refer
# to the XF86Config man page for a description of the options.
# **********************************************************************
# Section "Xinput"
#   SubSection "WacomStylus"
#      Port "/dev/ttyS1"
#      DeviceName "Wacom"
#   EndSubSection
#   SubSection "WacomCursor"
#      Port "/dev/ttyS1"
#   EndSubSection
#   SubSection "WacomEraser"
#      Port "/dev/ttyS1"
#   EndSubSection
#   SubSection "Elographics"
#      Port "/dev/ttyS1"
#      DeviceName "Elo"
#      MinimumXPosition 300
#      MaximumXPosition 3500
#      MinimumYPosition 300
#      MaximumYPosition 3500
```

```
#        Screen 0
#        UntouchDelay 10
#        ReportDelay 10
#    EndSubSection
#    SubSection "Joystick"
#        Port "/dev/joy0"
#        DeviceName "Joystick"
#        TimeOut 10
#        MinimumXPosition 100
#        MaximumXPosition 1300
#        MinimumYPosition 100
#        MaximumYPosition 1100
#        # CenterX 700
#        # CenterY 600
#        Delta 20
#    EndSubSection
# The Mouse Subsection contains the same type of entries as the
# standard Pointer Section (see above), with the addition of the
# DeviceName entry.
#    SubSection "Mouse"
#        Port "/dev/mouse2"
#        DeviceName "Second Mouse"
#        Protocol "Logitech"
#    EndSubSection
# EndSection
# **********************************************************************
# Monitor section     hier werden die Zeilenfrequenzen und
                      die Auflösung des Monitors eingestellt
# **********************************************************************
# Any number of monitor sections may be present
Section "Monitor"
   Identifier          "Generic Monitor"
   VendorName          "Unknown"
   ModelName           "Unknown"
# HorizSync is in kHz unless units are specified.
# HorizSync may be a comma separated list of discrete values, or
# a comma separated list of ranges of values.
# NOTE: THE VALUES HERE ARE EXAMPLES ONLY.  REFER TO
# YOUR MONITOR' S USER MANUAL FOR THE CORRECT
# NUMBERS.
```

```
   HorizSync   31.5            # typical for a single
                               frequency fixed-sync
                               monitor
#   HorizSync  30-64           # multisync                  horizontale
#   HorizSync  31.5, 35.2      # multiple fixed             Frequenz
                               sync frequencies
#   HorizSync  15-25, 30-50    # multiple ranges of
                               sync frequencies
# VertRefresh is in Hz unless units are specified.
# VertRefresh may be a comma separated list of discrete values,
# or a comma separated list of ranges of values.
# NOTE: THE VALUES HERE ARE EXAMPLES ONLY.  REFER TO
# YOUR MONITOR' S USER MANUAL FOR THE CORRECT
# NUMBERS.
  VertRefresh   60                # typical for a single
                                  frequency fixed-sync
                                  monitor                   vertikale
#  VertRefresh  50-100            # multisync               Frequenz
#  VertRefresh  60, 65            # multiple fixed
                                  sync frequencies
#  VertRefresh  40-50, 80-100     # multiple ranges
                                  of sync frequencies
# Modes can be specified in two formats.  A compact one-line
# format, or a multi-line format.
# A generic VGA 640x480 mode (hsync = 31.5kHz, refresh =
# 60Hz) These two are equivalent
#    ModeLine "640x480" 25.175 640 664 760 800 480 491 493 525
    Mode "640x480"
       DotClock        25.175                    Clock-Timing
       HTimings        640 664 760 800           Auflösung
       VTimings        480 491 493 525
    EndMode
# These two are equivalent
#    ModeLine "1024x768i" 45 1024 1048 1208 1264 768 776 784
#    817 Interlace
#    Mode "1024x768i"
#        DotClock  45
#        HTimings  1024 1048 1208 1264
#        VTimings  768 776 784 817
#        Flags            "Interlace"
#    EndMode
EndSection
# ************************************************************************
```

```
# Graphics device section
```
hier wird die Grafikkarte eingestellt
```
# **********************************************************************
# Any number of graphics device sections may be present
Section "Device"
   Identifier     "Generic VGA"   
```
Bezeichnung der Grafikkarte
```
   VendorName "Unknown"
   BoardName  "Unknown"
   Chipset    "generic"
#   VideoRam  256    
```
Grafikram wird manchmal mit # versehen und muss dann dekommentiert werden
```
#   Clocks   25.2 28.3
EndSection
Section "Device"
   # SVGA server auto-detected chipset
   Identifier "Generic SVGA"
   VendorName          "Unknown"
   BoardName           "Unknown"
EndSection
# Section "Device"
#   Identifier"Any Trident TVGA 9000"
#   VendorName          "Trident"
#   BoardName           "TVGA 9000"
#   Chipset  "tvga9000"
#   VideoRam            512
#   Clocks   25 28 45 36 57 65 50 40 25 28 0 45 72 77 80 75
# EndSection
# Section "Device"
#   Identifier"Actix GE32+ 2MB"
#   VendorName          "Actix"
#   BoardName           "GE32+"
#   Ramdac "ATT20C490"
#   Dacspeed            110
#   Option  "dac_8_bit"
#   Clocks   25.0  28.0  40.0   0.0  50.0  77.0  36.0  45.0
#   Clocks  130.0 120.0  80.0  31.0 110.0  65.0  75.0  94.0
# EndSection
# Section "Device"
#   Identifier"Hercules mono"
# EndSection
# **********************************************************************
# Screen sections
```

```
# ***********************************************************************
# The colour SVGA server
Section "Screen"
   Driver      "svga"
   Device      "Generic SVGA"
   Monitor     "Generic Monitor"
   DefaultColorDepth 8
   Subsection "Display"
      Depth      8
      Modes      "640x480"
      ViewPort   0 0
      Virtual    800 600
   EndSubsection
EndSection
# The 16-colour VGA server
Section "Screen"
   Driver      "vga16"
   Device      "Generic VGA"
   Monitor     "Generic Monitor"
   Subsection "Display"
      Modes      "640x480"
      ViewPort   0 0
      Virtual    800 600
   EndSubsection
EndSection
# The Mono server
Section "Screen"
   Driver      "vga2"
   Device      "Generic VGA"
   Monitor     "Generic Monitor"
   Subsection "Display"
      Modes      "640x480"
      ViewPort   0 0
      Virtual    800 600
   EndSubsection
EndSection
# The hercules driver in the Mono and VGA16 servers
# Section "Screen"
#     Driver   "mono"
#     Device  "Hercules Mono"
#     Monitor "Generic Monitor"
#     Subsection "Display"
#     EndSubsection
```

```
# EndSection
# The accelerated servers (S3, Mach32, Mach8, 8514, P9000,
# AGX, W32)
# Section "Screen"
#     Driver   "accel"
#     Device "Actix GE32+ 2MB"
#     Monitor "Generic Monitor"
#     DefaultColorDepth 8
#     Subsection  "Display"
#         Depth              8
#         Modes              "640x480"
#         ViewPort    0 0
#         Virtual            1280 1024
#     EndSubsection
#     SubSection "Display"
#         Depth              16
#         Weight             565
#         Modes              "640x480"
#         ViewPort    0 0
#         Virtual            1024 768
#     EndSubsection
# EndSection
```

.xinit:

```
#!/bin/sh
# $XConsortium: xinitrc.cpp,v 1.4 91/08/22 11:41:34 rws Exp $
userresources=$HOME/.Xresources
usermodmap=$HOME/.Xmodmap
sysresources=/usr/X11R6/lib/X11/Xresources
sysmodmap=/usr/X11R6/lib/X11/Xmodmap
# merge in defaults and keymaps
if [ -f $sysresources ]; then
   xrdb -merge $sysresources
fi
if [ -f $sysmodmap ]; then
   xmodmap $sysmodmap
fi
if [ -f $userresources ]; then
   xrdb -merge $userresources
fi
if [ -f $usermodmap ]; then
   xmodmap $usermodmap
fi
```

```
# start some nice programs
# xclock -geometry 50x50-1+1 &
# xterm -geometry 80x50+494+51 &
# xterm -geometry 80x20+494-0 &
if [ -x /usr/X11R6/bin/fvwm2 ]; then
   exec fvwm2
fi
if [ -x /usr/X11R6/bin/fvwm ]; then
   exec fvwm
fi
exec twm
```

.xinitrc

```
#!/bin/bash
# .xsession/.xinitrc
export TERM=xterm
# choose a window manager
#
if test -z "$WINDOWMANAGER" ; then
   WINDOWMANAGER=/usr/X11R6/bin/fvwm2
   (hier wird festgelegt, mit welcher Oberfläche X gestartet wird)
fi

#
# load resources
if [ -f /usr/X11R6/lib/X11/Xmodmap ]; then
   xmodmap /usr/X11R6/lib/X11/Xmodmap
fi
if [ -f ~/.Xmodmap ]; then
   xmodmap ~/.Xmodmap
fi
if [ -f ~/.Xdefaults ]; then
   xrdb -merge ~/.Xdefaults
fi
if [ -f ~/.Xresources ]; then
   xrdb -merge ~/.Xresources
fi
# start some stuff
# day planer deamon
# pland &
# finaly start the window manager
exec $WINDOWMANAGER
```

smb.conf (samples)

smb.conf 1

```
[global]
   printing = bsd
   printcap name = /etc/printcap
   load printers = no
   guest account = guest
   log file = /usr/local/samba/var/log.%m
   log level = 8
   password level = 8

[homes]
   comment = Home Directories
   browseable = no
   read only = no
   create mode = 0750

[test]
   comment = test stuff
   path = /dept/mis/home/testacct
   valid users = testacct
   public = no
   writable = yes

[namespace]
   comment = DCE-DFS Global Root
   path = /...
   public = no
   writable = yes

[oecdfs]
   comment = Corporate Cell
   path = /.../corp.boston.oec.com/fs
   browseable = no
   read only = no
   create mode = 0750

[develdfs]
   comment = Technology Development Cell
   path = /.../devel.boston.oec.com/fs
   browseable = no
   read only = no
   create mode = 0750

; A private printer, usable only by fred. Spool data will be placed
; in fred' s home directory. Note that fred must have write access
```

```
; to the spool directory, wherever it is.
;[fredsprn]
;   comment = Fred' s Printer
;   valid users = fred
;   path = /homes/fred
;   printer = freds_printer
;   public = no
;   writable = no
;   printable = yes
;
; A private directory, usable only by fred. Note that fred requires
; write access to the directory.
;[fredsdir]
;   comment = Fred' s Service
;   path = /usr/somewhere/private
;   valid users = fred
;   public = no
;   writable = yes
;   printable = no
;
; A publicly accessible directory, but read only, except for people
; in the staff group
;[public]
;   comment = Public Stuff
;   path = /usr/somewhere/public
;   public = yes
;   writable = no
;   printable = no
;   write list = @staff
;
; a service which has a different directory for each machine that
connects
; this allows you to tailor configurations to incoming machines.
; You could also use the %u option to tailor it by user name.
; The %m gets replaced with the machine name that is connect-
ing.
;[pchome]
;  comment = PC Directories
;  path = /usr/pc/%m
;  public = no
;  writeable = yes
;
;
```

; A publicly accessible directory, read/write to all users. Note that
; all files created in the directory by users will be owned by the
; default user, so any user with access can delete any other
; directory must be writable by the default user. Another user could of course
; user' s files. Obviously this be specified, in which case all files would be owned by that user instead.
;[public]
; path = /usr/somewhere/else/public
; public = yes
; only guest = yes
; writable = yes
; printable = no
;
;
; The following two entries demonstrate how to share a directory
; so that two users can place files there that will be owned by
; the specific users. In this setup, the directory should be writable
; by both users and should have the sticky bit set on it to prevent
; abuse. Obviously this could be extended to as many users as required.
;[myshare]
; comment = Mary' s and Fred' s stuff
; path = /usr/somewhere/shared
; valid users = mary fred
; public = no
; writable = yes
; printable = no
; create mask = 0765

smb.conf 2

; Configuration file for smbd (Samba 1.9.15p8)
; created by Thoralf Freitag. Send comments to:
; <Thoralf.Freitag@remserv.rz.fhtw-berlin.de> or
; <Thoralf.Freitag@t-online.de>
; last edit 24.04.1995 01:11
;
;

[global]

protocol = NT1
;long filenames for WIN95/98
mangle case = yes

```
                          ;lower and upper letters
  mangled names = yes
  default case = lower
  case sensitive = no
  preserve case = yes
  short preserve case = yes
  printing = bsd
  printcap name = /etc/printcap
  lpq cache time = 0
  workgroup = WORKGROUP
  admin users = su
                          ;su is allowed to do all !!!
  guest account = ftp
                          ;guest is same as user ftp
  default service = reference
                          ;is possibly helpful to browsing under
win 95
  os level = 2
  log file = /var/adm/log.smb
  max log size = 10
  debug level = 1
  share modes = yes
  lock directory = /var/adm

[JP_360_raw]
  comment = Networkprinter queue for Olivetti JP 360 (un-
treated RAW format)
  browseable = yes
  available = yes
  public = no
  force user = root
  writable = no
  printable = yes
  printer name = samba
          ;samba is an alias name for an raw_printer in your
/etc/printcap
  path = /samba/tmp
  create mode = 0700

[JP_360_mono]
  comment = Networkprinter queue for Olivetti JP 360 Mono
(with apsfilter)
  browseable = yes
  available = yes
  public = no
```

```
   force user = root
   writable = no
   printable = yes
   printer name = lp
              ;lp means the standard printer in your /etc/printcap
   path = /samba/tmp
   create mode = 0700
[JP_360_color]
   comment = Networkprinter queue for Olivetti JP 360 Color
(with apsfilter)
   browseable = yes
   available = yes
   public = no
   force user = root
   writable = no
   printable = yes
   printer name = lp4
              ;my printer need this to print with his color cartridge
              ;--> the lpd is drive to the printer as an color printer
   path = /samba/tmp
   create mode = 0700
[tmp]
   comment = the garbage dump
   browseable = yes
   available = yes
   public = yes
   read only = no
   printable = no
   path = /samba/tmp
   create mask = 0777
[transfer]
   comment = the market place
   browseable = yes
   available = yes
   public = yes
   read only = no
   printable = no
   path = /samba/transfer
   create mask = 0777
[homes]
   comment = home directories
   browseable = no
```

```
;ONLY the home-dirs are visible, not the service itself
  available = yes
  guest ok = no
  read only = no
  printable = no
  create mode = 0700

[install]
  comment = all of the many install files
  browsable = yes
  available = yes
  public = no
  username = @root, @users
  writable = yes
  read list = @users
  printable = no
  path = /samba/install
  create mode = 0755

[doc-help]
  comment = documentations, helpfiles, FAQ' s
  browsable = yes
  available = yes
  public = no
  username = @root, @users
  writable = yes
  read list = @users
  printable = no
  path = /samba/doc
  create mode = 0755

[cd_rom_2]
  comment = the CD in the CD-ROM drive on PANDORA
  browsable = yes
  available = yes
  public = yes
  writable = no
  printable = no
  path = /cdrom

[reference]
                        ;the default, if invalid accesses
  comment = PANDORA: Samba LAN manager
  browsable = yes
                        ;only as an hint
  available = no
```

```
                              ;however no access possible
   public = yes
   writable = no
   printable = no
   path = /samba/tmp
```

smb.conf 3

```
[global]
   config file = /usr/local/samba/smb.conf.%m
   status = yes
   security = user
   encrypt passwords = yes
   server string = Tridge (%v,%h)
   load printers = yes
   log level = 1
   log file = /usr/local/samba/var/log.%m
   guest account = pcguest
   hosts allow = 192.0.2. localhost
   password level = 2
   auto services = tridge susan
   message command = csh -c ' /usr/bin/X11/xedit -display :0
%s;rm %s' &
   read prediction = yes
   socket options = TCP_NODELAY
   valid chars = ö:Ö å:Å ä:Ä
   share modes = yes
   locking = yes
   strict locking = yes
   keepalive = 30
   include = /usr/local/samba/lib/smb.conf.%m
   include = /usr/local/samba/lib/smb.conf.%a

[uniprint]
   comment = University Printing
   path = /home/susan/print
   user = susan
   postscript = yes
   print ok = yes
   print command = xmenu -heading "%s" OK&

[testprn]
   comment = Test printer
   path = /tmp
   user = susan
```

```
  print ok = yes
  print command = cp %s /tmp/smb.%U.prn
  lpq command = cat /tmp/xxyz
[amd]
  comment = amd area
  path = /mount
  force user = tridge
  read only = no
[homes]
  browseable = no
  guest ok = no
  read only = no
  create mask = 0755
[printers]
  browseable = no
  comment = Printer in Printcap
  guest ok = no
  path = /tmp
  read only = no
  print ok = yes
[dos]
  browseable = yes
  comment = Dos Files
  force group = samba
  create mode = 0775
  path = /home/tridge/dos
  copy = homes
[msoffice]
  browseable = yes
  comment = Microsoft Office
  force group = samba
  create mode = 0775
  path = /data/msoffice
  read only = yes
[root]
  comment = Root Dir
  copy = dos
  path = /
  dont descend = /proc ./proc /etc
[tmp]
```

```
  comment = tmp files
  copy = dos
  path = /tmp
  read only = no
[cdrom]
  comment = Tridge' s CdRom
  path = /mount/cdrom
  read only = yes
  locking = no
[data]
     comment = Data Partition
     path = /data
     read only = yes
     guest ok = yes
```

3.5 Windows 2000

Windows 2000 ist eine Weiterentwicklung von Windows NT4. Deswegen sollen hier nicht nochmal alle Feinheiten besprochen werden, die in Win NT4 schon eingehend erläutert wurden. Grundlage für diesen Abschnitt bildet Win NT4. Hier soll Win2000 mit Schwerpunkt auf den Veränderungen/Verbesserungen gegenüber Win NT4 beschrieben werden. Das Domänen-Konzept, WINS, DNS, DHCP, Festplatten-Manager, etc. unter Win NT4 haben auch für Win2000 weiter ihre Gültigkeit. Alles ist nur etwas anders angeordnet und erweitert worden. Aber, um es vorweg zu nehmen, Win2000 hat sich in der Komplexität seiner Administration in Richtung Unix entwickelt.

3.5.1 Allgemein

Win2000 gibt es in 4 Ausführungen:

1. Win2000 Professional (dies ist die Workstation-Version)
2. Win2000 Server
3. Win2000 Advanced-Server
4. Win2000 Datacenter-Server

Als Clients können Win2000-Pro-Computer ohne Zusätze und Win95/98-Computer mit einer speziellen Client-Software agieren, die auf der Win2000-Server-CD enthalten ist. Win NT4-WS's können erst mit installierten Service-Pack 6 vollwertig auf Win2000-Server zugreifen.

Zu 1.

Windows 2000 Professional bietet viele neue Funktionen gegenüber Win NT4-WS. Administratoren haben uneingeschränkten Zugriff auf Daten, Anwendungs- und Systemeinstellungen. Für Anwender ist das System so geschützt, dass versehentliches Beschädigen des Systems fast ausgeschlossen ist. Anwender können immer auf ihre Daten und Anwendungen zugreifen, auch wenn sie sich an einem ganz anderem Arbeitsplatz befinden, als dem eigenen. Aufgrund von vielen Agenten und Assistenten wird die Verwaltung des Compters wesentlich vereinfacht. Auch die Benutzeroberfläche bietet eine einfachere Nutzung.

Größere Stabilität des Betriebssystems, Unterstützung von bis zu 7000 Geräten (auch ältere), verbessertes Plug&Play und weniger Neustarts nach Installationen sind weitere neue Merkmale.

Zu 2.

Windows 2000 Server bietet Infrastrukturdienste, die auf Active Directory basieren (siehe weiter unten). Win2000 Server bietet weiter u. a. Internetdienste und neueste Web-Plattformen, Komponentendienste, Transaktionen und Message Queuing. Des Weiteren werden Systeme mit einem Prozessor sowie Systeme mit symmetrischem Multiprocessing unterstützt, die bis zu 4 GB Arbeitsspeicher enthalten können.

Zu 3.

Windows 2000 Advanced Server ist eine Erweiterung von Win NT4 Enterprise Edition. Dieser Server ist auf hohe Verfügbarkeit ausgerichtet, wobei die Unterstützung des symmetrischen Multiprocessing von bis zu 8 Prozessoren und 8 GB Arbeitsspeicher sowie das Einrichten von Server-Clustern mit bis zu 2 Knoten, Netzwerklastenausgleich auf bis zu 32 Server und verbesserte Speicherunterstützung (EMA) vorhanden sind.

Zu 4.

Windows 2000 Datacenter Server stellt das leistungsfähigste und funktionellste Server-Betriebssystem aller Server unter Win2000 dar und wurde für hochzuverlässige Hardwarekonfigurationen entwickelt. Unterstützung von bis zu 64 GB Arbeitsspeicher, symmetrisches Multiprocessing mit bis zu 32 Prozessoren, Servercluster, Netzwerklastenausgleich auf bis zu 32 Server, Servercluster mit bis zu 4 Knoten. Mittels einer Prozesssteuerung können Anwendungen zu Gruppen zusammengefasst und verwaltet werden.

Im Folgenden wird in erster Linie auf den Windows 2000 Advanced Server eingegangen. Sofern Abschnitte auch für die Professional-Version (Workstation) gelten, wird gesondert darauf hingewiesen.

3.5.2 Neuheiten gegenüber NT4

Enterprise-Memory-Architekture (EMA):

Mit EMA können Anwendungen ausgeführt werden, die große Speicherressourcen auf dem Advanced-Server benötigen. EMA muss separat in der Boot.ini aktiviert werden.

Clustering für Netzwerklastenausgleich:

Eingehender TCP/IP-Verkehr kann auf mehrere Server aufgeteilt werden. Dadurch kann mehr Datenverkehr mit besseren Reaktionszeiten bewältigt werden.

Server-Cluster:

Mehrere Server werden zu einem Server-Cluster zusammen geschaltet. Fällt ein Server aus, übernehmen die anderen die Verfügbarkeit der Ressourcen.

Active Directory:

Vereinfachung der Verwaltung (Directory-Service, ähnlich der NDS unter Novell). Objekte und Benutzerrechte werden in hierarchischen Datenstrukturen verwaltet. Active Directory wird über das LDAP-Protokoll realisiert.

Asynchronous Transfer Mode (ATM):

ATM ist ein Hochgeschwindigkeitsprotokoll, das im LAN und WAN zur Übertragung von Sprache, Daten, Bilder und Video eingesetzt werden kann.

Encrypting File System (EFS):

Daten können verschlüsselt werden, was als zusätzliche Sicherheit zu den Zugriffsrechten zu verstehen ist.

IntelliMirror:

Mit IntelliMirror können Benutzerdaten auf einem Computer im Netzwerk gespiegelt werden. Dies ist besonders für Laptop-Computer interessant, da Daten, die ohne Anschluss an das Netzwerk erstellt wurden, bei erneutem Anschluss an das Netzwerk synchronisiert werden. Des Weiteren können mit der Installations- und Wartungssoftware von IntelliMirror Anwendungen installiert und gewartet werden.

Remoteinstallationsdienste:

Über die Remoteinstallationsdienste können Clients über eine Startdiskette auf einen Server zugreifen, auf dem eine lokale Installation von Win2000-Pro als Abbild vorhanden ist und diese remote installieren. Dies ist für eine Neuinstallation sowie für das Wiederherstellen eines ausgefallenen Computers sinnvoll.

Verteilte Dateisysteme (DFS):

Über DFS kann der Zugriff auf Dateien eines Benutzers, die auf mehreren Servern im Netzwerk verteilt sind, erleichtert werden. Ein Administrator kann mittels DFS für einen Benutzer eine Umgebung schaffen, in der es für den Benutzer so aussieht, als ob alle Dateien am selben physischen Ort liegen, obwohl diese im gesamten Netzwerk verteilt sein können.

Internetverbindungsfreigabe:

Ein eigenes Netzwerk zu Hause kann via Internet mit dem Firmennetzwerk verbunden werden.

Microsoft Management Console (MMC):

Hier können eigene Konfigurationen von Verwaltungstools erstellt werden. Außerdem können Benutzern ausgewählte Programme zur Verfügung gestellt werden.

Netzwerkadressübersetzung:

Interne Netzwerkadressen können in gültige IP-Adressen für das Internet übersetzt werden.

Quality of Service (QoS):

Wichtigen Anwendungen können mehr Bandbreite im Netzwerk zugeordnet werden.

Scripting Host:

Automatisieren von Aufgaben über Script-Sprachen wie z. B. Visual-Basic oder Java-Script.

Terminaldienste:

Diskless-Workstations können als Terminal an einem Win2000-Adv-Server agieren.

3.5.3 Veränderungen gegenüber Win NT4 (auch Win2000-Pro)

- Verbessertes Plug & Play
- Power Management
- DLL-Dateien werden nun vor fehlerhaften Installationsprogrammen geschützt

- Zusammenfassung der Systemverwaltungswerkzeuge
- Geräte-Manager
- IntelliMirror
- Neues Dateisystem NTFS5 mit möglicher Verschlüsselung der Daten
- FAT32
- Active Directory
- USB Unterstützung

3.5.4 Konzeption von Win2000

Active-Directory:

Die wichtigste Neuerung gegenüber Win NT4 in Win2000-Server ist das Active-Directory (AD), womit in baumähnlichen Strukturen (mittels einer Datenbank, ähnlich der NDS von Novell), Benutzerdaten und Daten über das gesamte Netzwerk in Organisation-Units (OU's) verwaltet werden können. Andere Server können sich dieser Datenbank bedienen und brauchen keine eigene Benutzerdatenbank mehr zu verwalten (alles, wie von der Novell-NDS her gewohnt). In den Units können Objekte (Datensätze) angelegt werden, die über Datenfelder (Attribute) verfügen. Ein SCHEMA beschreibt, welche Objekte in einem Verzeichnis mit welchen Attributen existieren und welche Objekte andere aufnehmen können.

Über AD lassen sich Verwaltungsrechte auf Ebene der Organisation-Units (OU) delegieren. OU's werden auch als Container bezeichnet, die andere Objekte enthalten können (Benutzer, Gruppen, Verzeichnisse, Drucker, Computer, etc.). Rechte können auf die Objekte sowie auf deren Attribute vergeben werden.

Domänen und Server:

Das Domänen-Konzept von Win NT4 wurde beibehalten. Es gibt in jeder Domäne einen Domänen-Controller (DC), der eine Benutzerdatenbank (SAM) enthält. Auch die Computer-Konten der Computer, die in die Domäne eingebunden sind, gibt es weiterhin. Unter NT4 waren Domänen auf ca. 40000 Einträge in die SAM (40 MByte) beschränkt. Größere Netze bedingten das Einrichten von mehreren Domänen über Vertrauensstellungen. Win2000 verwaltet jetzt auch größere Netze.

Ein Win2000-Server muss nicht mehr bei der Installation als PDC, BDC oder alleinstehender Server installiert werden (wie bei

NT4). Welche Funktion der Servers nach der Installation einnimmt, kann jederzeit festgelegt bzw. verändert werden (Unterscheidung zwischen PDC und BDC fällt weg). Auch AD kann nachträglich eingerichtet werden, wobei allerdings ein DNS-Server im Netz laufen muss (dieser kann aber auch beim Einrichten von AD mit installiert werden). Der neue, in Win2000 integrierte DNS-Server, unterstützt DDNS (dyn. DNS), wobei sich Clients selber am DNS mit ihrem Namen und ihrer IP-Adresse registrieren. Über sog. RESSOURCE-RECORDS im DNS können Clients andere Domänen finden.

Alle DC's in einer Domäne arbeiten gleichberechtigt. Änderungen an der SAM auf einem DC werden mittels einer Replikation sofort auf alle anderen DC's übertragen. Werden auf 2 DC's die gleichen Änderungen am selben Objekt vorgenommen, besteht die zeitlich zuletzt vorgenommene Änderung. Sollte ein Konflikt bestehen, werden diese Objekte in einen Container „Lost & Found" im AD verschoben.

In größeren Netzen können mehrere Domänen in einer Hierarchie eingerichtet werden. Die oberste Domäne heißt dabei PARENT-DOMÄNE. Untergeordnete Domänen CHILD-DOMÄNEN. Gemäß den Konventionen für DNS bekommen Child-Domänen den DNS-Namen ihrer Parent-Domäne angehängt. WINS ist zwar weiterhin enthalten, aber die Auflösung von Namen läuft jetzt überwiegend über die Internet-Namen von DNS. Aus Parent- und Child-Domänen entsteht eine Struktur. Mehrere solcher Strukturen werden zu einer Gesamtstruktur zusammengefasst. In einer Gesamtstruktur bestehen bidirektionale Vertrauensstellungen, die transitiv sind (wenn DomA DomB vertraut und DomB vertraut DomC, dann vertraut auch DomA DomC (anders, als unter NT4)). Dieses Konzept stellt sicher, dass Benutzer aus einer Domäne in allen anderen bekannt ist. Ein Administrator aus einer Domäne ist damit aber nicht aut. Administrator aller Domänen. Nur die Administratoren der ersten Parent-Domäne werden in einer Gruppe, den ORGANISATIONS-ADMINS zusammengefasst, die in allen Domänen agieren können.

Zum Verzeichnis-Service (AD) gehören alle Domänenstrukturen in einer Gesamtstruktur. DC's verfügen aber nur über Daten eigener Domänen vollständig, die untereinander repliziert werden. Eigene Daten werden Naming-Context (NC) genannt. Suchanfragen über die Gesamtstruktur werden über einen GLOBALEN KATALOG geleitet, über den zur Beschleunigung der Suche ausgewählte Objektattribute der Gesamtstruktur verbreitet werden.

DC's erhalten 2 spez. Namenskontexte, wobei über den ersten Kontext (Schema-NC) beschrieben wird, welche Objekte und Attribute im Verzeichnis enthalten sind. Im zweiten Kontext (Konfigurations-NC) werden vorhandene Domänen, Replikationsdaten, Vertrauensstellungen und Konfigurationsdaten beschrieben.

Standorte (Sites):

Über SITES lässt sich das Replikationsverhalten innerhalb einer Domäne steuern. Sites sind eine Zusammenfassung von DC's und Computern am Standort. Über AD-Standorte und -Dienste lassen sich so Replikationen zwischen Standorten realisieren.

Nach erfolgter Installation des ersten DC's der Domäne, sollten die Standorte (auch geplante) im Site- und Service-Manager definiert werden. Hier können auch die IP-Netze geplanter Standorte hinterlegt werden, die beim Einrichten weiterer DC's in diesen Standorten die IP-Netze dann aut. den Sites zugeordnet werden.

Spezial-Server:

Server können innerhalb von Domänen Sonderrollen einnehmen. So überwacht z. B. der erste eingerichtete DC das ganze Schema (Schemamaster). Die Namensvergabe wird von einem DNS-Master geregelt und überwacht (in der Gesamtstruktur darf es nur einen DNS-Master geben). Ein RID-Master überwacht und vergibt die sog. RIDs (Sicherheits-Ids) (in der Gesamtstruktur darf es nur einen RID-Master geben). Der Infrastruktur-Master aktualisiert die Zuordnung von Benutzern zu Gruppen, wenn diese geändert oder umbenannt wurden (jede Domäne hat einen Infrastruktur-Master).

Richtlinien:

Gruppenrichtilinien lösen den bekannten Policy-Editor ab, der aber für andere Betriebssysteme weiterhin vorhanden ist. Über Gruppenrichtlinien werden benutzerspezifische Einstellungen, Einstellungen für die Software-Installation, Software-Wartung sowie die aut. Installation von Software auf Ebene von OU's geregelt. Sie können außer auf Benutzer auch auf Computer angewendet werden, so dass Clients im Netz mit Einschränkungen versehen werden können. Gruppenrichtlinien sind aber nicht nur auf OU's, sondern auch auf Sites oder Domänen anwendbar. Gruppenrichtlinien sind ererbbar oder über die Verwaltungswerkzeuge konfigurierbar.

Verteiltes Dateisystem:

Über das verteilte Dateisystem (DFS) lassen sich Freigaben auf verschiedenen Servern zusammenfassen. Ein Benutzer hat keine verschiedenen Netzlaufwerke mehr, sondern alle Freigaben erscheinen in einer Verzeichnisstruktur im DFS. Daten können auf andere Server verschoben werden, ohne dass dieser Vorgang Einfluß auf DFS hat (für den Benutzer ändert sich nichts). Ein DFS-Verzeichnis kann auf mehreren Servern verteilt liegen (Lastenteilung).

Das Hauptverzeichnis (Root-Verzeichnis) wird DFS-Stamm genannt. Im Stamm können Freigaben von anderen Servern enthalten sein, oder Freigabenamen mit vorangestelltem Unterverzeichnis (bilden von DFS-Bäumen). Eintragungen in einen DFS-Baum, die auf Freigaben verweisen, werden DFS-Verknüpfungen genannt. Eine DFS-Freigabe erscheint im Netz wie eine normale Netzwerkressource. Ein DFS-Stamm wird mittels der Managment-Konsole (MMC) verwaltet, wobei der Stamm entweder in einem Server oder in AD angelegt werden kann.

Sollen andere Betriebssysteme, außer Win2000, wie Win95 oder Win NT4-WS auf DFS zugreifen können, ist Zusatzsoftware nötig (für Win95/98 der AD-Client der Win2000-Server-CD, für Win NT4-WS Service Pack 6).

Replikationen in DFS bedingen, dass alle Daten einer DFS-Verknüpfung auf NTFS5-Datenträgern liegen. Für jede Verknüpfung kann festgelegt werden, von wo nach wo Daten repliziert werden sollen. Zugriffsrechte werden hierbei eingeschlossen.

Dienste:

Dienste, wie IIS, DHCP, DNS, Remote Access und Routing Service (RRAS), WINS sind weiterhin in Win2000 vorhanden. DNS ist jetzt nicht mehr von Primary- und Secondary-Zonen abhängig. Alle Veränderungen können auf jeden DNS-Server im Netz vorgenommen werden und auf alle anderen repliziert werden. Voraussetzung: Alle Daten liegen im AD. Sind ältere Windows-Systeme im Netz, sollte WINS nachinstalliert werden.

Ein DHCP-Server muss, nach erfolgter Installation und Konfiguration, von einem Organisations-Admin autorisiert werden, seine Arbeit aufzunehmen. Dies gilt auch für den Remote-Installations-Service (RIS).

Admin-Werkzeuge:

Über sog. Terminal-Dienste kann eine Remote-Server-Verwaltung eingerichtet werden. Im System32-Verzeichnis auf einem Server gibt es das adminpak.msi-Paket. Dieses Pack kann auf eine Freigabe auf einen Server gelegt werde, so dass Zugriffe auf die Verwaltungswerkzeuge von jeder WS im Netz möglich sind.

Achtung: Der Eintrag „Verwaltung" auf einen Win2000-Pro-Computer ist standardmäßig versteckt, wohin sich die Verwaltungswerkzeuge aber installieren (über EIGENSCHAFTEN des Startmenüs anzeigen lassen).

Management-Konsolen (MMC):

Management-Konsolen werden zur Administration eingesetzt und vereinfachen Aufgaben. Ob Benutzer-Verwaltung, Datenträger-Verwaltung oder Geräte-Manager, alles wird über MMCs geregelt. Dabei können über sog. SNAP-INS mehr Funktionalität in MMCs gebracht werden. Eine MMC kann über AUSFÜHREN (Befehl mmc /a) auch leer in einem AUTOREN-MODUS gestartet und über Snap-Ins eigenen Wünschen angepasst werden.

Datenträger-Verwaltung:

Der alte Festplatten-Manager von NT4 wird durch die Datenträger-Verwaltung abgelöst, die jetzt aber ein ganzes Mehr an Funktionen zu bieten hat. NTFS5 unterstützt des Weiteren Datenverschlüsselung. Durch sog. JUNKTION-POINTS ist es möglich, dass ganze Partitionen ohne Laufwerksbuchstaben in ein Verzeichnis eingehängt werden (Unix lässt mit seinen mount-points grüßen). Plattenplatz durch Benutzer kann jetzt begrenzt werden (Kontingent bzw. Quota). Neu ist auch das Einrichten von dynamischen Datenträgern, die von anderen Betriebssystemen nicht gesehen werden können. Über dyn. Datenträger können bestehende Partitionen, durch den Einbau einer weiteren Platte, erweitert werden. Das alte Partitionierungschema von Festplatten gilt indes nicht mehr. Eine Partition auf einer dyn. Festplatte heißt jetzt dyn. Datenträger. Volume- und Stripe-Sets können nur auf dyn. Datenträgern eingerichtet werden.

Weitere interessante Features sind:

1. Dateien im Netz als OFFLINE VERFÜGBAR zu kennzeichnen (gut für Notebook-Besitzer, die öfters auf Reisen gehen, da bei Rückkehr die veränderten Dateien aut. vom System aktualisiert werden).

2. Ein PC braucht nicht mehr heruntergefahren werden. Es kann der aktuelle Zustand eines PC's einfach eingefroren werden (geladenen Treiber, geöffnete Anwendungen, geöffnete Dateien, etc.) und auf Platte gespeichert werden. Beim nächsten Einschalten des Systems rekonstruiert sich das System selber wieder in den Zustand, in dem man es vor dem Einfrieren verlassen hat.

3.5.5 Systemvoraussetzungen

CPU	133 MHz (besser 166 MHz)
RAM	64 MB (besser 128 MB)
Festplatte	1 GB (besser mehr)

Achtung: Um einen Testbericht erstellen zu lassen, ob der Computer tauglich dafür ist, Win2000 zu installieren, kann das Setup-Programm WINNT mit dem Schalter „checkupgradeonly" aufgerufen werden. Dies checkt den Computer auf zu erwartende Hardware-Probleme.

Achtung: Als Weiterentwicklung von Win NT4 kann Win2000 jetzt auch mit FAT32 umgehen. Deswegen kann Win2000 auch parallel zu einer Win98-Installation genutzt werden. Ist parallel Win NT4 installiert, muss vor der Installation von Win2000 mindestens Service-Pack 4 installiert werden, da Win2000 alle NTFS-Partitionen in NTFS 5 umwandelt, dies von NT4 aber nicht verarbeitet werden kann (Win NT startet nicht mehr).

3.5.6 Installation (auch Win2000-Pro)

Lokale Installation:

CD-Rom bootfähig machen oder von bootfähigem CD-ROM die Installations-CD booten (kann in neueren BIOS-Versionen eingestellt werden). Auf der CD dann in das Verzeichnis i386 wechseln und WINNT eingeben.

Bootdisketten werden nicht mehr über das Installationsprogramm hergestellt. Dafür gibt es jetzt das Verzeichnis „Bootdisk" auf der CD, mit dem Programm „Makeboot".

Installation über ein Netzwerk:

CD auf einem Server ins CD-ROM legen und dieses CD-ROM für das Netzwerk freigeben. Eine andere Möglichkeit ist, die Installationsdateien in ein Verzeichnis auf dem Server zu kopieren und dieses Verzeichnis für das Netzwerk freizugeben.

Die wichtigsten Parameter des Installationsprogramms sind:	
/checkupgradeonly	Überprüfen der Hardware
/makelocalsource	Kopieren der Quelldateien auf die lokale Festplatte
/syspart:[Laufwerk]	kopiert Startdateien auf die lokale Festplatte (muss zusammen mit /tempdrive verwendet werden)
/tempdrive:[Laufwerk]	Laufwerk, auf dem die temporären Dateien abgelegt werden sollen
/s:[sourcepath]	Laufwerk mit den Quelldateien
/debug[Level-NR][:Dateiname]	Fehlerprotokoll erstellen
/m:[Verzeichnisname]	Verzeichnis, aus dem Treiber installiert werden sollen

Start der Installation (nach Eingabe von WINNT):

1. Über F6 kann ein anderer SCSI-Treiber geladen werden,
2. Überprüfen der Festplatte auf andere vorhandene Installation,
3. Kopieren der Installations-Dateien,
4. Erkennung der installierten Hardware,
5. Ländereinstellungen vornehmen (Gebietsschema und Tastaturlayout),
6. Lizenzierungsmodus wählen (nur Server),
7. Benutzerinformationen werden abgefragt,
8. Computernamen, Administrator-Paßwort festlegen,
9. Festlegen der Server-Komponenten, die installiert werden sollen. Dies kann nach der Installation aber noch erweitert werden (nur Server),
10. Zeit/Datumseinstellungen festlegen,
11. Netzwerkinstallation (Standardeinstellungen bezieht eine IP-Adresse über einen DHCP, Benutzerdefinierte Einstellungen

vergeben die IP manuell). Auch Einstellungen zu WINS oder DNS werden hier vorgenommen

12. Domänenzugehörigkeit konfigurieren

Tipps zur Installation (auch Win2000-Pro):

Da Win2000 mit einer sehr verbesserten Hardwareerkennung gegenüber Win NT4 ausgestattet ist, verläuft die Installation in den allermeisten Fällen wohl reibungslos. Sollte es dennoch zu Problemen kommen, kann dies mit dem ACPI-Interface (Advanced Configuration und Power-Managment-Interface) zusammenhängen, auf das sich Win2000 stützt. ACPI soll für die Verbesserung der Hardwarekonfiguration (Ressourcenvergabe im PC) und des Power-Managments zuständig sein und ist der Nachfolger von PCI-Plug&Play und des herkömmlichen Power-Managments.

ACPI-Systeme müssen über ein spezielles BIOS verfügen. Frühe ACPI-BIOS werden aber auch nicht von Win2000 unterstützt. Beim Installationsvorgang prüft Win2000 den PC, ob ein dementsprechendes BIOS vorhanden ist, was aber nicht immer richtig funktioniert, so dass u. U. das Interface aktiviert wird, obwohl das BIOS gar nicht dafür ausgelegt ist. Anzeichen sind:

- Mehrprozessorsysteme starten nicht mehr (oder nach Einbau eines weiteren Prozessors),
- alle PCI-Geräte verfügen über nur einen IRQ,
- Win2000 läuft schlecht,
- einzelne Komponenten arbeiten schlecht.

Auf ACPI-Systemen können Ressourcen nicht manuell verändert werden, so dass es u. U. besser sein kann, Win2000 dazu zu zwingen, auf ACPI zu verzichten. Dies kann vor der Installation über ein BIOS geschehen, das eine Option anbietet, ACPI zu disablen. Eine weitere Möglichkeit ist, wenn während der Installation dazu aufgefordert wird alternative SCSI-Adapter über F6 auszuwählen, die F5-Taste zu drücken. Hier kann jetzt STANDARD-PC ausgewählt werden, was eine ACPI-freie Installation zur Folge hat. In einer bereits fertigen Installation kann ACPI über den Geräte-Manager abgeschaltet werden (von Microsoft nicht empfohlen, also Vorsicht), indem unter SYSTEM | EIGENSCHAFTEN der Treiber für einen Standard-PC installiert wird. Erst nach erfolgtem Neustart, nachdem Win2000 eine neuerliche Hardware-Erkennung gefahren hat, läuft Win2000 dann ohne ACPI.

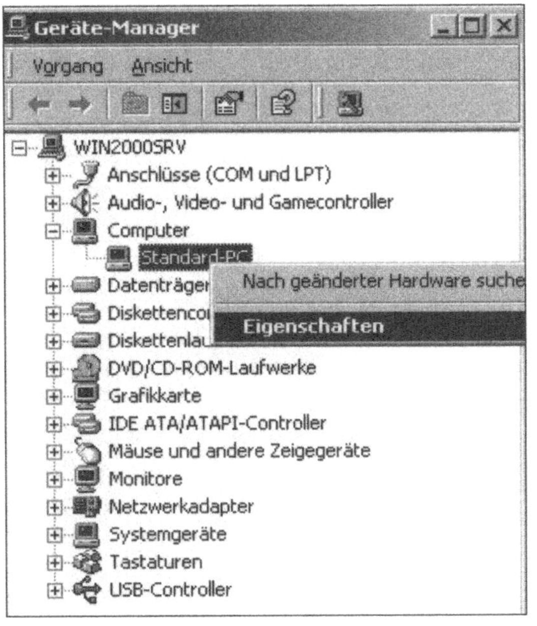

Abb. 1 Eigenschaften von Standard-PC bearbeiten

Sollte Win2000 immer noch nicht stabil laufen, können Ressourcen jetzt aber von Hand vergeben werden. Auch kann die Neusortierung von IRQs über die Optionen im Standard-PC ganz unterbunden werden (für Problem-PC's).

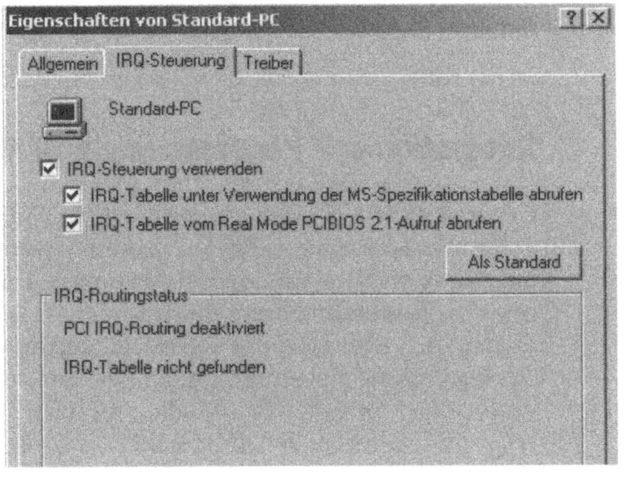

Abb. 2 Eigenschaften von Standard-PC bearbeiten

Migration von Win NT4 auf Win2000:

Eine Migration kann auf zwei Arten durchgeführt werden:

1. Mittels der Update-Funktion
2. Mittels des von Micosoft bereitgestellten Werkzeuges ADMT (Active-Directory-Migration-Toolkit)

Zu 1.

Ein Backup des PDC's sollte vorhanden sein. Ein neu syschronisierter BDC sollte von Netz genommen werden, der nach vielleicht fehlgeschlagenem Update zum neuen PDC erklärt werden kann. Der gemischte Betrieb von Win2000-DC's und NT4-BDC's funktioniert. Eine neu installierte Win2000-Domäne läuft anfangs in einem speziellen Modus, der abwärtskompatibel mit Win NT4 ist, was eine Replikation von Benutzern und Daten zwischen beiden Systemen ermöglicht. Ist das Update erfolgreich gewesen, kann die Win2000-Domäne in den NATIVE-MODUS geschaltet werden (ist nicht rückgängig zu machen).

Zu 2.

Bei Verwendung von ADMT müssen einige Voraussetzungen gegeben sein:

Eine Vertrauensstellung muss zwischen einem NT4-PDC und einem Win2000-DC vorhanden sein. Auch ist unter NT 4 der Gruppe „Administratoren“ die Gruppe „Domänen Admins“ des Win2000-DC's hinzuzufügen. AD muss bereits im Nativ-Modus laufen.

3.5.7 Integration von Hardware (auch Win2000-Pro)

Gegenüber Win NT4 ist ein verbessertes Plug & Play vorhanden. Sollte die Hardware nicht aut. erkannt werden, steht nun auch ein Hardware-Assistent zur Verfügung, wie unter Win95/98, der über die Systemsteuerung erreicht werden kann. Auch ein Geräte-Manager, über den die Eigenschaften im System vorhandener Geräte verändert werden können, ist nun vorhanden (alles, wie unter Win95/98 bekannt). All dies vereinfacht die Integration von Hardware-Komponenenten erheblich, gegenüber Win NT4.

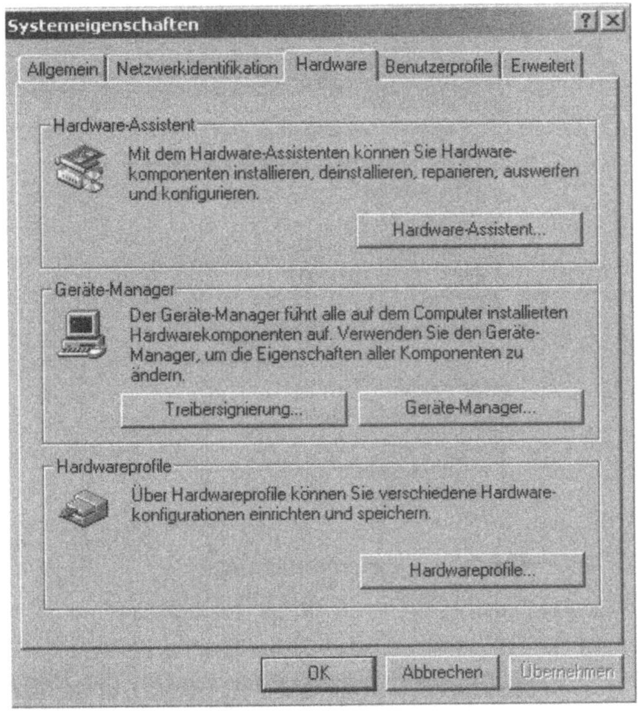

Abb. 3 Integration von Hardware

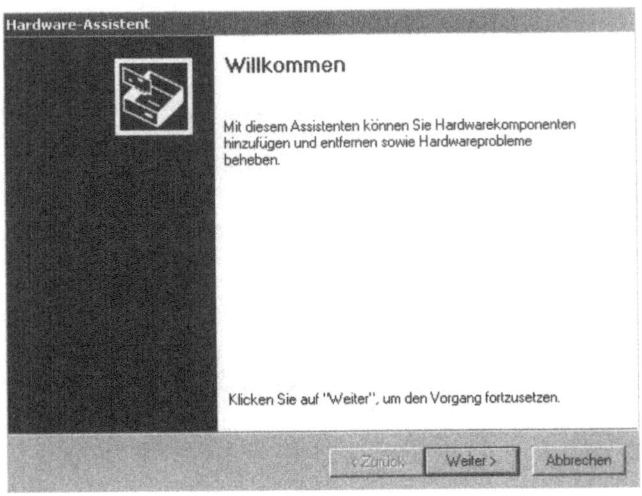

Abb. 4 Hardware-Assistent

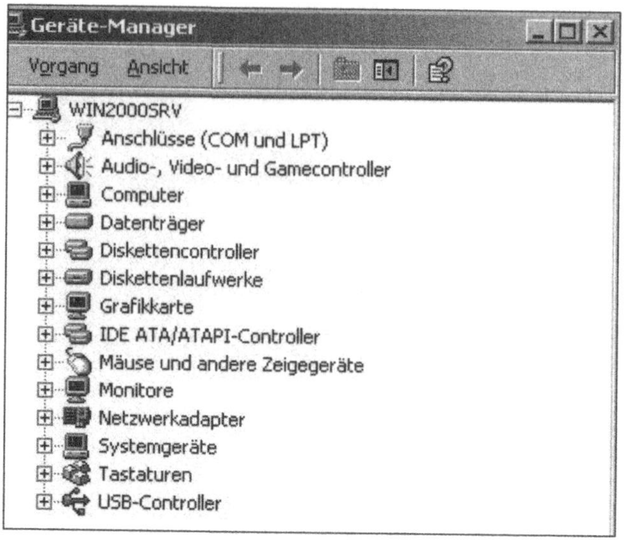

Abb. 5 Geräte-Manager

3.5.8 Netzwerk-Verwaltung (auch Win2000-Pro)

Netzwerkzugriff konfigurieren:

Start | Einstellungen | Systemsteuerung | Netzwerk- und DFÜ-Verbindungen

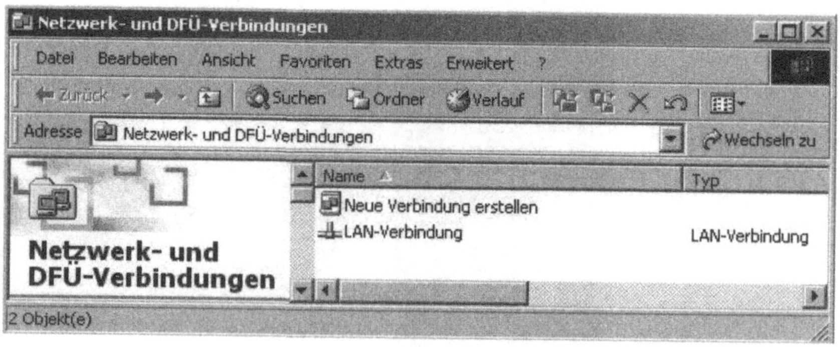

Abb. 6 Netzwerk- und DFÜ-Verbindungen

Über „Neue Verbindung" können hier Wahlparameter für WAN-Verbindungen eingestellt werden.

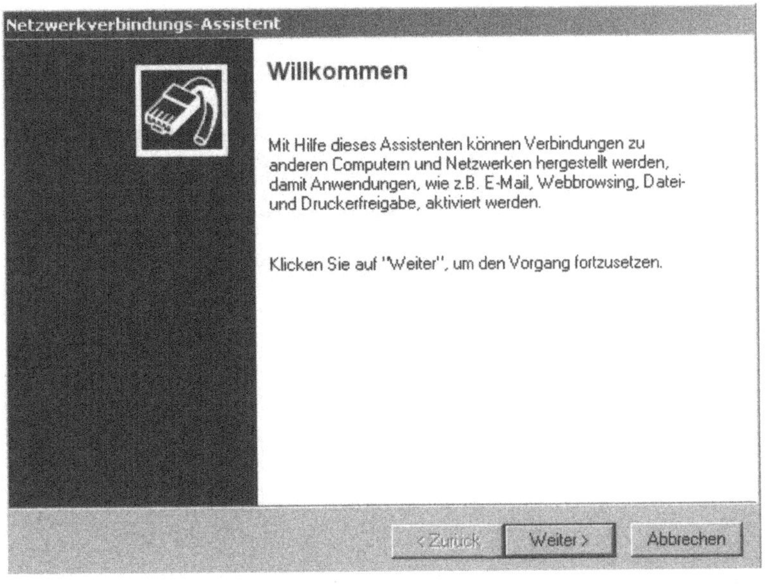

Abb. 7 DFÜ-Assistent

Über LAN-Verbindung | Eigenschaften werden die Einstellungen für das LAN (Protokolle, IP-Adressen, Clients) und auch die Einstellungen der Netzwerkkarte konfiguriert.

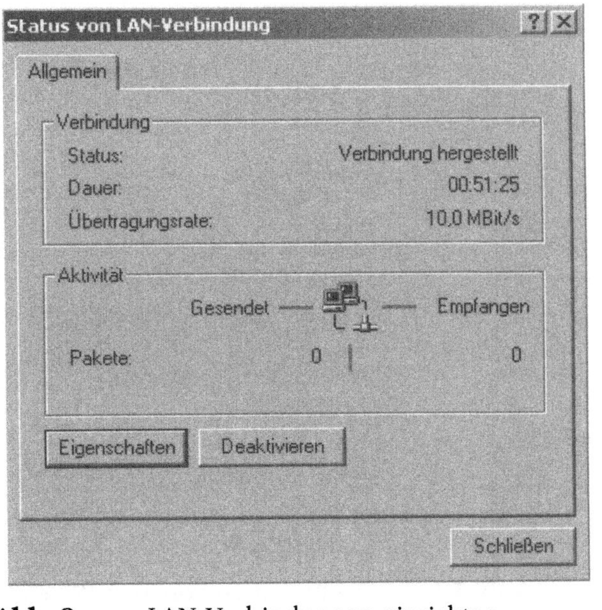

Abb. 8 LAN-Verbindungen einrichten

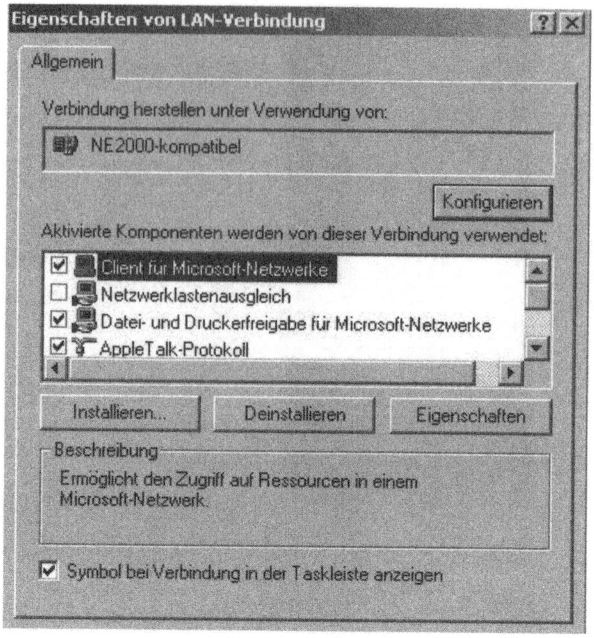

Abb. 9 Eigenschaften der LAN-Verbindungen bearbeiten

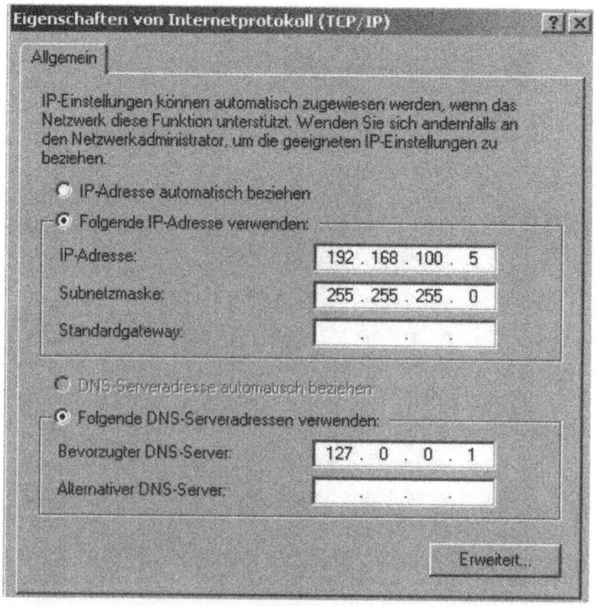

Abb. 10 Eigenschaften von TCP/IP bearbeiten

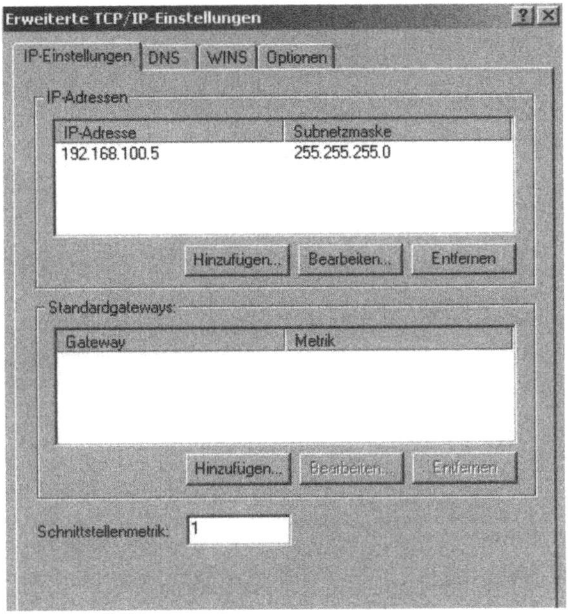

Abb. 11 Erweiterte TCP/IP-Einstellungen

Netzwerk- und DFÜ-Verbindungen:

Über Netzwerk- und DFÜ-Verbindungen können Verbindungen hergestellt und Einstellungen für Ressourcen in Remote- und lokalen Netzwerken gemacht werden. Das DFÜ-Netzwerk von Win NT4 wurde in Win2000 um weitere Funktionen erweitert (Netzwerkprotokolle und Dienstkonfiguration). Mehrere DFÜ-, VPN oder direkte Verbindungen können erstellt werden, indem diese in den Ordner NETZWERK- UND DFÜ-VERBINDUNGEN kopiert werden. Diese können dann umbenannt und die Einstellungen verändert werden. Mehrere Verbindungen können so für Modems oder ISP's eingerichtet werden.

Verbindung mit dem Netzwerk herstellen:

Start | Einstellungen | Systemsteuerung | Netzwerk- und DFÜ-Verbindungen | auf die Verbindung doppelt klicken

Hier muss jetzt der Benutzer-Name, das Kennwort und die Anmeldedomäne angegeben werden. Wenn das Feld für die Anmeldedomäne nicht angezeigt wird, aber trotzdem eine Anmeldung an einer Win2000-Domäne erfolgen soll, kann mit der Eingabe von Benutzername@win2000-Domäne.com (je nach Domänen-Namen) eine Verbindung hergestellt werden.

Hinzufügen von Netzwerkkomponenten:

Start I Einstellungen I Systemsteuerung I Netzwerk- und DFÜ-Verbindungen I Im Menü ERWEITERT I Optionale Netzwerkkomponenten auswählen.

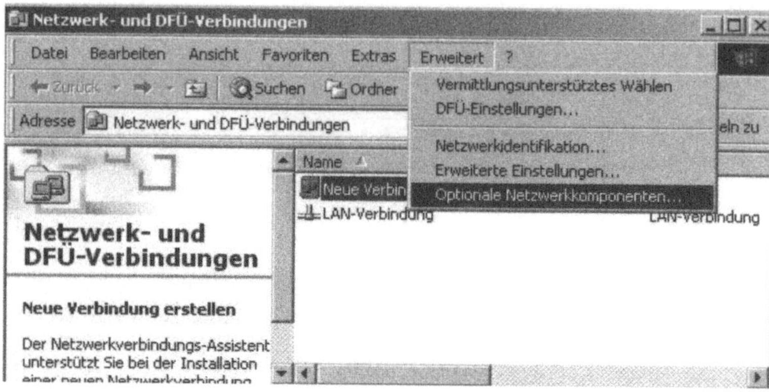

Abb. 12 Weitere Netzwerkkomponenten hinzufügen

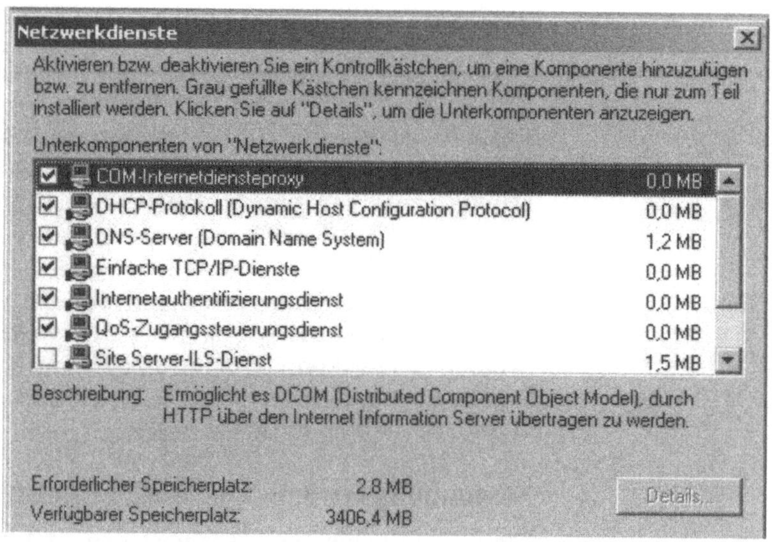

Abb. 13

Virtuelle private Netzwerkverbindung (VPN) herstellen:

Start I Einstellungen I Systemsteuerung I Netzwerk- und DFÜ-Verbindungen I auf NEUE VERBINDUNG doppelt klicken I Weiter I Verbindung mit einem privaten Netzwerk über das Internet herstellen I Weiter

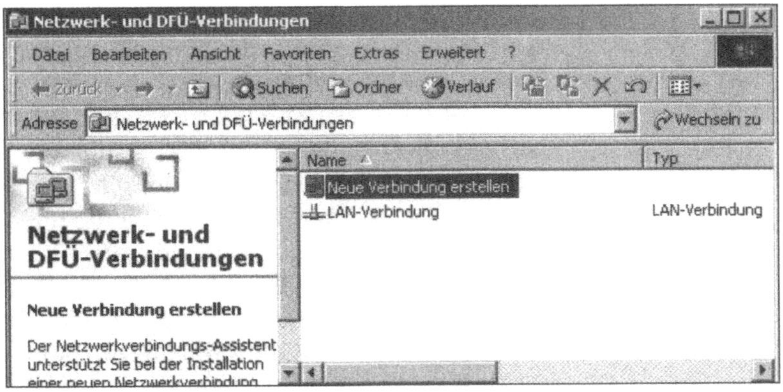

Abb. 14 Verbindung mit VPN herstellen

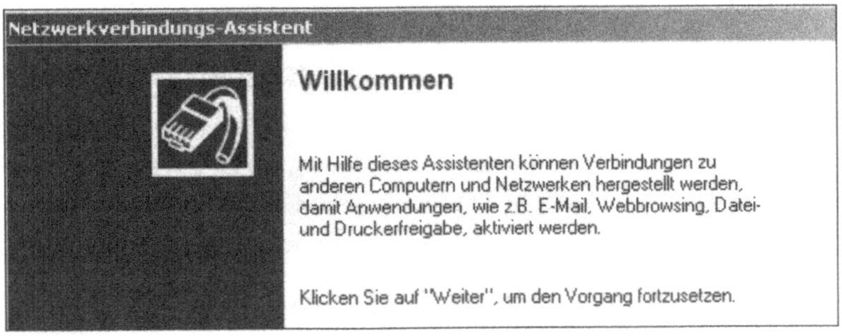

Abb. 15

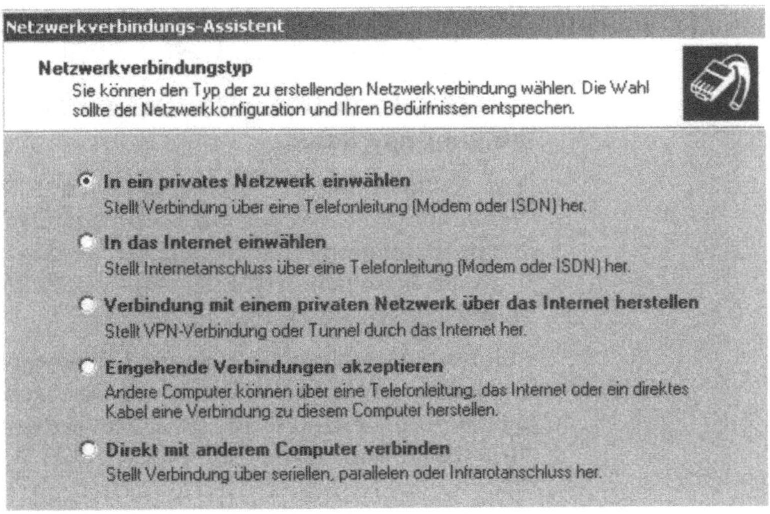

Abb. 16

Ist vorher bereits eine DFÜ-Verbindung erstellt worden, kann jetzt eine Verbindung zu einem ISP aufgebaut werden (auf AUT. DIESE ANFANGSVERBINDUNG WÄHLEN klicken, dann auf EINE VERBINDUNG IN DER LISTE und auf WEITER klicken. Jetzt ist der Host-Name oder die IP-Adresse des Computers einzugeben, zu dem eine Verbindung hergestellt werden soll, dann auf WEITER klicken. Soll diese Verbindung allen Benutzern im Netzwerk zur Verfügung stehen, auf FÜR ALLE BENUTZER VERWENDEN klicken. Sollen weiterhin die Ressourcen des Remote-Computers für andere Benutzer zur Verfügung stehen, muss das Kontrollkästchen GEMEINSAMEN ZUGRIFF FÜR DIESE VERBINDUNG AKTIVIEREN aktiviert werden. Jetzt muss noch ein Name für diese Verbindung angegeben werden. Allen Benutzern kann nur ein Administrator (oder Angehöriger dieser Gruppe) eine solche Verbindung zur Verfügung stellen.

Lokale Verbindung herstellen:

Verbindungen zu Computern im lokalen Netzwerk werden aut. beim Starten des Computers hergestellt. Sind mehrere Netzwerkkarten eingebaut, erstellt Win2000 aut. je eine lokale Verbindung.

Wenn über nur eine eingebaute Netzwerkkarte mehrere Verbindungen zu mehreren LAN's hergestellt werden sollen, müssen die Netzwerkkomponenten für die lokale Verbindung bei jeder Anmeldung an einem anderen LAN aktiviert oder deaktiviert werden. Sind mehrere Netzwerkkarten eingebaut, müssen die Netzwerkclients, -dienste und -protokolle für jede lokale Verbindung hinzugefügt oder aktiviert werden.

Freigabe der Internetverbindungen bei einer Netzwerkverbindung aktivieren:

Start | Einstellungen | Systemsteuerung | Netzwerk- und DFÜ-Verbindungen | rechte Maustaste über DFÜ, VPN oder eingehende Verbindung, die freigegeben werden soll | Eigenschaften | Kontrollkästchen GEMEINSAME NUTZUNG DER INTERNETVERBINDUNG AKTIVIEREN aktivieren.

Soll eine Verbindung aut. angewählt werden, wenn ein anderer Computer aus dem Netzwerk auf die externen Ressourcen zugreifen will, WÄHLEN BEI BEDARF aktivieren. Dies muss auch ausgewählt sein, wenn die Freigabe über ISDN oder ein Modem läuft.

Um die Freigabe von Internetverbindungen nutzen zu können, müssen Clients ihre IP-Adresse von einem DHCP-Server beziehen und die Optionen für die Freigabe von Internetverbindungen konfiguriert haben.

Achtung: Bei Freigabe von Internetverbindungen wird der Netzwerkkarte eine neue Konfiguration der IP-Adresse zugewiesen. Vorhandene TCP/IP-Verbindungen auf dem Computer für die Freigabe der Internetverbindungen gehen verloren und müssen wiederhergestellt werden.

Konfigurieren der Freigabe von Internetverbindungen:

Start | Einstellungen | Systemsteuerung | Netzwerk- und DFÜ-Verbindungen | rechte Maustaste über der freigegebenen Verbindung | Eigenschaften | Einstellungen

Soll eine Anwendung für Computer konfiguriert werden, für die die Verbindung freigegeben worden ist, in der Registerkarte ANWENDUNGEN auf HINZUFÜGEN klicken. Sodann ist ein Name für die Anwendung und der TCP- bzw. UDP-Port des Remote-Servers, auf dem die Anwendung installiert ist, einzugeben. Danach muss auf TCP oder UDP geklickt werden und der TCP bzw. UDP-Port des eigenen Netzwerkes angeben werden. Als nächstes muss noch ein Dienst für Benutzer in Remote-Netzwerken konfiguriert werden (Registerkarte Dienste | Hinzufügen).

Kopieren einer Netzwerk- oder DFÜ-Verbindung:

Start | Einstellungen | Systemsteuerung | Netzwerk- und DFÜ-Verbindungen | rechte Maustaste über der zu kopierenden DFÜ-bzw. VPN-Verbindung | Duplizieren.

Lokale oder eingehende Verbindungen können nicht kopiert werden.

DFÜ-Verbindung über eine Telefonleitung herstellen:

Start | Einstellungen | Systemsteuerung | auf Netzwerk- und DFÜ-Verbindungen doppelt klicken | Weiter | In ein privates Netzwerk einwählen | Weiter | Anweisungen des Assistenten befolgen.

Konfigurieren eines Modems für eine DFÜ-Verbindung:

Start | Einstellungen | Systemsteuerung | Netzwerk- und DFÜ-Verbindungen | rechte Maustaste über über der zu konfigurierenden DFÜ-Verbindung | Eigenschaften | auf das zu konfigurierende Modem klicken | Konfigurieren | weitere Anweisungen befolgen.

Soll eine Verbindung zu einem RAS-Server über das Modem hergestellt werden, sollte der selbe Modem-Typ wie beim RAS-Server (zumindestens aber eines derselben ITU-T-Norm) und die selbe Anfangsgeschwindigkeit verwendet werden.

Starten der Verwaltung für automatische RAS-Verbindung:

Start | Programme | Verwaltung | Computerverwaltung | Dienste | im Detailbereich VERWALTUNG FÜR AUTOMATISCHE RAS-VERBINDUNG auswählen | rechte Maustaste drücken | Starten.

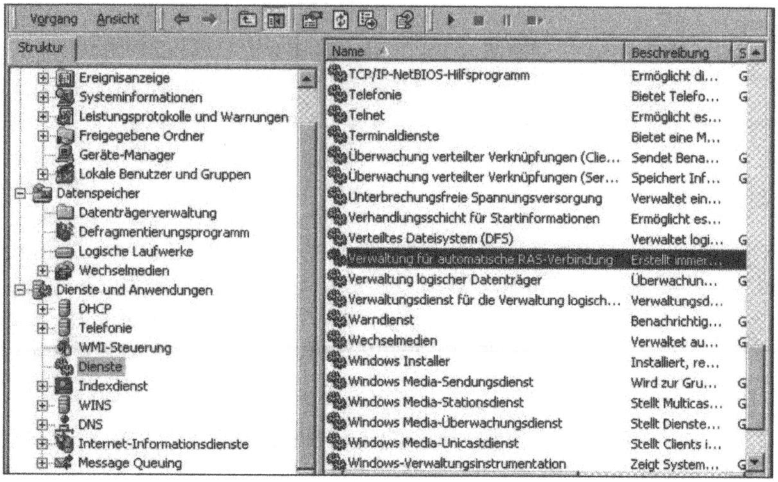

Abb. 17

ISDN-Adapter installieren:

Adapterkarte einstecken und Computer neu booten. Anschließend muss über den Geräte-Manager die aut. Erkennung der Vermittlungsstelle konfiguriert werden. Interne Adapter erscheinen unter Netzwerkkarten, externe unter Modems.

Konfigurieren der ISDN-Einstellungen:

Start | Einstellungen | Systemsteuerung | Netzwerk- und DFÜ-Verbindungen | rechte Maustaste über DFÜ-Verbindung über ISDN | Eigenschaften | ISDN-Gerät anklicken | Konfigurieren.

DFÜ-Verbindung über ISDN-Leitung herstellen:

Start | Einstellungen | Systemsteuerung | Netzwerk- und DFÜ-Verbindungen | auf NEUE VERBINDUNG doppelt klicken | Weiter | In ein privates Netzwerk einwählen | Weiter | Anweisungen des Assistenten befolgen.

Installieren einer X.25-Karte:

Nach Einstecken der X.25- oder PAD-Karte muss der Coputer neu gestartet werden.

DFÜ-Verbindung über X.25 herstellen:

Start | Einstellungen | Systemsteuerung | Netzwerk- und DFÜ-Verbindungen | auf NEUE VERBINDUNG doppelklicken | Weiter | In ein privates Netzwerk einwählen | Weiter | Anweisungen des Assistenten befolgen.

Nach Beendigung des Assistenten auf diese neue Verbindung mit rechter Maustaste klicken | Eigenschaften | In der Registerkarte Optionen auf X.25 klicken und den X.25-Netzanbieter auswählen | und dann die X.121-Adresse des Servers angeben, zu dem eine Verbindung hergestellt werden soll.

Automatische Wählen konfigurieren:

Start | Einstellungen | Systemsteuerung | Netzwerk- und DFÜ-Verbindungen | Menü ERWEITERT | DFÜ-Einstellungen

Auf der Registerkarte AUTOMATISCHES WÄHLEN das Kontrollkästchen neben dem Standort aktivieren, für den das aut. wählen eigerichtet werden soll.

Aut. wählen kann nur eingerichtet werden, wenn der RAS-Verbindungsmanager gestartet wurde.

Internetverbindung herstellen:

Start | Einstellungen | Systemsteuerung | Netzwerk- und DFÜ-Verbindungen | auf NEUE VERBINDUNG doppelklicken | Weiter | In das Internet einwählen | Weiter | Anweisungen des Assistenten befolgen.

Achtung: Die Einstellungen für den ISP müssen vorher gemacht worden sein (evtl. Provider-Software vorher installieren).

Direkte Netzwerkverbindung herstellen:

Start | Einstellungen | Systemsteuerung | Netzwerk- und DFÜ-Verbindungen | auf NEUE VERBINDUNG doppelklicken | Weiter | Direkt mit anderem Computer verbinden | Anweisungen im Netzwerkverbindungs-Assistenten folgen.

Direkte Verbindungen können nur von Administratoren hergestellt werden. Um auf freigegebene Ressourcen im Netzwerk zugreifen zu können, sind keine direkten Verbindungen erforderlich. Hier müssen nur die Datei- und Druckerfreigaben installiert sein, natürlich mit den entsprechenden Berechtigungen.

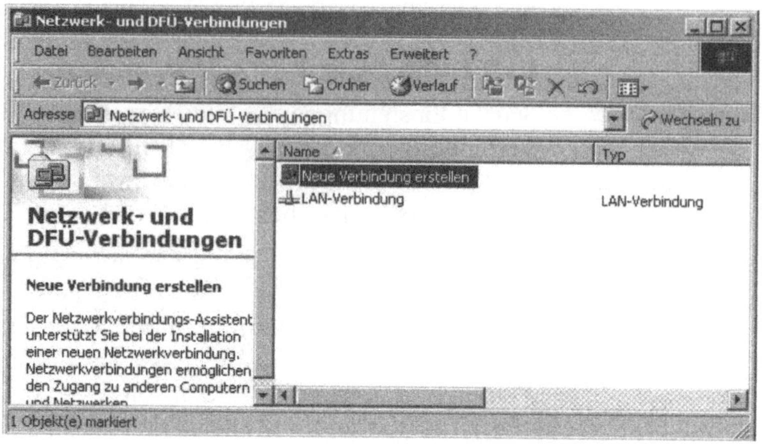

Abb. 18 Direkte Netzwerkverbindung erstellen

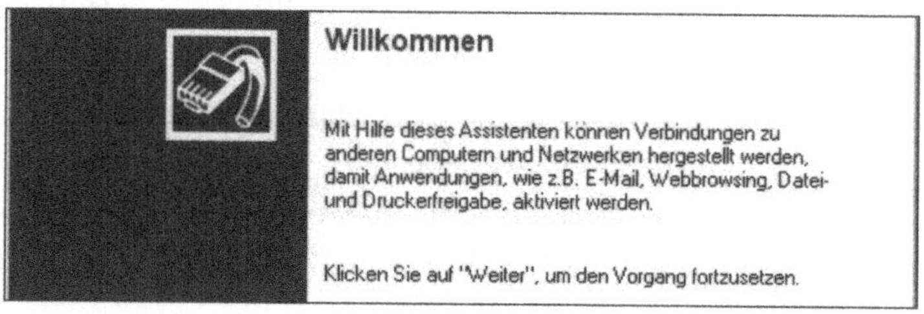

Abb. 19

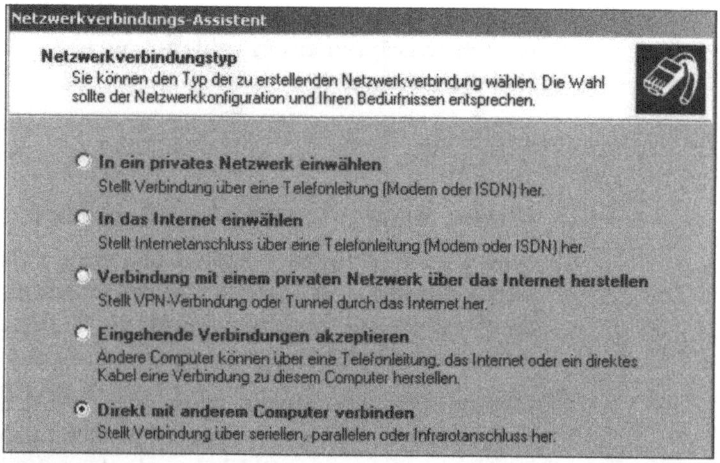

Abb. 20

Eingehende Netzwerkverbindung herstellen (RAS-Server):

Start | Einstellungen | Systemsteuerung | Netzwerk- und DFÜ-Verbindungen | auf NEUE VERBINDUNG doppelklicken | Weiter | Eingehende Verbindungen akzeptieren | Weiter | Anweisungen im Netzwerkverbindungs-Assistenten befolgen.

Eingehende Netzwerkverbindungen können nur Administratoren konfigurieren.

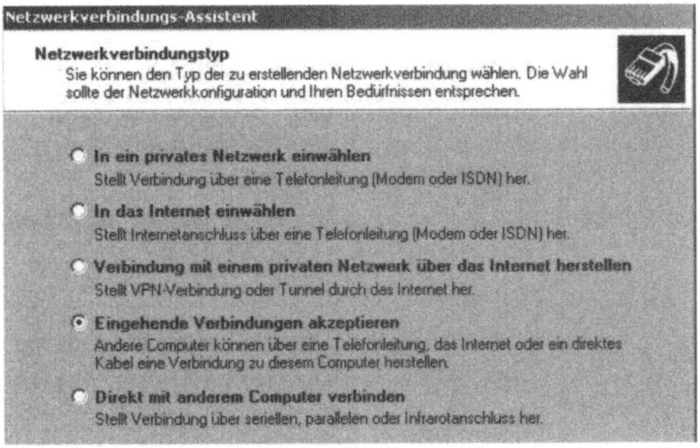

Abb. 21 Eingehende Netzwerkverbindung

Bei Win2000-Servern kann der Routing- und RAS-Dienst verwendet werden, um einen RAS-Server zu erstellen.

Um Zugriffsrechte für eingehende Verbindungen zu konfigurieren, mit der rechten Maustaste auf EINGEHENDE VERBINDUNG klicken und EIGENSCHAFTEN auswählen. Auf der Registerkarte ALLGEMEIN das Gerät auswählen, über das die Verbindung läuft. Soll eine Verbindung über das Internet durch Tunneln von Protokollen hergestellt werden, ist das entsprechende Kästchen zu aktivieren.

Auf der Registerkarte BENUTZER sind die Benutzer auszuwählen, die Zugriff erhalten sollen. Über NEU kann ein neuer Benutzer angelegt werden, der Zugriff erhalten soll. Über dessen Eigenschaften können weitere Rechte für diesen Benutzer konfiguriert werden.

Auf der Registerkarte NETZWERK können noch Netzwerkkomponenten aktiviert/deaktiviert bzw hinzugefügt/entfernt werden. Über dessen Eigenschaften können diese Komponenten konfiguriert werden.

Eingehende Verbindungen für TCP/IP konfigurieren:

Start | Einstellungen | Systemsteuerung | Netzwerk- und DFÜ-Verbindungen | rechte Maustaste über EINGEHENDE VERBINDUNGEN | Eigenschaften.

In der Registerkarte NETZWERK auf INTERNETPROTOKOLL (TCP/IP) klicken, dann auf EIGENSCHAFTEN. Hier sind jetzt die gewünschten Einstellungen vorzunehmen (DHCP oder eigene IP-Adresse, Zugriff auf das ges. Netzwerk, etc.).

Eingehende Verbindungen für IPX konfigurieren:

Start | Einstellungen | Systemsteuerung | Netzwerk- und DFÜ-Verbindungen | rechte Maustaste über EINGEHENDE VERBINDUNGEN | Eigenschaften.

In der Registerkarte NETZWERK auf KOMPATIBLES NWLINK IPX/SPX/NETBIOS-PROTOKOLL klicken, dann auf EIGENSCHAFTEN.

Hier sind jetzt die gewünschten Einstellungen vorzunehmen (aut. oder manuelle Zuweisung von Netzwerknummern).

Datei- und Druckerfreigabe für Microsoft Netzwerke konfigurieren:

Start | Einstellungen | Systemsteuerung | Netzwerk- und DFÜ-Verbindungen | rechte Maustaste über eine Verbindung | Eigenschaften.

Für lokale Verbindungen Registerkarte ALLGEMEIN | Aktivierte Komponenten werden von dieser Verbindung verwendet | DATEI- UND DRUCKERFREIGABE | Eigenschaften benutzen.

Für DFÜ-, VPN- und eingehende Verbindungen Registerkarte NETZWERK | Eigenschaften benutzen.

Bei Servern, die für eine kleine Anzahl von Clients optimiert werden sollen, ist VERWENDETER ARBEITSSPEICHER MINIMIEREN auszuwählen. Bei Servern, die auch für andere Dienste optimiert werden sollen, ist LASTENAUSGLEICH DURCHFÜHREN auszuwählen. DATENDURCHSATZ FÜR DATEIFREIGABE MAXIMIEREN, ist bei Servern einzustellen, die viele Ressourcen für Datei- und Druckerfreigaben benötigen. Für verteilte Anwendungen (z. B. SQL-Server) ist DATENDURCHSATZ FÜR NETZWERK-ANWENDUNGEN OPTIMIEREN auszuwählen.

Authentifizierungs- und Datenverschlüsselungseinstellungen für DFÜ-Verbindungen konfigurieren:

Start | Einstellungen | Systemsteuerung | Netzwerk- und DFÜ-Verbindungen | rechte Maustaste über eine DFÜ-Verbindung | Eigenschaften | Registerkarte Sicherheit | Typisch.

Hier sind die gewünschten Einstellungen zu machen.

Authentifizierungs- und Datenverschlüsselungseinstellungen für VPN-Verbindungen konfigurieren:

Start | Einstellungen | Systemsteuerung | Netzwerk- und DFÜ-Verbindungen | rechte Maustaste über eine VPN-Verbindung | Eigenschaften | Registerkarte Sicherheit | Typisch.

Hier sind die gewünschten Einstellungen zu machen.

Authentifizierung durch Smartcards oder andere Zertifikate aktivieren:

Start | Einstellungen | Systemsteuerung | Netzwerk- und DFÜ-Verbindungen | rechte Maustaste über eine VPN-Verbindung | Eigenschaften | Registerkarte Sicherheit | Typisch.

Hier sind die gewünschten Einstellungen zu machen.

Überwachen einer Verbindung:

Start | Einstellungen | Systemsteuerung | Netzwerk- und DFÜ-Verbindungen | rechte Maustaste über eine zu überwachende Verbindung | Status.

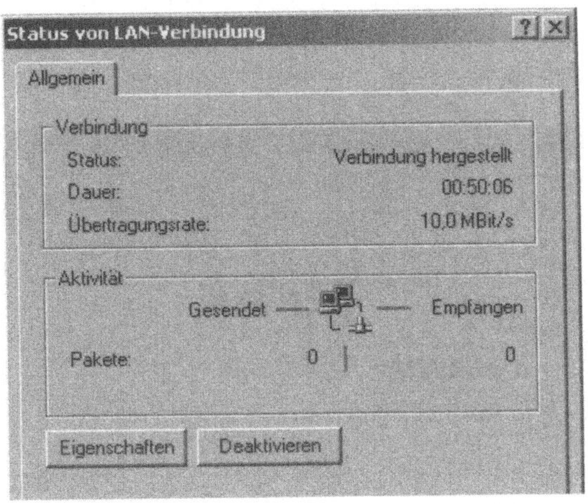

Abb. 22

Internetverbindungen über PPTP (Point-to-Point-Protokoll):

PPTP wird aut. in Win2000 installiert und konfiguriert. Über PPTP können Verbindungen über das Internet zu einem privaten Netzwerk (VPN) über gängige Protokolle sicher hergestellt werden. Das im eigenen LAN verwendete Protokoll wird in PPTP einpackt (getunnelt) und im Remote-LAN wieder entpackt. Dabei schließt PPTP IP-, IPX- oder NetBEUI-Protokolle im Inneren von PPTP in einem Tunnel ein.

Eine Weiterentwicklung stellt das L2TP-Protokoll dar, das auch in Win2000 enthalten ist. Dabei wird aber kein X.25, Frame Relay oder ATM-Netzwerk unterstützt.

3.5.9 Remoteinstallationsdienste

Über Remoteinstallationsdienste können über das Netzwerk Clients installiert werden. Eine manuelle Installation vor Ort entfällt. Um die Remoteinstallationsdienste verwenden zu können, müssen folgende Dienste auf dem Server laufen:

- DNS-Dienst (Domain Name System)
- DHCP (Dynamic Host Configuration Protocol)
- Active Directory

Ist der Server, auf dem die Remoteinstallationsdienste installiert sind, ein Domänen-Controller, ist er im Verzeichnis für Domänen-Controller enthalten (Aktiv Directory). Von hier aus kann ein Administrator alle Remoteinstallationsserver verwalten. Ist der Server ein Mitgliedsserver, ist er im Container für Computer enthalten.

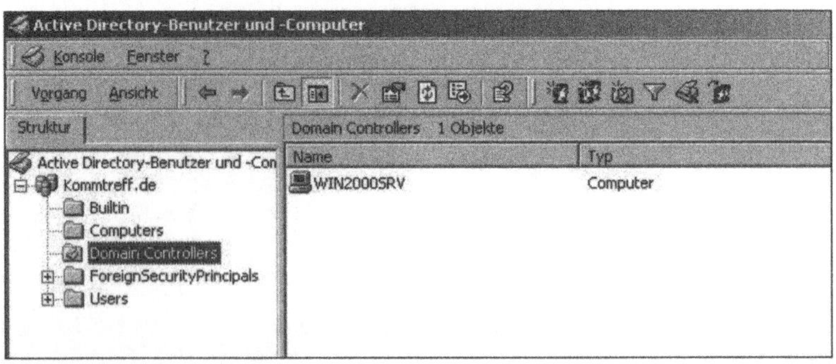

Abb. 23

Systemvoraussetzungen von Servern für Remoteinstallationsdienste:

- P I/II-Prozessor mit 200 MHz oder schneller (mindestens Pentium 166)
- 256 MB RAM (mindestens 128 MB)
- 2 GB Festplatte für die Verzeichnisstruktur der Server für Remoteinstallationsdienste
- 10 oder 100 MBit/Sek.-Netzwerkadapter
- CD-ROM-Laufwerk

Systemvoraussetzungen von Clients für Remoteinstallationsdienste:

- Pentium mit 166 MHz
- Mindestens 32 MB RAM
- Ein Diskettenlaufwerk
- Festplatte mit 800 MB
- 10 oder 100 MBit/Sek.-Netzwerkadapter
- PXE DHCP-Start-ROM Version .99c oder höher

Clientnetzwerkkarten:

Rbfg.exe ausführen, um eine Liste der unterstützten Netzwerkkarten zu erhalten.

Startdiskette für eine Remoteinstallation:

Eine Startdiskette für den Client, auf dem eine Remoteinstallation von Win2000 durchgeführt werden soll, kann mit dem Programm Rbfg.exe erzeugt werden. Dieses Programm liegt unter \\Servername\Freigabename\Reminst\Admin\I386\Rbfg.exe oder lokal unter C:\Winnt\System32\RemInst\Rbfg.exe

Startdisketten können nur für unterstützte PCI-Netzwerkkarten hergestellt werden (s. Abb. 24).

Nachdem mit der Startdiskette gestartet wurde, wird der Client-Installations-Assistent von Server herunter geladen und ausgeführt. Hier sind Eingaben wie Benutzername, Kennwort, Domänenname notwendig. In den Gruppenrichtlinien in AD wird festgelegt, welche Installationsoptionen diesem Benutzer zur Verfügung stehen. Sodann wird eine Liste der verfügbaren Betriebssysteme angezeigt, die wiederum von seiner Mitgliedschaft einer Sicherheitsgruppe abhängig ist.

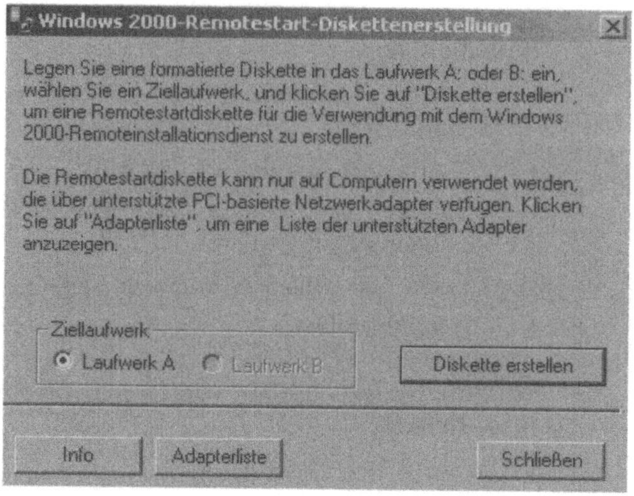

Abb. 24

Images für die Remoteinstallation erstellen:

Ein Abbild von einem Computer, mit einer dem Unternehmen entsprechenden Konfiguration von Win2000-Pro, wird mit dem Assistenten zur Vorbereitung der Remoteinstallation erstellt. Dieses Image wird auf einem Server abgelegt und über die Startdiskette auf den zu installierenden Client zurück geschrieben.

Durch die Verwendung des Assistenten wird der Computer, von dem ein Image erstellt werden soll, zuerst in einen Grundzustand gebracht, indem alle Informationen, wie SID, Computername, etc., entfernt werden. Des Weiteren fragt der Assistent nach Server und Verzeichnis, in dem das Image abgelegt wird. Dieses Abbild steht nach Beendigung des Vorganges unter der Liste der zu installierenden Betriebssysteme zur Verfügung. Images sollten unter \\Servername\Freigabename\REMINST\Setup\Sprache\ Images abgelegt werden. Der Datenträger, auf dem das Image abgelegt wird, muss NTFS-formatiert sein. Es darf sich nicht um den Datenträger handeln, auf dem die Win2000-Betriebssystem-Dateien liegen. Der Datenträger darf nicht in DFS eingebunden sein.

Ein Server muss für die Remoteinstallationsdienste autorisiert werden, was mittels AD über die DHCP-Konsole konfiguriert wird (siehe DHCP).

Remoteinstallationsdienste installieren:

Während der Installation von Win2000-Server können die Remoteinstallationsdienste auch sofort ausgewählt werden. Ansonsten Start | Programme | Verwaltung | Konfiguration des Servers | Server konfigurieren | Installation fertig stellen | Remoteinstallationsdienste konfigurieren | Konfigurieren | Anweisungen des Assistenten folgen.

Achtung: Ein DNS- und ein DHCP-Server müssen im Netz laufen.

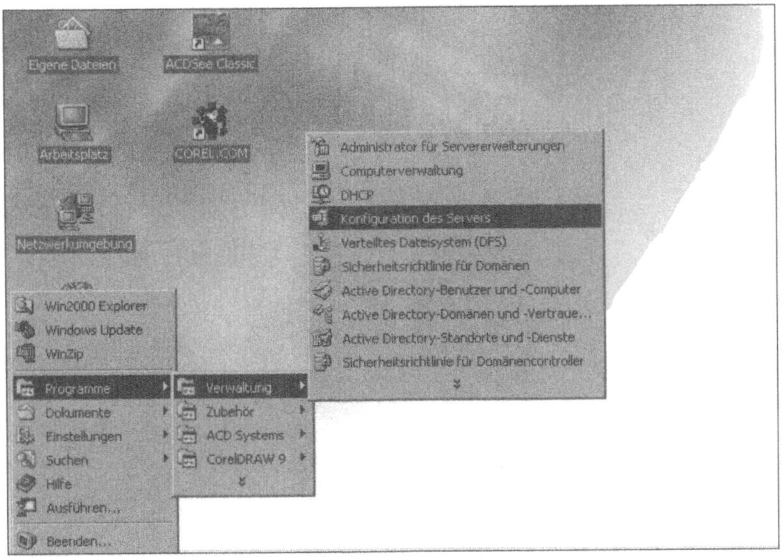

Abb. 25

Abb. 26

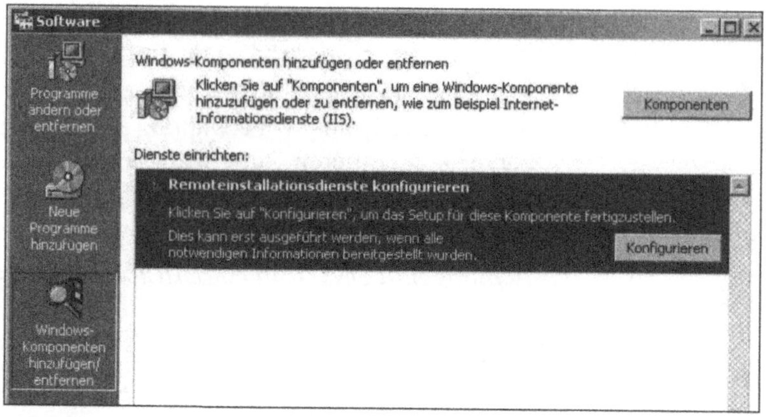

Abb. 27

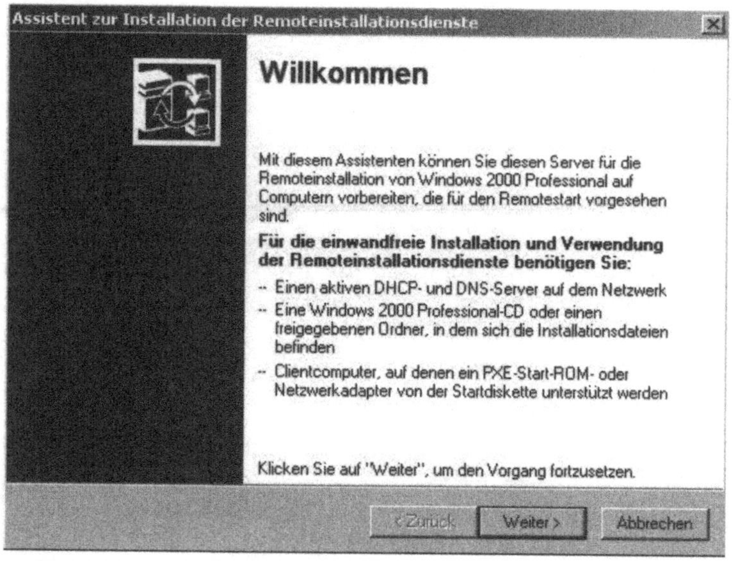

Abb. 28

3.5.10 Arbeitsweisen des Servers

Eigenständiger Server:

Eigenständige Server benutzen ebenfalls das Win2000-Server-Betriebssystem, sind aber keine Mitglieder einer Domäne. Sie sind auch nicht in AD eingebunden.

Domänen-Controller:

Ein Domänen-Controller (DC) ist ein Computer, der als Win2000-Server installiert wurde und über das Verwaltungs-Tool KONFIGURATION DES SERVERS, welches unter Start | Programme | Verwaltung zu finden ist, zum Domänen-Controller herauf gestuft wurde. Ein Domänen-Controller dient der Authentifizierung der Benutzer in der Domäne, stellt AD zur Verfügung und kann ebenso zum Speichern von Daten verwendet werden. Mehrere DC's in einer Domäne sind möglich.

Über AD wird eine Multimasterreplikation eingerichtet, die Verzeichnisdaten (in AD enthaltene Daten) zwischen den einzelnen DC's repliziert. Ein DC kann 5 verschiedene Funktionen eines Betriebsmasters einnehmen (siehe weiter unten).

Ein Win2000-Server sollte zu einem Domänen-Controller (DC) heraufgestuft werden, wenn:

- die erste Domäne im Netzwerk erstellt werden soll,
- zusätzliche Domänen in der Gesamtstruktur erstellt werden sollen,
- die Verfügbarkeit von DC's gesteigert werden soll,
- die Netzwerkleistung zwischen Standorten verbessert werden soll.

Dabei kann entweder

- der Stamm einer neuen Gesamtstruktur oder
- eine neue untergeordnete Domänen erstellt werden (siehe weiter unten Domänen unter Win2000).

Soll ein gemeinsamer fortlaufender Namespace genutzt werden, sollte eine neue Unterdomäne erstellt werden (z. B. Stamm = pct.de, Unterdomäne = einkauf.pct.de). Auf diese Weise können Domänen hierarchisch angeordnet werden.

Ein normaler Server kann zu einem Domänen-Controller heraufgestuft werden, indem unter Start | Programme | Verwaltung | Konfiguration des Servers | Activ Directory der Assistent gestartet wird

Mitgliedsserver:

Innerhalb einer Domäne können Server Domänen-Controller oder Mitgliedsserver sein. Mitgliedsserver benutzen ebenfalls das Win2000-Server-Betriebssystem und sind Mitglied einer Domäne, werden aber nicht zum Domänen-Controller herauf gestuft. Sie bearbeiten keine Benutzeranmeldungen in der Domäne und bekommen auch keine AD-Replikationen. Sie sind in die Gruppenrichtlinien des Standortes, der Domäne oder der Organisationseinheit eingebunden und verwenden eine eigene SAM (Benutzer-Konten-Datenbank).

Mitgliedsserver werden meistens als

- Dateiserver
- Anwendungsserver
- Datenbankserver
- Webserver
- Zertifikatsserver
- Firewalls
- RAS-Server

verwendet.

Einzelmasterbetrieb des DC's:

Die Multimasterreplikation des Verzeichnisdatenspeichers zwischen allen Domänen-Controllern der Domäne wird von AD vorgenommen. Im Multimasterbetrieb sind einige Änderungen jedoch nicht sinnvoll, so dass solche Änderungen nur vom Betriebsmaster entgegen genommen werden.

Die Arbeitsweisen des Betriebsmasters können auf andere Domänen-Controller innerhalb der Domäne oder der Gesamtstruktur übertragen werden. In einer AD-Gesamtstruktur agieren 5 Arbeitsweisen eines Betriebsmasters, die auf einem oder auf mehreren Domänen-Controllern laufen können. Dabei müssen diese Arbeitsweisen teilweise in der Gesamtstruktur oder nur in der Domäne laufen.

Achtung: In einer Gesamtstruktur müssen Schemamaster und DNS-Master vorhanden sein. Diese beiden Arbeitsweisen darf es in einer Gesamtstruktur je nur einmal geben.

In jeder Domäne müssen RID-Master, Infrastrukturmaster und PDC-Emulation vorhanden sein. Diese Arbeitsweisen des Servers dürfen je nur einmal in jeder Domäne vorkommen.

Schemamaster:

Ein Schemamaster überwacht alle Änderungen und Aktualisierungen am Schema. Ein Schemamaster darf nur einmal in der Gesamtstruktur vorhanden sein. Um einen Schemamaster identifizieren zu können, muss zuerst das Adminpack, welches sich im Verzeichnis i386, auf der Server-CD befindet, installiert werden.

Dann ist unter Ausführen | mmc /a | Snap-In hinzufügen/entfernen das AD-Schema hinzuzufügen.

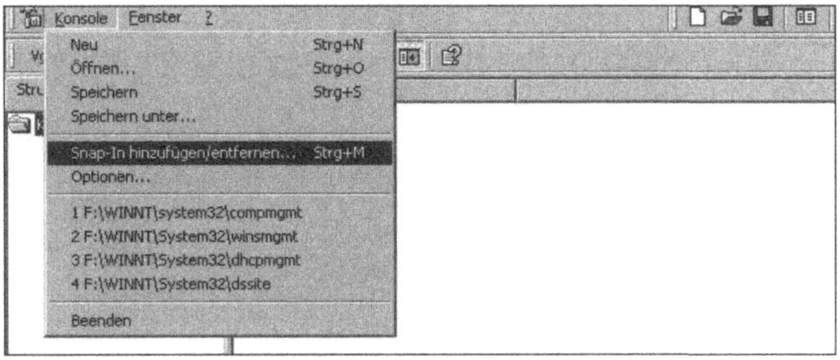

Abb. 29

Abb. 30

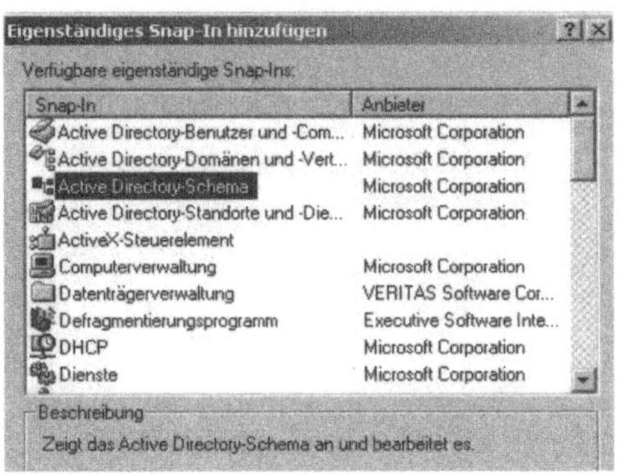

Abb. 31

Mit der rechten Maustaste ist jetzt auf das Schema | Betriebsmaster zu klicken. Der aktuelle Schemamaster wird unter aktueller Betriebsmaster angezeigt.

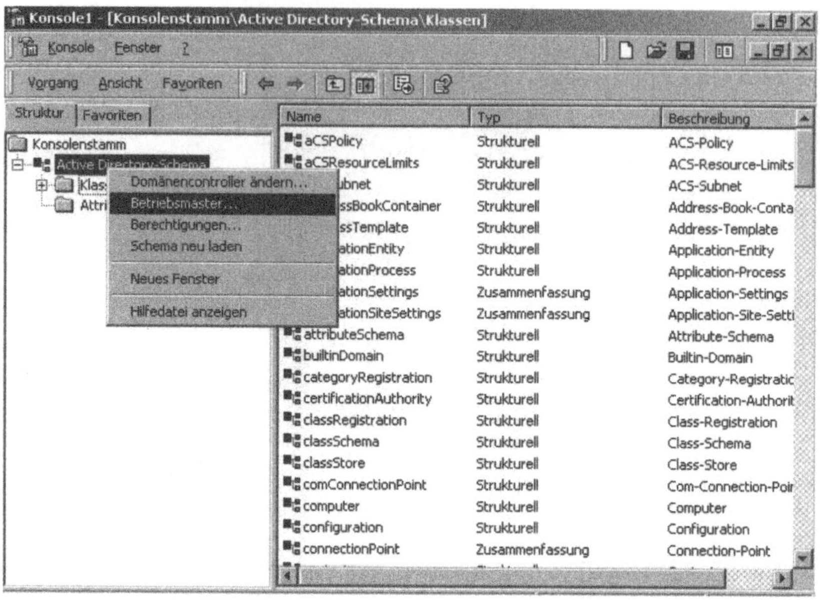

Abb. 32

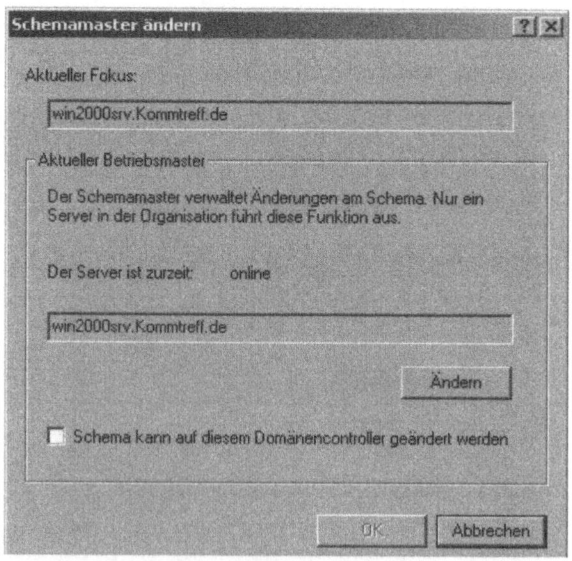

Abb. 33

Die Funktionen des Schemamasters können auf einen anderen Server übertragen werden. Dazu ist in der MMC, in der das AD-Schema hinzugefügt wurde, mit der rechten Maustaste auf das Schema | Domänen-Controller ändern zu klicken. BELIEBIGER DOMÄNENCONTROLLER kann ausgewählt werden, wenn AD selber bestimmen soll, welcher Server der zukünftige Schemamaster wird. NAMEN ANGEBEN kann ausgewählt werden, wenn selber bestimmt werden soll, welcher Server neuer Schemamaster wird. Sodann ist noch mit der rechten Maustaste auf das Schema | Betriebsmaster | Ändern zu klicken.

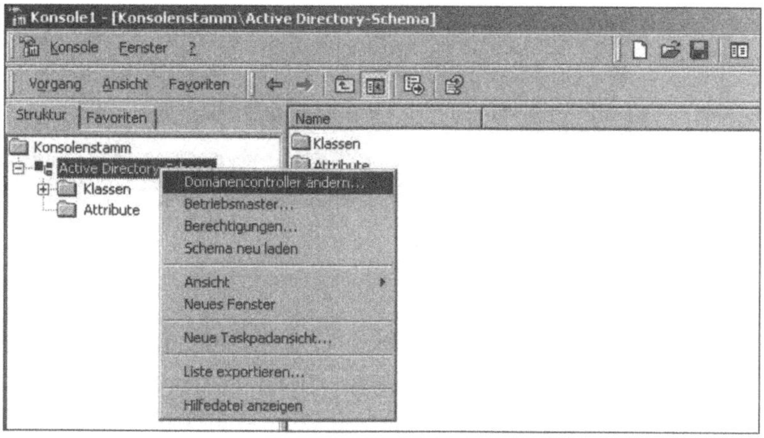

Abb. 34

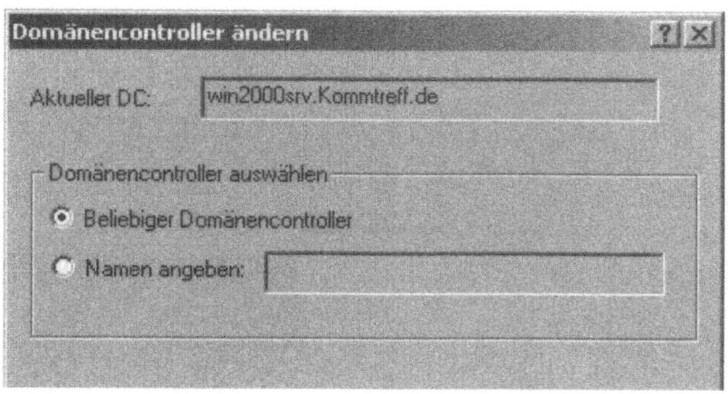

Abb. 35

Die Funktionen eines Schemamasters können auch übernommen werden. Dazu sollten aber zuerst alle aktuellen Betriebsmaster aus dem Netzwerk entfernt werden. Die Übernahme geschieht über Kommandozeilen-Befehle in der Eingabeaufforderung:

ntdsutil
roles
connections
connect to server [Domänenname]
quit
seize schema master
quit
quit

Diese Befehle sind nacheinander so einzugeben.

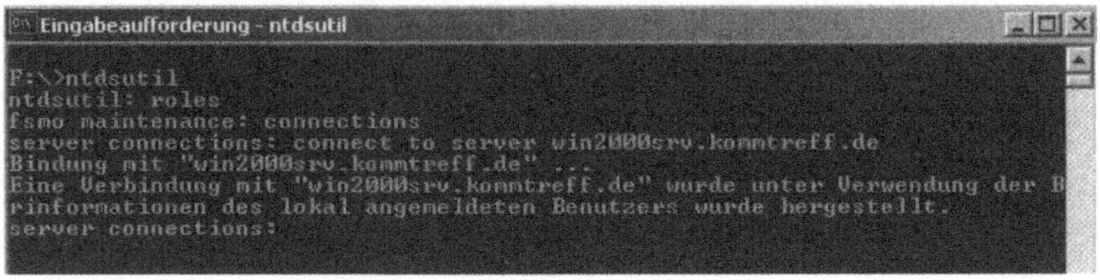

Abb. 36

DNS-Master:

Ein DNS-Master steuert das Hinzufügen/Entfernen von Domänen in der Gesamtstruktur. Ein DNS-Master darf nur einmal in der Gesamtstruktur vorhanden sein. Ein DNS-Master kann unter AD-Domänen und -Vertrauensstellungen | AD-Domänen und -Vertrauensstellungen selektieren | rechte Maustaste darüber | Betriebsmaster identifiziert werden.

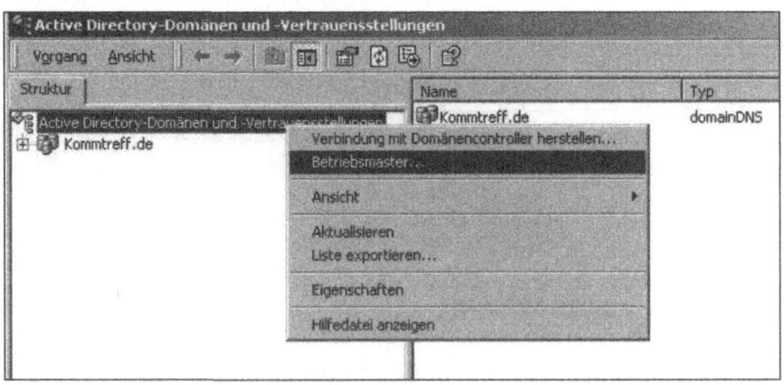

Abb. 37

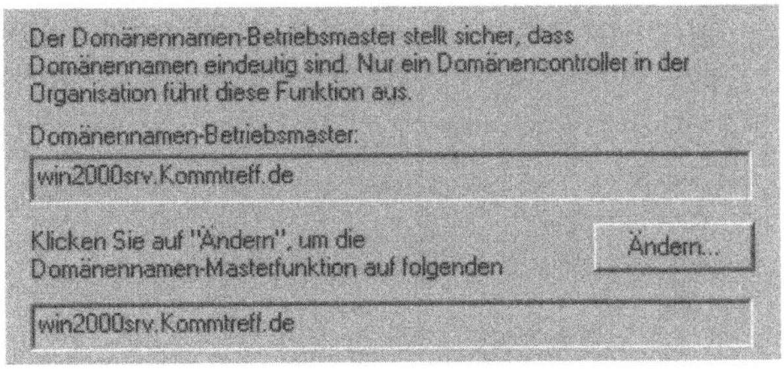

Abb. 38

Die Funktionen eines DNS-Masters können auf andere Server übertragen werden. Dazu ist unter AD-Domänen und –Vertrauensstellungen | AD-Domänen und -Vertrauensstellungen zu selektieren | rechte Maustaste | Verbindung mit Domäne herstellen auszuwählen. Hier ist jetzt ein Domänenname einzugeben oder über DURCHSUCHEN eine Domäne auszuwählen. Als nächstes ist noch mit der rechten Maustaste auf AD-Domänen und -Vertrauensstellungen | Betriebsmaster | Ändern zu klicken.

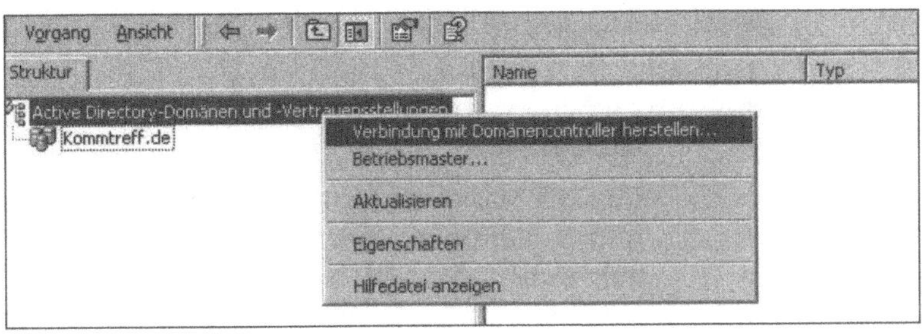

Abb. 39

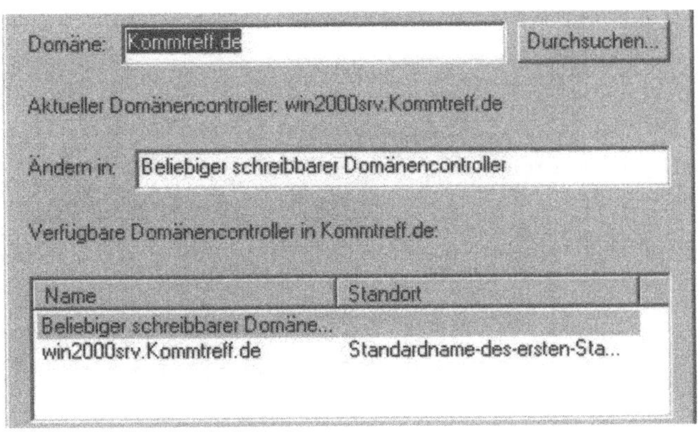

Abb. 40

Die Funktionen eines DNS-Masters können auch übernommen werden. Dazu sollten aber zuerst alle aktuellen Betriebsmaster aus dem Netzwerk entfernt werden. Die Übernahme geschieht über Kommandozeilen-Befehle in der Eingabeaufforderung:

ntdsutil
roles
connections
connect to server [Domänenname]
quit
seize domain naming master
quit
quit

Diese Befehle sind nacheinander so einzugeben.

Abb. 41

RID-Master:

Ein RID-Master ist für die Verteilung von Sicherheits-ID´s für Benutzer, Gruppen oder Computer innenhalb einer Domäne verantwortlich. Ein RID-Master darf in jeder Domäne der Gesamtstruktur nur einmal vorhanden sein. Ein RID-Master kann unter AD-Benutzer und -Computer | AD-Benutzer und -Computer selektieren | rechte Maustaste | Betriebsmaster | Registerkarte RID identifiziert werden.

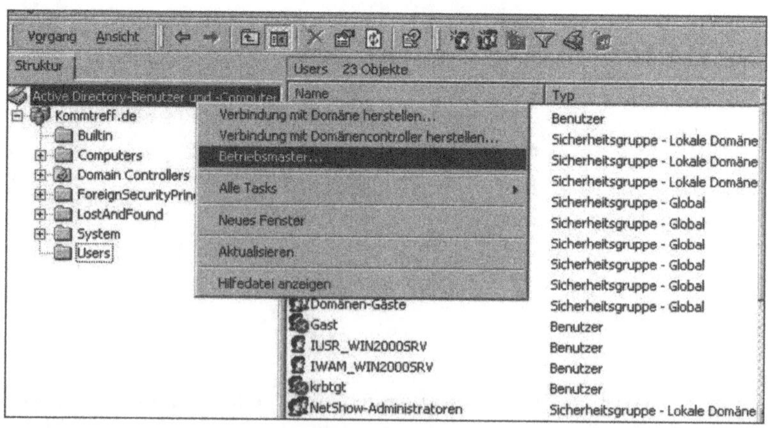

Abb. 42

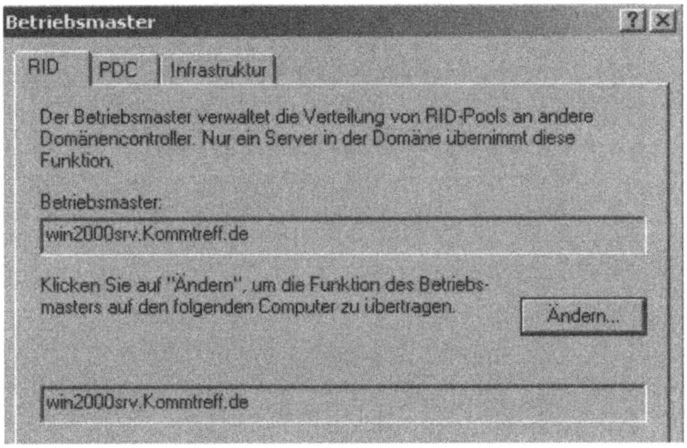

Abb. 43

Die Funktionen eines RID-Masters können auf andere Server übertragen werden. Dazu ist unter AD-Benutzer und -Computer | AD-Benutzer und -Computer zu selektieren | rechte Maustaste | Verbindung mit Domäne herstellen auszuwählen. Hier ist jetzt ein Domänenname einzugeben oder über DURCHSUCHEN eine Domäne auszuwählen. Als nächstes ist noch mit der rechten Maustaste auf AD-Domänen und -Vertrauensstellungen | Betriebsmaster | Ändern zu klicken.

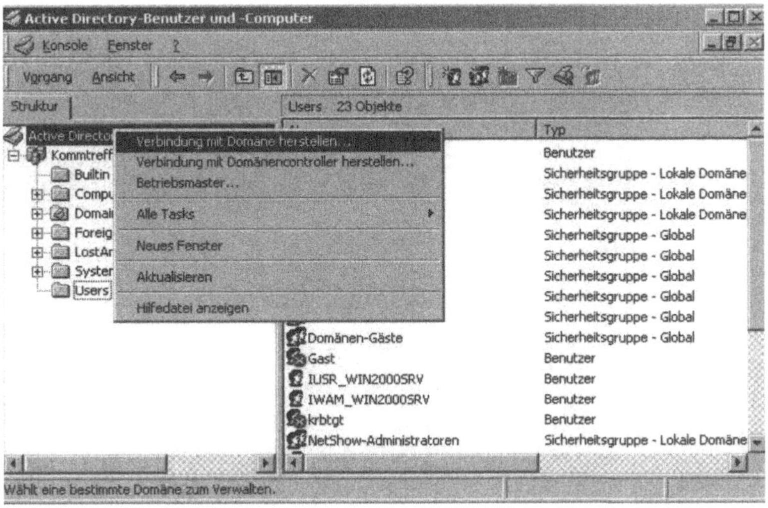

Abb. 44

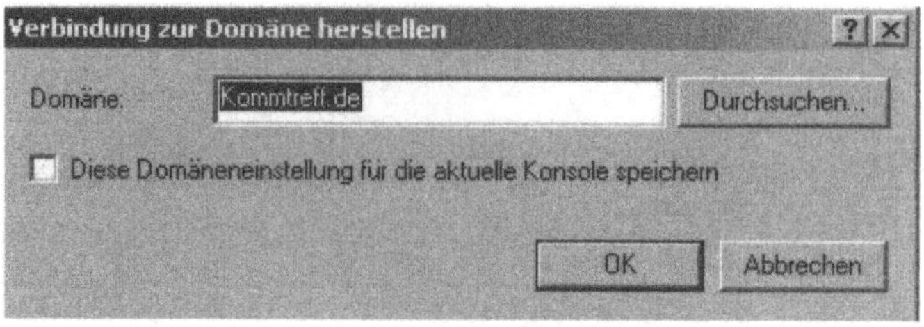

Abb. 45

Die Funktionen eines RID-Masters können auch übernommen werden. Dazu sollte aber zuerst geprüft werden, ob der neue Betriebsmaster Aktualisierungen des vorherigen Masters empfangen hat (Programm Repadmin aus den AD-Supporttools). Die Übernahme geschieht über Kommandozeilen-Befehle in der Eingabeaufforderung:

ntdsutil
roles
connections
connect to server [Domänenname]
quit
seize RID master
quit
quit

Diese Befehle sind nacheinander so einzugeben.

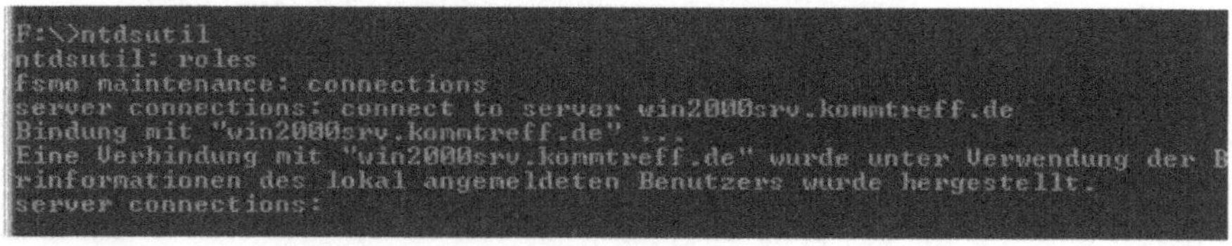

Abb. 46

PDC-Emulation:

Mittels der PDC-Emulation kann ein Win NT4-PDC auf einem Win2000-Server emuliert werden. Dies ist wichtig, wenn sich Betriebssysteme ohne AD-Client-Software oder Win NT4-BDC's im Netzwerk befinden. In jeder Domäne kann nur eine PDC-Emulation existieren. Eine PDC-Emulation kann unter AD-Benutzer und -Computer | AD-Benutzer und -Computer selektieren | rechte Maustaste | Betriebsmaster | Registerkarte PDC identifiziert werden.

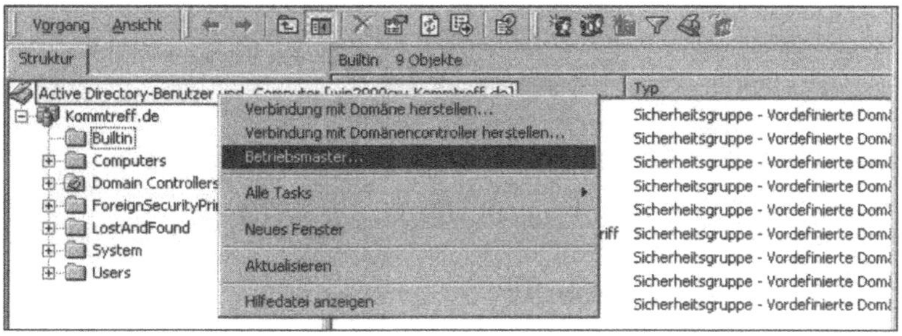

Abb. 47

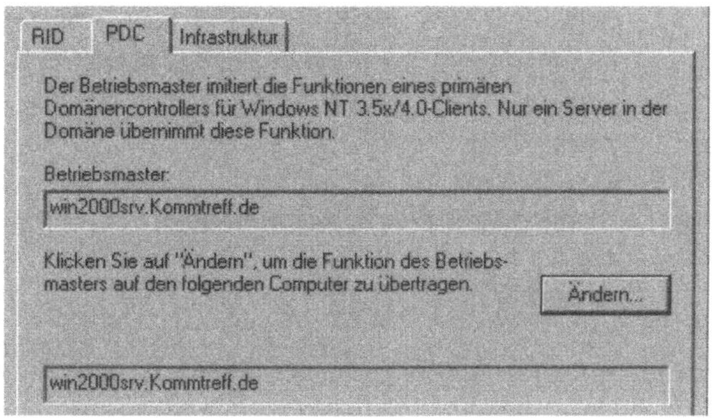

Abb. 48

Die Funktionen einer PDC-Emulation können auf andere Server übertragen werden. Dazu ist unter AD-Benutzer und -Computer | AD-Benutzer und -Computer zu selektieren | rechte Maustaste | Verbindung mit Domäne herstellen auszuwählen. Hier ist jetzt ein Domänenname einzugeben oder über DURCHSUCHEN eine Domäne auszuwählen. Als nächstes ist noch mit der rechten Maustaste auf AD-Domänen und -Vertrauensstellungen | Betriebsmaster | Ändern zu klicken.

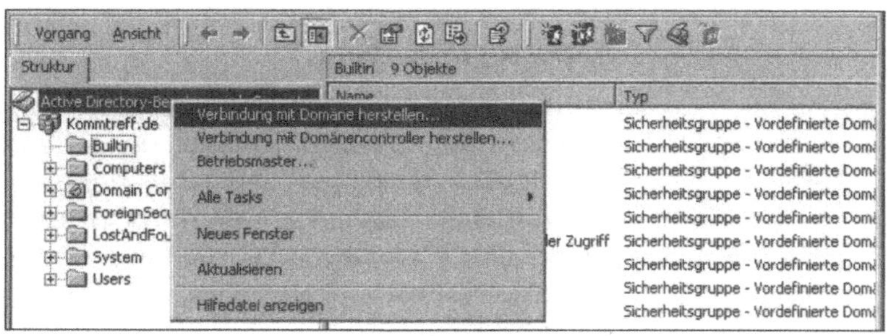

Abb. 49

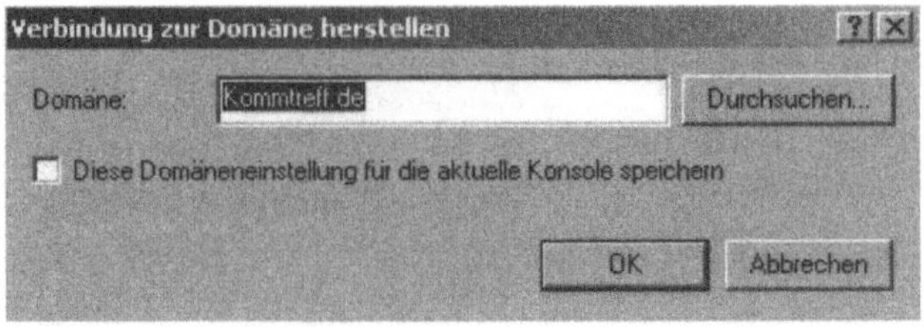

Abb. 50

Die Funktionen einer PDC-Emulation können auch übernommen werden. Dazu sollten aber zuerst alle anderen Betriebsmaster aus dem Netzwerk entfernt werden. Die Übernahme geschieht über Kommandozeilen-Befehle in der Eingabeaufforderung:

ntdsutil
roles
connections
connect to server [Domänenname]
quit
seize PDC
quit
quit

Diese Befehle sind nacheinander so einzugeben.

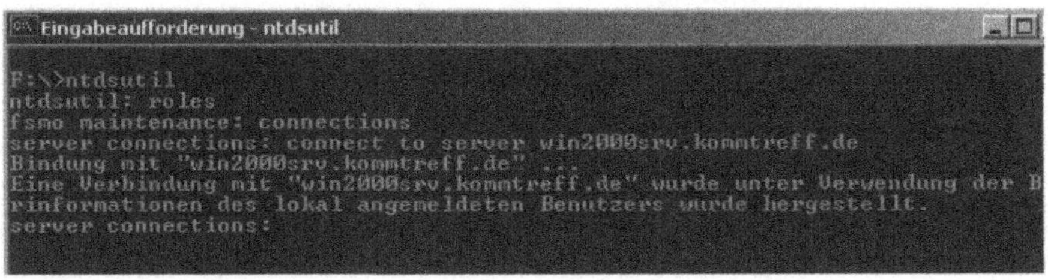

Abb. 51

Infrastrukturmaster:

Werden Mitglieder einer Gruppe umbenannt oder geändert, aktualisiert der Infrastrukturmaster die neuen Zuordnungen. In jeder Domäne einer Gesamtstruktur kann nur ein Infrastrukturmaster vorhanden sein. Ein Infrastrukturmaster kann unter AD-Benutzer und -Computer | AD-Benutzer und -Computer selektieren | rechte Maustaste | Betriebsmaster | Registerkarte Infrastruktur identifiziert werden.

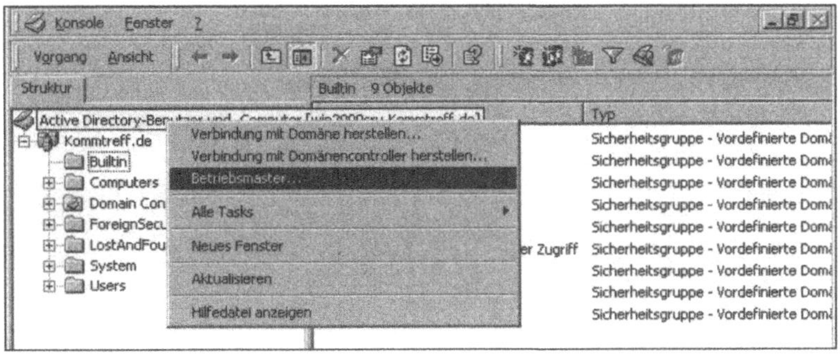

Abb. 52

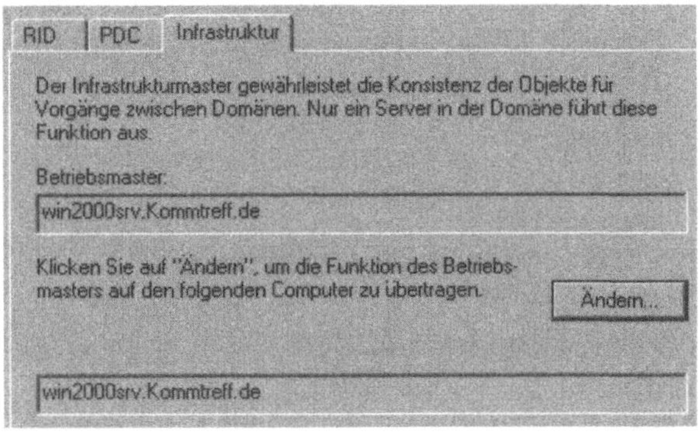

Abb. 53

Die Funktionen eines Infrastrukturmasters können auf andere Server übertragen werden. Dazu ist unter AD-Benutzer und -Computer | AD-Benutzer und -Computer zu selektieren | rechte Maustaste | Verbindung mit Domäne herstellen auszuwählen. Hier ist jetzt ein Domänenname einzugeben oder über DURCHSUCHEN eine Domäne auszuwählen. Als nächstes ist noch mit der rechten Maustaste auf AD-Domänen und -Vertrauensstellungen | Betriebsmaster | Ändern zu klicken.

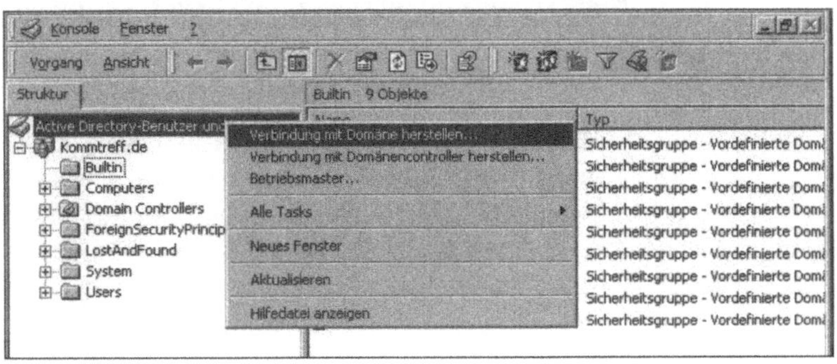

Abb. 54

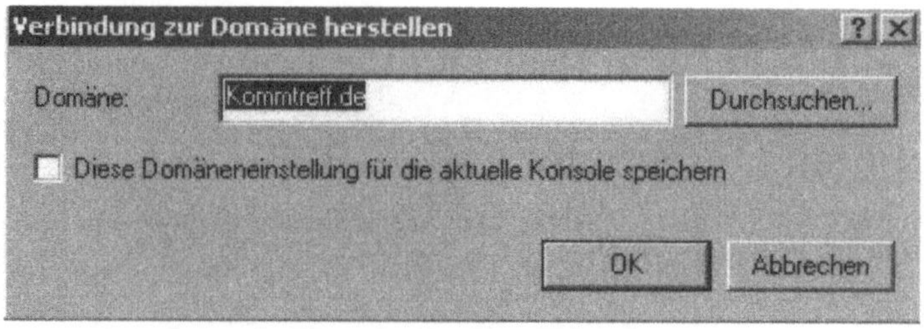

Abb. 55

Die Funktionen eines Infrastrukturmasters können auch übernommen werden. Dazu sollten aber zuerst alle anderen Betriebsmaster aus dem Netzwerk entfernt werden. Die Übernahme geschieht über Kommandozeilen-Befehle in der Eingabeaufforderung:

ntdsutil
roles
connections
connect to server [Domänenname]
quit
seize infrastructure master
quit
quit

Diese Befehle sind nacheinander so einzugeben.

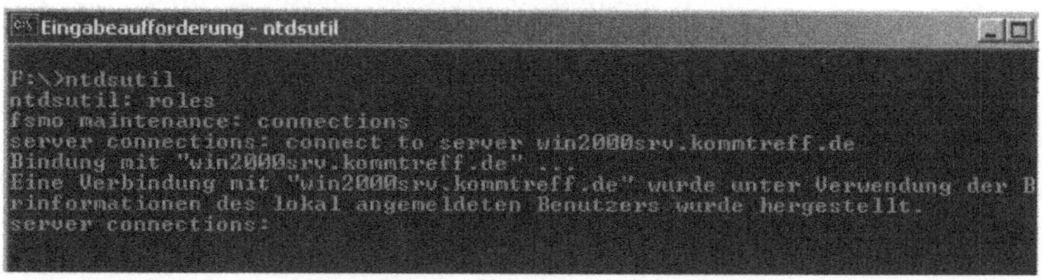

Abb. 56

Ein neues Serverobjekt wird über Start | Programme | Verwaltung | AD-Standorte und -Dienste | Sites | Standort | rechte Maustaste über Servers | Neu | Server. In der folgenden Dialogbox den Namen des neuen Servers eingeben.

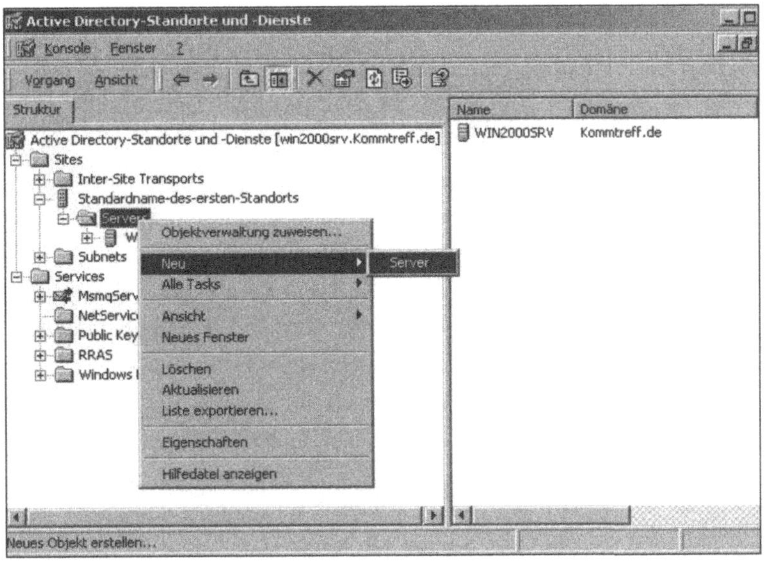

Abb. 57

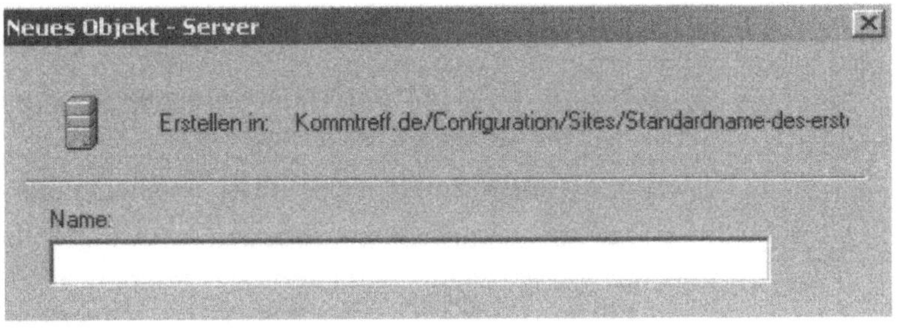

Abb. 58

3.5.11 Active Directory (AD)

Allgemein:

Active Directory ist ein Verzeichnisdienst, mit dem in baumähnlichen Strukturen Objekte wie Festplatten, Computer, Benutzer, Drucker, Dateien, etc. verwaltet und Benutzern und Administratoren zur Verfügung gestellt werden. Dadurch wird die Verwaltung des gesamten Netzwerkes übersichtlicher, da alles an einer Stelle verwaltet wird. Active Directory ermöglicht Netzwerkbenutzern des Weiteren über eine einzige Anmeldung den Zugriff auf zulässige Ressourcen im gesamten Netzwerk. Im Vordergrund steht dabei die Sicherheit. Die Zugriffssicherheit kann für jedes im Verzeichnis enthaltene Objekt und für jede Objekteigenschaft definiert werden. Die Sicherheitsrichtlinien werden in AD gespeichert und auch angewendet. Eine Sicherheitsrichtlinie kann dabei Kontoinformationen sowie domänenweite Kennwortbeschränkungen oder Rechte an Ressourcen umfassen. Die Sicherheitsrichtlinien werden über die Gruppenrichtlinieneinstellungen eingestellt.

Der Verzeichnisdienst von Active Directory beinhaltet einen Datenspeicher sowie eine hierachische Struktur. Dabei werden zwei Funktionen berücksichtig:

1.	Logische Struktur	Kontexthierarchie für die Anwendung von Richtlinien
2.	Verzeichnis	Speichern der Richtlinien (sog. Gruppenrichtlinienobjekte), die einem bestimmten Kontext zugeordnet sind

Gruppenrichtlinienobjekte beschreiben Gruppen von Unternehmensregeln und legen für den Kontext folgendes fest:

- Zugriff auf Verzeichnisobjekte und Domänenressourcen
- Für Benutzer verfügbare Domänenressourcen (z. B. Drucker, Verzeichnisse, Anwendungen)
- Konfigurationsweise dieser Domänenressourcen

Die Kontexthierarchie bezeichnet hier z. B. eine Organisation, in der Abteilungen enthalten sein können, in denen wiederum Benutzer, Computer oder Ressourcen angesiedelt sind, für die verschiedene Berechtigungen und Richtlinien innerhalb eines Kontextes vergeben werden können (alles, wie von der Novell-NDS her bekannt). Z. B. welche Anwendungen auf dem Computer angezeigt werden, wenn sich ein bestimmter Benutzer einloggt, bestimmen Gruppenrichtlinienobjekte. Auch wie viele Benutzer auf einen SQL-Server oder auf welche Dokumente und Dienste Anwender zugreifen dürfen. Gruppenrichtlinieneinstellungen werden auf einen Kontext angewendet, der für die gesamte Organisation oder einer Organisationseinheit gilt. AD kann so erweitert werden, dass einem bestehenden Schema neue Objektklassen und Objektklassen neue Attribute hinzugefügt werden können.

AD kann sich auf eine oder mehrere Domänen beziehen. Dabei kann jede Domäne über einen bzw. mehrere Domänen-Controller verfügen. Domänen können in einer Domänenstruktur und mehrere Domänenstrukturen in einer Gesamtstruktur zusammengefasst werden. Schema- und Konfigurationsinformationen werden durch das Verzeichnis auf alle Domänen-Controller im Verzeichnis verteilt. Gespeichert sind diese Informationen auf dem ersten Domänen-Controller, der alles auf die weiteren Domänen-Controller in der Domäne repliziert.

Eine Multimasterreplikation sorgt dafür, dass alle Informationen auf alle Domänen-Controller repliziert werden, egal, auf welchem Domänen-Controller Veränderungen durchgeführt wurden. Führt ein Benutzer eine Änderung an einem Verzeichnis durch, werden diese Änderungen sofort an alle anderen Domänen-Controller weitergegeben (repliziert).

Active Directory untergliedert sich in:

- Datenspeicher
- Schema
- Globaler Katalog
- Indizierungsmechanismus
- Replikationsdienst

Datenspeicher:

Die Daten von AD werden in einem Speicher (Datei Ntds.dit) gespeichert, der mit VERZEICHNIS bezeichnet wird und enthält Informationen, wie Benutzer, Gruppen, Computer, Domänen, Organisationseinheiten und Sicherheitsrichtlinien. Das Verzeichnis befindet sich auf einem DC und wird auf alle anderen DC's in der Domäne repliziert. Es wird von Netzwerkanwendungen und Diensten abgefragt. Dadurch wird die Verwaltung des gesamten Netzwerkes übersichtlicher, da alles an einer Stelle verwaltet wird.

Verzeichnisdaten sind:

- Domänendaten
- Konfigurationsdaten
- Schemadaten

Domänendaten sind:

- E-Mail-Kontakte
- Attribute für Benutzer- und Computerkonten
- veröffentlichte Ressourcen

Konfigurationsdaten sind:

- Auflistungen aller Domänen
- Strukturen und Gesamtstrukturen
- Standorte der Domänencontroller und der globalen Kataloge

Schemadaten sind:

- Definitionen der Objekt- und Attributdaten

Schema:

Ein Schema beschreibt Einschränkungen der im Verzeichnis enthaltenen Objekte. Dabei entspricht das Schema einer Gruppe von Definitionen. Diese Definitionen werden auch als Objekte in AD gespeichert. Definitionen umfassen Attribute und Klassen (Bez. ist Schemaobjekte oder Metadaten). Ein Attribut wird nur einmal definiert und kann in mehreren Klassen verwendet werden. Über die Klassen (Objektklassen) werden Verzeichnisobjekte beschrieben. Jede Klasse entspricht einer Gruppe von Attributen. Grundlegende Klassen und Attribute sind in Win2000 enthalten, die aber erweitert werden können. Ein Domänen-Controller, der als sogenannter Schemamaster agiert, kontrolliert das Schema. Eine Kopie des Schemas wird auf alle Domänen-Controller in der Gesamtstruktur repliziert. Schemaänderungen betreffen die ganze Struktur (Gesamtstruktur), für die das Schema gültig ist. Wird das Schema erweitert, kann dies nicht mehr rückgängig gemacht werden.

Achtung: Werden neue Klassen oder Attribute hinzugefügt, können diese lediglich deaktiviert, aber nicht mehr gelöscht werden.

Schemaobjekte unterscheiden sich in

- Klassenschemaobjekte zur Definition einer Klasse und
- Attributschemaobjekte zur Definition eines Attributs

Um mit dem Schema arbeiten zu können, muss zuerst das Adminpak von der Server-CD installiert werden. Dazu muss im Verzeichnis i386 doppelt auf das Adminpak geklickt werden. Es wird ein Assistent gestartet, über den das Adminpak installiert wird. Nach der Installation ist über START | AUSFÜHREN der Befehl mmc /a abzusetzen. Nachdem die MMC gestartet wurde, ist über das Menü KONSOLE auf Snap-In hinzufügen/entfernen und dann auf HINZUFÜGEN zu klicken. Hier ist jetzt das AD-Schema auszuwählen.

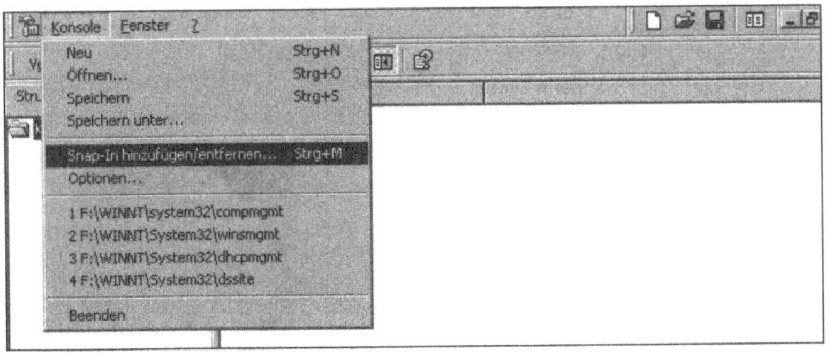

Abb. 59

Abb. 60

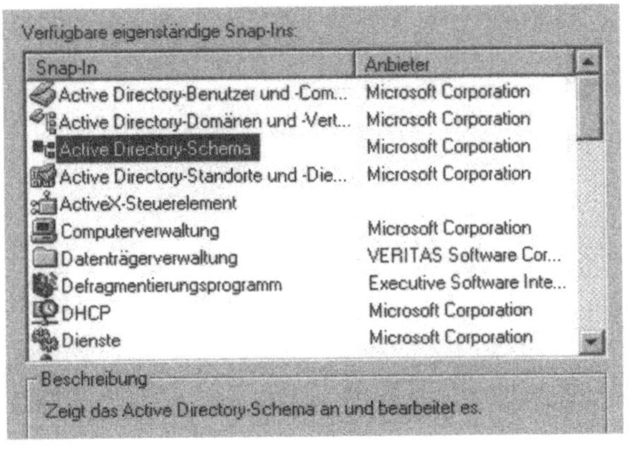

Abb. 61

Ein Benutzer mit entsprechenden Rechten muss der Gruppe Schema-Admins hinzugefügt werden. Dazu ist über Start | Programme | Verwaltung | AD-Benutzer und -Computer | Domäne | User | hinzuzufügendes Benutzerkontos | Eigenschaften | Registerkarte MITGLIED VON | Hinzufügen | Schema-Admins auswählen | Hinzufügen der Benutzer einzurichten.

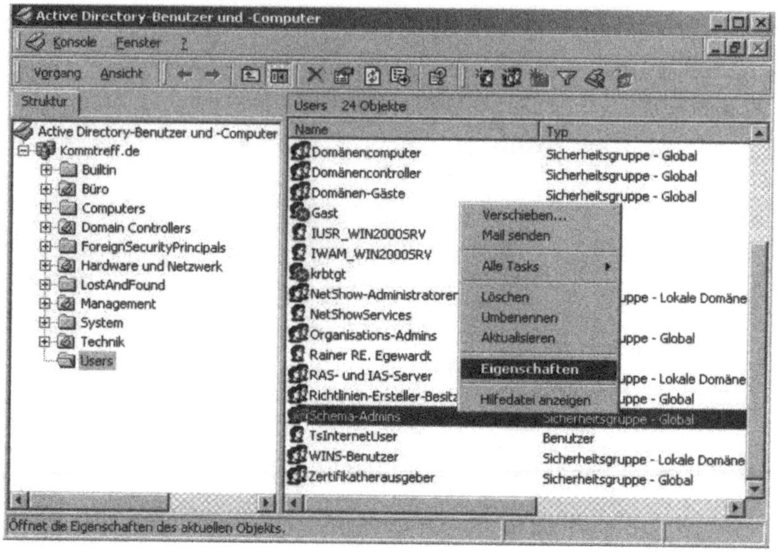

Abb. 62

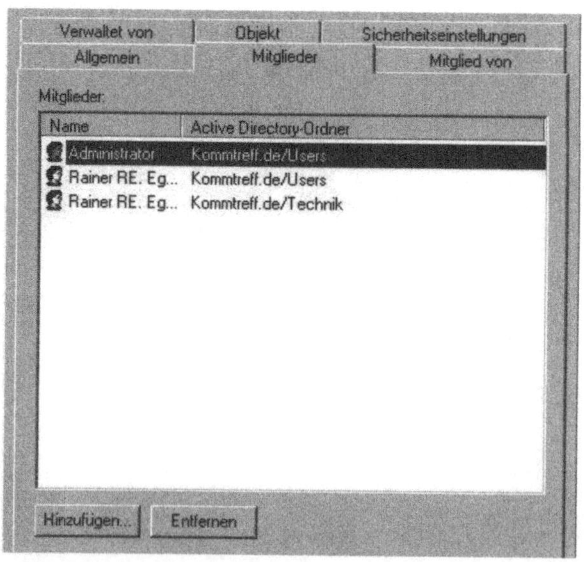

Abb. 63

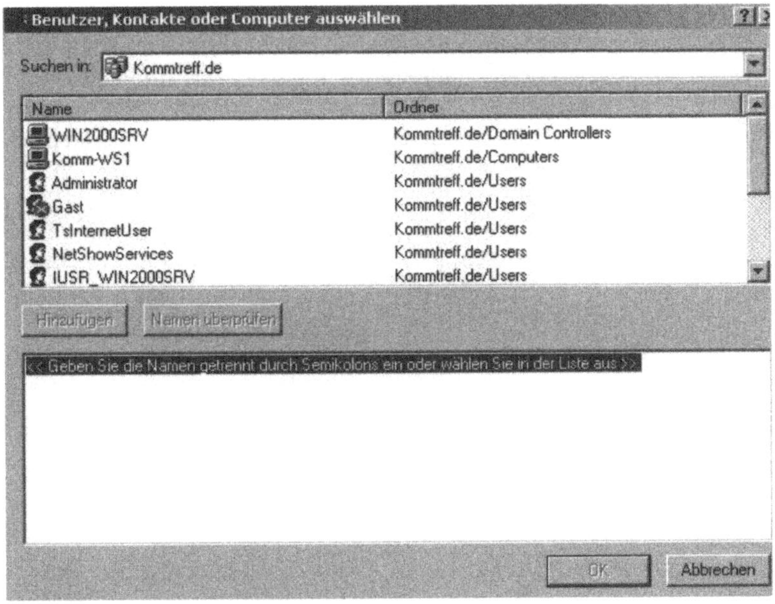

Benutzer, Kontakte oder Computer auswählen
Suchen in: Kommtreff.de
Name
Ordner
WIN2000SRV
Kommtreff.de/Domain Controllers
Komm-WS1
Kommtreff.de/Computers
Administrator
Kommtreff.de/Users
Gast
Kommtreff.de/Users
TsInternetUser
Kommtreff.de/Users
NetShowServices
Kommtreff.de/Users
IUSR_WIN2000SRV
Kommtreff.de/Users
Hinzufügen
Namen überprüfen
<< Geben Sie die Namen getrennt durch Semikolons ein oder wählen Sie in der Liste aus >>
OK
Abbrechen

Abb. 64

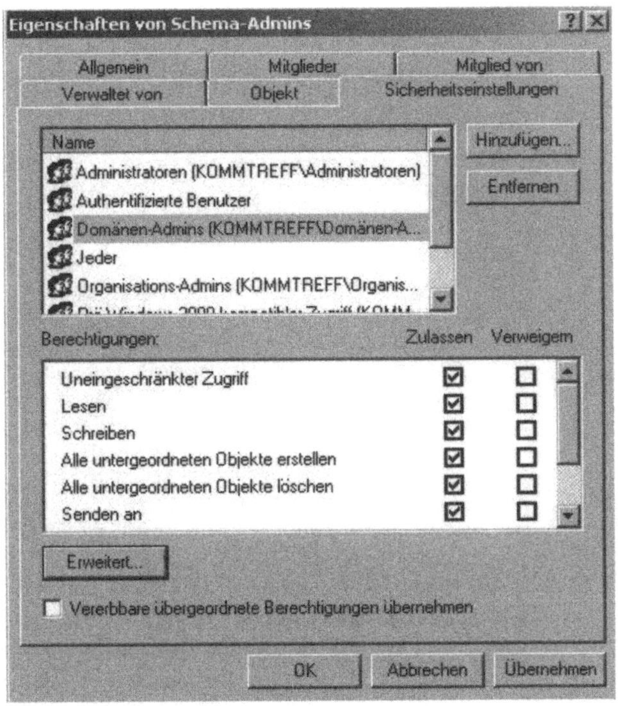

Eigenschaften von Schema-Admins
Allgemein
Mitglieder
Mitglied von
Verwaltet von
Objekt
Sicherheitseinstellungen
Name
Administratoren (KOMMTREFF\Administratoren)
Authentifizierte Benutzer
Domänen-Admins (KOMMTREFF\Domänen-A...
Jeder
Organisations-Admins (KOMMTREFF\Organis...
Hinzufügen...
Entfernen
Berechtigungen:
Zulassen
Verweigern
Uneingeschränkter Zugriff
Lesen
Schreiben
Alle untergeordneten Objekte erstellen
Alle untergeordneten Objekte löschen
Senden an
Erweitert...
Vererbbare übergeordnete Berechtigungen übernehmen
OK
Abbrechen
Übernehmen

Abb. 65

Über Start | Programme | Verwaltung | AD-Schema | rechte Maustaste über dem Schema | Berechtigungen können die Schemaberechtigungen gesetzt werden.

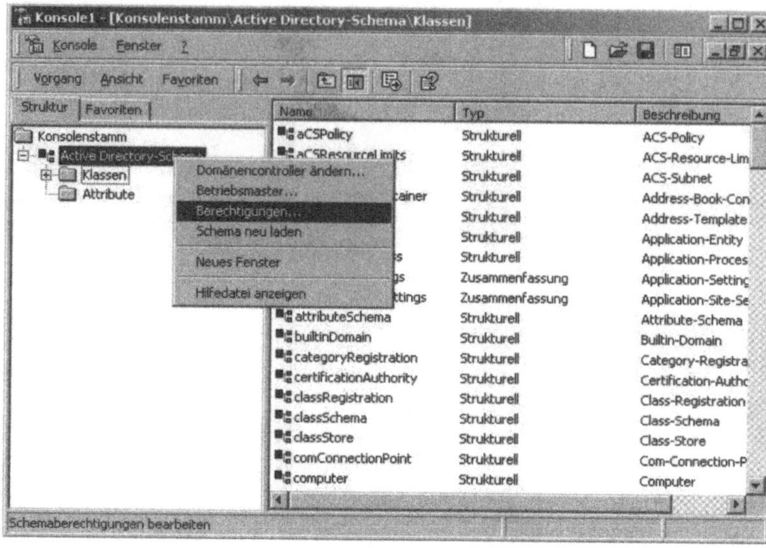

Abb. 66

Abb. 67

Über Start | Programme | Verwaltung | AD-Schema | Klassen expandieren | rechte Maustaste über eine Klasse | Eigenschaften kann die Definition einer Klasse angezeigt werden.

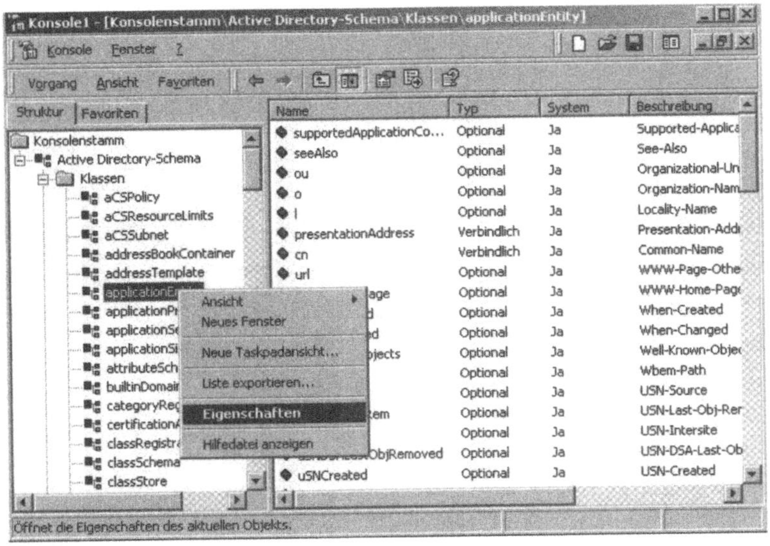

Abb. 68

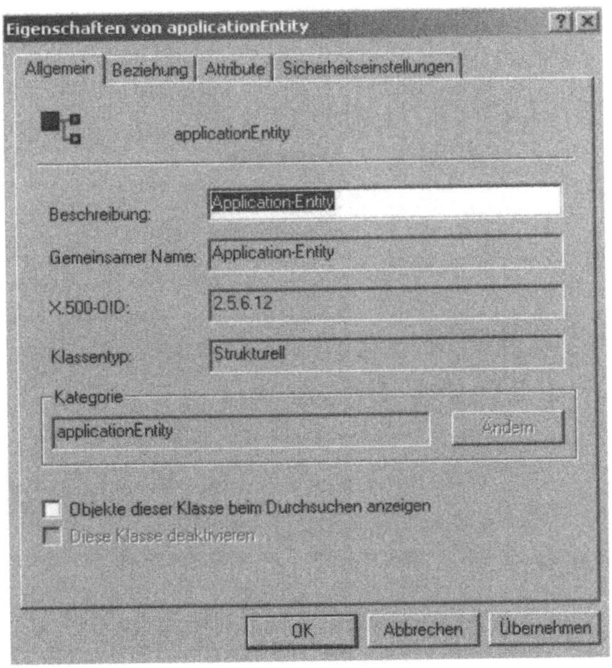

Abb. 69

Über Start | Programme | Verwaltung | AD-Schema | Attribute selektieren | rechte Maustaste über ein Attribut | Eigenschaften kann die Definition eines Attributes angezeigt werden.

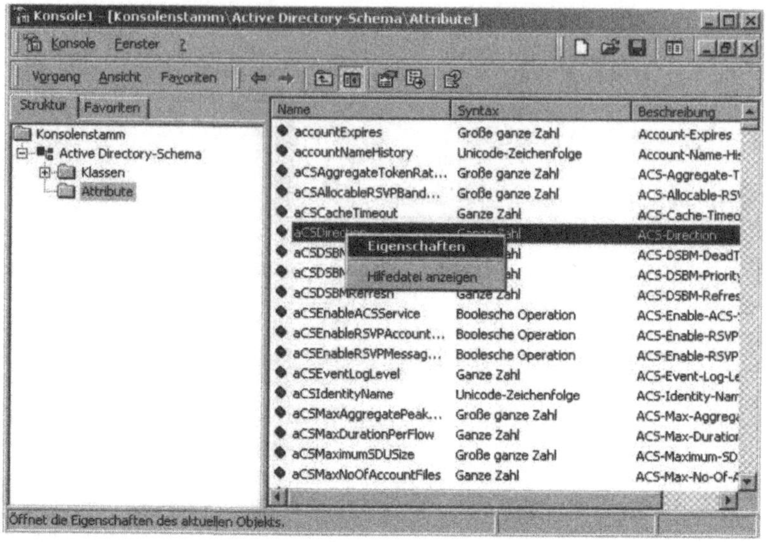

Abb. 70

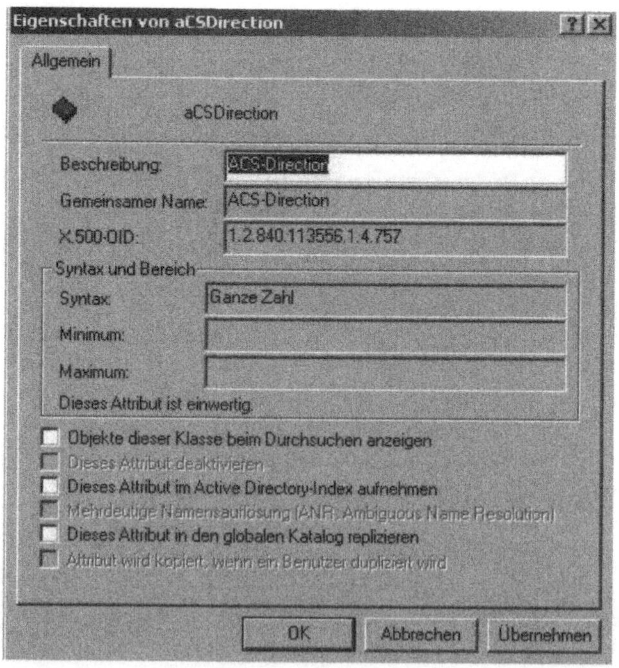

Abb. 71

Dem globalen Katalog kann ein Attribut über Start | Programme | Verwaltung | AD-Schema | Attribute selektieren | rechte Maustaste über ein Attribut | Eigenschaften | Kontrollkästchen DIESES ATTRIBUT IN DEN GLOBALEN KATALOG REPLIZIEREN hinzugefügt werden.

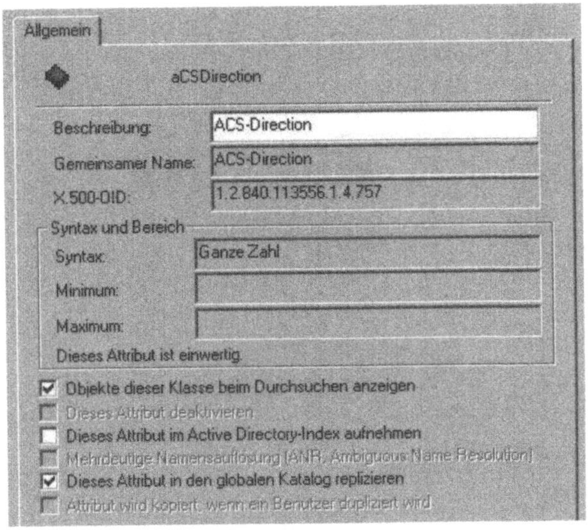

Abb. 72

Ein Attribut kann in AD über Start | Programme | Verwaltung | AD-Schema | Attribute selektieren | rechte Maustaste über ein Attribut | Eigenschaften | Kontrollkästchen DIESES ATTRIBUT IM ACTIVE DIRECTORY-INDEX AUFNEHMEN indiziert werden.

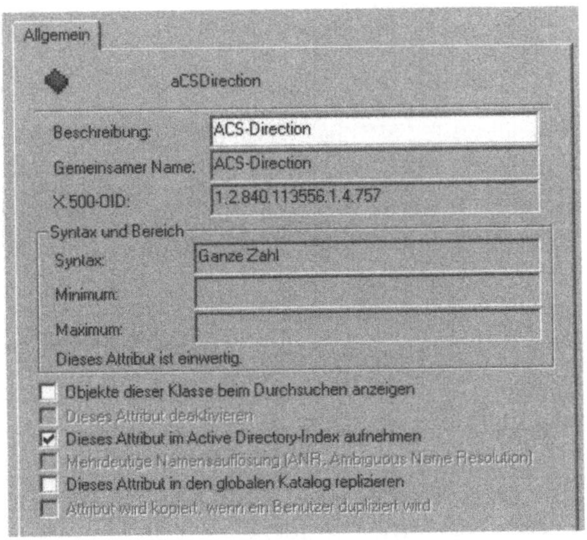

Abb. 73

Der Computer kann über Start | Programme | Verwaltung | rechte Maustaste über dem AD-Schema | Betriebsmaster | SCHEMA KANN AUF DIESEM DOMÄNENCONTROLLER GEÄNDERT WERDEN für Schemaerweiterungen aktiviert werden.

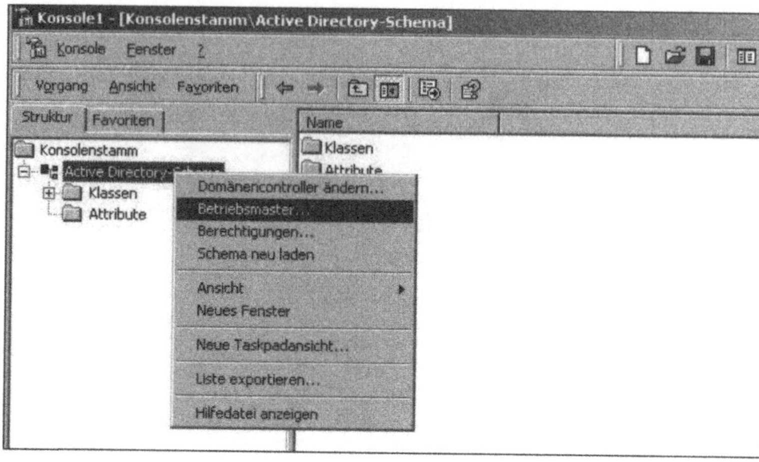

Abb. 74

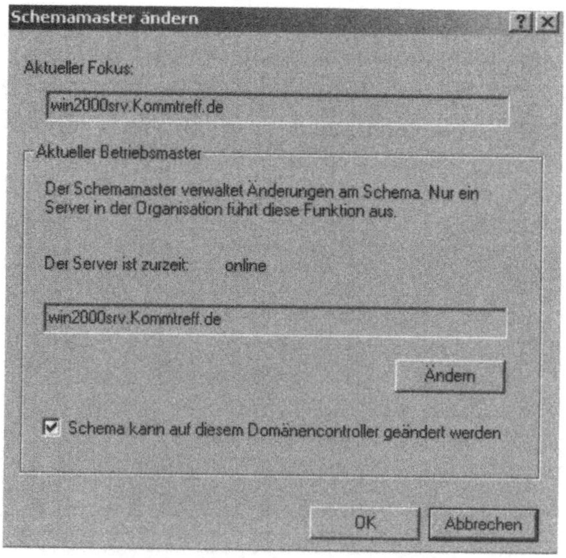

Abb. 75

Über Start | Programme | Verwaltung | AD-Schema | Klassen expandieren | rechte Maustaste über die Klasse | Eigenschaften | Konntrollkästchen DIESE KLASSE DEAKTIVIEREN kann die Klasse deaktiviert werden.

Über Start | Programme | Verwaltung | AD-Schema | Attribute | rechte Maustaste über das Attribut | Eigenschaften | Kontrollkästchen DIESES ATTRIBUT DEAKTIVIEREN kann das Attribut deaktiviert werden.

Über Start | Programme | Verwaltung | AD-Schema | rechte Maustaste über dem Schema | SCHEMA NEU LADEN kann das Schema neu geladen werden.

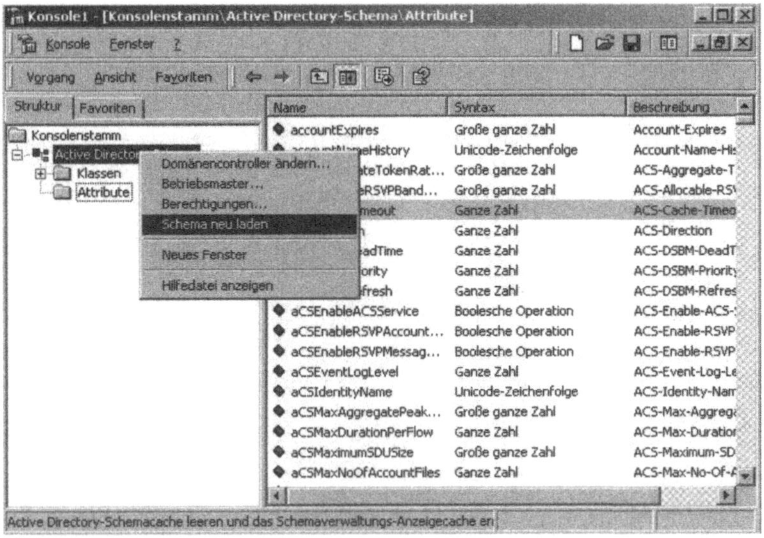

Abb. 76

Globaler Katalog:

Ein globaler Katalog enthält Informationen zu allen Objekten, die im Verzeichnis enthalten sind. Dazu kommen teilweise Informationen, die in Verzeichnissen anderer Domänen enthalten sind. Er wird auf dem ersten Domänen-Controller in der Gesamtstruktur erstellt. Grundsätzlich kann aber jeder Domänen-Controller als globaler Katalog konfiguriert werden, nachdem weitere Domänen-Controller in der Domäne installiert wurden (über AD-Standorte und -Dienste). Für jedes Objekt im Verzeichnis wird eine Attributgruppe definiert. Über das Schema können weitere Attribute definiert werden.

Über den globalen Katalog läuft die Netzwerkanmeldung, da hier Informationen zu den Mitgliedsschaften in universellen Gruppen zur Verfügung gestellt werden. Wenn beim Anmeldevorgang kein globaler Katalog verfügbar ist, kann sich ein Benutzer nur lokal am Computer anmelden. Nur Domänen-Admins können sich auch ohne globalen Katalog am Netzwerk anmelden. Über den globalen Katalog läuft auch die Suche nach Verzeichnisinformationen, da der globale Katalog Objektinformationen aller Domänen in einer Gesamtstruktur enthält. Es sollte ein globaler Katalog pro Standort vorhanden sein.

Als Zugriffsprotokoll auf AD wird das Lightweight Directory Access Protocol (LDAP) verwendet. LDAP wird in TCP/IP-Netzen als Kommunikationsprotokoll verwendet.

Ein globaler Katalog wird über Start | Programme | Verwaltung | AD-Standorte und -Dienste | Sites | Standort mit dem DC, auf dem der globale Katalog enthalten ist | DC, mit den globalen Katalog | rechte Maustaste über NTDS-Einstellungen | Eigenschaften | Kontrollkästchen Globaler Katalog aktiviert.

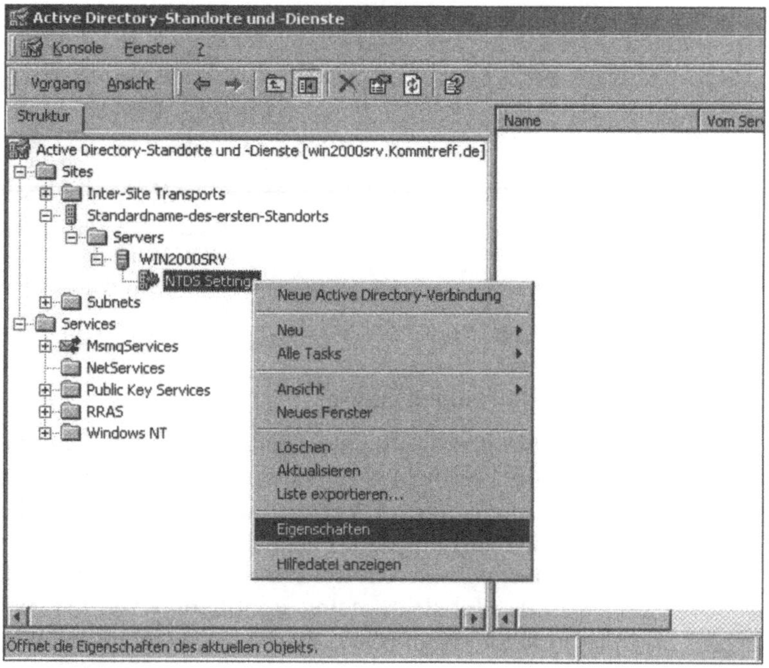

Abb. 77

Indizierungsmechanismus:

Mit der Indizierung können Objekte und deren Eigenschaften veröffentlicht werden. Benutzer können dadurch leichter nach Objekten suchen.

Organisationseinheiten:

Die Organisationseinheit ist ein Verzeichnisobjekt innerhalb einer Domäne, in dem Benutzer, Gruppen, Computer und andere Organisationseinheiten oder Abteilungen (weitere Container oder Einzelobjekte) der Firma angelegt werden können. Auch von anderen Domänen können Objekte in die Organisationeinheit eingefügt werden. Einer Organisationseinheit können Gruppenrichtlinien zugewiesen werden. Benutzern oder Administratoren können Rechte auf Organisationseinheiten zugeteilt werden.

Eine Organisationseinheit wird über Start | Programme | Verwaltung | AD-Benutzer und -Computer | rechte Maustaste über der Domäne oder dem Verzeichnis, dem die OE zugefügt werden soll | Neu | Organisationseinheit hinzugefügt.

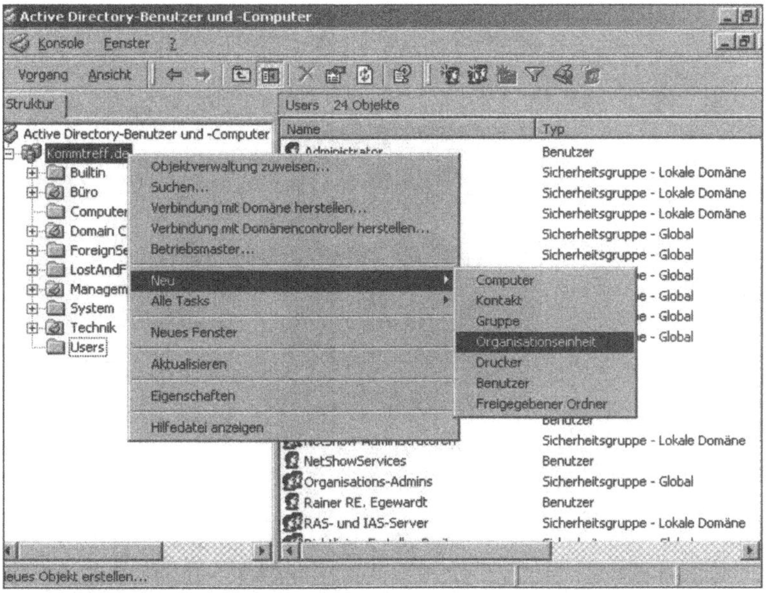

Abb. 78

Die Objektverwaltung wird über Start | Programme | Verwaltung | AD-Benutzer und -Computer | Domäne | rechte Maustaste über der Organisationseinheit | Objektverwaltung der Organisationseinheit zugewiesen.

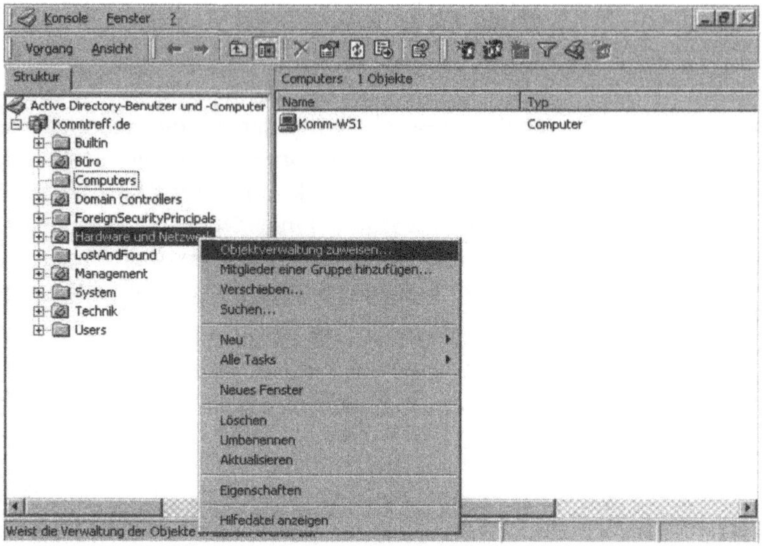

Abb. 79

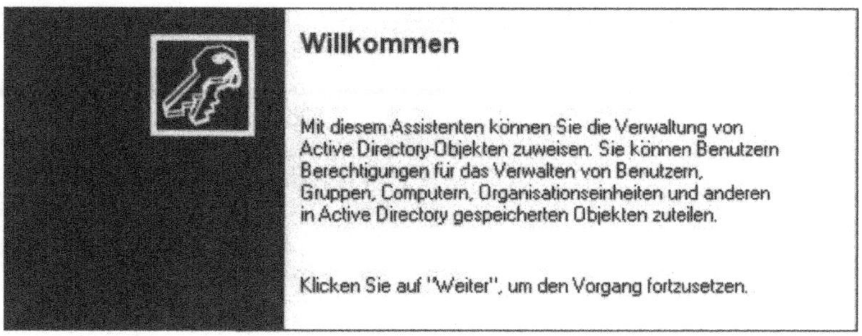

Abb. 80

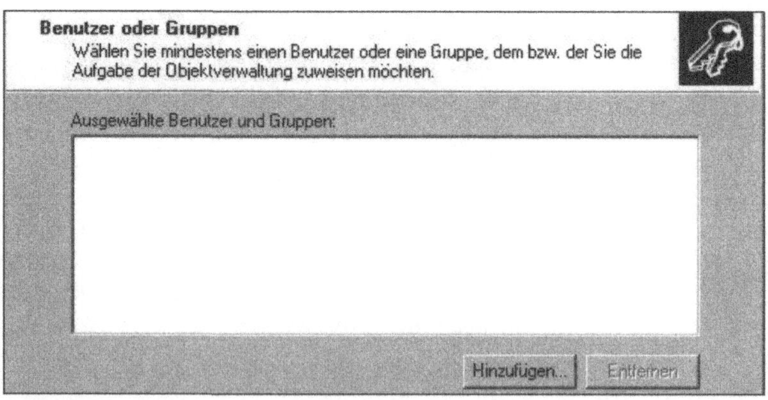

Abb. 81

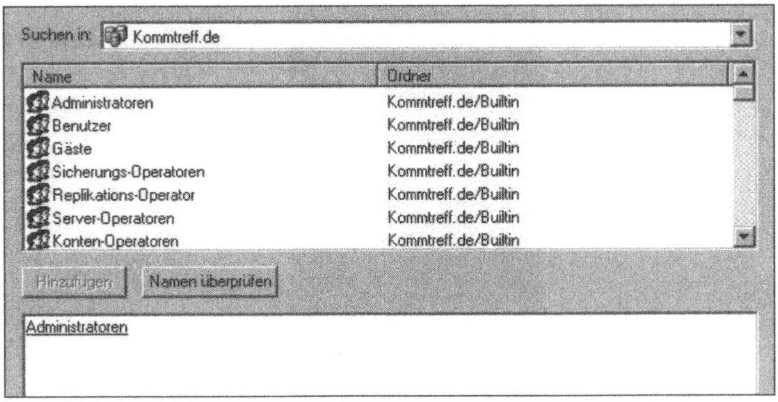

Abb. 82

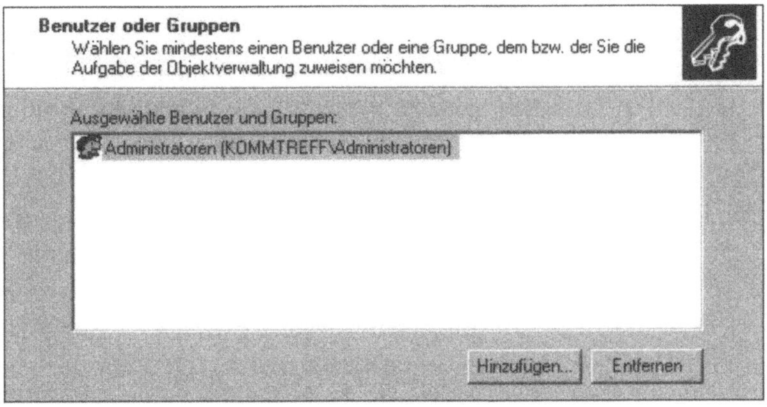

Abb. 83

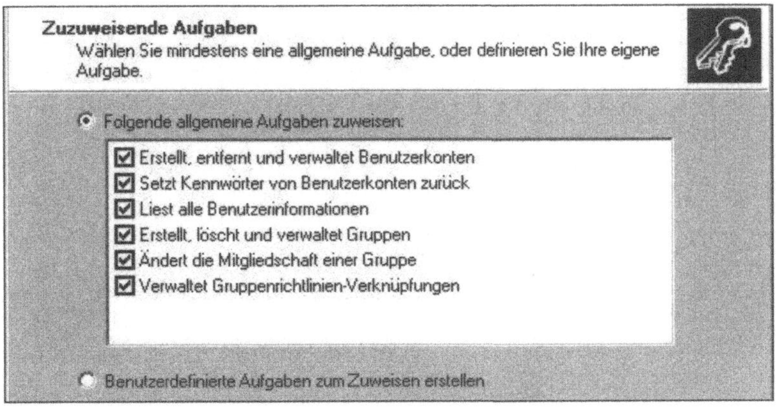

Abb. 84

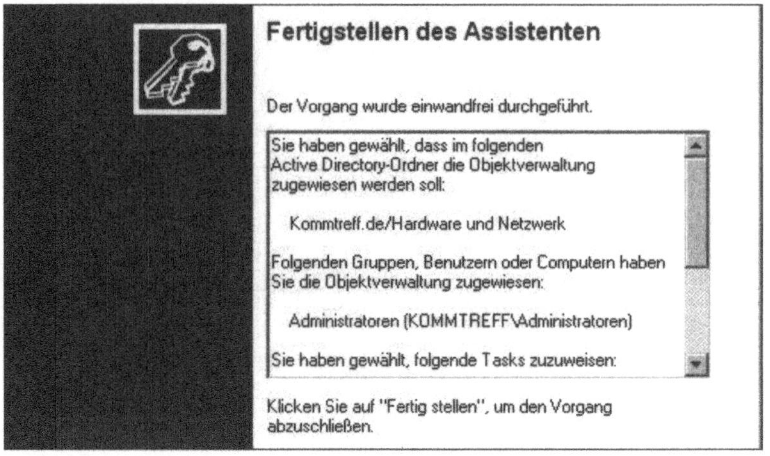

Abb. 85

Nach einer Organisationseinheit kann, wie nach anderen Objekten, gesucht werden. Eine Organisationseinheit kann verschoben oder auch umbenannt oder deren Eigenschaften verändert werden.

Über Start | Programme | Verwaltung | AD-Benutzer und -Computer | rechte Maustaste über der Domäne | Suchen kann nach freigegeben Verzeichnissen, Benutzern, Computern, Druckern, etc. gesucht werden.

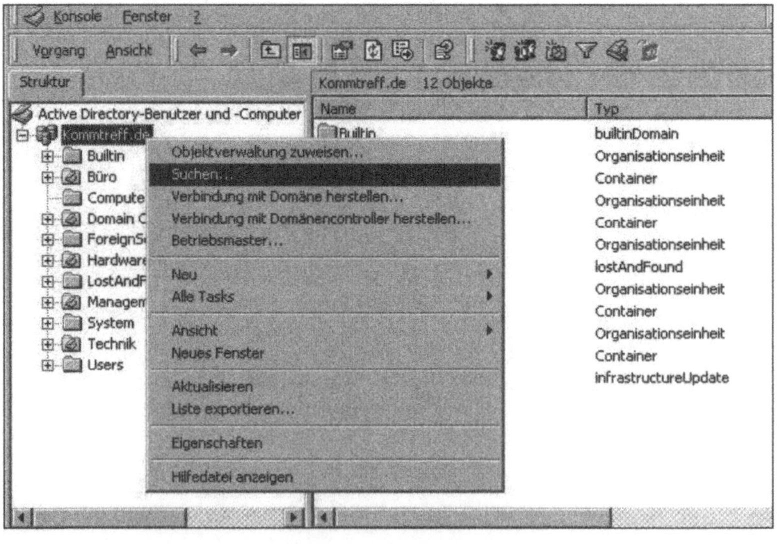

Abb. 86

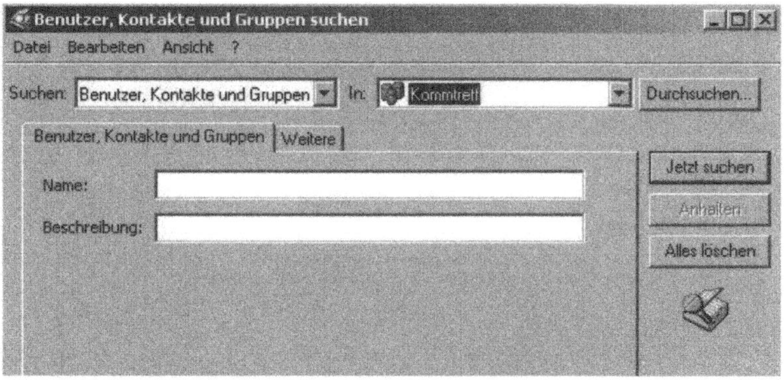

Abb. 87 Benutzer und Gruppen in der Domäne suchen

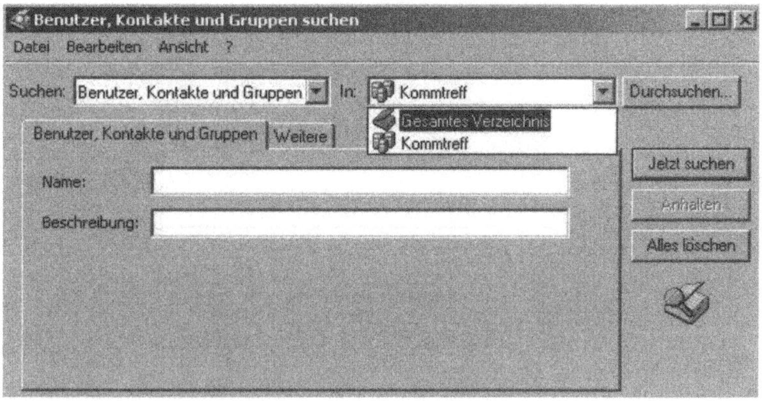

Abb. 88 Benutzer und Gruppen in AD suchen

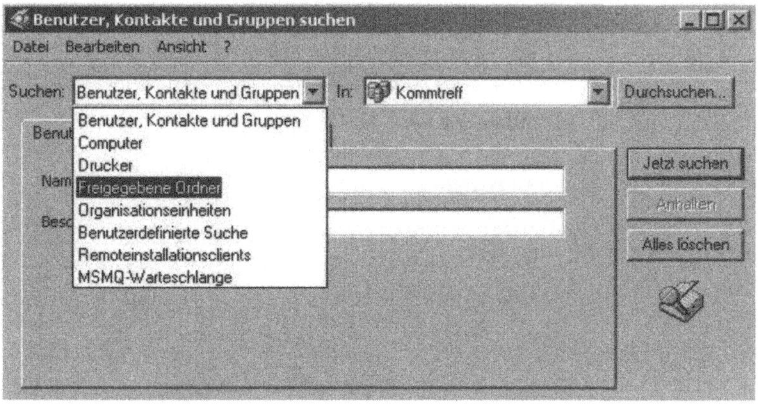

Abb. 89 Freigegebene Verzeichnisse suchen

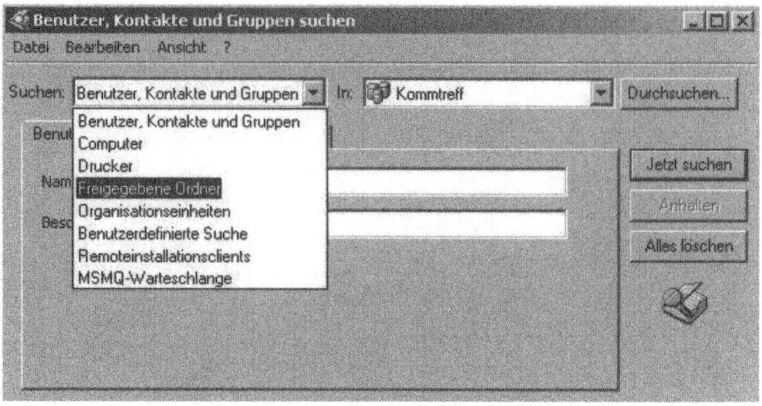

Abb. 90 Weitere Objekte suchen

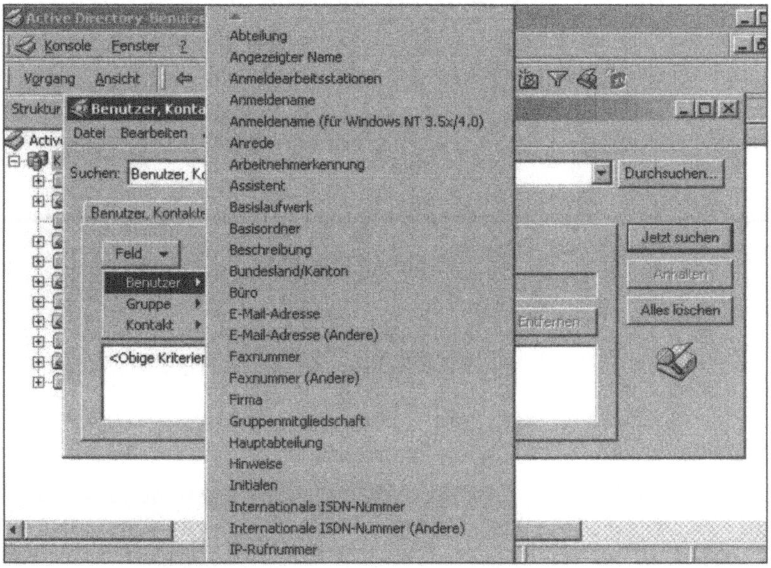

Abb. 91

Standorte:

Sind in Firmen mehrere Standorte vorhanden, sollten auch mehrere Domänen-Controller an jedem Standort vorhanden sein, die Daten miteinander replizieren können. Dies kann z. B. über

- DFÜ-Verbindungen
- Frame-Relay-Verbindungen
- T1-Verbindungen

eingerichtet werden.

Mehrere gleichzeitige Verbindungen können so konfiguriert werden, dass bei Ausfall der Hauptverbindung automatisch eine andere Verbindung genommen wird.

Standorte werden über Standortverknüpfungen verbunden. Mehrere Standortverknüpfungen zu einem Standort sind möglich (über eine Standortverknüpfungsbrücke), damit beim Ausfall einer Verknüpfung Fehlertoleranz erreicht werden kann. Die Standorte sollten mit mindestens einem DC ausgestattet sein, der einen globalen Katalog enthält. Standortverknüpfungen sollten als transitive Verknüpfungen konfiguriert werden.

Ein Bridgeheadserver fungiert als Bindeglied zwischen den Standorten. Dabei wird in jedem Standort ein Bridgeheadserver eingerichtet, der die Datenübertragung (senden oder empfangen) vornimmt. Bridgeheadserver kann jeder im Standort vorhandene DC sein. Werden mehrere DC's als bevorzugte Bridgeheadserver konfiguriert, übernimmt zum Zeitpunkt der Replikation jedoch immer nur ein DC die Aufgabe. Fällt dieser aus, übernimmt aut. ein anderer die Arbeit. Bridgeheadserver sind speziell dann notwendig, wenn mit einer Firewall gearbeitet wird. Der Firewall-Proxy-Server muss dann zum Bridgeheadserver gemacht werden.

Informationen, die in AD enthalten sind, werden über Standortverknüpfungen zwischen den Standorten repliziert. Als Standardprotokolle werden dabei IP und SNMP verwendet. Wenn mehrere DC's im Standort vorhanden sind, und ist ein Server für ein von einer Standortverknüpfung verwendetes Protokoll als bevorzugter Bridgeheadserver konfiguriert, ist dieser aut. der bevorzugte Bridgeheadserver, über den die Replikation der Verzeichnisdaten zu anderen Standorten vorgenommen wird.

Bridgeheadserver einrichten

Über Start | Programme | Verwaltung | AD-Standorte und -Dienste | Sites | Standort mit dem DC | Servers | rechte Maustaste über dem DC | Eigenschaften | Protokolle unter „Transporte für die standortübergreifende Datenübermittlung" selektieren | Hinzufügen kann der Brigeheadserver eingerichtet werden.

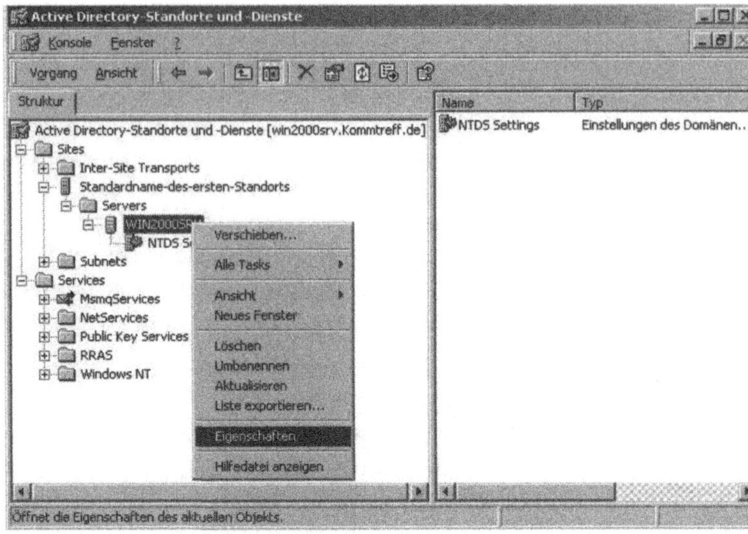

Abb. 92

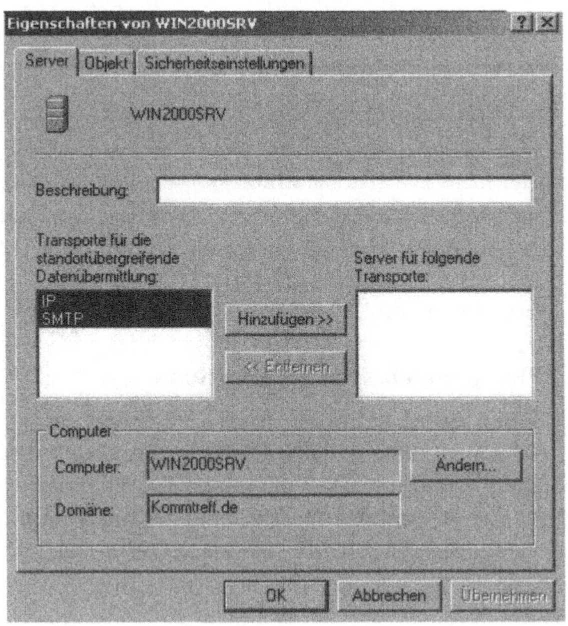

Abb. 93

Server und Domänen-Controller können zwischen Standorten in AD verschoben werden. Dazu über Start | Programme | Verwaltung | AD-Standorte und -Dienste | Sites | Standort mit dem DC | Servers | rechte Maustaste über dem DC | Verschieben

Eine Verbindung zu einer Stammdomäne kann über Start | Programme | Verwaltung | AD-Standorte und -Dienste | rechte Maustaste über dem gleichnamigen Eintrag | Verbindung mit Gesamtstruktur herstellen hergestellt werden.

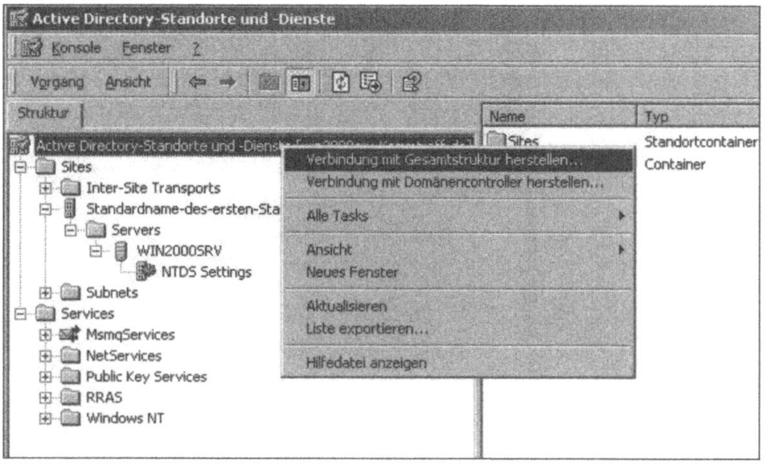

Abb. 94

Eine Verbindung zu einem Domänen-Controller kann über Start | Programme | Verwaltung | AD-Standorte und -Dienste | rechte Maustaste über dem gleichnamigen Eintrag | Verbindung mit Domänen-Controller herstellen hergestellt werden.

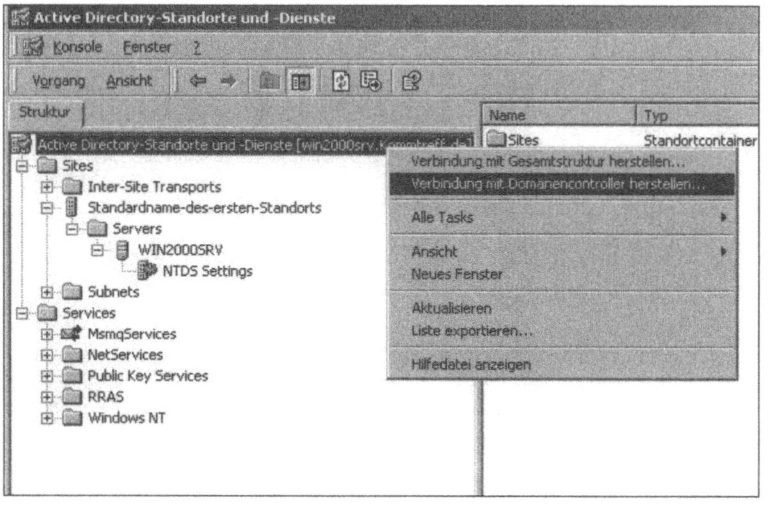

Abb. 95

Standorteinstellungen

Ein neuer Standort wird über Start | Programme | Verwaltung | AD-Standorte und -Dienste | rechte Maustaste über Sites | neuer Standort erstellt.

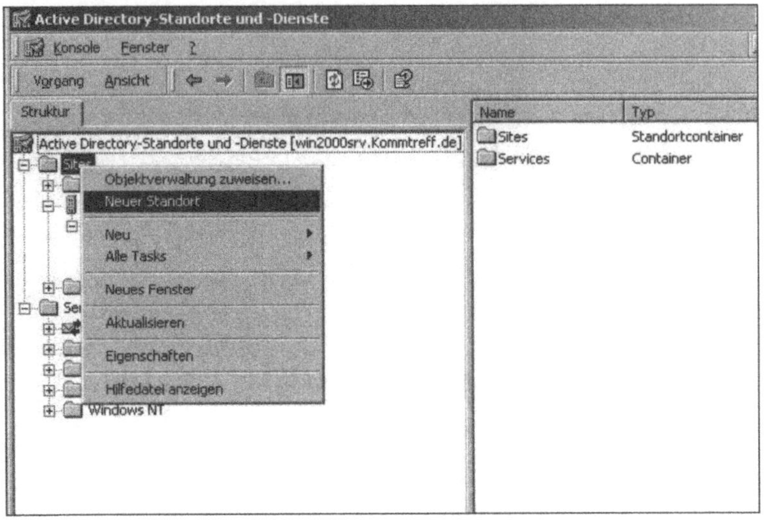

Abb. 96

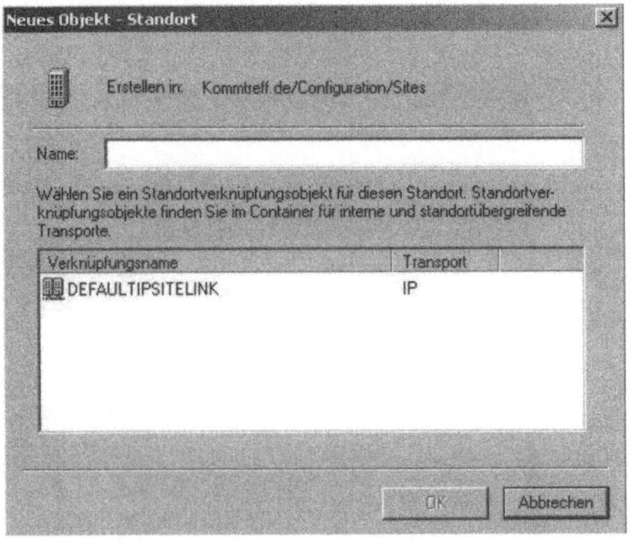

Abb. 97

Sodann ist diesem Standort die Objektverwaltung zuzuweisen.

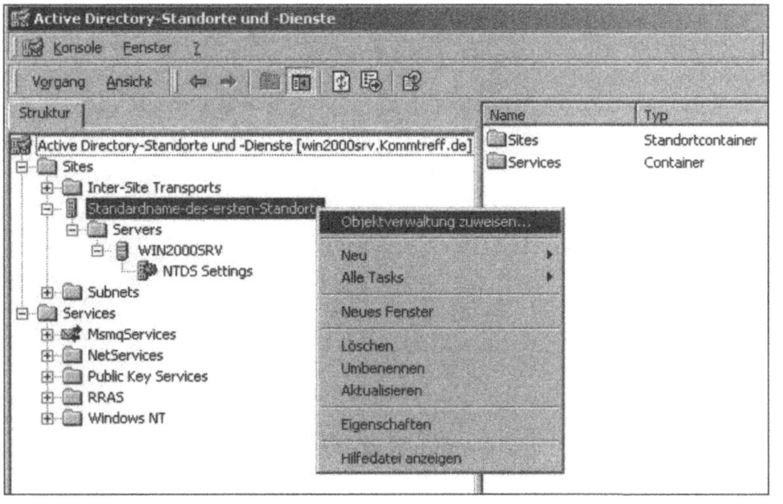

Abb. 98

Des Weiteren ist ein Subnet einzurichten. Dazu ist über Start | Programme | Verwaltung | AD-Standorte und -Dienste | Sites | rechte Maustaste über Subnets | Neues Subnet auszuwählen. Hier sind jetzt Subnetzadresse, Subnetzmaske einzutragen und der Standort auszuwählen, der diesem Subnetz zugeordnet werden soll.

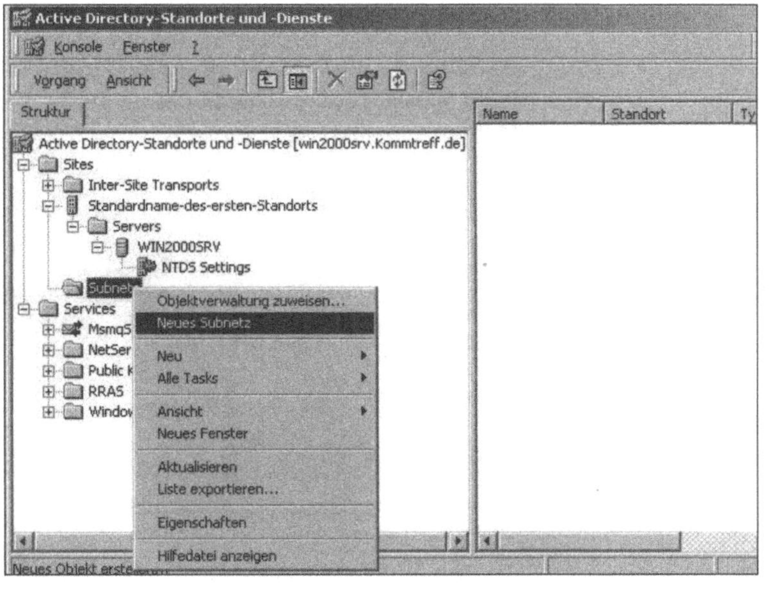

Abb. 99

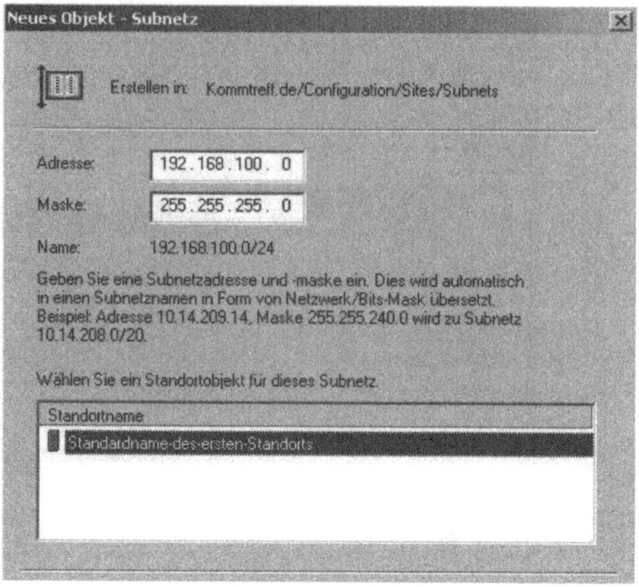

Abb. 100

Über Start | Programme | Verwaltung | AD-Standorte und -Dienste | Sites | Subnets | rechte Maustaste über dem Subnetz | Eigenschaften ist nun noch das Subnetz dem Standort zuzuordnen.

Ein anderer Lizenzierungscomputer ist über Start | Programme | Verwaltung | AD-Standorte und -Dienste | Sites | Standort | rechte Maustaste auf Lizenzierungsstandorteinstellungen | Eigenschaften | Ändern einzustellen.

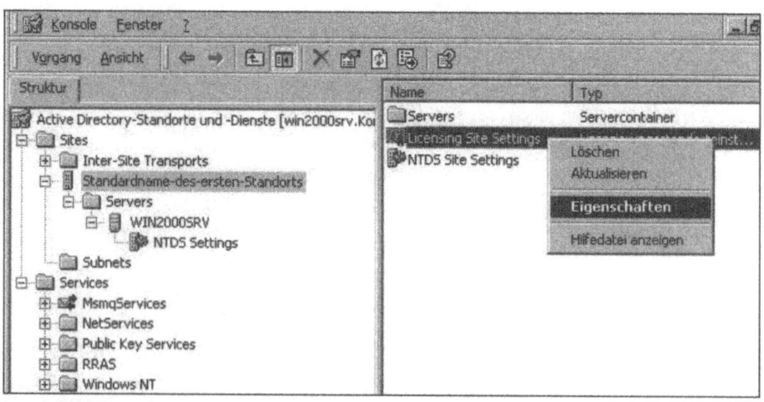

Abb. 101

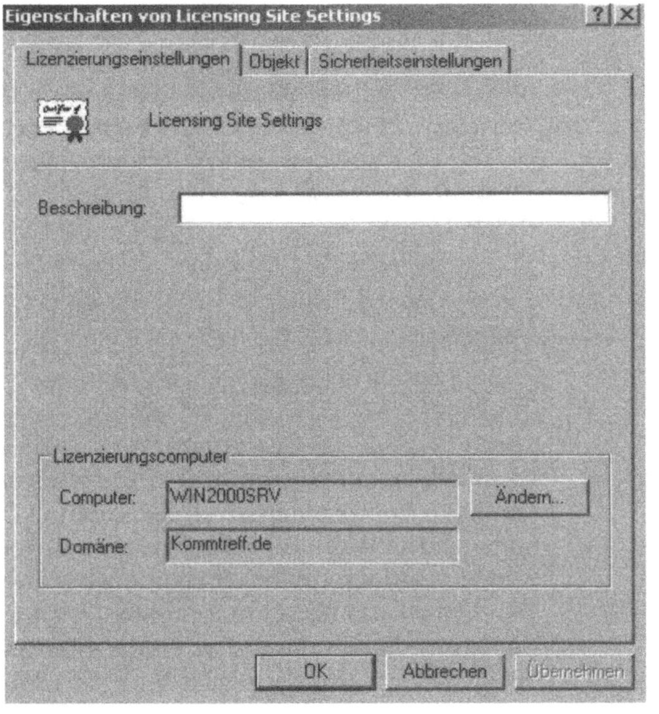

Abb. 102

Replikation:

Verzeichnisinformationen (Informationen, die in AD enthalten sind) sollten für alle Computer und Dienste jederzeit, auch domänenübergreifend, zur Verfügung stehen. Dazu ist es notwendig, dass diese Informationen auf Domänen-Controllern zur Verfügung stehen. Mittels der Replikation werden alle diese Daten zwischen DC's ausgetauscht. Dabei sollte der verursachte Netzwerkverkehr berücksichtigt werden. Verwendete Routen zur Replikation werden von Win2000 automatisch geprüft, und es wird immer die effizienteste Route zur Replikation verwendet.

Standortverknüpfungen sind Netzwerkverbindungen, anhand derer AD erkennen kann, wo Verbindungsobjekte erstellt werden müssen, die dann die Verzeichnisinformationen austauschen. Mehrere Standortverknüpfungen sollten zu Standortverknüpfungsbrücken zusammengefasst werden, da so eine größere Verfügbarkeit von Verbindungen erreicht werden kann. Verbindungen innerhalb eines Standortes werden aut. erzeugt. Verbindungen zu anderen Standorten müssen explizit eingerichtet werden.

Nur wenn der Standort sich schon in einer Standortverknüpfung befindet und über einen DC verfügt, wird auch eine Verbindung zum anderen Standort aut. erzeugt. Nur wenn Verbindungen (sog. Verbindungsobjekte) vorhanden sind, kann eine Replikation eingerichtet werden. DC's werden nach der Installation des ersten DC's aut. dem ersten Standort zugeordnet, wenn nicht ein anderer Standort angegeben wird. Der erste zu installierende DC wird jedoch immer dem Standort STANDARDNAME-DES-ERSTEN-STANDORTS zugeordnet. Danach können weitere DC's in diesem Standort installiert und an andere Standorte verschoben werden.

Eine Standortverknüpfung wird über Start | Programme | Verwaltung | AD-Standorte und -Dienste | Sites | Inter-Site Transport | rechte Maustaste über dem entspr. Protokoll | Neue Standortverknüpfung erstellt. In der folgenden Dialogbox ist der Name der Verbindung anzugeben, und es sind min. zwei Standorte auszuwählen, die verbunden werden sollen. Soll SMTP verwendet werden, muss SMTP auf allen DC's installiert sein und eine Organisationszertifizierungsstelle muss vorhanden sein. Die Standortverknüpfung teilt AD die verfügbaren Verbindungen mit und welche davon bevorzugt sind, sowie wie viel Bandbreite zur Verfügung steht (Die Replikationszeiten und die Replikationsverbindung werden von AD danach ausgewählt).

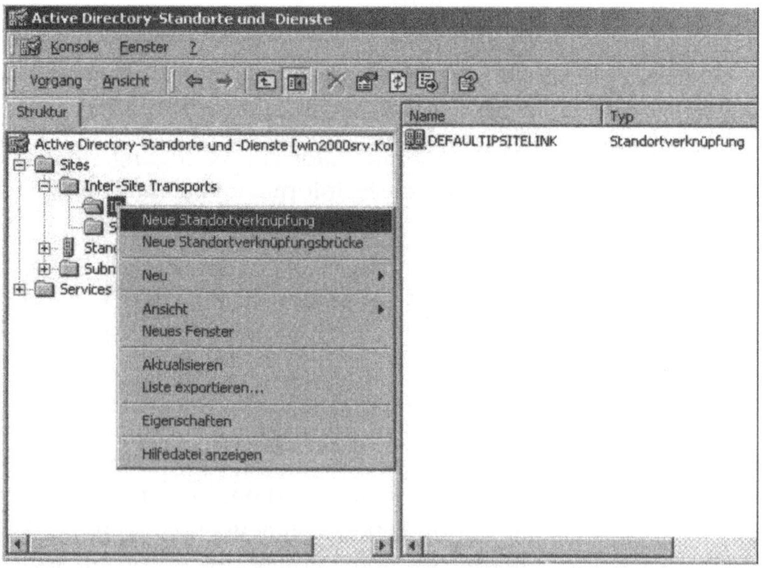

Abb. 103

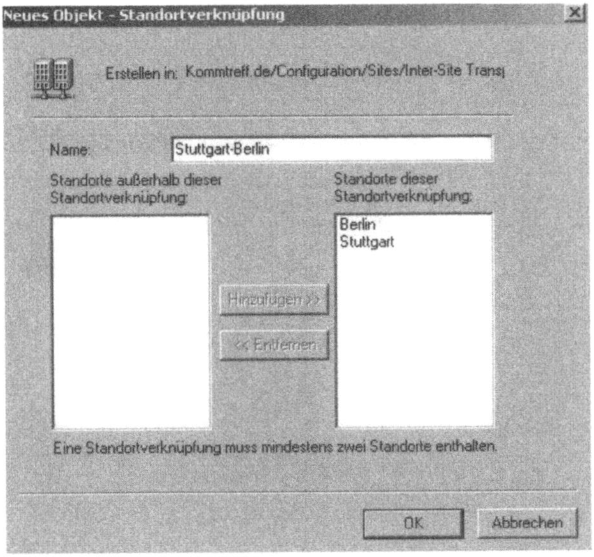

Abb. 104

Eine Standortverknüpfungsbrücke wird über Start | Programme | Verwaltung | AD-Standorte und -Dienste | Sites | Inter-Site Transports | Protokoll | rechte Maustaste | Neue Standortverknüpfungsbrücke erstellt. Der Name der Verknüpfungbrücke muss in der nächsten Dialogbox eingegeben werden und min. zwei zu überbrückende Verknüpfungen sind auszuwählen.

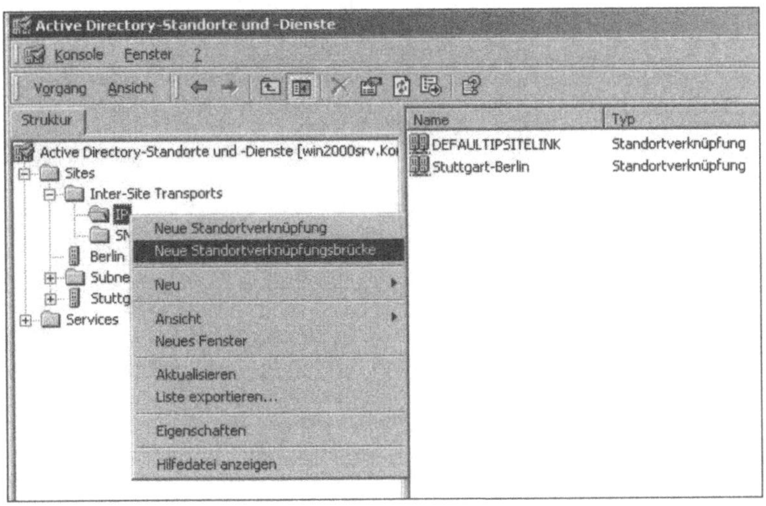

Abb. 105

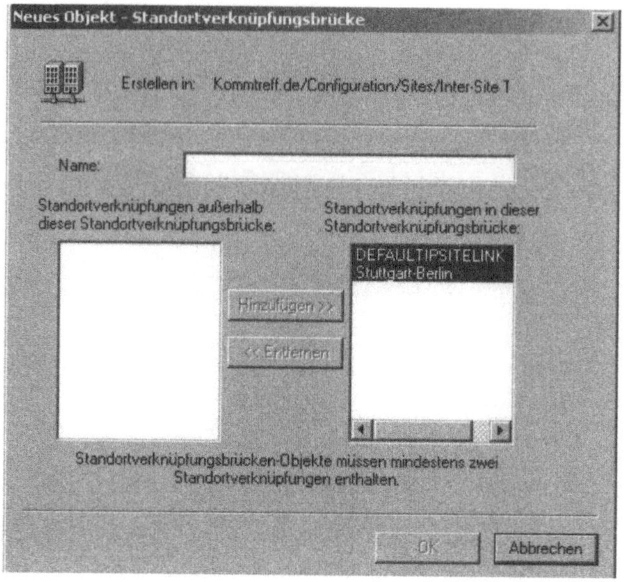

Abb. 106

Um einen Zeitplan für die Replikation zu erstellen, sind über Start | Programme | Verwaltung | AD-Standorte und -Dienste | Sites | Inter-Site Transports | Protokoll | rechte Maustaste über der Verknüpfung | Eigenschaften | Schaltfläche ZEITPLAN ÄNDERN die entsprechenden Einstellungen zu machen.

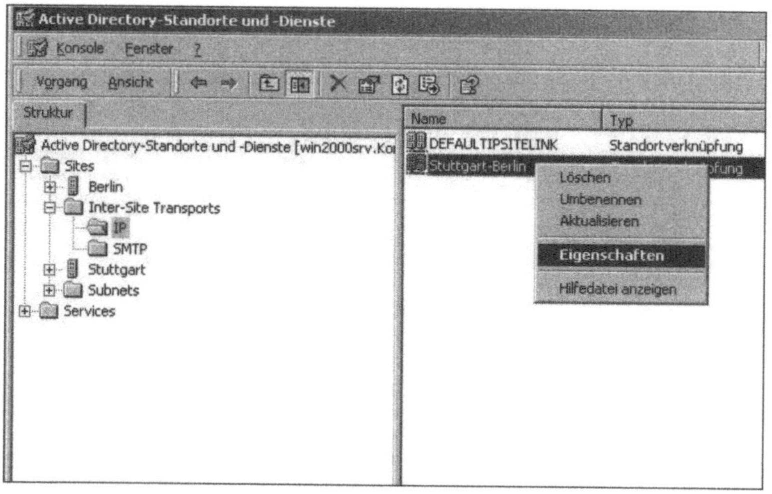

Abb. 107

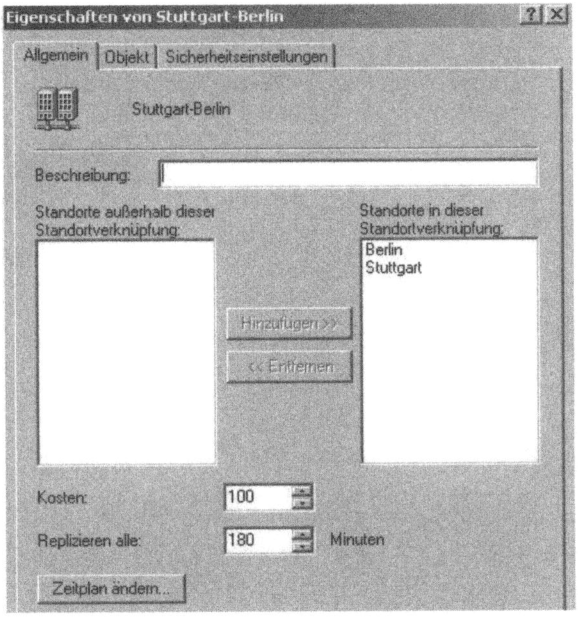

Abb. 108

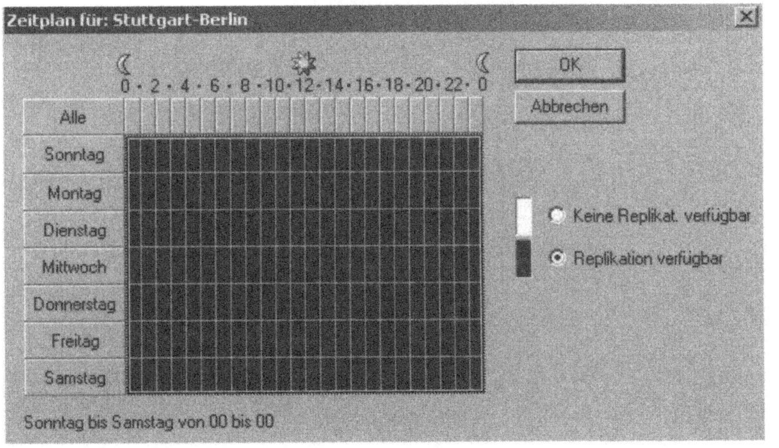

Abb. 109

Die Frequenz, mit der Replikationen über die Standortverknüpfung geleitet werden, wird wie folgt festgelegt: Start | Programme | Verwaltung | AD-Standorte und -Dienste | Sites | Inter-Site Transports | Protokoll | rechte Maustaste über der Verknüpfung | Eigenschaften | im Feld „Replizieren alle“ die gewünschten Einstellungen treffen.

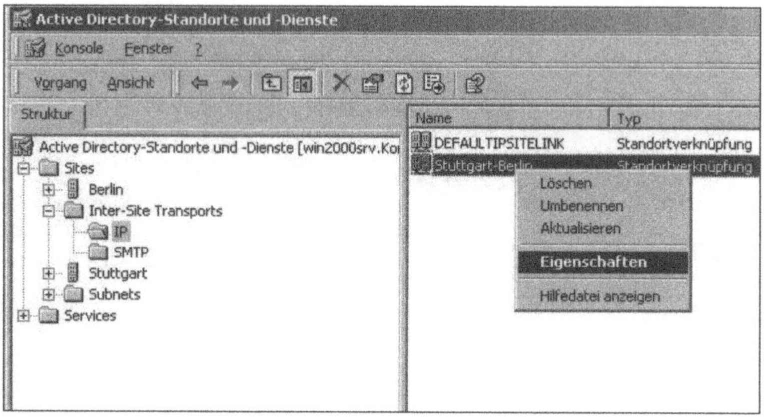

Abb. 110

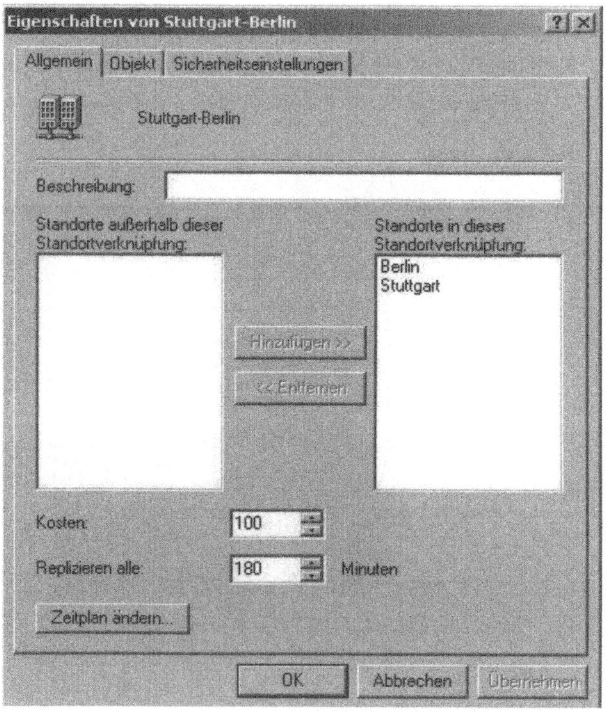

Abb. 111

Eine Brücke zwischen allen Standortverknüpfungen kann über Start | Programme | Verwaltung | AD-Standorte und -Dienste | Sites | Inter-Site Transports | rechte Maustaste über dem Verzeichnis des Protokolls | Eigenschaften erstellt werden.

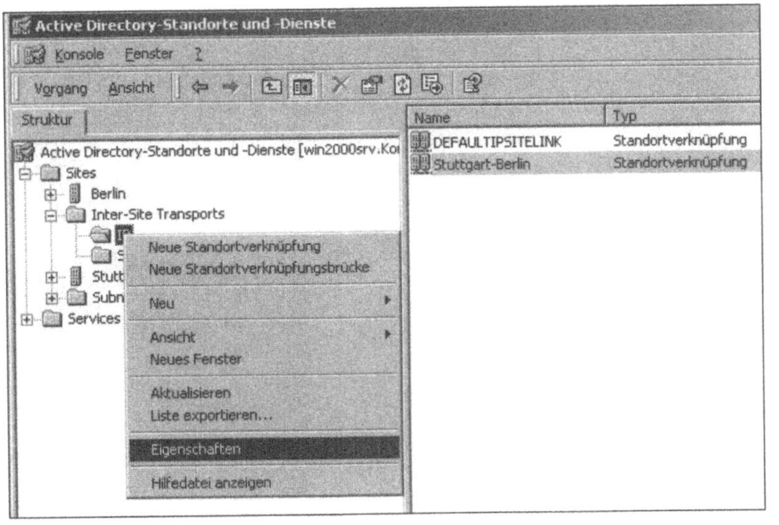

Abb. 112

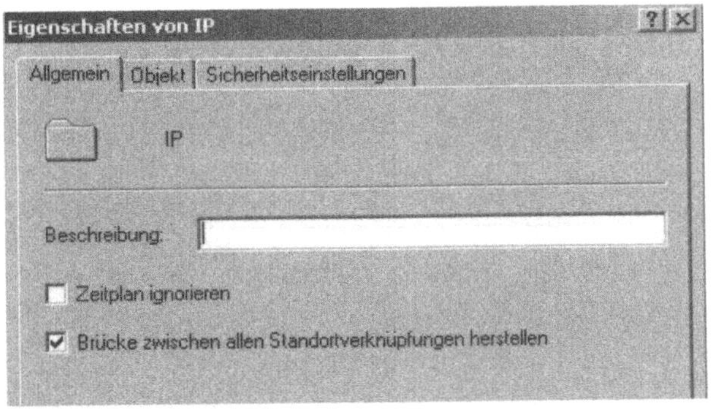

Abb. 113

Eine neue Standortverknüpfung kann einem Standort über Start | Programme | Verwaltung | AD-Standorte und -Dienste | Sites | Inter-Site Transports | Protokoll | rechte Maustaste über der Verknüpfung | Eigenschaften hinzugefügt werden.

Wenn eine Verbindung manuell hinzugefügt oder konfiguriert werden soll, muss über Start | Programme | Verwaltung | AD-Standorte und -Dienste | Sites | Standort mit dem Domänen-Controller | Server | Domänen-Controller | NTDS-Einstellungen | Neue Active Directory-Verbindung diese Verbindung angelegt werden. Verbindungen werden von AD aut. erstellt. Manuell sollte eine Verbindung nur dann eingerichtet/gelöscht werden, wenn sie unbedingt benötigt wird.

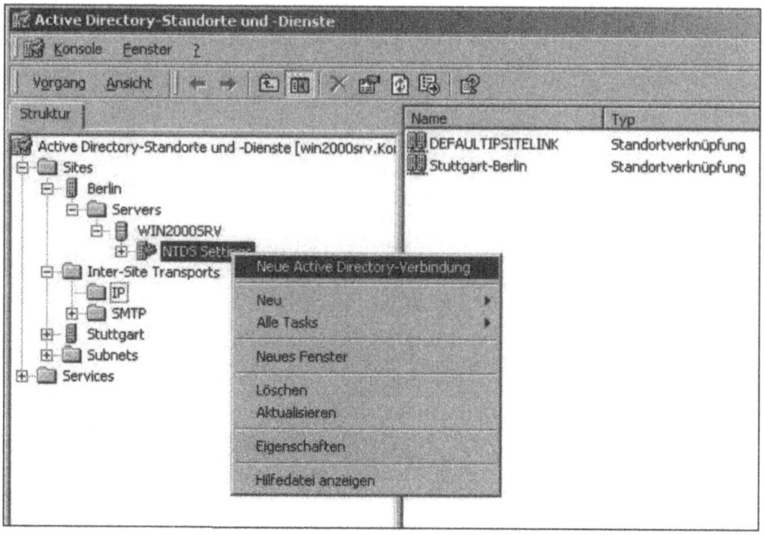

Abb. 114

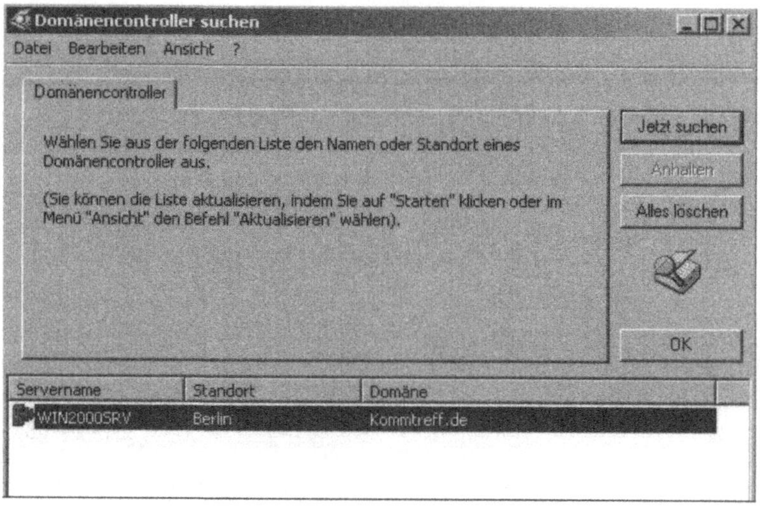

Abb. 115

Die Replikation über eine Verbindung kann über Start | Programme | Verwaltung | AD-Standorte und -Dienste | Sites | Standort mit der Verbindung | Server | Domänen-Controller | NTDS-Einstellungen | rechte Maustaste über der Verbindung | Jetzt replizieren erzwungen werden.

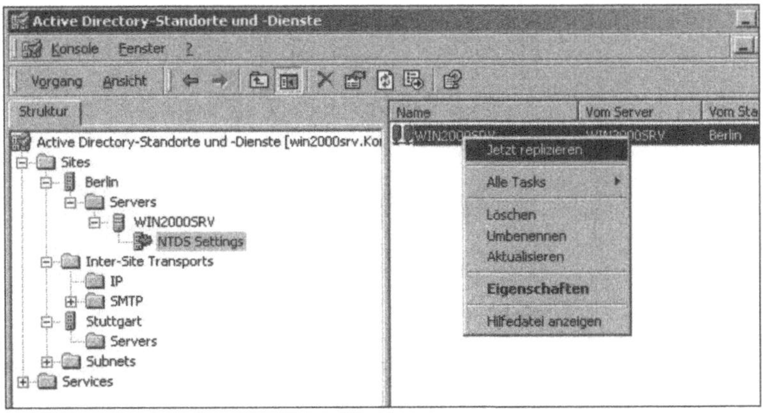

Abb. 116

Veröffentlichen von freigebenen Verzeichnissen:

Über Start | Programme | Verwaltung | AD-Benutzer und -Computer | Domäne | rechte Maustaste über dem Verzeichnis, in dem das freigegebene Verzeichnis veröffentlicht werden soll | Neu | Freigegebener Ordner kann ein Verzeichnis veröffentlicht werden. In der folgenden Dialogbox sind Verzeichnisname und UNC-Pfad zum Verzeichnis einzugeben.

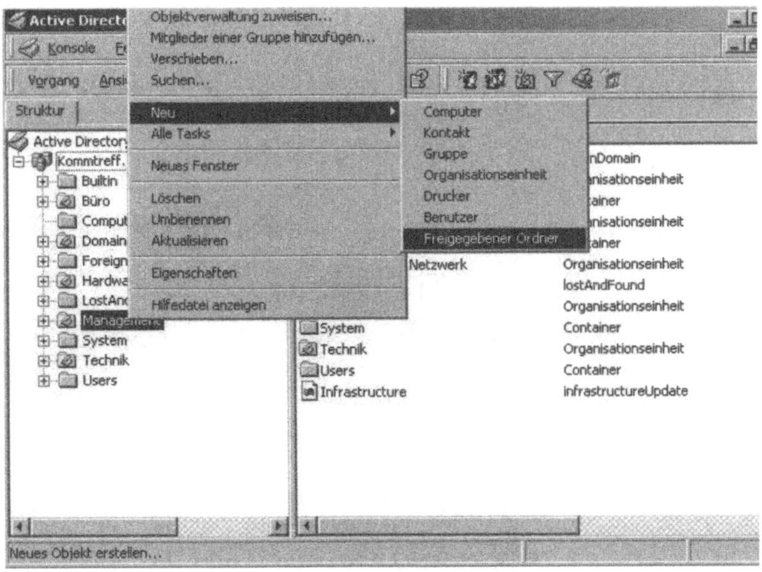

Abb. 117

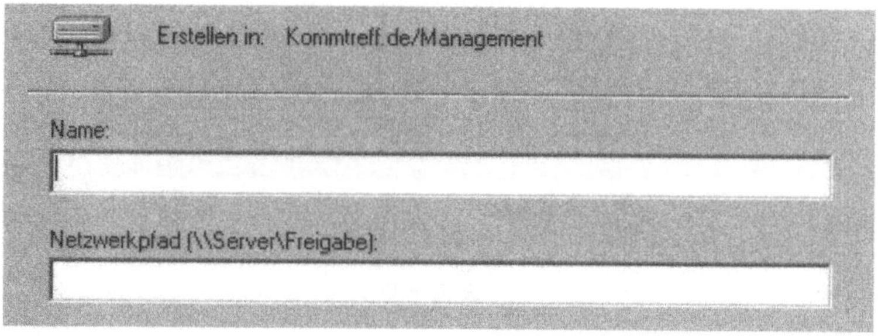

Abb. 118

Ebenso ist mit anderen Ressourcen zu verfahren, die veröffentlicht werden sollen.

Installation von AD:

Domänen-Controller und Mitglieds-Server konnten bei NT4 nicht mehr verändert werden, wenn sie als solche installiert waren. Nur eine Neuinstallation konnte die Konfiguration verändern. Unter Win2000 ist es aber möglich, über den Assistenten zur Installation von Active Directory (dcpromo.exe), einen Mitglieds-Server zu einem Domänen-Controller umzuwandeln. Voraussetzung: ein DHCP-Server und ein DNS-Server müssen im Netz vorhanden sein (der DNS kann aber auch bei der Installation von Active Directory noch mitinstalliert werden).

Active Directory kann über Start | Programme | Verwaltung | Konfiguration des Servers installiert werden. Der Server kann weiter zum Datei-Server, Druck-Server, Web-/Media-Server oder Anwendungs-Server ausgebaut werden. Auch der Aufbau eines DNS- bzw. DHCP-Servers ist hier über NETZWERK möglich.

Abb. 119 Windows 2000-Server konfigurieren

Active Directory über dcpromo installieren:

- DCPROMO.EXE über AUSFÜHREN starten.
- Informationsbildschirm bestätigen.
- DOMÄNEN-CONTROLLER FÜR NEUE DOMÄNE oder ZUSÄTZLICHER DOMÄNEN-CONTROLLER FÜR EINE BESTEHENDE DOMÄNE auswählen.
- NEUE DOMÄNENSTRUKTUR ERSTELLEN oder NEUE UNTERGEORDNETE DOMÄNENSTRUKTUR IN EINER BESTEHENDEN DOMÄNENSTRUKTUR EINRICHTEN auswählen.
- NEUE GESAMTSTRUKTUR AUS DOMÄNENSTRUKTUR ERSTELLEN oder DIESE NEUE DOMÄNENSTRUKTUR IN EINE BESTEHENDE GESAMTSTRUKTUR EINGLIEDERN auswählen.
- DNS-Namen für die neue Domäne eingeben.
- NetBIOS-Domänennamen angeben.
- Verzeichnis für das ACTIVE DIRECTORY und das ACTIVE DIRECTORY LOG (Protokolldatei) angeben.
- Bereich angeben, auf dem SYSVOL abgelegt werden soll.

Jetzt kann noch ein DNS-Server aut. auf dem gleichen Server installiert werden (besser aber auf einem anderen Server manuell einrichten).

Unterschiede von Arbeiten in Win NT4 und Win2000:

Aufgabe	Windows NT 4.0	Windows 2000
Installieren eines Domänencontrollers	Windows Setup	Assistent zum Installieren von Active Directory (AD)
Verwalten von Benutzerkonten und Gruppen	Benutzer-Manager	AD-Benutzer und -Computer
Verwalten von Computerkonten	Server-Manager	AD-Benutzer und -Computer
Hinzufügen eines Computers zu einer Domäne	Server-Manager	AD-Benutzer und -Computer
Verwalten von Kontorichtlinien	Benutzer-Manager	AD-Benutzer und -Computer

Aufgabe	Windows NT 4.0	Windows 2000
Verwalten von Benutzerrechten	Benutzer-Manager	AD-Benutzer und -Computer
Verwalten von Überwachungsrichtlinien	Benutzer-Manager	AD-Benutzer und -Computer
Erstellen oder Verwalten von Vertrauensstellungen	Benutzer-Manager	AD-Domänen und -Vertrauensstellungen

Schnellübersicht zum Arbeiten mit AD:

Einrichten von Benutzerkonten und -Gruppen

Start | Programme | Verwaltung | AD-Benutzer und -Computer

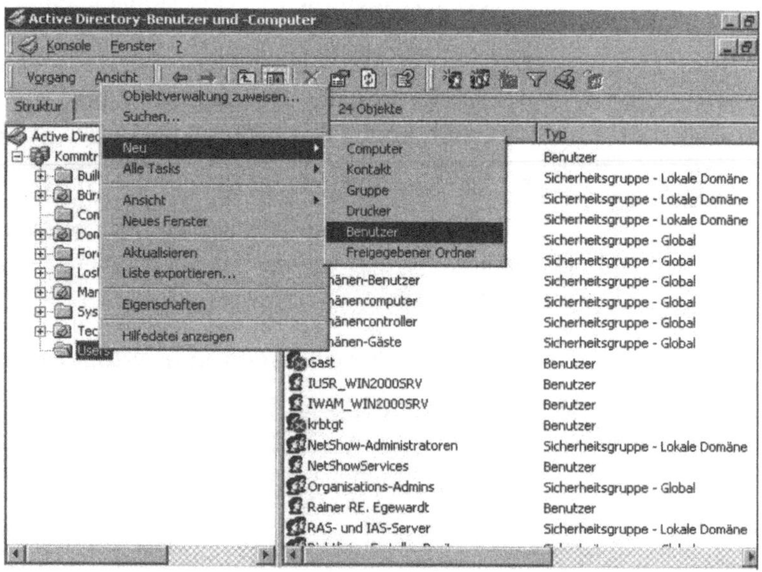

Abb. 120 Einrichten von Benutzern

Einrichten und Verwalten von Computerkonten in der Domäne

Start | Programme | Verwaltung | AD-Benutzer und -Computer

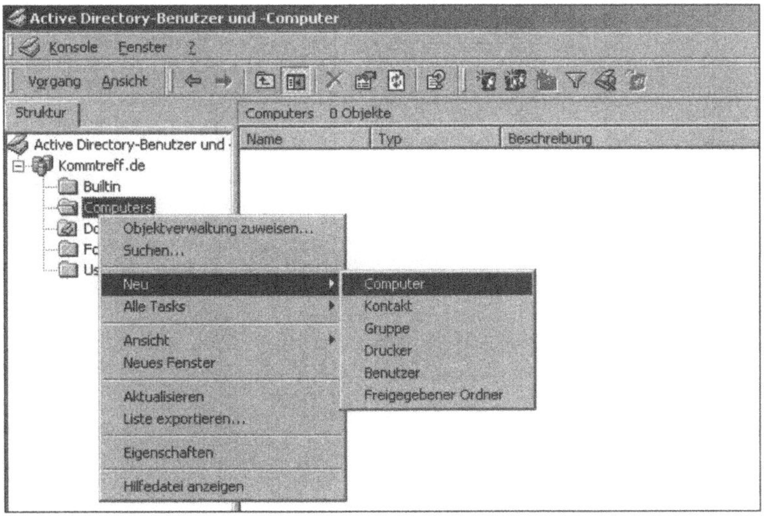

Abb. 121

Kontenrichtlinien

Start | Programme | Verwaltung | AD-Sicherheitsrichtlinien für Domänen

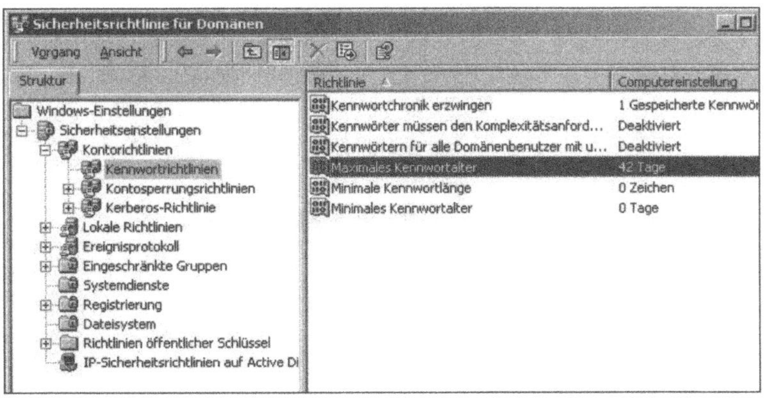

Abb. 122 Sicherheitsrichtlinien für Domänen-Kontorichtlinien

Verwalten von Benutzerrechten

Start | Programme | Verwaltung | AD-Sicherheitsrichtlinien für Domänen

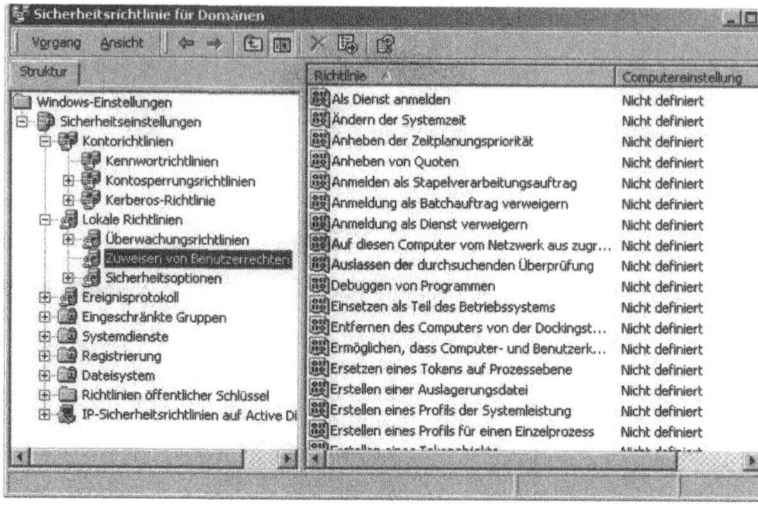

Abb. 123 Sicherheitsrichtlinien für Domänen-Benutzerrechte

Verwalten von Überwachungsrichtlinien

Start | Programme | Verwaltung | AD-Sicherheitsrichtlinien für Domänen

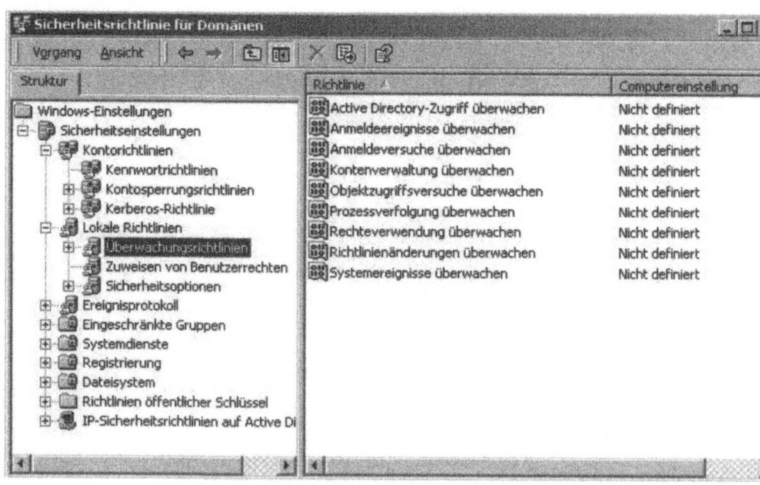

Abb. 124 Sicherheitsrichtlinien für Domänen-Überwachungsrichtlinien

Erstellen von Vertrauensstellungen

Start | Programme | Verwaltung | AD-Domänen und Vertrauensstellungen | Domäne selektieren | Eigenschaften

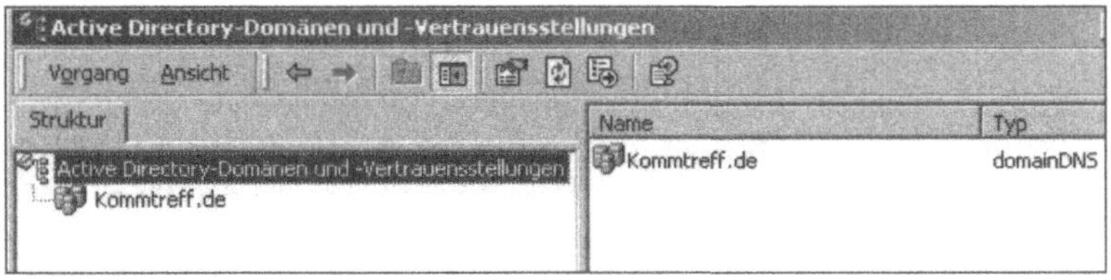

Abb. 125 Vertrauensstellungen Dialogbox 1

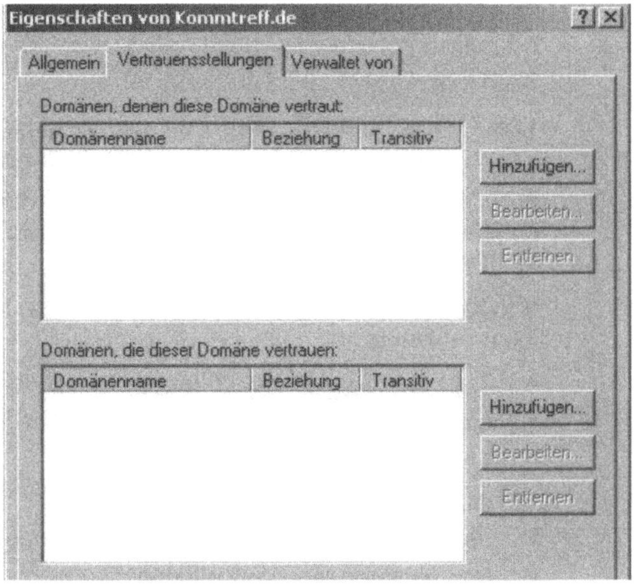

Abb. 126 Vertrauensstellungen Dialogbox 2

3.5.12 Domänen unter Win2000

Mehrere Domänen bilden eine Domänenstruktur, wobei jede Domäne über ihre eigenen Sicherheitsrichtlinien verfügt. Eine Gesamtstruktur setzt sich aus mehreren Einzelstrukturen zusammen, wobei Einzelstrukturen aus mehreren Einzeldomänen bestehen. Mittels Domänen kann ein Netzwerk des Unternehmens entsprechend strukturiert werden. Informationen zu den in der Domäne enthaltenen Objekten werden ausschließlich in dieser Domäne gespeichert. Vertrauensstellungen ermöglichen den domänenübergreifenden Zugriff. Einzelne Domänen können mehrere Standorte beinhalten. Domänen können im gemischten Modus ausgeführt werden (Win NT4-Domänen-Controller sind im

Netzwerk enthalten) oder im einheitlichen Modus (nur Win2000-Domänen-Controller sind im Netzwerk enthalten).

Domänen können in AD hierarchisch angeordnet werden, wobei die oberste Domäne die Stammdomäne bildet. Domänen, die im selben Stamm angeordnet sind, bilden Unterdomänen, die aber im selben NameSpace enthalten sind. Die Organisationseinheit (OU (AD-Container)) bildet die oberste Ebene, in der Verzeichnisobjekte (Benutzer, Gruppen, Computer, andere Organisationseinheiten) definiert werden können. Gruppenrichtlinien oder Administratorrechte können direkt an Organisationseinheiten vergeben werden.

Vertrauensstellungen sind in einer Struktur bidirektional und transitiv. Neu eingerichtete Domänen verfügen aut. über Vertrauenstellungen in der Struktur. Benutzer können in allen Domänen authentifiziert werden. Rechte / Berechtigungen für diese Benutzer müssen separat erstellt werden.

Win2000-Domänen in einer Gesamtstruktur haben folgende Gemeinsamkeiten:

- Transitive Vertrauensstellungen zwischen den Domänen,
- transitive Vertrauensstellungen zwischen den Domänenstrukturen,
- gemeinsames Schema,
- die gleichen Konfigurationsinformationen,
- den gleichen globalen Katalog.

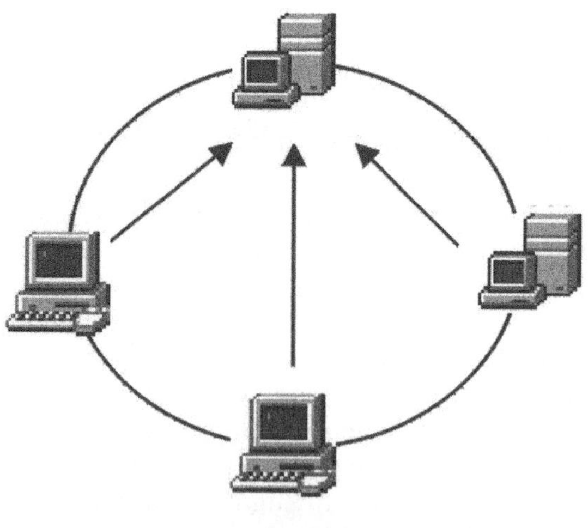

Abb. 127 Einzelne Domäne

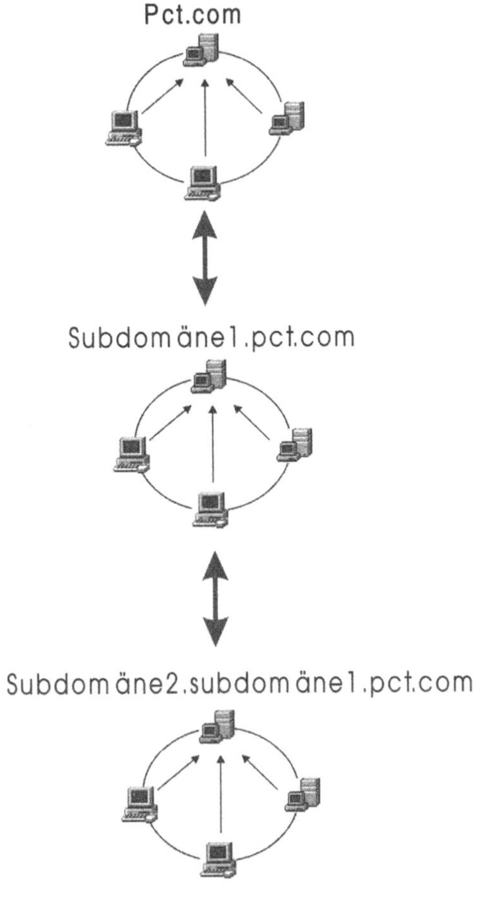

Abb. 128 Domänen-Struktur mit DNS-NameSpace und bidirektionalen transitiven Vertrauensstellungen

Vertrauensstellungen können immer nur zwischen zwei Domänen aufgebaut werden. Vertrauensstellungen können

- unidirektional,
- bidirektional,
- transitiv,
- nichttransitiv

sein.

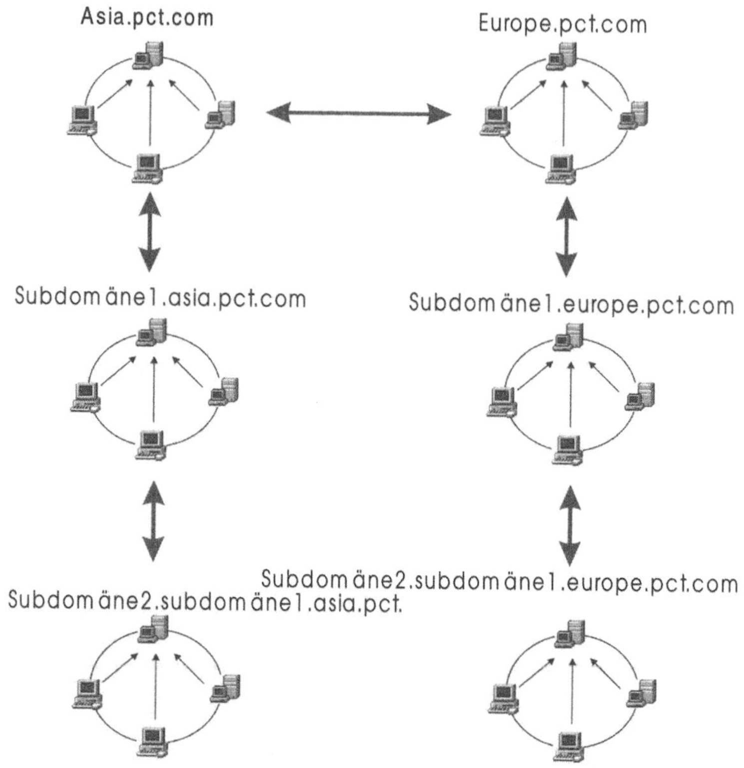

Abb. 129 Domänen-Gesamtstruktur mit DNS-NameSpace und bidirektionalen transitiven Vertrauensstellungen

Unidirektionale Vertrauensstellungen gehen nur in eine Richtung (DomA vertraut DomB).

Unidirektionale Vertrauensstellungen sind nicht transitiv.

Bidirektionale Vertrauensstellungen gehen in beide Richtungen (DomA vertraut DomB, DomB vertraut DomA). Bidirektionale Vertrauensstellungen sind transitiv.

Zwischen Domänen einer Gesamtstruktur unter Win2000 bestehen grundsätzlich transitive Vertrauensstellungen. Diese sind immer bidirektional und werden aut. zwischen neuen Domänen in einer Gesamtstruktur erstellt, können aber auch manuell eingerichtet werden. Transitive Vertrauensstellungen können nur zwischen Win2000-Domänen derselben Gesamtstruktur bestehen.

Vertrauensstellungen, die nicht transitiv sind, beziehen sich nur auf zwei beteiligte Domänen. Diese müssen meistens manuell eingerichtet werden. Wird von Win NT4 auf Win2000 aufgerüstet, bleiben unter NT eingerichtete Vertrauensstellungen enthalten. Zwischen Win NT4- und Win2000-Domänen sind Vertrauensstellungen nicht transitiv. Ebenso zwischen Win2000-Domänen, die nicht in der gleichen Gesamtstruktur enthalten sind.

Manuelle Vertrauensstellungen werden unter AD-Domänen- und -Vertrauensstellungen verwaltet.

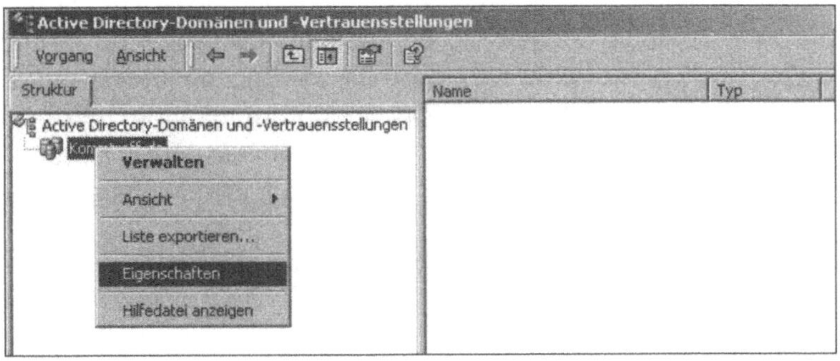

Abb. 130

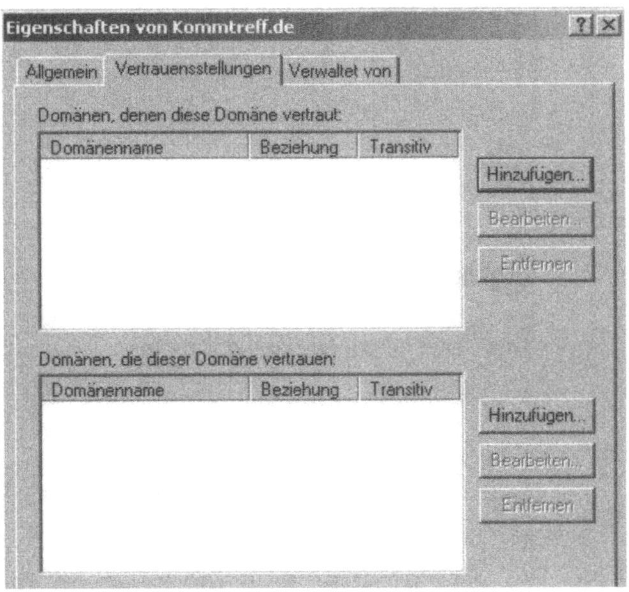

Abb. 131

Manuelle Vertrauensstellungen sind entweder externe Vertrauensstellungen oder verknüpfte Vertrauensstellungen. Externe Vertrauensstellungen bestehen zwischen Domänen, die nicht der gleichen Gesamtstruktur angehören. Verknüpfte Vertrauensstellungen bestehen zwischen Domänen der gleichen Gesamtstruktur und dienen dem Einrichten eines schnellen Vertrauenspfades zwischen den beteiligten Domänen (Leistungsoptimierung).

Standorte:

Standorte bezeichnen die physische Struktur des Netzwerkes. Domänen bezeichnen die logische Struktur. AD unterstützt mehrere Domänen an einem Standort und mehrere Standorte in einer Domäne. Standortinformationen können über AD-Standorte und -Dienste konfiguriert werden.

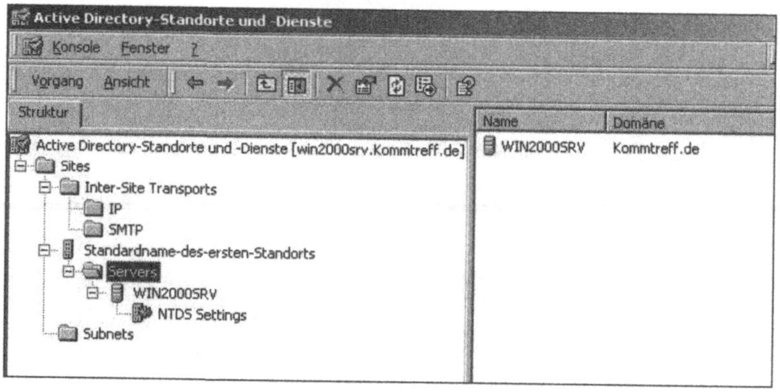

Abb. 132

3.5.13 Computerverwaltung

Das Tool Computerverwaltung:

Mit dem Tool „Computerverwaltung“ (Start | Programme | Verwaltung) kann die gesamte Verwaltung von lokalen und Remote-Computern ermöglicht werden. Im Einzelnen sind folgende Aufgaben mit der Computerverwaltung zu erledigen:

- Erstellen und Verwalten von Freigaben,
- Anzeigen einer Liste von Benutzern, die mit einem lokalen Computer bzw. einem Remotecomputer verbunden sind,
- Starten und Beenden von Systemdiensten,

- Festlegen von Eigenschaften für Speichergeräte,
- Anzeigen von Gerätekonfigurationen und Hinzufügen neuer Gerätetreiber,
- Verwalten von Serveranwendungen und -diensten, wie DNS und DHCP,
- Überwachen von Systemereignissen wie Anmeldezeiten und Anwendungsfehler.

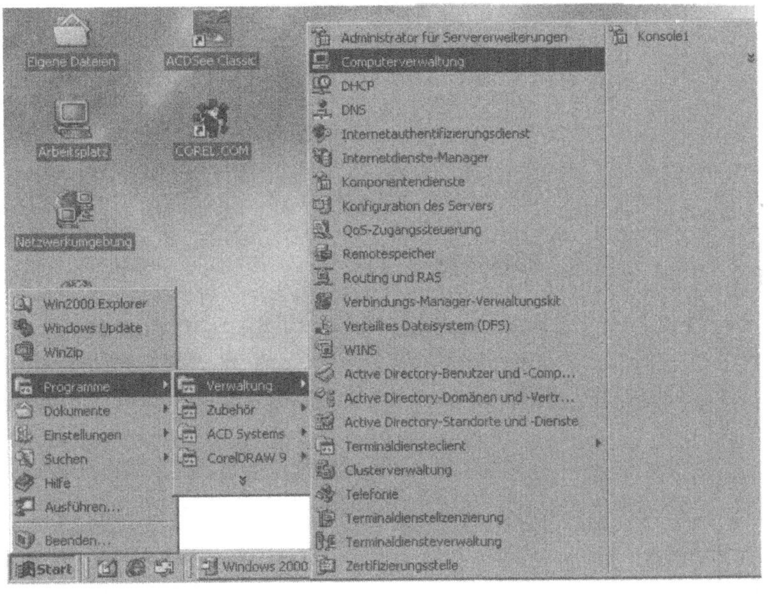

Abb. 133

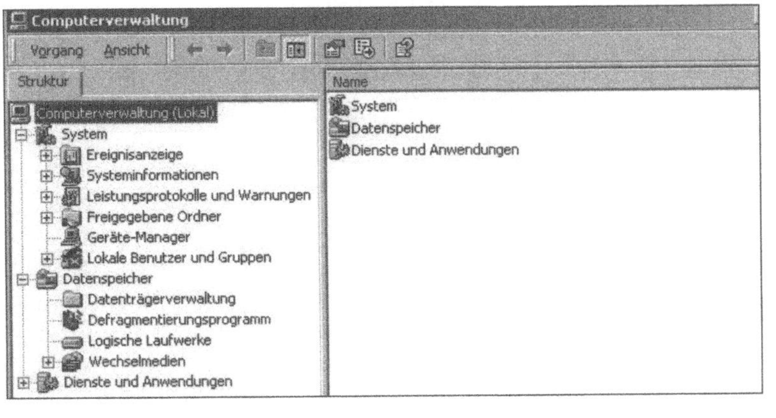

Abb. 134

Über WARNUNGEN UND SYSTEMPROTOKOLLE werden Protokolldateien konfiguriert, die die Systemleistung aufzeichnen.

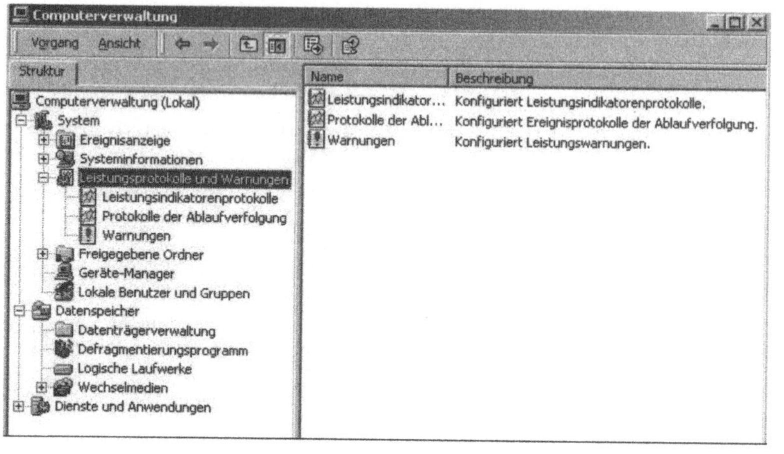

Abb. 135

Über LOKALE BENUTZER UND GRUPPEN können Benutzer und Gruppen verwaltet werden. Auf einem Domänen-Controllern ist dies aber nur über AD-Benutzer und -Computer möglich.

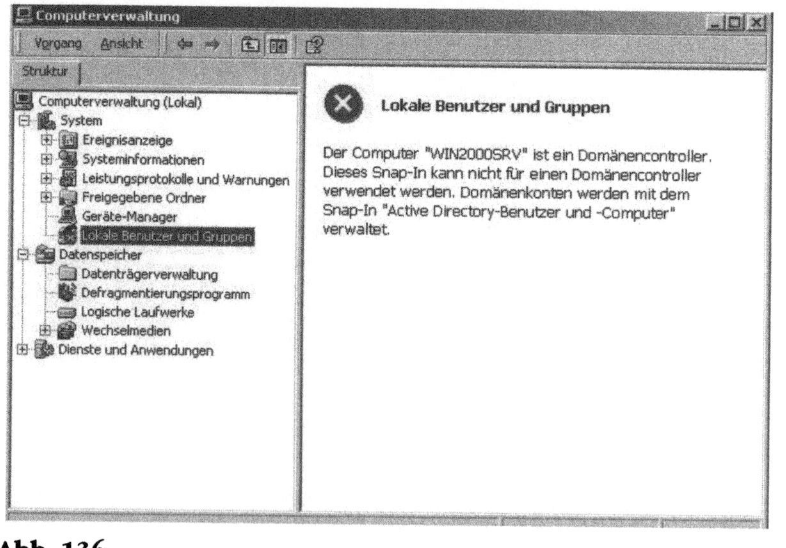

Abb. 136

Über SYSTEMINFORMATIONEN kann eine Zusammenstellung von Systeminformationen eingesehen werden.

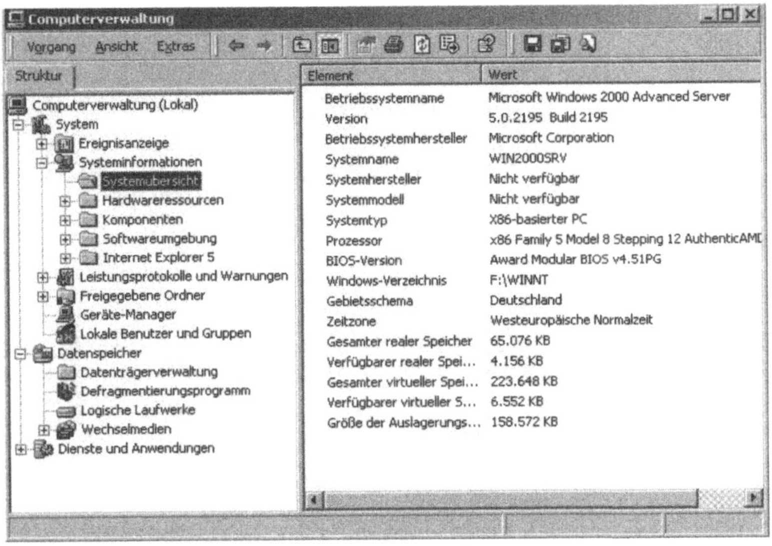

Abb. 137

Über FREIGEGEBENE ORDNER können die Eigenschaften und Zugriffsrechte von Freigaben bearbeitet werden.

GEÖFFNETE DATEIEN zeigt an, welche Dateien und Verzeichnisse auf einer Freigabe geöffnet sind.

SITZUNGEN zeigt an, welche Benutzer auf eine Freigabe gerade zugreifen. Hier können bestehende Verbindungen auch sofort beendet werden.

FREIGABEN verwaltet die freigegebenen Ressourcen.

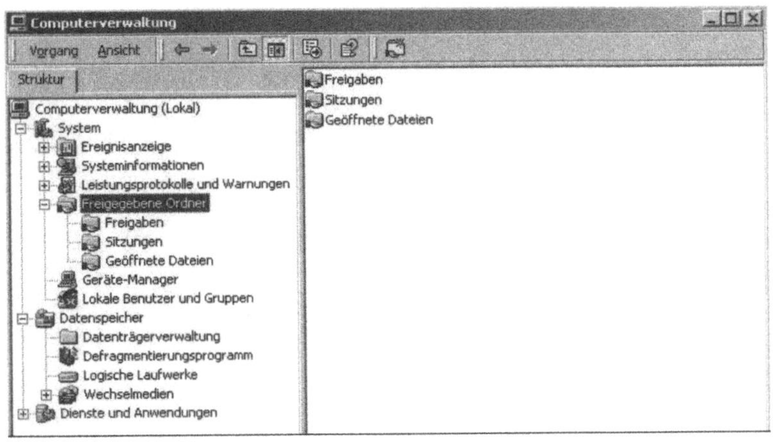

Abb. 138

Über die EREIGNISANZEIGE können Hard- und Softwareaktivitäten verfolgt werden.

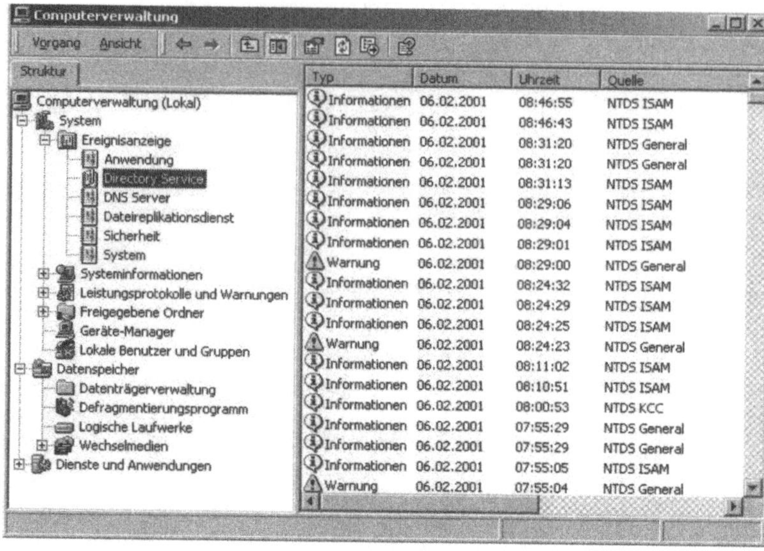

Abb. 139

Über den GERÄTE-MANAGER können Treiber neu installiert, Hardwarekonflikte erkannt werden oder es kann eingesehen werden, ob ein Gerät einwandfrei arbeitet.

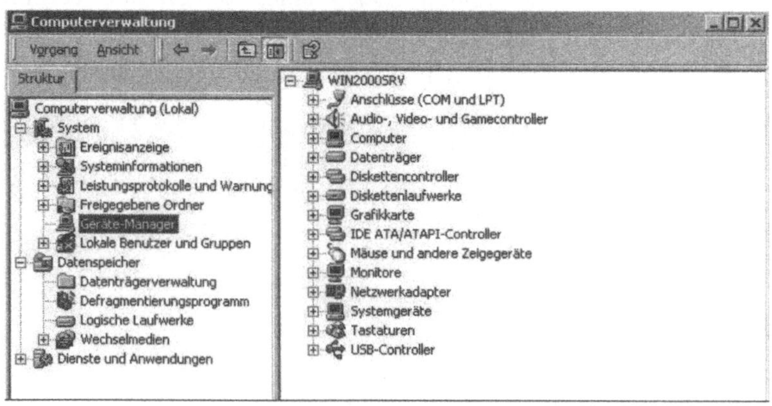

Abb. 140

Im DATENSPEICHER werden alle auf einem Computer installierten Speichergeräte angezeigt. Alle Eigenschaften der Speichergeräte können hier bearbeitet werden.

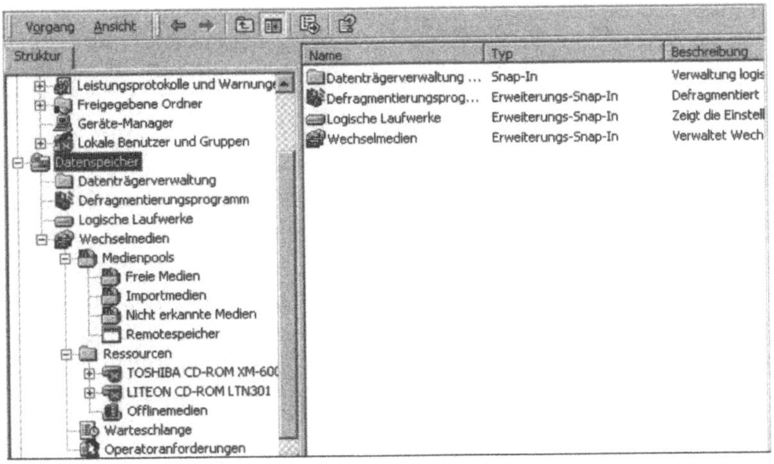

Abb. 141

Über ANWENDUNGEN UND DIENSTE können die Eigenschaften aller Dienste und Anwendungen eines Computers verwaltet werden. Folgende Dienste und Anwendungen sind dabei standardmäßig installiert:

- DNS
- DHCP
- Services für Macintosh
- Faxdienst
- RAS-Server
- Routingserver
- WINS

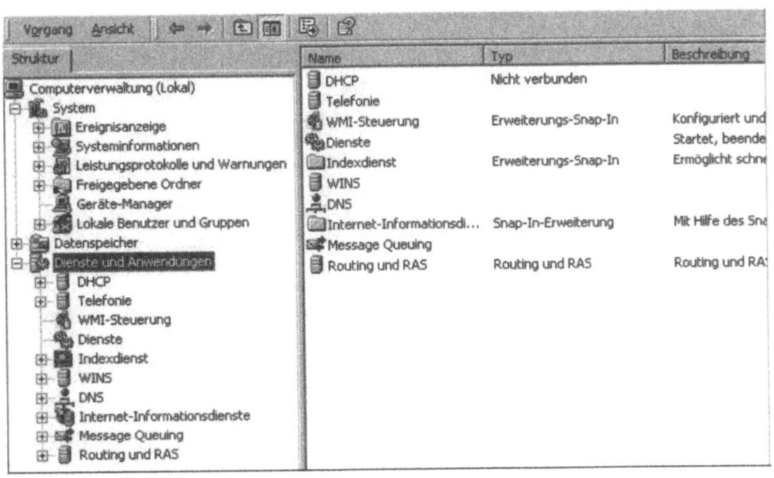

Abb. 142

Einrichten von Computerkonten und deren Eigenschaften:

Start | Programme | Verwaltung | AD-Benutzer- und -Computer.

Über Computerkonten werden Computer am Netzwerk authentifiziert, so dass Netzwerkzugriffe auf Domänenressourcen überwacht werden können. Nur für Win2000- oder Win NT-Computer können Computerkonten eingerichtet werden. Win95/98-Computer können nicht an den erweiterten Sicherheitsfunktionen über Computerkonten teilhaben. Benutzerkonten in Win2000-Domänen können nicht an Win95/98 zugewiesen werden,wenn sie nicht eine spezielle Client-Software installiert bekommen, um auf AD-Domänen zugreifen zu können.

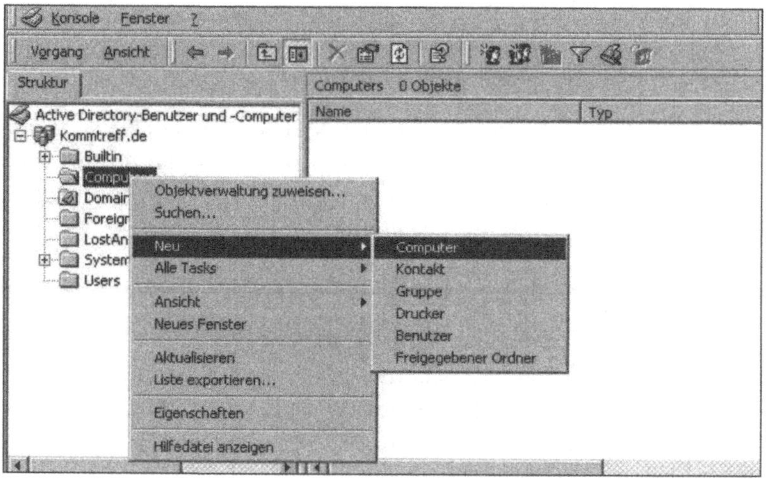

Abb. 143

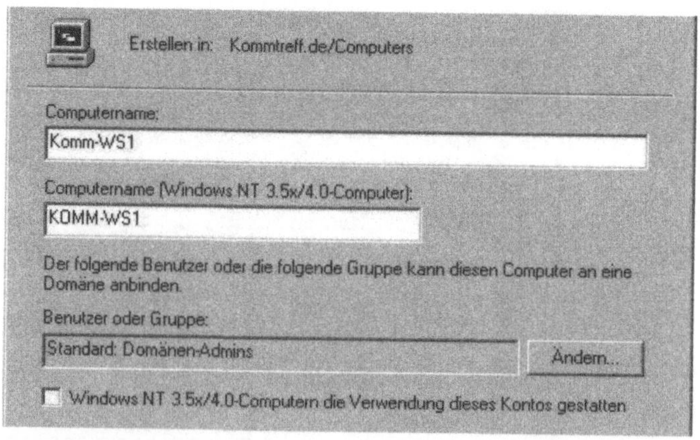

Abb. 144

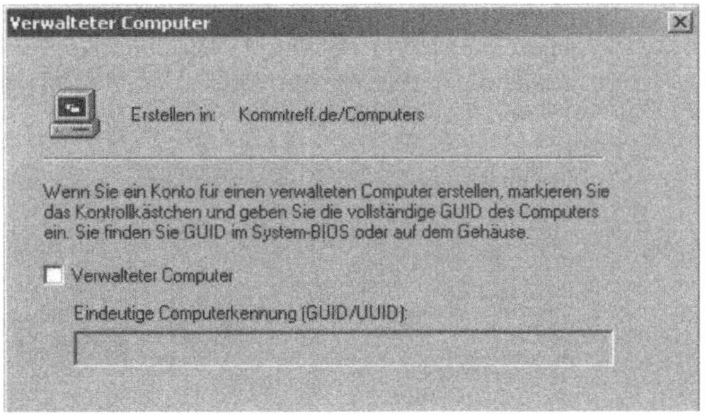

Abb. 145

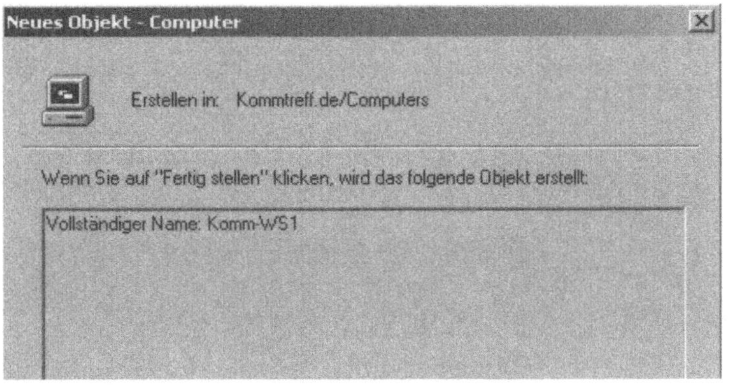

Abb. 146

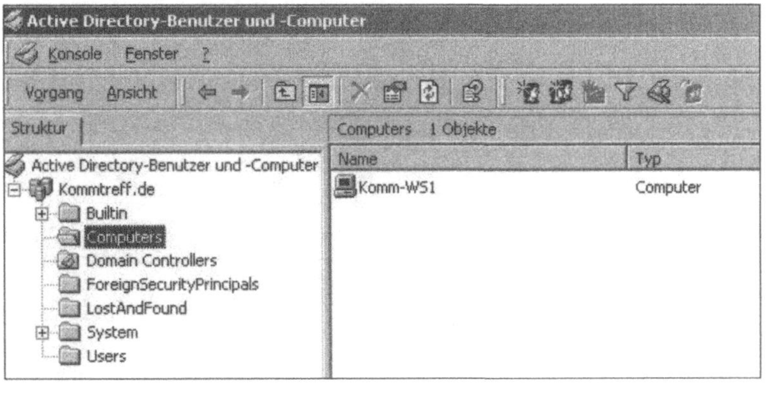

Abb. 147

Eigenschaften von Computerkonten werden unter Start | Programme | Verwaltung | AD-Benutzer- und -Computer | Verzeichnis Computer auswählen | rechte Maustaste über den Computer | Eigenschaften | bearbeitet.

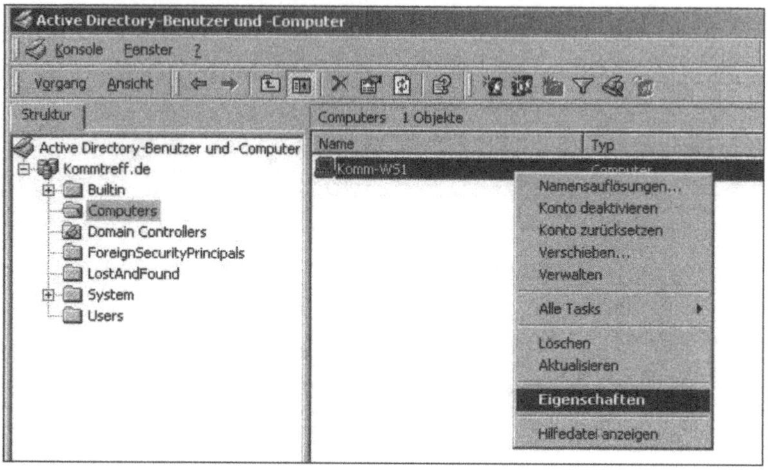

Abb. 148

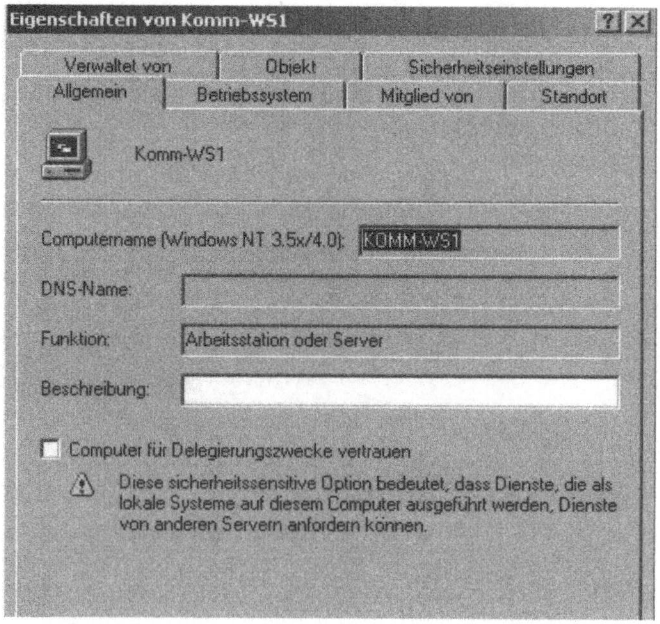

Abb. 149

Enterprise Memory Architecture:

Mit EMA können Anwendungen auf einem Server ausgeführt werden, die sehr speicherintensiv sind.

Dabei gibt es zwei Arten der Speichererweiterung: Anwendungs-speicher-Optimierung sowie Physical-Address-Extension (PAE). Beide Optionen müssen jeweils in der Boot.ini aktiviert werden, wenn sie zum Einsatz kommen sollen.

Anwendungs-Speicheroptimierung

Diese Art der Speicheroptimierung wird bei Computern verwendet, die mit 4–8 GB Arbeitsspeicher ausgestattet sind (4GT = 4GB-Tuning). Die Anwendung muss die Möglichkeit bieten, dieses Verfahren zu nutzen und auf dem Server ausgeführt werden. Hier wird dem Betriebssystem Arbeitsspeicher entzogen, um es der Anwendung zur Verfügung zu stellen.

Um diese Unterstützung im Betriebssystem zu aktivieren, muss in der Boot.ini ein Parameter (/3GB) hinzugefügt werden:
multi(0)disk(0)rdisk(0)partition(2)\WINNT="Windows 2000 Advanced Server" /3GB/basevideo/sos

Physical Address Extension (PAE) X86

Mit PAE kann zusätzlicher Speicher zum virtuellen Speicherbereich einer Anwendung zugefügt werden. Die Anwendung muss mit einer API (AWE, Address Windowing Extensions) ausgestattet sein. Des Weiteren bedingt PAE min. einen P-Pro-Prozessor, 4 GB phys. Speicher und Win2000-Adv.-Server.

Anwendungen, die nicht mit AWE ausgestattet sind, aber große Datenmengen bewegen (z. B. SQL-Server), profitieren ebenfalls von PAE, da Daten nicht ständig vom Datenträger nachgeladen werden müssen.

Um PAE zu aktivieren, muss in der Boot.ini dann der Eintrag /PEA zum ARC-Pfad hinzugefügt werden:
multi(0)disk(0)rdisk(0)partition(2)\WINNT="Windows 2000 Advanced Server" /PAE/basevideo/sos

Hardwareanforderungen für Enterprise Memory Architecture

- Physical Address Extension (PAE)
- X86 Pentium Pro-Prozessor oder höher
- Mindestens 4 Gigabyte (GB) Arbeitsspeicher
- 450 NX-Chipsatz und Unterstützung (oder kompatibel) oder höher

Hardwareanforderungen für Anwendungs-Speicheroptimierung (4-Gigabyte-Tuning, 4GT)

- Intel-Prozessor
- Mindestens 2 Gigabyte (GB) Arbeitsspeicher

Microsoft Management Console (MMC):

Die MMC ist kein eigenes Verwaltungstool, vielmehr ein Aufbewahrungsort vieler Verwaltungswerkzeuge.

In der MMC können Verwaltungsprogramme und Prozesse an einer Stelle in sog. Konsolen nach Belieben eingerichtet und verwaltet werden. Aufgaben und Programme können einzelnen Benutzern zugeordnet werden, indem vorkonfigurierte Konsolen erstellt werden. Des Weiteren sind in der MMC Verwaltungstools (sog. Snap-Ins) vorhanden, mit denen Computer, Dienste, Systemkomponenten und Netzwerke verwaltet werden können. Weitere Snap-Ins können hinzugefügt werden. Es können lokale sowie Remote-Computer mit der MMC verwaltet werden.

Viele Tools sind schon vorkonfiguriert, die unter Win2000-Pro unter VERWALTUNG, und unter Win2000-Server unter VERWALTUNG und unter PROGRAMME enthalten sind. Benutzerdefinierte Verwaltungstools können so erstellt und an Benutzer verteilt werden.

Snap-Ins zur MMC hinzufügen:

MMC öffnen unter Start | Ausführen | Eingabe von MMC

Im Menü KONSOLE auf Snap-In hinzufügen/entfernen klicken, im Dialogfeld Snap-In hinzufügen/entfernen auf HINZUFÜGEN klicken, Snap-In auswählen und auf HINZUFÜGEN klicken.

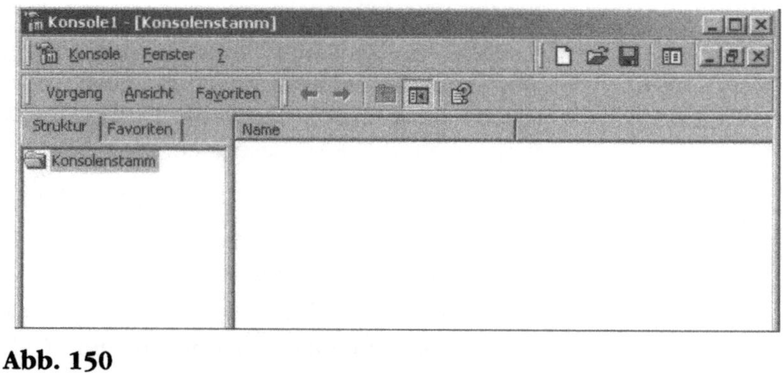

Abb. 150

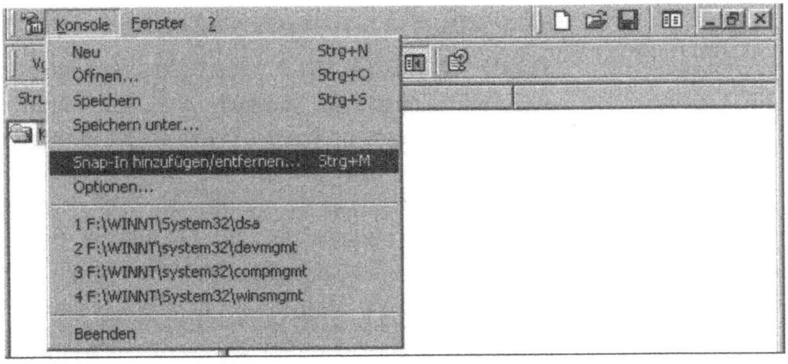

Abb. 151

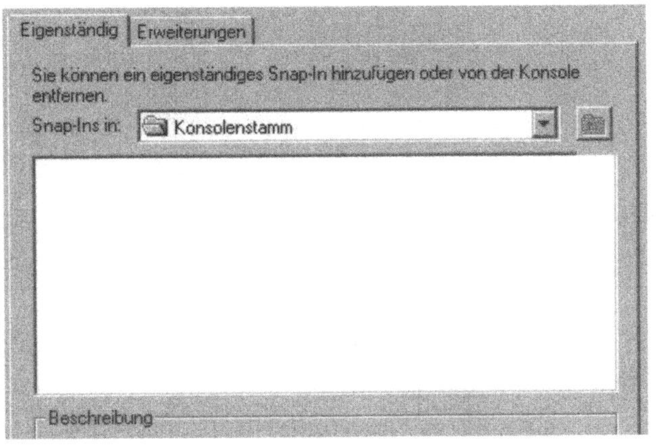

Abb. 152

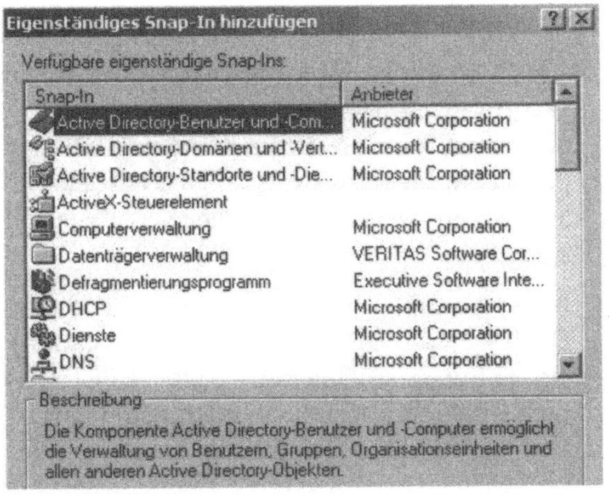

Abb. 153

Das Snap-In-Softwareinstallation:

GRUPPENRICHTLINIE unter AD-Benutzer und -Computer oder AD-Standorte und -Dienste bzw. als eigenständiges Snap-In in der MMC öffnen. Unter COMPUTERKONFIGURATION kann jetzt Software zu den Computern zugeordnet werden. Unter BENUTZERKONFIGURATION kann die Software Benutzern zugewiesen bzw. veröffentlicht werden. Container SOFTWAREEINSTELLUNGEN und dann Container SOFTWAREINSTALLATION auswählen.

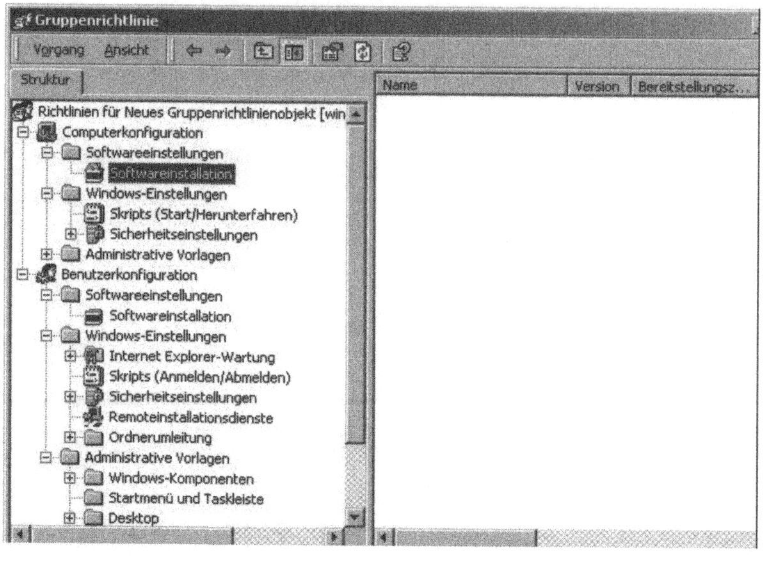

Abb. 154

Standardwerte für die Softwareinstallation

Start | Programme | Verwaltung | AD-Standorte und -Dienste [Domänencontrollername.Domänenname] | rechte Maustaste über dem Standort | Eigenschaften | Gruppenrichtlinien | Gruppenlinienobjekt auswählen | Bearbeiten | Softwareinstallation auswählen | rechte Maustaste | Eigenschaften | Registerkarte Allgemein.

Hier sind die gewünschten Einstellungen zu treffen. Unter STANDARDPFAD FÜR PAKETE ist der Standardverteilungspunkt für die Software anzugeben. Unter NEUE PAKETE können Pakete wahlweise veröffentlicht oder zugewiesen werden (bei Computern ist nur eine Zuweisung möglich). Dazu ist die Option BEREITSTELLUNGSDIALOG ANZEIGEN zu aktivieren. Erweiterte Methode von VERÖFFENTLICHT oder ZUGEWIESEN erzielt eine genauere Steuerung für die Pakete. Über BENUTZEROBERFLÄCHENOPTIONEN min/max kann für den Benutzer der Vorgang sichtbar gemacht werden. Durch Aktivieren des Kontrollkästchens ANWENDUNG DEINSTALLIEREN, ... wird die Software beim Anmelden von Benutzer bzw. beim Starten von Computern deinstalliert, wenn sich der Benutzer oder Computer in einer Domäne bzw. Organisationseinheit oder Standort befindet, die nicht zur Verwaltung der Software berechtigt ist.

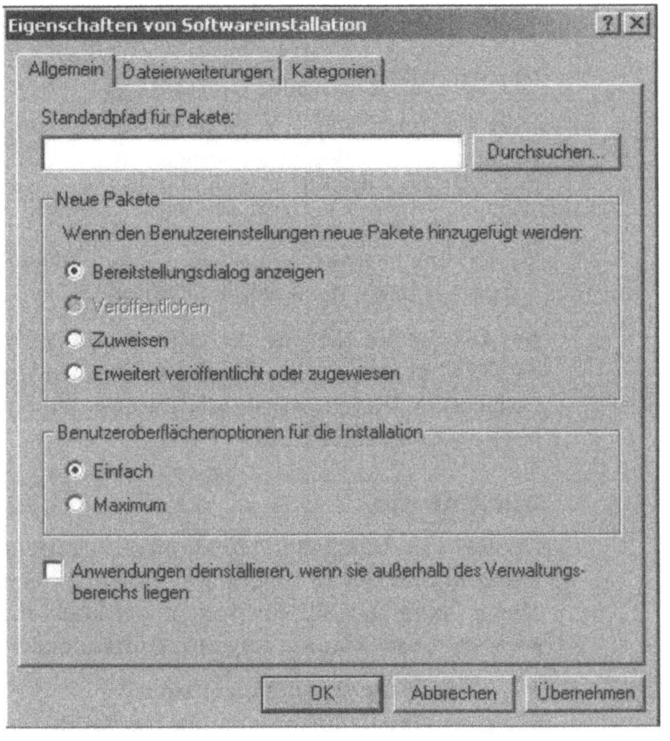

Abb. 155

Optionen für die aut. Installation von Software anhand der Dateinamenerweiterung

Start | Programme | Verwaltung | AD-Standorte und -Dienste [Domänencontrollername.Domänenname] | rechte Maustaste über dem Standort | Eigenschaften | Gruppenrichtlinien | Gruppenlinienobjekt auswählen | Bearbeiten | Softwareinstallation auswählen | rechte Maustaste | Eigenschaften | Registerkarte Dateierweiterungen.

Zuweisen einer Anwendung

Start | Programme | Verwaltung | AD-Standorte und -Dienste [Domänencontrollername.Domänenname] | rechte Maustaste über dem Standort | Eigenschaften | Gruppenrichtlinien | Gruppenlinienobjekt auswählen | Bearbeiten | Softwareinstallation auswählen | rechte Maustaste | Neu | Paket | Öffnen | Paket auswählen | Öffnen.

Hier werden die Pakete aufgeführt, die im Standardverteilungspunkt definiert wurden (siehe weiter unten).

Veröffentlichen einer Anwendung

Start | Programme | Verwaltung | AD-Standorte und -Dienste [Domänencontrollername.Domänenname] | rechte Maustaste über dem Standort | Eigenschaften | Gruppenrichtlinien | Gruppenlinienobjekt auswählen | Bearbeiten | Softwareinstallation auswählen | rechte Maustaste | Neu | Paket | das zu veröffentlichenden Paket auswählen | Öffnen.

Im Dialogfeld SOFTWARE BEREITSTELLEN jetzt auf VERÖFFENTLICHT klicken und auf OK. Die Anwendung steht jetzt zur Installation bereit, wozu SOFTWARE aus der Systemsteuerung verwendet werden kann.

IntelliMirror:

IntelliMirror beinhaltet Funktionen, mit denen Änderungen am Desktop und der Konfiguration verwaltet werden können. IntelliMirror kann sowohl für Server, als auch für Clients verwendet werden. Dazu können folgende Funktionen eingesetzt werden:

- Verwaltung der Benutzerdaten
Spiegeln von Benutzerdaten im Netzwerk und Anfertigen lokaler Kopien von Netzwerkdaten.

- Installieren und Warten von Software
Zentrale Verwaltung der Installation, der Wartung, der Aktualisierung und der Entfernung von Software.

- Verwaltung der Benutzereinstellungen
Zentrale Definition von Einstellungen für die Arbeitsumgebung von Benutzern und Computern und Spiegeln der Benutzereinstellungen im Netzwerk.

- Remoteinstallationsdienste
Remoteinstallation von Betriebssystemen und Anwendungen auf Computern im gesamten Unternehmen.

Verwaltung der Benutzerdaten

Hier werden Daten eines Benutzers im Netzwerk gespiegelt. Wenn Daten vom Netzwerk mit einem Laptop außerhalb des Netzwerks bearbeitet werden, werden diese Daten beim erneuten Anbinden an das Netzwerk synchronisiert. Für diese Funktionen werden

- Active Directory
- Gruppenrichtlinien
- Offlinedateien
- Synchronisationsverwaltung
- Datenträgerkontingente
- Servergespeicherte Benutzerprofile

eingesetzt.

Installieren und Warten von Software

Hier können Anwendungen auf einem Computer installiert und gewartet werden. Für diese Funktion werden

- Active Directory
- Gruppenrichtlinie
- Windows Installer

eingesetzt.

Verwalten der Benutzereinstellungen

Hier sind Benutzereinstellungen immer verfügbar, egal von welchem Rechner im Netz man sich angemeldet. Für diese Funktion werden

- Active Directory
- Gruppenrichtlinie
- Offlinedateien
- Servergespeicherte Benutzerprofile

eingesetzt.

Remoteinstallationsdienste

Remoteinstallationsdienste ermöglichen das Installieren von Win2000-Pro-Computern über das Netzwerk. Dazu liegt eine lokale Installation des Betriebssystems auf dem Server, in Form einer Image-Datei, die zuvor erstellt und auf dem Server abgelegt wurde. Der Client wird beim ersten Booten dann über eine

Startdiskette mit dem Server verbunden, und bekommt sein Betriebssystem vom Server installiert. Für diese Funktion werden

- Active Directory
- Gruppenrichtlinie
- Remoteinstallationsdienste

eingesetzt.

3.5.14 Benutzer-Verwaltung

Benutzer-, Computerkonten und Gruppen werden unter AD als Sicherheitsprincipals bezeichnet. Sicherheitsprincipals entsprechen Directory-Objekten, die eine Sicherheitskennung besitzen. Über die Sicherheitskennungen werden diese Objekte am Netzwerk angemeldet und können auf Ressourcen zugreifen. In AD-Computer und -Benutzer werden diese Objekte hinzugefügt.

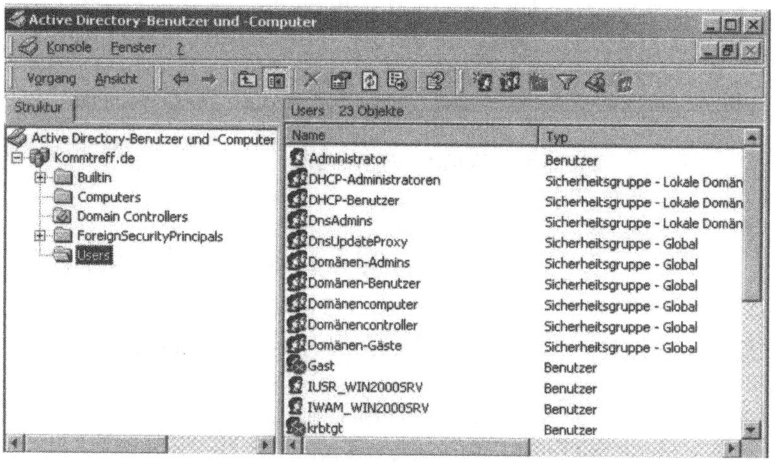

Abb. 156

Gibt es eine Vertrauensstellung zwischen einer Win2000-Domäne und einer Domäne außerhalb der eigenen Struktur, bekommen die Sicherheitsprincipals der fremden Domäne Zugriffsrechte auf die Ressourcen der eigenen Domäne, die als FREMDER SICHERHEITSPRINCIPAL der externen Domäne hinzugefügt werden. Diese können dann in lokalen Gruppen der externen Domänen aufgenommen werden. Zum Anzeigen dieser Objekte müssen unter AD-Benutzer- und -Computer die erweiterten Eigenschaften angezeigt werden.

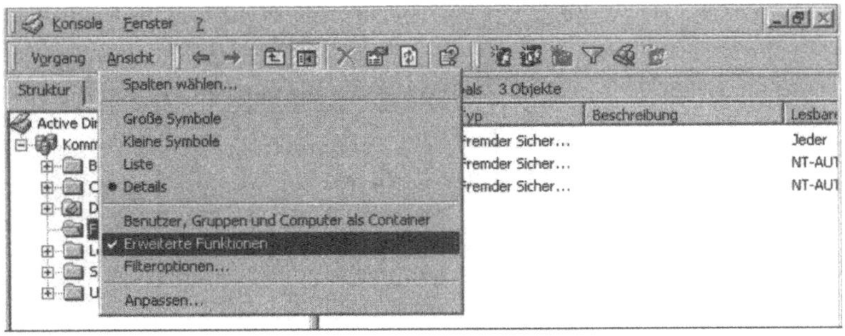

Abb. 157

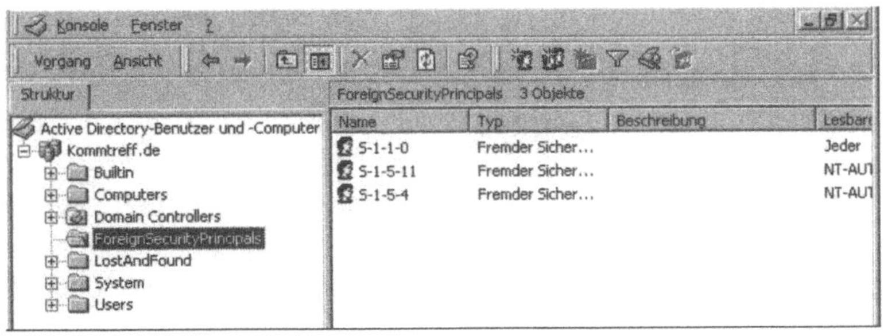

Abb. 158

Einrichten von Benutzern und deren Eigenschaften:

Start | Programme | Verwaltung | AD-Benutzer- und -Computer.

Benutzerkonten dienen der Authentifizierung eines Benutzers im Netzwerk.

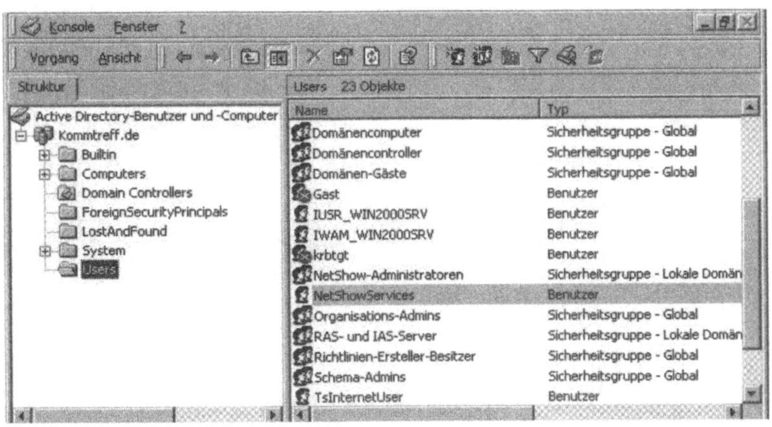

Abb. 159

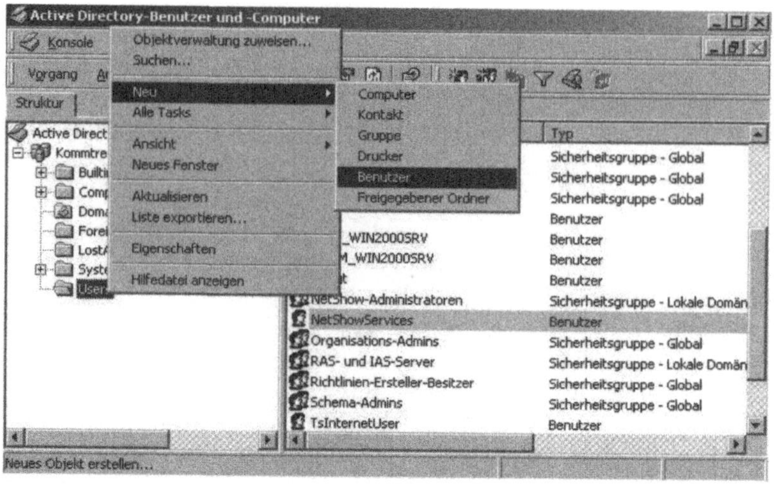

Abb. 160

Eigenschaften von Benutzerkonten werden unter Start | Programme | Verwaltung | AD-Benutzer- und -Computer | Verzeichnis Users auswählen | rechte Maustaste über den Benutzer | Eigenschaften | bearbeitet.

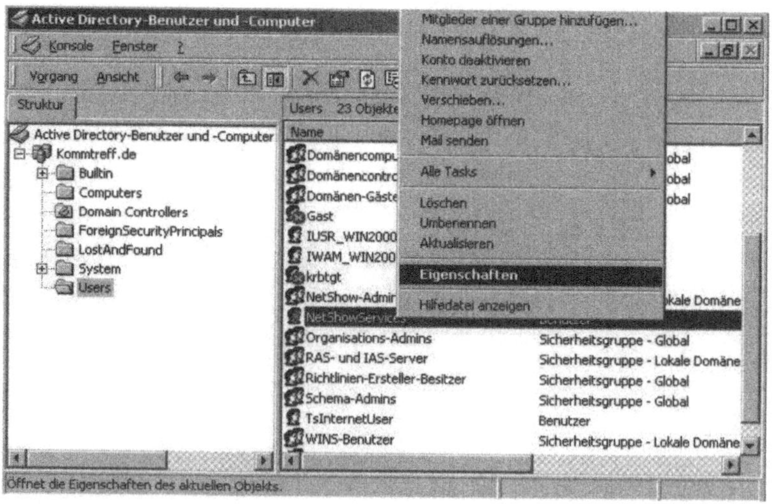

Abb. 161

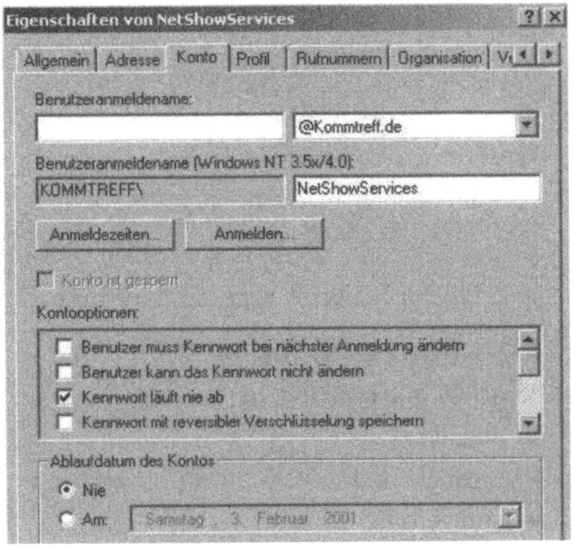

Abb. 162

Gruppen:

In Gruppen können Benutzer, andere Gruppen und Computer enthalten sein. Sie sind Objekte, die auf lokalen Computern sowie in AD vorhanden sind. Gruppen werden für

- Zugriffe auf freigegebene Ressourcen
- Filtern von Gruppenrichtlinieneinstellungen
- Erstellen von E-Mail-Verteilerlisten

verwendet.

Gruppen unterscheiden sich in

- Sicherheitsgruppen
- Verteilergruppen

Sicherheitsgruppen

In Sicherheitsgruppen sind Benutzer, Computer und andere Gruppen enthalten. Berechtigungen für Ressourcen sollten nur an Sicherheitsgruppen verteilt werden.

Verteilergruppen

Verteilergruppen werden nur für e-mail-Verteilerlisten verwendet. So können e-mails an ganze Gruppen von Benutzern versendet werden, nämlich denen, die der Verteilerliste angehören.

Organisationseinheiten

Für die Zusammenfassung von Objekten innerhalb einer Domäne, gibt es die Organisationseinheiten.

Gruppenrichtlinienobjekte

Gruppenrichtlinienobjekte beziehen sich auf Standorte, Domänen oder Organisationseinheiten, können jedoch nicht auf Gruppen angewendet werden. Sie sind eine Gruppe von Einstellungen, die auf Benutzer oder Computer angewendet werden.

Einrichten von Gruppen:

Win2000 unterscheidet in

- lokale
- globale und
- universelle

Gruppen.

Lokale Gruppen

Lokale Gruppen können universelle-, globale Gruppen oder Benutzerkonten aus beliebigen Domänen enthalten (Win2000- oder Win NT-Domänen). Rechte für lokale Gruppen können nur innerhalb der eigenen Domäne zugewiesen werden. Sie können Sicherheits- oder Verteilergruppen sein. Berechtigungen an diese Gruppen können nur in der lokalen Domäne erteilt werden.

Globale Gruppen

Globale Gruppen können Mitglied von lokalen Gruppen der eigenen Domäne sowie auf Mitgliedsservern und damit verbundenen Workstations oder vertrauten Domänen sein. Sie können nur Benutzer der eigenen Domäne enthalten, in der sie eingerichtet wurden. Mit globalen Gruppen können Gruppen gebildet werden, die innerhalb und außerhalb der Domäne verfügbar sind. Berechtigungen an diese Gruppen können in jeder Domäne der Gesamtstruktur erteilt werden.

Universelle Gruppen

Mitglieder von universellen Gruppen können aus jeder beliebigen Domäne oder der Gesamtstruktur stammen. Sie können globale-, oder lokale Gruppen sowie Benutzerkonten enthalten. Sie können Mitglied von lokalen Gruppen einer Domäne oder von anderen universellen Gruppen sein, nicht aber von globalen

Gruppen. Globale Gruppen werden im globalen Katalog angezeigt und sollten nur globale Gruppen enthalten. Sie können Sicherheits- oder Verteilergruppen sein, die an jeder Stelle in einer Domänenstruktur oder Gesamtstruktur verwendet werden können. Berechtigungen an diese Gruppen können in jeder Domäne oder Gesamtstruktur verteilt werden.

Sind mehrere Gesamtstrukturen vorhanden, können Benutzer, die nur in einer Gesamtstruktur definiert wurden, nicht einer Gruppe einer anderen Gesamtstruktur zugeordnet werden. Auch können keinen Gruppen einer Gesamtstruktur Berechtigungen einer anderen Gesamtstruktur zugeordnet werden.

Sicherheitsgruppen werden in Listen geführt (DACLs), die Berechtigungen für Ressourcen und Objekte definieren.

Verteilergruppen können verwendet werden, wenn keine Sicherheitsgründe für die Gruppe vorliegen.

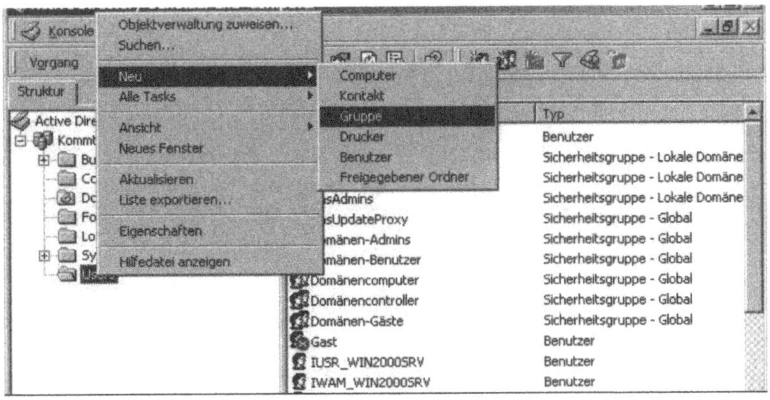

Abb. 163

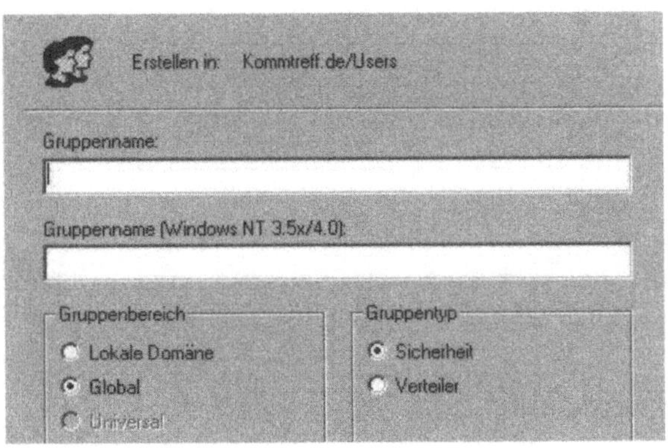

Abb. 164

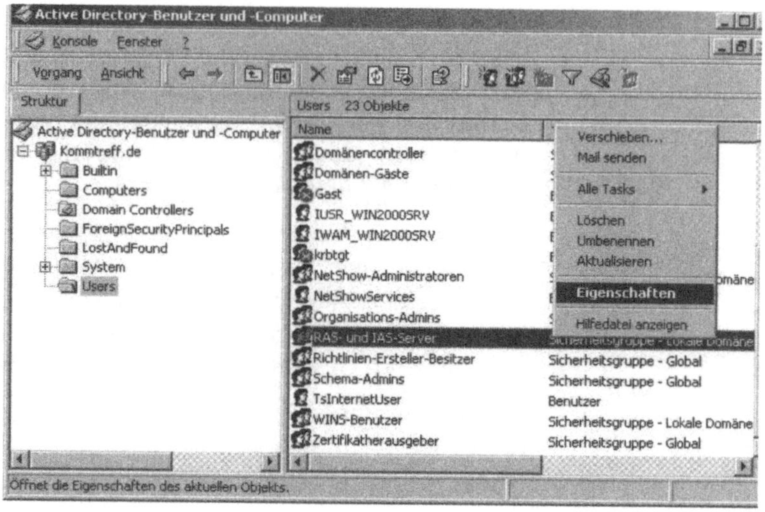

Abb. 165

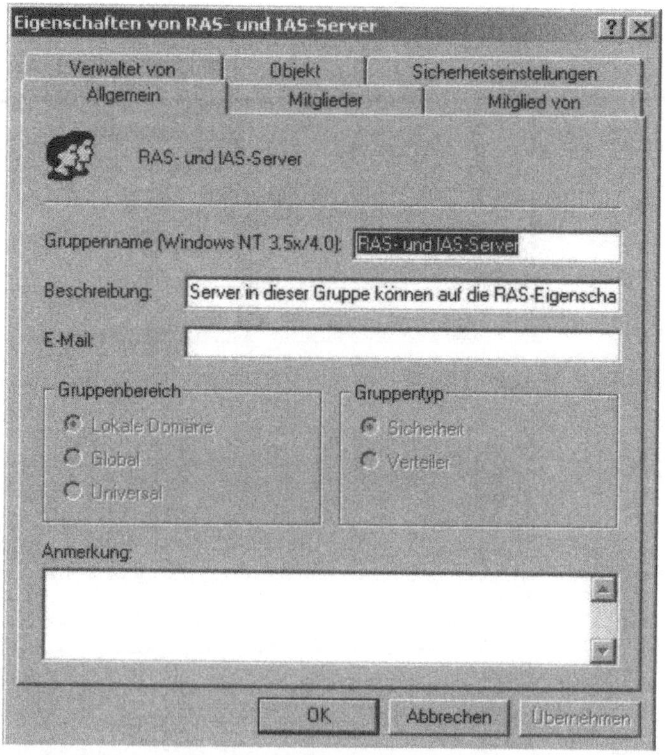

Abb. 166

Abb. 167

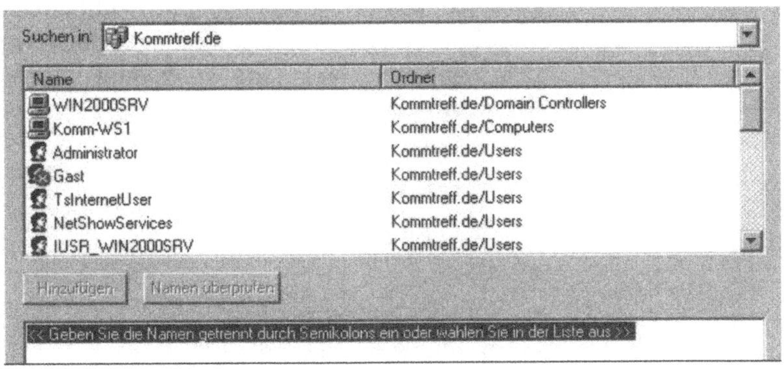

Abb. 168

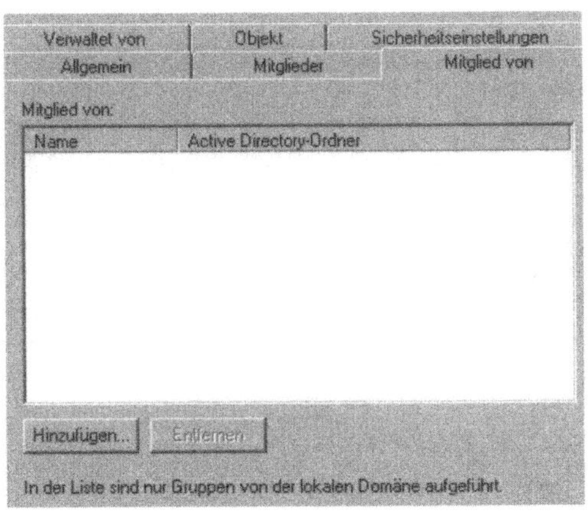

Abb. 169

Definition von Gruppen in Domänen

Werden Domänen im einheitlichen Modus ausgeführt (im Gegensatz zum gemischten Modus), können sie Konten, globale und universelle Gruppen aus allen vorhandenen Domänen enthalten. Es können in solchen Domänen jedoch keine Sicherheitsgruppen als universelle Gruppen erstellt werden. Gruppen können andere Gruppen enthalten, denen in jeder Domäne Berechtigungen zugeordnet werden können. Neu angelegte Gruppen werden als Sicherheitsgruppen im globalen Bereich definiert. Globale Gruppen können aber zu universellen Gruppen konvertiert werden, wenn die zu konvertierende Gruppe nicht einer anderen globalen Gruppe angehört.

Vordefinierte Gruppen:

Unter AD-Benutzer- und -Computer werden bei der Installation Standardgruppen installiert. Vordefinierte Gruppen in der lokalen Domäne werden im Verzeichnis VORDEFINIERT angelegt. Vordefinierte Gruppen im globalen Bereich werden unter BENUTZER angelegt. Unter dem Verzeichnis „Vordefiniert" in AD werden folgende Gruppen angelegt:

- Konten-Operatoren
- Administratoren
- Sicherungs-Operatoren
- Gäste
- Druck-Operatoren
- Replikations-Operatoren
- Server-Operatoren
- Benutzer

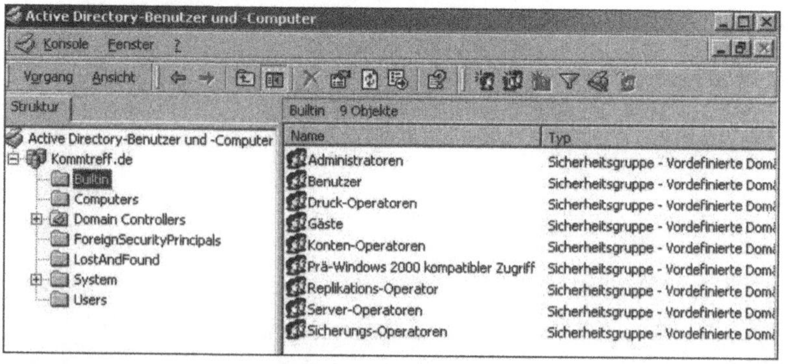

Abb. 170

Diese vordefinierten Gruppen verfügen über folgende vordefinierte Rechte:

Benutzerrecht	Gruppen, die standardmäßig über dieses Recht verfügen
Auf diesen Computer vom Netzwerk zugreifen	Administratoren, Jeder, Hauptbenutzer
Dateien und Dateiordner sichern	Administratoren, Sicherungs-Operatoren
Wechselprüfung umgehen	Jeder
Systemzeit ändern	Administratoren, Hauptbenutzer
Auslagerungsdatei erstellen	Administratoren
Programme debuggen	Administratoren
Herunterfahren von einem Remotesystem aus	Administratoren
Zeitplanungspriorität anhalten	Administratoren, Hauptbenutzer
Gerätetreiber laden und entfernen	Administratoren
Lokale Anmeldung	Administratoren, Sicherungs-Operatoren, Jeder, Gäste, Hauptbenutzer und Benutzer
Überwachungs- und Sicherheitsprotokoll verwalten	Administratoren
Firmwareumgebungsvariablen verändern	Administratoren
Einzelprozessprofil erstellen	Administratoren, Hauptbenutzer
Systemleistungsprofil erstellen	Administratoren
Dateien und Dateiordner wiederherstellen	Administratoren, Sicherungs-Operatoren
System herunterfahren	Administratoren, Sicherungs-Operatoren, Jeder, Hauptbenutzer und Benutzer
Besitz von Dateien oder anderen Objekten übernehmen	Administratoren

Unter „Benutzer“ werden folgende Gruppen angelegt:

- Zertifikatsherausgeber
- Domänen-Admins
- Domänencomputer
- Domänencontroller
- Domänen-Gäste
- Domänen-Benutzer
- Organisations-Admins
- Gruppenrichtlinien-Admins
- Schema-Admins

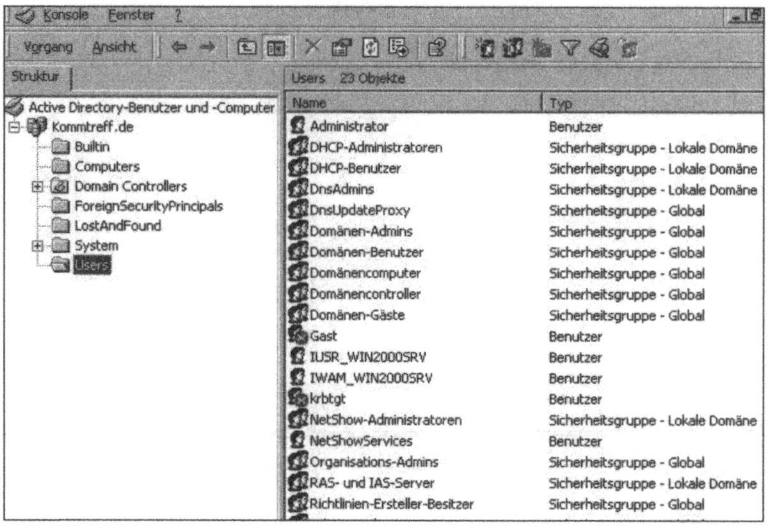

Abb. 171

Jedes erstellte Benutzerkonto in der Domäne wird aut. Mitglied in der Gruppe Domänen-Benutzer. Jedes erstellte Computerkonto in der Domäne wird aut. Mitglied der Gruppe Domänencomputer. Die Gruppe Domänen-Benutzer wird aut. Mitglied der Gruppe Benutzer. Die Gruppe Domänen-Admins wird aut. Mitglied der Gruppe Administratoren. Die Gruppe Domänen-Gäste wird aut. Mitglied der Gruppe Gäste in der selben Domänen.

Als Sondergruppen werden folgende Gruppen definiert:

Jeder	Jeder, der sich am Netzwerk anmeldet
Netzwerk	Benutzer, die auf Ressourcen über das Netzwerk zugreifen.
Interaktiv	Jeder am lokalen Computer angemeldete Benutzer, der auf eine lokale Ressource zugreift.

Mitgliedschaften in diesen Gruppen können nicht angezeigt oder manuell verändert werden. Universelle und verschachtelte Gruppen sowie getrennte Sicherheits- bzw. Verteilergruppen sind nur auf AD-Domänen-Controllern bzw. auf Mitgliedsservern verfügbar. Gruppenkonten auf eigenständigen Servern bzw. Win2000-Pro oder Win2000-Servern werden wie unter Win NT4 behandelt. Auf diesen Computern können nur lokale Gruppen erstellt, und diesen nur lokale Berechtigungen zugewiesen werden.

Werden Gruppen in andere Gruppen eingefügt, wird die Gruppenverwaltung vereinheitlicht. Die Optionen, wie Gruppen anderen Gruppen hinzugefügt werden können, bestimmt der einheitliche bzw. der gemischte Modus, in dem die Domäne läuft.

Gruppen in Domänen im einheitlichen Modus:

Universelle Gruppen können Konten, Computerkonten, andere universelle Gruppen oder globale Gruppen einer beliebigen Domäne enthalten.

Globale Gruppen können Konten derselben Domäne und andere globale Gruppen aus derselben Domäne enthalten.

Lokale Gruppen können Konten, globale und universelle Gruppen einer beliebigen Domäne enthalten.

Gruppen in Domänen im gemischten Modus:

Globale Gruppen können nur Konten enthalten. Lokale Gruppen können nur globale Gruppen und Konten enthalten. Universelle Gruppen werden nur in Win2000-Domänen unterstützt, die im einheitlichen Modus arbeiten (siehe Tabelle auf der nächsten Seite).

Zugriffssteuerung:

Die Zuweisung von Rechten und Berechtigungen in der Hierarchie von Containern, Gruppen, Benutzern, Computern und anderen Ressourcenobjekten wird durch eine verteilte Sicherheit vereinfacht. Dabei sollten, wie unter NT4, Benutzerrechte nur auf Gruppenebene zugewiesen werden. Wegen des Prinzips der Vererbung sollten Rechte so weit wie möglich oben in der Container-Struktur vergeben werden. Jeder Container kann dann speziellen Administratoren zur Verwaltung übertragen werden.

Domänen im einheitlichen Modus	Domänen im gemischten Modus
Sicherheits- und Verteilergruppen können über den Bereich „Universal“ verfügen.	Nur Verteilergruppen können über den Bereich „Universal“ verfügen.
Gruppen können unendlich verschachtelt werden.	Bei Sicherheitsgruppen ist die Verschachtelung auf Gruppen des Bereichs „Lokale Domäne“ beschränkt, deren Mitglieder Gruppen des Bereichs „Global“ sind (Windows NT 4.0-Regel). Verteilergruppen können unendlich verschachtelt werden.
Sicherheits- und Verteilergruppen können in den jeweils anderen Gruppentyp konvertiert werden. Gruppen mit den Bereichen „Global“ oder „Lokale Domäne“ können in den Gruppenbereich „Universal“ konvertiert werden.	Es sind keine Gruppenkonvertierungen zulässig.

Überwachung:

Nachstehende Überwachungen sollten zur Minimierung eines Sicherheitsrisikos durchgeführt werden:

- Fehlversuchsüberwachung bei An- bzw. Abmeldung,
- Erfolgsüberwachung bei An- und Abmeldung,
- Erfolgsüberwachung von Benutzerrechten,
- Benutzer- und Gruppenverwaltung,
- Änderungen der Sicherheitsrichtlinien,
- Neustarts,
- Herunterfahren des Systems,
- Erfolg- und Fehlversuchsüberwachung bei Datei- und Objektzugriffen,
- Erfolg- und Fehlversuchsüberwachung des Datei-Managers bei Lese-/Schreibzugriffen auf wichtige Dateien durch verdächtige Benutzer oder Gruppen,
- unzulässiger Zugriff auf wichtige Dateien,

- Erfolg- und Fehlversuchsüberwachung bei Dateizugriffen durch Drucker und Objektzugriffereignissen,
- Erfolg- und Fehlversuchsüberwachung des Druck-Managers bei Druckzugriffen durch verdächtige Benutzer oder Gruppen,
- unzulässiger Zugriff auf Drucker,
- Erfolg- und Fehlversuchsüberwachung bei Schreibzugriffen auf Programmdateien,
- Erfolg- und Fehlversuchsüberwachung für die Prozessverfolgung.

Verschlüsselung von Daten (siehe Abschnitt 3.5.17):

Dateien und Ordner können

- nur auf NTFS-Datenträgern verschlüsselt werden,
- nur von dem Benutzer geöffnet werden, der sie verschlüsselt hat,
- von Benutzern nicht freigegeben werden,
- beim Kopieren auf FAT-Partitionen ihre Verschlüsselung verlieren,
- über KOPIEREN und EINFÜGEN in einen verschlüsselten Ordner verschoben werden, damit die Verschlüsselung erhalten bleibt (nicht über DRAG&DROP),
- wenn sie komprimiert sind, nicht verschlüsselt werden,
- können aber von Benutzern, mit der Berechtigung zum Löschen von Datenobjekten, jederzeit gelöscht werden,
- können von Benutzern auf Remote-Computern ver-/entschlüsselt werden, wenn die Remote-Verschlüsselung freigegeben wurde.

Sicherheitsvorlagen:

Organisationseinheiten, die nur Benutzer enthalten, bekommen ihre Kontorichtlinien immer von einer Domäne. Deswegen sollten Kontenrichtlinien nicht für Organisationeinheiten ohne Computer konfiguriert werden. Dabei lässt Win2000 nur eine Kontorichtlinie zu, nämlich die der Stammdomäne der Domänenstruktur. Sind Win2000-Pro-Computer Mitglieder einer Win2000-Domäne, haben die Konto- und Kennwortrichtlinien Vorrang vor der lokalen Richtlinie für Domänencontroller, Server und Arbeitsstationen in der Domäne.

Werden Sicherheitseinstellungen in ein Gruppenrichtlinienobjekt in Active Directory importiert, gelten die lokalen Benutzereinstellungen für die Computerkonten nicht mehr. Gruppen und Benutzer werden aus den angegebenen Gruppen entfernt, wenn sie nicht in eingeschränkten Gruppen angegeben sind. D. h., die Option EINGESCHRÄNKTE GRUPPE sollte besser nur auf das Konfigurieren von lokalen Gruppen auf WS's und Mitgliedsservern angewendet werden.

Werden Sicherheitsvorlagen in ein Gruppenrichtlinienobjekt importiert, erhalten aut. alle Konten, denen das Gruppenrichtlinienobjekt zugeordnet ist, die Sicherheitseinstellungen der Vorlage.

Datei- und Ordnerberechtigungen festlegen, anzeigen, ändern und entfernen:

Windows-Explorer | Datei oder Verzeichnis auswählen | rechte Maustaste über dem Objekt | Eigenschaften | Sicherheitseinstellungen.

Hier muss nun ein Benutzer/Gruppe ausgewählt bzw. über HINZUFÜGEN hinzugefügt werden. Sodann können unter BERECHTIGUNGEN Berechtigungen zugelassen bzw. verweigert werden.

Berechtigungen kann nur ändern, wer diese Berechtigung hat (vom Besitzer zugewiesen). Benutzer mit Vollzugriff können alle Dateien löschen. Werden Kontrollkästchen schattiert angezeigt, hat die Datei oder das Verzeichnis die Berechtigungen vom übergeordneten Verzeichnis geerbt (siehe Abb. 172).

Vererbung auf die Datei- und Ordnerberechtigungen:

Sind Berechtigungen für ein Verzeichnis erstellt worden, vererben sich diese Berechtigungen aut. an alle neu erstellten Verzeichnis bzw. Dateien in diesem Verzeichnis. Sollen keine Berechtigungen vererbt werden, muss NUR DIESEN ORDNER ÜBERNEHMEN FÜR aktiviert werden. Sollen bestimmte Verzeichnis/Dateien von der Vererbung ausgeschlossen werden, muss das Kästchen VERERBBARE ÜBERGEORDNETE BERECHTIGUNG ÜBERNEHMEN deaktiviert werden. Sind die Kontrollkästchen schattiert dargestellt, ist schon eine Vererbung eingetreten. Um die Vererbung zu ändern, kann der übergeordnete Ordner verändert werden, das Kontrollkästchen der übergeordneten Vererbung deaktiviert oder die gegensätzliche Berechtigung

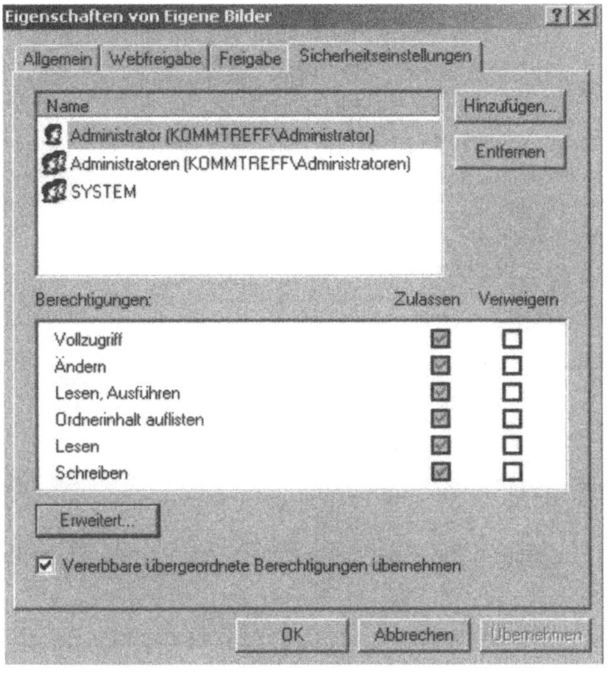

Abb. 172 Vergabe von Berechtigungen

ausgewählt werden. Ist für eine Berechtigung weder VERWEIGERN noch ZULASSEN ausgewählt, hat der Benutzer bzw. die Gruppe die Berechtigung durch eine Mitgliedschaft einer anderen Gruppe erhalten.

Besitzrecht an Dateien/Verzeichnis übernehmen:

Windows-Explorer | rechte Maustaste über dem Objekt | Eigenschaften | Sicherheitseinstellungen | Weitere | Besitzer.

Soll der Besitzer für alle untergeordneten Container und Objekte im Baum gleichzeitig geändert werden, muss das Kontrollkästchen BESITZER FÜR UNTERGEORDNETE CONTAINER UND OBJEKTE ERSETZEN aktiviert werden.

Ein aktueller Benutzer kann anderen Benutzern das Recht übertragen, den Besitz an dem Objekt zu übernehmen, so dass diese jederzeit dieses Recht ausüben können. Ein Administrator kann aber auch so jederzeit den Besitz an einem Objekt übernehmen, auch ohne, dass dies vorher vom Besitzer eingerichtet wurde.

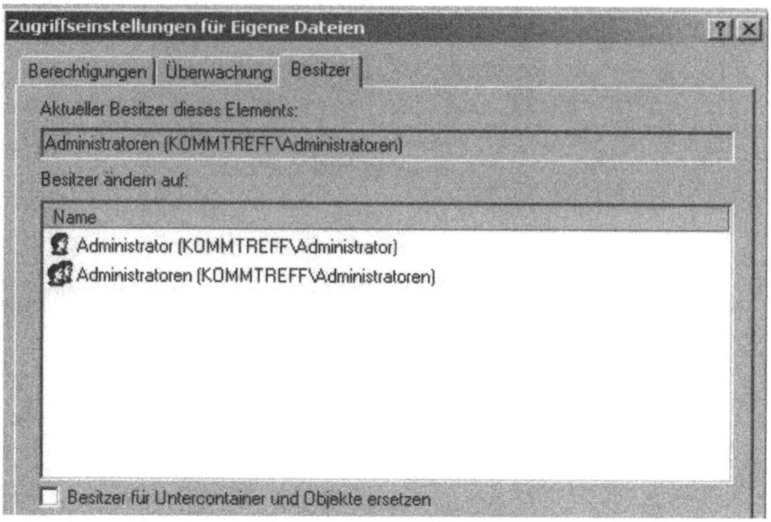

Abb. 173 Besitz an Dateien/Verzeichnis übernehmen

Überwachen von Dateien/Verzeichnissen:

Windows-Explorer | Datei oder Ordner | rechte Maustaste auf die Datei bzw. den Ordner | Eigenschaften | Sicherheitseinstellungen | Erweitert | Überwachung.

Unter HINZUFÜGEN kann jetzt ein Benutzer oder eine Gruppe ausgewählt werden, die überwacht werden soll. Um die Überwachung einer Gruppe oder eines Benutzers anzuzeigen, muss auf den Namen geklickt werden und dann auf ANZEIGEN/BEARBEITEN. Zum Entfernen einer Überwachung, auf ENTFERNEN klicken.

Achtung: Um Dateien/Verzeichnis zu überwachen, muss die Einstellung OBJEKTZUGRIFFSVERSUCHE ÜBERWACHEN in den Überwachungsrichtlinien mit dem Gruppenrichtlinien-Snap-In aktiviert werden (siehe weiter unten bei „Gruppenrichtlinien“).

Das Einrichten von Überwachungen kann nur mit Administrator-Rechten oder dem Recht zum Verwalten von Überwachungs- und Sicherheitsprotokoll in der Gruppenrichtlinie durchgeführt werden.

Falls die Kontrollkästchen unter Zugriff im Dialogfeld ÜBERWACHUNGSEINTRAG FÜR schattiert angezeigt werden oder die Schaltfläche ENTFERNEN im Dialogfeld ZUGRIFFSEINSTELLUNGEN FÜR nicht verfügbar ist, wurde die Überwachung vom übergeordneten Ordner geerbt.

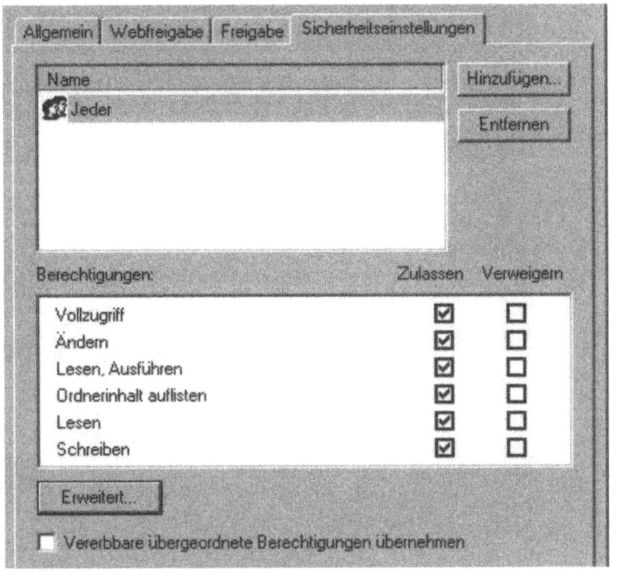

Abb. 174

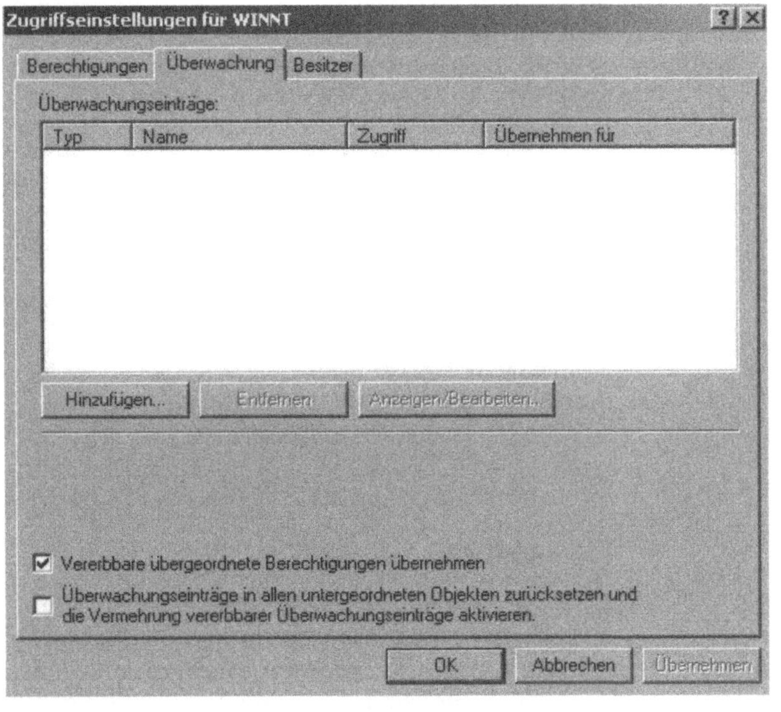

Abb. 175

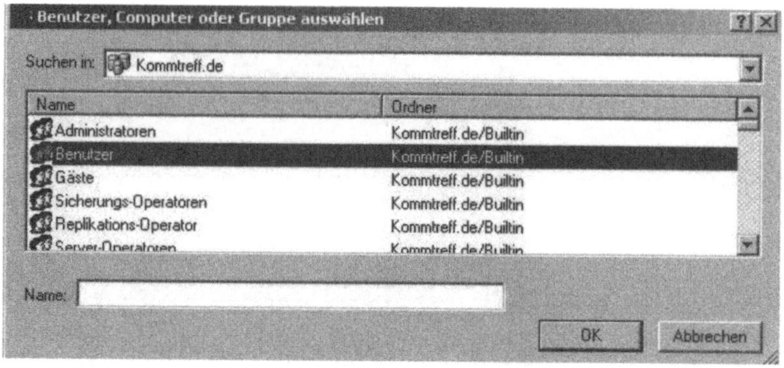

Abb. 176

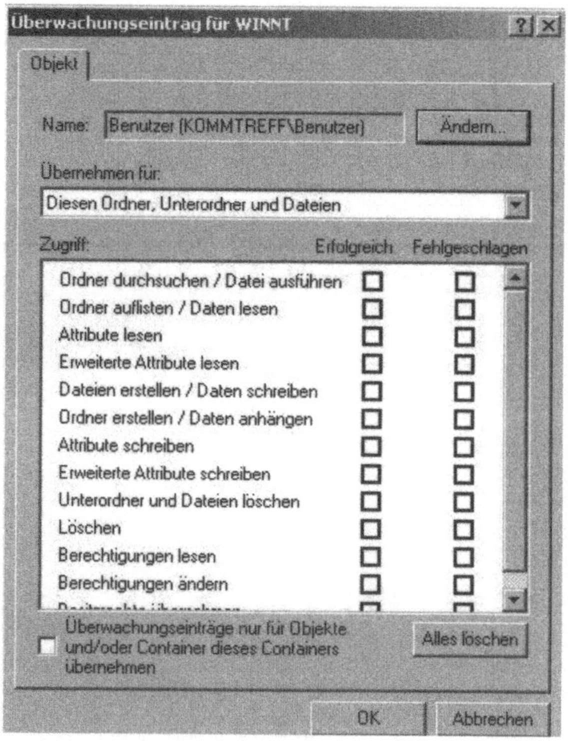

Abb. 177

Ergebnisse der Überwachung können mit dem Sicherheitsprotokoll in der Ereignisanzeige angesehen werden. Start | Programme | Verwaltung | Computerverwaltung.

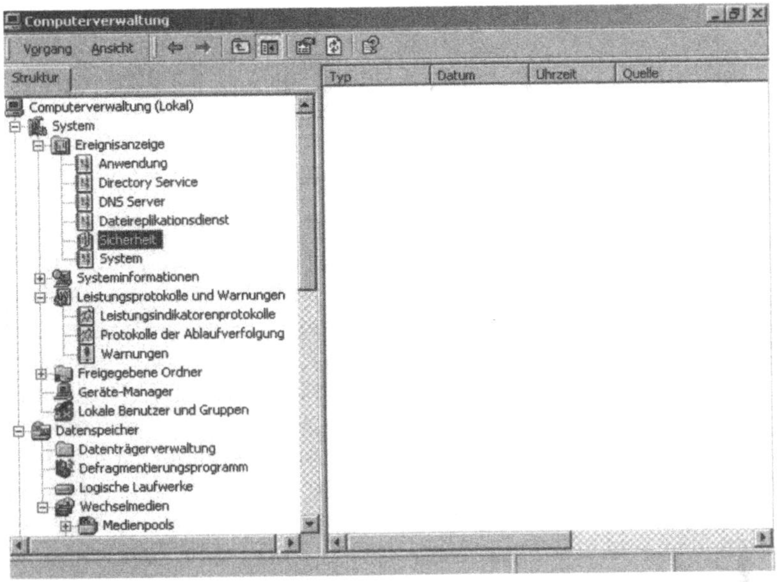

Abb. 178

Programm ausführen mit dem Befehl „Ausführen als":

Ist man nicht als Administrator angemeldet und benötigt trotzdem Zugriff auf ein Programm (EXE-Datei) oder eine MMC-Konsole, wo der Zugriff Administratorrechte benötigt, ist es nicht notwendig, sich auszuloggen und als Administrator neu anzumelden. Unter dem Befehl „Ausführen als" kann das Programm mit Administratorrechten ausgeführt werden. Dazu ist das Programm zu selektieren, die Umschalttaste zu drücken und mit der rechten Maustaste das Kontextmenü zu starten. Hier ist jetzt „Ausführen als" auszuwählen. In der nachfolgenden Dialogbox können der Benutzername und das Kennwort eingegeben werden, unter dem das Programm ausführbar ist.

Verwaltung der Domänen / Server über Fernzugriff im LAN und WAN:

Alle Server / Domänen können von einem Computer aus verwaltet werden, auf dem Win2000-Professional installiert ist, wenn auf diesem Computer die Win2000-Verwaltungsprogramme installiert sind. Diese können von der Server-CD, Verzeichnis i386, Adminpak.msi, installiert werden (Doppelklick darauf). Diese Verwaltungsprogramme sind Hilfsprogramme, die fast alle Programme beinhalten, die sonst nur auf DC's verfügbar sind, mittels derer Server verwaltet werden können, und die normalerweise nicht unter Win2000-Pro zur Verfügung stehen. Nach der Installation stehen die Verwaltungsprogramme unter Start | Programme | Verwaltung zur Verfügung.

Benutzer-Profile:

Ein Benutzer-Profil wird beim ersten Einloggen für den angemeldeten Benutzer erstellt. Bei persönlichen Benutzer-Profilen hat jeder Benutzer auf dem Computer seine eigene Arbeitsumgebung zur Verfügung, die er sich selber eingerichtet hat. Diese Profile können auf einem Server gespeichert werden, so dass beim Anmelden eines Benutzers, egal, auf welchem Computer im Netzwerk, die persönliche Arbeitsumgebung zur Verfügung steht. Benutzer-Profile können aber auch verbindlich erstellt werden (Benutzer bekommt sein Profil vorgegeben und kann dieses nicht verändern). Benutzer-Profile beinhalten u. a. Einstellungen für Anzeige, Netzwerk oder Druckerverbindungen.

Lokale Profile

Sie werden beim ersten Einloggen erstellt und lokal auf dem Computer gespeichert. Das Profil steht nur beim Anmelden an diesem Computer zur Verfügung.

Servergespeicherte Profile

Sie werden ebenfalls beim ersten Einloggen erstellt, aber auf einem Server gespeichert. Alle Änderungen des Profiles werden beim Abmelden vom Netzwerk auf den Server gespeichert. Gespeichert werden kann das Profil auf jeden Server in der Domäne.

Verbindliche Profile

Verbindliche Profile werden vom Administrator erstellt und auf dem Server gespeichert. Änderungen an diesem Profil können nur vom Administrator vorgenommen werden. Beim ersten Einloggen bekommt ein Benutzer zuerst den Inhalt von C\:Dokumente und Einstellungen\Default User zugewiesen. Dieses Standard-Profil kann vom Benutzer nicht weiter verändert werden.

Inhalt von Benutzer-Profilen

- Anwendungsdaten
- anwendungsspezifische Daten
- Desktopelemente

- Verknüpfungen und Ordner
- Verknüpfungen zu bevorzugten Adressen im Internet
- eigene Dateien
- erstellte Dokumente
- eigene Bilder
- erstellte Bildelemente
- Netzwerkumgebung
- Druckumgebung

Alle Einstellungen werden in der Datei NTUser.dat gespeichert. Die tatsächliche Desktop-Umgebung setzt sich aus den Inhalten von C:\ Dokumente und Einstellungen \DEFAULT USER und C:\ Dokumente und Einstellungen\ALL USERS zusammen. Dazu wird beim ersten Einloggen ein Profil-Verzeichnis (Anmeldenamen) erstellt und die Inhalte von DEFAULT USER und ALL USERS dort hinein kopiert. Eigene Veränderungen am Profil werden in den eigenen Profil-Ordner gespeichert, nicht in den Ausgangsverzeichnissen.

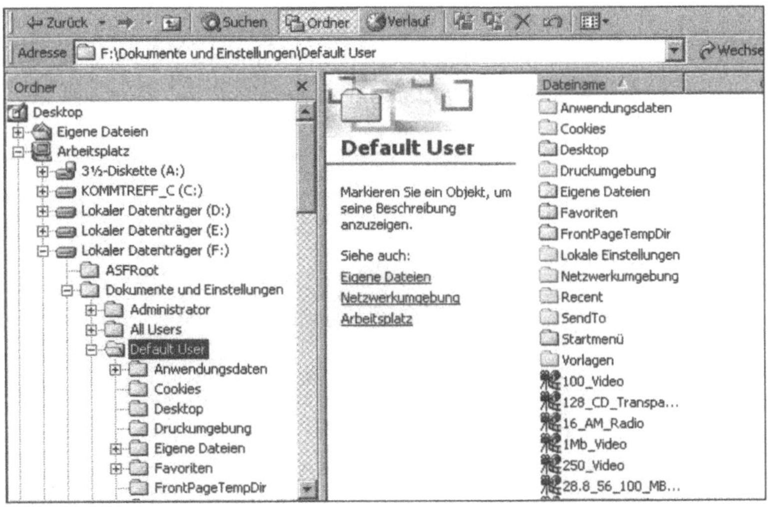

Abb. 179

Erstellen eines servergespeicherten Benutzerprofils unter Start | Programme | Verwaltung | AD-Benutzer und -Computer | Benutzer selektieren | Eigenschaften | Registerkarte Profil | Pfad angeben (\\Server\Profil-Verzeichnis\%username%). Das Profil-Verzeichnis muss mit Nur-Lese-Berechtigungen den Benutzern frei gegeben worden sein.

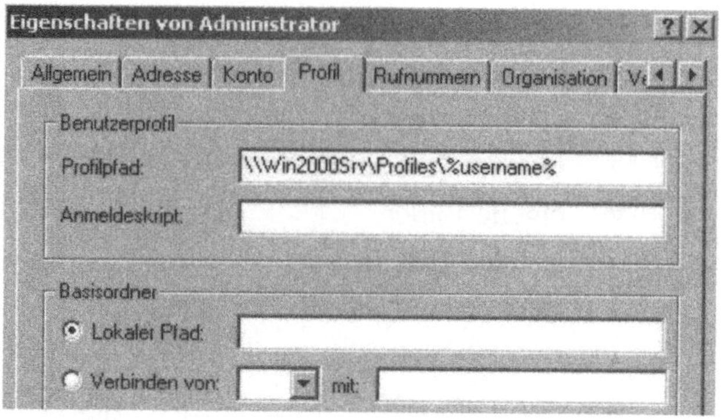

Abb. 180

Auf der selben Registerkarte kann auch ein Pfad zu einem Home-Verzeichnis angegeben werden.

Vorkonfiguriertes servergespeichertes Benutzerprofil erstellen

Start | Einstellungen | Systemsteuerung | System | Registerkarte Benutzerprofil.

Hier kann ein Profil ausgewählt und in ein Verzeichnis auf einem Server kopiert werden.

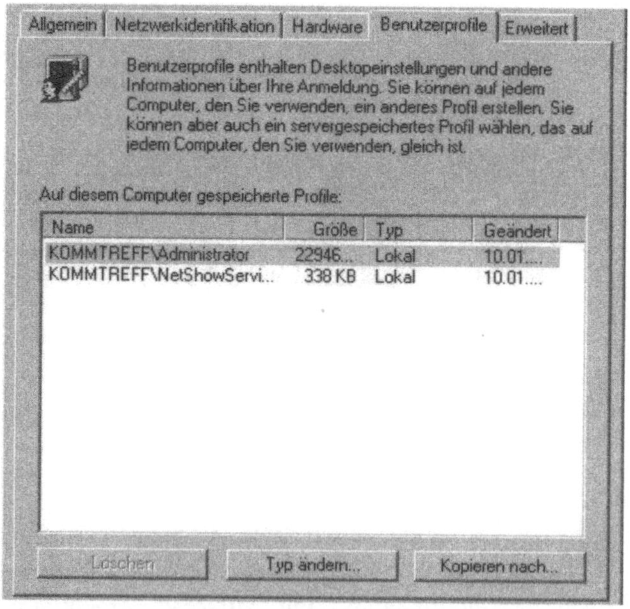

Abb. 181

Verbindliches Benutzerprofil erstellen

Im servergespeicherten Profil die Datei NTUser.dat in NTUser.man umbenennen oder gleich beim Einrichten des Profil-Pfades \\Servername\Profil-Verzeichnis\%username%.man eingeben.

3.5.15 Gruppenrichtlinien (Systemrichtlinien)

Gruppenrichtlinien beziehen sich auf Standorte, Domänen oder Organisationseinheiten, können jedoch nicht auf Gruppen angewendet werden. Sie sind eine Gruppe von Einstellungen, die auf Benutzer oder Computer angewendet werden.

Windows 2000 Server:
Gruppenrichtlinien werden für Domänen-Controller wie für Mitgliedsserver unterstützt.

Windows 2000 Professional:
Gruppenrichtlinien werden voll unterstützt.

Windows NT 4.0 Workstation und Server:
Für beide Win NT4-Versionen gelten weiter die Systemrichtlinien, die mit Poledit (.adm-Dateien) hergestellt wurden. Active Directory wird nicht unterstützt.

Windows 95 und Windows 98:
Für beide Versionen gelten weiter die Systemrichtlinien, die mit Poledit (.adm-Dateien) hergestellt wurden. Die erstellte Config.Pol-Datei muss in das Verzeichnis SysVol auf dem Domänen-Controller unter Win2000 kopiert werden.

Windows NT 3.51, Windows 3.1 und MS-DOS:
Die Gruppenrichtlinien werden nicht angewandt.

Der Systemrichtlinien-Editor (Poledit.exe) wurde weitestgehend durch die Gruppenrichtlinien ersetzt.

Für bestimmte Betriebssysteme kommt er jedoch weiter zum Tragen. Um unter Win95/98 Config.Pol-Dateien zu erstellen, muss auf diesem Computer die Win2000-Version von Poledit ausgeführt werden, um volle Kompatibilität mit Win2000 zu erhalten. Um NTConfig.Pol für Win NT4-Computer zu erzeugen, ebenfalls.

Bei eigenständigen Computern unter Win2000, die keiner Domäne zugeordnet sind, gilt nur die lokale Richtlinie, welche nur die Einstellung für einen einzelnen Benutzer enthält. Für mehrere Benutzer muss eine Registry.Pol-Datei hergestellt werden.

Gruppenrichtlinien:

Unter Win NT4 gibt es den Systemrichtlinien-Editor, mit dem Richtlinien erstellt werden, die die Arbeitsumgebung von Benutzern oder ganzen Gruppen steuern.

Vergleich	Windows NT 4.0	Windows 2000
Festlegen von Richtlinien für Benutzer und Computer an einem Standort	nicht vorhanden	Gruppenrichtlinien über Active Directory-Standorte und -Dienste
Festlegen von Richtlinien für Benutzer und Computer in einer Domäne	Systemrichtlinien Editor	Gruppenrichtlinien über Active Directory-Benutzer und -Computer
Festlegen von Richtlinien für Benutzer und Computer in einer Organisationseinheit	nicht vorhanden	Gruppenrichtlinien über Active Directory-Benutzer und -Computer
Filtern des Wirkungsbereichs der Richtlinien anhand von Sicherheitsgruppen	nicht vorhanden	Bearbeiten des Berechtigungseintrags für „Gruppenrichtlinie übernehmen" auf der Registerkarte Sicherheit im Eigenschaftsbereich des Gruppenrichtlinienobjekts
Verwalten von Software	Administratoren: Verwenden des System Management Servers Benutzer: Verwenden des Dienstprogramms Software in der Systemsteuerung	Systems Management Server und die Werkzeuge zur Installation und Verwaltung von Software: 1. Softwareinstallation (Erweiterung für das Gruppenrichtlinien-Snap-In) 2. Windows Installer 3. Dienstprogramm Software in der Systemsteuerung

Vergleich	Windows NT 4.0	Windows 2000
Erstellen einer Benutzeroberfläche zum Bearbeiten der Registrierung	Administrative Vorlagen aus Windows NT 4.0 für den Systemrichtlinien-Editor	Administrative Vorlagen aus Windows 2000 für die Gruppenrichtlinien
Ausführen allgemeiner Verwaltungsaufgaben	Verwaltungs-Assistenten, Benutzer-Manager und Server-Manager	MMC-Snap-Ins (Microsoft Management Console) insbesondere Active Directory-Benutzer und -Computer, Active Directory-Standorte und -Dienste

Einrichten von Gruppenrichtlinien für Domänen oder Organisationseinheiten:

Start | Programme | Verwaltung | AD-Benutzer und Computer | rechte Maustaste über der Organisation oder Domäne | Eigenschaften | Gruppenrichtlinien | Neu.

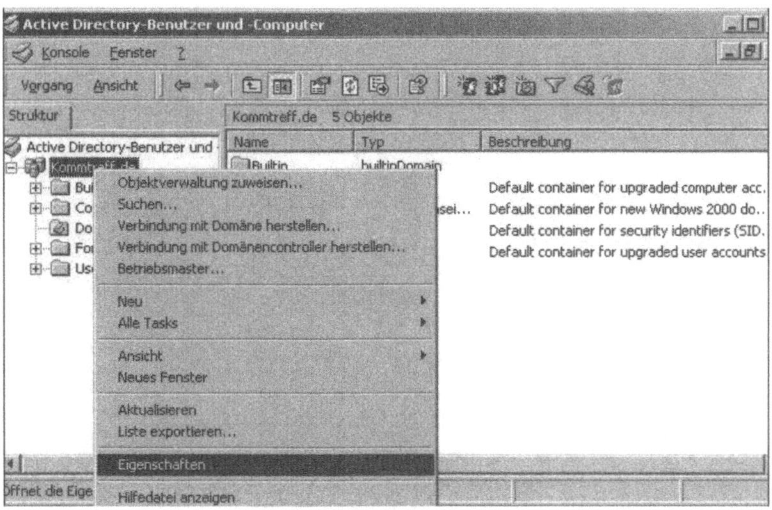

Abb. 182

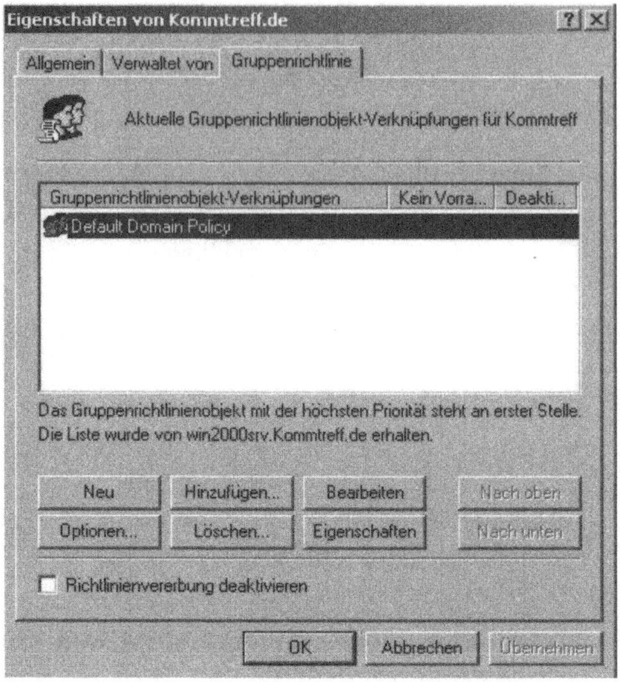

Abb. 183

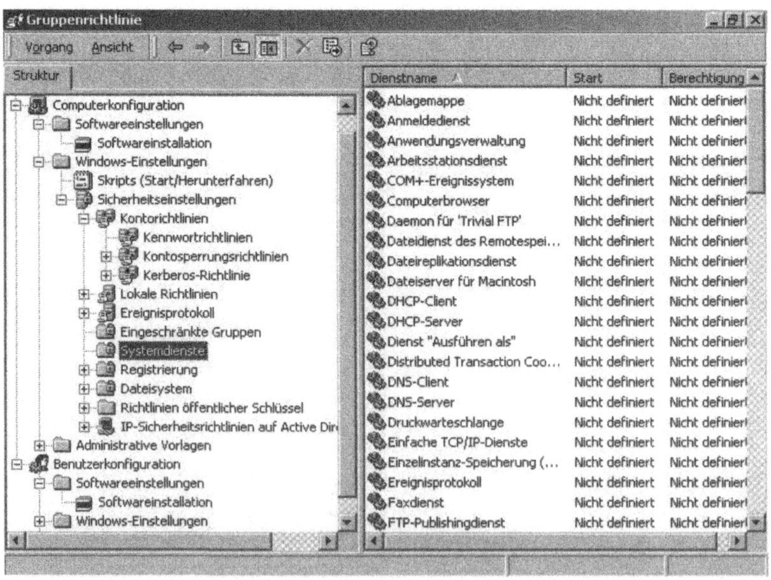

Abb. 184

Einrichten von Gruppenrichtlinien für Standorte:

Start | Programme | Verwaltung | AD-Standorte und -Dienste [Domänencontrollername.Domänenname] | rechte Maustaste über dem Standort | Eigenschaften | Gruppenrichtlinien | Gruppenlinienobjekt auswählen | Neu.

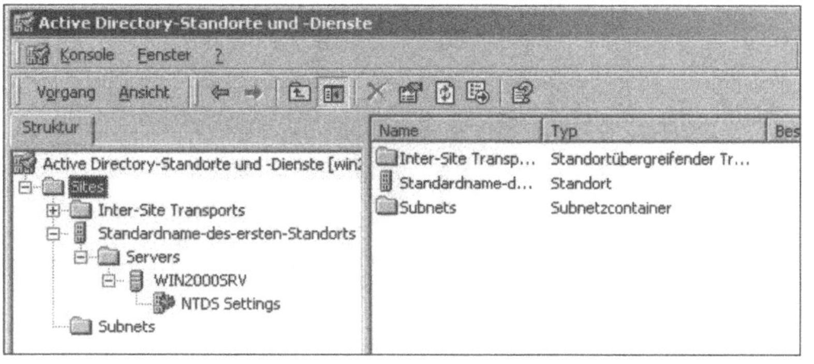

Abb. 185

Gruppenrichtlinien als eigenständiges MMC-Snap-In:

Start | Ausführen | MMC eingeben | Konsole | Snap-In hinzufügen/entfernen | Eigenständig | Hinzufügen | Snap-In GRUPPENRICHTLINIE auswählen | Hinzufügen | Objekt suchen (z. B. Lokaler Computer) | Fertig | OK um das Objekt zur Bearbeitung zu öffnen.

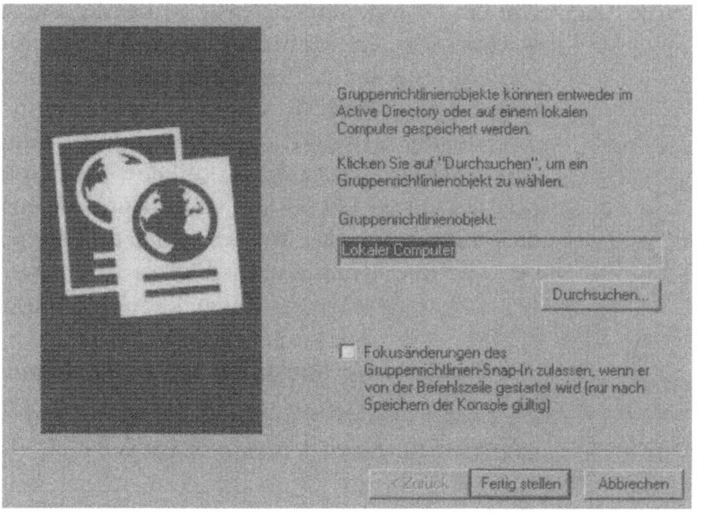

Abb. 186

Funktionsumfang der Gruppenrichtlinien erweitern:

Gruppenrichtlinien als eigenständiges MMC-Snap-In öffnen (unter KONSOLE | Snap-In hinzufügen/entfernen) | Erweiterungen | Snap In Erweiterungen auswählen | OK .

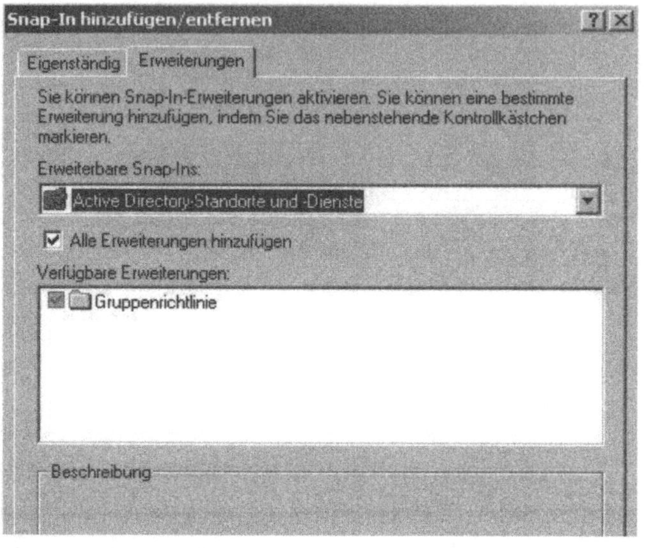

Abb. 187

Gruppenlinienobjekt bearbeiten:

Um ein Gruppenlinienobjekt zu bearbeiten, kann darauf doppelt geklickt werden. Um das Objekt bearbeiten zu können, werden Schreib/Lese-Rechte für dieses Objekt benötigt. Änderungen an einem Gruppenrichtlinienobjekt treten sofort in Kraft, weswegen das Objekt während der Bearbeitung deaktiviert werden sollte (über AD-Benutzer und -Computer, für Domänen und Organisationseinheit → über AD- Standort und -Dienste, für einen Standort). Mit der rechten Maustaste auf den Standort bzw. die Domäne oder die Organisation klicken | Eigenschaften | Gruppenrichtlinie | Objekt auswählen | rechte Maustaste | Deaktiviert.

Verwenden von administrativen Vorlagen (.adm-Datei):

Zu bearbeitendes Gruppenrichtlinienobjekt auswählen | Administrative Vorlagen | rechte Maustaste.

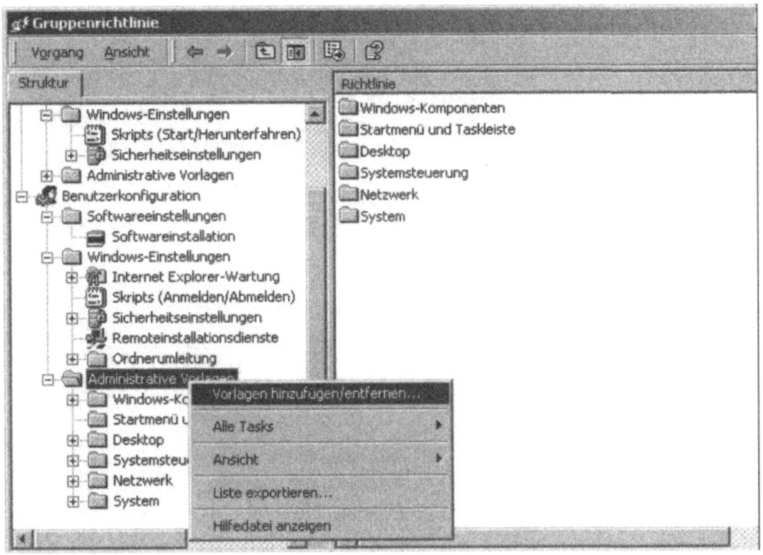

Abb. 188

Die administrativen Vorlagen besitzen die Endung .adm. Unter Win NT4 waren diese Vorlagen Textdateien im ANSI-Format. Win2000 benutzt UNICODE-Format.

Berechtigungen für die Verwaltung der Gruppenrichtlinien festlegen:

Im Konsolenstamm der Gruppenrichtlinien mit der rechten Maustaste auf das Gruppenrichtlinienobjekt klicken | Eigenschaften | Sicherheit.

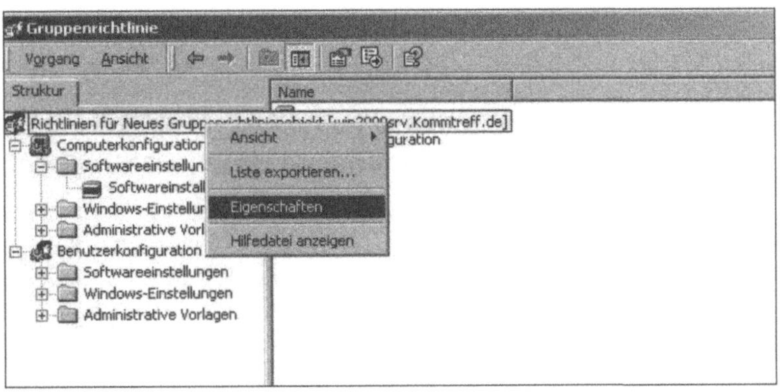

Abb. 189

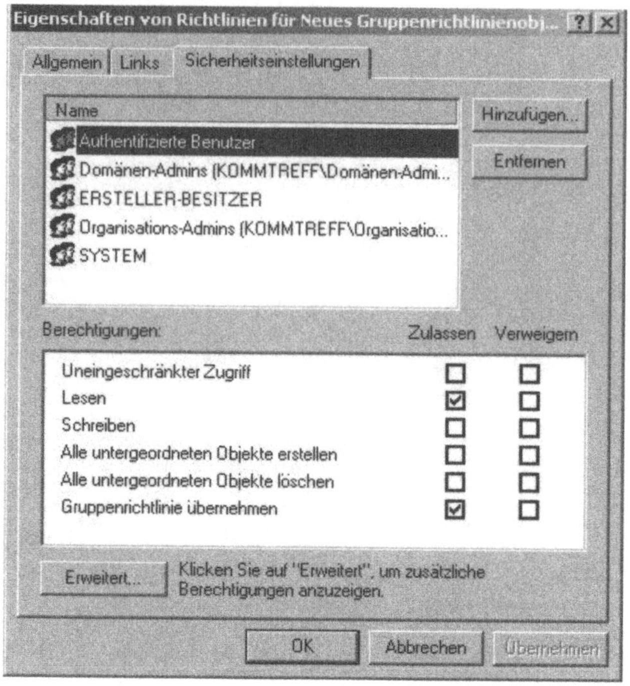

Abb. 190

Benutzerkonfiguration in den Gruppenrichtlinien:

Start | Programme | Verwaltung | AD-Standorte und -Dienste [Domänencontrollername.Domänenname] | rechte Maustaste über dem Standort | Eigenschaften | Gruppenrichtlinien | Gruppenlinienobjekt auswählen | Bearbeiten | Benutzerkonfiguration.

Hier werden die Richtlinien festgelegt, die immer zur Anwendung kommen, egal, an welchem Computer sich ein Benutzer anmeldet.

Computerkonfiguration in den Gruppenrichtlinien:

Start | Programme | Verwaltung | AD-Standorte und -Dienste [Domänencontrollername.Domänenname] | rechte Maustaste über dem Standort | Eigenschaften | Gruppenrichtlinien | Gruppenlinienobjekt auswählen | Bearbeiten | Computerkonfiguration.

Hier werden die Richtlinien für den Computer festgelegt, egal, welcher Benutzer sich an dem Computer anmeldet.

Sicherheitseinstellungen der Gruppenrichtlinien:

Start | Programme | Verwaltung | AD-Standorte und -Dienste [Domänencontrollername.Domänenname] | rechte Maustaste über dem Standort | Eigenschaften | Gruppenrichtlinien | Gruppenlinienobjekt auswählen | Bearbeiten | Computerkonfiguration | Windows-Einstellungen | Sicherheitseinstellungen.

Hier werden die Sicherheitseinstellungen für alle Benutzer, die sich an diesem Computer anmelden, getroffen.

Windows-Einstellungen der Gruppenrichtlinien:

Start | Programme | Verwaltung | AD-Standorte und -Dienste [Domänencontrollername.Domänenname] | rechte Maustaste über dem Standort | Eigenschaften | Gruppenrichtlinien | Gruppenlinienobjekt auswählen | Bearbeiten | Computerkonfiguration | Windows-Einstellungen.

Hier werden alle Windows-Einstellungen für alle Benutzer des Computers getroffen.

3.5.16 Verteiltes Dateisystem (DFS)

Haben Benutzer ihre Daten auf mehrere Server verteilt, kann über DFS eine Umgebung eingerichtet werden, dass es für den Benutzer so aussieht, als wenn sich die Daten auf dem selben physischen Datenträger befinden. Server können so auch entlastet werden (Lastenausgleich).

Mittels der DFS-Konsole kann DFS als eigenständiges oder domänenbasiertes Dateisystem eingerichtet werden. DFS besteht aus einer serverbasierenden- und einer clientbasierenden Komponente, wobei auf dem Client ein Verweis auf einen DFS-Stamm oder eine DFS-Verküpfung angelegt wird. Wird ein DFS-Client auf einem Computer ausgeführt, muss dieser Mitglied in der Domäne des DFS-Stammes sein. DFS-Client kann auf verschiedenen Windows-Betriebsystemen installiert werden.

Funktion:

Ist DFS eingerichtet, können Benutzer immer am selben Ort auf ihre Daten zugreifen, egal, ob diese Daten zwischenzeitlich vielleicht physisch auf einen anderen Server verschoben wurden. Netzwerklaufwerke zu verschiedenen Servern auf bestimmte Verzeichnisse sind nicht mehr notwendig. In domänenbasiertem

DFS ist eine aut. Veröffentlichung in AD gegeben. Benutzer haben so immer einen Überblick über die DFS-Topologie auf allen Servern der Domäne. DFS-Stämme und freigegebene DFS-Verzeichnisse können repliziert werden. Ein DFS-Stamm kann erweitert werden, in dem neue DFS-Verknüpfungen hinzugefügt werden. Verknüpfungen können auf freigegebene Verzeichnisse verweisen oder auf ganze Laufwerke.

Freigegebene DFS-Verzeichnisse können sich unter folgenden Betriebssystemen befinden:

Betriebssystem	Host für den DFS-Client	Host für den DFS-Stamm
DOS, Windows 3.x, WfW, NetWare-Server	Nein	Nein
Windows 95	Ja, Client zum Downloaden für DFS 4.x und 5.0	Nein
Windows 98	Ja, Client für DFS 4.x und 5.0 (alleinstehend) im Lieferumfang enthalten, Client zum Downloaden für DFS 5.0 (domänenbasiert)	Nein
Windows NT 4.0 und Service Pack 3	Ja, Client für DFS 4.x und 5.0 (alleinstehend) im Lieferumfang enthalten	Ja, nur für alleinstehenden Server
Windows 2000	Client für DFS 5.0 im Lieferumfang enthalten	Ja, für alleinstehenden und domänenbasierten Server oder Domänencontroller

DFS-Stamm:

Ein DFS-Stamm kann sich auf FAT- oder NTFS-Platten befinden. Nur unter NTFS kommen jedoch die vollen Sicherheitsbeschränkungen von Win2000 zum Tragen. Beim Erstellen kann entweder ein eigenständiger oder domänenbasierter Stamm ausgewählt werden.

Als eigenständiger DFS-Stamm:

- verwendet Active Directory nicht,
- kann nicht über freigegebene DFS-Ordner auf Stammebene verfügen,
- kann nur über eine einzige Ebene von DFS-Verknüpfungen verfügen (keine Hierachie).

Als domänenbasierter DFS-Stamm:

- muss einen Mitgliedsserver der Domäne als Host haben,
- die DFS-Topologie wird aut. in Active Directory veröffentlicht,
- kann über freigegebene DFS-Ordner auf Stammebene verfügen,
- kann über mehrere Ebenen von DFS-Verknüpfungen verfügen.

In der DFS-Konsole wird ein freigegebener Ordner angegeben, der als DFS-Stamm festgelegt wird. Alle Unterverzeichnisse sind dadurch ebenfalls zugänglich.

Über Start | Programme | Verwaltung | Verteiltes Dateisystem (DFS) | Menü Vorgang | Neuer DFS-Stamm | Domänen/Eigenständiger Stamm | Weiter kann ein neuer DFS-Stamm erstellt werden.

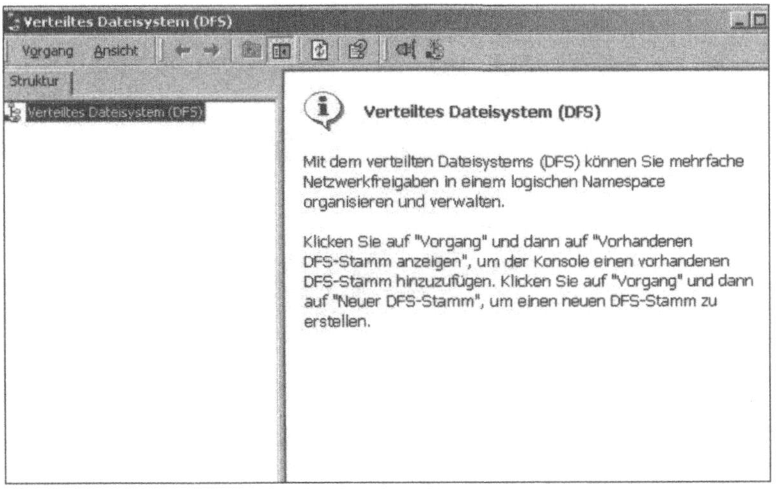

Abb. 191

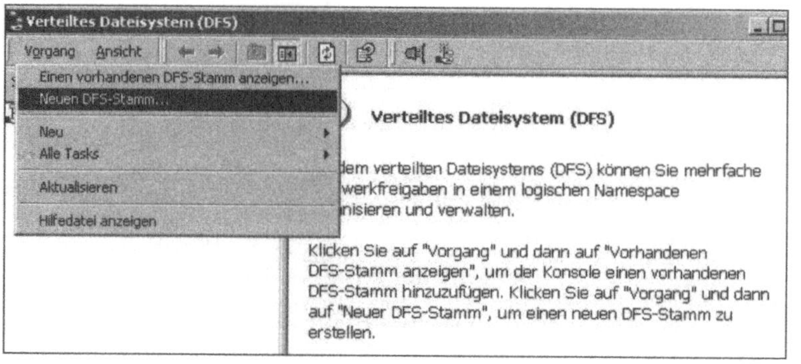

Abb. 192

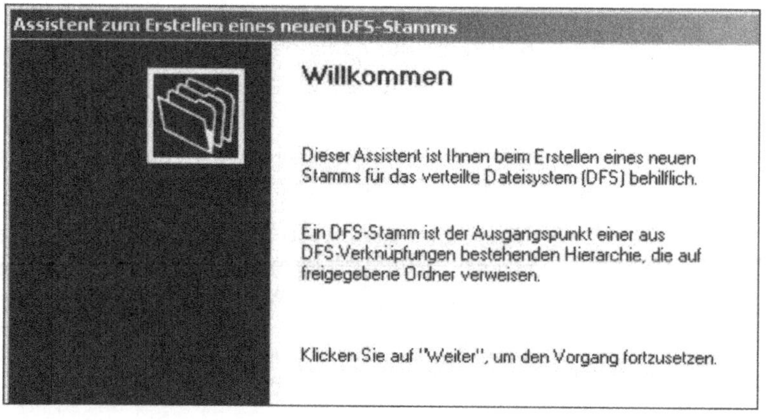

Abb. 193

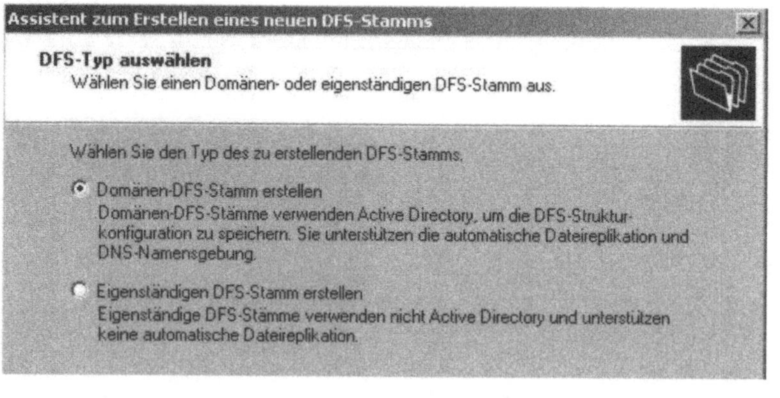

Abb. 194

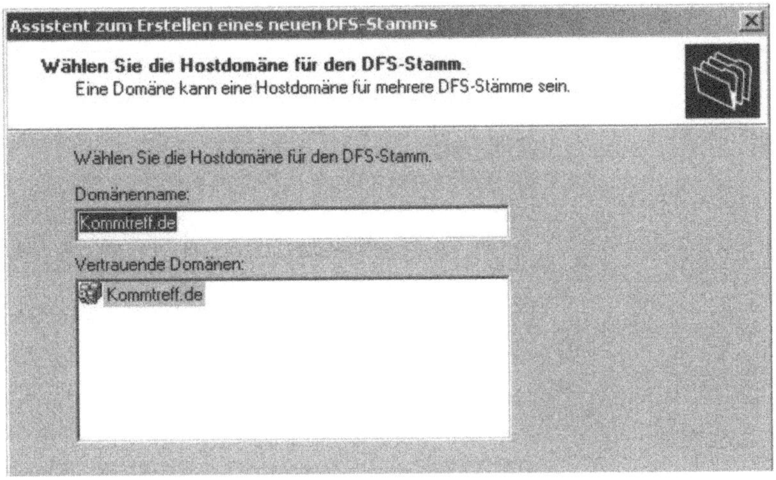

Abb. 195

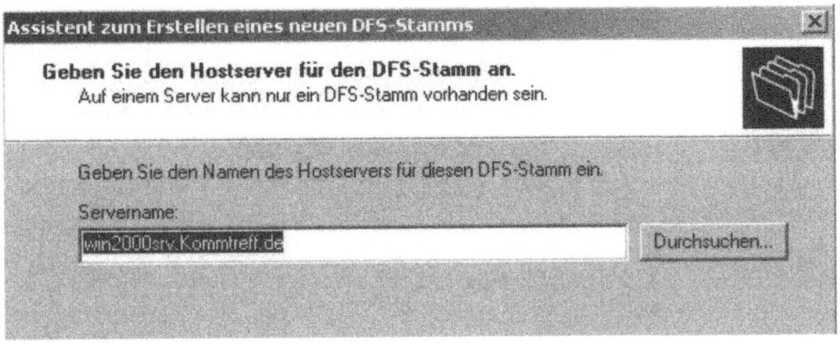

Abb. 196

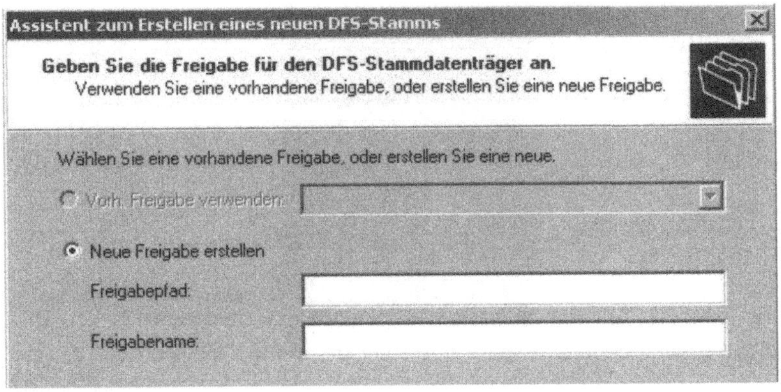

Abb. 197

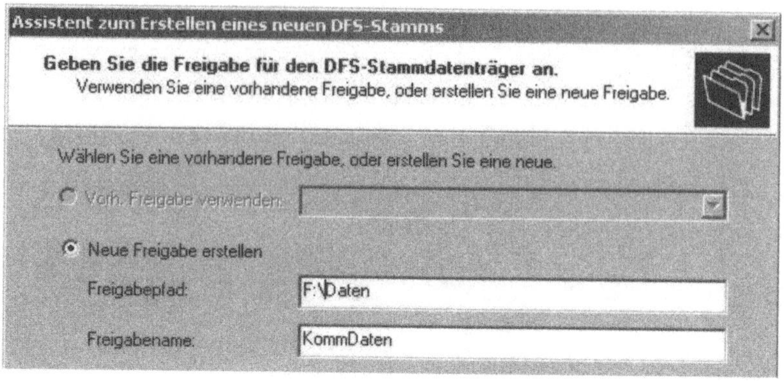

Abb. 198

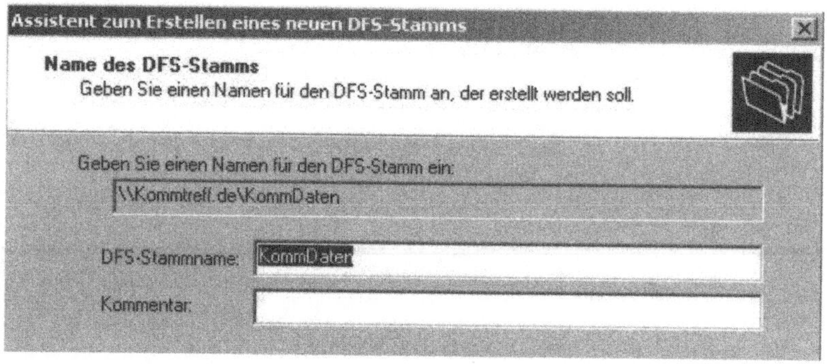

Abb. 199

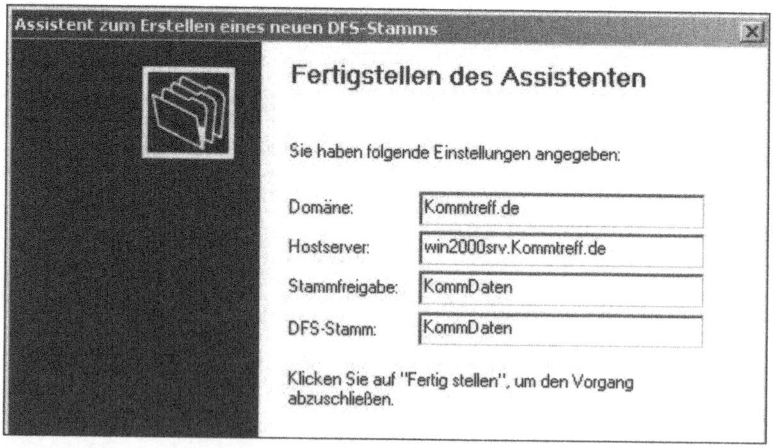

Abb. 200

Abb. 201

Einem DFS-Stamm können max. 1000 Verknüpfungen hinzugefügt werden. Nur Win2000-Verzeichnisse können weitere Unterverzeichnisse enthalten.

Eine Verknüpfung wird dem DFS-Stamm unter Start | Programme | Verwaltung | Verteiltes Dateisystem (DFS) | rechte Maustaste über dem Stamm | Neue DFS-Verküpfung hinzugefügt.

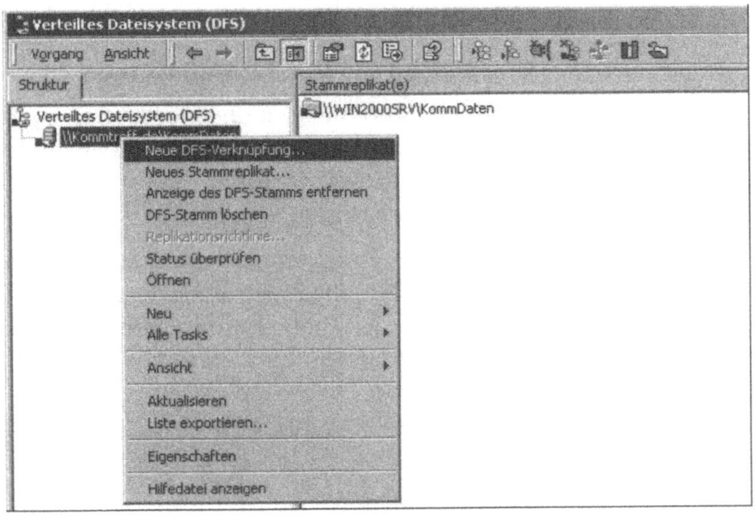

Abb. 202

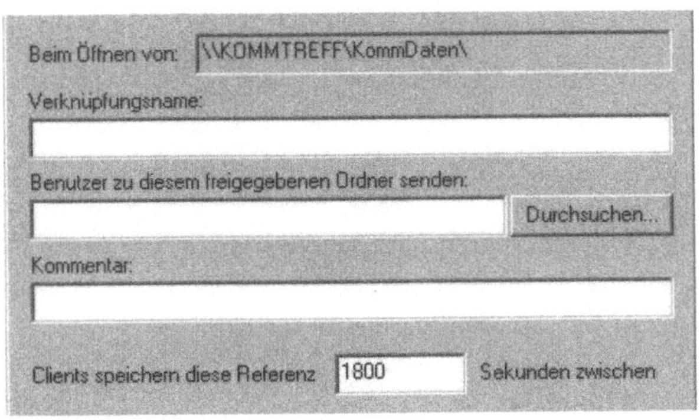

Abb. 203

Für jede DFS-Verknüpfung kann eine Gruppe von freigegebenen Verzeichnissen angelegt werden. Über NEUES REPLIKAT können weitere Verzeichnisse hinzugefügt werden. Es dürfen nur 32 DFS-Verzeichnisse in einer Gruppe freigegebener Verzeichnisse vorhanden sein. Auch kann ausgewählt werden, welche Verzeichnisse an der Replikation teilnehmen. Des Weiteren müssen Replikationsrichtlinien festgelegt werden.

Über Start | Programme | Verwaltung | Verteiltes Dateisystem (DFS) | rechte Maustaste über der Verknüpfung | Neues Replikat | Durchsuchen | Verzeichnis auswählen.

Hier muss jetzt angegeben werden, dass die Daten aut. repliziert werden, wenn die Quell-Datei verändert wurde. Sodann sind die zu replizierenden Daten in das Verzeichnis zu kopieren.

Eigenständiges DFS verfügt über keine aut. Replikation.

Replikation bei DFS konfigurieren:

Repliziert werden können DFS-Stämme und freigegebene DFS-Verzeichnisse. Die Replikation beinhaltet den ganzen DFS-Stamm oder nur DFS-Verzeichnisse. Alle Inhalte der Stämme oder Verzeichnisse werden repliziert.

Über Start | Programme | Verwaltung | Verteiltes Dateisystem (DFS) | rechte Maustaste über dem Stamm | Neues Stammreplikat wird der Assistent für die Stammreplikation gestartet. Vorteil ist, dass der Stamm auch verfügbar ist, wenn der 1. Server ausfällt.

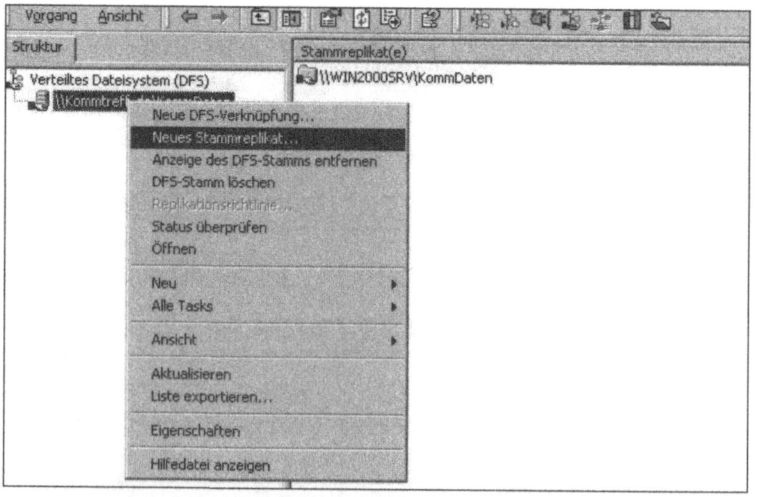

Abb. 204

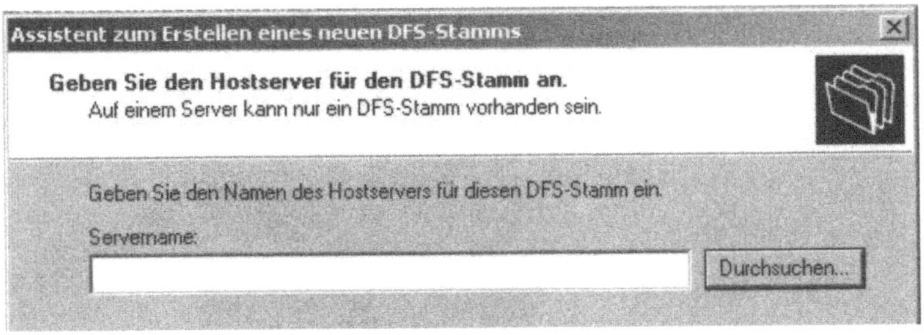

Abb. 205

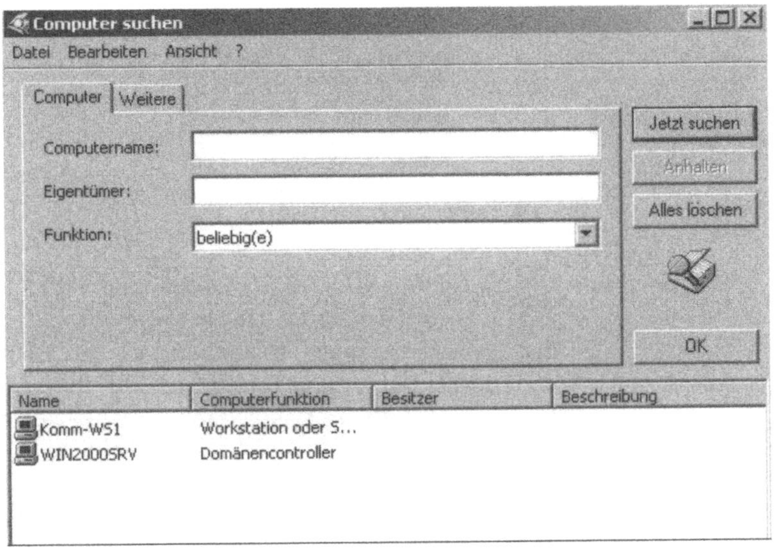

Abb. 206

Werden nur Verzeichnisse repliziert, wird der Inhalt eines Verzeichnisses auf ein anderes kopiert. DFS-Verzeichnisse werden repliziert, in dem man das Verzeichnis der DFS-Verknüpfung hinzufügt und anschließend festlegt, dass das Verzeichnis an der Replikation teilnimmt. Sodann müssen noch die Richtlinien für die Gruppe von freigegebenen DFS-Verzeichnissen festgelegt werden, die mit dieser Verknüpfung verbunden sind.

Die Replikation kann automatisch oder manuell erfolgen. Festgelegt wird dieser Vorgang unter DFS-Konsole | Replikationsrichtlinie.

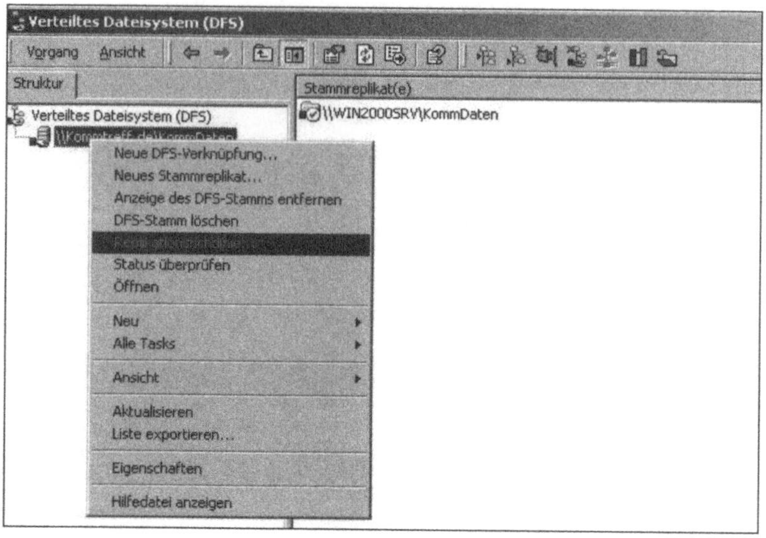

Abb. 207

Um als Client auf den DFS-Stamm zugreifen zu können, ist lediglich über den Explorer ein Netzlaufwerk auf das Root-Verzeichnis des DFS-Stammes anzulegen. Alle im DFS-Stamm eingebundenen Verknüpfungen (Freigaben auf allen Servern, auf die der Benutzer Zugriff hat) sind dann hier als Verzeichnisbaum sichtbar.

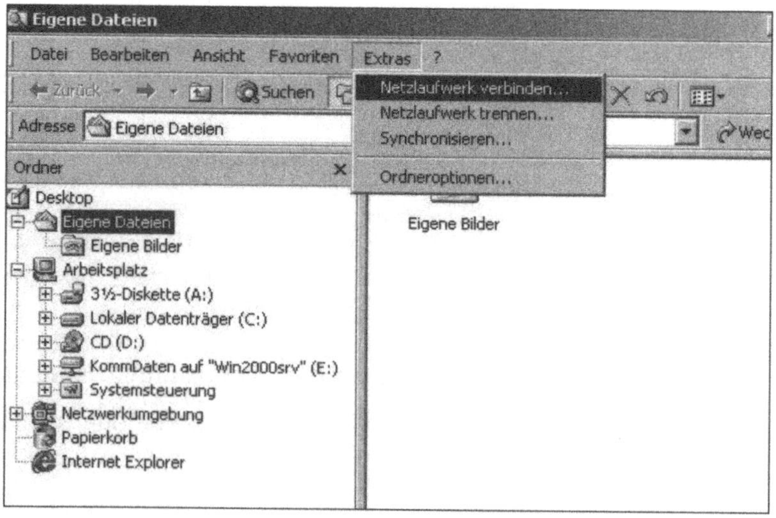

Abb. 208

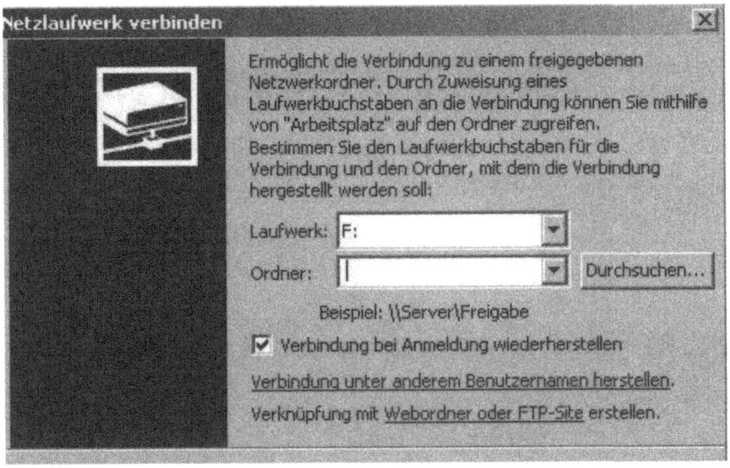

Abb. 209

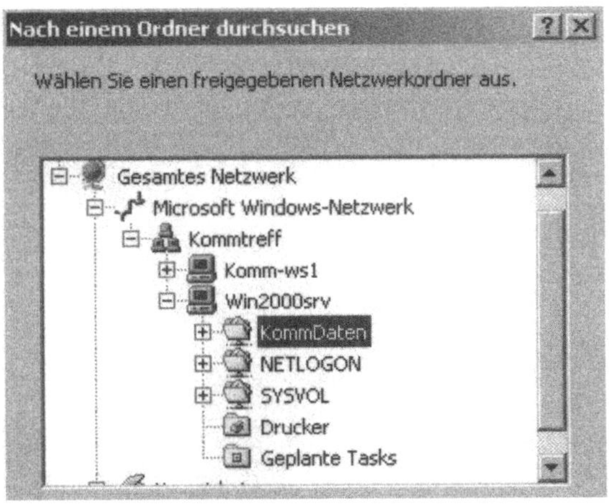

Abb. 210

3.5.17 Datenträger-Verwaltung

Mittels der Datenträger-Verwaltung können Festplatten, Partitionen, logische Laufwerke, übergreifende Datenträger (Volumes), Stripesets mit und ohne Parität erstellt, gelöscht, umgewandelt, verändert und auch Basisfestplatten in dyn. Festplatten konvertiert und wieder zurück gewandelt werden. Datenträger können hier auch formatiert werden.

Unterschiede von Win NT4 zu Win2000:

Arbeit	Windows NT 4.0	Windows 2000
Formatieren eines Datenträgers	Festplatten-Manager	Computerverwaltung (Lokal)
Hinzufügen einer neuen Festplatte	Festplatten-Manager	Computerverwaltung (Lokal)
Erstellen eines Spiegelsatzes	Festplatten-Manager	Computerverwaltung (Lokal)
Erstellen eines Stripe Sets mit Parität	Festplatten-Manager	Computerverwaltung (Lokal)

Über Start | Programm | Verwaltung | Computerverwaltung | Datenspeicher kann die Datenträgerverwaltung geöffnet werden.

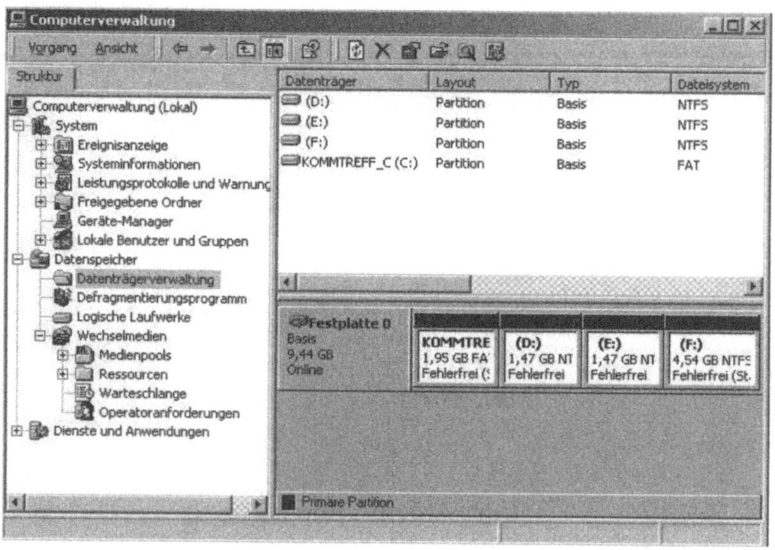

Abb. 211

Einstellungen zur Ansicht können unter dem gleichnamigen Menü gemacht werden.

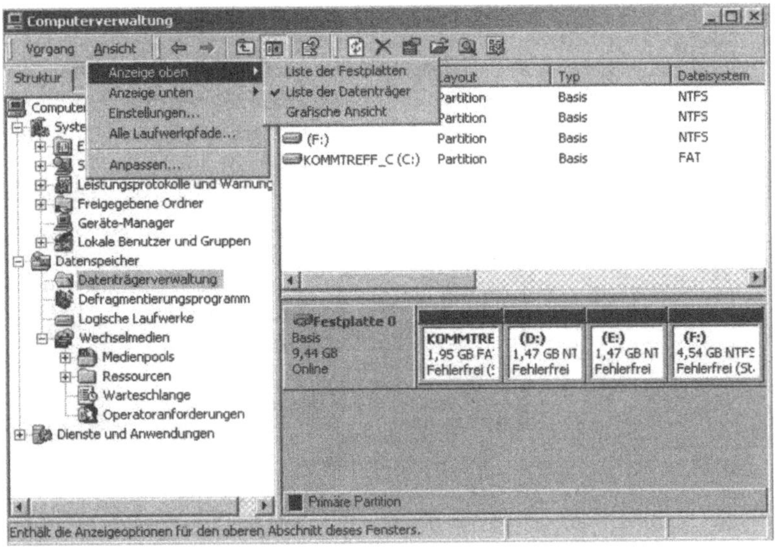

Abb. 212

Eine neue Festplatte integrieren:

Start | Programm | Verwaltung | Computerverwaltung | Datenspeicher | Datenträgerverwaltung | Menu Vorgang | Festplatten neu einlesen.

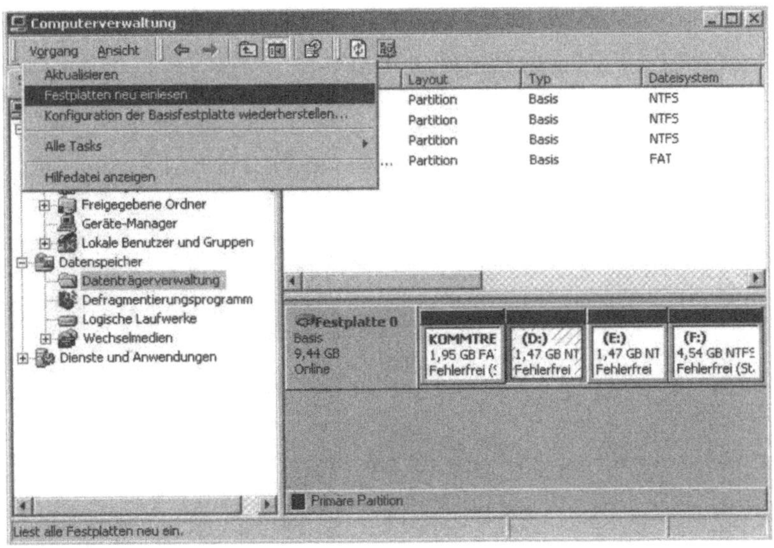

Abb. 213

Laufwerkseigenschaften anzeigen:

Start | Programm | Verwaltung | Computerverwaltung | Datenspeicher | Datenträgerverwaltung | mit rechter Maustaste auf Laufwerk | Eigenschaften.

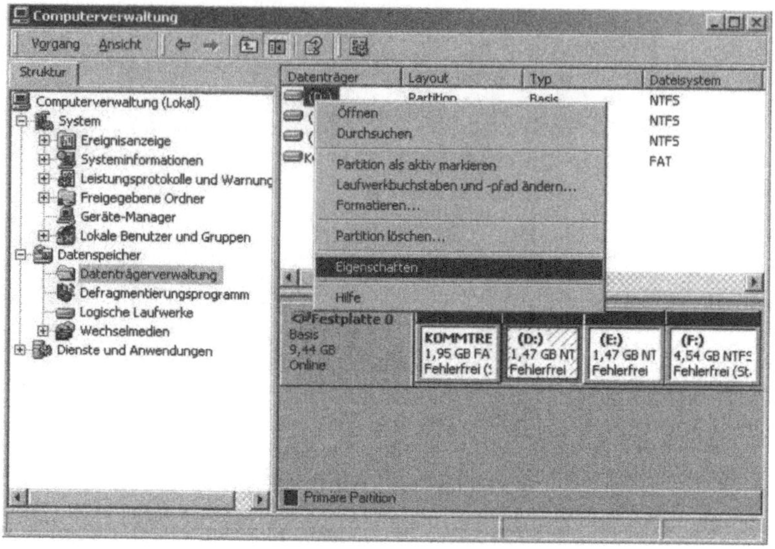

Abb. 214

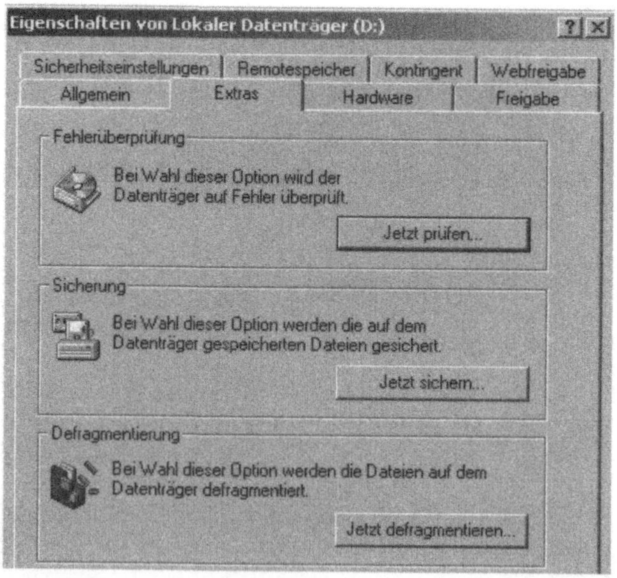

Abb. 215

Fehlende oder als OFFLINE gekennzeichnete Festplatte reaktivieren:

Wenn eine dynamische Festplatte Fehler aufweist, wird diese als verloren markiert. Solche Festplatten können aber auch wieder reaktiviert werden. Dazu ist die verlorene Festplatte (ist als solche markiert) anzuklicken und FESTPLATTE REAKTIVIEREN auszuwählen.

Dynamische- und Basisfestplatten:

Jede vorhandene Festplatte im System wird bei der Installation aut. als Basisfestplatte konfiguriert. Nach der Installation können Basisfestplatten in dynamische Festplatten umgewandelt werden. In einem System können Basisfestplatten und dynamische Festplatten vorhanden sein.

Dynamische Festplatten:
Nur mit dynamischen Festplatten lassen sich fehlertolerante Festplattensysteme aufbauen. Auch um Änderungen an Festplatten vornehmen zu können, ohne den Computer neu starten zu müssen, müssen Festplatten dynamisch sein. Sie dürfen keine Partitionen oder logische Laufwerke enthalten. Zudem sind sie nicht unter DOS ansprechbar.

Auf dynamischen Festplatten können

- einfache, übergreifende, Stripeset- und gespiegelte und RAID-5-Datenträgern erstellt und gelöscht werden,
- einfache oder übergreifende Datenträger erweitert werden,
- die Spiegelung eines gespiegelten Datenträgers entfernt werden,
- gespiegelte und RAID5-Systeme repariert werden,
- eine fehlende oder Offline-Platte erneut aktiviert werden.

Basisfestplatten:
Auf Basisfestplatten können nur übergreifende Spiegelsätze oder Stripesets enthalten sein, die mit Win NT4 ertellt wurden.

Auf Basisfestplatten können

- primäre und erweiterte Partitionen erstellt und gelöscht werden,
- logische Laufwerke erstellt werden,
- Datenträgersätze, Stripe Sets, Spiegelsätze und Stripesets mit Parität gelöscht werden,
- Spiegelsätze und Stripesets repariert werden.

Konvertieren einer Basisfestplatte in eine dynamische Festplatte:

Start | Programm | Verwaltung | Computerverwaltung | Datenspeicher | Datenträgerverwaltung | Menü Ansicht LISTE DER FESTPLATTEN auswählen | mit rechter Maustaste auf Festplatte | In dynamische Festplatte umwandeln.

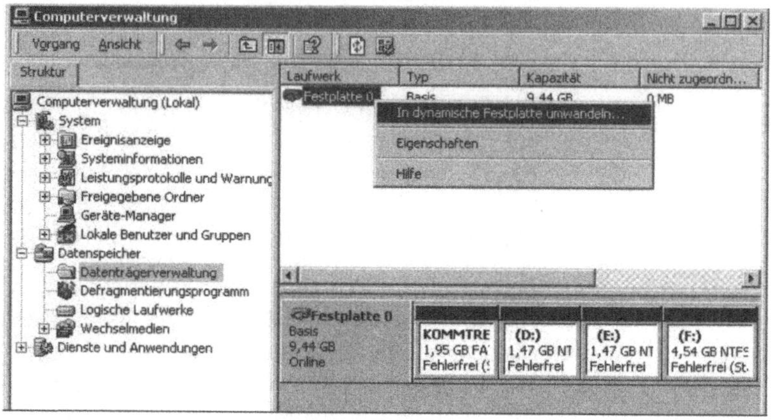

Abb. 216

Partitionen einer dynamischen Festplatte können nicht in Partitionen einer Basisfestplatte zurück gewandelt werden. Nur wenn die dyn. Datenträger gelöscht und dann in eine Basisfestplatte zurück gewandelt werden, ist dies möglich. Alle Programme, die auf diesen Festplatten laufen, müssen vor der Konvertierung beendet werden.

Ist die Konvertierung erfolgt, gibt es keine Partitionen oder logische Laufwerke mehr auf der dyn. Festplatte. Auf dyn. Festplatten kann nur mit Win2000 zugegriffen werden. Vorhandene Partitionen auf Basisfestplatten werden bei der Konvertierung in einfache Datenträger umgewandelt. Vorhandene Spiegelsätze, Stripesets (mit und ohne Parität), werden in dyn. Spiegelsätze, dyn. Stripesets umgewandelt.

Konvertieren einer dynamische Festplatte in eine Basisfestplatte:

Start | Programm | Verwaltung | Computerverwaltung | Datenspeicher | Datenträgerverwaltung | Menü Ansicht LISTE DER FESTPLATTEN auswählen | mit rechter Maustaste auf Festplatte | In eine Basisfestplatte umwandeln.

Bevor die dyn. Festplatte in eine Basisfestplatte umgewandelt werden kann, müssen alle Datenträger von der dyn. Festplatte gelöscht werden. Nun können wieder Partitionen und logische Laufwerke erstellt werden.

Laufwerksbuchstabe:

Um einem Datenträger bzw. einer Partition einen Laufwerksbuchstaben zuzuweisen oder zu ändern, muss der Datenträger mit der rechten Maustaste angeklickt werden und Laufwerksbuchstabe und -pfad angeklickt werden.

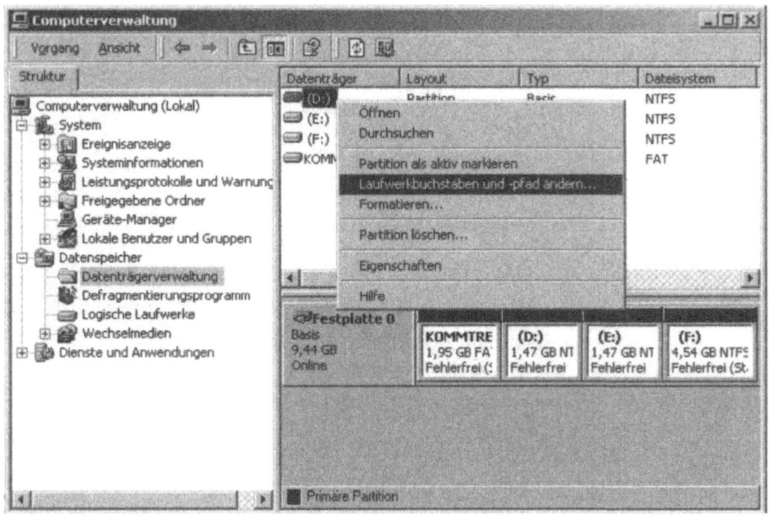

Abb. 217

Laufwerksbuchstaben von Systemdatenträgern bzw. von Bootdatenträgern können nicht verändert werden.

Einfachen Datenträger erstellen:

Mit der rechten Maustaste auf einen freien Speicherplatz einer dyn. Festplatte klicken und dann auf Datenträger erstellen. Anweisungen des Assistenten befolgen.

Nur dyn. Festplatten können einfache Datenträger enthalten. Einfache Datenträger können sich über mehrere Festplatten erstrecken, was einem übergreifenden Datenträger gleich kommt. Nur NTFS-Datenträger kommen dafür in Frage. Sie können keine Partitionen oder logische Laufwerke enthalten und nur Win2000 kann darauf zugreifen.

Ein einfacher Datenträger kann erweitert werden, indem der Datenträger mit der rechten Maustaste angeklickt wird und auf DATENTRÄGER ERWEITERN geklickt wird. Nur NTFS-Datenträger können erweitert werden. Dieses Erweitern kann nur auf einem Datenträger durchgeführt werden, der als dyn. Datenträger angelegt wurde. Ein konvertierter Datenträger (von dyn. zu Basis) kann nicht erweitert werden. System- oder Bootdatenträger können nicht erweitert werden. Einfache oder übergreifende Datenträger auf dyn. Festplatten, können auf bis zu 32 dyn. Festplatten erweitert werden. Sie können auch innerhalb der einen Festplatte erweitert werden. Ein übergreifender Datenträger kann nicht gespiegelt oder in ein Stripeset eingebaut werden.

Übergreifenden Datenträger erstellen:

Start | Programm | Verwaltung | Computerverwaltung | Datenspeicher | Datenträgerverwaltung | rechte Maustaste über den freien Speicherplatz auf einer dyn. Festplatte | Datenträger erstellen | Weiter | Übergreifender Datenträger.

Erst ab zwei dyn. Festplatten mit freiem Speicher kann ein übergreifender Datenträger erstellt werden. Dieser kann sich auf bis zu 32 Festplatten ausweiten und ist weder spiegelbar, noch in Stripsets einzubinden.

Erweitert wird der übergreifende Datenträger wie ein einfacher Datenträger. Nur NTFS- oder Datenträger ohne Dateisystem auf dyn. Festplatten, die nicht von Basisdatenträgern erstellt wurden, können erweitert werden. System- und Bootdatenträger können nicht erweitert werden.

Stripeset erstellen:

Start | Programm | Verwaltung | Computerverwaltung | Datenspeicher | Datenträgerverwaltung | rechte Maustaste über den freien Speicherplatz auf einer dyn. Festplatte | Datenträger erstellen | Weiter | Stripsetdatenträger.

Erst ab zwei dyn. Festplatten mit freiem Speicher kann ein Stripeset erstellt werden. Dieses kann sich auf bis zu 32 Festplatten ausweiten. Stripesetdatenträger können nicht erweitert oder gespiegelt werden.

Gespiegelten Datenträger erstellen:

Start | Programme | Verwaltung | Computerverwaltung | Datenspeicher | Datenträgerverwaltung | rechte Maustaste über dyn. Festplatte | Datenträger erstellen | Weiter | Gespiegelter Datenträger.

Erst mit zwei dyn. Festplatten können Datenträger gespiegelt werden, die fehlertolerant sind. Gespiegelte Datenträger können nicht erweitert oder in Stripesets umgewandelt werden. Sie verwenden den gleichen Laufwerksbuchstaben.

Eine Spiegelung wird einem einfachen Datenträger hinzugefügt, indem unter Start | Programme | Verwaltung | Computerverwaltung | Datenspeicher | Datenträgerverwaltung | rechte Maustaste über den zu spiegelnden einfachen Datenträger | Spiegelung hinzufügen geklickt wird.

Jeder einfache Datenträger kann auf eine dyn. Festplatte gespiegelt werden.

Eine Spiegelung kann erneut über Start | Programme | Verwaltung | Computerverwaltung | Datenspeicher | Datenträgerverwaltung | rechte Maustaste über den neu zu synchronisierenden Datenträger synchronisiert werden. Gespiegelte Datenträger auf dyn. Festplatten werden aut. synchronisiert. Gespiegelte Datenträger auf Basisfestplatten müssen manuell synchronisiert werden.

Ein gespiegelter Datenträger kann über Start | Programme | Verwaltung | Computerverwaltung | Datenspeicher | Datenträgerverwaltung | rechte Maustaste über einen Datenträger der Spiegelung | Spiegelung aufteilen wieder in zwei Datenträger aufgeteilt werden.

Eine Spiegelung kann von einem Datenträger wieder entfernt werden, indem über Start | Programme | Verwaltung | Computerverwaltung | Datenspeicher | Datenträgerverwaltung | rechte Maustaste über die Spiegelung | Spiegelung entfernen ausgewählt wird.

RAID5-Datenträger erstellen:

Ein RAID5-Datenträger kann erstellt werden, indem über Start | Programme | Verwaltung | Computerverwaltung | Datenspeicher | Datenträgerverwaltung | rechte Maustaste über einem freien Speicherplatz | Datenträger erstellen geklickt wird.

Ein RAID5-Datenträger kann nur mit mindestens 3 Datenträgern erstellt werden und kann sich über 32 Festplatten erstrecken. Sie können weder erweitert noch gespiegelt werden.

Datenträgerkontingente:

Mittels der Datenträgerkontingente hat Windows jetzt auch die Möglichkeit, Plattenplatz für Benutzer zu beschränken. Dabei kann die Speichernutzung auch verfolgt und protokolliert werden. Kommt ein Benutzer an die Grenze seines Kontingentes, kann er eine Warnung erhalten. Das Kontingent kann so eingestellt werden, dass bei erreichtem Plattenplatz Zugriffe auf die Platte nicht mehr möglich sind oder die Kontingentsgrenze auch überschritten werden darf. Wird das Kontingent aktiviert, wirkt sich dies nur auf neue Benutzer aus. Für bereits vorhandene Benutzer müssen neue Enträge hinzugefügt werden. Kontingente können für lokale sowie für Netzlaufwerke erstellt werden, wenn diese NTFS-formartiert sind. Das Kontingent gilt immer für den Laufwerksbuchstaben. Ist eine Platte in die Partitionen C: und D: unterteilt, hat jedes LW sein Kontingent. Ist ein LW über mehrere phys. Laufwerke verteilt (datenträgerübergreifendes LW), gilt das Kontingent für das Volume.

Kontingente können für lokale, wie für Remote-Computer angelegt werden. Lokal beziehen sie sich auf alle Benutzer, die sich an diesem Computer anmelden. Remote beziehen sie sich nur auf Remote-Benutzer. Wenn ein Kontingent remote angelegt werden soll, muss das entsprechende LW über sein Root-Verzeichnis freigegeben worden sein.

Datenträgerkontingente einrichten

Im Explorer ist mit der rechten Maustaste das LW anzuklicken | Eigenschaften | Registerkarte Kontingente | Kontingentverwaltung aktivieren anzuklicken.

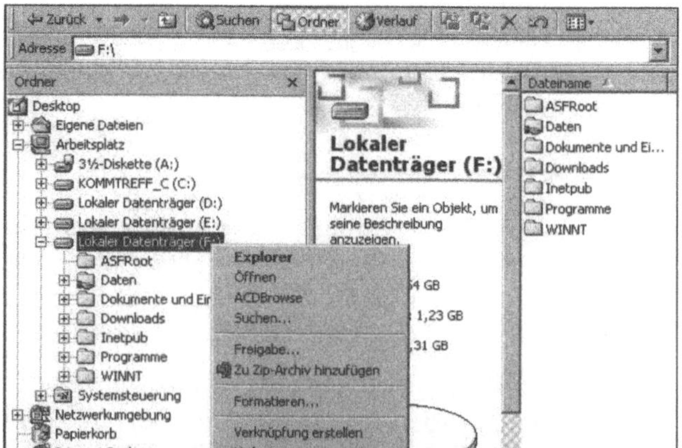

Abb. 218

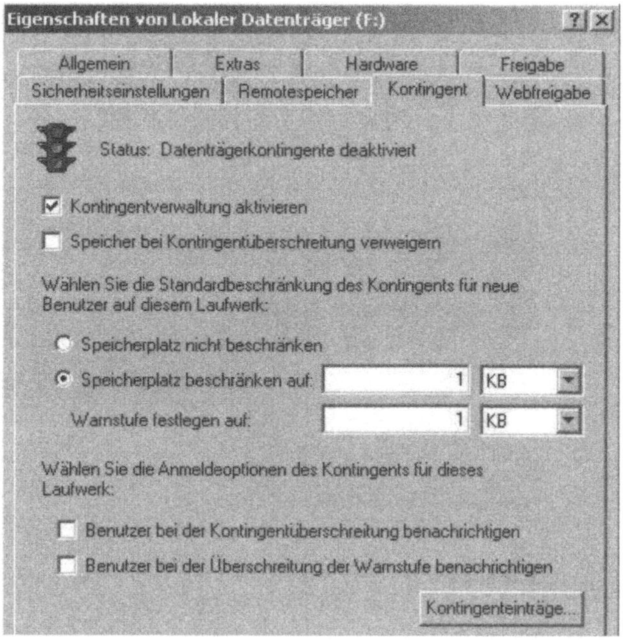

Abb. 219

Um bei Kontigentüberschreitung Speicherplatz zu verweigern, ist das Kontrollkästchen SPEICHER BEI KONTINGENTÜBERSCHREITUNG VERWEIGERN zu aktivieren.

Des Weiteren können hier Warngrenzen und Speicherplatzbegrenzungen festgelegt werden.

Um sich die Kontigente für einzelne Benutzer des Datenträgers anzeigen zu lassen, ist auf der Registerkarte Kontingente die Schaltfläche KONTINGENTEINTRÄGE auszuwählen. Jede Zeile steht für Daten eines Benutzers.

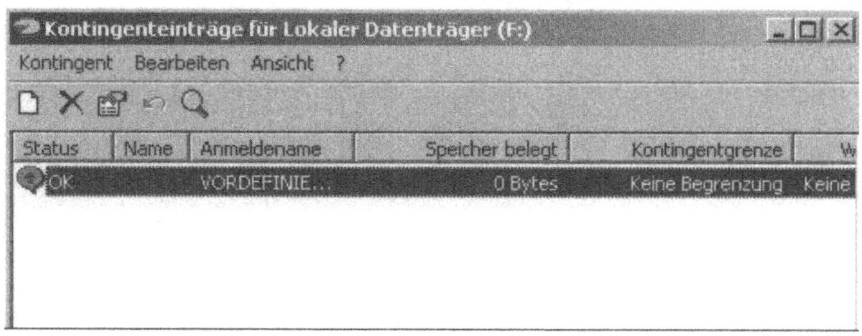

Abb. 220

Um neue Einträge hinzuzufügen, ist unter der Registerkarte Kontingent | Schaltfläche Kontingenteinträge | im Fenster KONTINGENTEINTRÄGE FÜR LOKALE BENUTZER | Menü Kontingent | Neuer Kontingenteintrag auszuwählen. Im nächsten Fenster ist die Domäne und der Benutzer auszuwählen, sowie im darauf folgenden Fenster der Speicherplatz festzulegen.

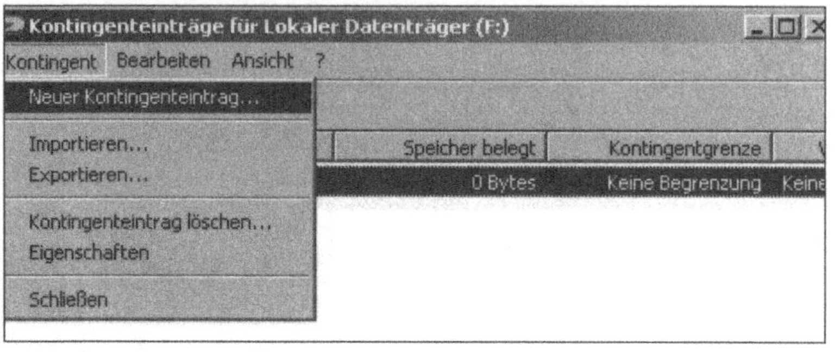

Abb. 221

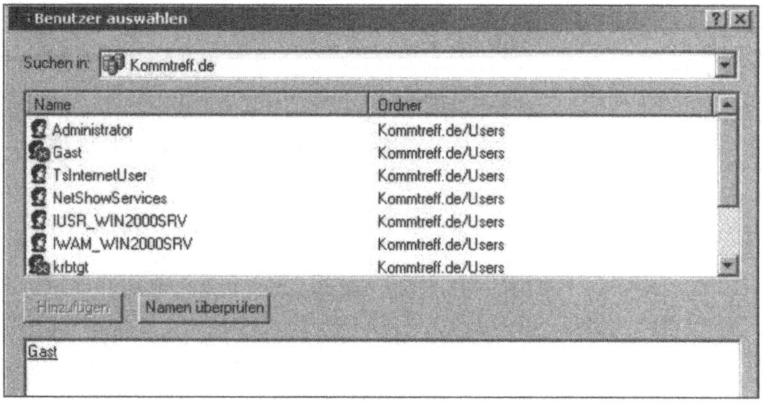

Abb. 222

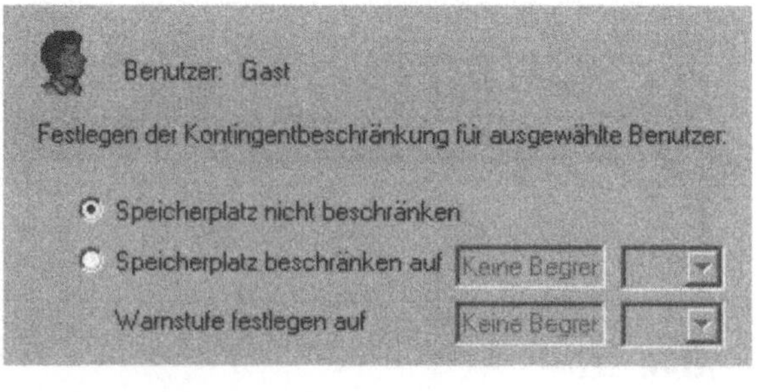

Abb. 223

Um die Eigenschaften (Grenzen und Warnschwellen) eines Eintrages zu bearbeiten, ist unter Kontingent | Schaltfläche Kontingenteinträge | im Fenster KONTINGENTEINTRÄGE FÜR LOKALE BENUTZER | Eintrag selektieren | rechte Maustaste darüber | Eigenschaften auszuwählen.

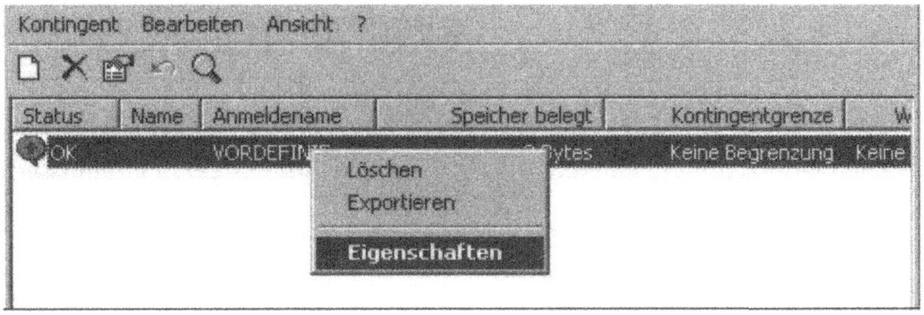

Abb. 224

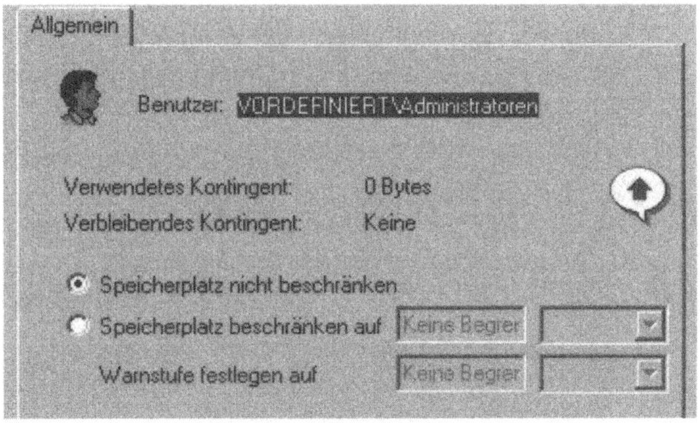

Abb. 225

Soll ein bestimmter Eintrag gesucht werden, ist unter Kontingent | Schaltfläche Kontingenteinträge | im Fenster KONTINGENTEINTRÄGE FÜR LOKALE BENUTZER | Menü Bearbeiten | Suchen auszuwählen. Der Benutzername ist in der Form Domänenname\Benutzername oder Benutzername@Domänenname einzugeben.

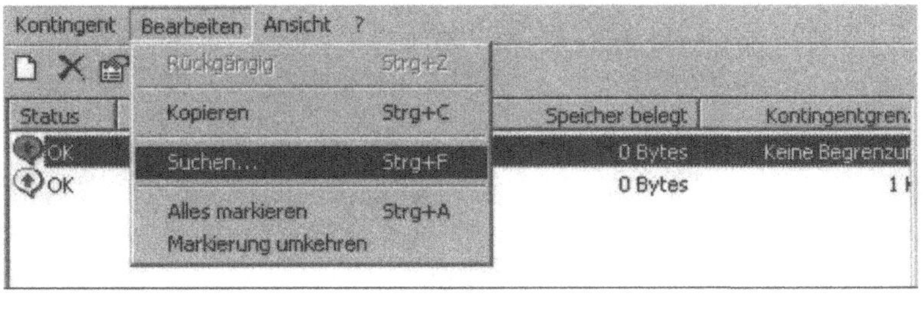

Abb. 226

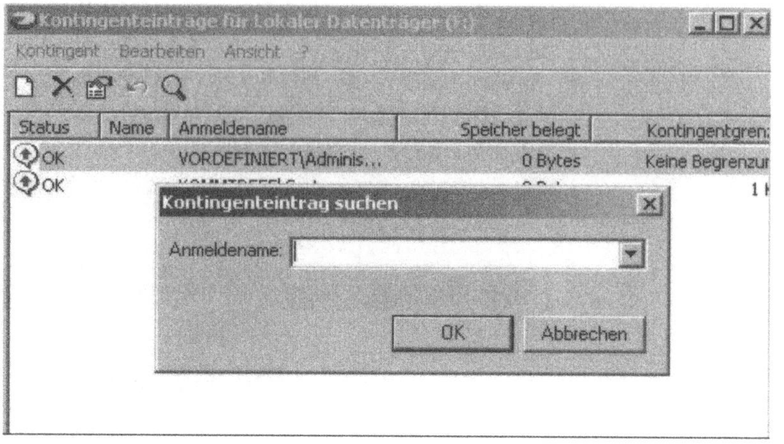

Abb. 227

Soll ein Bericht über die Kontingente erstellt werden, ist das Fenster Kontingent | Schaltfläche Kontingenteinträge | KONTINGENTEINTRÄGE FÜR LOKALE BENUTZER zuerst zu öffnen. Sodann kann eine Anwendung geöffnet werden, mit der der Bericht erstellt werden soll (z. B. WordPad). Markierte Benutzer aus dem Fenster KONTINGENTEINTRÄGE FÜR LOKALE BENUTZER können jetzt mit der linken Maustaste in das Fenster von WordPad gezogen werden. Der Bericht wird erstellt.

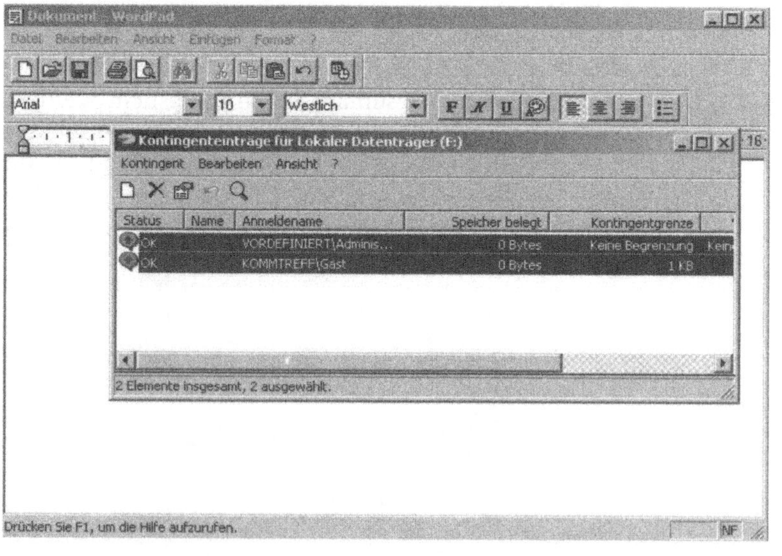

Abb. 228

Abb. 229

Verschlüsseln von Daten:

Um eine größere Sicherheit der gespeicherten Daten zu erreichen, können unter Windows jetzt auch Daten verschlüsselt werden. Auf verschlüsselte Daten kann vom Anwender jederzeit ohne Zeitverlust zugegriffen werden, da die Daten in Echtzeit ver- und entschlüsselt werden. Das Verschlüsseln von Daten kann nur auf einem NTFS-LW vorgenommen werden.

Verschlüsselungsvorgang

Im Explorer mit der rechten Maustaste auf ein zu verschlüsselndes Verzeichnis klicken | Eigenschaften | Allgemein | Schaltfläche Erweitert | Kontrollkästchen Inhalt verschlüsseln, um Daten zu schützen auswählen.

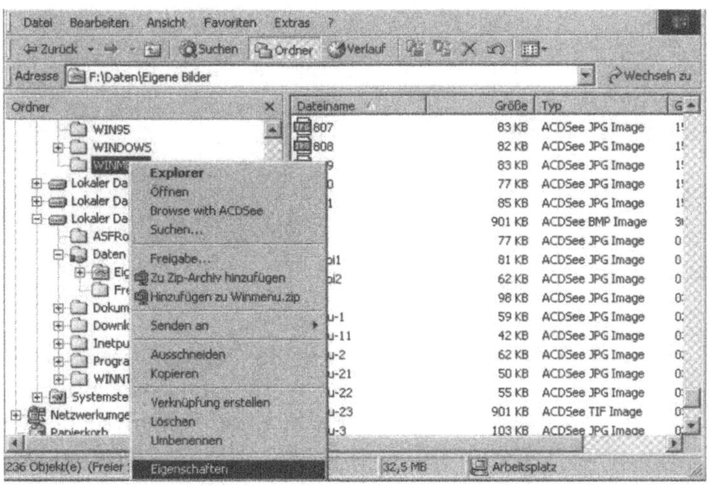

Abb. 230

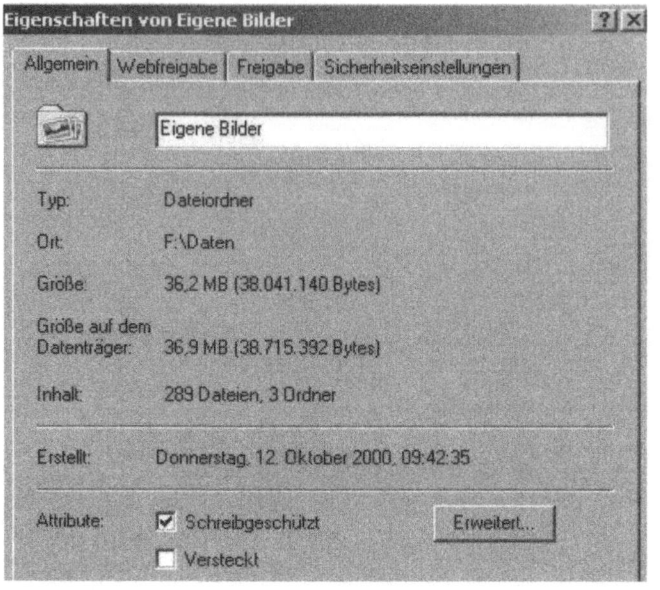

Abb. 231

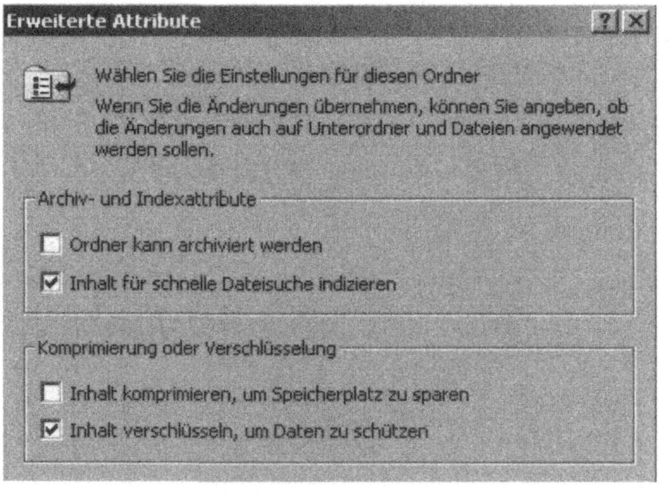

Abb. 232

Um festzulegen, welche Benutzer auf das Verzeichnis zugreifen dürfen, sind unter rechte Maustaste über dem Verzeichnis | Eigenschaften | Registerkarte Sicherheitsheitseinstellungen die entsprechenden Benutzer hinzuzufügen und die entsprechenden Berechtigungen zu vergeben.

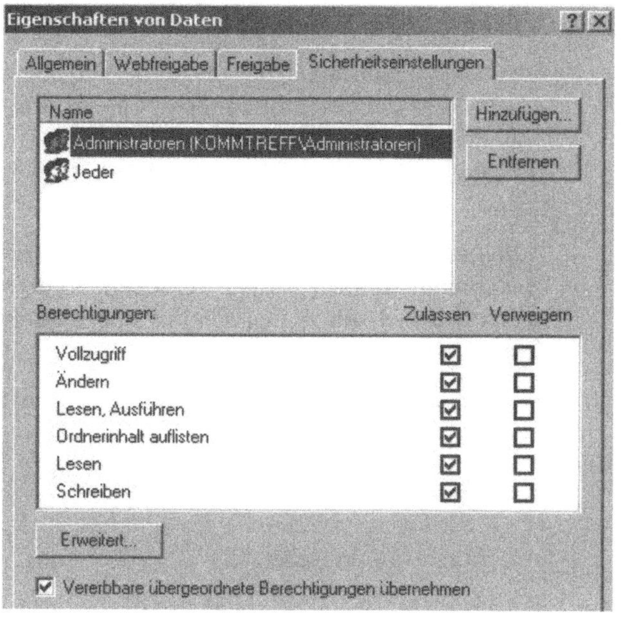

Abb. 233

Wenn die Dialogbox mit OK verlassen wird, wird ein weiteres Fenster angezeigt, in dem noch angegeben werden kann, ob das Verschlüsseln auch für vorhandene Unterverzeichnisse gelten soll.

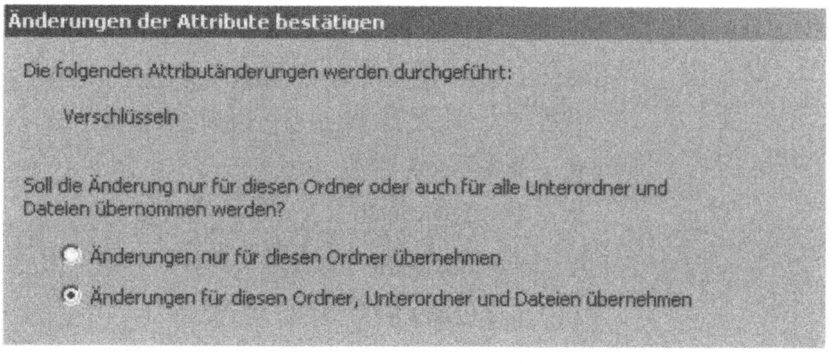

Abb. 234

Für Computer, die nicht in eine Domäne eingebunden sind, muss beim Administrator ein Generalschlüssel hinterlegt werden, mit dem die Daten wieder entschlüsselt werden können. Über Start | Verwaltung | Lokale Sicherheitsrichtlinie kann der Generalschlüssel in eine Datei exportiert werden.

3.5.18 DHCP

DHCP ist bekanntlich für die dyn. Vergabe von IP-Adressen in einem Netzwerk verantwortlich. Clients, die sich am Netzwerk anmelden, kontaktieren einen DHCP-Server und bekommen eine IP-Adresse (Lease) für einen eingestellten Zeitraum zur Verfügung.

Administratoren können DHCP-Server einrichten, die für einen bestimmten Bereich Leases vergeben, und wo IP-Adressen ausgeschlossen werden, die nur für eine manuelle Zuordnung verwendet werden.

- Ein Bereich stellt ein physikalisches Teilnetz dar.
- Eine Bereichsgruppierung stellt eine für administrative Zwecke eingerichtete Gruppe von Bereichen dar.
- Ein Ausschlussbereich ist ein Bereich, der von der aut. Vergabe ausgeschlossen ist.
- Ein Adresspool ist ein Bereich von IP-Adressen, der für die aut. Vergabe vorgesehen ist.
- Optionstypen sind Clientkonfigurationsparameter, wie Router, WINS-Server, DNS-Server, die bei der Vergabe von Leases an Clients mit zugeordnet werden können.

Auf einem DHCP-Server unter Win2000 werden die lokalen Gruppen DHCP-Administratoren und DHCP-Benutzer aut. eingerichtet, die für die Vergabe von Berechtigungen auf den DHCP-Server verwendet werden können.

Als DHCP-Clients an einem Win2000-DHCP-Server können folgende Windows-Systeme agieren:

- Windows 2000
- Windows NT
- Windows 98
- Windows 95
- Windows für Workgroups, Version 3.11
  (mit installiertem 32-Bit TCP/IP-Stack)

Da sich am Prinzip von DHCP unter Win2000 gegenüber Win NT4 nichts verändert hat, wäre es nicht sinnvoll, hier nochmal eine vollständige Beschreibung abzugeben. Deswegen sei an dieser Stelle für weitere Informationen zur generellen Funktion von DHCP auf Abschnitt 3.2.29 verwiesen.

Installieren eines DHCP-Servers unter Win2000:

Unter Start | Einstellungen | Systemsteuerung | Software | Windows-Komponenten hinzufügen/entfernen | Komponenten kann ein DHCP-Server installiert werden.

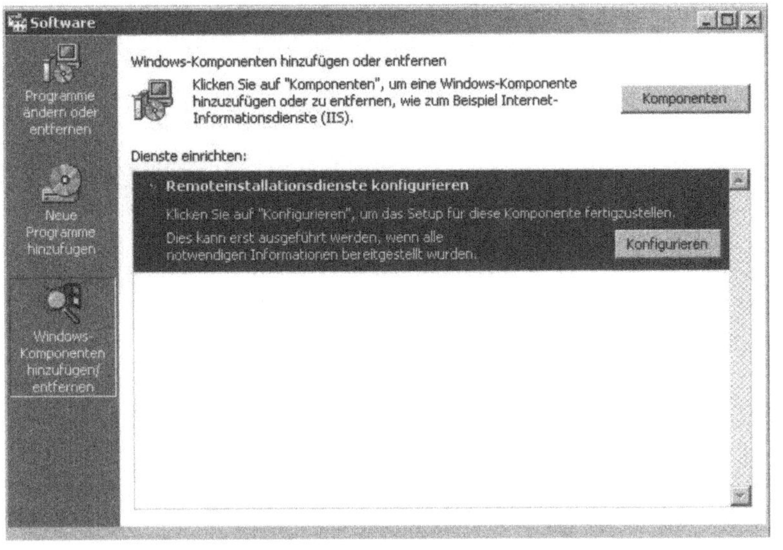

Abb. 235

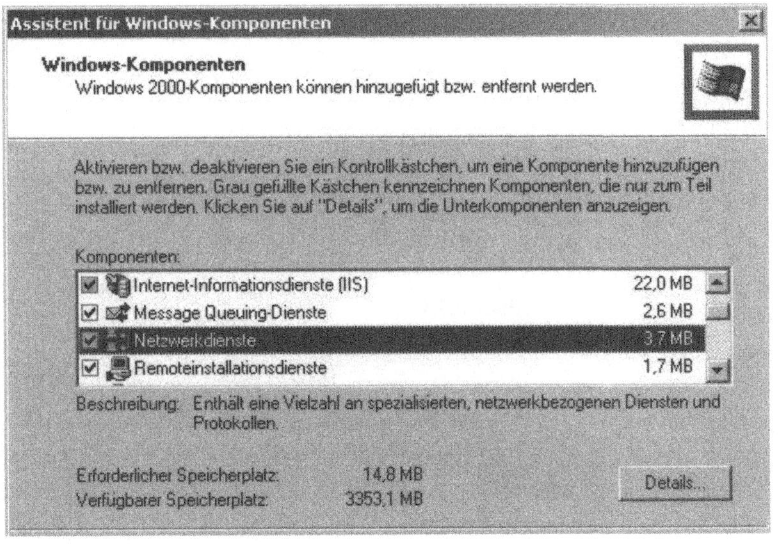

Abb. 236

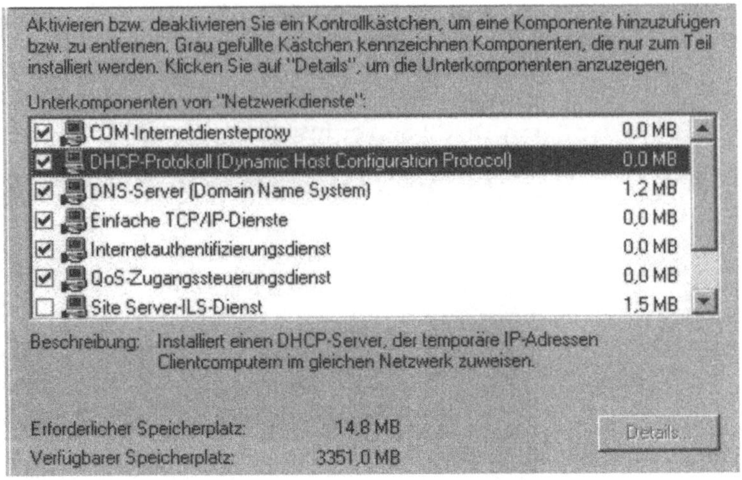

Abb. 237

Die DHCP-Konsole wird über Start | Programme | Verwaltung | DHCP gestartet.

Ein neuer DHCP-Server wird der Konsole hinzugefügt, indem man auf DHCP und dann im Menü VORGANG auf SERVER HINZUFÜGEN klickt. Es kann hier der angezeigte oder ein autorisierter Server hinzugefügt werden.

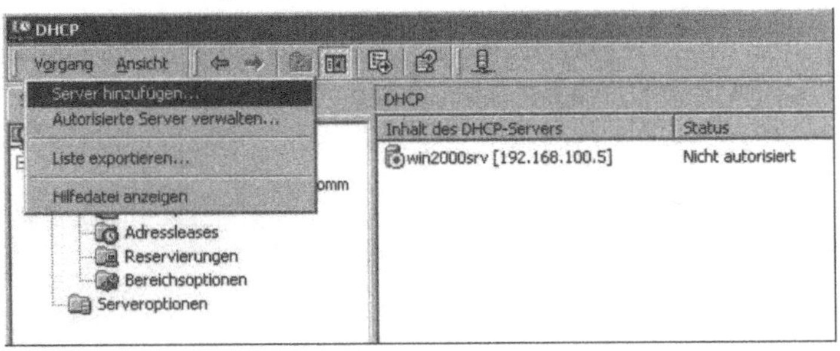

Abb. 238

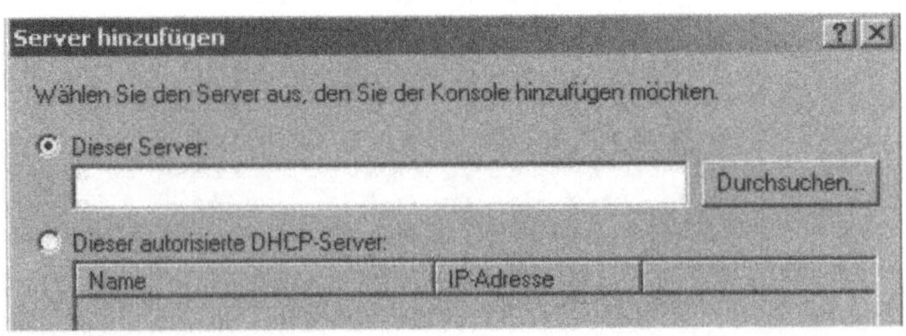

Abb. 239

Nur Mitglieder der Gruppen Administratoren, DHCP-Administratoren und DHCP-Benutzer können sich mit einem DHCP-Server verbinden. Nur Mitglieder der Gruppen DHCP-Administratoren oder Administratoren haben Berechtigungen zum Ändern der DHCP-Serverkonfiguration.

Einen neuen Bereich einrichten:

Ein Bereich besteht aus mehreren Computern in einem Subnetz. Für jedes Subnetz muss ein eigener Bereich erstellt werden. Ein Bereich hat einen eigenen Pool von IP-Adressen und eine Subnet-Mask, mit dem Clients versorgt werden.

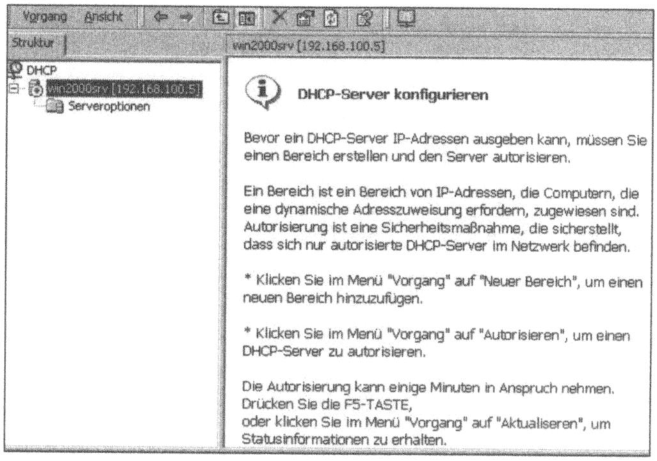

Abb. 240

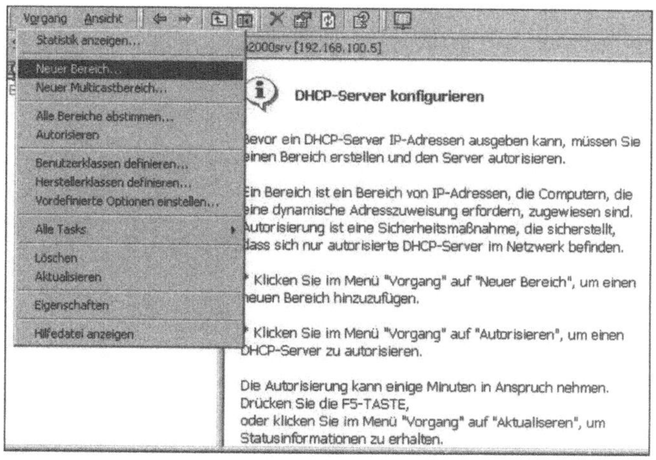

Abb. 241

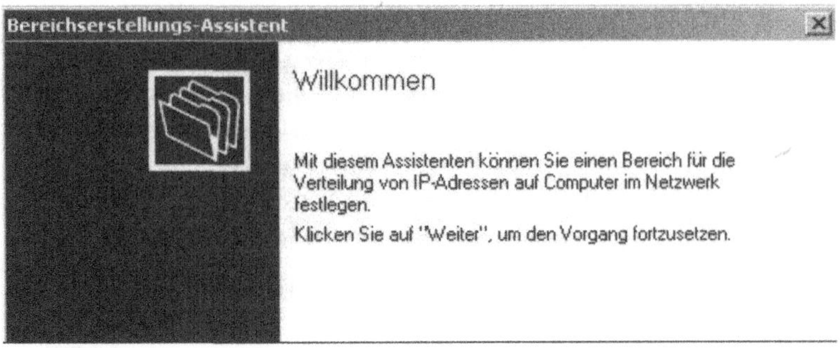

Abb. 242

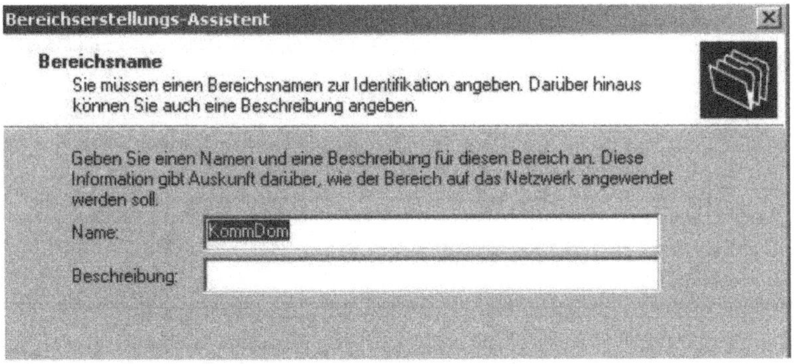

Abb. 243

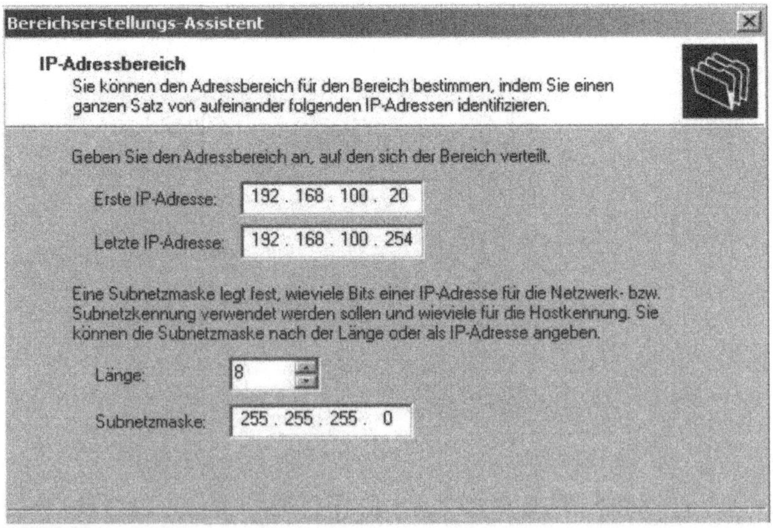

Abb. 244

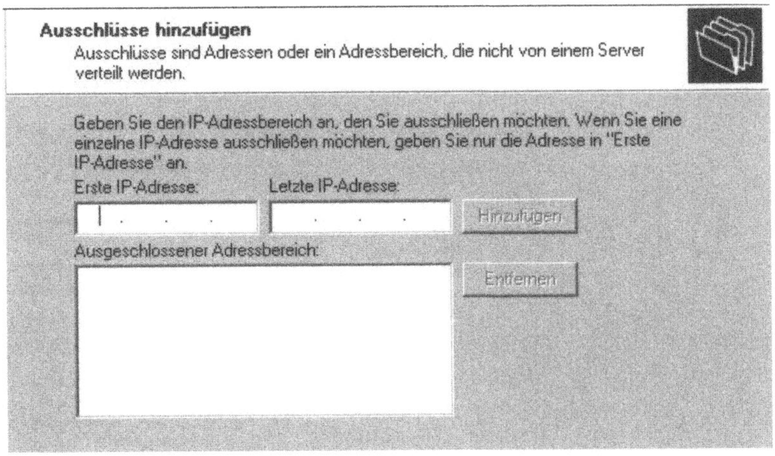

Abb. 245

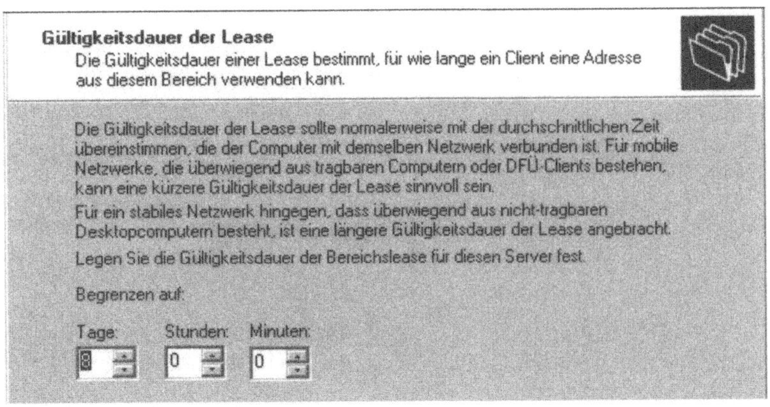

Abb. 246

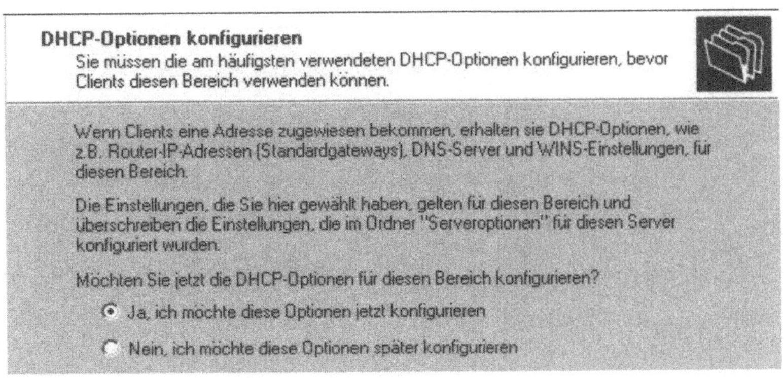

Abb. 247

DNS-, DHCP-, Print-, File-, IIS-, Exchange-Server, etc., sollten permanente IP-Adressen besitzen. Diese können manuell zugewiesen oder über Reservierungen im DHCP zugewiesen werden.

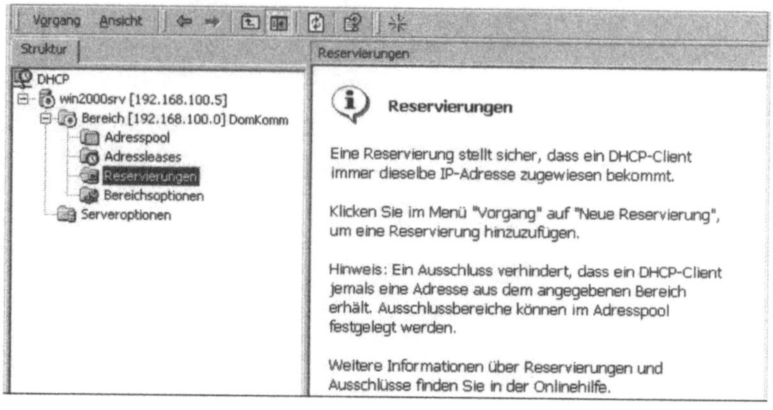

Abb. 248

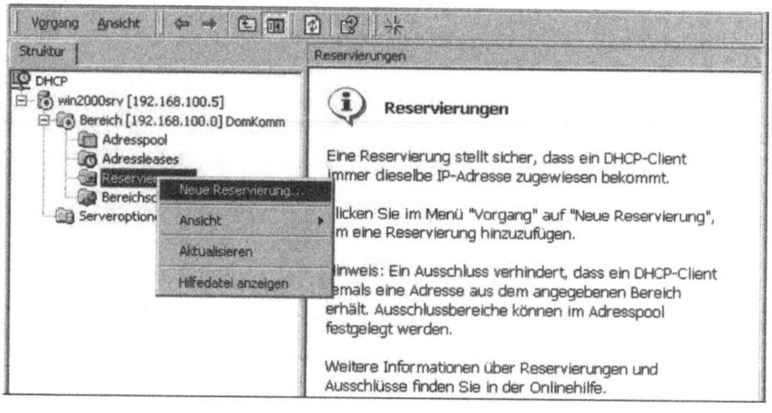

Abb. 249

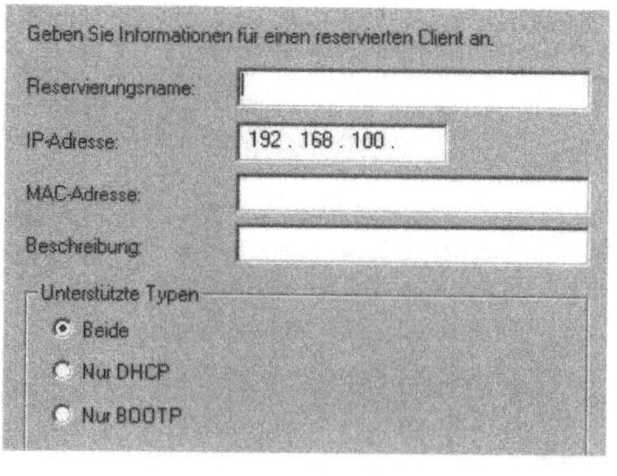

Abb. 250

Als nächstes müssen noch Optionen für den DHCP-Bereich festgelegt werden, wenn diese nicht beim Einrichten eines Bereiches gleich definiert wurden.

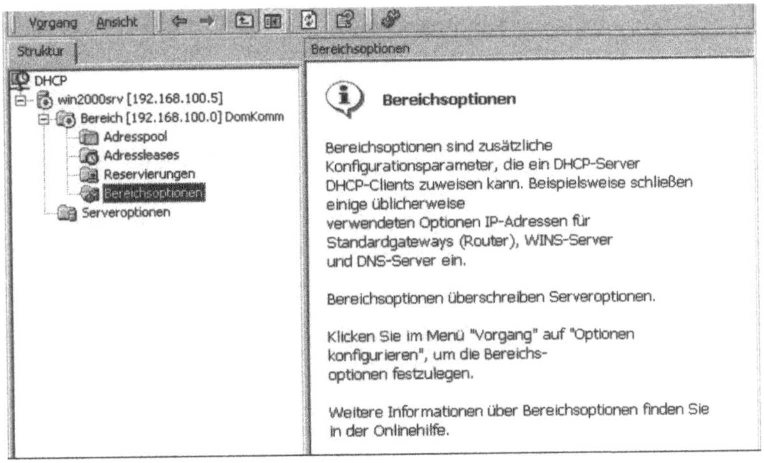

Abb. 251

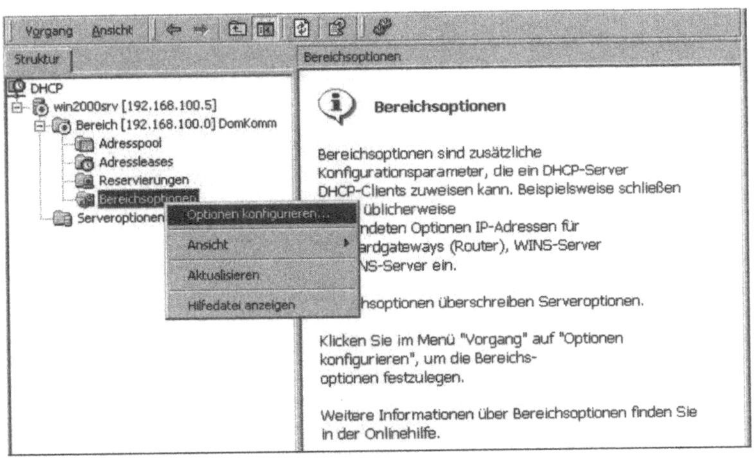

Abb. 252

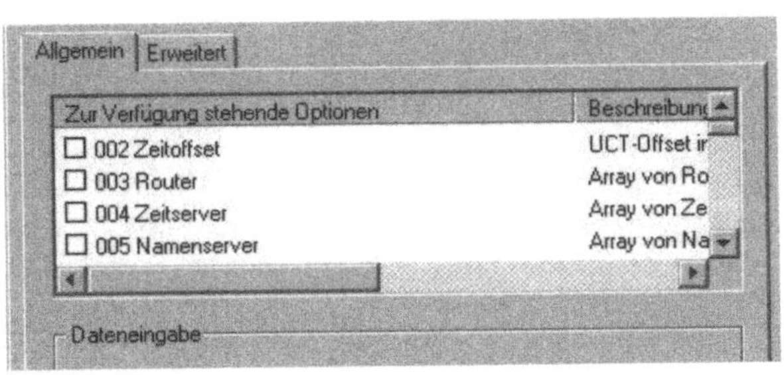

Abb. 253

DHCP-Optionen können auf vier verschiedenen Ebenen verwaltet werden:

1. Vordefinierte Optionen
2. Serveroptionen
3. Bereichsoptionen
4. Clientoptionen

Zu1.

Hier wird eingestellt, welche Optionstypen auf allen anderen Ebene zum Zuordnen verfügbar sind. Hier können weitere Optionen hinzugefügt bzw. entfernt werden.

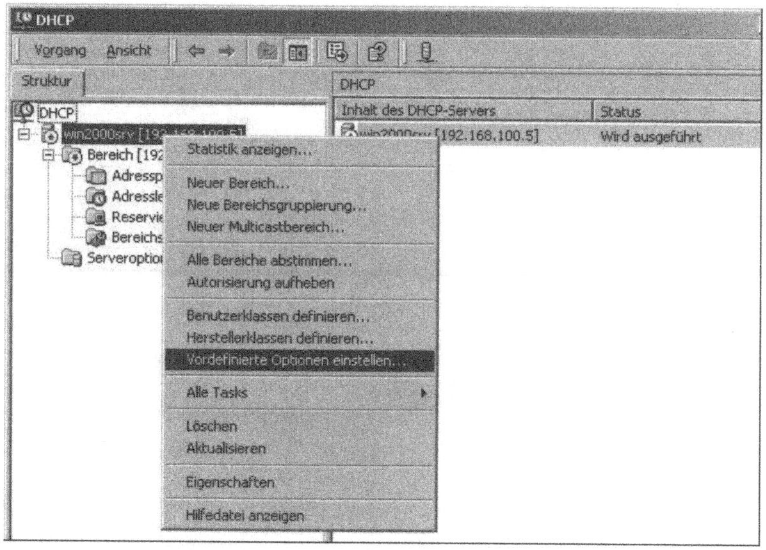

Abb. 254

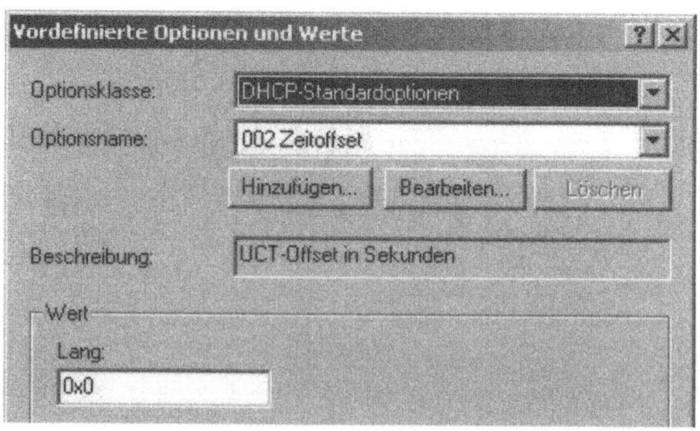

Abb. 255

Zu 2.

Hier können Werte den Optionen zugeordnet werden, die für alle Bereiche und Clients des DHCP-Servers gelten. Diese Werte können durch andere überschrieben werden.

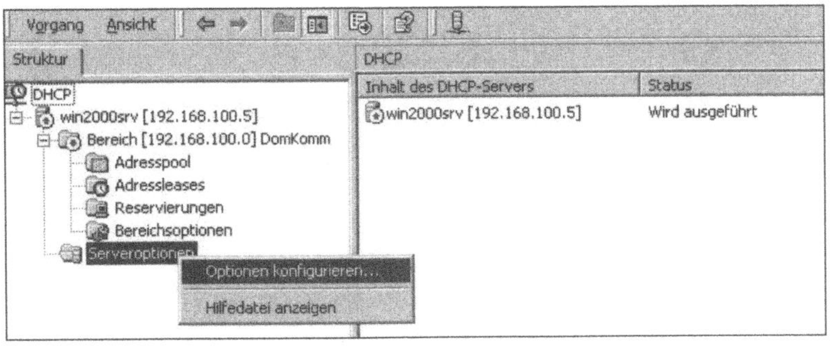

Abb. 256

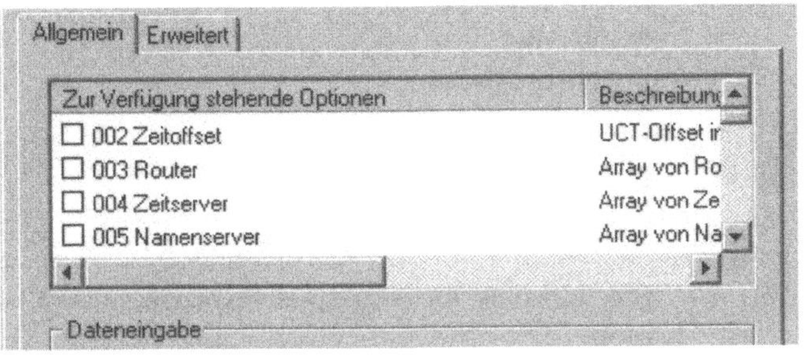

Abb. 257

Zu 3.

Hier können Werte an Optionen zugeordnet werden, die nur für Clients eines bestimmten Bereichs gelten. Die hier angegeben Werte können durch andere überschrieben werden.

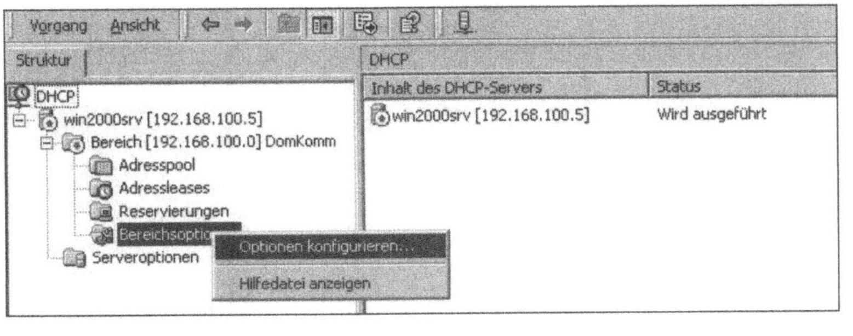

Abb. 258

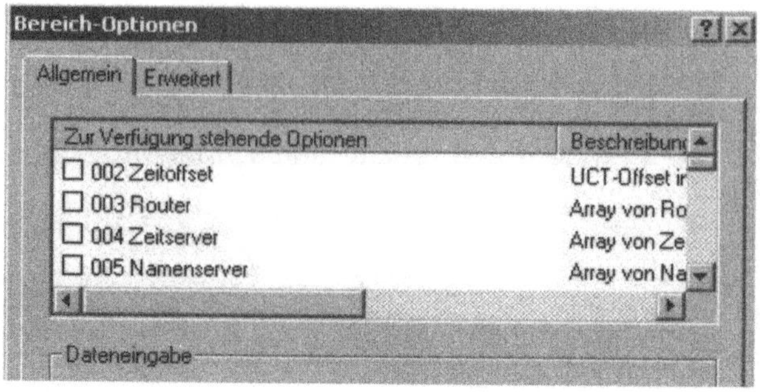

Abb.259

Zu 4.

Hier können Werte an Optionen zugeordnet werden, die nur für einen bestimmten reservierten Client gelten.

Am häufigsten verwendete Optionen sind:

- Router
- DNS-Server
- DNS-Domäne
- WINS-Knotentyp
- WINS-Server

Ein Bereich muss aktiviert werden um seine Arbeit aufzunehmen.

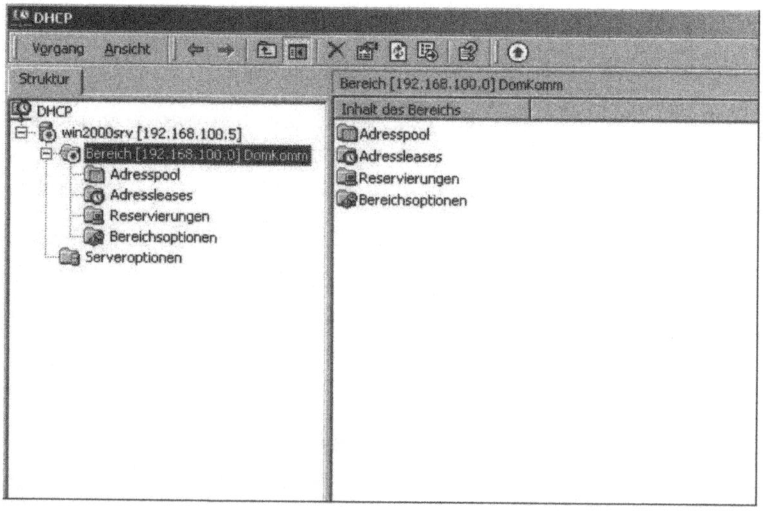

Abb. 260

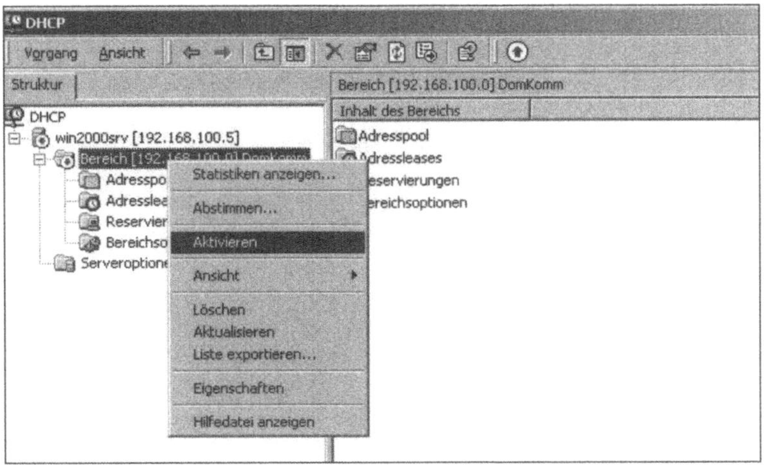

Abb. 261

Ein DHCP-Server muss nach Beendigung der Konfiguration gestartet werden.

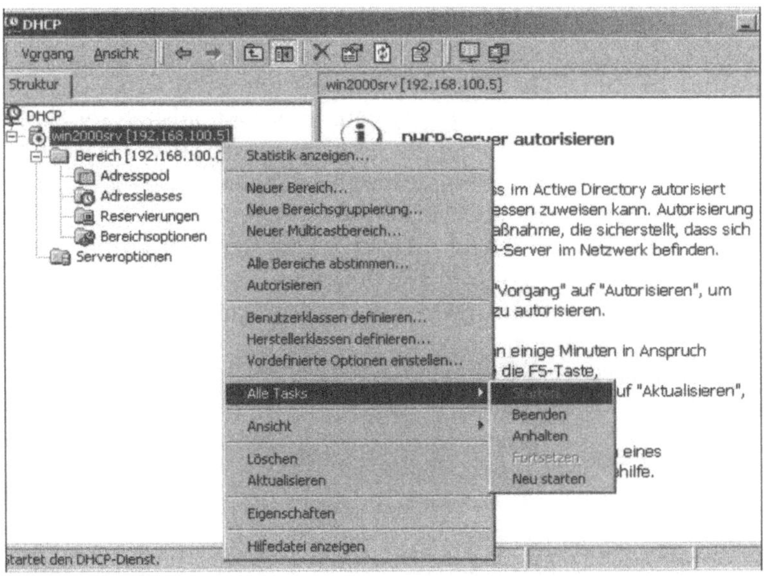

Abb. 262

Ein DHCP-Server muss nach Beendigung der Konfiguration autorisiert werden, sollte dies nicht schon beim Hinzufügen der DHCP-Konsole aut. geschehen sein.

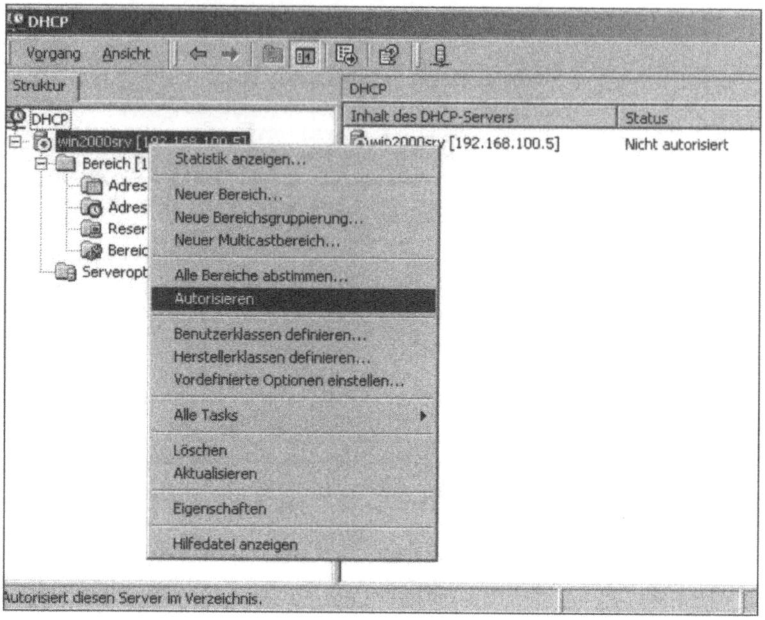

Abb. 263

In einer AD-Domäne kann ein DHCP-Server nur von einem Mitglied der Organisationsadministratoren autorisiert werden. Berechtigungen zum Autorisieren von DHCP-Servern können auch an Administratoren deligiert werden, die nicht zur eigenen Organisation gehören. Dies geschieht über AD-Standorte und -Dienste | Menu Ansicht | Dienstknoten anzeigen | NetServices selektieren | Menü Vorgang | Objektverwaltung zuweisen | Hinzufügen | Weitere Anweisungen beachten.

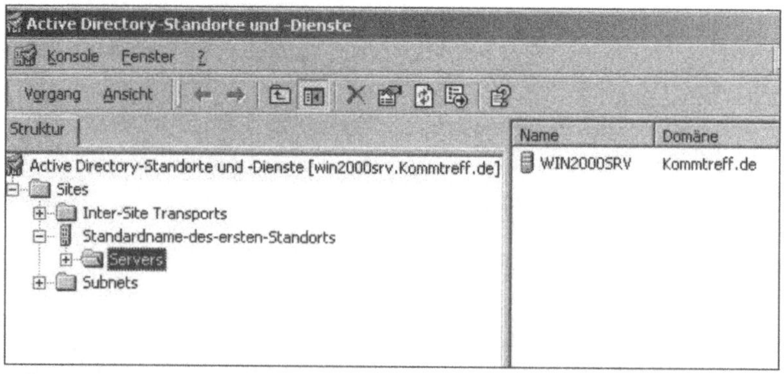

Abb. 264

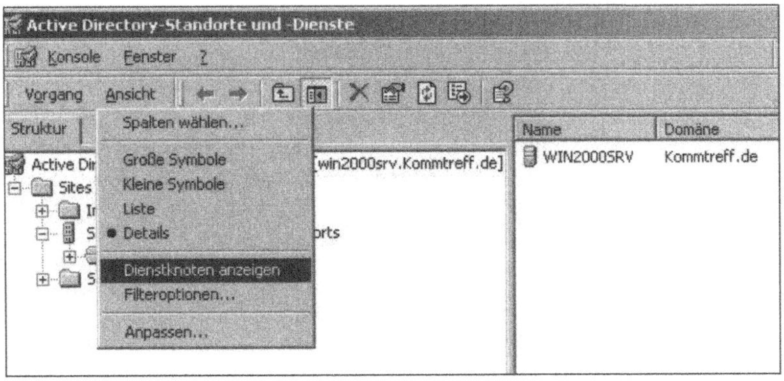

Abb. 265

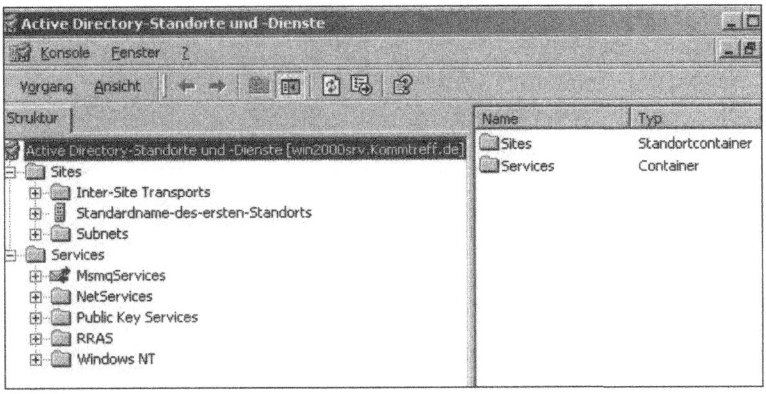

Abb. 266

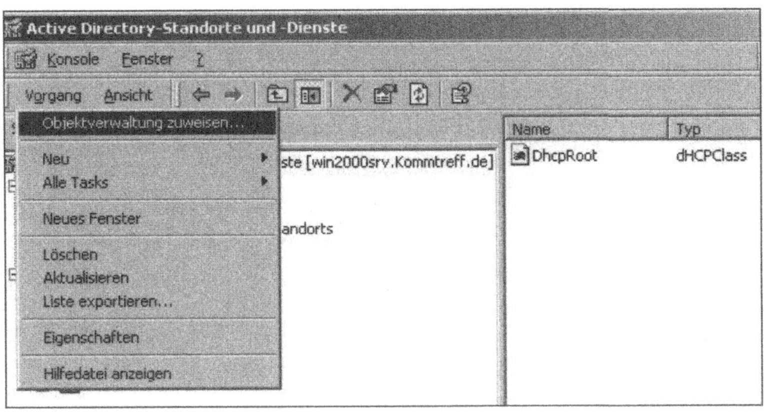

Abb. 267

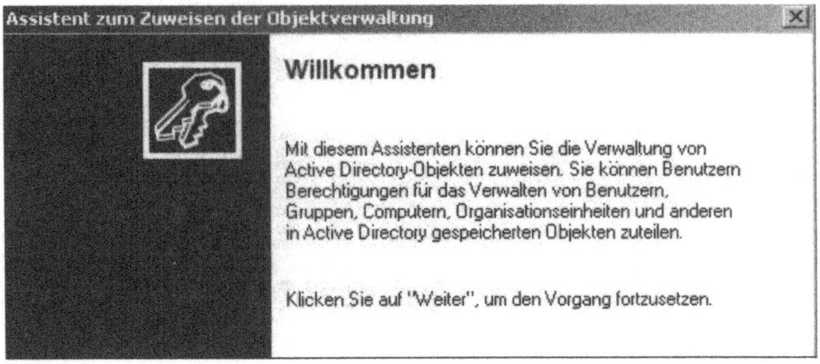

Abb. 268

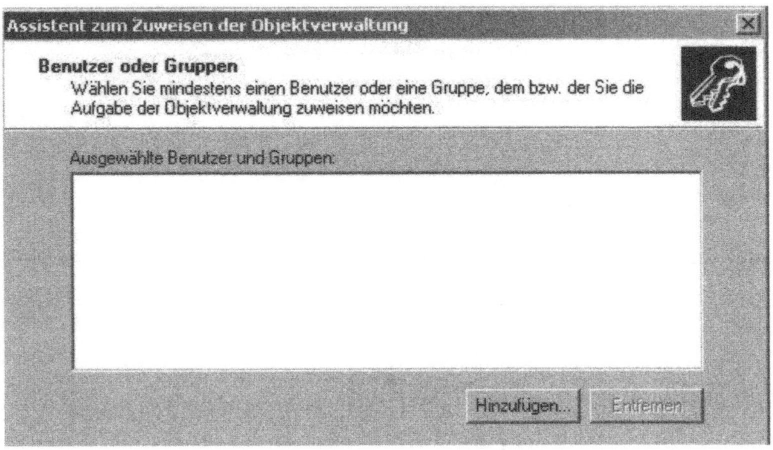

Abb. 269

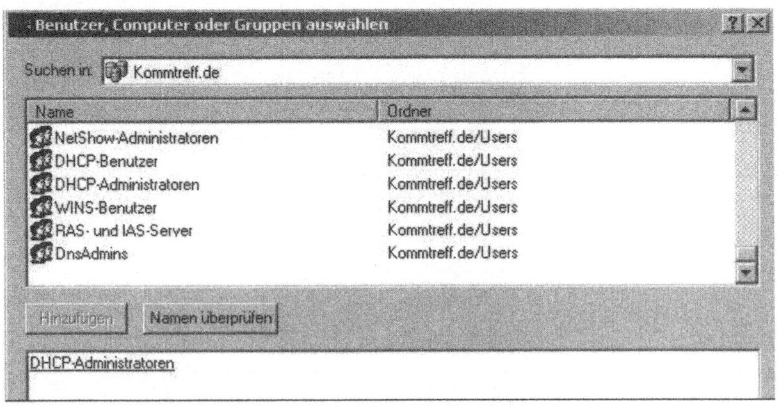

Abb. 270

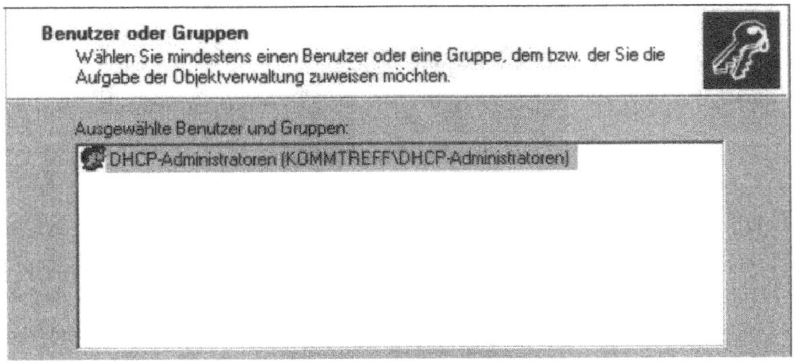

Abb. 271

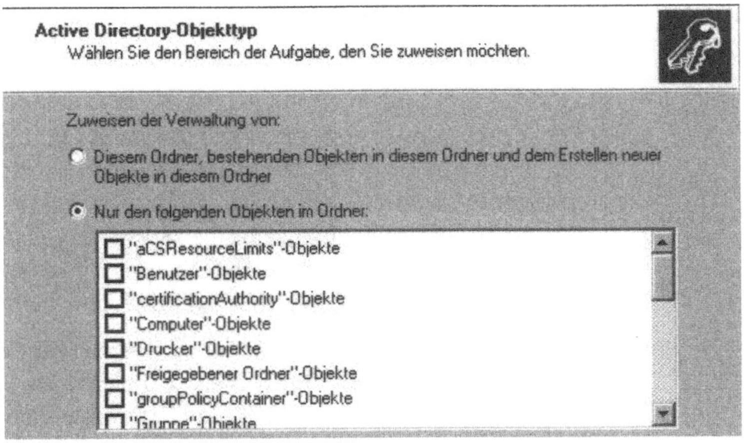

Abb. 272

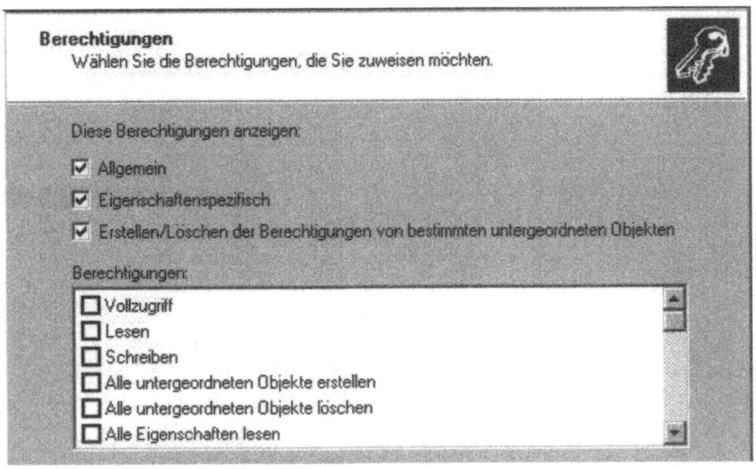

Abb. 273

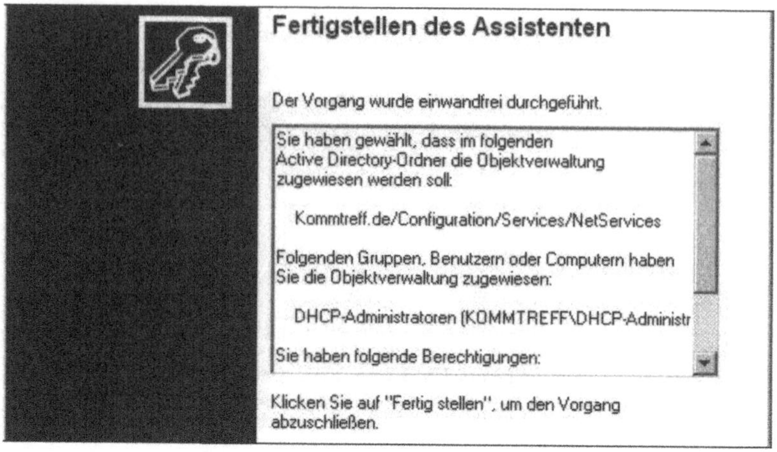

Abb. 274

Unter Start | Programme | Verwaltung | Computerverwaltung kann ein Benutzer oder eine Gruppe einem Einzelbereich hinzugefügt werden, wenn der DHCP-Server als Domänen-Mitgliedsserver oder als eigenständiger Server eingerichtet wurde. Dazu ist unter Lokale Benutzer und Gruppen | DHCP-Benutzer | Eigenschaften | Registerkarte Mitglieder | auf Hinzufügen zu klicken.

Ist der DHCP-Server auf einem Domänen-Controller eingerichtet worden, werden unter Start | Programme | AD-Benutzer und -Computer | links Users selektieren | rechts DHCP-Benutzer auswählen | rechte Maustaste Eigenschaften | Registerkarte Mitglieder | Hinzufügen | gewünschte Domäne | Benutzer und Computer auswählen | Hinzufügen die Benutzer eingerichtet.

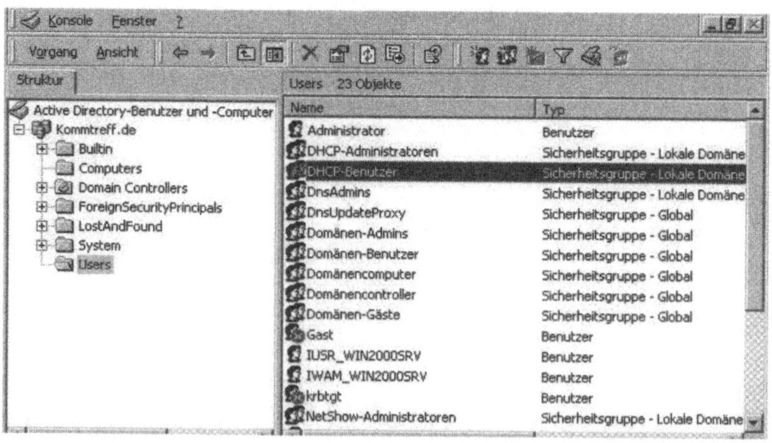

Abb. 275

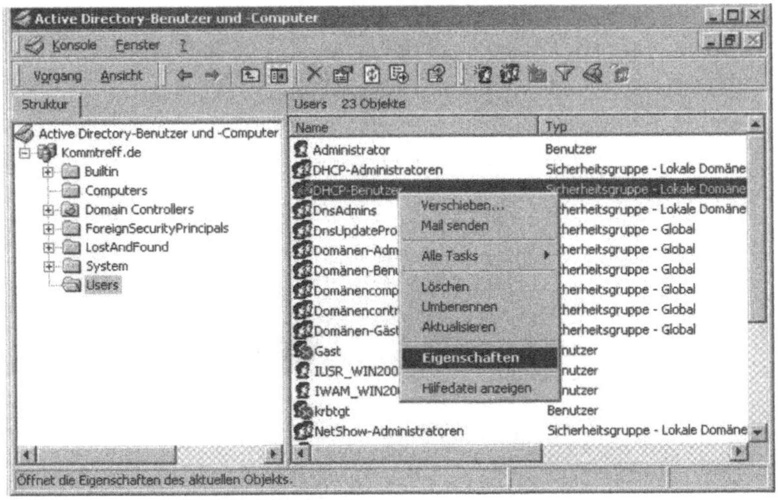

Abb. 276

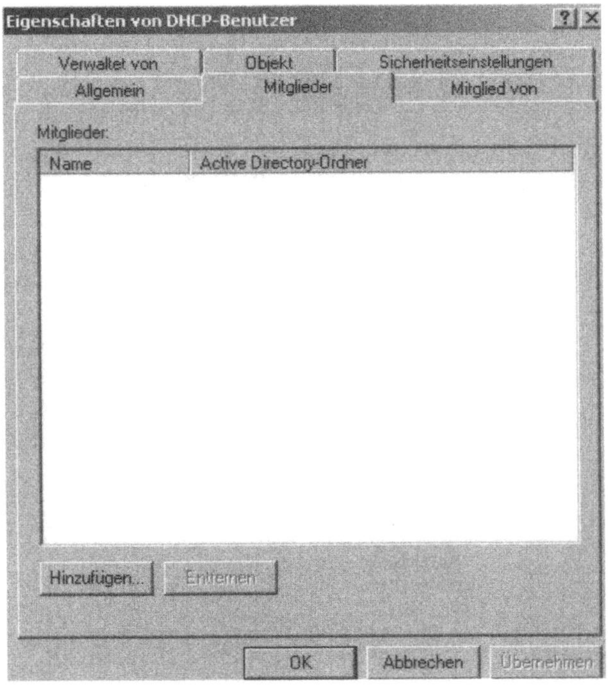

Abb. 277

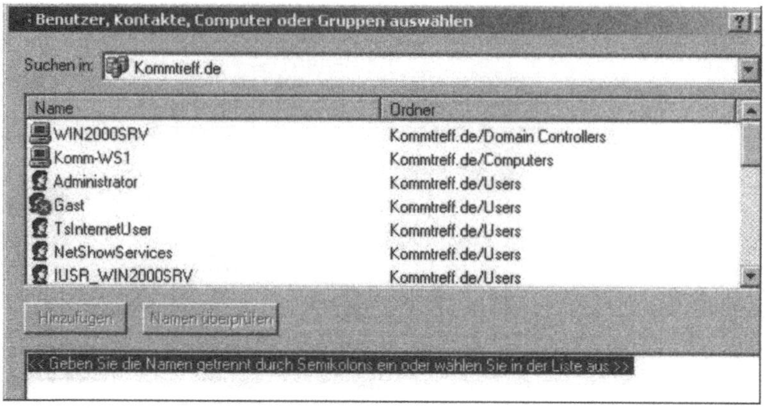

Abb. 278

DNS mit DHCP verwenden:

Der DHCP-Server kann bei der Installation schon so eingerichtet werden, dass er mit einem DNS zusammen arbeitet. Dabei kann der DHCP-Server mit Hilfe von DHCP-fähigen Clients PRT- bzw. A-Einträge im DNS vornehmen. Dazu ist die Option 81 (FQDN (Fully Qualified Domain Name)) im DHCP-Server zu aktivieren, so dass der DHCP-Server Clientinformationen (IP-Adresse und Computername) mit A- bzw. PRT-Einträgen immer beim DNS-Server registriert. Des Weiteren ist unter Start | Programme | Verwaltung | DHCP | Bereich selektieren | Eigenschaften | Registerkarte DNS das Kästchen DHCP-CLIENTINFORMATIONEN IN DER DNS AUT. AKTUALISIEREN zu aktivieren.

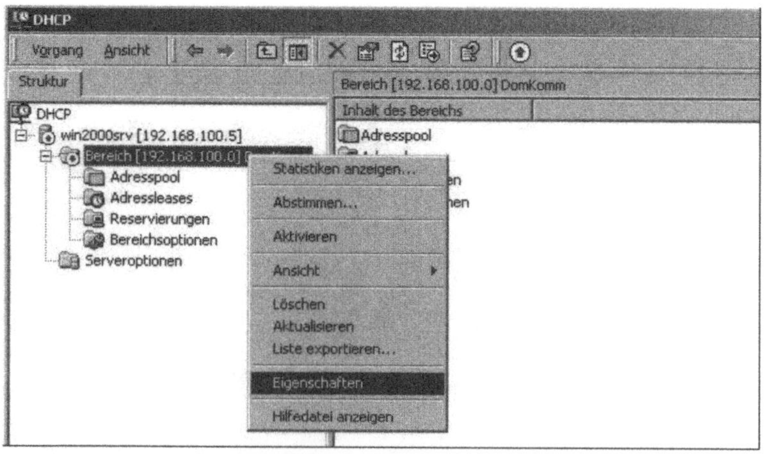

Abb. 279

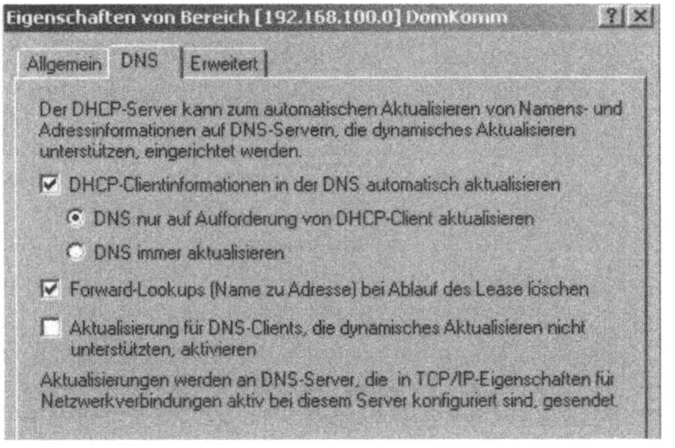

Abb. 280

Adressen aus einem Bereich ausschließen:

Start | Programme | Verwaltung | DHCP | Bereich | Adressenpool | Menü Vorgang | Neuer ausgeschlossener Bereich.

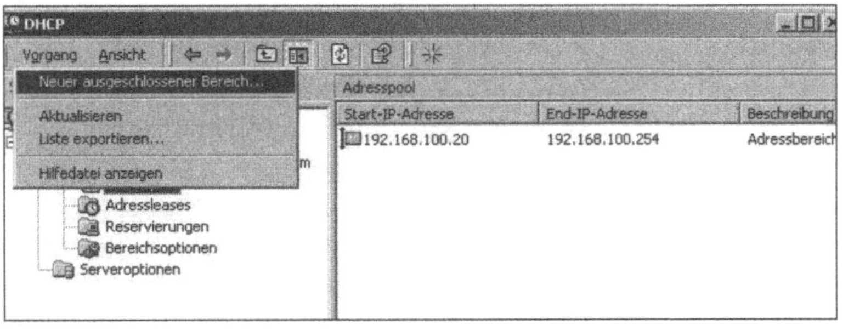

Abb. 281

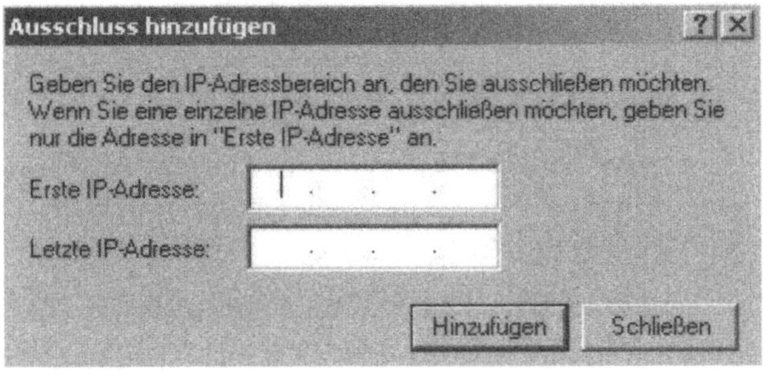

Abb. 282

Um Informationen über eine Lease abzurufen, ist unter Start | Programme | Verwaltung | DHCP | Bereich | Adressleases | im rechten Bereich die Clientlease anzuklicken.

Um eine Clientlease zu löschen, ist unter Start | Programme | Verwaltung | DHCP | Bereich | Adressleases | im rechten Bereich die Clientlease mit der rechten Maustaste anzuklicken | und aus dem Kontextmenü löschen auszuwählen. Sodann ist mit IPCONFIG /release in der Eingabeaufforderung die Lease vom Adapter zu trennen, wenn der Rechner unter Win NT4 oder Win2000 läuft. Unter Win95/98 ist Winipcfg zu verwenden.

3.5.19 WINS

WINS löst NetBIOS-Namen zu IP-Adressen auf. Insbesondere in gerouteten Umgebungen eignet sich WINS zur Namensauflösung. Win2000 verwendet in erster Linie DNS zur Namensauflösung. Sind ältere Betriebssysteme in einer Win2000-Umgebung vorhanden, werden NET-Befehle verwendet oder werden ältere MS-DOS- bzw. Windows-Programme im Netz ausgeführt (auch Backoffice), sollte WINS dazu installiert werden.

Eine genaue Beschreibung der Funktion von WINS im Netzwerk ist unter „Win NT4" in Abschnitt 3.2.28 zu finden.

WINS besteht aus WINS-Servern und WINS-Clients. WINS-Clients senden Namensabfragen an WINS-Server, die dem Client einen Computernamen mit der dazugehörigen IP-Adresse zurückliefern. Es gibt primäre und sekundäre WINS-Server. In erster Linie fragen Clients primäre WINS-Server ab. Sekundäre WINS-Server werden nur verwendet, wenn der primäre nicht verfügbar ist oder die Namensabfrage von diesem nicht durchgeführt werden kann.

WINS installieren/konfigurieren:

Unter Start | Einstellungen | Systemsteuerung | Software | Windowskomponenten hinzufügen/entfernen | Komponenten | Netzwerkdienste | Details | WINS | Weiter.

Unter Start | Programme | Verwaltung | WINS kann die Konsole des WINS-Servers gestartet werden.

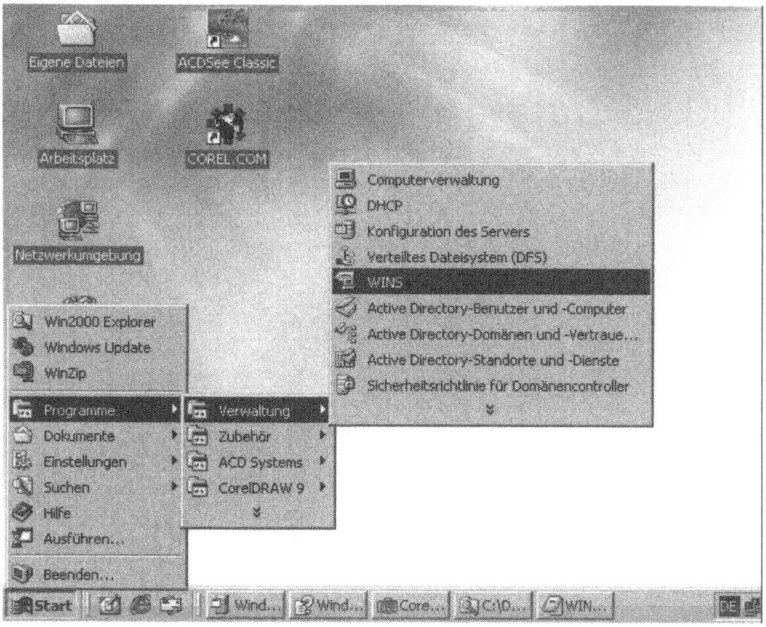

Abb. 283

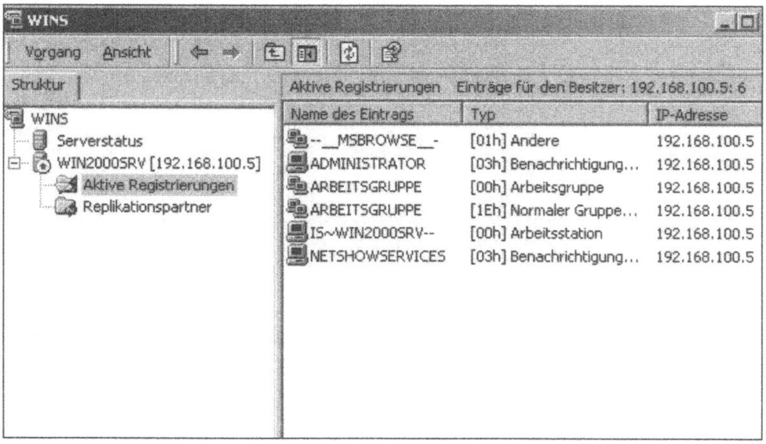

Abb. 284

Der Client muss für die Verwendung mit DHCP konfiguriert werden. Im DHCP-Manager müssen entsprechende WINS-Optionen gesetzt werden (044, 046), damit DHCP-Clients WINS verwenden.

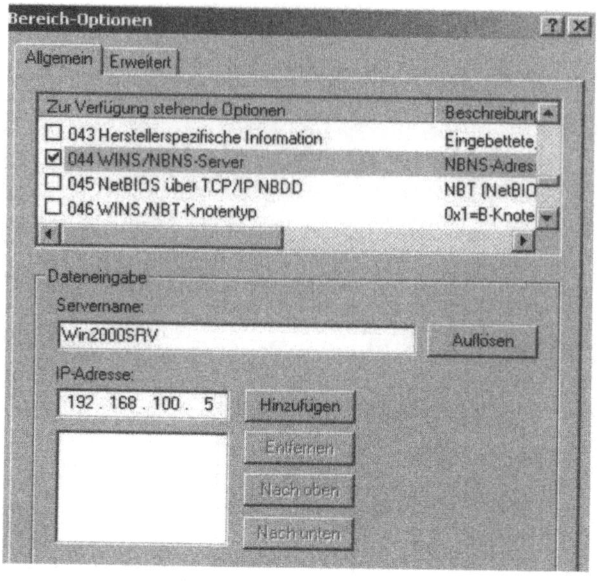

Abb. 285

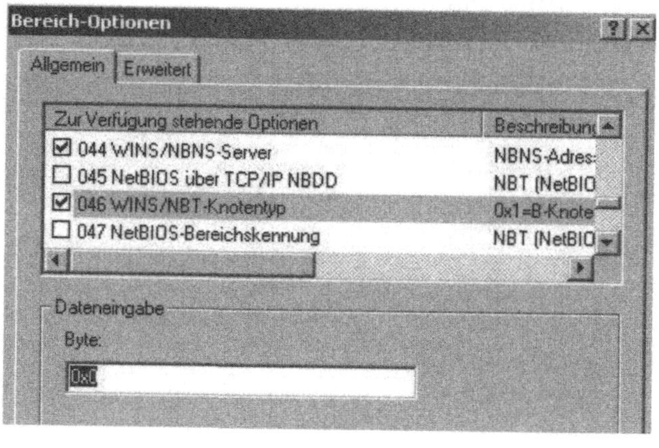

Abb. 286

Die aufgelösten NetBIOS-Namen zu IP-Adressen können in der WINS-Datenbank eingesehen werden.

3.5.20 Routing und RAS

Folgendes Tool kann zur RAS-Verwaltung im einheitlichen Modus eingesetzt werden:

Start | Programme | Verwaltung | Routing und RAS.

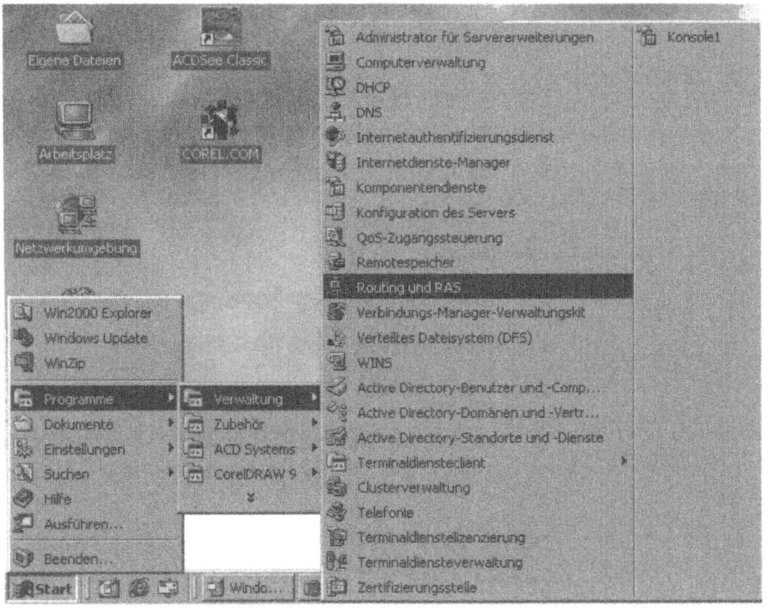

Abb. 287

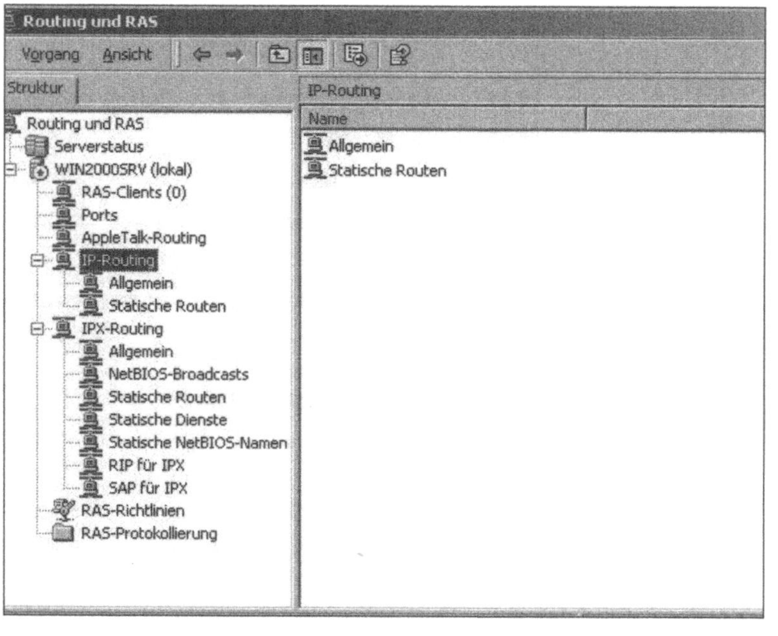

Abb. 288

Mit diesem Werkzeug können folgende Aufgaben erledigt werden:

- Konfigurieren, Aktivieren, Deaktivieren, Starten und Anhalten des Routing- und RAS-Dienstes,
- Verwalten von lokalen sowie von Remoteroutern,
- Konfigurieren des Routingverhaltens sowie der Routingprotokolle,
- Konfigurieren des Routingverhaltens für Wählen bei Bedarf,
- Konfigurieren von RAS-Richtlinien,
- Überwachen aktiver Verbindungen,
- Speichern der aktuellen Routingkonfiguration in eine Datei und Laden der vorherigen Konfigurationen aus einer Datei.

Folgende Tools können zur RAS-Verwaltung im gemischten Modus eingesetzt werden:

- Windows NT 4.0 RAS-Server
- Windows NT 4.0 RRAS-Router
  (Zusatzsoftware, bei Microsoft herunterzuladen)
- Win2000-Routing und RAS

Ein Remotezugriff über RAS kann auf einen Win2000-Server über 3 Berechtigungsebenen hergestellt werden:

1. Zugriff nach Benutzer
2. Zugriff nach Richtlinie in einer Windows 2000-Domäne im einheitlichen Modus
3. Zugriff nach Richtlinie in einer Windows 2000-Domäne im gemischten Modus

Zu 1. Zugriff nach Benutzer

Bei dieser Berechtigung wird der Zugriff für Remote-Benutzer über AD-Benutzer und -Computer | Users | rechte Maustaste über dem User | Eigenschaften | Registerkarte Einwählen gesetzt. NT4 verwendet die gleiche Verwaltung.

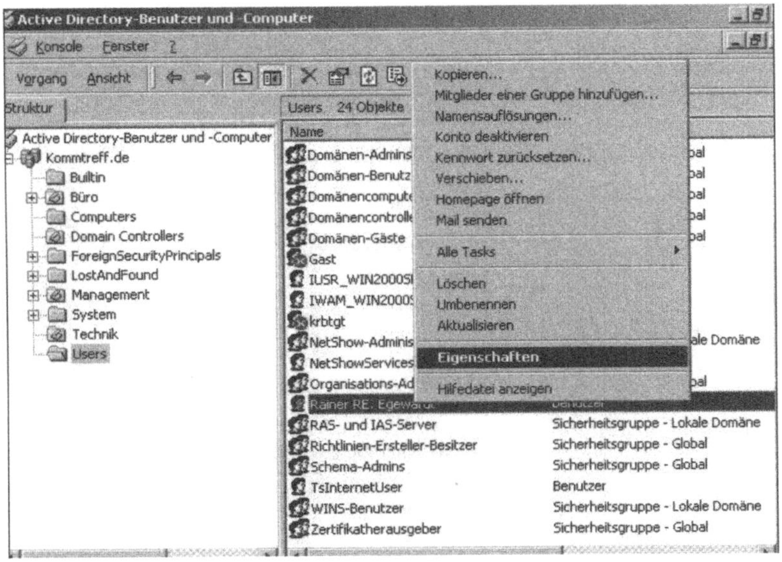

Abb. 289

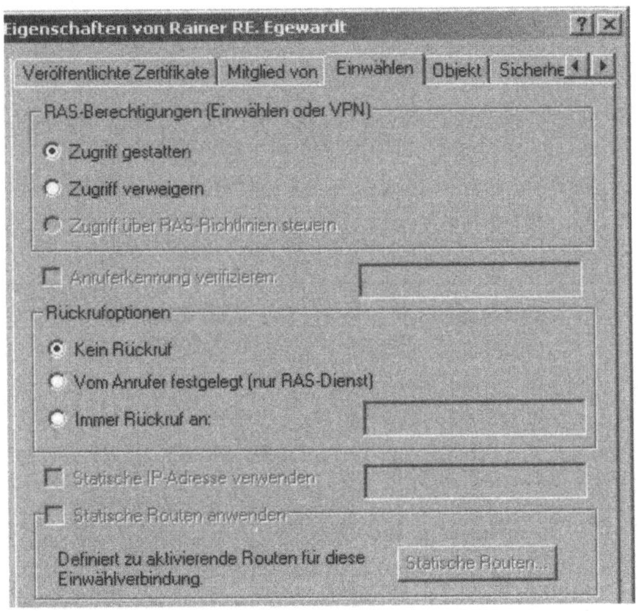

Abb. 290

RAS-Richtlinien können eingesetzt werden, um Remote-Zugriffe zu verwalten. RAS-Richtlinien benutzen Profileigenschaften. Dabei werden unterschieden:

- explizites Gestatten
- explizites Verweigern
- implizites Verweigern

Der Zugriff nach Benutzer wird von diesen Servern unterstützt:

- eigenständige RAS-Server
- RAS-Server in einer Windows 2000-Domäne im einheitlichen Modus
- RAS-Server in einer Windows 2000-Domäne im gemischten Modus
- RAS-Server in einer Windows NT 4.0-Domäne

Zu 2. Zugriff nach Richtlinie in einer Windows 2000-Domäne im einheitlichen Modus

- explizites Gestatten
- explizites Verweigern
- implizites Verweigern

Standardmäßig wird bei dieser Art der Verwaltung keinem Benutzer der Zugriff gestattet. Benutzerzugriffe müssen besonders geregelt werden.

Der Zugriff nach dieser Richtlinie gilt auch für eigenständige RAS-Server, die keiner Domäne zugeordnet sind. Diese Art der Verwaltung kann nicht mit RAS- oder IAS-Servern (Internet Authentication Service = Internetauthentifizierungsdienst) unter Win NT4 verwendet werden.

Zu 3. Zugriff nach Richtlinie in einer Windows 2000-Domäne im gemischten Modus

- explizites Gestatten
- explizites Verweigern
- implizites Verweigern

Bei dieser Art der Verwaltung ist die RAS-Berechtigung standardmäßig auf ZUGRIFF GESTATTEN für Benutzer eingestellt. Die RAS-Standard-Richtlinie wird hier nicht verwendet, sondern es werden separate Richtlinien erstellt. Auf einem RAS-Server unter Win2000, in einer Domäne im gemischten Modus, steht die Option ZUGRIFF ÜBER RAS-RICHTLINIEN STEUERN für die RAS-Berechtigung im Benutzerkonto nicht zur Verfügung. Verbindungen werden der Richtlinie in den Profil-Einstellungen gemäß eingerichtet. Diese Art der Verwaltung kann auch für RAS-Server unter Win NT4 verwendet werden.

Richtlinien für den Remotezugriff über RAS:

Unter NT4 konnten im Benutzer-Manager oder unter der RAS-Verwaltung nur DEM BENUTZER RAS-ZUGRIFFSRECHTE ERTEILEN eingestellt werden. Unter Win2000 wird der Zugriff über RAS über die Eigenschaften des Benutzerkontos und der Richtlinie für den Remotezugriff geregelt. Über diese Richtlinien kann eine Autorisierung nach bestimmten Kriterien vorgenommen werden. Dabei wird die RAS-Richtlinie für RAS-Server über den Routing- und RAS-Dienst verwaltet. Für IAS-Server erfolgt die Verwaltung über den Internetauthentifizierungsdienst.

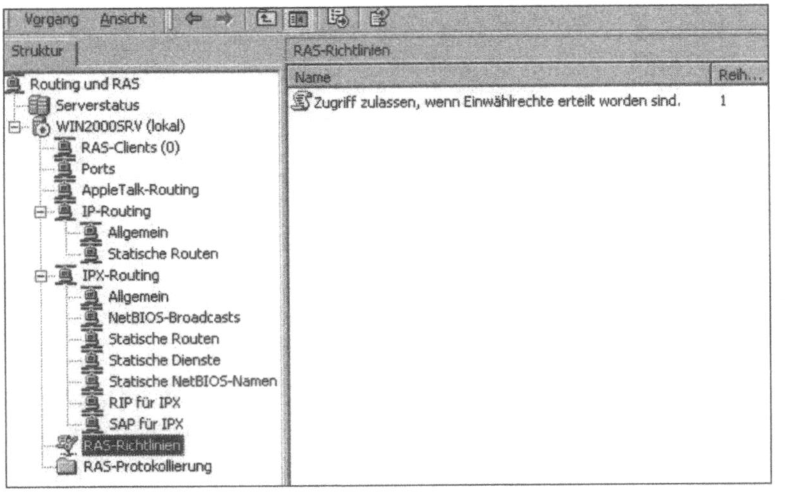

Abb. 291

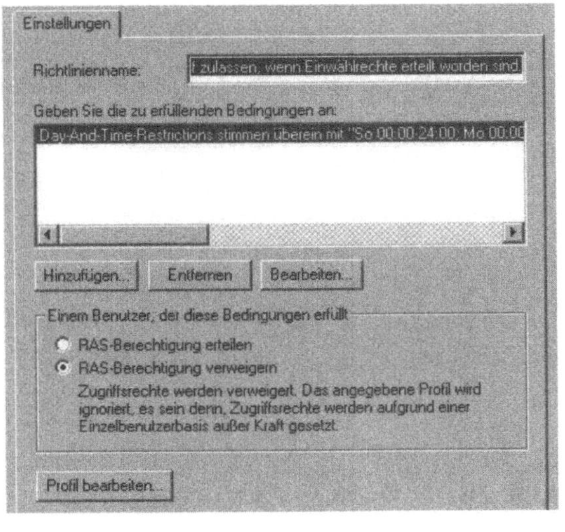

Abb. 292

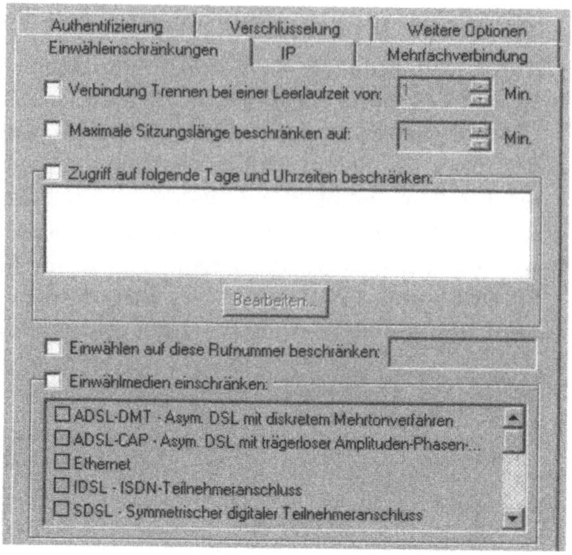

Abb. 293 Einwählprofil bearbeiten

Routing- und RAS-Dienst aktivieren:

Zuerst muss das Computerkonto des Servers der Sicherheitsgruppe RAS- und IAS-Server der Domäne hinzugefügt werden, deren Mitglied er ist (über AD-Benutzer und -Computer). Sodann ist Routing- und RAS zu öffnen. Mit der rechten Maustaste ist der Server anzuklicken und dann auf Routing- und RAS konfigurieren und aktivieren klicken. Den Anweisungen des Assistenten folgen.

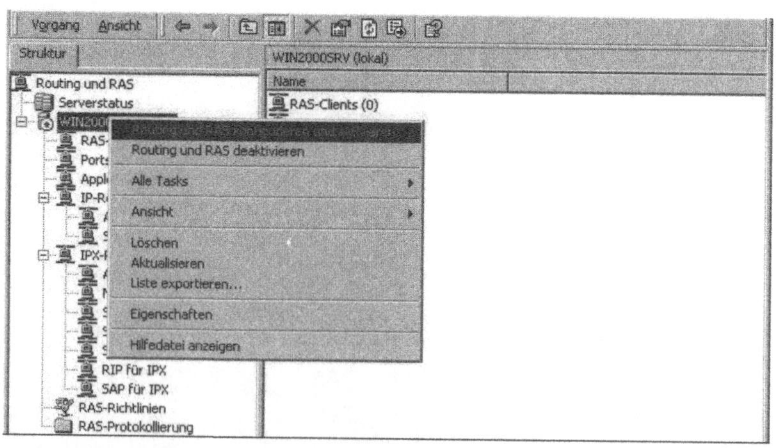

Abb. 294 Routing und RAS aktivieren

Routing unter Win2000:

Der Routing- und RAS-Dienst unter Win2000 ist ein Software-Router, der im LAN, WAN und für VPN-Verbindungen eingesetzt werden kann. Die unter Win NT4 verschiedenen RAS- und Routing-Dienste sind hier kombiniert (RRAS konnte als Zusatz-Modul für Win NT4 bei Microsoft erhalten werden).

Ein Win2000-Router kann Multiprotokoll-Unicastrouting für IP (Internet Protokoll), IPX (Internetwork Packet Exchange) und AppleTalk routen (MPR (Multi-Protokoll-Router)).

Unicast-IP-Routingprotokolle, wie

- OSPF (Open Shortest Path First)
- RIP (Routing Information Protocol)
- IPX-Routingprotokolle und -Dienste, wie
- RIP (Routing Information Protocol) für IPX und SAP (Service Advertising Protocol) für IPX.

sind integriert.

Ebenso Features, wie

- IP-Multicastdienste (IGMP-Routermodus (Internet Group Management Protocol)IGMP-Proxymodus) zum Weiterleiten des IP-Multicastverkehrs,
- NAT-Dienste (Network Address Translation, Netzwerkadressübersetzung) für IP-Adressen zur Vereinfachung der privaten Netzwerkverwaltung,
- IP- und IPX-Paketfilterung zur Erhöhung der Sicherheit und der Leistung,
- VPN-Unterstützung (Virtual Private Network) für das PPTP-Protokoll (Point-to-Point Tunneling Protocol) und das L2TP-Protokoll (Layer Two Tunneling Protocol) über IPSec (Internet Protocol Security),
- standardisierte Unterstützung eines DHCP-Relay-Agents (Dynamic Host Configuration Protocol) für IP,
- standardisierte Unterstützung der Routerankündigung unter Verwendung der ICMP-Routersuche (Internet Control Message Protocol),
- Tunneling-Unterstützung unter Verwendung von IP-in-IP-Tunnels,
- grafische Benutzerschnittstelle zur Remoteüberwachung und -konfiguration,

- Befehlszeilenschnittstelle zum Ausführen von Skripten sowie zum Automatisieren der Konfiguration und Remoteüberwachung,
- SNMP-Verwaltungsfunktionen (Simple Network Management Protocol) mit Unterstützung für verbreitete MIBs (Management Information Bases),
- Unterstützung für Medien, z. B. Ethernet, Token Ring, FDDI (Fiber Distributed Data Interface), ATM (Asynchronous Transfer Mode), ISDN (Integrated Services Digital Network), T-Carrier, Frame Relay, xDSL, Kabelmodems, X.25 und analoge Modems,
- API-Schnittstellen für Routingprotokolle und Verwaltungsaufgaben.

Für das grundlegende Verständnis von Routing ist Abschnitt 3.2.32, NT als Router, zu lesen.

Die Weiterleitung von Datenverkehr an eine bestimmte Zieladresse wird Unicast-Routing genannt. Dabei ist die Zieladresse im Netzwerk bekannt. Welche Route über welche Router genommen wird, wird aus Routingtabellen ermittelt, die auf Routern bzw. auf Computern enthalten sind.

Bei der Konfiguration eines Routers unter Win2000 muss Folgendes berücksichtigt werden:

- Die Protokolle (IP, IPX oder AppleTalk), die vom Router weitergeleitet werden sollen,
- Routingprotokolle (RIP für IP oder IPX, OSPF oder SAP für IPX) für jedes Protokoll, das weitergeleitet werden soll,
- LAN- und WAN-Geräte (Netzwerkadapter, Modems oder andere DFÜ-Hardware).

IP-Routing:

Dyn. Routing verwendet RIP (Routing Information Protocol) und OSPF (Open Shortest Path First), um Routing-Informationen (Routing-Tabellen) zwischen Routern auszutauschen. RIP wird dabei in kleineren und mittleren Netzwerken eingesetzt, da RIP nur 15 Hops verarbeiten kann. Netzwerke, die weiter als 15 Hops entfernt sind, werden nicht erkannt. RIP lässt sich einfach installieren und konfigurieren. OSPF dagegen wird für große bis sehr große Netzwerke verwendet. OSPF benötigt nur sehr wenig Bandbreite zum Austausch von Routing-Informationen, ist aber sehr komplex und sehr schwer zu konfigurieren und zu administrieren.

IPX-Routing:

Unter IPX wird RIP für IPX verwendet, um Routing-Informationen zwischen Routern auszutauschen. RIP für IPX funktioniert ähnlich wie für IP. SAP (Service Advertising Protocol) wird verwendet, um Adressierungsinformationen für Serverdienste weiterzuleiten.

Netzwerkadressübersetzung NAT (Network Address Translation):

Mit der Netzwerkadressübersetzung unter Win2000 kann ein privates Netzwerk (Verwendung von irgendwelchen IP-Adressen) mit dem Internet verbunden werden, wo im Internet gültige IP-Adressen verwendet werden müssen. Ist die Netzwerkadressübersetzung auf einem Win2000-Server installiert, werden IP-Adressen und TCP/UDP-Anschlussnummern für das Internet übersetzt. NAT arbeitet wie ein DHCP-Server und stellt den Computern im Netzwerk IP-Adresse, Subnetmask, die Adresse eines DNS-Servers und ein Standardgateway zur Verfügung. Dabei müssen die Clients als DHCP-Client konfiguriert sein. NAT übernimmt die DNS-Auswertung, wobei NAT die Clientanfragen an einen DNS-Server im Internet weiterleitet und das Ergebnis an die Clients zurück liefert. Nachteil von NAT ist, dass der normale DHCP- und der DNS-Dienst im privaten Netzwerk nicht mehr ausgeführt werden können.

Wählen bei Bedarf und Routing:

Verbindungen müssen über Telefonleitungen existieren und die Rufnummer muss bekannt sein. Über das Win2000-Benutzerkonto und die RAS-Richtlinien muss eine Authentifizierung des Anrufers möglich sein. Win2000 behandelt Anrufe von RAS-Clients unter der gleichen Telefonnummer genauso wie Anrufe von Routern. Es ist wichtig, dass ein Benutzername mit dem Namen einer Schnittstelle für WÄHLEN BEI BEDARF übereinstimmt, damit anrufende Router von Benutzern unterschieden werden können. Auch ist es wichtig, dass beide Enden der Verbindung konfiguriert werden und bei WÄHLEN BEI BEDARF keine dyn. Routingprotokolle verwendet werden, sondern statische Routen den Routing-Tabellen hinzugefügt werden.

Router-VPN-Verbindung

Eine VPN-Verbindung besteht aus:

- VPN-Clients (der VPN-Client ist ein Router, der VNP-Verbindungen einleitet),
- VPN-Server (der VPN-Server ist ein Router, der VNP-Verbindungen vom anrufenden Router entgegennimmt),
- LAN- und RAS-Protokolle (LAN-Protokolle übertragen Daten über TCP/IP- und IPX-LAN-Protokollpakete durch Verwendung des PPP-RAS-Protokolls. RAS-Protokolle handeln eine Verbindung aus.),
- Tunneling-Protokolle (Tunneling-Protokolle, wie Point-to-Point-Tunneling-Protokoll (PPTP) und Layer-2-Tunneling-Protokoll (L2TP),
- WAN-Optionen (VPN-Server haben eine T1, Frame-Relay, oder ISDN-Verbindung (über ISP) zum Internet. Ein Client kann eine Verbindung zum VPN-Server herstellen, wenn dieser mit dem Internet verbunden ist.),
- Schnittstellen für das Wählen bei Bedarf (Der anrufende Router muss eine Schnittstelle für das WÄHLEN BEI BEDARF enthalten. Diese Schnittstelle muss über den Hostnamen/IP-Adresse des VPN-Servers im Internet einen PPTP-Anschluss, Benutzername, Kennwort, Domäne konfiguriert haben. Der antwortende Router muss ebenfalls eine Schnittstelle für das WÄHLEN BEI BEDARF enthalten, dieselben Anmeldeinformationen, wie der anrufende Router, einen PPTP-Anschluss).

Ein anrufender Router muss über ein Benutzerkonto auf dem VPN-Server verfügen, welches über dessen DFÜ-Eigenschaften oder der Richtlinie für Remotezugriff entsprechende Berechtigungen enthalten muss. Jeder Router im Netz muss über eine Routing-Tabelle verfügen, die bei dauerhafter Verbindung über Routingprotokolle oder bei „Ab-und-Zu-Verbindungen" über statische Routen eingerichtet worden ist, damit über die Router-VPN-Verbindung kommuniziert werden kann. Zugriffe werden über die üblichen Sicherheitsfunktionen von Win2000 geregelt.

Tunneling-Protokolle

In Win2000 sind das

- Point-to-Point-Tunneling-Protokoll (PPTP) und das
- Layer-2-Tunneling-Protokoll (L2TP)

integriert.

Ein Unternehmensnetz einer Außenstelle, welches nur ab und zu Zugriffe auf die Zentrale benötigt, kann auf folgende Art eingerichtet werden:

Es müssen 2 Schnittstellen für WÄHLEN BEI BEDARF und 2 statische Routen auf dem VPN-Client (anrufender Router) eingerichtet werden. Dabei werden eine Schnittstelle für die Verbindung zum ISP und eine Schnittstelle für die VPN-Verbindung eingerichtet. Eine Hostroute wird für die dyn. Verbindung zum Internet benötigt und eine statische Route zur Außenstelle des Unternehmens. Erfolgt ein Zugriff auf die Außenstelle, wird aut. eine Verbindung aufgebaut.

Sollen beide Unternehmensteile über DFÜ-Verbindungen mit dem Internet verbunden werden, muss der ISP eine entsprechende Verbindung anbieten, die nur geöffnet wird, wenn Daten übertragen werden sollen, was selten der Fall ist.

Ist die Zentrale ständig mit dem Internet verbunden, muss der anrufende Router der Außenstelle mit einer Schnittstelle für WÄHLEN BEI BEDARF für die Verbindung zum Internet konfiguriert werden. Hierbei muss das Gerät angegeben werden (Modem, ISDN), über welches die Verbindung hergestellt wird. Ebenso die Telefonnummer des ISP und Benutzername und Kennwort, für den Zugriff auf das Internet. Eine weitere Schnittstelle für WÄHLEN BEI BEDARF muss für die Verbindung zum Router der Unternehmenszentrale konfiguriert werden, wobei der PPTP-Anschluss, die IP-Adresse des Routers und Benutzername und Kennwort angegeben werden müssen, womit der anrufende Router auf den VPN-Server zugreifen darf. Der Benutzername muss dem Namen einer Schnittstelle für WÄHLEN BEI BEDARF des Routers in der Unternehmenszentrale entsprechen. Sodann sind noch die statischen Routen einzurichten.

Konfiguration des RAS-Servers:

Folgenden Konfigurationen müssen durchgeführt werden:

- Verbindung zum Internet
- Verbindung zum internen Netz
- der Router in einer Außenstelle
- die PPTP-Anschlüsse
- die Schnittstellen für Wählen bei Bedarf
- statische Routen
- die PPTP-Filter
- Richtlinien für den Remotezugriff

Verbindung zum Internet

Der Computer, der als Router dienen soll, muss über einen WAN-Adapter verfügen, der über T1 oder Frame-Relay über Telefonkabel eine Verbindung zum Internet herstellen kann. Die phys. Verbindung wird dabei von einer Telefongesellschaft hergestellt. Der WAN-Adapter wird von Win2000 als Netzwerkadapter geführt. Er muss mit einer IP-Adresse und einer Subnetmask, die im Internet gültig ist, konfiguriert werden (wird vom ISP bereit gestellt). Ein Standardgateway für den ISP-Router muss eingestellt werden.

Des Weiteren muss der Computer über einen LAN-Adapter verfügen, der die Verbindung zum internen Unternehmensnetz herstellt. Dieser muss ebenfalls mit einer IP-Adresse, einer Subnetmask und einer Adresse für den DNS- und WINS-Server, die im internen Netz verwendet werden, verfügen.

Ein Routingprotokoll für dyn. Routing muss auf dem Computer laufen. Über Routing und RAS sind die nötigen Einstellungen vorzunehmen, was über die Eigenschaften des RAS-Servers passiert.

Zugriff von mehreren Zweigstellen auf den RAS-Server konfigurieren:

Auf der Registerkarte ALLGEMEIN ist das Kontrollkästchen „Router" und die Option „LAN und bei BEI BEDARF WÄHLENDES ROUTING" zu aktivieren.

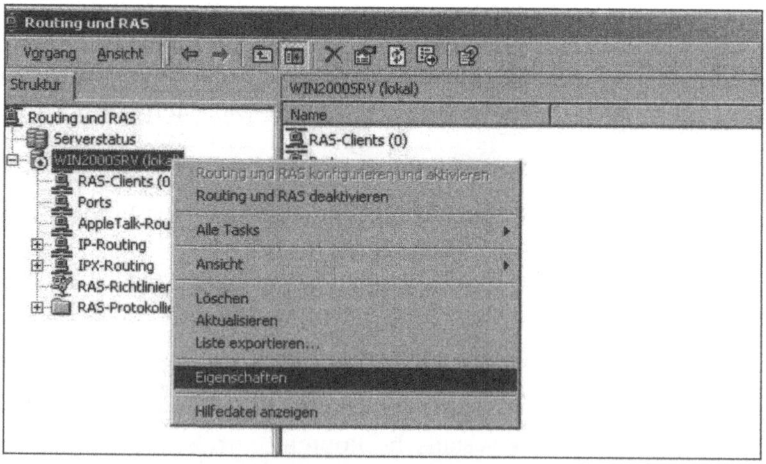

Abb. 295

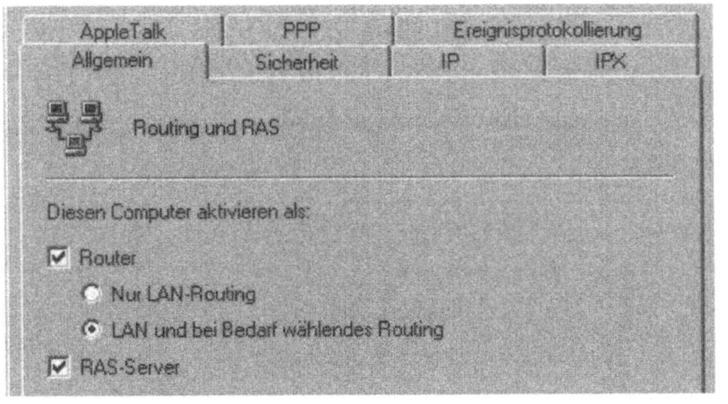

Abb. 296

Auf der Registerkarte SICHERHEIT ist die Authentifizierungsmethode auszuwählen.

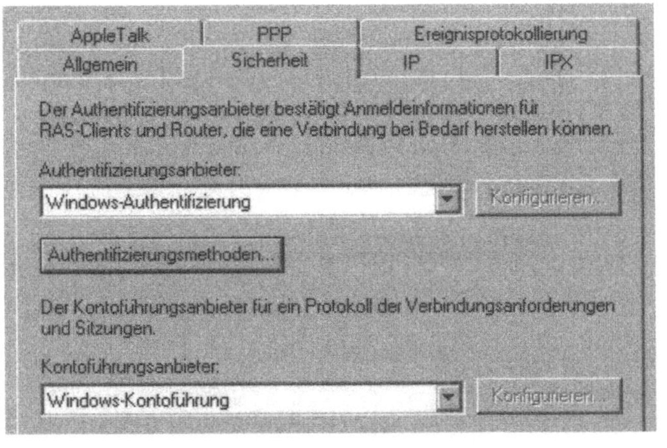

Abb. 297

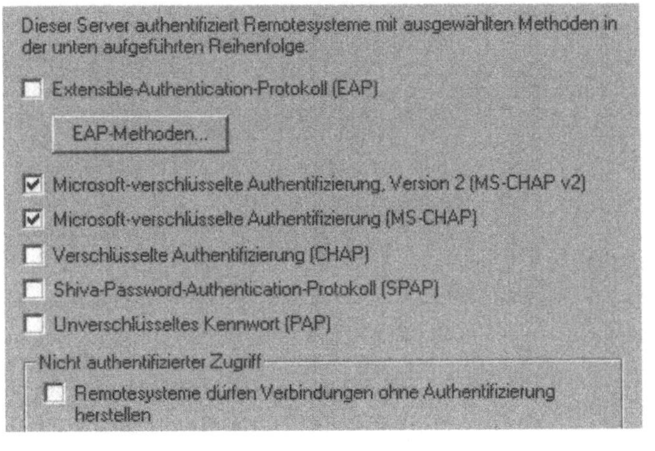

Abb. 298

Auf der Registerkarte EREIGNISPROTOKOLLIERUNG können verschiedene Aktivitäten des Client protokolliert werden.

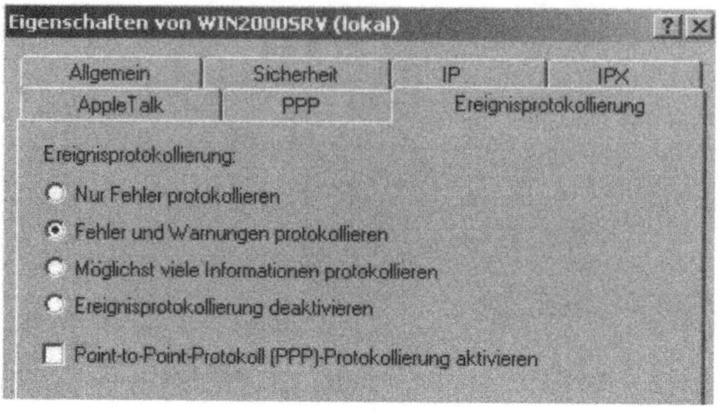

Abb. 299

Auf der Registerkarte IP müssen die Kontrollkästchen IP-ROUTING AKTIVIEREN und IP-BASIERTE RAS- UND BEI BEDARF HERZUSTELLENDE WÄHLVERBINDUNGEN ZULASSEN aktiviert werden. Ein IP-Bereich sollte kofiguriert werden, aus dem den Clients IP-Adressen zugewiesen werden.

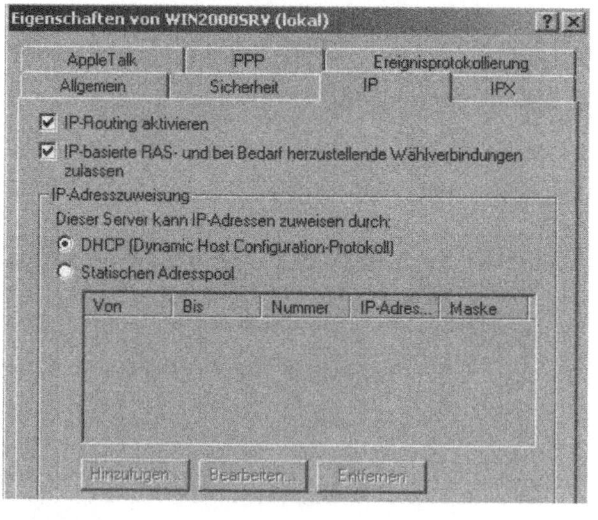

Abb. 300

Auf der Registerkarte PPP müssen die Kontrollkästchen LINK CONTROL-PROTOKOLL (LCP)-ERWEITERUNGEN und SOFTWAREKOMPRIMIERUNG aktiviert werden.

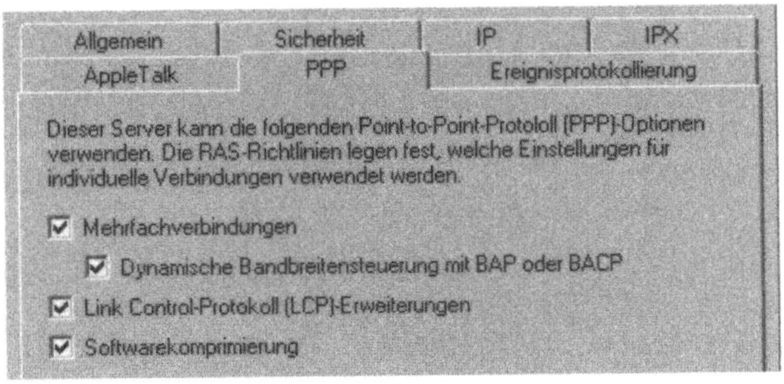

Abb. 301

PPTP-Anschlüsse konfigurieren:

Standardmäßig sind 5 Anschlüsse für PPTP konfiguriert, die alle unter Anschlüsse (Ports) in Routing und RAS aufgeführt sind. Weitere Anschlüsse können unter rechte Maustaste über Ports | Eigenschaften | WAN-Miniport auswählen | Konfigurieren hinzugefügt/konfiguriert werden.

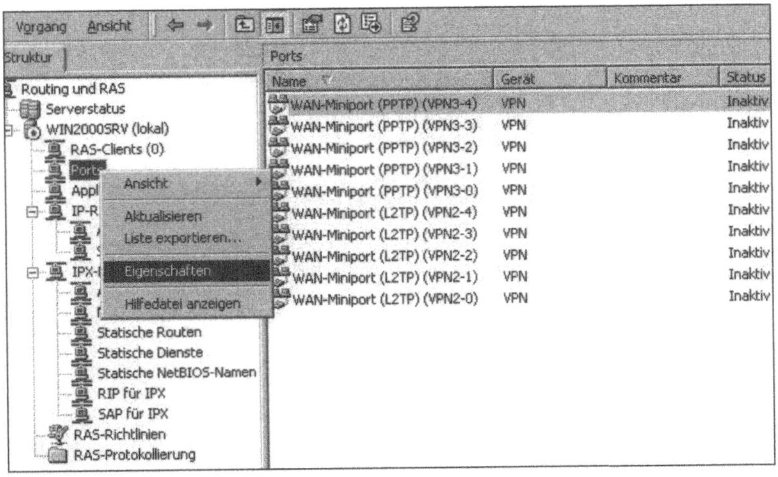

Abb. 302

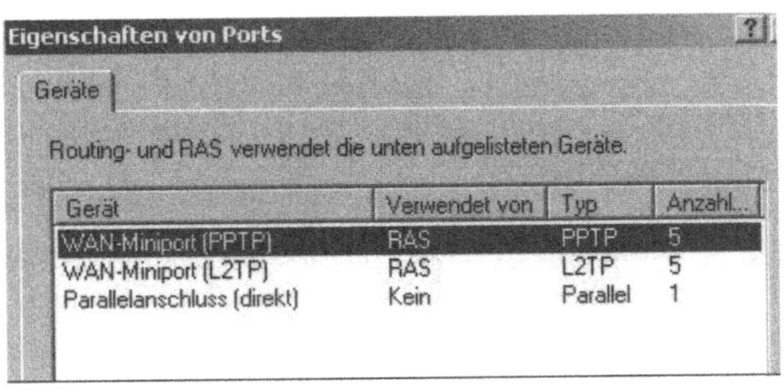

Abb. 303

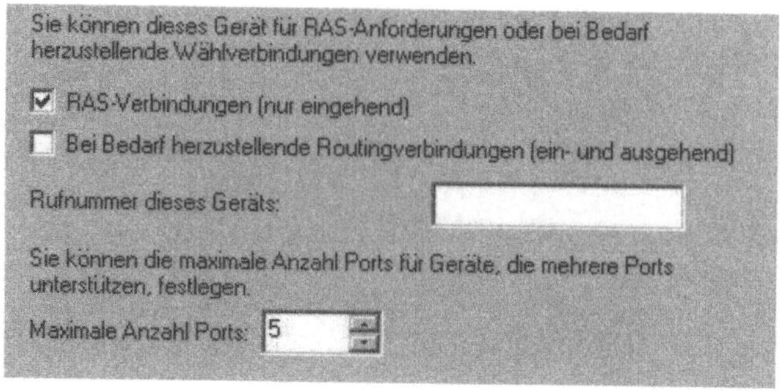

Abb. 304

Eine neue Schnittstelle wird unter rechte Maustaste über Server | IP-Routing | Allgemein | Neue Schnittstelle hinzugefügt und konfiguriert.

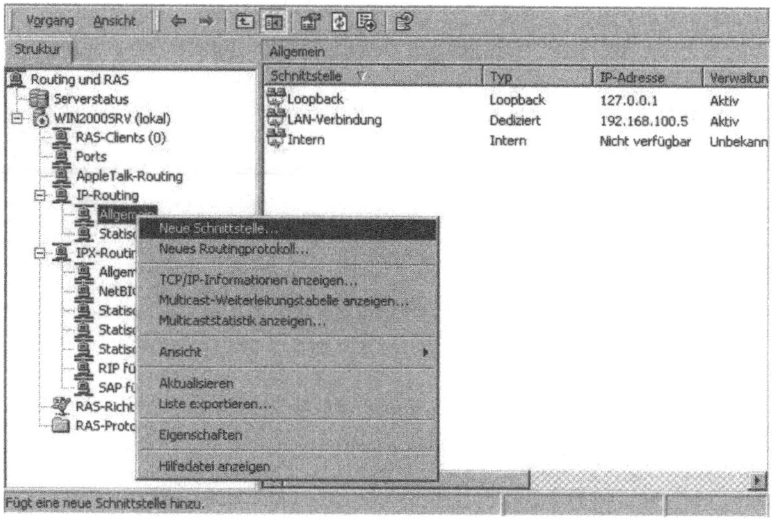

Abb. 305

Eine neue Schnittstelle für WÄHLEN BEI BEDARF wird unter Servername | Routingschnittstellen | rechten Maustaste über Routingschnittstelle | Neu | Schnittstelle für Wählen bei Bedarf hinzugefügt.

Konfigurieren der Schnittstelle (Wählen bei Bedarf):

Über den Assistenten können folgende Einstellung festgelegt werden:

- Schnittstellenname
- Verbindungstyp
- VPN-Typ
- Zieladresse
- Protokolle und Sicherheit (Benutzerkonto hinzufügen aktivieren)
- Hinauswählinformationen
- Anmeldeinformationen für Einwählen
- Konfigurieren von statischen Routen

Richtlinien für Remotezugriff für die Schnittstelle für WÄHLEN BEI BEDARF konfigurieren:

Über den Assistenten für die Konfiguration werden die Eigenschaften schon aut. vorkonfiguriert. Sollen Zugriffe über Gruppenmitgliedschaften konfiguriert werden, müssen folgende Eigenschaften konfiguriert werden:

Für einen nicht zu einer Domäne gehörenden Server müssen lokale Benutzer und Gruppen verwendet werden. Bei einem Server, der in AD eingebunden ist, können über AD-Benutzer und -Computer alle Einwahleigenschaften konfiguriert werden. Dazu ist eine Gruppe zu erstellen, die VPN-Verbindungen zu dem Server herstellen kann. In diese Gruppe sind die entsprechenden Benutzer einzufügen. Dieser Gruppe sind in den Gruppenrichtlinien die entsprechenden Recht zu gewähren.

3.5.21 Cluster

Einzelne Server können zu einem sog. CLUSTER zusammengeschlossen werden. Clients sehen den Cluster nur als einzelnen Computer. Cluster werden über phys. Kabel und über spez. Clustersoftware zusammengefügt. Durch Cluster wird eine hohe Verfügbarkeit in Bezug auf Anwendungen und Dienste erzielt. Cluster können mit bis zu 32 Win2000-Adv.Server eingerichtet werden, die über eine IP-Adresse angesprochen werden können. Werden Cluster für den Netzwerklastenausgleich konfiguriert, werden Clientverbindungen auf die Server im Cluster verteilt.

Lastenausgleich:

Der Lastenausgleich leitet Clientanforderungen an mehrere Server. Weitere Server können jederzeit dem Cluster hinzugefügt werden. Mittels Shellbefehlen und Scripten können bestimmte

Aktionen gesteuert werden. Mittels Anschlussregeln wird die Arbeitslast der einzelnen Computer angepasst.

Funktion des Clusters:

Ein Failover bezeichnet einen Systemausfall. Ressourcen werden bei einem Failover aut. auf einen betriebsfähigen Computer übertragen. Ein Failback ist die Fähigkeit, die Ressourcen auf den wiederhergestellten, vorher ausgefallenen Server zurück zu übertragen.

Sollen Wartungsarbeiten oder Aktualisierungen auf einem Server vorgenommen werden, kann die gesamte Arbeitslast auf andere Server verteilt werden. Ist der Server wieder verfügbar, wird er wieder in den Cluster aufgenommen und teilt wieder mit den anderen Servern die Arbeitslast.

Über Start | Programme | Verwaltung | Clusterverwaltung kann die Verwaltung von Clustern vorgenommen werden.

Netzwerklastenausgleich und Cluster:

Cluster können beim Netzwerklastenausgleich eingesetzt werden. Dazu sollten mehrere (min. 2) Netzwerkkarten pro Server verwendet werden (aber nicht Bedingung), da so die Zugriffsgeschwindigkeit erhöht werden kann. Eine Netzwerkkarte wird dann als Clusteradapter konfiguriert, auf dem nur TCP/IP eingesetzt werden darf. Die IP-Adresse muss statisch sein. Eine Netzwerkkarte regelt die Clientzugriffe, die andere Netzwerkkarte regelt den übrigen Datenverkehr. Clusterparameter und Anschlussregeln müssen auf allen Clusterhosts identisch sein. Die Anwendung mit Lastenausgleich muss auf allen Clusterhosts gestartet werden. Alle Computer im selben Cluster müssen im gleichen Subnet angesiedelt sein. Der Netzwerklastenausgleich läuft als Dienst. Auf jedem Computer eines Clusters läuft eine Kopie der Anwendung, die im Netzwerklastenausgleich laufen soll. Computer aus dem Cluster, die ausgefallen sind, werden aut. erkannt und wieder hergestellt. Dabei wird die Netzwerklast aut. neu verteilt. Über die Anschlussverwaltungsregeln kann die Arbeitslast für jeden Computer bestimmt werden. Der Zugriff der Clients erfolgt über *eine* IP-Adresse oder *einen* Internetnamen. Mehrere virtuelle IP-Adressen sind möglich.

Netzwerklastenausgleich installieren:

Start | Einstellungen | Systemsteuerung | Netzwerk- und DFÜ-Verbindungen | rechte Maustaste über die Verbindung, über die der Lastenausgleich installiert werden soll | Eigenschaften | Netzwerklastenausgleich markieren | Eigenschaften | Registerkarten Clusterparameter, Hostparameter und Anschlussregeln bearbeiten | OK | OK (Dialogbox Eigenschaften von LAN-Verbindung erscheint wieder) | rechte Maustaste über die LAN-Verbindung | über die der Netzwerklastenausgleich installiert werden soll | Eigenschaften | Internetprotokoll (TCP/IP) markieren | Eigenschaften | TCP/IP für den Netzwerklastenausgleich konfigurieren. Wird über einen Router auf einen Cluster zugegriffen, muss dieser eine ARP-Auflösung beherrschen, die Unicast-IP-Adressen zu MAC-Adressen auflösen kann.

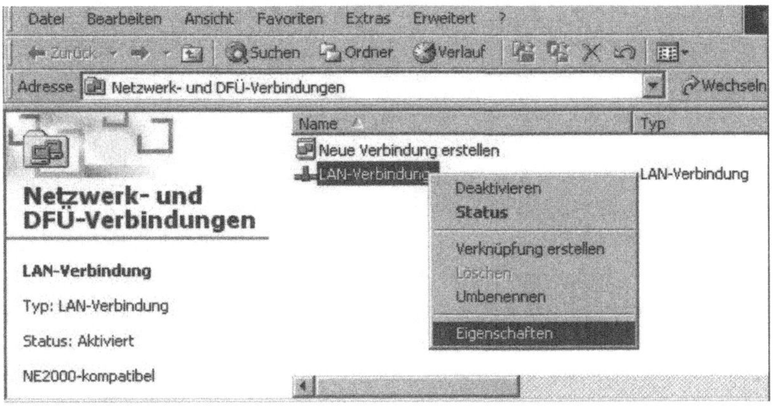

Abb. 306

Abb. 307

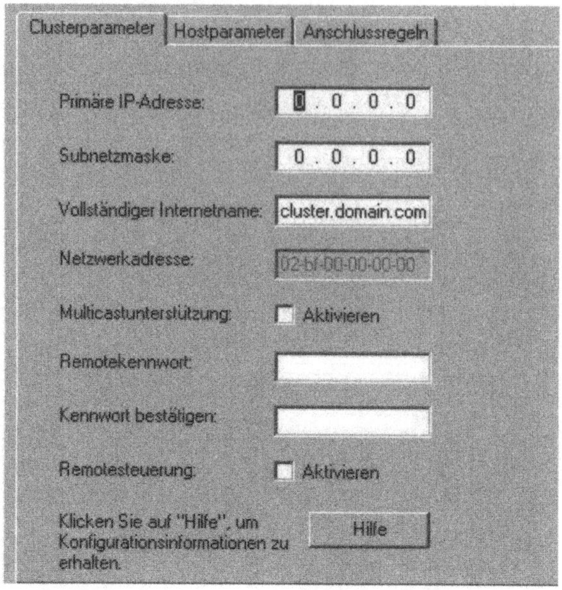

Abb. 308

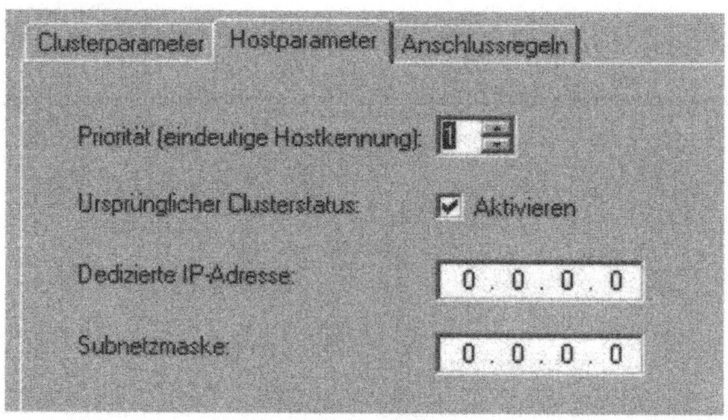

Abb. 309

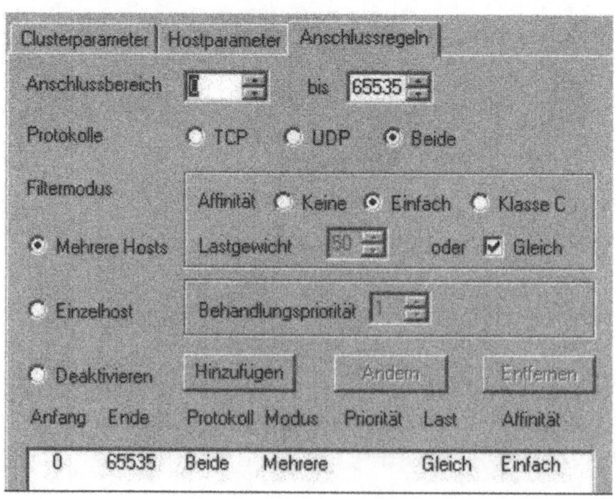

Abb. 310

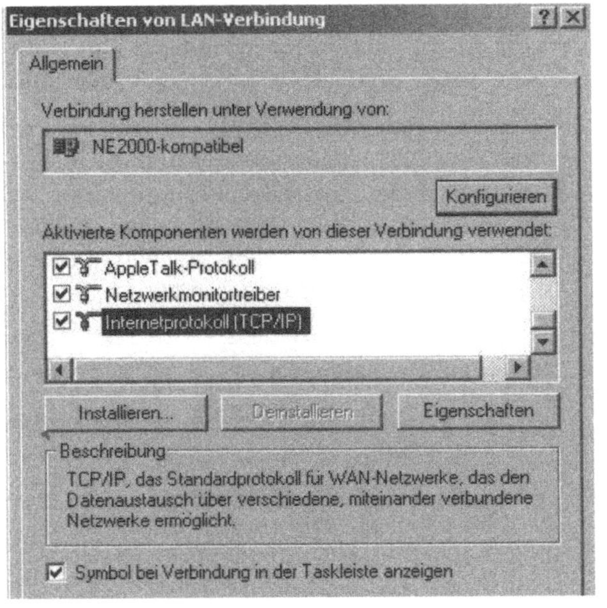

Abb. 311

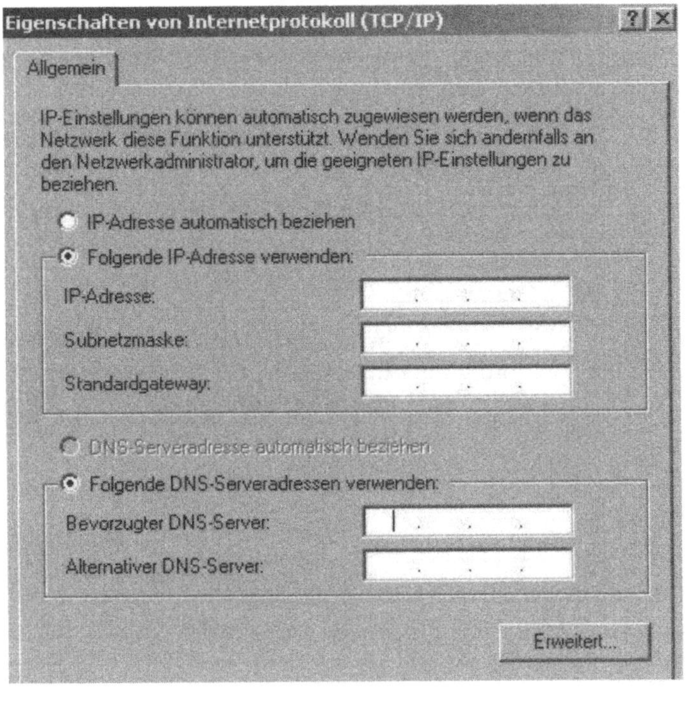

Abb. 312

Beim Konfigurieren der Anschlusregeln ist darauf zu achten, dass die Anzahl und Typen der Regeln mit allen anderen Computern im Cluster identisch sind, da der Computer sonst nicht in den Cluster aufgenommen wird.

Um den Netzwerklastenausgleich für einen Server zu beenden, ist an dessen Eingabeaufforderung der Befehl wlbs stop einzugeben. Soll der Netzwerklastenausgleich für alle Server des Clusters beendet werden, ist wlbs stop, gefolgt von der IP-Adresse des Clusters einzugeben.

Server-Cluster-Regeln:

- Jeder Computer eines Cluster muss unter Win2000-Adv.Server laufen.
- Jeder Computer eines Cluster muss derselben Domäne angehören.
- Jeder Computer eines Cluster kann nicht zusätzlich einem anderen Cluster angehören.
- Die Festplatten eines jeden Computers eines Cluster müssen mit NTFS formatiert sein.
- Der Computername eines Clusters darf nicht verändert werden.
- Jeder Computer eines Cluster muss auf WINS oder DNS Zugriff haben.
- Jeder Computer eines Cluster muss unter TCP/IP laufen.

Verwaltung:

Der Clusterdienst wird über Start | Programme | Verwaltung | Konfiguration des Servers | Erweitert | Clusterdienst installiert, wobei auch das Verwaltungsprogramm installiert wird.

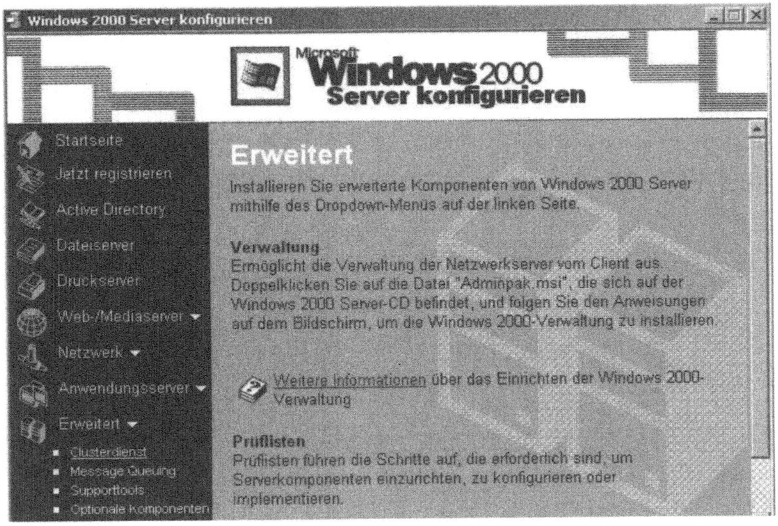

Abb. 313

Die Verwaltung eines Clusters wird über das Clusterverwaltungsprogramm unter Start | Programme | Verwaltung | Clusterverwaltung vorgenommen. Der Cluster kann auch über die Verwaltungsprogramme, die auf Remote-Computern installiert werden können, fernverwaltet werden.

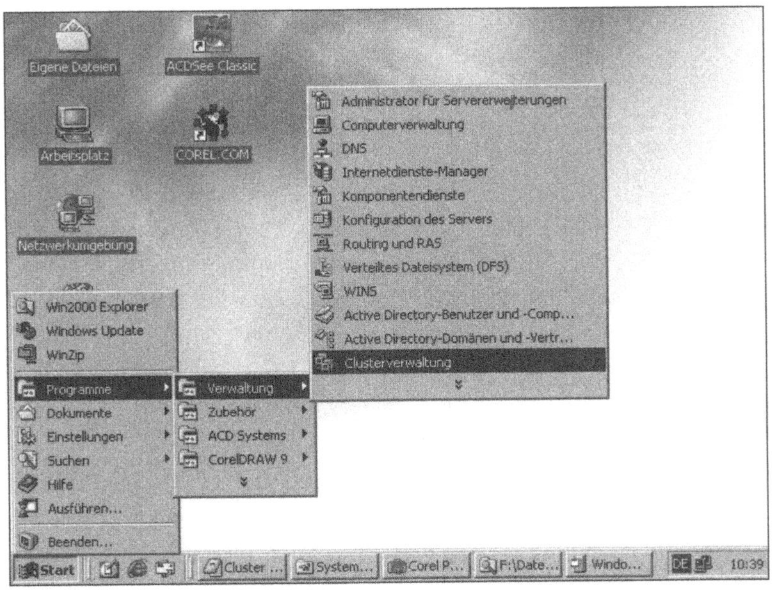

Abb. 314

GPSR Compliance

The European Union's (EU) General Product Safety Regulation (GPSR) is a set of rules that requires consumer products to be safe and our obligations to ensure this.

If you have any concerns about our products, you can contact us on ProductSafety@springernature.com

In case Publisher is established outside the EU, the EU authorized representative is:

Springer Nature Customer Service Center GmbH
Europaplatz 3
69115 Heidelberg, Germany

Batch number: 10577971

Printed by Printforce, the Netherlands